# Grundriß

der

# Elementar-Arithmetik

und

# algebraisches Kopfrechnen

von

S. E. Baltrusch.

Berlin,
im Verlage von Veit und Comp.

1836.

# Vorwort.

Der Unterricht in der Mathematik hat einen doppelten Zweck: den formellen — Bildung des Verstandes im logischen Denken und besonders im richtigen Schließen — und den materiellen — Sammlung von Kenntnissen im mathematischen Wissen. Wenn nun dieser materielle Zweck die Lebensaufgabe nur eines beschränkten Kreises von Studirenden sein kann, so ist dagegen der formelle, weil er einen wesentlichen Bestandtheil des allgemeinen Unterrichts ausmacht, von dem weitgreifendsten Einfluß auf die Geistes- und Gedankenrichtung eines jeden Einzelnen. Durch vielfache Erfahrungen im mathematischen Unterrichte überzeugt, daß die formelle Verstandesbildung vorzüglich durch das algebraische Kopfrechnen, d. i. durch Auflösung algebraischer Aufgaben ohne alle Formeln, nur durch Schlüsse, gefördert wird, habe ich es mir, weil keine der vorhandenen Bearbeitungen mich befriedigte, seit einer Reihe von Jahren zur Aufgabe gemacht, ein Buch über das algebraische Kopfrechnen auszuarbeiten, welches den oben erwähnten Zweck mehr als seine Vorgänger fördern und ins Leben einführen möge. Wie nahe ich meine Arbeit dem vorgesteckten Ziele gebracht habe, werden Sachkundige entscheiden. Doch glaube ich bei den dürftigen Vorarbeiten in diesem Theile der Arithmetik auf gütige Nachsicht rechnen zu dürfen.

Der Doppeltitel, den dies Buch führt, läßt eine Behandlung zweier verschiedenartiger Gegenstände vermuthen, die aber in einer innigeren Verbindung mit einander stehen, als man nach dem Titel erwarten sollte. Und um auch Denjenigen zu begegnen, denen der Titel vielleicht mehr, als sie im Buche vorfinden, zu versprechen scheint, so will ich über das gegenseitige Verhältniß beider Theile, über den Umfang und die Grenzen eines jeden und die Methode seiner Bearbeitung einige Worte hinzufügen.

Der Grundriß der Elementar-Arithmetik (Fundamentalsätze des Rechnens) enthält eine vollständige Theorie des Rechnens, das algebraische Kopfrechnen die Anwendung derselben. Die Aufgaben und die Auflösungen dieses Rechnens, d. h. solche, welche in der Algebra nur durch Gleichungen dargestellt werden können, sind bei weitem schwieriger und verwickelter und erfordern eine tiefere Kenntniß der Theorie als das gewöhnliche Elementarrechnen. Der theoretische Theil ist daher gründlicher bearbeitet und wissenschaftlicher begründet worden, als dies zum Behuf des bloßen Elementarrechnens erforderlich gewesen wäre, weil er zugleich als Grundlage des zweiten Theiles dienen sollte. Der Inbegriff arithmetischer Wahrheiten, den ich dem eigentlichen algebraischen Kopfrechnen voraus zu schicken mich veranlaßt sah, wird überdies wohl geeignet sein, den geistigen Blick des Anfängers zu schärfen: er wird ihn befähigen, die verwickelten Bedingungen der Aufgaben zu durchschauen und die schwierigen Auflösungen derselben bis zu ihrem Ende zu verfolgen. Da das Ziel meines Strebens — Bildung des Verstandes — nur auf wissenschaftlichem Wege erreicht werden kann, so mußte auch die Bearbeitung meines Grundrisses wissenschaftlich sein. Ich habe daher keine Regeln gegeben, die ohnehin in jedem arithmetischen Handbuche nachgelesen werden können: ich habe es vorgezogen, die Zahlen mit Buchstaben zu bezeichnen, weil dadurch den Sätzen eine der wissenschaftlichen Behandlung geeignetere Allgemeinheit gegeben wird, weil ferner jede Unbestimmtheit verhindert und eine Kürze erzielt wird, die dem wörtlichen Ausdruck unerreichbar ist. Es darf auch nicht übersehen werden, daß der Gebrauch der Buchstaben zur Bezeichnung der Zahlen dem Anfänger als Vorbereitung zur Buchstabenrechnung und Algebra dient.

In dem vorliegenden Buche sind nur solche Aufgaben mit einer oder mehreren unbekannten Zahlen enthalten, welche auf Gleichungen des ersten Grades führen; denn diejenigen, deren Bedingungen Gleichungen höherer Grade darstellen, werden leichter, gründlicher und vollständiger in der schriftlichen Algebra behandelt. Zur Auflösung meiner Aufgaben gehören, um es noch einmal zu wiederholen, nur die einfachen Rechnungen der Elementararithmetik, die vier Species, die einfachen und zusammengesetzten Verhältnisse und Proportionen. Diejenigen Bedingungen aber, welche die Algebra in Gleichungen darstellt, werden durch Schlüsse, zu deren Vereinfachung die Einführung gewisser Annahmen (Voraussetzungen) dient, auf so einfache Beziehungen der Zahlen aufeinander zurückgeführt, daß sie durch elementare Rechnungen gelöset werden können. Die Annahmen, welche gemacht werden, um verwickelte Schlüsse in einfache zu zerlegen, leisten den Auflösungen einen ähnlichen Dienst, als den die Hülfslinien den geometrischen Beweisen gewähren.

Schließlich ergeht noch an alle Diejenigen, die sich dieses Grundrisses bedienen wollen, die dringende Bitte, das hinten angehängte Verzeichniß von Druckfehlern und Berichtigungen ja nicht übersehen zu wollen. Meine Entfernung vom Druckort hat mich verhindert, die Correctur selbst zu besorgen: doch habe ich die Aushängebogen noch einmal der sorgsamsten und gewissenhaftesten Durchsicht unterworfen und die Zahlenfehler angemerkt, die vorher übersehen worden sind. So glaube ich denn Demjenigen, der sich die Mühe nehmen will, die Berichtigungen in den Text einzutragen, ein möglichst fehlerfreies Buch versprechen zu dürfen.

Königsberg in Pr., im Juli 1836.

Der Verfasser

# Inhalt.

## Erste Abtheilung. Theoretisches Rechnen.

### I. Sätze, welche sich auf arithmetische Verhältnisse beziehen.

#### A. Allgemeine Sätze. (Satz 1—60.)



#### B. Arithmetische Verhältnisse und Proportionen (Satz 61—81).

## II. Sätze, welche sich auf geometrische Verhältnisse beziehen.

### A. Allgemeine Sätze (Satz 82—163).



### B. Geometrische Verhältnisse und Proportionen (Satz 164—234).

## Zweiter Abschnitt. Aufgaben.

### I. Mit Bedingungen arithmetischer Verhältnisse.

#### A. Mit einer unbekannten Zahl.

### B. Mit mehr als einer unbekannten Zahl.



## II. Mit Bedingungen geometrischer Verhältnisse.

### A. Mit einer unbekannten Zahl.



### B. Mit mehr als einer unbekannten Zahl.



---

## Zweite Abtheilung. Praktisches algebraisches Kopfrechnen.

### Erster Abschnitt.

### Aufgaben, deren Auflösungen Sätze fordern, die sich vorzüglich auf arithmetische Verhältnisse beziehen.

### I. Mit einer unbekannten Zahl.

## II. Mit mehr als einer unbekannten Zahl.

---

## Der zweiten Abtheilung zweiter Abschnitt.

### Aufgaben, welche vermittelst geometrischer Verhältnisse gelöset werden.

### I. Mit einer unbekannten Zahl.

## II. Mit mehr als einer unbekannten Zahl.

Erste Abtheilung.

# Theoretisches Rechnen.

Erster Abschnitt.

# Fundamentalsätze des Rechnens.

## I. Sätze, welche sich auf arithmetische Verhältnisse beziehen.

### A. Allgemeine Sätze.

1. Erklärung. Die Einheit ist das, nach welchem jedes Ding Eins ist.

Anmerk. Man giebt verschiedene Erklärungen der Einheit; der Verf. hat die einfachste gewählt. Eine andere Erkl. ist folgende:

Die Einheit ist der Begriff, nach welchem gewählte Dinge als unter einander gleich betrachtet werden.

Man wird leicht bemerken, daß diese und die obige Erkl. wenig von einander verschieden sind.

---

2. Erklärung. Eine Zahl ist ein aus Einheiten zusammengesetztes Ganze.

Anmerk. Die allgemeine Erkl. einer Zahl kann hier noch nicht gegeben werden, weil bisher nur von Einheiten, und keinen Theilen derselben die Rede gewesen ist. Die allgemeine folgt später.

---

3. Erklärung. Die Zeichen für Zahlen nennt man Ziffern.

Anmerk. In der Buchstabenrechnung, der Algebra und den höhern Theilen der Arithmetik hat man auch Zeichen für Zahlen, welche nicht Ziffern sind; diese andern Zeichen sind Buchstaben, und besonders braucht man dazu, wegen ihrer abgerundeten Gestalt, die lateinischen.

Unter einem Buchstaben kann man sich eine jede Zahl denken; doch in einer und derselben Rechuung muß ein Buchstabe immer eine und dieselbe Zahl bezeichnen. Die gewählte Ziffer dagegen für eine Zahl muß in allen Rechnungen stets eine und dieselbe Zahl anzeigen. Daher nennt man auch die Ziffern besondere (eigenthümliche) und die Buchstaben allgemeine Zeichen der Zahlen.

Da im Folgenden Gesetze für Zahlen dargestellt werden sollen, welche nicht für einige, sondern für alle Zahlen gelten, so sollen auch Buchstaben für Zahlen gewählt werden, und dieses um so mehr, weil durch dieselben weitläuftige Ausdrücke zur Bezeichnung gewisser Zahlen, zur Unterscheidung von andern, vermieden werden. Der Gebrauch der Buchstaben schadet der Deutlichkeit nicht, sondern er nützt ihr durch eine leichtere Uebersicht.

4. Erklär. Zwei Zahlen sind einander gleich, wenn die eine eben so viele Einheiten als die andere hat.

5. Erklär. Zwei Zahlen sind ungleich, wenn die eine nicht so viele Einheiten als die andere hat. Diejenige Zahl, welche mehr Einheiten als eine andere hat, heißt größer als diese, und diese kleiner als jene. Die Zahl, um welche die eine größer als die andere ist, heißt der Unterschied (die Differenz) der Zahlen.

6. Erklär. Das Zeichen der Gleichheit zweier Zahlen ist dieses: (=), das Zeichen der Ungleichheit dieses: (> oder <); die Oeffnung des Winkels wird stets nach der größeren Zahl gerichtet. Z. B. $5 = 5$ heißt: 5 ist gleich 5; $7 > 3$ heißt: 7 ist größer als 3; $2 < 8$ heißt: 2 ist kleiner als 8.

Wenn eine Zahl um eine andere größer als eine dritte ist, so soll dieses so bezeichnet werden: 5 um $2 > 3$, heißt: 5 ist um 2 größer als 3; 4 um $3 < 7$, heißt: 4 ist um 3 kleiner als 7.

7. Grundsatz. Jede Zahl ist gleich sich selbst.

Z. B. $3 = 3$; $4 = 4$ ꝛc.

8. Grundsatz. Wenn jede von zwei Zahlen einer dritten gleich ist, so sind sie unter einander gleich.

Z. B. Es sei $A = C$, aber auch $B = C$: so ist $A = B$.

9. Erklär. Zwei Zahlen addiren heißt eine dritte Zahl finden, welche so viele Einheiten hat, als beide zusammen haben.

Die Zahlen, welche addirt werden, heißen Summanden.

Die Zahl, welche so viele Einheiten, als beide Summanden zusammen haben, enthält, heißt die Summe der Zahlen.

10. Erklär. Das Zeichen der Addition ist: +; $A + B$ heißt: A und B sollen addirt, oder zu A die B hinzugesetzt werden. A und B sind also die Summanden, $A + B$ die Summe.

Z. B. $1 + 2 = 3$; $7 + 10 = 17$ ꝛc.

11. Grundsatz. Die Summe einer ersten und zweiten Zahl ist gleich der Summe der zweiten und ersten Zahl.

Z. B. $5 + 7 = 7 + 5$; $3 + 8 = 8 + 3$.

12. Grundsatz. Zu gleichen Zahlen gleiche addirt, giebt gleiche Summen; oder zu Gleichem Gleiches hinzugesetzt, giebt Gleiches.

Z. B. $\left\{\begin{matrix} 2 = 2 \\ 3 = 3 \end{matrix}\right\}$; folglich $2 + 3 = 2 + 3$.

Es sei $\left\{\begin{matrix} A = B \\ C = D \end{matrix}\right\}$; so ist $A + C = B + D$.

13. Lehrsatz. Die größere zweier ungleicher Zahlen ist gleich der Summe der kleinern und des Unterschiedes beider.

Die größere, A, von zwei ungleichen Zahlen, A, B, muß so viele Einheiten als die kleinere B, und noch eine gewisse Anzahl C Einheiten (den Unterschied) haben (5.); zugleich hat die Summe der Zahlen B, C so viele Einheiten, als B und C zusammen haben: daher (8.) ist der behauptete Satz richtig.

Wenn also A um $C > B$: so ist $A = B + C$.

Z. B. 7 um $2 > 5$; also $7 = 5 + 2$.

14. Erklär. Die Summe mehrerer gleichen Zahlen wird ein Vielfaches von einer der gleichen Zahlen genannt.

Das Vielfache einer Zahl wird nach der Anzahl der gleichen Zahlen benannt. Die Summe von 2 gleichen Zahlen heißt das Zweifache, von 3 gleichen Zahlen das Dreifache einer dieser Zahlen ꝛc. Z. B. Das Zweifache von 3 ist $3 + 3 = 6$, das Dreifache von 5 ist $5 + 5 + 5 = 15$.

15. Erklär. Eine Zahl von einer andern subtrahiren heißt so viele Einheiten, als die erste hat, von der andern hinwegnehmen.

Die Zahl, welche hinweggenommen wird, heißt der Subtrahendus; die, von welcher eine andere hinweggenommen wird, heißt der Minuendus, und die, welche nach der Hinwegnahme vom Minuendus übrig bleibt, der Rest.

16. Erklär. Das Zeichen der Subtraction ist: —, welches vor den Subtrahendus, wie dieser hinter den Minuendus gesetzt wird. $A - B$ heißt: von A soll B hinweggenommen werden. A ist also der Minuendus, B der Subtrahendus und $A - B$ der Rest.

Z. B. $3 - 1 = 2$, $5 - 2 = 3$, $9 - 4 = 5$.

Das Additionszeichen, +, wird plus (mehr), das Subtractionszeichen (—) minus (weniger) ausgesprochen.

17. Grundsatz. Gleiche Zahlen von gleichen subtrahirt, giebt gleiche Reste; oder: Gleiches von Gleichem hinweggenommen, läßt Gleiches.

Z. B. $\left\{\begin{matrix} 3 = 3 \\ 1 = 1 \end{matrix}\right\}$; so ist $3 - 1 = 3 - 1$ oder $= 2$.

Es sei $\left\{\begin{matrix} A = B \\ C = D \end{matrix}\right\}$: so ist $A - C = B - D$.

18. Lehrsatz. Wenn man von der Summe zweier Zahlen die eine hinwegnimmt: so bleibt als Rest die andere übrig.

Die Zahlen seien A, B, und ihre Summe C, also $A + B = C$. Die Subtraction der A von $A + B$ hebt A Einheiten von $(A + B)$ Einheiten auf, und es bleiben also noch B Einheiten übrig. Die Subtraction der A von C läßt einen gewissen Rest, nämlich $(C - A)$. Da man nun Gleiches, $A = A$, von Gleichem, $A + B = C$, subtrahirt hat: so muß Gleiches übrig geblieben sein (17.); also ist der erste Rest, B, gleich dem andern Reste, $C - A$.

Aus denselben Gründen ist, wenn $A + B = C$ ist, auch $A = C - B$

Z. B. $2 + 3 = 5$: so ist $2 = 5 - 3$, und $3 = 5 - 2$.

Anmerk. Wenn man diesen Beweis genau betrachtet, so wird man finden, daß demselben der zu beweisende Satz zum Grunde liegt. Denn warum bleibt B übrig, wenn man A von $A + B$ hinwegnimmt? Offenbar nach dem voranstehenden Satze. Daher hätte dieser Beweis wegbleiben sollen; er möge hier aber seinen Platz behaupten, weil er dem Anfänger als Beispiel dienen kann, andere Beweise selbst zu prüfen. Einen solchen Beweis nennt man einen Zirkelbeweis. Es ist daher besser obigen Satz als Grundsatz aufzustellen.

19. Lehrsatz. Der Minuendus ist gleich dem Subtrahendus nebst dem Reste.

Man zerlege den Minuendus, M, in zwei Zahlen, von denen die eine gleich dem Subtrahendus, S, und die andere T sei: so ist $M = S + T$. Nimmt man nun Gleiches, den Subtrahendus, S, = dem Subtrahendus, S, von Gleichem, dem Minuendus, $M = S + T$, hinweg; so bleibt vom Minuendus, M, der Rest, R, und von $S + T$, nach

Satz 18., T übrig, und zwar Gleiches (S. 17.); daher ist $R = T$, und dazu Gleiches, $S = S$, hinzugesetzt, giebt Gleiches: $S + R = S + T$; nun ist aber $S + T = M$; demnach (S. 8.) ist $M = S + R$ d. i. der Minuendus ist gleich dem Subtrahendus und dem Reste.

Anmerk. Dieser Satz kann zu einer andern Erkl. der Subtraction dienen, wie dieses auch in manchen arithmetischen Büchern geschieht; dann ist die Erkl. folgende: Eine Zahl von einer andern subtrahiren heißt eine dritte Zahl finden, welche mit der ersten zusammen gleich der zweiten ist.

---

20. Lehrsatz. Der Unterschied zweier Zahlen ist gleich der größern weniger der kleinern Zahl.

Dieser Satz ist eine unmittelbare Folge aus den Sätzen 13 und 18, und kann durch dieselben leicht erwiesen werden. Z. B. Der Unterschied der Zahlen 7 und 12 ist $= 12 - 7 = 5$.

21. Lehrsatz. Die kleinere von zwei ungleichen Zahlen ist gleich der größern weniger dem Unterschiede beider.

Beweis vermittelst der Sätze 13 und 18.

Z. B. Ist die größere zweier ungleichen Zahlen 15, der Unterschied beider 8: so ist die kleinere $= 15 - 8$ oder $= 7$.

Anmerk. Wenn man den Begriff von entgegengesetzten Zahlen (positiven und negativen) nicht in Rechnung bringt, wie es hier geschieht, so wird für eine Subtraction der Minuendus immer größer als der Subtrahendus sein. Daher ist nach vorstehendem Satze der Minuendus weniger dem Reste gleich dem Subtrahendus.

---

22. Lehrsatz. Die Summe zweier ungleichen Zahlen ist gleich der zweifachen kleinern nebst dem Unterschiede beider.

Die größere Zahl ist gleich der kleinern und dem Unterschiede (S. 13.); daher ist die größere und die kleinere zusammen gleich der doppelten kleinern und dem Unterschiede. Nun sind aber die größere und die kleinere zusammen gleich der Summe beider; daher ist die Summe zweier Zahlen gleich der zweifachen kleinern nebst dem Unterschiede.

Z. B. Die kleinere zweier Zahlen sei 8, ihr Unterschied 5: so ist die Summe beider Zahlen $= 8 + 8 + 5 = 21$.

23. Lehrsatz. Die Summe zweier ungleicher Zahlen ist gleich der zweifachen größern weniger dem Unterschiede beider.

Die größere zweier ungleicher Zahlen ist gleich der kleinern und dem Unterschiede (13.). Setzt man nun zu jeder dieser gleichen Quantitäten die größere Zahl hinzu: so erhält man die doppelte größere Zahl = der größern Zahl und der kleinern und dem Unterschiede. Da nun die größere und kleinere Zahl zusammen gleich der Summe beider sind: so ist die größere und kleinere Zahl und ihr Unterschied zusammen = der Summe beider und ihrem Unterschiede.

Nimmt man nun Gleiches, den Unterschied = dem Unterschiede, von Gleichem, der zweifachen größern Zahl = der Summe und dem Unterschiede; so bleibt Gleiches (17.), die zweifache größere Zahl weniger dem Unterschiede = der Summe beider Zahlen, welches zu zeigen war.

Z. B. Die größere Zahl sei 12, der Unterschied 2, so ist die kleinere 12 — 2; folglich ist die Summe = 12 + 12 — 2 = 2 mal 12 — 2.

24. Zusatz. Die zweifache größere zweier ungleicher Zahlen ist gleich der Summe beider und ihrem Unterschiede.

Dieser Satz folgt unmittelbar aus dem Beweise des vorigen. Ist also die Summe zweier Zahlen = 27, und der Unterschied derselben = 3: so ist die zweifache größere Zahl = 27 + 3 = 30.

25. Lehrsatz. Die zweifache kleinere Zahl ist gleich der Summe beider Zahlen weniger ihrem Unterschiede.

Denn die zweifache kleinere Zahl und der Unterschied zusammen sind = der Summe beider Zahlen (22.) Nimmt man nun von diesen gleichen Quantitäten Gleiches, den Unterschied = dem Unterschiede, hinweg: so bleibt die zweifache kleinere Zahl = der Summe beider weniger ihrem Unterschiede.

Z. B. Die Summe zweier Zahlen sei 25, ihr Unterschied 9, so ist die doppelte kleinere Zahl = 25 — 9 = 16.

26. Lehrsatz. Der Unterschied zweier ungleicher Zahlen ist gleich der zweifachen größern Zahl weniger der Summe beider.

Denn die Summe nebst dem Unterschiede zweier Zahlen ist = der zweifachen größeren Zahl (24.). Wenn man nun von diesen gleichen Größen Gleiches, die Summe = der Summe, hinwegnimmt: so erhält man den Unterschied = der zweifachen größern Zahl weniger der Summe beider.

Z. B. Ist die größere Zahl 15, die Summe 24, so ist der Unterschied der Zahlen = 2 mal 15 — 24 = 30 — 24 = 6.

27. Lehrsatz. Der Unterschied zweier Zahlen ist gleich der Summe derselben weniger der zweifachen kleineren Zahl.

Dieser Satz wird wie der vorige mit Zuziehung des 22. Satzes erwiesen.

Z. B. Wenn die Summe zweier Zahlen = 36, und die kleinere derselben = 16 ist: so ist ihr Unterschied = 36 — 2 mal 16 = 36 — 32 = 4.

Anmerk. Die größere zweier ungleichen Zahlen, die kleinere, ihr Unterschied und ihre Summe sind 4 Zahlen; zwei von ihnen bestimmen die beiden andern; und weil man 4 Dinge zu je zwei auf 6 verschiedene Arten verbinden kann: so wird man für je zwei Zahlen 6 verschiedene, also für die einzelnen Zahlen 12 Arten der Bedingungen haben.

1. Aus der gegebenen größern und kleinern Zahl folgt:
   a) ihr Unterschied = der größern weniger der kleinern Zahl. (20.)
   b) ihre Summe = der größern und kleinern Zahl. (9.)
2. Aus der gegebenen größern Zahl und ihrem Unterschiede ergiebt sich:
   a) die kleinere Zahl = der größern weniger dem Unterschiede. (21.)
   b) die Summe = der zweifachen größern weniger dem Unterschiede. (23.)
3. Die gegebene größere Zahl und die Summe bedingen:
   a) die kleinere = der Summe weniger der größern Zahl. (18.)
   b) den Unterschied = der zweifachen größern Zahl weniger der Summe. (26.)
4. Durch die gegebene kleinere Zahl und den Unterschied findet man:
   a) die größere = der kleinern und dem Unterschiede. (13.)
   b) die Summe = der zweifachen kleinern und dem Unterschiede (22.)

5. Die gegebene kleinere und die Summe bedingen:
a) die größere = der Summe weniger der kleinern. (18.)
b) den Unterschied = der Summe weniger der zweifachen kleinern. (27.)
6. Der Unterschied und die Summe zweier Zahlen bestimmen:
a) die zweifache größere Zahl = der Summe und dem Unterschiede. (24.)
b) die zweifache kleinere Zahl = der Summe weniger dem Unterschiede. (25.)

Man hat also für jede der 4 Zahlen, größere, kleinere Zahl, ihr Unterschied, und ihre Summe, einen dreifachen Ausdruck, und jeder derselben ist aus dem Vorigen leicht zu entnehmen.

---

28. Lehrsatz. Wenn eine Zahl, A, von zwei gleichen A, B, um eine Zahl, D, größer oder kleiner als eine dritte, C, ist: so ist die andere, B, der gleichen Zahlen um dieselbe Zahl, D, größer oder kleiner als die dritte, C.

a) Es sei A um D > C, so ist (13.) A = C + D; da nun B = A; so ist (8.) auch B = C + D. Nun ist die Summe zweier Zahlen um die eine größer als die andere (18.); daher ist B um D > C.

b) A sei um D < C; so ist (13.) C = A + D. Nun ist A = B, D = D, also (12.) A + D = B + D; folglich ist C = B + D. Daher ist C um D > B oder B ist um D < C.

Z. B. Ist A = B, und A um 4 > C; so ist auch B um 4 > C. 18 = 10 + 8; 18 um 2 < 20; so ist auch 10 + 8 um 2 < 20.

29. Lehrsatz. Wenn jede von zwei Zahlen A, B, um dieselbe Zahl, D, größer oder kleiner als eine dritte Zahl, C, ist: so sind die beiden ersten Zahlen unter einander gleich.

a) Es sei A um D > C, also auch B um D > C; folglich (13.) ist sowohl A = C + D, als auch B = C + D; daher A = B.

b) Ist A um D < C, folglich auch B um D < C; so ist C sowohl = A + D, wie auch = B + D; daher ist A + D = B + D.

Nimmt man nun von diesen gleichen Summen die gemeinschaftliche D hinweg, so bleibt A = B.

30. Lehrsatz. Wenn man zu ungleichen Zahlen gleiche addirt: so erhält man ungleiche Summen: die Summe der größern und einer der gleichen Zahlen ist größer als die Summe der kleinern und der andern der gleichen, und zwar um den Unterschied der ungleichen Zahlen.

A sei um D > B; so ist zu zeigen, daß A + C um D > B + C ist. Weil A um D > B: so ist A = B + D, und dazu Gleiches, C = C, gesetzt, giebt Gleiches: A + C = B + C + D. Nun ist B + C + D um D > B + C (18.); daher ist (28.) auch A + C um D > B + C.

Z. B. 12 um 5 > 7; zur größern und kleinern, 8 hinzugesetzt, giebt 12 + 8 um 5 > 7 + 8 oder 20 um 5 > 15.

31. Zusatz. Man erhält denselben Satz, wenn man zu gleichen Zahlen ungleiche hinzusetzt.

32. Lehrsatz. Wenn man zu ungleichen Zahlen ungleiche hinzusetzt, zur größern die größere und zur kleineren die kleinere: so erhält man ungleiche Summen; die Summe der größern Zahlen ist größer als die Summe der kleinern, und zwar um die Summe der Unterschiede der ungleichen Zahlen.

A sei um C > B, und A′ um C′ > B′; so ist A + A′ um

$C + C' > B + B'$. Denn aus der ersten Annahme folgt $A = B + C$, und aus der zweiten $A' = B' + C'$, und Gleiches addirt, giebt: $A + A' = B + B' + C + C'$. Nun ist aber $B + B' + C + C'$ um $C + C' > B + B'$; also (28.) ist auch $A + A'$ um $C + C' > B + B'$.

Z. B. 8 um $3 > 5$, und 7 um $1 > 6$; also $8 + 7$ um $3 + 1 > 5 + 6$, oder 15 um $4 > 11$.

Anmerk. Die Striche oberhalb der Buchstaben sollen die Verschiedenheit der Zahlen, und zugleich ihre ähnlichen Beziehungen auf einander bezeichnen. $A$ ist also verschieden von $A'$, $B$ von $B'$ und $C$ von $C'$.

33. Lehrsatz. Wenn die Summe zweier Zahlen gleich der Summe zweier andern Zahlen, und eine der ersten Summe eben so groß, oder um eine Zahl größer oder kleiner als eine der zweiten Summe ist: so ist die andere der ersten Summe eben so groß, oder um denselben Unterschied kleiner oder größer als die andere der zweiten Summe.

Wenn $A + B = A' + B'$, und $A$ entweder $= A'$, oder um $C$ größer oder kleiner als $A'$ ist: so ist $B$ entweder $= B'$ oder um $C$ kleiner oder größer als $B'$.

a) $A$ sei $= A'$. Weil nun $A + B = A' + B'$, so erhält man Gleiches, wenn man von den gleichen Summen gleiche Zahlen $A = A'$ hinwegnimmt; also $B = B'$.

b) $A$ sei um $C > A'$; so ist $A = A' + C$; dazu addire man $B$, so ist $A + B = A' + B + C$. Nach der Annahme ist $A + B = A' + B'$; also ist $A' + B + C = A' + B'$; von diesen gleichen Summen Gleiches, $A' = A'$, hinweggenommen giebt: $B + C = B'$. Nun ist aber die Summe zweier Zahlen um die eine größer als die andere; also ist $B'$ um $C > B$, oder $B$ um $C < B'$.

c) $A$ sei um $C < A'$, und $A + B = A' + B'$; so wird wie vorher gezeigt, daß $B$ um $C > B'$ ist.

Z. B. $A + 8 = A' + 8$, so ist $A = A'$.
Ist $A + 12 = A' + 10$, so ist $A$ um $2 < A'$, und
ist $15 + B = 19 + B'$, so ist $B$ um $4 > B'$.

34. Lehrsatz. Wenn die Summe zweier Zahlen um eine Zahl größer als die Summe zweier andern Zahlen, und eine der ersten Summe eben so groß, oder um denselben Unterschied größer oder kleiner als eine der zweiten Summe ist: so ist die andere der ersten Summe um denselben Unterschied der Summen größer, oder eben so groß, oder um den doppelten genannten Unterschied größer als die andere der kleinern Summe.

Es sei also $A + B$ um $C > A' + B'$; daher ist
$A + B = A' + B' + C$.

a) Ist nun $A = A'$, so ist (33.) $B = B' + C$; also ist $B$ um $C > B'$.

b) $A$ sei um $C > A'$, so ist (33.) $B$ um $C < B' + C$; also ist $B + C = B' + C$; mithin (33.) $B = B'$.

c) Ist endlich $A$ um $C < A'$, so ist (33.) $B$ um $C > B' + C$; daher $B = B' + C + C$; also $B$ um 2 mal $C > B'$.

Beispiele. $18 + 13$ um $6 > 18 + B'$; so ist 13 um $6 > B'$; folglich ist $B' = 7$.

$20 + B$ um $5 > 15 + 8$; so ist, weil 20 um $5 > 15$, $B = 8$.

27 + B um 3 > 30 + 12; so ist, da 27 um 3 < 30 ist, B um 2-mal 3 oder um 6 > 12; also ist B = 18.

35. Lehrsatz. Wenn die Summe zweier Zahlen A, B um eine Zahl, C, größer als die Summe zweier andern A', B', und eine, A, der ersten Summe um eine Zahl, D, mehr oder weniger als um C größer als eine, A', der kleinern Summe ist: so ist die andere, B, der ersten Summe um D kleiner oder größer als die andere, B', der zweiten Summe.

Da A + B um C > A' + B' sein soll; so ist A + B = A' + B' + C.

a) Ist A um D mehr als um C > A': so ist A um C + D > A'; also A = A' + C + D. Setzt man dazu B, so ist A + B = A' + B + C + D. Zugleich ist A + B = A' + B' + C; daher ist A' + B + C + D = A' + B' + C. Da nun diese gleichen Summen die Summe, A' + C, gemein haben: so ist: B + D = B'; folglich ist B um D < B'.

b) Wenn A um D weniger als um C > A' sein soll, so muß A um den Ueberschuß der C über die D größer als A' sein. Der Ueberschuß der C über die D sei E, so ist A um E > A'; also C = D + E und A = A' + E; dazu setze man B, so hat man A + B = A' + B + E. Aber A + B ist auch = A' + B' + C; also ist A' + B + E = A' + B' + C; daher (33.) ist B + E = B' + C. Es war aber C um D > E; daher (33) ist auch B um D > B'.

Beispiele. Es sei 19 + B um 2 > 13 + B'; so ist, weil 19 um 4 mehr als um 2 > 13 ist, B um 4 < B'; man setze anstatt B' irgend eine Zahl, etwa 8; so ist B um 4 < 8; also B = 8 — 4 = 4; und in der That ist 19 + 4 um 2 > 13 + 8.

Sei 25 + B um 12 > 20 + B'; weil nun 25 um 7 weniger als um 12 größer als 20 ist: so ist B um 7 größer als B'; ist daher B' etwa = 1, so ist B = 8, und es ist 25 + 8 um 12 > 20 + 1.

36. Lehrsatz. Wenn die erste dreier Zahlen größer als die zweite, und diese wieder größer als die dritte ist: so ist auch die erste größer als die dritte, und zwar um die Summe der Unterschiede zwischen der ersten und zweiten und zwischen dieser und der dritten.

Es sei A um D > B, und B um E > C; so ist A = B + D und B = C + E; dazu D gesetzt, giebt B + D = C + D + E; daher ist A = C + D + E; folglich A um D + E > C.

Beispiele. 16 um 1 > 15; 15 um 2 > 13; also 16 um 1 + 2 > 13. A sei um 4 > B und B um 5 > C: so ist A um 9 > C.

37. Lehrsatz. Ist die erste dreier Zahlen kleiner als die zweite, und diese kleiner als die dritte: so ist auch die erste kleiner als die dritte, und zwar um die Summe der Unterschiede zwischen der ersten und zweiten, und zwischen dieser und der dritten.

Dieser Satz wird wie der vorige erwiesen.

Z. B. 3 um 4 < 7; 7 um 6 < 13; also 3 um 4 + 6 oder um 10 < 13. A um 8 < B; B um 9 < C; also A um 8 + 9 oder um 17 < C. 5 um 3 < 8; 8 um 6 < C; also 5 um 3 + 6 oder um 9 < C; daher C = 9 + 5 = 14.

38. Lehrsatz. Wenn die erste dreier Zahlen um das größer als die zweite, um was diese kleiner als die dritte ist: so ist die erste gleich der dritten.

A sei um $D > B$, B um $D < C$; daher ist $A = B + D$ und auch $C = B + D$; also $A = C$.

Z. B. A um $3 > B$, und B um $3 < 12$; also $A = 12$.

Anmerk. Dieser Satz ist ein besonderer Fall des 29sten Satzes, und zwar der erste; denn die erste und dritte Zahl sind um Gleiches größer als die zweite.

39. Lehrsatz. Wenn die erste, A, dreier Zahlen A, B, C um D mehr als um das größer als die zweite, B, um was diese kleiner als die dritte, C, ist: so ist die erste um D größer als die dritte.

Es sei B um $E < C$: so muß A um $D + E > B$ sein; daher ist $A = B + D + E$ und $C = B + E$. Da nun $B + D + E$ um $D > B + E$ ist: so ist auch (28.) A um $D > C$.

Beispiele. 27 um $7 > 20$; 20 um $3 < 23$; also 27 um $7 - 3$ oder um $4 > 23$.

A um $19 > B$, und B um $8 < 20$; so ist A um $19 - 8$ oder um $11 > 20$; also $A = 20 + 11 = 31$.

40. Lehrsatz. Ist die erste, A, dreier Zahlen A, B, C um D weniger als um das größer als die zweite, um was diese kleiner als die dritte, C, ist: so ist die erste um D kleiner als die dritte.

B sei um $E < C$; so muß $E > D$ sein. E sei nun um $F > D$; so ist A um $F > B$.

Aus der ersten Bedingung folgt: $C = B + E$; aus der zweiten: $E = D + F$, und dazu B gesetzt, giebt: $B + E = B + D + F$; also $C = B + D + F$; also C um $D + F > B$, und B um $F < A$; daher (39.) ist C um $D > A$, oder A um $D < C$.

Z. B. 18 um $5 > B$, und B um $9 < C$; so ist 18 um $4 < C$, also $C = 18 + 4 = 22$.

41. Lehrsatz. Setzt man zu zwei ungleichen Zahlen zwei ungleiche hinzu, und zwar zur größeren die kleinere, und zur kleineren die größere, so ist die erste Summe a) gleich der zweiten Summe, wenn der Unterschied der beiden ersten Zahlen gleich dem Unterschiede der beiden andern ist; b) größer als die zweite Summe, wenn der erste genannte Unterschied größer als der andere, c) kleiner als die zweite Summe, wenn der erste Unterschied kleiner als der andere ist, und zwar jedesmal um die Differenz der erwähnten Unterschiede.

A sei um $C > B$, und A' um $C' < B'$; so ist $A = B + C$ und $A' + C' = B'$, und Gleiches addirt, giebt $A + A' + C' = B + B' + C$. Hier ist C der erste und C' der zweite Unterschied. Da nun $A + A' + C' = B + B' + C$ ist, so ist:

a) $A + A' = B + B'$, wenn $C = C'$ ist (33. a));

b) ist $C > C'$; so ist (33. b)) auch $A + A'$ und dasselbe $> B + B'$;

c) ist $C < C'$; so ist (33. c)) auch $A + A'$ um dasselbe $< B + B'$.

Beispiele. 36 um $6 > 30$; 20 um $6 < 26$; also $36 + 20 = 30 + 26$. 49 um $9 > 40$; 32 um $7 < 39$; daher $49 + 32$ um $2 > 40 + 39$. 63 um $3 > 60$; 75 um $5 < 80$; also $63 + 75$ um $2 < 60 + 80$.

42. Lehrsatz. Wenn man von der Summe zweier Zahlen eine dritte subtrahiren soll, und eine des Minuendus größer als der Subtrahendus ist: so erhält man Gleiches, wenn man den Subtrahendus entweder von dem ganzen Minuendus, oder von der größern Zahl des Minuendus hinwegnimmt, und zu diesem Reste die kleinere Zahl des Minuendus addirt.

Der Minuendus bestehe aus den Zahlen A, B, der Subtrahendus sei C, und $A > C$.

Es sei nun $(A + B) - C = D$; also $A + B = C + D$. C von A subtrahirt, lasse den Rest E, also $A - C = E$; so ist (19.) $A = C + E$. Zu $A - C$ und zu E setze man B hinzu; so ist $A - C + B = B + E$. Da $A = C + E$, so ist $A + B = B + C + E$. Es war aber $A + B = C + D$; daher ist $C + D = B + C + E$, und die gemeine C hinweggenommen, giebt $D = B + E$. Nun war auch $B + E = A - C + B$; demnach ist $D = A - C + B$; zugleich war $D = A + B - C$. Folglich ist $A + B - C = A - C + B$.

Z. B. Man soll 17 von 19 + 14 subtrahiren, so kann man 17 von der Summe 19 + 14 = 33 subtrahiren, welches 33 — 17 = 16 giebt; oder man nehme 17 von 19 hinweg, welches 2 läßt, und addire dazu 14, welches als vollständiger Rest wieder 2 + 14 = 16 giebt.

43. Lehrsatz. Soll man von der Summe zweier Zahlen die Summe zweier andern subtrahiren, und ist jede Zahl des Minuendus größer als eine des Subtrahendus: so erhält man 3 gleiche Reste; a) wenn man von dem ganzen Minuendus den vollständigen Subtrahendus, oder b) wenn man von dem ganzen Minuendus zuerst die eine, und von diesem Reste die andere Zahl des Subtrahendus, oder c) wenn man von jeder Zahl des Minuendus nach der Reihe eine des Subtrahendus hinwegnimmt, und diese beiden letzten Reste addirt.

Der Minuendus sei $A + B$, der Subtrahendus $A' + B'$, und A um $C > A'$, B um $D > B'$.

a) $(A + B) - (A' + B')$ sei $= R$

b) $(A + B) - A'$ sei $= S$, und $S - B' = T$, so ist zu zeigen, daß $T = R$ ist:

Aus der ersten Annahme b) folgt: $A + B = A' + S$ (19.), aus der zweiten $S = B' + T$; also $A' + S = A' + B' + T$; daher $A + B = A' + B' + T$. Nun war $(A + B) - (A' + B') = R$, also $A + B = A' + B' + R$; folglich $A' + B' + T = A' + B' + R$; demnach $T = R$ (33.), oder $(A + B) - (A' + B') = (A + B - A') - B' = A + B - A' - B'$.

c) Weil A um $C > A'$ und B um $D > B'$; so ist (20.) $A - A' = C$ und $B - B' = D$; also $(A - A') + (B - B') = C + D$, auch ist (19.) $A = A' + C$ und $B = B' + D$; daher $A + B = A' + B' + C + D$. Nun war auch $A + B = A' + B' + R$; folglich ist $A' + B' + C + D = A' + B' + R$; mithin ist $C + D = R$, d. h. $(A + B) - (A' + B') = (A - A') + (B - B')$.

Anmerk. Wenn mehrere Zahlen in Klammern (Haken) eingeschlossen werden, so sollen die Zahlen in den Klammern als eine einzige Zahl betrachtet werden; was daher mit der Gesammtzahl in der Klammer vorgenommen werden soll, das muß mit jeder einzelnen Zahl in den Klammern geschehen.

Z. B. Von 48 und 56 soll man 43 und 52 subtrahiren; so erhält man folgende Reste: $(48 + 56) - (43 + 52) = 104 - 95 = 9$; oder $(48 + 56) - 43 = 104 - 43 = 61$, und $61 - 52 = 9$; oder $(48 - 43) + (56 - 52) = 5 + 4 = 9$.

44. Lehrsatz. Wenn man von mehreren Zahlen eben so viele andere subtrahiren soll, und immer eine der ersten nach der Reihe größer als eine der andern ist: so ist die Summe der ersten weniger der Summe der andern gleich der Summe der Reste, welche man erhält, wenn man von jeder der ersten eine der andern nach der Reihe subtrahirt.

Die ersten Zahlen seien A, B, C rc., die andern A′, B′, C′ rc., und $A - A' = r$, $B - B' = r'$, $C - C' = r''$ rc.

Nun sei $(A + B + C) - (A' + B' + C') = R$.

Weil $A - A' = r$, $B - B' = r'$, $C - C' = r''$, so ist $A = A' + r$, $B = B' + r'$, $C = C' + r''$; also $A + B + C = A' + B' + C' + r + r' + r''$.

Auch ist $A + B + C = A' + B' + C' + R$ (19.); demnach ist $A + B + C + R = A' + B' + C' + r + r' + r''$; also $R = r + r' + r''$ d. h. $(A + B + C) - (A' + B' + C') = (A - A') + (B - B') + (C - C')$.

Anmerk. Dieser Satz ist für die Folge von Wichtigkeit.

45. Lehrsatz. Wenn man von zwei ungleichen Zahlen zwei gleiche hinwegnimmt: so erhält man ungleiche Reste; der Rest der größern Zahl ist größer als der Rest der kleinern, und zwar um den Unterschied der Minuenden.

Es sei A um $D > B$ und $C = C$, so ist zu zeigen, daß $A - C$ um $D > B - C$. Weil A um $D > B$; so ist $A = B + D$, davon C subtrahirt, giebt (17.) $A - C = B + D - C$ oder (42.) $= (B - C) + D$. Nun ist $(B - C) + D$ um $D > B - C$; daher ist auch $A - C$ um $D > B - C$.

46. Lehrsatz. Wenn von zwei gleichen Zahlen zwei ungleiche hinweggenommen werden: so ist der Rest der Zahl, von welcher die größere, kleiner als der Rest der Zahl, von welcher die kleinere subtrahirt worden ist, und zwar um den Unterschied der Subtrahenden.

A ist $= A$ und B sei um $D > C$; also $B = C + D$; daher ist $A - B = A - (C + D) = (A - C) - D$ (43.); also ist (19.) $A - C = (A - B) + D$. Demnach ist $A - B$ um $D < A - C$.

Beispiele zu den beiden letzten Sätzen:

Man nehme 8 von 20 und 15 hinweg, so ist $20 - 8$ um $5 > 15 - 8$ oder 12 um $5 > 7$.

Eben so ist $30 - A$ um $10 > 20 - A$.

$27 - 9$ um $4 > 27 - 13$ oder 18 um $4 > 14$.

$A - 19$ um $5 < A - 14$.

Wäre B um $25 > C$, so würde $A - B$ um $25 < A - C$ sein.

47. Lehrsatz. Wenn die Differenz zweier Zahlen gleich der Differenz zweier andern Zahlen ist: so ist die Summe der größern Zahl

der ersten und der kleinern Zahl der zweiten Differenz gleich der Summe der kleinern Zahl der ersten und der größern Zahl der zweiten Differenz; oder: so sind die Summen aus der größern Zahl der einen und der kleinern der andern Differenz einander gleich.

Es sei A um das $>$ B, um was $A' > B'$: so ist $A + B' = A' + B$. Denn ist A um C $>$ B: so ist auch A' um C $>$ B'; so ist $A = B + C$, also $A + B' = B + B' + C$. Weil A' um C $>$ B', so ist $A' = B' + C$; also auch $A' + B = B + B' + C$. Demnach ist $A + B' = A' + B$.

Z. B. $15 - 12 = 28 - 25$; so ist $15 + 25 = 12 + 28 = 40$.

Wenn also $A - B = A' - B'$: so ist $A + B' = A' + B$.

Ist $18 - A = 19 - B$: so ist $18 + B = 19 + A$.

48. Lehrsatz. Ist die Differenz zweier Zahlen A, B gleich der Differenz zweier andern Zahlen A', B', und ist die größere Zahl, A, der ersten Differenz eben so groß, oder um eine Zahl, C, größer oder kleiner als die größere Zahl, A', der zweiten Differenz: so ist auch die kleinere Zahl, B, der ersten Differenz eben so groß, oder um dieselbe Zahl, C, größer oder kleiner als die kleinere Zahl, B', der zweiten Differenz.

Es ist also $A - B = A' - B'$; folglich (47.) $A + B' = A' + B$

Ist nun $A = A'$: so ist (33.) $B = B'$.

Wenn A um C $>$ A': so ist (33.) B' um C $<$ B; oder B um C $>$ B'. Aus demselben Grunde ist, wenn A um C $<$ A', auch B' um C $>$ B oder B um C $<$ B'.

Beispiele. Ist $A - 12 = 16 - 12$: so ist, weil die kleinern Zahlen einander gleich sind, $A = 16$.

Sei $A - 29 = 32 - 27$: so ist, weil die erste kleinere Zahl um 2 größer als die zweite kleinere ist, auch A um 2 $> 32$; also $A = 34$.

Wenn $45 - B = 50 - 40$, so ist, weil 45 um 5 $< 50$, auch B um 5 $< 40$, also $B = 40 - 5 = 35$.

49. Lehrsatz. Wenn die Differenz zweier Zahlen gleich der Differenz zweier andern Zahlen ist: so ist die Summe der größern Zahlen dieser Differenzen um den doppelten Unterschied eines Paares der Zahlen größer als die Summe der kleinern Zahlen der Differenzen.

Sei A um C $>$ B, also A' um C $>$ B'; so ist $A = B + C$ und $A' = B' + C$; also $A + A' = B + B' + C + C$; demnach $A + A'$ um 2 mal C $> B + B'$.

Z. B. $12 - 10 = 18 - 16$; so ist $12 + 18$ um 2 mal $2 > 10 + 16$.

Anmerk. Aehnliche Sätze kann man über die Zahlen aufstellen, welche gleiche oder ungleiche Differenzen bilden, wie früher die Zahlen behandelt wurden, welche gleiche oder ungleiche Summen gaben. Jene Sätze aber sind für das Nachfolgende nicht von bedeutender Wichtigkeit; überdies würde die Darstellung derselben den Raum für wichtigere Sätze beschränken, daher werden sie hier übergangen.

50. Lehrsatz. Setzt man zu einer zweier gleicher Zahlen eine dritte hinzu: so wird die Summe um den Zusatz größer als die andere der gleichen Zahlen. Nimmt man von einer zweier gleicher Zahlen eine dritte hinweg: so ist der Rest um die Abnahme kleiner als die andere der gleichen Zahlen.

Der Beweis dieser beiden Sätze ergiebt sich sehr leicht aus dem Vorhergehenden.

51. Lehrsatz. Setzt man zur größern zweier ungleichen Zahlen eine dritte hinzu: so ist die Summe um den Unterschied der ungleichen Zahlen und den Zusatz größer als die kleinere Zahl.

Dieser Satz wird durch die Sätze 18. und 36. erwiesen.

52. Lehrsatz. Setzt man zur kleinern zweier ungleichen Zahlen eine dritte hinzu: so wird diese Summe a) gleich der größten Zahl, wenn der Zusatz gleich dem Unterschiede der ungleichen Zahlen, b) größer als die größere, wenn der Zusatz größer als der Unterschied, c) kleiner als die größere Zahl, wenn der Zusatz kleiner als der genannte Unterschied ist, und zwar in den beiden letzten Fällen, um die Differenz des Zusatzes und des Unterschiedes.

A sei um $D < B$, und man setze zur ersten C hinzu.

a) Ist $C = D$, so ist $A + D$ um $D > A$, zugleich soll B um $D > A$ sein; folglich ist (29.) $A + C = B$.

b) C sei um $E > D$: so ist $A + C$ um E mehr als um das größer als A, um was $A < B$ ist; mithin (39.) ist $A + C$ um $E > B$.

c) C sei um $E < D$; so ist $A + C$ um E weniger als um das größer als A, um was $A < B$ ist; daher (40.) ist $A + C$ um $D < B$.

Beispiele. 20 um $7 < 27$; setzt man nun zur kleinern 7 hinzu: so ist diese Summe $= 20 + 7 =$ der größern Zahl. Setzt man aber zur kleinern Zahl 20, die Zahl 10 hinzu: so ist diese Summe 30 um die Differenz des Zusatzes und des Unterschiedes größer als die größere Zahl, nämlich $20 + 10$ um $3 > 27$.

Wenn man endlich zur kleinern Zahl 5 hinzusetzt, so ist die Summe 25 um 2, nämlich um die oben bezeichnete Differenz, kleiner als die größere Zahl 27.

53. Lehrsatz. Nimmt man von der kleinern zweier ungleichen Zahlen eine dritte hinweg: so ist der Rest um den Unterschied der ungleichen Zahlen und die Abnahme kleiner als die größere Zahl.

Wird durch die Sätze 37. und 50. erwiesen.

Z. B. 12 um $9 < 21$; so ist $12 - 4$ um $4 + 9 < 21$.

54. Lehrsatz. Nimmt man von der größern zweier ungleichen Zahlen eine dritte hinweg: so wird der Rest a) gleich der kleinern, wenn die Abnahme gleich dem Unterschiede der Zahlen, b) größer als die kleinere, wenn die Abnahme kleiner als der Unterschied, c) kleiner als die kleinere Zahl, wenn die Abnahme größer als der genannte Unterschied ist, und zwar um die Differenz der Abnahme und des Unterschiedes.

Dieser Satz wird ähnlich wie Satz 52 erwiesen.

Beispiele. 45 um $15 > 30$. Nimmt man nun 15 von 45 hinweg; so bleibt 30, also die kleinere Zahl übrig. Wenn man aber nun 10 von 45 subtrahirt, also 5 weniger als den Unterschied, so bleibt 35, also 5 mehr als die kleinere Zahl, und wenn man endlich 27 von 45, also 12 mehr als der Unterschied, subtrahirt: so bleibt 18 oder 11 weniger übrig als die kleinere Zahl.

55. Lehrsatz. Wenn man von zwei ungleichen Zahlen zwei un-

gleiche subtrahirt, von der größern die kleinere, und von der kleinern die größere: so ist der Rest der größern um die Summe der Unterschiede der Minuenden und der Subtrahenden größer als der Rest der kleinern Zahl.

Die Minuenden seien M, m, die Subtrahenden S, s; ferner sei M um U > m und S um u < s.

Weil M um U > m: so ist (45.) M — S um U > m — S; und weil S um u < s: so ist (46.) m — S um u > m — s, mithin (36.) ist M — S um U + u > m — s.

Z. B. 100 um 10 > 90, 35 um 5 < 40: so ist 100 — 35 um 10 + 5 > 90 — 40 oder 65 um 15 > 50.

56. Lehrsatz. Wenn man von zwei ungleichen Zahlen zwei ungleiche, von der größern die größere, und von der kleinern die kleinere hinwegnimmt: so wird der Rest der größern a) gleich dem Reste der kleinern, wenn der Unterschied der Minuenden gleich dem Unterschiede der Subtrahenden, b) größer als der Rest der kleinern, wenn der erste Unterschied größer, c) kleiner als der Rest der kleinern, wenn der erste Unterschied kleiner als der andere ist, und zwar in beiden Fällen um die Differenz der Unterschiede.

Die Minuenden seien M, m, die Subtrahenden S, s, und M um U > m, S um u > s.

Weil nun M um U > m: so ist (45.) M — S um U > m — S, und weil S um u > s: so ist (46.) m — S um u < m — s.

a) U sei = u: so ist M — S um das größer als m — S, um was dieser Rest kleiner als m — s ist; folglich ist (38.) M — S = m — s.

b) U sei um A > u: so ist M — S um A mehr als um das größer als m — S, um was dieser Rest kleiner als m — s ist; daher ist (39.) M — S um A > m — s.

c) U sei um B < u: so ist nach dem vorigen Falle m — s um B > M — S, also M — S um B < m — s.

Beispiele. 40 — 30 = 20 — 10; die Differenz der Minuenden gleich der Differenz der Subtrahenden.

Minuenden 100, 80, Subtrahenden 50, 45; also die Differenz der Minuenden um 15 größer als die der Subtrahenden; daher 100 — 50 um 15 > 80 — 45.

Die Differenz der Minuenden 100, 90 sei um 8 kleiner als die Differenz der Subtrahenden 30, 12: so ist 100 — 30 um 8 < 90 — 12.

Ist also A um 8 > B und a um 8 > b: so ist A — a = B — b; ist A um 20 > B und a um 15 > b: so ist A — a um 5 > B — b; ist endlich A um 40 > B und a um 50 > b: so ist A — a um 10 < B — b.

57. Lehrsatz. Wenn man zu einer zweier gleichen Zahlen eine dritte hinzusetzt, und von der andern eine vierte hinwegnimmt: so ist die Summe um die Summe des Zusatzes und der Abnahme größer als der Rest.

A + B um B > A; A um C > A — C (50.); daher (36.) ist A + B um B + C > A — C.

Z. B. A + 8 um 8 + 4 > A — 4.

58. Lehrsatz. Wenn man also zuei ner zweier gleicher Zahlen das

hinzusetzt, was man von der andern hinwegnimmt: so ist die Summe um ihren doppelten Zusatz größer als der Rest.

Beispiele. Man setze zu 20 12 hinzu und nehme auch von 20 12 hinweg: so ist $20 + 12$ um 2 mal $12 > 20 - 12$.

Daher ist $A + 5$ um 2 mal $5 > A - 5$.

Anmerkung. Dieser Satz wird bei Auflösungen von Aufg. häufig in Anwendung gebracht werden.

59. Lehrsatz. Wenn man zu der größern zweier ungleicher Zahlen eine dritte hinzusetzt, und von der kleinern eine vierte hinwegnimmt: so ist die Summe um die Summe dreier Zahlen, nämlich des Unterschiedes der ungleichen Zahlen, des Zusatzes und der Abnahme, größer als der Rest.

Zu A setze man C, von B nehme man D hinweg, und A sei um $E > B$: so ist $A + C$ um $C + E > B$ (51.); nun ist B um $D > B - D$ (50); demnach (36.) ist $A + C$ um $C + D + E > B - D$.

Z. B. $25 + 5$ ist um $5 + 4 + 2 > 23 - 4$.

Hat man $A + 8$ und $B - 12$, und man weiß, daß A um $7 > B$ ist: so ist $A + 8$ um $8 + 12 + 7$ oder um $27 > B - 12$.

60. Lehrsatz. Wenn man von der größern zweier ungleicher Zahlen eine dritte hinwegnimmt, und zur kleinern eine vierte hinzusetzt: so wird der Rest a) gleich der Summe, wenn die Differenz der ungleichen Zahlen gleich der Summe der Abnahme und des Zusatzes ist, b) größer als die Summe, wenn die genannte Differenz größer, c) kleiner als die Summe, wenn die Differenz kleiner als die Summe der Abnahme und des Zusatzes ist.

Von A subtrahire man C, und zu B addire man D, und A sei um $E > B$: so ist $A = B + E$; nun ist $A - C$ um $C < A$, also ist auch $A - C$ um $C < B + E$. Ferner ist $B + E$ um $D < B + D + E$; daher ist (37.) $A - C$ um $C + D < B + D + E$ oder $(A - C) + (C + D) = (B + D) + E$.

a) Ist nun $(C + D) = E$: so (33.) ist $A - C = B + D$.

b) Ist $E > C + D$: so ist (33.) $A - C$ um dasselbe größer als $B + D$.

c) Ist endlich $E < C + D$: so ist (33.) auch $A - C$ um dasselbe kleiner als $B + D$.

Beispiele. Die ungleichen Zahlen seien 50 und 30; also ihre Differenz $= 20$.

a) Die Summe der Abnahme und des Zusatzes hat $= 20 = 7 + 13$, so ist $50 - 7 = 30 + 13$.

b) Die Summe der Abnahme und des Zusatzes sei $< 20$, etwa $7 + 8$: so ist, $50 - 7 > 30 + 8$ und zwar um 5.

c) Die Differenz 20 sei kleiner als die genannte Summe, 20 kleiner als etwa $12 + 17$: so ist $50 - 12 < 30 + 17$, und zwar um $12 + 17 - 20 = 9$.

## B. Arithmetische Verhältnisse und Proportionen.

61. Erklär. Das Verhältniß zweier Zahlen ist die Beziehung der einen auf die andere in Rücksicht einer Zahl.

62. Erkl. Die Zahlen, welche in einem Verhältnisse auf einander bezogen werden, heißen Glieder desselben.

63. Erkl. Ein arithmetisches Verhältniß ist ein solches, in welchem die Glieder desselben in Rücksicht ihres Unterschiedes auf einander bezogen werden.

Anmerk. Hier werden die arithmetischen, im folgenden Abschnitte die geometrischen Verhältnisse behandelt werden.

64. Erkl. Das Glied eines Verhältnisses, welches zuerst steht oder genannt wird, heißt das Vorderglied, das, welches darauf folgt, das Hinterglied.

65. Erkl. Zur Bezeichnung eines arithmetischen Verhältnisses gebraucht man das Subtractionszeichen, weil der Unterschied zweier Zahlen durch Subtraction gefunden wird, und man setzt dieses Zeichen zwischen die Glieder des Verhältnisses.

$A - B$ heißt $A$ verhält sich zu $B$.

Anmerk. Einige Arithmetiker setzen auch ober- und unterhalb des Subtractionszeichens einen Punkt, und schreiben $A \div B$ anstatt $A - B$. Jene wollen nämlich zwischen der Subtraction und dem arithm. Verhältnisse in der Bezeichnung einen Unterschied haben, welcher schon durch den Sinn der Sätze hinlänglich genug bezeichnet wird. Dann vergessen sie auch, daß sie zwischen der Bezeichnung der Division und des geometrischen Verhältnisses keinen Unterschied einführen; offenbar stehen aber Division und geometrisches Verhältniß in derselben Beziehung auf einander wie Subtraction und arithm. Verhältniß; daher begehen sie eine Inconseqenz.

66. Erkl. Zwei arithmetische Verhältnisse sind einander gleich, wenn die Vorderglieder derselben eben so groß, oder um gleiche Zahlen größer oder kleiner als ihre Hinterglieder sind.

Beispiele. $7 - 7$ und $8 - 8$; $9 - 5$ und $12 - 8$; $3 - 8$ und $7 - 12$ sind gleiche arithm. Verhältnisse; denn in den beiden ersten Verhältnissen sind die Vorderglieder gleich ihren Hintergliedern; in den beiden folgenden Verhältnissen sind die Vorderglieder um gleiche Zahlen größer als ihre Hinterglieder, 9 um $4 > 5$; 12 um $4 > 8$; und in den beiden letzten Verhältnissen sind die Vorderglieder um gleiche Zahlen kleiner als ihre Hinterglieder, 3 um $5 < 8$; 7 um $5 < 12$.

67. Erkl. Eine Proportion ist die Gleichheit zweier Verhältnisse; daher gebraucht man zur Bezeichnung derselben das Gleichheitszeichen. Da eine Proportion zwei Verhältnisse hat, so enthält sie 4 Glieder, zwei Vorder- und zwei Hinterglieder; die Vorderglieder heißen gleichnamige und eben so die Hinterglieder. Gleichnamige Glieder einer Proportion: $A - B = A' - B'$, sind also das erste und dritte, ferner das zweite und vierte. Das erste und vierte Glied einer Proportion heißen äußere, das zweite und dritte innere Glieder derselben.

68. Aufgabe. Zu drei gegebenen Gliedern einer arithmetischen Proportion das fehlende Glied zu finden.

Das fehlende Glied einer Proportion kann entweder das erste oder zweite oder dritte oder vierte Glied sein.

a) Das fehlende Glied sei das erste.

Welche Zahl verhält sich zu $B$ wie sich $B$ zu $D$ verhält?

Die Unbekannte pflegt man in einer Aufgabe mit X zu bezeichnen; daher ist die Proportion durch Zeichen dargestellt folgende: X — B = B — D.

Z. B. X — 12 = 13 — 13.

Da in dem andern Verhältnisse das Vorderglied = seinem Hintergliede ist: so muß (66. 67.) auch im ersten Verhältnisse das Vorderglied = seinem Hintergliede sein; daher ist X = 12, und es ist 12 — 12 = 13 : 13.

X — 15 = 29 — 20.

Im andern Verhältnisse ist das Vorderglied um 9 größer als sein Hinterglied; folglich (66. 67.) muß auch im ersten Verhältnisse das Vorderglied um 9 größer als das Hinterglied sein; daher ist das gesuchte Glied X = 15 + 9 = 24; also 24 — 15 = 29 — 20.

X — 38 = 17 — 25.

Weil im zweiten Verhältnisse das Vorderglied um 8 kleiner als sein Hinterglied ist: so muß (66. 67.) auch im ersten Verhältnisse das Vorderglied um 8 kleiner als sein Hinterglied sein; also ist es 38 — 8 = 30; mithin ist 30 — 38 = 17 — 25.

b) Das fehlende Glied sei das zweite.

37 verhält sich zu welcher Zahl, wie sich 18 zu 18 verhält oder schriftlich: 37 — X = 18 — 18.

Wie man von dem Vordergliede in einem Verhältnisse auf sein Hinterglied schloß, so kann man von dem Hintergliede auf das Vorderglied schließen. Weil im zweiten Verhältnisse das Hinterglied = seinem Vordergliede ist: so muß (66. 67.) auch im ersten Verhältnisse das Hinterglied = seinem Vordergliede sein; also ist das gesuchte Glied X = 37; daher 37 — 37 = 18 — 18.

42 — X = 19 — 12.

Das Hinterglied im zweiten Verhältnisse ist um 7 kleiner als sein Vorderglied: also muß (66. 67.) auch das Hinterglied im ersten Verhältnisse um 7 kleiner als sein Vorderglied sein; daher ist X = 42 — 7 = 35; mithin ist: 42 — 35 = 19 — 12.

53 — X = 45 — 63.

Im zweiten Verhältnisse ist das Hinterglied um 18 größer als sein Vorderglied; daher muß (66. 67.) auch im ersten Verhältnisse das Hinterglied um 18 größer als sein Vorderglied sein; demnach ist X = 53 + 18 = 71; also

53 — 71 = 45 — 63.

c) Das gesuchte Glied sei das dritte.

Wie man das erste Glied fand, eben so wird man auch das dritte Glied zu suchen haben; daher können hier die ausführlichen Auflösungen wegbleiben.

12 — 12 = X — 9; weil 12 = 12; so ist X = 9; also 12—12= 9 — 9.

17 — 13 = X — 16; 17 ist um 4 > 13; also auch X um 4 > 16; daher X = 16 + 4 = 20; mithin 17 — 13 = 20 — 16.

22 — 34 = X — 56; weil 22 um 12 < 34 ist; so ist auch X um 12 < 56; also X = 56 — 12 = 44; folglich 22 — 34 = 44 — 56.

d) Das gesuchte Glied sei endlich das vierte.

Dieses Glied muß eben so berechnet werden, wie das zweite gefunden wurde; daher nur Andeutung der Auflösung.

$15 - 15 = 19 - X.$

Weil $15 = 15$, so ist $X = 19$; also $15 - 15 = 19 - 19$.

$28 - 24 = 20 - X.$

Da 24 um $4 < 28$, so ist auch X um $4 < 20$; also $X = 16$; folglich $28 - 24 = 20 - 16$.

$29 - 36 = 41 - X.$

36 um $7 > 29$; also X um $7 > 41$; folglich $X = 48$; daher $29 - 36 = 41 - 48$.

Aus diesen Beispielen wird man zur Genüge die allgemeine Auflösung dieser Aufgabe ersehen.

69. Lehrsatz. In einer arithmetischen Proportion ist die Summe der äußern gleich der Summe der innern Glieder.

Es sei $A - B = A' - B'$.

a) Ist $A = B$; so muß auch $A' = B'$ sein (66. 67.); daher ist $A + B' = B + A'$.

b) Ist A nicht $= B$; so muß A größer oder kleiner als B sein. A sei um $C > B$; so muß auch (66. 67.) A' um $C > B'$ sein; daher ist $A = B + C$, folglich $A + B' = B + B' + C$. Aus denselben Gründen ist $A' + B = B + B' + C$. Demnach ist (8.) $A + B' = A' + B$.

c) A sei um $C < B$; so muß auch (66. 67.) A' um $C < B'$ sein; daher ist $A = B - C$ (21.), also $A + B' = B' + B - C$. Aus denselben Gründen ist $A' = B' - C$; folglich $A' + B = B + B' - C$. Da nun $B' + B - C = B + B' - C$ ist: so ist auch $A + B' = A' + B$.

Anm. Der Beweis dieses Satzes folgt auch unmittelbar aus dem 47sten Satze. Auch giebt dieser Satz eine andere Auflösung zu der 68sten Aufgabe.

70. Aufgabe. Sind drei Glieder einer arithmetischen Proportion gegeben: so soll das fehlende Glied berechnet werden.

Man habe: $X - 13 = 17 - 19$. Da die Summe der äußern = der Summe der innern Glieder einer arithmetischen Proportion ist (69.): so muß $X + 19 = 13 + 17$ sein; nun ist 19 um $2 > 17$; folglich (33.) ist X um $2 < 13$; daher ist $X = 13 - 2 = 11$. Demnach ist: $11 - 13 = 17 - 19$.

$23 - X = 47 - 142.$

Nach S. 69. ist $X + 47 = 23 + 142$. Weil nun 47 um $95 < 142$ ist: so muß (33.) X um $95 > 23$ sein. Folglich ist $X = 23 + 95 = 118$; also $23 - 118 = 47 - 142$.

Auf gleiche Weise findet man das gesuchte Glied, wenn es das dritte oder vierte ist.

71. Lehrsatz. Wenn die Summe zweier Zahlen gleich der Summe zweier andern Zahlen ist: so bilden die Summanden der ersten Summe die äußern, und die Summanden der andern Summe die innern Glieder einer arithmetischen Proportion.

Es sei $A + B = C + D$: so ist zu zeigen, daß $A - C = D - B$, oder $A - D = C - B$ ist.

a) Es sei $A - C = D - X$; so ist (69.) $A + X = C + D$; nun ist nach der Annahme $A + B = C + D$; daher ist $A + X = A + B$; folglich (33.) $X = B$; demnach ist $A - C = D - B$.

b) Sei $A - D = C - X$; so ist wie vorher $A + X = C + D$; auch ist nach der Annahme $A + B = C + D$; daher ist $A + X = A + B$; folglich (33.) $X = B$.

Z. B. $8 + 10 = 6 + 12$; also $8 - 6 = 12 - 10$; oder $8 - 12 = 6 - 10$.

72. Erkl. Ein Verhältniß, $A - B$, wird umgekehrt, wenn man setzt: das Hinterglied zum Vordergliede im Verhältniß, $B - A$.

Eine Proportion wird umgekehrt, wenn man setzt: in jedem Verhältnisse das Hinterglied zu seinem Vordergliede.

Es sei $A - B = C - D$, durch Umkehrung $B - A = D - C$.

Anmerk. Will man eine Proportion so umkehren, daß man das erste Verhältniß zum zweiten, und das zweite zum ersten macht, so kann man dieses zwar immer thun; doch wird dadurch die Natur der Proportion nicht geändert, folglich bleibt die umgekehrte mit der ursprünglichen Proportion dem Wesen nach dieselbe.

73. Lehrsatz. Wenn man eine arithmetische Proportion umkehrt: so erhält man wieder eine Proportion; oder: durch Umkehrung einer Proportion leitet man aus derselben eine andere ab.

Es sei $A - B = C - D$.

Nun kann $A$ entweder $= B$ oder $> B$ oder $< B$ sein.

a) Es sei $A = B$; so ist (66. 67.) auch $C = D$; kehrt man nun jedes Verhältniß um, $B - A$, und $D - C$; so ist in jedem Verhältnisse das Vorderglied, $B$, $D$, gleich seinem Hintergliede, $A$, $C$; daher (65.) sind die Verhältnisse einander gleich; mithin (67.) bilden sie eine Proportion: $B - A = D - C$.

b) $A$ sei um $E > B$; so ist (66. 67.) auch $C$ um $E > D$; daher ist jedes Vorderglied in den umgekehrten Verhältnissen, $B - A$, $D - C$, um eine und dieselbe Zahl, $E$, kleiner als sein Hinterglied; mithin sind die Verhältnisse, $B - A$, $D - C$, (66.) einander gleich; daher (67.) bilden sie eine Proportion: $B - A = D - C$.

c) Sei $A$ um $E < B$; so ist (66. 67.) auch $C$ um $E < D$, und umgekehrt, $B - A$, $D - C$, so ist jedes Vorderglied dieser Verhältnisse um eine und dieselbe Zahl, $E$, größer als sein Hinterglied; folglich ist $B - A = D - C$.

74. Erkl. Eine Proportion wird verwechselt, wenn man die Vorderglieder zu einander und die Hinterglieder zu einander in Verhältniß setzt.

Ist also $A - B = C - D$; so ist verwechselt: $A - C = B - D$.

Die Richtigkeit der letzten Proportion ist noch zu erweisen; oder es ist vielmehr zu zeigen, daß die beiden letzten Verhältnisse wirklich einander gleich sind.

75. Lehrsatz. Aus einer arithmetischen Proportion leitet man durch Verwechselung wieder eine Proportion ab.

Es sei $A - B = C - D$.

Nun kann $A$ entweder $= C$, oder um eine Zahl größer oder kleiner als $C$ sein; ist $A = C$, so ist (48.) auch $B = D$; ist $A$ um eine Zahl größer oder kleiner als $C$: so ist (48.) auch $B$ um dieselbe

Zahl größer oder kleiner als D; daher sind die Vorderglieder in den Verhältnissen A — C, B — D entweder eben so groß oder um gleiche Zahlen größer oder kleiner als ihre Hinterglieder; mithin (66.) sind sie einander gleich, und daher (67.) bilden sie eine Proportion: A — C = B — D.

Z. B. 2 — 5 = 3 — 6, verwechselt 2 — 3 = 5 — 6.

76. Lehrsatz. Wenn man zu den Gliedern eines arithmetischen Verhältnisses gleiche Zahlen hinzusetzt: so ist das Verhältniß der Summen gleich dem gegebenen Verhältnisse.

In dem Verhältnisse, A — B, kann A entweder = B oder um eine Zahl, D, größer oder kleiner als B sein.

Ist A=B: so ist auch A+C=B+C; also ist: (A+C)—(B+C) = A — B.

Ist aber A um eine Zahl, D, größer oder kleiner als B: so ist (30.) die Summe (A + C) um dieselbe Zahl, D, größer oder kleiner als die Summe (B + C); daher ist (66.) (A + C) — (B + C) = A — B.

Z. B. Man setze zu jedem Gliede des Verhältnisses, 5 — 7, die Zahl 9: so ist (5 + 9) — (7 + 9) = 14 — 16 = 5 — 7.

77. Lehrsatz. Wenn man zu den Gliedern eines Verhältnisses, entweder zu den Vorder-, oder zu den Hintergliedern, oder zu allen vier Gliedern einer arithmetischen Proportion gleiche Zahlen hinzusetzt: so erhält man dadurch wieder eine Proportion.

Die Richtigkeit dieses Satzes folgt aus dem Satze 76. und für das Hinzusetzen zu den gleichnamigen Gliedern aus dem 75sten Satze.

78. Lehrsatz. Wenn man von den Gliedern eines arithmetischen Verhältnisses gleiche Zahlen subtrahirt: so ist das Verhältniß der Reste gleich dem gegebenen Verhältnisse.

Sind die Glieder des gegebenen Verhältnisses, A — B, einander gleich: so sind auch die Reste A — C, B — D, einander gleich; ist aber A um eine Zahl, D, größer oder kleiner als B: so ist auch (45.) der Rest (A — C) um dieselbe Zahl D größer oder kleiner als der Rest (B — C); daher ist (66.) (A — C) — (B — C) = A — B.

79. Lehrsatz. Wenn man von den Gliedern eines Verhältnisses, oder von den Vorder-, oder von den Hintergliedern einer arithmetischen Proportion gleiche Zahlen hinwegnimmt: so erhält man dadurch wieder eine Proportion.

Der Beweis dieses Satzes folgt aus dem vorigen.

80. Erkl. Zwei arithmetische Proportionen werden zusammengesetzt: wenn man die Glieder der einen Proportion entweder zu den gleichvielsten Gliedern der andern hinzusetzt, oder von den gleichvielsten Gliedern der andern Proportion hinwegnimmt.

81. Lehrsatz. Durch Zusammensetzung zweier Proportionen erhält man wieder eine Proportion.

Es seien die beiden Proportionen A — B = C — D und
A′ — B′ = C′ — D′; so ist zu zeigen, daß sowohl (A + A′) — (B + B′) = (C + C′) — (D + D′) wie auch (A — A′) — (B — B′) = (C — C′) — (D — D′) ist.

Nun ist (69.) A + D = B + C, und A′ + D′ = B′ + C′;

also auch $A + D + A' + D' = B + C + B' + C'$ oder: $(A + A') + (D + D') = (B + B') + (C + C')$.

Wenn aber die Summe zweier Zahlen gleich der Summe zweier andern Zahlen ist: so bilden die Summanden der einen Summe die innern oder äußern, und die der andern Summe die äußern oder die innern Glieder einer Proportion (71.); daher ist $(A+A') - (B+B') = (C+C') - (D+D')$.

Auf ähnliche Weise wird erwiesen, daß:

$(A - A') - (B - B') = (C - C') - (D - D')$ ist.

Z. B. $76 - 80 = 96 - 100$ und

$32 - 18 = 45 - 31$.

Durch Addition erhält man $(76 + 32) - (80 + 18) = (96 + 45) - (100 + 31)$ oder $108 - 98 = 141 - 131$.

Durch Subtraction: $(76 - 32) - (80 - 18) = (96 - 45) - (100 - 31)$ oder $44 - 62 = 51 - 69$.

---

## II. Sätze, welche sich auf geometrische Verhältnisse beziehen.

### A. Allgemeine Sätze.

82. Erklär. Wenn man gleiche Zahlen addirt: so erhält man eine Summe derselben, welche das Vielfache einer der gleichen Zahlen genannt wird.

Jede Zahl ist das Einfache von sich selbst.

Die Summe von 2, 3, 4, 5, rc. gleichen Zahlen heißt das Zweifache (Doppelte), Dreifache, Vierfache, Fünffache rc. einer der gleichen Zahlen.

Beispiele. Das Zweifache von 3 ist $= 3 + 3 = 6$; das Dreifache von 4 ist $= 4 + 4 + 4 = 12$; das Vierfache von 7 ist $= 7 + 7 + 7 + 7 = 28$ rc.

83. Erkl. Eine der gleichen Zahlen eines Vielfachen heiße der Multiplicandus (die Zahl, welche vervielfacht werden soll, daher die Vervielfachte) derselben. Die Anzahl der gleichen Zahlen, welche ein Vielfaches in sich begreift, heiße der Multiplicator (der Vervielfacher) des Vielfachen.

Von dem Vielfachen: das Sechsfache von 8, ist 8 der Multiplicandus, und 6 der Multiplicator.

Ist 5 der Multiplicator und 8 der Multiplicandus eines Vielfachen, so ist es $= 8 + 8 + 8 + 8 + 8 = 40$.

Anmerk. Es wäre vortheilhaft für die Wissenschaft, andere Benennungen für die Bestandtheile eines Vielfachen als die gewählten, Multiplicator und Multiplicandus, zu haben; denn diese Ausdrücke sind die Namen für die Zahlen, welche durch Verbindung mit einander ein Produkt bilden; genau genommen sind aber ein Vielfaches einer Zahl und ein Produkt zweier Zahlen nicht einerlei. Denn das Vielfache einer Zahl bezieht sich eben so auf diese Zahl (den Multiplicandus), wie das Produkt auf die Einheit. Da nun solche Benennungen nicht vorhanden sind, und der Verf. keine neue einführen wollte, so war er genöthigt das Vorhandene seinem Zwecke anzueignen. Wird man jenes Be dürfniß allgemein fühlen, welches dann eintreten wird, wenn man ein Vielfache von einem Produkte wird unterscheiden wollen, so werden auch die noch fehlenden Benennungen zum Vorschein kommen.

84. Erkl. Zwei Vielfache heißen Gleichvielfache, wenn ihre Multiplicatoren einander gleich sind, ihre Multiplicanden mögen gleich oder ungleich sein.

Sind die Multiplicatoren zweier Vielfachen ungleich, so heißen sie Ungleichvielfache. Das Vielfache von zwei Ungleichvielfachen, dessen Multiplicator größer als der des andern ist, heißt das höhere, das andere das niedrigere Vielfache.

Beispiele von Gleichvielfachen. Das Zweifache von 8, und das Zweifache von 8, das 5fache von 4 und das 3fache von 5, das 4fache von 7 und das 4fache von 9 2c.

Beispiele von Ungleichvielfachen. Das Zweifache von 3, und das 3fache von 3; das 4fache von 6 und das 8fache von 9 2c.

85. Erkl. Das Zweifache, Dreifache 2c., allgemein ein bestimmtes Vielfaches von irgend einer Zahl A oder B oder C 2c. soll durch: 2 A, 3 A, 2 B, 3 B, 2 C, 3 C 2c. bezeichnet werden. Hier sind 2, 3 2c. die Multiplicatoren, und **A**, **B**, **C** 2c. die Multiplicanden der Vielfachen.

Sind die Multiplicanden der Vielfachen aber besondere Zahlen, etwa 5, 6, 7 2c., so würde diese Bezeichnungsart Irrthum veranlassen; daher setzt man in diesem Falle zwischen den Multiplicator und den Multiplicandus irgend ein Zeichen: das dazu gebräuchliche ist ein Punkt oder ein liegendes Kreuz (×). Das Zweifache von 3 ist also $= 2 . 3 = 2 \times 3$; das Neunfache von 7 ist $= 9 . 7 = 9 \times 7$, und $6 . 8 = 6 \times 8$ ist das 6fache von 8.

86. Erkl. Zur Bezeichnung der Summe einer unbestimmten Anzahl Zahlen, welche alle auf gleiche Weise gebildet sind, bedient man sich des Zeichens: $\int$, und nennt es das Summationszeichen; man schreibt dann nur eine jener Zahlen, und setzt das Summationszeichen vor diese Zahl hin.

Demnach soll die Summe einer unbestimmten Anzahl A durch $\int A$ bezeichnet werden, daß also $\int A = A + A + A + \ldots$ Aber $A + A + A + \ldots.$ ist ein Vielfaches von A; daher bezeichnet $\int A$ ein Vielfaches von A.

Anmerk. Diese Bezeichnungsart eines Vielfachen vermittelst des Summationszeichens ist in der Absicht gewählt, um ein Vielfaches von einem Produkte (siehe die Anmerkung zu Satz 83.) zu unterscheiden. Denn wählte man für den Multiplicator eines Vielfachen irgend eine Zahl M, so würde M . A als Vielfaches nicht von M . A als ein Produkt zweier Zahlen zu unterscheiden sein. Bei einem Produkte zweier Zahlen M, A sieht man auf die Zahl der Einheiten, bei einem Vielfachen aber von A sieht man auf die Zahl des Multiplicandus A. Daher dürfte die gewählte Bezeichnung dem Wesen eines Vielfachen angemessen sein.

87. Erkl. Verschiedene Vielfache einer Zahl muß man auf verschiedene Weise bezeichnen; diese Verschiedenheit kann man dadurch erreichen, daß man dem Subtractionszeichen Striche oder Accente beilegt. Dem zu folge sollen: $\int A$, $\int' A$, $\int'' A$ verschiedene Vielfachen

von A anzeigen; eben so sollen $\int A$, $\int' B$ Ungleichvielfache von A, B sein.

89. Erkl. Die Bezeichnung der Gleichvielfachen von Zahlen muß gleichförmig sein; also muß man das Summationszeichen ohne Strich, oder mit gleichvielen Strichen versehen vor die Multiplicanden setzen, und wenn dieses stattfindet, so sollen die Ausdrücke als Gleichvielfache der Zahlen, vor welchen sie stehen, betrachtet werden. $\int A$, $\int B$; $\int' A$, $\int' B$; $\int'' A$, $\int'' B$ 2c. sollen also Gleichvielfache von A, B sein.

90. Erkl. Um ein Vielfaches von einem andern Vielfachen einer Zahl zu bezeichnen, setze man vor das letzte Vielfache ein neues Summationszeichen. $\int' \int A$ ist also ein gewisses Vielfaches von einem andern Vielfachen von A. Es ist demnach: $\int' \int A = \int A + \int A + \ldots$, nämlich $\int A$ so oft gesetzt, wie viele Einheiten der Multiplicator hat, welcher durch $\int'$ angedeutet wird.

91. Lehrsatz. Jede Zahl, A, ist ein Vielfaches der Einheit, dessen Multiplicator so viele Einheiten als die Zahl A hat.

Denn man zerlege die Zahl A in ihre Einheiten, so ist $A = 1 + 1 + 1 + \ldots$; nun ist $1 + 1 + 1 + \ldots = \int 1$; also ist $A = \int 1$.

Hier ist nur von ganzen Zahlen die Rede, solche sind auch fortwährend zu verstehen, so lange nicht ausdrücklich bemerkt wird, daß sie andere Zahlen sein sollen.

92. Lehrsatz. Wenn eine von zwei gleichen Zahlen ein Vielfaches einer dritten ist: so ist die andere der gleichen Zahlen dasselbe Vielfache der dritten Zahl.

Es sei $A = B$, und $A = \int C$: so ist (8.) auch $B = \int C$; also ist B das Vielfache von C, welches A von C ist.

93. Lehrsatz. Die Summe oder Differenz zweier Vielfachen von einer und derselben Zahl ist auch ein Vielfaches dieser Zahl, dessen Multiplicator gleich der Summe oder Differenz der Multiplicatoren der gegebenen Vielfacher ist.

$\int A$, $\int' A$ seien zwei Vielfache von A.

Man zerlege jedes Vielfache in seine Multiplicanden, so ist $\int A = A + A + A + \ldots$, und $\int' A = A + A + \ldots$; daher ist $\int A + \int' A = A + A + A + \ldots + A + A + \ldots$ Folglich ist $\int A + \int' A$ eine Summe gleicher Zahlen, deren jede A; demnach ist (82.) die Summe ein Vielfaches von A. Nun hat $\int A + \int' A$ so viele A als $\int A$ und $\int' A$ zusammen haben; daher ist der Multiplicator von der Summe $\int A + \int' A$ gleich der Summe der Multiplicatoren von $\int A$ und $\int' A$.

$\int A$ sei ein höheres Vielfaches als $\int' A$ von A; so muß $\int A$ so viele A als $\int' A$ die A und noch einige A enthalten. Nennt man die Anzahl A, welche $\int A$ mehr als $\int' A$ hat, $\int'' A$: so ist $\int A = \int' A + \int'' A$; daher ist $\int A - \int' A = \int'' A$; also ein Vielfaches von A, dessen Multiplicator gleich der Differenz der Multiplicatoren von $\int A$ und $\int' A$ ist.

94. Lehrsatz. Ein Vielfaches der Summe zweier Zahlen ist gleich der Summe eben derselben Vielfachen jeder einzelnen Zahl.

Es ist zu erweisen, daß $\int (A + B) = \int A + \int B$ ist.

Nun ist $\int (A + B) = (A + B) + (A + B) + (A + B) + \ldots$

Da jede Summe $(A + B)$ die A und die B hat: so wird

$\int(A+B)$ so viele A und eben so viele B haben, als selbiges die Summe $(A+B)$ hat; also enthält das Vielfache von $(A+B)$ dasselbe Vielfache der A und auch das der B. Daher ist: $\int(A+B) = \int A + \int B$.

Z. B. Das Dreifache von $(5+7) = (5+7)+(5+7)+(5+7) = 5+5+5+7+7+7 =$ dem Dreifachen von 5 + dem Dreifachen von 7.

95. Zusatz. Aus dem Beweise folgt, daß dieser Satz nicht allein von der Summe zweier, sondern auch mehrerer Zahlen gilt.

Z. B. Das Zweifache von $(A+B+C) = (A+B+C)+(A+B+C) = (A+A)+(B+B)+(C+C) = 2A+2B+2C$.

Das Fünffache von $(7+9+12+13) = (5.7+5.9+5.12+5.13.)$

96. Lehrsatz. Die Summe zweier Gleichvielfachen von zwei Zahlen ist gleich demselben Vielfachen von der Summe der Zahlen.

Zu erweisen, daß $\int A + \int B = \int(A+B)$.

$\int A$ hat so viele A als $\int B$ die B hat; also enthält die Summe $\int A + \int B$ so viele Summen $(A+B)$, so oft $\int A$ die A oder $\int B$ die B hat. Demnach ist $\int A + \int B = \int(A+B)$,

Z. B. $3.5+3.6 = 3.(5+6)$; $5A+5B = 5.(A+B)$.

97. Lehrsatz. Ein Vielfaches von der Differenz zweier Zahlen ist gleich der Differenz derselben Vielfachen jeder einzelnen Zahl.

Zu zeigen, daß $\int(A-B) = \int A - \int B$,

$\int(A-B) = (A-B)+(A-B)+(A-B)+\ldots.$ So oft also $\int(A-B)$ die Differenz $(A-B)$ hat, so oft ist A, und eben so oft B vorhanden; also sind $\int A$ und $\int B$ da; jedes B ist aber von einem A zu subtrahiren.

Nun erhält man gleiche Reste, wenn man jede Zahl B von einer A, oder wenn man die Summe aller B von der Summe aller A subtrahirt (44); daher ist $(A-B)+(A-B)+(A-B)+\ldots. = (A+A+A+\ldots)-(B+B+B+\ldots) = \int A - \int B$; folglich ist auch $\int(A-B) = \int A - \int B$,

Z. B. $9.(8-2) = 9.8-9.2$; das Zehnfache von $(A-B)$ ist = dem Zehnfachen von A — dem Zehnfachen von B.

98. Lehrsatz. Die Differenz zweier Gleichvielfachen von zwei Zahlen ist gleich demselben Vielfachen von der Differenz der Zahlen.

$\int A - \int B = \int(A-B)$.

So viele A, eben so viele B sind vorhanden; daher müssen auch eben so viele $(A-B)$ da sein. $\int A - \int B$ ist die Summe aller A weniger der Summe aller B; dieser Rest ist aber gleich der Summe aller Reste, wenn von jedem A ein B nach der Reihe subtrahirt wird (44.); demnach ist $\int A - \int B = \int(A-B)$.

Z. B. $7.10-7.4 = 7.(10-4)$; $9A-9B = 9.(A-B)$; $8.12-8.3-8.2 = 8.(12-3-2)$.

99. Lehrsatz. Gleichvielfache gleicher Zahlen sind gleich.

Es sei $A = B$; so ist zu zeigen, daß $\int A = \int B$.

Da $\left\{\begin{matrix} A = B \\ A = B \end{matrix}\right\}$: so ist $2A = 2B$. Zu diesen gleichen Zweifachen setze man wieder gleiche Zahlen, $A = B$, hinzu: so ist aus demselben Grunde $3A = 3B$.

Da die Vielfachen gleiche Multiplicatoren haben: so muß man eben so viele B zu einem Vielfachen zusammensetzen, so viele A man zu dem andern Vielfachen verbindet; daher hat man zu erhaltenen gleichen Vielfachen immer Gleiches hinzuzusetzen; mithin erhält man auch Gleiches; daher ist $4A = 4B$; $5A = 5B$ rc., $\int A = \int B$.

100. Lehrsatz. Gleichvielfache ungleicher Zahlen sind ungleich; das Gleichvielfache der größern Zahl ist um dasselbe Vielfache des Unterschiedes der Zahlen größer als das Gleichvielfache der kleinern Zahl.

A sei um $C > B$; so ist $A = B + C$; folglich ist $\int A = \int(B+C)$ nach dem vorigen Satze. Nun ist (94.) $\int(B+C) = \int B + \int C$; daher ist $\int A = \int B + \int C$; also $\int A$ um $\int C > B$.

Z. B. $5.9$ ist um $5.3 > 5.6$; $10 = 4 + 6$; so ist $8.10$ um $8.4 > 8.6$.

101. Lehrsatz. Ungleichvielfache gleicher Zahlen sind ungleich; das höhere Vielfache ist um ein Vielfaches, dessen Multiplicator die Differenz zwischen den Multiplicatoren der gegebenen Vielfachen, und dessen Multiplicandus einer der gleichen ist, größer als das niedrigere Vielfache.

Der Beweis dieses Satzes folgt aus dem Beweise zum 93sten Satze. Z. B. $5.9$ ist um $2.9 > 3.9$.

102. Lehrsatz. Das höhere Vielfache einer größern Zahl ist größer als das niedrigere einer kleinern.

A sei $> B$, und $\int A$ ein höheres Vielfaches von A als $\int' B$ von B.

Nun ist (100) $\int A > \int B$; und $\int B > \int' B$ (101); daher $\int A > \int' B$.

103. Lehrsatz. Wenn zwei Gleichvielfache von zwei Zahlen einander gleich sind: so müssen auch ihre Multiplicanden einander gleich sein.

Denn wären die Multiplicanden ungleich, so müßten auch (100.) die Gleichvielfachen derselben ungleich sein; da dieses der Annahme ihrer Gleichheit widerspricht: so müssen die Multiplicanden derselben gleich sein.

Z. B. Das 3fache einer Zahl sei gleich dem Dreifachen einer andern Zahl $= 36$; so muß der Multiplicandus von jedem dieser 3fachen $= 12$, also einander gleich sein.

104. Lehrsatz Sind zwei Gleichvielfache zweier Zahle ungleich: so müssen auch ihre Multiplicanden ungleich sein; und zwar ist der Multiplicandus des größern Vielfachen größer als der des kleinern.

Die Gleichvielfachen seien $\int A$, $\int B$, und $\int A > \int B$: so ist $A > B$.

Würde nun A nicht $> B$ sein, so müßte A entweder $= B$ oder $< B$ sein.

Wenn $A = B$: so würde (99.) auch $\int A = \int B$ sein, welches wider die Bedingung $\int A > \int B$; daher kann A nicht $= B$ sein.

Ist $A < B$: so ist (100.) $\int A < \int B$, welches auch gegen die Bedingunn $\int A > \int B$ ist; daher kann A auch nicht kleiner als B sein. Demnach ist $A > B$.

Z. B. Das 4fache einer Zahl ist $= 32$ und größer als ein anderes Vierfaches = 24; so ist der Multiplicandus des ersten Vierfachen = 8, der des andern = 6; also der des ersten größer als der des andern.

105. Lehrsatz. Sind zwei Ungleichvielfache gleich: so müssen ihre Multiplicanden ungleich sein, und zwar ist der Multiplicandus des höhern Vielfachen kleiner als der des niedrigern.

$fA$ sei ein höheres Vielfaches von A als $f'B$ von B, und $fA = f'B$.

Würde nun A nicht $< B$ sein: so könnte A entweder $= B$, oder $> B$ sein.

Wäre $A = B$, oder $> B$: so würde (101. 102.) auch $fA > f'B$ sein, welches wider die Bedingung $fA = f'B$; daher kann A weder $= B$, noch $> B$; folglich muß $A < B$ sein.

Z. B. Das 5fache einer Zahl sei = 15 = dem 3fachen einer andern: so ist der Multiplicandus des ersten = 3, der des andern = 5; also die Vervielfachte des ersten Vielfachen kleiner als die des andern.

106. Lehrsatz. Wenn zwei Ungleichvielfache ungleich sind, und zwar das niedrigere Vielfache größer als das höhere: so ist die Vervielfachte des niedrigern Vielfachen größer als die des höhern.

$fA$ sei ein niedrigeres Vielfoches von A, als $f'B$ von B, und $fA > f'B$.

Wäre A nicht $> B$, so könnte A entweder $= B$, oder größer als B sein; in jedem der letzten beiden Fälle würde aber (101. 102.) $fA < f'B$ sein; daher kann A nur $> B$ sein.

Z. B. Das Sechsfache von einer Zahl sei = 48, und das 7fache einer andern = 42; so ist die Vervielfache des ersten Vielfachen = 8, und größer als die des andern = 6.

207. Lehrsatz. Sind zwei Vielfache gleicher Zahlen gleich: so müssen sie Gleichvielfache, oder ihre Multiplicatoren müssen einander gleich sein.

Denn wären ihre Multiplicatoren ungleich: so würden die Vielfachen selbst ungleich sein (101.), da dieses mit der Bedingung ihrer Gleichheit nicht bestehen kann: so müssen die Multiplicatoren einander gleich oder die Vielfache Gleichvielfache sein.

Z. B. Ein Vielfaches von 8 ist = 40 = einem andern Vielfachen von 8; daher ist jedes das 5fache von 8.

108. Lehrsatz. Wenn zwei Vielfache gleicher Zahlen ungleich sind: so sind auch ihre Multiplicatoren ungleich; und zwar ist das größere Vielfache höher als das andere.

Ist $fA > f'A$, so muß $fA$ ein höheres Vielfaches als $f'A$ von A sein.

Denn wäre dieses nicht: so müßte $fA$ mit $f'A$ entweder ein Gleichvielfaches, oder $fA$ müßte ein niedrigeres Vielfaches als $f'A$ von A sein; im ersten Falle würde (99.) $fA = f'A$, im andern (101.) $fA < f'A$ sein, beide Fälle also wider die Bedingung $fA > f'A$. Daher ist die Behauptung des Satzes wahr.

109. Lehrsatz. Sind zwei Vielfache ungleicher Zahlen gleich, so ist der Multiplicator des Vielfachen von der kleinern Zahl größer als der des Vielfachen von der größern.

A sei $< B$, und $\int A = \int' B$.

Würde nun der Multiplicator von $\int A$ nicht größer als der von $\int' B$ sein: so würde in jedem andern Falle $\int A < \int' B$ (100. 102.) sein, welches wider die Annahme ist; daher muß der Multiplicator von $\int A$ größer als der von $\int' B$ sein.

Z. B. Ein Vielfaches von $3 = 30$, und ein anderes von $7 = 28$, so ist des ersten Multiplicator 10, des andern 4 ꝛc.

110. Lehrsatz. Wenn zwei Vielfache ungleicher Zahlen ungleich sind, und zwar das Vielfache der größern Zahl kleiner als das Vielfache der kleinern Zahl: so ist das Vielfache der größern Zahl ein niedrigeres als das der kleineren.

Denn wäre dieses nicht, so würde in jedem andern Falle das erste Vielfache größer als das andere sein, (100. 102.); daher ist die Behauptung des Satzes wahr.

Z. B. Ein Vielfaches von 10 ist $= 20$, ein anderes von 2 ist $= 30$; so ist das erste Vielfache das 2fache und das andere das 15fache; jenes also niedriger als dieses.

111. Lehrsatz. Wenn die Summe zweier Zahlen und auch eine von ihnen ein Vielfaches einer dritten ist: so ist auch die andere ein Vielfaches der dritten Zahl.

Es sei $(A+B) = \int C$, und $A = \int' C$.

Nimmt man nun A von $(A+B)$, und $\int' C$ von $\int C$, so hat man Gleiches von Gleichem subtrahirt; daher behält man Gleiches: $B = \int' C - \int C$. Aber $\int C - \int' C$ ist ein Vielfaches von C (93); demnach ist auch B ein Vielfaches von C.

Z. B. $(A+B)$ ist das 9fache von $3 = 27$, und A das 7fache von $3 = 21$: so ist B das 2fache von $3 = 6$.

112. Lehrsatz. Ist die Differenz zweier Zahlen, und auch eine von ihnen ein Vielfaches einer dritten: so ist auch die andere, ein Vielfaches der dritten.

$(A-B)$ sei $= \int C$, und $A = \int' C$.

Aus der ersten Annahme folgt: $A = B + \int C$, mit Zuziehung der zweiten Annahme folgt: $B + \int C = \int' C$. Da nun die Summe $(B + \int C)$, und auch eine $\int C$ ein Vielfaches von C ist: so ist (111.) auch die andere Zahl B ein Vielfaches von C.

Z. B. $(A-B)$ ist das 5fache von $7 = 35$; A das 8fache von $7 = 56$: so ist B das 3fache von $7 = 21$.

Man hätte in dem Beweise zwei Fälle unterscheiden sollen: wenn A, und dann wenn B ein Vielfaches von C ist. Da aber die Beweise für beide Fälle, und besonders für den andern sehr leicht sind: so ist der andere weggelassen. Denn dieser wird mit Hilfe des Satzes 93. erwiesen.

113. Lehrsatz. Wenn die eine zweier Zahlen, nicht aber die andere ein Vielfaches einer dritten ist: so ist weder die Summe noch die Differenz dieser Zahlen ein Vielfaches der dritten Zahl.

A sei ein Vielfaches von C, B nicht.

Wäre $(A+B)$ ein Vielfaches von C, so müßte auch B ein Vielfaches von C sein, weil solches A von C ist (111.); nun soll B nicht ein Vielfaches von C sein: also kann solches auch $(A+B)$ von C nicht sein.

Ist (A—B) ein Vielfaches von C, so ist, weil A ein Vielfaches von C ist (112.), auch B ein Vielfaches von C, wider die Voraussetzung; daher kann (A—B) nicht ein Vielfaches von C sein.

Z. B. A ist das 8fache von 5, B = 21 nicht ein Vielfaches von 5, daher ist weder (A+B) = 61, noch (A—B) = 19 ein Vielfaches von 5.

114. Lehrsatz. Ist eine zweier Zahlen, nicht aber die Summe oder Differenz ein Vielfaches einer dritten: so kann auch die andere Zahl nicht ein Vielfaches der dritten sein.

Denn wäre die andere Zahl ein Vielfaches der dritten: so würde sowohl die Summe als auch die Differenz der Zahlen ein Vielfaches der dritten, wider die Voraussetzung, sein; daher ist der Satz wahr.

Z. Bt A das 4fache von 13; (A+B) = 69, oder (A—B) = 35, nicht ein Vielfaches von 13; daher ist auch B = 17 nicht ein Vielfaches von 13.

(A+B) = 84, oder A'—B = 72 nicht Vielfache von 5, B das 3fache von 5: so ist A = 69, A' = 87 nicht ein Vielfaches von 5.

115. Lehrsatz. Wenn die Summe oder Differenz zweier Zahlen ein Vielfaches, die eine der Zahlen aber nicht ein Vielfaches einer dritten ist: so kann auch die andere nicht ein Vielfaches der dritten sein.

Wird mit Hilfe des Satzes 113. erwiesen.

Z. B. (A+B) das 20fache von 3, A = 16 nicht ein Vielfaches von 3; daher B = 44 nicht ein Vielfaches von 3. (A—B) das 17fache von 2, B = 19 nicht ein Vielfaches von 2.

116. Lehrsatz. Ein Vielfaches von einem Vielfachen einer Zahl, A, ist ein Vielfaches derselben Zahl A.

Es ist ſ'ſA = ſA + ſA + ſA + .....; so oft nämlich ſA gesetzt, wie viele Einheiten der Multiplicator des Vielfachen hat, welches durch ſ' angedeutet wird.

Da nun jedes ſA eine Summe von A ist: so ist die Summe aller ſA wieder eine Summe von A (93.); demnach ist ſ'ſA ein Vielfaches von A.

Z. B. Das 3fache vom 4fachen von 11 = dem 3fachen von 44 = 132 = dem 12fachen von 11.

117. Lehrsatz. Ein Vielfaches, mit einem gewissen Multiplicator, von einem andern Vielfachen, mit einem andern Multiplicator, einer Zahl A, ist gleich dem Vielfachen, mit dem zweiten Multiplicator, von dem Vielfachen, mit dem ersten Multiplicator, derselben Zahl A; oder: ein Vielfaches von einem Vielfachen, mit verschiedenen Multiplicatoren, einer Zahl A, ist gleich einem Vielfachen von einem Vielfachen, mit den verwechselten Multiplicatoren, derselben Zahl A.

Zu zeigen also, daß ſ'ſA = ſſ'A.

Man zerlege das Vielfache ſ'ſA in seine Multiplicanden, deren jeder = ſA ist, und stelle sie in eine senkrechte Reihe; darauf zerlege man jedes Vielfache ſA in seine Multiplicanden, jeder = der Zahl A, und ordne sie nach einer horizontalen Reihe, wie folgt:

$$\int\int A = \begin{cases} \int A = A + A + A + \dots\dots\dots + A. \\ +\int A = A + A + A + \dots\dots\dots + A. \\ +\int A = A + A + A + \dots\dots\dots + A. \\ \vdots \qquad \vdots \quad \vdots \quad \vdots \qquad\qquad \vdots \\ +\int A = A + A + A + \dots\dots\dots + A. \end{cases}$$

In der ersten Vertikalreihe sind so viele $\int A$, und daher auch in jeder folgenden Vertikalreihe eben so viele A, wie vielfach $\int'\int A$ von $\int A$ ist; daher enthält jede Vertikalreihe, in welcher A stehen, eine solche Summe von A, die $= \int' A$ ist. Nun giebt es aber so viele der zuletzt erwähnten Vertikalreihen, wie vielfach $\int A$ von A ist, und da die Summe der A in einer Vertikalreihe $= \int' A$ ist: so ist die Summe aller A in allen diesen Verticalreihen $= \int\int' A$.

Die Summe aller A in allen Vertikalreihen ist aber gleich der Summe aller A in allen Horizontalreihen $= \int'\int A$; demnach ist $\int'\int A = \int\int' A$.

Z. B. Das 2fache vom 3fachen von 8 ist = dem 3fachen vom 2fachen von 8 = 48.

118. Zusatz. Eine unmittelbare Folge des vorigen Satzes ist: daß $\int\int'\int'' A = \int'\int\int'' A = \int'\int''\int A$ 2c. ist.

Denn $\int'' A$ ist = irgend einer Zahl B, so ist (117.) $\int\int' B = \int'\int B$; aber $B = \int'' A$, also (99.) $\int' B = \int'\int'' A$, und $\int\int' B = \int\int'\int'' A$; aus demselben Grunde ist $\int B = \int\int'' A$, und $\int'\int B = \int'\int\int'' A$; demnach $\int\int'\int'' A = \int'\int\int'' A$.

Z. B. Das 2fache vom 3fachen, vom 4fachen, von 5 = dem 3fachen vom 2fachen vom 4fachen von 5 = 120 2c.

119. Lehrsatz. Wenn zwei Zahlen, A′, B′, Gleichvielfache von zwei andern Zahlen A, B sind, die A′ von der A und die B′ von der B, und ist eine, A, der beiden letzten Zahlen ein Vielfaches der andern B: so ist die erste A′ ein solches Vielfache der andern B′ als A von B ist.

Da A ein Vielfaches von B sein soll: so sei $A = \int B$.

Nun soll A′ auch ein Vielfaches von A sein; also ist $A' = A + A + A + \dots = \int B + \int B + \int B + \dots$. Aber $\int B + \int B + \int B = \int(B + B + B + \dots)$ (94. 95.); daher $A' = \int(B + B + B + \dots)$.

Die Klammer $(B + B + B + \dots)$ hat nun so viele B, wie viele A die A′ enthält, und weil A′ von A und B′ von B Gleichvielfache sein sollen: so ist die Klammer $(B + B + B + \dots) = B'$. Demnach ist $A' = \int B'$; daher sind A′ von B′ und A von B Gleichvielfache.

Ein anderer Beweis.

Weil A′, B′ Gleichvielfache von A, B sein sollen: so sei $A' = \int' A$; also ist auch $B' = \int' B$. Nun ist A ein Vielfaches von B, so sei $A = \int B$; also $A' = \int'\int B = \int\int' B$ (117.)

Weil $B' = \int' B$, so ist auch (99.) $\int B' = \int\int' B$. Demnach ist: $A' = \int B'$; folglich sind A′, A Gleichvielfache von B′, B.

Z. B. 24 und 8 sind Gleichvielfache von 6 und 2; 6 ist ein Vielfaches von 2; daher sind 24 und 6 Gleichvielfache von 8 und 2.

120. Lehrsatz. Sind zwei Zahlen A, B Vielfache einer dritten, C, und zwei andere A′, B′ Vielfache einer sechsten, C′, und zwar die ersten jedes Paares Gleichvielfache, und die zweiten beider Paare

Gleichvielfache: so sind die Summe des ersten Paares $(A+B)$ von der dritten und die Summe des andern Paares $(A'+B')$, von der sechsten Gleichvielfache.

$A'$ hat eben so viele $C'$ als $A$ die $C$, und $B'$ hat eben so viele $C'$ als $B$ die $C$; also haben $A'$ und $A$ gleich viele, und $B'$ und $B$ gleich viele der genannten Zahlen; daher müssen auch $(A'+B')$ eben so viele $C'$ als $(A+B)$ die $C$ haben; also haben $(A'+B')$ und $(A+B)$ gleich viele $C'$ und $C$; demnach sind $(A+B)$ von $C$ und $(A'+B')$ von $C'$ Gleichvielfache.

Z. B. 24 und 32 sind Vielfache von 8; 36 und 48 sind Vielfache von 12. Nun sind 24 und 36 Gleichvielfache, nämlich jede das 3fache von 8 und 12; und 32 und 48 sind Gleichvielfache, nämlich jede das 4fache von 8 und 12; daher sind die Summen des ersten Paares $(24+32)=56$ von 8, und die Summe des andern Paares $(36+48)=84$ von 12 Gleichvielfache, nämlich jede das 7fache.

121. Lehrsatz. Gleichvielfache von Gleichvielfachen zweier Zahlen $A$, $B$, sind auch Gleichvielfache dieser Zahlen.

Die Gleichvielfachen der Zahlen $A$, $B$, seien $\int A$, $\int B$, und die Gleichvielfachen von diesen seien $\int\int A$, $\int\int B$.

Da nun $\int\int A$, $\int\int B$ Gleichvielfache von $\int A$, $\int B$ sind, so hat $\int\int A$ so viele $\int A$ als $\int\int B$ die $\int B$. Da ferner $\int A$, $\int B$ Gleichvielfache von $A$, $B$, sind: so ist (96.) $\int A+\int A=\int(A+A)$ und $\int B+\int B=\int(B+B)$; also sind $\int(A+A)$ und $\int(B+B')$ Gleichvielfache von $A$ und $B$; aus denselben Gründen sind $(\int A+\int A+\int A)$ von $A$ und $(\int B+\int B+\int B)$ von $B$ Gleichvielfache. Schließt man so fort, bis man so viele $\int A$ zu einer Summe, und eben so viele $\int B$ zu einer andern Summe verbunden hat, wie vielfach $\int\int A$ von $\int A$ oder $\int\int B$ von $\int B$ ist: so muß die eine Summe eben so vielfach von $A$, als die andere Summe von $B$ sein. Da aber die erste Summe aller $\int A=\int\int A$, und die andere Summe aller $\int B=\int\int B$ ist, so sind $\int\int A$, $\int\int B$, von $A$, $B$ Gleichvielfache.

Z. B. 36 und 60 sind Gleichvielfache, nämlich jede das 3fache von 12 und 20, und 12 und 20 sind Gleichvielfache, nämlich jede das 4fache von 3 und 5: so sind auch 36 und 60 Gleichvielfache, nämlich jede das 12fache von 3 und 5.

122. Lehrsatz. Wenn man zwei ungleiche Zahlen hat, so giebt es immer ein Vielfaches der kleinern, welches die größere Zahl übertrifft.

$A$ sei $<B$, so kann $A$ entweder gleich oder größer als die Einheit sein.

Ist $A=$ der Einheit, so nehme man ein solches Vielfaches von $A$ als $B$ der Einheit ist; dieses Vielfache von $A$ sei $\int A$: so sind $\int A$ und $B$ Gleichvielfache einer nnd derselben Zahl (der Einheit), also (99.) ist $\int A=B$. Nimmt man nun ein höheres Vielfaches von $A$ als $\int A$ von $A$ ist, welches $\int' A$ sei, so ist (101.) $\int' A>\int A$, also auch $\int' A>B$.

$A$ sei größer als die Einheit, bleibe aber $<B$.

Wie vielfach nun $B$ der Einheit ist, so vielfach sei $\int A$ von $A$, so sind $B$, $fA$ Gleichvielfache der Einheit und $A$; $A$ aber größer als die Einheit; daher (100.) ist $fA > B$.

123. Lehrsatz. Wenn man zwei ungleiche Zahlen hat, von denen die größere nicht ein Vielfaches der kleinern ist: so giebt es zwei auf einander folgende Vielfache der kleinern, von welchen das niedrigere Vielfache kleiner, das um Eins höhere Vielfache aber größer als die größere Zahl ist.

Man nehme von der kleinern, $A$, Vielfache nach der Reihe, das Ein-, Zwei-, Dreifache ꝛc., also $A$, $2A$, $3A$ ꝛc., und subtrahire jedes dieser Vielfachen nach der Ordnung von der größern Zahl, $B$; so werden gewisse Reste übrig bleiben, welche nach der Reihe mit $R$, $R'$, $R''$ ꝛc. bezeichnet sein mögen; also:

$$\left.\begin{aligned} B - \phantom{2}A &= R \\ B - 2A &= R' \\ B - 3A &= R'' \\ B - 3A &= R''' \\ \vdots\quad \vdots\; &\quad \vdots \\ B - fA &= R'''''\cdots \end{aligned}\right\}\ \text{daraus folgt (19.)}\ \left\{\begin{aligned} B &= \phantom{2}A + R \\ B &= 2A + R' \\ B &= 3A + R'' \\ B &= 4A + R''' \\ \vdots\; &\quad \vdots \quad \vdots \\ B &= fA + R'''''\cdots \end{aligned}\right.$$

Keiner der Reste kann gleich Null sein; weil $B$ nicht ein Vielfaches von $A$ sein soll. Denn wäre irgend ein Rest, $R''$, gleich Null: so würde $B = 3A + 0 = 3A$; also $B$ wider die Bedingung ein Vielfaches von $A$; daher kann kein Rest gleich Null sein.

Irgend einer der Reste muß aber kleiner als $A$ sein, wenn man die Subtraction der auf einander folgenden Vielfachen von $A$ hinlänglich weit fortsetzt. Denn gesetzt man käme auf keinen Rest, der kleiner als $A$, also jeder größer als $A$ wäre, wie hoch man die Vielfachen von $A$ nähme: so würde jedes Vielfache von $A$ kleiner als $B$ sein; also könnte es kein Vielfaches von $A$ geben, welches größer als $B$ wäre. Nun giebt es aber ein Vielfaches von $A$, welches größer als $B$ ist (122.); daher muß einer jener Reste kleiner als $A$ sein.

Ein anderer Beweis, daß einer jener Reste kleiner als $A$ sein muß.

Während man Vielfache der $A$ von $B$ hinwegnimmt, nehme man zugleich eben solche Vielfache der Einheit von $B$ hinweg.

Da nun $A$ größer als die Einheit ist, ($A$ kann nicht $=$ Eins sein, weil dann $B$ ein Vielfaches von $A$ wäre): so muß jeder Rest, welcher durch Subtraction der Vielfachen der $A$ von der $B$ erhalten wird, kleiner als der Rest sein, welcher durch Hinwegnahme eines eben solchen Vielfachen der Einheit von der $B$ übrig bleibt (46.).

Nun sei $B - A = R$, und $fA$ sei so vielfach von $A$ als $R$ von der Einheit ist; daher ist:

$$\begin{aligned} B - \phantom{2}A &< B - 1 \\ B - 2A &< B - 2 \\ B - 3A &< B - 3 \\ \vdots\quad \vdots\; &\quad \vdots \quad \vdots \\ B - fA &< B - R \end{aligned}$$

Weil $B - A = R$, so ist (19.) $B = A + R$ und $B - R = A$. Da nun $B - fA < B - R$: so ist auch $B - fA < A$, also ein Rest kleiner als $A$.

Da nun irgend ein Rest $B - fA < A$, so sei $B - A = r$, und $r$ also $< A$, also $B = r + fA$. Aber $r + fA < A + fA$; daher ist auch $B < A + fA$. Nun sind aber $fA$ und $A + fA$ zwei auf einander folgende Vielfachen von A, von welchen das letzte das um Eins höhere ist. Demnach giebt es zwei auf einander folgende Vielfache von A, von denen das niedrige kleiner, das höhere größer als B ist.

Z. B. Man habe die Zahlen 7 und 50, wo 50 nicht ein Vielfaches von 7. Das 7fache von $7 = 49 < 50$, und das darauf folgende Vielfache, das 8fache von $7 = 56 > 50$.

Hat man 13 und 100: so ist das 7fache von $13 = 91 < 100$, und das 8fache von $13 = 104 > 100$.

Sind die gegebenen Zahlen 17 und 65: so ist das 3fache der kleinern, 51, kleiner als die größere 65, und das 4fache der kleinern, 68, größer als die größere 65.

124. Erklär. Eine Zahl vervielfältigt eine andere, wenn so viele Zahlen, jede gleich der zweiten, als die erste Einheiten hat, zu einer neuen Zahl zusammengesetzt werden.

Die vervielfältigende Zahl heißt der Multiplicator, die vervielfältigte der Multiplicandus.

Die Zahl, welche so oft, als die vervielfältigende Zahl Einheiten hat, die vervielfältigte Zahl enthält, heißt das Produkt beider Zahlen.

125. Erkl. Das Zeichen der Vervielfachung (Vervielfältigung) ist ein Punkt oder ein liegendes Kreuz ($\times$), und man setzt eins dieser Zeichen zwischen die Zahlen, welche einander vervielfältigen.

Z. B. $5 . 7 = 5 \times 7 = 7 + 7 + 7 + 7 + 7 = 35$. Denn die vervielfältigende Zahl ist 5, und hat 5 Einheiten; daher müssen 5 Zahlen, jede gleich der vervielfältigten Zahl 7, zur neuen, dem Produkte verbunden werden.

Das genannte Zeichen spricht man: „mal" aus; also:

$3 . 8 = 3 \times 8 = 3 \text{ mal } 8 = 8 + 8 + 8 = 24.$

Anmerk. Man vergleiche dieses mit dem, was von Vielfachen gesagt ist. Satz 82 bis 85.

An diesem Orte hat man für das angewandte Rechnen das Einmaleins zu bilden und es dem Gedächtnisse einzuprägen.

126. Lehrsatz. Das Produkt zweier Zahlen ist gleich einem bestimmten Vielfachen, dessen Multiplicator gleich der vervielfältigenden, und dessen Multiplicandus gleich der vervielfältigten Zahl ist.

Die vervielfältigende Zahl sei A, die vervielfältigte B, und das Produkt P: so ist $P = B + B + B + \ldots + B$, nämlich B so oft, als A Einheiten hat, gesetzt, P ist also eine Summe gleicher Zahlen, deren jede B ist; daher (82.) ist P ein Vielfaches von B, und zwar das Afache von $B = A . B = A \times B$.

127. Lehrsatz. Ein bestimmtes Vielfaches einer Zahl ist gleich einem Produkte, dessen vervielfältigende Zahl gleich dem Multiplicator, und dessen vervielfältigte Zahl gleich dem Multiplicandus des Vielfachen ist.

Der Multiplicator des Vielfachen sei A, der Multipltcandus desselben B, so ist dieses Vielfache das Afache von B. Nun hat das Afache von B so viele B, als A Einheiten hat (83.); das Produkt aus A mal B hat auch so viele B, als A Einheiten hat, daher ist das Afache von B = A mal B = A . B = A × B.

Anmerk. Die Beweise der beiden letzten Sätze sind unmittelbare Folgerungen aus den Erklärungen eines Vielfachen und eines Produkts. Da Produkte als Vielfache betrachtet werden können: so müssen alle Sätze, welche von Vielfachen erwiesen sind, auch von Produkten gelten. Weil aber von Produkten gewöhnlich mehr als von Vielfachen die Rede ist, so sollen die Hauptsätze von Produkten noch besonders erwiesen werden. Uebrigens ist hier unter Produkt nur das ganzer Zahlen zu verstehen.

128. Lehrsatz. Wenn gleiche Zahlen gleiche vervielfältigen: so erhält man gleiche Produkte.

Dieser Satz wird wie der 99ste erwiesen.

Z. B. 3 . 5 = 3 . (1 + 4) = 12.

129. Lehrsatz. Wenn jede von zwei Zahlen die andere vervielfältigt: so sind die Produkte einander gleich.

Die einander vervielfältigenden Zahlen seyen A, B; so ist zu zeigen, daß A . B = B . A ist.

Man zerlege die Zahl B, welche vervielfältigt werden soll, in ihre Einheiten. und stelle sie in eine horizontale Reihe. Diese Horizontalreihe setze man so oft, als die vervielfältigende Zahl A Einheiten hat, in senkrechter Richtung unter einander.

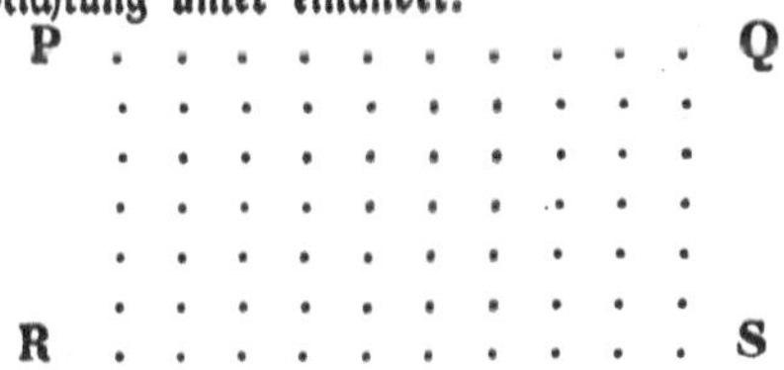


Da nun jede Horizontalreihe, P Q, so viele Einheiten als B hat, und der Horizontalreihen so viele vorhanden sind, wie viele Einheiten A hat: so begreift die Summe aller Horizontalreihen so viele Einheiten, als das Produkt A . B hat.

In jeder Vertikalreihe, P R, befinden sich so viele Einheiten, so viele Einheiten A hat; nun giebt es so viele Vertikalreihen, als eine Horizontalreihe oder B Einheiten enthält, folglich umfassen alle Vertikalreihen zusammen so viele Einheiten, als das Produkt B . A.

Die Summe aller Horizontalreihen hat eben so viele Einheiten als die Summe aller Vertikalreihen; demnach ist A . B = B . A.

Ein anderer Beweis desselben Satzes.

Das Produkt A . B ist so vielfach von B als A von der Einheit; also hat man zwei Gleichvielfache, das Produkt A.B und A von zwei andern Zahlen, der B und der Einheit. Nun ist B ein Vielfaches der Einheit (91); daher (119.) ist A . B so vielfach von A, als B von der Einheit ist.

Das Produkt B . A ist nun ein solches Vielfaches von A, als B von der Einheit ist, daher sind die Produkte A . B und B . A Gleichviefache einer und derselben Zahl A.

Demnach (99.) ist A.B = B .A.

Z. B. $3.5 = 15$; $5.3 = 15$; also $3.5 = 5.3$.

130. Lehrsatz. Wenn mehrere Zahlen einander vervielfältigen: so erhält man immer gleiche Produkte, in welcher Ordnung man auch die Zahlen nehmen möge.

$A.B.C = A.C.B = B.A.C = C.A.B = C.B.A$. Denn $B.C = C.B$ (129); wenn man nun diese gleichen Zahlen durch die gleichen Zahlen, $A = A$, vervielfältigt: so muß man wieder gleiche Produkte erhalten (128.); also ist $A.B.C = A.C.B$ rc.

131. Lehrsatz. Wenn eine Zahl die Summe zweier andern vervielfältigt: so ist das erhaltene Produkt gleich der Summe zweier andern Produkte, deren ein Faktor die vervielfältigende Zahl, und deren anderer einer von den Summenden der vervielfältigten Summe ist.

$A.(B + C) = A.B + A.C$.

Denn das Produkt $A.(B + C)$ hat so vielmal $(B + C)$ als A die Einheit; nun begreift jede Summe $(B + C)$ sowohl die B als auch die C in sich; daher enthält das genannte Produkt so viele B, und eben so viele C, als A Einheiten hat. Demnach ist $A.(B+C) = A.B + A.C$.

Z. B. $3.(4+5) = 3.4+3.5 = 12+15 = 27$; und in der That ist auch $3.(4+5) = 3.9 = 27$.

Anmerk. Der Multiplicator und Multiplicandus eines Produkts nennt man auch mit dem gemeinschaftlichen Namen Faktor. Denn es ist in dem Satze 129. dargethan, daß es für die Erzeugung eines Produkts zweier Zahlen gleichgültig ist, welche von ihnen man als den Multiplicatnr, und welche man als den Multiplicandus annehme; sie haben also gleichen Einfluß auf die Hervorbringung des Produkts; daher der gemeinschaftliche Name.

Dieses wird man in allen Fällen finden, daß wenn Zahlen in einer Rechnung gleiche Funktionen haben, so führen sie auch gleiche Namen, und umgekehrt. Z. B. $A + B = B + A$; daher ihr gemeiner Name Summandus.

132. Lehrsatz. Vervielfältigt eine Zahl die Summe mehrerer andern: so ist das dadurch erhaltene Produkt gleich der Summe eben so vieler, als der vervielfältigten Zahlen, Produkte, deren ein Faktor die vervielfältigende Zahl, und der andere einer der Summanden der vervielfältigten Summe ist.

$A.(B + C + D) = A.B + A.C + A.D$.

Dieser Satz wird wie der vorige erwiesen.

133. Lehrsatz. Die Summe zweier Produkte, die einen gemeinen Faktor haben, ist gleich einem Produkte, dessen ein Faktor der gemeine, und der andere gleich der Summe der nicht gemeinen Faktoren ist.

$A.B + A.C = A.(B + C)$.

Denn das Produkt $A.B$ hat eben so oft B, als das $A.C$ die C enthält; also hat die Summe der erwähnten Produkte die B und C gleich vielmal, daher so oft die Summe $(B + C)$, wie oft $A.B$ die B, oder $A.C$ die C hat. Da nun $A.B$ die B Amal hat: so enthält die Summe der Produkte die Summe $(B + C)$ auch Amal. Demnach ist $A.B + A.C = A.(B + C)$.

134. Zusatz. Aus diesem Beweise geht auch folgender Satz hervor: die Summe mehrerer Produkte, welchen eine gemeinen Faktor

haben, ist gleich einem Produkte, dessen ein Faktor der gemeine, und der andere gleich der Summe aller nicht gemeinen Faktoren ist.

Beispiele. $3 . 2 + 3 . 8 = 3 . (2 + 8) = 3 . 10 = 30.$
$24 . 9 + 24 . 16 = 24 . (9 + 16) = 24 . 25 = 600.$
$5 A + 5 B = 5 . (A + B).$
$27 . 8 + 27 = 27 . (8 + 1) = 27 . 9 = 243.$
$7 A + 8 A = (7 + 8) A = 15 . A.$
$A . B + A = A . (B + 1).$
$9 . 2 + 2 . 10 + 11 . 2 = 2 . (9 + 10 + 11) = 2 . 30 = 60.$
$B . A + A . C + A = A . (B + C + 1).$
$A . A + B . A = A . (A + B).$

Anmerk. Anfänger sind bei dieser Gelegenheit vorzüglich darauf aufmerksam zu machen, daß sie eine jede Zahl als ein Produkt aus der Zahl selbst und der Einheit betrachten können. Z. B. $4 = 4 . 1$; $A = A . 1$; $A . B = A . B . 1$; $C . D . E = C . D . E . 1$. Daher $A . B . C + A . B = A . B . (C + 1)$; $A . (B + C) + A = A . (B + C + 1)$; $A . (B + C) + (B + C) = (A + 1) . (A + C)$. rc.

Dieser Faktor Eins wird sehr häufig von Anfängern vernachlässigt.

135. Lehrsatz. Vervielfältiget eine Zahl die Differenz zweier andern: so ist das erhaltene Produkt gleich der Differenz zweier andern, deren ein Faktor die vervielfältigende Zahl, und der andere eine der Zahlen der vervielfältigten Differenz ist, und zwar ist das von diesen Produkten das größere, welches die größere Zahl der Differenz als Faktor hat.

$A . (B - C) = A . B - A . C.$

Denn $B - C$ sei $= D$; so ist $A . (B - C) = A . D$. Weil aber $B - C = D$, so ist $B = C + D$; also $A . B = A . (C + D) = A . C + A . D$; daher $A . D = A . B - A . C$. Demnach ist $A . (B - C) = A . B - A . C$.

Z. B. $7 . (8 - 3) = 7 . 8 - 7 . 3 = 56 - 21 = 35$; und in der That, denn $7 . (8 - 3) = 7 . 5 = 35$.

136. Lehrsatz. Die Differenz zweier Produkte, welche einen gemeinen Faktor haben, ist gleich einem Produkte, dessen ein Faktor der gemeine, und der andere die Differenz der nicht gemeinen Faktoren ist.

$A . B - A . C = A . (B - C).$

Denn $A . B$ hat so viele $B$, als $A . C$ die $C$ enthält, nämlich jedes Produkt den angezeigten Faktor Amal. Nun ist $A . B - A . C$ gleich der Summe aller $B$ weniger der Summe aller $C = (B + B + B + \ldots .) - (C + C + C + \ldots .)$.

Aber die Summe mehrerer Zahlen weniger der Summe eben so vieler doch kleinerer Zahlen ist gleich der Summe aller Differenzen zwischen einer der größern und einern der kleinern Zahlen (44.). Folglich ist $(B + B + B + \ldots) - (C + C + C + \ldots) = (B - C) + (B - C) + (B - C) + \ldots = A . (B - C)$; weil so viele Differenzen als $B$ oder $C$ vorhanden sind, oder $A$ Einheiten hat Demnach ist $A . B - A . C = A . (B - C)$.

Z. B. $4 . 9 - 4 . 6 = 4 . (9 - 6) = 4 . 3 = 12.$
$A . B - A = A . (B - 1).$
$47 . 39 - 47 = 47 . (39 - 1) = 47 . 38.$
$A . B . C - A . B = A . B . (C - 1).$

137. Folgerungen.

a) $(A + B) . (C + D) = A . (C + D) + B . (C + D) = A . C + A . D + B . C + B . D$.

Denn man setze $C + D = E$; so ist $(A + B) . (C + D) = (A + B) . E = A . E + B . E$.

Aber $A . E = A . (C + D) = A . C + A . D$, und $B . E = B . (C + D) = B . C + B . D$; daher ist $(A + B) . (C + D) = A . C + A . D + B . C + B . D$.

b) $A . (B + C - D) = X$.

Man setze $B + C = E$; so ist $B + C - D = E - D$; also $A . (B + C - D) = A . (E - D) = A . E - A . D$ (136.).

Aber $A . E = A . (B + C) = A . B + A . C$; demnach ist: $A . (B + C - D) = A . B + A . C - A . D$.

c) $(A - B) . (C - D) = X$.

Man setze wieder $C - D = E$; so ist $(A - B) . (C - D) = (A - B) . E$.

Aber $(A - B) . E = A . E - B . E$, (135.), $= A . (C - D) - B . (C - D) = A . C - A . D - B . (C - D)$.

Nun ist $B . (C - D) = B . C - B . D$; daher $B . C$ um $B . D$ größer als $B . (C - D)$. Folglich muß (46.) $A . C - A . D - B . (C - D)$ um $B . D$ größer als $A . C - A . D - B . C$ sein. Demnach ist $(A - B) . (C - D) = A . C - A . D - B . C + B . D$; (13.); oder $(A - B) . (C - D) = (A . C + B . D) - (A . D + B . C)$.

Das letzte Produkt kann man so mit Worten ausdrücken: das Produkt zweier Differenzen ist gleich der Summe zweier Produkte, das eine aus den größern, das andere aus den kleinern Zahlen der Differenzen gebildet, weniger der Summe zweier andern Produkte, deren jedes aus der größern Zahl der einen und der kleinern Zahl oder andern Differenz besteht.

Z. B. $(12 - 5) \times (17 - 8) = (12 . 17 + 5 . 8) - (12 . 8 + 5 . 17) = (204 + 40) - (96 + 85) = 244 - 181 = 63$; und dieses ist in der That richtig. Denn $(12 - 5) \times (17 - 8) = 7 . 9 = 63$.

138. Erklär. Die kleinere zweier Zahlen mißt die größere, wenn diese ein Vielfaches jener ist. Die Zahl, welche eine andere mißt, heißt ein Maß der andern.

Die Zahl, welche anzeigt, welches Vielfache eine Zahl von ihrem Maße ist, heiße die Zahl des Maßes oder die Maßzahl.

Die Zahl A mißt eine andere B nach der Zahl C heißt: die Zahl B ist das Cfache der Zahl A; daher $B = C . A$.

Z. B. 5 mißt 20; denn 20 ist ein Vielfnches (das 4fache) von 5. Daher ist 5 ein Maß von 20, und 5 mißt 20 nach der Zahl 4; also ist 4 die Maßzahl, und $20 = 4 . 5$.

139. Lehrsatz. Jede Zahl wird von der Einheit gemessen.

Denn jede Zahl ist ein Vielfaches der Einheit (91.); daher wird jede Zahl von der Einheit gemessen.

140. Lehrsatz. Jede Zahl wird durch sich selbst nach der Zahl Eins gemessen.

Denn jede Zahl ist das Einfache ihrer selbst; daher wird sie von sich selbst nach der Zahl Eins gemessen.

**141. Erkl.** Eine Primzahl (einfache Zahl) ist eine solche, welche durch keine von ihr und der Einheit verschiedene Zahl gemessen wird.

Z. B. 2, 3, 5, 7, 11, 13, 17, 19, ꝛc. sind Primzahlen.

142. Erkl. Primzahlen zu einander sind solche Zahlen, welche außer der Einheit kein gemeines Maß haben.

Z. B. Primzahlen zu einander sind: 2 und 3; 4 und 9; 8 und 13; 12 und 25: 17 und 29; 21 und 32; ꝛc.

143. Erkl. Eine zusammengesetzte Zahl ist die, welche eine von ihr und der Einheit verschiedene Zahl zum Maße hat.

Z. B. 8, 9, 10, 12, 14, 15, ꝛc. sind zusammengesetzte Zahlen; denn 8 ist durch 2, verschieden von der Einheit und 8, meßbar nach der Zahl 4; auch ist 8 durch 4 meßbar. ꝛc.

144. Erkl. Zusammengesetzte Zahlen zu einander sind solche, welche irgend eine von der Einheit verschiedene Zahl zum gemeinen Maße haben.

Z. B. 2 und 4; 6 und 9; 8 und 24; 15 und 20; 16 und 28; sind zusammengesetzte Zahlen zu einander. Denn 4 mißt sowohl 16 als auch 28; daher ist 4 ein gemeines Maß dieser Zahlen, und weil 4 von der Einheit verschieden ist: so sind 16 und 28 zusammengesetzte Zahlen zu einander.

145. Lehrsatz. Jede Primzahl ist eine Primzahl zu jeder andern, welche nicht von jener gemessen wird.

A sei eine Primzahl, und B nicht ein Vielfaches von A: so müssen A, B Primzahlen zu einander sein. Denn wären sie solches nicht: so müßten sie durch irgend eine von der Einheit verschiedene Zahl, C, meßbar sein (144.). B würde also von C gemessen, nicht aber von A; daher müßten A und C von einander verschieden sein. C soll nun A messen, welches nicht möglich ist, weil A eine Primzahl sein soll; daher sind A, B Primzahlen zu einander.

Hieraus folgt auch, daß Primzahlen auch solche zu einander sein müssen. Z. B. 13 und 16; 13 und 17 ꝛc.

146. Lehrsatz. Das gemeine Maß zweier Zahlen mißt sowohl ihre Summe als auch ihre Differenz.

M sei das gemeine Maß der Zahlen A, B: so sind A, B Vielfache von M. Wenn aber zwei Zahlen Vielfache einer dritten sind: so ist sowohl ihre Summe als auch ihre Differenz ein Vielfaches der dritten (93.). Daher wird $(A + B)$ wie auch $(A - B)$ von M gemessen.

Z. B. Das gemeine Maß der Zahlen 12 und 20 ist 4; die Summe dieser Zahlen ist 32 und durch 4 meßbar nach der Zahl 8; die Differenz der Zahlen ist 8, durch 4 meßbar nach der Zahl 2.

147. Lehrsatz Wenn die Summe oder Differenz zweier Zahlen und auch eine von ihnen durch eine dritte meßbar ist: so muß auch die andere derselben durch die dritte meßbar sein.

Da die Summe zweier Zahlen und auch eine von ihnen durch eine dritte meßbar ist: so hat man zwei Zahlen, welche von einer dritten gemessen werden; daher muß auch ihre Differenz durch die dritte meßbar sein (146.).

Die Differenz aber zwischen der Summe zweier Zahlen und einer von ihnen ist die andere derselben. Folglich ist die andere Zahl durch die dritte meßbar.

Aehnlich ist der Beweis von der Differenz der Zahlen und einer von ihnen.

Z. B. Die Summe zweier Zahlen sei 72, und die eine von ihnen 27; nun werden beide, 72 und 27 durch 9 gemessen: so muß auch die andere 72 — 27 = 45 durch 9 meßbar sein, welches in der That ist.

Die Differenz zweier Zahlen sei 24, und die größere derselben sei 56; beide werden von 8 gemessen; daher muß auch die kleinere 56 — 24 = 32 durch 8 meßbar sein, welches wirklich ist.

148. Lehrsatz. Wenn die eine zweier Zahlen, die andere aber nicht von einer dritten gemessen wird, so ist weder die Summe noch die Differenz der beiden ersten Zahlen durch die dritte meßbar.

Denn würde die Summe oder Differenz der Zahlen durch die dritte meßbar sein: so müßte auch die andere der Zahlen wider die Voraussetzung durch die dritte gemessen werden; mithin ist die Behauptung des Satzes wahr.

Z. B. 12 wird, 14 nicht von 3 gemessen: so ist weder die Summe 26, noch die Differenz 2 durch die dritte 3 meßbar.

149. Lehrsatz. Wird die Summe oder Differenz zweier Zahlen die eine derselben aber nicht von einer dritten gemessen: so kann auch die andere derselben von der dritten nicht gemessen werden.

Denn würde die andere der Zahlen von der dritten gemessen, und weil dieses auch von der Summe oder Differenz gilt: so müßte auch (147.) die erste durch die dritte meßbar sein, welches wider die Annahme ist; also wird die andere von der dritten nicht gemessen.

Z. B. Die Summe 119 wird, die eine 70 nicht von 17 gemessen: daher wird auch die andere 49 nicht von 17 gemessen.

150. Lehrsatz. Das gemeine Maß der Summe und Differenz zweier Zahlen mißt jede doppelte derselben.

Das gemeine Maß der Summe und Differenz zweier Zahlen mißt sowohl die Summe von der gegebenen Summe und Differenz, als auch den Ueberschuß der Summe über die Differenz (146.). Die Summe und Differenz zweier Zahlen ist gleich der doppelten größern und der Ueberschuß der Summe über die Differenz ist gleich der zweifachen kleinern (24. 25.). Daher wird sowohl die doppelte größere, als auch die doppelte kleinere von dem gemeinen Maße gemessen.

Z. B. Die Summe zweier Zahlen sei 91, ihre Differenz 49, so ist das gemeine Maß 7. Die doppelte größere ist = 91 + 49 = 140, und die doppelte kleinere 91 — 49 = 42, und sowohl 140 als auch 42 ist durch 7 meßbar.

Auch sind die Zahlen selbst, 70 und 21, durch 7 meßbar. Hieraus darf man aber nicht den Schluß ziehen, daß jedes gemeine Maß der Summe und Differenz zweier Zahlen auch sie selbst messe. Denn die Summe der Zahlen 21 und 39 ist = 60, ihre Differenz = 18, und 6 ist ein gemeines Maß der Zahlen 60 und 18; doch mißt 6 weder 21 noch 39.

151. Lehrsatz. Sind zwei Zahlen Primzahlen zu einander: so ist sowohl ihre Summe als auch ihre Differenz eine Primzahl zu jeder von beiden.

A, B seien Primzahlen zu einander; wäre dieses nun nicht auch ihre Summe (A + B) zu einer, A, von ihnen: so müßten sie, die Summe (A + B) und A, von einer Zahl, C, gemessen werden; dann würde aber auch B von C gemessen. Folglich würden A, B von C gemessen, und wären also nicht Primzahlen zu einander. Da sie solche aber sind: so müssen (A + B) und A Primzahlen zu einander sein.

Aus denselben Gründen sind (A + B) und B Primzahlen zu einander.

Auf ähnliche Weise wird gezeigt, daß auch die Differenz zu jeder eine Primzahl ist.

Z. B. 16 und 25 sind Primzahlen zu einander; ihre Summe ist = 41 und ihre Differenz = 9. Nun ist 41 zu 16 und zu 25 eine Primzahl, eben so 9 zu 16 und zu 25; denn sie haben kein von der Einheit verschiedenes gemeines Maß.

152. Lehrsatz. Ist die Summe oder Differenz zweier Zahlen zu einer von beiden eine Primzahl: so sind die beiden Zahlen Primzahlen zu einander.

Die Summe (A + B) und A seien Primzahlen zu einander; würden nun solches A, B nicht sein: so müßten sie von einer Zahl, C, gemessen werden, also auch ihre Summe (146.) (A + B); folglich wären (A + B) und A wider die Voraussetzung nicht Primzahlen zu einander: so müssen A, B Primzahlen zu einander sein.

Eben so wird von der Differenz und einer der Zahlen erwiesen.

Z. B. Die Summe zweier Zahlen sei 100, die eine 81, und 100 und 81 Primzahlen zu einander; so ist die andere 19 eine Primzahl zur ersten 81.

Die Differenz der Zahlen sei 64 und die eine 49; so sind 64 und 49 Primzahlen zu einander; die andere Zahl, welche nur die größere sein kann, 64 + 49 = 113 ist eine Primzahl und dahrr auch eine solche zu 49.

153. Lehrsatz. Mißt eine Zahl das gemeine Maß zweier andern: so muß sie jede der beiden letzten Zahlen messen.

M sei das gemeine Maß der Zahlen A, B, und C messe das Maß M: so ist M ein Vielfaches von C; aber A, B Vielfache von M; daher (116.) sind A, B auch Vielfache von C. Folglich werden A, B von C gemessen.

Z. B. Ein gemeines Maß der Zahlen 36, 48 ist 12, und 12 durch 3 meßbar; daher auch 36, 48 durch 3 meßbar.

154. Lehrsatz. Sind zwei Zahlen Primzahlen zu einander: so ist die Zahl, welche die eine mißt, eine Primzahl zur andern.

A, B seien Primzahlen zu einander, und C messe die A: so sind B, C Primzahlen zu einander. Denn wären sie dieses nicht; so müßten sie irgend eine von der Einheit verschiedene Zahl, M, zum gemeinen Maße haben; so wäre B ein Vielfaches von M, aber auch C ein solches von M, und weil A ein Vielfaches von C ist: so würde (116.)

auch A ein Vielfaches von M sein. Folglich würden A, B durch eine von der Einheit verschiedene Zahl M gemessen; demnach würden A, B nicht Primzahlen zu einander wider die Voraussetzung sein. Folglich sind B, C Primzahlen zu einander.

Z. B. 28, 45 sind Primzahlen zu einander; 4 mißt 28; daher ist 4 eine Primzahl zu 45. Oder 9 mißt 45; daher ist 9 eine Primzahl zu 28.

155. Lehrsatz. Jede zusammeugesetzte Zahl wird von irgend einer Primzahl gemessen.

Unter den Zahlen, welche die zusaumengesetzte Zahl A messen, sei B die kleinste. Wäre nun B nicht eine Primzahl; so würde sie von einer Zahl $C < B$ gemessen, welche also auch A mißt (153.). Daher würde B nicht die kleinste Zahl sein, welche A mißt. Dieses ist wider die Annahme: daher ist B eine Primzahl.

Z. B. 15 ist eine zusammengesetzte Zahl; die kleinste, welche sie mißt, ist 3, und diese wird durch keine andere von der Einheit und ihr verschiedenen Zahl gemessen; daher (141.) ist 3 eine Primzahl.

156. Lehrsatz. Das Produkt zweier Zahlen wird von jeder nach der andern gemessen.

Der Beweis ergiebt sich unmittelbar aus den Sätzen 126. 138.

Z. B. P sei $= A.B$; so wird P von A nach der Zahl B, und von B nach der Zahl A gemessen.

$3.17 = 51$ wird von 3 nach der Zahl 17, und von 17 nach der Zahl 3 gemessen.

157. Lehrsatz. Mißt eine Zahl eine von zwei andern: so mißt sie auch das Produkt der beiden letzten Zahlen.

C messe A, so muß C auch das Produkt $A.B = P$ messen.

Denn A ist ein Vielfaches von C, und P ist das Bfache von A (126.); also ist (116.) P ein Vielfaches von C. Demnach wird P von C gemessen.

Z. B. 7 mißt die Zahl 14; daher mißt 7 das Produkt $3.14 = 42$.

158. Erkl. Wenn eine Zahl das Zweifache einer andern ist: so wird diese die Hälfte der ersten genannt.

Aus der Erklärung der Hälfte einer Zahl geht, mit Beziehung der Sätze von den Vielfachen, hervor, daß die Hälften gleicher Zahlen einander gleich sind; die Hälfte einer größern Zahl größer als die Hälfte einer kleinern ist ꝛc.

Z. B. $8 = 8$, und die Hälfte der ersten Zahl ist $4 =$ der Hälfte der zweiten Zahl.

$12 > 10$; die Hälfte der ersten Zahl 6 ist größer als die Hälfte der andern $= 5$.

159. Lehrsatz. Sind zwei ungleiche Zahlen A, B gegeben, und nimmt man von der größern, A, mehr als die Hälfte hinweg, von dem Reste wieder mehr als die Hälfte, und setzt dieses Verfahren fort: so kommt man irgend einmal auf einen Rest, der kleiner ist, als die gegebene kleinere Zahl B.

Man nehme ein Vielfaches von B, welches zunächst $> A$ ist (das vorhergehende Vielfache muß also kleiner oder gleich A sein), welches möglich ist (123.). Nun nehme man von A mehr als die Hälfte, A′, hinweg; von dem Reste (A—A′), mehr als die Hälfte, A″, von dem dann übrig bleibenden Reste (A—A′—A″), wieder mehr als die Hälfte, A‴, und dieses so fort, bis die Zahl der Reste so vielfach der Einheit, als das genommene Vielfache der B von B ist. Der letzte Rest sei R.

Das Vielfache der B, welches zunächst größer als A ist, sei das Vierfache; also $4B > A$. Die Hälfte von dem Vielfachen von B ist folglich größer als die Hälfte von A; daher ist der Rest von dem Vielfachen der B, wenn man von demselben weniger als die Hälfte desselben, nur B, hinwegnimmt, größer als der Rest von A, wenn man von ihr mehr als ihre Hälfte hinwegnimmt. Wie oft man nun auch dieses Verfahren wiederholt: so muß immer der Rest vom Vielfachen der B größer als der von A sein. Also ist:
$(4B-B) > (A-A')$, oder $3B > (A-A')$; $2B > (A-A'-A'')$; endlich $B > (A-A'-A''-A''')$ oder $B > R$. W. Z. E. W.

Auf ähnliche Weise wird der Satz erwiesen, wenn von A immer nur die Hälfte hinweggenommen wird.

Z. B. Die gegebenen Zahlen seien 144 und 37. Nun suche man das Vielfache von 37, welche zunächst $>144$ ist. Man wird daher der Reihe nach das 2-, 3-, 4fache ꝛc. von 37 nehmen; also das 2fache von $37=74<144$; das 3fache von $37=111<144$; das 4fache von $37=148>144$; folglich ist das 4fache von 37 dasjenige, welches zunächst $>144$ ist.

Nun nehme man immer 37 von dem 4fachen von 37, und mehr als die Hälfte von 144 von dieser Zahl hinweg; also $148-37=111>144-73=71$; $111-37=74>71-36=35$; $74-37=37>35-18=17$. Der Rest 17 ist nun kleiner als die kleinere gegebene Zahl 37.

Sind die gegebenen Zahlen 28 und 5; so ist $28-15=13>5$; $13-7=6>5$; $6-4=2<5$.

160. Lehrsatz. Wenn von einer Zahl die Hälfte, wenn es angeht, oder mehr als die Hälfte, hinweggenommen wird, von dem Reste die Hälfte oder mehr als die Hälfte, und so immer fort: so muß endlich ein Rest übrig bleiben, welcher gleich der Einheit ist.

Denn man kann durch das angegebene Verfahren auf einen Rest kommen, welcher kleiner als jede gegebene Zahl, also auch kleiner als 2 ist (158.) Die Zahl aber, welche kleiner als 2 ist, ist die Einheit; daher muß man auf einen Rest gleich der Einheit kommen.

Z. B. Nach dem in dem Satze bestimmten Verfahren behandle man 32, 33 und 34.
32 weniger der Hälfte von $32=32-16=16$; 16— der Hälfte von $16=16-8=8$; 8— der Hälfte von $8=4$; 4— der Hälfte von $4=4-2=2$; 2— der Hälfte von $2=2-1=1$.

Eben so ist: $33-17=16$; $16-8=8$; $8-4=4$; $4-2=2$; $2-1=1$. $34-17=17$; $17-9=8$; $8-4=4$; $4-2=2$; $2-1=1$.

Anmerk. Um nachfolgenden Satz kurz und verständlich ausdrücken zu können, sei folgender Ausdruck erlaubt: das zunächst kleinere Vielfache einer Zahl, A, soll dasjenige sein, welches von einer andern Zahl hinweggenommen einen Rest giebt, der kleiner als die erste Zahl A ist.

161. **Lehrsatz.** Wenn man zwei ungleiche Zahlen A, B hat, von denen die größere, A, nicht ein Vielfaches der kleinern ist; und man nimmt das zunächst kleinere Vielfache der kleinern, B, von der größern, A, hinweg; das zunächst kleinere Vielfache des Restes, R, wieder von der kleinern, B; darauf das zunächst kleinere Vielfache des neuen Restes, R′, von dem vorigen Reste R; und fährt auf diese Weise fort, das zunächst kleinere Vielfache des zuletzt erhaltenen Restes von dem unmittelbar vorhergehenden Reste hinwegzunehmen: so muß endlich Nichts übrig bleiben; und der letzte Rest, dessen Vielfaches durch Hinwegnahme desselben Nichts übrig läßt, ist das größte gemeine Maß beider Zahlen A, B.

Da man immer zunächst kleinere Vielfache hinwegnimmt: so muß jedrr Rest kleiner als der Multiplicandus des hinwegenommenen Vielfachen sein, oder als der unmittelbar vorhergehende Rest; also nimmt man immer mehr als die Hälfte vom Minuendus hinweg. Folglich muß man durch dieses Verfahren auf einen Rest kommen, wenn nicht einer schon vorher gleich Null ist, welcher gleich der Einheit ist (160.).

Ist ein Rest, bevor man auf die Einheit kam, gleich Null geworden: so ist dieser Fall der ersten Behauptung des Satzes angemessen. Ist dieses nicht geschehen; so muß man dennoch durch Fortsetzung des Verfahrens auf Null kommen. Denn der Rest, dessen Vielfaches hinweggenommen, die Einheit läßt, sei R‴. Nun ist R‴ ein Vielfaches der Einheit, und das höchste Vielfache der Einheit, welches man von R‴ hinwegnehmen kann, ist R‴; dann ist der Rest: $R''' - R''' = 0$. Daher führt das angegebene Verfahren immer auf einen Rest gleich Null.

Der letzte Rest von dem $= 0$ sei R″, so ist zu zeigen, daß R″ das größte gemeine Maß der Zahlen A, B ist. Das zunächst kleinere Vielfache von B, welches man von A hinwegnehmen kann, sei $\int B$, und es bleibe der Rest R; das zunächst kleinere Vielfache von R sei $\int' R'$, also $B - \int' R$ sei $= R'$; wieder sei $R - \int'' R' = R''$; und so weiter fort. Also:

$$\begin{array}{llll} A - \int B = R; & \text{daher ist:} & A = \int B + R \\ B - \int' R = R' & & B = \int' R + R' \\ R - \int'' R' = R'' & & R = \int'' R' + R'' \\ R' - \int''' R'' = R''' & & R' = \int''' R'' + R''' \\ R'' - \int'''' R''' = 0 & & R'' = \int'''' R''' \end{array}$$

R″ ist also ein Vielfaches von R‴; $\int''' R''$ ist ein Vielfaches von R″; daher ist (116.) $\int''' R''$ ein Vielfaches von R‴; also auch $\int''' R'' + R'''$ ein Vielfaches von R‴; demnach R′ ein Vielfaches von R‴. Aus gleichen Gründen ist R, daher auch B, folglich auch A ein Vielfaches von R‴; R‴ ist also ein gemeines Maß der Zahlen A, B.

Nun ist noch zu zeigen, daß R‴ auch das größte gemeine Maß der Zahlen A, B ist. Denn wäre R‴ nicht das größte gemeine Maß, so müßte irgend eine Zahl $M > R'''$ das groste gemeine Maß der A, B sein; und A, B wären also Vielfache von M. Da $A - \int B = R$: so müßte (93.) auch R ein Vielfaches von M sein. Aus denselben Gründen würde $R'$, daher auch $R''$, also auch $R'''$ ein Vielfaches von $M$, also die kleinere Zahl von der größern sein, welches unmöglich ist. Folglich ist $R'''$ das größte gemeine Maß der Zahlen $A$, $B$.

Z. B. Die gegebenen Zahlen seien 1739 und 752, und man sucht ihr größtes gemeine Maß. Das zunächst kleinere Vielfache von 752 ist das 2fache von $752 = 1504$ von der größern 1739 hinweggenommen, giebt den Rest 235; davon das zunächst kleinere Vielfache ist das 3fache von $235 = 705$ von der kleinern 752 hinweggenommen läßt 47; von diesem Reste ist das zunächst kleinere Vielfache das 5fache von $47 = 235$; dieses von dem vorigen Reste hinweggenommen, läßt $235 - 235 = 0$; also ist 47 das größte gemeine Maß beider Zahlen; und zwar wird 1739 von 47 nach der Zahl 37, und 752 von 47 nach der Zahl 16 gemessen.

162. Zusatz. Wenn der letzte Rest von Null gleich der Einheit ist: so sind die Zahlen Primzahlen zu einander. Doch zwei Zahlen müssen immer ein gemeines Maß haben, es sei die Einheit, oder irgend eine Zahl, welche größer als die Einheit ist.

163. Lehrsatz. Werden zwei Zahlen durch ihr größtes gemeine Maß gemessen: so sind die Maßzahlen Primzahlen zu einander.

$M$ sei das größte gemeine Maß der Zahlen $A$, $B$ und messe die $A$ nach der Zahl $A'$, die $B$ nach der Zahl $B'$: so sind $A'$, $B'$ Primzahlen zu einander. Denn wären sie solches nicht: so müßten sie irgend eine von der Einheit verschiedene Zahl, $D$, zum gemeinen Maße haben (144.). $A'$ möge nun von $D$ nach der Zahl $A''$, und $B'$ von $D$ nach der Zahl $B''$ gemessen werden: so ist (138.) $A' = A''.D$ und $B' = B''.D$; aus denselben Gründen ist $A = A'.M = A''.D.M$, und $B = B'.M = B''.D.M$. Das Produkt $D.M$ sei $= P$: so ist $A = A''.P$ und $B = B''.P$; also sind $A$, $B$ Vielfache von $P$; also $P$ ein gemeines Maß von $A$, $B$. Da $D >$ Einheit, so ist $P$ ein Vielfaches von $M$, also $P > M$; mithin ist $M$ wider die Voraussetzung nicht das größte gemeine Maß der Zahlen $A$, $B$; soll also $M$ dieses sein, so müssen $A'$, $B'$ Primzahlen zu einander sein.

Z. B. Das größte gemeine Maß der Zahlen 84, 108 ist 12; diese mißt die Zahlen, 84, 108 nach den Zahlen 7, 9 welche Primzahlen zu einander sind.

Anmerk. Mehrere Sätze könnten hier noch erwiesen werden; doch lassen sie sich vermittelst geometrischer Verhältnisse behandeln; daher werden dieselben im folgenden Abschnitt betrachtet werden.

## B. Geometrische Verhältnisse und Proportionen.

Vorerinnerung. Ueber Verhältnisse im Allgemeinen, über Glieder derselben, über Umkehrung, Verwechselung der Glieder der Verhältnisse ꝛc., sehe man im vorigen Abschnitte Satz 61. ꝛc.

164. Erkl. Zwei Zahlen stehen in einem geometrischen Verhältnisse, wenn sie als Vielfache einer und derselben Zahl auf einander bezogen werden; oder: das geometrische Verhältniß zweier Zahlen ist die Beziehung derselben auf einander als Vielfache einer und derselben Zahl

Anmerk. Diese Erklärung eines geometrischen Verh. weicht von der gewöhnlichen ab, aber beider Verschiedenheit ist gering, und man kann durch eine kleine Aenderung des Ausdrucks die gewöhnliche Erkl. aus der hier gegebenen mit Leichtigkeit ableiten, wie dieses später gezeigt werden wird. Für das algebraische Kopfrechnen ist die obige Erklärung die passendste.

Noch ist zu merken, daß der Beisatz „geometrisch" der Kürze wegen nicht immer wird gebraucht werden, da in diesem Abschnitte nur von solchen Verhältnissen wird gehandelt werden.

164. Erkl. Zur Bezeichung eines geometrischen Verhältnisses gebraucht man zwei senkrecht über einander stehende Punkte, welche zwischen die Glieder des Verhältnisses gesetzt werden.

A : B heißt: A verhält sich zu B; eben so: 3 : 5.

165. Lehrsatz. Jede zwei Zahlen stehen in einem geometrischen Verhältnisse, und die Zahl, von welcher die Glieder Vielfache sind, ist das gemeine Maß der Zahlen.

A, B seien Vielfache irgend einer Zahl C: so wird sowohl A wie auch B von C gemessen: folglich ist C ein gemeines Maß der Zahlen A, B.

Dieses gemeine Maß darf nicht immer größer als die Einheit; sondern es kann auch die Einheit selbst sein, und muß es sein, wenn die Glieder Primzahlen zu einander sind. Da uun jede zwei Zahlen ein gemeines Maß, entweder die Einheit, oder eine Zahl größer als die Einheit haben, und sie von ihrem gemeinen Maße Vielfache sind: so stehen auch jede zwei Zahlen in einem geometrischen Verhältnisse.

166. Erkl. Zwei geometrische Verhältnisse sind einander gleich (A : B = C : D) wenn die Vorderglieder, A, C, Gleichvielfache, und die Hinterglieder, B, D, Gleichvielfache sind.

Hierbei ist nicht zu vergessen, daß die Glieder jedes Verhältnisses Vielfache von ihrem gemeinen Maße sein müssen. Z. B. 8 : 12 = 10 : 15.

Ein gemeines Maß zwischen 8 und 12 ist 4, 8 ist das 2fache, 12 das 3fache von 4; daher muß auch im andern Verhältnisse das Vorderglied das 2fache, und das Hinterglied das 3fache einer und derselben Zahl, ihres gemeinen Maßes, sein; dieses ist in der That, denn 10 ist das 2fache und 15 das 3fache von 5; daher sind die beiden Verhältnisse einander gleich.

167. Erkl. Eine geometrische Proportion ist die Gleichheit zweier geometrischen Verhältnisse.

Zahlen heißen proportionirt, wenn sie in gleichen geometrischen Verhältrissen zu einander stehen.

168. Aufgabe. Zu drei gegebenen Gliedern einer Proportion das fehlende Glied zu finden.

a) Das fehlende Glied sei das vierte.

$$18 : 24 = 30 : X.$$

Man suche das größte gemeine Maß der Glieder des ersten Verhältnisses durch das Verfahren, welches im 160sten Satze angezeigt ist, so findet man solches = 6. Nun ist das Vorderglied 18 das 3fache, und das Hinterglied 24 das 4fache von 6; daher muß auch im andern Verhältnisse das Vorderglied das 3fache und das Hinterglied das 4fache einer und derselben Zahl sein. Nun ist das Vorderglied 30 das 3fache von 10; folglich ist das gesuchte vierte Glied gleich dem Vierfachen von 10 = 40; also: 18 : 24 = 30 : 40.

b) Das fehlende Glied sei das dritte.

$$52 : 65 = X : 85.$$

Wie vorher so hier die Auflösung, daher nur kurze Andeutung. 52 ist das 4fache, 65 das 5fache von 13; 85 ist das 5fache von 17; daher ist das dritte Glied = dem 4fachen von 17 = 68.

c) Das zweite Glied fehlt

$$63 : X = 105 : 135.$$

Wie das vierte, so wird das zweite Glied gesucht, und ist in diesem Falle = 81.

d) Das erste Glied fehlt.

$$X : 95 = 39 : 57.$$

Wie das dritte, so findet man das erste; für dieses Beispiel ist es 65.

Es ist nicht immer nothwendig, das größte gemeine Maß der Glieder eines Verhältnisses zu nehmen; es genügt ein solches Maß gewählt zu haben, daß Vorder- und Hinterglieder Gleichvielfache seien.

170. Lehrsatz. Wenn das Vorderglied in dem einen Verhältnisse einer Proportion größer, eben so groß, oder kleiner als sein Hinterglied ist, so muß auch im andern Verhältgisse das Vorderglied größer, eben so groß oder kleiner als sein Hinterglied sein.

Es sei $A : B = C : D$.

Ein gemeines Maß der A, B sei M, der C, D sei N, und zwar so, das A, C Gleichvielfache und B, D Gleichvielfache seien. A sei $= fM$, $B = f'M$; so muß auch $C = fN$, und $D = f'N$ sein.

Ist nun $A > B$, so ist auch $fM > f'M$; daher ist (108.) $fM$ ein höheres Vielfaches als $f'M$ von M; also ist auch $fN$ ein höheres Vielfaches als $f'N$ von N. Demnach ist $fN > f'N$ (101.); also auch $C > D$.

A sei $= B$; so ist auch $fM = f'M$; folglich sind (107.) $fM$, $f'M$, Gleichvielfache von M; daher sind auch $fN$, $f'N$ Gleichvielfache von N; also ist (99.) $fN = f'N$; folglich auch $C = D$.

Wenn $A < B$: so ist auch $C < B$; wird wie der erste Fall erwiesen: Z. B. 16 : 12 = 20 : 15
8 : 8 = 9 : 9
28 : 35 = 32 : 40.

171. Lehrsatz. Wenn das Vorderglied des einen Verhältnisses einer Proportion größer, eben so groß oder kleiner als das Vorderglied des andern Verhältnisses ist: so ist auch das Hinterglied des ersten Verhältnisses größer, eben so groß, oder kleiner als das Hinterglied des andern Verhältnisses.

Sei $A : B = C : D$; ferner sei wie im vorigen Satze $A = fM$, $B = f'M$ und $C = fN$, $D = f'N$.

A sei $> C$; also auch $fM > fN$. Da nun $fM$, $fN$ ungleich; Gleichvielfache sind: so sind ihre vervielfachten Zahlen M, N ungleiche die des größern Gleichvielfachen ist größer als die des kleinern (104.);

daher $M > N$. Nun sind $\int' M$, $\int' N$ Gleichvielfache aber ungleicher Zahlen $M$, $N$; also (100.) ist $\int' M > \int' N$; daher $B > D$.

Die beiden andern Fälle werden ähnlich erwiesen; daher nur eine kurze Andeutung des Beweises.

Ist $A = C$: so ist $\int M = \int N$; also (103.) $M = N$; daher (99.) $\int' M = \int' N$; also auch $B = C$.

Wenn $A < B$; so ist auch $\int M < \int N$; also (104.) $M < N$. Demnach ist (100.) $\int' M < \int' N$; folglich auch $B < D$.

Z. B. $36 : 40 = 27 : 30$; $28 : 21 = 28 : 21$; $35 : 42 = 45 : 54$.

172. Zusatz. Aus dem Beweise des letzten Satzes geht hervor: daß wenn die gleichnamigen (homologen) Glieder einer Proportion gleich sind: so sind auch die Maße, von welchen die Glieder der Vielfache sind, einander gleich; sind aber die Glieder des einen Verhältnisses größer als die gleichnamigen des andern Verhältnisses: so ist auch das gemeine Maß jener größer als das dieser.

173. Lehrsatz. Ist das gemeine Maß der Glieder des einen Verhältnisses einer Proportion größer, eben so groß, oder kleiner als das gemeine Maß der Glieder des andern Verhälnisses: so sind die Glieder des ersten Verhältnisses größer, eben so groß oder kleiner als ihre gleichnamigen Glieder des andern Verhältnisses.

Es sei $A : B = C : D$; das gemeine Maß der $A$, $B$ sei $M$, das der $C$, $D$ sei $N$. Da nun $A$, $C$ Gleichvielfache, und $B$, $D$ Gleichvielfache sind: so wird, wenn $A = \int M$ ist, $C = \int N$ sein, und ist $B = \int' M$: so ist $D = \int' N$.

Ist nun $M > N$: so ist auch (100.) $\int M > \int N$ und $\int' M > \int' N$; also auch $A > C$ und $B > D$.

Wenn $M = N$: so ist auch (100.) $\int M = \int N$, und $\int' M = \int' N$, daher $A = C$ und $B = D$.

Der dritte Fall wird wie der erste erwiesen.

Z. B. $M$ sei $= 7$, $N = 5$, und $A$ sei das 3fache von 7, $B$ das 4fache von 7: so ist auch $C$ das 3fache und $D$ das 4fache von 5; daher die Proportion: $21 : 28 = 15 : 20$.

174. Lehrsatz. Durch Umkehrung der Verhältnisse einer Proportion ($A : B = C : D$) erhält man wieder eine Proportion ($B : A = D : C$).

Denn $A$, $B$ sind Vielfache ihres gemeinen Maßes; also auch $B$, $A$ solches; dasselbe gilt von $C$, $D$ und $D$, $C$. Da nun $A$, $C$ Gleichvielfache, und $B$, $D$ Gleichvielfache sind: so sind solches auch $B$, $D$ und $A$, $C$. Daher ist $B : A = D : C$.

175. Lehrsatz. Zwei gleiche Zahlen haben zu einer dritten, und eine Zahl hat zu zwei gleichen Zahlen einerlei Verhältniß.

$A$ sei $= A'$; so ist zu zeigen, daß $A : B = A' : B$, und daß $B : B = B : A'$ ist.

Das gemeine Maß der $A$, $B$ sei $M$, und $A = \int M$, $B = \int' M$; so ist auch $A' = \int M$. Nun sind $A$, $B$ Vielfache einer und derselben Zahl $M$, dasselbe sind auch $A'$, $B$; ferner sind $A$, $A'$ Gleichvielfache und $B$, $B'$ Gleichvielfache; daher sind die Verhältnisse $A : B$, $A' : B$ einander gleich (167.); also ist $A : B = A' : B$. Daraus folgt (174.) $B : A = B : A'$.

176. **Lehrsatz.** Zwei Zahlen, welche zu einer dritten einerlei Verhältniß haben, oder zu welcher eine dritte einerlei Verhältniß hat, sind einander gleich.

Es sei $A : C = B : C$, oder $C : A = C : B$.

Da in der ersten Proportion die Hinterglieder einander gleich sind: so müssen auch die Vorderglieder solches sein (171); also $A = B$.

In der zweiten Proportion sind die Vorderglieder einander gleich; daher sind solches auch die Hinterglieder, $A = B$.

Z. B. Ist $7 : 8 = X : 8$; so ist $X = 7$; oder ist $9 : 12 = 9 : A$, so ist $A = 12$.

177. **Lehrsatz.** Ist jedes zweier Verhältnisse einem dritten gleich: so sind sie unter einander gleich.

Es sei $A : B = C : D$, und $E : F = C : D$.

Das gemeine Maß der A, B sei M, das der C, D sei N; ist nun $A = fM$ und $B = f'M$: so ist auch $C = fN$ und $D = f'N$. P sei das gemeine Maß der E, F; so ist, weil C, E Gleichvielfache sein müssen, und $C = fN$ ist, auch $E = fP$, und aus demselben Grunde $F = f'P$.

Nun sind A, B Vielfache von M; E, F Vielfache von P; ferner A, E Gleichvielfache, und B, F Gleichvielfache; daher (167.) ist $A : B = E : F$.

Z. B. $8 : 12 = 2 : 3$ und $10 : 15 = 2 : 3$; daher $8 : 12 = 10 : 15$.

Anmerk. Es ist besser diesen Satz als Grundsatz aufzustellen; denn er folgt aus dem allgemeinen: Wenn jede von zwei Größen in einer Hinsicht einer dritten gleichen: so gleichen sie sich in derselben Hinsicht unter einander, welcher Satz ein Grundsatz der Logik ist.

178. **Lehrsatz.** Sind mehrere Verhältnisse einander gleich: so hat die Summe der Vorderglieder zur Summe der Hinterglieder dasselbe Verhältniß, welches ein Vorderglied zu seinem Hintergliede hat.

Es sei $A : B = A' : B', = A'' : B''$; rc.

Das gemeine Maß der A, B sei M, der A', B', sei M', der A'', B'' sei M'' rc., und A sei $= fM$; so ist auch $A' = fM'$, $A'' = fM''$ rc.; ferner sei $B = f'M$; so ist auch $B' = f'M'$, $B'' = f'M''$ rc.

Daher ist: $A + A' + A'' = fM + fM' + fM''$. Nun ist die Summe mehrerer Gleichvielfachen verschiedener Zahlen gleich demselben Vielfachen von der Summe dieser Zahlen (96.). Daher ist: $fM + fM' + fM'' = f(M + M' + M'')$; folglich ist auch $A + A' + A'' = f(M + M' + M'')$.

Ferner ist $B + B' + B'' = f'M + f'M' + f'M''$. Aus vorher erwähnten Gründen ist aber $f'M + f'M' + f'M'' = f'(M + M' + M'')$, folglich ist $B + B' + B'' = f'(M + M' + M'')$.

Nun sind $(A + A' + A'') = f(M + M' + M'')$ und $A = fM$ Gleichvielfache, und $(B + B' + B'') = f'(M + M' + M'')$ und $B = f'M$ Gleichvielfache, und zwar $(A + A' + A'')$ und $(B + B' + B'')$ Vielfache von einer und derselben Zahl $(M + M' + M'')$, und auch A, B Vielfache von derselben Zahl M. Demnach ist (167.)

$(A + A' + A'') : (B + B' + B'') = f(M + M' + M'') : f'(M + M' + M'')$
$= A : B$ oder $= A' : B' = A'' : B''$.

Z. B. $3:4 = 9:12 = 15:20 = 18:24$; so ist auch $(3+9+15+18):(4+12+20+24) = 45:60 = 3:4$. $A:B = C:D = E:F = 4:5$; so ist auch: $(A+C+E):(B+D+F) = 4:5$.

179. Lehrsatz. Wenn man beliebige Gleichvielfache von den Gliedern eines gegebenen Verhältnisses nimmt: so ist das Verhältniß der Gleichvielfachen gleich dem gegebenen Verhältnisse; oder beliebige Gleichvielfache zweier Zahlen stehen in dem Verhältnisse ihrer Multiplicanden.

Das gegebene Verhältniß sei $A:B$; so ist zu zeigen, daß $fA:fB = A:B$ ist.

Nun ist $fA = A+A+A+\ldots$, und $fB =$ der Summe eben so vieler B, $= B+B+B\ldots$; daher ist $fA:fB = (A+A+A+\ldots):(B+B+B+\ldots)$. So vielfach nun $fA$ von A oder $fB$ von B ist, eben so viele Verhältnisse nehme man, von denen jedes gleich dem gegebenen ist; also: $A:B = A:B = A:B =$ rc.; so ist nach dem vorigen Satze: $(A+A+A+\ldots):(B+B+B+\ldots) = A:B$.

Es ist aber das erste Verhältniß in der letzten Proportion gleich dem zweiten in der obigen $= (A+A+A+\ldots):(B+B+B+\ldots)$. Demnach (177.) ist $fA:fB = A:B$.

Z. B. Das gegebene Verhältniß sei $3:5$; so ist auch das Zweifache von 3 : Zweifachen von 5 = dem 3fachen von 3 : 3fachen von 5 = dem 4fachen von 3 : 4fachen von 5 rc. $= 3:5$; oder $6:10 = 9:15 = 12:20 = 3:5$.

180. Lehrsatz. Das Verhältniß der Multiplicanden zweier Gleichvielfachen ist gleich dem Verhältnisse der Gleichvielfachen.

Die Gleichvielfachen seien $fA$, $fB$; so ist zu zeigen, daß $A:B = fA:fB$ ist.

Wäre dieses nicht; so sei C so vielfach von B, wie $fA$ von A ist; daher ist nach dem vorigen Satze $A:B = fA:C$.

Nun sind $fA$, C Gleichvielfache, und $fA$, $fB$ Gleichvielfache, und zwar $fA$, $fA$ von einerlei Zahl A; C, $fB$ von einerlei Zahl B; daher ist $fA:fA = C:fB$. Weil aber die Glieder des ersten Verhältnisses einander gleich sind: so müssen auch die Glieder des andern Verhältnisses der Proportion einander gleich sein (170.); daher ist $C = fB$. Demnach ist: $A:B = fA:fB$.

Z. B. Ist das 8fache von A : 8fachen von $B = 2:5$; so ist auch $A:B = 2:5$.

181. Lehrsatz. Das Verhältniß der Vorderglieder gleicher Verhältnisse ist gleich dem Verhältnisse ihrer Hinterglieder; oder: die Glieder einer Proportion verwechselt bilden wieder eine Proportion.

Es sei $A:B = C:D$; und wie früher sei $A = fM$, $B = f'M$; $C = fN$, $D = f'N$; so ist:

$A:C = fM:fN$. Nun sind $fM$, $fN$ Gleichvielfache von M, N; daher ist das Verhältniß der Multiplicanden gleich dem ihrer Gleichvielfachen (180.); also $fM:fN = M:N$; daher (177.) $A:C = M:N$.

Aus denselben Gründen ist $B:D = f'M:f'N = M:N$. Demnach ist: $A:C = B:D$.

Z. B. 16 : 24 = 10 : 15; so ist 16 : 10 = 24 : 15.

182. Lehrsatz. Das Produkt zweier Zahlen verhält sich zu dem einen Faktor, wie sich der andere Faktor zur Einheit verhält.

A . B sei = P; so ist P ein solches Vielfaches von B, als A von der Einheit ist (124.); also sind P, A Gleichvielfache von B und der Einheit.

B ist nun das Einfache von B, die Einheit das Einfache der Einheit; also sind auch B und die Einheit Gleichvielfache.

Ferner sind P, B Vielfache von B; A, die Einheit sind Vielfache der Einheit; demnach ist (167.) P : B = A : Einheit = A . B : B.

Für den andern Fall erhält man das Verhältniß durch Verwechselung (181.) P : A = B : Einheit = A . B : A.

Z. B. 3 . 4 = 12; so ist 12 : 3 = 4 : 1, oder 12 : 4 = 3 : 1.

183. Lehrsatz. Wenn eine Zahl zwei andere vervielfältigt: so ist das Verhältniß der Produkte gleich dem der vervielfältigten Zahlen.

A möge die Zahlen B, C vervielfältigen: so ist:

A . B : A . C = B : C.

Denn es ist A . B : B = A : 1 (182.); aus demselben Grunde ist: A . C : C = A : 1; also ist (177.) A . B : B = A . C : C, und verwechselt (181.) A . B : A . C = B : C.

Man hätte den Satz auch so ausdrücken können: zwei Produkte, welche einen gemeinen Faktor haben, stehen im Verhältnisse ihrer nicht gemeinen Faktoren. Z. B. 7 . 9 : 8 . 9 = 7 : 8 = 63 : 72.

Anmerk. Diesen Satz hätte man auch mit Hülfe des Satzes 179 oder 180 erweisen können.

184. Lehrsatz. Das Produkt zweier Zahlen, durch die eine gemessen, muß zur Maßzahl die andere geben; oder das Produkt zweier Zahlen wird von der einen nach der andern gemessen.

Es sei A . B = P, und A messe P nach der Zahl C: so ist (138.) P = A . C; also P : P = A . B : A . C. Nun ist aber (183.) A . B : A . C = B : C; also P : P = B : C. Weil die Glieder des ersten Verhältnisses einander gleich sind, so müssen solches auch die des andern sein (170.); also B = C.

Eben so wird gezeigt, daß B die P nach A mißt.

Z. B. 5 mißt das Produkt 5 . 6 = 30 nach der Zahl 6.

Anmerk. Diesen Satz kann man auch so aussprechen: das Produkt zweier Zahlen durch die eine dividirt giebt zum Quotienten die andere.

Hier wurde das Messen der Zahlen dem Ausdrucke: „Division" vorgezogen, weil der Begriff der Division auf ganze und gebrochene Zahlen ausgedehnt wird, und Brüche erst später behandelt werden.

Aus denselben Gründen wurde der Ausdruck: „Multiplication" vermieden, und dafür der: „Vervielfältigung" gewählt. Ueber Multiplication und Division später.

185. Lehrsatz. Wenn die Glieder eines gegebenen Verhältnisses durch ein gemeines Maß gemessen werden: so ist das Verhältniß der Maßzahlen gleich dem gegebenen Verhältnisse.

Das gemeine Maß der Glieder A, B sei M, und A werde von M nach der Zahl A′, B von M nach der Zahl B′ gemessen: so ist (138.) A = A′ . M, B = B′ . M.

Nun ist $A:B = A'.M:B'.M$; aber $A'.M:B'.M = A':B'$ 183.); also ist (177.) $A:B = A':B'$.

186. Lehrsatz. Wenn man die Glieder des einen Verhältnisses, oder die Vorderglieder, oder die Hinterglieder einer Proportion durch einerlei Zahl vervielfältigt, oder durch ihr gemeines Maß mißt: so erhält man in jedem Falle wieder eine Proportion.

Diese Behauptung wird mit Leichtigkrit vermittelst der Sätze 183. 181. und 185. erwiesen.

Z. B. $25:30 = 40:48$ sei die gegebene Proportion, mit welcher die bezeichneten Operationen vorgenommen werden sollen. So ist:

a) $2.25:2.30 = 40:48 = 50:60$.

b) $3.25:30 = 3.40:48$, oder $75:30 = 120:48$.

c) $25:4.30 = 40:4.48$, oder $25:120 = 40:192$.

d) $5:6 = 40:48$, das erste Verhältniß } gemessen.

e) $5:30 = 8:48$, die Vorderglieder } gemessen.

f) $25:5 = 40:8$, die Hinterglieder } gemessen.

186. Lehrsatz. Das Produkt der äußern Glieder einer Proportion ist gleich dem Produkte der innern.

Es sei $A:B = C:D$; zu zeigen, daß $A.D = B.C$. Es sei $A.D = P$, $B.C = P'$ und $A.C = Q$; so ist: $Q:P = A.C:A.D = C:D$ (183.); auch ist: $Q:P' = A.C:B.C = A:B$.

Weil nun $A:B = C:D$; so ist (177.) $Q:P = Q:P'$.

Da die Vorderglieder dieser Proportion einander gleich sind, so müssen solches auch ihre Hinterglieder sein (171.); daher ist $P = P'$; also $A.D = B.C$.

188. Lehrsatz. Wenn das Produkt zweier Zahlen gleich dem Produkte zweier andern Zahlen ist: so bilden die Faktoren des einen Produkts die äußern, die des andern Produkts die innern Glieder einer Proportion; oder: so stehen die Faktoren des einen Produkts zu den Faktoren des andern in umgekehrtem Verhältnisse.

Es sei $A.B = A'.B' = P$, und $A.A' = Q$.

Nun ist $Q:P = A.A':A.B = A':B$ nach Satz 183.

Ferner: $Q:P = A.A':A'.B' = A:B'$. Da aber $Q:P = Q:P$ ist: so ist (177.) $A:B' = A':B$; oder $A:A' = B':B$. W. Z. E. W.

Es verhält sich also nicht $A:A' = B:B'$, sondern umgekehrt $A:A' = B':B$.

Z. B. $4.6 = 3.8$; also $4:3 = 8:6$, oder $4:8 = 3:6$.

189. Lehrsatz. Die Summe der Glieder des einen Verhältnisses hat zur Summe der Glieder des andern Verhältnisses einer Proportion das Verhältniß zweier gleichnamigen Glieder zu einander.

Es sei $A:B = C:D$, und verwechselt: $A:C = B:D$.

Aus der letzten Proportion folgt nach Satz 178: $(A+B):(C+D) = A:C = B:D$. W. Z. E. W.

Z. B. $3:5 = 6:10$; so ist $(3+5):(6+10) = 8:16 = 3:6 = 5:10$.

Anmerk. Das Verhältniß der Summe von den gleichnamigen Gliedern einer Proportion ist gleich dem Verhältnisse eines Paares der Glieder (= einem Verhältnisse der Proportion); dieser Satz folgt aus dem 178sten und das Verhältniß der Summen der Glieder jedes Verhältnisses einer Proportion ist gleich dem Verhältnisse der gleichnamigen Glieder. Aus dieser Zusammenstellung wird man die Aehnlichkeit und Verschiedenheit beider Sätze leicht einsehen. Nämlich nimmt man die Summen der ungleichnamigen Glieder. (nicht der äußern, oder der innern): so erhält man das Verhältniß der gleichnamigen Glieder; und nimmt man die Summe der gleichnamigen Glieder: so erhält man das Verhältniß der ungleichnamigen Glieder.

Aehnliche Sätze hat man für die Differenz der Glieder einer Proportion.

190. Lehrsatz. Das Verhältniß der Differenzen zwischen den gleichnamigen Gliedern einer Proportion ist gleich einem Verhältnisse dieser Proportion.

Es sei $A : B = A' : B'$.

Das gemeine Maß der $A$, $B$ sei $M$, das der $A'$, $B'$ sei $M'$, und $A$ sei $= \int M$, $B = \int' M$; so ist $A' = \int M'$ und $B' = \int' M'$.

Nun ist, wenn $A > A'$, auch $B > B'$, $A - A' = \int M - \int M'$. Aber $\int M - \int M'$ ist die Differenz zweier Gleichvielfachen, welche gleich demselben Vielfachen von der Differenz der Multiplicanden ist (98.). Daher ist: $\int M - \int M' = \int(M - M')$ also $A - A' = \int(M - M')$.

Aus denselben Gründen ist $B - B' = \int'(M - M')$.

Es sind daher $(A - A') = \int(M - M')$ und $A = \int M$ Gleichvielfache, wie auch $(B - B') = \int'(M - M')$ und $B = \int' M$ Gleichvielfache, und zwar $(A - A')$ und $(B - B')$ Vielfache von einerlei Zahl $(M - M')$, wie auch $A$, $B$ Vielfache von derselben Zahl $M$. Demnach ist (167.) $(A - A') : (B - B') = \int(M - M') : \int'(M - W')$ $= A : B = A' : B'$.

Z. B. $27 : 20 = 81 : 60$; so ist $(81 - 27) : (60 - 20) = 27 : 20 = 54 : 40$.

191. Lehrsatz. Das Verhältniß der Differenzen zwischen den Gliedern jedes Verhältnisses einer Proportion ist gleich dem Verhältnisse der gleichnamigen Glieder.

Sei $A : B = A' : B'$, und verwechselt: $A : A' = B : B'$.

$A$ sei $> A'$, so ist auch $B > B'$.

Nun ist nach dem vorigen Satze $(A - B) : (A' - B') = A : A'$ $B : B'$ W. Z. E. W.

Z. B. $24 : 20 = 42 : 35$; so ist $(24 - 20) : (42 - 35) = 24 : 42 = 4 : 7$.

192. Lehrsatz. Das Verhältniß der Summen der gleichnamigen Glieder einer Proportion ist gleich dem Verhältnisse der Differenzen dieser Glieder.

Sei $A : B = A' : B'$.

Nach Satz 178. ist $(A + A') : (B + B') = A : B$.

Nach Satz 190. ist $(A - A') : (B - B') = A : B$. Demnach ist $(A + A') : (B + B') = (A - A') : (B - B')$.

193. Lehrsatz. Das Verhältniß der Summe der Glieder jedes Verhältnisses einer Proportion ist gleich dem Verhältnisse der Differenzen dieser Glieder.

Sei $A : B = A' : B'$.

Nach Satz 189. ist: $(A + B) : (A' + B') = A : A'$.

Nach Satz 191. ist: $(A-B):(A'-B')=A:A'$. Folglich ist $(A+B):(A'+B')=(A-B):(A'-B')$.

194. Lehrsatz. Ist das Verhältniß der Summe zweier und der Summe zweier andern Zahlen gleich dem Verhältnisse zweier Summanden dieser Summen: so ist das Verhältniß der beiden andern Summanden gleich dem Verhältnisse der genannten Summen.

Es sei $(A+B):(A'+B')=A:A'$; so ist auch $B:B'=(A+B)=(A'+B')$ oder $=A:A'$.

Denn nach Satz 190. ist $[(A+B)-A]:[(A'+B')-A']=A:A'$. Aber $(A+B)-A=B$, und $(A'+B')-A'=B'$ (18.); daher ist: $B:B'=A:A'=(A+B):(A'+B')$.

195. Zusatz. Will man zu den Gliedern eines Verhältnisses Zahlen hinzusetzen, doch so, daß das Verhältniß der Summen gleich dem gegebenen Verhältnisse bleibe: so muß das Verhältniß der Zusätze gleich dem gegebenen Verhältnisse sein.

Dieses folgt unmittelbar aus dem vorstehenden Satze.

Z. B. Man will zu den Zahlen 8 und 12 zwei andere hinzusetzen, und das Verhältniß der Summen soll gleich dem gegebenen Verhältnisse sein. Da das gegebene Verhältniß, $8:12=$ dem von $2:3$, so müssen auch die Zusätze dieses Verhältniß zu einander haben; also können sie $2.1:3.1=2.2:3.2=2.3:3.3=2.4:3.4=2.5:3.5$ ꝛc. sein; dann ist $(8+2):(12+3)=10:15=2:3$
$(8+4):(12+6)=12:18=2:3$ ꝛc.

196. Lehrsatz. Wenn das Verhältniß zweier Differenzen gleich dem Verhältnisse der größern Zahlen ist: so muß das Verhältniß der kleinern Zahlen auch gleich dem Verhältnisse der Differenzen sein.

Es sei $(A-B):(A'-B')=A:A'$

Nun ist nach Satz 190. $[A-(A-B)]:[A'-(A'-B')]=A:A'$. Die größere zweier Zahlen weniger der Differenz derselben ist aber gleich der kleinern Zahl (21.); daher ist: $A-(A-B)=B$ und $A'-(A'-B')=B'$. Demnach hat man $B:B'=A:A'=(A-B):(A'-B')$.

Anmerk. Man hätte den Satz auch so aussprechen können: ist das Verhältniß der Reste gleich der Verhältnisse der Minuenden: so ist das Verhältniß der Subtrahenden gleich dem Verhältnisse der Reste oder der Minuenden.

197. Lehrsatz. Wenn das Verhältniß der Reste gleich dem Verhältnisse der Subtrahenden ist: so muß das Verhältniß der Minuenden auch gleich dem Verhältnisse der Reste oder der Subtrahenden sein.

Sei $(A-B):(A'-B')=B:B'$.

Nach Satz 178. ist $[(A-B)+B]:[(A'-B')+B']=B:B'$.

Nun ist aber die Summe des Restes und des Subtrahendus gleich dem Minuendus (19.); daher ist $(A-B)+B=A$, und $(A'-B')+B'=A'$; also ist: $A:A'=B:B'=(A-B):(A'-B')$.

Anmerk. Die Sätze von 194 bis 197 sind für das algebraische Kopfrechnen von der größten Wichtigkeit.

198. Lehrsatz. Ist das Verhältniß der Summe zweier Zahlen zu ihrer Differenz gleich dem Verhältnisse der Summe zweier andern

Zahlen zu ihrer Differenz: so ist das Verhältniß der beiden ersten Zahlen gleich dem Verhältnisse der beiden andern.

Es sei also $(A+B):(A-B)=(A'+B'):(A'-B')$.

Nach Satz 193. ist nun: $[(A+B)+(A-B)]:[(A'+B')+(A'-B')] = [(A+B)-(A-B)]:[(A'+B')-(A'-B')]$.

Es ist aber die Summe und Differenz zweier Zahlen zusammen gleich der zweifachen größern Zahl (24.); und die Summe weniger der Differenz zweier Zahlen gleich der zweifachen kleinern Zahl (25.). Daher sind die Glieder des ersten Verhältnisses der letzten Proportion die zweifachen größern Zahlen, $2A$, $2A'$; und die Glieder des zweiten Verhältnisses derselben Proportion das Zweifache der kleinern Zahlen, $2B$, $2B'$; daher ist die letzte Proportion folgende:

$2A:2A'=2B:2B'$.

Nun stehen aber die Multiplicanden der Gleichvielfachen im Verhältnisse dieser (180.); demnach ist $A:A'=B:B'$ und verwechselt $A:B=A':B'$. W. Z. E. W.

199. Lehrsatz. Wenn drei Paare Zahlen, $A'$, $B'$; $A''$, $B''$; $A'''$, $B'''$, so beschaffen sind, daß eine des ersten und eine des zweiten zusammen gleich einer des dritten Paares sind, $(A'+A''=A''')$, die zweite des dritten Paares in der Mitte zwischen den andern der beiden ersten Paare steht (d. h. größer als die eine und kleiner als die andere ist) und die Summe der Produkte aus dem ersten und dem zweiten Paare gleich dem Produkte aus dem dritten Paare ist, $(A'.B'+A''.B''=A'''.B''')$, so ist das Verhältniß der zuerst genannten Zahlen $(A':A'')$ gleich dem umgekehrten Verhältnisse der Differenzen zwischen den zugehörigen zweiten Zahlen der beiden ersten Paare und der zweiten Zahl des dritten Paares $(=B''-B''':B'''-B'$ oder $B'''-B'':B'-B''')$.

Es sei also: $A'+A''=A'''$ und $A'.B'+A''.B''=A'''.B'''$. Nun ist $(A'+A'').B'''=A'''.B'''=A'.B'''+A''.B'''$ (132.). Daher ist $A'.B'+A''.B''=A'.B'''+A''.B'''$.

Es kann nun $A'.B'$ entweder gleich oder um eine Zahl größer oder kleiner als $A'.B'''$ sein: so ist auch $A''.B'''$ entweder gleich, oder um dieselbe Zahl größer oder kleiner als $A''.B''$ (33.). Daher ist die Differenz zwischen $A'.B'$ und $A'.B'''$ gleich der Differenz zwischen $A''.B'''$ und $A''.B''$; also sei: $A'.B'-A'.B'''=A''.B'''-A''.B''$. Die Differenz aber zweier Produkte, welche einen gemeinen Faktor haben, ist gleich einem Produkte, dessen einer Faktor der gemeine, und dessen anderer die Differenz der nicht gemeinen Faktoren ist (136.). Daher ist $A'.B'-A'.B'''=A'.(B'-B''')$, und $A''.B'''-A''.B''=A''.(B'''-B'')$; also $A'.(B'-B''')=A''.(B'''-B'')$. Demnach ist nach Satz 188. $A':A''=(B'''-B''):(B'-B''')$.

Würde $B'<B'''$, oder was dasselbe ist: $A'.B'<A'.B'''$ sein: so würde man folgende Proportion erhalten:

$A':A''=(B''-B'''):(B'''-B')$.

Anmerk. Dieser Satz hat Anwendung auf die Auflösung von Aufgaben über die Mischungen gewisser Ingredienzen, wenn die Werthe der zu mischenden Ingredienzen, die Quantität und der Werth der Mischung gegeben sind.

Z. B. Man hat Wein, das Quart zu 1 Thlr. 10 Sgr. und zu 20 Sgr.; von beiden Weinen will man zusammen 30 Quart oder einen Anker haben, und ein Quart dieser Mischung soll 25 Sgr. kosten. Wie viele Quart hat man von jedem Weine zu nehmen.

Für A', A'', A''' hat man also die Quantitäten der verschiedenen Weine zu setzen, und für B', B'', B''' die Preise. Daher sei: B' = 40, B'' = 20, B''' = 25 Sgr; folglich ist: A' : A'' = (25 — 20) : (40 — 25) = 5 : 15 = 1 : 3; also nach Satz 189. A' + A'' : 1 + 3 = A' : 1 oder A' + A'' : 4 = A' : 1. Nun ist A' + A'' = A''' = 30; also 30 : 4 = A' : 1. Daraus ergiebt sich A' = 7½ Quart, und also A'' = 22½ Quart. Die Aufl. ist hier nur angedeutet, weil die Aufgabe nicht hierher gehört. Ueber ähnliche Aufg. und deren Aufl. sehe man das algebraische Kopfrechnen.

200. Lehrsatz. Wenn eine Zahl von einem Maße nach einer Zahl, und diese Maßzahl von einem zweiten Maße nach einer neuen Zahl gemessen wird: so ist die erste Zahl durch das Produkt beider Maße meßbar.

A werde von M nach der Zahl B, und diese wieder von M' nach der Zahl C gemessen; so ist zu zeigen, daß A durch M.M' meßbar ist.

Denn es ist (138.) A = B.M, und B = C.M'; daher ist A = B.M = C.M.M' (128.).

Nun sei M.M' = P; so ist C.M.M' = C.P; also ist auch A = C.P. Das Produkt aber zweier Zahlen ist von der einen nach der andern meßbar (184.). Daher ist A durch P (= M.M') meßbar.

201. Lehrsatz. Wenn zwei Zahlen durch ihr größtes gemeine Maß gemessen werden: so sind die Maßzahlen Primzahlen zu einander.

Der A, B größtes gemeine Maß sei M, und A werde von M nach der Zahl A', B von M nach der Zahl B' gemessen. Würden nun A', B' nicht Primzahlen zu einander sein: so müßten sie irgend eine von der Einheit verschiedene Zahl, N, zum gemeinen Maße haben; dann wäre aber sowohl A als auch B durch das Produkt M.N meßbar (200.); also wäre dieses ein gemeines Maß, der A, B, welches unmöglich ist, weil M.N als Vielfaches von M größer als M, und weil M das größte gemeine Maß der A, B sein soll. Daher sind die Maßzahlen A', B' Primzahlen zu einander.

Z. B. Das größte gemeine Maß der Zahlen 48, 56 ist 8, 48 wird von 8 nach 6 und 56 von 8 nach 7 gemessen; daher sind 6, 7 Primzahlen zu einander, welches in der That ist.

202. Lehrsatz. Wenn zwei Zahlen die kleinsten in einem Verhältnisse sind: so sind sie Primzahlen zu einander.

A, B seien die kleinsten Zahlen in einem Verhältnisse. Wären sie nun nicht Primzahlen zu einander, so müßten sie irgend eine von der Einheit verschiedene Zahl, M, zum gemeinen Maße haben. A werde nun von M nach der Zahl a, und B von M nach der Zahl b gemessen: so ist, weil A = a.M, B = b.M, a kleiner als A und b kleiner als B. Aber es ist auch (185.) A : B = a : b. Demnach hätten zwei kleinere Zahlen a, b als die kleinsten mit diesen einerlei Verhältniß, welches unmöglich ist. Daher sind A, B Primzahlen zu einander.

203. Lehrsatz. Wenn zwei Zahlen die kleinsten in einem Ver-

hältnisse sind: so müssen zwei Zahlen, welche mit jenen einerlei Verhältniß zu einander haben, entweder gleich jenen gleichnamigen kleinsten Zahlen, oder Gleichvielfache derselben sein.

A, B seien die kleinsten Zahlen in dem Verhältnisse: A : B. Da nun A, B Primzahlen zu einander sind (202.), so haben sie kein anderes gemeine Maß als die Einheit.

So vielfach nun A von der Einheit ist, so vielfach sei A′ von irgend einer Zahl C; also (127.) A′ = A.C; und wie vielfach B von der Einheit ist, eben so vielfach sei B′ von C; also B′ = B.C. Folglich (167.) ist A : B = A′ : B′.

C ist nun entweder gleich der Einheit, oder größer als dieselbe. Ist C gleich der Einheit: so ist A = A′ und B = B′ (99.); wenn aber C größer als die Einheit ist: so sind A′ = A.C und B′ = B.C Gleichvielfache von A, B, nämlich das Cfache. Daher ist die Behauptung des Satzes wahr.

204. Lehrsatz. Zwei Primzahlen zu einander sind die kleinsten unter allen Zahlen, welche mit ihnen einerlei Verhältniß zu einander haben.

A, B seien Primzahlen zu einander. Wären sie nun nicht die kleinsten Zahlen in dem Verhältnisse: A : B, so seien solches a, b; also A : B = a : b. Da nun a, b die kleinsten Zahlen in dem vorigen Verhältnisse sein sollen: so sind die Zahlen, welche mit ihnen einerlei Verhältniß zu einander haben, entweder gleich den gleichnamigen kleinsten Zahlen, oder Gleichvielfache derselben (203.); also entweder A = a, und B = b; oder A, B Gleichvielfache von a, b.

Wenn A = a, B = b; so sind A, B die kleinsten Zahlen in dem genannten Verhältnisse, weil solches a, b sein sollen; also der Behauptung des Satzes angemessen. Sind A, B Gleichvielfache von a, b, so sei A das Cfache von a, also auch B das Cfache von b; daher (127.) A = a.C und B = b.C. Da nun sowohl a.C als auch b.C, also auch A und B durch C meßbar sind (184.); so haben A, B ein von der Einheit verschiedenes gemeine Maß; folglich sind sie nicht Primzahlen zu einander, welches wider die Voraussetzung ist. Daher müssen A, B die kleinsten unter allen Zahlen in dem genannten Verhältnisse sein.

205. Zusatz. Wenn das Verhältniß zweier Zahlen A, B, durch die kleinsten Zahlen a, b, ausgedrückt ist: so sind die ersten Zahlen von den gleichnamigen kleinsten Gleichvielfache, und zwar solche, welches das größte gemeine Maß der Zahlen A, B, von der Einheit ist; oder: so messen die kleinsten Zahlen die gleichnamigen größern nach einerlei Zahl, dem größten gemeinen Maße der Zahlen A, B.

Dieser Satz erhellet aus dem Beweise des 203ten Satzes.

Z. B. 15 : 20 = 3 : 4; 3, 4 sind die kleinsten Zahlen in diesem Verhältnisse; 15, 20 sind Gleichvielfache von 3, 4, nämlich das 5fache; 5 ist das größte gemeine Maß der Zahlen 15, 20; 15 wird von 3 nach 5 und auch 20 wird von 4 nach 5 gemessen.

206. Zusatz. Sind zwei Zahlen durch ihr größtes gemeine Maß gemessen: so sind die Maßzahlen die kleinsten, welche mit den gemessenen Zahlen einerlei Verhältniß haben.

Dieses erhellet aus den Sätzen 201. und 204.

207. Lehrsatz. Sind zwei Zahlen A, B, und zwei andere, A', B', Primzahlen zu einander, und ist das Verhältniß der beiden ersten gleich dem Verhältnisse der beiden andern Zahlen: so sind die Vorderglieder einander und die Hinterglieder dieser Verhältnisse einander gleich.

Da A, B zu einander und A', B' zu einander Primzahlen sind: so sind A, B, und auch A', B' die kleinsten Zahlen in einerlei Verhältniß. Wäre nun A nicht $= A'$, so müßte eine von beiden größer als die andere sein. Es sei $A > A'$, wenn es möglich ist; da nun $A : B = A' : B'$; so ist $B > B'$ (171.); also sind A, B, wider die Voraussetzung, nicht die kleinsten Zahlen in ihrem Verhältnisse. Daher ist $A = A'$ und $B = B'$.

208. Lehrsatz. Wenn die gleichnamigen Glieder einer Proportion nicht gleich sind: so sind die größern Glieder eines Verhältnisses nicht Primzahlen zu einander.

Es sei $A : B = A' : B'$, und A' sei $> A$; so ist auch $B' > B$. Wären nun A', B' Primzahlen zu einander: so wären sie die kleinsten unter allen Zahlen in diesem Verhältnisse (204.); also $A' < A$ wider die Voraussetzung; daher können A', B' nicht Primzahlen zu einander sein.

209. Lehrsatz. Werden die Glieder jedes Verhältnisses einer Proportion durch das größte gemeine Maß der zusammengehörigen Glieder gemessen: so sind die Maßzahlen der gleichnamigen Glieder einander gleich.

Denn die Maßzahlen der Glieder jedes Verhältnisses sind Primzahlen zu einander (201.); sie stehen mit ihren Gliedern in gleichen Verhältnissen (185.); daher (207.) sind die Maßzahlen der gleichnamigen Glieder einander gleich.

Z. B. $27 : 36 = 24 : 32$. Das größte gemeine Maß der Zahlen 27, 36 ist 9, jede durch 9 gemessen, giebt die Maßzahlen 3, 4; das größte gemeine Maß der Zahlen 24, 32 ist 8, durch diese gemessen erhält man die Maßzahlen 3, 4; es ist ferner $3 : 4 = 3 : 4$, was der Satz behauptet.

210. Lehrsatz. Wenn eine Zahl jede von zwei andern Zahlen mißt: so mißt sie auch deren größtes gemeine Maß.

C messe die A, B nach den Zahlen A', B', und M das größte gemeine Maß der A, B messe sie nach den Zahlen a, b; so sind a, b Primzahlen zu einander, und es ist: $A' : B' = A : B$ und $a : b = A : B$ (185.); also $A' : B' = a : b$.

Da nun a, b Primzahlen zu einander sind: so muß entweder $A' = a$, also auch $B' = b$, oder sie müssen Gleichvielfache von a, b sein.

Wäre $A' = a$, so würde, weil $A = A' . C = a . M$ ist, auch $A' . C = a . M$, also auch $C = M$ (103.) sein; also würde C die M nach der Zahl Eins messen, welches der Behauptung des Satzes entspricht.

Ist A' ein Vielfaches von a; so sei es das Efache; also $A' = E . a$, und $A = A' . C$; daher $A = C . E . a = a . M$. Folglich (105.) ist

M = C . E. Nun wird C . E von C gemessen (184.); also wird auch M von C gemessen.

W. Z. E. W.

211. Lehrsatz. Ist M das größte gemeine Maß der Zahlen A, B, und N das größte gemeine Maß der Zahlen M, C: so ist N das größte gemeine Maß der Zahlen A, B, C.

Da N die M, und diese die A, B mißt: so muß auch N die A, B messen (153.). Mithin ist N ein gemeines Maß der Zahlen A, B, C. Es ist aber auch das größte gemeine Maß. Denn wäre N dieses nicht, so sei es irgend eine andere D > N. Da nun D die A, B mißt, so mißt sie auch deren größtes gemeine Maß M (210.); also M und C; daher auch deren größtes gemeine Maß N, also die größere Zahl die kleinere, welches unmöglich ist. Demnach ist N das größte gemeine Maß der A, B, C.

Der letzte Satz giebt das Verfahren an, auch für mehr als 2 Zahlen das größte gemeine Maß zu finden.

212. Lehrsatz. Das Produkt zweier Primzahlen ist durch keine andere als durch eine dieser Primzahlen meßbar.

A, B seien Primzahlen und ihr Produkt P.

Würde es nun eine Zahl, C, geben, welche P messe: so sei es nach der Zahl D; also P = C . D; aber P auch = A . B; daher A . B = C . D. Folglich (188.) ist A : C = D : B. Da nun C von A, B verschieden sein soll: so muß C entweder > oder < A sein. Ist C > A: so ist auch B > D. Da nun die gleichnamigen Glieder C, B obiger Proportion nicht gleich sind, so sind die größern C, B nicht Primzahlen zu einander (208.); also ist B wider die Voraussetzung keine Primzahl. Ist C < A: so ist B < D; daher sind aus demselben Grunde A, D keine Primzahlen zu einander; also A gegen die Voraussetzung keine Primzahl. Demnach ist P durch A und B meßbar.

213. Lehrsatz. Sind zwei Zahlen, A, B, Primzahlen zu einer dritten, C: so ist auch das Produkt der beiden ersten Zahlen eine Primzahl zur dritten.

A . B sei = P. Wären nun P, C nicht Primzahlen zu einander: so würden sie von irgend einer Zahl, D, größer als die Einheit, gemessen. Da also D die C mißt, und C zu A, B eine Primzahl ist: so ist (154.) auch D zu A, B eine Primzahl. P werde nun von D nach der Zahl E gemessen; so ist P = D . E = A . B; also (188.) A : D = E : B. Da nun A, D Primzahlen zu einander sind: so sind sie die kleinsten in diesem Verhältnisse (204.); also mißt D die B und auch die C; daher sind B, C nicht Primzahlen zu einander, wider die Voraussetzung. Demnach müssen P, C Primzahlen zu einander sein.

214. Lehrsatz. Sind zwei Zahlen A, B zu jeder von zwei andern, C, D, Primzahlen: so ist auch das Produkt der beiden ersten eine Primzahl zum Produkte der beiden andern.

A . B sei = P, und C . D = Q. Da A, B Primzahlen zu C sind; so ist ihr Produkt P eine Primzahl zu C, aber auch zu D; also sind zwei Zahlen C, D Primzahlen zu einer dritten P; folglich (213.) ist auch ihr Produkt Q eine Primzahl zu P.

215. Lehrsatz. Wird das Produkt zweier Zahlen, A, B, von einer Primzahl, C, gemessen: so wird sie auch eine der beiden Zahlen, A, B, messen.

Würde C keine der Zahlen A, B messen, so würde sie zu jeder, also auch zu ihrem Produkte $A . B = P$ eine Primzahl sein, und also selbiges nicht messen, was geschehen soll. Also muß C eine der Zahlen A, B messen.

Ein anderer Beweis.

Mißt C nicht A: so sind A, C Primzahlen zu einander; also sind sie die kleinsten in diesem Verhältnisse. P werde von C nach der Zahl D gemessen: so ist $P = C . D = A . B$; folglich $A : C = D : B$. Weil nun A, C die kleinsten in diesem Verhältnisse sind: so muß C die B messen.

216. Lehrsatz. Die kleinste Zahl, welche von zwei gegebenen Zahlen, A, B, gemessen wird, ist das Produkt aus dem größten gemeinen Maße der gegebenen Zahlen und den beiden Maßzahlen.

Das größte gemeine Maß der Zahlen A, B sei M, und A, B mögen von M nach den Zahlen A′, B′ gemessen werden: so ist $P = A' . B' . M$ die kleinste unter allen Zahlen, welche durch A, B meßbar ist.

Denn es ist $A = A' . M$, $B = B' . M$ und $A : B = A' : B'$; also: $A . B' = B . A'$; so ist $A . B' = B . A' = A' . B' . M = P$; aber $A . B'$ durch A, $B . A'$ durch B, daher auch P durch A, B meßbar. (184.)

Wäre nun P nicht die kleinste durch A, B meßbare Zahl: so sei es eine kleinere Q, und Q werde von A, B nach den Zahlen a, b gemessen; so ist $Q = A . a = B . b$; folglich $A : B = b : a$. Es war aber auch $A : B = A' : B'$; also $A' : B' = b : a$. Nun sind A′, B′ die kleinsten Zahlen in diesem Verhältnisse; also muß A′ die b und B′ die a messen (203.).

Es war aber $A . B' = P$ und $A . a = Q$; daher ist $Q : P = A . B' : A . a = B' : a$. Weil nun a von B′ gemessen wird: so muß auch P von Q, die kleinere von der größern gemessen werden, welches unmöglich ist. Folglich ist P die kleinste von A, B meßbare Zahl.

217. Lehrsatz. Wird jede zweier Zahlen P, Q von zwei andern A, B, gemessen: so wird sowohl die Summe als auch die Differenz der beiden ersten von den beiden andern Zahlen gemessen.

P werde von A nach A′, und von B nach B′ gemessen: so ist $P = A . A' = B . B'$; und Q werde von A, B nach A″, B″ gemessen: so ist $Q = A . A'' = B . B''$. Folglich ist $P + Q = A . A' + A' . A'' = B . B' + B . B''$. Aber $A . A' + A . A'' = A . (A' + A'')$ und $B . B' + B . B'' = B . (B' + B'')$ (133.). Also ist $P + Q = A . (A' + A'') = B . (B' + B'')$. Da nun $A . (A' + A'')$ durch A, $B . (B' + B'')$ durch B, so ist auch $(P + Q)$ durch A, B meßbar.

P sei $> Q$: so ist $P - Q = A . (A' - A'') = B . (B' - B'')$; also ist auch $(P - Q)$ durch A, B meßbar.

218. Lehrsatz. Wenn eine Zahl, P, von zwei andern gemessen wird: so wird auch ein Vielfaches der ersten von den beiden andern Zahlen gemessen.

Ein Vielfaches von P ist gleich einer Summe mehrerer Zahlen, deren jede $=P$ ist. Da nun jedes P von A, B meßbar sein soll: so muß auch die Summe aller P, oder das Vielfache von P, durch A, B meßbar seyn. (217.)

219. Lehrsatz. Wird eine Zahl, Q, von zwei Zahlen gemessen: so wird sie auch von der durch beide meßbaren kleinsten Zahl, P, gemessen.

Weil P die kleinste durch A, B meßbare Zahl sein soll: so muß P auch $<Q$ sein. Wenn nun Q nicht durch P meßbar wäre, so nehme man von P ein Vielfaches, welches zunächst $<Q$ ist (123.). Dieses Vielfache sei $\int P$; also: $Q-\int P<P$; sei $Q-\int P=R$. Da $Q, \int P$ durch A, B meßbar sind, so ist auch ihre Differenz $Q-\int P=R$ durch A, B meßbar; welches nicht möglich ist, weil P die kleinste durch A, B meßbare Zahl sein soll. Daher wird Q von P gemessen.

220. Lehrsatz. Sind mehrere Zahlen A, B, C, D gegeben, und ist P die kleinste durch A, B; Q die kleinste durch P, C; R die kleinste durch Q, D meßbare Zahl: so ist R die kleinste durch die gegebenen Zahlen A, B, C, D meßbare Zahl.

Da Q durch C, P und P durch A, B meßbar ist: so ist Q durch A, B, C meßbar. Nun ist R durch Q, D, und Q durch A, B, C meßbar; folglich wird R von A, B, C, D gemessen; auch ist R die kleinste durch die gegebenen Zahlen meßbare Zahl.

Wäre R nicht die kleinste Zaht, so mag irgend eine andere, $S<R$, durch A, B, C, D meßbar sein.

Weil nun S durch A, B meßbar ist: so muß sie auch durch die kleinste von A, B meßbare Zahl P gemessen werden (219.); also wird S von P, C; daher auch von der durch P, C meßbaren kleinsten Zahl Q gemessen. Aus denselben Gründen wird S von R, also die kleinere Zahl von der größern gemessen, welches nicht möglich ist. Daher giebt es keine kleinere Zahl als R, welche von A, B, C, D gemessen wird; also ist R die kleinste Zahl.

Z. B. Die gegebenen Zahlen seien 12, 15, 16, 18, 20, und man sucht die kleinste Zahl, welche von den gegebenen gemessen werde. Das größte gemeine Maß von 12 und 15 ist 3, und die Maßzahlen sind 4, 5; folglich $3.4.5=60$ die kleinste durch 12, 15 meßbare Zahl. Eben so findet man, daß 240 die kleinste durch 60,16 meßbare Zahl, 720 die kleinste durch 240,18 und 720 die kleinste durch 720,20 meßbare Zahl; daher ist 720 die kleinste durch 12, 15, 16, 18, 20 meßbare Zahl.

Das kürzere Verfahren ist leicht aus dem angegebenen abzuleiten.

221. Lehrsatz. Sind vier Zahlen proportionirt: so ist die Summe der größten und kleinsten Zahl größer als die Summe der beiden andern.

Es sei $A:B=C:D$. Nun sei A die größte unter den vier Zahlen: so ist $A>B$; daher $C>D$, und weil A auch $>C$: so ist auch $B>D$ (170. 171.); also ist D die kleinste unter den vier Zahlen. Ferner ist $(A-B):(C-D)=A:C$ (191); folglich ist

$(A - B) > (C - D)$. Setzt man nun zu diesen ungleichen Differenzen gleiche Summen, $B + D = B + D$, hinzu: so ist (30.) $(A - B) + B + D > (C - D) + B + D$.

Nun ist aber die Differenz zweier Zahlen, $(A - B)$, nebst der kleinern, B, gleich der größern, A, (13.); daher ist: $(A - B) + B = A$; also $(A - B) + B + D = A + D$. Aus denselben Gründen ist $(C - D) + B + D = C + B$. Demnach ist $(A + D) > (C + B)$.

222. **Erkl.** In geordneter Proportion sind mehrere Zahlen, A, B, C, D mit eben so vielen andern, a, b, c, d, wenn die beiden ersten von jenen mit den beiden ersten von diesen proportionirt sind $(A : B = a : b)$, und bei jenen das Hinterglied zur nächstfolgenden Zahl, wie bei diesen das Hinterglied zur nächstfolgenden Zahl ist $(B : C = b : c,\ C : D = c : d)$. Z. B. Sind mehrere Zahlen 12, 14, 18, 24, 30 gegeben, und man will eben so viele Zahlen finden, von denen die erste, 6, gegeben ist, welche mit jenen geordnet proportionirt seien; so hat man folgende Proportionen dazu:
$12 : 14 = 6 : A\ (= 7)$; $14 : 18 = 7 : B\ (= 9)$; $18 : 24 = 9 : C\ (= 12)$; $24 : 30 = 12 : D\ (= 15)$. Daher sind 6, 7, 9, 12, 15 mit jenen geordnet proportionirt.

223. **Erkl.** Aus dem Gleichen entsteht eine Proportion, wenn mehrere Zahlen, A, B, C, D, mit eben so vielen andern, a, b, c, d, je zwei von jenen mit je zwei von diesen, proportionirt sind, und man setzt von jenen die erste zur letzten, wie von diesen die erste zur letzten $(A : D = a : d)$. Oder: wenn alsdann mit Weglassung aller mittlern, die äußern von jenen mit den äußern von diesen proportionirt sind.

Z. B. 3, 5, 9, 12 sind mit 6, 10, 18, 24 proportionirt; denn es ist $3 : 5 = 6 : 10$; $5 : 9 = 10 : 18$; $9 : 12 = 18 : 24$: so entsteht die Proportion aus dem Gleichen $3 : 12 = 6 : 24$.

224. **Lehrsatz.** Sind vier Zahlen in Proportion, $A : B = A' : B'$, und haben zwei andere, C, D mit den Vordergliedern jener einerlei Verhältniß, $C : D = A : A'$: so haben die beiden andern aus dem Gleichen mit den Hintergliedern jener einerlei Verhältniß.

Da $A : B = A' : B'$; so ist verwechselt $A : A' = B : B'$; aber $C : D = A : A'$; daher ist $C : D = B : B'$.

225. **Lehrsatz.** Sind mehrere Zahlen, A, B, C, mit eben so vielen andern, a, b, c, in geordneter Proportion, und ist von jenen die erste entweder größer, oder eben so groß, oder kleiner als die letzte: so ist auch von diesen die erste; im ersten Falle größer, im zweiten eben so groß, im dritten kleiner als die letzte.

Da die ersten Zahlen mit den andern geordnet proportionirt sind (222): so ist $A : B = a : b$; $B : C = b : c$. Durch Verwechselung erhält man $A : a = B : b$; $B : b = C : c$. Daher ist $A : a = C : c$. Daher ist dieser Satz nach dem 171sten wahr.

226. **Lehrsatz.** Sind mehrere Zahlen, A, B, C, D, E mit eben so vielen andern, A', B', C', D', E', geordnet proportionirt: so sind sie aus dem Gleichen proportionirt.

Nach der Voraussetzung des Satzes ist: $A : B = A' : B'$; $B : C = B' : C'$; $C : D = C' : D'$; $D : E = D' : E'$; durch Verwechselung erhält man: $A : A' = B : B'$; $B : B' = C : C'$; $C : C' = D : D'$;

D : D′ = E : E′; also ist (177.) A : A′ = E : E′, und verwechselt: A : E = A′ : E′. W. Z. E. W.

227. Lehrsatz. Werden mehrere gegebene Zahlen, A, B, C, D, durch ihr größtes gemeine Maß gemessen: so sind die Maßzahlen mit den gemessenen in geordneter Proportion.

M sei das größte gemeine Maß der gegebenen Zahlen, und sie mögen nach der Reihe von M nach den Zahlen, A′, B′, C′, D′, gemessen werden. Wenn aber zwei Zahlen durch ihr gemeines Maß gemessen werden: so haben die Maßzahlen mit den gemessenen einerlei Verhältniß (185.). Daher ist A : B = A′ : B′; B : C = B′ : C′; C : D = C′ : D′.

228. Lehrsatz. Werden mehrere Zahlen durch ihr größtes gemeine Maß gemessen: so sind die Maßzahlen die kleinsten, welche mit den gegebenen geordnet proportionirt sind.

M sei das größte gemeine Maß der Zahlen A, B, C und messe dieselben nach den Zahlen A′, B′, C′.

Wären nun A′, B′, C′ nicht die kleinsten Zahlen, welche mit den gemessnen in geordneter Proportion sind, so seien es andere, a, b, c. Weil a, b, c die kleinsten Zahlen in den Verhältnissen A, B, C sind: so müssen a, b, c die A, B, C messen, und a messe die A nach der Zahl m; so müssen b, c die B, C auch nach m messen. Denn A = a . m, A : B = a : b; also auch a . m : B = a : b; a mißt die a . m nach m, also muß auch b die B nach m messen. Dasselbe gilt für c, C.

Weil A von M nach A′ gemessen wird: so ist A = A′ . M; auch ist A = a . m; also ist A′ . M = a . m; daher ist: A′ : a = m : M. Da nun a < A′; so ist auch M < m. Demnach würden A, B, C ein größeres gemeine Maß, m, als das größte, M, haben. Weil dieses unmöglich ist: so sind A′, B′, C′ die kleinsten, welche mit A, B, C geordnet proportionirt sind.

229. Erkl. Ein Verhältniß (P : Q), ist aus mehreren andern Verhältnissen (A : B; A′ : B′; A″ : B″), zusammengesetzt: wenn es gleich dem Verhältnisse der Produkte aus den gleichnamigen Gliedern der gegebenen Verhältnisse ist (P : Q = A . A′ . A″ : B . B′ . B″).

230. Erkl. Proportionen werden zusammengesetzt: wenn die Produkte der gleichvielsten Glieder in Verhältniß gesetzt werden.

Z. B. $\left.\begin{matrix} 3 : 7 = 9 : 21 \\ 8 : 12 = 16 : 24 \end{matrix}\right\}$ zusammengesetzt: 3 . 8 : 7 . 12 = 9 . 16 : 21 . 24 oder: 24 : 84 = 144 : 504. Daß aber durch Zusammensetzung zweier Proportionen wieder eine Proportion erhalten wird, ist noch zu erweisen.

230. Lehrsatz. Wenn man zwei Proportionen zusammensetzt: so erhält man wieder eine Proportion.

Man habe die beiden Proportionen A : B = C : D und A′ : B′ = C′ : D′, so ist zu zeigen, daß dann auch ist: A . A′ : B . B′ = C . C′ : D . D′.

Aus der ersten Proportion folgt: A . D = B . C, aus der zweiten A′ . D′ = B′ . C′ (187.). Daher (128.) ist auch: A . D × A′ . D′ = B . C × B′ . C′. Nun kann man aber die Faktoren eines Produkts in einer Ordnung nehmen, in welcher man will, so sind die Produkte doch einander gleich (129.); daher ist A . A′ × D . D = B . B′ × C . C′.

Es sei $A.A' = P$, $B.B' = Q$, $C.C' = R$, $D.D' = S$; so ist noch $P.S = Q.R$; folglich (188.) $P:Q = R:S$; oder $A.A':B.B' = C.C':D.D'$.

Ein anderer Beweis.

Es ist (183.) $A:C = A.A':C.A'$; $B:D = B.B':D.B'$. Da nun $A:C=B:D$; so ist auch $A.A':C.A'=B.B':D.B'$, oder verwechselt: $A.A':B.B'=C.A':D.B'$.

Aus denselben Gründen ist: $A':C'=C.A':C.C'$ und $B':D'= D.B':D.D'$. Weil aber $A':C'=B':D'$ ist: so ist $C.A':C.C'= D.B':D.D'$; verwechselt: $C.A':D.B'=C.C':D.D'$.

In der letzten abgeleiteten Proportion ist das erste Verhältniß, $C.A':D.B'$, gleich dem zweiten Verhältnisse in der obigen abgeleiteten Proportion; daher (177.) müssen auch die andern Verhältnisse dieser Proportionen einander gleich sein; also: $A.A':B.B'=C.C':D.D'$.

232. Lehrsatz. Werden mehrere Proportionen zusammengesetzt: so erhält man wieder eine Proportion.

Es sei $A:B=C:D$; $A':B'=C':D'$; $A'':B''=C'':D''$.

Durch Zusammensetzung der ersten und zweiten Proportion erhält man (231.) $A.A':B.B'=C.C':D.D'$. Diese Proportion kann man nun wieder mit der dritten gegebenen zusammensetzen: so muß man wieder eine neue Proportion erhalten (231.). Demnach ist: $A.A'.A'':B.B'.B''=C.C'.C'':D.D'.D''$.

Diese Schlüsse kann man willkürlich weit fortsetzen; daher gilt der Satz für eine beliebige Anzahl Proportionen.

233. Erkl. Wenn mehrere Verhältnisse so beschaffen sind, daß das Hinterglied des einen Verhältnisses gleich dem Vordergliede des nächstfolgenden Verhältnisses ist: so mögen diese Verhältnisse Kettenverhältnisse heißen.

Z. B. $A:B$; $B:C$; $C:D$ ꝛc. sind Kettenverhältnisse.

234. Lehrsatz. Wenn in mehrern Proportionen die ersten Verhältnisse Kettenverhältnisse sind: so ist das Verhältniß vom Vordergliede des ersten zum Hintergliede des letzten Kettenverhältnisses gleich dem zusammengesetzten Verhältnisse aus den zweiten Verhältnissen der Proportionen.

Es sei $A:A' = B:C$; $A':A'' = D:E$; $A'':A''' = F:G$ ꝛc.

Durch Zusammensetzung der beiden ersten Proportionen erhält man $A.A':A'.A'' = B.D:C.E$; aber $A.A':A'.A'' = A:A'$, (183.); daher ist: $A:A'' = B.D:C.E$. Diese Proportion setze man nun wieder mit der gegebenen dritten zusammen: so ist wieder $A.A'':A''.A''' = B.D.F:C.E.G$; oder $A:A''' = B.D.F:C.E.G$.

Anmerk. Der Satz hat dieselbe Giltigkeit, und wird eben so erwiesen, wenn die zweiten Verhältnisse Kettenverhältnisse sind. Man könnte diese Proportionen zum Unterschiede von den gewöhnlichen Kettenproportionen nennen.

## C. Von den Brüchen.

235. Erklärung. Wenn eine Zahl in gleiche Zahlen getheilt wird: so heißt jede der durch Theilung erhaltenen Zahlen ein Theil der getheilten Zahl.

Die getheilte Zahl aber heißt die ganze Zahl oder das Ganze. Die Zahl der Theile des Ganzen heißt der Nenner.

236. Grundsatz. Die ganze Zahl (das Ganze) ist allen ihren (seinen) Theilen zusammen gleich.

237. Lehrsatz. Jede Zahl ist ein Vielfaches von ihrem Theile, und zwar ein solches Vielfache, wie vielfach der Nenner von der Einheit ist; oder: das Ganze und der Nenner sind Gleichvielfache, jenes von einem seiner Theile, dieser von der Einheit.

Denn die ganze Zahl ist allen ihren Theilen zusammen gleich; da nun die Theile einer Zahl gleiche Zahlen sind: so ist die ganze Zahl eine Summe gleicher Zahlen. Nun ist die Summe gleicher Zahlen ein Vielfaches einer der gleichen Zahlen (82.). Daher ist die ganze Zahl ein Vielfaches von einem ihrer Theile.

Der Nenner ist die Zahl der Theile, daher hat der Nenner so viele Einheiten, als Theile vorhanden sind; nun ist aber die ganze Zahl allen ihren Theilen zusammen gleich; folglich hat der Nenner eben so viele Einheiten, als die ganze Zahl Theile hat. Demnach sind die ganze Zahl und der Nenner Gleichvielfache, jene von einem ihrer Theile, dieser von der Einheit.

238. Erkl. Der Theil einer Zahl wird nach dem Vielfachen, welches die ganze Zahl von einem ihrer Theile oder der Nenner von der Einheit ist, benannt, und zwar, indem man den Nenner in die Ordnungszahl verwandelt, und zu dieser Zahl entweder das Wort Theil hinzusetzt, oder von diesem Worte nur den letzten Buchstaben l der Ordnungszahl hinzusetzt.

Z. B. Ist der Nenner 5, so hat also die Zahl 5 Theile; daher heißt einer der 5 Theile einer Zahl der fünfte Theil, oder verkürzt ein Fünftel. Eben so heißt einer der 100 Theile einer Zahl der hundertste Theil oder ein Hundertstel rc.

239. Erkl. Ein bestimmter Theil einer Zahl wird dadurch bezeichnet, daß man den Nenner senkrecht unter die Zahl Eins setzt, und beide durch einen wagerechten Strich von einander trennt. Z. B. Ein halb einer Zahl A oder ihre Hälfte $= \frac{1}{2}$ von A; ein Drittel von A $= \frac{1}{3}$ von A; ein Viertel von A $= \frac{1}{4}$ von A rc.

$\frac{1}{M}$ von A heißt also einer von den Mtheilen der Zahl A oder ein Mtheil von A, oder ein Mtel von A.

240. Lehrsatz. Wenn eine Zahl, A, ein Vielfaches einer andern, B, ist: so ist diese ein solcher Theil von jener, wie vielfach A von B ist.

Man theile die Zahl A in so viele Theile, wie vielfach A von B ist, so ist einer dieser Theile B. Denn wäre der gedachte Theil nicht B, so sei er irgend eine andere Zahl C. Nun ist A so vielfach von C, als A von B ist (237.); also hat man zwei gleiche Gleichvielfache von B, C. Daher (103.) sind ihre Multiplicanden einander gleich, also ist $C = B$. Ist demnach A das Nfache von B: so ist B der Nte Theil oder ein Ntel $= \frac{1}{N}$ von A (239.).

241. Zusatz. Da jede Zahl A ein Vielfaches der Einheit ist: so ist (240.) die Einheit = dem Aten Theile von A $= \frac{1}{A}$ von A.

Das Produkt P zweier Zahlen A, B, ist ein Vielfaches von jeder, nämlich P das Afache von B, und das Bfache von A (126.); daher (240.) ist A $= \frac{1}{B}$ von P, und B $= \frac{1}{A}$ von P. Z. B. 1 ist $\frac{1}{2}$ von 2, $= \frac{1}{3}$ von 3, $= \frac{1}{4}$ von 4, $= \frac{1}{5}$ von 5 ꝛc. 3 $= \frac{1}{4}$ von 12, 4 $= \frac{1}{3}$ von 12 ꝛc.

242. Erkl. Wenn zwei Zahlen Gleichvielfache von ihren Theilen sind: so heißen die Theile derselben gleichnamige Theile. Z. B. 8,12 sind Gleichvielfache von 2,3; also sind 2,3 gleichnamige Theile von 8,12, und zwar sind 2,3 $= \frac{1}{4}$ von 8,12.

243. Erkl. Eine Zahl ist ein Bruch einer andern, wenn die erste ein Vielfaches von einem Theile der andern ist.

Die Zahl, welche so vielfach von der Einheit als eine Zahl von einem Theile der andern ist, heißt der Zähler des Bruches.

Die Zahl, welche ein Bruch einer andern ist, und der Zähler des Bruches sind also Gleichvielfache, jene von einem Theile, dieser von der Einheit.

244. Erkl. Die Bezeichnung eines Bruches fordert also zwei Zahlen, eine für den Zähler und eine für den Nenner des Bruches; und der Bruch wird dadurch vermittelst dieser Zahlen dargestellt, daß man den Nenner senkrecht unter den Zähler schreibt, und beide durch einen wagerechten Strich von einander absondert.

Z. B. 9 ist das 3fache von einem Viertel von 12; also 9 $= \frac{3}{4}$ von 12. Daher ist $\frac{4}{7}$ von 14 = dem 4fachen von dem 7ten Theile von 14.

Anmerk. Da zu der vollständigen Reihe der Vielfachen auch das Einfache gehört: so wird eine Zahl auch ein Bruch einer andern sein, wenn sie nur ein Theil dieser ist.

245. Lehrsatz. Jede Zahl, A, ist von einer andern, B, ein Bruch, welcher zum Zähler die erste und zum Nenner die andere Zahl hat.

Denn A, B sind Vielfache der Einheit, und diese ist ein Theil der Zahl, B, (240. 241.); daher ist A ein Vielfaches von einem Theile der B; also (243.) ist A ein Bruch von B.

Da nun A das Afache von einem Theile (der Einheit) ist: so muß der Zähler das Afache der Einheit sein (243.); also ist der Zähler des gedachten Bruches = A mal Eins = A.

B ist das Bfache von einem ihrer Theile (der Einheit); daher muß der Nenner des Bruches das Bfache der Einheit sein (237.); also ist der Nenner = B mal Eins = B. Demnach ist (244.) A $= \frac{A}{B}$ von B.

246. Erkl. Zwei Zahlen, A, A′, sind gleiche Brüche zweier andern, B, B′, die A von der B, und die A′ von der B′: wenn die

ersten Zahlen Gleichvielfache von gleichnamigen Theilen der andern sind.

Z. B. 4,6 sind gleiche Brüche von 10,15. Denn 4 ist das Zweifache von einem 5tel von 10, und 6 ist auch das Zweifache von einem 5tel von 15.

247. Erkl. Zwei Zahlen, A, A′, sind ungleiche Brüche von zwei andern, B, B′, wenn die ersten beiden Ungleichvielfache der gleichnamigen Theile von den andern beiden sind; die Zahl A ist ein größerer Bruch von der B, als die A′ von der B′: wenn A ein höheres Vielfaches von einem der gleichnamigen Theile der B als A′ von einem der gleichnamigen Theile der B′ ist:

Z. B. 18 ist ein größerer Bruch von 21 als 20 von 28. Denn 18 ist das 6fache von einem 7tel von 21, und 20 ist nur das 5fache von einem 7tel von 28; oder $18 = \frac{6}{7}$ von 21, und $20 = \frac{5}{7}$ von 28; also $\frac{6}{7} > \frac{5}{7}$.

248. Lehrsatz. Wenn zwei Zahlen, A, A′, gleiche Brüche zweier andern, B, B′, sind: so haben die beiden ersten zu den beiden andern, A zu B, A′ zu B′, gleiche Verhältnisse; oder: so ist das Verhältniß der beiden ersten gleich dem Verhältnisse der beiden andern.

Denn ist eine Zahl ein Bruch einer andern: so ist die erste ein Vielfaches von einem Theile der andern (243.) und diese ist ein Vielfaches von demselben Theile; also sind beide Zahlen Vielfache von einer und derselben Zahl. A, B sind also Vielfache von ihrem gemeinsamen Theile; A′, B′ sind auch Vielfache von ihrem gemeinen Theile.

Da nun A, A′ gleiche Brüche von B, B′ sein sollen: so sind A, A′ Gleichvielfache, und auch B, B′ Gleichvielfache (246. 242.). Demnach (167.) ist das Verhältniß $A : B =$ dem Verhältnisse $A' : B'$, und verwechselt $A : A' = B : B'$.

249. Lehrsatz. Haben zwei Zahlen, A, A′, zu zwei andern, B, B′, gleiche Verhältnisse, oder: ist das Verhältniß der beiden ersten Zahlen gleich dem Verhältnisse der beiden andern: so sind die beiden ersten gleiche Brüche der beiden andern.

Es sei also $A : B = A' : B'$. Das gemeine Maß der A, B sei M, das der A′, B′ sei M′: so sind A, B Vielfache von M, dasselbe sind A′, B′ von M′.

Nun sind A, A′ Gleichvielfache, B, B′ ebenfalls Gleichvielfache, daher (242.) sind die Theile M, M′ der B, B′ gleichnamig; A, A′ sind aber Gleichvielfache der gedachten gleichnamigen Theile der B, B′; demnach (246.) sind A, A′ gleiche Brüche der B, B′.

250. Lehrsatz. Gleichnamige Theile gleicher Zahlen sind gleich.

Es sei $A = B$; so ist $\frac{1}{N}$ von $A = \frac{1}{N}$ von B.

Es sei $\frac{1}{N}$ von $A = A'$ und $\frac{1}{N}$ von $B = B'$; da nun A′, B′ gleiche Brüche von A, B sind: so haben die beiden ersten, A′, B′, zu den beiden andern, A, B, gleiche Verhältnisse; also ist $A' : A = B' : B$.

Da nun $A = B$; so ist (171.) $A' = B'$. Z. B. $\frac{1}{7}$ von $28 = \frac{1}{7}$ von $4 . 7 = 4$; $\frac{1}{9}$ von $63 = \frac{1}{9}$ von $9 . 7 = 7$ rc.

251. Zusatz. Die gleichnamigen Theile zweier Zahlen stehen zu einander im Verhältnisse der ganzen Zahlen.

Dieses folgt aus den Sätzen 242. und 180.

252. Lehrsatz. Ungleichnamige Theile gleicher Zahlen stehen im umgekehrten Verhältnisse der Nenner zu einander.

Theile sind ungleichnamig, wenn die ganzen Zahlen Ungleichvielfache von ihren Theilen sind. A sei das Nfache von einer gewissen Zahl B, und A' das N'fache von einer andern Zahl B'; aber $A = A'$; so ist $B = \frac{1}{N}$ von A und $B' = \frac{1}{N'}$ von A'; und $A = N . B$; $A' = N' . B$. Weil aber $A = A'$: so ist $N . B = N' . B'$. Nun ist nach Satz 188. $B : B' = N' : N$; daher stehen die ungleichnamigen Theile im umgekehrten Verhältnisse ihrer Nenner.

253. Lehrsatz. Sind zwei Zahlen A, A' ungleichnamige Theile zweier andern, B, B': so ist das Verhältniß der beiden letzten gleich dem zusammengesetzten Verhältnisse aus dem Verhältnisse der beiden ersten (den Theilen) und dem Verhältnisse der Nenner; und das Verhältniß der beiden ersten (der Theile) ist gleich dem zusammengesetzten Verhältnisse aus dem Verhältnisse der beiden letzten und dem umgekehrten Verhältnisse der Nenner.

A sei $\frac{1}{N}$ von B und A' sei $\frac{1}{N'}$ von B': so ist $B = N . A$ und $B' = N' . A'$; also $B : B' = N . A : N' . A' = A . N : A' . N'$, welches Verhältniß aus den beiden: $A : A'$ und $N : N'$ zusammengesetzt ist. (229.)

A'' sei $\frac{1}{N}$ von B; so ist: $A : A'' = N' : N$ (252.), und $A'' : A' = B : B'$ (251.); diese beiden Kettenproportionen zusammengesetzt: so ist (234.) $A : A' = B . N' : B' . N$.

Z. B. 8 ist $\frac{1}{3}$ von 24; 9 ist $\frac{1}{4}$ von 36; so ist: $24 : 36 = 8 . 3 : 9 . 4$, und $8 : 9 = 24 . 4 : 36 . 3$. Ist $A = \frac{1}{4}$ von 28, $B = \frac{1}{6}$ von 54: so ist: $A : B = 28 . 6 : 54 . 4 = 7 : 9$.

254. Lehrsatz. Ein gewisser Theil von der Summe zweier Zahlen ist gleich der Summe der gleichnamigen Theile jeder einzelnen Zahl.

Der Nte Theil von $(A + B)$ = dem Nten Theile von A + dem Nten Theile von B, oder $\frac{1}{N}$ von $(A + B) = \frac{1}{N}$ von $A + \frac{1}{N}$ von B.

Denn gesetzt, man hätte zwar $\frac{1}{N}$ von A nicht aber auch $\frac{1}{N}$ von B, sondern irgend einen andern Theil, der C sei.

Nun ist aber die ganze Zahl ein solches Vielfache von seinem Theile, wie vielfach der Nenner von der Einheit ist; daher ist $(A + B)$ = dem Nfachen von $\frac{1}{N}$ von $(A + B)$; und weil $\frac{1}{N}$ von $(A + B)$ =

$\frac{1}{N}$ von A + C sein soll: so ist: (A + B) = dem Nfachen von $\left(\frac{1}{N}\right.$ von A + C$\left.\right)$. Aber ein Vielfaches von der Summe zweier Zahlen ist gleich der Summe derselben Vielfachen jeder einzelnen Zahl (94.); daher ist das Nfache von $\left(\frac{1}{N}\right.$ von A + C$\left.\right)$ = dem Nfachen von $\frac{1}{N}$ von A + dem Nfachen von C. Nun ist das Nfache von $\frac{1}{N}$ von A = A (236.). Folglich ist A + B = A + dem Nfachen von C; daher ist B = dem Nfachen von C. Demnach ist (240.) C = $\frac{1}{N}$ von B. Folglich ist: $\frac{1}{N}$ von (A + B) = $\frac{1}{N}$ von A + $\frac{1}{N}$ von B.

Z. B. Der dritte Theil von (12 + 15) = $\frac{1}{3}$ von 12 + $\frac{1}{3}$ von 15 = 4 + 5 = 9.

255. Lehrsatz. Die Summe zweier gleichnamigen Theile von zwei Zahlen ist gleich demselben Theile von der Summe der Zahlen.

Dieser Satz wird auf eine ähnliche Weise wie der vorige erwiesen.

256. Lehrsatz. Irgend ein Theil von der Differenz zweier Zahlen ist gleich der Differenz der gleichnamigen Theile jeder Zahl.

Leicht zu erweisen.

257. Lehrsatz. Die Differenz der gleichnamigen Theile zweier Zahlen ist gleich demselben Theile von der Differenz der Zahlen.

$\frac{1}{N}$ von A — $\frac{1}{N}$ von B = $\frac{1}{N}$ von A — B).

Denn wäre dieses nicht; so sei $\frac{1}{N}$ von A — $\frac{1}{N}$ von B = $\frac{1}{N}$ von (A — C). Da nun Gleichvielfache gleicher Zahlen einander gleich sind: so ist das Nfache von $\left(\frac{1}{N}\right.$ von A — $\frac{1}{N}$ von B$\left.\right)$ = dem Nfachen von $\frac{1}{N}$ von (A — C) = A — C; und ein Vielfaches von der Differenz zweier Zahlen ist gleich der Differenz derselben Vielfachen jeder einzelnen Zahl (97.); daher ist das Nfache von $\frac{1}{N}$ von A — $\frac{1}{N}$ von B) = dem Nfachen von $\frac{1}{N}$ von A — dem Nfachen von $\frac{1}{N}$ von B = A — B. Daher ist A — B = A — C. Demnach ist (48.) C = B.

## III. Sätze, welche sich auf Brüche beziehen.

### A. Allgemeine Sätze von den Brüchen.

Vorerinnerung. Im vorigen Abschnitte wurde eine Zahl als ein Bruch einer andern Zahl betrachtet, und da eine Zahl ein Bruch einer andern ist, wenn jene ein Vielfaches von einem Theile dieser, diese aber wieder ein Vielfaches von einem ihrer Theile ist, und einer ihrer Theile nun eine ganze Zahl nach der Erklärung sein sollte: so konnte eine Zahl nur solche Brüche, also Vielfache nur von solchen Theilen einer andern sein, von welchen Zahlen die als ein Ganzes betrachtete Zahl Vielfache ist.

Nach obiger Erkl. ist ein Theil einer Zahl eins ihrer Maße; zu jedem Maße gehört eine Maßzahl; also kann die als ein Ganzes betrachtete Zahl nur solche Vielfache von einem ihrer Theile sein, welche Vielfache ihre Maßzahlen von der Einheit sind. Da nun eine Zahl nicht alle Zahlen zu ihren Maßen, also auch nicht alle Zahlen zu ihren Maßzahlen haben kann: so kann auch eine Zahl nicht ein beliebiges Vielfache von einem ihrer Theile, also auch eine Zahl nicht ein beliebiger Bruch von einer andern sein. Z. B. Eine Zahl kann nicht einer andern Drittel, Viertel, Fünftel &c. sein; wenn die letzte Zahl nicht das 3fache, 4fache, 5fache &c. einer ihrer Theile ist. Daher war jene Behandlungsart der Brüche von einem viel eingeschränkteren Gebrauche, als die Geschäfte des Lebens und die Rechnungen der Wissenschaften von einem Bruche fordern.

Durch diese Forderung wurde man genöthigt, dem Bruche einen allgemeinern Gebrauch zu verschaffen, und da sich dieses ohne Theilung der Einheit nicht bewerkstelligen ließ: so nahm man eine Theilung der Einheit vor. Hierin beging man aber einen Fehler, oder machte eine Verwechselung der Begriffe, der Einheit mit einem wirklichen Dinge. Denn die Einheit ist untheilbar, weil sie ein einfacher Begriff ist. Dieses beschränkt aber nicht die allgemeine Anwendbarkeit des Bruches; denn an Stelle der zu theilenden Einheit kann man einen andern Begriff setzen, und dieser ist der Begriff eines Ganzen.

Ein Ding ist ganz, wennn es vollständig ist, und dieses findet statt, wean das Ding alle Theile, die ihm seiner Natur nach zukommen, besitzt. Daher der Grundsatz: das Ganze ist allen seinen Theilen zusammengenommen gleich. Das Ganze ist also das, was aus Theilen besteht, und alle Theile enthält, welche zu seiner Vollständigkeit erforderlich sind. Daher kurz: das Ganze ist das, was alle zu seiner Vollständigkeit gehörigen Theile hat. Nun kann man jedes wirkliche Ding als ein Ganzes betrachten, weil es aus Theilen besteht, und alle Theile, welche dasselbe als ein selbstständiges Ding charakterisiren, enthält. Irgend ein Ding kann man aber in eine beliebige Zahl Theile theilen, oder, was hier dasselbe ist, sich in eine beliebige Zahl Theile getheilt denken. Daher kann man sich jedes Ganze in eine beliebige Zahl Theile getheilt denken; folglich kann auch ein Ganzes ein beliebiges Vielfache von einem seiner Theile sein. Demnach kann auch ein beliebiges Vielfache von einem Ganzen, also irgend eine Zahl vom Ganzen ein beliebiges Vielfache vou einem Theile eines Ganzen sein.

Die Einführung eines Ganzen zur Theilung beugt nicht allein manchen Unverständlichkeiten und daraus hervorgehenden Irrthümern vor, welche die Theilung der Einheit unvermeidlich mit sich führt, sondern gewährt auch den Vortheil, daß man durch Theilung eines Ganzen jede beliebige Zahl erhalten kann. Denn da die Theile eines Ganzen nnter einander gleich sind: so ist der ihnen allen zukommende gemeine Begriff die Einheit; folglich der Begriff einer bestimmten Menge der Theile eine Zahl. Ueberdies ist ein vorzüglicher Vortheil der, welchen der Begriff eines Ganzen mit sich bringt, daß alle Ganzen, wenn von ihnen im Allgemeinen die Rede ist, als unter einander gleich betrachtet werden können, und auch als solche wirklich betrachtet werden. Denn der Begriff von einem Ganzen enthält nur die Merkmale, welche den Dingen, die als Ganze betrachtet werden, gemein sind; alle übrigen Merkmale der Dinge, durch welche sie sich von einander unterscheiden, werden in die Vorstellung von einem Ganzen nicht aufgenommen. Daher sind die Ganzen unter einander gleich.

Das Gesagte mag zur Erläuterung des Nachfolgenden genügen.

258. Erklärung. Ein Ganzes ist das, was alle zu seiner Vollständigkeit gehörigen Theile hat.

259. Grundsatz. Alle Ganzen sind unter einander gleich.

260. Grundsatz. Das Ganze ist allen seinen Theilen zusammen gleich.

261. Grundsatz. Jedes Ganze kann man sich in beliebig viele Theile getheilt denken.

262. Grundsatz. Die Theile eines Ganzen sind unter einander gleich.

263. Erkl. Die Zahl der Theile eines Ganzen heißt der Nenner.

264. Lehrsatz. Das Ganze ist ein Vielfaches von einem seiner Theile, und zwar ein solches Vielfache, wie vielfach der Nenner von der Einheit ist; oder: das Ganze und der Nenner sind Gleichvielfache, jenes von einem seiner Theile, dieser von der Einheit.

Nicht allein eine Summe gleicher Zahlen wird ein Vielfaches von einer Zahl, sondern auch eine Menge gleicher Dinge wird ein Vielfaches von einem Dinge genannt. Da nun das Ganze eine Menge gleicher Dinge (seiner Theile) enthält: so ist das Ganze ein Vielfaches von einem seiner Theile.

Der Nenner ist die Zahl der Theile eines Ganzen; daher hat der Nenner so viele Einheiten, wie viele Theile vorhanden sind. Nun ist aber das Ganze allen seinen Theilen zusammen gleich; also hat der Nenner eben so viele Einheiten, wie viele Theile das Ganze hat. Daher sind das Ganze und der Nenner Gleichvielfache von einem Theile und der Einheit.

Anmerk. Ueber Benennung und Bezeichnung eines Theils von einem Ganzen sehe man die Erkl. 238. und 239.

265. Erkl. Ein Bruch ist ein Vielfaches von einem Theile eines Ganzen.

Die Zahl, welche so vielfach von der Einheit als ein Bruch von einem Theile des Ganzen ist, heißt der Zähler des Bruches. Der Bruch und der Zähler desselben sind also Gleichvielfache, jener von einem Theile des Ganzen, dieser von der Einheit.

Anmerk. Der Bruch kann auch ein Theil des Ganzen sein. Hierüber und über die Bezeichnung eines Bruches sehe man die Erkl. 244. und die Anmerk. dazu.

266. Erkl. Wenn zwei Ganze Gleichvielfache von ihren Theilen sind: so heißen diese gleichnamige Theile.

267. Lehrsatz. Die gleichnamigen Theile zweier Ganzen sind unter einander gleich.

Denn die Ganzen sind unter einander gleich; also hat man gleiche Gleichvielfache von gleichnamigen Theilen der Ganzen. Wenn aber Gleichvielfache gleich sind: so sind auch die Einfachen gleich (103.); daher sind die gleichnamigen Theile einander gleich.

268. Erkl. Wenn zwei Ganze Ungleichvielfache von ihren Theilen sind: so werden ihre Theile ungleichnamige Theile genannt.

Z. B. Drittel und Viertel sind ungleichnamige Theile; denn das Ganze ist das 3fache von $\frac{1}{3}$, und das 4fache von $\frac{1}{4}$.

269. Lehrsatz. Wenn man ein Ganzes in Theile nach einer Zahl A, und jeden dieser Theile wieder in Theile nach einer andern Zahl B theilt: so ist das Ganze ein solches Vielfache von einem der letzten Theile, welches das Produkt der Theilungszahlen, A, B, von der Einheit ist.

Theilt man ein Ganzes in Theile nach der Zahl A: so hat das Ganze A Theile, also ist der Nenner A, und einer dieser Theile sei a; daher sind das Ganze und der Nenner A, Gleichvielfache von dem Theile a und der Einheit, nämlich das Afache.

Wenn man nun wieder jeden der A Theile nach der Zahl B theilt, und jeden der letzten Theile b nennt, so sind ein Theil a und die Zahl B Gleichvielfache, nämlich das Bfache von b und der Einheit.

Nennt man das Produkt der Zahlen A, B, P; also $P = A . B$: so sind das Ganze und P Gleichvielfache, nämlich das Afache von einem Theile a und der Zahl B; ein Theil a und die Zahl B sind Gleichvielfache, nämlich das Bfache von einem Theile b und der Einheit; daher sind das Ganze und P Gleichvielfache von Gleichvielfachen von einem Theile b und der Einheit. Aber Gleichvielfache von Gleichvielfachen zweier Dinge sind wieder Gleichvielfache der letzten Dinge (121.); folglich sind das Ganze und P Gleichvielfache von einem Theile b und der Einheit. Nun ist P das A . Bfache der Einheit; daher ist auch das Ganze das A . Bfache von einem Theile b.

Z. B. Man theile ein Ganzes zuerst in 3 Theile, und jeden dieser Theile wieder in 4 Theile: so ist das Ganze in $3 . 4 = 12$ Theile getheilt, und es ist daher das 12fache von einem der letzten Theile.

270. Lehrsatz. Zwei ungleichnamige Theile zweier Ganzen stehen im umgekehrten Verhältnisse ihrer Nenner: oder: das Verhältniß

zweier ungleichnamigen Theile von zwei Ganzen ist gleich dem umgekehrten Verhältnisse ihrer Nenner.

Die ungleichnamigen Theile der Ganzen seien a, b, und ihre Nenner A, B; das eine Ganze ist also das Afache von dem Theile a, das andere das Bfache von dem Theile b. Den Theil a theile man nach der Zahl B, und jeder der letzten Theile sei a': so ist der Theil a das Bfache von dem Theile a': daher ist (268.) das Ganze das A.Bfache von dem Theile a'.

Den Theil B theile man nach der Zahl A: so ist der Theil b das Afache von dem letzten Theile, welcher b' sei; daher ist das andere Ganze das A.Bfache von dem Theile b' (269.). Folglich sind die beiden Ganzen Gleichvielfache, nämlich das A.Bfache von den Theilen a', b'; daher sind die Theile a', b' gleichnamige Theile (266.); also (267.) sind die Theile a', b' einander gleich; jeder sei $c = a' = b'$.

Es ist also der Theil a das Bfache von dem Theile c, und der Theil b das Afache von demselben Theile c. Folglich sind der Theil a und die Zahl B Gleichvielfache, nämlich das Bfache von dem Theile c und der Einheit; auch sind der Theil b und die Zahl A Gleichvielfache, nämlich das Afache von dem Theile c und der Einheit. Daher ist Theil a : Theil b = Bfache vom Theile c : Afachen vom Theile c; daher auch: Theil a : Theil b = B : A.

Z. B. $\frac{1}{3} : \frac{1}{4} = 4 : 3$; $\frac{1}{4} : \frac{1}{5} = 5 : 4$. ꝛc.

271. Erkl. Zwei Brüche sind einander gleich, wenn sie Gleichvielfache gleichnamiger Theile der Ganzen sind.

272. Lehrsatz. Wenn zwei Brüche, $\frac{A}{B}$, $\frac{C}{D}$, einander gleich sind: so haben die Zähler zu ihren Nennern gleiche Verhältnisse; oder: so ist das Verhältniß der Zähler gleich dem Verhältnisse der Nenner.

Es sei also $\frac{A}{B} = \frac{C}{D}$. Da die Brüche gleich sind: so sind sie Gleichvielfache der gleichnamigen Theile der Ganzen (271.); und weil die Theile gleichnamig sind: so sind die Ganzen Gleichvielfache; also sind auch die Nenner Gleichvielfache (264.) und zwar eben solche als die Ganzen von ihren Theilen.

Das größte gemeine Maß der Nenner B, D sei M, und B, D möge von M nach den Zahlen B', D' gemessen werden: so ist $B = M . B'$ und $D = M . D'$.

Wenn also das Ganze in B Theile getheilt ist, deren jeder b sei: so hat es M.B' Theile = dem M.B'fachen vom Theile b = dem Mfachen vom B'fachen vom Theile b.

Aus demselben Grunde ist das andere Ganze, welches D Theile hat, deren jeder d sei, = dem M.D'fachen vom Theile d = dem Mfachen vom D'fachen vom Theile d. Daher sind das B'fache vom Theile b, und das D'fache vom Theile d gleichnamige Theile.

Der erste Bruch hat nun das Afache von einem der B Theile, also ist der erste Bruch = dem Afachen vom Theile b und der andere = dem Cfachen vom Theile d. Da aber die Brüche Gleichvielfache der gleichnamigen Theile der Ganzen sind: so sind die Brüche

Gleichvielfache von den gleichnamigen Theilen, dem B'fachen vom Theile b, dem D'fachen vom Theile d, daher sind die Zähler A, C Gleichvielfache der Zahlen B', D'; aber auch die Nenner B, D sind Gleichvielfache der Zahlen B', D', daher (167.) $A:B=C:D$ (168.), und verwechselt $A:C=B:D$.

Ein anderer Beweis.

Ein Bruch und das Ganze sind Vielfache von ihrem gemeinen Theile (265.), also sind $\frac{A}{B}$ und das Ganze Vielfache von ihrem gemeinen Theile, und $\frac{C}{D}$ und sein Ganzes sind gleichfalls Vielfache von ihrem gemeinen Theile. Da aber die Brüche einander gleich sein sollen: so sind die Brüche, $\frac{A}{B}$, $\frac{C}{D}$, Gleichvielfache von den gleichnamigen Theilen der Ganzen; und diese sind gleichfalls Gleichvielfache von ihren Theilen; daher ist (167.) das Verhältniß des ersten Bruches, $\frac{A}{B}$, zu seinem Ganzen gleich dem Verhältnisse des andern Bruchs $\frac{C}{D}$ zu seinem Ganzen, oder $\frac{A}{B}$ : 1 Ganzen $=\frac{C}{D}$ : 1 Ganzen.

Nun sind der Bruch und sein Zähler Gleichvielfache von einem Theile des Ganzen und der Einheit, und das Ganze und der Nenner sind Gleichvielfache von jenem Theile und der Einheit (265. 264.); daher sind $\frac{A}{B}$ und A Gleichvielfache von einem Theile des Ganzen und der Einheit, und das Ganze und B sind Gleichvielfache von jenem Theile und der Einheit; folglich ist: der Bruch $\frac{A}{B}$ : seinem Ganzen $= A:B$.

Aus demselben Grunde ist: der Bruch $\frac{C}{D}$ : seinem Ganzen $= C:D$; da nun die ersten Verhältnisse in den beiden letzten Proportionen einander gleich waren: so sind es auch die beiden andern Verhältnisse. Demnach ist $A:B=C:D$.

273. Zusatz. Aus dem letzten Beweise geht folgender Satz hervor: Der Bruch verhält sich zu seinem Ganzen, wie sich der Zähler zum Nenner des Bruches verhält; oder das Verhältniß des Bruches zu seinem Ganzen ist gleich dem Verhältnisse des Zählers zum Nenner des Bruches.

174. Lehrsatz. Wenn das Verhältniß der Zähler zweier Brüche gleich dem Verhältnisse ihrer Nenner ist; oder: wenn die Zähler zweier Brüche zu ihren Nennern gleiche Verhältnisse haben: so sind die Brüche einander gleich.

Die Brüche seien $\frac{A}{B}$, $\frac{C}{D}$, und es sei $A:C=B:D$ oder $A:B=C:D$.

A, B durch ihr größtes gemeine Maß gemessen gebe die Maßzahlen A′, B′: so ist 285.) $A:B = A':B'$.

Aus demselben Grunde ist, wenn C, D durch ihr größtes gemeine Maß gemessen die Maßzahlen C′, D′ haben, $C:D = C':D'$; also ist: $A':B' = C':D'$.

Wenn aber zwei Zahlen durch ihr größtes gemeine Maß gemessen werden: so sind sie Primzahleu zu einander (201.); daher sind A′, B′ Primzahlen zu einander, und eben solche sind C′, D′. Wenn aber in jedem Verhältnisse einer Proportion die Glieder Primzahlen zu einander sind: so sind die gleichnamigen Glieder einander gleich (207); also ist: $A' = C'$ und $B' = D'$.

Nun ist aber das Verhältniß eines Bruches zu seinem Ganzen gleich dem des Zählers zu seinem Nenner (273.); daher ist:

der Bruch $\frac{A}{B}$: seinem Ganzen $= A:B = A':B'$ und

der Bruch $\frac{C}{D}$: seinem Ganzen $= C:D = C':D'$.

Das erste Ganze ist also das B′fache von einem seiner Theile, und das zweite das D′fache von einem seiner Theile; weil aber $B' = D'$: so sind die Ganzen Gleichvielfache von ihren Theilen, folglich sind die Theile gleichnamig. Der erste Bruch ist das A′fache von einem der B′ Theile des Ganzen; und der andere ist das C′fache von einem der D′ Theile des Ganzen; da aber $A' = C'$: so sind die Brüche Gleichvielfache der gleichnamigen Theile ihrer Gauzen; demnach sind sie einander gleich, also $\frac{A}{B} = \frac{C}{D}$.

275. **Lehrsatz.** Wenn man Zähler und Nenner eines Bruches durch irgend eine Zahl vervielfältigt, oder durch ihr gemeines Maß mißt: so erhält man einen Bruch, der gleich dem gegebenen Bruche ist.

Der gegebene Bruch sei $\frac{A}{B}$. Nun ist $A:C = A.C:B.C$ (183.). Wenn aber die Zähler zweier Brüche zu ihren Nennern gleiche Verhältnisse haben: so sind die Bruche einander gleich (274.); daher ist $\frac{A}{B} = \frac{A.C}{B.C}$.

Ein gemeines Maß der A, B sei M, und A, B werde von M nach den Zahlen A′, B′ gemessen: so ist (185): $A:B = A':B'$. Nun haben die Zähler der Brüche $\frac{A}{B}$, $\frac{A'}{B'}$ zu ihren Nennern gleiche Verhältnisse; daher (274.) sind die Brüche einander gleich: $\frac{A}{B} = \frac{A'}{B'}$.

Z. B. $\frac{3}{4} = \frac{2.3}{2.4} = \frac{6}{8} = \frac{3.3}{3.4} = \frac{9}{12} = \frac{4.3}{4.4} = \frac{12}{16}$, ꝛc. $\frac{27}{54}$, Zähler und Nenner durch 3 gemessen, oder durch 9, oder durch 27; so ist $\frac{27}{54} = \frac{9}{18} = \frac{3}{6} = \frac{1}{2}$; $\frac{36}{56} = \frac{9}{14}$; $\frac{42}{49} = \frac{6}{7}$ ꝛc.

275. **Erklärung und Lehrsatz.** Ein Bruch, $\frac{A}{B}$, wird umge-

wenn sein Zähler zum Nenner und sein Nenner zum Zähler gemacht wird $\left(\frac{B}{A}\right)$. Sind zwei Brüche einander gleich $\left(\frac{A}{B} = \frac{C}{D}\right)$: so sind sie auch umgekehrt gleich $\left(\frac{B}{A} = \frac{D}{C}\right)$.

Weil die Brüche einander gleich sind: so haben die Zähler zu ihren Nennern gleiche Verhältnisse (272); also $A : B = C : D$. Wenn man aber jedes Verhältniß einer Proportion umkehrt: so erhält man wieder eine Proportion (174); also ist: $B : A = D : C$. Macht man nun die Vorderglieder dieser Proportion zu Zählern und die Hinterglieder zu den Nennern der neuen Brüche: so müssen sie einander gleich sein (274.); daher ist: $\frac{B}{A} = \frac{D}{C}$. Z. B. $\frac{4}{5} = \frac{8}{10}$; also ist auch $\frac{5}{4} = \frac{10}{8}$.

277. **Lehrsatz.** Wenn Zähler und Nenner eines Bruches durch ihr größtes gemeines Maß gemessen werden: so drückt der dadurch erhaltene Bruch den gegebenen durch die kleinsten Zahlen aus.

Zähler und Nenner des Bruches $\frac{A}{B}$ durch ihr größtes gemeine Maß gemessen, gebe die Maßzahlen $A'$, $B'$; diese sind also Primzahlen zu einander (201); daher sind $A'$, $B'$ die kleinsten Zahlen in diesem Verhältnisse.

Würden nun $A'$, $B'$ nicht die kleinsten Zahlen sein, welche den gegebenen Bruch darstellen; so möge es noch kleinere geben; also: $\frac{A}{B} = \frac{A'}{B'} = \frac{a}{b}$: so ist (272.) $A' : B' = a : b$. Da nun $A'$, $B'$ Primzahlen zu einander sind: so messen sie die gleichnamigen Glieder dieser Proportion (205.) $A'$ die $a$, $B'$ die $b$, die größern Zahlen also die kleinern, welches nicht möglich ist; daher sind $A'$, $B'$ die kleinsten Zahlen, welche den Bruch $\frac{A}{B}$ ausdrücken.

278. **Lehrsatz.** Das Verhältniß gleichnamiger Brüche ist gleich dem Verhältnisse ihrer Zähler.

Gleichnamige Brüche sind solche, welche Vielfache gleichnamiger Theile der Ganzen sind, welche also gleiche Nenner haben. Nun ist das Verhältniß eines Bruches zu seinem Ganzen gleich dem Verhältnisse des Zählers zu seinem Nenner (273); also: $\frac{A}{B} : 1$ Ganzen $= A : B$, und $\frac{C}{B} : 1$ Ganzen $= C : B$, jede Proportion verwechselt: $\frac{A}{B} : A = 1$ Ganzes $: B$ und $\frac{C}{B} : C = 1$ Ganzes $: B$: da nun die zweiten Verhältnisse in den beiden letzten Proportionen einander gleich sind: so sind solches auch die ersten; daher ist: $\frac{A}{B} : A = \frac{C}{B} : C$, und verwechselt $\frac{A}{B} : \frac{C}{B} = A : C$.

Anmerk. Der Beweis dieses Satzes ergiebt sich auch unmittelbar aus der Erkl. der Brüche, ihrer Zähler und Nenner. Beiläufig merke man sich auch, daß Brüche, welche Vielfache ungleichnamiger Theile der Ganzen sind, also verschiedene Nenner haben, ungleichnamige Brüche genannt werden.

279. Lehrsatz. Brüche, welche gleiche Zähler haben, stehen im umgekehrten Verhältnisse ihrer Nenner.

Es ist $\frac{A}{B}:\frac{A}{C}=C;B$. Denn man mache die Brüche gleichnamig, indem man Zähler und Nenner des ersten Bruches durch den Nenner des zweiten, und Zähler und Nenner des andern Bruches durch den Nenner des ersten vervielfacht; also ist (275.) $\frac{A}{B}=\frac{A.C}{B.C}$; $\frac{A}{C}=\frac{A.B}{B.C}$; demnach ist: $\frac{A}{B}:\frac{A}{C}=\frac{A.C}{B.C}:\frac{A.B}{B.C}=A.C:A.B$ (278).

Nun ist (180.) $A.C;A.B=C:B$; also ist $\frac{A}{B}:\frac{A}{C}=C:B$.

Z. B. $\frac{3}{3}:\frac{3}{5}=5:3$; $\frac{7}{12}:\frac{7}{15}=15:12=5:4$ rc.

280. Lehrsatz. Brüche mit ungleichen Zählern und Nennern stehen im zusammengesetzten Verhältnisse aus dem geraden der Zähler, und dem umgekehrten der Nenner.

Man mache die Brüche $\frac{A}{B}$, $\frac{C}{D}$ wie vorher gleichnamig; $\frac{A}{B}=\frac{A.D}{B.D}$; $\frac{C}{D}=\frac{B.C}{B.D}$; also $\frac{A}{B}:\frac{C}{D}=\frac{A.D}{B.D}:\frac{B.C}{B.D}=A.D:B.C$. Aber das Verhältniß der Zähler ist: $A:C$, und das umgekehrte Verhältniß der Nenner ist $D:B$; diese beiden Verhältnisse zusammengesetzt giebt $A.D:B.C$, welches das letzte Verhältniß in obiger Proportion ist.

Z. B. $\frac{3}{4}:\frac{5}{6}=3.6:5.4=3.3:5.2=9:10$.

281. Lehrsatz. Wenn man den Zähler eines Bruches durch eine Zahl vervielfältigt: so ist das Verhältniß des neuen Bruches zum gegebenen gleich dem Verhältnisse des Multiplicators zur Einheit.

Da man nur den Zähler des gegebenen Bruches vervielfältigt, so behält der neue Bruch den Nenner des gegebenen; folglich sind beide Brüche gleichnamige; daher stehen sie im Verhältnisse ihrer Zähler (278.); also $\frac{A}{B}:\frac{A.C}{B}=A:A.C=1:C$.

282. Lehrsatz. Wenn man den Nenner eines Bruches durch irgend eins seiner Maße mißt: so ist das Verhältniß des gegebenen Bruches zum neuen gleich dem Verhältnisse der Einheit zum gebrauchten Maße.

Der Zähler des neuen Bruches ist gleich dem des gegebenen; daher (279.) stehen diese Brüche im umgekehrten Verhältnisse ihrer Nenner.

Ein Maß des Nenners vom gegebrnen Bruche $\frac{A}{B}$ sei M, und

dieses messe den Nenner B nach der Zahl B′, so ist $B = B'.M$; also ist auch $\frac{A}{B} = \frac{A}{B'.M}$, und der neue Bruch ist $\frac{A}{B'}$. Nun ist $\frac{A}{B} : \frac{A}{B'} = \frac{A}{B'.M} : \frac{A}{B'} = B' : B'.M = 1 : M$; also ist $\frac{A}{B} : \frac{A}{B'} = 1 : M$.
W. Z. E. W.

Beispiele für die beiden letzten Sätze.

$$\tfrac{3}{5} : \frac{3.7}{5} = 3 : 3.7 = 1.7; \quad \tfrac{9}{10} : \frac{9.10}{10} = 9 : 9.10 = 1 : 10.$$

$$\tfrac{7}{8} : \tfrac{7}{2} = 2 : 8 = 1 : 4; \quad \tfrac{13}{14} : \tfrac{13}{7} = 7 : 14 = 1 : 2.$$

283. **Erklärungen.** Eine Zahl, welche Vielfache von einem Ganzen ist, nennt man eine ganze Zahl; ein Bruch wird auch eine gebrochene Zahl genannt. Eine gemischte Zahl ist eine solche, welche aus einer ganzen Zahl und einem Bruche besteht

284. **Lehrsatz.** Wenn eine ganze Zahl einen Bruch vervielfältigt; so ist das Produkt gleich einem Bruche, der zum Zähler das Produkt aus der ganzen Zahl und dem Zähler und zum Nenner den des gegebenen Bruches hat.

Das Produkt $P = C \times \frac{A}{B}$, ist ein solches Vielfache von dem gegebenen Bruche, welches der Multiplicator von der Einheit ist (182.); oder es ist: $P : \frac{A}{B} = C : 1$.

Nach dem Satz 278. ist aber auch $\frac{A.C}{B} : \frac{A}{B} = C : 1$; da nun die zweiten Verhältnisse beider Proportionen einander gleich sind: so müssen auch die ersten einander gleich sein; daher ist $P : \frac{A}{B} = \frac{A.C}{B} : \frac{A}{B}$. Weil in dieser Proportion die Hinterglieder einander gleich sind: so müssen auch die Vorderglieder einander gleich sein; daher ist: $P = \frac{A.C}{B}$ oder $C \times \frac{A}{B} = \frac{A.C}{B}$.

**Anmerk.** Gegen den letzten Beweis könnte man einwenden, daß der von den gleichnamigen Gliedern einer Proportion gebrauchte Satz nur für ganze Zahlen erwiesen ist, und deswegen hier keine Anwendung, ohne Verstoß gegen die Gründlichkeit, finden könne; und eben so wenig der Satz von Verwechselung der Glieder einer Proportion, wenn Glieder derselben Brüche sind, wie es im 278sten Satze geschehen ist. Hierauf kann zur Antwort dienen, daß man die berührten Sätze und noch mehrere andere in Bezug auf Proportionen mit derselben Gründlichkeit für Brüche erweisen könne, wie dieses für ganze Zahlen dargethan wurde. Einen besondern Beweis für den letzten Satz wird man überdies im Folgenden finden.

285. **Lehrsatz.** Die Summe zweier gleichnamigen Brüche ist gleich einem Bruche, dessen Zähler gleich der Summe der gegebenen Zähler, und dessen Nenner gleich einem der gleichnamigen Nenner ist.

$\frac{A}{B} + \frac{C}{B} = \frac{A+C}{B}$. Denn $\frac{A}{B} = A$ mal einen der B Theile eines Ganzen, und $\frac{C}{B} = C$ mal einen der B Theile des Ganzen; Gleiches addirt giebt Gleiches; daher ist $\frac{A}{B} + \frac{C}{B} = (A+C)$ mal einen der B Theile eines Ganzen. Die Summe ist also das (A+C) fache von dem Theile, von welchem das Ganze das Bfache ist; daher ist dieser Bruch $= \frac{A+C}{B}$; folglich $\frac{A}{B} + \frac{C}{B} = \frac{A+C}{B}$.

286. Zusatz. Dieser Satz hat Giltigkeit für eine beliebige Zahl gleichnamiger Brüche. Denn man habe die Summe folgender Brüche zu finden: $\frac{A}{B}, \frac{C}{B}, \frac{D}{B}, \frac{E}{B}$ ꝛc., so ist nach dem vorigen Satze: $\frac{A}{B} + \frac{C}{B} = \frac{A+C}{B}$; $\frac{A}{B} + \frac{C}{B} + \frac{D}{B} = \frac{A+C}{B} + \frac{D}{B} = \frac{A+C+D}{B}$ aus demselben Grunde ist die Summe aller obigen Brüche $= \frac{A+C+D+E}{B}$. Z. B. $\frac{2}{15} + \frac{3}{15} + \frac{4}{15} = \frac{2+3+4}{15} = \frac{9}{15} = \frac{3}{5}$.

287. Lehrsatz. Vervielfältigt eine ganze Zahl einen Bruch: so ist das Produkt gleich einem Bruche, dessen Zähler gleich dem Produkte aus dem Multiplicator und dem Zähler des Bruches, und dessen Nenner gleich dem des gegebenen Bruches ist.

$C \times \frac{A}{B} = \frac{A.C}{B}$. Denn das Produkt muß so viele Brüche haben, als der Multiplicator die Einheit enthält, also ist das Produkt $P = \frac{A}{B} + \frac{A}{B} + \frac{A}{B} + \ldots + \frac{A}{B}$. Aber die Summe gleichnamiger Brüche ist ꝛc. (285.). Daher ist $\frac{A}{B} + \frac{A}{B} + \frac{A}{B} + \ldots + \frac{A}{B} = \frac{A+A+A+\ldots+A}{B} = P$. Der Zähler des letzten Bruches hat so viele A, wie viele Einheiten der Multiplicator C hat, daher ist der Zähler $= A.C$. Demnach ist das Produkt $P = C \times \frac{A}{B} = \frac{C.A}{B} = \frac{A.C}{B}$.

288. Zusatz. Ist der Multiplicator ein Maß des Nenners: so kann man Zähler und Nenner des Produkts durch das gemeine Maß messen (273.) oder man erhält das Produkt unmittelbar, wenn man nur den Nenner durch sein Maß mißt, und den Zähler ungeändert läßt (282).

$C \times \frac{A}{B.C} = \frac{A}{B}$; $5 . \frac{8}{15} = \frac{8}{3}$; $7 . \frac{9}{49} = \frac{9}{7}$.

290. Lehrsatz. Wenn der Nenner eines Bruches denselben

Bruch vervielfältigt: so ist das Produkt eine ganze Zahl, welche gleich dem Zähler des Bruches ist.

$P = B \times \frac{A}{B} = A$. Denn das Produkt P ist so vielfach vom Bruche, wie vielfach der Multiplicator B von der Einheit ist; und der Bruch ist wieder so vielfach von einem Theile des Ganzen, wie vielfach der Zähler von der Einheit ist; also ist P so vielfach von einem Theile des Ganzen, wie vielfach A.B von der Einheit ist; oder P ist das Afache vom Bfachen von einem Theile des Ganzen (117.).

Da der Nenner des Bruches B ist: so ist das Ganze das Bfache von einem seiner Theile; mithin ist das Bfache von einem der B Theile des Ganzen = dem Ganzen selbst (99.). Da nun P das Afache vom Bfachen von einem der B Theile des Ganzen ist: so ist P das Afache von einem Ganzen = A.

Z. B. $5.\frac{2}{5} = 2$; $7.\frac{4}{7} = 4$ rc.

291. Zusatz. Ist der Multiplicator ein Vielfaches vom Nenner des Bruches: so ist das Produkt gleich einer ganzen Zahl, welche dasselbe Vielfache vom Zähler des Bruches ist.

$B.C \times \frac{A}{B} = C.A = A.C$; $15.\frac{2}{3} = 5.2 = 10$; $28.\frac{5}{7} = 4.5 = 20$ rc.

292. Aufgabe. Eine ganze Zahl, A, in einen Bruch von gegebenem Nenner, N, zu verwandeln.

A ist das Afache von einem Ganzen, das Ganze ist gleich dem Nfachen von einem der N Theile desselben; daher ist das Afache von einem Ganzen = dem Afachen vom Nfachen von einem der N Theile des Ganzen = dem A.Nfachen von $\frac{1}{N}$ des Ganzen $= \frac{A.N}{N}$; also $A = \frac{A.N}{N}$.

Oder kürzer: A = A mal ein Ganzes; das Ganze $= \frac{N}{N}$; also A mal ein Ganzes = A mal $\frac{N}{N}$. Wenn man aber einen Brnch mit einer ganzen Zahl vervielfältigt, so geschieht dies nur mit dem Zähler des Bruches (287); also ist $A \times \frac{N}{N} = \frac{A.N}{N}$. Folglich $A = \frac{A.N}{N}$

Z. B. 3 Ganze in 5tel, 6tel; 7tel zu verwandeln.

$$3 = 3.\tfrac{5}{5} = \frac{3.5}{5} = \tfrac{15}{5};\ 3 = 3.\tfrac{6}{6} = \frac{3.6}{6} = \tfrac{18}{6};\ 3 = 3.\tfrac{7}{7} = \frac{3.7}{7} = \tfrac{21}{7}.$$

293. Lehrsatz. Irgend ein Theil von einem Vielfachen eines Ganzen ist gleich demselben Vielfachen von demselben Theile eines Ganzen, oder ein Vielfaches von einem Theile eines Ganzen ist gleich demselben Theile von demselben Vielfachen eines Ganzen.

Der Nte Theil von dem Afachen eines Ganzen = dem Afachen von dem Nten Theile eines Ganzen = dem Afachen von $\frac{1}{N}$ von einem Ganzen = $A \times \frac{1}{N} = \frac{A}{N}$.

Denn das Ganze ist so vielfach von einem seiner Theile, wie vielfach der Nenner von der Einheit ist; daher ist ein Vielfaches von einem Ganzen eben so vielfach von einem seiner Theile, wie vielfach dasselbe Vielfache vom Nenner, und dieser von der Einheit ist (121). Daher ist das Afache von einem Ganzen so vielfach von $\frac{1}{N}$ des Ganzen, wie vielfach das Afache vom Nfachen von der Einheit ist. Aber das Afache vom Nfachen der Einheit ist gleich dem Nfachen vom Afachen der Einheit (117.). Folglich ist das Afache eines Ganzen das Nfache vom Afachen von $\frac{1}{N}$ des Ganzen.

Nun ist das Afache von $\frac{1}{N}$ des Ganzen = $A \times \frac{1}{N} = \frac{A}{N}$ des Ganzen (287.). Demnach ist das Nfache vom Afachen von $\frac{1}{N}$ des Ganzen = dem Nfachen von $\frac{A}{N}$ des Ganzen, also ist auch das Afache eines Ganzen = dem Nfachen vom $\frac{A}{N}$ eines Ganzen.

Der Nte Theil von einer Zahl oder einem Ganzen ist einer der N gleichen Zahlen einer ganzen Zahl, oder einer der N Theile eines Ganzen; daher ist der Nte Theil vom Afachen eines Ganzen = einer der N gleichen Zahlen von dem Afachen eines Ganzen = einer der N gleichen Zahlen vom Nfachen von $\frac{A}{N}$ des Ganzen. Nun ist aber das Nfache vom $\frac{A}{N}$ eines Ganzen = N gleichen gebrochenen Zahlen; deren jede = $\frac{A}{N}$ eines Ganzen ist. Demnach ist der Nte Theil vom Afachen eines Ganzen = einem der N gleichen gebrochenen Zahlen, deren jede = $\frac{A}{N}$ des Ganzen ist = $\frac{A}{N}$ eines Ganzen, oder der Nte Theil von A Ganzen = $\frac{A}{N}$ eines Ganzen oder der Nte Theil von A = $\frac{A}{N}$.

Derselbe Beweis in Verbindung mit der Anschauung.

Man denke sich jedes Ganze in N Theile getheilt, deren jeder $\frac{1}{N}$ des Ganzen oder kurz $\frac{1}{N}$ ist, und stelle diese Theile eines Ganzen in eine horizontale Reihe, und setze diese Reihe so viele Male senkrecht unter einander, wie vielfach A Ganze von einem Ganzen sind. Also:

$$A\,\text{Ganze} = \left\{\begin{array}{l} 1\,\text{Ganzes} = \frac{1}{N} + \frac{1}{N} + \frac{1}{N} + \ldots + \frac{1}{N} \\ +1\,\text{Ganzes} = \frac{1}{N} + \frac{1}{N} + \frac{1}{N} + \ldots + \frac{1}{N} \\ +1\,\text{Ganzes} = \frac{1}{N} + \frac{1}{N} + \frac{1}{N} + \ldots + \frac{1}{N} \\ \vdots \qquad\qquad \vdots \quad \vdots \quad \vdots \qquad \vdots \\ +1\,\text{Ganzes} = \frac{1}{N} + \frac{1}{N} + \frac{1}{N} + \ldots + \frac{1}{N} \end{array}\right\} = \frac{A}{N} + \frac{A}{N} + \frac{A}{N} + \ldots + \frac{A}{N}.$$

Jede Horizontalreihe enthält so viele Theile, wie vielfach das Ganze von einem seiner Theile oder der Nenner N von der Einheit ist; also sind in jeder Horizontalreihe N Theile vorhanden. In jeder senkrechten Reihe sind so viele Theile, wie viele Horizontalreihen da sind, es sind aber so viele Horizontalreihen wie viele Ganze getheilt worden sind, und weil die Zahl dieser Ganzen das Afache von einem Ganzen ist: so sind in jeder senkrechten Reihe A Theile, oder jede senkrechte Reihe enthält das Afache von einem Theile; und da das Afache von einem Theile = dem Afachen von $\frac{1}{N}$ eines Ganzen oder = $\frac{A}{N}$ ist: so ist jede senkrechte Reihe = $\frac{A}{N}$.

Nun sind aber so viele senkrechte Reihen, wie viele Theile eine Horizontalreihe hat; daher giebt es N senkrechte Reihen, deren jede $\frac{A}{N}$ ist; folglich ist die Summe aller senkrechten Reihen gleich N gleichen Brüchen, deren jeder = $\frac{A}{N}$ ist.

Der Nte Theil von der Summe aller senkrechten Reihen ist gleich dem Nten Theile von N gleichen Brüchen, oder gleich einem der N gleichen Brüchen oder = $\frac{A}{N}$; und der Nte Theil von A Ganzen ist gleich dem Nten Theile von der Summe aller Ganzen = dem Nten Theile von der Summe aller Horizontalreihen. Die Summe aller Horizontalreihen ist aber = der Summe aller senkrechten Reihen. Daher ist der Nte Theil von A Ganzen = dem Nten Theile von der Summe aller senkrechten Reihen = $\frac{A}{N}$. Demnach ist $\frac{1}{N}$ von A Ganzen = A mal $\frac{1}{N}$ von einem Ganzen = $\frac{A}{N}$ eines Ganzen = $\frac{A}{N}$.

294. **Aufgabe.** Eine ganze Zahl in eine beliebige Zahl Theile zu theilen, oder einen beliebigen Theil einer ganzen Zahl zu finden.

Die ganze Zahl sei A, welche in N Theile getheilt werden soll.

Die Zahl A ist entweder ein Vielfaches von der Zahl N oder nicht.

a) A sei ein Vielfaches von N: so ist A von N meßbar und

werde nach der Zahl A′ gemessen; so ist A′ der Nte Theil von A (240).

Denn weil A von N nach A′ gemessen wird: so ist A = N.A′, oder A ist das Nfache von A′; also ist A gleich einer Summe N gleicher Zahlen, deren jede = A′ ist. Der Nte Theil von einer Zahl ist eine von den N gleichen Zahlen, in welche man die ganze Zahl getheilt hat; und da diese gleich allen ihren Theilen, also gleich der Summe der N Theile oder gleich der Summe der N gleichen Zahlen ist, deren jede = A′; so ist eine der N gleichen Zahlen = A′; also ist der Nte Theil von A = A′. Oder: der Nte Theil von dem Afachen eines Ganzen ist gleich dem Afachen vom Nten Theile eines Ganzen, nach dem vorigen Satze; da nun A = N.A′: so ist der Nte Theil von dem Afachen eines Ganzen = dem N.A′fachen von $\frac{1}{N}$ eines Ganzen. Aber das N.A′fache von $\frac{1}{N}$ eines Ganzen ist = dem Nfachen vom A′fachen von $\frac{1}{N}$ eines Ganzen = dem A′fachen vom Nfachen von $\frac{1}{N}$ des Ganzen. Nun ist das Nfache von $\frac{1}{N}$ eines Ganzen = dem Ganzen selbst (290.). Daher ist das A′fache vom Nfachen von $\frac{1}{N}$ des Ganzen = dem A′fachen von einem Ganzen. Demnach ist der Nte Theil vom Afachen eines Ganzen = A′fachen eines Ganzen; oder kurz $\frac{1}{N}$ von A = $\frac{1}{N}$ von N.A′ = A′.

b) A möge nicht ein Vielfaches von N sein: so kann A entweder kleiner oder größer als N sein.

1) A sei < N, so ist der Nte Theil von A ein Bruch, welcher = $\frac{A}{N}$ ist.

Denn der Nte Theil vom Afachen eines Ganzen ist gleich dem Afachen von dem Nten Theile des Ganzen (293). Nun ist der Nte Theil eines Ganzen = $\frac{1}{N}$ des Ganzen; daher ist das Afache von dem Nten Theile des Ganzen = dem Afachen von $\frac{1}{N}$ des Ganzen = A × $\frac{1}{N}$ vom Ganzen = $\frac{A}{N}$ vom Ganzen (287.). Demnach ist der Nte Theil vom Afachen eines Ganzen = $\frac{A}{N}$ vom Ganzen; oder kurz der Nte Theil von A = $\frac{1}{N}$ von A = $\frac{A}{N}$.

2) A sei > N; so kann man von N ein so großes Vielfache nehmen, daß A um dieses Vielfache, B.N, vermindert, einen Rest, C,

giebt, der kleiner als N ist (123.); also $A-B.N=C<N$; so ist $A=B.N+C$, und der Nte Theil von A ist gleich dem Nten Theile von $(B.N+C)$ = dem Nten Theile von B.N + dem Nten Theile von C (254). Da B.N oder N.B das Nfache von B ist: so ist nach dem ersten Falle der Nte Theil von $N.B=B$; und der Nte Theil von C ist nach dem zweiten Falle $=\frac{C}{N}$; daher ist der Nte Theil von A = dem Nten Theil von $(B.N+C)=B+\frac{C}{N}$; oder $\frac{A}{N}=B+\frac{C}{N}$.

Z. B. Der 3te Theil von $12=4$, der 4te Theil von $20=5$, der 5te Theil von $35=7$ rc. Der 6te Theil von $4=\frac{4}{6}=\frac{2}{3}$; der 7te Theil von $3=\frac{3}{7}$ rc. Der 8te Theil von $10=1+\frac{2}{8}=1+\frac{1}{4}$; der 9te Theil von $29=3+\frac{2}{9}$; der 10te Theil von $44=4+\frac{4}{10}=4+\frac{2}{5}$.

Anmerk. Eine gemischte Zahl, nämlich eine aus einer ganzen Zahl und einem Bruche bestehende, pflegt man ohne das Additionszeichen zu schreiben, also die ganze und gebrochene Zahl unmittelbar neben einander. Z. B. $4+\frac{3}{8}=4\frac{3}{8}$.

295. Zusatz. Ist eine Zahl ein Vielfaches von einem Bruche: so ist dieser Bruch ein solcher Theil von der ersten Zahl, wie vielfach diese von dem Bruche ist.

Der Beweis ergiebt sich aus dem zum 293. Satze. Siehe auch den Satz 240.

296. Lehrsatz. Wenn ein Bruch $\frac{A}{B}$ ein Vielfaches von einem andern, $\frac{C}{D}$, ist: so ist dieser von jenem ein solcher Theil, wie vielfach der erste Bruch von dem andern ist.

$\frac{A}{B}$ sei das Nfache von $\frac{C}{D}$: so ist $\frac{C}{D}=\frac{1}{N}$ von $\frac{A}{B}$. Denn weil $\frac{A}{B}$ = dem Nfachen von $\frac{C}{D}$ ist: so ist $\frac{A}{B}$ eine Summe N gleicher Brüche, deren jeder $=\frac{C}{D}$ ist. Nun ist der Nte Theil irgend einer ganzen oder gebrochenen Zahl eine der N gleichen Zahlen oder Brüche, und einer der N gleichen Brüche von N gleichen Brücheu, deren jeder $=\frac{C}{D}$ ist, ist einer dieser Brüche, $\frac{C}{D}$. Daher ist der Nte Theil von $\frac{A}{B}$ = dem Nten Theile von dem Nfachen von $\frac{C}{D}=\frac{C}{D}$; oder $\frac{C}{D}$ ist der Nte Theil vom Nfachen von $\frac{C}{D}$ = dem Nten Theile von $\frac{A}{B}=\frac{1}{N}$ von $\frac{A}{B}$. Z. B. $\frac{15}{8}$ = dem 5fachen von $\frac{3}{8}$; daher sind $\frac{3}{8}=\frac{1}{5}$ von $\frac{15}{8}$.

297. Lehrsatz. Hat man zwei gleichförmige Brüche, und ist der Zähler des einen Bruches ein Vielfaches von dem Zähler des

andern: so ist dieser Bruch ein solcher Theil des ersten, wie vielfach der Zähler des ersten Bruches von dem des andern ist.

$\frac{A}{B}$ ist $\frac{1}{C}$ von $\frac{A.C}{B}$. Denn $\frac{A.C}{B} = C.\frac{A}{B}$ (287). Aber $C.\frac{A}{B}$ = dem Cfachen von $\frac{A}{B}$; daher (296.) ist $\frac{A}{B}$ = dem Cten Theile von $\frac{A.C}{B} = \frac{1}{C}$ von $\frac{A.C}{B}$.

298. Lehrsatz. Wenn zwei Brüche gleiche Zähler haben, und der Nenner des einen Bruches ein Vielfaches von dem Nenner des andern ist: so ist der erste Bruch ein solcher Theil des andern, wie vielfach der Nenner des ersten Bruches von dem Nenner des andern ist.

$\frac{A}{B.C} = \frac{1}{B}$ von $\frac{A}{C}$. Denn Brüche mit gleichen Zählern stehen im umgekehrten Verhältnisse ihrer Nenner (279.); daher $\frac{A}{B.C} : \frac{A}{C} = C : B.C = 1 : B$. Im letzten Verhältnisse ist das Hinterglied das Bfache von seinem Vorderglieде, der Einheit, daher muß auch im ersten Verhältnisse das Hinterglied das Bfache seines Vordergliedes sein; also $\frac{A}{C}$ = dem Bfachen von $\frac{A}{B.C}$; daher (296.) ist $\frac{A}{B.C} = \frac{1}{B}$ von $\frac{A}{C}$.

299. Aufgabe. Einen Bruch in eine beliebige Zahl Theile zu theilen, oder einen beliebigen Theil eines Bruches zu finden.

Man sucht den Nten Theil von $\frac{A}{B}$, und der ist: $\frac{A}{B.N}$. Denn $\frac{A}{B}$ = dem Afachen von $\frac{1}{B}$ eines Ganzen (265). Theilt man nun $\frac{1}{B}$ in N Theile: so ist einer dieser Theile $= \frac{1}{B.N}$ (269), und $\frac{1}{B}$ ist das Nfache von $\frac{1}{B.N}$ (298); also ist $\frac{A}{B}$ das Afache von dem Nfachen von $\frac{1}{B.N}$, oder $\frac{A}{B}$ ist das Nfache vom Afachen von $\frac{1}{B.N}$. Aber das Afache von $\frac{1}{B.N} = \frac{A}{B.N}$ des Ganzen; folglich ist $\frac{A}{B}$ das Nfache von $\frac{A}{B.N}$ des Ganzen. Demnach ist (296.) $\frac{A}{B.N}$ der Nte Theil von $\frac{A}{B}$; oder $\frac{1}{N}$ von $\frac{A}{B} = \frac{A}{B.N}$.

Das Verfahren für diese Aufgabe ist also folgendes: man erhält den Nten Theil eines Bruches, wenn man den Nenner durch N vervielfacht.

Z. B. Der 3te Theil von $\frac{5}{6}$ ist $= \frac{5}{6.3} = \frac{5}{18}$.

300. Zusatz. Wenn die Zahl, nach welcher man einen Bruch theilt, ein Maß des Zählers ist: so ist der gesuchte Theil des Bruches gleich einem Bruche, der zum Zähler die Maßzahl des Zählers, und zum Nenner den des gegebenen Bruches hat.

Denn der Cte Theil von $\frac{A.C}{B} = \frac{A.C}{B.C} = \frac{A}{B}$ (275).

301. Aufgabe. Einen Bruch in einen andern zu verwandeln, dessen Nenner ein Vielfaches von dem Nenner des gegebenen Bruches ist.

Einen Bruch in einen andern verwandeln, heißt: einen Bruch finden, der gleich dem gegebenen Bruche ist, und zum Nenner den Nenner des neuen (des verwandelten) Bruches hat. $\frac{A}{B}$ in einen Bruch zu verwandeln; dessen Nenner N ein Vielfaches vom Nenner, B, des gegebenen Bruches ist.

Der neue Nenner werde vom gegebenen, B, nach der Zahl C gemessen, und nun vervielfältige man Zähler und Nenner des gegebenen Bruches durch die Maßzahl C: so ist der dadurch erhaltene Bruch der gesuchte; also $\frac{A}{B} = \frac{A.C}{N}$.

Oder: man gebe dem neuen Bruche zum Zähler das Produkt aus dem Zähler des gegebenen Bruches und aus der gedachten Maßzahl, und zum Nenner den des verwandelten Bruches.

Nach dem ersten Verfahren ist $\frac{A}{B} = \frac{A.C}{B.C}$ (275). Aber N wird von B nach der Zahl C gemessen; daher ist $N = B.C$; folglich ist $\frac{A.C}{B.C} = \frac{A.C}{N} = \frac{A}{B}$.

Die Gründe für das andere Verfahren sind dieselben.

302. Aufgabe. Die kleinste von allen Zahlen zu finden; welche durch mehrere gegebenen Zahlen, A, B, C, D, theilbar ist; oder die kleinste von allen Zahlen zu finden, die ein Vielfaches von jedem mehrerer gegebenen Nenner, A, B, C, D, ist.

Eine Zahl ist durch eine andere theilbar heißt: von der ersten Zahl läßt sich ein solcher Theil (ohne Theilung eines Ganzen) angeben, welcher Theil die Einheit von der theilenden Zahl ist. Ist also P durch Q theilbar: so ist $\frac{1}{Q}$ von P eine ganze Zahl. Daher ist die zu theilende Zahl ein Vielfaches von der theilenden, P ein Vielfaches von Q; folglich ist auch P von Q meßbar.

Die kleinste Zahl zu finden, welche durch mehrere gegebenen Zahlen A, B, C, D, meßbar, also auch durch dieselben theilbar ist, lehren die Sätze 216, 219, 220.

Das größte gemeine Maß aber zweier Zahlen zu finden, lehrt der 161e Satz.

Z. B. Welches ist die kleinste durch 12, 15, 18, 30, 42 meßbare oder theilbare Zahl?

3 ist das größte gemeine Maß der Zahlen 12, 15; also ist die kleinste von 12, 15 meßbare Zahl = 3 . 4 . 5 = 60; das größte gemeine Maß der 60, 18 ist 6; daher ist 6 . 10 . 3 = 180 die kleinste durch 12, 15, 18 meßbare Zahl ꝛc. Auf diese Weise findet man 1260 als die kleinste durch die gegebene meßbare oder theilbare Zahl.

Ein anderes Verfahren ist dieses, welches seinen Grund in den angeführten Sätzen hat; oder nachfolgendes Verfahren ist nur das verkürzte von dem in dem 220sten Satze angegebenen.

Man suche, welche von den kleinen einfachen oder Primzahlen, 2, 3, 5, 7, 11 ein gemeines Maß der gegebenen Zahlen sind; messe jede der gegebenen Zahlen, welche Vielfache von einer jener Primzahlen sind, und merke sich das gefundene gemeine Maß, und besonders auch die Maßzahlen von den gegebenen, und auch diejenigen von den gegebenen, welche Primzahlen zu dem gefundenen Maße sind. Eben so verfahre man mit den gefundenen Maßzahlen und den gegebenen Zahlen, welche Primzahlen zu jenem gemeinen Maße sind, und setze dieses Verfahren auf dieselbe Weise fort, bis die Maßzahlen und auch die gegebenen, welche Primzahlen zu gefundenen gemeinen Maßen sind, auch zu einander Primzahlen sind: so ist das Produkt aus den gefundenen Maßen und den letzten Maßzahlen und gegebenen Primzahlen zu einander die kleinste durch die gegebenen Zahlen meßbare Zahl.

Z. B. Man suche die kleinste durch 18, 20, 21, 24, 25, 26 meßbare Zahl. Man schreibe die gegebenen Zahlen in eine Horizontalreihe, merke sich das gemeine Maß zur Seite an, und setze die Maßzahlen und auch die Primzahlen zum gemeinen Maße senkrecht darunter, und sondere diese von jenen durch einen wagerechten Strich ab. Also:

| | | | | | | | |
|---|---|---|---|---|---|---|---|
| | 18. | 20. | 21. | 24. | 25. | 26 | (2 ist ein gemeines Maß. |
| Maß- u. Primzahlen: | 9. | 10. | 21. | 12. | 25. | 13 | (2 „ „ „ „ |
| „ „ „ | 9. | 5. | 21. | 6. | 25. | 13 | (3 „ „ „ „ |
| „ „ „ | 3. | 5. | 7. | 2. | 25. | 13 | (5 „ „ „ „ |
| „ „ „ | 3. | 1. | 7. | 2. | 5. | 13 | sind Primzahlen zu ein- |

ander; daher ist das Produkt 3.1.7.2.5.13.2.2.3.5 = 163800 durch die gegebenen Zahlen meßbare oder theilbare Zahl.

Dieses Verfahren macht Merkmale wünschenswerth, welche rasch erkennen lassen, welche der gegebenen Zahlen durch die kleinen Primzahlen meßbar sind, und einige dieser Kennzeichen sollen im Nachfolgenden vorgetragen werden.

303. Lehrsatz. Eine Zahl des dekadischen Zahlensystems ist durch 2 meßbar, wenn die Einer, durch 4, wenn die Einer und Zehner, durch 8, wenn die Einer, Zehner und Hunderter solches sind ꝛc. Da ein Zehner, 10, ein Vielfaches von 2 ist: so ist jedes Vielfaches von 10 auch ein Vielfaches von 2 (116.). Die Hunderter sind Vielfache von 10, die Tausenden Vielfache von 100 ꝛc,; daher ist jede Zahl, ohne die Einer, ein Vielfaches von 2; also durch 2 theilbar. Ist also

die Einerzahl ein Vielfaches von 2: so ist die ganze Zahl ein Vielfaches von 2 oder durch 2 theilbar.

Z. B. 5372 ist, 4325 ist nicht durch 2 meßbar, weil die Einerzahl 2 der ersten Zahl durch 2 meßbar, die Einerzahl 5 der zweiten Zahl nicht durch 2 meßbar ist.

Ein Hunderter ist durch 4 meßbar nach der Zahl 25; daher ist jedes Vielfache von 100 durch 4 meßbar; sind also die Einer und Zehner durch 4 meßbar: so ist solches die ganze Zahl.

Z. B. 3748, 5632 sind durch 4 meßbar, weil solches 48, 32 sind; aber 4225 ist nicht durch 4 meßbar, weil dieses 25 nicht ist. Dieselben Gründe gelten für die Meßbarkeit der Zahlen durch 8, 16, 32 ꝛc.

304. Lehrsatz. Eine Zahl ist durch 5 meßbar, wenn dieses die Einer der Zahl sind; wenn also an der Einerstelle 5 oder 0 steht. Denn ein Zehner ist ein Vielfaches von 5; also jede Zahl ohne die Einer durch 5 meßbar; sind dieses auch die Einer: so ist die ganze Zahl durch 5 meßbar.

Z. B. 325, 460 sind, 364 ist nicht durch 5 theilbar.

305. Lehrsatz. Eine Zahl ist durch 3 oder 9 meßbar, wenn die Summe der Ziffern derselben, ohne Rücksicht auf ihre Stelle (die Quersumme) durch 3 oder 9 meßbar ist.

A, B, C, D ꝛc. seien die Ziffern einer Zahl von der niedrigsten Stelle (der Einerstelle) zu der höhern hin: so ist die Zahl: $DCBA = A.1 + B.10 + C.100 + D.1000 +$ ꝛc.

Nun ist: $10 = 9 + 1 = 1.9 + 1.$

$100 = 99 + 1 = 11.9 + 1.$

$1000 = 999 + 1 = 111.9 + 1$ ꝛc.

Ein Zehner, Hunderter, Tausender ꝛc. ist also gleich einem Vielfachen von 9 und der Einheit. Daher ist (94.) irgend ein Vielfaches von 10, 100, 1000 ꝛc. = einem Vielfachen von 9 + demselben Vielfachen von der Einheit. Daher ist:

das Afache von der Einheit $= A.\ 1 = A.$
" B " " $10 = B.\ 10 = B.\ 9 + B.$
" C " " $100 = C.\ 100 = C.\ 99 + C.$
" D " " $1000 = D.1000 = D.\ 999 + D.$

Nun ist $B.9 + C.99 + D\ 999 +$ ꝛc. ein Vielfaches von 3 oder von 9, ist demnach auch $(A+B+C+D)$ = der Quersumme ein Vielfaches von 3 oder 9: so ist die ganze Zahl ein Vielfaches von 3 oder 9; also durch 3 oder 9 meßbar.

Z. B. 5313 ist durch 3 theilbar, denn die Quersumme ist $= 5+3+1+3 = 12$, welche ein Vielfaches von 3 ist; daher ist die Zahl durch 3 theilbar, nicht aber durch 9, weil dieses die Quersumme 12 nicht ist. 2655 ist sowohl durch 3 als auch durch 9 theilbar, weil solches die Quersumme $(2+6+5+5) = 18$ ist.

3587 ist weder durch 3 noch durch 9 theilbar, weil solches die Quersumme $(3+5+8+7) = 23$ nicht ist.

306. Erkl. Eine Zahl heißt eine gerade, wenn sie ein Vielfaches von 2, oder das Zweifache irgend einer ganzen Zahl ist; ungerad heißt eine Zahl, wenn sie nicht ein Vielfaches von 2 ist.

Ungerade Zahlen sind: 1, 1.2+1, 2.2+1, 3.2+1, 4.2+1. 5.2+1 ꝛc., oder 1, 3, 5, 9, 11 ꝛc.

Gerade Stellen werden also sein: deren Nenner von geraden und ungerade Stellen, deren Nenner von ungeraden Grundzahlwörtern abgeleitet sind. Daher sind ungerade Stellen die erste, dritte, fünfte ꝛc., gerade, die zweite, vierte, sechste ꝛc.

307. Lehrsatz. Eine Zahl ist ein Vielfaches von Eilf, wenn die Differenz zwischen der Quersumme der ungeraden und der Quersumme der geraden Stellen der Ziffern einer Zahl Null oder ein Vielfaches von 11 ist.

Man zerlege jede der Zahlen, welche Produkte aus den Faktoren Zehn sind, also 10, 100, 1000 ꝛc. in zwei Zahlen, von denen die eine die Einheit ist; so ist die andere eine solche Zahl, welche an jeder ihrer Stellen 9 hat; also:

$$\begin{aligned} 1 &= 1 \\ 10 &= 9+1 \\ 100 &= 99+1 \\ 1000 &= 999+1 \\ 10000 &= 9999+1 \\ 100000 &= 99999+1 \\ 1000000 &= 999999+1. \\ \text{ꝛc.} & \quad \text{ꝛc.} \end{aligned}$$

Nun wird man die Bemerkung machen, daß die Zahlen, welche eine ungerade Zahl Stellen haben, 1, 100, 10000, 1000000 ꝛc. eine Zahl enthalten, welche eine gerade Zahl Stellen hat, an deren jeder die Ziffer 9 steht, und jede dieser letzten ist ein Vielfaches von 11; denn 999999.... = 99 + 9900 + 990000 + .... Da nun 99 ein ein Vielfaches von 11 ist, so ist jedes Vielfache von 11, also auch die Summe solcher Vielfachen wieder ein Vielfaches von 11.

Jede aber der Zahlen, welche eine gerade Zahl Stellen haben, enthält eine Zahl, welche eine ungerade Zahl Stellen hat, an deren jeder die Ziffer 9 steht, und keine dieser letzten Zahlen ist ein Vielfaches von 11. Denn irgend eine der letzten Zahlen, mit einer ungleichen Zahl von Stellen ist: 99999.... = 9 + 990 + 99000 + ec. Da nun 9 kein Vielfaches von 11, jede der folgenden aber der Summe rechts vom Gleichheitszeichen ein Vielfaches von 11 ist: so ist die ganze Summe, also auch nicht die Zahl links vom Gleichheitszeichen ein Vielfaches von 11. Aber jede der geradstelligen Zahlen, 10, 1000 ꝛc., ist ein Vielfaches von 11 weniger Eins. Denn irgend eine der geradstelligen Zahlen ist das 10fache der nächstvorhergehenden ungeradstelligen Zahl; z. B. 10 = 10 . 1; 1000 = 10 . 100 ꝛc.: daher ist eine der geradstelligen Zahlen = dem 10fachen von einem Vielfachen von 11 + dem 10fachen der Einheit = einem Vielfachen von 11 + 10 = einem Vielfachen von 11 + 11 — 1 = einem Vielfachen von 11 — 1. Z. B. 100000 = 10.10000 = 10.(9999+1) = 99990+10 = 99990+11—1 = einem Vielfachen von 11—1.

Irgend ein Vielfaches obiger ungeradstelligen Zahlen, 1, 100, 1000 ꝛc. ist dasselbe Vielfache von einem Vielfachen von 11 + demselben Vielfachen der Einheit; irgend ein Vielfaches der geradstelligen

Zahlen, 10, 1000 ꝛc. ist dasselbe Vielfache von einem Vielfachen von 11 weniger demselben Vielfachen der Einheit.

Nun seien die Ziffern einer Zahl, A, B, C, D, E ꝛc., also die Zahl = EDCBA: so ist:

$$\begin{aligned} A \,.\, 1 &= + A \\ B \,.\, 10 &= B \,.\, 11 - B \\ C \,.\, 100 &= C \,.\, 99 + C \\ D \,.\, 1000 &= C \,.\, 990 + D \,.\, 11 - D \\ E \,.\, 10000 &= E \,.\, 9999 \qquad\qquad + E \\ \text{ꝛc.} \quad & \quad \text{ꝛc.} \qquad\qquad \text{ꝛc.} \end{aligned}$$

Da jedes der Produkte B . 11, C . 99 ꝛc. ein Vielfaches von 11 ist, so ist die Summe aller dieser Produkte ein Vielfaches von 11; und es bleibt noch zu untersuchen, ob die Differenz der beiden Quersummen (A+C+E) und (B+D) = (A+C+E) — (B+D) ein Vielfaches von 11 ist; wenn also dieses ein solches ist, oder auch nur = Null: so ist die ganze Zahl durch 11 theilbar; ist aber diese Differenz nicht ein Vielfaches von 11 oder = Null, so ist auch die Zahl nicht durch 11 theilbar.

Z. B. 535799 ist durch 11 theilbar; denn die Quersumme der Ziffern an den ungeraden Stellen ist = 9 + 7 + 3 = 19, und die Quersumme der Ziffern an den geraden Stellen ist = 9+5+5 = 19; also die Differenz beider Quersummen = 0; daher die Zahl durch 11 theilbar.

8393627 ist durch 11 theilbar; denn die Differenz gedachter Quersummen ist = 22, welche das 2fache von 11 ist.

Anmerk. Das Bestreben die Sache deutlich und gründlich darzuthun, hat die weitläuftige Darstellung veranlaßt: daher sei die nachfolgende Prüfungsart einer Zahl, ob sie ein Vielfaches von 11 ist oder nicht, nur flüchtig berührt. Man subtrahire die Einer von den Zehnern, den Rest von den Hundertern, diesen Rest von den Tausendern ꝛc. auf die gewöhnliche Weise, und ist in einem Falle der Minuendus zu klein, so nehme man 10 Einheiten der höhern Stelle dazu; ist dann der letzte Rest = Null, so ist die Zahl durch 11 meßbar, ist er nicht Null: so ist auch die Zahl nicht durch 11 theilbar. Der Grund dieses Verfahrens liegt in der Multiplication. Ein Beispiel wird die Sache erläutern.

```
    584796 = Multiplicandus
        11 = Multiplicator
   -------
    584796
   584796
  ---------
  6.4.3.2.7.5 6 = Produkt und zu prüfende Zahl
   584796 = Subtrahenden
  ---------
  0,5,8,4,7,9 6 = Reste; der letzte Rest, der an der höchsten
```

Stelle, ist = 0; daher die Zahl 6432756 durch 11 theilbar.

Das Verfahren eine Zahl durch 7 zu prüfen, ist weitläuftiger als die unmittelbare Theilung der Zahl durch 7; daher wird es übergangen.

Ist eine Zahl ein Vielfaches von 2 und 3: so ist auch ein Vielfaches vom Produkte beider Zahlen ꝛc.

Die kleinste Zahl, welche ein Vielfaches mehrerer gegebenen Nenner ist, heißt: der kleinste Generalnenner.

308. **Aufgabe.** Ungleichnamige Brüche gleichnamig zu machen, und zwar so, daß deren Generalnenner der kleinste sei.

Die gegebenen Brüche seien: $\frac{3}{4}$, $\frac{2}{5}$, $\frac{7}{15}$, $\frac{13}{24}$.

Man suche nach dem in der Aufgabe 302. angegebenen Verfahren den kleinsten Generalnenner der gegebenen, welcher $= 240$ ist; so ist dieser ein Vielfaches von jedem gegebenen Nenner.

Nun verwandele man jeden Bruch in einen andern mit dem Generalnenner 240, wie es in der Aufgabe 301. gezeigt worden ist; so hat man der Aufgabe Genüge geleistet.

$\frac{3}{4} = \frac{180}{240}$; $\frac{2}{5} = \frac{96}{240}$; $\frac{7}{15} = \frac{112}{240}$; $\frac{13}{24} = \frac{130}{240}$.

309. **Aufgabe.** Gegebene Brüche zu addiren.

Die gegebenen Brüche können entweder gleichnamig oder ungleichnamig sein; im letztern Falle macht man sie nach der vorstehenden Aufgabe gleichnamig. Die Summe aber gleichnamiger Brüche ist gleich einem Bruche, dessen Zähler = der Summe der Zähler der gleichnamigen Brüche, und dessen Nenner einer der gleichnamigen Nenner ist (285.). Ein Beispiel nach der gewöhnlichen Berechnung:

720 = kleinsten Generalnenner.

| | | | |
|---|---|---|---|
| $\frac{5}{8}$ | 90 | 450 | Zähler der verwandelten Brüche, welche gleich den nebenstehenden gegebenen sind. |
| $\frac{7}{12}$ | 60 | 420 | |
| $\frac{8}{15}$ | 48 | 384 | |
| $\frac{9}{16}$ | 45 | 405 | |
| $\frac{13}{18}$ | 40 | 520 | |
| $\frac{17}{20}$ | 36 | 612 | |

Gesuchte Summe $= \frac{1791}{720}$   2791 = Summe der Zähler der gleichnami- Brüche.

| | | | | | | |
|---|---|---|---|---|---|---|
| 8. | 12. | 15. | 16. | 18. | 20. | (2 |
| 4. | 6. | 15. | 8. | 9. | 10. | (2 |
| 2. | 3. | 15. | 4. | 9. | 5. | (2 |
| 1. | 3. | 15. | 2. | 9. | 5. | (3 |
| 1. | 1. | 5. | 2. | 3. | 5. | (5 |
| 1. | 1. | 1. | 2. | 3. | 1. | |

$2.3.2.2.2.3.5 = 720 =$ kleinstem Generalnenner.

Anmerk. In der letzten Aufgabe giebt die Addition der Brüche einen Bruch, dessen Zähler größer als der Nenner ist; dieses zeigt, daß der Bruch größer als ein Ganzes ist, und diese müssen aus dem Bruche geschieden werden, was im Folgenden behandelt werden wird.

310. **Erklärungen.** Ein Bruch ist entweder ein Vielfaches von einem Ganzen, also sein Zähler ein Vielfaches von seinem Nenner, oder nicht, also auch der Zähler nicht ein Vielfaches von dem Nenner des Bruches; im ersten Falle heißt der Bruch ein uneigentlicher, im andern ein eigentlicher Bruch.

Ein echter Bruch heißt ein solcher, welcher ein niedrigeres Vielfache als das Ganze von dem gemeinen Theile ist. Der Zähler des echten Bruches ist also kleiner als sein Nenner.

Ist ein eigentlicher Bruch ein höheres Vielfache als das Ganze von dem gemeinen Theile: so heißt der Bruch ein unechter. Der Zähler des unechten Bruches ist also größer als sein Nenner.

311. **Aufgabe.** Einen uneigentlichen oder unechten Bruch in eine ganze oder eine gemischte Zahl zu verwandeln.

Die Verwandlung eines uneigentlichen Bruches in eine ganze Zahl geschieht dadurch, daß man vom Nenner die Vielfache nach der Reihe nimmt, welche die Zahlen der natürlichen Ordnung 1, 2, 3, 4,

5 rc. von der Einheit sind: so muß man endlich auf ein Vielfaches kommen, welches gleich dem Zähler ist; so vielfach nun dieses Vielfache vom Nenner ist, so vielfach ist der Bruch von einem Ganzen. Der Grund erhellt aus dem Verfahren.

Z. B. $\frac{28}{7}$; die erwähnten Vielfache vom Nenner sind nun: $1.7 = 7$; $2.7 = 14$, $3.7 = 21$, $4.7 = 28$; dieses ist = dem Zähler 28; daher ist der Bruch $\frac{28}{7} = 4$ Ganzen.

Das vorstehende Verfahren dient auch der Verwandlung eines unechten Bruches in eine gemischte Zahl; hier muß man aber auf zwei auf einander folgende Vielfache vom Nenner kommen, von denen das eine kleiner, das andere größer als der Zähler des Bruches ist. Man nimmt das kleinere Vielfache von dem Zähler hinweg: so bleibt ein Rest, der kleiner als der Nenner ist, und dieser Rest ist der Zähler des Bruches, welcher zur gemischten Zahl gehört; der Nenner des zuletzt gedachten Bruches ist der des gegebenen. Die ganze Zahl ist aber ein solches Vielfache von einem Ganzen, wie vielfach das Vielfache, welches kleiner als der Zähler des unechten Bruches war, vom Nenner ist. Der Grund von diesem Verfahren liegt theils in früheren Sätzen, theils in der Subtraction der Brüche.

Z. B. $\frac{63}{8}$, die Vielfache vom Nenner sind: $1.8 = 8$, $2.8 = 16$, $3.8 = 24$, $4.8 = 32$, $5.8 = 40$, $6.8 = 48$, $7.8 = 56$, $8.8 = 64$; daher sind die Ganzen der gemischten Zahl = 7; $63 - 56 = 7$, welches der Zähler, und 8 der Nenner des Bruches der gemischten Zahl ist; daher $\frac{63}{8} = 7\frac{7}{8}$.

Es ist begreiflich, daß man nicht jedesmal alle Vielfachen vom Nenner mit dem Einfachen angefangen, bilden wird, sondern eine aufmerksame Vergleichung des Nenners mit dem Zähler des unechten Bruches wird im Voraus bemerkbar machen, welche Vielfache vom Nenner nahe dem Zähler kommen, und dieser Voraussicht gemäß wird man seine Rechnung einrichten.

312. Aufgabe. Eine gemischte Zahl iu einen Bruch mit dem Nenner des bei der ganzen Zahl stehenden Bruches zu verwandeln. Nach der Aufgabe 292. wird man die ganze Zahl in einen Bruch verwandeln, dessen Nenner der von dem Bruche der gemischten Zahl ist: so hat man zwei gleichnamige Brüche, welche auf die bekannte Weise addirt das gesuchte Resultat geben.

$$A + \frac{B}{C} = \frac{A.C}{C} + \frac{B}{C} = \frac{A.C + B}{C}.$$

$$4\frac{3}{5} = \frac{4.5}{5} + \frac{3}{5} = \frac{4.5+3}{5} = \frac{23}{5}.$$

313. Lehrsatz. Wenn man einen Bruch von einem gleichnamigen aber größern Bruche subtrahirt: so ist der Rest gleich einem Bruche, dessen Zähler die Differenz der Zähler der gegebenen Brüche, und dessen Nenner einer der gleichnamigen Nenner ist. $\frac{A}{B} - \frac{C}{B} = \frac{A - C}{B}$. Denn $\frac{A}{B}$ ist das Afache, $\frac{C}{B}$ ist das Cfache von $\frac{1}{B}$ des Ganzen. Nimmt man aber ein Vielfaches von einem andern hinweg:

so erhält man ein Vielfaches von derselben Zahl, welches so vielfach von dieser Zahl ist, wie vielfach die Differenz der Multiplicatoren der beiden ersten Vielfachen von der Einheit ist (93.). Z. B. $\frac{17}{18} - \frac{13}{18}$ $= \dfrac{17-13}{18} = \frac{4}{18} = \frac{2}{9}$.

314. Aufgabe. Einen Bruch von einer ganzen Zahl, oder einem größern Bruche, oder einer gemischten Zahl zu subtrahiren.

Der Subtrahendus kann entweder ein echter oder unechter Bruch sein.

a) Einen echten Bruch von einer ganzen Zahl zu subtrahiren. Man nehme von der ganzen Zahl ein Ganzes und verwandle dasselbe in einen Bruch, der gleichnamig mit dem Subtrahendus werde, und nehme von demselben den Subtrahendus hinweg, wie der Satz 313. behauptet: so ist der Rest von der ganzen Zahl und der vom verwandelten Ganzen der gesuchte Rest. Dieses erhellet aus dem 42sten Satze.

Z. B. $4 - \frac{3}{8} = 3\frac{8}{8} - \frac{3}{8} = 3\frac{8-3}{8} = 3\frac{5}{8}$.

b) Einen echten Bruch von einem größern Bruche zu subtrahiren.

Sind die Brüche gleichnamig: so wird die Subtraktion nach dem Satze 313. vollführt; z. B. $\frac{29}{30} - \frac{13}{30} = \frac{16}{30} = \frac{8}{15}$.

Wenn die Brüche ungleichnamig sind, so hat man sie zuerst gleichnamig nach Satz 308. zu machen, und dann wie vorher zu verfahren.

Z. B. $\frac{7}{8} - \frac{2}{3} = \dfrac{7.3}{8.3} - \dfrac{2.8}{3.8} = \frac{21}{24} - \frac{16}{24} = \frac{21-16}{24} = \frac{5}{24}$:

c) Einen echten Bruch von einer gemischten Zahl zu subtrahiren. Hier sind wieder zwei Fälle zu unterscheiden; nämlich der Subtrahendus kann entweder kleiner als der Bruch der gemischten Zahl, oder größer als dieser sein. Der Unterschied der Gleich- und Ungleichnamigkeit der Brüche darf nicht ferner berücksichtigt werden, weil das Gleichnamigmachen der Brüche als bekannt vorausgesetzt werden darf.

Ist der Subtrahendus kleiner als der Bruch der gemischten Zahl: so wird man den Subtrahendus von dem erwähnten Bruche hinwegnehmen, und der gesuchte Rest ist dann die ungeänderte ganze Zahl nebst dem Reste von dem Bruche der gemischten Zahl.

Z. B. $8\frac{4}{5} - \frac{2}{5} = 8\frac{4-2}{5} = 8\frac{2}{5}$; $9\frac{6}{7} - \frac{3}{4} = 9\dfrac{6.4}{7.4} - \dfrac{3.7}{4.7} =$ $9\frac{24}{28} - \frac{21}{28} = 9\frac{24-21}{28} = 9\frac{3}{28}$.

Wenn aber der Subtrahendus größer als der Bruch der gemischten Zahl ist: so wird man ein Ganzes von der ganzen Zahl nehmen, dieses in einen Bruch mit dem Nenner seines nebenstehenden Bruches verwandeln und die Subtraction wie vorher vollstrecken.

Beispiele nach der gewöhnlichen Weise berechnet.

36 = kleinstem Generalnenner.

Gemischte Zahl = 25 . $\frac{3}{4}$ | 27 = Zähler des gleichnamigen Bruches, welcher = dem nebenstehenden ist.

| 63 = Summe d. Ganzen u. d. Br. d. gemischt. Zahl.

Subtrahendus = $\frac{8}{9}$ | 32 = Zähl. d. gleichn. Br., d. gl. d. Subtrahend. ist.

| 31

$24\frac{31}{36}$ = dem gesuchten Rest.

288 = kleinstem Generalnenner

Minuendus = $48.\frac{37}{72}$ | 148 / 436

Subtrahendus = $\frac{95}{96}$ | 385 / 151

$47\frac{151}{288}$ = dem gesuchten Reste.

d) Einen unechten Bruch zu subtrahiren; den unechten Bruch wird man zunächst nach der Aufgabe 311. in eine gemischte Zahl verwandeln, und dann die ganze Zahl des Subtrahendus von der ganzen Zahl des Minuendus, und eben so den Bruch des Subtrahendus von dem des Minuendus hinwegnehmen: so ist (43.) die Summe der Reste = dem gesuchten Reste. Man wird aber erst den Bruch des Subbtrahendus von dem des Minuendus hinwegnehmen, weil jener größer als dieser sein könnte.

96 = kleinstem Generalnenner.

Minuendus = $249\frac{27}{32}$ | 81

Subtrahendus = $157\frac{17}{24}$ | 68 / 13

Gesuchter Rest = $92\frac{13}{96}$

32. 24 (8
4. 3

4.3.8 = 96 = kleinstem Generalnenner.

1053

Minuendus = $3023.\frac{47}{81}$ | 611 / 1664

Subtrahendus = $1864\frac{141}{117}$ | 981 / 683

Gesuchter Rest = $158\frac{683}{1053}$

81. 117 (9
9. 13

9.13.9 = 1053 = kleinst. Generaln.

Besteht der Minuendus aus mehrrren ganzen und gebrochenen Zahlen, so wird man zunächst die Brüche nach der bekannten Weise addiren: ist die Summe der Bruche ein uueigentlicher oder unechter Bruch: so wird man denselben in eine ganze oder gemischte Zahl verwandeln, und darauf alle ganzen Zahlen summiren; so hat man den Minuendus auf eine ganze oder gemischte Zahl reducirt. Dasselbe thut man mit dem Subtrahendus, wenn er mehrtheilig ist, und macht endlich die erforderliche Subtraction.

315. Erklärung. Eine Zahl B entsteht (ist zusammengesetzt, wird erzeugt, gebildet, hervorgebracht ꝛc.) aus einer andern A: wenn von dieser ein gewisses Vielfache, oder ein bestimmter Theil, oder ein Vielfaches von einem Theile, oder ein Vielfaches und ein Bruch von dieser gleich jener ist: oder kürzer: wenn von der andern, A, ein Vielfaches, oder ein Bruch, oder ein Vielfaches und ein Bruch gleich der ersten, B, ist. Z. B. 12 entsteht aus 3, weil das 4fache von 3 = 12 7 wird so aus 35 erzeugt, daß ein 5tel von 35 = 7 ist. 8 ist so aus 12 zusammengesetzt, daß das Zweifache von $\frac{1}{3}$ von 12 = 8 ist. 25 ist so gebildet aus 10, daß das Zweifache und die Hälfte von 10 = 25 ist. 37 wird aus 16 hervorgebracht, indem man das Zweifache und $\frac{5}{16}$ von 16 nimmt.

316. Erklärung. Eine Zahl, A, mit einer andern, B, multipliciren heißt: eine dritte (das Produkt) so aus der ersten erzeugen, wie die zweite aus einem Ganzen entstanden ist.

Die zweite Zahl B heißt der Multiplicator, welcher also bestimmt. wie eine Zahl (das Produkt) aus einer andern hervorgebracht werden soll,

Die erste Zahl A heißt der Multiplicandus, und ist also die Zahl aus welcher eine andere (das Produkt) auf eine gewisse Weise gebildet wird.

Das Produkt zweier Zahlen ist diejenige, welche so aus der einen, wie die andere aus einem Ganzen entstanden ist.

Anmerk. Die hier gegebenen Erkl. des Multiplicators und Multiplicandus sind nicht bestimmt genug, und müssen so heißen: der Multiplicator ist die Zahl, welche bestimmt, daß eine aus einer andern so gebildet werden soll, wie er aus einem Ganzen entstanden ist; der Multiplicandus ist die Zahl, aus welcher eine andere so entsteht, wie eine dritte aus einem Ganzen hervorgebracht worden ist. Richtige Erklärungen sind das Fundament einer ganzen Wissenschaft; sind jene schwankend, unbestimmt und dunkel: so mangelt der ganzen Wissenschaft Deutlichkeit und Gründlichkeit. Beispiele dazu liefern eine Menge Bücher, unter andern solche, welche das Elementar-Rechnen behandeln. Ein Recensent macht bei Beurtheilung eines Buches in dieser Hinsicht eine treffliche Bemerkung, indem er sagt: „Der Titel: zum Gebrauche für Schulen, ist das gewöhnliche Aushängeschild, hinter welches sich Oberflächlichkeit und Ungründlichkeit verbirgt". Obige Erkl. des Multiplicators und Multiplicandus sind absichtlich unbestimmt aufgestellt, um bei der Gelegenheit dem Vorwurfe einer zu großen Weitläuftigkeit zu begegnen. Erkl. wie diese: der Multiplicator ist die Zahl, mit welcher man multiplicirt, der Multiplicandus die, welche multiplicirt wird, das Produkt die, welche durch Multiplication erhalten wird; sind kürzer als jene, aber eben so wenig berühren sie auch das Wesen der Sache.

316. Erklärung. Die Bezeichnung der Multiplication ist die der Vervielfältigung (125.). Sind die Zahlen Buchstaben, so dient die bloße Nebeneinanderstellung derselben zur Bezeichnung der Multiplication: $A \times B = A \,.\, B = AB$. Bei bestimmten, mit Ziffern geschriebenen Zahlen ist diese Bezeichnungsart unbrauchbar, weil sie die Multiplication nicht erkennen läßt; denn $5 \times 7 = 5 \,.\, 7$ ist nicht $= 57$, sondern $= 35$.

318. Zusatz. Die Erklärung der Multiplication begreift die Erklärung des Vervielfachens in sich (124.); oder diese ist nur ein besonderer Fall jener, nämlich der, wenn der Multiplicator eine ganze Zahl ist. Denn die Einheit ist immer ein Ganzes, nicht aber ein Ganzes immer die Einheit. Z. B. das Sonnensystem für sich betrachtet ist ein Ganzes, nicht aber in derselben Beziehung eine Einheit; oder alle Theile der Mathematik bilden ein Ganzes, nicht aber eine Einheit.

319. Aufgabe. Eine ganze Zahl mit einer ganzen Zahl zu multipliciren. In diesem Falle ist die Multiplication eine Vervielfältigung, welche aus dem Frühern bekannt ist.

Das besondere Verfahren in der Multiplication ganzer Zahlen, welche nach dem dekadischen Systeme geschrieben werden, wird auch als allgemein bekannt vorausgesetzt, und kann auch in jedem arithmetischen Elementarbuche nachgelesen werden.

230. Aufgabe. Eine ganze Zahl mit einem Bruche zu multipliciren. Diese Aufgabe ist in den Sätzen 281. 284. 287. 288. 291. behandelt worden.

321. Aufgabe. Mit einer ganzen Zahl eine gemischte Zahl zu multipliciren.

Mit der ganzen Zahl muß man sowohl die ganze als auch die gebrochene Zahl der gemischten multipliciren (131.), die Summe dieser Produkte ist das gesuchte. Oder: man verwandle die gemischte Zahl in einen unechten Bruch: so ist diese Aufgabe auf die vorige zurückgeführt. Ist das Produkt wieder ein unechter Bruch: so verwandle man ihn nach dem 311. Satze in eine gemischte Zahl.

Z. B. $8 . (5\frac{6}{7}) = 8 . 5 + 8 . \frac{6}{7} = 40 + \frac{48}{7} = 46\frac{6}{7}$. Oder: $8 . (5\frac{6}{7}) = 8 . \frac{41}{7} = \frac{328}{7} = 46\frac{6}{7}$.

322. **Aufgabe.** Mit einem Bruche, $\frac{A}{B}$, eine ganze Zahl, C, zu multipliciren.

Der Multiplicator ist ein Bruch $= \frac{A}{B}$, der Multiplicandus eine ganze Zahl $= C$, und es sei P das Produkt $= \frac{A}{B} \times C$. Wie $\frac{A}{B}$ aus einem Ganzen entstanden ist, eben so muß P aus C gebildet werden (315. 316.).

$\frac{A}{B}$ ist nun das Afache von $\frac{1}{B}$ des Ganzen; daher muß auch P das Afache von $\frac{1}{B}$ der C sein. Nun ist der Bte Theil oder $\frac{1}{B}$ von C $= \frac{C}{B}$; also ist P das Afache von $\frac{C}{B} = A . \frac{C}{B} = \frac{A . C}{B}$ (284. 287.).

Demnach ist: $\frac{A}{B} . C = \frac{A . C}{B}$.

Z. B. $\frac{5}{6} . 15 = \frac{5 . 15}{6} = 12\frac{1}{2}$.

Anmerk. Es soll künftig nicht mehr in Erinnerung gebracht werden, daß wenn das Resultat einer Rechnung ein unechter Bruch ist, dieses in eine gemischte Zahl verwandelt werde. Dieses soll als ein bekannte Sache vorausgesetzt werden.

323. **Zusatz.** Man erhält gleiche Produkte, wenn man eine ganze Zahl mit einem Bruche, oder: diesen Bruch mit jener ganzen Zahl multiplicirt. Denn $\frac{A}{B} . C = \frac{A . C}{B} = A . \frac{C}{B}$, wie es aus der letzten Aufgabe hervorgeht; aber $C . \frac{A}{B} = \frac{C . A}{B}$ (284. 287.). Nun ist $C . A = A . C$; also ist auch $\frac{C . A}{B} = \frac{A . C}{B}$ (117. 129. 250.)

394. **Aufgabe.** Einen Bruch mit einem Bruche zu multipliciren.

$\frac{A}{B} \times \frac{C}{D} = \frac{A . C}{B . D} = \frac{A . C}{D . B} = \frac{C . A}{D . B} = \frac{C . A}{B . D} = P$. Der Multiplicator sei $\frac{A}{B}$, der Multiplicandus $\frac{C}{D}$ und das Produkt beider P.

Wie nun $\frac{A}{B}$ aus einem Ganzen entstanden ist: so muß P aus

$\frac{C}{D}$ erzeugt werden (315. 316.). $\frac{A}{B}$ ist nun das Afache von dem Bten Theile oder $\frac{1}{B}$ eines Ganzen; daher muß auch P das Afache von $\frac{1}{B}$ von $\frac{C}{D}$ sein. Aber $\frac{1}{B}$ von $\frac{C}{D}$ ist $= \frac{C}{B.D}$ (299.). Demnach ist $P =$ dem Afachen von $\frac{C}{B.D} = A . \frac{C}{B.D} = \frac{A.C}{B.D}$ (284. 287.).

325. Zusatz. Das Produkt zweier Brüche ist gleich einem Bruche, dessen Zähler gleich dem Produkte der Zähler, und dessen Nenner gleich dem Produkte der Nenner der gegebenen Brüche ist.

$\frac{A}{B} . \frac{C}{D} = \frac{A.C}{B.D}$, und $\frac{C}{D} . \frac{A}{B} = \frac{C.A}{D.B} = \frac{A.C}{B.D}$; daher auch $\frac{A}{B} . \frac{C}{D} = \frac{C}{D} . \frac{A}{B}$.

Z. B. $\frac{5}{7} . \frac{8}{9} = \frac{5 . 8}{7 . 9} = \frac{40}{63}$; $\frac{8}{9} . \frac{5}{7} = \frac{8 . 5}{9 . 7} = \frac{40}{63}$.

326. Aufgabe. Mit einem Bruche eine gemischte Zahl zu multipliciren.

Der Multiplicator sei $\frac{A}{B}$, der Multiplicandus $\left(C + \frac{D}{E}\right)$ und das gesuchte Produkt P, so muß P eben so aus $\left(C + \frac{D}{E}\right)$ hervorgebracht werden, wie $\frac{A}{B}$ aus einem Ganzen entstanden ist (315. 316.). Nun ist $\frac{A}{B}$ das Afache von $\frac{1}{B}$ eines Ganzen; daher muß auch P das Afache von $\frac{1}{B}$ von $\left(C + \frac{D}{E}\right)$ sein. Nun ist $\frac{1}{B}$ von $\left(C + \frac{D}{E}\right)$ $= \frac{1}{B}$ von $C + \frac{1}{B}$ von $\frac{D}{E}$; denn ein Theil von der Summe zweier Zahlen ist gleich den gleichnamigen Theilen jeder einzelnen Zahl (254.); also $\frac{1}{B}$ von $\left(C + \frac{D}{E}\right) = \frac{1}{B}$ von $C + \frac{1}{B}$ von $\frac{D}{E} = \frac{C}{B} + \frac{D}{B.E}$ (294. 299.). Folglich ist P das Afache von $\left(\frac{C}{B} + \frac{D}{B.E}\right) = A . \left(\frac{C}{B} + \frac{D}{B.E}\right) = \frac{A.C}{B} + \frac{A.D}{B.E}$ (131. 287.). Demnach ist $\frac{A}{B} \times \left(C + \frac{D}{E}\right) = \frac{A.C}{B} + \frac{A.D}{B.E}$.

Eine andere Auflösung.

Man verwandele den Multiplicandus $\left(C + \frac{D}{E}\right)$ in einen unechten Bruch (312.); also $C+\frac{D}{E}=\frac{C.E+D}{E}$; dadurch ist die Aufgabe auf die vorige zurückgeführt, nämlich zwei Brüche mit einander zu multipliciren; also ist $P=\frac{A}{B}\times\frac{C.E+D}{E}=\frac{A.(C.E+D)}{B.E}=\frac{A.C.E+A.D}{B.E}$.

Dieses Produkt ist dem vorigen gleich; denn man bringe jene beiden Produkte auf gleiche Benennung: so ist $\frac{A.C}{B}=\frac{A.C.E}{B.E}$; daher $\frac{A.C}{B}+\frac{A.D}{B.E}=\frac{A.C.E}{B.E}+\frac{A.D}{B.E}=\frac{A.C.E+A.D}{B.E}$, welches die völlige Gleichheit offenbar macht.

Z. B. $\frac{3}{8}\times(6\frac{4}{5})=\frac{3}{8}.6+\frac{3}{8}.\frac{4}{5}=\frac{3.6}{8}+\frac{3.4}{8.5}=\frac{3.3}{4}+\frac{3}{2.5}=\frac{9}{4}+\frac{3}{10}=2\frac{1}{4}+\frac{3}{10}=2\frac{11}{20}$.

Oder: $\frac{3}{8}.(6\frac{4}{5})=\frac{3}{8}.\frac{34}{5}=\frac{3.34}{8.5}=\frac{3.17}{4.5}=\frac{51}{20}=2\frac{11}{20}$.

327. **Aufgabe.** Mit einer gemischten Zahl eine ganze Zahl oder einen Bruch oder eine gemischte Zahl zu multipliciren.

Man verwandle die gemischte Zahl in einen unechten Bruch; so ist dadurch diese Aufgabe auf die vorigen reducirt, nämlich mit einem Bruche entweder eine ganze Zahl oder einen Bruch zu multipliciren; und da man auch eine ganze Zahl in irgend einen uneigentlichen Bruch verwandeln kann (292.); so ist diese Aufgabe völlig mit der 326sten Aufgabe übereinstimmend.

328. **Lehrsatz.** Das Produkt irgend einer (ganzen, gebrochenen oder gemischten) Zahl und irgend einer andern (ganzen, gebrochenen oder gemischten) Zahl ist gleich dem Produkte der zweiten und ersten Zahl.

Da jede ganze Zahl, wie auch jede gemischte in einen Bruch verwandelt werden kann: so ist dieser Satz nur für die Multiplication zweier Brüche darzuthun.

Der Multiplicator sei $\frac{A}{B}$, der Multiplicandus $\frac{C}{D}$: so ist (324.) $\frac{A}{B}.\frac{C}{D}=\frac{A.C}{B.D}$.

Ist der Multiplicandus $\frac{A}{B}$ und der Multiplicator $\frac{C}{D}$: so ist nach demselben Satze $\frac{C}{D}.\frac{A}{B}=\frac{C.A}{D.B}$. Nun ist aber $C.A=A.C$, und $D.B=B.D$ (128.); also $C.A:A.C=D.B:B.D$; daher (274.) ist $\frac{C.A}{D.B}=\frac{A.C}{B.D}$. Demnach ist $\frac{A}{B}.\frac{C}{D}=\frac{C}{D}.\frac{A}{B}=\frac{A.C}{B.D}$. W. Z. E. W.

Anmerk. Da man stets gleiche Produkte erhält, welche von zwei Zahlen man zum Multiplicator, und welche man zum Multiplicandus annimmt: so haben diese Zahlen gleichen Einfluß auf die Bildung des Produkts, deswegen führen sie, nach einer frühern Bemerkung, gleiche Namen, nämlich den Namen Faktor. Auch gilt der vorige Satz nicht allein für zwei, sondern auch für mehrere Faktoren.

329. Erklärungen. Eine Zahl, A, durch eine andere, B, dividiren, heißt: eine dritte Zahl so aus der ersten hervorbringen, wie ein Ganzes aus der zweiten entsteht.

Die Zahl, aus welcher eine Zahl so erzeugt wird, wie das Ganze aus einer andern entsteht, heißt der Dividendus.

Die Zahl, welche so aus einer Zahl entsteht, wie das Ganze aus einer andern Zahl gebildet wird, heißt der Quotient.

Der Divisor ist die Zahl, welche durch die Entstehungsart eines Ganzen aus ihr die Art der Erzeugung einer Zahl aus einer andern bestimmt.

Anmerk. Man hat verschiedene Erklärungen für die Division, hier hat die den Vorzug, welche auch den ursprünglichen Begriff des Dividirens, nämlich den der Theilung, in sich begreift. Denn die Division ist eine Theilung, wenn der Divisor eine ganze Zahl ist, und ist die Division eine Theilung: so muß der Divisor eine ganze Zahl sein. Dieses erhellet aus dem Satze: daß der Dividendus = dem Produkte aus dem Divisor und dem Quotienten ist, welcher Satz später erwiesen werden wird. Denn ist der Divisor eine ganze Zahl: so ist der Dividendus so vielfach vom Quotienten, wie vielfach der Divisor von einem Ganzen ist; folglich ist der Quotient ein Theil des Dividendus; daher die Division eine Theilung. Ferner ist der Quotient ein Theil des Dividendus: so ist dieser so vielfach vom Quotienten, wie vielfach der Divisor von der Einheit ist. Die Theilung bedingt also, daß der Divisor eine ganze Zahl sei.

Ist nun der Divisor eine ganze Zahl: so ist ein Ganzes ein Theil des Divisors; daher, nach der Erklärung, muß der Quotient ein Theil des Dividendus sein; folglich ist die Division in diesem Falle eine Theilung.

330. Grundsatz. Gleiches durch Gleiches dividirt giebt Gleiches.

331. Erklärung. Für die Bezeichnung der Division hat man zwei Zeichen, das eine ist ein Kolon, nämlich zwei senkrecht über einander stehende Punkte (:), dieses Zeichen setzt man zwischen den Dividendus und den Divisor, und zwar jenen vor diesen, z. B. 8 : 2 heißt 8 dividirt durch 2.

Die andere Bezeichnung ist die Gestalt eines Bruches, und zwar setzt man den Dividendus oben, und den Divisor unterhalb des wagrechten Striches. Z. B. 8 dividirt durch 2 = $\frac{8}{2}$ = 8 : 2.

Anmerk. Einige, aber nur sehr Wenige, setzen den Divisor vor den Dividendus beim Gebrauche des Kolons zur Bezeichnung der Division, und zwar aus dem Grunde, weil man dieses im praktischen Rechnen thut. Die Stellen des Divisors und Dividendus sind gleichgiltig, und die ganze Sache ist eine Kleinigkeit, auch würde sie hier gar nicht berührt worden sein, wenn es nicht nothwendig wäre, auf den Unterschied im Gebrauche des Kolons bei der Division aufmerksam zu machen. Seit der Einführung des Kolons zur Bezeichnung der Division ist der oben gelehrte Gebrauch derselben von allen Mathematikern bis auf die jetzigen Zeiten beobachtet worden, daher verdient jene Bezeichnungsart den Vorzug.

332. Aufgabe. Eine ganze Zahl durch eine ganze Zahl zu dividiren.

Man suche zunächst wie das Ganze aus dem Divisor entsteht; da aber der Divisor eine ganze Zahl ist: so ist der Divisor ein Vielfaches von einem Ganzen; folglich ist dieses ein Theil des Divisors (240.). Welcher Theil nun das Ganze vom Divisor ist, einen solchen Theil nehme man vom Dividendus. Dieses Verfahren findet man in dem Satze 294.

Die Division mit dekadisch bezeichneten Zahlen wird als bekannt vorausgesetzt.

333. **Lehrsatz.** Wenn der Divisor eine ganze Zahl ist: so ist der Dividendus so aus dem Quotienten, wie der Divisor aus einem Ganzen zusammengesetzt.

Denn ist der Divisor eine ganze Zahl, so ist er ein Vielfaches von einem Ganzen (283); daher ist das Ganze ein Theil des Divisors (240.); derselbe Theil muß aber auch der Quotient vom Dividendus sein (329); folglich ist der Dividendus ein Vielfaches vom Quotienten und zwar ein solches, welches der Divisor von der Einheit ist (237. 264). Da nun das Ganze und der Quotient dieselben Theile vom Divisor und Dividendus sein müssen: so sind der Divisor und Dividendus Gleichvielfache von einem Ganzen und dem Quotienten; daher ist der Dividendus so aus dem Quotienten, wie der Divisor aus einem Ganzen zusammengesetzt.

334. **Lehrsatz.** Das Ganze ist der umgekehrte Bruch von einem Bruche.

Der Bruch ist so vielfach von einem Theile des Ganzen, wie vielfach der Zähler von der Einheit ist (265.); daher ist dieser Theil des Ganzen ein solcher Theil des Bruches, welcher Theil die Einheit vom Zähler ist (295. 296.). Nun ist das Ganze ein solches Vielfache von einem seiner Theile, welches der Nenner von der Einheit ist (264). Folglich ist das Ganze ein solches Vielfache von einem Theile des Bruches, welches der Nenner von der Einheit ist. Demnach ist das Ganze ein solcher Bruch von einem Bruche, welcher zum Zähler den Nenner des letzten, und zum Nenner den Zähler des letzten hat; daher ist das Ganze der umgekehrte Bruch.

Anmerk. Da auch ein Theil eines Ganzen ein Bruch ist: so ist das Ganze auch der umgekehrte Bruch von einem seiner Theile; und weil das Ganze ein Vielfaches von einem seiner Theile, und der Nenner dasselbe Vielfache von der Einheit ist: so ist ein Bruch der zum Zähler eine ganze Zahl und zum Nenner Eins hat, eine ganze Zahl, welche = dem zuletzt genannten Zähler ist. Z. B. $\frac{5}{1} = 5$.

335. **Lehrsatz.** Ist der Divisor ein Bruch (echter oder unechter): so entsteht der Dividendus so aus dem Quotienten, wie der Divisor aus einem Ganzen entsteht.

Wenn der Divisor ein Bruch ist: so ist das Ganze der umgekehrte Bruch vom Divisor (334.). Wie das Ganze aus dem Divisor erzeugt wird, eben so muß auch der Quotient aus dem Dividendus erzeugt werden (329.); daher ist der Quotient derselbe Bruch vom Dividendus, welcher das Ganze vom Divisor ist, und zwar ein solcher, der zum Zähler den Nenner des Divisors, und zum Nenner den Zähler des Divisors hat.

Ein gemeiner Theil des Dividendus und Quotienten ist ein solcher Theil von Quotienten, wie vielfach derselbe von dem gemeinen Theile, also der Nenner des Divisors von der Einheit, oder welcher Theil die Einheit vom Nenner des Divisors ist. Der Dividendus ist nun so vielfach von dem genannten gemeinen Theile, wie vielfach der Zähler des Divisors von der Einheit ist; daher ist der Dividendus ein solcher Bruch vom Quotienten, welcher der Divisor von einem Ganzen ist. Demnach entsteht der Dividendus eben so aus seinem Quotienten, wie der Divisor aus einem Ganzen entsteht.

336. Zusatz. Aus dem Beweise dieses und des vorhergehenden Satzes erhellet der Satz: Wenn irgend eine Zahl (ganze oder gebrochene) irgend ein Bruch einer andern Zahl (ganzen oder gebrochenen) ist; so ist die zweite Zahl der umgekehrte Bruch der ersten Zahl.

Z. B. $5 = \frac{1}{3}$ von 15; also $15 = \frac{3}{1}$ von $5 = 3 . 5$; $8 = \frac{2}{3}$ von 12; also $12 = \frac{3}{2}$ von 8.

337. Lehrsatz. Der Dividendus ist gleich dem Produkte aus dem Divisor und Quotienten.

Denn es sei der Divisor eine ganze oder gebrochene Zahl: so entsteht immer der Dividendus eben so aus dem Quotienten, wie der Divisor aus einem Ganzen entsteht (333. 335.). Nun ist aber die Zahl (316.), welche so aus der einen, wie die andere aus einem Ganzen entsteht, das Produkt der beiden letzten Zahlen. Demnach ist der Dividendus das Produkt aus dem Divisor und Quotienten.

Z. B. $24 : 3 = 8$; also $24 = 3 . 8$; $A : B = Q$, so ist $A = B . Q$.

338. Lehrsatz. Irgend eine Zahl A (ganze oder gebrochene) ist entweder ein Vielfaches oder ein Bruch irgend einer andern (ganzen oder gebrochenen) Zahl B.

Denn A ist entweder ein Vielfaches von B oder nicht; wenn A ein Vielfaches von B ist: so ist dieser Fall der Behauptung des Satzes angemessen.

Ist aber A nicht ein Vielfaches von B, so muß jene von dieser ein Bruch sein. Denn irgend eine Zahl, eine ganze oder gebrochene, kann man immer in einen Bruch verwandeln, wie es früher gezeigt wurde, und dieses geschehe sowohl mit A wie auch mit B; ferner kann man diese Brüche wieder gleichnamig machen, was auch gelehrt worden ist; beides sei geschehen, und es sei $A = \frac{C}{N}$, $B = \frac{D}{N}$; so ist einer der gemeinen Theile der A, $B = \frac{1}{N}$, und B ist das Dfache von $\frac{1}{N}$, A das Cfache von $\frac{1}{N}$. Weil aber B das Dfache von dem gemeinen Theile ist: so ist dieser Theil $\frac{1}{D}$ von B (296.); daher ist A das Cfache von $\frac{1}{D}$ von B, oder $A = \frac{C}{D}$ von B. Demnach ist A ein Bruch von B. Eine Zahl ist also ein Vielfaches oder ein Bruch einer andern.

339. Erklärung und Zusatz. Eine Zahl A kann also so aus einer andern B entstehen, daß die erste entweder ein Vielfaches oder ein Bruch der andern ist, und diese, B, entsteht aus jener, B, auf die Art, daß die B ein Theil oder der umgekehrte Bruch (336.) der ersten A ist. Die zweite Entstehungsart, der B aus der A, nennt man die umgekehrte der ersten, der A aus der B.

Da ein Theil einer Zahl auch ein Bruch derselben ist: so ist diese umgekehrte Entstehungsart ein Bruch; und ist eine Entstehungsart ein Bruch, so kann die umgekehrte ein Vielfaches oder ein Bruch sein; nämlich ein Vielfaches, wenn der erste Bruch ein Theil war.

340. Lehrsatz. Sind zwei Entstehungsarten einander gleich, so sind auch ihre umgekehrten Entstehungsarten einander gleich.

Es mögen A, A′ auf gleiche Weise aus B, B′ entstehen; so sind die ersten Zahlen A, A′ entweder Gleichvielfache oder gleiche Brüche von den andern B, B′. Im ersten Falle ist jede der B, B′ ein solcher Theil der andern A, A′, wie vielfach eine dieser von ihrer zugehörigen andern war, die A von der B, oder die A′ von der B′; also entstehen B, B′ auf gleiche Art aus A, A′.

Sind A, A′ Brüche von der B, B′: so sind diese B, B′ die umgekehrten Brüche der A, A′ (336.). Weil aber A, A′ gleiche Brüche von B, B′ sind, und umgekehrte gleiche Brüche wieder einander gleich sind, welches früher (276.) erwiesen ist): so sind B, B′ auch gleiche Brüche von A, A′. Daher ist die Behauptung des Satzes wahr.

341. Lehrsatz. Wenn zwei Zahlen, A, A′, auf gleiche Art aus zwei andern aber gleichen Zahlen, B, B′, entstehen: so sind auch die beiden ersten Zahlen einander gleich.

Da eine Zahl aus einer andern so entstehen kann, daß die erste entweder ein Vielfaches oder ein Bruch einer andern ist: so sind A, A′ entweder Gleichvielfache oder gleiche Brüche von den andern B, B′

Weil aber Gleichvielfache gleicher Zahlen gleich sind, und $B = B'$ ist: so ist $A = A'$.

Sind nun A, A′, gleiche Brüche von B, B′: so sind A, A′ Gleichvielfache von gleichnamigen Theilen der B, B′, und weil gleichnamige Theile gleicher Zahlen gleich sind (250.): so sind A, A′ Gleichvielfache von gleichen Theilen, oder gleichen Zahlen; daher sind A, A′ einander gleich.

342. Lehrsatz. Das Produkt zweier Zahlen durch die eine dividirt giebt zum Quotienten die andere.

Es sei $A.B = P$; P ist so aus B wie A aus einem Ganzen entstanden (316.): daher sind P, A auf gleiche Art aus B und einem Ganzen entstanden; folglich sind auch (340.) B und ein Ganzes auf gleiche Art aus P und A erzeugt; B ist also so aus P wie das Ganze aus A entstanden. Die Zahl aber, welche so aus einer Zahl entsteht, wie das Ganze aus einer andern Zahl gebildet wird, ist der Quotient (329.); daher ist B der Quotient; oder $P : A = B$; oder $A . B : A = B$.

Eben so kann man erweisen, daß $A . B : B = A$ ist; weil $A . B = B . A$ (328.).

Ein anderer Beweis.

Es sei $P:A=Q$: so ist (329.) Q eben so aus P wie das Ganze aus A gebildet. Nach dem Vorigen war aber auch B so aus P wie das Ganze aus A entstanden; also sind Q, B auf gleiche Art aus zwei andern aber gleichen Zahlen, $P=P$ gebildet: daher müssen Q, B einander gleich sein (341.); also ist $A.B:A=B$; aus demselben Grunde ist $A.B:B=A$. Man hätte denselben Satz auch mit Hilfe der Sätze 316. 329. 337. und 340. erweisen können.

Z. B. $5.7:7=5$; $5.7:5=7$.

343. Zusatz. Wenn man eine Zahl durch eine andere dividirt, und den erhaltenen Quotienten wieder mit der zweiten Zahl multiplicirt: so erhält man zum Produkte die erste Zahl.

$\frac{A}{B}\times B=A$; $\frac{25}{8}.8=25$.

344. Zusatz Wenn das Produkt zweier Zahlen gleich dem Produkte zweier andern Zahlen, und ein Faktor des ersten gleich einem Faktor des andern Produkts ist: so müssen auch die beiden andern Faktoren dieser Produkte einander gleich sein. Ist $A.B=A.C$: so ist $B=C$. Denn es ist $A.B:A=B$, und $A.C:A=C$ (342.); weil nun Gleiches durch Gleiches dividirt Gleiches giebt: so ist $B=C$. Diesem Satze könnte man auch durch den Begriff der Multiplication allein erweisen.

245. Zusatz. Wenn man das Produkt zweier Zahlen durch eine dritte dividirt: so ist dieser Quotient gleich dem Produkte aus dem einen Faktor und dem Quotienten, welchen man erhält, wenn man den andern Faktor durch die dritte Zahl dividirt.

Ist $P=A.B$; so ist auch $\frac{P}{C}=A.\frac{B}{C}=B.\frac{A}{C}$.

Denn wäre dieses nicht: so müßte $\frac{P}{C}$ entweder > oder < $A.\frac{B}{C}$ sein; daher wäre auch $C.\frac{P}{C}=P$ > oder < $C.A.\frac{B}{C}=A.C.\frac{B}{C}$ $=A.B$, welches nicht möglich ist; weil $P=A.B$. Daher ist der Satz wahr.

346. Lehrsatz. Wenn man von einem Produkte zweier Zahlen den einen Faktor mit einer beliebigen Zahl vervielfältigt, oder durch eine beliebige Zahl theilt: so ist das Produkt aus dem vervielfältigten oder getheilten Faktor und dem andern ungeänderten Faktor im ersten Falle eben so vielfach, im andern derselbe Theil vom ersten Produkte, als die vervielfältigende Zahl ein Vielfaches von einem Ganzen, oder das Ganze von der theilenden Zahl ein Theil ist,

Denn $A.B$ sei $=P$, und $B.C=Q$, $A.Q=P'$; so ist P' das Cfache von P. Denn weil $B.C=Q$, so ist $A.B.C=A.Q=P'$; aber $A.B=P$; also $A.B.C=C.P$; daher $P'=C.P$. Nun ist C.P das Cfache von P; daher ist auch P' das Cfache von P. Es sei $\frac{B}{C}=T$; so ist $B=C.T$; also $A.B=A.C.T=C.AT$. Aber

C.AT ist das Cfache von A.T; daher ist auch A.B das Cfache von A.T. Folglich ist A.T $= \frac{1}{C}$ von A.B.

347. Lehrsatz. Wenn man den einen Faktor eines Produkts zweier Zahlen mit einer beliebigen Zahl vervielfältigt, und den andern Faktor durch dieselbe Zahl theilt; so ist das Produkt aus dem vervielfältigten und dem andern getheilten Faktor gleich dem ersten Produkte. Es sei C.A = D, und B.C = E; so ist (346.) B.D = dem Cfachen von A.B; weil D das Cfache von A ist; und D.E $= \frac{1}{C}$ von D.B, weil E $= \frac{1}{C}$ von B ist; also ist B.D das Cfache von D.E. Daher ist A.B = D.E $= C.A.\frac{B}{C}$.

348. Lehrsatz. Wenn man in einer Division den Dividendus durch den Quotienten dividirt: so erhält man als Quotienten den vorigen Divisor.

Denn da der Dividendus gleich dem Produkte aus dem Divisor und dem Quotienten ist (337.), und das Produkt zweier Zahlen durch die eine dividirt zum Quotienten die andere giebt (342.): so folgt daraus die Wahrheit des Satzes.

349. Lehrsatz. Wenn man in einer Division den Dividendus mit einer beliebigen Zahl vervielfältigt: so ist der neue Quotient dasselbe Vielfache vom vorigen Quotienten, welches die vervielfachende Zahl von der Einheit ist.

Es sei A:B = Q, und A.C:B = Q′: so ist (337.) A = B.Q, und A.C = B.Q′. Da nun A.C das Cfache von A ist: so ist B.Q′ das Cfache von B.Q, also B.Q.C. Daher ist (344.) Q′ = Q.C, weil B = B, und weil Q.C das Cfache von Q: so ist auch Q′ das Cfache von Q.

350. Lehrsatz. Wird in einer Division der Dividendus durch irgend eine ganze Zahl getheilt: so ist der neue Quotient der Theil des vorigen Quotienten, welcher das Ganze von der theilenden Zahl ist.

Es sei A:B = Q, $\frac{1}{C}$ von A sei = D, und D:B = Q′.

Da nun A das Cfache von D, und der Divisor in beiden Divisionen derselbe ist: so ist (349.) der Quotient Q das Cfache vom Quotienten Q′. Folglich ist Q′ $= \frac{1}{C}$ von Q.

Z. B. 15:5 = 3; 4.15 = 60, und 60:5 = 12, welches das 4fache von 3 ist. 24:2 = 12; $\frac{1}{6}$ von 24 = 4; 4:2 = 2, welches nur $\frac{1}{6}$ von 12 ist.

351. Lehrsatz. Wird der Dividendus mit einer Zahl vervielfältigt, und der neue Quotient durch die vervielfältigende Zahl getheilt: so ist der Theil des neuen Quotienten gleich dem frühern Quotienten; oder wird der Dividendus durch eine Zahl getheilt; und der neue Quo-

tient mit der theilenden Zahl vervielfältigt: so ist dieses Vielfache des neuen Quotienten gleich dem ersten Quotienten.

Im ersten Falle ist der neue Quotient das Cfache vom ersten, wenn die Vervielfältigende C ist (349.); daher ist der erste Quotient der Cte Theil vom neuen.

Im andern Falle ist der neue Quotient nur $\frac{1}{C}$ des ersten, wenn die Theilende = C (350); daher ist der erste das Cfache des neuen Quotienten.

352. Lehrsatz. Wird in einer Division der Divisor mit einer Zahl vervielfältigt: so ist der neue Quotient der Theil des ersten, welcher die Einheit von der vervielfältigenden Zahl ist.

$A:B$ sei $= Q$, $A:B.C = Q'$: so ist (137.) $A = B.Q$, $A = B.C.Q'$; also $B.Q = B.C.Q' = C.B.Q'$. Aber $C.B.Q'$ = dem Cfachen von $B.Q'$; also auch $B.Q'$ = dem Cfachen von $B.Q'$; daher $B.Q = B.Q'.C$; weil nun $B = B$; so ist $Q = Q'.C$ (344.); also $Q' = \frac{1}{C}$ von Q.

353. Lehrsatz. Wird der Divisor durch eine Zahl getheilt: so ist der neue Quotient das Vielfache vom ersten, welches die theilende Zahl von der Einheit ist.

Ist die theilende Zahl C: so ist der ungetheilte Divisor das Cfache vom getheilten, und weil der Dividendus in beiden Divisionen derselbe bleibt: so ist der erste Quotient $\frac{1}{C}$ des neuen (352.); mithin ist dieser das Cfache des ersten.

354. Zusatz. Wenn man also in einer Division den Divisor mit einer Zahl vervielfältigt, oder durch eine Zahl theilt: so muß man, um den ersten Quotienten zu erhalten, im ersten Falle den neuen Quotienten mit der vervielfältigenden Zahl vervielfältigen, im andern denselben durch die theilende Zahl theilen.

Dieses erhellet aus den Sätzen 352. und 353.

355. Lehrsatz.. Wenn man in einer Division den Divisor und Dividendus mit einerlei Zahl vervielfältigt, oder durch eine und dieselbe Zahl theilt: so ist in jedem Falle der eine Quotient gleich dem vorigen.

$A:B$ sei $= Q$, $A.C.B = Q'$, und $A.C:B.C = Q''$. Weil der Dividendus $A = \frac{1}{C}$ vom Dividendus $A.C$ ist: so ist (350.) $Q = \frac{1}{C}$ von $Q'$, und weil der Divisor $B.C$ das Cfache vom Divisor B ist: so ist (352.) $Q'' = \frac{1}{C}$ von $Q'$; also $Q = Q''$.

Eben so wird der Beweis für die Theilung geführt.

356. Lehrsatz. Man erhält gleiche Quotienten, wenn man den mit einer Zahl vervielfältigten Dividendus durch den ungeänderten Divisor, oder wenn man den ungeänderten Dividendus durch den, durch dieselbe Zahl getheilten, Divisor dividirt.

Der ungeänderte Dividendus durch den ungeänderten Divisor dividirt gebe den Quotienten Q, der Quotient der ersten Division sei Q′, und der der zweiten Q″; ferner sei C die vervielfältigende oder theilende Zahl, so ist Q′ das Cfache von Q (349.), und Q″ ist auch das Cfache von Q (353.). Q′, Q″ sind also Gleichvielfache von Q; daher ist $Q' = Q''$.

357. **Lehrsatz.** Man erhält gleiche Quotienten, wenn man einen Theil des Dividendus durch den ungeänderten Divisor, oder, wenn man den ungeänderten Dividendus durch den, mit dem Nenner jenes Theils vervielfältigten Divisor dividirt.

Wird wie der vorige Satz erwiesen.

358. **Lehrsatz.** Die Summe zweier Zahlen durch eine dritte dividirt ist gleich der Summe der beiden Quotienten, welche man erhält, wenn man jede Zahl der Summe durch die dritte dividirt.

$(A+B):C = (A:C)+(B:C)$. Denn wäre dieses nicht: so sei $(A+B):C = (A:C = Q) + Q'$; so ist (337.) $A = C.Q$, und $(A+B) = C.(Q+Q') = C.Q + C.Q'$; daher ist $B = C.Q'$; folglich ist $Q' = \frac{B}{C}$. Daher ist $(A+B) : C = (A : C) + (B : C) = \frac{A}{C} + \frac{B}{C} = \frac{A+B}{C}$.

Man wird also gleiche Quotienten erhalten, wenn man den unzerstückelten Dividendus, oder die einzelnen Stücke, aber alle, des Dividendus, durch denselben Divisor dividirt.

359. **Lehrsatz.** Wenn man eine und dieselbe Zahl durch jede von zwei andern dividirt: so ist die Summe dieser Quotienten größer als der Quotient, welche man erhält, wenn man denselben Dividendus durch die Summe jener Divisoren dividirt.

Sei $A : B = Q$, $A : C = Q'$ und $A : (B+C) = Q''$.

Da nun $B < (B+C)$: so ist $Q > Q''$ (352.); eben so $Q' > Q''$; daher ist um so mehr $(Q+Q') > Q''$.

360. **Zusatz.** Da $Q > Q''$ und $Q' > Q''$: so ist $(Q+Q') > 2Q''$; die Summe der Quotienten, wenn eine und dieselbe Zahl durch jede zweier andern dividirt wird, ist also größer als der doppelte Quotient, wenn derselbe Dividendus durch die Summe der Divisoren dividirt wird.

Sind die beiden Divisoren einander gleich: so ist die Summe der beiden ersten Quotienten das Vierfache vom dritten, weil jeder das Doppelte des dritten ist.

Wenn die beiden Divisoren ungleich sind: so ist die Summe der gedachten Quotienten immer größer als das Vierfache des dritten. Denn die ungleichen Divisoren seien $(B-X)$ und $(B+X)$; ferner sei $A : (B-X) = Q$, $A : (B+X) = Q'$ und $A : 2B = Q''$: so ist $A = (B-X) . Q$, $A = (B+X) . Q'$; also $2A = (B-X) . Q + (B+X) . Q' = B . Q - X . Q + B . Q' + X . Q' = B . (Q+Q') - X . Q + X . Q'$. Da aber $(B-X) < (B+X)$: so ist $Q > Q'$; also $X . Q > X . Q'$.

Die Subtraction des Produkts $X . Q$ wird nicht allein das Produkt

$X.Q'$ vernichten, sondern es wird noch so viel von dem andern Produkte $B.(Q+Q')$ aufheben, um wie viel es größer als $X.Q'$ ist, und dieser Ueberschuß ist $X.Q-X.Q'=X.(Q-Q')$; daher ist: $2A=B.(Q+Q')-X.(Q-Q')=4B.Q''$; also $B.(Q+Q')=X.(Q-Q')+4B.Q''$, und wenn man durch B dividirt: so ist $(Q+Q')=\frac{X.(Q-Q')}{B}+4.Q''$.

Man sieht hieraus, daß die Summe der Quotienten $(Q+Q')$ immer größer als das 4fache des dritten $Q''$ ist; und diese Summe wird um so mehr größer als das 4fache, je größer X, und daher auch $(Q-Q')$ wird; und die erwähnte Summe nähert sich immer mehr dem gedachten 4fachen, je kleiner X, also auch $(Q-Q')$ wird, und die Summe wird endlich gleich dem 4fachen, wenn $X=$ Null; oder was dasselbe ist, wenn $Q-Q'=$ Null wird, d. h. wenn die Divisoren einander gleich sind: so ist die Summe der Quotienten das 4fache des dritten, und diese Summe wird um so größer als das 4fache, je mehr die Divisoren von einander abweichen, oder je größer ihr Unterschied ist.

Hieraus geht hervor, daß man in einer Division nie den Divisor zerstückeln, und mit den einzelnen Stücken dividiren darf: sondern die Division muß stets mit dem ganzen Divisor, d. h. mit allen seinen Stücken zusammen, vollführt werden.

361. Grundsatz. Wenn jede von zwei Zahlen eine ganze Zahl ist: so ist sowohl ihre Summe als auch ihre Differenz eine ganze Zahl.

362. Lehrsatz. Wenn die eine zweier Zahlen eine ganze Zahl, die andere aber ein eigentlicher Bruch ist: so ist ihre Summe eine gemischte Zahl.

Denn ein eigentlicher Bruch ist ein solcher, welcher nicht ein Vielfaches von einem Ganzen ist (310.); er kann ein echter oder ein unechter sein; im ersten Falle ist er kleiner als ein Ganzes, im andern größer als dieses, und kann in eine ganze Zahl und in einen echten Bruch verwandelt werden. Daher besteht die Summe aus einer ganzen Zahl und einem echten Bruche, welche also zusammen eine gemischte Zahl bilden.

Oder: wäre die Summe auch eine ganze Zahl: so hätte man zwei ganze Zahlen, die Summe und den Summandus, welcher eine ganze Zahl ist; daher müßte auch ihre Differenz (361.), nämlich der andere Summandus eine ganze Zahl sein; dieser soll aber nach der Voraussetzung ein Bruch sein; daher muß die Summe eine gemischte Zahl sein.

363. Lehrsatz. Ist eine zweier Zahlen eine ganze Zahl, die andere aber ein eigentlicher Bruch: so ist ihre Differenz entweder eine gemischte Zahl oder ein echter Bruch.

In jedem Falle muß die Differenz einen Bruch enthalten; denn wäre dieses nicht: so müßte sie eine ganze Zahl sein; dann hätte man zwei ganze Zahlen, nämlich die Differenz zweier Zahlen und eine von ihnen. Ist nun die ganze Zahl größer als der Bruch: so ist er die Differenz zwischen der ganzen Zahl und der Differenz, welche eine ganze

Zahl ist; folglich (361.) müßte der eigentliche Bruch eine ganze Zahl sein, was nicht möglich ist.

Wenn der eigentliche Bruch größer als die ganze Zahl ist: so ist die Summe der ganzen Zahl und der Differenz, welche eine ganze Zahl ist, gleich dem eigentlichen Bruche; aber die erwähnte Summe ist eine ganze Zahl (361.); beides kann nicht zugleich bestehen. Daher muß die im Satze bezeichnete Differenz einen echten Bruch enthalten.

Ist der eigentliche Bruch ein echter: so ist die Differenz zwischen der ganzen Zahl und dem Bruche immer eine gemischte Zahl, was leicht erwiesen werden kann.

Ist der eigentliche Bruch ein unechter: so kann er immer in eine ganze Zahl und einen echten Bruch verwandelt werden, also in eine gemischte Zahl, dann ist die Differenz zwischen dieser und der ganzen Zahl ein echter Bruch, wenn diese gleich der ganzen von der gemischten Zahl ist. Wenn aber die genannten ganzen Zahlen ungleich sind: so ist die im Satze erwähnte Differenz immer eine gemischte Zahl.

Der Beweis dieser Behauptung ist leicht zu führen.

Anmerk. Hier hat man ein Beispiel von der Weitläuftigkeit und der geringen Bestimmtheit im Ausdrucke, wenn man die Zahlen nicht durch Buchstaben bezeichnet.

364. Lehrsatz. Ist jede zweier Zahlen eine ganze Zahl: so ist auch ihr Produkt eine ganze Zahl.

Denn das Produkt zweier ganzen Zahlen ist ein bestimmtes Vielfache einer derselben (126.); ein Vielfaches einer Zahl ist eine Summe gleicher Zahlen, deren jede gleich dem Multiplicandus des Vielfachen ist; daher ist diese Summe (361.), folglich auch das Vielfache, demnach auch das Produkt eine ganze Zahl.

365. Lehrsatz. Ist eine zweier Zahlen eine ganze, die andere ein eigentlicher Bruch, und die erste ein Vielfaches von dem Nenner der andern: so ist ihr Produkt eine ganze Zahl. Es sei $A.\frac{B}{C} = P$: so ist $P = \frac{A.B}{C} = B.\frac{A}{C}$: so ist $\frac{A}{C}$ eine ganze Zahl. Denn A ist ein Vielfaches von C, der Zähler also vom Nenner, also auch der Bruch von einem Ganzen; folglich $\frac{A}{C}$ eine ganze Zahl; daher auch P eine ganze Zahl, weil solches B ist.

Anmerk. Die aus dem Vorigen häufig vorkommenden Sätze sollen hier der Kürze wegen nicht angeführt werden.

366. Lehrsatz. Wenn eine, A, zweier Zahlen eine ganze, die andere, $\frac{B}{C}$, ein eigentlicher Bruch, und die erste nicht ein Vielfaches vom Nenner dieser ist: so ist auch das Produkt beider ein eigentlicher Bruch oder eine gemischte Zahl.

$A.\frac{B}{C} = P$. Der Bruch $\frac{B}{C}$ sei durch die kleinsten Zahlen ausgedrückt, daß also B, C Primzahlen zu einander seien.

Wäre nun $P = \frac{A.B}{C}$ eine ganze Zahl: so müßte der Bruch $\frac{A.B}{C}$ ein Vielfaches von einem Ganzen; also der Zähler ein Vielfaches von dem Nenner sein, A.B ein Vielfaches von C. Es sei also $A.B = V.C$: so sind A, B, V, C ganze Zahlen. Das größte gemeine Maß der A, C sei M, und A, C mögen von M nach den Zahlen A′, C′ gemessen werden: so sind A′, C′ Primzahlen zu einander (163.); aber C′ ist auch eine Primzahl zu B (154.). Weil $A.B = V.C$: so ist $A:C = V:B$; und $A:C = M.A':M.C' = A':C'$; daher $A':C' = V:B$.

Da A′, C′ Primzahlen zu einander sind: so sind sie die kleinsten unter allen in diesem Verhältnisse (204.) und messen daher ihre gleichnamigen Glieder (205.) die A′ die V und die C′ die B, welches nicht möglich ist, weil C′, B Primzahlen zu einander sind. Daher ist A.B nicht ein Vielfaches von C; also $\frac{A.B}{C}$ nicht eine ganze Zahl, folglich auch P nicht eine ganze Zahl. Demnach ist P ein eigentlicher Bruch, und zwar ein echter, wenn $A.B < C$, ein unechter oder eine gemischte Zahl, wenn $A.B > C$ ist.

367. Erklärung. Einen Bruch auf die kleinste Benennung bringen, heißt ihn durch die kleinsten Zahlen ausdrücken, also sind Zähler und Nenner desselben Primzahlen zu einander, und findet dieses statt, so ist jenes.

Einen Bruch auf die kleinste Benennung bringen, nennen auch Manche einen Bruch heben.

368. Lehrsatz. Sind zwei Brüche auf ihre kleinsten Benennungen gebracht, und ist der Zähler des ersten ein Vielfaches vom Nenner des andern, und der Zähler dieses ein Vielfaches vom Nenner des ersten: so ist das Produkt beider Brüche eine ganze Zahl.

Wird durch Satz 364. und 365. erwiesen.

369. Lehrsatz. Wenn jeder von zwei Brüchen auf seine kleinste Benennung gebracht, und der Zähler des einen ein Vielfaches vom Nenner des andern; der Zähler dieses aber eine Primzahl zum Nenner des ersten ist: so ist ihr Produkt ein eigentlicher Bruch.

Erwiesen durch Satz 364. und 365.

370. Lehrsatz. Ist jeder zweier Brüche auf seine kleinste Benennung gebracht, und jeder Zähler zu jedem Nenner eine Primzahl, oder doch nicht ein Vielfaches: so ist das Produkt beider Brüche ein eigentlicher Bruch.

$\frac{A}{B}$, $\frac{C}{D}$ seien auf ihre kleinsten Benennungen gebracht, und A nicht ein Vielfaches von D, C nicht ein Vielfaches von B: so ist $P = \frac{A}{B} \cdot \frac{C}{D} = \frac{A.C}{B.D}$ ein eigentlicher Bruch.

A zu D und C zu B seien Primzahlen zu einander: so ist jede von A, C zu jeder von B, D eine Primzahl; daher ist das Produkt

$A.B$ eine Primzahl zum Produkte $B.D$ (214.); folglich ist $\frac{A.C}{B.D}$ ein eigentlicher Bruch.

Sind $A$ zu $D$ und $C$ zu $B$ nicht Primzahlen zu einander: so sei $M$ das größte gemeine Maß der $A$, $D$, und mögen von $M$ nach den Zahlen $A'$, $D'$ gemessen werden: so ist $A = M.A'$ und $D = M.D'$. Ferner sei $N$ das größte gemeine Maß der $C$, $B$, und $N$ messe die $C$, $B$ nach den Zahlen $C'$, $B'$, also $C = N.C'$ und $B = N.B'$. Daher ist:
$A.C = M.A'.N.C' = M.N.A'.C'$, und $B.D = N.B'.M.D'$ $= M.N.B'.D'$. Daher ist $P = \frac{A.C}{B.D} = \frac{M.N.A'.C'}{M.N.B'.D'} = \frac{A'.C'}{B'.D'}$ (275.). Da nun jede von $A'$, $C'$ zu jeder von $B'$, $D'$ eine Primzahl ist: so ist (214.) $A'.C'$ zu $B'.D'$ eine Primzahl; also $A'.C'$ nicht ein Vielfaches von $B'.D'$; daher $\frac{A'.C'}{B'.D'}$ nicht ein Vielfaches von einem Ganzen. Demnach ist $P$ ein eigentlicher Bruch.

Anmerk. Da jede gemischte Zahl in einen eigentlichen Bruch verwandelt werden kann: so gelten obige Sätze zugleich für gemischte Zahlen. Es ist klar, daß der letzte Satz nicht allein für zwei, sondern für jede beliebige Zahl Brüche Giltigkeit hat.

Aus den Sätzen über das Produkt zweier Zahlen in Rücksicht einer ganzen Zahl und eines eigentlichen Bruches kann man mit Leichtigkeit die Sätze ableiten: wenn das Produkt zweier Zahlen und einer seiner Faktoren von einer gewissen Beschaffenheit angenommen wird.

371. Lehrsatz. Wenn das Produkt zweier Zahlen eine ganze Zahl, und einer seiner Faktoren eine ganze, und zwar eine Primzahl ist: so muß der andere Faktor eine ganze Zahl sein.

$P = A.B$, und $A$ seien ganze Zahlen, und $A$ eine Primzahl. Wäre nun $B$ nicht eine ganze Zahl: so muß $B$ ein eigentlicher Bruch sein; weil aber $A$ eine Primzahl ist: so ist sie solches auch zum Nenner des Bruches; also $A.B$ ein eigentlicher Bruch (366.) wider die Voraussetzung. Demnach muß $B$ eine ganze Zahl sein.

Z. B. $P = 80$, $A = 5$; so ist $B = 16$.

372. Lehrsatz. Ist das Produkt zweier Zahlen eine ganze Zahl, und einer seiner Faktoren ein eigentlicher Bruch: so muß der andere Faktor eine ganze Zahl, und zwar ein Vielfaches von dem Nenner jenes Bruches sein.

Wird leicht durch Satz 366. erwiesen.

373. Lehrsatz. Ist das Produkt zweier Zahlen ein eigentlicher Bruch, und der eine Faktor eine ganze Zahl: so muß der andere Faktor ein eigentlicher Bruch, und der erste Faktor nicht ein Vielfaches von dem Nenner dieses Bruches sein. Durch Satz 366. erwiesen.

374. Lehrsatz. Ist der Divisor und der Quotient eine ganze Zahl: so muß auch der Dividendus eine ganze Zahl sein.

Denn der Dividendus ist gleich dem Produkte aus dem Divisor und dem Quotienten (337.). Daher (364.) ist der Dividendus eine ganze Zahl.

375. Lehrsatz. Sind Dividendus und Divisor ganze und zwar Primzahlen zu einander: so muß der Quotient ein eigentlicher Bruch sein, der zum Zähler den Dividendus und zum Nenner den Divisor hat.

Es sei $A : B = Q$; wäre nun Q nicht ein eigentlicher, also ein uneigentlicher Bruch; folglich eine ganze Zahl: so ist, weil $A = B . Q$ (337.), A ein Vielfaches von B; daher wären A, B nicht Primzahlen zu einander; denn ihr größtes gemeine Maß ist B; da dieses wider die Voraussetzung ist: so muß Q ein eigentlicher Bruch sein.

Wäre nun Q nicht durch $\frac{A}{B}$, sondern durch kleinere Zahlen ausgedrückt: so müßten A, B ein gemeines Maß wider die Voraussetzung haben. Daher $Q = \frac{A}{B}$.

376. Zusatz. Geschieht die Bezeichnung einer Division in Gestalt eines Bruches: so muß der Dividendus zum Zähler und der Divisor zum Nenner gemacht werden. Denn setze man $Q = \frac{B}{A}$, so würde, weil $A = B . Q$, $A = B . \frac{B}{A}$ sein. Dieses ist in keinem andern Falle, als nur in dem möglich, wenn $A = B$ ist. In diesem Falle ist es auch einerlei, welche der Zahlen man zum Dividendus, und welche man zum Divisor macht.

Aus diesen Gründen geht hervor, daß man eine Division als einen Bruch, und umgekehrt: einen Bruch als eine Division betrachten kann. Daher haben auch die Sätze, welche für Brüche gelten, für Divisionen gleiche Giltigkeit.

Aus diesen Gründen wurde die Division bis zur vollständigen Behandlung der Brüche hinausgeschoben.

377. Lehrsatz. Wenn Dividendus und Divisor ganze Zahlen sind, jener größer als dieser, der Dividendus aber nicht ein Vielfaches vom Divisor ist: so kann mau immer ein Vielfaches des Divisors vom Dividendus hinwegnehmen, daß der Rest kleiner als der Divisor ist.

Die Wahrheit dieses Satzes folgt unmittelbar aus dem 123sten Satze.

Einen solchen Rest, der kleiner als der Divisor ist, nennt man den Rest der Division. Der Multiplicator des Vielfachen wird in diesem Falle zwar auch Quotient genannt, doch ist er nicht vollständig; denn er ist eigentlich eine gemischte Zahl.

Ist der Dividendus $= A = C . B + R$, und $R < B$: so ist

$$A : B = \frac{C . B + R}{B} = \frac{C . B}{B} + \frac{R}{B} \text{ (358.)} = C + \frac{R}{B}$$

In diesem Falle kann man den Satz auch so aussprechen: Der Dividendus ist gleich dem Produkte aus dem Divisor und Quotienten nebst dem Reste der Division.

378. Lehrsatz. Sind Dividendus und Divisor ganze Zahlen, haben sie ein gemeines Maß, und ist jener größer als dieser, nicht aber ein Vielfaches von diesem: so hat der Rest der Division dasselbe Maß

Denn der Dividendus ist gleich dem Produkte aus dem Divisor und dem Quotienten, nebst dem Reste. Ist nun das gemeine Maß des Divisors und Dividendus M, so ist auch ein Vielfaches vom Divisor, also das Produkt aus Divisor und dem Quotienten durch M meßbar (157.); also ist die Summe zweier Zahlen und auch eine von ihnen durch M meßbar; daher muß auch die andere, der Rest der Division, durch M meßbar sein (147.).

379. Lehrsatz. Wenn wieder der Dividendus und der Divisor ganze Zahlen sind, und Divisor und Rest der Division ein gemeines Maß, M, haben: so muß auch der Dividendus durch dasselbe Maß, M, meßbar sein.

Denn das Produkt aus Divisor und Quotienten ist durch M und auch der Rest durch M meßbar: also (146.) wird auch ihre Summe oder der Dividendus von M gemessen.

Anmerk. Die beiden letzten Sätze sind für das Suchen des größten gemeinen Maßes zweier Zahlen von Wichtigkeit. Dieser Satz ist früher (161.) schon behandelt worden, daher möge er hier zur Widerholung als Aufgabe benutzt werden.

380. Aufgabe. Das größte gemeine Maß zweier ganzen Zahlen zu finden.

Die Zahlen, deren gemeines Maß man sucht, seien A, B, und $A > B$. A dividirt durch B gebe zum Quotienten die ganze Zahl, a, und lasse zum Reste $C < B$ (377.). $B : C$ gebe die ganze Zahl b, und lasse zum Rest $D < C$; eben so $C : D$ gebe die ganze Zahl c für den Quotienten und lasse den Rest E; endlich $D : E = F$ und lasse keinen Rest. So ist $D = E \, . \, F$ (337.).

Nun ist E ein gemeines Maß der A, B. Denn, weil $D = E \, . \, F$, so mißt (157.) E die D; $C = c \, . \, D + E$, daher mißt E auch die C, und weil $B = b \, . \, C + D$; so mißt E auch die B; endlich $A = a \, . \, B + C$; daher mißt E auch die A (379.). Folglich ist E ein gemeines Maß der A, B, aber auch das größte. Denn hätten A, B ein größeres gemeine Maß als E; so sei es $M > E$.

Da nun A B von M gemessen werden: so wird auch C von M, gemessen (378.); folglich werden B, C von M gemessen, also auch D durch M meßbar; wieder sind C, D durch M meßbar, also auch E, die kleinere durch die größere, welches nicht möglich ist. Daher ist E das größte gemeine Maß der Zahlen A, B.

Z. B. A sei $= 3179$, B $= 986$.

$$1)\quad \begin{array}{r|l} A = 3179 & B = 986 \\ 2958 & a = 3 \\ \hline C = 221 & \end{array}; \quad \begin{array}{r|l} B = 986 & C = 221 \\ 884 & b = 4 \\ \hline D = 102 & \end{array}; \quad \begin{array}{r|l} C = 221 & D = 102 \\ 204 & c = 2 \\ \hline E = 17 & \end{array};$$

$$\begin{array}{r|l} D = 102 & E = 17 \\ 102 & d = 6 \\ \hline 0 & \end{array}$$

$$2)\quad \begin{array}{r|l} A = 19616 & B = 2507 \\ 12535 & a = 5 \\ \hline C = 1081 & \end{array}; \quad \begin{array}{r|l} B = 2507 & C = 1081 \\ 2162 & b = 2 \\ \hline D = 345 & \end{array}; \quad \begin{array}{r|l} C = 1081 & D = 345 \\ 1035 & c = 3 \\ \hline E = 46 & \end{array};$$

$$\begin{array}{r|l} D = 345 & \dfrac{E = 46}{d = 7}; \\ 322 & \\ \hline E = 23 & \end{array} \quad \begin{array}{r|l} E = 46 & \dfrac{F = 23}{c = 2}. \\ 46 & \\ \hline 0 & \end{array}$$

Im ersten Beispiele ist also 17 und im andern 23 das größte gemeine Maß der gegebenen Zahlen.

381. Lehrsatz. Wenn man einen eigentlichen Bruch durch eine Zahl dividirt: so ist der Quotient gleich einem Bruche, der zum Zähler den Zähler des Dividendus, und zum Nenner das Produkt aus dem Nenner des Dividendus und dem Divisor hat.

Es ist $\frac{A}{B} : C = Q = \frac{A}{B.C}$. Der Dividendus $\frac{A}{B}$ sei auf die kleinste Benennung gebracht. Wenn man in einer Division den Dividendus und Divisor mit gleichen Zahlen vervielfältigt: so ist der neue Quotient gleich dem vorigen (355.); also ist $B . \frac{A}{B} : B . C = Q$.

Nun ist aber das Produkt aus einem Bruche und seinem Nenner gleich einer ganzen Zahl, welche gleich dem Zähler ist (290.); daher ist $B . \frac{A}{B} = A$; folglich ist $A : B . C = Q = \frac{A}{B.C}$ (375.).

Hätten A, C ein gemeines Maß, so würde man jede durch dasselbe messen.

382. Lehrsatz. Eine ganze Zahl durch einen eigentlichen Bruch dividirt, giebt einen Quotienten, welcher gleich dem Produkte aus dem Dividendus und dem umgekehrten Divisor ist.

$A : \frac{B}{C} = Q = A . \frac{C}{B} = \frac{A.C}{B}$.

Denn $A : \frac{B}{C} = A . C : C . \frac{B}{C} = A . C : B$ (355.); also ist $Q = \frac{A.C}{B}$.

Aber $\frac{A.C}{B} = A . \frac{C}{B}$. Nun ist $\frac{C}{B}$ der umgekehrte Bruch von $\frac{B}{C}$, also der umgekehrte Divisor. Daher ist der Quotient = dem Produkte des Dividendus und des umgekehrten Divisors.

Anmerk. Es dürfte manchem Leser der Ausdruck umgekehrte Divisor, umgekehrte Zahl ꝛc. nicht gefallen; deswegen werde der gewöhnliche Ausdruck: umgekehrte Werth des Divisors ꝛc. gebraucht; dieser muß aber genau definirt werden.

383. Erklärung. Die Zahl Eins durch irgend eine Zahl dividirt, giebt einen Quotienten, welchen man den umgekehrten Werth der andern Zahl nennt.

Der umgekehrte Werth einer ganzen Zahl A ist gleich einem Bruche, der zum Zähler Eins und zum Nenner dieselbe Zahl A hat. Dieses folgt aus dem 375sten Satze.

Der umgekehrte Werth eines eigentlichen Bruches ist ein Bruch, der zum Zähler den Nenner und zum Nenner den Zähler des ersten Bruches hat. Dieses folgt aus dem 382sten Satze.

384. Lehrsatz. Wenn man einen eigentlichen Bruch durch einen eigentlichen Bruch dividirt: so ist der Quotient ein Bruch, welcher gleich dem Produkte aus dem Dividendus und dem umgekehrten Werthe des Divisors ist

$$\frac{A}{B} : \frac{C}{D} = Q = \frac{A}{B} \cdot \frac{D}{C} = \frac{A.D}{B.D}.$$

Wenn man Divisor und Dividendus durch eine und dieselbe Zahl vervielfältigt: so ist der neue Quotient gleich dem vorigen (355.); daher ist $D . B . \frac{A}{B} : B . D . \frac{C}{D} = Q$. Aber $B . D$ ist ein Vielfaches von den Nennern B, D; daher sind die Produkte dasselbe Vielfache von Zählern der Brüche (291.); also $D . B . \frac{A}{B} = D . A$, und $B . D . \frac{C}{D} = B . C$; folglich ist $A . D : B . C = Q = \frac{A.D}{B.C} = \frac{A}{B} \cdot \frac{C}{D}$. Nun ist $\frac{A}{B}$ der Dividendus, $\frac{C}{D}$ der umgekehrte Werth des Divisors (383.). Daher hat der Satz Wahrheit.

385. Lehrsatz. Irgend eine Zahl mit ihrem umgekehrten Werthe multiplicirt giebt zum Produkte Eins; und umgekehrt: ist das Produkt zweier Zahlen gleich Eins: so ist die eine der umgekehrte Werth der andern.

Eine Zahl ist entweder eine ganze Zahl, A, oder ein eigentlicher Bruch; im ersten Falle ist der umgekehrte Werth $\frac{1}{A}$, im andern, wenn der Bruch $\frac{B}{C}$ ist, ist der umgekehrte Werth $\frac{C}{B}$.

Nun ist $A . \frac{1}{A} = \frac{A}{A} = 1$; $\frac{B}{C} \cdot \frac{C}{B} = \frac{B.C}{B.C} = 1$; aus Gründen, welche häufig angeführt worden sind.

Ist irgend eine Zahl A mal irgend eine andere B = Eins, also $A . B = 1$: so ist $\frac{A.B}{A} = \frac{1}{A} = B$, und $\frac{A.B}{B} = \frac{1}{B} = A$; aber der umgekehrte Werth von A ist $\frac{1}{A}$, und da $B = \frac{1}{A}$; so ist B der umgekehrte Werth von A ꝛc.

Anmerk. Die bisher vorgetragenen Sätze über Divisionen enthalten alle die Sätze und Regeln, welche man zu Lösung von Aufgaben in dieser Hinsicht nöthig hat; daher sollen einige Aufgaben nur als Beispiele zu den vorhergehenden Sätzen mit kurzer Angabe des Verfahrens gegeben werden.

386. Aufgaben über Division ganzer und gebrochener Zahlen.

A. Einen Bruch durch eine ganze Zahl zu dividiren.

1) $\frac{35}{52} : 6 = \frac{35}{52.6} = \frac{35}{312}$. 2) $\frac{42}{59} : 28 = \frac{42}{59.28} = \frac{3.14}{59.2.14} = \frac{3}{118}$

3) $\frac{72}{73} : 18 = \frac{72}{73.18} = \frac{4.18}{73.18} = \frac{4}{73}$. 4) $\frac{95}{18} : 39 = \frac{95}{18.39} = \frac{95}{702}$. 5) $\frac{48}{32} : 7 = \frac{3.16}{2.16} : 7 = \frac{3}{2} : 7 = \frac{3}{14}$.

Die Gründe dieser Verfahrungsarten sind in den Sätzen 381. und 275. enthalten.

B. Eine gemischte Zahl durch eine ganze Zahl zu dividiren.

1) $7\frac{3}{4} : 12 = \frac{7.4+3}{4} : 12 = \frac{31}{4} : 12 = \frac{31}{48}$. 2) $54\frac{5}{6} : 24 = \frac{54.6+5}{6} : 24 = \frac{329}{6} : 24 = \frac{329}{144} = 2\frac{41}{144}$. 3) $586\frac{17}{18} : 8 = \frac{10565}{18} : 8 = \frac{10565}{144} = 73\frac{53}{144}$. Diese Aufgabe kann man auch so berechnen, daß man zuerst die Ganzen dividirt, den Rest der Division zum nebenstehenden Bruche hinzufügt, und diese Summe durch denselben Divisor dividirt; darauf beide Quotienten addirt, welche Summe der gesuchte Quotient ist (358.). Dieses Verfahren ist besonders dann zu empfehlen, wenn der Anblick lehrt, daß die ganze Zahl der gemischten ein Vielfaches vom Divisor ist, oder wenn beide ein großes gemeine Maß haben, oder wenn die Verwandlung in einen uneigentlichen Bruch für diesen eine große Zahl zum Zähler giebt, welches eine aufmerksame Vergleichung der Zahlen im Voraus wird erkennen lassen.

4) $38954\frac{5}{24} : 16 = Q$;

38954 | 16
32 | 2434;
69
64
55
48
74
64
10 Rest d. D.

$10\frac{5}{24} : 16 = \frac{245}{24.16} = \frac{245}{384}$.

Daher $Q = 2434\frac{245}{384}$.

5) $195\frac{7}{32} : 5 = \frac{195}{5} + \frac{7}{32.5} = 39\frac{7}{160}$. 6) $48640\frac{17}{27} : 80 = \frac{48640}{80} + \frac{17}{27.80} = 608\frac{17}{2160}$. 7) $143496\frac{14}{25} : 54 = Q$. Die ganze Zahl der gemischten ist durch 4 und also auch durch 2 theilbar; ferner ist ihre Quersumme 27, also ist sie durch 9 meßbar; daher durch 18 meßbar, welches auch 54 ist; daher $143496 : 54 = 7972 : 3 = 2657\frac{1}{3}$, und $\frac{14}{25} : 54 = \frac{7}{25.27} = \frac{7}{675}$; also $Q = 2657\frac{1}{3} + \frac{7}{675} = 2657\frac{232}{675}$.

8) $486993\frac{74}{375} : 89 = Q$; $486993 : 89$ giebt zum Quotienten 5471

und zum Rest der Division 74; $74\frac{74}{375} : 89 = \frac{74.375 + 74}{375} : 89 =$ $\frac{74.376}{375} : 89 = \frac{27824}{33375}$. Daher $Q = 5471\frac{27824}{33375}$.

C. Eine ganze Zahl durch einen Bruch zu dividiren.

Es wird hier immer vorausgesetzt, daß der Bruch auf die kleinste Benennung gebracht sei. Man hat zur Lösung dieser Aufgabe drei Verfahrungsarten: 1) man vervielfältige Dividendus und Divisor mit dem Nenner des Divisors (355.): so hat man zwei ganze Zahlen zur Division; 2) man dividire zuerst durch den Zähler des Divisors, und vervielfältige den erhaltenen Quotienten mit dem Nenner des Divisors (354.); 3) man multiplieire den Dividendus mit dem umgekehrten Werthe des Divisors (382. 383.). 1) $87 : \frac{13}{16} = 87 . 16 : 13 = 107\frac{1}{13}$. 2) $485 : \frac{65}{72} = 485 . 72 : 65 = 97 . 72 : 13 = 537\frac{3}{13}$. 3) $96 : \frac{8}{17} = Q$; $96 : 8 = 12$; daher $Q = 12 . 17 = 204$. 4) $5049 : \frac{99}{100} = Q$. Da 99 durch 9 und 11 theilbar ist: so untersuche man auch den Dividendus in der Hinsicht (307.) $5049 : 99 = 51$; $Q = 5100$. 5) $43637 : \frac{18}{144} = Q$; $43637 : 18 = 2424\frac{5}{18}$; $Q = 541 . 2424\frac{5}{18} = 1318741\frac{5}{9}$.

D. Eine ganze Zahl durch eine gemischte Zahl zu dividiren.

Man verwandle die gemischte Zahl in einen unechten Bruch (312.); so ist die Aufgabe auf die vorige zurückgeführt.

1) $876 : 3\frac{4}{5} = 876 : \frac{19}{5} = 230\frac{10}{19}$. 2) $1156 : 18\frac{6}{7} = 1456 . 7 : 132 = 364 . 7 : 33 = 77\frac{7}{33}$.

E. Einen Bruch durch einen Bruch zu dividiren.

Fünf Verfahrungsarten lösen diese Aufgabe; 1) den Dividendus mit dem umgekehrten Werthe des Divisors multiplicirt; 2) beide Brüche gleichnamig gemacht; 3) den Dividendus mit dem Nenner des Divisors vervielfältigt, und dieses Produkt durch den Zähler des Divisors getheilt; 4) den Dividendus zuerst durch den Zähler des Divisors getheilt, und diesen Theil mit dem Nenner des Divisors vervielfältigt; 5) Zähler und Nenner des Dividendus durch Zähler und Nenner des Divisors getheilt. Eigene Beobachtung muß lehren, welcher dieser Fälle die zweckmäßigste Anwendung findet.

1) $\frac{5}{7} : \frac{3}{4} = \frac{5}{7} . \frac{4}{3} = \frac{20}{21}$. 2) $\frac{15}{16} : \frac{7}{24} = \frac{15.3}{48} : \frac{7.2}{48} = \frac{15.3}{7:2} = 3\frac{3}{14}$.

3) $\frac{35}{36} : \frac{13}{144} = \frac{35.144}{36} : 13 = 35 . 4 : 13 = 140 : 13 = 10\frac{10}{13}$.

4) $\frac{55}{56} : \frac{11}{12} = \frac{5}{56} . 12 = 1\frac{1}{14}$. 5) $\frac{72}{91} : \frac{6}{13} = \frac{72:6}{91:13} = \frac{12}{7} = 1\frac{5}{7}$.

F. Eine gemischte Zahl durch einen Bruch, oder einen Bruch durch eine gemischte Zahl, oder eine gemischte Zahl durch eine gemischte Zahl zu dividiren ist die vorige Aufgabe, wenn man die gemischte Zahl in einen unechten Bruch verwandelt.

## B. Von gebrochenen und Ketten-Brüchen.

Vorerinnerung. Wenn man einen Bruch in einen andern verwandelt, dessen Nenner nicht ein Vielfaches von dem Nenner des ersten Bruches ist; so erhält man für den Zähler des verwandelten Bruches entweder wieder einen Bruch oder eine gemischte Zahl. Einen solchen Bruch nennt man nun einen gebrochenen Bruch. Mann kann aber diesen Begriff noch allgemeiner machen, und dieses wird die Erkl. thun. Solche Brüche sind nicht ohne Wichtigkeit; sie können häufig vorkommen; schon die Division mit Brüchen, wenn sie in Gestalt eines Bruches bezeichnet wird, führt auf Doppelbrüche oder gebrochene Brüche, und ein Rechner, welcher auf keine Schwierigkeit stoßen soll, muß auch mit dieser Art Brüche bekannt sein.

Die Kettenbrüche sind auch kein unwichtiger Gegenstand, und ihr vorzüglicher Nutzen für das praktische Rechnen besteht darin: Brüche, welche mit großen Zahlen geschrieben sind, durch die kleinsten Zahlen auszudrücken, doch aber so, daß diese Brüche dem wahren Werthe des gegebenen Bruches näher kommen, als irgend andere mit kleinen Zahlen geschriebenen Brüche. Ferner besitzen die aus Kettenbrüchen abgeleiteten Brüche den Vortheil, daß sie zugleich auf die kleinste Benennung gebracht worden sind. Aus diesen beiden wesentlichen Eigenschaften wird man hinlänglich die Nützlichkeit der Kettenbrüche erkennen, und daher ihren Vortrag billigen. Auch sollen hier nur die erwähnten beiden wesentlichen Eigenschaften dargethan werden; das Uebrige von den Kettenbrüchen paßt nicht zu dem Zwecke dieser Schrift.

387. Aufgabe. Einen Bruch in einen andern zu verwandeln, dessen Nenner nicht ein Vielfaches vom Nenner des ersten Bruches ist.

1) $\frac{4}{5}$ sollen in 3tel verwandelt werden. Man vervielfältige den gegebenen Bruch mit dem Nenner des neuen, betrachte dieses Produkt als den Zähler, und gebe ihm zum Nenner den des verwandelten Bruches; also $\frac{4}{5} = \frac{3.\frac{4}{5}}{3} = \frac{\frac{12}{5}}{3} = \frac{2.\frac{2}{5}}{3}$.

2) $\frac{7}{8}$ in 12tel zu verwandeln. $\frac{7}{8} = \frac{12.\frac{7}{8}}{12} = \frac{3.\frac{7}{2}}{12} = \frac{10\frac{1}{2}}{12}$.

3) $\frac{4}{7}$ in 10tel zu verwandeln. $\frac{4}{7} = \frac{10.\frac{4}{7}}{10} = \frac{5\frac{5}{7}}{10}$.

4) $\frac{11}{12}$ in 16tel zu verwandeln. $\frac{11}{12} = \frac{16.\frac{11}{12}}{16} = \frac{14\frac{2}{3}}{16}$ ꝛc.

Die Richtigkeit dieses Verfahrens erhellet daraus, daß, wenn man eine Zahl mit einer andern multiplicirt, und dieses Produkt durch dieselbe Zahl wieder dividirt, man die erste Zahl wieder erhält.

Anmerk. Das 2te Beispiel bezieht sich auf die Verwandlung eines Bruches vom Fuße in Zolle des Werkmaßes; oder einen Bruch vom Silbergroschen in Pfennige. Das 3te Beispiel ist die Verwandlung eines Bruches in einen Decimalbruch; das 4te die Verwandlung eines Bruches vom Scheffel in Metze ꝛc.

388. Erklärung. Ein gebrochener Bruch ist ein solcher, dessen Zähler einen Bruch, oder dessen Nenner einen Bruch enthält, oder dessen Zähler und Nenner Brüche enthalten.

Z. B. $\frac{1\frac{3}{5}}{4}$, $\frac{7}{9\frac{1}{2}}$, $\frac{3\frac{1}{3}}{4\frac{2}{3}}$.

389. Aufgabe. Einen gebrochenen Bruch in einen gewöhnlichen zu verwandeln.

Man vervielfältige Zähler und Nenner des gebrochenen Bruches mit einer und derselben Zahl, entweder mit dem Nenner des Bruches, welcher im Zähler, oder mit dem Nenner des Bruches, welcher im Nenner des gebrochenen Bruches enthalten ist; oder mit der kleinsten von den beiden Nennern der Brüche, welche im Zähler und Nenner des gebrochenen Bruches vorkommen, meßbaren Zahl.

1) $\frac{7\frac{5}{8}}{16} = \frac{8.7\frac{5}{8}}{8.16} = \frac{61}{128}$. 2) $\frac{3\frac{4}{5}}{30} = \frac{5.3\frac{4}{5}}{5.30} = \frac{19}{150}$.

3) $\frac{13\frac{2}{3}}{24} = \frac{3.13\frac{2}{3}}{3.24} = \frac{41}{72}$.

1) $\frac{7}{8\frac{1}{2}} = \frac{2.7}{2.8\frac{1}{2}} = \frac{14}{17}$; 2) $\frac{25}{3\frac{2}{5}} = \frac{5.25}{5.3\frac{2}{5}} = \frac{125}{17} = 7\frac{6}{17}$.

1) $\frac{1\frac{1}{2}}{7\frac{1}{2}} = \frac{2.1\frac{1}{2}}{2.7\frac{1}{2}} = \frac{3}{15} = \frac{1}{5}$; 2) $\frac{8\frac{3}{4}}{12\frac{15}{16}} = \frac{16.8\frac{3}{4}}{16.12\frac{15}{16}} = \frac{140}{207}$.

3) $\frac{6\frac{7}{10}}{8\frac{4}{15}} = \frac{30.6\frac{7}{10}}{30.8\frac{4}{15}} = \frac{201}{248}$; 4) $\frac{13\frac{2}{9}}{14\frac{3}{8}} = \frac{72.13\frac{2}{9}}{72.14\frac{3}{8}} = \frac{952}{1035}$.

Der Grund dieses Verfahrens ist der: Werden Zähler und Nenner eines Bruches mit einerlei Zahl vervielfältigt: so ist der neue Bruch gleich dem gegebenen. Oder man kann auch jeden Bruch als eine Division betrachten, dann lautet derselbe Satz: Werden Dividendus und Divisor mit gleichen Zahlen vervielfältigt: so ist der neue Quotient gleich dem vorigen.

Anmerk. Die ersten 3 Beispiele kommen häufig im Geschäftsleben vor: 1) ganze und Brüche von Metzen in Scheffel zu verwandeln; 2) Silbergroschen und Brüche derselben in Thlr.; 3) Karate und Brüche derselben in Mark auszudrücken ꝛc.

Dieses mag von den gebrochenen Brüchen genügen.

390. Erklär. Ein Kettenbruch ist ein solcher, dessen Zähler eine ganze Zahl, und dessen Nenner eine ganze Zahl und ein Bruch ist, der Zähler des letztern Bruches muß wieder eine ganze Zahl, und sein Nenner eine ganze Zahl und ein Bruch sein und so fort; der Zähler irgend eines der Brüche muß immer eine ganze Zahl, und sein Nenner eine ganze Zahl und ein Bruch von derselben Beschaffenheit sein. Z. B.

1) $\cfrac{2}{3+\cfrac{1}{2+\cfrac{3}{5+\cfrac{1}{4+\cfrac{2}{7\text{ ꝛc.}}}}}}$ 2) $\cfrac{a}{A+\cfrac{b}{B+\cfrac{c}{C+\cfrac{d}{D\text{ ꝛc.}}}}}$ 3) $\cfrac{1}{2+\cfrac{1}{3+\cfrac{1}{5+\cfrac{1}{4+\cfrac{1}{2\text{ ꝛc.}}}}}}$ 4) $\cfrac{1}{a+\cfrac{1}{b+\cfrac{1}{c+\cfrac{1}{d\text{ ꝛc.}}}}}$

Anmerk. Ist der Zähler jedes Bruches die Zahl Eins, so ist der Kettenbruch derjenige, welcher am häufigsten vorkommt, und der hier behandelt werden soll.

391. Erklär. Ein gewöhnlicher Kettenbruch ist ein solcher, dessen einfachen Brüche alle zum Zähler die Zahl Eins haben.

Anmerk. Man könnte einen Kettenbruch auch so erklären: Ein Kettenbruch ist eine solche Zusammensetzung aus einfachen Brüchen, daß mit dem Nenner irgend eines der einfachen Brüche der folgende einfache Bruch in Verbindung steht. Diese Verbindung kann nun die Addition sein, wie hier, oder die Subtraction, Multiplication oder Division. Die drei letzten Arten der Verbindung gehören nicht hierher.

392. Erklär. Die einfachen Brüche eines Kettenbruches heißen die Glieder desselben.

Im 3ten Beispiele Erkl. 390. sind die Glieder: $\frac{1}{5}$, $\frac{1}{3}$, $\frac{1}{5}$, $\frac{1}{4}$, $\frac{1}{3}$ ꝛc.

393. Aufgabe. Einen einfachen Bruch in einen Kettenbruch zu verwandeln.

A. Der einfache Bruch sei ein echter.

Man dividire Zähler und Nenner des einfachen Bruches durch den Zähler desselben: so verwandelt sich dadurch der Zähler in die Zahl Eins, und der Nenner in eine ganze Zahl und in einen echten Bruch; mit diesem letzten Bruche verfahre man eben so, wie mit dem vorigen und so fort, bis man auf einen einfachen Bruch kommt, der zum Nenner nur eine ganze Zahl hat. Die Richtigkeit dieses Verfahrens beruht auf dem Satze: Wenn man Zähler und Nenner eines Bruches durch einerlei Zahl dividirt (theilt): so ist der neue Bruch gleich dem gegebenen (275.). Bei Verwandlung eines einfachen Bruches in einen Kettenbruch erhellet aus dem Verfahren und dem 161sten Satze, daß man immer auf einen einfachen Bruch endlich kommen muß, der zum Nenner eine ganze Zahl hat.

1) $\frac{150}{347}$ in einen Kettenbruch zu verwandeln. $\frac{150}{347} = \frac{150:150}{347:150} = \frac{1}{2+\frac{47}{150}}$; $\frac{47}{150} = \frac{47:47}{150:47} = \frac{1}{3+\frac{9}{47}}$; $\frac{9}{47} = \frac{9:9}{47:9} = \frac{1}{5+\frac{2}{9}}$; $\frac{2}{9} = \frac{2:2}{9:2} = \frac{1}{4+\frac{1}{2}}$. Daher ist:

$$\frac{150}{357} = \cfrac{1}{2+\cfrac{1}{3+\cfrac{1}{5+\cfrac{1}{4+\cfrac{1}{2}}}}}$$

Eben so verfahre man mit folgenden Beispielen:

2) $$\frac{532}{1193} = \cfrac{1}{2+\cfrac{1}{4+\cfrac{1}{8+\cfrac{1}{16}}}}$$

3) $$\frac{972}{1393} = \cfrac{1}{1+\cfrac{1}{2+\cfrac{1}{3+\cfrac{1}{4+\cfrac{1}{5+\cfrac{1}{6}}}}}}$$

4) $\frac{972}{6961} = \cfrac{1}{7+\cfrac{1}{6+\cfrac{1}{5+\cfrac{1}{4+\cfrac{1}{3+\cfrac{1}{2}}}}}}$  5) $\frac{472}{641} = \cfrac{1}{1+\cfrac{1}{2+\cfrac{1}{1+\cfrac{1}{3+\cfrac{1}{1+\cfrac{1}{4+\cfrac{1}{1+\cfrac{1}{5}}}}}}}}$

B. Der einfache Bruch sei ein unechter.

Man verwandle den unechten Bruch in eine ganze Zahl und einen echten Bruch und diesen in einen Kettenbrnch.

394. Erkl. Der Bruch, aus welchem ein Kettenbruch abgeleitet ist, heißt der wahre Werth des Kettenbruches.

394. Erkl. Ein Kettenbruch heißt vollständig, wenn er seinem wahren Werthe gleich ist.

396. Erkl. Ein Kettenbruch, welcher nur einige der ersten Glieder des vollständigen Kettenbrnches enthält, heißt ein Näherungswerth zum wahren Werthe, oder kurz: ein Nähernngswerth.

397. Erkl. Die Näherungswerthe werden nach der Zahl der Glieder benannt, die sie vom vollständigen Kettenbruche haben.

Der erste Näherungswerth hat nur ein Glied; und zwar das erste.

Z. B. des ersten Beyspiels der 393. Aufg. $\frac{1}{2}$, er ist also ein einfacher Bruch.

Der zweite Näherungswerth hat die zwei ersten Glieder, z. B. $\cfrac{1}{2+\frac{1}{3}}$.

Der dritte Näherunggwerth hat die drei ersten Glieder, z. B.

$$\cfrac{1}{2+\cfrac{1}{3+\cfrac{1}{5}}}$$

Der vierte Näherungswerth hat die vier ersten Glieder, z. B.

$$\cfrac{1}{2+\cfrac{1}{3+\cfrac{1}{5+\cfrac{1}{4}}}} \text{ ꝛc. ꝛc. ꝛc.}$$

398. Lehrsatz. Irgend ein Näherungswerth wird so aus dem vorhergehenden gebildet: daß man zu dem Nenner des letzten Gliedes im unmittelbar vorhergehenden Näherungswerthe das darauf folgende Glied, also das so vielste Glied, der wie vielste Näherungswerth der gesuchte ist, addirt.

Dieses erhellet aus den Sätzen 396. und 397.

399. Erkl. Die Nenner der Glieder eines Kettenbruches werden Quotienten genannt; weil sie durch Division gefunden werden.

Dieses erhellet aus der Bildung eines Kettenbruches. Siehe Aufg. 393.

400. **Zusatz.** Jeder Näherungswerth begreift so viele der ersten Quotienten in sich, der wie vielste Näherungswerth er ist.

Dieses folgt aus der vorigen Erklärung.

401. **Aufgabe.** Einen Kettenbruch in einen einfachen Bruch zu verwandeln.

Man kann diese Verwandlung entweder mit dem ersten Gliede beginnen, und auf die folgenden hinübergehen, oder umgekehrt, sie mit dem letzten Gliede anfangen und hinauf bis zum ersten Gliede steigen, oder endlich den 398sten Satz in Anwendung bringen.

Der erste Gang führt bald auf Verwickelungen, die leicht zu Irrthum verleiten können; daher wird dieser Gang nicht betreten. Zunächst werde der entgegengesetzte Weg eingeschlagen. Der zu verwandelnde Kettenbruch sei folgender: $\cfrac{1}{A+\cfrac{1}{B+\cfrac{1}{C+\cfrac{1}{D+\cfrac{1}{E \text{ ꝛc.}}}}}}$; A, B, C, D, E ꝛc. sind ganze Zahlen, und zwar die Quotienten. Der erste Näherungswerth ist $\frac{1}{A}$, der 2te ist $\cfrac{1}{A+\cfrac{1}{B}}$; man multiplicire Zähler und Nenner mit B; so ist $\cfrac{1}{A+\cfrac{1}{B}} = \frac{B}{B.\left(A+\frac{1}{B}\right)} = \frac{B}{A.B+1}$.

Der 3te Nähnrungswerth ist $\cfrac{1}{A+\cfrac{1}{B+\cfrac{1}{C}}}$. Man behandle zunächst die beiden letzten Glieder wie vorher: $\cfrac{1}{B+\cfrac{1}{C}} = \frac{C.1}{C.\left(B+\frac{1}{C}\right)} = \frac{C}{B.C+1}$; diesen Bruch substituirt: $\cfrac{1}{A+\cfrac{1}{B+\cfrac{1}{C}}} = \cfrac{1}{A+\cfrac{C}{B.C+1}}$ Mit dem letzten Nenner: (B.C+1) wieder Zähler und Nenner multiplicirt:

$$\frac{B.C+1}{A.(B.C+1)+C} = \frac{B.C+1}{ABC+A+C} = \frac{1+BC}{(AB+1)C+A}.$$

Der vierte Näherungswerth ist $\cfrac{1}{A+\cfrac{1}{B+\cfrac{1}{C+\cfrac{1}{D}}}}$. Mit diesem verfahre man, wie mit dem vorigen.

$\cfrac{1}{C+\cfrac{1}{D}} = \frac{D}{CD+1}$; $\cfrac{1}{B+\cfrac{1}{C+\cfrac{1}{D}}} = \cfrac{1}{B+\cfrac{D}{CD+1}} = \frac{CD+1}{B(CD+1)+D}$; endlich ist

$$\cfrac{1}{A+\cfrac{1}{B+\cfrac{1}{C+\cfrac{1}{D}}}} = \cfrac{1}{A+\cfrac{CD+1}{B(CD+1)+D}} = \frac{B(CD+1)+D}{A[B(CD+1)+D]+CD+1} =$$

$$\frac{BCD+B+D}{AB(CD+1)+AD+CD+1} = \frac{BCD+B+D}{ABCD+AB+AD+CD+1} = \frac{(1+BC)D+B}{(ABC+A+C)D+AB+1} \text{ ꝛc.}$$

Nun bringe man den Satz 398. in Anwendung.

Der erste Näherungswerth ist wieder $\frac{1}{A}$.

Den zweiten N. W. erhält man, wen man zu A, $\frac{1}{B}$ hinzufügt, also ist er $\cfrac{1}{A+\cfrac{1}{B}} = \frac{B}{AB+1}$.

Um den 3ten N. W. zu erhalten, muß man zum Nenner des letzten Gliedes im vorigen N. W. das folgende Glied addiren; also ist der dritte N. W. $= \cfrac{B+\cfrac{1}{C}}{A\left(B+\cfrac{1}{C}\right)+1}$; Zähler und Nenner mit C multiplicirt: $\frac{BC+1}{B(BC+1)+C} = \frac{BC+1}{ABC+A+C} = \frac{1+BC}{(1+AB)C+A}$.

Den 4ten N. W. erhält man, wenn man in den vorigen, $C+\frac{1}{D}$ anstatt C setzt, also ist er: $\cfrac{B.\left(C+\cfrac{1}{D}\right)+1}{AB\left(C+\cfrac{1}{D}\right)+A+C+\cfrac{1}{D}} = \frac{B(CD+1)+D}{AB(CD+1)+AD+CD+1}$

$$= \frac{BCD+B+D}{ABCD+AB+AD+CD+1} = \frac{B+(1+BC)D}{1+AB+(A+C+ABC)D}.$$

Eben so findet man den 5ten Näherungswerth:

$$= \frac{BCDE+BC+BE+DE+1}{ABCDE+ABC+ABE+ADE+CDE+A+C+E} = \frac{1+BC+(BCD+B+D)E}{ABC+A+C+(ABCD+AB+AD+CD+1)E}.$$

Der Kürze wegen bezeichne man die Zähler der Näherungswerthe nach der Reihe mit $Z'$, $Z''$, $Z'''$, $Z''''$, $Z'''''$ ꝛc. und in derselben Ordnung die zugehörigen Nenner mit $N'$, $N''$, $N'''$, $N''''$, $N'''''$ ꝛc.; so hat man aus dem Vorigen:

Quotienten.

$Z' = 1$ . . . . . . . . . . . . . . . . . . . . . A
$Z'' = B$ . . . . . . . . . . . . . . . . . . . . . B
$Z''' = 1 + BC$ . . . . . . . . . . . . . . . . . C
$Z'''' = B + D + BCD = B + (1 + BC) D$ . . . . . . . . D
$Z''''' = 1 + BC + BE + BE + BCDE$
$= 1 + BC + (B + D + BCD) E$ . . . . . . . . . E

Quotienten.

$N' = A$ . . . . . . . . . . . . . . . . . . . . . A
$N'' = 1 + AB$ . . . . . . . . . . . . . . . . . B
$N''' = A + C + ABC = A + (1 + AB) C$ . . . . . . . . C
$N'''' = 1 + AB + AD + CD + ABCD$
$= 1 + AB + (A + C + ABC) D$ . . . . . . . . . D
$N''''' = A + C + ABC + E + ABE + ADE + CDE + ABCDE =$ E
$= A + C + ABC + (1 + AB + AD + CD + ABCD) E$

ꝛc. ꝛc. ꝛc.

Vergleicht man die Zähler der Näherungswerthe mit den vorhergehenden, so findet man folgendes Gesetz ihrer Ableitung:

der Zähler des 3ten N. W. ist = dem Produkte aus dem 3ten Quotienten und dem Zähler des 2ten N. W. + dem Zähler des 1sten N. W.;

der Zähler des 4ten N. W. ist = dem Produkte aus dem 4ten Quotienten und dem Zähler des 3ten N. W. + dem Zähler des 2ten N. W.;

der Zähler des 5ten N. W. ist = dem Produkte aus dem 5ten Quotienten und dem Zähler des 4ten N. W. + dem Zähler des 3ten N. W.

Dasselbe findet man für die Nenner der Näherungswerthe, und erhält dieselben vorigen Ausdrücke, wenn man nur anstatt Zähler, Nenner setzt. Dieses Gesetz durch Bezeichnung dargestellt:

Erster Näherungswerth $= \frac{Z'}{N'}$

Zweiter „ „ $= \frac{Z''}{N''}$

Dritter „ „ $= \frac{Z' + Z''.C}{N' + N''.C}$

Vierter „ „ $= \frac{Z'' + Z'''.D}{N'' + N'''.D}$

Fünfter „ „ $= \frac{Z''' + Z''''.E}{N''' + N''''.E}$

Um noch eine größere Analogie in diese Ableitung hineinzubringen, bezeichne man den Näherungswerth, welcher dem ersten vorhergeht, mit $\frac{Z^0}{N^0}$, so muß $Z^0 =$ Null, und $N^0 = 1$; also $\frac{Z^0}{N^0} = \frac{0}{1}$ sein; so ist

$$\text{Ister Näherungswerth} = \frac{Z'}{N'} = \frac{1}{A}$$

$$\text{IIter} \quad . \quad . \quad = \frac{Z''}{N''} = \frac{Z^{o} + Z'.B}{N^{o} + N'.B}$$

$$\text{IIIter} \quad . \quad . \quad = \frac{Z'''}{N'''} = \frac{Z' + Z''.C}{N' + N''.C}$$

$$\text{IVter} \quad . \quad . \quad = \frac{Z''''}{N''''} = \frac{Z'' + Z'''.D}{N'' + N'''.D}$$

$$\text{Vter} \quad . \quad . \quad = \frac{Z'''''}{N'''''} = \frac{Z''' + Z''''.E}{N''' + N''''.E} \text{ u. s. w. u. s. w. u. s. w.}$$

Die Einführung des dem ersten vorhergehenden Näherungswerthes ist nicht ohne Absicht geschehen, wie sich dieses später zeigen wird.

Das oben angezeigte Gesetz der Ableitung eines Näherungswerthes aus den beiden vorhergehenden ist nur aus den ersten fünf N. W. entnommen, und daher noch zweifelhaft, ob es allgemein wahr sei; um sich davon zu überzeugen, nehme man dieses Gesetz für irgend drei auf einander folgende N. W. als richtig an, und leite aus diesen den nächstfolgenden nach richtigen Schlüssen ab; erhält man nun für den letzten einen Ausdruck, der dasselbe bekannte Gesetz wiederholt: so ist es allgemeingiltig. Denn es ist hiedurch dargethan, daß, wenn jenes Gesetz für irgend drei auf einander folgende N. W. wahr ist: so hat es auch Giltigkeit für den nächstfolgenden Werth; nun weiß man aber aus der Rechnung, daß es Wahrheit für die drei ersten Näherungswerthe hat; daher hat es denselben Einfluß auf den nächstfolgenden, also den 4ten; daher wieder auf den nächstfolgenden, nämlich den 5ten u. s. w.; also würde dann das Gesetz für alle nachfolgenden N. W. gelten. Nun zur Sache selbst.

Irgend drei auf einander folgende Näherungswerthe, für welche jenes Gesetz Gültigkeit hat, seien: $\frac{Z^{p}}{N^{p}}, \frac{Z^{p+'}}{N^{p+'}}, \frac{Z^{p+''}}{N^{p+''}}$, und der wie vielste Näherungswerth der letzte ist, der eben so vielste Quotient sei Q: so muß nach obigem Gesetze sein: $\frac{Z^{p+''}}{N^{p+''}} = \frac{Z^{p} + Z^{p+'}.Q}{N + N^{p+'}.Q}$.

Der nächstfolgende N. W. sei $\frac{Z^{p+'''}}{N^{p+'''}}$, und der ihm zugehörige Quotient sei R. Das letzte Glied in dem Kettenbruche für diesen N. W. ist also $\frac{1}{R}$, und diesen Bruch muß man zum Nenner des letzten Gliedes in dem vorigen N. W. hinzufügen, um den gesuchten zu erhalten (398.) oder was dasselbe ist, man muß in den Ausdruck des vorigen N. W. $Q + \frac{1}{R}$ anstatt Q schreiben, daher ist: $\frac{Z^{p+'''}}{N^{p+'''}} =$

$$= \frac{Z^{p} + Z^{p+'}.\left(Q + \frac{1}{R}\right)}{N^{p} + N^{p+'}.\left(Q + \frac{1}{R}\right)} = \frac{Z^{p}.R + Z^{p+'}(Q.R + 1)}{N^{p}.R + N^{p+'}(Q.R + 1)} =$$

$\frac{Z\ .R + Z^{p+'}.Q.R + Z^{p+'}}{N^{p}.R + N^{p+'}.Q.R + N^{p+'}} = \frac{Z^{p+'} + (Z^{p} + Z^{p+'}.Q).R}{N^{p+'} + (N\ + N^{p+'}.Q).R}$. Wenn man die Größe in der Klammer mit dem Ausdrucke für den vorhergehenden N. W., den (p + '')ten vergleicht: so findet man, daß die Klammergröße in dem Zähler = dem Zähler, und die Klammergröße in dem Nenner = dem Nenner des (p + '')ten N. W. ist. Demnach ist $\frac{Z^{p+'''}}{N^{p+'''}} = \frac{Z^{p+'} + Z^{p+''}.R}{N^{p+'} + N^{p+''}.R}$. Der Zähler des (p + '')ten Näherungswerthes ist also = dem Zähler des (P + ''')ten N. W. + dem Produkte aus dem Zähler des (p + '')ten N. W. und dem (p + ''')ten Quotienten; und eben so ist: der Nenner des (p + ''')ten N. W. = dem Nenner des (p + ')ten N. W. + dem Produkte aus dem Nenner des (p + '')ten N. W. und dem (p + ''')ten Quotienten.

Dadurch ist also das in Rede stehende Gesetz allgemein dargethan, und es wird sich zeigen, daß es von großer Wichtigkeit für die Bildung der verschiedenen N. W. ist.

Zur Bildung eines Kettenbruches sind nur die Nenner der Glieder desselben, also zur Bildung der Näherungswerthe die zugehörigen Quotienten erforderlich. Diese werden aber auf dieselbe Weise gefunden, wie man das größte gemeine Maß zweier Zahlen sucht; daher leistet dieses Verfahren einen doppelten Nutzen; es läßt das größte gemeine Maß zweier Zahlen erkennen, und liefert zugleich die zur Bildung der Näherungswerthe nöthigen Quotienten. Diese Operation ist nun allgemein bekannt, und es bleibt hier nur zu zeigen, wie man von derselben den Vortheil zur Erzeugung der Näherungswerthe anwende. Aber die beabsichtigte Bildung ist in dem oben ausgesprochenen Gesetze enthalten, und dieses ist nur in Anwendung zu bringen. Um dieses kurz zu behandeln, werden die vorher gebrauchten Zeichen beibehalten.

Man wähle als Beispiel eines derselben aus Aufg. 393. Nr. 1); für dasselbe sind die Quotienten $A = 2$, $B = 3$, $C = 5$, $D = 4$, $E = 2$; so ist der erste Näherungswerth

$$= \frac{Z'}{N''} = \frac{1}{2}.$$

der 2te Näher. W. $= \frac{Z''}{N''} = \frac{1}{2 + \frac{1}{3}} = \frac{3}{7}.$

" 3te " " $= \frac{Z'''}{N'''} = \frac{Z' + Z''.C}{N' + N''.C} = \frac{1 + 3.5}{2 + 7.5} = \frac{16}{37}$

" 4te " " $= \frac{Z''''}{N''''} = \frac{Z'' + Z'''.D}{N'' + N'''.D} = \frac{3 + 16.4}{7 + 37.4} = \frac{67}{155}$

" 5te " " $= \frac{Z'''''}{N'''''} = \frac{Z''' + Z''''.E}{N''' + N''''.E} = \frac{16 + 67.2}{37 + 155.2} = \frac{150}{347}$

Die N. W. sind also nach der Reihe: $\frac{1}{2}$, $\frac{3}{7}$, $\frac{16}{37}$, $\frac{67}{155}$ und $\frac{150}{347}$. Man wird bemerken, daß der letzte N. W. eigentlich der wahre Werth ist, und dieses mußte in der That erfolgen, weil man alle Quotienten in Rechnung brachte.

Wenn man also zwei auf einander folgende N. W. hat: so lautet das Gesetz für die Erzeugung der folgenden: um den gesuchten N. W.

zu finden, multiplicire man Zähler und Nenner des unmittelbar vorhergehenden N. W. mit dem zum gesuchten N. W. gehörigen Quotienten und addire zum Zähler und Nenner des letzten multiplicirten N. W. den Zähler und Nenner des vorhergehenden N. W. d. h. zum Zähler der Zähler, zum Nenner der Nenner.

Dieses ausgesprochene Gesetz auf das 4te Beispiel angewandt; die Quotienten sind der Reihe nach, 7, 6, 5, 4, 3, 2: so ist der erste N. W. $= \frac{1}{7}$; der zweite $= \frac{1}{7+\frac{1}{6}} = \frac{6}{43}$; der dritte $= \frac{7+\ 6.5}{7+43.5} = \frac{31}{222}$; der vierte $= \frac{6+\ 31.4}{43+222.4} = \frac{130}{931}$; der fünfte $= \frac{31+130.3}{222+931.3} = \frac{421}{3015}$; der sechste $= \frac{130+\ 421.2}{931+3015.2} = \frac{972}{6961}$.

Da man nun alle Quotienten in Rechnung gebracht hat, so muß der letzte Näherungswerth der wahre Werth sein; dieser ist also $\frac{972}{6961}$. Es ist klar, daß man den letzten nicht berechnen dürfe, thut man dieses doch, so schafft man sich dadurch ein Mittel, die Richtigkeit der Rechnung zu prüfen; diese findet statt, wenn der letzte Näherungswerth (der wahre) mit dem gegebenen Bruche völlig gleich ist; ist diese Gleichheit am Ende der Rechnung nicht vorhanden: so ist ein Fehler in der Rechnung begangen worden.

Berechnung der Näherungswerthe mit Anwendung des dem ersten vorhergehenden (erdichteten) Näherungswerthes.

Die Quotienten einer Rechnnng seien 2, 4, 7, 8, 10.

Erster Näherungswerth $= \frac{Z'}{N'} = \frac{1}{2}$.

Zweiter „ „ $= \frac{Z''}{N''} = \frac{Z^0 + Z' \ .\ 4}{N^0 + N' \ .\ 4} = \frac{0+\ 4}{1+\ 8} = \frac{4}{9}$.

Dritter „ „ $= \frac{Z'''}{N'''} = \frac{Z' + Z'' \ .\ 6}{N' + N'' \ .\ 6} = \frac{1+\ 24}{2+\ 54} = \frac{25}{56}$.

Vierter „ „ $= \frac{Z''''}{N''''} = \frac{Z'' + Z''' \ .\ 8}{N'' + N''' \ .\ 8} = \frac{4+\ 200}{9+\ 448} = \frac{204}{457}$.

Fünfter (wahrer W.) $= \frac{Z'''''}{N'''''} = \frac{Z''' + Z''''.10}{N''' + N''''.10} = \frac{25+2040}{56+4570} = \frac{2065}{4626}$.

Der erdichtete Näherungswerth ist immer $\frac{0}{1}$, der folgende (der erste) hat immer zum Zähler Eins, und zum Nenner den ersten Quotienten, das Uebrige ist bekannt. Noch ein Beispiel mit kurzer Berechnung.

Die Quotienten seien 1, 2, 3, 4, 5, 6, 7.

0tr. 1tr. 2ter 3ter 4ter 5ter

$\frac{0}{1},\ \frac{1}{1},\ \frac{0+2}{1+2} = \frac{2}{3},\ \frac{1+6}{1+9} = \frac{7}{10},\ \frac{2+28}{3+40} = \frac{30}{43},\ \frac{7+140}{10+215} = \frac{147}{225},$

6ter 7ter

$\frac{30+\ 882}{43+1350} = \frac{912}{1393},\ \frac{147+6384}{225+9751} = \frac{6531}{9976} =$ wahrem Werthe.

Noch ein Beispiel mit kürzerer Berechnung.

Man hat gefunden, daß das Verhältniß des Durchmessers zum Umfange des Kreises $= 1:3,\ 14159268\ldots$ ist; wie kann man dieses Verhältniß, welches durch große Zahlen angegeben ist, durch kleinere Zahlen ausdrücken? $3{,}14159268\ldots = 3\,\frac{14159268}{100000000}$; von diesem echten Bruche suche man die Quotienten, so findet man folgende; den ersten oder die ganze Zahl mitgerechnet: 3, 7, 15, 1, 324, 1, 8 2c.

0tr 1tr. 2tr. 3tr. 4tr.

$$\frac{0}{1}\ \overset{3}{\smile}\ \frac{1}{3}\ \overset{7}{\smile}\ \frac{7}{22}\ \overset{15}{\smile}\ \frac{106}{333}\ \overset{1}{\smile}\ \frac{113}{355}$$

2c. Das genannte Verhältniß ist also $= 1:3$, oder $= 7:22$, oder $= 106:333$, oder $= 113:355$ 2c.

Eins dieser Verhältnisse pflegt man in der That, und besonders das letzte, zu gebrauchen, welches sehr genau ist; denn verwandelt man $\frac{355}{113}$ in einen Decimalbruch, so erhält man: $3{,}1415929\ldots$.

Die Rechnung zeigt, daß der Näherungswerth $\frac{355}{113}$ in den 6 ersten Decimalstellen mit dem wahren Werthe übereinstimmt, und erst in der 7ten Stelle abweicht, und daher in Betracht der Kleinheit der Zahlen eine Genauigkeit liefert, welche in den meisten Fällen der Rechnung vollkommen genügt.

Ueber diese Materie läßt sich viel sagen, der Raum gestattet es aber nicht; daher wieder zur eigentlichen Sache; denn es sind noch die beiden in der Vorerinnerung erwähnten Eigenschaften der Kettenbrüche darzuthun.

402. **Lehrsatz.** Jeder ungerade Näherungswerth ist größer, jeder gerade ist kleiner als der wahre Werth.

Von der Wahrheit dieses Satzes wird man sich durch den bloßen Anblick der Näherungswerthe in Gestalt der Kettenbrüche überzeugen, wenn man nur den Satz zu Hilfe nimmt: Wenn die Zähler zweier Brüche gleich, der Nenner des ersten kleiner als der des andern ist: so ist der erste Bruch größer als der andere. Denn der eine Bruch sei: $\frac{A}{B}$, der andere $\frac{A}{B+C}$, die Zahlen A, B, C mögen ganze oder gebrochene Zahlen sein. Man mache die Brüche gleichnamig: $\frac{A}{B} = \frac{A.(B+C)}{B.(B+C)} = \frac{A.B+AC}{B.(B+C)}$, $\frac{A}{B+C} = \frac{A.B}{B(B+C)}$. Hieraus erkennt man, daß $\frac{A}{B} > \frac{A}{B+C}$, und zwar um $\frac{A.C}{B.(B+C)}$ ist. Die Näherungswerthe seien nun $\frac{1}{A}$, $\frac{1}{A+\frac{1}{B}}$, $\frac{1}{A+\frac{1}{B+\frac{1}{C}}}$, $\frac{1}{A+\frac{1}{B+\frac{1}{C+\frac{1}{D}}}}$ 2c.

Da der Nenner $A <$ der Nenner $\left(A+\frac{1}{B}\right)$ ist: so ist der erste Näherungswerth größer als der zweite. Der Nenner $B < \left(B+\frac{1}{C}\right)$;

also $\frac{1}{B} > \frac{1}{B+\frac{1}{C}}$; also auch $\left(A+\frac{1}{B}\right) > \left(A+\frac{1}{B+\frac{1}{C}}\right)$; daher ist der zweite Näherungswerth kleiner als der dritte. Diese Schlüsse kann man so weit fortsetzen als man will: so wird man finden, daß die Näherungswerthe abwechselnd größer und kleiner als die folgenden sind; und zwar ist jeder ungerade, der erste, 3te, 5te 2c. größer als der nachfolgende gerade, der 2te, 4te 2c.

Nun soll nur noch von den beiden ersten gezeigt werden, daß der eine größer, der andere kleiner als der wahre Werth ist; dann bleibt es überlassen, diese Schlüsse nach Belieben fortzusetzen.

Man kann jeden vollständigen Kettenbruch in irgend zwei andere zertheilen, von denen der eine eine gewisse Zahl der ersten, der andere die übrigen Glieder enthält; von dem Kettenbruche: $\cfrac{1}{A+\cfrac{1}{B+\cfrac{1}{C+\cfrac{1}{D+\cfrac{1}{E \text{ 2c.}}}}}}$

sei der eine $\cfrac{1}{A+\cfrac{1}{B}}$, der andere $X = \cfrac{1}{C+\cfrac{1}{D+\cfrac{1}{E \text{ 2c.}}}}$

so ist der vollständige Kettenbruch $= \cfrac{1}{A+\cfrac{1}{B+X.}}$

Der erste Näherungswerth ist also $\frac{1}{A}$, der andere $\cfrac{1}{A+\cfrac{1}{B}}$; nun ist

$A > \left(A+\frac{1}{B+X}\right)$; daher ist der erste N. W. größer als der wahre

Werth, $\cfrac{1}{A+\cfrac{1}{B+X}}$; ferner ist $\frac{1}{B} > \frac{1}{B+X}$, daher ist auch

$\left(A+\frac{1}{B}\right) > \left(A+\frac{1}{B+X}\right)$; also ist der zweite N. W. kleiner als der wahre Werth. Der Satz hat also Wahrheit.

403. Lehrsatz. Die Differenz je zweier auf einander folgender Näherungswerthe ist gleich Eins dividirt durch das Produkt ihrer Nenner.

Dieser Satz ist von der größten Wichtigkeit für die Kettenbrüche; durch diesen werden die nachfolgenden Sätze erwiesen werden.

Man nehme die drei auf einander folgenden Näherungswerthe, welche schon früher in der Aufgabe 401. zu Beweisen gebraucht wurden; $\frac{Z}{N^{p}}$, $\frac{Z^{p+\prime}}{N^{p+\prime}}$, $\frac{Z^{p+\prime\prime}}{N^{p+\prime\prime}} = \frac{Z + Z^{p+\prime}.Q}{N^{p} + N^{p+\prime}.Q}$, und $\frac{Z^{p+\prime}}{N^{p+\prime}}$ sei ein ungerader N. W., so ist er größer als der vorhergehende, und nachfolgende N. W.

(402.) $\frac{Z^{p+\prime}}{N^{p+\prime}} - \frac{Z^{p+\prime\prime}}{N^{p+\prime}} = \frac{Z^{p+\prime}}{N^{p+\prime}} - \frac{Z^p + Z_{p+\prime} . Q}{N^p + N^{p+\prime\prime} . Q}$; oder gleichnamig gemacht: $\frac{Z^{p+\prime} . N^{p+\prime\prime} - Z^{p+\prime\prime} . N^{p+\prime}}{N^{p+\prime} . N^{p+\prime\prime}} =$

$\frac{Z^{p+\prime} . N_p + Z^{p+\prime} . N^{p+\prime} . Q - Z^p . N^{p+\prime} - Z^{p+\prime} . N^{p+\prime} . Q}{N^{p+\prime} . (N^p + N^{p+\prime} . Q)}$ oder, wenn man die Nenner wegläßt, weil sie einander gleich sind, und im Zähler des letzten Bruches das zweite und vierte Produkt wegstreicht, weil sie sich einander vernichten: so erhält man:

$Z^{p+\prime} . N^{p+\prime\prime} - Z^{p+\prime\prime} . N^{p+\prime} = Z^{p+\prime} . N^p - Z^p . N^{p+\prime}$, d. h. wenn man von irgend einem ungeraden N. W. den vorhergehenden, und von demselben ungeraden N. W. auch den nachfolgenden subtrahirt, die Brüche der Differenzen auf gleiche Benennung bringt, und dann diese Nenner wegläßt, so sind die Zähler der Differenzbrüche einander gleich; oder kürzer: die Zähler der Differenzen zwischen einem ungeraden und dem vorhergehenden, und zwischen demselben ungeraden uns dem nachfolgenden N. W. sind einander gleich. Davon überzeugt man sich auch, wenn man die erste jener gleichen Differenzen durch $N^{p+\prime} . N^{p+\prime\prime}$, die andere durch $N^p . N^{p+\prime}$ dividirt, dieses giebt:

$\frac{Z^{p+\prime} . N^{p+\prime\prime} - Z^{p+\prime\prime} . N^{p+\prime}}{N^{p+\prime} . N^{p+\prime\prime}} = \frac{Z^{p+\prime}}{N^{p+\prime}} - \frac{Z^{p+\prime\prime}}{N^{p+\prime\prime}}$ und $\frac{Z^{p+\prime} . N^{p+\prime} - Z_p . N^{p+\prime}}{N . N^{p+\prime}}$

$= \frac{Z^{p+\prime}}{N^{p+\prime}} - \frac{Z^p}{N^p}$, was die Behauptung außer allen Zweifel setzt.

Man nehme nun die drei ersten auf einander folgenden Näherungswerthe irgend eines Kettenbruches, z. B. die früher in Aufgabe 401. berechneten: $\frac{Z'}{N'} = \frac{1}{A}$, $\frac{Z''}{N''} = \frac{B}{1 + A . B}$, $\frac{Z'''}{N'''} =$

$\frac{1 + B . C}{A + C + ABC}$; so ist $\frac{Z'}{N'} > \frac{Z''}{N''}$ und $\frac{Z'}{N'} - \frac{Z''}{N''} = \frac{1}{A} - \frac{B}{1 + AB}$

$= \frac{1 + A . B - AB}{A . (1 + AB)} = \frac{1}{A (1 + AB)} = \frac{1}{N' . N''}$.

Dasselbe wird man finden, wenn man den zweiten N. W. vom dritten subtrahirt; denn die Zähler dieser Differenzbrüche müssen immer einander gleich sein. Demnach ist die Differenz je zweier auf einander folgenden Näherungswerthe gleich Eins dividirt durch das Produkt ihrer Nenner.

404. Lehrsatz. Zähler und Nenner irgend eines Näherungswerthes sind Primzahlen zu einander.

Denn wäre irgend ein Näherungswerth, $\frac{Z'''}{N'''}$, nicht auf die kleinste Benennung gebracht: so müßten Zähler und Nenner ein von der Einheit verschiedenes Maß haben, dieses sei $M > 1$, und $Z'''$, $N'''$ werde von M nach den Zahlen P, Q gemessen; also $Z''' = M . P$, $N''' = M . Q$, folglich $\frac{Z'''}{N'''} = \frac{M . P}{M . Q}$; also auch $\frac{Z'''}{N'''} - \frac{Z''}{N''} = \frac{M . P}{M . Q} - \frac{Z''}{N''}$;

aber die erste Differenz ist $= \frac{1}{N'' N'''}$ (403.) und die andere ist $\frac{(P . N'' - Q . Z'') . M}{N'' . N'''} = \frac{1}{N'' . N'''}$; folglich auch $(P . N'' - Q . Z'') . M = 1$. Da nun P, N'', Q, Z'', ganze Zahlen sind: so ist die Differenz ihrer Produkte $(P . N'' - Q . Z'')$ eine ganze Zahl $= \frac{1}{M}$, die größere Zahl mißt also die kleinere nach einer ganzen Zahl, welches unmöglich ist, daher sind Zähler und Nenner Primzahlen zu einander.

405. Lehrsatz. Es giebt keinen Bruch, der dem wahren Werthe näher kommt als irgend einer seiner Näherungswerthe, und zugleich durch kleinere Zahlen, als dieser, ausgedrückt ist.

Gesetzt es gebe einen solchen Bruch, $\frac{\alpha}{\beta}$, der dem wahren Werthe näher käme, als der N. W. $\frac{Z'''}{N'''}$, und der zugleich durch kleinere Zahlen als dieser N. W. ausgedrückt wäre, also $\alpha < Z'''$, $\beta < N'''$. $\frac{Z'''}{N'''}$ sei ein ungerader Näherungswerth: so ist er größer als der wahre Werth (402.); also ist er auch größer als $\frac{\alpha}{\beta}$, $\frac{Z''''}{N''''}$ ist der nächstfolgende gerade N. W., welcher kleiner als der wahre Werth ist; daher ist: $\left(\frac{Z'''}{N'''} - \frac{\alpha}{\beta}\right) < \left(\frac{Z'''}{N'''} - \frac{Z''''}{N''''}\right)$, oder $\frac{Z''' . \beta - N''' .}{N''' . \beta} < \frac{1}{N''' . N''''}$ (403.); daher ist auch ein Vielfaches, das $N''' . \beta$fache, von der ersten Differenz kleiner als dasselbe Vielfache von der zweiten Differenz, also $N''' . \beta . \left(\frac{Z''' . \beta - N''' . \alpha}{N''' . \beta}\right) < N''' . \beta . \frac{1}{N''' . N''''}$, oder

$$(Z''' . \beta - N''' . \alpha) < \frac{\beta}{N''''}.$$

Da nun $Z'''$, $\beta$, $N'''$, $\alpha$ ganze Zahlen sind: so ist die Differenz der Produkte $(Z''' . \beta - N''' . \alpha)$ eine ganze Zahl; daher wird $\beta$ von $N''''$ noch nach einer größern als einer ganzen Zahl gemessen; also ist $\beta > N''''$, nun ist aber $N'''' > N'''$; also ist $\beta > N'''$; dieses widerspricht der Voraussetzung. Demnach giebt es keinen oben bezeichneten Bruch außer dem N. W., und der Satz ist daher wahr.

Daß aber $N'''' > N'''$, ersieht man aus der Abhängigkeit der Nenner von einander. Denn gehört zu $N''''$ der Quotient D, und ist der vor $N'''$ vorhergehende Nenner $N''$, so ist: $N'''' = N'' + N''' . D$; da nun D irgend eine ganze Zahl ist: so ist $N'''' > N'''$ (401).

406. Lehrsatz. Irgend ein Näherungswerth weicht von seinem wahren Werthe $\frac{P}{Q}$ um weniger ab, als Zwei dividirt durch seinen Nenner mit sich selbst multiplicirt.

Man nehme irgend einen Näherungswerth, $\frac{Z'''}{N'''}$, ist er ein gerader: so ist er kleiner als $\frac{P}{Q}$, ist er ein ungerader, so ist er größer als $\frac{P}{Q}$ (402.). Es sei $\frac{Z'''}{N'''}$ ein ungerader Näherungswerth, so ist $\left(\frac{Z'''}{N'''} - \frac{P}{Q}\right) < \frac{2}{N'''.N''''}$. Denn man bilde folg. Reihe: $\frac{Z'''}{N'''} - \frac{P}{Q} = \left(\frac{Z'''}{N'''} - \frac{Z''''}{N''''}\right) + \left(\frac{Z''''}{N''''} - \frac{Z'''''}{N'''''}\right) + \left(\frac{Z'''''}{N'''''} - \frac{Z''''''}{N''''''}\right) + \left(\frac{Z''''''}{N''''''} - \frac{P}{Q}\right)$

Hier ist also angenommen, daß auf den N. W. $\frac{Z'''}{N'''}$ noch drei andere bis zum wahren Werthe folgen; die Darstellung zeigt aber, daß die Zahl der nachfolgenden Näherungswerthe beliebig sein kann, und immer kann man eine solche Reihe bilden. Ferner wird man bemerken, daß alle zwischen dem gegebenen N. W. und dem wahren sich gegenseitig vernichten, weil jeder mittlere N. W. doppelt, einmal subtractiv, das andere Mal additiv vorkommt. Daher findet eine vollkommene Gleichheit zwischen der Differenz links, und der Summe der Differenzen rechts vom Gleichheitszeichen statt.

Nun ist die Differrnz je zweier auf einander folgender N. W. Eins dividirt durch das Produkt der Nenner (403.). Da aber die ungeraden N. W. größer als die geraden sind: so müssen die Differenzen, welche dadurch entstehen, daß man von einem geraden N. W. einen ungeraden N. W. subtrahirt, in eine Summe gebracht und von den andern subtrahirt werden. Daher ist:

$$\frac{Z'''}{N'''} - \frac{P}{Q} = \frac{1}{N'''.N''''} + \frac{1}{N'''''.N''''''} - \left(\frac{1}{N''''.N'''''} + \frac{1}{N''''''.Q}\right)$$

Aber eine Summe beliebig vieler solcher Brüche: $\frac{1}{N'''.N''''}$, $\frac{1}{N''''.N'''''}$ ꝛc., ist immer kleiner als $\frac{2}{N'''.N''''}$. Denn jede der nachfolgenden Differenzen ist immer kleiner als die Hälfte der vorhergehenden. Dieses folgt daraus, daß z. B.: $\frac{1}{N'''.N''''} : \frac{1}{N''''.N'''''} = N''''.N''''' : N'''.N'''' = N''''' : N'''$. Aber $N''''' = N''' + N''''.E$; also $N''''' : N''' = (N''' + N''''.E) : N'''$, und jedes Glied durch $N'''$ dividirt: $N''''' : N''' = \left(1 + \frac{N''''.E}{N'''}\right) : 1$. Aber $N'''' > N'''$, E eine ganze Zahl; daher $\frac{N''''.E}{N'''} > 1$; also $\left(1 + \frac{N''''.E}{N'''}\right) > 2$, oder $\frac{1}{N''''.N'''''} > \frac{1}{2}$ von $\frac{1}{N'''.N''''}$. Eben so kann man von jeder je zweier auf einander folgenden Differenzen erweisen.

Nun ist die Summe einer beliebigen Zahl von Zahlen, deren eine immer die Hälfte der vorhergehenden ist, kleiner als die doppelte erste

Zahl. Denn es sei $S = a + \frac{1}{2}a + \frac{1}{4}a + \frac{1}{8}a + \frac{1}{16}a + \frac{1}{32}a + \frac{1}{64}a$. Man nehme die Hälfte dieser Summe; also $\frac{1}{2}S = \frac{1}{2}a + \frac{1}{4}a + \frac{1}{8}a + \frac{1}{16}a + \frac{1}{32}a + \frac{1}{64}a + \frac{1}{128}a$; diese Summe nehme man von der vorigen hinweg; so vernichten alle Summanden dieser Summe, außer dem letzten, alle der ersten Summe außer dem ersten Summanden; also $S - \frac{1}{2}S = \frac{1}{2}S = a - \frac{1}{128}a$; daher $S = 2a - \frac{1}{64}a < 2a$.

Ist nun jedes Glied weniger als die Hälfte des vorhergehenden: so muß die Summe aller um so mehr kleiner als das doppelte erste Glied sein. Daher ist $\frac{2}{N'''N''''} > \frac{1}{N'''N''''} + \frac{1}{N''''N'''''} + \frac{1}{N'''''N''''''} +$ 2c. Die letzte Summe ist aber größer als diese:
$\frac{2}{N'''N''''} - \frac{1}{N''''N'''''} + \frac{1}{N'''''N''''''} - \frac{1}{N''''''N'''''''} +$ 2c.; daher ist auch $\frac{2}{N'''N'''}$ größer als diese letzte Summe. Nun ist $N''' < N''''$, also $N'''N''' < N'''N''''$; also ist
$\frac{2}{N'''N'''} > \frac{2}{N'''N''''} > \frac{1}{N'''N''''} - \frac{1}{N''''N'''''} + \frac{1}{N'''''N''''''} - \frac{1}{N^{VI}N^{VII}} +$ 2c. Aber $\frac{Z'''}{N'''} - \frac{P}{Q} = \frac{1}{N'''N''''} - \frac{1}{N''''N'''''} + \frac{1}{N'''''N''''''} - \frac{1}{N''''.Q}$. Demnach ist: $\frac{Z'''}{N'''} - \frac{P}{Q} < \frac{2}{N'''N'''}$. Man hat also dadurch ein Mittel ungefähr zu beurtheilen, wie weit man sich dem wahren Werthe mit einem Näherungswerthe genähert hat. Es ist aber aus der Darstellung klar, daß die eigentliche Differenz zwischen dem N. W. und dem wahren Werthe bei weitem kleiner als die angegebene Zahl ist; denn man hat ganz die zu subtrahirende Summe außer Acht gelassen.

Dieses möge über die Kettenbrüche genügen.

## Q. Ueber geometrische Proportionen.

Vorerinnerung. Die Proportionen sind schon früher behandelt worden, doch auf eine Art, welche von der gewöhnlichen verschieden ist, und deswegen möchte vielleicht mancher Leser der frühern Darstellung der Proportionen seinen Beifall versagen. Die gewöhnliche Erklärung geometrischer Verhältnisse und die daraus hervorgehende Darstellungsart der Proportionen verdanken ihren Ursprung wohl vorzüglich der Praxis; diese wählt aber in der Regel diejenigen Mittel zu ihren Zwecken, welche sie auf dem kürzesten Wege zum Ziele führen; daher sind von dieser Behandlungsart der Verhältnisse und Proportionen eigenthümliche Vortheile für das praktische Rechnen zu erwarten, welche die Bearbeitung derselben auf die gewöhnliche Weise wünschenswerth machen. Es ist aber auch nicht zu verkennen, daß die gewöhnliche Erklärung der Verhältnisse und die vollständige Behandlung der Proportionen eine genaue Bekanntschaft mit den Brüchen voraussetzt; denn ohne dieselbe könnten nur solche Proportionen in Betrachtung kommen, deren Glieder Vielfache von einander sind; dadurch aber würde der Gebrauch und die ganze Wichtigkeit der Proportionen sehr beschränkt werden; deswegen mußte früher eine andere Erklärung geometrischer Verhältnisse gewählt werden, und die nachfolgende konnte erst nach dem Vortrage der Brüche erfolgen. Man wird übrigens bemerken, daß der Gang in Bearbeitung dieses Grundrisses der Arithmetik selbst auf obige Definition des geometrischen Verhältnisses führte, und man wird dieselbe, ohne ihr Zwang anzuthun, auch auf die nachfolgende Erklärung anwenden können.

407. Erklärung. Zwei Zahlen stehen in einem geometrischen Verhältnisse, wenn die eine gleich der andern mit einer dritten Zahl multiplicirt ist.

Die Zahlen, deren Verhältniß zu einander betrachtet wird, heißen Glieder desselben; das erste das Vorder-, das andere das Hinterglied.

408. Erkl. Die Zahl, mit welcher das eine Glied multiplicirt ein Produkt giebt, welches gleich dem andern Gliede ist, heißt der Verhältnißanzeiger, oder Anzeiger des Verhältnisses, der Verhältnißexponent, auch der Verhältnißquotient.

409. Zusatz. Wenn das Vorderglied in einem Verhältnisse auf eine gewisse Art aus dem Hintergliede entsteht: so ist dieses auf die umgekehrte Art aus dem Vordergliede entstanden (339.). Ist also die eine Entstehungsart bekannt: so ist solches auch die andere. Es ist also gleichgiltig, welches Glied als aus dem andern entstanden betrachtet wird. Weil aber der Verhältnißanzeiger der einen Entstehungsart der umgekehrte Werth (383.) von dem Verhältnißanzeiger der andern Entstehungsart ist: so ist es nothwendig, um in demselben Verhältnisse denselben Verhältnißanzeiger zu nehmen, daß man bestimme, welches Glied als aus dem andern entstanden betrachtet werden soll.

Der allgemeine Gebrauch hat sich für die Entstehung des Hintergliedes aus dem Vordergliede entschieden. Daher soll auch hier das Hinterglied gleich dem Produkte aus dem Vordergliede und dem Verhältnißanzeiger sein.

410. Lehrsatz. Der Verhältnißanzeiger ist gleich dem Quotienten der Division des Hintergliedes durch das Vorderglied.

Denn das Hinterglied ist gleich dem Produkte aus dem Vordergliede und dem Verhältnißanzeiger (409.). Das Produkt zweier Zahlen aber durch die eine dividirt, giebt zum Quotienten die andere (342.); daher ist das Hinterglied durch das Vorderglied dividirt gleich dem Verhältnißanzeiger.

Anmerk. Zwar ist es einerlei, welchen Namen man einer Sache giebt, wenn man nur mit diesem Namen den wesentlichen Begriff der Sache verbindet; daher ist es immer der Verständlichkeit angemessener, ähnliche Dinge mit ähnlichen Namen zu bezeichnen; deswegen, mit Bezug auf den vorstehenden Satz, wird hier dem Namen Verhältnißquotient der Vorzug vor dem Verhältnißanzeiger ertheilt; auch ist jener geläufiger und, aus der Division, bekannter als dieser.

Kommt künftig V. Q. vor, so bedeutet dieses Verhältniß-Quotient.

411. Erkl. Das Verhältniß zweier Zahlen, A, B, wird durch ein zwischen dieselben gesetztes Kolon bezeichnet (A : B).

Setzt man einmal A : B, und das andere Mal B : A, so heißt das eine Verhältniß das umgekehrte des andern.

Die Gründe davon sind in dem Satze 409. enthalten.

412. Aufgabe. Sind zwei von den drei Zahlen Vorderglied, Hinterglied, Verhältnißquotient, gegeben: so soll man die nicht gegebene dieser drei Zahlen finden.

a) Sind die Glieder eines Verhältnisses gegeben, $A : B$, so ist der V. Q. zu suchen; dieser ist nach Satz 410. $= B : A = \frac{B}{A}$.

Z. B. Der V. Q. des Verhältnisses $4 : 12$ ist $= \frac{12}{4} = 3$.

b) Ist ein Glied und der V. Q. gegeben, so ist das andere Glied zu suchen.

α) Das Vorderglied ist gleich dem Hintergliede dividirt durch den V. Q. (409.).

β) Das Hinterglied ist gleich dem Produkte aus dem Vordergliede und dem V. Q. (409.).

413. Erkl. Zwei Verhältnisse sind einander gleich, wenn ihre Verhältnißquotienten einander gleich sind.

414. Grundsatz. Ist jedes zweier Verhltnisse einem dritten gleich: so sind die beiden ersten unter einander gleich.

415. Lehrsatz. Wenn man die Glieder eines gegebenen Verhältnisses mit gleichen Zahlen multiplicirt, oder durch gleiche Zahlen dividirt: so ist das Verhältniß der Produkte oder Quotienten gleich dem gegebenen Verhältnisse.

Das gegebene Verhältniß sei $A : B$, und $Q$ ihr Verhältnißquotient; also $\frac{B}{A} = Q$ (410.).

Sind die Multiplicatoren ganze Zahlen, $C = C$, so ist das Produkt aus dem Dividendus, $B$, und der Zahl $C$ dividirt durch das Produkt aus dem Divisor, $A$, und der Zahl $C =$ dem frühern Quotienten (355.) $\frac{B . C}{A . C} = Q$; also (413.) $A : B = A . C : B . C$.

Man erhält auch denselben Quotienten, wenn man Dividendus und Divisor durch einerlei ganze Zahl theilt (355.); daher $\frac{B}{C}$ dividirt durch $\frac{A}{C} = Q$; also (413.) $\frac{A}{C} : \frac{B}{C} = A : B$.

Ist nun der Multiplicator ein eigentlicher Bruch: so muß man die Produkte so aus den Gliedern $A$, $B$ bilden, wie der Multiplicator aus einem Ganzen entstanden ist (316.).

Nun ist $\frac{C}{D}$ das $C$fache von $\frac{1}{D}$ von einem Ganzen; also müssen auch die Produkte das $C$fache von $\frac{1}{D}$ der Glieder $A$, $B$ sein.

Aber $\frac{1}{D}$ von $A : \frac{1}{D}$ von $B = \frac{A}{D} : \frac{B}{D} = A : B$, wie vorher gezeigt wurde, und wenn man nun diese Theile der Glieder wieder mit

einerlei Zahl vervielfältigt, so ist das Verhältniß der Produkte gleich dem der vervielfältigten Zahlen, nach dem ersten Falle; daher ist
$C \cdot \frac{A}{D} : C \cdot \frac{B}{D} = \frac{C \cdot A}{D} = \frac{C \cdot B}{D} = \frac{A \cdot C}{D} : \frac{B \cdot C}{D} = A : B.$

Wenn der Divisor ein eigentlicher Bruch, $\frac{C}{D}$, ist: so muß man, indem man jedes Glied, A, B, durch den Bruch dividirt, jedes Glied A, B, mit dem umgekehrten Werthe dieses Bruches multipliciren (382. 383. 384.); also $A : \frac{C}{D} = A \cdot \frac{D}{C}$, $B : \frac{C}{D} = B \cdot \frac{D}{C}$. Daher ist nach dem vorigen Falle $\left(A : \frac{C}{D}\right) : \left(B : \frac{C}{D}\right) = \frac{A \cdot D}{C} : \frac{B \cdot D}{C} = A : B$. W. Z. E. W.

416. Lehrsatz. Das Verhältniß von Eins zum Verhältnißquotienten ist gleich dem Verhältnisse vom Vorbergliede zu seinem Hintergliede.

Man dividire Vorder- und Hinterglied des Verhältnisses $A : B$, durch das Vorderglied A: so ist (415.) $\frac{A}{A} : \frac{B}{A} = A : B$. Nun ist eine Zahl durch sich selbst dividirt $= 1$, und das Hinterglied durch das Vorderglied dividirt $=$ dem V. Q., Q (410.). Daher $1 : Q = A : B$.

417. Aufgabe. Ein gegebenes Verhältniß, dessen Vorder- oder Hinterglied, oder beide Brüche enthalten, durch zwei ganze Zahlen auszudrücken.

Man multiplicire jedes Glied mit der kleinsten von den Nennern der Brüche meßbaren Zahl: so ist das Verhältniß der Produkte gleich dem gegebenen Verhältnisse (415.) Da aber die kleinste von den Nennern der Brüche ein Vielfaches von jedem Nenner ist: so verwandelt sich durch gedachte Multiplication jeder Bruch in eine ganze Zahl (291.). Daher ist das Verhältniß der Brüche durch ganze Zahlen ausgedrückt.

Z. B. $3 : \frac{5}{7} = 3 \cdot 7 : 7 \cdot \frac{5}{7} = 21 : 5$;
$\frac{8}{3} : 6 = 3 \cdot \frac{8}{3} : 3 \cdot 6 = 8 : 18 = 4 : 9$; $\frac{5}{9} : \frac{13}{12} = 36 \cdot \frac{5}{9} : 36 \cdot \frac{13}{12} = 4 \cdot 5 : 3 \cdot 13 = 20 : 39$ ꝛc.

418. Erkl. Die Gleichheit zweier Verhältnisse ist eine Proportion.

419. Lehrsatz. Wenn man jedes Verhältniß einer Proportion umkehrt: so erhält man wieder eine Proportion.

Es sei $A : B = A' : B'$. Nun ist $B : A = \frac{B}{A} : \frac{A}{A} = \frac{B}{A} : 1$ (415.) und $B' : A' = \frac{B'}{A'} : \frac{A'}{A'} = \frac{B'}{A'} : 1$ aus demselben Grunde.

Aber $\frac{B}{A'}$, $\frac{B'}{A'}$ sind die V. Q. der gegebenen Verhältnisse, also sind sie einander gleich (413. 418.); daher ist auch $\frac{B}{A} : 1 = \frac{B'}{A'} : 1$; also auch (414.) $B : A = B' : A'$.

420. **Lehrsatz.** Wenn man irgend eine Zahl mit einer andern multiplicirt, die gleich Eins oder größer oder kleiner als Eins ist: so erhält man ein Produkt, welches im ersten Falle gleich der ersten Zahl, im andern größer und im dritten kleiner als die erste Zahl ist.

Das Produkt P entsteht so aus der ersten Zahl A, wie der Multiplicator aus einem Ganzen (315. 316.). Ist nun der Multiplicaeor gleich Eins: so ist er das Einfache von einem Ganzen; daher muß das Prodnkt P das Einfache von A oder A selbst sein.

Wenn der Multiplikator größer als Eins ist: so ist er das Einfache von einem Ganzen und noch ein Vielfaches oder ein Bruch von demselben; daher muß auch das Produkt das Einfache von A und noch ein Vielfaches oder ein Bruch von A sein; also $P = A +$ einem Vielfachen oder einem Bruche von A; oder $P = A +$ irgend einer Zahl. Da nun die Summe zweier Zahlen größer als eine derselben ist, so ist $P > A$.

Ist endlich der Multiplicator kleiner als Eins: so ist er ein echter Bruch $\frac{C}{D}$. Das, was an $\frac{C}{D}$ bis zn einem Ganzen fehlt, sei $\frac{E}{D}$, also $\frac{C}{D} + \frac{E}{D} = 1$. Das Produkt aus Eins und A ist also = dem Produkte aus $\left(\frac{C}{D} + \frac{E}{D}\right)$ und A. Da aber $\left(\frac{C}{D} + \frac{E}{D}\right) = \frac{C}{D}$ von einem Ganzen $+ \frac{E}{D}$ von demselben ist: so muß auch das Produkt aus $\left(\frac{C}{D} + \frac{E}{D}\right)$ und $A = \frac{C}{D}$ von $A + \frac{E}{D}$ von $A = A$ sein. Da nun die Summe zweier Zahlen größer als eine von ihnen ist: so ist $A > \frac{C}{D}$ von $A = P$; oder das Produkt P ist kleiner als A.

421. **Lehrsatz.** Wenn das Vorderglied in dem einen Verhältnisse einer Proportion größer, eben so groß oder kleiner als sein Hinterglied ist: so muß auch im andern Verhältnisse das Vorderglied größer, eben so groß oder kleiner als sein Hinterglied sein. Die Vorderglieder der Proportion seien A, B, und der Verhältnißquotient Q; so ist das erste Verhältniß $A : A . Q$, das andere $B : B . Q$ und die Proportion $A : A . Q = B : B . Q$.

Ist nun $A > A . Q$: so sei $A = A . Q + C$; daher ist $\frac{A}{A} = \frac{A . Q + C}{A}$ (330.); aber $\frac{A}{A} = 1$, und $\frac{A . Q + C}{A} = \frac{A . Q}{A} + \frac{C}{A}$ (358.) $= Q + \frac{C}{A}$ (342.); also $1 = Q + \frac{C}{A}$; daher ist der Verhältnißquotient $Q < 1$; daher ist (420.) $B . Q < B$; oder $B > B . Q$.

Ist $A = A . Q$: so ist $\frac{A}{A} = \frac{A . Q}{A} = Q = 1$; daher ist $B . Q = B$.

Wenn endlich $A < A . Q$; so sei $A . Q = A + D$; also ist auch $\frac{A . Q}{A} = \frac{A + D}{A}$, oder $Q = 1 + \frac{D}{A}$; daher $Q > 1$. Folglich (420.) ist $B . Q > B$, oder $B < B . Q$.

422. Lehrsatz. Zwei Produkte, die einen gemeinen Faktor haben, stehen im Verhältnisse ihrer nicht gemeinen Faktoren.

$A . B : A . C = B : C$. Denn wenn man die Glieder eines Verhältnisses durch einerlei Zahlen dividirt: so ist das Verhältniß der Quotienten gleich dem gegebenen Verhältnisse (415.); also $\frac{A . B}{A} : \frac{A . C}{C} = B : C$.

423. Lehrsatz. Das Verhältniß der Vorderglieder einer Proportion ist gleich dem Verhältnisse der Hinterglieder; oder: Durch Verwechselung der Glieder einer Proportion erhält man wieder eine Proportion.

Es sei $A : B = C : D$; so ist der V.Q. $= \frac{D'}{A} = \frac{D}{C} = Q$ (410.); also (409.) $B = A . Q$, $D = C . Q$; folglich $A : A . Q = C : C . Q$. Nun ist $A . Q : C . Q = A : C$ (422.); also $A : C = A . Q : C . Q$ oder $A : C = B : D$.

424. Lehrsatz. Wenn das erste Vorderglied einer Proportion größer, eben so groß oder kleiner als das andere Vorderglied ist: so ist auch das erste Hinterglied im ersten Falle größer, im andern eben so groß, und im dritten kleiner als das zweite Hinterglied.

Es sei $A : B = C : D$; ist nun $A \gtreqless C$; so ist auch $B \gtreqless D$. Denn durch Verwechselung erhält man (423.) $A : C = B : D$; ist aber in dieser Proportion $A \gtreqless C$: so ist auch (421.) $B \gtreqless D$.

Anmerk. Das Zeichen $\gtreqless$ besteht aus diesen dreien $>$ (größer), $=$ (gleich) und $<$ (kleiner). Diese beiden Zeichen $\gtreqless$, $\lesseqgtr$, sind nicht völlig einander gleich; das erste ist aus $>$, $=$, $<$, das andere aus $<$, $=$, $>$ zusammengesetzt. Der Unterschied ist zu beachten.

325. Lehrsatz. Das Produkt der äußern Glieder einer Proportion ist gleich dem Produkte der innern.

Es sei $A : B = C : D$; ist nun $\frac{B}{A} = Q$; so ist $B = A . Q$, $D = C . Q$; also $A . D = A . C . Q$, und $B . C = A . C . Q$; daher ist auch $A . D = B . C$.

Ein anderer Beweis.

Es sei $A . D = K$, $B . C = L$ und $A . C = M$, so ist, $M : K = A . C : A . D = C : D$ (422.). Aus demselben Grunde ist $M : L = A . C : B . C = A : B$. Da nun $A : B = C : D$; so ist auch $M : L = M : K$. Weil nun die Vorderglieder dieser Proportion einander gleich sind, so müssen auch die Hinterglieder einander gleich sein (424.). Daher ist $L = K$ oder $A . D = B . C$.

426. Lehrsatz. Wenn zwei Produkte einander gleich sind: so bilden die beiden Faktoren des einen Produkts die äußern, und die des andern die innern Glieder einer Proportion; oder so stehen ihre Faktoren im umgekehrten Verhältnisse zu einander.

Sei $A . B = A' . B' = P$, und $A . A' = R$: so ist: $R : P = A . A' : A . B = A' : B$ (422.) und $R : P = A . A' : A' . B' = A : B'$; da nun: $R : P = R : P$; so ist auch $A : B' = A' : B$; oder: $A : A' = B' : B$.

Anmerk. Die Aufgabe: Das fehlende Glied einer Proportion zu finden, wird durch vorstehende Sätze gelöset, und ist zu bekannt, als daß sie hier noch behandelt werden sollte.

427. Lehrsatz. Die Summe der Vorderglieder mehrerer gleichen Verhältnisse hat zur Summe der Hinterglieder derselben das Verhältniß von einem Vordergliede zu seinem Hintergliede.

Es sei $A : B = A' : B' = A'' : B'' = A''' : B'''$, und ihr Verhältnißquotient sei Q; so ist $B = A . Q$, $B' = A' . Q$, $B'' = A'' . Q$, $B''' = A''' . Q$; also $B + B' + B'' + B''' =$
$A . Q + A' . Q + A'' . Q + A''' . Q = (A + A' + A'' + A''') . Q$. Daher ist $(A + A' + A'' + A''') : (B + B' + B'' + B''') =$
$(A + A' + A'' + A''') : (A + A' + A'' + A''') . Q$. Nun ist der Verhältnißquotient des letzten Verhältnisses offenbar Q, derselbe ist aber auch der V. Q. irgend eines obiger Verhältnisse; demnach ist $(A + A' + A'' + A''') : (B + B' + B'' + B''') = A : B = A' : B'$ 2c.

428. Lehrsatz. In jeder Proportion ist das Verhältniß der Summe der Vorderglieder zur Summe der Hinterglieder gleich einem der Verhältnisse der Proportion.

Sei $A : B = A' : B'$: so ist (427.) $(A + A') : (B + B') = A : B = A' : B'$.

429. Lehrsatz. In jeder Proportion ist das Verhältniß der Summe der Glieder des einen Verhältnisses zu dem Vorder- oder Hintergliede gleich dem Verhältnisse der Summe der Glieder des andern Verhältnisses zum Vorder- oder Hintergliede derselben.

Sei $A : B = A' : B'$: so ist $(A + B) : \left\{ \begin{matrix} A \\ B \end{matrix} \right\} = (A' + B') : \left\{ \begin{matrix} A' \\ B' \end{matrix} \right\}$.

Denn man leite aus der gegebenen Proportion eine andere durch Verwechselung ab; so ist $A : A' = B : B'$. Nun ist nach dem vorigen Satze $(A + B) : (A' + B') = A : A' = B : B'$; und verwechselt $(A + B) : A = (A' + B') : A'$, und $(A + B) : B = (A' + B') : B'$, welche beide Proportionen in der obigen enthalten sind.

Diese Art der Folgerung einer Proportion aus einer gegebenen nennt man durch Verbindung ableiten.

430. Lehrsatz. Das Verhältniß der Differenz der Vorderglieder zur Differenz der Hintergieder einer Proportion ist gleich einem Verhältnisse der Proportion.

Wenn $A : B = A' : B'$, und $A > A'$; so ist auch $B > B'$ (424.); dann ist: $(A - A') : (B = B') = A : B = A' : B'$.

Der Verhältnißquotient sei Q: so ist $B = A . Q$, $B' = A' . Q$; also $(B - B') = A . Q - A' . Q = (A - A') . Q$; also ist $(A - A') : (B - B') = (A - A') : (A - A') . Q = 1 : Q$ (415.).

Aber $A:B = 1:Q$ (416,); daher $(A - A'):(B - B') = A:B = A':B'$.

Würde $A < A'$; so würde auch $B < B'$ sein, und dann müßte man $(A' - A):(B' - B) = A:B = A':B'$ setzen.

431. **Lehrsatz.** In jeder Proportion hat die Differenz der Glieder des einen Verhältnisses zum Vorder- oder Hintergliede das Verhältniß, welches die Differenz der Glieder des andern Verhältnisses zum Vorder- oder Hintergliede hat.

Ist $A:B = A':B'$, und $A > B$; so ist auch $A' > B'$ (424.) und $(A-B):\begin{Bmatrix}A\\B\end{Bmatrix} = (A'-B'):\begin{Bmatrix}A'\\B'\end{Bmatrix}$.

Denn man leite aus der gegebenen Proportion eine durch Verwechselung ab: so ist $A:A' = B:B'$. Nach dem vorigen Satze ist nun $(A - B):(A' - B') = A:A' = B:B'$, und verwechselt $(A-B):A = (A'-B'):A'$, oder $(A-B):B = (A'-B':B'$.

Diese Art der Ableitung einer Proportion aus einer gegebenen nennt man durch Trennung.

432. **Lehrsatz.** Durch Verbindung und Trennung leitet man aus einer Proportion wieder eine andere ab.

Ist $A:B = A':B'$; so ist verbunden (429.) $(A+B):A = (A'+B'):A'$, verwechselt $(A+B):(A'+B') = A:A'$.

Wenn $A > B$: so ist auch $A' > B'$, und getrennt (431.) $(A-B):A = (A'-B'):A'$, verwechselt $(A-B):(A'-B') = A:A'$. Daher (414.) $(A+B):(A'+B') = (A-B):A'-B')$ und verwechselt $(A+B):(A-B) = (A'+B'):(A'-B')$.

Anmerk. Kunstausdrücke sind einer Wissenschaft sehr vortheilhaft, sie fördern die Kürze, erleichtern die Uebersicht der Beweise und geben den Ausdrücken Bestimmtheit; daher sind hier einige der vorzüglichsten gebraucht worden.

433. **Zusatz.** Aus einer Proportion kann man durch Umkehrung, Verwechselung, Addition und Subtraction der gleichnamigen Glieder, Verbindung, Trennung, und Verbindung und Trennung zugleich acht verschiedene Proportionen ableiten; die übrigen Fälle, welche man anzugeben pflegt, sind nicht wesentlich von diesen verschieden.

Die gegebene Proportion sei: $A:B = A':B'$; so ist:

1) Durch Umkehrung $B:A = B':A'$ (419.).
2) „ Verwechselung $A:A' = B:B'$ (423.).
3) „ Addition $(A+A'):(B+B') = A:B = A':B'$ (428.).
4) „ Subtraction $(A-A'):(B-B') = A:B = A':B'$ (430.).
5) „ Verbindung $(A+B):\begin{Bmatrix}A\\B\end{Bmatrix} = (A'+B'):\begin{Bmatrix}A'\\B'\end{Bmatrix}$ (429).
6) „ Trennung $(A-B):\begin{Bmatrix}A\\B\end{Bmatrix} = (A'-B'):\begin{Bmatrix}A'\\B'\end{Bmatrix}$ (431.)
7) „ Verbindung und Trennung $(A+B):(A-B) = (A'+B'):(A'-B')$ (432.).
8) „ Umkehrung von 2) $A':A = B':B$.

434. **Lehrsatz.** Wenn das Verhältniß zweier Summen gleich

dem zweier ihrer Summanden ist: so müssen die beiden andern Summanden das Verhältniß ihrer Summen zu einander haben.

Ist $(A+A'):(B+B') = A:B$: so ist durch Subtraction der gleichnamigen Glieder (430.) $(A+A'-A):(B+B'-B) = A:B = A':B'$.

435. Lehrsatz. Wenn das Verhältniß der Minuenden gleich dem der Subtrahenden ist: so muß das Verhältniß der Reste dasselbe sein.

Die Minuenden seien $M$, $M'$; die Subtrahenden $S$, $S'$, die Reste $R$, $R'$: so ist $M-S = R$; $M'-S' = R'$, Ferner sei $M:M' = S:S'$, und durch Subtraction der gleichnamigen Glieder (430.) $(M-S):(M'-S') = M:M' = S:S'$. Daher $R:R' = M:M' = S:S'$.

436. Zusatz. Wenn Minuenden und Reste einerlei Verhältniß zu einander haben: so müssen die Subtrahenden dasselbe Verhältniß zu einander haben, und ist das Verhältniß der Subtrahenden gleich dem der Reste: so muß das Verhältniß der Minuenden gleich dem der Subtrahenden oder der Reste sein.

437. Lehrsatz. Wenn man entweder die Glieder eines Verhältnisses oder die gleichnamigen Glieder einer Proportion mit gleichen Zahlen multiplicirt, oder durch gleiche Zahlen dividirt: so erhält man stets wieder eine Proportion.

Ist $A:B = A':B'$: so ist:

1) $A.C:B.C = A:B$ (415.); daher $A.C:B.C = A'.B'$ (414).

2) $A:B = A'.D:B'.D$ (aus denselben Gründen). Folglich

3) $A.C:B.C = A'.D:B'.D$.

4) $A.E:B = A'.E.B'$. Dieses erhellet aus dem Satze von Verwechselung der Glieder (433.).

Alle übrigen Fälle der Multiplication, wie auch die der Division werden aus denselnen Sätzen auf dieselbe Weise dargethan.

438. Erklärung. Verhältnisse werden zusammengesetzt, wenn man setzt: das Produkt der Vorderglieder zum Produkte der Hinterglieder der gegebenen Verhältnisse in Verhältniß.

429. Lehrsatz. Der Verhältnißquotient eines, aus gegebenen Verhältnissen zusammengesetzten, Verhältnisses ist gleich dem Produkte aus den Verhältnißquotienten der gegebenen Verhältnisse.

Die gegebenen Verhältnisse seien $A:B$, $A':B'$, $A'':B''$; ihre V. Q. seien $Q$, $Q'$, $Q''$; also (409.) $B = A.Q$, $B' = A'.Q'$, $B'' = A''.Q''$; daher ist das aus ihnen zusammengesetzte Verhältniß $= A.A'.A'':B.B'.B'' = A.A'.A'':A.A'.A''\times Q.Q'.Q''$; folglich der gesuchte V. Q. (410.) $= \frac{A.A'.A''\times Q.Q'.Q''}{A.A'.A''} = Q.Q'.Q''$ (340.).

440. Erklärung. Proportionen werden zusammengesetzt, wenn man die ersten und auch die andern Verhältnisse derselben zusammensetzt.

441. Lehrsatz. Werden Proportionen zusammengesetzt; so erhält man wieder eine Proportion.

Ein Beweis ergiebt sich unmittelbar aus Satz 439.

Ein anderer Beweis.

Sei $A:B=C:D$ und $A':B'=C':D'$.

Nun ist (437.) $A:C=A.A':C.A'$; $B:D=B.B':D.B'$; da $A:C=B:D$; so ist auch $A.A':C.A'=B.B':D.B'$, und verwechselt: $A.A':B.B'=C.A':D.B'$...(A).

Aus gleichen Gründen ist: $A':C'=C.A':C.C'$ und $B':D'=D.B':D.D'$; da aber $A':C'=B':D'$; so ist auch $C.A':C.C'=D.B':D.D'$, und verwechselt $C.A':D.B'=C.C':D.D'$.

Das erste Verhältniß dieser letzten Proportion ist gleich dem zweiten Verhältnisse der durch (A.) bezeichneten Proportion; daher müssen auch die andern Verhältnisse einander gleich sein; also $A.A':B.B'=C.C':D.D'$. W. Z. E. W.

Anmerk. Es ist klar, daß dieser Satz auch für mehr, als zwei Proportionen Giltigkeit hat.

442. Lehrsatz. Wenn in irgend eine Folge von Zahlen das Verhältniß je zweier auf einander folgenden gegeben ist: so ist das Verhältniß der ersten und letzten Zahl das zusammengesetzte aus allen gegebenen Verhältnissen zweier auf einander folgenden Zahlen.

Sei $A:B=a:b$, $B:C=c:d$, $C:D=e:f$, $D:E=g:h$: so ist nach dem vorigen Satze:

$A.B.C.D:B.C.D.E=a.c.e.g:b.d.f.h.$

Aber $A.B.C.D:B.C.D.E=A:E$ (422.). Daher ist $A:E=a.c.e.g:b.d.f.h.$

## D. Das dekadische Zahlensystem. Die Decimalbrüche. Ueber Zahlensysteme im Allgemeinen.

Vorerinnerung. Die Anwendung der Decimalbrüche ist nicht so allgemein, als die Nützlichkeit derselben sie dieser Allgemeinheit würdig macht, und dieses rührt von der unvollständigen Kenntniß des dekadischen Zahlensystems her. Denn die Rechnung mit Decimalbrüchen ist im Wesentlichen von der mit ganzen Zahlen nicht verschieden. Die genaue Betrachtung des dekadischen Zahlensystems wird daher zugleich die Natur der Decimalbrüche darthun. Dann möge eine kurze Untersuchung über Zahlensysteme im Allgemeinen folgen; weil die Kenntniß derselben zu einer vollständigen Bekanntschaft mit der niedern Arithmetik nothwendig ist.

Dieser ganze Abschnitt läßt sich auf eine sehr einfache und deutliche Weise vermittelst der Potenzen behandeln; da aber diese hier nicht gebraucht werden dürfen; so wird es erlaubt sein, gewisse Kunstausdrücke zum leichtern Verständnisse der Sache und zur kurzen und bestimmten Darstellung des Gegenstandes einzuführen.

423. Erklärungen und Folgerungen. Wenn man dieselbe Ziffer an Stellen schreibt, die in horizontaler Reihe fortlaufen: so bezeichnet jede mit Ziffern dargestellte Horizontalreihe eine Zahl.

| | 8te | 7te | 6te | 5te | 4te | 3te | 2te | 1ste Stelle |
|---|---|---|---|---|---|---|---|---|
| ...... | 1 | 1 | 1 | 1 | 1 | 1 | 1 | 1 |
| ...... | 2 | 2 | 2 | 2 | 2 | 2 | 2 | 2 |
| ...... | 3 | 3 | 3 | 3 | 3 | 3 | 3 | 3 |
| ...... | 4 | 4 | 4 | 4 | 4 | 4 | 4 | 4 |
| ...... | 5 | 5 | 5 | 5 | 5 | 5 | 5 | 5 |
| ...... | 6 | 6 | 6 | 6 | 6 | 6 | 6 | 6 |
| ...... | 7 | 7 | 7 | 7 | 7 | 7 | 7 | 7 |
| ...... | 8 | 8 | 8 | 8 | 8 | 8 | 8 | 8 |
| ...... | 9 | 9 | 9 | 9 | 9 | 9 | 9 | 9 |

Bekanntlich werden die Stellen einer Zahl von Rechts nach Links gezählt, wie sie oben in den geschriebenen Zahlen bezeichnet sind.

Es giebt zehn Ziffern, nämlich neun geltende und eine nicht geltende, welche die Null ist.

Man betrachte nur den Werth jeder der neun geltenden Ziffern an den verschiedenen Stellen der Horizontalreihen, so wird man folgende Gesetze finden:

A) Die Ziffer 1 bezeichnet an der 1sten Stelle einen Einer, an der 2ten St. einen Zehner = 10, an der 3ten Stelle einen Hunderter = 100, an der 4ten St. einen Tausender = 1000, an der 5ten St. einen Zehntausender = 10000, an der 6ten St. einen Hunderttausender = 100000, an der 7ten Stelle eine Million = 1000000, an der 8ten St. eine Zehnmillion = 10000000 ꝛc.

B) Die übrigen geltenden Ziffern bezeichnen Vielfache, nämlich das Zwei-, Drei-, Vier-, Fünf-, Sechs-, Sieben-, Acht- und Neunfache derjenigen Zahl an irgend eine Stelle, welche die Ziffer 1 an derselben Stelle anzeigt.

Z. B. 2 bezeichnet an der 3ten St. 2 mal 100 = 200, 3 an der 4ten St. 3 mal 1000 = 3000, 4 an der 5ten St. 4 mal 10000 = 40000 ꝛc.

C) 10 = dem 10fachen von einem Einer;
100 = dem 10fachen von einem Zehner;
1000 = dem 10fachen von einem Hunderter;
10000 = dem 10fachen von einem Tausender;
100000 = dem 10fachen von einem Zehntausender;
1000000 = dem 10fachen von einem Hunderttausender;
10000000 = dem 10fachen von einer Million ꝛc.

Die Ziffer 1 bezeichnet also an irgend einer Stelle, außer der ersten, das Zehnfache der Zahl, welche sie an der nächstvorhergehenden Stelle anzeigte.

D) Das Gesetz, welches in Bezug auf die Ziffer 1 gilt, hat Giltigkeit für jede Ziffer in Beziehung auf die verschiedenen Stellen. Denn:
20 = dem 10fachen von 2 Einern;
200 = dem 10fachen von 20;
2000 = dem 10fachen von 200 ꝛc.;
30 = dem 10fachen von 3 Einern;
300 = dem 10fachen von 30;
3000 = dem 10fachen von 300 ꝛc. Daher:
jede der geltenden Ziffern bezeichnet an irgend einer Stelle, außer der

ersten, das Zehnfache der Zahl, welche sie an der nächstvorhergehenden Stelle anzeigte.

Die nicht geltende Ziffer (die Null) deutet die Stellen an, welche nicht durch geltende Ziffern besetzt sind.

E) Die Stellen bezeichnen also die auf einander folgenden Zehnfachen, und die Ziffern zeigen die Vielfachen jener Zehnfachen an, welche an einer Stelle stehen können.

444. Erklärung. Zur Unterscheidung der Zehnfachen an den verschiedenen Stellen von einander theile man sie in Ordnungen ein, und nenne

| | | | | | | |
|---|---|---|---|---|---|---|
| einen | Zehner | das | 10fache | der | ersten | Ordnung, |
| " | Hunderter | " | " | " | zweiten | " |
| " | Tausender | " | " | " | dritten | " |
| " | Zehntausender | " | " | " | vierten | " |
| " | Hunderttausender | " | " | " | fünften | " |
| eine | Million | " | " | " | sechsten | " |
| | ꝛc. | | ꝛc. | | ꝛc. | |

Jede Stelle zeigt also das Zehnfache der so vielsten Ordnung an, wie viele Stellen jener voranstehen. Daher ist die erste Stelle das Zehnfache der nullten Ordnung, d. h. an der ersten Stelle kann kein Zehnfaches stehen.

Die Ziffern zeigen dann die Vielfachen von den Zehnfachen der verschiedenen Ordnungen an; diese Vielfachen müssen jedoch niedriger als das 10fache sein. Denn das 10fache vom Zehnfachen irgend einer Ordnung ist das Zehnfache der nächsthöhern Ordnung.

Man nenne das Vielfache, welches durch die Stelle einer Zahl bedingt wird, das Normalvielfache: so ist das Normalvielfache unsers Zahlensystems das 10fache.

Anmerk. Das, was hier Zehnfache verschiedener Ordnungen genannt sind, nennt man auch Einheiten höherer Ordnungen, und das hier genannte Normalvielfache wird auch die Eintheilungszahl von Andern benannt.

445. Zusatz und Erklärung. Im Vorhergehenden wurde ein Zahlensystem als bekannt vorausgesetzt, und aus demselben die Gesetze abgeleitet, welche seinr Bildung zum Grunde liegen; und zwar wurden diese Gesetze aus der Art der sichtbaren Bezeichnung der Zahlen entwickelt. Auf dieselbe Weise hätte man auch dieselben Gesetze aus der Art der hörbaren Beziehung, also aus den Benennungen der Zahlen herleiten können. Nun wurden zwei Gesetze erkannt, nämlich das eine, welches sich auf die Bildung der Vielfachen von Vielfachen, und zwar stets Gleichvielfachen, nämlich der Zehnfachen bezog, und das andere, welches die Bildung der Vielfachen von den Gleichvielfachen bestimmte, die aber niedriger als die Gleichvielfachen sein mußten.

Dürfte kein Zahlensystem als bekannt vorausgesetzt werden: so müßte die Darlegung obiger Gesetze durch Erklärungen und durch Einführnng gewisser Benennuugen und Bezeichnungen der Zahlen geschehen. Dieses ist eben nicht nothwendig, denn wenn auch der Anfänger in der Arithmetik mit dem Schreiben der Zahlen unbekannt wäre: so ist ihm doch unser Zahlensystem mit der Sprache gegeben und der Vortrag hat dann nur jene Gesetze aus der Sprache zum deutlichen Bewußtsein hervorzuheben.

Um aber bestimmte Begriffe zu haben, welche auf jedes Zahlensystem anwendbar sind, werden gewisse Erklärungen gefordert, welche später vorkommen werden.

446. Erklärung. Steigt man in unserm Zahlensysteme von den niedern zu den höhern Gleichvielfachen: also von den Zehnfachen niederen zu den Zehnfachen höherer Ordnungen hinauf: so kann dieses ohne Ende (ins Unendliche) geschehen. Um aber über eine weite Strecke auch von dieser unendlichen Reihe eine Uebersicht zu haben, theilt man sie in Klassen zu sechs ein, und rechnet die nullte Ordnung (444.) mit dazu. Dann heißen die ersten sechs Ordnungen, die nullte mitgerechnet, die Klasse der Einer; die zweiten 6 Ordnungen heißen die Klasse der Millionen; die dritten 6 Ordnungen heißen die Klasse der Billionen; die vierten 6 Ordnungen heißen die Klassen der Trillionen 2c.

In jeder Klasse wiederholen sich die Benennungen der ersten Klasse, und zwar stets an derselben Ordnung, welche folgende ist:

Iste Klasse. Einer, Zehner, Hunderter, Tausender, Zehntausender, Hunderttausender;

IIte Klasse. Millionen, Zehn-, Hundert-, Tausend-, Zehntausend-, Hunderttausend-Millionen;

IIIte Klasse. Billionen, Zehn-, Hundert-, Tausend-, Zehntausend-, Hunderttausend-Billionen;

IVte Klasse. Trillionen, Zehn-, Hundert-, Tausend-, Zehntausend-, Hunderttausend-Trillionen;

eben so mit den Quadrillionen, Quintillionen 2c.

Hieraus sieht man zugleich, daß jede Klasse den Namen ihrer niedrigsten Stelle führt.

Hat man eine mit Ziffern geschriebene Zahl zu lesen, so wird man dieses nach den vorstehenden Bemerkungen leicht können, indem man die gegebene Zahl in Klassen zu 6 Stellen, von Rechts nach Links, eintheilt. Z. B. 34874 682489 408135; 748604 361248 678063 243; 23468 495509 843425 178376 436; mit Worten heißt die erste Zahl: Vier und dreißig tausend achthundert vier und siebzig Billionen sechshundert zwei und achtzig tausend vierhundert neun und achtzig Millionen vierhundert achttausend einhundert und fünf und dreißig.

Die zweite Zahl fängt mit siebenhundert acht und vierzig Trillionen an, und die dritte mit drei und zwanzig Quadrillionen 2c.

Anmerk. Bei dieser Gelegenheit sei es erlaubt, auf den, leicht zu Irrthum führenden Gebrauch, eine Zahl zu je drei Stellen vermittelst Striche abzutheilen, aufmerksam zu machen; die Uebersicht, welche man über eine Zahl durch das gebräuchliche Komma erlangen will, kann man leicht dadurch erreichen, daß man beim Schreiben einer Zahl je drei Stellen derselben durch einen bemerklichen Zwischenraum von einander trennt, wie es in obigen Beispielen geschehen ist.

447. Erklärung. Wenn man von irgend eine Ordnung der Zehnfachen zu den niedrigen herabsteigt: so gelangt man vom Zehnfachen zu dem Einfachen, und da das Einfache der zehnte Theil vom Zehnfachen ist (240.): so kommt man durch das Herabsteigen von hö-

heren Ordnungen zu niedern der Zehnfachen von irgend einer Zahl zu dem zehnten Theile derselben. Dasselbe Gesetz findet statt, wenn man dieselbe Ziffer von irgend einer Stelle zur nächstniedrigen rückt

Durch das fortgesetzte Herabsteigen von höheren Ordnungen zu niedern muß man endlich auf die nullte Ordnung der Zehnfachen gelangen. Nun stehen an der nullten Ordnung, oder an der ersten (Einer-) Stelle einer Zahl nur Einer, nämlich ein, zwei, drei, vier, fünf, sechs, sieben, acht oder neun Einer; dehnt man jenes Gesetz auch auf die Stellen aus, welche man nach der Einerstelle folgend, sich denkt: so muß man zunächst auf Zehntel der Einer oder Ganzen; dann auf Zehntel der Zehntel oder Hundertstel der Ganzen; ferner auf Zehntel der Hundertstel oder Tausendstel der Ganzen, auf Zehntel der Tausendstel oder Zehntausendstel der Ganzen 2c. kommen. Dieses ist der Ursprung der Decimalbrüche.

Man denke sich also die Stelle der Einer, und von dieser Stelle aus andere, nach Links und Rechts ins Unendliche fortlaufende Stellen: so führen die Stellen von der Einerstelle nach Links zu den verschiedenen Ordnungen der Zehnfachen, und die Stellen von der Einerstelle nach Rechts zu Zehnteln, Hundertsteln, Tausendsteln 2c., überhaupt von irgend einer Zahl zu dem zehnten Theile derselben.

So wie man die verschiedenen Zehnfachen in Ordnungen eingetheilt hat, eben so kann man die verschiedenen Zehntel in Ordnungen eintheilen. Auf diese Weise hat man zwei Ordnungen, nämlich die der Zehnfachen und die der Zehntel.

Die Stellen der Zehnfachen verschiedener Ordnungen heißen die Stellen der Ganzen, und die Stellen der Zehntel von verschiedenen Ordnungen heißen die der Zehntheiligen- oder Decimalbrüche.

Wie an jeder Stelle der Ganzen neun geltende Ziffern stehen können, eben so können dieselben neun geltenden Ziffern an jeder Stelle der Decimalbrüche stehen.

Um die Stellen der Decimalbrüche von denen der Ganzen sichtbar zu unterscheiden, bedient man sich eines Komma's, nennt es den Decimalstrich und setzt ihn zwischen die Einer und die erste Stelle der Decimalbrüche.

Die Stellen der Ganzen werden von der Einerstelle nach Links, die der Decimalbrüche von der Einerstelle an, diese aber nicht mitgerechnet, nach Rechts gezählt. Die Stellen der Decimalbrüche nennt man auch kurz Decimalstellen.

Nach dem Vorstehenden wird Folgendes klar sein:

| | | | | | |
|---|---|---|---|---|---|
| An d. ersten | Decimalst. stehen 10tel; | | | | |
| „ „ zweiten | „ | steht der 10te Theil von | 10teln | = | 100steln |
| „ „ dritten | „ | „ „ „ „ „ | 100steln | = | 1000steln |
| „ „ vierten | „ | „ „ „ „ | 1000steln | = | 10 000steln |
| „ „ fünften | „ | „ „ „ „ „ | 10 000steln | = | 100 000steln |
| | 2c. | 2c. | 2c. | | |

Sind bei den Decimalbrüchen keine Ganze vorhanden, so muß die Stelle der Einer durch Null angedeutet werden.

Schreibt man die Ziffer 1 an die verschiedenen Decimalstellen, so erhält man folgende Decimalbrüche:

$$\text{ein}\quad 10\text{tel} = \frac{1}{10} = 0{,}1$$

$$\text{„}\quad 100\text{stel} = \frac{1}{100} = 0{,}01$$

$$\text{„}\quad 1000\text{stel} = \frac{1}{1000} = 0{,}001$$

$$\text{„}\quad 10\,000\text{stel} = \frac{1}{10\,000} = 0{,}0001$$

$$\text{„}\quad 100\,000\text{stel} = \frac{1}{100\,000} = 0{,}000\,01 \text{ ꝛc.}$$

Auf gleiche Weise kann man jede andern geltenden Ziffer gebrauchen. Z. B. $0{,}2 = \frac{2}{10}$; $0{,}03 = \frac{3}{100}$; $0{,}004 = \frac{4}{1000}$; $0{,}0005 = \frac{5}{10\,000}$ ꝛc.

Aber man darf nicht etwa nur eine Decimalstelle mit einer geltenden Ziffer besetzen, sondern man kann deren beliebig viele von geltenden Ziffern einnehmen lassen; z. B. $0{,}12 = \frac{12}{100}$; $0{,}346 = \frac{346}{1000}$; $0{,}2189 = \frac{2189}{10\,000}$; $0{,}43256 = \frac{43256}{100\,000}$; ꝛc.

Man kann jede Ziffer eines Decimalbruches einzeln nach ihrer Stelle, oder alle wie eine ganze Zahl aussprechen und diese nach der letzten Decimalstelle benennen. Z. B. 0,25 kann heißen: zwei Zehntel und fünf Hundertstel oder fünf und zwanzig Hundertstel; 0,356 = 3 Zehnteln + 5 Hundertsteln + 6 Tausendsteln = 356 Tausendsteln ꝛc.

Denn man kann die Decimaltheile irgend einer Stelle in Decimaltheile der nächstfolgenden Stelle auflösen; weil die Decimaltheile einer Stelle das Zehnfache der Decimaltheile der nächstfolgenden Stelle sind; und weil ein Vielfaches von einem Bruche einen gleichnamigen Bruch giebt.

448. Erklärung. Aus der vorstehenden Nr. ergiebt sich: ein Decimalbruch ist ein solcher, welcher zum Nenner ein Zehnfaches von irgend einer Ordnung, und zwar der so vielsten Ordnung hat, wie viele Stellen der Decimalbruch einnimmt.

Z. B. $0{,}5 = \frac{5}{10}$, der Nenner ist das Zehnfache der ersten Ordnung und der Bruch hat eine Decimalstelle; $0{,}48 = \frac{48}{100}$, der Decimalbruch hat zwei Stellen, und sein Nenner ist das Zehnfache der zweiten Ordnung ꝛc.

Die Erklärung des Decimalbruches charakterisirt zwar das Wesen, nicht aber die Bezeichnung desselben, welche von Bedeutung ist, daher hat man zu obiger Erklärung noch Folgendes hinzuzufügen: Von einem Decimalbruche schreibt man nur den Zähler und zwar so in Verbindung mit der ganzen Zahl, daß man diese von jenem durch ein Komma trennt, die Stellen des Decimalbruches bezeichnen dann den Nenner des Bruches. Z. B. $1{,}78 = 1\frac{78}{100}$; $34{,}259 = 34\frac{259}{1000}$.

Anmerk. Um den Decimalbruch noch deutlicher von den Ganzen zu unterscheiden, als dies durch das Komma (den Decimalstrich) geschieht, pflegt man auch den Decimalbruch mit kleinern Ziffern als die ganze Zahl zu schreiben. Z. B. 54,352.

449. **Lehrsatz.** Das Zehnfache irgend einer Ordnung ist größer als die Summe der Vielfachen von den Zehnfachen der vorhergehenden Ordnungen einer Zahl.

Die höchsten Vielfachen von den Zehnfachen, welche an den Stellen einer Zahl stehen können, sind die Neunfachen; kann nun die Wahrheit des Satzes für die höchsten Vielfachen dargethan werden, so ist dadurch die Richtigkeit desselben für die niedrigen Vielfachen erwiesen, und der Satz hat dann also allgemeine Giltigkeit.

Nun ist das Zehnfache irgend einer Ordnung = dem Zehnfachen dem Zehnfachen der nächstvorhergehenden Ordnung; daher ist das Zehnfache einer Ordnung = dem 9fachen + dem Einfachen der nächstvorhergehenden Ordnung. Diesen Satz wende man auf die verschiedenen Ordnungen einer Zahl an, so ist:

das Zehnfache der Isten O. = (dem 9fachen + dem Einfachen) vom 10fachen der 0ten Ord.;
das Zehnfache der IIten O. = (9fachen + Einfachen) vom 10fachen der Isten O.;
das 10fache der IIIten O. = (9fachen + Einfachen) vom 10fachen der IIten O.;
das 10fache der IVten O. = (9fachen + Einfachen) vom 10fachen der IIIten O.;
das 10fache der Vten O. = (9fachen + Einfachen) vom 10fachen der IVten O.;

Daher ist das 10fache der Vten Ord. = 9fachen vom 10fachen der IVten O. + 9fachen vom 10fachen der IIIten O. + 9fachen vom 10fachen der IIten O. + 9fachen vom 18fachen der Isten O. + 9fachen vom 10fachen der Oten Ord. + dem Einfachen der Einheit.

Aus dieser Darstellung geht hervor, daß man die Reihe dieser Schlüsse so weit fortsetzen kann, als man will. Da das 9fache vom 10fachen der 0ten Ordnung eigentlich das 9fache der Einheit ist: so kann man obigen Ausdruck noch kürzer darstellen; und aus obigen Gründen ist:

Das 10fache VIter Ord. = 9fachen vom 10fachen Vter Ord. + 9fachen vom 10fachen IVter O. + 9fachen vom 10fachen IIIter O. + 9fachen vom 10fachen IIter O. + 9fachen vom 10fachen Ister O. + 9 Einer + der Einheit.

Die vorstehende Entwickelung kann man auch vermittelst Ziffern auf folgende Weise darlegen:

$$10 = 9 + 1$$
$$100 = 90 + 10$$
$$1000 = 900 + 100$$
$$10000 = 9000 + 1000$$
$$100000 = 90000 + 10000$$

Gleiches addirt giebt Gleiches.

$$100000 + 10000 + 1000 + 100 + 10 = 90000 + 9000 + 900 + 90 + 9 + 10000 + 1000 + 100 + 10 + 1.$$

Die Zahl der Nullen zeigt hier die Zahl der Ordnung von den 10fachen an, und nimmt man von den gleichen Summen die gleichen

Zahlen hinweg, so erhält man Gleiches, nämlich 100000 = 90000 + 9000 + 90 + 9 + 1, oder kürzer 100000 = 99999 + 1.

Ferner ist: 1000000 = 900000 + 100000; hierin für das 10fache der Vten Ord. = 100000; den vorstehenden Ausdruck gesetzt, giebt: 1000000 = 900000 + 99999 + 1 = 999999 + 1.

Da man nun diese Schlüsse nach Belieben fortsetzen kann, und jeder derselben die Richtigkeit des obigen Satzes darthut: so hat er allgemeine Giltigkeit.

450. Lehrsatz. Ein Zehntel irgend einer Ordnung ist größer als die Summe der Vielfachen von Zehnteln beliebig vieler niedrigerer Ordnungen.

Dieser Satz ist eine unmittelbare Folge aus dem vorhergehenden, weil dieser aber von Wichtigkeit für das Nachfolgende ist, und weil ihn mancher Anfänger aus dem vorstehenden vielleicht nicht leicht entwickeln könnte, so möge hier ein kurzer Beweis desselben folgen.

Die Ordnung der Zehntel wird durch die Zahl der Decimalstellen bestimmt, so daß, wenn eine Ziffer an der ersten, zweiten, dritten, vierten oder fünften Decimalstelle steht, dieses Zehntel der ersten, zweiten, dritten, vierten oder fünften Ordnung sind. Z. B. 0,7 = dem 7fachen der Zehntel Ister Ordnung; 0,06 = dem 6fachen der Zehntel IIter Ord.; 0,004 = dem 4fachen der Zehntel IIIter Ord.; 0,0008 = dem 8fachen der Zehntel IV. Ord. ꝛc.

Die Ordnungszahl der Decimalstelle ist also zugleich die Ordnungszahl der Zehntel.

Nun ist ein Zehntel irgend einer Ordnung = dem Zehnfachen von einem Zehntel der nächstfolgenden Ordnung; daher ist:

0,1 = 0,10 = 0,09 + 0,01
0,01 = 0,010 = 0,009 + 0,001
0,001 = 0,0010 = 0,0009 + 0,0001
0,0001 = 0,00010 = 0,00009 + 0,0001
0,00001 = 0,000010 = 0,000009 + 0,000001
ꝛc. ꝛc. ꝛc. ꝛc.

Addirt man nun Gleiches und zwar zwei, drei ꝛc. dieser Zahlen, und läßt von den gleichen Summen die gleichen Zahlen hinweg, so erhält man Gleiches; also:

0,1 = 0,09 + 0,009 + 0,0009 + 0,00009 + 0,000009 + 0,000001
oder kurz 0,1 = 0,099999 + 0,000001.

Ein Zehntel der IIten Ord. ist also größer als die Summe der 9fachen der Zehntel beliebig vieler nachfolgenden Ordnungen.

Diese Schlüsse kann man nach Belieben fortsetzen, und man findet immer, daß ein Zehntel einer Ordnung immer größer als die Summe der 10fachen der Zehntel beliebig vieler nachfolgenden Ordnungen ist.

Da die 9fachen der Zehntel, welche an den Decimalstellen stehen können, die höchsten sind, so hat der Satz auch Giltigkeit für solche Vielfachen, welche niedriger als das 9fache sind; folglich hat der Satz allgemeine Giltigkeit.

451. Erklär. Wenn man von einem vielstelligen Decimalbruche eine oder mehrere Ziffern an der höchsten (letzen) Stellen unbeachtet

läßt, so nennt man dieses einen Decimalbruch verkleinern oder auch abkürzen.

452. Zusatz. Der Unterschied zwischen einem abgekürzten und dem gegebenen Bruche ist weniger als ein Zehntel der höchsten beibehaltenen Ordnung.

Dieser Satz ist eine unmittelbare Folge aus dem 450sten Satze. Ist z. B. der gegebene Decimalbruch 0,4258394, und der abgekürzte 0,4258, so ist ihr Unterschied = 0,0000394 < 0,0001 (450.).

Man kann immer einen Decimalbruch so abkürzen, daß der Unterschied zwischen diesem und dem gegebenen kleiner oder eben so groß als ein halbes Zehntel der höchsten beibehaltenen Ordnung ist.

A) läßt man die Ziffer an der höchsten Decimalstelle außer Acht, und ist diese eine Fünf, so beträgt die Vernachlässigung ein halbes Zehntel der höchsten beibehaltenen Ordnung. Z. B. Der gegebene Decimalbruch sei 0,8745, der abgekürzte 0,874, so ist ihr Unterschied = 0,0005 = ein halb von 0,00010 = der Hälfte von 0,0001.

B) Ist die Ziffer der ersten vernachlässigten Decimalstellen 4, so ist die Vernachlässigung weniger als ein Zehntel der höchsten beibehaltenen Ordnung. Z. B. Der gegebene Bruch sei 0,58376489, der abgekürzte 0,58376, so ist der Unterschied beider = 0,00000489 < 0,000005 = der Hälfte von einem Zehntel der Vten Ord. (350. u. 452 A.).

C) Wenn die Vielfache von einem Zehntel der ersten von den vernachlässigten Ordnungen das 5fache, oder höher als das 5fache ist; so beträgt die Vernachlässigung mehr als die Hälfte von einem Zehntel der höchsten beibehaltenen Ordnung Z. B. Der gegebene Bruch sei 0,43585432, und der abgekürzte 0,4358, so ist ihr Unterschied = 0,00005432 > 0,00005 = der Hälfte von einem Zehntel der IV. Ordnung; oder der gegebene sei 0,7639653 der abgekürzte 0,7639, so ist ihr Unterschied = 0,0000653 > 0,00005 = der Hälfte von einem Zehntel der IV. Ordnung.

D) Beträgt die Vernachlässigung die Hälfte (A.), oder mehr als die Hälfte (C.) der höchsten beibehaltenen Ordnung, so vergrößert man, anstatt der Verminderung, den abgekürzten Bruch um ein Zehntel der höchsten beibehaltenen Ordnung; in diesen Fällen ist zwar der abgekürzte Bruch größer als der gegebene, doch ist der Unterschied beider im ersten Falle nur eben so groß, im andern kleiner als die Hälfte von einem Zehntel der höchsten beibehaltenen Ordnung. Z. B. Der gegebene Bruch sei 0,8357845, der abgekürzte 0,8358, so ist ihr Unterschied = 0,8358 — 0,8357845 = 0,8358000 — 0,8357845 = 0,0000155 < 0,00005 = $\frac{1}{2}$ des Zehntels der IV. Ordnüng.

453. Aufgabe. Gegebene Decimalbrüche zu addiren oder zu subtrahiren.

Das Verfahren der Addition und Subtraction mit ganzen Zahlen wird als bekannt vorausgesetzt; mit Decimalbrüchen verfährt man in der Addition und Subtraction eben so, wie mit Ganzen; denn bei den ganzen Zahlen schreibt man die Zehnfachen gleich hoher Ordnungen senkrecht unter einander, und bei den Decimalbrüchen setzt man die Vielfachen von den Zehnteln gleich hoher Ordnungen gleichfalls senkrecht unter einander, und beobachtet bei der Addition das allgemeine

Gesetz, daß jedes Zehnfache von einem Zehntel irgend einer Ordnung, eben so viele Zehntel der nächstvorhergehenden Ordnung geben.

Beispiele zur Addition:

1)
```
   35,2587
    0,3849
  628,00368
 8940,642
    4,37456
 ----------
 9608,66384
```

Man mache den Anfang der Addition mit den kleinsten Theilen, hier mit den Zehnteln der Vten Ord., deren Summe = 14 Zehnteln Vter O. = 1 Zehntel IVter Ord. + 4 Zehnteln Vter Ord. Die 4 Zehntel Vter Ordnung setze man an die 5te Decimalstelle der Summe. Darauf addire man die Vielfachen von den Zehnteln IVter Ordnung, und nehme jenes Zehntel der IV. Ordnung dazu, welches eine Summe von 28 Zehnteln IVter Ordnung giebt = 2 Zehnteln IIIter Ordnung + 8 Zehnteln IVter Ordnung; diese letztern schreibe man an die 4te Decimalstelle und zähle die 2 Zehntel IIIter O zu den Vielfachen der Zehntel IIIter Ordnung, deren Summe = 23 Zehntel IIIter Ord. ist = 2 Zehntel IIter Ord. + 3 Zehnteln IIIter O.; die letzten 3 Zehntel IIIter O. setze man wieder an die dritte Decimalstelle ꝛc.

Man pflegt auch den Summanden gleichviele Decimalstellen zu geben, indem man die fehlenden Stellen rechts durch Nullen ersetzt; doch dieses bleibt dem Ermessen Jedes überlassen.

```
2)  0,0003578        3)   48,2
    0,76854              356,08
    4,080956               0,99978
   47,0023              2865,376
   ----------           ----------
   51,8521538           3270,65578
```

Beispiele zur Subtraction.

Man schreibe die Vielfachen der Zehntel gleichhoher Ordnunngen senkrecht unter einander, beginne die Subtraction mit den kleinsten Theilen, und verfahre überhaupt wie mit ganzen Zahlen.

1)
```
 8.,3 7.4.3 5.6
 2,4 6 7 8 4 9
 -------------
 5,9 0 6 5 0 7
```

Da man 9 Zehntel VIter Ord. nicht von 6 Zehnteln derselben Ord. hinwegnehmen kann, so nehme man ein Zehntel Vter Ord. dazu = 16 Zehntel VIter Ord., und davon 9 Zehntel VIter Ord. subtrahirt = 7 Zehnteln VIter Ord., welche man an die 6te Decimalstelle im Reste setze ꝛc.

```
2) 3 2 7.,4.5.6 4 7 2       3) 2 5.,3 7 4.0.0.0
       0,8 6 8                 1 8,4 6 3 8 2 5
   -----------------           ---------------
   3 2 6,5 8 8 4 7 2             6,9 1 0 1 7 5
```

Wenn der Minuendus weniger Decimalstellen als der Subtrahendus hat, so ersetze man dem Minuendus die fehlenden Stellen durch Nullen, welche man rechts dieser Zahl anhängt.

Man wird bemerken, daß die Summe so viele Decimalstellen als der Summandus hat, welcher unter allen Summanden die meisten derselben besitzt. Dieselbe Bemerkung gilt auch vom Reste. Er hat nämlich so viele Decimalstellen als diejenige der beiden Zahlen, Minuendus und Subtrahendus, welche die größere Anzahl Decimalstellen hat.

454. Aufgabe. Einen Decimalbruch mit einer ganzen Zahl zu multipliciren.

Die Multiplication eines Bruches mit einer ganzen Zahl ist eine

Vervielfältigung des Bruches durch die ganze Zahl; diese giebt aber zum Produkte wieder einen Bruch, dessen Zähler gleich dem Produkte aus dem Zähler des gegebenen Bruches und der vervielfältigenden Zahl, und dessen Nenner gleich dem des gegebenen Bruches ist (287.).

Da nun vom Decimalbruche nur der Zähler desselben geschrieben wird, so wird die Multiplication dieser Aufgabe die zweier ganzen Zahlen sein, und weil das Produkt und der gegebene Bruch gleichnamig sein müssen, so muß das erhaltene Produkt eben so viele Decimalstellen als der gegebene Decimalbruch haben. Z. B.

```
   42,8375
       627
----------
  299 8625
  856 750
25702 50
----------
26859,1125
```

Ist die ganze Zahl ein Zehnfaches der ersten Ordnung: so ist das Produkt ein Zehnfaches des Decimalbruches; da der Decimalbruch eine Summe eben so vieler Brüche ist, wie viele Stellen er hat, so muß jedes Vielfache an den Stellen des Produkts das Zehnfache von den Vielfachen an denselben Stellen des Decimalbruches sein; daher rückt der Decimalstrich im Produkte eine Stelle von Links nach Rechts weiter als im Decimalbruch. Z. B, $4,7876 \times 10 = 47,876$.

Allgemein: Ist die ganze Zahl ein Zehnfaches irgend einer Ordnung, so muß jedes Zehnfache in den Ganzen und jedes Zehntel im Decimalbruche um eben so viele Stellen im Produkte, als die Zahl jener Ordnung beträgt, von Rechts nach Links höher als im Decimalbruche rücken, oder was dasselbe ist, der Decimalstrich muß im Produkte um die Zahl Stellen, welche jene Ordnung anzeigt, von Links nach Rechts rücken. Z. B. $3,489754 \times 10$faches der Vten Ord. $=$ $3,489754 \times 100000 = 348975,4$.

Umgekehrt: Um wie viele Stellen man in einer Zahl (Ganze und Decimalbruch, oder nur Decimalbruch) den Decimalstrich weiter als in der gegebenen Zahl von Links nach Rechts rückt, um eben so viel mal wird dadurch die gegebene Zahl mit 10, also mit einem Zehnfachen, dessen Ordnung durch die Anzahl der fortgerückten Stellen bestimmt wird, multiplicirt. Wird also der Decimalstrich um 3 Stellen von Links nach Rechts gerückt, so wird die neue Zahl das 1000fache der gegebenen. Z. B. Ist die gegebene Zahl 5,8760346, so ist $58,760346 = 10 \times 5,8760346$; $587,60346 = 100 \times 5,8760346$; $5876,0246 = 1000 \times 5,8760346$ 2c.

455. Aufgabe. Irgend eine Zahl, eine ganze oder einen Decimalbruch, durch ein Zehnfaches irgend einer Ordnung zu dividiren.

Wird der Dividendus durch eine ganze Zahl dividirt, so ist der Quotient der Theil des Dividendus, welcher Theil das Ganze vom Divisor ist (329. Anmerk.). Ist daher der Dividendus eine ganze Zahl, so ist der Quotient ein Bruch, welcher zum Zähler den Dividendus, und zum Nenner den Divisor hat. Da nun der Divisor ein Zehnfaches einer gewissen Ordnung ist: so ist der Quotient ein Decimalbruch, und hat so viele Decimalstellen, wie viele Einheiten die Ordnungszahl des Zehnfachen enthält (448.). Z. B. 8 : 10 = 0,8; 37 : 10 = 37,; 246 : 100 = 2,46; 345 : 1000 = 0,345 ꝛc.

Enthält der Dividendus einen Decimalbruch: so ist der Quotient ein Doppel- oder gebrochener Bruch (388.), und man verwandelt denselben in einen gewöhnlichen Bruch, wenn man Zähler und Nenner des gebrochenen Bruches durch den Nenner des Zählers derselben multiplicirt (389.). Da nun der Nenner eines Decimalbruches ein Zehnfaches einer gewissen Ordnung ist: so hat man also Zähler und Nenner des gebrochenen Bruches mit einem Zehnfachen einer gewissen Ordnung zu multipliciren; daher verliert der Zähler des gebrochenen Bruches so viele Decimalstellen, als die Ordnungszahl des Zehnfachen, welches der Nenner des Decimalbruches ist, die Einheit enthält. Weil aber der Decimalbruch eben so viele Decimalstellen als die Ordnungszahl des Nenners Einheiten hat: so verwandeln sich alle Decimalstellen des Zählers vom gebrochenen Bruche in Stellen der Ganzen, oder der Zähler des gebrochenen Bruches wird durch gedachte Multiplication eine ganze Zahl.

Da sowohl der Nenner des gebrochenen als auch der des Decimalbruches Zehnfache gewisser Ordnungen sind: so ist der Nenner des gesuchten gewöhnlichen Bruches ein Produkt aus zwei Zehnfachen gewisser Ordnungen. Nun ist das Produkt aus zwei Zehnfachen gewisser Ordnungen ein Zehnfaches einer solchen Ordnung, deren Zahl gleich der Summe der Ordnungszahlen beider Faktoren ist. Demnach ist der gesuchte Quotient ein solcher Decimalbruch, der so viele Decimalstellen als der Dividendus und die Ordnungszahl des Divisors Einheiten hat. Z. B. $0,4 : 10 = \frac{4}{10} : 10 = \frac{4}{100} = 0,04$; 3,68 : 10 = 0,368; 256,8 : 100 = 2,568; 3456,028 : 1000 = 3,456028.

Anmerk. In der Auflösung vorstehender Aufgabe wurde der Satz: Das Produkt zweier Zehnfachen gewisser Ordnungen ist gleich einem Zehnfachen der Ordnung, deren Ordnungszahl gleich der Summe der Ordnungszahlen der Faktoren ist, gebraucht. Dieser Satz kann aus der Multiplication ganzer Zahlen als bekannt vorausgesetzt werden; forderte man aber einen besondern Beweis für denselben, so kann man ihn folgender Art geben. Wird ein Zehnfaches irgend einer Ordnung mit 10 multiplicirt, so erhält man das 10fache vom Zehnfachen einer gewissen Ordnung. Nun ist aber das Zehnfache vom Zehnfachen einer Ordnung ein Zehnfaches der nächsthöheren Ordnung; daher wird ein Zehnfaches einer gewissen Ordnung zu so vielen höheren Ordnungen erhoben, wie vielmal man dasselbe durch 10, oder durch ein Zehnfaches der Ordnung multiplicirt, deren Ordnungszahl gleich der Zahl der Multiplicationen mit 10 ist. Z. B. Ein Zehnfaches der IIIten O. × ein Zehnfaches IVter O. = dem Zehnfachen der IIIten + IVter O. = dem Zehnfachen VIIter O.; oder 1000 × 10000 = 10000000.

456. Aufgabe. Einen Decimalbruch mit einem Decimalbruche zu multipliciren.

Da das Produkt zweier Brüche gleich einem Bruche ist, dessen Zähler gleich dem Produkte der Zähler und dessen Nenner gleich dem Produkte der Nenner ist (325.): so ist das Produkt zweier Decimalbrüche ein solcher Bruch, dessen Zähler das Produkt zweier ganzen

Zahlen, welches wieder eine ganze Zahl ist, und dessen Nenner ein Produkt zweier Zehnfachen von den Ordnungen ist, von welchen Ordnungen die Nenner der Decimalbrüche sind. Da nun das Produkt aus zwei Zehnfachen gewisser Ordnungen ein Zehnfaches der Ordnung ist, deren Zahl gleich der Summe der Ordnungszahlen der Faktoren ist (455. Anmerk.): so ist das Produkt zweier Decimalbrüche ein solcher Decimalbruch, der so viele Decimalstellen hat als beide Faktoren zusammen haben.

Aus der vorstehenden Entwickelung geht hervor, daß die Multiplication zweier Decimalbrüche die zweier ganzen Zahlen ist, und das Produkt so viele Decimalstellen hat als beide Faktoren zusammen haben.

Z. B. 1)

```
   4,258
    0,73
  ------
  12 774
 298 06
 -------
 3,10 834
```

Da der eine Faktor 3 und der andere 2 Decimalstellen hat, so muß das Produkt 3+2 oder 5 Decimalstellen haben.

2)

```
      36.2495
        8,467
    ---------
    2537465
   2174970
  1449980
 2899960
 -----------
 306,9245165
```

Man multiplicirt also die Decimalbrüche so, als wären sie ganze Zahlen, and giebt dem Produkte so viele Decimalstellen, als beide Faktoren zusammen haben.

3)

```
   793,467
   0,00359
   -------
   71 41203
  396 7335
 2 380 401
 -----------
 2,848 54653
```

4)

```
      0,65432
      0,00436
      -------
      3 92592
     19 6296
    261 728
 -------------
 0,00285 28352
```

Hat das Produkt nicht so viele Stellen, als beide Faktoren zusammen Decimalstellen haben, wie im 4ten Beispiele, so muß man die fehlenden Decimalstellen im Produkte durch Nullen ersetzen, und diese Ergänzung muß nicht Rechts sondern Links geschehen, weil die Rechts hinzugefügten Nullen die Ordnungszahlen der Decimalstellen nicht ändern.

457 Erklärung und Aufgabe. Die Multiplication zweier ganzen Zahlen oder Decimalbrüche wird gewöhnlich mit dem Vielfachen an der niedrigsten Stelle des Multiplicators angefangen, wie dieses auch in der vorigen Aufgabe geschehen ist. Man kann aber auch die Multiplication dieser Zahlen mit dem Vielfachen an der höchsten Stelle des Multiplicators beginnen, und dann zu den Vielfachen bis zur niedrigsten Stelle fortschreiten; und dieses Verfahren ist dasjenige, welches man die umgekehrte Multiplication nennt.

Zwei Zahlen, welche Decimalbrüche enthalten, nach der umgekehrten Multiplication zu multipliciren, und die Stelle des Decimalstrichs in dem ersten Theilprodukte, welches man durch die Multiplication mit dem höchsten Vielfachen des Multiplicators erhält, zu bestimmen.

Man soll z. B. die beiden Zahlen 38,7584; 2,936 in umgekehrter Ordnung mit einander multipliciren.

```
  38,7584
   2,936
 ----------
 77,5168
 34,88256
   1,162752
    2325504
 ----------
113,7946624
```

Man multiplicire also den Multiplicandus zuerst mit 2 Ganzen, daher hat dieses Produkt eben so viele Decimalstellen als der Multiplicandus (454.). Darauf multiplicire man den Multiplicandus mit 9 Zehnteln, und setze die Vielfachen der gleichhohen Stellen senkrecht unter einander. Da in dieser Multiplication der Multiplicator eine Decimalstelle mehr als der in der vorigen und in beiden Fallen der Multiplicandus gleichviele Decimalstellen hat: so muß das letzte Theilprodukt eine Decimalstelle mehr als das vorhergehende haben, weil das Produkt stets so viele Decimalstellen hat als beide Faktoren zusammen haben (456.); daher muß das zweite Theilprodukt eine Decimalstelle weiter nach Rechts als das erste gerückt werden. Verfolgt man diese Schlüsse, so wird man die Richtigkeit der nebenstehenden Rechnung leicht einsehen.

Aus diesen Gründen wird man auch die Richtigkeit der Rechnuug folgender zwei Beispiele erkennen.

```
     5,876409                      0,04364879
     0,0684                        0,0002468
 ---------------              ---------------------
  0,35 258454                 0,0000 08731758
      5 7011272                       17463516
       23505636                        26195274
 ---------------                        34927032
  0,40 19463756               ---------------------
                              0,0000 10774989372
```

Hat jeder Faktor oder doch einer derselben mehr Decimalstellen als man im Produkte zu einem Zwecke zu haben wünscht, so ist die Berechnung der überflüssigen Decimalstellen eine ynnütze Mühe, und man wendet zu diesem Zwecke folgende abgekürzte Multiplication an: Man berechnet im Produkte so viele Decimalstellen als derjenige Faktor, welcher die meisten derselben hat, besitzt; daher macht man diesen Faktor zum Multiplicandus, und gebraucht die umgekehrte Multiplication mit Berücksichtigunp der Sätze 451. und 452. und besonders der Bemerkung 452. D). Ein Beispiel wird das Verfahren genauer erläutern.

Gesetzt, man suche das Produkt der beiden Zahlen 64,298457 und 0,5645 bis auf 5 Decimalstellen; so hat das vollständige Produkt 10 Decimalstellen, also 5 mehr als man braucht, und es ist 36,2964789765; da an der 6ten Decimalstelle ein Vielfaches von einem Zehntel VIter Ord. steht, welches mehr als die Hälfte von einem Zehntel der Vten Ord. beträgt, so hat man, um das gesuchte Produkt nicht mit einem zu großen Fehler zu erhalten, das Vielfache an der 5ten Decimalstelle um das Einfache zu vermehren (452. D.); daher ist es: 36,29648.

Man wende nun oben bezeichnetes Verfahren an, und führe die Rechnung bis zur 6ten Decimalstelle, so wird man erhalten:

64,298457<br>
0,5645<br>
―――――<br>
32,149229<br>
3,857907<br>
257193<br>
32149<br>
―――――<br>
46,296478

Nach der umgekehrten Multiplication hat man den Multiplicandus zuerst mit 5 Zehnteln zu multipliciren, dieses giebt aber ein Theilprodukt mit 7 Decimalstellen; da nur 6 Decimalstellen berechnet werden sollen, so ist von dem Theilprodukte die Ziffer an der 7ten Decimalstelle zu vernachlässigen, weil diese aber 5 ist, so hat man die Ziffer an der 6ten Decimalstelle um 1 zu vermehren (452. D). Nun hat man mit 6 Zehnteln IIter Ordnung zu multipliciren, und weil an der niedrigsten Stelle des Multiplikandus 7 Zehntel der VIten Ordnung stehen, so würde das Theilprodukt Zehntel der VIIIten Ordnung erhalten; daher kommen die 7 Zehntel VIter Ordnung nicht weiter in Betracht; eigentlich sollten auch die 5 Zehntel Vter Ordnung des Multiplicandus nicht berücksichtigt werden, weil das Produkt desselben Zehntel der VIIten Ordnung giebt; da aber das 10fache von einem Zehntel VIIter Ord. ein Zehntel VIter Ord. ist, so hat man von dem gedachten Produkte das Vielfache von Zehnfache von einem Zehntel VIIter Ord. zu den Zehnteln VIter Ord. hinzuzusetzen 2c. So wie man nun im Multiplicator um eine Stelle herabsteigt, so muß man immer eine Stelle mehr Rechts im Multiplicandus außer Acht lassen, und so fortfahren, bis man mit allen Vielfachen des Multiplicators die erforderliche Multiplication ausgeführt hat. Die Ziffer des Multiplicandus, welche man nach und nach außer Acht läßt, pflegt man auch zu überpunktiren oder zu durchstreichen. Vergleicht man nun dieses durch abgekürzte Multiplication erhaltene Produkt mit dem obigen wahren, so findet man, daß beide in den ersten 6 Decimalstellen vollkommen übereinstimmen, und setzt man anstatt der 8 Zehntel VIter Ord. ein Zehntel Vter Ord., so ist das auf diese Weise erhaltene Produkt = 36,29648, welches mit dem früher angezeigten völlig übereinstimmt.

Würde man aber in dem Multiplicandus nur 5 Decimalstellen, also die Zahl, welche im Produkte verlangt wird, behalten haben, so hätte man den Multiplicandus nach Satz 452. D.) verkürzen müssen, und dann erhält man folgende Rechnung:

. . . .<br>
64,29846<br>
0,5645<br>
―――――<br>
33,14923<br>
3,85790<br>
25719<br>
3215<br>
―――――<br>
36,29647

Hier sind jedesmal die Ziffern des Multiplicandus, welche nicht in Rechnung gezogen werden dürfen, überpunktirt. Die Richtigkeit der 3 ersten Theilprodukte geht aus dem Vorhergehenden hervor, nur in Beziehung auf das 4te Theilprodukt sei hier etwas erwähnt. Um das 4te Theilprodukt zu erhalten, hat man mit 5 Zehntel IVter Ord. 2 Zehntel Ister Ord. des Multiplicandus 2c. zu multipliciren, damit man an der niedrigsten Stelle des Produkts Zehntel Vter Ord. erhalte; doch ist in Bezug auf diese Ord. im Produkte Rücksicht auf die Zehntel IIter Ord. des Multiplicandus zu nehmen, und in dieser Hinsicht erhält man durch Multiplication 45 Zehntel VIter Ord. im Produkt, welche nur das 4fache vom Zehnfachen von einem Zehntel VIter Ord. betragen, und da die 5 Zehntel

VIter Ord. kein Zehnfaches von einem Zehntel dieser Ordnung sind, so wären sie also zu vernachlässigen; dagegen streitet aber die Bemerkung 452. D); demnach sind anstatt 45 Zehntel VIter Ord. 50 Zehntel VIter oder 5 Zehntel Vter Ord. zu rechnen. Das Uebrige wird nach Frühern klar sein.

Noch zwei Beispiele zur Verdeutlichung der Rechnung. Man will das Produkt der Zahlen 0,78976; 0,43258 bis auf 6 Decimalstellen, und die Zahlen 0,08594786; 0,0048216 bis auf 7 Decimalstellen richtig haben.

Man wird aus der letzten Berechnung bemerkt haben, daß die unmittelbare Berechnung der geforderten Zahl Decimalstellen im Produkte nicht genau ist; indem die Verkürzungen in den Theilprodukten auf die letzte der beibehaltenen Decimalstellen Einfluß haben. Um daher diesen Fehler zu vermeiden, berechne man lieber im Produkte eine Decimalstelle mehr als gefordert wird, und bringe darauf die zulässige Correction an. Daher

| | |
|---:|---:|
| 0,78976 | 0,08594786 |
| 0,43258 | 0,0048216 |
| 0,315904 | 0,00034379 |
| 236928 | 6875 |
| 15795 | 172 |
| 3950 | 9 |
| 631 | 5 |
| 0,3416344 | 0,00041440 |

Das erste Produkt bis auf 6 Decimalstellen ist also 0,341634, das andere bis auf 7 Decimalstellen 0,0004144; die wahren Produkte der gegebenen Zahlen sind 0,3416343808 und 0,000414406201776; das zweite Produkt ist mit dem durch abgekürzte Multiplication gefundenen in den ersten 8 Decimalstellen völlig übereinstimmend, das erste weicht von dem vorherberechneten in der 7ten Decimalstelle ab; aber setzt man in dem wahren Produkte anstatt der 8 Zehntel VIIIter Ord. ein Zehntel VIIter Ord., so ist die Uebereinstimmung bis zur 7ten Decimalstelle hergestellt, und bis zur 6ten Decimalstelle besteht die Uebereinstimmung auch ohne diese Correction. Dieses Gesagte wird zur Behandlung ähnlicher Fälle hinlänglich sein.

458. **Aufgabe.** Eine Zahl, welche einen Decimalbruch enthält, durch eine ganze Zahl zu dividiren.

Da der Dividendus gleich dem Produkte aus dem Divisor und dem Quotienten ist (337.), so muß dieses Produkt so viele Decimalstellen haben, wie viele der Dividendus hat; weil ferner die Zahl der Decimalstellen des Produkts gleich der Summe der Deeimalstellen seiner Faktoren ist, und der Divisor als ganze Zahl keine Decimalstellen hat; so muß die Zahl der Decimalstellen des Quotienten gleich der des Dividendus sein. Die Division selbst wird eben so wie die mit ganzen Zahlen behandelt, welche hier als bekannt vorausgesetzt wird.

Z. B. 1) $78,456 : 4 = 19,614$; 2) $326,785 : 5 = 65,357$;

3) 719,24804 : 76 = 9,46379; 4) 2293,5198 : 429 = 5,3462.

```
 684             2145
 ———             ————
 352             1485
 304             1287
 ———             ————
  484             1981
  456             1716
  ———             ————
   600             2659
   532             2574
   ———             ————
    684             858
    684             858
```

Betrachtet man in diesen Beispielen den Dividendus als eine ganze Zahl, so ist er ein Vielfaches vom Divisor; dieses findet aber in den wenigsten Fällen statt, und es entsteht daher die Frage, wie die Division zu vollführen sei, wenn der Dividendus kein Vielfaches vom Divisor ist?

Die Division wird in jedem Falle, der Dividendus mag ein Vielfaches vom Divisor sein oder nicht, so geführt, als wären beide ganze Zahlen, und man kann im Quotienten auf diese Weise beliebig viele Decimalstellen berechnen; dann hat man sich aber die Zahl der Decimalstellen des Dividendus, welche man zur Division gebraucht hat, zu merken. Ist der Dividendus kein Vielfaches vom Divisor, so wird ein Rest der Division, welcher ein Decimalbruch ist, übrig bleiben, und die niedrigste Decimalstelle des Restes muß von derselben Ordnung als die niedrigste des vom Dividendus gebrauchten Decimalstelle sein. Da ferner der Dividendus gleich dem Produkte aus dem Divisor und Quotienten nebst dem Reste der Division und der Divisor eine ganze Zahl sein soll: so muß der Quotient so viele Decimalstellen haben, wie viele man vom Dividendus gebrauchte. Ist der Rest der Division, als ganze Zahl betrachtet, die Hälfte oder mehr als die Hälfte des Divisors, so hat man die Zahl an der letzten Decimalstelle des Quotienten um Eins zu vermehren; dann ist dieser Quotient zwar größer als der wahre, doch weicht er weniger von diesem ab, als der ohne diese Correction. Einige Beispiele werden das Gesagte erläutern.

1) 35 : 2 = 17,5; 2) 55,79 : 4 = 13,9475; 3) 24,37 : 5 — 4,874; 4) 360 : 43 = 0,837; 5) 450 : 64 = 0,703125.

```
 344             448
 ———             ———
 160             200
 129             192
 ———             ———
  310              80
  301              64
  ———             ———
    9 R. d. D.     160
                   128
                   ———
                    320
                    320
```

In den Beispielen 4 und 5 ist der Dividendus eine ganze Zahl, und weil er kleiner als der Divisor ist, so kann der Quotient kein Ganzes enthalten, oder er muß kleiner als ein Ganzes, also ein Decimalbruch ohne Ganze sein. Denn würde der Quotient größer als ein Ganzes sein, so würde das Produkt aus dem Divisor und dem Quotienten größer als der Divisor (420.); daher auch größer als der Dividendus sein, welches gegen Satz 337. streitet; folglich muß der Quotient kleiner als ein Ganzes sein, d. h. er hat Null Ganze und irgend einen Decimalbruch. Dasselbe findet in allen Fällen statt, wenn der Dividendus kleiner als der Divisor ist.

6) 3,425 : 126 = 0,0271832....

```
2 52
----
  905
  882
  ---
   230
   126
  ----
   1040
   1008
   ----
     320
     252
     ---
      68
```

Indem man mit dem Divisor in 3 Ganze dividirt, so kann man nach dem Vorigen keine Ganze im Quotienten erhalten; man nehme also zu den 3 Ganzen noch 4 Zehntel, dieses sind zusammen 34 Zehntel, welche kleiner als 126 Zehntel sind, daher kann man im Quotienten auch keine Zehntel erhalten. Nimmt man nun zu den 34 Zehnteln 2 Hundertstel, welches zusammen 342 Hundertstel beträgt, so ist dieses mehr als 126 Hundertstel. Von hier an ist die Division eben so wie mit ganzen Zahlen.

Um die Stelle des Decimalstriches im Quotienten zu bestimmen kann man so verfahren, wie kurz vorher bemerkt wurde, indem man die ganze Zahl des Quotienten bestimmt; oder man kann auch die obige Bemerkung in Anwendung bringen, nämlich, daß der Quotient eben so viele Decimalstellen haben muß, wie viele man vom Dividendus zur Division gebraucht hat. Fordert man im Quotienten mehr Decimalstellen als im Dividendus vorhanden sind, so kann man die fehlenden Rechts durch Nullen ersetzen, und sie entweder noch vor der Division dem Dividendus hinzufügen, oder im Verlaufe derselben sie nach und nach den Resten anhängen, wie im letzten Beispiele.

Das über die Division einer Zahl mit einem Decimalbruche durch eine ganze Zahl Gesagte, wird zur Erläuterung des Verfahrens hinlänglich sein; denn noch Mehreres dürfte den Leser ermüden.

459. **Aufgabe.** Eine Zahl mit einem Decimalbruche oder ohne denselben, durch eine Zahl mit einem Decimalbruche, zu dividiren.

Wenn man Dividendus und Divisor durch gleiche Zahlen multiplicirt: so ist der Quotient dieser Produkte, nach der Ordnung der Division, gleich dem ersten Quotienten (355.). Nach diesem Satze kann man diese Aufgabe auf die vorige zurückführen, welches dadurch geschieht, daß man Dividendus und Divisor mit dem Nenner vom Decimalbruche des Divisors multiplicirt. Denn dadurch wird der Divisor eine ganze Zahl (290.) und folglich kann diese Aufgabe als aufgelöst betrachtet werden. Einige Bemerkungen werden das gewöhnliche Verfahren dieser Division noch mehr ins Licht setzen.. Dieses Verfahren ist nun folgendes:

Man nimmt vom Dividendus so viele Decimalstellen, wie viele dieser Stellen der Divisor besitzt, merkt sich die genommene Zahl Decimalstellen auf irgend eine Weise, und führt die Division wie mit ganzen Zahlen aus. Die letzte der bemerkten Decimalstellen giebt dann die letzte Stelle in der ganzen Zahl des Quotienten, und treibt man von hier an die Division noch weiter, so erhält man mit jeder neuen Decimalstelle, welche man nach den bemerkten zur Division nimmt, die nach den Ganzen auf einander folgenden Decimalstellen im Quotienten. Z. B.

```
27,4587 | 3985 : 2,4834 = 11,0569....
24 834  |
-------
 2 6247 |
 2 4834
-------
   1413 39
   1241 70
   -------
    171 698
    149 004
    -------
     22 6945
     22 3506
     -------
        3439
```

Hier sind die vom Dividendus genommenen Stellen durch einen senkrechten Strich von den übrigen abgesondert.

Die Richtigkeit des letzten Verfahrens erhellet aus dem, was zu Anfange dieser Auflösung gesagt wurde, und aus der Auflösung der vorstehenden Aufgabe. Hat der Dividendus nicht so viele Decimalstellen als der Divisor, so kann man die fehlenden immer durch Nullen ersetzen.

Ein anderes Verfahren ist dieses: Man dividirt den Dividendus durch den Divisor ohne Rücksicht auf Decimalstellen, völlig so als wären beide ganze Zahlen, und berechnet auf diese Weise so viele Stellen im Quotienten als gefordert werden; darauf giebt man dem Quotienten eine solche Zahl Decimalstellen, welche gleich der Differenz der Zahl Decimalstellen des Divisors und der Zahl gebrauchter Decimalstellen des Dividendus ist, oder kurz: die Zahl der Decimalstellen des Quotienten = der Zahl gebrauchter Decimalstellen des Dividendus weniger der Zahl drr Decimalstellen des Divisors.

Die Richtigkeit dieses Verfahrens ist leicht einzusehen. Denn der Dividendus ist gleich dem Produkte aus Divisor und Quotienten, folglich ist die Zahl der Decimalstellen dieses Pruduks gleich der Zahl der Decimalstellen des Dividendus. Nun ist aber die Zahl der Decimalstellen des Produkts gleich der Summe der Zahlen von Decimalstellen der Faktoren; daher ist die Zahl gebrauchter Decimalstellen des Dividendus der Summe der Decimalstellen vom Divisor und Quotienten gleich. Demnach ist die Zahl der Decimalstellen des Quotienten gleich der

Zahl gebrauchter Decimalstellen des Dividendus weniger der Zahl der Decimalstellen des Divisors.

Der Beisatz „gebrauchte" ist hier wohl zu berücksichtigen; denn der Dividendus kann mehr Decimalstellen haben, als man zur Division gebraucht hat, die nicht gebrauchten Decimalstellen kommen hier nicht in Betracht, daher haben sie auch keinen Einfluß auf den Quotienten. Vom Reste, wenn ein solcher vorkommt, ist schon früher das Nöthige gesagt. Noch ein Beispiel;

```
7,350 : 0,00846 = 868,7943....
6 768
-----
 5820
 5076
 -----
  7440
  6768
  -----
   6720
   5922
   -----
    7980
    7614
    -----
     3660
     3384
     -----
      2760
      2538
      -----
       222
```

Einen gemeinen Bruch in einen Decimalbruch zu verwandeln.

Die Verwandlung eines gemeinen Bruches in einen Decimalbruch fordert die Berechnung eines Decimalbruches, welcher gleich dem gegebenen Bruche ist, oder diesem so nahe kommt, daß die Differenz zwischen beiden kleiner als jeder beliebige kleine Bruch sei, und daher als unbedeutend vernachlässigt werden könne.

Es wird hier vorausgesetzt, daß der gemeine Bruch stets auf seine kleinste Benennung gebracht worden sei, und dann kann der Decimalbruch nur in dem Falle gleich dem gegebenen Bruche sein, wenn der Nenner des Decimalbruches ein Vielfaches von dem Nenner des gegebenen Bruches ist.

Denn wenn zwei Brüche gleich sind, so haben die Zähler zu den Nennern derselben gleiche Verhältnisse (272.). Da nun Zähler und Nenner des gegebenen Bruches Primzahlen zu einander, und daher die kleinsten Zahlen in diesem Verhältnisse sind (204.): so sind die Glieder des andern Verhältnisses, nämlich Zähler und Nenner des Decimalbruches, Gleichvielfache der gleichnamigen Glieder des ersten Verhältnisses, nämlich vom Zähler und Nenner des gemeinen Bruches (203.).

Da nun der Nenner eines Decimalbruches ein Zehnfaches irgend einer Ordnung, also ein Produkt aus Faktoren, deren jeder = 10 ist, 10 aber ein Produkt aus 2 mal 5 ist: so muß der Nenner des gemeinen Bruches ein Produkt aus Faktoren sein, deren entweder, jeder = 2, oder jeder = 5 ist, oder 2 und 5 sind.

Daher werden gemeine Brüche, deren Nenner 2, 2.2 = 4, 2.4 = 8, 2.8 = 16, 2.16 = 32, 2.32 = 64 ꝛc. oder 5.5 = 25, 5.25 = 125, 5.125 = 625 ꝛc. oder Produkte aus diesen Zahlen 2.5 = 10; 5.4 = 20, 5.8 = 40, 5.16 = 80 ꝛc., 25.2 = 50, 25.4 = 100, 25.8 = 200 ꝛc. sind, durch Decimalbrüche völlig genau ausgedrückt werden können.

Brüche, deren Nenner außer den einfachen Faktoren 2 und 5 noch andere einfache Faktoren haben, können daher nur näherungsweise durch Decimalbrüche ausgedrückt werden.

Nachfolgende Beispiele werden die vorstehenden Bemerkungen bestätigen. Da jeder Bruch als eine Division betrachtet werden kann (376.), so ist die Verwandlung eines gemeinen Bruches in einen Decimalbruch eine Division einer ganzen Zahl durch eine ganze Zahl, welche in Aufgabe 458. behandelt worden ist, und der Quotient dieser Division ist also der gesuchte Decimalbruch.

| | |
|---|---|
| 1) $\frac{1}{2} = 0,5$ | 9) $\frac{5}{11} = 0,454545\ldots.$ |
| 2) $\frac{2}{3} = 0,666666\ldots.$ | 10) $\frac{7}{12} = 0,5833333\ldots.$ |
| 3) $\frac{3}{4} = 0,75$ | 11) $\frac{6}{13} = 0,461538461538\ldots.$ |
| 4) $\frac{4}{5} = 0,8$ | 12) $\frac{5}{14} = 0,3571428571428\ldots.$ |
| 5) $\frac{5}{6} = 0,833333\ldots.$ | 13) $\frac{8}{15} = 0,53333\ldots.$ |
| 6) $\frac{1}{7} = 0,142857142857\ldots.$ | 14) $\frac{9}{16} = 0,5625$ |
| 7) $\frac{3}{8} = 0,375$ | 15) $\frac{13}{17} = 0,76470588235294117647\ldots$ |
| 8) $\frac{4}{9} = 0,444444\ldots.$ | 16) $\frac{7}{18} = 0,388888\ldots.$ |

Die Brüche, deren Nenner 2, 4, 8, 5, 16 sind, lassen sich mit völliger Genauigkeit in Decimalbrüche verwandeln, die übrigen nicht; diese kann man aber durch Verwandlung dem wahren Werthe so nahe bringen als man will. Der Beweis für die letzte Behauptung soll an einem Beispiele gezeigt werden. $\frac{18}{19}$ sollen in einen Decimalbruch verwandelt werden, der um weniger als um $\frac{1}{4864}$ von dem wahren Werthe abweicht.

Man verwandle den kleinen Differenz-Bruch in einen Decimalbruch, und suche von demselben nur die erste giltige Ziffer; $\frac{1}{4864} = 0,000205\ldots.$: da nun ein Zehntel IVter Ord. kleiner als 0,000205..., und dieser Bruch wieder kleiner als $\frac{1}{4864}$ ist: so ist ein Zehntel IVter Ord. kleiner als $\frac{1}{4864}$. Man berechne also von dem Decimalbruche, welcher näherungsweise dem gegebenen Bruche $\frac{18}{19}$ gleich ist, die Zehntel Vter Ord., so ist das, was man von diesem Decimalbruche vernachlässigt, kleiner als ein Zehntel Vter Ord (450.), und weil ein Zehntel Vter Ord. kleiner als ein Zehntel IVter Ord. ist, so ist der verkürzte Bruch, welcher näherungsweise $\frac{18}{19}$ gleich ist, um weniger kleiner als um $\frac{1}{4864}$ als der gegebene Bruch. Nun sind $\frac{18}{19} =$ 0,94736 84210 52631 578....; daher ist $\frac{18}{19} - 0,94736$ kleiner als $\frac{1}{4864}$.

Man wird eine merkwürdige Eigenschaft an denjenigen Decimalbrüchen, welche gemeinen Brüchen näherungnweise gleich sind, entdecken, die nämlich ist, daß nach einer gewissen Folge von Ziffern an den Decimalstellen dieselben Ziffern in derselben Ordnung wieder zurückkehren. Eine solche Folge wiederkehrenden Ziffern in derselben Ordnung nennt man eine Periode, und diese wird nach der Zahl der Stellen oder Ziffern benannt.

Aus obigen Beispielen ersieht man, daß die Verwandlung der 3tel, 6tel, 9tel, 12tel, 15tel, 18tel einen Decimalbruch mit einstelliger Periode, die der Eilftel einen Decimalbruch mit zweistelliger, die der 7tel mit sechsstelliger Periode giebt ꝛc.

Ferner wird man bemerken, daß einige Perioden gleich mit der ersten Ziffer, andere erst nach einigen Ziffern anfangen. Jene Decimalbrüche nennt man vollständig periodisch, diese unvollständig periodisch.

Alle gemeine Brüche deren Nenner einen oder mehrere der einfachen Faktoren 2 oder 5 haben, geben unvollständige periodische Decimalbrüche. Hat der Nenner des gemeinen Bruches keinen der Zahlen 2 oder 5 als Faktor, so ist der Decimalbruch vollständig periodisch.

Die Zahl der Ziffern einer Periode ist stets kleiner als der Nenner des gemeinen Bruches.

Denn betrachtet man die Reste der Division als ganze Zahlen, so muß jeder dieser Reste kleiner als der Divisor, also kleiner als der Nenner des gemeinen Bruches sein. Diese Reste sind nun entweder alle von einander verschieden, oder irgend welche zwei sind einander gleich. Im letzten Falle muß die fortgesetzte Division von den gleichen Resten an im Quotienten gleiche Ziffern in derselben Ordnung, also Perioden geben. Da im ersten Falle jeder Rest kleiner als der Nenner, und solcher verschiedene Zahlen höchstens eine weniger vorhanden sind, als der Nenner Einheiten hat, so muß auch die Periode wenigstens eine Ziffer weniger als der Nenner Einheiten haben. Ist der Nenner des gemeinen Bruches z. B. 7, so können nur 6 verschiedene Reste der Division, nämlich 1, 2, 3, 4, 5, 6 sein; daher kann auch der zugehörige Decimalbruch höchstens nur eine sechsziffrige Periode haben.

461. **Aufgabe.** Einen Decimalbruch in einen gemeinen Bruch zu verwandeln.

Der gegebene Decimalbruch ist entweder periodisch oder nicht periodisch. Im letztern Falle ist der Zähler des gemeinen Bruches gleich dem des Decimalbruches, und der Nenner gleichfalls gleich dem des Decimalbruches; daher geschieht diese Verwandlung unmittelbar, und dann ist dieser Bruch noch auf seine kleinste Benennung zu bringen.

Z. B. $0{,}85 = \frac{85}{100} = \frac{17}{20}$; $0{,}625 = \frac{625}{1000} = \frac{5}{8}$; $0{,}248 = \frac{248}{1000} = \frac{31}{125}$ ꝛc.

Ist der Decimalbruch periodisch, so ist er entweder vollständig oder unvollständig periodisch.

Der vollständig periodische Decimalbruch ist gleich einem gemeinen Bruche, dessen Zähler gleich dem Zähler des Decimalbruches, und dessen Nenner gleich dem um Eins verminderten Nenner des Decimalbruches ist.

Denn der vollständig periodische Decimalbruch sei 0,428571428571...., der diesem Decimalbruch gleiche gemeine Bruch sei B = 0,428571428571.... Man multiplicire den gemeinen und Decimalbruch mit dem Nenner einer Periode, und subtrahire von diesen gleichen Produkten jene gleichen Brüche:

$$
\begin{array}{rl}
1000000\,B = & 428571,428571\ldots. \\
B = & 0,428571\ldots. \\
\hline
999999\,B = & 428571
\end{array}
$$

daher ist $B = \frac{428571}{999999}$; das größte gemeine Maß des Zählers und Nenners dieses Bruches ist 142857, daher ist der Bruch auf seine kleinste Benennung gebracht $= \frac{3}{7}$.

Da die Perioden ohne Ende wiederkehren, so wird diese unendliche Reihe bleiben, mit welcher endlichen Zahl man auch einen solchen Bruch multiplicire; diese unendliche Reihe geht aber durch obige Subtraction aus der Rechnung, daher erhält man durch das angegebene Verfahren einen endlichen Bruch. Dieses Verfahren ist auf alle Beispiele derselben Art anwendbar, Einige Beispiele zur Uebung:

1) $B = 9,343434\ldots.$, mit 100 multiplicirt:

$$
\begin{array}{rl}
100\,B = & 34,3434\ldots. \\
B = & 0,3434\ldots. \\
\hline
99\,B = & 34
\end{array}
$$

also ist $\frac{34}{99} = 0,3434\ldots.$

2)

$$
\begin{array}{rl}
0,357357\ldots. = & B \\
357,357357\ldots. = & 1000\,B \\
\hline
357 = & 999\,B
\end{array}
$$

also $B = \frac{357}{999} = \frac{119}{333}$.

3)

$$
\begin{array}{rl}
0,12341234\ldots. = & B \\
1234,12341234\ldots, = & 10000\,B \\
\hline
1234 = & 9999\,B
\end{array}
$$

also $B = \frac{1234}{9999}$.

4)

$$
\begin{array}{rl}
0,34683468\ldots = & B \\
3468,34683468\ldots = & 10000\,B \\
\hline
3468 = & 9999\,B
\end{array}
$$

also: $B = \frac{3468}{9999} = \frac{1156}{3333}$.

5)

$$
\begin{array}{rl}
0,54785478\ldots = & B \\
5478,54785478\ldots = & 10000\,B \\
\hline
5478 = & 9999\,B
\end{array}
$$

also: $B = \frac{5478}{9999} = \frac{498}{909}$.

Wenn der Decimalbruch unvollständig periodisch ist: so ist der ihm gleiche gemeine Bruch ein solcher, dessen Zähler gleich der Differenz zwischen dem Zähler des Decimalbruches, welcher nicht zur Periode gehört, und dem Zähler des Decimalbruches ist, welcher bis zur letzten Stelle der ersten Periode reicht, und der Nenner des gemeinen Bruches ist gleich der Differenz zwischen den Nennern der beiden genannten Decimalbrüche.

Man mache also vom unvollständig periodischen Decimalbruche zwei Abschnitte, der eine begreife die Ziffern vom Decimalstriche bis zur ersten Periode, der andere vom Decimalstriche bis zu Ende der ersten Periode: so ist der Zähler des gemeinen Bruches gleich der Differenz der Zähler und der Nenner gleich der Differenz der Nenner der abgeschnittenen Decimalbrüche. Z. B. der unvollständig periodische Decimalbruch sei $0,2345897\,5897\ldots.$, so ist der eine abgeschnittene Decimalbruch $0,234$, der andere $0,2345897$ und der gemeine Bruch $= \frac{2345897 - 234}{10000000 - 1000} = \frac{2345663}{9999000}$.

Die Gründe für die Richtigkeit dieses Verfahrens sind im Nächstfolgenden enthalten.

Man multiplicire den unvollständig periodischen Decimalbruch mit dem Nenner der Decimalstellen, deren Ziffern nicht zur Periode gehören, so verwandelt sich der Theil des Decimalbruches, welcher nicht zur Periode gehört, in eine ganze Zahl, und dieses Produkt hat dann einen vollständig periodischrn Decimalbruch.

Multiplicirt man nun den gegebenen Decimalbruch mit dem Nenner der letzten Ziffer in der ersten Periode, so erhält man ein Produkt, welches aus einer ganzen Zahl, nämlich gleich der Zahl zwischen dem Decimalstriche und dem Anhange der zweiten Periode, und aus einem vollständig periodischen Decimalbruche besteht; die Subtraction des ersten Produktes von diesem schafft die unendliche Reihe der Perioden aus der Rechnung, und man behält zwei endliche Zahlen, aus welchen nun leicht der gesuchte gemeine Bruch gefunden wird. Die besondern Umstände dieses Verfahrens werden einige Beispiele erläutern.

1) B = 0,24836836...., dieses zuerst mit 100, dann mit 100000 multiplicirt, und das erste Produkt vom andern subtrahirt:

$$\begin{aligned} 100\,B &= 24,830836....\\ 100000\,B &= 24836,830836....\\ \hline 99900\,B &= 24812;\ \text{also}\ B = \tfrac{24812}{99900} = \tfrac{6203}{24975}. \end{aligned}$$

2) B = 0,2574397439... ;

$$\begin{aligned} 100\,B &= 25,7439....\\ 1000000\,B &= 257439,7439....\\ \hline 999900\,B &= 257414;\ \text{also}\ B = \tfrac{25744}{999900} = \tfrac{128707}{499950}. \end{aligned}$$

3) 0,1238787....;

$$\begin{aligned} 100\,B &= 123,87....\\ 100000\,B &= 12387,87....\\ \hline 99000\,B &= 12264;\ \text{also}\ B = \tfrac{12264}{99000} = \tfrac{511}{4125}. \end{aligned}$$

462. **Aufgabe.** Die Richtigkeit einer Rechnung nach der Nennerprobe zu beurtheilen.

Das Resultat einer Rechnung ist zur Anwendung untauglich, wenn es einen Fehler in sich schließt; daher hat man die größte Sorgfalt auf die Richtigkeit einer Rechnung zu verwenden. Nun macht bisweilen der geübteste Rechner einen Fehler in seinen Rechnungen; daher hat man verschiedene Methoden zur Prüfung einer Rechnung erdacht. Unter allen diesen wird hier die Neunerprobe als die allgemeinste und einfachste hervorgehoben.

Die Neunerprobe hat ihren Namen von der Zahl Neun; denn nach Satz 305. ist es bekannt, daß eine Zahl ein Vielfaches von 9 ist, wenn solches ihre Quersumme ist. Dieser Satz wird nun auf die vier Species angewandt.

A) Ist die Addition richtig, so muß die Summe der Quersummen aller Summanden durch 9 dividirt einen Rest der Division geben, welcher gleich dem Reste der Division ist, wenn man die Quersumme der Summe durch 9 dividirt. Z. B.

| | |
|---:|---|
| 3567 | Die Summe der Quersummen der Summanden ist = 80, |
| 878 | diese durch 9 dividirt, giebt 8 zum Reste der Division. |
| 347859 | Die Quersumme der Summe ist = 17, durch 9 dividirt, giebt |
| 352304 | 8 zum Reste der Division; daher kann die Addition richtig sein. |

Bei Berechnung der Quersumme kann man die Ziffer 9 und überhaupt jedes Vielfache von 9 außer Acht lassen, weil dieses keinen

Einfluß auf das Kennzeichen der Prüfung hat, und die Rechnung dadurch auf kleine Zahlen reducirt wird, welches die Anwendung dieser Prüfungsart noch empfehlenswerther macht.

B) Ist die Subtraction richtig, so muß die Quersumme des Minuendus durch 9 dividirt einen Rest der Division lassen, welcher gleich dem Reste der Division ist, wenn man die Summen der Quersummen des Subtrahendus und des Restes durch 9 dividirt. Z. B.

$$\begin{array}{r} 378495 \\ 206583 \\ \hline 171912 \end{array}$$

Die Quersumme des Minuendus durch 9 dividirt, läßt zum Reste der Division 0.

Die Quersumme des Subtrahendus und des Restes zusammen durch 9 dividirt läßt zum Reste der Division 0. Daher kann die Subtraction richtig sein.

Der Grund davon ist der, daß der Minuendus gleich der Summe des Subtrahendus und des Restes ist.

C) Zur Beurtheilung der Multiplication hat man folgendes Verfahren:

Man nehme die Quersumme von jedem einzelnen Faktor, dividire jede dieser Quersummen durch 9, merke sich von jeder Division den Rest der Division; suche das Produkt dieser Reste, dividire dieses Produkt oder die Quersumme desselben durch 9, dieses wird einen gewissen Rest der Division lassen, welcher gleich dem Reste der Division sein muß, wenn man die Quersumme des Produkts durch 9 dividirt.

Z. B. $4876 . 5324 = 25959824$.

Die Quersumme des ersten Faktors durch 9 dividirt, läßt zum Reste der Division 7; die Quersumme des andern Faktors durch 9 dividirt giebt zum Reste der Division 5, das Produkt der Reste der Division $= 7 . 5 = 35$, die Quersumme dieses Produkts durch 9 dividirt läßt zum Reste der Division 8.

Die Quersumme des Produkts durch 9 dividirt giebt zum Reste der Division 8; daher kann die Multiplication richtig sein.

Der Grund dieses Verfahrens ist nicht so einleuchtend, wie in den beiden vorhergehenden Fällen; daher wird eine Auseinandersetzung desselben nicht überflüssig sein.

Man wird bemerkt haben, daß der Rest der Division durch 9 eine vorzügliche Stelle in dieser Prüfungsart spielt, daher auf diesen Rest im Nachfolgenden besonders Rücksicht genommen werden soll.

Aus dem 305ten Satze wird man erfahren, daß der Rest der Division der Quersumme einer Zahl durch 9 der Ueberschuß dieser Zahl über dasjenige Vielfache von 9 ist, welches um weniger als um 9 kleiner als diese Zahl ist. Ist daher irgend eine Zahl $A =$ einem Vielfachen von $9 + a$; $a$ aber kleiner als 9, so ist $a$ zugleich der Rest der Division, wenn man die Quersumme der Zahl $A$ durch 9 dividirt.

Es sei nun eine Zahl $A =$ einem Vielfachen von $9 + 7$, welches der Rest der Division sei, und eine andere Zahl $B =$ einem Vielfachen von $9 + 8$, welches der Rest der Division dieser Zahl sei, und das Produkt dieser Zahlen sei $P = A . B =$ (Vielfaches von $9 + 7$) $\times$ (Vielfaches von $9 + 8$). Die angezeigte Multiplication ausgeführt giebt:

P = einem Vielfachen von 9 × ein Vielfaches von 9 + 8 mal ein Vielfaches von 9 + 7 mal ein Vielfaches von 9 + 56.

Da nun ein Vielfaches von einem Vielfachen einer Zahl ein Vielfaches derselben Zahl ist (116.): so ist jedes der drei ersten Produkte ein Vielfaches von 9, folglich auch ihre Summe (ein Vielfaches von 9 × ein Vielfaches von 9 + 8 × ein Vielfaches von 9 + 7 × ein Vielfaches von 9) ein Vielfaches von 9, daher muß der Rest der Division des Produkts P durch 9 gleich dem Reste der Division von 56 dividirt durch 9 sein.

D) Der Dividendus ist gleich dem Produkte aus Divisor und Quotienten nebst dem Reste der Division. Daher muß der Rest der Division des Dividendus durch 9 gleich der Summe der Reste der Division des genannten Produkts durch 9 und des Restes durch 9 sein.

Da es nun bekannt ist, den Rest der Division einer Zahl durch 9, den Rest der Divisivn eines Produktes durch 9 (462. C.) zu finden: so ist die Prüfung einer Division durch 9 bekannt.

Ein Beispiel wird das Verfahren in volles Licht setzen.

37334335 : 4568 giebt zum Quotienten 8173 und zum Reste der Division 71.

Der Rest der Division des Dividendus durch 9 ist gleich dem Reste der Division der Quersumme dieser Zahl durch 9 = 4.

Nun suche man den Rest der Division des Produkts aus Divisor und Quotienten durch 9. Der Rest der Division des Divisors durch 9 = dem Reste der Division der Quersumme dieser Zahl durch 9 = 5; der Rest der Division der Quersumme des Quotienten durch 9 = 1, das Produkt dieser Reste = 5, durch 9 dividirt giebt zum Reste der Division 5. Der Rest der Division des Restes 71 durch 9 giebt 8; dieser Rest 8 und jener 5 ist zusammen = 13, durch 9 dividirt, giebt zum Reste der Division 4. Dieser Rest und jener vom Dividendus sind einander gleich; daher kann die Division richtig sein.

Es ist klar, daß man diese Prüfungsmethoden auch auf Rechnungen mit Dicimalbrüchen anwenden kann.

463. Erkl. Wenn man von der Einheit ein Vielfaches, von diesem Vielfachen ein Gleichvielfaches, von dem letzten Vielfachen wieder ein Gleichvielfaches und so fort, überhaupt Gleichvielfache so von einander bildet, daß jedes folgende Gleichvielfache von dem nächstvorhergehenden ein solches Vielfache, welches das erste Vielfache von der Einheit ist, so heiße diese Bildung der Gleichvielfachen von einander eine fortschreitende Bildung der Gleichvielfachen. Diese Gleichvielfachen mögen Grundvielfache heißen, und weil jedes ein solches Vielfache vom vorhergehenden, welches das erste Vielfache von der Einheit ist: so heiße das erste Vielfache das Normalvielfache oder kurz die Normalzahl. Die Vielfachen von den Grundvielfachen, welche niedriger als das Normalvielfache von der Einheit sind, mögen Ergänzungs-Vielfache heißen.

Durch die Grundvielfachen und die Ergänzungsvielfachen kann man die unendliche Reihe der auf einander folgenden Zahlen nach Belieben weit darstellen. Denn zunächst stellen die Ergänzungsvielfachen die zwischen der Einheit und dem ersten Grundvielfachen liegenden Zahlen dar, indem sie Vielfache der Einheit sind; darauf bilden sie die Vielfachen von den ersten Grundvielfachen bis zum zweiten Grundvielfachen ꝛc.

Ein Zahlensystem ist die Bildung der in natürlicher Ordnung auf einander folgenden Zahlen, nach dem Gesetze der fortschreitenden Bildung der Gleichvielfachen nnd der Ergänzungsvielfachen.

Die Bezeichnung der Zahlen ist entweder hörbar, die Benennung, oder sichtbar, das Schreiben derselben. Die Namen der Zahlen theilen sich wieder in zwei Arten, nämlich in die Namen der Zahlen, welche kleiner als die Normalzahl sind, und in die Namen der Zahlen, welche den Grundvielfachen gleich sind.

Die sichtbare Bezeichuung der Zahlen ist auch zweifach; die Zahlen, welche kleiner als die Normalzahl sind, werden mit Ziffern geschrieben, und die Ordnung der Grundvielfachen wird durch Stellen in Bezug auf einander bestimmt.

Um die Grundvielfachen gehörig von einander zu unterscheiden, ist es nothwendig sie in Ordnungen einzutheilen, und es sei das erste Grundvielfache das Gleichvielfache erster Ordnung, das zweite Grundvielfache das Gleichvielfache zweiter Ordnung, das dritte Grundvielfache das Gleichvielfache dritter Ordnung und so fort.

Die Einheit ist dann das Grundvielfache von der Nullten Ordnung, d. h. die Einheit ist kein Grundvielfaches.

Die Bezeichnung der Grundvielfachen durch Stellen ist nun folgende:

an der ersten Stelle stehen Ergänzungsvielfache der Einheit
„ „ zweiten „ „ „ „ des ersten Grundvielfachen,
„ „ dritten „ „ „ „ „ zweiten „ „
„ „ vierten „ „ „ „ „ dritten „ „
„ „ fünften „ „ „ „ „ vierten „ „
ꝛc. ꝛc. ꝛc.

die Stellenzahl ist also immer um Eius mehr als die Ordnungszahl des Grundvielfacheu.

Ist nun das Normalvielfache oder die Normalzahl bestimmt, so ist solches auch das Zahlensystem.

Setzt man die Normalzahl = Zehn, so heißt das Zahlensystem das zehntheilige oder dekadische Zahlensystem oder kurz die Dekadik.

Dieses System sollte eigentlich das verzehnfachende Zahlensystem heißen, weil man in der Bildung der Zahlen von den kleinern zu den größern, von der Einheit zn Vielfachen derselben hinaufsteigt. Doch die Bildung der Vielfachen von einer Zahl ist beliebig, nicht aber so umgekehrt, die Theilung einer Zahl in andere Zahlen. Man bemerkte bald, daß man jedes Grundvielfache der Dekadik in zehn gleiche Zahlen, daher auch jedes Ergänzungsvielfache der Grundvielfachen in zehn gleiche Zahlen theilen konnte, nicht aber so leicht in eine andere Zahl Theile; daher nannte man es das zehntheilige Zahlensystem.

Von der Dekadik ist das Wesentliche früher bemerkt worden, daher darf dieses System hier nicht genauer betrachtet werden. Ueberdies kann man die Gesetze, welche für irgend ein Zahlensystem gelten, mit Leichtigkeit auf das dekadische anwenden.

Die Einheit kann nicht als Normalzahl gebraucht werden; denn setzt man die Normalzahl = der Einheit, so ist jedes Grundvielfache = der Einheit, und man sieht, daß man auf diese Weise die Reihe der natürlichen Zahlen nicht darstellen kann.

Die Reihe der natürlichen Zahlen, oder die Zahlen in natürlicher Ordnung, ist die, in welcher die erste Zahl Eins, die zweite Zwei, die dritte Drei, und so fort ist, oder in welcher die erste Zahl Eins, und jede folgende um Eins größer als die unmittelbar vorhergehende ist.

Setzt man die Normalzahl = Zwei: so heißt das Zahlensystem das zweitheilige, dyadische oder Dyadik.

In der Dyadik müssen die Grundvielfachen folgende sein: das erste Grundvielfache = Zwei, das zweite Grundvielfache = dem Zweifachen von Zwei gleich Vier, das dritte Grundvielfache = dem Zweifachen von Vier = Acht, das vierte Grundvielfache = dem Zweifachen von Acht = Sechszehn ꝛc.

In diesem System sind also die Zweifachen verschiedener Ordnungen das, was in der Dekadik die Zehnfachen verschiedener Ordnungen sind.

Die Zahl der Ziffern, mit Einschluß der Null, muß in jedem Zahlensystem = der Normalzahl sein; daher braucht man in der Dyadik, außer der Null noch eine Ziffer, nämlich für die Zahl, welche kleiner als die Normalzahl ist, also für die Einheit. Nimmt man nun zu dieser Bezeichnung das gebräuchliche Zeichen, so kann man vermittelst dieses Zeichens und der Null alle Zahlen in der Dyadik schreiben.

Die Ergänzungsvielfachen können in der Dyadik nur das Einfache sein.

Bei Schreiben der Zahlen in der Dyadik hat man besonders auf folgendes Gesetz Rücksicht zu nehmen: in der Dyadik steht an der ersten Stelle die Einheit, an der zweiten das Zweifache erster Ordn., an der dritten das Zweifache zweiter Ordn., an der vierten das Zweifache dritter Ordn., an der fünften das Zweifache vierter Ordn. ꝛc.

Zur Verdeutlichung der Sache sollen einige Zahlen nach der Dyadik mit Ziffern geschrieben werden.

| Dyadik. | | Dekadik. | Dyadik. | | Dekadik. | Dyadik. | | Dekadik. |
|---|---|---|---|---|---|---|---|---|
| 1 | = | 1 | 1011 | = | 11 | 11110 | = | 30 |
| 10 | = | 2 | 1100 | = | 12 | 101000 | = | 40 |
| 11 | = | 3 | 1101 | = | 13 | 110010 | = | 50 |
| 100 | = | 4 | 1110 | = | 14 | 111100 | = | 60 |
| 101 | = | 5 | 1111 | = | 15 | ꝛc. | | ꝛc. |
| 110 | = | 6 | 10000 | = | 16 | | | |
| 111 | = | 7 | 10001 | = | 17 | | | |
| 1000 | = | 8 | 10010 | = | 18 | | | |
| 1001 | = | 9 | 10011 | = | 19 | | | |
| 1010 | = | 10 | 10100 | = | 20. | | | |

Aus dieser Darstellung wird man zur Genüge ersehen, daß die Dyadik kein zum Gebrauche wünschenswerthes System ist. Daher werde es ohne fernere Bemerkungen verlassen.

Setzt man die Normalzahl = Drei, so heißt das Zahlensystem das dreitheilige, triadische oder die Triadik.

Die Grundvielfachen sind also in diesem Systeme die Dreifachen verschiedener Ordnungen, also Drei, Neun, Sieben und zwanzig ꝛc., und erhalten folgende Bezeichnung:

| Triadik. | | Dekadik. | Triadik. | | Dekadik. |
|---|---|---|---|---|---|
| 10 | = | 3 | 1 | = | 1 |
| 100 | = | 9 | 2 | = | 2 |
| 1000 | = | 27 | 10 | = | 3 |
| 10000 | = | 81 | 11 | = | 4 |
| ꝛc. | | ꝛc. | 12 | = | 5 |
| | | | 20 | = | 6 |
| | | | ꝛc. | | ꝛc. |

Für dieses System braucht man zwei geltende Ziffern, nämlich 1 und 2.

Wird die Normalzahl = Vier gesetzt, so heißt das Zahlensystem das viertheilige, tedradische oder die Tetradik.

In diesem Systeme sind die Grundvielfachen die Vierfachen verschiedener Ordnungen, nämlich 4, 16, 64, 256 ꝛc. Zum Schreiben der Zahlen nach diesem Systeme braucht man drei geltende Ziffern, 1, 2 und 3.

Einige geschriebene Zahlen nach diesem Systeme werden das Uebrige verdeutlichen.

| Tetradik. | | Dekadik. | Tetradik. | | Dekadik. |
|---|---|---|---|---|---|
| 10 | = | 4 | 1 | = | 1 |
| 100 | = | 16 | 2 | = | 2 |
| 1000 | = | 64 | 3 | = | 3 |
| 10000 | = | 156 | 10 | = | 4 |
| 100000 | = | 1024 | 11 | = | 5 |
| ꝛc. | | ꝛc. | 12 | = | 6 |
| | | | 13 | = | 7 |
| | | | 20 | = | 8 |
| | | | ꝛc. | | ꝛc. |

Wollte man nach diesem Systeme z. B. Hundert schreiben, so müßte man zunächst die Ordnung von den Vierfachen bestimmen, welches zunächst kleiner als 100 ist, und dieses ist das Vierfache dritter Ordn. = 64; denn das Vierfache vierter Ordn. ist = 256, welches größer als 100 ist.

Darauf hat man die Ergänzungsvielfachen von den Vierfachen verschiedener Ordnungen zu suchen. Vom Vierfachen dritter Ordnung kann man nur das Einfache nehmen, denn das Zweifache von demselben ist = 2 . 64 = 128, welches größer als Hundert ist; daher ist 64 nach der Dekadik = 1000 nach der Tetradik. Nun verfahre man mit den Vierfachen niedrigerer Ordnungen eben so; das Vierfache zweiter Ordnung = 16, dieses ist in dem Reste 100 — 64 = 36 zweimal enthalten; also kann man vom Vierfachen zweiter Ordn. das

Zweifache nehmen, und es ist 200 nach der Tetradik $= 2 . 16 = 32$ nach der Dekadik. Der von 36 bleibende Rest ist $36 - 32 = 4$, welches das Einfache vom Vierfachen erster Ordn. ist. Demnach ist 100 nach der Tetradik geschrieben $= 1210$.

Die umgekehrte Aufgabe ist eben so leicht berechnet; darüber im Folgenden.

Nimmt man die Normalzahl = Fünf an, so erhält man das fünftheilige (pentadische) Zahlensystem oder die Pentadik.

Die Grundvielfachen dieses Systems sind also die Fünffachen verschiedener Ordnungen, welche 5, 25, 125, 625 &c. sind. Zu diesem Systeme braucht man vier geltende Ziffern, 1, 2, 3 und 4; die Ergänzungsvielfachen können also das Ein-, Zwei-, Drei- und Vierfache sein.

| Pentadik. | | Dekadik. | Pentadik. | | Dekadik. | Pentadik | | Dekadik |
|---|---|---|---|---|---|---|---|---|
| 10 | = | 5 | 1 | = | 1 | 13 | = | 8 |
| 100 | = | 25 | 2 | = | 2 | 14 | = | 9 |
| 1000 | = | 125 | 3 | = | 3 | 20 | = | 10 |
| 10000 | = | 625 | 4 | = | 4 | 30 | = | 15 |
| 100000 | = | 2135 | 10 | = | 5 | 40 | = | 20 |
| &c. | | &c. | 11 | = | 6 | 123 | = | 38 |
| | | | 12 | = | 7 | 321 | = | 86 |
| | | | &c. | | &c. | &c. | | &c. |

Eine gegebene Zahl der Pentadik in eine der Dekadik zu verwandeln ist eine leichte Aufgabe.

Denn die gegebene Zahl besteht aus gegebenen Vielfachen von 5, summirt man diese, so ist die erhaltene Summe die gesuchte Zahl.

Z. B. 43213 der Pentadik ist $= 3 + 1 . 5 + 2 . 25 + 3 . 125 + 4 . 625 = 2933$; 30234 der Pentadik $= 4 + 3 . 5 + 2 . 25 + 0 . 125 + 3 . 625 = 1944$ der Dekadik.

Eine gegebene Zahl der Dekadik nach der Pentadik zu schreiben.

Die Auflösung dieser Aufgabe ist schon bei Behandlung der Tetradik angegeben und ist folgende. Man bilde die Fünffachen verschiedener Ordnungen, und nehme dasjenige, welches zunächst kleiner als die gegebene Zahl ist; ist z. B. die gegebene Zahl der Dekadik $= 1000$, so ist das Fünffache vierter Ordnung $< 1000$, das Fünffache fünfter Ordn. $= 3125 > 1000$; daher hat man das Fünffache vierter Ordn. zu nehmen. Nun bestimme man die Ergänzungsvielfachen. Vom Fünffachen vierter Ordn. kann man nur das Einfache nehmen; denn das Zweifache von demselben $= 2 . 625$ ist $> 1000$; dieses Einfache von 1000 hinweggenommen, giebt den Rest 375. Das Fünffache dritter Ordn. $= 125$; von demselben ist das Dreifache = dem Reste 375; mithin ist ein Tausend nach der Pentadik $= 13000$.

Setzt man die Normalzahl = Sechs, Sieben, Acht oder Neun, so erhält man das sechstheilige (sexadische), das siebentheilige (hebdomadische), achttheilige (ogdoadische) oder neuntheilige (enneadische) Zahlensystem oder die Hexadik, Hebdomadik, Ogdoadik oder die Enneadik.

Was von den vorhergehenden Zahlensystemen gesagt wurde, das gilt auch von diesen; sie genauer zu betrachten, dürfte überflüßig sein, weil alles das, was von einem Zahlensysteme gilt, gleiche Giltigkeit für die übrigen hat Dem zwölftheiligen Zahlensysteme soll aber eine gewisse Aufmerksamkeit gewidmet werden, weil einige Mathematiker diesem Systeme vor dem zehntheiligen den Vorzug ertheilt, und dieses durch jenes haben verdrängen wollen.

Das zwölftheilige (dodekadische) Zahlensystem oder die Dodekadik ist dasjenige, dessen Normalzahl = 12 ist.

Die Grundvielfachen dieses Systems sind die Zwölffachen verschiedener Ordnungen; das Zwölffache erster Ordnung = 12, zweiter Ordn. = 12 . 12 = 144, dritter Ordn. = 12 . 144 = 1728, vierter Ordn. = 20736, fünfter Ordn. = 248832, sechster Ordn. = 2985984, siebenter Ordn. = 35831808 ꝛc.

Die Stellenzahl dieser Zwölffachen ist um 1 mehr als die Zahl ihrer Ordnung.

Zum Schreiben der Zahlen der Dodekadik braucht man 12 Ziffern mit Einschluß der Null, und ohne diese 11 Ziffern. Neun Ziffern kann die Dekadik derselben leihen, die zwei fehlenden müssen durch eine willkürliche Wahl von Zeichen ersetzt werden.

Es sei erlaubt, die zwei fehlenden Zeichen für zehn und eilf aus dem Planetensysteme, wenn man die Sonne mitrechnet, zu entlehnen; die Folge der Planeten mit der Sonne angefangen ist diese:

1) Sonne = ☉; 2) Merkur = ☿; 3) Venus = ♀; 4) Erde = ♁; 5) Mars = ♂; 6) Vesta = ⚶; 7) Juno = ⚵; 8) Ceres = ⚳; 9) Pallas = ⚴; 10) Jupiter = ♃; 11) Saturn = ♄.

Man bezeichne also 10 mit ♃ und 11 mit ♄; so hat man also folgende 12 Ziffern für die Dodekadik:

0, 1, 2, 3, 4, 5, 6, 7, 8, 9, ♃, ♄.

Mit Hilfe dieser Zeichen und der beziehlichen Stellen ist man im Stande alle Zahlen nach der Dodekadik zu schreiben.

| Dodekad. | | Dekad. | Dodek. | | Dekad. | Dodekad. | | Dekadik. |
|---|---|---|---|---|---|---|---|---|
| 1 | = | 1 | 18 | = | 20 | 100 | = | 144 |
| 2 | = | 2 | 19 | = | 21 | 123 | = | 195 |
| 3 | = | 3 | 1♃ | = | 22 | 200 | = | 288 |
| 4 | = | 4 | 1♄ | = | 23 | 300 | = | 432 |
| 5 | = | 6 | 20 | = | 24 | ꝛc | | ꝛc. |
| 7 | = | 7 | 21 | = | 25 | 1000 | = | 1728 |
| 8 | = | 8 | ꝛc. | | ꝛc. | 2000 | = | 3456 |
| 9 | = | 9 | 30 | = | 36 | ♃000 | = | 17280 |
| ♃ | = | 10 | 3♃ | = | 46 | ♄000 | = | 19008 |
| ♄ | = | 11 | 3♄ | = | 47 | 10000 | = | 20736 |
| 10 | = | 12 | 40 | = | 48 | ♃0000 | = | 207360 |
| 11 | = | 13 | 50 | = | 60 | ♄00000 | = | 2737152 |
| 12 | = | 14 | 60 | = | 72 | ♄♃9867 | = | 2961315 |
| 13 | = | 15 | 70 | = | 84 | ꝛc. | | ꝛc. |
| 14 | = | 16 | 80 | = | 96 | | | |
| 15 | = | 17 | ꝛc. | | ꝛc. | | | |
| ꝛc. | | ꝛc. | | | | | | |

Eine nach der Dodekadik geschriebene Zahl nach der Dekadik zu schreiben.

Z. B.

56(11)8(10)9 = 9 + 10 . 12 + 8 . 144 + 11 . 1728 + 6 . 20736 + 5 . 248822 = 9 + 120 + 1152 + 19008 + 124416 + 1244160 = 1388865.

Eine Zahl der Dekadik nach der Dodekadik zu bezeichnen.

Die gegebene Zahl sei 1000000.

Man sehe die Auflösung der ähnlichen Aufgabe bei der Pentadik. Das 12fache fünfter Ordn. = 248832 ist das höchster Ordn., welches kleiner als eine Million ist, und diese durch jene dividirt, giebt zum Quotienten 4 und zum Reste 4672; dieser Rest durch das 12fache vierter Ordn. = 20836 dividirt, giebt zum Quotienten 0 und 4672 zum Reste; denselben durch das 12fache dritter Ordn. = 1728 dividirt, giebt für den Quotienten 2 und 1216 für den Rest, diesen durch das 12fache zweiter Ordn. = 144 dividirt, giebt für den Quotienten 8 und zum Reste 64, dieses durch das 12fache erster Ordn. = 12 dividirt, giebt zum Quotienten 5 und 4 zum Reste; demnach ist:

1000000 = 4 . 12faches fünfter + 0 . 12faches vierter + 2 . 12faches dritter, + 8 . 12faches zweiter, + 5 . 12faches erster Ordn. + 4 . 1 = 402854 nach der Dodekadik.

Die erste Aufgabe löst man also durch eine Multiplication der Zwölffachen verschiedener Ordnungen auf, die andere durch eine Division mit denselben Vielfachen.

Schlußanmerk. Es bleibt nun Jedem überlassen, welchem von beiden Systemen Er den Vorzug ertheilen will; mir scheinen beide gleichen Anspruch darauf zu haben; denn 10 hat die zwei einfachen Zahlen 2 und 5, 12 die zwei einfachen Zahlen 2 und 3 zu Faktoren, und wenn auch 12 außer diesen Zahlen noch die zusammengesetzten 4 und 6 zu Faktoren hat, so verschafft ihr dieses, meiner Meinnng nach, doch nicht den Vorzug; denn will ich in der Dekadik eine Zahl mit diesen Faktoren haben, so nehme ich die Zahl 12, und es ist wohl sehr gleichgiltig, ob ich zur Bezeichnung dieser Zahl nach der Dekadik die Ziffern 1 und 2 oder nach der Dodekadik die Ziffern 1 und 0 schreibe. Aehnliches gilt von den übrigen Grundvielfachen der Dodekadik. Wenn man nun auch nach der Dodekadik zum Schreiben einiger Zahlen eine Stelle weniger als nach der Dekadik braucht, so muß man dagegen in jenem Systeme zwei Ziffern mehr als in diesem haben. Man dürfte also kein Recht haben, sich über unser Zahlensystem zum Vortheile der Dodekadik zu beklagen.

Des theoretischen Theils zweiter Abschnitt.

# Aufgaben.

## I. Mit Bedingungen, welche arithmetische Verhältnisse sind.

### A. Mit einer unbekannten Zahl.

#### a. Vergleichung der unbekannten Zahl mit bekannten Zahlen.

##### α. Die unbekannte Zahl unverbunden mit bekannten Zahlen.

###### 1. Die einfache unbekannte Zahl.

###### AA. Vergleichung durch Gleichheit.

1 Eine gewisse Zahl ist gleich 24; welches ist die gesuchte Zahl?

Aufl. Eine Zahl kann entweder größer, eben so groß oder kleiner als eine andere Zahl sein. Da nun die gesuchte Zahl gleich 24 sein soll: so kann sie weder größer noch kleiner als 24, sondern sie muß eben so groß als 24 sein. Daher ist die gesnchte Zahl 24.

2. Welche Zahl ist gleich 76?

###### BB. Vergleichung durch Ungleichheit.

###### aa. Durch Größer.

3. Welche Zahl ist um 18 größer als 64? 82.

Aufl. Die größere von zwei ungleichen Zahlen ist gleich der kleinern und dem Unterschiede beider (I.    ); also ist die gesuchte Zahl gleich der kleinern 64 und dem Unterschiede 18 oder gleich 82.

Anmerk. Die in der Klammer vorkommenden Zahlen beziehen sich auf Sätze, welche in den Fundamentalsätzen erwiesen sind; die Römische Ziffer zeigt die Abtheilung, die Arabische den Satz dieser Abtheilung an.

4. Eine Zahl ist um 27 größer als 34; welches ist die Zahl? 61.

Anmerk. Der Kürze wegen wird das Wort „Antwort" bei den Resultaten weggelassen.

5. Welche Zahl ist um das größer als 56, um was 84 größer als 39 ist? 101.

bb. Durch Kleiner.

6. Eine Zahl ist um 23 kleiner als 57; welche Zahl ist es?

Aufl. Die kleinere Zahl ist gleich der größern weniger dem Unterschiede beider (I.); daher ist die gesuchte Zahl gleich der größern 57 weniger dem Unterschiede 23 oder gleich 34.

7. Welche Zahl ist um 39 kleiner als 85? 46.

8. Eine unbekannte Zahl ist um das kleiner als 83, um was 64 kleiner als 92 ist. Welches ist die Zahl? 55.

cc. Durch Größer und Kleiner.

9. Eine Zahl ist um das größer als 20, um was diese Zahl kleiner als 30 ist. Die Zahl ist?

Aufl. Wenn eine Zahl um das größer als eine andere, um was diese kleiner als eine dritte ist, so ist die erste Zahl gleich der dritten (I.). Also ist die gesuchte Zahl gleich 30.

Anmerk. Die andere Auflösung wird als bekannt übergangen.

10. Welche Zahl ist um das größer als 36, um was 42 kleiner als 58 ist? 52.

11. Um was 76 größer als 68 ist, um das ist welche Zahl kleiner als 84? 76.

12. Eine gewisse Zahl ist nicht allein um 12, sondern auch um das größer als 44, um was 59 kleiner als 70 ist. Welches ist die Zahl? 67.

13. Welche Zahl ist um 7 mehr als um das größer als 64, um was diese Zahl kleiner als 80 ist.

Aufl. Wenn eine Zahl um eine andere mehr als um das größer als eine dritte, um was diese kleiner als eine vierte ist, so ist die erste Zahl gleich der vierten und zweiten (I.); also ist die gesuchte Zahl gleich 80 und 7 oder gleich 87.

14. Eine Zahl ist um 19 mehr als um das größer als eine andere, um was diese kleiner als 95 ist. Welches ist die erste Zahl? 114.

15. Welche Zahl ist um 15 weniger als um das größer als 72, um was diese kleiner als 100 ist?

Aufl. Wenn eine Zahl um eine andere weniger als um das größer als eine dritte, um was diese kleiner als eine vierte ist, so ist die erste Zahl gleich der vierten weniger der zweiten (I.). Daher ist die gesuchte Zahl gleich 100 weniger 15 oder gleich 85.

16. Eine unbekannte Zahl soll um 21 weniger als um das größer als eine dritte sein, um was diese kleiner als 47 ist. Welches ist die unbekannte Zahl? 26.

17. Welche Zahl ist um das kleiner als 54, um was diese größer als 39 ist? 39.

18. Welche Zahl ist um 8 mehr als um das kleiner als 75, um was diese größer als 66 ist? 58.

19. Eine Zahl ist 16 weniger als um das kleiner als eine dritte, um was diese größer als 72 ist. Welche Zahl ist die erste?

Aufl. Ist eine Zahl um eine andere weniger als um das kleiner als eine dritte, um was diese größer als eine vierte ist: so ist die erste gleich der vierten und zweiten (I.). Demnach ist die erste Zahl gleich 72. und 16 oder gleich 88.

20. Welche Zahl ist um 20 weniger als um das größer als eine dritte, um was diese kleiner als 80 ist? 60.

2. Die einfache unbekannte Zahl.

### AA. Durch Gleichheit verglichen.

21. Eine dreifache unbekannte Zahl ist gleich 19; welches ist die einfache Zahl?

Aufl. Die einfache Zahl ist gleich dem dritten Theile von ihrem Dreifachen; da ihr Dreifaches gleich 19 ist, so ist das Einfache gleich dem dritten Theile von 19 oder gleich $6\frac{1}{3}$. Also ist die gesuchte Zahl $6\frac{1}{3}$.

22. Welche fünffache Zahl ist gleich 70? 14.

23. Das Sechsfache welcher Zahl beträgt 95? $15\frac{5}{6}$.

24. Welche Zahl muß man 7 male nehmen, um 84 zu erhalten? 12.

25. Man multiplicirt eine Zahl mit 8 und erhält 100; welches ist die Zahl? $12\frac{1}{2}$.

### BB. Durch Ungleichheit verglichen.

aa. Durch Größer.

26. Das Neunfache einer Zahl ist 27 größer als 72; welches ist die einfache Zahl? 11.

27. Das Zehnfache welcher Zahl ist um das größer als 54, um was diese größer als 36 ist? $7\frac{1}{5}$.

28. Um was 105 größer als 77 ist, ist 120 größer als das Eilffache welcher Zahl? $8\frac{4}{11}$.

29. Welche Zahl muß man mit 12 multipliciren, damit man eben so viel mehr als 144 erhalte, um was 132 größer als 108 ist? 14.

bb. Durch Kleiner.

30. Das 13fache welcher Zahl ist um 49 kleiner als 91? $3\frac{3}{13}$.

31. Welche 14fache Zahl ist um 27 mehr als um das kleiner als 150, um was diese kleiner als 200 ist? $5\frac{3}{14}$.

32. Das 15fache einer Zahl ist 45 weniger als um das kleiner als 300, um was diese kleiner als 450 ist. Welches ist die einfache Zahl? 13.

cc. Durch Größer und Kleiner.

33. Wenn man eine Zahl mit 16 multiplicirt, so erhält man eben so viel mehr als 64, um was diese kleiner als 80 ist. Welche Zahl hat man multiplicirt? 5.

34. Eine Zahl ist so klein, daß, wenn man sie auch mit 18 multiplicirt, das dadurch erhaltene Produkt doch um 8 mehr als um das kleiner als 29, um was diese Zahl mehr als 17 ist. Welches ist die Zahl? $\frac{1}{2}$.

35. Das 20fache einer Zahl ist um 95 mehr als um das größer als 155, um was diese Zahl kleiner als 175 ist. Welches ist die einfache Zahl? $13\frac{1}{2}$.

### 3. Ein Theil der unbekannten Zahl.

Anmerk. Die übrigen Unterabtheilungen, welche unter den Nummern 1. und 2. angezeigt worden sind, mögen von hier an der Kürze wegen wegbleiben.

36. Ein Viertel einer Zahl ist gleich 27, welches ist die ganze Zahl?

Aufl. Das Ganze ist das Vierfache von einem Viertel (III.); da $\frac{1}{4}$ der gesuchten Zahl gleich 27 ist: so ist sie gleich dem Vierfachen von 27 oder gleich 108.

37. Jemand dividirt eine Zahl durch 7 und erhält 13; welche Zahl hat er dividirt? 91.

38. Welche Zahl muß man durch 15 dividiren, damit man 64 erhalte? 960.

39. Die Hälfte einer Zahl ist um 18 größer als 39; welches ist die Zahl? 114.

40. Von welcher Zahl ist der dritte Theil und 17 größer als 54? 213.

41. Ein Fünftel welcher Zahl ist um 8 kleiner als 72? 320.

42. Man dividirt eine Zahl durch 9 und erhält 8 zum Quotienten und 7 für den Rest. Welches ist die Zahl?

Aufl. Der Dividendus ist gleich dem Produkte aus dem Divisor 9 und dem Quotienten 8 nebst dem Reste; daher ist die gesuchte Zahl gleich dem Produkte aus dem Divisor 9 und dem Quotienten 8 nebst dem Reste 7, also gleich 9 mal 8 und 7 oder gleich 79.

49. Eine Zahl durch 11 dividirt giebt 13 für den Quotienten und 10 für den Rest. Welches ist sie? 153.

44. Indem man eine Zahl durch 18 dividirt, so würde man 19 für den Quotienten erhalten, wenn nicht 17 fehlen würde. Welche Zahl ist es? 325.

45. Würde einer Zahl nicht 13 fehlen, so würde sie durch 47 dividirt 47 zum Quotienten gegeben haben. Welches ist die Zahl? 2196.

### 4. Mehrere Theile der unbekannten Zahl.

46. Zwei Drittel welcher Zahl betragen 18?

Aufl. Das Ganze ist das Dreifache von $\frac{1}{3}$, $\frac{1}{3}$ ist gleich der Hälfte von $\frac{2}{3}$; also ist das Ganze das Dreifache von der Hälfte von $\frac{2}{3}$; $\frac{2}{3}$ der Zahl sind gleich 18, so ist die Hälfte von $\frac{2}{3}$ der Zahl gleich der Hälfte von 18 oder gleich 9. Die ganze Zahl ist daher das Dreifache von 9 oder gleich 27.

47. Von welcher Zahl betragen $\frac{3}{4}$ so viel als 27? 36.

48. Vier Fünftel welcher Zahl sind um 1 mehr als 34? $43\frac{3}{4}$.

49. Fünfmal der 7te Theil welcher Zahl ist um 9 kleiner als 74? 91.

50. Jemand dividirt eine Zahl durch 8, multiplicirt darauf den erhaltenen Quotienten durch 7, und erhält 5 mehr als 86. Welche Zahl wurde dividirt? 104.

Aufl. Wenn man eine Zahl durch 8 dividirt, so erhält man $\frac{1}{8}$ der Zahl, und wenn man $\frac{1}{8}$ einer Zahl mit 7 multiplicirt, so bekommt man $\frac{7}{8}$ derselben; diese sollen nun um 5 mehr als 86 sein; daher sind $\frac{7}{8}$ der gesuchten Zahl gleich 86 und 5 oder gleich 91. Daher ist $\frac{1}{8}$ der gesuchten Zahl gleich dem 7ten Theile von 91 oder gleich 13; und die ganze gesuchte Zahl ist daher gleich dem 8fachen von 13 oder gleich 104.

51. Eine Zahl durch 12 dividirt, den erhaltenen Quotienten durch 5 multiplicirt, giebt ein Produkt, welches um 11 kleiner als 1886 ist. Welche Zahl wurde dividirt? 4500.

5. Die mehrfache unbekannte Zahl und Theile derselben.

52. Eine Zahl und die Hälfte derselben macht zusammen 75; welches ist die Zahl?

Aufl. Das Ganze und $\frac{1}{2}$ sind $\frac{3}{2}$; also betragen $\frac{3}{2}$ der gesuchten Zahl 75; folglich ist $\frac{1}{2}$ derselben gleich dem dritten Theile von 75 oder gleich 25. Die ganze Zahl ist das Zweifache von $\frac{1}{2}$ derselben, daher ist sie gleich $2 . 25$ oder $= 50$.

Anmerk. Theils um Raum zu ersparen, und theils um die Uebersicht der Auflösungen zu erleichtern, sollen von hier an die gewöhnlichen arithmetischen Zeichen für die vier Species, für Gleichheit und Ungleichheit gebraucht werden, welche im Anfange der Fundamentalsätze erklärt worden sind.

53. Zu welcher Zahl muß man ihren dritten Theil hinzusetzen, um 64 zu erhalten? 48.

54. Eine Zahl und $\frac{3}{4}$ derselben betragen 70; welches ist sie? 40.

55. Welche dreifache Zahl und $\frac{1}{3}$ derselben sind gleich 100?

Aufl. Ein Ganzes hat $\frac{3}{3}$, 3 Ganze haben $3 . \frac{3}{3}$ oder $\frac{9}{3}$; aber $\frac{9}{3} + \frac{1}{3}$ sind $= \frac{10}{3}$; also betragen $\frac{10}{3}$ einer Zahl 100; folglich ist $\frac{1}{3}$ derselben $= \frac{1}{10}$ von 100 oder $= 10$. Die ganze Zahl hat $\frac{3}{3}$, also ist sie $= 3 . 10$ oder $= 30$.

56. Das 7fache einer Zahl und $\frac{4}{9}$ derselben sind zusammen gleich 350. Welches ist die Zahl? $47\frac{1}{67}$.

57. Zu welcher 5fachen Zahl muß man $\frac{3}{8}$ derselben hinzusetzen, um 100 mehr als 330 zu erhalten? 80.

58. Jemand nimmt $\frac{1}{2}$, $\frac{1}{3}$, $\frac{1}{4}$ und $\frac{1}{6}$ einer Zahl und erhält 150; welches ist die Zahl?

Aufl. Wenn ein Ganzes in Halbe, Drittel, Viertel und Sechstel getheilt wird, so hat es wenigstens 12 Theile.

$\frac{1}{2} = \frac{6}{12}$, $\frac{1}{3} = \frac{4}{12}$, $\frac{1}{4} = \frac{3}{12}$, $\frac{1}{6} = \frac{2}{12}$; daher ist $\frac{1}{2} + \frac{1}{3} + \frac{1}{4} + \frac{1}{6}$ einer Zahl $= \frac{6}{12} + \frac{4}{12} + \frac{3}{12} + \frac{2}{12} = \frac{6 + 4 + 3 + 2}{12} = \frac{15}{12} = \frac{5}{4}$ derselben $= 150$; so ist $\frac{1}{4}$ der Zahl $= \frac{1}{5} . 150$ oder $= 30$. Daher ist die gesuchte Zahl $= 4 . 30$ oder $= 120$.

59. Drei Viertel und $\frac{4}{5}$ welcher Zahl sind 930? 600.

60. Man setzt zu einer Zahl ihre Hälfte, zu dieser Summe den dritten Theil von der Hälfte, und dazu wieder den vierten Theil von der Hälfte der Zahl, und erhält 1 weniger als 550. Welches ist die Zahl? 312.

61. Die Hälfte einer Zahl, $\frac{1}{4}$ derselben und das Einfache und Zweifache von ihr sind zusammen um 5 größer als 160. Welches ist die Zahl? 44.

62. Wenn man eine Zahl mit 10 multiplicirt, und sie auch durch 10 dividirt, und Produkt und Quotient addirt, so erhält man 100 mehr als 10000. Welches ist sie? 1000.

### β. Die unbekannte Zahl verbunden mit bekannten Zahlen.

#### 1. Verbindung der unbekannten Zahl mit bekannten Zahlen durch Addition.

Man kann die einfache und mehrfache unbekannte Zahl, und auch Theile derselben in Rechnung bringen; die Vergleichung kann ferner durch Gleichheit und Ungleichheit geschehen, wie dieses im Vorigen beobachtet worden ist; die Ueberschriften aber bleiben hier der Kürze wegen weg.

63. Welche Zahl und 8 sind zusammen gleich 35?

Aufl. Eine von zwei Zahlen ist um die andere kleiner als ihre Summe (I.); also ist die gesuchte Zahl um 8 kleiner als 35; daher ist sie 35 — 8 = 27.

64. Zu welcher Zahl muß man 19 hinzusetzen, um 30 zu erhalten? 11.

65. Setzt man zu einer zweifachen Zahl 48 hinzu, so erhält man 100. Welches ist die einfache Zahl? 26.

66. Wenn man zu 56 eine dreifache Zahl hinzusetzt, so erhält man 95. Welches ist die einfache Zahl? 13.

67. Die Hälfte welcher Zahl und 18 betragen 50? 64.

68. Zu 25 muß man $\frac{1}{5}$ welcher Zahl hinzusetzen, um 96 zu erhalten? 355.

69. Wenn man zu 76 zwei Drittel einer Zahl hinzusetzt, so erhält man 100. Diese Zahl ist? 36.

70. Die Hälfte, ein Drittel, ein Viertel einer Zahl und 9 betragen 100; welches ist die Zahl? 84.

71. Setzt man zu einer Zahl ihre Hälfte, ihr Drittel, ihr Viertel, ihr Fünftel und ihr Sechstel und dazu noch 2 hinzu, so erhält man 100; welches ist die Zahl? 40.

72. Setzt man zu einer Zahl 20 hinzu, so wird sie um 20 größer als 50; welches ist die Zahl?

Aufl. Eine von zwei Zahlen ist um die andere kleiner als ihre Summe (I.); also ist die gesuchte Zahl um 20 kleiner als die Summe derselben und 20; zugleich ist die genannte Summe um 20 größer als 50. Daher ist (I.) die gesuchte Zahl = 50.

73. Zu welcher Zahl muß man 38 hinzusetzen, damit die dadurch erhaltene Summe um 38 größer als 59 sei?

Aufl. Die Summe zweier Zahlen ist um die eine größer als die andere. Folglich ist die Summe der gesuchten Zahl und 38 um 38 größer als die gesuchte Zahl; zugleich ist die erwähnte Summe um 38 größer als 59. Wenn aber eine Zahl um gleiche Zahlen größer als jede von zwei andern ist, so sind diese beiden Zahlen unter einander gleich (I.). Demnach ist die unbekannte Zahl = 59.

74. Setzt man zum Drittel einer Zahl 27 hinzu, so erhält man 27 mehr als 38; welches ist die ganze Zahl? 114.

75. Drei Viertel einer Zahl und 8 sind zusammen um 8 größer als 36; welches ist die Zahl? 48.

76. Welche Zahl und 12 sind zusammen um 12 kleiner als 60?

Aufl. Die gesuchte Zahl ist um 12 kleiner als die Summe derselben und 12; diese Summe ist nun um 12 kleiner als 60; folglich ist (I.) die gesuchte Zahl um 12 + 12 oder um 24 kleiner als 60, also ist sie = 36.

77. Ein Siebentel einer Zahl und 13 sind zusammen um 8 kleiner als 32. Die Zahl ist? 77.

78. Das Dreifache welcher Zahl um 19 vermehrt, ist um 15 kleiner als 100? 22.

79. Setzt man zum Vierfachen einer Zahl ihr Sechstel und Achtel und noch 12 hinzu, so ist diese Summe dennoch um 85 kleiner als 200. Welches ist die Zahl? 24.

80. Welche Zahl und 8 sind zusammen um 15 größer als 47?

Aufl. Die gesuchte Zahl und 8 sind zusammen gleich 47 + 15 oder = 62. Daher ist die unbekannte Zahl um 8 kleiner als 62; folglich ist sie = 62 — 8 oder = 54.

81. Setzt man zum Fünffachen einer Zahl 27 hinzu, so erhält man eine Summe, welche um 13 größer als 94 ist. Welche Zahl ist es?

Aufl. Würde die Summe der 5fachen Zahl und 27 um 27 größer als 94 sein, so würde die 5fache Zahl 94 betragen; da die Summe aber nur um 13 größer als 94 ist, so ist die 5fache Zahl um 27 — 13 oder um 14 kleiner als 94. Daher ist die 5fache Zahl = 80, also die einfache = 16.

82. Zu welcher Zahl muß man ihr Dreifaches und Vierfaches und 56 hinzusetzen, damit die ganze Summe um 50 größer als 150 sei? 18.

83. Setzt man zu einer Zahl 18. hinzu so erhält man eben so viel mehr als 60, um was die Zahl selbst kleiner als 60 ist. Welches ist die Zahl?

Aufl. Die Summe der gesuchten Zahl und 18 ist um einen gewissen Ueberschuß größer als 60, und diese ist wieder um denselben Ueberschuß größer als die gesuchte Zahl; daher ist (I.) die obige Summe um den zweifachen Ueberschuß größer als die unbekannte Zahl; zugleich ist die Summe um 18 größer als die unbekannte Zahl; daher ist (I.) der zweifache Ueberschuß gleich 18, also der einfache = 9. Die Unbekannte ist also um 9 kleiner als 60. Demnach ist sie gleich 51.

84. Zu welcher Zahl hat man 24 hinzuzusetzen, damit diese Summe um das größer als 84 sei, um was die Unbekannte kleiner als 84 ist? 72.

85. Das Dreifache einer Zahl ist kleiner als 100, setzt man aber zu dem 3fachen der Zahl 32 hinzu, so wird diese Summe um das grösser als 100, und was das 3fache kleiner als 100 ist. Welches ist das Einfache? 28.

86. Zu einer Zahl ihre Hälfte hinzugesetzt, giebt eben so viel mehr als 90, um was die Unbekannte kleiner als 90 ist. Welche Zahl ist es?

Aufl. Die Unbekannte ist um einen gewissen Unterschied kleiner als 90, diese ist wieder um denselben Unterschied kleiner als die Unbekannte und ihre Hälfte; daher ist die Unbekannte um den zweifachen Unterschied kleiner als dieselbe und ihre Hälfte (I.). Zugleich ist die Unbekannte um ihre Hälfte kleiner als sie selbst und ihre Hälfte; folglich ist der zweifache Unterschied gleich der Hälfte der Unbekannten, daher ist der Unterschied = der Hälfte von der Hälfte oder = $\frac{1}{4}$ der Unbekannten. Demnach sind $\frac{5}{4}$ der Unbekannten = 90, also $\frac{1}{4}$ derselben = 18, und die ganze Unbekannte ist daher = 4 . 18 oder = 72.

87. Wenn man zu einer Zahl $\frac{3}{4}$ derselben hinzusetzt, so erhält man eben so viel mehr als 165, um was die Zahl allein kleiner als 165 ist. Welches ist sie? 120.

88. Setzt man zu einer Zahl 84 hinzu, so ist diese Summe um das größer als 100, um was die Zahl kleiner als 70 ist. Welche Zahl ist es?

Aufl. Die Summe der Unbekannten und 84 übertrifft 100 um einen gewissen Ueberschuß; 100 ist nun wieder um 30 mehr als 70; daher ist obige Summe um gedachten Ueberschuß und 30 größer als 70; und weil 70 um jenen Ueberschuß wieder größer als die Unbekannte ist, so übersteigt obige Summe um jenen zweifachen Ueberschuß und 30 die Unbekannte. Daher ist das Zweifache des Ueberschusses und 30 = 84; also der Ueberschuß = 27. Demnach ist die Unbekannte = 70 — 27 = 43.

Anmerk. In dieser Auflösung sind mehrere Mittelschlüsse ausgelassen worden, und dieses geschah deswegen, um die Aufl. kurz und leicht übersichtlich darzustellen. Diese Auslassung kann aber der Deutlichkeit nicht schaden, weil die Mittelschlüsse in den vorhergehenden Auflösungen ausführlich angezeigt worden sind. Die Auslassung bekannter Mittelschlüsse, wodurch weitläuftige Schlüsse verkürzt werden, soll auch im Nachfolgenden beobachtet werden, und dieses auch aus dem Grunde, um dem Leser nicht die Gelegenheit zum Selbstdenken zu benehmen, welche Thätigkeit ein vorzügliches Vergnügen beim Lesen einer Schrift gewährt.

89. Zu welcher Zahl hat man 108 hinzuzusetzen, damit diese Summe um das größer als 120 werde, um was 80 größer als die Unbekannte ist? 46.

90. Setzt man zu $\frac{1}{3}$ eine Zahl 54 hinzu, so erhält man eine Zahl, die um das größer als 60, um was diese größer als $\frac{1}{3}$ der ersten Zahl ist. Welches ist die ganze Zahl? 99.

91. Zu einer 7fachen Zahl 30 hinzugesetzt, ist um das größer als 72, um was 70 größer als jene 7fache Zahl ist. Diese Zahl ist? 8.

92. Setzt man zu einer Zahl ihre Hälfte, ihr Drittel, ihr Viertel und noch 20 hinzu, so hat man eben so viel über 84, um was die Zahl kleiner als 58 ist. Welches ist die Zahl?

Aufl. Die Hälfte, $\frac{1}{3}$ und $\frac{1}{4}$ einer Zahl ist $= \frac{13}{12}$ derselben; daher ist $2\frac{1}{12}$ mal eine Zahl und 20 um einen Ueberschuß größer als 84; also ist $2\frac{1}{12}$ mal eine Zahl und 20 um den Ueberschuß und 26 mehr als 58; folglich ist $2\frac{1}{12}$ mal eine Zahl und 20 um einen zweifachen Ueberschuß und 26 größer als die Zahl selbst. Daher ist der zweifache Ueberschuß und $26 = 1\frac{1}{12}$ mal die Unbekannte und 20; der Ueberschuß ist also $= \frac{13}{24}$ der Unbekannten weniger 3. Die Unbekannte aber und der Ueberschuß sind zusammen gleich 58; daher ist die Unbekannte und $\frac{13}{24}$ derselben um 3 größer als 58. Folglich sind $\frac{37}{24}$ der Unbekannten $= 61$; mithin ist die gesuchte Zahl $= 39\frac{21}{37}$.

93. Der dritte Theil einer Zahl und 96 ist um das größer als 200, um was $\frac{1}{4}$ derselben kleiner als 314 ist. Welche Zahl ist es? 720.

94. Eine Zahl und 240 ist um 80 mehr als um das größer als 300, um was die zweifache Zahl kleiner als 200 ist. Welches ist die Zahl?

Aufl. Die gesuchte Zahl und 240 ist um 80 und einen gewissen Unterschied größer als 300; daher ist die Unbekannte und 160 um denselben Unterschied größer als 300; diese ist nun um 100 größer als 200; folglich ist die Unbekannte und 60 um den Unterschied größer als 200, um welchen die zweifache Unbekannte größer als 200 ist. Die Unbekannte und 60 ist also um den zweifachen Unterschied größer als die doppelte Unbekannte. Zugleich ist die Unbekannte und 60 um 60 weniger der Unbekannten größer als die doppelte Unbekannte; daher ist der genannte Unterschied $= 30$ weniger $\frac{1}{2}$ der Unbekannten. Die doppelte Unbekannte und 30 weniger $\frac{1}{2}$ der Unbekannten, oder $\frac{3}{2}$ der Unbekannten und 30 sind zusammen $= 200$; daher sind $\frac{3}{2}$ der Unbekannten $= 170$; also ist die Unbekannte $= 113\frac{1}{3}$.

2. Verbindung der unbekannten Zahl mit bekannten Zahlen durch Subtraction.

95. Von welcher Zahl muß man 27 hinwegnehmen, damit der Rest 36 betrage?

Aufl. Der Minuendus ist gleich dem Subtrahendus nebst dem Reste (I.). Also ist die gesuchte Zahl $= 27 + 36$ oder $= 63$.

96. Von einer 7fachen Zahl nimmt man 65 hinweg, und man erhält 26; welches ist die einfache Zahl? 13.

97. Nimmt man von $\frac{1}{5}$ einer Zahl 8 hinweg, so erhält man 15; welches ist die Zahl? 115.

98. Man multiplicirt eine Zahl mit $5\frac{1}{4}$, subtrahirt von dem erhaltenen Produkte 56, und erhält für den Rest 182. Welches ist die Zahl? $45\frac{1}{3}$.

99. Jemand multiplicirt eine Zahl mit 9, subtrahirt von dem Produkte 64, dividirt den Rest durch 8 und erhält zum Quotienten 17. Welche Zahl ist es? $22\frac{2}{3}$.

100. Nimmt man von 50 eine gewisse Zahl hinweg, so erhält man 27. Die Zahl ist? 23.

101. Welche Zahl ist so beschaffen, daß ihr Dreifaches um 70 vermindert um 80 größer als 90 ist?

Aufl. Die 3fache Zahl ist um 70 größer als die um 70 verminderte 3fache Zahl, und da diese um 80 > 90 ist; so ist die 3fache Zahl um 70 + 80 oder um 150 > 90; daher ist die 3fache Zahl = 90 + 150 oder = 240; mithin ist die einfache Zahl = 80.

102. Wenn man von einer 4fachen Zahl 76 hinwegnimmt, so der Rest um 28 kleiner als 156. Welche Zahl ist es? 51.

103. Nimmt man von einer Zahl 32 hinweg, so ist der Rest um das kleiner als 50, um was die Zahl größer als 50 ist. Die Zahl ist? 66.

3. Verbindung der uubekannten mit bekannteu Zahlen durch Addition und Subtraction.

104. Man setzt zu einer Zahl 38 hinzu, und nimmt von dieser Summe 25 hinweg, und erhält 28. Welches ist die Zahl? 15.

105. Man hat eine dreifache Zahl um 17 vermehrt, und darauf die Summe um 29 vermindert nnd behält 8 mehr als 45 übrig. Die Zahl ist? 65.

106. Von der Hälfte einer Zahl nimmt man 36 hinweg, und setzt zu demReste40 hinzu, so erhält man 79; welche Zahl ist es? 60.

107. Von $\frac{5}{6}$ einer Zahl nimmt man 89 hinweg, und setzt zum Reste 38 hinzu, so erhält man 79; welche Zahl ist es? 156.

108. Zu einer dreifachen Zahl setzt man 75 hinzu, darauf nimmt man von derselben dreifachen Zahl 75 hinweg, und nun findet man, daß jene Summe um das größer als 100, um was der Rest kleiner als 100 ist. Die Zahl ist?

Aufl. Die 3fache Zahl und 75 ist um einen gewissen Ueberschuß größer als 100, und diese ist wieder um denselben Ueberschuß größer als die um 75 verminderte dreifache Zahl; daher ist die um 75 vermehrte 3fache Zahl um den doppelten Ueberschuß größer als die um 75 verminderte Zahl. Zugleich ist die um 75 vermehrte 3fache Zahl um 75 + 75 oder um 150 größer als die um 75 verminderte Zahl; daher ist der zweifache Ueberschuß gleich 150, also der einfache 75. Demnach ist die 3fache Zahl = 100, daher die einfache = 33$\frac{1}{3}$.

109. Man vermehrt eine 4fache Zahl um 36, und findet, daß diese Summe um dasselbe über 164, um was die um 96 verminderte 4fache Zahl unter 164 ist. Welches ist die Zahl? 48$\frac{1}{2}$.

b. Vergleichung der unbekannten Zahl mit der unbekannten.

α. In Rücksicht der unbekannten Zahl.

110. Die 7fache unbekannte Zahl ist um wie viel größer als die 3fache selbige Zahl? Um die 4fache.

111. Eine Zahl ist um wie viel größer als $\frac{3}{5}$ von ihr? Um $\frac{2}{5}$ derselben.

112. Drei und $\frac{1}{2}$ mal eine Zahl ist um wie viel größer als 2$\frac{1}{3}$ mal dieselbe? Um 1$\frac{1}{6}$ mal dieselbe Zahl.

β. In Rücksicht bekannter Zahlen.

113. Die zweifache Zahl ist um 18 größer als die einfache Zahl. Welches ist sie? 18.

114. Wenn die 9fache Zahl um 50 größer als die 4fache Zahl ist; welches ist die einfache? 10.

115. Eine Zahl ist um 27 größer als $\frac{2}{5}$ von ihr; diese Zahl ist? 45

γ. In Rücksicht der unbekannten und bekannten Zahl.

116. Eine Zahl ist um ihr Doppeltes und 24 kleiner als ihr Fünffaches. Welches ist das Einfache?

Aufl. Das Einfache ist um das 4fache kleiner als das Fünffache; daher ist das 4fache gleich dem Doppelten und 24. Das vierfache ist um das 2fache größer als das Doppelte, die Summe des Doppelten und 24 ist um 24 größer als das Doppelte; daher ist das Doppelte = 24; also das Einfache = 12.

117. Welche Zahl ist um ihr Dreifaches und 72 kleiner als ihr 13faches? 8.

118. Welche Zahl ist um $\frac{1}{3}$ derselben mehr als um 8 größer als ihre Hälfte? 64.

119. $5\frac{4}{7}$ mal welche Zahl ist um $3\frac{1}{3}$ mal dieselbe und 45 größer als $1\frac{1}{4}$ mal dieselbe Zahl? $80\frac{20}{47}$.

c. Vergleichung der unbekannten Zahl und bekannten mit den unbekannten und bekannten Zahlen.

α. In Rücksicht bekannter Zahlen.

120. Welche zweifache Zahl ist gleich der einfachen und 39? 39.

121. Eine 9fache Zahl ist gleich der 5fachen und 48; welches ist die einfache? 12.

122. Eine Zahl ist um $\frac{1}{3}$ derselben größer als ihr Viertel und 65; welches ist die Zahl? 156.

123. Eine Zahl und 78 ist gleich der 3fachen und 46; welches ist die Zahl?

Aufl. Da die einfache Zahl und 78 = der 3fachen und 46, und die einfache um die zweifache kleiner als die 3fache, 78 um 32 größer als 46 ist: so ist (I.) die zweifache Zahl = 32; also die gesuchte Zahl = 16.

124. Welche 3fache Zahl und 87 ist gleich der 7fachen Zahl und 3? 21.

125. Eine Zahl und 64 ist gleich ihrer Hälfte und 99; welches ist die Zahl? 70.

126. Zwei Drittel einer Zahl und 34 sind gleich $\frac{3}{4}$ derselben und 25; welches ist die Zahl? 108.

127. Eine Zahl und 29 sind um 15 kleiner als die 4fache Zahl und 23; welches ist die Zahl? 7.

128. Die 12fache Zahl und 56 sind zusammen um 38 größer als die 7fache und 48; welches ist die einfache? 6.

129. Setzt man zur 3fachen Zahl 24 hinzu, so erhält man eben so viel, als wenn man von der 4fachen 13 hinwegnimmt; welches ist die Zahl?

Aufl. Die 3fache Zahl ist um 24 kleiner als die Summe der 3fachen und 24, also ist die 3fache um 24 kleiner als die 4fache weniger 13. Die 4fache weniger 13 ist um 13 kleiner als die unverminderte 4fache. Daher ist die 3fache um 24 + 13 oder um 37 kleiner als die 4fache. Demnach ist die gesuchte Zahl = 37.

130. Die 5fache Zahl um 48 vermehrt ist gleich der 8fachen Zahl um 21 vermindert; welches ist die einfache Zahl? 23.

131. Die um 32 vermehrte 9fache Zahl ist um 38 größer als die um 40 verminderte 17fache Zahl; welches ist die einfache Zahl? $4\frac{1}{4}$.

β. In Rücksicht der unbekannten Zahl.

132. Die zweifache Zahl ist die unbekannte Zahl größer als $\frac{1}{2}$ derselben und 13; welches ist die Zahl?

Aufl. Die zweifache Zahl ist um die einfache größer als die einfache; daher ist die einfache Zahl = $\frac{1}{2}$ derselben und 13; folglich $\frac{1}{2}$ der Zahl = 13; daher die gesuchte Zahl gleich 26.

133. Die 14fache Zahl ist um die 3fache größer als die 9fache und 27; welches ist die einfache? $13\frac{1}{2}$.

134. Die zweifache Zahl ist um $\frac{2}{3}$ derselben größer als die zweifache um 28 vermindert; welche Zahl ist es? 42.

135. Die 6fache Zahl ist um die 4fache größer als die 9fache um 112 vermindert; welches ist die einfache? 16.

136. Zu welcher Zahl muß mau 396 hinzusetzen, damit diese Summe um die 3fache Zahl größer als die 23fache sei? $15\frac{3}{13}$.

137. Setzt man zur 8fachen Zahl 168 hinzu, so erhält man die 2fache mehr als wenn man zur 4fachen 20 hinzusetzt; welches ist die einfache?

Aufl. Die 8fache Zahl und 168 ist gleich der 6fachen und 20; daher ist die zweifache = 168 — 20 oder = 148; folglich ist die gesuchte Zahl = 74.

γ. In Rücksicht der unbekannten und bekannten Zahlen.

138. Eine 3fache Zahl und 90 ist um die unbekannte Zahl und 27 größer als die 3fache Zahl und 13; welches ist die Zahl?

Aufl. Die 3fache Zahl und 90 ist gleich der 6fachen Zahl und 40; also ist die 3fache = 50; daher die gesuchte Zahl = $16\frac{2}{3}$.

139. Welche 4fache Zahl und 85 ist um die 3fache Zahl und 15 größer als eie 6fache Zahl weniger 180? 50.

140. Von welcher 4fachen Zahl muß man 360 hinwegnehmen, damit der Rest um die 3fache Zahl weniger 100 kleiner als die 17fache Zahl weniger 5000 sei? 454.

## d. Theilung einer Zahl.

### α. Einer unbekanten Zahl in Theile, deren Unterschiede bekannte Zahlen sind.

141. Man soll 128 so in zwei Theile theilen, daß der eine Theil um 38 größer als der andere sei.

Aufl. Der kleinere Theil sei das Einfache, so hat der größere das Einfache und 38; also beide Theile zusammen das Zweifache und 38 = 128; daher ist das Zweifache = 90; folglich ist der kleinere Theil = 45, und der größere = 83.

142. Wenn man 200 so in 2 Theile zerlegt, daß der eine um 50 größer als der andere wird; welche Theile erhält man? 75 und 125.

143. Jemand will 100 so in 3 Theile theilen, daß der eine um 1 größer als der andere, und dieser um 2 größer als der dritte sei. Welche Theile wird er erhalten?

Aufl. Der kleinste von den 3 Theilen ist der dritte, und dieser habe das Einfache, so hat der zweite das Einfache und 2, und der erste hat das Einfache und 3; daher betragen alle 3 Theile zusammen das 3fache und 5 = 100; also ist das 3fache = 95; folglich ist der dritte Theil = $31\frac{2}{3}$, der zweite = $33\frac{2}{3}$, und der erste = $34\frac{2}{3}$.

141. Es ist 450 so in 3 Theile zu theilen, daß der erste um 18 größer als der zweite, und dieser um 18 größer als der dritte sei. Diese 3 Theile sind? 168, 130 und 132.

145. 250 so in 3 Theile zu theilen, daß der eine um 25 größer als der andere, und dieser um 15 kleiner werde als der dritte.

Aufl. Der kleinste unter diesen Theilen ist der zweite und dieser habe das Einfache, so hat der erste das Einfache und 25, und der dritte das Einfache und 15. Demnach haben alle 3 Theile zusammen das 3fache und 40 = 250; daher ist das Dreifache = 210; mithin das Einfache = 70. Der erste Theil ist also 95, der zweite 70, und der dritte 85.

146. 400 so in 3 Theile zu theilen, daß der eine um 140 größer als der andere, und dieser um 80 kleiner als der dritte werde. 200, 60 und 140.

147. Welche Theile wird man erhalten, wenn man 890 so in 4 Theile theilt, daß der erste um 30 größer als der zweite, dieser um 20 größer als der dritte, und endlich dieser um 13 größer als der vierte werde? 260, 230, 210 und 200.

148. Man soll 1000 so in 5 Theile theilen, daß jeder Theil, vom ersten an gerechnet, um 30 kleiner sei als der nächstfolgende. Diese Theile sind? 140, 170, 200, 230 und 260.

β. Einer bekannten Zahl in Theile, deren gegenseitiges Verhältniß durch mehr als eine Bedingung bestimmt wird.

149. Man will 68 so in 2 Theile theilen, daß der eine Theil das Doppelte des andern um 8 übertreffe.

Aufl. Der zweite Theil habe das Einfache, so hat der erste das 2fache und 8; beide zusammen das Dreifache und 8 = 68; also das 3fache = 60. Daher ist der zweite Theil = 20, und der erste = 48.

150. 160 so in 2 Theile zu theilen, daß der eine das Dreifache des andern und 12 betrage. Diese Theile sind? 123 und 37.

151. Wenn man 500 so in 2 Theile theilt, daß der eine um 50 weniger als das Vierfache des andern beträgt; welche Theile wird man erhalten? 390 und 110.

152. Man soll 800 so in zwei Theile theilen, daß der eine die Hälfte des andern und 50 betrage. Diese Theile sind? 300 und 500.

153. Man hat 300 so in zwei Theile getheilt, daß, wenn man zu dem einen Theile 20 hinzulegt, man das Dreifache des andern erhält. Welches sind die Theile? 220 und 80.

154. 350 soll man so in zwei Theile theilen, daß, wenn man den kleinern Theil um 30 vermehrt, dieser der dritte Theil des andern sei.

Aufl. Der kleinere Theil habe das Einfache einer gewissen Zahl, so ist der um 30 vermehrte kleinere Theil = dem Einfachen + 30; der andere muß das Dreifache davon haben, also hat er das Dreifache und 90; beide Theile zusammen haben also das 4fache + 90 = 350; daher ist das 4fache = 260; der kleinere Theil ist folglich = 65, und der größere = 285.

155. Es ist 730 so in zwei Theile zu theilen, daß wenn man den einen um 40 vermehrt, er $\frac{2}{5}$ des andern werde.

Aufl. Der kleinere Theil sei das 2fache einer gewissen Zahl, so ist er um 40 vermehrt, das 2fache + 40. Der andere muß 5 mal die Hälfte des um 40 vermehrten kleinern Theils sein, also ist jener das 5fache + 100, daher beide zusammen das 7fache + 100 = 730. Folglich ist der kleinere Theil 180 und der andere 550.

156. Man soll 200 so in 3 Theile theilen, daß der eine um 8 größer als das Doppelte des andern, und dieser um 9 größer als das Dreifache des dritten werde; welche Theile sind es? 125, $58\frac{1}{2}$, $16\frac{1}{2}$.

157. Welche Theile wird man erhalten, wenn man 300 so in 3 Theile theilt, daß der erste das Dreifache des andern weniger 50, und dieser das Vierfache des dritten weniger 40 wird?

Aufl. Der dritte, als der kleinste Theil, sei das Einfache einer gewissen Zahl; so ist der zweite das Vierfache derselben Zahl weniger 40, und der erste 1, als das Dreifache vom zweiten, ist gleich dem zwölffachen derselben Zahl weniger 120 und weniger 150, also das Zwölffache weniger 170. Die Summe dieser 3 Theile ist = dem 17fachen weniger 210 = 300. Demnach ist das Einfache gleich 30. Der erste Theil ist folglich = 190, der zweite = 80, und der dritte = 30.

158. Man soll 400 so in zwei Theile theilen, daß die Hälfte des einen Theils den andern um 20 übertreffe. Diese Theile sind? 280 und 120.

159. 500 soll so in zwei Theile getheilt werden, daß die Hälfte des ersten Theils um 50 größer als $\frac{1}{3}$ des zweiten sei.

Aufl. Der zweite Theil sei das 3fache einer gewissen Zahl, so ist $\frac{1}{3}$ desselben das Einfache. Nun soll $\frac{1}{2}$ des ersten Theils um 50 größer als $\frac{1}{3}$ des zweiten sein; daher ist $\frac{1}{2}$ des ersten gleich dem Einfachen + 50, und der ganze erste Theil ist also das 2fache + 100, beide Theile zusammen betragen daher das 5fache + 100 = 500. Also ist der erste Theil 260 und der andere 240.

160. 600 so in 2 Theile zu theilen, daß $\frac{2}{3}$ des ersten um 50 größer als $\frac{3}{4}$ des andern sei. Diese Theile sind?

Aufl. Da die $\frac{2}{3}$ des ersten Theils um 50 größer als $\frac{3}{4}$ des zweiten sein sollen, so müssen genannte $\frac{2}{3}$ 2 mal die Hälfte von $\frac{3}{4}$ des zweiten und 50 sein. Die Hälfte von $\frac{3}{4}$ ist $\frac{3}{8}$; daher habe der zweite Theil das 8fache einer gewissen Zahl, also $\frac{3}{4}$ desselben = dem 6fachen;

folglich betragen $\frac{2}{3}$ des ersten Theils das 6fache + 50, also $\frac{1}{3}$ das 3fache + 25; mithin ist der erste Theil = dem 9fachen + 75. Beide Theile zusammen sind demnach = dem 17fachen + 75 = 600, also ist das Einfache = $30\frac{15}{17}$. Hieraus ergiebt sich der erste Theil = $352\frac{16}{17}$, der andere = $247\frac{1}{17}$.

161. Man soll 168 so in zwei Theile theilen, daß $\frac{1}{2}$ des ersten und $\frac{1}{3}$ des zweiten Theils zusammen 68 betragen.

Aufl. Die Hälfte des ersten und die Hälfte des zweiten Theils sind zusammen die Hälfte von der Summe beider Theile, also gleich der Hälfte von 168 oder = 84. Die Summe von $\frac{1}{2}$ des ersten und $\frac{1}{2}$ des zweiten Theils ist um $\frac{1}{6}$ des zweiten Theiles größer als die Summe von $\frac{1}{2}$ des ersten und $\frac{1}{3}$ des zweiten Theils; zugleich ist die erste Summe um 16 größer als die andere; daher ist $\frac{1}{6}$ des zweiten Theils = 16; also der zweite Theil = 96, und daher der erste Theil = 168 — 96 = 72.

162. 122 so in zwei Theile zu theilen, daß $\frac{1}{2}$ des ersten und $\frac{1}{4}$ des zweiten Theils zusammen gleich 41 sei. Diese Theile sind? 42 und 80.

163. Man will 287 so in zwei Theile theilen, daß der erste Theil durch 5, und der andere durch 9 dividirt, die Summe der Quotienten 43 betrage. Welche Theile wird man erhalten? 125 und 162.

164. Wenn man 127 so in zwei Theile theilen soll, daß $\frac{2}{3}$ des ersten und $\frac{3}{4}$ des zweiten Theils 91 betragen sollen; welche Theile wird man erhalten?

Aufl. $\frac{2}{3}$ des ersten und $\frac{2}{3}$ des zweiten Theils sind zusammen = $\frac{2}{3}$ von der Summe beider Theile, also = $\frac{2}{3}$ von 127 oder = $84\frac{2}{3}$. Nun ist die Summe von $\frac{2}{3}$ des ersten und $\frac{2}{3}$ des zweiten Theils um $\frac{1}{12}$ des zweiten Theils kleiner als die Summe von $\frac{2}{3}$ des ersten und $\frac{3}{4}$ des zweiten Theils; zugleich ist die erste Summe um $6\frac{1}{3}$ kleiner als die zweite; daher ist $\frac{1}{12}$ des zweiten Theils = $6\frac{1}{3}$; folglich ist der ganze zweite Theil = 12 . $6\frac{1}{3}$ oder = 76; mithin ist der erste Theil = 127 — 76 = 51.

165. Man theilt 167 in zwei Theile, und nimmt von dem ersten Theile $\frac{3}{4}$, von dem zweiten $\frac{2}{5}$, addirt dieses und man erhält 85 Welche Theile? 52 und 115.

γ. Theilung der unbekannten Zahl.

166. Man nimmt von einer Zahl ihre Hälfte und ihr Drittel hinweg und behält 18. Welche Zahl ist sie? 108.

167. Wollte man von einer Zahl ihre Hälfte, ihr Drittel und ihr Viertel hinwegnehmen, so würden 19 fehlen. Diese Zahl ist?

Aufl. $\frac{1}{2}$, $\frac{1}{3}$ und $\frac{1}{4}$ einer Zahl sind zusammen $\frac{13}{12}$ derselben. Von einer Zahl kann man aber höchstens eine ihr gleiche Zahl, also $\frac{12}{12}$ derselben hinwegnehmen; indem man also $\frac{13}{12}$ derselben von ihr hinwegnehmen will, so fehlt $\frac{1}{12}$ derselben; zugleich fehlt 19; also ist $\frac{1}{12}$ der gesuchten Zahl = 19; daher ist die ganze Zahl = 12 . 19 oder = 128.

168. Man will von einer Zahl $\frac{2}{3}$, $\frac{3}{4}$ und $\frac{4}{5}$ derselben hinwegnehmen, und findet, daß 657 fehlen. Welche Zahl ist diese? 540.

169. Man theilt eine Zahl so in zwei Theile, daß der eine Theil 8 mehr als die Hälfte der Zahl beträgt, so findet man für den andern Theil 15. Welche Zahl? 46.

170. Wenn man eine Zahl so in zwei Theile theilt, daß der eine Theil um 24 größer als $\frac{1}{3}$ der Zahl wird, und der andere 34 beträgt; welche Zahl muß diese sein?

Aufl. Würde der erste Theil nur $\frac{1}{3}$ der Zahl betragen, so müßte der andere $\frac{2}{3}$ derselben sein. Da nun der erste Theil $\frac{1}{3}$ der Zahl und 24 ist, so muß der andere Theil $\frac{2}{3}$ der Zahl weniger 24 sein, welches 34 beträgt; mithin sind $\frac{2}{3}$ der gesuchten Zahl $= 58$; daher ist die unbekannte Zahl $= 87$.

171. Eine Zahl hat man so in 2 Theile getheilt, daß der eine $\frac{3}{4}$ derselben weniger 25, und der andere 53 beträgt. Diese Zahl ist? 112.

172. Von einer Zahl nimmt man 8 mehr als die Hälfte, von dem Reste wieder 8 mehr als die Hälfte hinweg, und behält 38 übrig. Welche Zahl?

Aufl. Da man von dem Reste 8 mehr als die Hälfte desselben hinwegnahm, so blieb von demselben die um 8 verminderte Hälfte übrig oder 38; folglich ist die Hälfte des Restes $= 38 + 8 = 46$, daher ist der Rest $= 92$. Dieser Rest wurde aber dadurch erhalten, daß man von der ganzen Zahl ihre Hälfte und 8 hinwegnahm; also ist der Rest die Hälfte der Zahl weniger 8, zugleich 92; also ist die Hälfte der Zahl 100; folglich die ganze Zahl $= 200$.

173. Wenn man von einer Zahl $\frac{1}{3}$ derselben und 12, von dem Reste wieder $\frac{1}{3}$ desselben und 12 hinwegnimmt, und dann noch 28 übrig behält; welche Zahl muß die getheilte sein? $139\frac{1}{2}$.

174. Von einer Zahl nimmt man $\frac{1}{4}$ derselben und 20, von dem Reste $\frac{3}{5}$ und 24 hinweg, und behält noch 48; diese Zahl ist? $266\frac{2}{3}$.

175. Von einer Zahl nimmt man die Hälfte derselben und 15, von dem Reste wieder die Hälfte desselben und 15, von dem dann bleibenden Roste wieder die Hälfte und 15 hinweg, und behält zuletzt 15 übrig. Welche Zahl? 330.

176. Von einer Zahl nimmt man 30 mehr als $\frac{1}{3}$ derselben, von dem Reste wieder 30 mehr als $\frac{1}{3}$ desselben hinweg; und setzt dieses Verfahren noch 4 mal hinter einander so fort, daß er von jedem neuen Reste 30 mehr als $\frac{1}{3}$ desselben hinwegnimmt; da bleibt ihm endlich 30 übrig. Welche Zahl mag getheilt worden sein? $1960\frac{5}{16}$.

Anmerk. Man kann für diese Aufgabe eine zweifache Auflösung geben. Die eine geht vom letzten Reste hinauf zur Zahl; die andere steigt von der gesuchten Zahl zum letzten Reste hinab. In Beziehung auf die erste Art der Aufl. ist es für diese Aufgabe klar, daß man zu irgend einem Reste 30 hinzufügen muß, um $\frac{2}{3}$ des vorhergehenden Restes zu erhalten. Die zweite Art der Aufl. für diese Aufgabe soll hier kurz gegeben werden.

Aufl. Nimmt man von einer Zahl $\frac{1}{3}$ derselben und 30 hinweg, so bleibt für den Rest $\frac{2}{3}$ der Zahl weniger 30. Wendet man diese Bemerkung auf die successiven Reste an, so ist der erste Rest $\frac{2}{3}$ der Unbekannten weniger 30; der zweite Rest ist $\frac{2}{3}$ des ersten weniger 30;

also $\frac{2}{3}$ mal $\frac{2}{3}$ der Unbekannten weniger 30) und weniger 30 = $\frac{4}{9}$ der Unbekannten weniger 50. Auf gleiche Weise findet man für den dritten Rest = $\frac{8}{27}$ der Unbek. — $63\frac{1}{3}$; vierter Rest = $\frac{16}{81}$ der Unbek — $72\frac{2}{9}$: fünfter Rest = $\frac{32}{243}$ der Unbek. — $78\frac{4}{27}$; sechster Rest = $\frac{64}{729}$ der Unbek. — $82\frac{8}{81}$; endlich der siebente Rest = $\frac{128}{2187}$ der Unbek. — $84\frac{178}{243}$ = 30. Daraus ergiebt sich die Unbekannte = $1960\frac{5}{16}$.

177. Man nimmt von einer Zahl die Hälfte derselben weniger 40, von dem Reste wieder die Hälfte desselben weniger 40, von dem zweiten Reste die Hälfte desselben weniger 40, und behält für den fünften Rest 160 übrig. Welches ist die so zertheilte Zahl? 2640.

Anmerk. Die Auflösung dieser Aufgabe ist ähnlich der der vorigen, mit dem Unterschiede, daß in dieser jeder Rest um die Zahl, welche man weniger als einen gewissen Theil hinweggenommen hat, größer als der übrig bleibende Theil des vorigen Restes ist; in voriger Aufgabe fand dasselbe aber umgekehrt statt. Wie dort kann man auch hier eine zweifache Auflösung geben; sie werden hier aber als bekannt nicht vorgetragen.

178. Von einer Zahl nimmt man die Hälfte und 8, von dem Reste die Hälfte desselben weniger 8, von dem zweiten Reste die Hälfte desselben und 8, von dem dritten Reste die Hälfte desselben weniger 8, und behält für den vierten Rest 66. Welches ist die getheilte Zahl? 1024.

179. Eine Zahl theilt man so in 3 Theile, daß der erste $\frac{1}{2}$ derselben weniger 2000, der zweite $\frac{1}{3}$ derselben weniger 1000, und der dritte Theil $\frac{1}{4}$ derselben und 500 beträgt. Welches ist die Zahl, und welches sind die Theile? 30000; 13000, 9000 und 8000.

180. Man theilt eine Zahl auf folgende Weise: Man nimmt für den ersten Rest 100 von der Zahl und $\frac{1}{8}$ des Restes; von diesem Reste nimmt man 200 und $\frac{1}{8}$ des dann übrig bleibenden Restes. Darauf nimmt man wieder von dem abermaligen Reste für den dritten Theil zuerst 300 und dann noch $\frac{1}{8}$ des stattfindenden Restes; und fährt so fort, für jeden folgenden Theil zuerst 100 mehr als vorher zu nehmen, und dann noch $\frac{1}{8}$ des darauf bleibenden Restes. Am Ende findet man, daß alle Theile unter einander gleich sind. Wie groß ist die getheilte Zahl, wie groß jeder Theil, und wie viele Theile sind vorhanden?

Aufl. Wenn man von der Unbekannten 100 hinwegnimmt, so bleibt ein Rest übrig, welcher der erste Rest genannt werden möge; so ist der erste Theil = 100 + $\frac{1}{8}$ des ersten Restes. Darauf nimmt man für den zweiten Theil von dem Uebrigen zuerst 200 hinweg, und das Uebrige sei nun der zweite Rest, so ist der zweite Theil = 200 + $\frac{1}{8}$ des zweiten Restes. Da die Theile unter einander gleich sein sollen, so muß 100 + $\frac{1}{8}$ des ersten Restes = 200 + $\frac{1}{8}$ des zweiten Restes sein; daher ist (I.) $\frac{1}{8}$ des ersten Restes um 100 größer als $\frac{1}{8}$ des zweiten; mithin ist der erste Rest um 8 . 100 oder um 800 größer als der zweite. Der zweite Rest wurde aber so aus dem ersten gebildet: die ganze Unbekannte bestand aus 100 und dem ersten Reste, nun nahm man für den ersten Theil davon 100 und $\frac{1}{8}$ des ersten Restes hinweg, folglich war das Uebrige $\frac{7}{8}$ des ersten Restes. Darauf nahm man davon 200, also blieb $\frac{7}{8}$ des ersten Restes weniger 200, und dieses sollte der zweite Rest sein. Demnach ist der erste Rest um 800 größer als $\frac{7}{8}$ desselben weniger 200; folglich ist der erste Rest nur um 600 größer als seine $\frac{7}{8}$; zugleich ist der ganze Rest um $\frac{1}{8}$ desselben größer als seine $\frac{7}{8}$; mithin ist $\frac{1}{8}$ des ersten Restes = 600, also der ganze erste Rest = 8 . 600 oder = 4800. Daher die Unbekannte = 4900. Aus der gefundenen Zahl ergeben sich nun mit Leichtigkeit die Theile und ihre Anzahl. Jeder Theil ist 700, und ihre Anzahl 7.

Anmerk. Der Leser möge die Weitläuftigkeit dieser Auflösung entschuldigen; denn der Verf. wollte durch sie Deutlichkeit erreichen, und ähnliche Auflösungen für Aufgaben ähnlicher Art entbehrlich machen.

181. Welche Zahl ist erforderlich, wenn man sie so wie in Aufgabe 180, theilen will, um anstatt von jedem Reste $\frac{1}{8}$ zu nehmen A. von jedem Reste A. $\frac{1}{2}$; B. $\frac{1}{3}$; C. $\frac{1}{4}$; D. $\frac{1}{5}$; E. $\frac{1}{6}$; F. $\frac{1}{7}$; G. $\frac{1}{8}$; H. $\frac{1}{9}$ nimmt?

Für den Fall A. ist die zu theilende Zahl 100, und die Theilung ist also nicht möglich.

Für den Fall B. ist die zu theilende Zahl 400;
" " " C. " " " " " 900;
" " " D. " " " " " 1600;
" " " E. " " " " " 2500;
" " " F. " " " " " 3600;
" " " G. " " " " " 6400;
" " " H. " " " " " 8100.

Anmerk. Das, was ein Theil zuerst mehr als der andere erhält, sei die Zahl a (in obigen Beispielen also a = 100); die Zahl, welche anzeigt, den wie vielsten Theil des Restes man nimmt, sei n (also in Aufg. 180. ist n = 8); so ist die getheilte Zahl = a . (n — 1) . (n — 1); Die Größe eines Theils = a . (n — 1); die Anzahl der Theile = n — 1. Sollte jeder Theil z. B. 50 mehr als der vorhergehende und noch $\frac{1}{12}$ des Restes enthalten; so hat man in obige Formeln anstatt a, 50, und anstatt n, 12 zusetzen; und man erhält die gesuchte Zahl = 50 . (12 — 1) . (12 — 1) = 50 . 11 . 11 = 6050; die Größe eines Theils = 50 . (12 — 1) = 50 . 11 = 550; die Anzahl der Theile = 12 — 1 = 11.

### c. Die unbekannte Zahl als die Anzahl der Male des Hinzusetzens und Hinwegnehmens bekannter Zahlen von bekannten, bis zu einem gewissen Verhältnisse der letzten, betrachtet.

#### α. Hinzusetzung.

182. Wie oft muß man 2 zu 10 hinzusetzen, bis die dadurch gebildete Zahl gleich 100 wird? 45 mal.

183. Wie oft muß man 3 zu 10 und 1 zu 100 hinzusetzen, bis beide Summen einander gleich werden?

Aufl. Wären die Zahlen bereits einander gleich, so müßte die zweite 10 sein, weil dieses die erste ist, und damit sie nun in dem Verhältnisse der Gleichheit bleiben, so müßte auch zu jeder Gleiches hinzukommen; da zur ersten 3 hinzugesetzt wird, und zur zweiten nur 1, so kommt zur zweiten nach dem Verhältnisse der Gleichheit 2 weniger hinzu, als hinzukommen sollte; die zweite ist aber auch um 90 über das verlangte Verhältniß. Daher muß das Hinzusetzen so oft geschehen, bis der Ueberschuß über die Gleichheit, durch die jedesmalige Verminderung unter der Gleichheit aufgehoben ist, also so oft, wie oft 2 in 90 enthalten ist; daher 45 Male.

184. Während man 12 zu 100 hinzusetzt, setzt man 7 zu 1000 hinzu; wie oft muß dieses geschehen, bis beide Summen einander gleich sind, und wie groß wird jede sein? Das Hinzusetzen muß 180 Male wiederholt werden, und die eine Zahl ist $100 + 180 . 12 = 2260$, die andere $= 1000 + 180 . 7 = 2260$.

185. Wie oft muß man $8\frac{2}{3}$ zu 500 hinzusetzen, so oft man $4\frac{1}{2}$ zu 1000 hinzusetzt, bis beide Zahlen einander gleich werden? 120 mal.

186. So oft man 18 zu 150 hinzusetzt, setzt man eben so oft 8 zu 750, bis die erste Zahl um 300 größer als die zweite wird. Wie oft hat man das Hinzusetzen wiederholen müssen?

Aufl. Würde die erste Zahl schon um 300 größer als die zweite sein, so müßte sie $750 + 300$ oder 1050 sein; nun ist sie nur 150; also fehlen ihr 900 zu dem verlangten Verhältnisse. Unter der Voraussetzung, daß das geforderte Verhältniß bereits bestände, müßte zu jeder Zahl Gleiches hinzukommen, damit das erwähnte Verhältniß nicht gestört würde, da zur zweiten stets 8 hinzugesetzt wird, so müßte auch eben so viel zur ersten hinzukommen. Nun kommt in der That zur ersten 18, also 10 mehr hinzu, als nach jener Voraussetzung geschehen soll; daher muß das Hinzusetzen so oft vollführt werden, wie oft 10 in 900 enthalten ist; also 90 mal; und dann ist die erste Zahl $150 + 90 . 18 = 1770$, und die zweite $750 + 90 . 8 = 1470$.

187. Wie oft muß man 13 zu 200 hinzusetzen, eben so oft man 29 zu 1000 hinzusetzt, bis die zweite Zahl nur um 400 größer als die erste wird? 25 mal.

β. Hinwegnehmen.

188. Wie oft muß man 8 von 720 hinwegnehmen, bis die erste Zahl nur um 20 größer als 100 ist? 25 mal.

189. So oft man 2 von 300 hinwegnimmt, eben so oft muß man 14 von 600 hinwegnehmen, bis beide Reste einander gleich werden? 25 mal.

190. Wenn man 5 von 800 hinwegnimmt, so nimmt man 40 von 1200 hinweg; nun ist die Frage, wie oft dieses Verfahren wiederholt werden müsse, bis die erste Zahl um 300 größer als die zweite wird? 20 mal.

γ. Hinzusetzen und Hinwegnehmen.

191. Wie oft muß man 1 zu 30 hinzusetzen, und eben so oft 1 von 100 hinwegnehmen, bis beide Zahlen einander gleich werden? 135 mal.

192. Indeß man 7 zu 100 hinzusetzt, muß man wie oft 8 von 1000 hinwegnehmen, bis beide Zahlen einander gleich werden.

Aufl. Wäre die zweite Zahl gleich der ersten, so müßte sie 100 sein; also ist sie um 900 größer als sie nach der Annahme sein sollte. Damit aber das Verhältniß der Gleichheit bliebe, so müßte man zur zweiten 7 hinzusetzen, weil so viel zur ersten hinzukommt. Aber nun setzt man nicht nur nicht die 7 hinzu, sondern vermindert noch die zweite Zahl um 8; also wird sie in Bezug auf jene Annahme um 15 vermindert, und dieses muß so lange geschehen, bis jener Ueberschuß von 900 vernichtet ist. Daher muß man $\frac{900}{15} = 60$ mal hinzusetzen und eben so oft hinwegnehmen, um die Zahlen einander gleich zu machen.

193. So oft man 19 zu 70 hinzusetzt, eben so oft nimmt man 41 von 7000 hinweg, bis beide Zahlen einander gleich werden. Wie oft hat man jede Operation vollzogen. 115 mal und noch $\frac{1}{2}$ des Zusatzes und der Abnahme.

Anmerk. Die Antwort lautet „$115\frac{1}{2}$ mal". Die Frage bezieht sich aber auf die Anzahl der Operationen. Eine Operation oder überhaupt eine Handlung oder That kann aber nicht $\frac{1}{2}$, $\frac{1}{3}$ oder $\frac{1}{4}$ mal, überhaupt keinen Bruch mal geschehen. Denn diese geschieht oder unterbleibt; ein Mittleres zwischen dem Geschehen und Nichtgeschehen ist nicht vorhanden. Daher darf man nicht sagen $\frac{1}{2}$ mal eine Zahl hinwegnehmen, sondern die Hälfte der Zahl hinwegnehmen; wenn man aber doch sagt: $\frac{1}{2}$ mal eine Zahl hinwegnehmen, so muß man daran denken, daß dieses ein abgekürzter Ausdruck ist, deren in der Sprache viele vorhanden sind. Z. B. sagt man in der Geometrie: der Flächeninhalt eines Parallelogramms ist gleich dem Produkte aus Grundlinie und Höhe. Diese Bemerkung für Anfänger!

194. Wie oft hat man 12 zu 400 hinzuzusetzen, eben so oft man 8 von 900 hinwegnimmt, bis die erste Zahl um 900 größer als die zweite wird? 70 mal..

Anmerk. Noch mehre Aufgaben dieser Art hier anzuführen, dürfte unnöthig sein; weil selbige theils sehr leicht zu lösen sind, theils bei den geometrischen Verhältnissen noch einmal erscheinen werden.

## B. Mit mehr als einer unbekannten Zahl.

### a. Die unbekannten Zahlen unter einander unverbunden.

#### α. Die unbekannten Zahlen nicht mit bekannten verbunden.

195. Eine Zahl ist um 8 größer als eine andere, die doppelte erste Zahl ist um 28 größer als die zweite: welches sind die Zahlen?

Aufl. Aus der ersten Bedingung ergiebt sich, daß die erste Zahl gleich der zweiten und 8 ist; daher ist die doppelte erste Zahl gleich der zweifachen zweiten und 16; folglich ist die zweifache zweite und 16 um 28 größer als die zweite; also ist die zweifache zweite nur um 12 größer als die zweite. Demnach ist die zweite Zahl = 12 und die erste = 20.

196. Eine Zahl ist um 15 größer als eine andere, die 3fache erste ist aber um 50 größer als die zweite; welche Zahlen sind es?

Aufl. Aus der ersten Angabe folgt, daß die 3fache erste um 45 größer als die 3fache zweite ist, und hieraus folgt, daß die 3fache erste = der 3fachen zweiten und 45 ist; demnach ist die 3fache zweite Zahl und 45 um 50 größer als die zweite; oder die 3fache zweite und 45 sind zusammen = der zweiten und 50. Daher ist (I.) die zweifache zweite = 5; also die zweite = $2\frac{1}{2}$; mithin ist die erste = $17\frac{1}{2}$.

196. Eine Zahl ist um 8 größer als eine zweifache andere; die 4fache erste ist um 67 größer als die zweite. Die Zahlen sind? 18 und 5.

**198.** Eine zweifache Zahl ist um 5 größer als eine andere; die 3fache erste ist um 12 größer als die zweite, welches sind die Zahlen?

Aufl. Die Differenz zwischen der zweifachen ersten und der zweiten ist um 7 kleiner als die Differenz zwischen der 3fachen ersten und der zweiten, zugleich ist die zweifache erste um die einfache kleiner als die 3fache erste; daher ist (I.) die erste Zahl = 7. Nach der ersten Bedingung ist 14 um 5 größer als 9; mithin ist die zweite Zahl = 9.

199. Das Dreifache einer Zahl ist um 8 größer als das Zweifache einer andern; das 5fache der ersten ist um 28 größer als das Zweifache der zweiten. Diese Zahlen sind? 10 und 11.

200. Das 3fache einer Zahl ist um 6 größer als das 2fache einer andern; das 7fache der ersten ist um 9 größer als das 5fache der zweiten; welches sind die Zahlen?

Aufl. Nimmt man von der ersten Angabe das 5fache, und von der zweiten das 2fache; so ergiebt sich, daß das 15fache der ersten um 30 größer als das 10fache der zweiten, und das 14fache der ersten um 18 größer als das zehnfache der zweiten ist. Demnach ist (I.) die erste Zahl = 12. Aus der ersten Bedingung folgt, daß 36 um 6 größer als das 2fache der zweiten Zahl ist; daher ist das Zweifache derselben = 30, also die zweite Zahl = 15.

201. Das 7fache einer Zahl ist um 19 größer als das 4fache einer andern; das 9fache der ersten ist um 27 größer als das 5fache der zweiten. Welches sind die Zahlen? 13 und 18.

202. Eine Zahl ist um 4 kleiner als eine andere; die erste ist um 24 kleiner als die zweifache zweite. Diese Zahlen sind? 16 und 20.

Anmerk. Die vorigen Auflösungen passen auch für die Aufgaben, in welchen die Vielfachen der ersten Zahl kleiner als die der zweiten sind. Daher folgen keine Aufgaben dieser Art.

203. Das 3fache einer Zahl ist um 12 kleiner als das 4fache einer andern; das 4fache der ersten ist um $13\frac{2}{3}$ kleiner als das 5fache der zweiten. Diese Zahlen sind? $5\frac{1}{3}$ und 7.

204. Die Hälfte einer Zahl ist um 8 kleiner als eine andere; $\frac{1}{3}$ der ersten ist um 11 kleiner als die andere. Diese Zahlen sind? 18 und 17.

205. Zwei Fünftel einer Zahl sind um 10 kleiner als eine andere; $\frac{3}{5}$ der ersten Zahl sind um 25 kleiner als das Zweifache der andern. Welches sind die Zahlen? 25 und 20.

206. Eine Zahl ist um 13 größer als eine andere; das Zweifache der ersten ist um 4 kleiner als das 4fache der zweiten. Die Zahlen sind? 28 und 15.

207. Das 4fache einer Zahl ist um 12 größer als das 3fache der zweiten; das 5fache der ersten ist um $8\frac{1}{3}$ kleiner als das 7fache der zweiten.

Aufl. Aus der ersten Bedingung ergiebt sich, daß die erste Zahl um 3 größer als $\frac{3}{4}$ der zweiten ist; daher ist die 5fache erste um $15 > 3\frac{3}{4}$ der zweiten; oder die 5fache erste ist $= 3\frac{3}{4}$ mal die zweite

+ 15. Mit Zuziehung der zweiten Bedingung ergiebt sich, daß $3\frac{3}{4}$ mal die zweite + 15 um $8\frac{5}{6} <$ das 7fache der zweiten ist. Demnach ist $3\frac{3}{4}$ mal die zweite um $15 + 8\frac{5}{6}$ oder um $23\frac{5}{6} >$ das 7fache der zweiten; mithin $3\frac{1}{4}$ mal die zweite $= 23\frac{5}{6}$; also die zweite Zahl $= \frac{23\frac{5}{6}}{3\frac{1}{4}} = \frac{12 \cdot 23\frac{5}{6}}{12 \cdot 3\frac{1}{4}} = \frac{286}{39} = \frac{22}{3} = 7\frac{1}{3}$. Der Werth der zweiten Zahl in die erste Bedingung gesetzt, giebt die 4fache erste Zahl $= 12 + 3 \cdot 7\frac{1}{3} = 34$; also die erste Zahl $= 8\frac{1}{2}$.

208. Eine Zahl ist um ihre Hälfte größer als eine andere; die 3fache erste ist um 12 größer als die zweifache zweite; welche Zahlen sind es? 6 und 3.

209. Das 3fache einer Zahl ist um $\frac{1}{3}$ derselben größer als das 4fache einer andern; das 5fache der ersten ist um 15 größer als das 6fache der zweiten.

Aufl. Die erste Bedingung lehrt, daß (I.) $\frac{8}{3}$ der ersten gleich dem 4fachen der zweiten, also die zweite Zahl $= \frac{2}{3}$ der ersten; die 6fache zweite Zahl ist also = der 4fachen ersten. Daher ist das 5fache der ersten um 15 größer als das 4fache derselben; mithin ist die erste Zahl = 15, und die zweite $= \frac{2}{3} \cdot 15 = 10$.

210. Die erste von 3 Zahlen A, B, C ist um 8 größer als die zweite B und diese ist um 5 größer als die dritte C. Die erste ist gleich der zweifachen zweiten. Diese Zahlen sind? 16, 8, 3.

211. Eine Zahl ist um 12 größer als eine andere, diese ist um 7 größer als eine dritte, und die erste ist gleich der 3fachen dritten.

Aufl. Die erste ist um 19 größer als die dritte (I.); daher ist die zweifache dritte = 19; also ist die dritte Zahl $= 9\frac{1}{2}$; die zweite $= 16\frac{1}{2}$, und die erste $= 28\frac{1}{2}$.

212. Eine Zahl ist um 28 größer als eine andere, und diese ist um 28 kleiner als eine dritte, diese aber ist das 3fache der zweiten. Die Zahlen sind? 42, 14, 42.

213. Eine Zahl ist um 32 größer als eine andere, diese ist um 15 kleiner als eine dritte, und diese ist $\frac{2}{3}$ der ersten.

Aufl. Die erste Zahl ist um 32 — 15 oder um 17 größer als die dritte (I.); also ist $\frac{1}{3}$ der ersten = 17; daher ist die erste Zahl = 51, die zweite = 19, und die dritte = 34.

214. Eine Zahl A ist um 5 größer als eine andere B, das 2fache dieser ist gleich dem 3fachen der dritten C, und die erste ist um 10 größer als die dritte.

Aufl. Weil $2B = 3C$, so ist $B = \frac{3}{2}C$; also A um $5 > \frac{3}{2}C$, und auch A um $10 > C$; daher ist $A = \frac{3}{2}C + 5 = C + 10$; folglich ist (I.) $\frac{1}{2}C = 5$; daher $C = 10$; $B = \frac{3}{2} \cdot 10 = 15$, und $A = 20$.

Anmerk. Es möge erlaubt sein, Buchstaben für die Zahlen der Kürze wegen zu gebrauchen; an Bindigkeit verlieren die Schlüsse dadurch nichts. Auch steht zu erwarten, daß man dieses Verfahren und die Algebra, welche ihre Aufgaben vermittelst Gleichungen löst, nicht für einerlei halten wird. Doch soll der Gebrauch der Buchstaben nur selten eintreten.

215. Eine Zahl ist um 8 größer als eine andere, das 3fache der zweiten ist gleich dem 12fachen einer dritten, und die erste ist um 20 größer als die dritte. Diese Zahlen sind? 24, 16, 4.

216. Eine Zahl ist um 6 größer als eine andere; das 2fache dieser ist um 3 größer als das 5fache einer dritten, und die erste ist um 21 größer als die dritte.

Aufl. Das 2fache der Zweiten ergiebt sich aus der zweiten Bedingung = der 5fachen dritten + 3; daher ist die zweite = $2\frac{1}{2}$ mal die dritte + $1\frac{1}{2}$. Demnach ist die erste Zahl = $2\frac{1}{2}$ mal die dritte + $7\frac{1}{2}$ = der dritten + 21. Folglich ist $1\frac{1}{2}$ mal die dritte = $13\frac{1}{2}$; also die dritte = $\frac{13\frac{1}{2}}{1\frac{1}{2}} = \frac{27}{3} = 9$. Die zweite = $2\frac{1}{2} . 9 + 1\frac{1}{2} = 24$, und die erste = 30.

217. Das 2fache einer Zahl ist um 4 größer als das 3fache einer andern; das 5fache dieser ist um 6 kleiner als das 6fache einer dritten; und die erste ist um 14 größer als die dritte. Die Zahlen sind? 32, 20, 18.

218. Das 2fache einer Zahl ist um 1 kleiner als das 6fache einer andern; das 3fache der zweiten ist um 2 kleiner als das 12fache einer dritten; und das 8fache der ersten ist um 3 größer als das 4fache der dritten. Diese Zahlen sind? $\frac{1}{2}$, $\frac{1}{3}$, $\frac{1}{4}$.

β. Die unbekannten mit bekannten Zahlen verbunden.

219. Setzt man zu einer Zahl 18 hinzu, so ist diese Summe um 39 größer als eine andere, und diese ist $\frac{1}{4}$ der unvermehrten ersten. Welches sind die Zahlen?

Aufl. Da die um 18 vermehrte erste Zahl um 39 größer als die zweite ist, so ist die unvermehrte erste nur um 21 größer als die zweite; nach der zweiten Angabe ist die erste um das 3fache der zweiten größer als diese; daher ist das 3fache der zweiten = 21; mithin ist die zweite Zahl = 7, und die erste = 28.

220. Eine Zahl ist das 5fache einer andern; setzt man zur ersten 38 hinzu, so ist diese Summe um 70 größer als die zweite. Diese Zahlen sind? 40 und 8.

221. Eine Zahl ist $3\frac{1}{2}$ mal so groß, als eine andere; setzt man zu dieser 50 hinzu, so ist die dadurch erhaltene Summe um 20 größer als die erste.

Aufl. Die zweite Zahl sei das 2fache einer gewissen Zahl, so ist die erste das 7fache derselben. Daher ist das 2fache und 50 um 20 größer als das 7fache; also ist das 7fache = dem 2fachen + 30 (I.). Daher ist das Einfache 6. Die erste ist demnach = 7 . 6 oder = 42, und die andere = 2 . 6 oder = 12.

222. Eine Zahl ist $2\frac{2}{3}$ mal so groß als eine andere; setzt man zu dieser 100 hinzu, so erhält man eine Summe, welche um 30 größer als die erste ist. Diese Zahlen sind? 112 und 42.

223. Eine Zahl ist $\frac{2}{5}$ einer andern; setzt man zur letzten 49 hinzu, so wird die Summe um 73 größer als die erste. Diese Zahlen sind? 16 und 40.

13 *

224. Eine Zahl ist um das 2fache einer andern größer als diese. Nimmt man von der ersten 68 hinweg, so ist der Rest um 8 kleiner als die zweite.

Aufl. Die erste ist das 3fache der zweiten, und da die erste um 68 vermindert um 8 kleiner als die zweite ist, so ist (I.) die um 60 verminderte erst = der zweiten. Demnach ist das 2fache der zweiten = 60. Daher ist die zweite gleich 30, und die erste = 90.

225. Eine Zahl ist um $3\frac{1}{3}$ mal eine andere größer als diese. Vermindert man die erste um 150, so ist der Rest um 60 kleiner als die zweite. Diese Zahlen sind? 117 und 27.

226. Eine Zahl ist $1\frac{3}{4}$ mal so groß als eine andere; nimmt man von dieser 76 hinweg, so ist der Rest um 140 kleiner als die erste.

Aufl. Die zweite sei das 4fache, so ist die erste das 7fache derselben Zahl. Da die zweite um 76 vermindert, um 140 kleiner als die erste ist, so ist die unverminderte zweite nur um 64 kleiner als die erste. Daher ist das 3fache = 64, also das Einfache = $21\frac{1}{3}$; mithin ist die erste Zahl = $7 . 21\frac{1}{3} = 149\frac{1}{3}$, und die zweite = $85\frac{1}{3}$.

227. Eine Zahl ist $2\frac{1}{3}$ mal so groß als eine andere; nimmt man von der letzten 72 hinweg, so ist der Rest um 144 kleiner als die erste. Diese Zahlen sind? 126 und 54.

228. Setzt man zu einer Zahl 48 hinzu, so ist die Summe um 50 größer als eine andere; setzt man aber zur ersten nur 10 hinzu, so ist diese Summe das 4fache der zweiten.

Aufl. Die erste Zahl ist um 48 kleiner als die Summe derselben und 48, die zweite ist aber um 50 kleiner als die obige Summe; also ist die erste und 2 größer als die zweite, die um 10 vermehrte erste ist demnach um 12 größer als die andere; zugleich ist die um 10 vermehrte erste und das 3fache der zweiten größer als diese, daher ist das 3fache der zweiten = 12; mithin ist die zweite = 4, und die erste = 6.

229 Wenn man zu einer Zahl 24 hinzusetzt, so ist die Summe um 28 größer als eine andere; setzt man aber zur ersten 16 hinzu, so ist diese Summe das 5fache der zweiten. Diese Zahlen sind? 9 und 5.

230. Zu einer Zahl 18 hinzugesetzt, giebt eine Summe, welche um 12 größer als eine andere Zahl ist; setzt man aber zu dieser 8 hinzu, so ist die dadurch erhaltene Summe das 3fache der ersten.

Aufl. Da die erste Zahl und 18 nur um 12 größer als die zweite ist, so ist diese um 6 größer als die erste. Die um 8 vermehrte zweite ist daher um 15 größer als die erste; zugleich ist die um 8 vermehrte zweite um das Zweifache größer als die erste; mithin ist die zweifache erste = 14; demnach ist die erste = 7, und die zweite = 13.

231. Setzt man zu einer Zahl 28 hinzu, und zu einer andern 39, so ist die erste Summe um 16 größer als die andere. Die erste Zahl ist das 7fache der zweiten; welches sind die Zahlen? $31\frac{1}{2}$ und $4\frac{1}{2}$.

232. Eine Zahl ist $5\frac{2}{3}$ mal so groß als eine andere; setzt man

zur ersten 54, und zur zweiten 68 hinzu; so ist die erste Summe um 42 größer als die andere Summe.

Aufl. Die zweite Zahl sei das 3fache, so ist die erste das 17fache derselben Zahl. Da die erste Zahl und 54 um 42 größer als die zweite und 68 ist, so ist die erste und 54 = der zweiten und 110; daher ist die erste Zahl um 56 größer als die zweite; zugleich ist die erste um das 14fache einer gewissen Zahl größer als die zweite; demnach ist das 14fache = 56, mithin das Einfache = 4. Die erste Zahl ist also = 17 . 4 = 68, und die zweite = 3 . 4 = 12.

233. Eine Zahl ist um 8 größer als eine andere; setzt man zur ersten 16, und zur andern 4 hinzu, so ist die erste Summe das Doppelte der andern Summe. Welches sind die Zahlen? 24 und 16.

234. Eine Zahl ist um 10 größer als eine andere; setzt man zur ersten Zahl 61, und zur zweiten 7 hinzu, so ist die erste Summe das 5fache der zweiten Summe.

Aufl. Die erste Zahl ist gleich der zweiten und 10; daher ist die erste und 61 = der zweiten + 71. Das 5fache der zweiten und 7 ist = der 5fachen zweiten + 35. Daher ist die zweite + 71 = der 5fachen zweiten + 35; also ist die 4fache zweite = 36; also die zweite = 9, und die erste = 9 + 10 = 19.

235. Setzt man zu einer Zahl 21 hinzu, so ist die Summe das Doppelte einer andern Zahl; setzt man aber zur ersten 39 hinzu, so ist diese Summe das 3fache der zweiten Zahl. Welche Zahlen? 15 und 18.

236. Wenn man eine Zahl um 38 vermehrt, so ist sie das 3fache einer andern; vermehrt man aber die erste um 72, so ist sie das 5fache der zweiten.

Aufl Da die erste und 38 um 34 kleiner als dieselbe und 72, und das 3fache der zweiten um das 2fache derselben kleiner als das 5fache derselben ist, so ist das 2fache der zweiten = 34; also ist die zweite Zahl = 17, und die erste = 51 — 38 = 13.

237. Eine Zahl ist $\frac{1}{3}$ von einer um 19 vermehrten andern Zahl; setzt man zur ersten 12 hinzu, so ist die Summe das Doppelte der unvermehrten zweiten.

Aufl. Die 3fache Summe ist = der 3fachen ersten und 36 = 6fachen zweiten. Die 3fache erste ist = der zweiten und 19 (erste Bedingung); daher ist die zweite + 19 + 36 = der 6fachen zweiten; mithin ist die 5fache zweite = 55; demnach ist die zweite Zahl = 11, und die erste = 10.

238. Die Summe einer Zahl und 69 ist gleich dem 3fachen der Summe einer andern Zahl und 5; die Summe der zweiten Zahl und 14 ist das 3fache der Summe der ersten und 8.

Aufl. Die erste Zahl ist = der 3fachen zweiten + 15 — 69 oder = der 3fachen zweiten weniger 54. Die 3fache Summe der ersten und 8 ist = der 3fachen ersten + 24; daher ist die 3fache erste + 24 = der 9fachen zweiten weniger 162 + 24 = der 9fachen zweiten weniger 138 = der zweiten + 14; mithin ist die 8fache zweite = 152; also die zweite = 19, und die erste = 57 — 54 = 3.

239. Nimmt man von einer Zahl 18 hinweg, und setzt zur andern 18 hinzu, so ist der Rest gleich der Summe; die unverminderte erste ist das Doppelte der unvermehrten zweiten; welche Zahlen? 72 und 36.

240. Eine Zahl ist $2\frac{3}{5}$ mal so groß als eine andere; nimmt mon von der ersten 32 hinweg, und setzt zur zweiten 32 hinzu, so ist der Rest gleich der Summe.

Aufl. Die erste Zahl ist um $1\frac{3}{5}$ mal die zweite größer als diese; zugleich ist die erste um 64 größer als die zweite (I.); also sind $\frac{8}{5}$ der zweiten $= 64$; daher ist die zweite $= 40$, und die erste $= 95$.

241. Eine Zahl ist $3\frac{5}{6}$ mal so groß als eine andere; nimmt man von der ersten 38 hinweg, und setzt zur zweiten 40 hinzu, so ist der Rest um 7 größer als die Summe.

Aufl. Die erste Zahl ist um $\frac{17}{6}$ der zweiten größer als diese; zugleich ist die erste um 85 größer als die zweite; daher sind $\frac{17}{6}$ der zweiten $= 85$; also ist die zweite $= 30$, und die erste $= 115$.

242. Eine Zahl ist um $4\frac{1}{2}$ mal so groß als eine andere; nimmt man von der ersten 40 hinweg, und setzt man zur zweiten 70 hinzu, so ist der Rest um 5 kleiner als die Summe. Welche Zahlen? 135 und 30.

243. Eine Zahl ist das 5fache einer andern; nimmt man von der ersten 40 hinweg, und setzt zur zweiten 40 hinzu, so ist der Rest das Doppelte der Summe.

Aufl. Die Summe der ersten und zweiten Zahl ist gleich der 6fachen zweiten. Da von der ersten Zahl 40 hinweggenommen, zur zweiten aber 40 hinzugesetzt worden sind: so ist die Summe von dem Reste und der Summe = der Summe der Zahlen. Nun ist die erste Zahl, nach der ersten Bedingung, $\frac{5}{6}$ der Summe beider Zahlen; und der Rest ist nur $\frac{2}{3}$ derselben Summe; daher ist die erste Zahl um $\frac{1}{6}$ der Summe beider Zahlen größer als der Rest; zugleich ist die erste Zahl um 40 größer als der Rest; daher ist $\frac{1}{6}$ der Summe beider Zahlen $= 40$, die Summe selbst also $= 240$, und demnach ist die erste Zahl $= \frac{5}{6} . 240 = 200$, und die zweite $= 40$.

244. Eine Zahl ist $2\frac{1}{2}$ mal so groß als eine andere; nimmt man von der ersten 76 hinweg, und setzt zur zweiten eben so viel hinzu, so ist der Rest die Hälfte der Summe. Welche Zahlen? $142\frac{1}{2}$ und 57.

245. Eine Zahl ist $2\frac{1}{3}$ mal so groß als eine andere; nimmt man von der ersten 9 hinweg, und setzt zur zweiten 59 hinzu, so ist der Rest $\frac{1}{2}$ der Summe.

Aufl. Die Summe des Restes und obiger Summe ist = der Summe der Zahlen und 50. Der Rest ist $\frac{1}{3}$ der Summe der Zahlen und $\frac{1}{3} . 50 = \frac{1}{3}$ der Summe der Zahlen $+ 16\frac{2}{3}$. Die erste Zahl ist um 9 größer als der Rest, also ist die erste Zahl $= \frac{1}{3}$ der Summe beider $+ 25\frac{2}{3}$. Zugleich ist die erste Zahl $= \frac{7}{10}$ der Summe beider Zahlen; daher sind $\frac{7}{10}$ der Summe beider Zahlen $= \frac{1}{3}$ derselben Summe $+ 25\frac{2}{3}$; also $\frac{11}{30}$ dieser Summe $= 25\frac{2}{3}$; mithin die ganze

Summe $= \frac{30 \,.\, 25\frac{2}{3}}{11} = \frac{30 \,.\, \frac{77}{3}}{11} = 70$. Daher ist die erste Zahl $=$ $\frac{7}{10} \,.\, 70 = 49$, und die zweite $= \frac{3}{10} \,.\, 70 = 21$.

246. Eine Zahl ist $1\frac{5}{9}$ mal so groß als eine andere; nimmt man von der ersten 12 hinweg, und setzt zur zweiten 63 hinzu, so ist der Rest $\frac{1}{3}$ der Summe.

Aufl. Die zweite Zahl sei das 9fache einer gewissen Zahl, so ist die erste das 14fache derselben Zahl. Daher ist obiger Rest das 14fache weniger 12, und jene Summe das 9fache und 63; also ist der Rest das 3fache und 21. Weil nun das 14fache weniger 12 $=$ dem 3fachen und 21 ist, so ist das 11fache $= 33$, also das Einfache $= 3$; mithin ist die erste Zahl $= 14 \,.\, 3 = 42$, und die zweite $=$ $9 \,.\, 3 = 27$.

247. Eine Zahl ist $\frac{7}{8}$ einer andern; nimmt man von der ersten 3 hinweg, und setzt zur zweiten 8 hinzu, so ist der Rest $\frac{3}{4}$ der Summe. Welche Zahlen? 63 und 72.

248. Eine Zahl ist $\frac{11}{12}$ einer andern; nimmt man von der ersten 23 hinweg, und setzt zur zweiten 4 hinzu, so ist der Rest $\frac{3}{4}$ der Summe. Welche Zahlen? 143 und 156.

249. Setzt man zu einer Zahl 17 hinzu, so ist sie doppelt so groß als eine andere; nimmt man aber von der ersten 1 hinweg, und setzt zur zweiten 6 hinzu, so ist der Rest $\frac{3}{4}$ der Summe.

Aufl. Die erste Zahl ist also gleich dem Doppelten der zweiten weniger 17; daher ist die erste Zahl weniger 1 gleich der doppelten zweiten weniger 18, und dieses soll $\frac{3}{4}$ von der Summe der zweiten Zahl und 6 sein, mithin ist das 2fache der zweiten Zahl weniger 18 $= \frac{3}{4}$ der zweiten und $4\frac{1}{2}$. Demnach sind $\frac{5}{4}$ der zweiten Zahl $= 22\frac{1}{2}$; folglich ist die zweite Zahl $= 18$, und die erste $= 19$.

250. Wenn man zu einer Zahl 38 hinzusetzt, so ist die Summe das 3fache einer andern; nimmt man aber von der ersten 2 hinweg, und setzt zur zweiten 15 hinzu, so ist der Rest $\frac{1}{6}$ dieser Summe. Welches sind die Zahlen? 7 und 15.

251. Nimmt man von einer Zahl 13 hinweg, so ist der Rest $\frac{1}{3}$ einer andern; setzt man aber 22 zur ersten hinzu, so ist die Summe doppelt so groß als die andere. Welche Zahlen?

Aufl. Das 3fache des Restes, oder die 3fache erste Zahl weniger 39 ist gleich der zweiten; zugleich ist diese $= \frac{1}{2}$ der Summe, oder $\frac{1}{2}$ der ersten und 11. Daher ist das 3fache der ersten Zahl weniger $39 = \frac{1}{2}$ der ersten und 11, also $2\frac{1}{2}$ mal die erste $= 50$. Demnach ist die erste Zahl $= 20$. Die zweite ist das 3fache, die erste weniger 13, also $= 3 \,.\, 7$ oder $= 21$.

252, Nimmt man von einer Zahl 4 hinweg, so ist der Rest $\frac{2}{3}$ einer andern; setzt man aber zur ersten 66 hinzu, so ist diese Summe das 3fache der zweiten. Welche Zahlen sind es? 24 und 30.

253. Setzt man zu einer Zahl 17, und zu einer andern 3 hinzu, so ist die erste Summe das 3fache der andern; nimmt man von der ersten 5 und von der zweiten 1 hinweg, so ist der erste Rest das Doppelte des andern.

Aufl. Der zweite Rest besteht aus der zweiten Zahl weniger 1, daher ist dieser doppelte das 2fache der zweiten Zahl weniger 2, welches gleich dem ersten Reste, also gleich der ersten Zahl weniger 5 ist. Daher ist die erste Zahl gleich dem 2fachen der zweiten und 3. Die erste Zahl und 17 ist demnach gleich der 2fachen zweiten und 20; zugleich soll dieses das 3fache der zweiten Summe, also das 3fache, der zweiten Zahl und 3, mithin das 3fache der zweiten Zahl und 9 sein. Daher ist die 2fache zweite Zahl und 20 = dem 3fachen derselben Zahl und 9; mithin ist die zweite Zahl = 11, und die erste = 25.

254. Wenn man zu einer Zahl 28, und zu einer andern 2 hinzusetzt, so ist die erste Summe das 2fache der andern; nimmt man aber von der ersten Zahl 6, und von der zweiten 15 hinweg, so ist der erste Rest das 2fache des andern. Welches sind die Zahlen? 36 und 30.

255. Setzt man zu einer Zahl 5, und zu einer andern 50 hinzu, so ist die erste Summe $\frac{1}{2}$ der andern; nimmt man aber von der ersten Zahl 5, und von der andern 30 hinweg, so ist der erste Rest das 2fache des andern. Welche Zahlen? 45 nnd 50.

256. Nimmt man von einer Zahl 20 hinweg, und setzt zur andern 20 hinzu, so sind die Zahlen einander gleich; setzt man aber zu jeder Zahl 2 hinzu, so ist die erste Summe doppelt so groß als die andere.

Aufl. 1. Aus der ersten Bedingung folgt, daß die erste Zahl = der Hälfte der Summe beider und 20 ist, die erste und 2 ist also die Hälfte der Summe beider und 22. Nach der zweiten Bedingung ist die erste Zahl und 2 = $\frac{2}{3}$ der Summe beider Zahlen und $\frac{2}{3} . 4$; also ist $\frac{1}{2}$ der Summe beider Zahlen + 22 = $\frac{2}{3}$ derselben Summe + $2\frac{2}{3}$; daher ist diese Summe = 116. Mithin ist die erste Zahl = $\frac{1}{2} . 116 + 20 = 78$, uud die zweite = $116 - 78 = 38$.

Aufl. 2. Aus der ersten Bedingung ergiebt sich, daß die erste Zahl um 40 größer als die zweite ist, und mit Zuziehung der zweiten Bedingung folgt, daß die erste Zahl und 2 das 2fache der zweiten und 4 ist; also ist einmal die erste Zahl = der zweiten und 40, ein andermal = der 2fachen zweiten und 2; demnach ist die zweite Zahl = 38, und die erste = 78.

257. Nimmt man von einer Zahl 35 hinweg, und setzt zu einer andern 35 hinzu, so ist der Rest gleich der Summe. Setzt man zur ersten Zahl 30, und zur zweiten 20 hinzu, so ist die erste Summe das 3fache der zweiten. Welche Zahlen? 90 und 20.

258. Wenn man von einer Zahl 8 hinwegnimmt, und zur andern 20 hinzusetzt, so sind die Zahlen einander gleich; setzt man zur ersten 2, und zur zweiten 18 hinzu, so ist die erste Summe $1\frac{1}{4}$ mal so groß als die andere. Welches sind die Zahlen? 58 und 30.

259. Nimmt man von jeder zweier Zahlen 10 hinweg, so ist der erste Retz $1\frac{1}{5}$ mal so groß als der andere. Setzt man zur ersten Zahl 5 und zur andern 15 hinzu, so sind die Summen einander gleich. Welche Zahlen sind es? 70 und 60.

260. Setzt man zu einer Zahl 15 hinzu, und nimmt von der andern 4 hinweg, so ist die Summe um 20 kleiner als der Rest. Setzt man aber zur ersten 5 und zur zweiten 6 hinzu, so ist die erste Summe $\frac{5}{9}$ der andern.

Aufl. Die erste Zahl ist um $15 + 4 + 20$ oder um 39 kleiner als die andere. Kommt nun zur ersten 5 und zur zweiten 6 hinzu, so ist die erste Summe um 40 kleiner als die andere; nun soll aber die erste Summe $\frac{5}{9}$ der andern sein; folglich ist die erste Summe um $\frac{4}{9}$ der andern kleiner als diese; daher sind $\frac{4}{9}$ der zweiten Summe $=$ 40; also ist die zweite Summe $= 90$. Daher ist die zweite Zahl $= 90 - 6$ oder $= 84$; und die erste Zahl ist $= 84 - 39 = 45$.

261. Setzt man zu einer Zahl 700 hinzu, und nimmt von der andern 200 hinweg, so ist die Summe um 500 größer als der Rest. Nimmt man von jeder Zahl 100 hinweg, so ist der erste Rest $\frac{1}{3}$ des andern.

Aufl. Die erste Zahl ist um $700 - 500 + 200$ oder um 400 kleiner als die andere. Da man darauf von jeder Zahl Gleiches hinwegnimmt, so bleibt der erste Rest um 400 kleiner als der andere (I.); nun soll aber der erste Rest $\frac{1}{3}$ des andern sein; also ist der erste um $\frac{2}{3}$ des andern Restes kleiner als dieser; daher sind $\frac{2}{3}$ des zweiten Restes $= 400$; also ist der zweite Rest $= 600$. Demnach ist die zweite Zahl $= 700$, und die erste $= 300$.

262. Man setzt zu einer Zahl 300 hinzu und nimmt von einer andern 50 hinweg, und findet, daß die Summe um 280 größer als der Rest ist. Darauf nimmt man von der ersten Zahl 20, und von der zweiten Zahl 10 hinweg, und findet, daß der erste Rest $\frac{2}{3}$ des andern beträgt.

Aufl. Die erste Zahl ist um $300 + 50 - 280$ oder um 70 kleiner als die andere. Nimmt man nun von der ersten Zahl 20 hinweg, so wird dieser Rest um 90 kleiner als die zweite Zahl, und nimmt man von dieser 10, so wird der erste Rest nur um 80 kleiner als der zweite sein. Zugleich soll der erste Rest $\frac{2}{3}$ des andern sein; also ist der erste Rest um $\frac{1}{3}$ des andern Restes kleiner als dieser. Demnach ist der zweite Rest $= 240$; mithin die zweite Zahl $= 250$, und die erste $= 250 - 70 = 180$.

263. Setzt man zu einer Zahl 100 hinzu, und nimmt von der zweiten 100 hinweg, so ist die Summe das Doppelte des Restes. Setzt man aber zur ersten 300 hinzu, und nimmt von der zweiten 200 hinweg, so ist die zweite Summe das 4fache des zweiten Restes.

Aufl. Nach der ersten Bedingung ist die erste Zahl $\frac{2}{3}$ der Summe beider Zahlen weniger 100. Die zweite Summe und der zweite Rest machen zusammen die Summe beider Zahlen und 100. Davon ist die zweite Summe $\frac{4}{5}$, also $= \frac{4}{5}$ der Summe beider Zahlen und 80. Die zweite Summe ist aber um 300 größer als die erste Zahl, mithin ist die erste Zahl $= \frac{4}{5}$ der Summe beider $- 220$ $= \frac{2}{3}$ derselben Summe $- 100$. Demnach ist die Summe beider Zahlen $= 900$. Die erste Zahl ist $\frac{2}{3}$ der Summe beider weniger 100, also $= \frac{2}{3} \cdot 900 - 100 = 500$. Daher ist die zweite Zahl $= 900 - 500$ $= 400$.

264. Man setzt zu einer Zahl 200 hinzu, und nimmt von einer andern 100 hinweg, so ist die Summe das 4fache des Restes. Darauf setzt man zur ersten 150 hinzu, und nimmt von der zweiten 50 hinweg, so ist die zweite Summe das 3fache des zweiten Restes.

Aufl. Der 4fache erste Rest ist das 4fache der zweiten Zahl weniger 400; daher ist die erste Zahl = der 4fachen zweiten weniger 600. Das 3fache des zweiten Restes ist das 3fache der zweiten Zahl weniger 150; daher ist die erste Zahl das 3fache der zweiten weniger 300. Demnach ist das 4fache der zweiten Zahl weniger 600 = dem 3fachen derselben weniger 300; mithin ist die zweite Zahl = 300, und die erste ist $= 4 . 300 - 600 = 600$.

265. Man nimmt von einer Zahl 100 hinweg, und setzt zur andern 500 hinzu, und der Rest ist $\frac{1}{2}$ der Summe. Darauf setzt man zur ersten 400 hinzu, und nimmt 100 von der zweiten hinweg, und nun ist diese Summe $1\frac{1}{2}$ mal so groß als dieser Rest.

Aufl. Der erste Rest sei das Einfache, so ist die erste Summe das 2fache derselben Zahl; also ist der erste Rest $= \frac{1}{3}$ der Summe von dem ersten Reste und der ersten Summe. Dieses macht zusammen die Summe beider Zahlen und 400. Also ist der erste Rest $= \frac{1}{3}$ der Summe beider Zahlen $+ 133\frac{1}{3}$; mithin ist die erste Zahl $= \frac{1}{3}$ der Summe beider $+ 233\frac{1}{3}$. Die zweite Summe sei das 3fache, so ist der zweite Rest das 2fache derselben Zahl; also ist die zweite Summe $\frac{3}{5}$ der Summe von der zweiten Summe und dem zweiten Reste; dieses beträgt die Summe beider Zahlen + 300; also ist der zweite Rest $= \frac{3}{5}$ der Summe beider Zahlen + 180; daher ist die erste Zahl = [illegible] der Summe beider Zahlen — 220; mithin ist $\frac{1}{3}$ der Summe beider Zahlen $+ 233\frac{1}{3} = \frac{3}{5}$ derselben Summe — 220; also ist diese Summe = 1700. Nun ist die erste Zahl $\frac{3}{5}$ dieser Summe — 220, also $= \frac{3}{5} . 1700 - 220 = 800$, und die zweite Zahl $= 1700 - 800 = 900$.

266. Die erste von 3 Zahlen und 8 ist um 12 größer als die zweite; die zweite und 15 ist um 20 größer als die dritte; die erste aber und 5 ist das 3fache der dritten.

Aufl. Die erste ist um $4 >$ die zweite, diese ist um $5 >$ die dritte; daher ist die erste um $9 >$ die dritte; mithin ist die erste und 5 um 14 größer als die drttte; zugleich ist die erste und 5 um das 2fache der dritten größer als diese; daher ist die 2fache dritte = 14; mithin ist die dritte Zahl = 7, die zweite = 12, und die erste = 16.

267. Die erste von 3 Zahlen ist um 15 größer als die zweite; diese und 5 ist das 4fache der dritten; die erste und 5 ist das 7fache der dritten.

Aufl. Die erste Zahl und 5 ist um 15 größer als die zweite und 5; also ist das 7fache der dritten um 15 größer als das 4fache derselben. Daher ist die 3fache dritte = 15; folglich ist die dritte Zahl = 5, die zweite also $= 4 . 5 - 5 = 15$, und die erste $= 15 + 15 = 30$.

268. Die erste von 3 Zahlen ist das Doppelte der zweiten und 4; die zweite und 15 ist das Doppelte der dritten, und die erste und 9 ist das 3fache der dritten.

Aufl. Das 2fache der Summe der zweiten Zahl und 15 ist = der 2fachen zweiten + 30 = der 4fachen dritten; daher ist die doppelte zweite und 4 = der 4fachen dritten weniger 26 = der ersten. Zugleich ist die erste Zahl = der 3fachen dritten weniger 9; daher ist die 4fache dritte weniger 26 = der 3fachen dritten weniger 9; also ist die dritte Zahl = 17; die zweite = 2 . 17 — 15 = 19, und die erste = 2 . 19 + 4 = 42.

269. Eine Zahl ist $\frac{1}{2}$ von der Summe einer andern und 5, die zweite ist $\frac{1}{2}$ von der Summe der dritten und 7, und die dritte ist $\frac{1}{2}$ von der Summe der ersten und 15.

Aufl. Die zweite Zahl ist gleich der 2fachen ersten weniger 5, oder gleich $\frac{1}{2}$ der dritten + $3\frac{1}{2}$; also ist die dritte = der 4fachen ersten weniger 17; zugleich ist die dritte = $\frac{1}{2}$ der ersten + $7\frac{1}{2}$; also ist die 4fache erste weniger 17 = $\frac{1}{2}$ derselben + $7\frac{1}{2}$; daher sind $\frac{7}{2}$ der ersten = $24\frac{1}{2}$, also die erste = 7, die zweite = 2 . 7 — 5 = 9, und die dritte = [$\frac{1}{2}$. (7 + 15)] = 11.

**b. Die unbekannten Zahlen mit einander verbunden.**

270. Die Summe zweier Zahlen ist 28, die eine ist 8, welches ist die andere? 20.

271. Die Differenz zweier Zahlen ist 15, die eine derselben ist 39; welches ist die andere? 24 oder 54.

272. Die Summe zweier Zahlen ist 78, ihre Differenz 25; welches sind die Zahlen?

Aufl. Die Summe zweier Zahlen ist gleich der doppelteu kleinern und ihrem Unterschiede (I.); also ist 78 = der 2fachen kleinern + 25; daher ist die doppelte kleinere = 53, also die kleinere = $26\frac{1}{2}$, und die größere = 25 + $26\frac{1}{2}$ = $51\frac{1}{2}$.

273. Die Summe zweier Zahlen ist gleich 95, ihr Unterschied gleich 37; welches sind die Zahlen?

Aufl. Die 2fache größere Zahl ist gleich der Summe beider nebst ihrem Unterschiede (I.); daher ist die 2fache größere Zahl = 95 + 37 = 132; also ist die größere Zahl = 66, und die kleinere = 95 — 66 = 29.

274. Die Summe zweier Zahlen ist um 8 größer als die größere derselben, und ihre Differenz ist um 9 größer als die kleinere von ihnen.

Aufl. Die Summe zweier Zahlen ist um die eine größer als die andere (I.); also ist die kleinere Zahl = 8; daher ist die größere gleich der kleinern 8 nebst der Differenz derselben, 17 = 25.

275. Die Summe zweier Zahlen ist gleich der 2fachen kleinern und 12; ihre Differenz ist gleich der größern weniger 15.

Aufl. Weil die Summe zweier Zahlen gleich der zweifachen kleinern nebst dem Unterschiede ist, so ist der Unterschied der Zahlen = 12. Daher ist die größere = 27, und die kleinere = 15.

276. Die Summe zweier Zahlen ist um 18 kleiner als die doppelte größere; ihre Differenz ist um 5 kleiner als die zweifache kleinere.

Aufl. Die Summe zweier Zahlen ist gleich der doppelten größern weniger ihrem Unterschiede, also ist dieser gleich 18. Daher ist die 2fache kleinere Zahl = 23, also die kleinere = $11\frac{1}{2}$, und die größere $29\frac{1}{2}$.

277. Die Summe zweier Zahlen ist um 20 kleiner als die 4fache kleinere; ihr Unterschied ist die Hälfte der größern.

Aufl. Der Unterschied der Zahlen ist gleich der größern weniger der kleinern, und auch gleich $\frac{1}{2}$ der größern; daher ist die kleinere = $\frac{1}{2}$ der größern. Aus der ersten Bedingung ergiebt sich, daß der Unterschied der Zahlen = der zweifachen kleinern weniger 20 ist; zugleich ist der Unterschied gleich der kleinern, daher ist die kleinere Zahl = 20, und die größere = 2 . 20 = 40.

278. Die erste und die doppelte zweite Zahl betragen 50; die erste und die 3fache zweite betragen 70; welches sind die Zahlen? 10 und 20.

279. Das Doppelte einer und das 3fache einer andern Zahl ist 31; das 3fache der ersten und das 4fache der zweiten ist gleich 43.

Aufl. Die erste Angabe von der zweiten hinweggenommen, giebt die Summe der Zahlen = 12. Nimmt man nun die doppelte Summe der Zahlen von der ersten Angabe hinweg, so erhält man die zweite Zahl = 7, daher ist die erste = 5.

280. Das 3fache einer und das 5fache einer andern Zahl betragen 77; das 7fache der ersten und das 4fache der zweiten sind zusammen gleich 103.

Aufl. Das 7fache der ersten Angabe ist das 21fache der ersten und das 35fache der zweiten Zahl = 539; das 3fache der zweiten Angabe ist das 21fache der ersten und das 12fache der zweiten Zahl = 309. Nun übertrifft das 7fache der ersten Angabe das 3fache der zweiten um die 23fache zweite Zahl oder um 230; also ist die 23fache zweite Zahl = 230; daher ist die zweite Zahl = 10. Aus der ersten Angabe folgt, daß die 3fache erste Zahl + 50 = 77 ist; also ist dieses 3fache = 27; mithin die erste Zahl = 9.

Anmerk. Die letzte Auflösung ist die in Worten ausgedrückte algebraische, nach der Methode der Elimination; doch lassen sich auch noch andere Auflösungen für dieselbe Art Aufgaben machen; eine andere soll im Nachfolgenden vorgetragen, und eine dritte Art wird in dem Abschnitte dargestellt werden, welcher geometrische Verhältnisse zu Bedingungen hat.

281. Das 3fache einer und das 10fache einer andern Zahl betragen zusammen 72; das 5fache der ersten und das 8fache der zweiten sind zusammen gleich 96.

Aufl. Das größte gemeine Maß der Zahlen 72 und 96 ist 24, 72 ist das 3fache und 96 das 4fache von 24; man nehme nun das 4fache der ersten und das 3fache der zweiten Angabe, so erhält man: das 12fache der ersten und das 40fache der zweiten Zahl = 288; das 15fache der ersten und das 24fache der zweiten Zahl = 288; daher ist das 12fache der ersten und das 40fache der zweiten Zahl = dem 15fachen der ersten und dem 24fachen der zweiten Zahl. Nun ist das 12fache der ersten und das 3fache derselben kleiner als das 15fache derselben; und das 40fache der zweiten ist um das 16fache derselben größer als das 24fache derselben Zahl; daher ist (I.) das 3fache der ersten = dem 16fachen der zweiten Zahl. Setzt man nun anstatt der 3fachen ersten die 16fache zweite Zahl in die erste Angabe, so ist die 26fache zweite Zahl = 72, also die zweite Zahl = $\frac{36}{13} = 2\frac{10}{13}$, und die erste ist = $\frac{16}{3}$ der zweiten = $\frac{16}{3} \cdot \frac{36}{13} = \frac{16 \cdot 12}{13} = 14\frac{10}{13}$.

Anmerk. Die Auflösung dürfte wohl noch weitläuftiger als die vorige sein; doch bleibt natürlich Jedem überlassen, welcher von beiden er den Vorzug geben will. Beide Auflösungen sind darin einander ähnlich, daß jede in beiden Angaben zwei Zahlen einander gleich machte; und ihr Unterschied besteht darin, daß die vorige Auflös. zwei Gleichvielfache einer und derselben Unbekannten in beiden Angaben zu erhalten sucht, und diese die von den Unbekannten unabhängigen bekannten Zahlen einander gleich macht. Jene Auflös. giebt das Verhältniß der Unbekannten zur bekannten, also unmittelbar eine der Unbekannten; diese giebt nur das Verhältniß der Unbekannten zu einander an; also nur mittelbar das Gesuchte.

Beide Auflösungen sind hier absichtlich vorgetragen worden, weil sie zur Schärfung der Urtheilskraft dienen, welches der eigentliche Zweck dieses Buches ist.

282. Das 5fache einer und das 12fache einer andern Zahl ist gleich 200; das 7fache der ersten und das 20fache der zweiten Zahl ist gleich 300.

Aufl. Man nehme das 3fache der ersten und das 2fache der zweiten Angabe, so müssen diese Vielfachen einander gleich sein; daher ist das 15fache der ersten und das 36fache der zweiten Zahl = dem 14fachen der ersten und dem 40fachen der zweiten Zahl. Demnach ist die erste Zahl = der 4fachen zweiten. In die erste Angabe anstatt der ersten die 3fache zweite Zahl gesetzt, giebt die 32fache zweite Zahl = 200, also die zweite = $\frac{200}{32} = \frac{25}{4} = 6\frac{1}{4}$; folglich ist die erste = $4 \cdot \frac{25}{4} = 25$.

283. Die Hälfte einer und $\frac{1}{3}$ einer andern Zahl ist gleich 61; $\frac{1}{6}$ der ersten und $\frac{1}{5}$ der zweiten Zahl ist gleich 27.

Aufl. Man nehme die erste Angabe von der 3fachen zweiten hinweg, so erhält man $\frac{3}{5}$ der zweiten Zahl weniger $\frac{1}{3}$ derselben = 81 — 61 = 20 = $\frac{4}{15}$ der zweiten Zahl; also $\frac{1}{15}$ derselben = 5; daher ist die zweite Zahl = 15 . 5 = 75. Die erste Bedingung giebt $\frac{1}{2}$ der ersten Zahl 25 = 61, also $\frac{1}{2}$ der ersten = 36, daher ist die erste Zahl = 72.

284. Die Summe einer und einer andern Zahl ist = 61, die Summe der zweiten und einer dritten ist = 79; und die Summe der ersten und dritten Zahl ist = 72.

Aufl. Der Unterschied der beiden ersten Summen ist der Ueberschuß ner dritten Zahl über die erste = 18, und da die Summe dieser Zahlen = 72 ist, so ist 62 + 18 = der zweifachen größern Zahl (I.) = 90; also ist die dritte Zahl = 45, daher die zweite = 79 — 45 = 34, und die erste = 72 — 45 = 27.

285. Die Summe einer und einer andern Zahl ist gleich 163; die Summe der zweiten und einer dritten Zahl ist gleich 133; die Summe der ersten und dritten ist gleich 118.

Aufl. Die Summe der 3 Angaben enthält das 2fache der Summe aller 3 Zahlen = 414; daher ist die Summe der 3 Zahlen = 207. Diese Summe übertrifft die erste Angabe um die dritte Zahl = 44; die Summe der 3 Zahlen übertrifft die zweite Angabe um die erste Zahl = 74, und endlich übertrifft die Summe der 3 Zahlen die dritte Angabe um die zweite Zahl = 89.

286. Jemand dividirt mit jeder von 3 Zahlen in die Einheit, und findet, daß die Summe des ersten und zweiten Quotienten gleich $\frac{11}{30}$, die Summe des zweiten und dritten Quotienten gleich $\frac{13}{42}$, und die Summe des ersten und dritten Quotienten gleich $\frac{12}{35}$ ist.

Aufl. Die Summe der 3 Angaben giebt die 2fache Summe der 3 Quotienten = $\frac{214}{210}$, also ist die Summe der 3 Quotienten = $\frac{107}{210}$. Fährt man nun in der Auflös. so wie in der vorigen fort, so erhält man für die 3 Quotienten $\frac{1}{5}$, $\frac{1}{6}$, $\frac{1}{7}$; folglich sind die 3 Zahlen 5, 6, 7.

287. Die Summe dreier Zahlen ist gleich 408; das 2fache der ersten übertrifft die zweite um 85; das 3fache der zweiten übersteigt die dritte um 107.

Aufl. Die zweite Zahl ist also gleich der 2fachen ersten weniger 85; die dritte = der 3fachen zweiten weniger 107 = der 6fachen ersten weniger 3 . 85 weniger 107 oder = der 6fachen ersten weniger 362. Daher ist die Summe der 3 Zahlen = der ersten + der 2fachen ersten — 85 + der 6fachen ersten — 362 = der 9fachen ersten — 447 = 408; also die 9fache erste Zahl = 855; daher die erste Zahl = $\frac{855}{9}$ = 95; die zweite = 2 . 95 — 85 = 105, und die dritte = 3 . 105 — 107 = 208.

## Einige vermischte Aufgaben.

285. Welche Zahl ist es, die Gleiches giebt, ob man sie mit 12 multiplicirt, oder zu ihr 12 addirt?

Aufl. Eine Zahl mit 12 multiplicirt giebt das 12fache dieser Zahl = der Einfachen + 12; daher das 11fache = 12; mithin ist die gesuchte Zahl = $1\frac{1}{11}$.

289. Man erhält Gleiches, ob man eine Zahl durch 5 dividirt, oder von ihr 5 subtrahirt; welches ist die Zahl?

Aufl. Eine Zahl durch 5 dividirt giebt $\frac{1}{5}$ derselben. Da nun $\frac{1}{5}$ der Zahl = derselben weniger 5 ist, so muß 5 $\frac{4}{5}$ der Zahl vernichtet haben; also sind $\frac{4}{5}$ der Zahl = 5; daher die gesuchte Zahl $6\frac{1}{4}$.

290. Addirt man zum Zähler eines Bruches 1, so wird der Werth desselben $\frac{1}{2}$, addirt man aber zum Nenner 1, so wird der Werth desselben gleich $\frac{1}{3}$. Welches ist der Bruch?

Aufl. Da nach der Addition zum Zähler der Werth des Bruches $\frac{1}{2}$ ist, so ist der Nenner das 2fache des Zählers + 2; im andern Falle ist der Nenner + 1 das 3fache des Zählers. Also ist das 3fache des Zählers weniger 1 = dem 2fachen Zähler + 2; der 3fache Zähler ist also = dem 2fachen Zähler + 3; demnach ist der Zähler = 3, und der Nenner = 2 . 2 + 2 = 8. Folglich ist der gesuchte Bruch = $\frac{3}{8}$.

291. Die Summe der Ziffern einer zweistelligen Zahl ist 13; subtrahirt man von der Zahl 27, so erhält man eine Zahl mit denselben Ziffern, aber in umgekehrter Ordnung. Welches ist die Zahl?

Aufl. Die Ziffer an der Zehnerstelle hat den 10fachen Werth derselben Ziffer an der Einerstelle. Die Ziffer der gesuchten Zahl an der Einerstelle sei die erste, die an der Zehnerstelle die zweite Ziffer; so besteht die gesuchte Zahl aus dem 10fachen der zweiten und dem einfachen Werthe der ersten Zähler. Die Zahl mit denselben Ziffern in umgekehrter Ordnung besteht aus dem zehnfachen Werthe der ersten und dem einfachen Werthe der zweiten Ziffer; folglich ist der Ueberschuß der ersten Zahl über diese zweite das 9fache der zweiten Ziffer weniger dem 9fachen der zweiten Ziffer oder = dem 9fachen der Differenz der Ziffern = 27; also ist die Differenz der Ziffern = 3, ihre Summe = 13, daher sind die beiden Ziffern 5 und 8; die daraus gebildeten Zahlen sind 58 und 85. Da die gesuchte Zahl die größere sein soll; so ist sie 85.

---

## II. Aufgaben mit Bedingungen geometrischer Verhältnisse.

### A. Mit einer unbekannten Zahl.

#### a. Die unbekannte Zahl unverbunden mit bekannten Zahlen.

1. Welche Zahl hat zu 27 das Verhältniß von 72 : 81?

Aufl. Das größte gemeine Maß zwischen 72 und 81 ist 9, 72 ist das 8fache, 81 das 9fache von 9. Daher (II.) muß auch im ersten Verhältniß das Vorderglied das 8fache und das Hinterglied das 9fache derselben Zahl sein. Das 9fache einer Zahl ist also = 27; daher ist das Einfache = 3; die gesuchte Zahl ist das 8fache derselben Zahl, also ist sie = 8 . 3 oder = 24.

2. Das 7fache welcher Zahl steht zu 144 in dem Verhältnisse von 54 : 63?

Aufl. 54 ist das 6fache, 63 das 7fache von 9, so muß im andern Verhältnisse das Vorderglied das 6fache und das Hintergl. das 7fache derselben Zahl sein. Das 7fache dieser Zahl ist also = 144, daher das Einfache = $\frac{144}{7}$; das Vordergl. ist also = $6 . \frac{144}{7}$. Da dieses das 7fache der gesuchten Zahl sein soll, so ist sie = $\frac{6 . 144}{7 . 7}$ = $17\frac{31}{49}$.

3. 315 verhält sich zum Drittel welcher Zahl wie 3 : 8?

Aufl. Das Hinterglied eines Verhältnisses ist gleich dem Produkte aus dem Vordergl. und dem Verhältnißquotienten (III.). Der Verhältnißquotient ist aber gleich dem Hintergl. dividirt durch das Vorderglied; also ist der Verhältnißquotient in dieser Aufgabe = $\frac{8}{3}$ = $2\frac{2}{3}$, und das gesuchte Hintergl. ist daher = $315 . \frac{8}{3} = 840$. Dieses soll um $\frac{1}{3}$ einer Zahl sein; mithin ist die unbekannte Zahl = 2520.

4. Zwei Drittel welcher Zahlen haben zu 75 das Verhältniß von 6 : 13.

Aufl. Das Vorderglied eines Verhältnisses ist gleich dem Hintergl. dividirt durch den Verhältnißquotienten, also ist das gesuchte Vordergl. $= \frac{75}{\frac{13}{6}} = \frac{6 \,.\, 75}{13}$; dieses soll nun $\frac{2}{3}$ einer Zahl sein, also ist die gesuchte Zahl $= \frac{6 \,.\, 75}{13} : \frac{2}{3} = \frac{6 \,.\, 75 \,.\, 3}{13 \,.\, 2} = \frac{3 \,.\, 75 \,.\, 3}{13} = 51\frac{12}{13}$.

5. Wie sich 13 : 19 verhält, so verhält sich 156 zu $\frac{7}{8}$ welcher Zahl?

Aufl. In einer Proportion ist das Produkt der äußern Glieder = dem der innern (II. III.). Das 13fache einer Zahl ist also = 19 . 156; daher ist das Einfache derselben $= \frac{19 \,.\, 156}{13} = 19 \,.\, 12$; dieses ist $\frac{7}{8}$ der gesuchten Zahl, daher ist sie $= \frac{19 \,.\, 12 \,.\, 8}{7} = 260\frac{4}{7}$.

Anmerk. Im Nachfolgenden wird das Finden der vierten Proportionalzahl zu 3 gegebenen als bekannt vorausgesetzt werden. In den Fundamentalsätzen ist eine zweifache Erklärung gleicher geometrischer Verhältnisse gegeben; daher wurde hier auch eine zweifache Auflösung für die Entwickelung der gesuchten Zahl dargestellt. Die dritte Art der Auflös. ist keiner der Erklärungen eigenthümlich, sondern beiden gemein, weil der Lehrsatz, auf welchem die Auflösung beruht, eine nothwendige Folge aus jeder ist.

6. Welche Zahl muß man zu 12 hinzusetzen, damit die Summe zu 48 das Verhältniß von 2 : 3 habe?

Aufl. Eine gewisse Zahl : 48 = 2 : 3; daher ist die vierte Proportionszahl $= \frac{48 \,.\, 2}{3} = 32$. Die gesuchte Zahl und 12 sind also zusammen = 32; daher ist die gesuchte Zahl = 20.

b. Die unbekannte Zahl mit bekannten verbunden.

7. Zu welcher Zahl hat man 45 hinzuzusetzen, damit die Summe zu 144 das Verhältniß von 5 : 6 habe? 75.

8. Von welcher Zahl muß man 18 hinwegnehmen, damit der Rest sich zu 128 wie 7 : 8 verhalte? 130.

9. Welche Zahl muß man von 500 hinwegnehmen, damit der Rest zu 100 das Verhältniß von 4 : 5 habe? 420.

10. Welche Zahl muß man zu jeder der Zahlen 12 und 15 hinzusetzen, damit die Summen zu einander das Verhältniß von 6 : 7 haben.

Aufl. Ständen die Zahlen in dem Verhältnisse von 6 : 7, so müßte die zweite 14 sein, weil die erste 12 ist, und unter dieser Voraussetzung müßten die Zusätze dasselbe Verhältniß zu einander haben, damit das Verhältniß der Summen 6 : 7 bleibe (II.). Zu 12 müßte also das 6fache und zur andern Zahl 14 das 7fache derselben Zahl hinzukommen. Nun kommt aber zur andern Zahl auch nur das 6fache hinzu, also das Einfache weniger; die zweite Zahl ist aber auch nicht 14, sondern 15, also 1 über das geforderte Verhältniß; daher muß der Ueberschuß das fehlende Einfache ersetzen; mithin ist das Einfache = 1; die gesuchte Zahl ist das 6fache, also ist sie 6. Demnach ist 12 + 6 : 15 + 6 = 6 : 7.

11. Zu welcher Zahl muß man die Zahlen 47 und 59 hinzusetzen, damit die Summen das Verhältniß von 7 : 8 haben?

Aufl. Wenn zwei Zahlen und ihre Zusätze einerlei Verhältniß zu einander haben, so haben ihre Summen dasselbe Verhältniß zu einander (II.). Die eine Zahl müßte also das 7fache und die andere das 8fache sein; dann müßte aber auch zur ersten das 7fache und zur andern das 8fache derselben Zahl hinzugesetzt werden. Da man zum Vordergl. 47 hinzusetzt, so müßte man zum Hintergl. $\left(7:8=47:\frac{8.47}{7}\right)$ $53\frac{5}{7}$ hinzusetzen. Nun wird aber 59, also $5\frac{2}{7}$ über das Verhältniß hinzugesetzt. Das Hintergl. ist aber auch nicht das 8fache, sondern nur das 7fache, also fehlt das Einfache, welches durch jenen Ueberschuß ersetzt wird. Daher ist das Einfache = $5\frac{2}{7}$; die gesuchte Zahl ist das 7fache, also = 7 . $5\frac{2}{7}$ = 37.

12. Welche Zahl muß man zu 10 und 20 hinzusetzen, damit das Verhältniß der Summe = 2 : 3 werde? 10.

13. Welche Zahl muß man zu 10 und 100 hinzusetzen, damit die Summen im Verhältnisse von 1 : 3 stehen? 35.

14. Zu 20 und 90 muß man welche Zahl hinzusetzen, damit die Summen das Verhältniß von 3 : 8 haben?

Aufl. Die Summe, welche das Vorderglied bildet, muß das 3fache, und die, welche das Hintergl. ist, das 8fache sein. Da die erste Zahl 20 ist, so müßte die zweite, nach dem Verhältnisse von 3 : 8, $53\frac{1}{3}$ sein. Nun ist aber die zweite 90, also um $36\frac{2}{3}$ zu groß; zu jeder kommt aber auch nur das 3fache hinzu, also zur zweiten das 5fache zu wenig; daher muß der Ueberschuß das Fehlende ersetzen; mithin ist das 5fache = $36\frac{2}{3}$; also das Einfache = $7\frac{1}{3}$. Die gesuchte Zahl ist das 3fache, also ist sie = 3 . $7\frac{1}{3}$ = 22. Daher ist 20 + 22 : 90 + 22 = 3 : 8.

15. Welche Zahl muß man von 40 und 50 hinwegnehmen, damit die Reste das Verhältniß von 1 : 2 haben.

Aufl. Wenn Minuenden und Subtrahenden gleiche Verhältnisse zu einander haben, so haben auch die Reste dasselbe Verhältniß zu einander. Ständen nun die Zahlen im Verhältnisse von 1 : 2, so müßte die zweite 80 sein, weil die erste 40 ist; nun ist aber die zweite nur 50, also fehlen ihr 30. Nach diesem Verhältnisse müßte man von der zweite Zahl das 2fache dessen hinwegnehmen, was man von der ersten hinwegnimmt; von jeder soll man aber nur eine und dieselbe Zahl hinwegnehmen; also von der zweiten das Einfache zu wenig; daher muß das Einfache = 30 sein; folglich ist 40 — 30 : 50 — 30 = 1 : 2.

16. Von welcher Zahl hat man die Zahlen 117 und 20 hinwegzunehmen, damit die Reste das Verhältniß von 2 : 3 haben? 311.

17. Welche Zahl hat man von 36 hinwegzunehmen, und zu 36 hinzuzusetzen, damit sich der Rest zur Summe wie 1 : 2 verhalte?

Aufl. Da man von der einen Zahl das hinwegnimmt, was man zur andern hinzusetzt, so ist die Summe des Restes und der Summe = der Summe der Zahlen = 72. Weil der Rest zur Verhältniß wie 1 : 2 haben soll, so hat der Rest das Einfache, die Summe das 2fache, daher beide zusammen das 3fache = 72, also das Einfache = 24; der Rest ist also 24, die Summe 48, von der einen hat man also 12 subtrahirt, und zur andern 12 addirt.

18. Welche Zahl muß man von 70 hinwegnehmen, und zu 70 hinzusetzen, damit Rest und Summe das Verhältniß von 2 : 5 zu einander haben? 30.

19. Welche Zahl muß man von 64 hinwegnehmen und zu 72 hinzusetzen, damit der Rest zur Summe das Verhältniß von 3 : 5 habe?

Aufl. $3 : 5 = 64 : 106\frac{2}{3}$. Wenn also die Zahlen im Verhältnisse von 3 : 5 ständen, so müßte die zweite $106\frac{2}{3}$ sein; nun ist sie nur 72, also um $34\frac{2}{3}$ über das Verhältniß. Die Zahl, welche man von der ersten hinwegnimmt, sei das 3fache, so müßte man von der zweiten das 5fache hinwegnehmen; nun nimmt man nicht nur nicht das 5fache hinweg, sondern setzt noch das 3fache hinzu; also ist die zweite dadurch um das 8fache über das Verhältuiß gewachsen, und dieser Wachsthum muß den Mangel ersetzen; also ist das 8fache = $34\frac{2}{3}$, daher das Einfache = $4\frac{1}{3}$. Die gesuchte Zahl hat das 3fache, also ist sie $= 3 . 4\frac{1}{3} = 13$.

20. Von 78 muß man welche Zahl hinwegnehmen, und zu 65 hinzusetzen, damit der Rest zur Summe das Verhältniß von 5 : 8 habe? 23.

21. Von welcher Zahl muß man 23 hinwegnehmen, und zu derselben 12 hinzusetzen, damit der Rest zur Summe das Verhältniß von 1 : 2 habe?

Aufl. Die Zahl sei das Einfache, so müßte nach dem Verhältnisse 1 : 2 das Vordergl. das Einfache, und das Hintergl. das Zweifache sein; wenn man nun von dem Vordergl. 23 hinwegnimmt, so müßte man, um dieses Verhältniß nicht zu stören, von dem Hintergl. 46 hinwegnehmen; da dieses nicht geschieht, sondern noch 12 hinzugesetzt wird, so wächst dadurch das Hinterglied um 58. Das Hintergl. ist aber auch nicht das 2fache, sondern nur das Einfache, daher fehlt das Einfache, und dieser Mangel muß daher durch jenen Ueberschuß ergänzt werden. Demnach ist die gesuchte Zahl = 58.

22. Zu 8 und 50 muß man welche Zahl hinzusetzen, damit die zweite um 12 mehr als das 3fache der ersten sei?

Aufl. Die erste Zahl enthält 8 und die gesuchte Zahl, und die zweite, als das 3fache der ersten, muß 24 und die 3fache gesuchte enthalten; nun enthält die zweite nur 50 und die gesuchte Zahl. Aber die zweite Zahl soll noch um 12 größer als das 3fache der ersten sein; also muß sie 36 und das 3fache der gesuchten Zahl = der gesuchten Zahl und 50. Daher ist die 2fache gesuchte Zahl = 14, also die gesuchte Zahl = 7.

23. Zu 48 und 500 muß man welche Zahl hinzusetzen, damit die zweite das 5fache der ersten enthalte und noch 50? $52\frac{1}{2}$.

24. Welche Zahl muß man zu 20 und 30 hinzusetzen, wenn die erste um 50 größer als die sein soll, welche zur zweiten das Verhältniß von 2 : 5 hat?

Aufl. Würden die Zahlen in dem Verhältnisse stehen, so müßte die zweite das 5fache einer gewissen Zahl, und die erste das 2fache derselben Zahl und 50 sein. Die gesuchte Zahl sei das 5fache, so besteht die zweite Zahl aus 30 und dem 5fachen einer Zahl; daher müßte die erste 12 und das 2fache derselben und noch 50 sein. Die erste ist aber in der That gleich 20 und dem 5fachen; daher fehlen ihr 42, und zugleich hat sie das 3fache einer Zahl zu viel; der Ueberfluß muß den Mangel ersetzen, daher ist das 3fache = 42, das Einfache = 14, daher ist die gesuchte Zahl = 70.

25. Welche Zahl muß man zu 80 und 100 hinzusetzen, damit die erste Zahl um 100 größer als die sei, welche zur zweiten das Verhältniß von 3 : 10 habe? $71\frac{3}{7}$.

26. Zu 150 uud 400 muß man welche Zahl hinzusetzen, damit die zweite um 50 kleiner als die sei, welche zur ersten das Verhältniß von 3 : 2 hat?

Aufl. Da das Vorderglied zum Hintergliede das Verhältniß 2 : 3 haben soll, so muß das Vorderglied das 2fache, und das Hintergl. das 3fache einer gewissen Zahl sein. Die gesuchte Zahl sei das 2fache, so ist das Vordergl. 150 und das 2fache; daher muß das Hintergl., nach dem Verhältnisse 2 : 3, 225 und das 3fache einer Zahl sein. 400 aber und die unbekannte Zahl müssen um 50 kleiner als das Hintergl. sein; daher ist 450 und das 2fache = 225 und das 3fache; also ist das Einfache = 225; daher ist die gesuchte Zahl = 450.

27. Von welcher Zahl muß man 300 und 400 hinwegnehmen, damit der zweite Rest um 200 kleiner als die Zahl sei, zu welcher der erste Rest das Verhältniß von 5 : 6 hat? 800.

28. Von welcher Zahl muß man 40 hinwegnehmen, und zu derselben 60 hinzusetzen, damit der Rest um 140 größer als die Zahl sei, welche zur Summe das Verhältniß von 3 : 5 hat?

Aufl. Die gesuchte Zahl sei das 5fache einer gewissen Zahl; daher ist die Summe das 5fache und 60, dieses bildet das Hintergl in dem Verhältnisse 3 : 5, daher müßte das Vorderglied das 3fache und 36 sein. Der Rest ist das 5fache weniger 40, und da dieser um 140 größer als das Vorderglied sein soll, so ist das 5fache und 40 = dem 3fachen und 176; also ist das 2fache = 136, das Einfache = 68. Die gesuchte Zahl ist das 5fache, also ist sie = 5 . 68 = 340.

29. Von welcher Zahl muß man 80 hinwegnehmen, und zu derselbeu 160 hinzusetzen, wenn der Rest um 30 größer als die Zahl sein soll, welche zur Summe das Verhältniß von 7 : 16 hat? 320.

30. Wie oft muß man zu 50, und eben so oft zu 150 Eins hinzusetzen, bis die zweite Snmme nur doppelt so groß als die erste ist?

Aufl. Wäre die zweite schon doppelt so groß als die erste, so müßte sie 100 sein, weil die erste 50 ist, dann müßte aber auch, während zur ersten 1 hinzukommt, zur zweiten 2 hinzugesetzt werden, damit sie stets doppelt so groß als die erste bliebe. Nun kommt zur zweiten 1 weniger hinzu, als geschehen sollte; dafür ist aber auch die zweite um 50 größer als nach obigem Verhältnisse gefordert wird; demnach muß der Ueberfluß auf der einen Seite den Mangel auf der andern ersetzen; das Hinzusetzen muß also so oft wiederholt werden, wie oft 1 in 50 enthalten ist, folglich 50 mal.

31. Wie oft muß man 3 zu 70 hinzusetzen, eben so oft man 1 zu 100 hinzusetzt, bis die erste Zahl doppelt so groß als die zweite ist? 130 mal.

32. So oft man 5 zu 120 hinzusetzt, eben so oft setzt man 20 zu 10 hinzu, bis die zweite Zahl das 3fache der ersten wird. Wie oft ist dieses geschehen? 70 mal.

33. Man hat zwei Zahlen 50 und 60, und will sie in das Verhältniß von 2 : 3 dadurch bringen, daß man gleichzeitig zur ersten 1 und zur andern 2 hinzusetzt. Wie oft muß das Hinzusetzen wiederholt werden?

Aufl. Hätten die Zahlen bereits das geforderte Verhältniß zu einander, so müßte die zweite 75 sein, also fehlen ihr 15. Wenn jenes Verhältniß zwischen den Zahlen bestände, so müßte zur zweiten $1\frac{1}{2}$ hinzukommen, während zur ersten 1 hinzugesetzt wird; daher kommt zur zweiten $\frac{1}{2}$ über das Verhältniß hinzu; dieser wiederholte Ueberschuß muß jenen Mangel ersetzen; also muß das Hinzusetzen 30 mal geschehen.

34. Man setzt zu 100 und 200 gleichzeitig 4 und 18 hinzu; wie oft muß dieses Verfahren wiederholt werden, bis die Summen das Verhältniß 5 : 21 haben? $183\frac{1}{3}$.

35. Man nimmt von 100 und 200 gleichzeitig 1 und 5 hinweg; nach wie vielen Wiederholungen wird das Verhältniß der Reste 2 : 1 sein?

Aufl. Würden die Zahlen bereits in dem verlangten Verhältnisse stehen, so müßten die Abnahmen dasselbe Verhältniß zu einander haben. Die erste Zahl müßte also 400 sein, weil die zweite 200 ist, und die erste Abnahme 10, weil die zweite 5 ist. Nun fehlen der ersten Zahl 300, und zugleich wächst sie durch Vernachlässigung der verhältnißmäßigen Abnahme um 9, demnach muß das Hinwegnehmen so oft wiederholt werden, wie oft 9 in 300 enthalten ist, also $33\frac{1}{3}$ mal.

36 Man soll gleichzeitig von 400 und 500 die Zahlen 2 und 8 hinwegnehmen, bis die Reste das Verhältniß von 9 : 10 haben; wie oft muß es geschehen? $9\frac{8}{13}$.

37. Man setzt zu 50 und 100 gleichzeitig 8 und 48 hinzu, damit die zweite Summe 300 mehr als das 5fache der ersten werde. Wie oft? $56\frac{1}{4}$.

38. Man setzt zu 180 und 5000 gleich oft 5 und 9, bis die zweite Zahl um 100 kleiner als das 5fache der ersten sei.

Aufl. Wäre die zweite das 5fache der ersten, so müßte sie 900 sein, und in diesem Falle müßte zur ersten 5, und zur andern das

5fache davon, also 25 hinzukommen, damit die zweite zur ersten dasselbe Verhältniß behaupte; nun kommt zur zweiten nur 9, also 16 verhältnißmäßig zu wenig hinzu; die zweite ist aber auch nicht 900, sondern 5000, also um 4100 nach Verhältniß zu groß, ja sie soll noch um 100 kleiner als das 5fache der ersten sein; daher ist die zweite um 4200 zu groß; dieses Zuviel muß durch das Zuwenig vernichtet werden; das Hinzusetzen muß daher so oft angewandt werden, wie oft 16 in 4200 enthalten ist, also $262\frac{1}{2}$ mal.

39. Zu 700 und 7000 setzt man gleich oft 80 und 16 hinzu, bis die erste Zahl um 700 größer wird als die Zahl, welche zur zweiten das Verhältniß von 5 : 8 hat. Wie oft? $62\frac{1}{2}$.

40. Man nimmt von 600 und 6000 gleichzeitig 45 und 450 hinweg, bis die erste um 300 größer als das 3fache der zweiten wird.

Aufl. Wäre die erste das 3fache der zweiten, so müßte sie 18000 sein, und da sie noch um 300 größer als das 3fache sein soll, so müßte sie 18300 betragen; sie ist aber nur 600, also fehlen ihr 17700. Nach dem gegebenen Verhältnisse müßte man von der ersten 3 . 450 oder 1350 hinwegnehmen, also 1305 mehr als wirklich geschieht; demnach muß die geforderte Operation so oft wiederholt werden, wie oft 1305 in 17700 enthalten ist, also $13\frac{49}{87}$ mal.

41. Man soll gleichzeitig zu 500 10 hinzusetzen, und von 1000 20 hinwegnehmen, bis die Summe um 500 kleiner als der zehnfache Rest sei.

Aufl. Wäre die erste Zahl das 10fache der zweiten, so müßte sie 10000 sein, also fehlen ihr 9500; nun soll sie um 500 kleiner als das 10fache sein; mithin fehlen ihr nur 9000. Nach der Voraussetzung müßte man von der ersten das 10fache von 20 oder 200 hinwegnehmen, damit die erste Zahl zur zweiten das geforderte Verhältniß beobachte. Nun nimmt man nicht nur die 200 nicht hinweg, sondern setzt noch 10 hinzu, daher wächst die erste verhältnißmäßig um 210, und dieses muß das Fehlende von 9000 ersetzen; demnach muß das angegebene Verfahren $\frac{9000}{210} = \frac{300}{7} = 42\frac{6}{7}$ mal angewandt werden.

## B. Mit mehr als einer unbekannten Zahl.

### a. Die unbekannten Zahlen unter einander unverbunden.

#### α. Die unbekannten Zahlen nicht in Verbindung mit bekannten.

42. Zwei Zahlen verhalten sich wie 1 : 2, ihr Unterschied ist 9; welches sind die Zahlen? 9 und 18.

43. Die eine von zwei Zahlen ist um 48 größer als die andere; ihr Verhältniß ist 4 : 7.

Aufl. Die eine Zahl sei das 4fache einer gewissen Zahl, so ist die andere das 7fache derselben, und ihr Unterschied ist das 3fache = 48; also ist das Einfache = 16; daher ist die eine = 4 . 16 oder = 64, und die andere = 7 . 16 oder = 112.

44. Die erste von 3 Zahlen verhält sich zur zweiten, wie 1 : 2, und die zweite zur dritten, wie 2 : 3; die dritte ist um 14 größer als die erste; welche Zahlen sind es? 7, 14 und 21.

45. Die erste von 3 Zahlen verhält sich zur zweiten, wie 2 : 3, und die zweite zur dritten, wie 4 : 5; die dritte ist um 60 größer als die erste.

Aufl. Die zweite Zahl muß das 3fache und 4fache sein, daher sei sie das 12fache einer gewissen Zahl, so ist die erste das 8fache, und die dritte das 15fache derselben Zahl; also ist die dritte um das 7fache größer als die erste; daher ist dieses 7fache $= 60$, also das Einfache $= \frac{60}{7}$. Folglich ist die erste Zahl $= 8 . \frac{60}{7} = 68\frac{4}{7}$, die zweite $= 12 . \frac{60}{7} = 102\frac{6}{7}$ und die dritte $= 15 . \frac{60}{7} = 128\frac{4}{7}$.

46. Die erste von 4 Zahlen verhält sich zur zweiten wie 1 : 2, die zweite zur dritten wie 3 : 4, die dritte zur vierten wie 5 : 6. Welches Verhältniß hat jede Zahl zur ersten? Die zweite zur ersten = 2 : 1, die dritte zur ersten = 8 : 3, und die vierte zur ersten = 16 : 5.

47. Die erste von 4 Zahlen, A, B, C, D, verhält sich zur zweiten wie 3 : 4, die zweite zur dritten wie 5 : 6, und die dritte zur vierten wie 7 : 8. Wie verhält sich jede Zahl zur ersten?

Aufl. 1. Das Verhältniß der zweiten Zahl zur ersten ist gegeben. Die dritte Zahl ist $\frac{6}{5}$ der zweiten, und diese $\frac{4}{3}$ der ersten, also ist die dritte $\frac{4}{3} . \frac{6}{5} = \frac{8}{5}$ der ersten. Die vierte ist $\frac{8}{7}$ der dritten, und diese $\frac{8}{5}$ der ersten; daher ist die vierte $\frac{8}{7} . \frac{8}{5} = \frac{64}{35}$ der ersten. Demnach ist:

$$B : A = 4 : 3.$$
$$C : A = \frac{8}{5} : 1 = 8 : 5.$$
$$D : A = \frac{64}{35} : 1 = 64 : 35.$$

Aufl. 2. Durch Zusammensetzung zweier oder mehrerer Proportionen erhält man wieder eine Proportion (II. III.). Proportionen zusammensetzen heißt aber die Produkte der gleichvielsten Glieder der Proportionen in Verhältniß setzen (II.). Nun ist:

$$\begin{array}{l} A : B = 3 : 4 \\ B : C = 5 : 6 \\ \hline A . B : B . C = 3 . 5 : 4 . 6. \end{array}$$

Wenn man aber die Glieder eines Verhältnisses durch einerlei Zahl multiplicirt, oder dividirt, so ist das Verhältniß der Produkte oder Quotienten gleich dem gegebenen Verhältnisse (II. III.); daher ist

$$A : C = 5 : 8; \text{ oder } C : A = 8 : 5 \text{ (II.)}.$$

Ferner ist

$$\begin{array}{l} A : B = 3 : 4 \\ B : C = 5 : 6 \\ C : D = 7 : 8 \\ \hline A : D = 35 : 64, \text{ oder } D : A = 64 : 35. \end{array}$$

48. Die erste von 4 Zahlen verhält sich zur zweiten wie 2 : 3, die zweite zur dritten wie 6 : 7, die dritte zur vierten wie 14 : 15. Die vierte ist um 105 größer als die erste.

Aufl. Nach dem Vorigen findet man, daß die vier Zahlen proportional folgenden vier 8, 12, 14, 15 sind; daher sei die erste das 8fache einer gewissen Zahl, so muß die zweite das 12fache, die dritte das 14fache und die vierte das 15fache derselben Zahl sein. Die vierte ist um das 7fache größer als die erste, daher ist das 7fache = 105; folglich ist das Einfache = 15. Demnach ist die erste Zahl = 8 . 15 = 120, die zweite = 12 . 15 = 180, die dritte = 14 . 15 = 210, und die vierte = 15 . 15 = 225.

49. Das 3fache einer Zahl ist gleich dem 4fachen einer andern; wie verhalten sich die Zahlen?

Aufl. 1. Da das 3fache der ersten = dem 4fachen der zweiten ist, so ist die erste = $\frac{4}{3}$ der zweiten; mithin verhält sich die erste : zweiten = $\frac{4}{3}$ der zweiten : der zweiten = $\frac{4}{3}$ : 1 = 4 : 3.

Aufl. 2. Wenn zwei Produkte einander gleich sind, so stehen ihre Faktoren in umgekehrtem Verhältnisse (II. III.). Das 3fache der ersten besteht aus 3 × die erste; das 4fache der zweiten ist = 4 × die zweite; daher ist:

die erste : zweiten = 4 : 3.

30. Das 4fache einer Zahl verhält sich zum 5fachen einer andern wie 3 : 7; welches ist das Verhältniß der Zahlen?

Aufl. 1. Das 4fache der ersten Zahl muß also = dem 3fachen einer gewissen Zahl, und das 5fache der zweiten = dem 7fachen derselben Zahl sein; daher ist die erste = $\frac{3}{4}$, und die zweite = $\frac{7}{5}$ derselben Zahl. Demnach verhält sich die erste Zahl zur zweiten = $\frac{3}{4}$ einer Zahl : $\frac{7}{5}$ derselben = $\frac{3}{4}$ : $\frac{7}{5}$ = 15 : 28.

Aufl. 2. Da das 4fache der ersten : 5fachen der zweiten = 3 : 7, so ist das 28fache der ersten = dem 15fachen der zweiten (II. III.). Mithin ist die erste : zur zweiten = 15 : 28.

Anmerk. Wenn also zwei Vielfache zweier Zahlen gleich sind, so stehen die Zahlen im umgekehrten Verhältnisse ihrer Anzahlen. Haben aber zwei Vielfache zweier Zahlen ein anderes Verhältniß als das der Gleichheit zu einander, so stehen die Zahlen im zusammengesetzten Verhältnisse, aus dem umgekehrten ihrer Anzahlen und dem geraden ihrer Vielfachen. Beide Sätze werden im Folgenden als bekannt vorausgesetzt werden.

51. Das 2fache einer Zahl verhält sich zum 3fachen einer andern, wie 5 : 8. Der Unterschied der Zahlen ist 15; welches sind die Zahlen? 225 und 240.

52. Man hat 3 Zahlen; die erste verhält sich zum 2fachen der zweiten wie 3 : 4, die zweite verhält sich zum 3fachen der dritten wie 5 : 6; der Unterschied der ersten und dritten ist 66.

Aufl. Die erste Zahl verhält sich zur zweiten wie 3 : 2 (Aufg. 50. Anmerk.); die zweite verhält sich zur dritten wie 5 : 2; daher verhält sich die erste zur dritten wie 15 : 4. Die erste Zahl sei also das 15fache einer gewissen Zahl, so ist die zweite das 10fache, und die dritte das 4fache derselben. Der Unterschied der ersten und dritten ist also das 11fache = 66; daher das Einfache = 6. Demnach ist die erste Zahl = 15 . 6 = 90, die zweite = 10 . 6 = 60, und die dritte = 4 . 6 = 24.

53. Das 2fache einer Zahl verhält sich zum 3fachen einer andern wie 7 : 8; das 4fache der zweiten verhält sich zum 5fachen einer

dritten wie 5 : 6. Der Unterschied der ersten und dritten Zahl ist 94, welches sind die Zahlen? 350, $266\frac{2}{3}$, 256.

54. Man dividirt eine Zahl durch 2, und eine andere durch 3 und erhält gleiche Quotienten; wie verhalten sich die Zahlen? Wie 2 : 3.

55. Wenn man eine Zahl durch 3 und eine andere durch 4 dividirt, und gleiche Quotienten erhält; welches muß das Verhältniß der Zahlen sein?

Aufl. Die erste Zahl sei das 3fache einer gewissen Zahl, so ist sie durch 3 dividirt = dem Einfachen; dieses soll nun $\frac{1}{4}$ der andern sein; also ist die zweite Zahl = der 4fachen derselben. Daher ist die erste Zahl : zweiten = dem 3fachen einer Zahl : 4fachen derselben = 3 : 4.

Anmerk. Wenn die Quotienten zweier Zahlen gleich sind, so ist ihr Verhältniß = dem der Divisoren.

Diesen Satz findet man auch in den Fundamentalsätzen (II. und III.) erwiesen. Hier lautet er: „Wenn zwei Brüche gleich sind, so ist das Verhältniß der Zähler = dem der Nenner. Ein Quotient kann aber stets als ein Bruch betrachtet werden; daher kann man den Satz auch so aussprechen: Wenn zwei Quotienten einander gleich sind, so ist das Verhältniß der Dividenden gleich dem der Divisoren."

56. Der Unterschied zweier Zahlen ist 80, dividirt man die erste durch 7, und die andere durch 9, so erhält man gleiche Quotienten. Welche Zahlen sind es? 280 und 360.

57. Wenn man eine Zahl durch 8, eine andere durch 12 dividirt, so ist das Verhältniß der Quotienten gleich dem von 5 : 7. Welches ist das Verhältniß der Zahlen? 10 : 21.

58. Man dividirt eine Zahl durch 8, eine andere durch 9, und findet, daß sich die Quotienten wie 7 : 11 verhalten. Welches ist das Verhältniß der Zahlen?

Aufl. Der erste Quotient sei das 7fache einer gewissen Zahl, so muß der andere das 11fache derselben Zahl sein. Die erste Zahl durch 8 dividirt giebt $\frac{1}{8}$ derselben; da nun $\frac{1}{8}$ der ersten Zahl = dem 7fachen einer gewissen Zahl ist, so ist die erste Zahl = dem 8 . 7 oder 56fachen einer Zahl, und aus demselben Grunde ist die zweite Zahl = dem 9 . 11 oder 99fachen jener Zahl. Daher ist die erste : zweiten = 56fachen einer Zahl : 99fachen derselben = 56 : 99 = 8 . 7 : 9 . 11.

Anmerk. Zwei Zahlen stehen also im zusammengesetzten Verhältnisse aus dem ihrer Divisoren, und dem ihrer Quotienten.

59. Wenn man eine Zahl durch 2, eine andere durch 3 dividirt, so ist das Verhältniß der Quotienten gleich dem von 5 : 6. Die eine Zahl ist um 16 größer als die andere. Welche Zahlen sind sie? 20 und 36.

60. Man hat 3 Zahlen, und dividirt sie nach der Reihe durch die Zahlen 2, 3, 4, und findet die Quotienten der 5, 6, 7 proportional. Die letzte Zahl ist um 72 größer als die erste. Welche Zahlen?

Aufl. Da die Zahlen im zusammengesetzten Verhältnisse aus dem ihrer Divisoren, und dem ihrer Quotienten stehen müssen, so sind sie den Produkten dieser Zahlen proportional; also verhalten sie sich unter einander wie die Zahlen 10, 18, 28, oder 5, 9, 14. Ist also die erste das 5fache einer gewissen Zahl, so muß die zweite das 9fache und die dritte das 14fache derselben Zahl sein. Die dritte Zahl ist also um das 9fache größer als die erste; daher ist das 9fache = 72, daher das Einfache = 8. Mithin ist die erste = 5 . 8 = 40, die zweite = 9 . 8 = 72, und die dritte = 14 . 8 = 112.

61. Wenn man das 3fache einer Zahl durch 4, und das 5fache einer andern durch 7 dividirt, so erhält man gleiche Quotienten. In welchem Verhältnisse stehen die Zahlen?

Aufl. Jeder Quotient sei das Einfache einer gewissen Zahl; so ist die 3fache erste Zahl = dem 4fachen, und daher die erste Zahl = $\frac{4}{3}$ jener Zahl. Aus gleichem Grunde ist die zweite Zahl = $\frac{7}{5}$ jener Zahl. Daher hat man die erste : zweiten Zahl = $\frac{4}{3}$ einer Zahl : $\frac{7}{5}$ derselben = $\frac{4}{3} : \frac{7}{5}$ = 5 . 4 : 3 . 7 = 20 : 21.

Anmerk. Wenn also zwei Vielfache zweier Zahlen durch zwei andere dividirt gleiche Quotienten haben, so ist das Verhältniß der Zahlen gleich dem zusammengesetzten Verhältnisse aus dem umgekehrten ihrer Anzahlen und dem geraden ihrer Divisoren.

62. Dividirt man das 4fache einer Zahl durch 5, und das 6fache einer andern durch 7, so erhält man gleiche Quotienten; doch ist die eine um 10 größer als die andere. Welche Zahlen sind sie? 150 und 140.

63. Man hat 3 Zahlen; von der ersten das 2fache, von der zweiten das 3fache, und von der dritten das 4fache. Dividirt man diese Vielfachen nach der Reihe durch die Zahlen 5, 6, 7, so erhält man Gleiches; doch ist die erste Zahl um 30 größer als die dritte.

Aufl. Die erste verhält sich zur zweiten = 5 : 4, und die zweite zur dritten = 8 : 7 (Aufg. 61. Anm.); also verhält sich die erste zur dritten = 10 : 7. Ist nun die erste das 10fache einer gewissen Zahl, so ist die zweite das 8fache, und die dritte das 7fache derselben Zahl. Daher ist das 3fache jener Zahl = 30, also das Einfache = 10; die erste Zahl ist daher = 100, die zweite = 80, und die dritte = 70.

64. Das 3fache einer Zahl durch 8, und das 5fache einer Zahl durch 9 dividirt, giebt Quotienten, die sich wie 7 : 11 verhalten. Welches Verhältniß haben die Zahlen zu einander?

Aufl. Der erste Quotient sei das 7fache, so ist der andere das 11fache derselben Zahl. Die 3fache erste Zahl ist also = dem 56fachen, daher die erste = $\frac{56}{3}$ jener Zahl. Aus gleichem Grunde ist die zweite Zahl gleich $\frac{99}{5}$ jener Zahl. Demnach ist die erste Zahl : zweiten Zahl = $\frac{56}{3}$ einer Zahl : $\frac{99}{5}$ derselben = $\frac{56}{3} : \frac{99}{5}$ = 5 . 8 . 7 : 3 . 9 . 11.

Anmerk. Wenn also zwei Vielfache zweier Zahlen durch zwei andere Zahlen dividirt werden, so ist das Verhältniß der Zahlen gleich dem zusammengesetzten Verhältnisse aus folgenden 3 Verhältnissen: 1) aus dem umgekehrten der Anzahlen; 2) dem geraden der Divisoren, und 3) aus dem geraden der Quotienten.

65. Das 6fache einer Zahl durch 5, das 8fache einer Zahl durch 7 dividirt giebt Quotienten, die sich wie 4 : 5 verhalten. Die eine

Zahl ist um 25 größer als die andere. Welche Zahlen? 80 und 105.

66. Man hat das 2fache einer, das 3fache einer andern und das 4fache einer dritten Zahl; man dividirt die Vielfachen nach der Reihe durch die Zahlen 5, 6, 7, und findet, daß die Quotienten den Zahlen 8, 9, 10 proportional sind. Ferner weiß man, daß die Differenz der ersten und letzten Zahl 50 ist. Welches sind die Zahlen?

Aufl. Aus der Anmerk. der 64. Aufg. folgt, daß sich die erste Zahl zur zweiten wie 3 . 5 . 8 : 2 . 6 . 9 = 10 : 9 verhält; die zweite zur dritten = 4 . 6 . 9 : 3 . 7 . 10 = 36 : 35; endlich die erste zur dritten = 4 . 5 . 8 : 2 . 7 . 10 = 8 : 7.

Die erste sei um das 40fache einer gewissen Zahl, so ist die zweite das 36fache, und die dritte das 35fache jener Zahl. Daher ist das 5fache = 50, also das Einfache = 10. Mithin sind die 3 Zahlen 400, 360, 350.

67. Die Vielfachen seien das 2, 4, 8, 16fache; die Divisoren derselben 3, 9, 27, 81; die Zahlen, welchen die Quotienten proportional sind: 5, 25, 125, 625. Welches sind die kleinsten ganzen Zahlen? Jede Zahl hat zur nächstfolgenden einerlei Verhältniß, nämlich das von 2 : 15. Die kleinsten Zahlen sind 8, 60, 450 und 3375.

β. Die unbekannten Zahlen in Verbindung mit bekannten Zahlen.

68. Eine Zahl verhält sich zu einer andern wie 1 : 2, würde die erste um 4 größer sein als sie ist, so würde ihr Verhältniß zur andern 3 : 4 sein. Welches sind die Zahlen? 8 und 16.

69. Das Verhältniß einer Zahl zu einer andern ist gleich dem von 2 : 3; setzt man zur ersten 3 hinzu, so verhält sich die Summe zur zweiten wie 7 : 9.

Aufl. Die zweite Zahl ist in beiden Verhältnissen dieselbe, und habe das 9fache einer gewissen Zahl, so hat die erste nach dem ersten Verhältnisse das 6fache, im andern hat die um 3 vermehrte erste das 7fache; folglich muß das Einfache = 3 sein. Daher ist die erste Zahl = 6 . 3 = 18, und die andere = 9 . 3 = 27.

70. Zwei Zahlen verhalten sich wie 4 : 5; setzt man zur ersten 11 hinzu, so verhält sich diese Summe zur zweiten wie 7 : 6. Welche Zahlen? 24 und 30.

71. Zwei Zahlen verhalten sich wie 5 : 7; setzt man zur zweiten 6 hinzu, so verhält sich die erste zur Summe wie 7 : 11.

Aufl. Die erste Zahl ist in beiden Verhältnissen die unveränderte, und weil sie im ersten Verhältnisse das 5fache, im andern das 7fache ist, so sei sie das 35fache einer gewissen Zahl; dann hat die zweite nach dem ersten Verhältnisse 49fache, und nach dem zweiten Verhältnisse hat die Summe das 55fache; die Summe ist um 6 größer und zugleich um das 6fache größer als die zweite Zahl, daher ist das 6fache = 6, also das Einfache = 1. Daher ist die erste Zahl = 35, die andere = 49.

72. Zwei Zahlen verhalten sich wie 5 : 6; nimmt man von der zweiten 4 hinweg, so ist das Verhältniß wie 7 : 8.

Aufl. Die erste Zahl hat im ersten Verhältnisse das 5fache, im zweiten das 7fache; daher möge sie das 35fache haben; dann hat die zweite Zahl nach dem ersten Verhältnisse das 42fache, und nach dem zweiten Verhältnisse hat der Rest das 40fache. Da nun der Rest um 4, und zugleich um das 2fache kleiner als die zweite ist, so ist das 2fache = 4, also das Einfache = 2; demnach ist die erste Zahl = 35 . 2 = 70, die zweite = 42 . 2 = 84.

73. Das Verhältniß zweier Zahlen ist 4 : 5; nimmt man von der ersten 16 hinweg, so verhält sich der Rest zur zweiten wie 2 : 3. Welche Zahlen? 96 und 120.

74. Eine Zahl verhält sich zu einer andern wie 7 : 9; nimmt man von der ersten 1 hinweg, so verwandelt sich ihr Verhältniß in das von 10 : 13. Welche Zahlen? 91 und 117.

75. Welche Zahlen sind die, deren Verhältniß 5 : 6 ist; vermindert man aber die zweite um 80, so ist das Verhältniß der ersten zum Reste 3 : 2. 150 und 180.

76. Zwei Zahlen verhalten sich wie 6 : 7; setzt man zur ersten 6 und zur zweiten 2 hinzu, so verhalten sich diese Summen wie 9 : 10.

Aufl. Wenn die Zahlen und ihre Zusätze dasselbe Verhältniß von 9 : 10 hätten, so würden auch die Summen dasselbe Verhältniß zu einander haben. Man gehe nun von einer Zahl und ihrem Zusatze aus, und bestimme nach dem Verhältnisse von 9 : 10 die andere Zahl und den zu ihr gehörigen Zusatz; so muß der Ueberschuß gleich dem Mangel sein, und dadurch gelangt man zur Beurtheilung der Zahlen.

Die erste Zahl habe das 6fache, so muß die zweite das 7fache derselben Zahl haben.

9 : 10 = 6faches : $6\frac{2}{3}$faches; da also die erste Zahl das 6fache hat, so müßte nach dem Verhältnisse von 9 : 10, die zweite Zahl das $6\frac{2}{3}$fache derselben Zahl haben; sie hat aber $\frac{1}{3}$ derselben Zahl mehr.

Da zur ersten 6 hinzugesetzt wird, so müßte zur zweiten, nach dem Verhältnisse 9 : 10 = 6 : $6\frac{2}{3}$, $6\frac{2}{3}$ hinzugesetzt werden, nun wird aber nur 2 hinzugesetzt, also $4\frac{2}{3}$ zu wenig; daher ist $\frac{1}{3}$ einer Zahl = $4\frac{2}{3}$, also diese Zahl = 14. Die erste Zahl ist das 6fache dieser Zahl, also ist = 6 . 14 = 84, die zweite = 7 . 14 = 98.

77. Das Verhältniß zweier Zahlen ist 5 : 7; setzt man zur ersten 4, und zur zweiten 8 hinzu, so ist das Verhältniß gleich 7 : 10. Welche Zahlen? 80 und 112.

78. Welche Zahlen sind es, deren Verhältniß gleich 6 : 7 ist, und wieder 5 : 6, wenn man die erste um 6, und die andere um 12 vermehrt? 144 und 168.

79. Zwei Zahlen verhalten sich wie 3 : 4, setzt man zur ersten 13 und zur andern 9 hinzu, so ist das Verhältniß der Summen 7 : 9. Welche Zahlen? 162 und 216.

80. Zwei Zahlrn verhalten sich wie 13 : 18; nimmt man von der ersten 10, und von der zweiten 20 hinweg, so verhalten sich die Reste wie 3 : 4.

Aufl. Die erste Zahl habe das 13fache einer gewissen Zahl, so muß die zweite das 18fache derselben Zahl haben.

Da die erste Zahl das 13fache ist, so müßte die zweite, nach dem Verhältnisse von $3 : 4 = 13$faches : $17\frac{1}{3}$faches, das $17\frac{1}{3}$fache haben; sie ist aber das 18fache, also besitzt sie $\frac{2}{3}$ einer gewissen Zahl verhältnißmäßig mehr. Da von der ersten Zahl 10 subtrahirt wird, so müßte von der zweiten, nach dem Verhältnisse $3 : 4 = 10 : 13\frac{1}{3}$, $13\frac{1}{3}$ subtrahirt werden; nun wird $6\frac{2}{3}$ mehr von ihr hinweggenommen; dieses hat also $\frac{2}{3}$ einer gewissen Zahl vernichtet; daher ist diese Zahl $= 10$. Demnach ist die erste Zahl $= 10 . 13 = 130$, und die zweite $= 18 . 10 = 180$.

81. Das Verhältniß zweier Zahlen ist $2 : 3$; subtrahirt man von jeder 50, so ist das Verhältniß der Reste $3 : 5$. Welche Zahlen? 200 und 300.

82. Welche Zahlen sind es, die sich wie $4 : 5$ verhalten, das sich aber in das von $7 : 9$ verwandelt, wenn man von der ersten Zahl 16 und von der zweiten 15 subtrahirt? 156 und 195.

Anmerk. Alle diese Aufgaben von 68 bis 82 kann man auch so lösen, daß man jede zu ihrer Summe in Verhältniß bringt. Z. B. Aufl. der 82. Aufg. Die erste Zahl sei das 4fache, so ist die zweite das 5fache derselben Zahl, ihre Summe ist also das 9fache; daher ist die erste $\frac{4}{9}$ der Summe beider. In anderm Verhältnisse hat die verminderte erste $\frac{7}{16}$ der Summe beider verminderten Zahlen. Diese Summe ist aber $=$ der Summe der Zahlen weniger 31; daher ist die um 16 verminderte Zahl $= \frac{7}{16}$ der Summe beider Zahlen weniger $\frac{7}{16} . 31 = \frac{7}{16}$ der Summe beider Zahlen weniger $13\frac{9}{16}$. Daher ist die unverminderte erste Zahl $= \frac{7}{16}$ der Summe beider Zahlen weniger $13\frac{9}{10} + 16 = \frac{7}{16}$ dieser Summe $+ 2\frac{7}{16} = \frac{4}{9}$ derselben. Mithin ist $\frac{1}{144}$ der Summe beider Zahlen $= 2\frac{7}{16}$; daher ist diese Summe $= 144 . 2\frac{7}{16} = 351$. Also ist die erste Zahl $= \frac{4}{9} . 351 = 156$. Es ist zu wünschen, daß beide Auflösungsarten geübt werden; denn dadurch wird man noch vertrauter mit den gegenseitigen Beziehungen der Zahlen.

83. Setzt man zu einer Zahl 6 hinzu, so verhält sich die Summe zu einer andern wie $7 : 8$; setzt man aber zur ersten 8 hinzu, so hat diese Summe zur zweiten das Verhältniß von $9 : 10$.

Aufl. Die zweite Zahl ist in beiden Verhältnissen unverändert, und sie sei das 80fache einer gewissen Zahl, so ist die vermehrte erste nach dem ersten Verhältnisse das 70fache, und nach dem andern das 72fache; also im zweiten Verhältnisse das 2fache und zugleich 2 mehr; daher ist das 2fache einer Zahl $= 2$, also das Einfache $= 1$. Die erste um 6 vermehrte Zahl ist um das 70fache, also $= 70$., daher ist die unvermehrte erste Zahl $= 64$, und die zweite $= 80$.

Anmerk. Wenn in jedem Verhältnisse nur eine und dieselbe Zahl vermehrt wird, so ist klar, daß die Aufgabe zur Lösung derselben keine von den vorigen verschiedene Auflösung fordert; daher sollen keine Aufgaben dieser Art mehr folgen. Dasselbe findet statt, wenn man nur eine und dieselbe Zahl in beiden Verhältnissen vermindert.

84. Setzt man zu einer Zahl 5 hinzu, so ist das Verhältniß der Summe zur zweiten Zahl gleich $4 : 5$, wenn man aber die zweite Zahl um 13 vermehrt, so verhält sich diese Summe zur ersten Zahl wie $5 : 8$.

Aufl. Die vermehrte erste Zahl habe im ersten Verhältnisse das 4fache, so hat die zweitr das 5fache derselben Zahl. Im zweiten Verhältnisse erscheint nun die erste als eine um 5 verminderte, und die zweite als eine um 13 vermehrte.

Wenn nun die erste das 4fache hat, so müßte die zweite nach dem zweiten Verhältnisse das $6\frac{2}{5}$fache sein; nun ist sie aber nur das 5fache, also fehlt ihr nach diesem Verhältnisse das $1\frac{2}{5}$fache. Da ferner der ersten 5 entzogen wird, so müßte der zweiten nach diesem Verhältnisse 8 entzogen werden; dieses wird aber nicht nur unterlassen, sondern zur zweiten kommt noch 13 hinzu, also ist sie dadurch um 21 verhältnißmäßig gewachsen, welches Wachsthum den Mangel ersetzen muß. Daher ist das $1\frac{2}{5}$fache $= 21$; also das Einfache $= 15$. Die um 5 vermehrte erste ist das 4fache; daher ist die erste Zahl $= 4 \,.\, 15 - 5 = 55$, und die zweite $= 75$.

85. Vermehrt man eine Zahl um 3, so ist ihr Verhältniß zu einer andern gleich 20 : 29; vermehrt man aber die zweite Zahl um 3, so verhält sich die erste Zahl zur vermehrten zweiten wie 19 : 30. Welche Zahlen? 57 und 87.

86. Wenn man eine Zahl um 5 vergrößert, so ist ihr Verhältniß zu einer andern gleich 6 : 7; die unvermehrte erste verhält sich aber zu der um 14 vergrößerten zweiten wie 5 : 7.

Aufl. Die vermehrte erste habe nach dem ersten Verhältnisse das 6fache, und die zweite das 7fache; so hat ihre Summe das 13fache, und die zweite ist $= \frac{7}{13}$ dieser Summe. Nach dem andern Verhältrisse findet man auf dieselbe Weise, daß die um 14 vergrößerte zweite $\frac{7}{12}$ der zweiten Summe ist. Die zweite Summe ist aber um 9 größer als die erst genannte; daher ist die um 14 vermehrte zweite Zahl $= \frac{7}{12}$ der ersten Summe $+ \frac{7}{12} \,.\, 9 = \frac{7}{12}$ der ersten Summe $+ 5\frac{1}{4}$, welches gleich $\frac{7}{13}$ der ersten Summe $+ 14$ ist. Daher ist $\frac{7}{156}$ der ersten Summe $= 8\frac{3}{4}$; also die erste Summe $= 195$. Demnach ist die zweite Zahl $= \frac{7}{13} \,.\, 195 = 105$. Die um 5 vermehrte erste Zahl ist $\frac{6}{13}$ der ersten Summe, also $= \frac{6}{13} \,.\, 195 = 90$; daher ist die erste Zahl $= 90 - 5 = 85$.

87. Eine um 3 vermehrte Zahl verhält sich zu einer andern wie 14 : 19; die unvermehrte erste verhält sich zu der um 7 vermehrten zweiten wie 19 : 28. Welche Zahlen? 95 und 133.

88. Zwei Zahlen verhalten sich wie 5 : 7; setzt man zur ersten 5 hinzu, und nimmt von der zweiten 7 hinweg, so ist das Verhältniß der Summe zum Reste gleich 11 : 14.

Aufl. Nach dem ersten Verhältnisse hat die erste Zahl das 5fache, und die zweite das 7fache derselben Zahl. Da die erste das 5fache hat, so müßte die zweite nach dem andern Verhältnisse das $6\frac{4}{11}$fache haben; nun hat sie aber wirklich das 7fache; also $\frac{7}{11}$ dieser Zahl verhältnißmäßig mehr.

Da man zur ersten 5 hinzusetzt, so müßte man nach dem zweiten Verhältnisse zur zweiten Zahl $6\frac{4}{11}$ addiren; dieses wird nicht allein unterlassen, sondern es wird noch 7 subtrahirt; die zweite wird also dadurch verhältnißmäßig um $13\frac{4}{11}$ vermindert, und diese Verminderung muß jenen Ueberfluß vernichtet haben, um das zweite Verhältniß herzustellen; daher sind $\frac{7}{11}$ jener Zahl $= 13\frac{4}{11}$; daher ist das Einfache der Zahl = 21. Die erste ist das 5fache derselben, also ist sie = 5 . 21 = 105, die zweite das 7fache, also = 7 . 21 = 147.

89. Zwei Zahlen stehen im Verhältnisse von 1 : 2; vermehrt man die erste um 5, und vermindert die zweite um 6, so verhält sich die Summe zum Reste wie 5 : 9. Welche Zahlen? 75 und 150.

90. Das Verhältniß zweier Zahlen ist gleich 5 : 8; addirt man zur ersten 5, und subtrahirt von der zweiten 4, so verhält sich die Summe zum Reste wie 2 : 3. Welches sind die Zahlen? 115 und 184.

91. Eine Zahl ist um 2 größer als die, welche zu einer andern das Verhältniß von 8 : 9 hat. Setzt man zur ersten 2, und zur zweiten 12 hinzu, so ist das Verhältniß der Summen 5 : 6.

Aufl. Die Zahl, welche zur zweiten das Verhältniß von 8 zu 9 hat, habe das 8fache, so hat die zweite Zahl das 9fache derselben Zahl. Dieses 8fache um 4 vermehrt sei zur zweiten um 12 vermehrt das Verhältniß von 5 : 6. Das Uebrige der Auflösung in frühern Auflösungen ausführlich dargethan.

Anmerk. Man könnte noch viele Aufgaben dieser Art, und anscheinend ganz verschiedene von diesen geben; doch für alle solche Aufgab. sind die Aufl. in den vorigen Aufgaben mit ihren Aufl. enthalten.

92. Drei Zahlen sind den Zahlen 10, 12, 15 proportional; setzt man zu jeder 5 hinzu, so sind die Summen den Zahlen 21, 25, 31 proportional. Welche Zahlen? 100, 120, 150.

Anmerk. Um diese Aufgabe zu lösen, wird man nach den Angaben zuerst 2 Zahlen berechnen, so wird man auch die dritte leicht finden.

93. Drei Zahlen sind den Zahlen 2, 3, 4 proportional. Setzt man zur ersten 80 hinzu, und nimmt von der dritten 80 hinweg, so ist die Summe um 60 größer als der Rest. Welches sind die Zahlen? 100, 150, 200.

Aufl. Da die Summe um 60 größer als der Rest ist, so ist die erste um 20 kleiner als der Rest; also ist die erste um 100 kleiner als die dritte ꝛc

### b. Die unbekannten Zahlen mit einander verbunden.

#### α. Die unbekannten unverbunden mit bekannten Zahlen.

95. Zwei Zahlen verhalten sich wie 2 : 3; ihre Summe ist 95. Welche Zahlen? 38 und 57.

95. Die Summe zweier Zahlen ist 144, ihr Verhältniß 7 : 9.

Aufl. Die erste Zahl sei das 7fache, so ist die zweite das 9fache derselben Zahl; daher ist ihre Summe das 16fache = 144; also ist das Einfache gleich 9. Demnach ist die erste = 7 . 9 = 63; die zweite = 9 . 9 = 81.

96. Die Summe zweier Zahlen ist gleich 288, ihr Verhältniß 7 : 17.

Aufl. Die erste sei das 7fache einer Zahl, so ist die zweite das 17fache derselben Zahl, und ihre Summe hat das 24fache; daher ist die erste Zahl = $\frac{7}{24}$ der Summe beider Zahlen, und die zweite = $\frac{17}{24}$ derselben Summe; mithin ist die erste Zahl = $\frac{7}{24}$ . 288 = 84, die zweite = $\frac{17}{24}$ . 288 = 204.

97. Die eine zweier Zahlen hat zu ihrer Summe das Verhältniß von 8 : 13. Wie verhalten sich die Zahlen? 8 : 5.

98. Die Summe zweier Zahlen hat zur einen derselben das Verhältniß von 20 : 13. Welches ist das Verhältniß der Zahlen?

Aufl. Die Summe sei das 20fache einer gewissen Zahl, so ist die eine der gesuchten Zahlen das 13fache, die andere der gesuchten Zahlen ist nun die Summe beider weniger einer von ihnen; daher ist die andere derselben = dem 20fachen weniger dem 13fachen derselben Zahl, also = dem 7fachen. Daher verhält sich die erste Zahl zur andern = 13faches : 7faches 13 : 7.

99. Die Summe zweier Zahlen verhält sich zu ihrer Differenz wie 25 : 7; welches ist das Verhältniß der Zahlen? 9 : 16.

100. Das Verhältniß der Summe zweier Zahlen zur Differenz derselben ist 17 : 3. Wie verhalten sich die Zahlen?

Aufl. Die Summe sei das 17fache einer Zahl, so ist die Differenz das 3fache derselben Zahl. Nun enthält die Summe zweier Zahlen das Doppelte der kleinern und den Unterschied beider; also ist das Doppelte der kleinern = der Summe weniger dem Unterschiede, also = 17fachen weniger dem 3fachen = dem 14fachen; daher ist die kleinere = dem 7fachen, und die größere = dem 10fachen. Also ist die kleinere : größere = dem 7fachen : 10fachen = 7 : 10.

101. Die Differenz zweier Zahlen ist 48, ihr Verhältniß 13 : 19. Welche Zahlen? 104 und 152.

102. Das Verhältniß zweier Zahlen ist 13 : 27, ihre Differenz 98.

Aufl. Die eine Zahl sei das 13fache, so ist die andere das 27fache derselben Zahl; folglich ihre Differenz das 14fache = 98; also das Einfache = 7. Daher ist die eine = 13 . 7 = 91, die andere = 27 . 7 = 189.

103. Zwei Zahlen verhalten sich wie 5 : 19; die Summe und Differenz derselben ist zusammen gleich 300. Welche Zahlen? 150 und $39\frac{9}{19}$.

104. Das Verhältniß zweier Zahlen ist 8 : 13; die Summe und Differenz derselben betragen zusammen 208.

Aufl. Die Summe und Differenz zweier Zahlen ist gleich der doppelten größern derselben gleich 208; also ist die größere = 104. Die kleinere ist nun = $\frac{8}{13}$ der größern also = $\frac{8}{13}$ . 104 = 64.

105. Das Verhältniß zweier Zahlen 7 : 16; die Summe derselben übertrifft ihren Unterschied um 196. Welche Zahlen? 98 und 224.

116. Zwei Zahlen verhalten sich wie 13 : 19; die Summe derselben ist um 390 größer als ihre Differenz.

Aufl. Die Summe zweier Zahlen übertrifft deren Unterschied um die doppelte kleinere Zahl; also ist die doppelte kleinere = 390; daher die kleinere Zahl = 195. Nun verhält sich die kleinere zur größern = 13 : 19 = 195 : 285; also ist die größere = 285.

107. Das Verhältniß zweier Zahlen ist 7 : 19; die Summe und $\frac{1}{4}$ des Unterschiedes derselben ist gleich 174. Welche Zahlen? 42 und 114.

**108.** Zwei Zahlen verhalten sich wie 13 : 23; ihre Summe und $\frac{3}{5}$ ihres Unterschiedes sind zusammen gleich 798. Welche Zahlen? 247 und 437.

109. Das Verhältniß zweier Zahlen ist 12 : 17; ihre Summe und $\frac{2}{5}$ ihres Unterschiedes betragen zusammen 775.

Aufl. Die kleinere Zahl sei das 12fache, so ist die größere das 17fache; also hat ihre Summe das 29fache, und ihre Differenz das 5fache; also sind $\frac{2}{5}$ der Differenz = dem 2fachen; mithin betragen Summe und $\frac{2}{5}$ des Unterschiedes zusammen das 31fache = 775; daher ist das Einfache = $\frac{775}{31}$ = 25. Demnach ist die erste Zahl = 12 . 25 = 300; die andere = 17 . 25 = 425.

**110.** Zwei Zahlen verhalten sich wie 27 : 29; die Hälfte ihrer Summe und der Unterschied derselben sind zusammen = 1200. Welche Zahlen? 1080 und 1160.

**111.** Eine Zahl verhält sich zu einer andern wie 25 : 32; ihr Unterschied und $\frac{2}{3}$ ihrer Summe betragen zusammen 2340. Welche Zahlen? 1300 und 1664.

112. Das Verhältniß zweier Zahlen ist 5 : 7; die dreifache Summe und die 2fache Differenz derselben betragen zusammen 400. Welche Zahlen? 50 und 70.

113. Wenn sich zwei Zahlen wie 2 : 3 verhalten, und das 3fache der ersten und 5fache der zweiten gleich 882 ist; welche Zahlen sind es?

Aufl. Die erste Zahl sei das 2fache, so ist die andere das 3fache derselben Zahl; daher ist die 3fache erste = dem 6fachen, und die 5fache zweite = dem 15fachen; also ist die 3fache erste und die 5fache zweite = dem 21fachen = 882; daher ist das Einfache = $\frac{882}{21}$ = 42. Die erste Zahl ist demnach = 2 . 42 = 84, und die zweite = 3 . 42 = 126.

114. Die Summe zweier Zahlen ist gleich 85, die 2fache erste und die 3fache zweite betragen zusammen 220; welches sind die Zahlen? 35 und 50.

**115.** Das 3fache einer Zahl und das 4fache einer andern betragen zusammen 135; das 5fache der ersten und das 6fache der zweiten sind zusammen gleich 211.

Aufl. Die Vielfachen der ersten Zahl verhalten sich in beiden Summen wie 3 : 5; würden die Vielfachen der zweiten Zahl in beiden Summen in demselben Verhältnisse stehen: so müßten auch die Summen, also auch die bekannten Zahlen, denen sie gleich sind, dasselbe Verhältniß zu einander haben. Man bestimme also nun die Vielfachen der zweiten Zahl und der bekannten Zahlen nach dem Verhältnisse von 3 : 5. Also 3 : 5 = 4faches der zweiten : $6\frac{2}{3}$ der zweiten, und 3 : 5 = 135 : 225. Nach diesem Verhältnisse müßte also $\frac{2}{3}$ der zweiten, und zugleich 14 mehr in der zweiten Summe vorkommen; daher sind $\frac{2}{3}$ der zweiten = 14; also ist die zweite Zahl = 21, und die 3fache erste = 135 — 4 . 21 = 51; daher ist die erste = 17.

Anmerk. Diese Auflösung ist diejenige, auf welche in der Anmerk. zur 279. Aufgabe des vorigen Abschnittes verwiesen wurde. Welche von diesen verschiedenen Auflösungen den Vorzug verdiene, ist hier weder Ort noch Zweck zu entscheiden. Diesem Buche genügt es, so viele

Auflösungen als möglich einer und derselben Aufgabe zu enthalten, und er ertheilt der den Vorzug, welche die sinnreichste ist.

116. Das Zweifache einer und das Dreifache einer andern Zahl sind zusammen gleich 34. Das Siebenfache der ersten und das Neunfache der zweiten sind zusammen gleich 107. Welche Zahlen sind es? 5 und 8.

117. Das 12fache einer und das 17fache einer andern Zahl sind gleich 183; das 15fache der ersten und 19fache der zweiten betragen zusammen 213.

Aufl. Die 12fache erste : 15fachen derselben = 4 : 5. Daher 4 : 5 = 17fache zweite : $21\frac{1}{4}$ der zweiten; Ueberschuß = $2\frac{1}{4}$ der zweiten. 4 : 5 = 183 : $228\frac{3}{4}$; Ueberschuß = $15\frac{3}{4}$, also $2\frac{1}{4}$ mal die zweite = $15\frac{3}{4}$; oder die 9fache zweite = 63; daher ist die zweite = 7, und die erste ist leicht = $5\frac{1}{3}$ gefunden.

118. Das 8fache einer Zahl, und das 13fache einer andern sind gleich 176; das 20fache der ersten und das 37fache der zweiten sind gleich 476.

Aufl. 8fache erste : 20fachen ersten = 2 : 5.
2 : 5 = 13fache zweite : $32\frac{1}{2}$ mal die zweite.

Die IIte Angabe; 37fache zweite — $32\frac{1}{2}$fache zweite, hat einen Ueschuß von $4\frac{1}{2}$ mal die zweite.
2 : 5 = 176 : 440.

Die IIte Angabe, 476 — 440, hat einen Ueberschuß von 36. Also $4\frac{1}{2}$ der zweiten = 36, oder die 9fache zweite = 62: daher ist die zweite = 8, und die erste = 9.

119. Die Hälfte einer und $\frac{1}{3}$ einer andern Zahl sind gleich 15; die 2fache erste und 3fache zweite sind gleich 105.

Aufl. $\frac{1}{2}$ der ersten : 2fachen ersten = $\frac{1}{2}$ : 2 = 1 : 4; also 1 : 4 = $\frac{1}{3}$ der zweiten : $1\frac{1}{3}$ der zweiten.

Die IIte Angabe hat einen Ueberschuß von $1\frac{1}{3}$ der zweiten.
1 : 4 = 15 : 60.

Die IIte Angabe hat einen Ueberschuß von 45; also $\frac{5}{3}$ der zweiten = 45; daher die zweite = 27, und die erste = 12.

120. Das 4fache einer und 9fache einer andern Zahl ist gleich 196; das 8fache der ersten und 15fache der zweiten ist gleich 346. Welche Zahlen? $14\frac{1}{2}$ und $15\frac{1}{3}$.

121. Ein Drittel einer und $\frac{1}{4}$ einer andern Zahl ist gleich 31; $\frac{7}{13}$ der ersten und $\frac{7}{8}$ der zweiten sind gleich 84; welche Zahlen? 39 und 72.

122. Das 8fache einer weniger dem 5fachen einer andern Zahl ist gleich 149; das 18fache der ersten weniger dem 13fachen der zweiten ist gleich 323.

Aufl. Würden die Minuenden und die Subtrahenden in beiden Angaben dasselbe Verhältniß zu einander haben, so würden auch die Reste in demselben Verhältnisse stehen. Man wird also nach dem Verhältnisse der Minuenden das der Subtrahenden, und nach dem angenommenen Verhältnisse auch das der Reste bestimmen; findet sich dann in dem einen Falle ein Ueberschuß, so muß im andern ein Mangel stattfinden, und beide müssen einander gleich sein. Dasselbe findet statt, wenn ein Mangel sich erweisen sollte. Nach dieser allgemeinen Bemerkung zur kurzen Berechnung:

8fache erste : 18fachen ersten = 4 : 9.

4 : 9 = 5fache zweite : $11\frac{1}{4}$fachen zweiten.

Die IIte Angabe hat einen Ueberschuß von $1\frac{3}{4}$ der zweiten.

4 : 9 = 149 : $335\frac{1}{4}$.

Die IIte Angabe hat im Reste einen Mangel von $12\frac{1}{4}$; dieser mußte nothwendig sich darstellen; denn da man in der zweiten Angabe verhältnißmäßig mehr subtrahirt, so mußte auch verhältnißmäßig weniger übrig bleiben. Daher $\frac{7}{4}$ der zweiten = $12\frac{1}{4}$, also ist die zweite Zahl = 7. Nun könnte man leicht durch die berechnete zweite die erste finden; doch diese soll auf ähnlichem Wege ermittelt werden. Denn dieses Verfahren wird bemerkbar machen, daß wenn die zweite Angabe einen Ueberschuß oder Mangel am Minuendus hat, so muß auch der Rest einen Ueberschuß oder Mangel an der bekannten Zahl haben.

5fache zweite : 13fachen zweiten = 5 : 13; also

5 : 13 = 8fache erste : $20\frac{4}{5}$ der ersten.

Die IIte Angabe hat also einen Mangel von $2\frac{4}{5}$ der ersten.

5 : 13 = 149 : $387\frac{2}{5}$.

Die IIte Angabe hat wieder einen Mangel von $64\frac{2}{5}$.

Also $2\frac{4}{5}$ der ersten = $64\frac{2}{5}$; also die erste = 23.

Anmerk. Bestimmt man also nach dem Verhältnisse der Minuenden das der Subtrahenden, und der Reste: so muß, wenn in der zweiten Angabe ein Ueberschuß oder ein Mangel am Subtrahendus vorhanden ist, hinsichtlich der Reste das Gegentheil, nämlich ein Mangel oder Ueberschuß an der bekannten Zahl stattfinden.

Wenn man aber nach dem Verhältnisse der Subtrahenden das der Minuenden und der Reste bestimmt, so muß in der zweiten Angabe zugleich ein Ueberschuß der Minuenden und der Reste, oder zugleich ein Mangel der Minuenden und der Reste sich darstellen. Finden diese Gesetze nicht statt, so kommt man auf solche Zahlen, welche man in der Algebra entgegengesetzte, positive und negative, nennt. Diese werden hier aber absichtlich nicht in Betracht gezogen, aus der Ursache, welche in dem Vorworte angegeben ist.

123. Das 16fache einer Zahl weniger dem 5fachen einer andern ist gleich 234; das 24fache der ersten weniger dem 9fachen der zweiten ist gleich $337\frac{4}{5}$. Welche Zahlen? $17\frac{1}{2}$ und $9\frac{1}{5}$.

124. Das 19fache einer Zahl weniger dem 7fachen einer andern ist gleich $330\frac{1}{4}$; das 23fache der ersten weniger dem 14fachen der zweiten ist gleich $379\frac{1}{4}$. Welche Zahlen? $18\frac{3}{4}$ und $3\frac{5}{7}$.

125. Das 17fache einer Zahl und das 19fache einer andern ist gleich 852; das 34fache der ersten weniger dem 15fachen der andern ist gleich 750. Welche Zahlen? 30 und 18.

126. Das 18fache einer und das 13fache einer andern Zahl ist gleich 703; das 30fache der ersten weniger dem 15fachen der zweiten ist gleich 695,

Aufl. Man nehme an, daß auch die zweite Angabe eine Summe sei, und berechne wie früher. Hiebei ist aber zu bemerken, daß man nur das Verhältniß der Vielfachen von der ersten Zahl zur Berechnung gebrauchen kann; denn nur gleichartige Größen können in Verhältniß gesetzt werden; wollte man also das Verhältniß der Vielfachen der zweiten Zahl in Anwendung bringen, so würde man ungleichartige Dinge in Verhältniß setzen, weil das Vielfache der zweiten Zahl additiv in der ersten, und subtractiv in der zweiten Angabe erscheint. Durch Berechnung findet man nun ein gewisses Vielfaches der zweiten Zahl, welches dem gegebenen Vielfachen der ersten Zahl in der zweiten Angabe hinzugesetzt werden müßte, damit diese Summe der durch Rechnung hervorgebrachten bekannten Zahl gleich sei. Nun wird aber das berechnete Vielfache der zweiten nicht hinzugesetzt, sondern noch ein gegebenes subtrahirt; daher muß die Summe des berechneten und gegebenen Vielfachen der zweiten gleich dem Ueberschusse der berechneten bekannten Zahl über die bekannte in der zweiten Angabe sein. Diese Bemerkungeu wende man nun auf folgende Rechnung an:

18faches der ersten : 30fachem der ersten $= 3:5$.
$3:5 =$ 13faches der zweiten : $21\frac{2}{3}$ der zweiten.
$3:5 = 703:1171\frac{2}{3}$; Ueberschuß $= 1171\frac{2}{3} - 695 = 476\frac{2}{3}$.

Daher ist das 15fache $+ 21\frac{2}{3}$fache der zweiten $= 476\frac{2}{3}$; also ist die zweite Zahl $= 13$. Daraus ergiebt sich mit Leichtigkeit die erste $= 29\frac{2}{3}$.

127. Multiplicirt man eine Zahl mit $5\frac{1}{2}$ und eine andere mit 7, und addirt die beiden Produkte, so erhält man 816; die erste Zahl mit $9\frac{1}{4}$, und die andere mit 13 multiplicirt, und dieses von jenem Produkte subtrahirt giebt den Rest 976. Welche Zahlen? 128 und 16.

128. Man soll 66 so in zwei Theile zerlegen, daß, wenn man den einen Theil durch 5, den andern durch 8 multiplicirt, die Summe der Produkte 447 betrage. Welche Theile sind es? 27 und 39.

129. Man theilt 876 so in zwei Theile, daß der eine mit 7, der andere mit 9 multiplicirt, die Summe der Produkte gleich 7416 ist.

Aufl. Würde man jeden Theil mit 7 multiplicirt haben, so würde die Summe beider mit 7 multiplicirt worden sein, also $7 \cdot 876 = 6132$ würde man erhalten haben; nun hat man 1284 mehr, dieses muß also der doppelte zweite Theil sein, daher ist dieser 642, und der erste 234.

130. Man soll 2800 so in 3 Theile theilen, daß der erste Theil zum zweiten sich wie $2:3$, und der zweite zum dritten sich wie $4:5$ verhalte. Welche Theile? 1120, 1680, 2100.

131. Man weiß von 3 Zahlen, daß die Summe der ersten und zweiten gleich 98, die Summe der zweiten und dritten gleich 108; und daß das Verhältniß der ersten zur dritten 4 zu 5 ist. Welche Zahlen? 40, 58, 50.

232. Die Summe dreier Zahlen ist gleich 41, die erste verhält sich zur Summe der ersten und zweiten wie $3:7$; die zweite verhält sich zur Summe der zweiten und dritten wie $3:8$.

Aufl. Die erste Zahl sei das 3fache; so hat die Summe der ersten und zweiten das 7fache; daher muß die zweite das 4fache haben. Daher verhält sich die erste zur zweiten wie 3 : 4. Auf dieselbe Weise findet man, daß sich die zweite zur dritten wie 3 : 5 verhält. Die zweite sei nun das 12fache; so ist die erste das 9fache, die dritte das 20fache, und die drei Zahlen sind demnach 9, 12, 20.

133. Von 3 Zahlen weiß man Folgendes: das Zweifache der ersten und die Summe der beiden andern ist gleich 26; das Zweifache der zweiten und die Summe der beiden andern ist gleich 28; das Zweifache der dritten und die Summe der beiden andern ist gleich 30.

Aufl. Die Summe dieser 3 Angaben ist die vierfache Summe der 3 Zahlen = 84; daher ist die Summe der 3 Zahlen = 21. Hieraus ergeben sich die drei Zahlen 5, 7, 9.

134. Die Summe dreier Zahlen ist gleich 128; die Summe der ersten und zweiten verhält sich zur Summe der zweiten und dritten wie 3 : 4; die Summe der zweiten und dritten verhält sich zur Summe der ersten und dritten wie 12 : 11.

Aufl. Die Summe der zweiten und dritten sei das 12fache einer Zahl; so ist die Summe der ersten und zweiten das 9fache, und die Summe der ersten und dritten das 11fache derselben Zahl. Daher ist die dritte um das 2fache größer als die zweite. Da nun die Summe der zweiten und dritten = dem 12fachen ist, so ist die zweite = dem 5fachen, die dritte = dem 7fachen, und die erste = dem 4fachen: ihre Summe hat also das 16fache = 128. Daher sind die drei Zahlen, 32, 40 und 56

*β. Die unbekannten mit bekannten Zahlen verbunden.*

135. Die Summe zweier Zahlen ist gleich 84; setzt man zu jeder 4 hinzu, so ist das Verhältniß der Summen 10 : 13.

Aufl. Die Summe der ersten und 4 habe das 10fache, so hat die Summe der andern und 4 das 13fache; folglich hat die Summe dieser beiden Summen das 23fache. Aber diese Summe ist um 8 größer als die Summe der Zahlen. Daher ist das 23fache = 92. Die Zahlen sind also 36 und 48.

136. Die Summe zweier Zahlen ist gleich 110. Vermehrt man die erste Zahl um 5, und vermindert man die zweite um 25; so ist das Verhältniß der Summe zum Reste 5 : 4. Welches sind die Zahlen? 45 und 65.

137. Man hat einen Bruch von der Beschaffenheit, daß, wenn man zum Zähler desselben 1 addirt, der Werth desselben $\frac{3}{4}$, und wenn man zum Nenner 2 addirt, der Werth desselben $\frac{1}{2}$ beträgt.

Aufl. Der um 2 vermehrte Nenner habe das 4fache, so hat der Zähler das Zweifache. Ist nun der Werth des Bruches $\frac{3}{4}$, so hat der Nenner das 4fache und der Zähler das 3fache. In diesem Falle ist aber der Nenner um 2 kleiner als im vorigen; würde nun auch der Zähler verhältnißmäßig verkleinert worden sein, so hätte er das 2fache weniger 1 haben müssen; nun hat er aber das Zweifache und 1; also 2 mehr als er verhältnißmäßig haben sollte, zugleich hat er nun das 3fache; daher ist das Einfache = 2. Demnach ist der um 1 vermehrte Zähler 6, also der gesuchte Zähler = 5, und der Nenner = 8, folglich der gesuchte Bruch = $\frac{5}{8}$.

**138. Vermehrt man Zähler und Nenner eines Bruchs um 1, so ist er gleich $\frac{1}{2}$; setzt man aber zum Zähler 2 und zum Nenner 11 hinzu, so ist er gleich $\frac{1}{3}$.**

Aufl. Wenn der Werth des Bruches $\frac{1}{2}$ bleiben sollte, so müßte man, da der Zähler im andern Falle um 1 gewachsen ist, zum Nenner 2 mehr als im ersten Falle hinzugesetzt haben. Nun hat man aber nicht 2, sondern 10 mehr, also 6 über das Verhältniß hinzugesetzt; der Nenner hat nun aber auch nicht das 2fache, sondern das 3fache; daher ist dieses Einfache = 8, und der Bruch, dessen Zähler um 2, und dessen Nenner um 11 vermehrt ist, ist $\frac{8}{24}$; daher ist der gesuchte Bruch $\frac{6}{13}$.

**139. Vermehrt man Zähler und Nenner eines Bruches um 1, so ist er gleich $\frac{1}{2}$; vermindert man aber den Zähler und Nenner desselben um 1, so ist er gleich $\frac{4}{9}$.**

Aufl. Sollte der Bruch = $\frac{1}{2}$ bleiben, so müßte man den Nenner um 4 vermindern, da man den Zähler um 2 vermindert hat; und wenn der Zähler in diesem Falle das 4fache hat, so müßte der Nenner das 8fache haben. Nun ist der Nenner auch nur um 2 vermindert, also um 2 weniger, als es verhältnißmäßig geschehen sollte, nun hat aber auch der Nenner das 9fache, daher ist das Einfache = 2, und der Bruch, dessen Zähler und Nenner um 1 vermindert ist = $\frac{8}{18}$; daher ist der gesuchte Bruch = $\frac{9}{19}$.

**140. Wenn man den Zähler eines Bruches um 2 vermindert, so ist er gleich $\frac{1}{5}$; vermehrt man aber den Nenner desselben um 3, so ist er gleich $\frac{1}{4}$.**

Aufl. In dem Uebergange des Bruches aus $\frac{1}{5}$ in $\frac{1}{4}$ ist der Zähler desselben um 2, und der Nenner um 3 gewachsen. Würde der Bruch im andern Falle auch $\frac{1}{5}$ sein, so hätte der Nenner um 10, also um 7 mehr wachsen müssen; in dem Falle würde er das 5fache sein, dagegen er jetzt nur das 4fache ist; folglich ist das Einfache = 7; und der in $\frac{1}{4}$ verwandelte Bruch ist $\frac{7}{28}$; daher ist der gesuchte $\frac{7}{25}$.

**141. Vermehrt man den Zähler eines Bruches um 3, und vermindert den Nenner um 4, so ist er gleich $\frac{1}{4}$. Wenn man aber den Zähler um 3 vermindert, und den Nenner um 2 vermehrt, so ist er gleich $\frac{1}{7}$.**

Aufl. Indem der Bruch aus dem Zustande von $\frac{1}{4}$ in den Zustand von $\frac{1}{7}$ übergehet, vermindert sich der Zähler um 6, und vermehrt sich der Nenner auch um 6. Würde der Werth des Bruches auch im andern Zustande $\frac{1}{4}$ geblieben sein, so hätte sich der Nenner desselben um 24 vermindern müssen; dieses ist nicht allein nicht geschehen, sondern er hat sich noch um 6 vermehrt; also ist der Nenner aus dem einen Zustande in den andern um 30 gewachsen. Im ersten Falle ist er das 4fache, im andern das 7fache des Zählers; also ist er um das 3fache = 30 gewachsen. Daher ist der Bruch im zweiten Falle $\frac{10}{70}$, und er war also ursprünglich $\frac{13}{68}$.

**142. Man hat 3 Zahlen; das Produkt der ersten und zweiten ist gleich 18; das Produkt der zweiten und dritten ist gleich 72, und das Produkt der ersten und dritten ist gleich 36. Welche Verhältnisse haben die Zahlen zu einander, und welche mögen sie sein?**

Aufl. Zahlen, welche durch einerlei Zahl vervielfältigt sind, stehen im Verhältnisse der Produkte (II. III.). Also verhält sich die erste zur dritten = 18 : 72 = 1 : 4; und die zweite zur dritten = 18 : 36 = 2 : 4. Die erste sei das Einfache, so ist die zweite das 2fache und die dritte das 4fache. Folglich sind die 3 Zahlen proportional den 3 Zahlen 1, 2, 4.

Folglich ist das Einfache × das 2fache = 18; daher ist das Einfache × das Einfache = 9; mithin kann das Einfache nur 3 sein Daher sind die Zahlen 3, 6, 12.

Zweite Abtheilung.

# Praktisches
# algebraisches Kopfrechnen.

Erster Abschnitt.

# Aufgaben,

deren

## Lösung Sätze fordert, die sich vorzüglich auf arithmetische Verhältnisse beziehen.

### I. Mit einer unbekannten Zahl.

1. Jemand fordert für eine Waare 150 Thlr., um bei dem Handel 30 Thlr. zu gewinnen. Wie groß war der Einkaufspreis? 120 Thlr.

2. Würde Jemand für eine Waare, welche er verkauft, 25 Thlr. mehr erhalten, als er für dieselbe erhielt, so würde er 100 Thlr. erhalten haben. Wie viel erhielt er? 75 Thlr.

3. Eine Waare wird mit 45 Thlr. Verlust für 326 Thlr. verkauft. Wie viel betrug der Einkaufspreis? 371 Thlr.

4. Wenn man eine Waare für 78 Thlr. kauft, und beim Verkauf derselben $\frac{1}{3}$ des Einkaufspreises gewinnt; für wie viel hat man sie verkauft? 104 Thlr.

5. Eine Waare wird für 144 Thlr. gekauft und mit Verlust von $\frac{1}{9}$ des Einkaufspreises verkauft. Wie viel erhielt man für dieselbe? 128 Thlr.

Anmerk. Zur Auflösung dieser und ähnlicher Aufgaben gehört die Kenntniß folgender Sätze: Der Einkaufspreis ist gleich dem Verkaufspreise weniger dem Gewinne, und gleich dem Verkaufspreise und dem Verluste.

Der Verkaufspreis ist gleich dem Einkaufspreise und dem Gewinne, und gleich dem Einkaufspreise weniger dem Verluste.

Der Gewinn ist gleich dem Verkaufs- weniger dem Einkaufspreise.

Der Verlust ist gleich dem Einkaufs- weniger dem Verkaufspreise.

6. 1000 Ziegel kosten 10 Thlr.; 50 werden durch den Transport unbrauchbar; wie theuer sind nun 100 davon? $1\frac{1}{19}$ Thlr.

7. Ein Arbeiter erhält wöchentlich 6 Sgr. für seinen größern Fleiß mehr als ein anderer; dieser erhält für 4 Wochen 8 Thlr.; wie viel erhielt der erste für dieselbe Zeit? 8 Thlr. 24 Sgr.

8. Jemand wechselt 450 Thlr. gegen Dukaten und empfing 137 Dukaten und 2 Thlr. 14 Sgr. Wie hoch wurde ein Dukaten gerechnet? 3 Thlr. 8 Sgr.

9. Für 500 Thlr. erhielt man 87 Friedrichsd'or und 4 Thlr. 3 Sgr. Wie hoch wurde ein Frd'or. gerechnet? 5 Thlr. 21 Sgr.

10. Für 2050 Franks zahlt man 553 Thlr. und 1 Frank $85\frac{5}{27}$ Centimes. Wie hoch wird 1 Thlr. nach Französischem Gelde gerechnet?

Aufl. Da 553 Thlr. und 1 Frank $85\frac{5}{27}$ Centimes = 2050 Fr. sind, so sind 553 Thlr. = 2050 Franks — 1 Fr. $85\frac{5}{27}$ Centm.

= 2048 Franks $14\frac{22}{27}$ Centm., also

$$1 \text{ Thlr.} = \frac{2048 \text{ Frks.} + 14\frac{22}{27} \text{ Centm.}}{553} = 3 \text{ Frks.} 76\frac{16}{79} \text{ Cnt.}$$

11. Wenn Jemand für 2500 Franks 666 Reichsthlr. und 2 Frks. 50 Cntms. erhält; wie hoch stehen die Thlr.? 3 Frks. $90\frac{5}{333}$ Centimes.

12. Jemand nimmt an einem Tage eine gewisse Summe Geldes ein, am folgenden Tage 20 Thlr., darauf 70 Thlr., giebt davon 35 Thlr. 18 Sgr. aus, und behält noch 90 Thlr. 15 Sgr. Wie viel nahm er am ersten Tage ein? 36 Thlr. 3 Sgr.

13. Von einer Waare verkauft Jemand 85 Pfund, darauf 74 Pfd., und behält noch 53 Pfd. Wie viele Pfunde betrug der Vorrath dieser Waare? 212 Pfunde.

14. Ein Gutsbesitzer hat vom vorigen Jahre noch eine gewisse Anzahl Scheffel Weizen; in diesem Jahre erntet er 70 Last 48 Scheffel; er verkauft 63 Last 40 Scheffel, und behält noch 28 Last 39 Scheffel. Wie viel betrug der Vorrath? 21 Last 31 Scheffel.

15. An jedem Pfunde gewinnt Jemand 6 Pfennige, er gewinnt im Ganzen 15 Thlr. 20 Sgr., indem er die Waare für 130 Thlr. verkauft. Wie viele Pfunde hatte er, und welches war der Verkaufspreis eines Pfundes? 920 Pfd., 4 Sgr. $9\frac{21}{47}$ Pf.

16. Jemand verliert beim Verkauf an jedem Scheffel 4 Pfennige; im Ganzen hat er 4 Rthlr. verloren? Wie viele Scheffel verkaufte er? 360 Scheffel.

17. Zu einem Baue hat Jemand eine gewisse Anzahl Ziegel zu liefern, und er will für das Tausend derselben 10 Thlr. haben. Am Orte ihrer Bestimmung findet er, daß 1500 durch den Transport unbrauchbar geworden sind, und er berechnet, daß er diesen Verlust nur dadurch ersetzen kann, daß er jedes Tausend für 10 Thlr. 5 Sgr. verkauft. Wie viele Ziegel hat er zu liefern?

Aufl. 1500 sind = $1\frac{1}{2}$ mal 1000, also ist der Verlust $1\frac{1}{2} . 10$ Thlr. = 15 Thlr. Der höhere Preis muß den Verlust ersetzen; da er nun auf 1000 Ziegel 5 Sgr. mehr haben will, so muß er so viele 1000 Ziegel haben, wie vielmal 5 Sgr. in 15 Thlr. enthalten sind; also $\frac{15 . 30}{5} = 90$; daher hat er noch 90000 Ziegel und 91500 wurden transportirt.

18. Ein Glasermeister läßt sich eine gewisse Anzahl Glastafeln kommen, die Tafel zu 6 Sgr. Unterwegs werden 50 Tafeln zerbrochen; den Verlust zu ersetzen, beschließt er jede Tafel für 8 Sgr. zu verkaufen. Wie viele Tafeln ließ er sich kommen? 200 Tafeln.

19. Ein Gutsbesitzer sendet Weizen nach der Stadt zum Verkaufe, den Scheffel zu 2 Thlr. 10 Sgr. Durch Schadhaftigkeit der Säcke und Nachlässigkeit seiner Leute gehen unterwegs $4\frac{1}{2}$ Scheffel verloren, und er kann diesen Verlust nur dadurch ersetzen, daß er jeden Scheffel für 2 Thlr. 14 Sgr. verkauft. Wie viele Scheffel versandte er? $83\frac{1}{4}$ Scheffel.

20. Eine Bauerfrau bringt Eier zu Markte, und will die Mandel (15) für $2\frac{1}{2}$ Sgr. verkaufen. Sie fällt aber unterwegs und zerbricht 16 Stück. Will sie den Schaden ersetzen, so muß sie die Mandel für 3 Sgr. verkaufen. Mit wie vielen Eiern ging sie von Hause? Mit 96 Eiern.

21. Ein Koch kauft Citronen, das Dutzend für 20 Sgr. Hätte er die 6 Citronen, welche er als Zugabe verlangte, erhalten, so würde ihm das Dutzend 18 Sgr. gekostet haben. Wie viele Citronen hatte er gekauft?

Aufl. 6 sind $\frac{1}{2}$ von einem Dutzend; da ein Dutzend 20 Sgr. kostet, so müssen die 6 Citronen 10 Sgr. kosten; hätte er die verlangten 6 Citronen erhalten, so würde er also 10 Sgr. erspart haben; in diesem Falle hätte er an jedem Dutzend 2 Sgr. erübrigt, daher müßte er 5 Dutzend haben; nun fehlen ihm aber die verlangten 6, also hat er nur $5 . 12 - 6 = 54$ Citronen gekauft

22. Eine Frau kauft Eier, die Mandel für 3 Sgr., würde sie 10 als Zugabe erhalten, so würde ihr die Mandel 4 Pfennige weniger gekostet haben. Wie viele Eier kaufte sie? 80 Eier.

23. Ein Buch kostet 25 Sgr. Kauft Jemand in Menge derselben, so erhält er auf 10 Exemplare das 11. als Zugabe; wie hoch kommt dann jedes Buch zu stehen? $22\frac{8}{11}$ Sgr.

24. Der Preis eines Buches beträgt 1 Thlr. 10 Sgr. Jemand kauft eine gewisse Anzahl, und erhält 12 Exemplare als Zugabe; nun kostet ihm jedes Buch 1 Thlr. 5 Sgr. Wie viele Bücher hat er kaufen wollen, wie viele erhielt er wirklich, und auf wie viele erhielt er 1 als Zugabe?

Aufl. Da ein Buch 1 Thlr. 10 Sgr. oder 40 Sgr. kostet, so hat er durch die Zugabe von 12 Büchern einen Gewinn von 12 . 40 Sgr.. Dieser Gewinn wird zugleich dadurch hervorgebracht, daß er an jedem Buche 5 Sgr. gewinnt, daher muß er im Ganzen $\frac{12 . 40}{5}$ oder 96 Bücher empfangen haben. Ohne die Zugabe hätte er also nur 84 erhalten. Da ferner auf 84 Bücher 12 als Zugabe erfolgt sind, so hat man auf $\frac{84}{12} = 7$ Ein Buch als Zugabe gerechnet.

25. Das Pfund von einem Tabak gilt 20 Sgr. Jemand kauft eine gewisse Quantität von diesem Tabak, und erhält 15 Pfunde als Zugabe; er berechnet, daß ihm nun 7 Pfunde 4 Thlr. kosten. Wie viele Pfunde kaufte er? 90, und mit der Zugabe 105.

26. Ein Pfund Zucker kostet 6 Sgr. Kauft man aber einige Hut Zucker, so kommt das Pfund auf 5 Sgr. 8 Pfennige zu stehen. Jemand hat unter diesen Bedingungen 4 Pfunde Gewinn; wie viele Pfunde kaufte er? 72 Pfunde.

27. Ein Spieler wechselt Silbergeld gegen Dukaten, welche im Kurse 96 Sgr. stehen, und giebt solche im Spiele für 3 Thlr. 10 Sgr. aus. Wenn er nun auf diese Weise 20 Thlr. gewinnt; wie viele Dukaten hat er gewechselt? 150 Dukaten.

28. Jemand wechselt Silbergeld gegen Dukaten, im Kurse zu $96\frac{1}{4}$ Sgr.; er verliert 6 derselben, und kann die übrigen ohne Verlust nur dann ausgeben, wenn selbige im Kurse zu 98 Sgr. stehen. Wie viele hatte er eingewechselt? 392 Dukaten.

29. Jemand wechselt Silberrubel ein, die im Kurse 33 Sgr. stehen. 50 Rubel werden ihm gestohlen; die übrigen giebt er im Kurse zu $33\frac{1}{3}$ Sgr. aus, und berechnet demnach einen Verlust von 5 Thlr.; wie viele hat er eingewechselt? 4550.

30. Ein Kaufmann besitzt einige Wechsel auf London; das Pfd. Sterling im Kurse zu 6 Thlr. 24 Sgr. Ein Wechsel von 120 Pfd. Sterling geht ihm verloren, und er berechnet, daß er doch einen Verlust von 100 Thlr. hat, wenn er die übrigen Wechsel auch zum Kurse von 6 Thlr. $25\frac{1}{2}$ Sgr. unterbringt. Wie viele Pfd. Sterling betrugen alle Wechsel zusammen? 14,440 L. Sterl.

31. Wird eine Waare mit 50 Thlr Gewinn verkauft, so erhält man für dieselbe so viel über 130 Thlr., als der Einkaufspreis unter dieser Summe ist Wie groß ist der Einkaufspreis?

Aufl. Die 50 Thlr. Gewinn ersetzen nicht allein das Fehlende am Einkaufspreise bis 130 Thlr., sondern erheben noch den Verkaufspreis um dasselbe über diese Summe; daher muß das doppelte Fehlende = 50 Thlr. sein, also ist das Einfache = 25 Thlr. Am Einkaufspreise fehlen also 25 Thlr. bis 130 Thlr. Daher ist der Einkaufspreis = 130 — 25 = 105 Thlr.

32. Jemand kauft ein Pferd und verkauft es wieder mit 40 Thlr. Gewinn; daher erhält er eben so viel mehr als 100 Thlr., um wie viel er weniger als diese Summe für das Pferd gegeben hat. Wie theuer hat er das Pferd verkauft? Für 120 Thlr.

33. Auf ein Haus, welches verkauft werden soll, bieten drei Kauflustige. Der erste bietet eine gewisse Summe, der zweite 3560 Thlr.; der dritte bietet 84 Thlr. mehr als der erste und zwar so viel mehr als der zweite, um was dieser mehr als der erste geboten hat. Wie viel haben der erste und dritte geboten? 3518, 3604 Thlr.

34. Ein Spieler hat eine gewisse Summe Geld gewonnen, und wird von einem andern gefragt, wie viel es sei? Er antwortet: Hätte ich die Hälfte des Gewinnes mehr gewonnen, als ich gewonnen habe, so würde ich eben so viel über 60 Thlr., als ich jetzt unter dieser Summe gewonnen habe.

Aufl. Die Hälfte des Gewinnes ersetzt das Fehlende bis 60 Thlr. und bringt noch eben so viel über 60 Thlr. hinzu; daher ist das Doppelte des Fehlenden = der Hälfte des Gewinnes; also das Fehlende = $\frac{1}{4}$ des Gewinnes. Folglich ist der Gewinn und $\frac{1}{4}$ desselben = 60 Thlr.; also $\frac{1}{4}$ desselben = $\frac{60}{5}$ = 12 Thlr.; demnach ist der Gewinn = 4 . 12 = 48 Thlr.

35. Ein Schüler räth das Alter einer seiner Mitschüler und sagt: Du bist wohl 14 Jahre alt? Nein, antwortet der Gefragte:

Wäre ich um das Drittel meines Alteers älter als ich bin, so würde ich eben so viel über 14 Jahre sein, als ich jetzt unter 14 Jahren alt bin. 12 Jahre.

36. Ein Vater, der jetzt 40 Jahre alt ist, hat zwei Söhne, den einen von 8, den andern von 13 Jahren. Wenn wird der Vater so alt als seine beiden Söhne zusammen sein?

Aufl. Das Alter beider Söhne ist 21 Jahre; also übersteigt das Alter des Vaters das seiner beiden Söhne um 19 Jahre. Wenn nun das Alter des Vaters um 1 Jahr zunimmt, so nimmt das Alter jedes Sohnes gleichfalls um 1 Jahr, also beider Alter um 2 Jahre zu. Daher nähert sich das Alter der Söhne dem des Vaters mit jedem Jahre um 1 Jahr. Im Ganzen soll sich das Alter der Söhne dem ihres Vaters um 19 Jahre nähern. Demnach ist der Vater nach 19 Jahren so alt als seine beiden Söhne zusammen.

37. Ein Vater hat drei Söhne, von denen der eine 9, der andere 12, und der dritte 16 Jahre alt ist; der Vater ist jetzt 50 Jahre alt; wann wird er so alt als seine drei Söhne sein? Nach $6\frac{1}{2}$ Jahren.

38. Ein Vater ist um 15 Jahre älter als seine vier Kinder; wann wird er so alt als seine vier Kinder sein? Nach 5 Jahren.

39. Der Vater einer Familie ist jetzt 46, die Mutter 37 Jahre alt; sie haben 4 Kinder von 5, 9, 11 und 14 Jahren. Wann werden die Eltern so alt als ihre 4 Kinder sein? Nach 22 Jahren.

40. Wenn ein Vater jetzt 38 Jahre, und seine 3 Kinder zusammen 23 Jahre alt sind; wann werden die Kinder um das älter als ihr Vater sein, um was jetzt dieser älter ist als sie sind? Nach 15 Jahren.

41. Ein Reisender macht täglich $4\frac{1}{2}$ Meilen; wie weit wird er in 14 Tagen gegangen sein? 63 Meilen.

42. Ein Regiment soll von Königsberg nach Berlin marschiren. Das Regiment macht täglich 3 Meilen; marschirt 3 Tage hintereinander und ruht am vierten. Beide Oerter sind 76 Meilen von einander entfernt. In wie vielen Tagen wird das Regiment Berlin erreicht haben?

Aufl. In vier Tagen macht das Regiment 9 Meilen. Wie vielmal nun 76 Meilen 9 Meilen enthalten, so viel mal 4 Tage wird das Regiment zu seinem Marsche gebrauchen; also $\frac{76}{9} . 4 = 33\frac{7}{9}$ Tage.

43. Jemand ist in $4\frac{1}{2}$ Tagen 27 Meilen gegangen; wie viele Meilen machte er täglich, wenn er in gleichen Zeiten gleiche Wege zurücklegte? 6 Meilen.

44. Ein Reisender geht von einem Orte aus und macht täglich 5 Meilen. Nach 4 Tagen geht ihm ein anderer aus demselben Orte und auf demselben Wege nach, der täglich 7 Meilen macht; wann wird dieser nach seinem Ausgange den ersten eingeholt haben?

Aufl. Bei dem Ausgange des zweiten hat der erste vor jenem einen Vorsprung von 20 Meilen. Würden nun beide gleich rasch gehen, so würde der erste vor dem zweiten immer 20 Meilen voraus sein. Da nun aber der zweite täglich 2 Meilen mehr als der erste macht, so nähert sich jener diesem täglich um 2 Meilen; im Ganzen hat jener sich diesem um 20 Meilen bis zur Einholung zu nähern; daher braucht der zweite zu diesem Zwecke $\frac{20}{2} = 10$ Tage.

45. Ein Bote wird von einem Orte ausgeschickt und macht täglich $5\frac{3}{4}$ Meilen. Nach acht Tagen schickt man diesem einen andern nach, der jenen einholen soll, und macht zu dem Ende täglich 9 Ml. Nach wie vielen Tagen wird der zweite den ersten eingeholt haben, und auf welcher Meile von ihrem gemeinschaftlichen Ausgangsorte gerechnet? Nach $14\frac{2}{13}$ Tagen, und der von ihnen zurückgelegte Weg beträgt $127\frac{5}{13}$ Meile, also auf der 128sten Meile.

46. Ein Reisender ist vor 5 Tagen von einem Orte ausgegangen, und macht täglich $5\frac{1}{2}$ Meilen. Diesem geht ein anderer von einem um 6 Meilen vorwärts gelegenen Orte nach, und legt täglich 7 Meilen zurück. Wann wird dieser jenen einholen? Nach $14\frac{1}{3}$ Tagen.

47. Ein Courier macht alle 5 Stunden 3 Meilen. Nach 12 Stunden fährt jenem ein anderer nach, der alle 4 Stunden 3 Meilen macht. Wann wird dieser jenen einholen? Nach 48 Stunden.

48. Ein Courier macht alle 6 Stunden 5 Meilen. Ihn will ein anderer, der 12 Stunden später von einem um 4 Ml. rückwärts gelegenen Orte abreist, einholen, und macht alle 12 Stunden 11 Ml. Wann wird es geschehen? Nach 168 Stunden.

49. Zwei Personen zählen Geld; jeder zu 5 Stücken auf einen Wurf; beide machen in gleichen Zeiten gleich viele Würfe. Die eine zählt 5 Sgr. Stücke, die andere 20 Kreuzerstücke; die erste hat schon 120 Würfe gemacht, ehe die zweite zu zählen anfängt. Wie viele Würfe muß die zweite machen, bis sie so vieles Geld als die erste gezählt hat? 600 Würfe.

Anmerk. 60 Kr. = 1 Fl. Conventions-Courant; 20 dieser Fl. = 14 Preuß. Thlrn.; also ein 20 Kreuzerstück = 7 Sgr.

50. Zwei Schreiber übernehmen ein Werk von 180 Bogen abzuschreiben. A schreibt in 3, B in 2 Stunden einen Bogen ab. Jeder schreibt täglich 16 Stunden, und sie fangen zu gleicher Zeit zu arbeiten an. Aber nach 3 Tagen muß B einer Krankheit wegen einen Tag ruhen. Wie viele Bogen wird jeder abgeschrieben haben?

Aufl. A hat während der ganzen Arbeit einen Tag länger als B geschrieben. In einer Stunde schreibt er $\frac{1}{3}$ Bogen, also in einem Tage oder 16 Stunden $\frac{16}{3} = 5\frac{1}{3}$ Bogen ab; daher bleiben für die gemeinschaftliche Arbeit beider $180 - 5\frac{1}{3} = 174\frac{2}{3}$ Bogen. A schreibt täglich $5\frac{1}{3}$, B 8, also beide an einem Tage $13\frac{1}{4}$ Bogen; und sie werden daher so viele Tage gemeinschaftlich arbeiten, wie oft $13\frac{1}{3}$ Bogen in $174\frac{2}{3}$ Bogen enthalten sind; also $\frac{174\frac{2}{3}}{13\frac{1}{3}} = 13\frac{1}{10}$ Tage, und in dieser Zeit hat A $13\frac{1}{10} \times 5\frac{1}{3} = 69\frac{13}{15}$ und noch $5\frac{1}{3}$ oder im Ganzen $75\frac{1}{5}$ Bogen, B hat während derselben Zeit $180 - 75\frac{1}{5} = 104\frac{4}{5}$ Bogen abgeschrieben.

51. Zwei Maurer übernehmen eine Mauer aufzuführen, welche 80 Fuß lang, $1\frac{2}{3}$ Fuß dick und 30 Fuß hoch sein soll. A kann in 3 Tagen 200 Kubikfuß, B in 3 Tagen 275 Kubikfuß verfertigen. Wenn nun B 4 Tage später als A die Arbeit beginnt; nach wie vie-

len Tagen hat er so viel als A gearbeitet, und wann werden beide mit der Arbeit fertig sein? B hat nach $10\frac{2}{3}$ Tagen so viel als A gearbeitet Seit der Arbeit des A wird die Mauer in $27\frac{11}{19}$ Tagen vollendet.

52. Zwei Körper bewegen sich auf dem Umfange eines Kreises, welcher 400 Fuß mißt. A hat vor B einen Vorsprung von 80 Fuß. A durchläuft in jeder Sekunde 9, B 15 F. Wenn nun B hinter A läuft, wann wird B den A zum ersten, zweiten, dritten, fünften male eingeholt haben?

Aufl. Damit B den A zum ersten Male einhole, muß sich jener diesem um 80 F. nähern; in einer Sek. nähert sich B dem A um 6 F., also braucht er zum ersten Male $\frac{80}{6} = 13\frac{1}{3}$ Sek. Nun befinden A und B sich einen Augenblick an einem und demselben Orte, aber bei der nächsten Bewegung eilt B dem A sogleich vor, und B muß nun den ganzen Umpfang des Kreises mehr als A in derselben Zeit machen, bis er den A zum zweiten Male einholt. Daher verfließen von neuem $\frac{400}{6} = 66\frac{2}{3}$ Sek. Vom Anfange der Bewegung an sind also bis zur zweiten Einholung $13\frac{1}{3} + 66\frac{2}{3} = 80$ Sek. verflossen. Demnach sind zur dritten Einholung $13\frac{1}{3} + 2 \cdot 66\frac{2}{3} = 146\frac{2}{3}$ Sek., zur fünften $13\frac{1}{3} + 4 \cdot 65\frac{2}{3} = 280$ Sek. erforderlich.

Die verflossene Zeit bis zur zweiten, dritten, fünften Einholung kann man auch so finden. Vom Anfange der Bewegung bis zur 2ten Einholung muß B $80+400$, bis zur 3ten Einholung $80+2.400$, bis zur 5ten Einholung $80 + 4 . 400$ F. in derselben Zeit mehr als A machen. Da nun B in jeder Sek. 6 F. mehr als A durchläuft, so braucht er vom Anfange der Bewegungszeit bis zur 2ten Einholung $\frac{80 + 400}{6} = \frac{480}{6} = 80$ Sek., bis zur 3ten Einhol. $\frac{80 + 2 . 400}{6} = \frac{880}{6} = 146\frac{2}{3}$ Sek., bis zur 5ten Einhol. $\frac{80 + 4 . 400}{6} = \frac{1680}{6} =$ 280 Sek.

53. Zwei Körper bewegen sich auf der Peripherie eines Kreises, welches 540 Fuß mißt. Beide Körper stehen 90 Fuß von einander entfernt. A macht in jeder Sek. 12, B 15 F. Die Körper bewegen sich aber nicht hinter einander, sondern gegen einander. Wenn nun beide zu gleicher Zeit ihre Bewegung beginnen; wann werden sie sich zum ersten, 2ten, 8ten, 10ten Male begegnen?

Aufl. Indem die Körper sich nun gegen einander bewegen, so können sie zunächst entweder den kleinern oder den größern Bogen durchlaufen. Dieses ist in der Aufgabe zwar nicht bestimmt, solches muß aber in der Auflösung geschehen, um einen verständlichen Ausdruck zu haben. Man wähle für die nächste Durchlaufung den kleinern Bogen. Wenn A ruhete, und B gegen den A sich allein bewegte, so würde B sich dem A in jeder Sek. um 15 F. nähern; Aehnliches gilt von A in Bezug auf B; da sich nun beide gegen einander bewegen, so müssen sie sich in jeder Sek. um $12 + 15$ oder um 27 F. nähern; sie sollen sich aber bis zur ersten Begegnung um 90 F. nähern, daher gebrauchen sie $\frac{90}{27} = 3\frac{1}{3}$ Sek.

Um sich nun von neuem zu begegnen, haben beide die ganze Peripherie vor sich zu durchlaufen, und für diese Bewegung gebrauchen sie also $\frac{540}{27} = 20$ Sek. Daher verfließt vom Anfange der Zeit bis zur zweiten Begegnung $3\frac{1}{3} + 20 = 23\frac{1}{3}$ Sek., bis zur 8ten Begegnung $3\frac{1}{3} + 7 . 20 = 143\frac{1}{3}$ Sek., bis zur 10ten Begegn. $3\frac{1}{3} + 9 . 20 = 183\frac{1}{3}$ Sek.

Die Zeiten für die verschiedenen Begegnungen, außer den ersten, kann man auf eine ähnliche Weise wie in der vorigen Aufg. finden. Z. B. bis zur 10ten Begegnung müssen die Körper zuerst den Bogen von 90 F., und darauf noch 9 mal die ganze Peripherie durchlaufen, daher ist eine Zeit $= \frac{90 + 9 . 540}{27} = \frac{10 + 540}{3} = \frac{550}{3} = 183\frac{1}{3}$ S. erforderlich.

54. Ein Körper, A, kann den Umfang eines Kreises in 60 Min., ein anderer, B, denselben Umfang in 90 Min. durchlaufen. Wenn sie nun um $\frac{1}{3}$ des Umfanges von einander entfernt stehen, und hinter einander herlaufen; wann werden sie sich zum ersten, zum 5ten Male eingeholt haben?

Aufl. Da A in 60 Minuten den ganzen Umfang durchläuft, so legt er in einer Min. $\frac{1}{60}$ derselben zurück, und B in einer Min. $\frac{1}{90}$. A läuft also rascher als B, soll also eine Einholung stattfinden, so muß A hinter B laufen. A macht also in einer Min. $\frac{1}{60} - \frac{1}{90} = \frac{1}{180}$ des Umfanges mehr als B. Nun soll er in einer gewissen Zeit $\frac{1}{3}$ des Umfanges mehr als B machen, folglich braucht er dazu $\frac{1}{3} : \frac{1}{180} = 60$ Min.

Von der ersten bis zur zweiten Einholung muß A den Umfang mehr als B durchlaufen; daher sind $1 : \frac{1}{180} = 180$ Min. erforderlich. Bis zur 5ten Einholung sind demnach $60 + 4 . 180 = 780$ Min. $=$ 13 St. erforderlich.

Anmerk. In der Aufl. wurde gesagt, daß A den B müsse nachlaufen, wenn eine Einholung stattfinden soll; dieses ist nur auf den Bogen $= \frac{1}{3}$ des Umfanges zu beziehen; denn eine Einholung muß immer stattfinden, weil die Körper in einem Kreise und mit ungleicher Geschwindigkeit laufen.

55. Ein Kammrad hat 150 Zähne, ein Getriebe 17 Triebstöcke, welche in die Zähne des Kammrades greifen; nach wie vielen Umdrehungen des Kammrades und Getriebes wird jeder Triebstock jeden Zahn berührt haben? Das Kammrad nach 17, das Getriebe nach 150 Umdrehungen.

56. Zwei Oerter, A, B, sind 75 Meilen von einander entfernt. Zwei Freunde aus diesen Oertern wünschen einander zu sprechen, und gehen deswegen einander entgegen, und zwar gehen sie an einem und demselben Tage aus. Wenn nun der aus A täglich 6, und der aus B täglich 5 Ml. macht; wann und wo werden sie einander begegnen? Sie begegnen einander nach 6 Tagen auf der 41sten Meile vom Orte des A.

57. Wenn es 4, 5, 6, 12 Uhr ist, wann werden die Zeiger einer Uhr zunächst über einander stehen?

Aufl. Der Umfang einer Uhr ist in 60 gleiche Theile getheilt, und jeder Theil heißt eine Minute. Der Minutenzeiger durchläuft den Umfang der Uhr in 60 Minuten Zeit, also in 1 Minute $\frac{1}{60}$ des Umfanges.

Der Stundenzeiger bewegt sich durch den Umfang der Uhr in 12 Stunden $= 12 . 60 = 720$ Min.; also bewegt sich der Stundenzeiger in 1 Min. nur durch $\frac{1}{720}$ des Umfanges der Uhr. Daher durchläuft der Minutenzeiger in 1 Min. $\frac{1}{60} - \frac{1}{720} = \frac{11}{720}$ des Umfanges mehr als der Stundenzeiger in derselben Zeit.

Ist es nun 4 U., so steht der Minutenzeiger über 12, der Stundenzeiger über 4, und der Stundenzeiger hat vor dem Minutenzeiger einen Vorsprung von $4 . 5 = 20$ Min. Raum; da nun 1 Min. Raum $= \frac{1}{60}$, so sind 20 Min. Raum $= \frac{20}{60} = \frac{1}{3}$ des Umfanges. Der Minutenzeiger hat also in einer Zeit $\frac{1}{3}$ des Umfanges mehr als der Stundenzeiger in derselben Zeit zu durchlaufen. Da nun der Minutenzeiger in 1 Min. $\frac{11}{720}$ mehr als der St. Z. in derselben Zeit durchläuft; so wird er so viele Min. bis zur Einholung des St. Z. gebrauchen, wie oft $\frac{11}{720} =$ in $\frac{1}{3}$ des Umfanges enthalten sind; also $\frac{1}{3} : \frac{11}{720} = 21\frac{9}{11}$ Min.

Ist es 5 U., so ist der St. Z. dem M. Z. um $5 . 5$ oder 25 Min. Raum $= \frac{25}{60} = \frac{5}{12}$ des Umfanges voraus. Daher verfließen bis zum Decken der Zeiger $\frac{5}{12} : \frac{11}{720} = 27\frac{3}{11}$ Min. Zeit.

Für 6 U. findet man $\frac{1}{2} : \frac{11}{720} = 32\frac{8}{11}$ Min. Zeit. Daher stehen die Zeiger nach 4 U. $21\frac{9}{11}$ Min., nach 5 U. $27\frac{3}{11}$ Min., nach 6 U. $32\frac{8}{11}$ Min. über einander.

Um 12 U. stehen die Zeiger gerade über einander, und bei der nächsten Bewegung des Pendels rückt der M. Z. sogleich über den St. Z. hinweg; daher muß in diesem Falle der M. Z. den ganzen Umfang der Uhr in einer gewissen Zeit mehr als der St. Z. in derselben Zeit durchlaufen. Da der M. Z. in jeder Min. nur $\frac{11}{720}$ des Umfanges mehr als der St. Z. in derselben Zeit macht, so braucht der M. Z. bis zur nächsten Einholung des St. Z. $1 : \frac{11}{720} = 65\frac{5}{11}$ Min. Zeit $=$ 1 Stunde $5\frac{5}{11}$ Min. Die Zeiger stehen also nach 1 U. $5\frac{5}{11}$ Min. über einander.

Anmerk. Aus dem letzten Resultate geht hervor, daß die Zeiger von einer Deckung bis zur nächsten genau $65\frac{5}{11}$ Min. oder 1 Stunde $5\frac{5}{11}$ Min. gebrauchen.

58. In 12 Stunden werden die Zeiger wie viele Male über einander stehen?

Aufl. Von einer Deckung bis zur nächsten brauchen die Zeiger $65\frac{5}{11}$ Min., oder während Verlaufes von $65\frac{5}{11}$ Min. geht eine Deckung der Zeiger vor; daher werden während 12 St. so viele Deckungen eintreten, so oft $65\frac{5}{11}$ Min. in 12 Stunden enthalten sind; also $12 . 60$ Min. : $65\frac{5}{11}$ Min. $= 11$ Deckungen.

50. Wann nach 5 U. werden die Zeiger einen rechten Winkel, eine gerade Linie, nach entgegengesetzten Richtungen, wann einen halben rechten Winkel bilden?

Aufl. 1) Ein rechter Winkel ist $\frac{1}{4}$ des Raumes um einen Punkt, also werden seine Schenkel um $\frac{1}{4}$ des Kreisumfanges von einander entfernt stehen. Sollen also die Zeiger einer Uhr einen rechten Winkel bilden, so müssen die Spitzen derselben um $\frac{1}{4}$ des Umfanges der Uhr von einander entfernt sein. Ist es 5 U., so steht der St. Z. um 25 M. oder $\frac{5}{12}$ des Umfanges vor dem M. Z.; zur Bildung eines rechten Winkels gehört nur ein Abstand von $\frac{1}{4}$ oder $\frac{3}{12}$ des Umfanges; daher muß der M. Z. in einer gewissen Zeit $\frac{2}{12}$ oder $\frac{1}{6}$ des Umfanges mehr als der St. Z. durchlaufen. Da jener nun in 1 Min. $\frac{11}{720}$ des Umfanges mehr als dieser durcheilt, so sind so viele Min. erforderlich, wie oft $\frac{11}{720}$ in $\frac{1}{6}$ enthalten sind; also $\frac{1}{6} : \frac{11}{720} = 10\frac{10}{11}$ Min., folglich bilden die Zeiger nach 5 U. $10\frac{10}{11}$ Min. einen rechten Winkel.

2) Sollen die Zeiger eine gerade Linie bilden, und zwar so, daß die Spitzen derselben nach entgegengesetzten Seiten gerichtet sind, so müssen dieselben den Umfang der Uhr halbiren, oder von einander um $\frac{1}{2}$ des Umfanges abstehen. Um 5 U. stehen sie nur um $\frac{5}{12}$ des Umfanges von einander entfernt; daher muß der M. Z. in einer gewissen Zeit $\frac{5}{12}$ und $\frac{1}{2}$ des Umfanges mehr als der Stundenzeiger in derselben Zeit machen; er braucht demnach $(\frac{5}{12} + \frac{1}{2}) : \frac{11}{720} = \frac{11}{12} : \frac{11}{770} = 60$ M., d. h. das Verlangte geschieht gerade um 6 Uhr.

Würde es 4 U. sein, so würde die Bildung der geraden Linie um $(\frac{2}{3} + \frac{1}{2}) : \frac{11}{720} = \frac{5}{6} : \frac{11}{720} = 54\frac{6}{11}$ Min. erfolgen.

3) Ein halber rechter Winkel erfordert einen Abstand der Zeiger $= \frac{1}{8}$ des Umfanges.

Um 5 U. ist der Abstand der Zeiger $= \frac{5}{12}$ des Umfanges, also um $\frac{5}{12} - \frac{1}{8} = \frac{7}{24}$ des Umfanges zu groß. Demnach muß der M. Z. $\frac{7}{24}$ des Umfanges in einer gewissen Zeit mehr als der Stundenzeiger durchlaufen; folglich braucht er bis zur Bildung des $\frac{1}{2}$ rechten Winkels mit dem St, Z. $\frac{7}{24} : \frac{11}{720} = 19\frac{1}{11}$ Min.

Die Bildung des gedachten Winkels erfolgte hier vor der Deckung der Zeiger, sie tritt aber auch nach derselben ein, und dieses geschieht um $(\frac{5}{12} + \frac{1}{8}) : \frac{11}{720} = \frac{13}{24} : \frac{11}{720} = 35\frac{5}{11}$ Min., nämlich nach 5 Uhr.

Anmerk. Die vorigen Auflösungen können auch auf folgende Art gemacht werden.

Der Stundenzeiger durchläuft in 12 Stunden Ein mal den Umfang, der Minutenzeiger in derselben Zeit 12 mal den Umfang der Uhr; folglich macht in dieser Zeit der M. Z. den 12fachen Weg des St. Zs. Doch das Verhältniß dieser Geschwindigkeiten muß nicht allein für die Zeit von 12 Stunden, sondern für jeden Zeittheil gelten, wenn die Uhr richtig gemacht ist; legt demnach der St. Z. in irgend einer Zeit einen gewissen Weg zurück, so wird der M. Z. in derselben Zeit den 12fachen Weg des St. Zs., also den 11fachen Weg desselben mehr als dieser durchlaufen. Diese Bemerkung angewandt.

Angenommen es wäre 7 U., wann werden die Zeiger zunächst über einander stehen?

Um 7 Uhr hat der St. Z. von dem M. Z. einen Vorsprung von 35 Min. Raum; also muß der M. Z. bis zur nächsten Deckuug 35 Min. Raum mehr als der St. Z. in derselben Zeit durchlaufen. Nun macht der M. Z. in jeder Zeit das 11fache des Weges, welchen der St. Z. in derselben Zeit durcheilt, mehr als dieser; zugleich soll er 35 Min. Raum mehr als der St. Z. durchlaufen; daher ist der 11fache Weg $= 35$ Min. Raum, also der einfache $= 3\frac{2}{11}$ Min. Raum.

Nun hat aber der M. Z. das 12fache dieses Weges bis zur Einholung des St. Z. gemacht, also ist sein ganzer durchlaufener Raum $= 12 . 3\frac{2}{11} = 38\frac{2}{11}$ Min. Raum.

Min. Raum entsprechen aber Zeitminuten, weil die Zeit, während welcher der M. Z. eine Raumminute durchläuft, eine Zeitminute genannt wird; also decken sich die Zeiger nach 7 Uhr $38\frac{2}{11}$ Min.

Dasselbe Resultat wird man durch die vorige Aufl. finden.

Dem Anfänger dürfte es von Nutzen sein, wenn er beide Methoden der Aufl. üben wollte.

60. Der Umfang eines Rades mißt $7\frac{1}{2}$ Fuß; wie weit hat sich das Rad nach 100 Umwälzungen bewegt?

Aufl. Es wird vorausgesetzt, daß das Rad bei seiner Umdrehung über den Erdboden nicht hinweggleite, sondern daß jeder Bogen des Umfanges in eine gerade Linie ausgedehnt, einen dieser Linie gleichen Weg bedecke. Daher wird das Rad mit einer Umwälzung sich um seinen Umfang, also um $7\frac{1}{2}$ Fuß fortbewegt haben, und mit 100 Umdrehungen muß es demnach durch einen Raum $= 100 . 7\frac{1}{2} = 750$ Fuß durchlaufen sein.

61. Ein Rad hat $5\frac{2}{3}$ Fuß im Umfange, und ist einen Weg von 8500 Fuß durchlaufen; wie viele Umläufe hat es auf diesem Wege gemacht?

Aufl. Die Bewegung durch einen Weg von $5\frac{2}{3}$ Fuß veranlaßt eine Umdrehung des Rades, daher wird die Bewegung durch einen Raum von 8500 F. $\frac{8500}{5\frac{2}{3}} = 1500$ Umläufe erzeugen.

62. Ein Rad hat während 50 Umwälzungen sich durch einen Weg von 320 F. bewegt; wie groß ist der Umfang dieses Rades?

Aufl. Der 50fache Umfang ist also = 320 F., mithin der einfache $= \frac{320}{50} = 6\frac{2}{5}$ F.

63. Das Vorderrad eines Wagens hat $5\frac{3}{4}$ F., das Hinterrad $7\frac{3}{8}$ F. im Umfange. Wie viele Umdrehungen wird das Vorderrad auf einer Reise von 3 Meilen mehr als das Hinterrad gemacht haben? 1 Preuß. Postmeile (geogr. Ml.) = 23640 Preuß. Fuß.

Aufl. 1. Das Vorderrad wird auf dem ganzen Wege $\frac{3 . 23640}{5\frac{3}{4}}$ $= \frac{4 . 3 . 23640}{23} = 12333\frac{21}{23}$ Umläufe machen.

Auf demselben Wege macht das Hinterrad $\frac{3 . 23640}{7\frac{3}{8}} =$ $\frac{8 . 3 . 23640}{59} = 9616\frac{16}{59}$ Umdrehungen. Daher hat das Vorderrad $12333\frac{21}{23} - 9616\frac{16}{59} = 2717\frac{871}{1357}$ Umläufe mehr als das Hinterrad auf dieser Reise gemacht.

Aufl. 2. Mit einer Umdrehung bewegt sich das Vorderrad durch einen Raum von $5\frac{3}{4}$, das Hinterrad durch einen Raum von $7\frac{3}{8}$ F.; das Vorderrad muß daher, wenn das Hinterrad einen Umlauf macht, so viele Umläufe in derselben Zeit machen, um einen gleichen Weg zu durchrollen, als $5\frac{3}{4}$ in $7\frac{3}{8}$ enthalten sind; also $7\frac{3}{8} : 5\frac{3}{4} = \frac{59}{46} = 1\frac{13}{46}$ Umläufe; daher macht das Vorderrad auf einem Wege von $7\frac{3}{8}$ F. $\frac{13}{46}$ Umläufe mehr als das Hinterrad.

Nun ist die Frage, wie viele Umläufe das Vorderrad auf einem Wege von 3 Ml. mehr als das Hinterrad gemacht haben wird, und diese Frage wird durch folgende Proportion beantwortet:

$7\frac{3}{8}$ F. : 3 . 23640 F. = $\frac{13}{46}$ Umläufe : $2717\frac{871}{1357}$ Umläufe.

Beide Resultate sind übereinstimmend.

Anmerk. Die letzte Aufgabe schließt 84 Aufgaben in sich, von denen einige sehr leicht zu lösen, andere sehr übereinstimmend, wieder andere unbestimmt sind, und endlich andere auf quadratische Gleichungen führen.

Zur Kombination der 84 Aufgaben zu je 3 Stücken hat man folgende 9 Elemente:

der Umfang des Vorder- und Hinterrades,
die Anzahl der Umläufe des Vorder- und Hinterrades,
die Summe oder Differenz der Umfänge beider Räder,
die Summe oder Differenz der Umläufe beider Räder, und
der durchlaufene Weg.

Wenn nun 3 von diesen Stücken gegeben sind, so können die übrigen durch Rechnung gefunden werden.

Da mehrere dieser Aufgaben auf interessante Auflösungen führen, und auch auf Maschinen anwendbar sind, deren Räder durch umschlungene Seile in Bewegung gesetzt werden, so sollen hier die vorzüglichsten derselben mit Uebergehung der übereinstimmenden und unbestimmten, vorgetragen werden.

64. Der Umfang des Vorderrades eines Wagens mißt $5\frac{1}{2}$, der des Hinterrades $7\frac{1}{3}$ F.; das Vorderrad hat auf einer Reise 12000 Umläufe gemacht. Wie viele Umläufe hat das Hinterrad gemacht, und wie groß ist der Weg?

Aufl. Der Weg ist = 12000 . $5\frac{1}{2}$ F. = 66000 F. (Aufg. 60.); daher ist die Anzahl der Umdrehungen des Hinterrades = $\frac{66000}{7\frac{1}{3}}$ = 9000.

Wie findet man aber die Zahl der Umläufe des Hinterrades ohne Kenntniß des Weges, also aus den gegebenen Stücken unmittelbar?

Diese Frage ist interessant und verdient daher eine Untersuchung.

Wenn das Vorderrad eine Umdrehung macht, so hat es sich durch eine Strecke von $\frac{11}{2}$ F., das Hinterrad aber mit einer Umdrehung durch $\frac{22}{3}$ F. bewegt; daher muß das Vorderrad (Aufg. 61.) $\frac{22}{3} : \frac{11}{2}$ = $\frac{4}{3}$ Umdrehungen machen, um eben so weit zu kommen als das Hinterrad mit einer Umdrehung. Macht also das Hinterrad das 3fache einer gewissen Zahl Umläufe, so muß das Vorderrad das 4fache dieser Zahl = 12000 Umläufe machen: daher das Einfache = 3000; folglich hat das Hinterrad 9000 Umläufe gemacht.

Anmerk. Es ist nützlich zu bemerken, daß die Längen der Umfänge und die Zahlen der Umläufe in umgekehrtem Verhältnisse stehen.

Umfang des Hinterrades : Umfang des Vorderrades = Zahl der Umläufe des V. R. : Zahl der Umläufe des H. R.; also $\frac{22}{3}$ F. : $\frac{11}{2}$ F. = 12000 Umläufe des V. R. : 9000 Umläufe des H. R. Denn der Weg ist gleich dem Produkte aus der Zahl der Umläufe in den Umfang des Rades, und da die Wege für beide Räder einander gleich sind: so ist die Zahl der Umläufe mal den Umfang des Vorderrades gleich der Zahl der Umläufe mal den Umfang des Hinterrades.

Die Faktoren gleicher Produkte stehen aber in umgekehrtem Verhältnisse (II. 187. III. 426.); daher ist obige Proportion gegründet.

65. Der Umfang des Vorderrades eines Wagens beträgt $5\frac{1}{2}$, der des Hinterrades $7\frac{1}{3}$ Fuß; beide haben zusammen 28000 Umläufe auf einer Reise gemacht. Wie viele Umläufe machte jedes Rad und wie lang ist der Weg dieser Reise?

Aufl. Während das H. R. 3 Umläufe macht, muß das V. R. 4 machen, um denselben Weg zurückzulegen; macht also das H. R. das 3fache einer gewissen Zahl, so muß das V. R. das 4fache dieser Zahl Umläufe machen; mithin beide zusammen das 7fache einer Zahl $= 28000$; daher das Einfache $= 400$; folglich hat das V. R. 16000, und das H. R. 12000 Umläufe gemacht.

Der gesuchte Weg ist demnach $= 16000 . 5\frac{1}{2} = 12000 . 7\frac{1}{3} = 88000$ F., ungefähr $3\frac{2}{7}$ Ml.

Hier stellt sich wieder die Frage dar, ob man nicht unmittelbar aus den gegebenen Stücken die Länge des Weges berechnen könne? Und glücklicher Weise zeigt sich auch hier ein directer Weg zum Gesuchten.

Denn macht das V. R. einen Umlauf, so hat das H. R. in derselben Zeit nur $\frac{3}{4}$ seines Umlaufs gemacht; also beide zusammeu $1\frac{3}{4}$ Umläufe, und haben nur einen Weg = dem Umfange des V. R. zurückgelegt. So oft demnach die Summe der Umläufe beider Räder $1\frac{3}{4}$ Umläufe enthalten, eben so oft muß der gesuchte Weg den Umfang des V. R. enthalten, also $\frac{28000}{1\frac{3}{4}} = 16000$ mal; mithin ist der Weg $= 16000 . 5\frac{1}{2} = 88000$ F.

Ein ähnlicher Schluß läßt sich auf das H. R. machen.

66. Der Umfang des Vorderradeo eines Wagens hat eine Länge von $6\frac{1}{4}$, der des Hinterrades von 9 Fuß. Auf einer Reise hat das Vorderrad 33000 Umläufe mehr als das Hinterrad gemacht; wie viele Umläufe hat jedes Rad gemacht, und wie lang ist der Weg der Reise?

Aufl. Wenn das H. R. einen Umlauf macht, so muß daß V. R. $9 : 6\frac{1}{4} = 1\frac{11}{25}$ Umläufe machen, um mit dem H. R. einen gleichen Weg zurückzulegen; daher macht auf einen Umlauf des H. R. das V. R. $\frac{11}{25}$ Umläufe mehr; nun hat das V. R. im Ganzen 33000 Umläufe mehr als das H. R. gemacht, daher ist die Zahl der Umläufe des H. R. $= 33000 : \frac{11}{25} = 75000$, und die der Umläufe des V R. $= 75000 + 33000 = 108000$. Demnach ist die Länge des Weges $= 75000 . 9 = 675000$ Fuß oder ungefähr $28\frac{2}{9}$ Ml.

Unmittelbare Berechnung des Weges.

Auf einem Wege von 9 F. macht das Vorderrad $\frac{11}{25}$ Umläufe mehr als das H. R.; so oft daher 33000 Umläufe $\frac{11}{25}$ Umläufe enthalten, eben so oft muß der gesuchte Weg 9 F. enthalten; also ist dieser Weg $= \frac{33000}{\frac{11}{25}} \, 9 = 675000$ F.

67. Das Vorderrad eines Wagens hat im Umfange $5\frac{2}{3}$ Fuß, und macht auf einer Reise 50000, das Hinterrad aber nur 34000 Um-

läufe. Wie groß ist der Umfang des Hinterrades, und wie groß der Weg?

Aufl. Die Länge des Weges ist $= 50000 \,.\, 5\frac{1}{3} = 266666\frac{2}{3}$ F.; und daher ist der Umfang des H. R. $= \frac{50000}{34000} \,.\, \frac{17}{3} = 8\frac{1}{3}$ Fuß.

68. Der Umfang des V. R. eines Wagens mißt $6\frac{2}{3}$ Fuß; das H. R. hat 8000 Umläufe gemacht, und der Weg dieser Reise beträgt 76000 F. Wie viele Umläufe hat das Vorderrad gemacht, und wie groß ist der Umfang des Hinterrades?

Der Umfang des Hinterrades ist $= \frac{76000}{8000} = 9\frac{1}{2}$ Fuß; die Zahl der Umläufe des V. R. ist $= \frac{96000}{6\frac{2}{3}} = 11400$.

69. Der Umfang des Vorderrades eines Wagens mißt $5\frac{1}{4}$ F.; die Anzahl der Umläufe beider Räder beträgt 39260, und der ganze zurückgelegte Weg 126840 F. Wie groß ist der Umfang des Hinterrades, und wie viele Umläufe hat jedes Rad gemacht?

Aufl. Die Umläufe des V. R. sind $= \frac{126840}{5\frac{1}{4}} = 24160$; daher ist die Zahl der Umläufe des H. R. $= 39260 - 24160 = 15100$, mithin ist der Umfang dieses Rades $= \frac{126840}{15100} = 8\frac{2}{5}$ F.

70. Das Vorderrad eines Wagens hat auf einer Reise 20000, das Hinterrad 14000 Umläufe gemacht; der Umfang beider Räder zusammen beträgt $12\frac{3}{4}$ Fuß. Wie groß ist der Umfang jedes Rades, und die Länge des Weges?

Aufl. Die Umfänge der Räder stehen im umgekehrten Verhältnisse der Zahlen ihrer Umläufe; also muß das V. R. das 7fache, und das Hinterrad das 10fache einer gewissen Länge im Umfange haben; daher ist das 17fache $= 12\frac{3}{4}$ F., also das Einfache $= \frac{3}{4}$ F.; mithin ist der Umfang des V. R. $= 7 \,.\, \frac{3}{4} = 5\frac{1}{4}$ F., und der des H. R. $= 10 \,.\, \frac{3}{4} = 7\frac{1}{2}$ F. Demnach ist die Länge des Weges $= 20000 \,.\, 5\frac{1}{4} = 105000$ F.

71. Zwei Bombardiere werfen Bomben aus einer Festung; A hat schon 48 Würfe gemacht, ehe B zu werfen anfängt. Wenn nun Beide in gleichen Zeiten gleichviele Würfe machen, und B zu 3 Würfen so vieles Pulver als A zu 4 verbraucht, wie viele Würfe hat B zu machen, bis er eben so vieles Pulver als A verbraucht hat?

Aufl. 1. Mit einem Wurfe möge A das 3fache einer gewissen Quantität Pulver hinauswerfen, so hat er mit 4 Würfen das 12fache der Quantität verbraucht, welches 3 Würfe des B beträgt; daher ist ein Wurf des B = dem 4fachen. Während also A und B einen Wurf thun, wirft B das Einfache mehr als A hinaus. Nun soll B in einer gewissen Zeit 48 Würfe des A mehr als dieser hinauswerfen, also das 3 . 48 oder 144fache mehr; demnach hat B 144 Würfe zu machen.

Aufl. 2. Da 3 Würfe des B = 4 Würfen des A sind, so ist

ein Wurf des B = $1\frac{1}{3}$ Wurf des A; thut also jeder von beiden einen Wurf, so hat B in derselben Zeit $\frac{1}{3}$ Wurf des A mehr als dieser verbraucht. Folglich wird B, um 48 Würfe des A in Ansehung des Pulvers, mehr als dieser verbraucht zu haben, 3 . 48 oder 144 seiner Würfe machen müssen.

72. Es sind zwei andere Bombardiere mit Hinauswerfung von Bomben beschäftigt. A hat bereits 50 Würfe gemacht, ehe B zu werfen anfängt. Während A 6 Würfe thut, macht B in derselben Zeit nur 5; dieser verbraucht aber mit 5 seiner Würfe so vieles Pulver als A mit 7 seiner Würfe; wie viele Würfe wird B machen müssen, bis er so vieles Pulver als A verbraucht hat? 250 Würfe.

73. Zwei Wagen sollen von einem Orte nach einem andern Ziegel fahren. Der dreispännige Wagen hat 24 Fuhren gemacht, als der vierspännige zu fahren anfängt. Während der erste Wagen 4 Fuhren macht, thut der andere nur 3. Fünf vierspännige Fuhren schaffen aber eben so viele Ziegel als 8 dreispännige fort. Wie viele Fuhren muß der Vierspänner machen, bis er eben so viele Ziegel als der Dreispänner angefahren hat?

Aufl. Eine Fuhre des Dreispänners enthalte das 5fache einer gewissen Zahl Ziegel, so haben 8 solche Fuhren das 40fache = 5 Fuhren des Vierspänners, also eine dieser Fuhren = dem 8fachen. Daher schafft der erste mit 4 seiner Fuhren das 20fache und der andere Wagen in derselben Zeit mit 3 seiner Fuhren das 24fache an Ziegeln fort, dieser also mit 3 Fuhren das 4fache mehr als jener in derselben Zeit. Zugleich soll der Vierspänner 24 Fuhren des Dreispänners oder das 5 . 24fache mehr als der Dreispänner in derselben Zeit fortschaffen; daher muß jener $\frac{5 . 24}{4}$ mal 3 oder 180 seiner Fuhren machen, bis er so viele Ziegel als dieser an den verlangten Ort gebracht hat.

Anmerk. Die Aufgaben 71. 72. 73. kann man auf eine andere Weise auflösen, als es dort geschehen ist.

Man wird aus obigen Auflösungen bemerkt haben, daß die Größen der einzelnen Würfe (Fuhren) im umgekehrten Verhältnisse der Zahlen stehen, nach welchen die Vielfachen der verschiedenen Würfe einander gleich sind. Z. B. sind 4 Würfe des A = 5 Würfen des B, so verhält sich die Größe des Wurfes von A zu der des Wurfes von B = 5 : 4, welches aus obiger Darstellung erhellet.

Nennt man nun das Verhältniß der Zahlen der Würfe, welche in gleichen Zeiten gemacht werden, das Verhältniß ihrer Geschwindigkeiten, (macht z. B. A 3 Würfe, während B 4 macht, so ist das Verhältniß ihrer Geschwindigkeiten = 3 : 4), so stehen die Massen der Würfe, welche in gleichen Zeiten gemacht werden, im zusammengesetzten Verhältnisse aus dem geraden der Geschwindigkeiten und dem umgekehrten der Zahlen, nach welchen die Vielfachen der verschiedenen Würfe einander gleich sind; das bezeichnete zusammengesetzte Verhältniß ist also in Aufg. 71. = dem zusammengesetzten Verhältnisse (aus dem genannten geraden 1 : 1, und dem genannten umgekehrten 4 : 3) = 1 . 4 : 1 . 3 = 4 : 3, in Aufg. 72. ist es = 6 . 5 : 5 . 7 = 6 : 7, in Aufg. 73. ist es = 4 . 5 : 3 . 8 = 5 : 6.

Ueber zusammengesetzte Verhältnisse sehe man die Fundamentalsätze. Vorstehende Bemerkung wende man auf folgende Beispiele an. A macht

3 Schritte während B 5 macht; 4 Schritte des A sind = 9 Schritten des B; so ist das Verhältniß ihrer zurückgelegten Wege = 3 . 9 : 5 . 4 = 27 : 20.

Der Träger A geht 4, der B in derselben Zeit 5 Gänge; 6 Gänge des A sind = 5 Gängen des B; so ist das Verhältniß ihrer fortgeschafften Lasten = 4 . 5 : 5 . 6 = 2 : 3.

An einem Graben, der 50 Ruthen lang, 4 Fuß tief, und oben 6, unten 2 Fuß breit sein soll, arbeiten zwei Gräber. Der eine macht 10 Stiche, der andere nur 9 Stiche in derselben Zeit; 5 Stiche des zweiten sind aber = 6 Stichen des ersten. Wenn nun für das Ausgraben von 25 Kubikfuß Erde 1 Sgr. gezahlt wird, wie viel wird jeder erhalten?

Die Massen ausgegrabener Erde des ersten und zweiten Gräbers stehen im Verhältnisse von 10 . 5 : 9 . 6 = 25 : 27; daher muß jener das 25fache und dieser das 27fache einer gewissen Summe Geldes erhalten, und beide zusammen das 52fache derselben Summe.

Der Inhalt des Grabens ist nun, die Ruthe zu 12 Fuß gerechnet, 50 . 12 . 4 . 4 = 384 . 25 Kubikfuß; daher der Lohn für Ausgrabung = 384 Sgr. = 52fachen; also das Einfache = $\frac{96}{13}$ Sgr. Der erste Gräber hat das 25fache = 25 . $\frac{96}{13}$ Sgr. = 6 Thlr. 4 Sgr. 7$\frac{5}{13}$ Pf.; der andere das 27fache = 27 . $\frac{96}{13}$ Sgr. = 6 Thlr. 19 Sgr. 4$\frac{8}{13}$ Pf.

Diese Art der Auflösung durch Verhältnisse gehört in einen folgenden Abschnitt.

74. Jemand will eine goldne Uhr ausspielen, und macht zu dem Zwecke eine gewisse Anzahl Loose. Giebt er das Loos zu 1 Thlr. 10 Sgr., so hat er einen Verlust von 30 Thlr., weil ihm die Uhr mehr kostet, als er dadurch einnehmen würde. Wenn er das Loos für 1 Thlr. 25 Sgr. giebt, so gewinnt er dadurch 15 Thlr. Wie viele Loose hat er gemacht? Wie theuer kam ihm die Uhr zu stehen? Für wie viel muß er jedes Loos verspielen, um weder Verlust noch Gewinn dabei zu haben?

Aufl. 1. Im zweiten Falle giebt er jedes Loos für 15 Sgr. mehr aus, und nimmt auch dadurch auf alle Loose 30 + 15 oder 45 Thlr. mehr ein, als im ersten Falle; folglich muß er so viele Loose haben, wie vielmal 45 Thlr. die 15 Sgr. enthalten, also $\frac{45 . 30}{15}$ = 90 Loose.

Erhält er für ein Loos 1 Thlr. 10 Sgr., so empfängt er für 90 Loose 120 Thlr.; diese Summe ist um 30 Thlr. geringer als der Werth der Uhr; folglich hat die Uhr 150 Thlr. gekostet. Für 90 Loose muß er also 150 Thlr. einnehmen; daher muß er jedes Loos für $\frac{150}{90}$ Thlr. = 1 Thlr. 20 Sgr. ausspielen.

Aufl. 2. Ein Loos kostet im ersten Falle 1 Thlr. 10 Sgr. = 40 Sgr., im andern 1 Thlr. 25 Sgr. = 55 Sgr.; also im ersten Falle das 8fache und im zweiten das 11fache von 5 Sgr.; daher muß er auch von allen Loosen im ersten Falle das 8fache und im andern das 11fache einer gewissen Summe einnehmen; er erhält also im zweiten Falle das Dreifache mehr als im ersten; zugleich empfängt er im zweiten Falle 45 Thlr. mehr als im ersten; daher ist das 3fache = 45 Thrl., also das Einfache = 15 Thlr. Nun hat er im ersten Falle das 8fache, also 120 Thlr. eingenommen, und weil dieses um 30 Thlr.

weniger als der Werth der Uhr ist, so beträgt ihr Werth 150 Thlr. Die beiden übrigen Fragen sind dadurch leicht zu beantworten.

Aufl. 3. Im ersten Falle nimmt er 30 Thlr. weniger, im andern 15 Thlr. mehr ein, als der Werth der Uhr beträgt; also im ersten Falle das Zweifache von 15 Thlr. weniger, im andern das Einfache von 15 Thlr. mehr als der Preis der Uhr; daher muß er auch im ersten Falle das Zweifache einer gewissen Summe weniger, im andern das Einfache derselben Summe mehr an einem Loose einnehmen, als der Werth eines Looses ohne Nutzen oder Schaden beträgt. Demnach erhält er das 3fache jener Summe an einem Loose im zweiten Falle mehr als im ersten. Zugleich erhält er im andern Falle 15 Sgr. an einem Loose mehr als im ersten; also ist das 3fache = 15 Sgr., mithin das Einfache = 5 Sgr. Da er das Zweifache = 10 Sgr. an einem Loose im ersten Falle weniger empfängt, als er es wünschen kann, so kostet ein Loos ohne Nutzen oder Schaden 1 Thlr. 10 Sgr. + 10 Sgr. = 1 Thlr. 20 Sgr.

Im ersten Falle verliert er an einem Loose 10 Sgr., an allen 30 Thlr.; also hat er $\frac{30 \cdot 30}{10} = 90$ Loose,

75. Zu einem Zwecke wird in einer zahlreichen Gesellschaft eine gewisse Summe Geld gesammelt. Giebt Jeder einen Beitrag von 5 Thlr., so erhält man 50 Thlr. mehr als man braucht; giebt Jeder 4 Thlr. 10 Sgr., so bringt die Sammlung 16 Thlr. 20 Sgr. zu wenig ein. Aus wie vielen Personen bestand die Gesellschaft? Wie vieles Geld erforderte der Zweck? Wie viel hatte Jeder beigetragen? 100 Personen, 450 Thlr. forderte der Zweck, Jeder hatte 4 Thlr. 15 Sgr. beizutragen.

76. Ein Werk soll in Octav-Format gedruckt werden; bringt man auf jede Seite 30 Zeilen, so fehlen 7 Bogen, und bringt man auf jede Seite 35 Zeilen, so bleiben 3 Bogen übrig. Wie viele Bogen soll das Buch halten, und wie viele Zeilen muß man auf jede Seite bringen?

Aufl. Setzt man auf jede Seite 30 Zeilen, so braucht man zu dem Werke so viele Bogen als im zweiten Falle und noch 10 Bogen, also fehlen 10 . 30 . 16 Zeilen, wenn man auf jeden der zweiten Zahl Bogen 30 Zeilen setzt, oder 5 Zeilen weniger als im andern Falle; daher ist die Zahl der Bogen im zweiten Falle $= \frac{10 \cdot 30 \cdot 16}{5 \cdot 16} = 60$; folglich braucht man zum Werke 63 Bogen.

Auf ähnliche Weise kann man die Zahl der Bogen finden, welche man im ersten Falle nothwendig hat.

Anmerk. Eine andere Auflösung ist die vermittelst Verhältnisse, welche aber zum folgenden Abschnitte gehört, und dieser Art ist: Im ersten Falle kommen auf eine Seite 30 Zeilen, ein Bogen hat 16 Seiten; folglich setzt man auf einen Bogen 30 . 16 Zeilen, und daher enthält das Buch 30 . 16 mal mal die erste Zahl Bogen Zeilen. Im andern Falle ist die Zahl der Zeilen des Buches 35 . 16 mal die zweite Zahl Bogen; demnach hat man folgende zwei gleiche Produkte: 30 . 16 mal die erste Zahl der Bogen = 35 . 16 mal die zweite Zahl der Bogen; weil aber die Faktoren gleicher Produkte in umgekehrtem Verhältnisse stehen (187.); so ist die erste Zahl der Bogen zur zweiten Zahl der Bogen $= 35 . 16 : 30 . 16 = 7 : 6$; die erste Bogenzahl hat also das 7fache und die andere das 6fache, also die erste Bogenzahl das Einfache oder 10 Bogen mehr; mithin ist die erste Bogenzahl $= 70$, die andere $= 60$, daher die erforderliche Bogenzahl $= 63$.

Nachdem die Zahl der Bogen gefunden ist, kann man die Zahl der Zeilen, welche man auf eine Seite zu setzen hat, leicht berechnen; sie ist $\frac{30 . 70 . 16}{63 . 16} = \frac{35 . 60 . 16}{63 . 16} = 33\frac{1}{3}$ Zeilen.

77. Ein Schreiber hat auf einer gewissen Bogenzahl ein gedrucktes Werk abzuschreiben; schreibt er nun 3 gedruckte Seiten auf einen Bogen, so fehlen ihm 15 Bogen; bringt er aber 4 gedruckte Seiten auf einen Bogen, so bleiben ihm 13 Bogen übrig. Wie viele Seiten enthält das gedruckte Werk? Wir viele Seiten desselben muß er auf einen Bogen schreiben? Wie viele Bogen braucht er?

Das gedruckte Werk enthält 336 Seiten; $3\frac{45}{97}$ gedruckte Seiten sind auf eineu Bogen zu schreiben; 97 Bogen werden zum Abschreiben gebraucht.

78. Ein Herr theilt unter eine gewisse Zahl armer Leute eine Summe Geld aus; giebt er Jedem 15 Sgr., so bleiben ihm 2 Thlr. 15 Sgr. übrig; wollte er aber Jedem 20 Sgr. geben, so würden ihm 25 Sgr. fehlen. Welches war die Zahl der Armen? Welche Summe theilte er aus? Wie viel hatte er Jedem zu geben?

Die Zahl der Armen war 20; 12 Thlr. 15 Sgr. betrug die vertheilte Summe; $18\frac{3}{4}$ Sgr. empfing Jeder.

79. In einer Garnison befinden sich 1300 Mann, theils Infanterie, theils Kavallerie. Der monatliche Sold des Infanteristen beträgt $2\frac{1}{2}$ Thlr., der des Kavalleristen $4\frac{1}{2}$ Thlr., und der monatliche Sold aller 3850 Thlr. Aus wie vielen Infanteristen und Kavalleristen bestand die Garnison?

Aufl. Würde die Garnison nur aus Infanterie besteheu, so würde der monatliche Sold aller $1300 . 2\frac{1}{2} = 3250$ Thlr. betragen; nun ist er 600 Thlr. mehr; folglich muß auch Kavallerie vorhanden sein. Setzt man nun für einen Infanteristen einen Kavalleristen, so wird dadurch der monatliche Sold um 2 Thlr. erhöht; im Ganzen soll der Sold auf 600 Thlr. erhöht werden; also muß man so viele Kavalleristen für eben so viele Infanteristen setzen, als 2 in 600 enthalten ist. Demnach sind in der Garnison 300 Kavalleristen und 1000 Infanteristen.

80. In einer Gesellschaft von 30 Personen befinden sich Herren und Damen. Jeder Herr hat 2 Thlr. 15 Sgr., jede Dame 1 Thlr. 5 Sgr. verzehrt. Die Zehrungskosten der ganzen Gesellschaft belaufen sich auf 48 Thlr. 10 Sgr. Aus wie vielen Herren und Damen bestand die Gesellschaft? Aus 10 Herren und 20 Damen.

81. Ein Gutsbesitzer hat zu einer Arbeit Männer und Weiber angenommen. Jedem Manne giebt er täglich 12 Sgr., jeder Frau 8 Sgr.. Für eine Woche oder 6 Tage zahlt er 20 von diesen Arbeitern 39 Thlr. 6 Sgr. Wie viele Männer und Weiber waren bei dieser Arbeit? 9 Männer und 11 Weiber.

82. Die Tonne Bier von 100 Quart kostet 4 Thlr. Wird nun ein Quart für 1 Sgr. 4 Pf. verkauft; wie viel wird an einer Tonne Bier gewonnen? 13 Sgr. 4 Pf.

83. Man gießt zu einer Tonne Bier, welche 4 Thlr. kostet, 6 Quart Wasser, verkauft das Quart dieses gemischten Bieres für 1 Sgr. 4 Pf., und muß 2 Quart Hefen abrechnen. Welches ist der Gewinn an einer Tonne? 14 Sgr. 8 Pf.

84. Jemand will an einer Tonne Bier, welche 3 Thlr. 25 Sgr. kostet, 1 Thlr. 10 Sgr. gewinnen, indem er das Quart für 1 Sgr. 4 Pf. verkauft und 2 Quart für Hefen abrechnet. Wie viele Quart Wasser muß er dazu gießen?

Aufl. Da die Tonne Bier 3 Thlr. 25 Sgr. kostet, und der Gewinn 1 Thlr. 10 Sgr. betragen soll, so müssen durch den Verkauf des Bieres 5 Thlr. 5 Sgr. eingenommen werden. Daher müssen so viele Quart verkauft werden, wie oft der Verkaufspreis eines Quarts in dem gesammten Verkaufspreise enthalten ist, also $\frac{155 \text{ Sgr.}}{1\frac{1}{3} \text{ Sgr.}} =$ $116\frac{1}{4}$ Quart. Dazu noch 2 Quart für Hefen gerechnet, giebt $118\frac{1}{4}$ Quart. Die Tonne hält aber nur 100 Quart Bier; folglich hat man $18\frac{1}{4}$ Wasser hinzugießen müssen.

85. Ein Weinhändler hat 30 Quart Wein, das Quart zu 1 Thlr. 5 Sgr. Er will so viele Quart Wasser hinzugießen, daß er das Quart des gemischten Weines ohne Nutzen oder Schaden für 1 Thlr. verkaufen könne. Wie viele Quart Wasser hat er hinzuzugießen? 5 Quart.

86. Von einem Weine kostet ein Quart 1 Thlr. 15 Sgr.; man hat 40 Quart von demselben, und will dazu so viele Quart Wasser gießen, daß man ein Quart des gemischten Weines ohne Nutzen oder Schaden für 1 Thlr. 5 Sgr. verkaufen könne. Wie viele Quart Wasser muß man hinzugießen?

Aufl. Durch den geringeren Preis verliert man an jedem Qrt. 10 Sgr., also an 40 Quart 400 Sgr; diese müssen durch die hinzugekommenen Quarte Wasser ersetzt werden. Da nun ein Quart des gemischten Weines 1 Thlr. 5 Sgr. oder 35 Sgr. kostet, so müssen so viele Quart hinzugegossen sein, wie oft 35 Sgr. in 400 Sgr. enthalten sind. Demnach mußten $11\frac{3}{7}$ Quart Wasser hinzugegossen werden.

87. Wie viele Mark Kupfer muß man zu 18 Mark reines Silber hinzusetzen, um den Gehalt des legirten Silbers auf 12 Loth zu bringen? 6 Mark.

Anmerk. Silber und Gold wird gewöhnlich nach Marken gewogen. Eine Mark $=$ $\frac{1}{2}$ Pfund $=$ 16 Preuß. Loth.

Silber oder Gold, welches kein fremdartiges Metall in sich enthält, heißt reines Silber oder reines Gold oder auch feines Silber, feines Gold.

Eine Mark von diesem Silber heißt eine feine Mark Silber oder eine Mark fein Silber.

Gleiche Benennungen führt eine Mark des reinen Goldes.

Setzt man zu feinem Silber anderes Metall hinzu, und schmelzt beides zu einer Masse zusammen, so nennt man dieses Verfahren Legiren oder Beschicken, und ein solches mit anderm Metalle vermischtes Silder heißt legirtes oder beschicktes Silber. Eine Mark legirten Silbers wird eine rauhe Mark oder eine Mark rauh Silber genannt.

Der Gehalt eines legirten Silbers wird nach der Quantität des feinen Silbers bestimmt, welches in einer gewissen Masse des legirten Silbers enthalten ist. Z. B. Man habe 5 Pfund legirtes Silber und davon 3 Pfund feines Silber, so ist das feine Silber $= \frac{3}{5}$ des legirten, daher ist der Gehalt des legirten Silbers $\frac{3}{5}$. Würde also der Gehalt eines Silbers $\frac{3}{4}$ sein, so müßte $\frac{3}{4}$ der ganzen Masse feines Silber und $\frac{1}{4}$ derselben fremdes Metall sein.

Eine Mark legirten Silbers wird nach der Zahl der Lothe des feinen Silbers, welches in der Mark enthalten ist, bestimmt. Hat also eine Mark 15, 14, 13, oder 12 Loth reines Silber, und daher 1, 2, 3 oder 4 Loth anderes Metall, so heißt dieses Silber 15löthiges, 14-, 13- oder 12löthiges Silber.

Ein Loth theilt man in 18 gleiche Theile, und nennt jeden Theil ein Grän; daher hat die Mark $16 . 18 = 288$ Grän.

In Preußen wird der Gehalt des Silbers, aus welchem Münzen geprägt werden, nach Grän bestimmt.

Silber wird gewöhnlich mit Kupfer legirt. Gold wird mit Kupfer oder Silber, oder mit beiden Metallen zugleich legirt. Gold mit Kupfer beschickt heißt Gold rother Legirung; Gold mit Silber beschickt heißt Gold weißer Legirung.

Die Mark Gold wird in 24 gleiche Theile getheilt, und jeder Theil ein Karat genannt. Ein Karat wird wieder in 12 gleiche Theile getheilt, und jeder derselben ein Grän genannt. Daher hat die Mark Gold $24 . 12 = 288$ Grän. Demnach ist 1 Grän Gold = 1 Grän Silber an Gewicht.

Wie der Gehalt des Silbers, so wird auch der Gehalt des Goldes nach der Quantität des feinen Goldes bestimmt, welches in einer gewissen Masse des legirten Goldes enthalten ist. 23karatiges, 21karatiges Gold ist also solches, welches 23 Karat, 21 Karat feines Gold und 1 Karat, 3 Karat fremdes Metall enthält.

In Preußen wird der Gehalt des Goldes, aus welchem Goldmünzen geprägt werden, nach Grän bestimmt.

88. Ein Silberarbeiter braucht zu einer Arbeit 10löthiges Silber; er hat aber nur feines Silber. Wie viele Mark Kupfer hat er zu 8 Mark fein Silber hinzuzusetzen, um Silber des verlangten Gehaltes zu bekommen?

Aufl. Eine feine Mark hat einen Ueberschuß von 6 Loth, also 8 Mark f. einen Ueberschuß von 48 Loth feines Silber über eben so viele Mark 10löthigen Silbers. Dieser Ueberschuß muß nun auf den Zusatz an Kupfer so vertheilt werden, daß auf jede Mark 10 Loth kommen; daher müssen $\frac{48}{10} = 4\frac{4}{5}$ Mark Kupfer hinzugesetzt werden.

89. Ein Silberarbeiter soll 3 Dutzend silberne Löffel verfertigen; ein Löffel soll 4 Loth schwer sein, und das Silber 12löthig im Gehalte. Wie viele Mark feines Silber und wie viele Mark Kupfer braucht er zu dieser Arbeit?

Aufl. Da der Gehalt des Silbers 12löthig sein soll, so hat eine Mark dieses Silbers 12 Loth f. Silber und 4 Loth Kupfer; das f. Silber also das 3fache, und Kupfer das Einfache, beides zusammen das 4fache.

Ist 1 Löffel 4 Loth schwer, so sind 3 Dutzend $3 . 12 . 4$ Loth schwer. Das 4fache also $= 3 . 12 . 4$ Loth, also das Einfache $= 3 . 12$ Loth $=$ 2 Mark 4 Loth. Daher muß der Silberarbeiter 4 Mark 4 Loth Kupfer, und das 3fache oder 6 Mark 12 Loth fein Silber zur verlangten Arbeit nehmen.

90. Ein Silberarbeiter soll 4 Dutzend Theelöffel, 5 Dutzend Eßlöffel und einen silbernen Vorlegelöffel verfertigen. Ein Theelöffel soll $1\frac{1}{2}$ Loth, ein Eßlöffel 5 Loth, und der Vorlegelöffel 12 Loth wiegen. Der Gehalt des Silbers, aus welchem diese Sachen gearbeitet werden, soll $10\frac{1}{2}$ Loth sein. Wie viele Mark feines Silber und Kupfer sind zu dieser Arbeit erforderlich? $15\frac{3}{4}$ Mark Silber, und $8\frac{1}{4}$ Mark Kupfer.

91. Das Silber, aus welchem Preuß. Thalerstücke geprägt werden, ist 12löthig. $10\frac{1}{2}$ Thlr. gehen auf eine Mark dieses Silbers. 1) Ein Thaler enthält wie vieles Silber und Kupfer? 2) 100 Thlr. enthalten wie viele Mark feines Silber und Kupfer? 3) Wie viele Thaler gehen auf eine feine Mark? 4) Wie viele Thaler wiegen ein Pfund?

Aufl. Da das Gewkcht von $10\frac{1}{2}$ Thlr. $=$ 1 Mark $=$ 16 Loth ist, so ist das Gewicht eines Thalers $= \frac{2}{21}$ Mark $= \frac{32}{21}$ Loth $= 1\frac{11}{21}$ Loth.

Weil das Silber 12löthig ist, so hat das feine Silber das 3fache, und das Kupfer das Einfache, also beide Metalle das 4fache einer gewissen Masse $= \frac{32}{21}$ Loth; daher das Einfache $= \frac{8}{21}$ Loth, und das 3fache $= \frac{24}{21}$ Loth $= 1\frac{1}{7}$ Loth.

1) Ein Thlr. enthält $1\frac{1}{7}$ Loth f. Silber, und $\frac{8}{21}$ Lth. Kupfer.

2) Daher haben 100 Thlr. $100 . 1\frac{1}{7}$ Loth $=$ 7 Mark $2\frac{2}{7}$ Loth f. Silber und 2 Mark $6\frac{2}{21}$ Loth Kupfer.

3) Da $1\frac{1}{7}$ Loth f. Silber einen Thlr. betragen, so werden 16 Loth f. Silber $\frac{16}{1\frac{1}{7}} = \frac{7 . 16}{8} = 14$ Thlr. enthalten.

4) $10\frac{1}{2}$ Thaler wiegen 1 Mark $= \frac{1}{2}$ Pfund; also müssen 21 Thaler 1 Pfund wiegen.

92. Das Silber, aus welchem Achtgroschenstücke oder Zehnsilbergroschenstücke geprägt werden, ist $10\frac{2}{3}$löthig, und 28 dieser Geldstücke gehen auf die Mark dieses Silbers; so werden 100 Thlr. in $\frac{1}{3}$ Thalerstücken wie schwer sein, und wie vieles Silber und Kupfer enthalten?

$5\frac{5}{14}$ Pfund $=$ 5 Pfund $11\frac{3}{7}$ Loth. 7 Mark $2\frac{2}{7}$ Loth feines Silber und 3 Mark $9\frac{1}{7}$ Loth Kupfer.

93. In Preußen werden $\frac{1}{6}$ Thalerstücke aus $8\frac{1}{3}$löthigem Silber, $\frac{1}{12}$ Thalerstücke aus 6löthigem Silber, und Silbergroschen aus $3\frac{5}{9}$löthigem Silber geprägt. Von $\frac{1}{6}$ Thalerstücken machen $43\frac{3}{4}$, von $\frac{1}{12}$ Thalerstücken gehen 63, und der Silbergroschen $106\frac{2}{3}$ auf die rauhe Mark. Wie schwer sind 100 Thlr. in diesen Geldstücken, und wie vieles Silber und Kupfer enthalten sie?

100 Thlr. in $\frac{1}{6}$ Thalerstücken wiegen $6\frac{6}{7}$ Pfunde $=$ 6 Pfunden $27\frac{3}{7}$ Loth, und enthalten 7 Mark $2\frac{2}{7}$ Loth feines Silber und 6 Mrk. $9\frac{1}{7}$ Loth Kupfer.

100 Thaler in $\frac{1}{12}$ Thalerstücken wiegen 9 Pfunde $16\frac{18}{21}$ Loth, und enthalten 7 Mark $2\frac{2}{7}$ Loth feines Silber und 11 Mark $14\frac{10}{21}$ L. Kupfer.

100 Thaler in Silbergroschen wiegen 14 Pfunde 2 Loth und enthalten 6 Mark 4 Loth feines Silber und 21 Mark 14 L. Kupfer.

94. 100 Thaler in Geldstücken, welche in der vorigen Aufgabe angegeben sind, enthalten wie viele Thalerstücke?

Aufl. 100 Thlr. in $\frac{1}{6}$ Thalerstücken enthalten 7 Mark $2\frac{2}{7}$ Loth feines Silber; 1 Thlr. enthält $1\frac{1}{7}$ Loth Silber; also wird die Summe $\frac{7 \,.\, 16 + 2\frac{2}{7}}{1\frac{1}{8}} = \frac{7 \,.\, 7 \,.\, 16 + 16}{8}$ 100 Thalerstücke und noch 4 Mark $3\frac{1}{21}$ Loth Kupfer ꝛc.

95. Wie viele Mark Kupfer muß man zu 18 Mark 12löthigen Silbers hinzusetzen, wenn der Gehalt auf 9 Loth gebracht werden soll?

Aufl. 9löthiges Silber ist solches, von welchem eine Mark 9 Loth f. Silber und 7 Loth Kupfer hat; das Silber hat also das 9fache und das Kupfer das 7fache. Eine Mark des 12löthigen Silbers hat 12 Loth f. Silber und 4 Loth Kupfer; daher haben 18 Mark dieses Silbers 18 . 12 Loth feines Silber und 18 . 4 = 72 Loth Kupfer.

Da nun das Silber im 9löthigen das 9fache hat, so ist das 9fache = 18 . 12 Loth; also das Einfache = 2 . 12 = 24 Loth. Das Kupfer hat das 7fache, also muß desselben 7 . 24 = 168 Loth vorhanden sein. Wirklich sind nur 72 Loth da, also müssen 168 — 72 = 96 Loth = 6 Mark Kupfer hinzugesetzt werden.

96. Wie viele Mark Kupfer hat man zu $2\frac{1}{2}$ Mark feines Gold hinzuzusetzen, um 18karatiges zu erhalten? $\frac{5}{6}$ Mark.

97. Aus 8- und 15löthigem Silber will man durch Zusammenschmelzen 13 Mark 12löthiges Silber bilden. Wie viele Mark hat man von jedem Silber zu dieser Mischung zu nehmen?

Aufl. 1. Würde man nur 8löthiges Silber nehmen, so würden in 13 Mark dieses Silbers 13 . 8 oder 104 Loth f. Silber enthalten sein. Die Mischung soll aber 12löthig sein; also muß dieses Silber 13 . 12 = 156 Loth fein Silber enthalten; es fehlen also 52 Loth f. Silber. Setzt man nun für eine Mark des 8löthigen eine Mark des 15löthigen Silbers, so wird dadurch der Gehalt um 7 Loth erhöht; im Ganzen soll das Silber um 52 Loth erhöht werden; daher muß man $\frac{52}{7} = 7\frac{3}{7}$ Mark des 15löthigen Silbers für eben so viele Mark des 8löthigen, also von diesem nur $13 - 7\frac{3}{7} = 5\frac{4}{7}$ Mark setzen.

Aufl. 2. Eine Mark des 15löthigen Silbers hat einen Ueberschuß von 3 Loth f. Silber über eine Mark des 12löthigen; und eine Mark des 8löthigen hat einen Mangel von 4 Loth f. Silber bis zu einer Mark des 12löthigen Silbers.

Der Ueberschuß, welchen das 15löthige Silber gewährt, hat den Mangel des 8löthigen zu ersetzen. Nimmt man nun eine Mark vom 15löthigen Silber, so muß man so viele Mark vom 8löthigen nehmen, wie oft der Mangel von 4 Loth in dem Ueberschusse von 3 Loth enthalten ist, also $\frac{3}{4}$ Mark; 1 Mark 15löthiges und $\frac{3}{4}$ Mark 8löthiges

Silber geben daher $1\frac{3}{4}$ Mark 12löthiges Silber; demnach werden folgende Proportionen die gesuchten Marken für jedes Silber geben:

$$1\tfrac{3}{4} \text{ Mark} : 13 \text{ Mark} = 1 \text{ Mark 15löthiges} : \frac{13}{1\frac{3}{4}} \text{ Mark 15löthig.};$$

also $\frac{52}{7} = 7\frac{3}{7}$ Mark 15löthiges Silber.

$$1\tfrac{3}{4} \text{ Mark} : 13 \text{ Mark} = \tfrac{3}{4} \text{ Mark 8löthiges} : \frac{13 \cdot \frac{3}{4}}{1\frac{3}{4}} \text{ Mark 8löthg.};$$

daher $\frac{39}{7} = 5\frac{4}{7}$ Mark 8löthiges Silber.

Der letzte Schluß kann auch ohne Proportionen folgender Art geführt werden: Um den verlangten Gehalt zu bekommen, hat man 1 Mark oder $\frac{4}{4}$ Mark des 15löthigen und $\frac{3}{4}$ Mark des 8löthigen Silbers, also von jenem das 4fache und von diesem das 3fache, daher von beiden Sorten das 7fache zu nehmen, welches also = 13 Mark ist, daher das Einfache = $\frac{13}{7}$, das 4fache = $4 \cdot \frac{13}{7} = \frac{52}{7} = 7\frac{3}{7}$ Mk. 15löthiges Silber, und das 3fache = $3 \cdot \frac{13}{7} = \frac{39}{7} = 5\frac{4}{7}$ Mark 8löthiges Silber.

98. Man schmelzt 9 Mark 14= und 15 Mark 9löthiges Silber zusammen; von welchem Gehalte ist das neue Silber? $10\frac{7}{8}$löthig, oder der Gehalt ist $\frac{10\frac{7}{8}}{16} = \frac{87}{128}$.

99. Wenn man $4\frac{1}{2}$ Mark 14=, $2\frac{3}{4}$ Mark 12löthiges und $7\frac{3}{5}$ Mark 10löthiges Silber zusammenschmelzt; von welchem Gehalte wird das neue Silber sein? $11\frac{177}{293}$löthig, oder der Gehalt ist $\frac{11\frac{177}{293}}{16}$ $= \frac{425}{586}$.

100. $2\frac{1}{3}$ Mark 9karatiges und $1\frac{3}{4}$ Mark 12karatiges Gold werden zusammengeschmolzen; von welchem Gehalte wird die Mischung sein? $10\frac{2}{7}$karatig, oder der Gehalt ist $\frac{10\frac{2}{7}}{24} = \frac{72}{7 \cdot 24} = \frac{3}{7}$.

101. Jemand schmelzt 17 Friedrichsd'or und 8 Dukaten zusammem; von welchem Gehalte ist das neue Gold?

Aufl. Nach dem Preuß. Münzgesetze von 1821 d. 30. Septbr. sollen 35 Frd'or. eine Mark schwer, und in dieser Mark sollen 260 Grän fein Gold = $21\frac{2}{3}$ Karat f. Gold sein; daher wiegt ein Frd'or. $\frac{24}{35}$ Karat, und 17 Frdr. wiegen demnach $17 \cdot \frac{24}{35} = \frac{408}{35} = 11\frac{23}{35}$ Kar., und enthalten $17 \cdot \frac{21\frac{2}{3}}{35} = \frac{221}{21} = 10\frac{11}{21}$ Karat f. Gold.

67 Holländische Dukaten wiegen eine Mark, und das Gold der Dukaten ist $23\frac{1}{2}$karatig; also wiegt 1 Dukaten $\frac{24}{67}$ Karat, daher wiegen 8 Dukaten $8 \cdot \frac{24}{67} = \frac{192}{67} = 2\frac{58}{67}$ Karat, und enthalten $8 \cdot \frac{23\frac{1}{2}}{67}$ $= \frac{188}{67} = 2\frac{54}{67}$ Karat f. Gold. Demnach werden 17 Frd'or. und 8 Dukaten $11\frac{23}{35} + 2\frac{58}{67} = 14\frac{1228}{2345}$ Karat wiegen, und enthalten $13\frac{464}{1407}$ Karat fein Gold.

Da nun $14\frac{1228}{2345}$ Karat legirtes Gold $13\frac{464}{1407}$ Karat f. Gold ent=

halten, so wird eine Mark oder 24 Karat dieses Goldes wie viele Karat fein Gold enthalten; also:

$$14\tfrac{1226}{2345} : 24 = 13\tfrac{464}{1407}\text{ K. f. G.} : 22\tfrac{11}{387}\text{ K. f. G.}$$

Eine Mark des gemischten Goldes hat also $22\frac{11}{387}$ Karat f. Gold, oder der Gehalt ist $\dfrac{22\frac{11}{387}}{24} = \frac{8525}{9288}$.

102. Man schmelzt 60 $\frac{1}{3}$Thalerstücke und 60 $\frac{1}{12}$Thalerstücke zusammen; wie viele Mark betragen diese; und von welchem Gehalte wird das Silber sein?

28 $\frac{1}{3}$Thalerstücke sind = einer rauhen Mark $10\frac{2}{3}$löthigen Silbers.
63 $\frac{1}{12}$Thalerstücke sind = einer rauhen Mark 6löthigen Silbers.

Das Silber wiegt $3\frac{2}{21}$ Mark, und ist $9\frac{3}{13}$löthig, oder der Gehalt ist $\dfrac{9\frac{3}{13}}{16} = \frac{15}{26}$.

103. Ein Gutsbesitzer mischt 35 Scheffel Weizen zu 2 Thlr. 15 Sgr. und 25 Scheffel zu 2 Thlr. Wie theuer ist ein Scheffel der Mischung?

| Aufl. | 35 Scheffel zu $2\frac{1}{2}$ Thlr. | kosten | 87 Thlr. 15 Sgr. |
|---|---|---|---|
| | 25 „ „ 2 „ | „ | 50 „ — „ |
| | 60 Scheffel d. Mischung | kosten | 137 Thlr. 15 Sgr. |
| also | 1 „ „ „ | kostet | 2 „ 8 „ 9 Pf. |

104. Ein Weinhändler mischt 18 Flaschen Wein zu 1 Thlr. 10 Sgr., 24 zu 25 Sgr. und 30 Flaschen zu 20 Sgr. Wie theuer ist eine Flasche der Mischung?

| Aufl. | 18 Fl. zu 1 Thlr. 10 Sgr. | kosten | 24 Thlr. |
|---|---|---|---|
| | 24 „ „ — „ 25 „ | „ | 20 „ |
| | 30 „ „ — „ 20 „ | „ | 20 „ |
| | 72 Fl. der Mischung | kosten . . . | 64 Thlr. |
| | 1 „ „ „ | kostet . . . | $\frac{8}{9}$ „ $= 26\frac{2}{3}$ Sgr. |

105. Jemand hat Weizen, von dem ein Scheffel 80 Pfunde, und andern, von welchem ein Scheffel 90 Pfunde wiegt; er nimmt vom ersten 28 Scheffel und vom andern 32 Scheffel. Wie schwer wird 1 Wispel zu 24 Scheffel dieser Mischung sein?

| Aufl. | 28 Schfl. zu 80 Pfd. | wiegen | $28 . 80 = 2240$ Pfd. |
|---|---|---|---|
| | 32 „ „ 90 „ | „ | $32 . 90 = 2880$ „ |
| | 60 Schfl. der Mischung | wiegen | 5120 Pfd. |
| | 1 „ „ „ | wiegt | $\frac{512}{6}$ „ also |
| | 24 „ „ „ | wiegen | $24 . \frac{512}{6} = 2048$ Pfund. |

106. Man hat 9- und 14löthiges Silber. Von beidem will man so viel nehmen, daß man 28 Mark 12löthiges Silber habe; wie viel muß man von jedem Silber dazu nehmen?

| Aufl. | 28 Mark 12löthiges Silber | $= 28 . 12 = 336$ Loth f. S. |
|---|---|---|
| | 28 „ 9löthiges „ | $= 28 . 9 = 252$ „ „ „ |
| | daher fehlen | $28 . 3 = 84$ Loth f. S. |

Setzt man nun anstatt eine Mark 9löthiges Silber eine Mark 14löthiges, so wird der Gehalt um 5 Loth verbessert, daher hat man

$\frac{84}{5} = 16\frac{4}{5}$ Mark des 14löthigen, und $28 - 16\frac{4}{5} = 11\frac{1}{5}$ Mark des 9löthigen Silbers zu nehmen.

Aufl. 2. 1 Mark 9löthiges S. hat einen Mangel von 3 Loth Silb. bis zu 1 Mark 12löthigem; 1 Mark 14löthiges Silb. hat einen Ueberschuß von 2 Loth über 1 Mark 12löthiges Silber. Nimmt man also 1 Mark 9löthiges, so muß man den Mangel zu ersetzen, $\frac{3}{2}$ Mrk. 14löthiges Silber nehmen, also von jenem das 2fache, von diesem das 3fache, von beiden folglich das 5fache = 28 Mark; also das Einfache $= \frac{28}{5}$; daher das 2fache $= \frac{56}{5} = 11\frac{1}{5}$ Mark 9löthiges, und das 3fache $= \frac{84}{5} = 16\frac{4}{5}$ Mark 14löthiges Silber.

107. Wie viele Mark muß man von 23karatigem und 18karatigem Golde nehmen, um 5 Mark $21\frac{2}{5}$karatiges Gold zu erhalten? $3\frac{1}{5}$ Mark 23karatiges, und $1\frac{4}{5}$ Mark 18karatiges Gold.

108. 8788 Pfund Kupfer verlieren im Wasser 1000 Pfund, 6861 Pfund Zink verlieren im Wasser auch 1000 Pfund; eine Masse aus Kupfer und Zink bestehend (Messing) von 7788 Pfund verliert im Wasser 1000 Pfund; aus wie vielen Pfunden Kupfer und Zink besteht die Masse? $4227\frac{1047}{1927}$ Pfund Kupfer und $3560\frac{880}{1927}$ Pfd. Zink.

Anmerk. Ein Körper, welcher in Wasser getaucht ist, verliert darin so viel an seinem Gewichte, als das Gewicht der Masse Wasser beträgt, welche er aus der Stelle drückt. Z. B. 19 Pfunde Gold nehmen ungefähr denselben Raum ein, als ein Pfund Wasser; daher muß diese Masse Gold im Wasser nur 18 Pfunde wiegen.

Unter Volumen eines Körpers versteht man den Rauminhalt, welchen dieser Körper einnimmt.

Destillirtes Wasser ist solches, welches von allen fremdartigen Theilen gereinigt ist.

Das Gewicht verschiedener Körper wird nach dem Gewichte destillirten Wassers von gleichem Volumen bestimmt.

Die Zahl, welche ausdrückt, wie vielmal das Gewicht einer gegebenen Masse das Gewicht des reinen Wassers bei gleichem Volumen in sich enthält, heißt das specifische Gewicht (Eigengewicht) dieser Masse.

109. Ein Preuß. Kubikfuß destillirten Wassers wiegt genau 66 Preuß. Pfunde. Ein Kubikfuß dürren Tannenholzes wiegt $29\frac{7}{10}$ Pfde. Welches ist das spec. Gewicht des dürren Tannenholzes?

Aufl. Das specifische Gewicht eines Körpers ist sein Gewicht dividirt durch das Gewicht reinen Wassers von demselben Volumen; also ist das spec. Gewicht des dürren Tannenholzes $\frac{29\frac{7}{10}}{66} = \frac{297}{660} = \frac{9}{20}$ $= 0,45$.

110. Ein Kubikfuß des grünen Ahorn-, Büchen-, Eichen-, Fichten-, Tannen- und Ulmenholzes wiegt 59,598; 64,086; 69,96; 57,42; 59,004; 62,568 Pfunde; welches ist das spec. Gewicht dieser verschiedenen Holzarten?

Das spec. Gewicht des grünen Ahornholzes ist $= \frac{59,598}{66} = 0,903$

" " " " " Büchenholz. " $= \frac{64,086}{66} = 0,971$

Das spec. Gewicht des grünen Eichenholzes ist $= \frac{60,96}{66} = 1,060$

» » » » » Fichtenholzes » $= \frac{57,42}{66} = 0,870$

» » » » » Tannenholz. » $= \frac{59,004}{66} = 0,894$

» » » » » Ulmenholzes » $= \frac{62,568}{66} = 0,948$

111. Wie schwer ist ein Kubikzoll destillirten Wassers?

Aufl. Ein Fuß ist = 12 Zoll; daher ist ein Kbkf. = 12 . 12 . 12 Kubikz.; folglich ist das Gewicht eines Kubikzolls reinen Wassers $= \frac{66}{12 . 12 . 12} = \frac{11}{2 . 12 . 12}$ Pfd. $= \frac{11 . 32}{2 . 12 . 12} = 1\frac{2}{9}$ Loth.

112. Ein Kubikzoll Eisen, Blei, Kupfer wiegt $9\frac{389}{750}$, $13\frac{982}{1125}$, $10\frac{1687}{2250}$ Loth; wie groß ist das spec. Gewicht dieser Metalle?

Das specifische Gewicht des Eisens ist $= \frac{9\frac{389}{750}}{1\frac{2}{9}} = 7,788$

» » » » Bleies ist $= \frac{13\frac{982}{1125}}{1\frac{2}{9}} = 11,352$

» » » » Kupfers ist $= \frac{10\frac{1687}{2250}}{1\frac{2}{9}} = 8,788.$

113. Das spec. Gewicht des gehämmerten Goldes ist 19,36, des geschmiedeten Silbers ist 10,510, des gehämmerten Zinnes ist 7,299, des Quecksilbers 15,568, des gehämmerten Platins 20,857. Wie schwer wird ein Kubikzoll von jedem dieser Metalle sein?

| | | | | | |
|---|---|---|---|---|---|
| Ein Kubikzoll des Goldes | wiegt | $19,36 . \frac{11}{9}$ | Loth | = 23,662 | Loth. |
| » » » Silbers | » | $10,51 . \frac{11}{9}$ | » | = 12,485 | » |
| » » » Zinn's | » | $7,299 . \frac{11}{9}$ | » | = 8,921 | » |
| » » » Qcksilbs. | » | $15,568 . \frac{11}{9}$ | » | = 19,027 | » |
| » » » Platins | » | $20,857 . \frac{11}{9}$ | » | = 25,492 | » |

Anmerk. Die Angaben des spec. Gewichts aller dieser verschiedenen Massen sind aus der Physik von Biot entnommen.

114. In einer Tabelle findet man das spec. Gewicht des Marmors 2,7. Jemand will die Schwere einer Marmor-Platte wissen, deren Länge 4 Fuß, Breite 2 Fuß 8 Zoll, und Dicke 2 Zoll beträgt. Wie kann er nach diesen Angaben das Gewicht dieser Platte berechnen?

Aufl. Der kubische Inhalt dieser Platte ist $4 . 2\frac{2}{3} . \frac{1}{6}$ Kubikfuß $= \frac{16}{9}$ Kubikfuß. Da das spec. Gewicht des Marmors 2,7 ist, so wiegt 1 Kbkf. desselben 2,7 . 66 Pfd. = 178,2 Pfd.; also werden $\frac{16}{9}$ Kbkf. $\frac{16}{9} . 178,2 = 316,8$ Pfd. = 316 Pfd. $25\frac{3}{5}$ Loth wiegen.

115. Das spec. Gewicht verkäuflichen Branntweins ist 0,837. Nun will Jemand die Schwere eines Ohms Branntwein berechnen, und weiß, daß 1 Ohm = 120 Preuß. Quart, ein Quart aber 64 Preuß. Kubikzoll faßt. Wie schwer wird dieser Branntwein ohne das Gefäß gerechnet sein?

Aufl. 1 Ohm = 120 . 64 Kubikzoll; 1 Kubikzoll Branntwein wiegt $0,837 . \frac{11}{9}$ Loth (Aufg. 111.); also wird 1 Ohm Branntwein

$120 \,.\, 64 \,.\, 0{,}837 \,.\, \frac{11}{9}$ Loth $= \frac{120 \,.\, 64 \,.\, 0{,}837 \,.\, \frac{11}{9}}{32}$ Pf. $= 245{,}52$ Pf. $= 245$ Pfd. $16{,}64$ Loth wiegen.

116. Man hat ein messingenes Gefäß von einer unregelmäßigen Form, und wünscht den innern Rauminhalt desselben zu wissen. Man wägt daher das leere Gefäß, und findet desselben Gewicht 2 Pfund 12 Loth. Darauf wägt man das Gefäß voll Wasser, und findet ein Gewicht von 15 Pfund 20 Loth. Nun ist das spec. Gewicht des geschmolzenen Messings 8,395. Wie groß wird der innere Rauminhalt dieses Gefäßes nach Kubikzoll und Quart gerechnet sein; und wie viele Kubikzoll Messing hält dasselbe?

Aufl. Das Gewicht des Wassers ist 15 Pfd. 20 Loth — 2 Pfd. 12 Loth = 13 Pfd. 8 Loth = $13\frac{1}{4}$ Pfd.

Da 66 Pfd. Wasser einen Raum von 12 . 12 . 12 Kubikzoll anfüllen, so füllt 1 Pfd. Wasser $\frac{12 \,.\, 12 \,.\, 12}{66}$ Kbkz.; also $13\frac{1}{4}$ Pfd. erfüllen $13\frac{1}{4} \,.\, \frac{12 \,.\, 12 \,.\, 12}{66}$ Kubikzoll $= 346\frac{10}{11}$ Kbkz.

Weil nun 64 Kubikzoll 1 Quart machen, so werden $346\frac{10}{11}$ Kbz. $\frac{346\frac{10}{11}}{64} = 5\frac{37}{88}$ Quart enthalten.

Ein Kubikzoll Messing wiegt $8{,}395 \,.\, \frac{11}{9} = \frac{92{,}345}{9}$ Loth; so werden 2 Pfd. 12 Loth = 76 Loth $\frac{76}{\frac{92{,}345}{9}} = \frac{76 \,.\, 9000}{92{,}345}$ Kubikzoll = 7,407 Kubikzoll Messing enthalten, welches das Volumen des Metalls ist.

117. Jemand schmelzt 9 Pfd. Zinn und 1 Pfund Blei zusammen, um 9pfündiges Zinn zu erhalten. Wie groß wird der Rauminhalt desselben und sein spec. Gewicht sein? Unter der Voraussetzung, daß durch das Zusammenschmelzen der Rauminhalt beider Metalle derselbe bleibe. Das spec. Gewicht des Zinns gleich 7,291, des Bleies = 11,352 (nach Brisson).

Aufl. 1 Kubikzoll Zinn wiegt $7{,}291 \,.\, \frac{11}{9}$ Loth, daher werden 9 Pfd. Zinn $\frac{9 \,.\, 32}{7{,}291 \,.\, \frac{11}{9}} = \frac{9 \,.\, 32 \,.\, 9}{7{,}291 \,.\, 11} = 32{,}3188$ Kubikzoll enthalten. 1 Kubikzoll Blei wiegt $11{,}352 \,.\, \frac{11}{9}$ Loth; folglich ist das Volumen von 1 Pfd. Blei $= \frac{32 \,.\, 9}{11{,}252 \,.\, 11} = 2{,}3064$ Kubikzoll; daher das Volumen beider Metalle = 34,625 Kubikzoll. Diese Anzahl Kubikzoll wiegen 10 Pfd., also wiegt 1 Kubikzoll davon $\frac{10 \,.\, 32}{34{,}625} = \frac{2560}{237}$ Loth.

Nun ist das Gewicht des Kubikzoll Wassers $= \frac{11}{9}$ Loth; demnach ist das spec. Gewicht dieses 9pfündigen Zinns $\frac{2560}{237} : \frac{11}{9} = \frac{2560 \,.\, 9}{237 \,.\, 11} = 8{,}8377.$

118. Ein Jäger verspricht seinem Sohne für jeden glücklichen Schuß 2 Sgr., für jeden Fehlschuß soll aber der Sohn dem Vater 1 Sgr. 4 Pf. zurückzahlen. Nachdem der Sohn 50 theils glückliche, theils unglückliche Schüsse gethan hat, empfängt er vom Vater 20 Sgr. Wie viele glückliche und Fehlschüsse hatte der Sohn gemacht?

Aufl. Würden alle Schüsse glücklich gewesen sein, so hätte der Sohn 50 . 2 = 100 Sgr. empfangen; da er nun nur 20 Sgr. erhält, so hat er durch Fehlschüsse 80 Sgr. eingebüßt. Macht er einen Fehlschuß, so entgehen ihm nicht nur die 2 Sgr. für den glücklichen Schuß, sondern er muß noch oben ein $1\frac{1}{3}$ Sgr. zahlen; also hat er dadurch einen Verlust von $3\frac{1}{3}$ Sgr.; folglich hat er $\frac{80}{3\frac{1}{3}} = \frac{3 \cdot 80}{10} =$ 24 Fehlschüsse, und 50 — 24 = 26 glückliche Schüsse gethan.

119. Ein Meister verabredet mit einem Gesellen, diesem täglich 10 Sgr. und Essen zu geben, wenn derselbe für den Meister arbeitet; thut er dieses nicht, so soll der Geselle dem Meister 6 Sgr. für Essen zahlen. Nach einem Monate von 30 Tagen halten beide Rechnung, und der Geselle empfängt vom Meister für diese Zeit 5 Thlr. 22 Sgr. Wie viele Tage hat der Geselle für den Meister gearbeitet? 22 Tage.

120. Jemand hat 150 Geldstücke, Zehn- und Fünfsilbergroschstücke; ihr Werth beträgt 38 Thlr. 10 Sgr. Wie viele Stücke hat er von jeder Sorte?

Aufl. Hätte er nur $\frac{1}{3}$ Thalerstücke, so müßte er $150 \cdot \frac{1}{3} = 50$ Thlr. haben; es fehlen ihm also 11 Thlr. 20 Sgr. Setzt man nun für ein $\frac{1}{3}$Thalerstück ein $\frac{1}{6}$Thalerstück, so wird der Werth um 5 Sgr. vermindert; daher müssen so viele $\frac{1}{6}$Thalerstückr vorhanden sein, als 5 Sgr. in 11 Thle. 20 Sgr. = 350 Sgr. enthalten sind. Demnach hat er 70 $\frac{1}{6}$Thaler- und 80 $\frac{1}{3}$Thalerstücke.

121. Ein Kaufmann hat 400 Scheffel Getreide, nämlich je $56\frac{1}{2}$ Scheffel Weizen für 133 Thaler 10 Sgr., und Roggen je $56\frac{1}{2}$ Scheffel für 75 Thlr. gekauft. Die Gesammtmasse kostet $778\frac{86}{113}$ Thlr. Wie viele Scheffel Weizen und Roggen hat er gekauft? 240 Scheffel Weizen und 160 Scheffel Roggen.

122. Ein Fleischermeister kauft 70 Stück Vieh, Ochsen und Schafe für 1040 Thlr. Für jeden Ochsen zahlt er 30, für jedes Schaf $3\frac{1}{2}$ Thlr. Wie viele Ochsen und Schafe hat er gekauft? 30 Ochsen und 40 Schafe.

123. Jemand kauft 12 Pfunde Kaffee und Thee für 6 Thlr. 5 Sgr. und bezahlt für 1 Pfd. Kaffee 10 Sgr., für 1 Pfd. Thee 2 Thr. 15 Sgr. Wie viele Pfunde Kaffee und Thee hat er genommen? 11 Pfd. Kaffee und 1 Pfd. Thee.

124. Ein Schuhmachermeister bringt 150 Paare Stiefel und Schuhe zu Markte und rechnet deren Werth 210 Thlr., indem er im Durchschnitt ein Paar Stiefel zu 2 Thlr. 15 Sgr. und ein Paar Schuhe zu 20 Sgr. ansetzt. Wie viele Paare Stiefel und Schuhe brachte er zu Markte? 60 Paare Stiefel und 90 Paare Schuhe.

125. Wenn Jemand mäßig lebt, so kann er monatlich 30 Thlr. ersparen; lebt er aber verschwenderisch, so macht er monatlich 8 Thlr. Schulden. Nach 4 Jahren hat er 250 Thlr. Schulden. Wie viele

Monate hat er verschwenderisch gelebt? $44\frac{8}{19}$ M. = 3 Jahren $8\frac{8}{19}$ Monaten.

126. Wenn Jemand anstatt täglich 5 Sgr. zu ersparen, häufig an einem Tage 7 Sgr. Schulden macht, und dadurch in einem Jahre von 365 Tagen mit 50 Thalern in Schulden geräth; wie viele Schulden machende Tage sind zu rechnen? $293\frac{3}{4}$ Schulden-Tage.

127. Wenn ein Gymnasiast regelmäßig fleißig ist, so kann er den Cursus durch alle 6 Klassen eines Gymnasiums sehr gut in 7 Jahren beendigen; ist er aber nicht fleißig, so bleibt er in Bezug auf den ersten Fortschritt monatlich um $\frac{1}{3}$ Monate in seiner Bildung zurück, und erreicht daher sein Ziel erst nach 12 Jahren. Nach diesen Bedingungen wird er wie viele Zeit regelmäßig fleißig, und faul gewesen sein?

8 Jahre 3 Monate ist er fleißig, und 3 Jahre 9 Monate ist er im eigentlichen Sinne faul gewesen.

128. Würde Jemand täglich fleißig arbeiten, so würde er bei seiner gewöhnlichen Lebensweise jährlich 150 Thlr. ersparen, thut er nichts, so macht er jährlich 90 Thlr. Schulden. Nun hat er aber in 10 Jahren 600 Thlr. Schulden gemacht; wie viele Jahre hat er unter diesen Bedingungen nichts gethan, und um wie viel reicher würde er bei fleißiger Arbeit als jetzt sein? $8\frac{3}{4}$ Jahre hat er nichts gethan, und er würde unter der ersten Bedingung um 2100 Thlr. reicher als jetzt sein.

129. Ein Vater verspricht jedem seiner beiden Söhne zur Anfeurung des Fleißes wöchentlich 5 Sgr.; wer aber nicht fleißig ist, soll dem Vater wöchentlich 2 Sgr. zur Strafe zahlen. Der jüngere Sohn hat nach einem Halbjahre oder 26 Wochen 4 Thlr. 10 Sgr., der ältere nur 2 Thlr. vom Vater empfangen. Wie viele Wochen war jeder fleißig? Der jüngere Sohn war stets, der ältere nur 16 Wochen fleißig.

130. Ein Gefäß kann durch 2 Röhren gefüllt werden; durch die erste kann solches in 20 Minuten, durch die andere in 2 Stunden 40 Minuten geschehen. Welche Zeit werden beide Röhren, wenn sie zu gleicher Zeit fließen, gebrauchen das Gefäß zu füllen?

Aufl. Da die erste Röhre das Gefäß in 20 Minuten füllt, so füllt es in einer Minute nur $\frac{1}{20}$ desselben. Die andere Röhre füllt es in 2 Stunden 40 Minuten oder in 160 Minuten, also in 1 Minute nur $\frac{1}{160}$ des Gefäßes; wenn also beide Röhren, zu gleicher Zeit 1 Minute lang fließen, so füllen sie in dieser Zeit $\frac{1}{20} + \frac{1}{160} = \frac{9}{160}$; daher werden sie so viele Minuten gebrauchen, als $\frac{9}{160}$ in 1 Ganzen enthalten sind; also $\frac{160}{9} = 17\frac{7}{9}$ Min. = 17 Min. 40 Sek. sind zur Füllung des Gefäßes erfonderlich.

131. Eine Röhre füllt ein Gefäß in 5 Stunden 20 Minuten; eine andere füllt dasselbe Gefäß in 2 Stunden 40 Minuten; wenn nun beide gleichzeitig fließen, in welcher Zeit werden sie das Gefäß gefüllt haben? In 1 St. 46 Min. 40 Sek.

132. Ein Gefäß kann durch 3 Röhren gefüllt werden; durch die erste kann solches in 2 Stunden 15 Min., durch die zweite in 3 Stunden 10 Min., und durch die dritte in 4 Stunden 40 Min. ge-

schehen. Man setzt die 3 Röhren zu gleicher Zeit in Thätigkeit; wann wird das Gefäß voll sein? In 1 St. 2 Min. $34\frac{46}{151}$ Sek

133. Ein Gefäß kann durch eine Röhre in 3 St. 30 Min. gefüllt und durch eine andere in 5 Stunden 15 Min. geleert werden. Wenn nun beide zu gleicher Zeit geöffnet werden, wann wird das Gefäß voll sein?

Aufl. Die erste Röhre füllt in 1 Min. $\frac{1}{210}$ des Gefäßes, die andere leert in 1 Min. $\frac{1}{315}$ desselben, daher wird in 1 Min. nur $\frac{1}{210} - \frac{1}{315} = \frac{1}{630}$ des Gefäßes gefüllt; mithin sind zur Füllung des Gefäßes 630 Min. = 10 St. 30 Min. erforderlich.

134. Ein jüdischer Kaufmann mißt auf jede Elle $\frac{1}{4}$ Zoll oder 3 Par. Linieu zu wenig, und hat in einem Monat dadurch 10 Ellen erspart. Wenn nun die Preuß. Elle 295,65 Par. Lin. hält, und das Zeug im Durchschnitt die Elle 3 Thlr. kostet, wie viele Ellen hat er verkauft, wie viel hat er in der angegebenen Zeit eingenommen, und um wie viel hat er betrogen? Er hat $985\frac{1}{2}$ Elle verkauft, $2956\frac{1}{2}$ Thlr. eingenommen, und um 30 Thlr betrogen.

135. Würde etn Handlungsdiener auf jeder Elle 0,2 Par. Lin. zu viel messen, so würden ihm an einem Stücke Tuch 8 Ellen fehlen, erspart er aber an jeder Elle 0,3 Par. Lin., so würde er an dem ganzen Stücke 6 Ellen erübrigt haben. Wie viel Ellen hielt das Stück?

Aufl. Durch Ersparung erreicht er im letzten Falle an einer Elle einen Vortheil von $0,2 + 0,3 = 0,5$ Par. Lin. mehr als im ersten, und dieses bringt ihm einen Gewinn $8 + 6 = 14$ Ellen; demnach muß das Stück so viele Ellen halten, als 14 Ellen 0,5 Par. Lin. haben; also $\frac{14 \, . \, 295,65}{0,5} = 8278,2$ Ellen.

136. Ein Kornmesser hat einem Norwegischen Kaufmanne eine gewisse Zahl Scheffel Getraide zuzumessen. Wenn nun jener auf einen Scheffel 3 Kubikzoll Getraide zu wenig mißt, so erübrigt er dadurch 8 Scheffel, mißt er aber 2 Kubikzoll zu viel, so thut er sich einen Schaden von 4 Scheffeln. Der Preuß. Scheffel soll gesetzmäßig 3072 Kubikzoll haben. Wie viele Preuß. Scheffel ließ der Kaufmann sich zumessen, und wie viele Tonnen wird es nach Schwedischem Maße betragen, wenn diese Tonne = 2,694 Preuß. Scheffel hält?
$7412\frac{4}{5}$ Preuß. Scheffel = $2751\frac{803}{1347}$ Tonnen.

137. Der Norwegische Kaufmann verwandelt den Bruch $\frac{803}{1347}$ der Tonne nach seinen Landes üblichen Maßen in $33\frac{817}{1347}$ Kannen, oder 33 Kannen und $3\frac{59}{1347}$ Quarter. Wie viele Kannen, und wie viele Quarter werden auf eine Tonne, und wie viele Quarter auf eine Kanne gerechnet? 1 Tonne = 56 Kannen = 448 Quarter, und eine Kanne = 8 Quarter.

138. 20 Arbeiter können einen gewissen Acker in 5, und 25 andere denselben Acker in 6 Tagen bearbeiten. In welcher Zeit werden die 45 Arbeiter zu gleicher Zeit denselben Acker bestellen?

Aufl. 20 Arbeiter der ersten Art bestellen in einem Tage $\frac{1}{5}$, die 25 der andern Art in 1 Tage $\frac{1}{6}$, also die 45 Arbeiter in 1 Tage

$\frac{1}{5} + \frac{1}{6} = \frac{11}{30}$ des Ackers; daher gebrauchen sie $\frac{30}{11} = 2\frac{8}{11}$ Tage zur Bearbeitung dieses Ackers.

139. 12 Arbeiter der ersten, und 15 Arbeiter der andern Art aus der vorigen Aufgabe würden denselben Acker in wie vielen Tagen bestellt haben?

Aufl. Da 20 Arbeiter in 5 Tagen den ganzen Acker bearbeiten, so bearbeiten sie in 1 Tage $\frac{1}{5}$ desselben, und einer in 1 Tage $\frac{1}{100}$; aus demselben Grunde bestellt ein Arbeiter der zweiten Art in 1 Tage $\frac{1}{150}$ des Ackers. Daher werden 12 Arbeiter der ersten Art in 1 Tage $\frac{12}{100} = \frac{3}{25}$ und 15 Arbeiter der zweiten Art in 1 Tage $\frac{15}{150} = \frac{1}{10}$, also die 27 Arbeiter in 1 Tage $\frac{3}{25} + \frac{1}{10} = \frac{11}{50}$ des Ackers bearbeiten; demnach brauchen sie $\frac{50}{11} = 4\frac{6}{11}$ Tage zur Bestellung dieses Ackers.

140. 24 Arbeiter haben in 6 Tagen 18 Preuß. Kulmische Morgen, und 21 Arbeiter in 5 Tagen 28 Preuß. Morgen eines Feldes bearbeitet. Wenn nun 1 Preuß. Kulmischer Morgen gleich 2,2636 Preuß. Morgen ist, so werden 15 Arbeiter der ersten und 12 Arbeiter der zweiten Art in wie vielen Tagen 35 Preuß. Morgen bearbeiten?

In 4,700 Tagen.

141. Zu 15 Arbeitern der ersten Art muß man wie viele Arbeiter der zweiten Art nehmen, wenn sie 40 Preuß. Morgen in einer Woche von 6 Tagen bearbeitet haben sollen?

9,084 Arbeiter der zweiten Art.

142. Vier Arbeiter der ersten und 7 Arbeiter der zweiten Art, der in Aufg. 140. angegebenen Arbeiter, haben bereits 4 Tage an einem Felde von 50 Preuß. Morgen gearbeitet, wie viele Arbeiter der ersten Art muß man noch in diese Arbeit anstellen, wenn sie überhaupt in 6 Tagen beendigt sein soll? 56,56 Arbeiter der ersten Art.

143. 2500 Mann sind auf 6 Monate mit Lebensmitteln versorgt. Nach 2 Monaten kommen noch 500 Mann dazu; wie lange werden die 3000 Mann noch ferner mit dem übrigen Vorrathe reichen?

Aufl. Nach 2 Monaten sind nur noch $\frac{2}{3}$ der Lebensmittel vorräthig. 1 Mann verzehrt in einem Monate $\frac{1}{2500 . 6} = \frac{1}{15000}$ der gesammten Lebensmittel, so werden 3000 in einem Monate $\frac{3000}{15000} = \frac{1}{5}$ der gesammten Lebensmittel verbrauchen; folglich werden sie mit $\frac{2}{3}$ derselben noch $\frac{2}{3} : \frac{1}{5} = \frac{2}{3} . 5 = 3\frac{1}{3}$ Monate reichen.

144. 3000 Mann sind auf 5 Monate mit Lebensmitteln versehen. Die Mannschaft soll 8 Monate mit denselben Lebensmitteln bei gleichen Portionen reichen; wie viele Mann müssen entlassen werden?

1125 Mann.

145. 4500 Mann sind auf 6 Monate mit Mundvorrath versorgt, die Portionen sind aber so groß, daß jede um $\frac{1}{4}$ vermindert werden kann, wie viele Mann können noch aufgenommen werden, wenn sie dieselbe Zeit mit demselben Vorrathe reichen sollen?

Aufl. Da jeder der Mannschaft nur $\frac{3}{4}$ der anfänglich bestimmten Portion erhalten soll; so bleibt noch $\frac{1}{4}$ von jeder dieser Portionen übrig, also von 4500 Mann $\frac{4500}{4}$ Portionen. Jeder soll $\frac{3}{4}$ erhalten;

daher können noch so viele Mann aufgenommen werden, wie oft $\frac{3}{4}$ in $\frac{4500}{4}$ enthalten sind; also 1500 Mann.

146. Ein Schiff strandet in der Nähe einer wüsten Insel, auf welche sich die Mannschaft des Schiffes rettet, und dahin so viele Lebensmittel bringt, daß die ganze Mannschaft auf 3 Monate oder 12 Wochen versorgt ist. Nach 14 Tagen oder 2 Wochen sterben 10 Mann von ihnen, und nun berechnen sie, daß die übrige Mannschaft noch 12 Wochen bei derselben Lebensart mit den noch übrigen Lebensmitteln reichen können. Wie groß war die Mannschaft des gestrandeten Schiffes?

Aufl. Durch den Tod der 10 Mann gewinnen sie in den 10 noch übrigen Wochen $10 . 10 = 100$ wöchentliche Portionen eines Mannes; da sie mit diesen noch 2 Wochen bei derselben Lebensweise weiter reichen können, so verbrauchen sie in einer Woche 50 wöchentliche Portionen eines Mannes; daher waren noch am Leben 50 Mann und 60 Mann waren anf dem Schiffe gestrandet.

147. Die Bedingungen der vorigen Aufgabe, nur nach 2 Wochen mögen 15 Mann sterben, und wenn die übrigen ihre Portionen auf $\frac{4}{5}$ der frühern herabsetzen, so können sie mit dem übrigen Vorrathe noch $16\frac{2}{3}$ Wochen reichen; wie viele Mann hatten sich vom Schiffe gerettet?

Aufl. Nach 2 Wochen haben sie noch einen Vorrath auf 10 Wochen für die gesammte Mannschaft. Setzen sie nun ihre Portion um $\frac{1}{5}$ herab, so erübrigen sie dadurch in 10 Wochen die 2wöchentliche anfängliche Portion der ganzen Mannschaft, und mit dieser können sie da jede nur $\frac{4}{5}$ beträgt, $\frac{2}{\frac{4}{5}} = \frac{10}{4} = 2\frac{1}{2}$ Wochen die ganze Mannschaft unterhalten; also kann die übrige gesammte Mannschaft mit dem Vorrathe noch $12\frac{1}{2}$ Wochen bei verminderter Portion reichen. Da nun 15 Mann sterben, so erübrigen sie $15 . 12\frac{1}{2} = 187\frac{1}{2}$ wöchentliche verminderte Portionen eines Mannes. Nun reichen sie aber auch mit dem Vorrathe nicht mehr $12\frac{1}{2}$, sondern $16\frac{2}{3}$ Wochen; also $4\frac{1}{6}$ Wochen länger. Demnach betragen die Portionen der übrigen Mannschaft von $4\frac{1}{6}$ Wochen $187\frac{1}{2}$ wöchentliche Portionen eines Mannes; folglich werden noch so viele Mann am Leben sein, als $4\frac{1}{6}$ in $187\frac{1}{2}$ enthalten ist; also sind noch $\frac{187\frac{1}{2}}{4\frac{1}{6}} = 45$ Mann am Leben, und die gesammte Mannschaft des gescheiterten Schiffes betrug daher 60 Mann.

148. Die siderische Umlaufszeit der Sonne beträgt 365 Tage 6 Stunden 9 Minuten 11,48 Sek.; die siderische Umlaufszeit des Mondes ist gleich 27 Tagen 7 St. 43 Min. 11,51 Sek. Wie groß wird der synodische Monat, oder die Umlaufszeit des Mondes von einem Neu- oder Vollmonde bis zum nächsten Neu- oder Vollmonde sein?

Aufl. Für den Beobachter auf der Erde kann diese als der Mittelpunkt des Himmelsgewölbes angesehen werden, an welchem sich die Himmelskörper in Kreisen um die Erde bewegen, für welche Kreise wieder die Erde der Mittelpunkt ist.

**Die Zeit, welche ein Himmelskörper gebraucht, um von einem Fixsterne in seiner Bahn bis zu demselben wieder zu gelangen, wird** die siderische Umlaufszeit dieses Körpers genannt.

Die Sonne bewegt sich zwar nicht um die Erde, sondern diese um jene, doch diese Verwechselung hat auf die Berechnung keinen Einfluß; daher wird hier die scheinbare Bewegung der Sonne um die Erde der Rechnung zum Grunde gelegt werden.

Auch auf die Größe der Kreise, in welchen sich die Himmelskörper bewegen, darf hier keine Rücksicht genommen werden; es ist hinlänglich, die Bewegung dieser Körper nach Graden und Minuten, oder ihre Winkelgeschwindigkeit zu bestimmen.

**Da die Sonne in 365 Tagen 6 St. 9 Min. 11,48 Sekunden,**

$$\text{oder in}\left\{\begin{array}{lcl} & & 365 \text{ Tagen} = 365 \\ 6 \text{ St.} & = & \tfrac{1}{4} \text{ Tag} = 0{,}25 \\ 9 \text{ M.} & = & \tfrac{1}{160} \;\text{»}\; = 0{,}00625 \\ 11{,}48 \text{ Sek.} & = & \tfrac{287}{2160000} \;\text{»}\; = 0{,}00013287 \\ & & \overline{365{,}25638287} \end{array}\right\} \text{Tagen}$$

**360° durchläuft, so wird sie in 1 Tage 0,98560906 Grade durchlaufen.**

$$\text{Der Mond durchläuft in}\left\{\begin{array}{lcl} 27 \text{ Tage} & = & 27 \text{ Tagen} = 27 \\ 7 \text{ St.} & = & \tfrac{7}{24} \;\text{»}\; = 0{,}29166666 \\ 43 \text{ Min.} & = & \tfrac{43}{1440} \;\text{»}\; = 0{,}02986111 \\ 11{,}51 \text{ Sek.} & = & \tfrac{1151}{8640000} \;\text{»}\; = 0{,}00013322 \\ & & \overline{27{,}32166099} \end{array}\right\} \text{Tagen}$$

360°, also wird er in 1 Tage 13,17635850 Grade durchlaufen; folglich geht der Mond täglich 12,19074944 Grade weiter als die Sonne an einem Tage.

Wenn es nun Neumond ist, so befinden sich Sonne und Mond an einem und demselben Orte; daher muß der Mond bis zum nächsten Neumond den Umfang eines Kreises oder 360° im synodischen Monate mehr als die Sonne durchlaufen; er wird daher zu dieser Bewegung so viele Tage gebrauchen, als der Ueberschuß seiner täglichen Winkelgeschwindigkeit über die tägliche Winkelgeschwindigkeit der Sonne in 360° enthalten ist, also 360° : 12°, 19074944 = 29,53058808 Tage oder = 29 Tage 12 Stunden 44 Min. 2,81 Sek.

Der eben berechnete synodische Monat ist übereinstimmend mit dem, welcher in der Astronomie von Bohnenberger angegeben ist; denn hier ist er 29 Tage 12 St. 44 Min. 2,82 Sek., an dem berechneten fehlen also nur 0,01 Sek.

Von einem Neu- oder Vollmonde bis zum nächsten Neu- oder Vollmonde verfließt also eine Zeit von 29 Tagen 12 St. 44 Min.

149. **Wie viele Voll- oder Neumonde können in einem Jahre von 365 Tagen 5 St. 48 Min. 51 Sek. stattfinden?**

Es können Vollmonde 365 Tg. 5 St. 48 M. 51 Sek. : 29 Tg. 12 St. 44 M. 2,8 Sek. = 12,368269 stattfinden.

Aus demselben Grunde können auch 12,368269 Neumonde in einem Jahre sich ereignen.

150. **Die siderische Umlaufszeit der Venus ist 224 Tg. 16 St., des Mars 686 Tag. 23 St., des Jupiter 4332 Tag. 13 St. Die**

die Cartons gehörigen Orts einzubinden.

siderische Umlaufszeit der Sonne sei 365 Tage 6 St., und die siderische Umlaufszeit des Mondes 27 Tg. 7 St. 43 Min.

1) Der Mond stehe bei der Venus, bei dem Mars, bei dem Jupiter; welche Zeit wird erforderlich sein, bis er bei denselben Planeten das nächste Mal steht?

Die Venus durchläuft ihre Bahn von 360° in $224\frac{2}{3}$ Tagen, also wird sie in einem Tage einen Bogen von 1°,6024 durcheilen; der Mond durchrollt aber in einem Tage einen Bogen von 13°,1764 (Aufg. 148.); daher beträgt die tägliche Winkelgeschwindigkeit des Mondes 11°,574 mehr als die der Venus; folglich braucht der Mond bis zur nächsten Zusammenkunft mit der Venus 360° : 11°,574 = 31,1042 Tagen = 31 Tg. $2\frac{1}{2}$ St.

Die tägliche Geschwindigkeit des Mars ist 0°,524
„ „ „ „ Mondes „ 13°,176; daher durcheilt der Mond täglich einen Bogen von 12°,642 mehr als der Mars, und er wird also eine Zeit von 28,476 Tagen = 28 Tagen 11,424 Stunden, also beinahe $28\frac{1}{2}$ Tag gebrauchen um wieder beim Mars zu erscheinen.

Die tägliche Winkelgeschwindigkeit des Jupiter ist 0°,08309,
„ „ „ „ Mondes „ 13°,17636; daher legt der Mond täglich einen Bogen von 13°,09327 mehr als der Jupiter in derselben Zeit zurück; daher wird der Mond bis zur nächsten Zusammenkunft mit dem Jupiter eine Zeit von 27,495 Tagen = 27 Tagen 11,88 Stunden, oder ungefähr $27\frac{1}{2}$ Tage gebrauchen.

2) Wenn die Venus, der Mars, der Jupiter mit der Sonne an einer und derselben Stelle stehen, nach welcher Zeit werden diese Planeten mit der Sonne die nächste Zusammenkunft haben?

Die tägliche Winkelgeschwindigkeit der Sonne ist 0°,9856 (Aufg. 148.)
„ „ „ „ Venus „ 1°,6024.
Daher macht die Venus täglich einen Bogen von 0°,6168 mehr als die Sonne; also wird sie bis zur nächsten Zusammenkunft mit der Sonne eine Zeit von 583,6576 Tagen oder ungefähr $583\frac{1}{2}$ Tage gebrauchen.

Die tägliche Winkelgeschwindigkeit der Sonne ist 0°,9856,
„ „ „ des Mars „ 0°,524,
also eilt die Sonne dem Mars täglich um 0°,4616 vor; daher werden sie eine Zeit von 779,896 Tagen, also beinahe 780 Tage gebrauchen, um die nächste Zusammenkunft zu haben.

Die tägliche Winkelgeschwindigkeit der Sonne ist 0°,985609
„ „ „ des Jupiter „ 0°,08309.
Daher eilt die Sonne dem Jupiter täglich um 0°,902519 vor, und sie brauchen daher bis zur nächsten Zusammenkunft eine Zeit von 398,883 Tagen, also nahe 399 Tage.

Anmerk. Man vergleiche diese Aufgaben mit den Aufgaben **41** bis **48.**, **52** bis **54.**, **56** bis **59.**, in welchen man eine große Aehnlichkeit finden wird.

Wenn die Resultate der Aufgaben über die Bewegungen der Himmelskörper eine Abweichung von der Wirklichkeit zeigen, so liegt diese in Ursachen, die hier nicht genauer erklärt werden können. Doch glaubt der

Verf. keinen Tadel wegen Aufnahme dieser Art Aufgaben zu verdienen; denn sie können dem, welcher selbst nur die ersten Begriffe der mathem. Geographie kennt, nicht undeutlich sein.

151. Ein Silberarbeiter hat 14, 12 und 8löthiges Silber; er braucht aber zu einer Arbeit 25 Mark 10löthiges Silber; wie viel muß er von jedem zu dieser Arbeit nehmen?

Aufl. Nimmt er eine Mark des 14löthigen Silbers, so fehlen ihm noch 24 Mark, und an reinem Silber fehlen ihm noch $25 . 10 - 14 = 236$ Loth, folglich kommt auf jede dieser 24 Mark $9\frac{5}{6}$ Loth Silber.

Das 12löthige Silber ist nun um $2\frac{1}{6}$ Loth f. Silber mehr, eine Mark 8löthigen Silbers ist um $1\frac{5}{6}$ Mark weniger als eine Mark des $9\frac{5}{6}$löthigen Silbers. Man muß nun solche Quantitäten des 12löthigen und 8löthigen S. nehmen, daß der Ueberschuß an reinem Silber der einen Quantität den Mangel an f. S. der andern Quantität ersetzt.

Der Mangel $1\frac{5}{6}$ ist nun in dem Ueberschusse $2\frac{1}{6}$, $1\frac{2}{11}$mal enthalten; nimmt man also von dem 12löthigen eine Mark, so muß man von dem 8löthigen $1\frac{2}{11}$ Mark, also von jenem das 11fache und von diesem das 13fache, von beiden also das 24fache $= 24$ Mark nehmen. Daher hat man 11 Mark 12löthigen und 13 Mark 8löthigen, noch außer jener Mark 14löthigen Silbers zu nehmen.

Man nehme nun 2 Mark vom 14löthigen Silber, und bestimme nun wie vorher die noch zu nehmenden Quantitäten des 12löthigen und 8löthigen Silbers.

23 Mark fehlen, und sollen enthalten $25 . 10 - 2 . 14$ Loth fein Silber, folglich ist der Gehalt des fehlenden Silbers $\frac{25 . 10 - 28}{23}$ $= 10 - \frac{8}{23} = 9\frac{15}{23}$.

1 Mk. 12löthigen S. hat nun einen Ueberschuß von $2\frac{8}{23}$ Lth. f. S.,
1 „ 8 „ „ „ „ „ „ „ $1\frac{15}{23}$ „ „ „
in Bezug auf eine Mark $9\frac{15}{23}$löthigen Silbers.

$2\frac{8}{23} : 1\frac{15}{23} = \frac{54}{38} = \frac{27}{19}$. Also sind 19 Mark des 12löthigen und 27 Mark des 8löthigen S. zu nehmen, damit der Ueberschuß den Mangel ersetze; also das 19fache vom 12= und das 27fache vom 8löthigen Silber, von beiden also das 46fache $= 23$ Mark, daher das Einfache $\frac{1}{2}$ Mark. Vom 12löthigen hat man also $9\frac{1}{2}$ Mark und vom 8löthigen $13\frac{1}{2}$ Mark zu nehmen.

Aus dieser Darstellung gehet hervor, daß man so viele verschiedene Resultate erhalten wird, wie viele Annahmen man vom 14löthigen Silber macht. Daher ist die Aufg. eine unbestimmte.

Man kann die Annahmen auch in Beziehung auf das 12= oder 8löthige Silber machen, und die Quantität der übrigen durch die vorhergehenden Schlüsse bestimmen.

152. Von $23\frac{1}{2}$karatigem, $21\frac{2}{3}$karatigem und $18\frac{1}{2}$karatigem Golde muß man wie viele Mark nehmen, um 4 Mark 22karatiges Gold (zu Guineen, Imperialen, Ruyder) oder $21\frac{1}{10}$karatiges (zu Napoleonsd'or) zu erhalten? $23\frac{1}{2}$karatiges Gold ist das der alten Dukaten nach dem Passirfuße; $21\frac{2}{3}$karatiges ist Gold der Friedrichsd'or; $18\frac{1}{2}$karatiges ist Gold der Karolins.

Diese Aufgabe wird wie die vorige berechnet. Ein Fall ist die=

ser: 1 Mark $23\frac{1}{2}$karatiges, $2\frac{16}{19}$ Mark $21\frac{2}{3}$karatiges und $\frac{3}{19}$ Mark $18\frac{1}{2}$karatiges.

153. Man soll 376 Thlr. so unter 2 Personen vertheilen, daß die eine, A, 18 Thlr. 20 Sgr. mehr, als die andere, B, erhalte.

Aufl. B erhalte das Einfache, so wird A das Einfache derselben Summe und noch 18 Thlr. 20 Sgr. erhalten; beide haben also zusammen das Zweifache + 18 Thlr. 20 Sgr. = 376 Thlr.; daher das Zweifache = 357 Thlr. 10 Sgr.; mithin das Einfache = 178 Thlr. 20 Sgr. B erhält also 178 Thlr. 20 Sgr. und A empfängt 178 Thlr. 20 Sgr. + 18 Thlr. 20 Sgr. = 197 Thlr. 10 Sgr.

154. 96 Morgen 150 Quadrat-Ruthen sind so unter 2 Bauern, A, B, zu vertheilen, daß A 19 Morgen 60 Quadrat-Ruthen mehr als B erhalte.

Aufl. B = Einfachem.
A = Einfachem + 19 Morg. 60 □R.

2faches + 19 Morg. 60 □R. = 96 Morg. 150 □R.
2faches = 77 Morg. 90 □R.
1faches = 38 Morg. 135 □R.
also B = 38 Morg. 135 □R.
A = 58 Morg. 15 □R.

155. Zwei Unteroffiziere erhalten 19 Pfd. Fleisch zur Vertheilung unter ihre Korporalschaften; der eine soll $2\frac{1}{2}$ Pfd. mehr als der andere erhalten; wie viel wird jeder bekommen? $10\frac{3}{4}$ Pfd. und $8\frac{1}{4}$ Pfd.

156. Zwei Drescher erhalten für ihre Arbeit $56\frac{1}{2}$ Scheffel, die sie so unter sich zu theilen haben, daß der eine $8\frac{3}{4}$ Scheffel mehr als der andere erhalte. $32\frac{5}{8}$ Scheffel und $23\frac{7}{8}$ Scheffel.

157. Zwei Gräber haben einen Graben von 20 Ruthen Länge gegraben, der eine 7 Ruthen mehr als der andere. Jede Ruthe in der Länge wird mit 12 Sgr. bezahlt. Wie viel hat jeder an Arbeitslohn verdient? 5 Thlr. 12 Sgr.; 2 Thlr. 18 Sgr.

158. Von zwei Gräbern wird ein Graben gegraben, welcher 120 Ruthen lang, oben 6 Fuß, unten 3 Fuß breit, und 3 Fuß tief ist. Für das Ausgraben von 100 Kubikfuß zahlt man 4 Sgr. A gräbt täglich 54 Kubikfuß mehr als B aus; sie arbeiten gemeinschaftlich 27 Tage. Wie viel wird jeder täglich ausgegraben, wie viel täglich verdient, und wie viel im Ganzen empfangen haben?

Jede Frage soll, ohne Benutzung der Beantwortung der andern Fragen, unmittelbar aus den gegebenen Datis der Aufgabe berechnet werden.

Aufl. Der kubische Inhalt eines Grabens ist = dem Produkte der Länge in den Querdurchschnitt desselben. Der Flächeninhalt des Querdurchschnittes ist aber = dem Produkte aus der halben Summe der obern und untern Breite in die Tiefe des Grabens; daher ist der Querdurchschnitt $= \frac{6+3}{2} \,.\, 3 = \frac{9}{2} \,.\, 3$; also der kubische Inhalt des Grabens $= 120 \,.\, 12 \,.\, \frac{9}{2} \,.\, 3$ (weil eine Ruthe = 12 Fuß) $= 120 \,.\, 6 \,.\, 9 \,.\, 3$ Kubikfuß.

1) Da der Graben in 27 Tagen vollendet ist, so haben die Grä-

der täglich $\frac{120 \,.\, 6 \,.\, 9 \,.\, 3}{27} = 720$ Kubikf. Erde hinausgeworfen; und weil A 54 Kubikf. täglich mehr als B in derselben Zeit ausgräbt, so hat A täglich 387, B täglich 333 Kubikf. ausgegraben.

2) Der Graben enthält 120 . 6 . 9 . 3 Kubikfuß, für 100 zahlt man 4 Sgr.; also für 120 . 6 . 9 . 3 Kubikf. $\frac{120 \,.\, 6 \,.\, 9 \,.\, 3}{100} \,.\, 4$ Sgr.; diese haben die Gräber für 27 Tage empfangen; daher ist ihr täglicher Lohn $= \frac{120 \,.\, 6 \,.\, 9 \,.\, 3 \,.\, 4}{100 \,.\, 27} = 28{,}8$ Sgr.

A gräbt täglich 54 Kubikf. mehr als B, daher wird er dafür so oftmal 4 Sgr. täglich mehr als B erhalten, wie oft 100 in 54 enthalten ist, also täglich $\frac{4 \,.\, 54}{100} = 2{,}16$ Sgr. mehr als B.

Demnach erhält A täglich 15,48 Sgr. = 15 Sgr. $5\frac{19}{25}$ Pf. und
B „ . 13,32 Sgr. = 13 Sgr. $3\frac{21}{25}$ Pf.

3) Da A täglich 54 Kbkf. mehr als B ausgräbt, so wird er in 27 Tagen 27 . 54 = 1458 Kbkf. mehr als B ausgegraben haben. Beide haben 120 . 6 . 9 . 3 = 19440 Kbkf. Erde herausgeschafft; daher hat A 10449 und B 8991 Kbkf. gegraben.

Weil nun für 100 Kbkf. 4 Sgr. gezahlt werden, so wird jeder so vielmal 4 Sgr. erhalten, als 100 Kbkf. in der gegebenen Zahl Kbkf. jedes enthalten ist. Demnach erhält A $\frac{10449}{100} \,.\, 4$ Sgr. = 13 Thlr. 27 Sgr. $11\frac{13}{25}$ Pf. B $\frac{8991}{100} \,.\, 4$ Sgr. = 11 Thlr. 29 Sgr. $7\frac{17}{25}$ Pf.

159. Zwei Kaufleute beladen ein Schiff, welches nach London zu fahren bestimmt ist, mit 86 Last Erbsen; der eine 13 Last mehr als der andere. Sie haben die Last von $56\frac{1}{2}$ Scheffel für 77 Thlr. eingekauft. In London wird der Quarter mit 2 Pf. Sterling 9 Schilling Sterl. bezahlt Ferner weiß man, daß 1 Quarter = 14659,62 Par. Kubikzoll, und 1 Preuß. Scheffel = 2770,74 Par. Kubikzoll ist. Wie viel erhält jeder in Preuß. Gelde nach dem Silber Pari, wenn man weiß, daß 1 Pf. Sterl. = $\frac{20}{21}$ einer Guinee, $28\frac{1}{2}$ Guinee gehen auf eine rauhe Mark 22karatigen Goldes; 35 Friedrichsd'or = einer rauhen Mark $22\frac{2}{3}$ karatigen Goldes, und die Friedrichsd'or im Kaufe zu 171 Sgr. stehen? Und wie groß der Gewinn in jedem?

Aufl. A habe 13 Last mehr als B gegeben, so möge B das Einfache, also A das Einfache und 13 Last, also haben beide das Zweite + 13 Last = 86 Last verladen; daher ist das Zweifache = 73 Last, das Einfache = $36\frac{1}{2}$ Last. A hat also $49\frac{1}{2}$ Last, B $36\frac{1}{2}$ Last verschifft.

Da nun 1 Last = $56\frac{1}{2}$ Scheffel, so sind $49\frac{1}{2}$ Last = $49\frac{1}{2} \,.\, 56\frac{1}{2}$ = 2796,75 Scheffel; 1 Scheffel = 2770,74 Par. Kzoll; also sind 2796,75 Scheffel = 2796,75 . 2770,74 Par. Kzoll.

Nun machen 14659,62 Par. Kzoll 1 Quarter; daher wird die

gesammte Zahl Par. Kubikzoll $\frac{2796,75 \times 2770,74}{14659,62}$ Quarter $= \frac{932,25 \times 1385,27}{2443,27}$ Quarter.

1 Pf. Sterl. = 20 Schill. Sterl.; also 8 Schill. Sterl. = $\frac{2}{5}$ Pf. Sterl.; daher 2 Pf. Sterl. 8 Schill. Sterl. = $2\frac{2}{5} = \frac{12}{5}$ Pf Sterl.

Mithin kosten jene Quarter $\frac{932,25 \times 1385,37}{2443,27} \times \frac{12}{5} = \frac{186,45 \times 1385,37 \times 12}{2443,27}$ Pf. Sterl.

Um die Reihe der Zahlen nicht zu weit auszudehnen, soll nun nach den Angaben der Werth 1 Pf. Sterl. in Preuß. Silbergelde berechnet werden.

1 Pf. Sterl. = $\frac{20}{21}$ einer Guinee, und $28\frac{1}{2}$ Guineen = 1 rauhe Mark 22 kar. Goldes, also 1 Guinee $= \frac{22}{28\frac{1}{2}} = \frac{44}{57}$ Karat feines Gold; daher 1 Pf. Sterl. $= \frac{20}{21} \cdot \frac{44}{57}$ Kar. f. Gold. Nun ist eine rauhe Mark $21\frac{2}{3}$ kar. Goldes = 35 Friedrichd'or; also 1 Kar. f. Gold $= \frac{35}{21\frac{2}{3}} = \frac{3 . 35}{65} = \frac{3 . 7}{2}$ Friedrichsd'or; mithin ist 1 Pf. Sterl. $= \frac{20}{21} \cdot \frac{44}{57} \cdot \frac{21}{13} = \frac{20 . 44}{57 . 13}$ Frd'or. Ferner ist 1 Frd'or im Kurse = 171 Sgr.; daher ist endlich 1 Pf. Sterl. $= \frac{20 . 44}{57 . 13} . 171$ Sgr. $= \frac{20 . 44 . 3}{13}$ Sgr. Demnach sind obige $\frac{186,45 \times 1385,37 \times 12}{2443,27}$ Pf. Sterl. $= \frac{186,45 \times 1385,37 \times 12}{2443,27} \times \frac{20 . 44 . 3}{13}$ Sgr. $= \frac{186,45 \times 1385,37 \times 12 \times 60 \times 44}{2443,27 \times 13 \times 30}$ Preuß. Thlr. $= \frac{37,29 \times 1385,37 \times 40 \times 44 . 3}{2443,27 \times 13}$ Preuß. Thlr. = 8587 Thlr. 21 Sgr. 2,88 Pf. Dieses ist der Antheil des A.

Wie man den Antheil für A berechnete, so kann man auch den für B berechnen; dieser soll hier aber durch den Kettensatz gefunden werden; also:

| | | |
|---:|:---:|:---|
| Wie viele Preuß. Thlr. | = | $36\frac{1}{2}$ Last. |
| 1 | = | $56\frac{1}{2}$ Scheffel. |
| 1 | = | 2770,74 Par. Kbkzoll. |
| 14659,62 | = | 1 Quarter Engl. |
| 1 | = | $2\frac{2}{5}$ Pf. Sterl. |
| 1 | = | $\frac{20}{21}$ Guinee. |
| $28\frac{1}{2}$ | = | 22 Kar. f. Gold. |
| $21\frac{2}{3}$ | = | 35 Frd'or. |
| 1 | = | 171 Sgr. |
| 30 | = | 1 Thlr. Preuß. |
| 15881255 \| | 100566670744 \| | 6332,35035 Thlr. |

B erhält also 6332 Thlr. 10 Sgr. 6 Pf.

Jeder hat für eine Last 77 Thlr. gezahlt, also hat A für $49\frac{1}{2}$ Last $49\frac{1}{2} . 77$ Thlr. = 3811 Thlr. 15 Sgr., B für $36\frac{1}{2}$ Last hat $36\frac{1}{2} . 77$ Thlr. = 2810 Thlr. 15 Sgr. bezahlt. Der Gewinn des A ist daher = 4776 Thlr. 6 Sgr 2,88 Pf. und der des B = 3521 Thlr. 25 Sgr. 6 Pf.

Anmerk. In der letzten Aufg. ist der Kettensatz zur Berechnung benutzt worden, und der aufmerksame Leser wird leicht die große Uebereinstimmung zwischen der Rechnung vermittelst Schlüsse und der vermittelst des Kettensatzes bemerken; diese ist nur die abgekürzte jener, und was hier kurz über den Kettensatz gesagt werden wird, soll daher auch nicht für solche Personen geschrieben sein, welche sich des Kettensatzes zur Rechnung bedienen, sondern für solche Anfänger im Rechnen, denen der Gebrauch des Kettensatzes entweder weniger bekannt ist, oder die denselben deswegen unbeachtet lassen, weil manche Verf. von Rechenbüchern den Kettensatz als ein ungründliches, mechanisches, geistloses Verfahren verdammen. Was erwähnte Verf. zu so harten Urtheilen bewogen haben mag, will der Verf. dieses Buches nicht genauer erörtern. Er wird sich dagegen bemühen, möglichst kurz das Verfahren mit dem Kettensatze und dessen Gründlichkeit darzuthun.

Unter Kettensatz oder Kettenregel versteht man gewöhnlich die Rechnungsart, welche in Gleichungen besteht, die so unter einander gesetzt und mit einander verbunden werden, daß die Größen, welche in der ersten Hälfte einer Gleichung stehen, gleiche Benennung mit den Größen haben, welche in der zweiten Hälfte der vorhergehenden Gleichung vorhanden sind. Dieses Gesetz gilt für alle Mittelgleichungen.

Die Größen in der ersten Hälfte der ersten Gleichung können mit keiner der vorhergehenden Größen gleiche Benennung haben, weil keine Gleichung vor der ersten stehen kann; diese Größen werden stets als die angenommen, deren Zahl gesucht wird, und daher wird die erste Hälfte der ersten Gleichung gewöhnlich nicht gesetzt. Das Fehlen der ersten Hälfte der ersten Gleichung ist also stets als ein Zeichen der gesuchten Zahl zu betrachten.

Die Regel für die Mittelgleichungen hat auch Giltigkeit für die erste Hälfte der letzten Gleichung; die Größen aber in der zweiten Hälfte der letzten Gleichung können mit keinen nachfolgenden Größen gleiche Benennung haben; weil nach der letzten Gleichung keine mehr folgen kann; denn sonst wäre jene Gleichung nicht die letzte; sondern die Größen der zweiten Hälfte der letzten Gleichung führen gleiche Benennung mit den Größen in der ersten Hälfte der ersten Gleichung, also mit den Größen, deren Zahl gesucht wird. Zugleich ist dieses ein Merkmal für das Ende der Gleichungen in dieser Kette, wenn man auf eine Gleichung kömmt, deren zweite Hälfte Größen enthält, die gleiche Benennung mit den Größen führen, deren Zahl gesucht wird.

Eine aufmerksame Betrachtung des vorhergehenden und der nachfolgenden Beispiele vom Kettensatze wird das von demselben Gesagte zur völligen Deutlichkeit bringen.

Aus der Darstellung dieses Satzes geht hervor, daß nicht allein die Mittel-, sondern auch die äußern Gleichungen mit einander in Verbindung stehen; und da diese Verbindung der Art ist, wie die unter den Gliedern einer Kette, so führt der Satz dieser Aehnlichkeit wegen den Namen des Kettensatzes.

Die Namen der Größen in den ersten Hälften der Gleichungen sind daher leicht aus den Benennungen der Größen in den zweiten Hälften, nach der frühern Angabe zu entnehmen; deswegen und der leichtern Uebersicht halber werden die Namen der Größen in der ersten Hälfte der Gleichungen weggelassen.

In dem Vorhergehenden wurde die äußere Form des Kettensatzes behandelt, und diese Darstellung desselben soll zur Erläuterung des Gesagten auf einige Beispiele angewendet werden. Zuerst ist aber zu bemerken, daß die Dinge, welche in einem Kettensatze vorkommen können, entweder gleich- oder ungleichartige Dinge sind. Beide Fälle sind zu betrachten.

A. Gleichartige Dinge. Z. B.

In einem Kataloge liest ein Preuße die Anzeige eines Buches, das er zu kaufen wünscht; in Stuttgart ist es erschienen und der Preis desselben ist 7 Fl. 48 Kr. Diesen Preis will er auf Preuß. Geld reduciren, und erinnert sich, daß diese Rechnung nach dem Conventionsgelde gemacht ist. Ferner weiß er, daß 24 Fl. Conventionsgeld = 20 Fl. Conventionscourant, 3 Fl. Conv. Cour. = 2 Thlr. Conv. Cour., $13\frac{1}{3}$ Thlr. Conv. Cour = 14 Thlr. Preuß. sind. Er weiß ferner, daß 1 Fl. = 60 Kr. ist. Nach diesen Angaben wird der Kettensatz folgender sein, wenn man 48 Kr. = $\frac{4}{5}$ Fl., und die gesuchte Zahl Preuß. Thlr. = X setzt:

$$\begin{array}{rcl} X \text{ Preuß. Thlr.} &=& 7\frac{4}{5} \text{ Fl. Conv. Geld.} \\ 24 &=& 20 \text{ Fl. Conv. Cour.} \\ 3 &=& 2 \text{ Thlr. } \text{〃} \quad \text{〃} \\ 13\frac{1}{3} &=& 14 \text{ Thlr. Preuß. } \text{〃} \\ \hline X \,.\, 24 \,.\, 3 \,.\, 13\frac{1}{2} &=& 7\frac{4}{5} \,.\, 20 \,.\, 2 \,.\, 14 \text{ Thlr. Preuß.} \end{array}$$

$$\text{also } X = \frac{7\frac{4}{5} \,.\, 20 \,.\, 2 \,.\, 14}{24 \,.\, 3 \,.\, 13\frac{1}{3}} \text{ Preuß. Thlr.}$$

$$= 4\tfrac{11}{20} \text{ Thlr. Preuß.}$$

$$= 4 \text{ Thlr. } 16\tfrac{1}{2} \text{ Sgr.}$$

Nach dem allgemeinen Satze der Arithmetik, daß Gleiches durch Gleiches multiplicirt, gleiche Produkte giebt, ist das Produkt der Zahlen rechts von den Gleichheitszeichen gleich dem Produkte der Zahlen links der Gleichheitszeichen; also ist:

(1) X Preuß. Thlr. × 24 Fl. Conv. Geld × 3 Fl. Conv. Cour. × $13\frac{1}{3}$ Thlr. Conv. Cour. = $7\frac{4}{5}$ Fl. Conv. Geld × 20 Fl. Conv. Cour. × 2 Thlr. Conv. Cnur. × 14 Thlr. Preuß.

Ein anderer allgemeiner Satz der Arithmetik ist dieser: Gleiches durch Gleiches dividirt, giebt gleiche Quotienten.

Dividirt man nun jede Hälfte der letzten Gleichung (1) durch 1 Fl. Conv. Geld, so muß man Gleiches erhalten, nämlich:

(2) X Preuß. Thlr. × 24 × 3 Fl. Conv. Cour. × $13\frac{1}{3}$ Thlr. Con. Cour. = $7\frac{4}{5}$ × 20 Fl. Conv. Cour. × 2 Thlr. Conv. Cour. × 14 Thlr. Preuß.

Nun dividire man wieder jede Hälfte dieser letzten Gleichung durch 1 Fl. Conv. Cour., so erhält man:

(3) X Preuß. Thlr. $\times$ 24 $\times$ 3 $\times$ $13\frac{1}{3}$ Thlr. Conv. Cour. $=$ $7\frac{4}{5}$ $\times$ 20 $\times$ 2 Thlr. Conv. Cour. $\times$ 14 Thlr. Preuß.

Endlich dividire man wieder die letzte Gleichung durch 1 Thlr. Conv. Cour., so wird man erhalten:

(4) X Preuß. Thlr. $\times 24 \times 3 \times 13\frac{1}{3} = 7\frac{4}{5} \times 20 \times 2 \times 14$ Thlr. Preuß.

Dividirt man nun zuletzt noch die Gleichung (4) durch das Produkt der bekannten Zahlen, welche in die unbekannte Zahl X multiplicirt sind, so erhält man als Endresultat:

$$\text{X Preuß. Thlr.} = \frac{7\frac{4}{5} . 20 . 2 . 14}{24 . 3 . 13\frac{1}{3}} \text{ Thlr. Preuß.}$$

Die Divisionen, welche man mit den Gleichungen (1), (2), (3) vorgenommen hat, hätte man gleich zu Anfang der Rechnung mit den Gliedern des Kettensatzes, welche gleichnamige Größen enthalten, vornehmen können, so würde man unmittelbar die Gleichung (4), und dann das Endresultat erhalten haben. Dieses letzte ist nun das gewöhnliche Verfahren.

Aus der Behandlung des letzten Beispiels geht hervor, daß man mit dem Produkte der bekannten Zahlen derjenigen senkrechten Columne, in welcher sich die gesuchte Zahl befindet, in das Produkt der bekannten Zahlen der andern senkrechten Columne zu dividiren hat, um die gesuchte Zahl zu erhalten. Diese Bemerkung ist zu beachten, weil nicht alle Rechner die unbekannte Zahl in die Columne der Zahlen rechts vom Gleichheitszeichen, sondern auch Manche links vom Gleichheitszeichen setzen. Wer aber das Wesen dieses Satzes kennt, der wird nicht in Verlegenheit gerathen. Das gezeigte Verfahren ist jedoch das bei weitem gewöhnlichere.

Um die Produkte der Zahlen jeder senkrechten Columne zu erhalten, mußte man benannte Zahlen mit einander multipliciren, welches Verfahren im Allgemeinen nicht gestattet werden kann. Z. B. Man multiplicire 3 Scheffel mit 5 Thlr., welches ist das Produkt? Antwortet man 15, so ist die Frage, sind diese 15 Thaler oder Scheffel? Keine von diesen beiden Dingen können die 15 sein; also ist die Multiplication benannter Zahlen im Allgemeinen unmöglich. Und es entsteht daher die Frage, in welchen Fällen hat eine solche Multiplication allgemeine Gültigkeit? Diese Frage mit Gründlichkeit im Allgemeinen zu beantworten verbietet sowohl diese Anmerkung, als auch der Zweck dieses Buches, und es genüge daher die Antwort, daß Multiplicationen der Art nur in Beziehung auf einander gemacht werden können, d. h. zwei Produkte müssen mit einander verglichen werden, und ein Faktor des einen Produkts muß immer mit einem Faktor des andern gleiche Benennung haben, oder was dasselbe ist: je zwei Faktoren beider Produkte müssen immer durch eine und dieselbe Größe, als Einheit genommen, meßbar sein. Diese Einheit war in der Division der Gleichung (1) 1 Fl. Conv. Geld, der Gleichung (2) 1 Fl. Conv. Cour. der Gleichung (3) 1 Thlr. Conv. Cour.

Zur Multiplication benannter Zahlen, wenn sie Giltigkeit haben soll, gehören also zwei Bedingungen, die eine, daß die Produkte in ein geometrisches Verhältniß gesetzt werden, und die andere, daß je zwei Faktoren beider Produkte durch einerlei benannte Größe meßbar seien. Aufmerksame Beobachtungen vorkommender Beispiele werden diese beiden Bedingungen nicht allein bestätigen, sondern auch dieselben zur größten Deutlichkeit erheben.

In manchen Fällen sind die genannten Bedingungen nicht leicht bemerkbar, und es dürfte daher nicht undienlich sein, auf einige der Art aufmerksam zu machen.

Man sagt z. B., der Inhalt eines Rechtecks ist = dem Produkte aus seiner Grundlinie und Höhe. Hier scheint von keinem Verhältnisse die Rede zu sein; aber dieser Schein wird nur durch den verkürzten Ausdruck hervorgebracht. Der vollständige Ausdruck muß so lauten: Der Flächeninhalt eines Rechtecks ist gleich dem Vielfachen, welches durch das Produkt der Zahlen, nach welchen Grundlinie und Höhe durch ihr gemeines Maß gemessen sind, bestimmt wird, von dem Quadrate auf dem gemeinen Maße der Grundlinie und Höhe des Rechtecks. Dieser Ausdruck, welcher freilich schwerfällig und lang ist, und daher abgekürzt wird, drückt deutlich obige beiden Bedingungen aus.

Einen ähnlichen Ausdruck hat man für den kubischen Inhalt eines Prisma, und aller berechenbaren Körper, die hier nicht weiter in Betracht gezogen werden können.

In der Physik kommen vorzüglich häufig abgekürzte Ausdrücke vor. Z. B. Die Größe der Bewegung eines bewegten Körpers ist = dem Produkte aus seiner Masse und seiner Geschwindigkeit; d. h. setzt man die Masse eines Körpers A = 1, so ist die Masse eines Köpers B, welcher das 3fache von A ist, = 3; ferner sei die Geschwindigkeit, d. h der Raum, welchen ein bewegter Körper in der Zeiteinheit, etwa in 1 Sek., durchläuft, wieder = 1, so ist die Geschwindigkeit von B, wenn er in einer Sek. den doppelten Raum durchläuft, = 2. Nun ist die Größe der Bewegung von A = 1 (Masse) . 1 (Geschw.) = 1 . 1 = 1. Die Größe der Bewegung von B ist = 3 (Masse) . 2 (Geschw.) = 3 . 2 = 6; d. h. zur Bewegung des Körpers B, von der Masse = 3, und mit der Geschw. = 2, gehört das 6fache der Kraft, welche den Körper A, mit der Masse = 1, und der Geschw. = 1, bewegt.

Mehr über abgekürzte Ausdrücke kann hier nicht gesagt werden; ja es steht zu befürchten, daß manchem Leser das Gesagte schon zu viel scheinen dürfte. Durch diese Abschweifungen wollte der Verf. nur obiges Verfahren rechtfertigen, wenn man ihm den Vorwurf der Ungründlichkeit machen sollte.

Der Schluß der gemachten Abschweifung ist also dieser: weil durch den Kettensatz zwei Produkte benannter Zahlen gebildet werden, welche Produkte in dem geometrischen Verhältnisse von 1 : 1 stehen, und je zwei Faktoren beider Produkte durch eine und dieselbe benannte Größe meßbar sind: so hat der Kettensatz allgemeine Giltigkeit, wenn in ihm nur gleichartige Dinge vorkommen.

Aus dem Nachfolgenden wird man aber klar sehen, daß die letzte einschränkende Bedingung unnöthig zur allgemeinen Giltigkeit dieses Satzes ist.

Aus der Darstellung des Kettensatzes geht deutlich hervor, daß er die zweite obiger Bedingungen erfüllt, nämlich daß je zwei Faktoren beider Produkte stets ein gemeines Maß haben, welches eine benannte Größe ist, die Größen mögen unter einander gleichartig, oder ungleichartig sein. Durch gegenseitiges Aufheben der gleichnamigen Größen in beiden Produkten, welches durch Division geschieht, werden die Produkte zuletzt nur unbenannte Zahlen als Faktoren haben, und daher müssen sie auch in einem geometrischen Verhältnisse stehen, wodurch auch der andern obiger Bedingungen ein Genüge geleistet wird. Nun bleibt nur noch die Frage zu entscheiden übrig, welches Verhältniß beide Produkte zu einander haben, ob das der Gleichheit, nämlich das von 1 : 1, oder ein anderes, und zwar welches? Die Entscheidung dieser Frage dürfte die meiste Schwierigkeit bei Anwendung des Kettensatzes darbieten; aber auch diese Schwierigkeit soll auf eine genügende Weise gehoben werden.

Die fernere Untersuchung dürfte dem Anfänger zu abstrakt erscheinen, daher möge sie an einem Beispiele angestellt werden.

Ein Kaufmann hat Niederländisches Tuch gekauft, 7 Ellen Niederl. für 12 Fl. Holl. Courant; er will nun wissen, wie theuer die Berl. Elle in Preuß. Gelde sein wird. Er weiß, daß die Niederl. Elle 306 Par. Linien, die Berl. Elle 295 Par. Lin. hält; ferner, daß $24\frac{3}{8}$ Fl. Holl. Cour. = einer Mark f. Silber, und 14 Thlr. Preuß. auch = 1 Mark f. Silber sind. Der Preis der Berl. Elle sei X Thlr., so hat man folgenden Kettensatz:

X Thlr. Preuß. = 1 Berl. Elle
1 = 295 Par. Lin
306 = 1 Elle Niederl.
7 = 12 Fl. Holl. Cour.
$24\frac{3}{8}$ = 14 Thlr. Preuß.

Die Hauptschwierigkeit in der Anwendung des Kettensatzes ist die Frage, darf man ungleichartige Dinge einander gleich setzen oder nicht? Wie hier: kann Geld = einer gewissen Zahl Ellen sein; denn Münze und Ellen sind offenbar ungleichartige Dinge, oder überhaupt der Preis einer Waare und die Waaren selbst. Hat man diese Frage genügend beantwortet, so ist der Kettensatz dadurch auf seinen frühern Zustand gebracht, und in volle Giltigkeit gesetzt.

Die Multiplication der beiden ersten Zahlen jeder Columne giebt X Thlr. Preuß. × 1 Berl. Elle, und 1 Berl. Elle × 295 Par. Lin.

Die Division beider Produkte durch die gemeine Größe, nämlich 1 Berl. Elle, stört das Verhältniß derselben nicht, daher bleibt wieder die Vergleichung der X Thlr. Preuß. mit 295 Par. Lin.

Die Multiplication der 3 ersten benannten Größen jeder Columne und die Division durch 1 Berl. Elle und 1 Par. Lin. giebt das Verhältniß von X Thlr. Preuß. × 306, und 295 × 1 Elle Niederl., also wieder eine Vergleichung zweier ungleichartigen Dinge. Setzt man diese Schlußfolge noch weiter fort, so erhält man eine Vergleichung von X Thlr. Preuß. × 306 × 7 und 296 × 12 Fl. Holl. Cour. Diese beiden Produkte sind nur unter der Bedingung einander gleich, wenn die Richtigkeit der ersten oder vierten Gleichung erwiesen ist. Endlich gelangt man zu folgenden beiden Produkten:

X Thlr. Pr. × 306 × 7 × 24$\frac{3}{8}$ und 295 × 12 × 14 Thlr. Pr.

Dividirt man endlich beide Produkte durch die gemeine Größe = 1 Thlr. Cr., so bestehen beide Produkte aus Faktoren, die unbenannte Zahlen sind, und daher müssen beide in einem geometrischen Verhältnisse zu einander stehen; doch dieses Verhältniß bleibt so lange unbekannt, so lange dieses die Zahl X ist. Diese Zahl soll aus der Gleichheit beider Produkte erkannt werden; diese Gleichheit ist aber zweifelhaft, weil die Richtigkeit der ersten Gleichung nicht anerkannt worden ist; daher ist auf diesem Wege die Sache nicht zu entscheiden, und man findet sich genöthigt, dieser Untersuchung eine andere Wendung zu geben.

Man wird bemerkt haben, daß die Lösung der obigen Schwierigkeit von der Ermittelung des Verhältnisses der gesuchten Zahl eines Dinges, und der gegebenen Zahl desselben Dinges, die mit gewissen Quantitäten anderer aber gleichnamiger Dinge verglichen werden, abhängt, oder noch deutlicher und bestimmter: man vergleicht einen gewissen, aber noch unbekannten, Preis einer Waare mit einer gegebenen Quantität derselben, und eine andere gegebene Quantität dieser Waare mit einem bekannten Preise derselben, und sucht nun das Verhältniß zwischen dem unbekannten und bekannten Preise, oder kürzer: welches ist der Preis einer gegebenen Quantität Waare, wenn eine andere, aber gegebene Quantität derselben Waare einen gewissen gegebenen Preis hat?

Man könnte diese Frage durch geometrische Verhältnisse und Proportionen entscheiden; weil aber von denselben mit benannten Zahlen bisher nicht die Rede gewesen ist, so muß sie auf eine Weise behandelt werden, welche die Gründe zur Beweisführung in sich selbst enthält.

Die allgemeine Untersuchung möchte zu abstrakt sein, daher möge die Untersuchung an einem Beispiele vollführt werden.

Wie theuer sind 15 Pfund einer Waare, wenn 6 Pfund derselben 2 Thlr. kosten?

**Kettensatz:**

X Thlr. = 15 Pfd.
6 Pfd. = 2 Thlr.

Man nehme das größte gemeine Maß beider gleichartigen gegebenen Größen aus der ersten und zweiten Gleichung, also das von 15 Pfund und 6 Pfd.; dieses ist ein gewisses Quantum, nämlich 3 Pfd.; die gegebene Quantität der Waare, 6 Pfd., ist das 2fache des gemeinen Maßes, 3 Pfd.; nun ist die Frage, wird der Preis der gegebenen Quantität Waare auch das 2fache des Preises vom gemeinen Maße der Waare sein oder nicht? Es ist klar, daß die Preise gleicher Quantitäten einer und derselben Waare einander gleich sein müssen; daher muß der gegebene Preis, 2 Thlr., auch das Doppelte des Preises vom gemeinen Maße, 3 Pfd., sein; folglich ist der einfache Preis = 1 Thlr.

Die andere gegebene Quantität der Waare ist ein gewisses Vielfaches des gemeinen Maßes, nämlich das 5fache, demnach ist der gesuchte Preis auch das 5fache von dem Preise des gemeinen Maßes, = 5 × 1 Thlr. = 5 Thlr.

Um einen deutlichen und bestimmten Ausdruck zu haben, nenne man den Preis einer gewissen Quantität einer Waare den zugehörigen Preis dieser Quantität, so erhält man aus voriger Untersuchung folgenden Satz: Die erste Waare und ihr zugehöeiger Preis sind Gleichvielfache, jeder das 5fache, und die zweite Waare und ihr zugehöriger Preis sind auch Gleichvielfache, jeder das 2fache, und die Waaren sind Vielfache von ihrem gemeinen Maße, die Preise sind Vielfache von dem Preise des gemeinen Maßes der Waaren. Welches Vielfache nun die eine Waare der andern ist, dasselbe Vielfache muß der zugehörige Preis der ersten Waare von dem zugehörigen Preise der andern Waare sein (119.)

Sind A und B zusammengehörige Größen, d. h. solche, welche gemeinschaftlich irgend eine andere Größe bedingen, und a und b wieder zusammengehörige Größen; ferner A und a gleichartige, B und b auch gleichartige.

Ist nun A irgend ein Vielfaches, oder irgend ein Theil, oder irgend ein Bruch von a, und ist dasselbe Vielfache, derselbe Theil, derselbe Bruch B dann auch von b, so sagt man die Größen A zu a, B zu b stehen in einem geraden Verhältnisse.

Wenn aber A entweder ein Vielfaches, ein Theil, oder ein Bruch von a, b dann aber dasselbe Vielfache, derselbe Theil, derselbe Bruch von B ist, so sagt man A zu a, und B zu b stehen in umgekehrtem Verhältnisse, d. h. das Verhältniß von A zu a ist gleich dem von b zu B. In geradem Verhältnisse stehen Waare und Preis derselben; Kapitale und ihr Zins; Arbeiter und ihre Arbeit oder ihr Arbeitslohn; die Massen der Körper und ihre Schwere, oder ihre Gewichte; bei gleichen Multiplicanden die Multiplicatoren und ihre Produkte; bei gleichen Divisoren die Dividenden und ihre Quotienten; die Geschwindigkeiten nnd die durchlaufenen Räume der Körper bei gleichförmiger Bewegung und gleichen Zeiten ꝛc.

In umgekehrtem Verhältnisse stehen die Faktoren zweier gleichen Produkte; die Zeiten und die Zahl der Arbeiter; die Längen und die Breiten gleichflächiger Rechtecke; die Zahl der Verzehrer und die Zeiten ꝛc.

Nur solche Größen, welche in geradem Verhältnisse stehen, dürfen vermittelst des Kettensatzes berechnet werden, die in umgekehrtem Verhältnisse stehenden Größen werden besser durch Proportionen berechnet. Von den Proportionen beiläufig später.

Wenn also Größen in geradem Verhältnisse stehen, und man zur Größe A die zugehörige X finden soll, dadurch, daß zu der, mit A gleichnamigen, Größe a die gehörige b gegeben ist, so muß X des Vielfache, der Theil, oder der Bruch von b sein, welches Vielfache, welcher Theil, welcher Bruch A von a ist.

Um zu erfahren, welches Vielfache, welcher Theil oder Bruch A von a ist, hat man mit a in A zu dividiren; also $A : a = \frac{A}{a}$ giebt die unbenannte Zahl, welche anzeigt, wie oft A die a enthält; da nun die gesuchte Zahl X eben so oft die Größe b enthalten muß, so ist $X = \frac{A}{a} . b$, oder $X . a = A . b$. Dasselbe Resultat giebt nun der Kettensatz; denn nach obigem Verfahren ist:

$$\begin{array}{rcl} X & = & A \\ a & = & b \\ \hline X . a & = & A . b \end{array}$$

$$\text{also } X = \frac{A . b}{a}$$

Der Leser entschuldige die große Abschweifung in Bezug auf den Kettensatz; der Verfasser glaubte dieselbe der Deutlichkeit und Gründlichkeit schuldig zu sein.

In der Folge werden beide Rechnungsarten nach Umständen, sowohl Schlüsse als auch der Kettensatz, angewendet werden.

160. In einem Buche über Landwirthschaft liest man, daß die Aussaat des Winterroggens auf einem Sächsischen Acker $1\frac{1}{4}$ bis $1\frac{1}{2}$ Scheffel, also im Durchschnitt $1\frac{3}{8}$ Scheffel, des Winterweizens im Durchschnitt $1\frac{1}{8}$ Scheffel, der Wintergerste im Durchschnitt $1\frac{3}{8}$ Schfl. betrage. Wie viel wird man nach diesen Angaben auf einen Preuß. Morgen nach Preuß. Scheffeln aussäen, wenn man weiß, daß ein Sächsischer Acker = 55115 Par. Quadratfuß, ein Preuß. Morgen = 24196 Par. Quadratfuß, ein Dresdner Scheffel = 5416 Par. Kubikzoll, ein Berliner Scheffel = 2770,74 Par. Kubikzoll ist?

Aufl. Ein Dresdener Scheffel ist $= \frac{5416}{2770,74} = \frac{2708}{1385,37}$ Berl. Scheffel. 1 Sächs. Acker $= \frac{55115}{24196}$ Preuß. Morgen; daher sind $1\frac{3}{8}$ Dresdn. Scheffel $= \frac{11}{8} . \frac{2708}{1385,37} = \frac{11 . 677}{2 . 1385,37}$ Berl. Schfl.; folglich wird man auf einen Preuß. Morgen so viele Berl. Scheffel auszusäen haben, wie oft $\frac{55115}{24196}$ in $\frac{11 . 677}{2 . 1385,37}$ enthalten ist. Daher beträgt die Aussaat Roggen für einen Preuß. Morgen im Durchschnitt $\frac{11 . 677}{2 . 1375,37} . \frac{24196}{55115} = 1,176717$ Schfl. oder = 1 Sch. 2,27472 Mtz.

Die beiden andern Fragen sollen durch den Kettensatz berechnet werde, welches geschehen kann, da die Größen in einem geraden Verhältnisse stehen.

$$\begin{array}{rcl} X \text{ Preuß. Scheffel} & = & 1 \text{ Morgen Preuß.} \\ 1 & = & 24196 \text{ Par. Quadratfuß} \\ 55115 & = & 1 \text{ Sächsischen Acker} \\ 1 & = & 1\frac{1}{8} \text{ Dresdn. Schfl. Weizen} \\ 1 & = & 5416 \text{ Par. Kubikzoll} \\ 2770,74 & = & 1 \text{ Preuß. Scheffel} \\ \hline \end{array}$$

$$152709335,1 \mid 131045536 \mid 0,858136 \text{ Scheffel.}$$

Auf einen Preußischen Morgen beträgt die Aussaat an Weizen 0,858136 Preuß. Scheffel = 13,630176 Metzen.

X Preuß. Scheffel = 1 Preuß. Morgen
1 = 24196 Par. Quadratfuß
55115 = 1 Sächsischen Acker
1 = $1\frac{3}{8}$ Dresdn. Schfl. Gerste
1 = 5416 Par. Kubikzoll
2770,74 = 1 Preuß. Scheffel.

152709335,1 | 179695726 | 1,176717.

Zur Aussaat an Gerste erfordert also nach obigen Angaben ein Preuß. Morgen 1 Scheffel 2,827472 Metzen nach Preuß. Maße

161. 836 Jhlr. 20 Sgr. sollen so unter 3 Personen A, B, C getheilt werden, daß A 54 Thlr. 15 Sgr. mehr, und B 28 Thlr. 10 Sgr. weniger als C erhalte.

Aufl. B erhält am wenigsten und sein Antheil sei das Einfache, so hat C das Einfache und 28 Thlr. 10 Sgr. und A das Einfache und 28 Thlr. 10 Sgr. und 54 Thlr. 15 Sgr. oder das Einfache und 82 Thlr. 25 Sgr. zu erhalten. Alle 3 haben das 3fache und 111 Thlr. 5 Sgr. = 836 Thlr. 20 Sgr.; also ist das 3fache = 725 Thlr. 15 Sgr.; daher das Einfache = 241 Thlr. 25 Sgr., welches der Antheil des B ist; folglich ist der Antheil des A = 324 Thlr. 20 Sgr., und der des C = 270 Thlr. 5 Sgr.

162. Unter 3 Personen A, B, C sind 8960 Thlr. so zu vertheilen, daß A 95 Thlr. und B 78 Thlr. mehr als C erhalte. Wie viel beträgt der Antheil jeder Person?
A = 3024 Thlr., B = 3007 Thlr. und C = 2929 Thlr.

163. 6325 Thlr. sollen so unter 3 Menschen A, B, C getheilt werden, daß A 75 Thlr. und B 84 Thlr. weniger als C erhalte. Wie viel erhält jeder? A = 2086 Thlr. 10 Sgr., B = 2077 Thlr. 10 Sgr. und C = 2161 Thlr. 10 Sgr.

164. 400 Morgen Landes sind so unter 3 Bauern A, B, C zu theilen, daß A 17 Morgen mehr als B, und dieser 29 Morgen mehr als C erhalte.

Aufl. C = 1faches
B = 1faches + 29 Morgen
A = 1faches + 46 Morgen

3faches + 75 Morg. = 400 Morg.
3faches = 325 Morg.
1faches = $108\frac{1}{3}$ Mrg. = 108 Mrg. 60 QR.

Daher erhält A 154 Morgen 60 Quadrat-Ruthen. B 137 Morgen 60 Quadr. R. und C 108 Morg. 60 Quadr. R.

165. Drei Personen legen zu einer gemeinschaftlichen Reise 2500 Thlr. zusammen, A 150 Thlr. mehr als B, und dieser 140 Thlr. weniger als C. Wie viel hat jede Person gegeben?
A = $886\frac{2}{9}$ Thlr., B = $736\frac{2}{3}$ Thlr., C = $876\frac{2}{3}$ Thlr.

166. Drei Kaufleute legen zu einem Handel gemeinschaftlich

18 500 Thlr. zusammen; A 450 weniger als B und dieser 870 Thlr. mehr als C. Wie viel hat jeder beigetragen?

A 6156⅓ Thlr., B 6606⅓ Thlr. und C 5736⅓ Thlr.

167. Drei Schiffe hat man mit 12650 Scheffeln Getreide beladen; das Schiff A mit 625 Scheffeln weniger als B, und dieses mit 529 Scheffeln weniger als C. Wie viel Getreide befindet sich auf jedem Schiffe?

Auf dem Schiffe A befinden sich 3623⅔, auf B 4248⅔ und auf C 4777⅔ Scheffel.

168. Ein Vater stirbt und hinterläßt ein Vermögen von 12800 Thlr., welches nach seinem Testamente unter seine 4 Söhne so getheilt werden soll, daß jeder jüngere Sohn 300 Thlr. mehr als jeder zunächst ältere erhalte; wie viel erhält jeder?

2900, 3200, 3500 und 3800 Thlr.

169. A und B sollen 720 Thlr. so unter sich theilen, daß A doppelt so viel als B und noch 30 Thlr. erhalte.

Aufl. B = 1faches
A = 2faches + 30 Thlr.
3faches + 30 Thlr. = 720 Thlr.
3faches = 690 Thlr.
1faches = 230 Thlr.

Daher erhält A 490 Thlr. und B 230 Thlr.

170. Ein junger Mensch wird nach seinem Alter gefragt, und er antwortet: mein Vater und ich sind zusammen 80 Jahre alt; mein Alter ist ⅓ von dem meines Vaters und 4 Jahre. 23 Jahre.

171. Zwei Schäfer haben zusammen 129 Schafe, der eine ¼ der Zahl des andern und 9. Wie viele hat jeder?

Der eine 33, der andere 96 Schafe.

172. Zwei Reisende begegnen sich, und unterhalten sich über ihre zurückgelegten Wege; sie sind im Ganzen 250 Meilen gegangen, der eine 3mal so viele Meilen als der andere weniger 30 Meilen. Welchen Weg hat jeder gemacht? Der eine 70 Meilen, der andere 180 Meilen.

173. A gewinnt in der Lotterie 2400 Thlr. und hat nun 800 Thlr. mehr als B; wer hatte anfangs mehr?

Aufl. Das Vermögen des A ist durch den Gewinn um 2400 Thlr. gewachsen, und da er jetzt nur 800 Thlr. mehr als B hat, so müssen ihm 1600 Thlr. an seinem Vermögen vor dem Gewinne bis zu dem des B gefehlt haben. Folglich hatte B 1600 Thlr. mehr als A.

174. Wenn A 7000 Thlr. gewinnen würde, so würde er 13000 Thle. mehr als B haben; wer hat mehr?

A hat 6000 Thlr. mehr als B.

175. A gewinnt 1200 Thlr. und hat dennoch 900 Thlr. weniger als B; wer hat mehr?

A hat vor dem Gewinne 2100 Thlr. weniger als B gehabt.

176. A gewinnt in der Lotterie 10400 Thlr., B 9800 Thlr.,

und nun hat A 600 Thlr. mehr als B; wer hat von dem Gewinne mehr gehabt?

Keiner hat mehr als der andere gehabt.

177. A verkauft Waare für 420 Thlr., B für 200 Thlr., und nun hat A an baarem Gelde 50 Thlr. mehr als B. Wer hatte vorher mehr? B hatte 170 Thlr. mehr als A.

178. A nimmt durch seinen Handel in einer gewissen Zeit 3540 Thlr., B in derselben Zeit nur 740 Thlr. ein; A hat nun 5000 Thlr. mehr als B. Wer hatte vor der Einnahme mehr? A hatte 2200 Thlr. mehr als B.

179. Zwei Personen A und B machen eine Reise zusammen, A hat 80 Thlr. Reisegeld mehr als B; darauf verliert A 20 Thlr.; wer hat nun mehr? A hat noch 60 Thlr. mehr als B.

180. Von zwei Reisenden hat A 50 Thlr. mehr als B; A hat in einer gewissen Zeit 95 Thlr. mehr als B ausgegeben; wer hat nun mehr? B hat 45 Thlr. mehr als A.

181. Zwei Kapitalisten vergleichen ihr Vermögen, und es findet sich, daß A 13000 mehr als B besitzt. Darauf verliert A 15000 Thlr., B 800 Thlr. durch ein Fallissement. Wer hat nun mehr? B hat 1200 Thlr. mehr als A.

182. Zwei Kaufleute vergleichen ihr vorräthiges Tuchlager, und der Vorrath des A ist 725 Ellen mehr als der des B. Nach einiger Zeit hat A 2408 Ellen, B 2523 Ellen verkauft. Wer hat nun mehr Ellen vorräthig? A hat noch 840 Ellen mehr als B.

183. Ein Kaufmann A besitzt 14500 Thlr. mehr als ein anderer B; darauf gewinnt A in seinem Handel 2340 Thlr., B verliert 4800 Thlr.. Wie viel hat A mehr als B? A hat 21640 Thlr. mehr als B.

184. Das Vermögen des A übersteigt das des B um 8530 Thlr.; darauf verliert A 4360 Thlr.; B gewinnt im Handel 4170 Thlr. Wie viel hat der eine mehr als der andere? Beide haben gleich viel.

185. A ist um 3839 Thlr. reicher als B; A verliert 2058 Thlr., B gewinnt im Handel 954 Thlr.. Wie viel hat der eine mehr als der andere? A hat 827 Thlr. mehr als B.

186. Der Gutsbesitzer A hat 19 Hufen 28 Morgen Landes mehr als B. Darauf sieht sich A genöthigt, 13 Hufen 20 Morgen Landes zu verkaufen; und B kauft unter vortheilhaften Bedingungen 25 Hufen 21 Morgen. Wie vieles Land hat der eine mehr als der andere? B hat 19 Hufen 13 Morgen mehr als A.

187. In einem Buche, welches über Landwirthschaft handelt, findet man folgende Angaben: 1 Dresdner Scheffel Winter-Weizen wiegt im Durchschnitt 180 Sächsische Pfunde, 1 Dresdn. Scheffel Winter-Roggen wiegt 160, ein Dresdn. Schfl. Sommer-Weizen wiegt 170, ein Dresdn. Schfl. Sommer-Roggen wiegt 160, ein Dresdn. Schfl. Sommer-Gerste wiegt 140, nackte Sommer-Gerste

170, kleine Sommer-Gerste 120, Rispenhafer 100, Fahnenhafer 80, Bohnen 190, Erselben 160, Wicken 180, Linsen 190 Sächs. Pfunde.

Wie viele Pfunde wird ein Preuß. Scheffel dieser Getreidearten wiegen, wenn 1 Preuß. Scheffel = 2770,74 Kubikzoll, 1 Dresdn. Scheffel 5416 Par. Kubikzoll, 89,28 Preuß. Pfunde = 89,33 Dresdn. Pfunde sind?

X Preuß. Pfunde = 1 Preuß. Scheffel
1 = 2770,74 Par. Kubikzoll
5416 = 1 Dresdn. Scheffel
1 Drdn. Schfl. Wint. Weiz. = 180 Sächs. Pfunden
89,33 = 89,28 Preuß. Pfunden
60476,41 | 556 5862,512 | 92,0336

1 Preuß. Scheffel Winterweizen wiegt nach obigen Angaben 92,0336 Preuß. Pfunde oder 92 Pfund 1,0752 Loth.

X Preuß. Pfunde = 1 Preuß. Scheffel Winterroggen
1 = 2770,74 Par. Kubikzoll
5416 = 1 Dresdn. Scheffel
1 Drdn. Schfl. Wtrogg. = 160 Sächs. Pfunden
89,33 = 89,28 Preuß. Pfunden
60476,41 | 4947 433,344 | 81,807

1 Preuß. Scheffel Winterroggen wiegt 81,807 Preuß. Pfunde oder 81 Pf. 25,824 Loth.

Auf gleiche Weise findet man das Gewicht eines Scheffels Sommerweizen = 86,92 Preuß. Pfunden.

188. Ein Sächsischer Acker giebt unter den günstigsten Verhältnissen und der größten Höhe Ertrag an Winterweizen 21 Sächsische Scheffel, Sommerweizen 20, Winterroggen 18, Sommerroggen 15 Sächsische Scheffel; der Winterweizen an Stroh 50, der Sommerweizen 40, der Winterroggen 70, der Sommerroggen 48 Sächsische Centner. 1 Sächs. Centner = 110 Sächs. Pfunden.

Der Preis für Königsberg ist im Nov. 1834 für eine Last von $56\frac{1}{2}$ Scheffel Weizen 100 Thlr. Pr. Courant, für eine Last Roggen 65 Thlr., für ein Schock Stroh, 1 Bund = 20 Pfunden, 4 Thlr. Wie groß wird der Ertrag von einem Preußischen, einem Kulmischen und einem Oletzkoischen Morgen sein; wenn 1 Preuß. Morgen = 24196 Par. Quadratfuß, ein Kulmischer Morgen von 1577 = 54772 Par. Quadratfuß, ein Oletzkoischer Morgen = 49432 Par. Quadratfuß, ein Sächsischer Acker = 55115 Par. Quadratfuß ist?

Welchen Ertrag giebt 1 Preuß. Morg. an Winterweizen:
1 = 24196 Par. Quadratfuß
55115 = 1 Sächsischen Acker
1 = 21 Sächs. Schfl. Winterweizen
1 = 5416 Par. Kubikzoll
2770,74 = 1 Preuß. Scheffel
$56\frac{1}{2}$ = 100 Thlr. Preuß. Courant
1713 182 096,63 | 55 039 125 120 | 32,126 Thlr.

1 Preuß. Morg. an Weizenstroh
1 = 24196 Par. Quadratfuß
55115 = 1 Sächsischen Acker
1 = 50 Centner an Stroh
1 = 110 Sächs. Pfunden
89,33 = 89,28 Preuß. Pfunden
20 = 1 Bund Stroh
60 = 1 Schock „
1 = 4 Thlr. Preuß. Courant

984684,59 | 7920802,56 | 8,044 Thlr.

Demnach ist der Ertrag von einem Preuß. Morgen an Körner und Stroh 40,17 Thlr. Preuß. Courant oder 40 Thlr. 5,1 Sgr. von Weizen.

Welchen Ertrag giebt 1 Preuß. Morg. an Roggen
1 = 24196 Par. Quadratfuß
55115 = 1 Sächsischen Acker
1 = 18 Sächs. Scheffel Winterroggen
1 = 5416 Par. Kubikzoll
2770,74 = 1 Preuß. Scheffel
$56\frac{1}{4}$ = 65 Thlr. Preuß. Courant

1713182096,63 | 30664655424 | 17,899 Thlr.

1 Preuß. Morgen an Roggenstroh
1 = 24196 Par. Quadratfuß
55115 = 1 Sächsischen Acker
1 = 70 Sächs. Centner Stroh
1 = 110 Sächs. Pfunden
89,33 = 89,28 Preuß. Pfunden
20 = 1 Bund Stroh
60 = 1 Schock „
1 — 4 Thlr. Preuß. Courant

4923422,95 | 55445617,92 | 11,261 Thlr.

Der Ertrag von 1 Preuß. Morgen an Körnern und Stroh beträgt also für Winterroggen 29,16 Thlr. Preuß. Courant.

189. A sagt zu B, gieb mir 350 Thlr., so habe ich so vieles Geld als du behälst. Wer hat mehr?

Aufl. Würde B dem A nicht 350 Thlr., sondern irgend einem Andern diese Summe geben, so müßte B noch 350 mehr als A haben; daher muß B 350 + 350 oder 700 Thlr. mehr als A haben.

190. Giebt A dem B 780 Thlr., so hat A dennoch 500 Thlr. mehr als B. Wie viel hat A mehr als B?

Aufl. Würde A nach Uebergabe von 780 Thlr. an B so viel behalten, als B dann hat, so müßte A 2 mal 780 = 1560 Thlr. mehr als B haben; da nun aber A noch 500 Thlr. mehr als B nach Empfang der 780 Thlr. hat, so hat A 1560 + 500 = 2060 Thlr. mehr als B.

191. Wenn A 930 Thlr. dem B giebt, so hat A 400 Thlr. weniger als B. Wer hat mehr?

Würde A nach Mittheilung der 930 Thlr. an B so viel haben als dieser, so müßte A 2 mal 930 = 1860 Thlr. mehr als B haben; da ihm aber 400 Thlr. an der vermehrten Summe des B fehlen, so hat A nur 1860 — 400 = 1460 Thlr. mehr als B.

192. A giebt dem B 450 Thlr., und nun hat B 450 Thlr. mehr als A behält. Wer hatte anfangs mehr?

A hatte 450 Thlr. mehr als B.

193. Würde A dem B 840 Thlr. geben, so würde dieser 60 Thlr. mehr als jener haben. Wer hat mehr?

Aufl. Würde nach der Austheilung von A an B jeder gleich viel haben, so müßte A 2 mal 840 = 1680 Thlr. mehr als B besitzen; da nun dem A 60 Thlr. an der vermehrten Summe des B fehlen, so hat A 1680 weniger 60 oder 1620 Thlr. mehr als B.

194. A giebt dem B 850 Thlr., und nun hat B 2000 Thlr. mehr als A. Wer hatte anfangs mehr?

B hatte 300 Thlr. mehr als A.

195. A und B besitzen zusammen ein Vermögen von 12680 Thlr. A gewinnt in der Lotterie 700 Thlr., und nun hat er so viel als B. Wie viel hatte jeder anfangs?

Aufl. B hatte 700 Thlr. mehr als A; daher beträgt das Vermögen beider das Doppelte des A und 700 Thlr. = 12680 Thlr.; also ist das Doppelte des A = 11980; daher hat A 5990 und B 6690 Thlr.

196. Man hat zwei Stücke Tuch, welche zusammen 800 Ellen messen. Von dem einen Stücke verkauft man 30 Ellen, und nun hat man von beiden gleich viele Ellen. Wie viele Ellen hielt jedes Stück? Das eine Stück maß 415 Ellen, das andere 385 Ellen.

197. In zwei Speichern sind 5864 Scheffel Weizen aufgemessen. Aus dem einen Speicher verkauft man 3 Wispel 8 Scheffel und nun bleiben in demselben noch 1 Wispel 4 Scheffel mehr zurück als im andern. Wie viele Scheffel waren in jedem Speicher?

In dem einen 2986, im andern 2878 Scheffel.

198. In zwei Weinkellern befinden sich 58 Oxhoft 4 Anker Wein; aus dem einen werden 3 Oxhoft 5 Anker Wein verkauft, und nun sind im andern noch 2 Oxhoft 2 Anker mehr als im ersten. Wie viel Wein war anfangs in jedem Keller?

Aufl. Im ersten Keller war 1 Oxhoft 3 Anker mehr als im andern; daher enthielten beide Keller das Doppelte der Quantität des andern und 1 Oxhoft 3 Anker = 58 Oxhoft 4 Anker. Das Doppelte des Weines im andern Keller beträgt also 57 Oxhoft und 1 Anker; daher ist die Quantität Wein des andern Kellers 28 Oxhoft $3\frac{1}{2}$ Anker, und die des ersten 30 Oxhoft und $\frac{1}{2}$ Anker.

199. In zwei Beuteln befinden sich 1500 Thlr.; darauf legt man in den einen noch 50 Thlr., und nun sind in diesem 200 Thlr. mehr als im andern. Wie viel war anfangs in jedem Beutel?

In dem einen 825, in dem andern 675 Thlr.

200. Von zwei Gütern zieht man an jährlichen Einkünften 3580 Thlr.; verbesserter Oekonomie wegen zieht man in diesem Jahre von dem einen Gute 600 Thlr. mehr als im vorigen, und daher von

diesem Gute in diesem Jahre 400 Thlr. mehr als von dem andern. Wie viele Einkünfte lieferte im vorigen Jahre jedes Gut? Das eine 1690, das andere 1890 Thlr.

201. Zwei Söhne erben von ihren Eltern zusammen 25000 Thlr.; der eine verschwendet von seinem Erbe in kurzer Zeit 1300 Thlr., während der andere durch Betriebsamkeit in derselben Zeit seine Erbschaft um 800 Thlr. vermehrt, und nun haben beide gleich viel. Wie viel hatte jeder geerbt?

Aufl. Der Verschwender hatte 1300 + 800 = 2100 Thlr. mehr als der andere geerbt; beide hatten also zusammen das Doppelte der Erbschaft des Sparsamen und 2100 Thlr. = 25000 Thlr.; das genannte Doppelte betrug demnach 22900 Thlr.; also hatte der Sparsame 11450 Thlr., und der Verschwender 13550 Thlr. geerbt.

202. Zwei Söhne erben von ihrem verstorbenen Vater gleich viel; der eine verschwendet in kurzer Zeit von seinem Erbe 900 Thlr., der andere vermehrt es durch einen glücklichen Handel um 2830 Thlr. Wie viel hat der eine mehr als der andere? Der Kaufmann hat 3730 Thlr. mehr als der Verschwender.

203. Zwei Brüder besitzen zusammen ein Vermögen von 28000 Thlr.; darauf erbt jeder von einem Verwandten 18000 Thlr., und nun ist der eine um 8000 Thlr. reicher als der andere. Wie viel besaß jeder vor der Erbschaft, und wie viel mit derselben?

Vor der Erbschaft hatte der eine 10000, der andere 18000, nach derselben hatte der erste 28000, und der andere 36000 Thlr.

204. Man hat in zwei Gefäßen 90 Quart Bier; man gießt aus dem einen 10 Quart in das andere Gefäß, und nun ist in beiden gleich viel enthalten. Wie viele Quart befanden sich zu Anfange in jedem Gefäße?

Aufl. In dem einen Gefäße waren anfangs 20 Quart mehr als im andern; daher in beiden das Zweifache dessen, was in dem war, das die kleinere Quantität enthielt, und 20 Quart = 90 Qrt. Daher das erwähnte Zweifache = 70 Quart. Folglich waren in dem einen Gefäße 35 und im andern 55 Quart Bier.

205. In einer Garnison befinden sich 5000 Mann, Infanteristen und Kavalleristen. 100 Kavalleristen marschiren ab, und eben so viele Infanteristen rücken ein; und nun sind in der Garnison 3400 Infant. mehr als Kavall. Wie viele Mann Infanterie und Kavallerie waren anfangs in der Garnison?

Aufl. Durch den Abmarsch an Kavallerie, und den Einmarsch der Infanterie, wuchs die Zahl der letztern um 200 über den frühern Ueberschuß; da nun 3400 Mann Infanterie mehr als Kavallerie sind, so waren anfangs nur 3200 Mann Infanterie mehr als Kavallerie.

Die doppelte Zahl Kavallerie betrug demnach 5000 — 3200 = 1800 Mann; daher waren zu Anfange 900 Mann Kavallerie, und 4100 Mann Infanterie.

206. Auf einem Balle befinden sich 400 Menschen; darauf entfernen sich 20 Damen, und 50 Herren kommen zur Gesellschaft dazu; und nun sind 80 Herren mehr als Damen. Aus wie vielen Perso-

nen von beiden Geschlechtern bestand anfangs die Gesellschaft? Aus 195 Damen und 205 Herren.

207. Eine Schule, welche zwei Klassen hat, wird von 300 Schülern besucht; von der untern Klasse werden nach der obern 32 Schüler versetzt; und nun sind in der obern Klasse 4 Schüler mehr als in der untern. Wie viele Schüler waren vor der Versetzung in jeder Klasse?

Aufl. 1. Durch die Versetzung von 32 Schülern nach der obern Klasse, wuchs diese in Bezug auf die Zahl der Schüler in der untern Klasse um 64; da jetzt nur 4 Schüler in der obern Klasse mehr als in der untern sind, so waren vor der Versetzung in der untern Klasse 60 Schüler mehr als in der obern; daher waren in dieser 120 und in der untern 180 Schüler.

Aufl. 2. Da nach der Versetzung in der obern Klasse 4 Schüler mehr als in der untern sind; so befinden sich nun in der untern 148, und in der obern 152; folglich waren vor der Versetzung in der obern $152 - 32 = 120$, und in der untern $148 + 32 = 180$.

208. Auf einer Wiese weiden 500 Stück Vieh, Pferde und Rinder; 40 Ochsen werden auf die Mast gestellt, 20 Pferde verkauft, und nun sind noch 10 Ochsen mehr als Pferde auf der Weide. Wie viele Pferde und Ochsen waren anfangs auf der Wiese?

235 Pferde und 365 Ochsen.

209. Jemand verkauft von einer Waare $\frac{3}{5}$ derselben, und es bleiben noch 90 Pfunde übrig. Wie viel wog die ganze Waare?

225 Pfunde.

210. Von einer Waare werden 85 Ellen mehr als die Hälfte verkauft, und es bleiben noch 114 Ellen übrig. Wie viele Ellen hielt die Waare?

Aufl. Weil 85 Ellen mehr als die Hälfte der Waare verkauft wurden, so blieb die um 85 Ellen verminderte Hälfte der Waare oder 114 Ellen übrig; daher ist die Hälfte = 199 Ellen; also die ganze Waare = 398 Ellen.

211. Jemand verspielt 8 Thlr. mehr als $\frac{1}{4}$ seines Geldes, und behält noch 52 Thlr. übrig. Wie viel hatte er anfangs? 80 Thlr.

212. Durch einen Bankerott verliert Jemand 3500 Thlr. mehr als $\frac{5}{8}$ seines Vermögens, und besitzt jetzt nur noch 5600 Thlr. Wie reich war er vor dem Bankerott? $24266\frac{2}{3}$ Thlr.

213. Ein Gutsbesitzer hat im Herbste Kartoffeln vergraben, und beim Herausnehmen im Frühjahre findet er, daß ihm 12 Scheffel mehr als $\frac{3}{20}$ der ganzen Masse erfroren sind; der Rest ist noch 175 Scheffel. Wie viele Scheffel hatte er vergraben? 220 Scheffel.

214. Ein Knabe hat Nüsse gepflückt, und verschenkt die Hälfte derselben weniger 10 an seine jüngere Schwester und behält noch 72. Wie viele Nüsse hatte er gepflückt? 124 Nüsse.

215. Durch eine Feuersbrunst verliert ein Landmann $\frac{4}{7}$ weniger 90 Scheffel seiner Ernte, und hat daher nur noch 846 Scheffel Getreide. Wie viele Scheffel betrug seine Ernte?

Aufl. Würden $\frac{4}{7}$ seiner Ernte verloren gegangen sein, so würde er nur noch $\frac{3}{7}$ derselben behalten haben; da 90 Scheffel weniger verbrannt sind, so hat er $\frac{3}{7}$ seiner Ernte und 90 Scheffel behalten; daher betragen $\frac{3}{7}$ der Ernte $846 - 90 = 756$; also $\frac{1}{7}$ derselben $= \frac{756}{3} = 252$; daher die ganze Ernte $= 7 . 252 = 1764$ Scheffel.

216. Jemand erbt 4500 Thlr., und hat nun ein Vermögen, welches eben so viel über 10000 Thlr. beträgt, um was es erst weniger als diese Summe war. Wie groß war sein Vermögen ohne die Erbschaft?

Aufl. Durch die Erbschaft ist das Fehlende an seinem Vermögen bis 10000 Thlr. ersetzt, und noch um dasselbe über diese Summe gewachsen; daher beträgt das Doppelte vom Fehlenden 4500 Thlr.; also das Einfache 2250 Thlr.; daher war sein Vermögen ohne die Erbschaft $=$ 10000 Thlr. — 2250 $=$ 7750 Thlr.

217. Ein Schüler frägt einen seiner Mitschüler nach dessen Alter; dieser giebt zur Antwort: Wäre ich um die Hälfte meines Alters und noch 5 Jahre älter als ich bin, so würde ich um eben so viele Jahre über 20 sein, um was jetzt mein Alter unter 20 Jahren ist.

Aufl. Die Hälfte des Alters und 5 Jahre betragen das Zweifache der fehlenden Jahre am Alter bis 20, also beträgt das Fehlende des Alters $\frac{1}{4}$ des jetzigen und $2\frac{1}{2}$ Jahre; daher sind $\frac{5}{4}$ des jetzigen Alters und $2\frac{1}{2}$ Jahre $=$ 20 Jahre; mithin $\frac{5}{4}$ des gefragten Alters $= 17\frac{1}{2} = \frac{35}{2}$ Jahre; folglich $\frac{1}{4}$ des Alters $= \frac{7}{2}$; daher das gegenwärtige Alter des Gefragten $= 4 . \frac{7}{2} = 14$ Jahren.

218: Jemand bestimmt von seinem Gehalte die Hälfte desselben weniger 50 Thlr. zu seiner Unterhaltung; $\frac{1}{3}$ desselben weniger 40 Thlr. zum Ankauf von Büchern, und $\frac{1}{4}$ desselben weniger 10 Thlr. zu Nebenausgaben. Wie groß ist dieses Gehalt?

Aufl. Die Hälfte, $\frac{1}{3}$ und $\frac{1}{4}$ seines Gehalts betragen $\frac{13}{12}$ desselben, aber weniger 50, 40 und 10 Thlr. sind weniger 100 Thlr.; 100 Thlr. müssen also $= \frac{1}{12}$ des Gehalts sein; daher ist das ganze Gehalt $= 12 . 100 = 1200$ Thlr.

219. Ein sterbender Ehemann bestimmt in seinem Testamente $\frac{3}{5}$ seines Vermögens seiner Wittwe, $\frac{1}{3}$ desselben seinem Sohne, $\frac{1}{30}$ desselben seinem treuen Bedienten, und die übrigen 500 Thlr. den Armen. Wie groß war das hinterlassene Vermögen, und wie viel erhielt jede Person? Das hinterlassene Vermögen betrug 15000 Thlr; die Wittwe erhielt 9000 Thlr.; der Sohn 5000 Thlr., und der Bediente 500 Thlr.

220. Bei Eröffnung eines Testaments findet man, daß der Verstorbene seinem Bruder $\frac{3}{4}$ des ganzen Vermögens weniger 2000 Thlr.; seiner Nichte $\frac{1}{4}$ desselben weniger 500 Thlr., und seinem Neffen $\frac{1}{5}$ desselben weniger 800 Thlr. bestimmt hat. Wie groß war die Verlassenschaft, und wie viel erhielt jeder Verwandte? Die Verlassenschaft betrug 16500 Thlr.; der Bruder erhielt 10375 Thlr.; die Nichte 3625 Thlr., und der Neffe 2500 Thlr.

221. Ein Gutsbesitzer kommt mit Getreide nach der Stadt zum Verkaufe; für das daraus gelösete Geld kauft er Waaren ein. Für Tuch giebt er $\frac{1}{5}$ seines Geldes und 28 Thlr., für Eisenwaaren $\frac{1}{5}$ desselben und 8 Thlr., für Kaffee, Thee und Zucker $\frac{1}{8}$ desselben und 3 Thlr., für Salz $\frac{1}{10}$ desselben und 2 Thlr. für Wein $\frac{1}{12}$ desselben und 6 Thlr.

und die übrigen 5 Thlr. verbraucht er auf der Reise. Welche Summe hat er für Getreide eingenommen? 160 Thlr.

222. Ein junger Mann, der nur ein geringes Gehalt hat, setzt Folgendes zu seinen Ausgaben fest. $\frac{1}{15}$ seines Gehalts und 4 Thlr. für Wohnung, $\frac{1}{5}$ desselben für Mittagsessen, $\frac{1}{12}$ desselben weniger $\frac{1}{2}$ Thlr. für Abendessen, $\frac{1}{12}$ desselben und 2 Thlr. zu Kaffee und Thee, $\frac{1}{20}$ desselben und 3 Thlr. für Aufwartung und Reinigung der Wäsche, $\frac{1}{4}$ desselben weniger 5 Thlr. zur Anschaffung von Kleidungsstücken, $\frac{1}{5}$ desselben weniger 20 Thlr. zu Ausgaben für Vergnügungen, $\frac{1}{10}$ desselben und 2 Thlr. zum Ankauf von Büchern, und die übrigen $4\frac{1}{2}$ Thlr. zu Nebenausgaben. Wie viel beträgt das Gehalt? 300 Thlr.

223. Jemand kauft ein Pferd, und verkauft es wieder mit einem Gewinne, der 36 Thlr. mehr als $\frac{1}{5}$ des Einkaufspreises beträgt, und nun hat er eben so viel über 300 Thlr., um was der Einkaufspreis weniger als diese Summe ist. Wie groß ist der Einkaufspreis? $256\frac{4}{11}$ Thlr.

224. Ein Vater bringt seinen 3 Kindern Nüsse nach Hause. Dem ältesten giebt er die Hälfte der ganzen Anzahl und 10, dem jüngern $\frac{1}{2}$ des Restes und 12, und dem jüngsten die 20 übrigen. Wie viele Nüsse vertheilte er?

Aufl. Das jüngste Kind erhielt $\frac{1}{2}$ des Restes weniger 12, also betrug $\frac{1}{2}$ des Restes 32, daher der ganze Rest 64; diese sind $\frac{1}{2}$ der ganzen Zahl weniger 10, also ist die Hälfte der Zahl 74; daher die ganze Anzahl = 148 Nüssen.

225. Ein Herr theilt unter 4 Armen eine gewisse Summe Geld aus Dem ersten giebt er die Hälfte der ganzen Summe und 18 Sgr., dem zweiten $\frac{1}{3}$ des Restes und 12 Sgr., dem dritten $\frac{1}{4}$ des abermaligen Restes und 10 Sgr., und dem vierten giebt er die noch übrigen 20 Sgr. Welche Summe theilte er aus, und wie viel erhielt jeder?

Aufl. Der vierte erhielt $\frac{3}{4}$ des zweiten Restes weniger 10 Sgr.; daher betrugen $\frac{3}{4}$ des zweiten Restes 30 Sgr., also war der zweite Rest 40 Sgr.; diese sind $\frac{2}{3}$ des ersten Restes weniger 12 Sgr., daher sind $\frac{2}{3}$ des ersten Restes 52 Sgr.; mithin ist der erste Rest 78 Sgr., diese sind $\frac{1}{2}$ der ganzen Summe weniger 18 Sgr.; also ist $\frac{1}{2}$ der Summe = 96 Sgr. = 3 Thlr. 6 Sgr.; daher betrug die vertheilte Summe 6 Thlr. 12 Sgr. Demnach erhielt der erste 3 Thlr. 24 Sgr., der zweite 1 Thlr. 8 Sgr, der dritte 20 Sgr. und der vierte gleichfalls 20 Sgr.

226. Fünf Soldaten sollen für ihre Tapferkeit auf folgende Weise belohnt werden: der erste soll $\frac{1}{3}$ der zu vertheilenden Summe und 40, der zweite $\frac{1}{4}$ derselben und 90 Thlr., der dritte $\frac{1}{5}$ derselben und 60 Thlr., der vierte $\frac{1}{6}$ derselben und 40 Thlr., und der fünfte die übrigen 30 Thlr. erhalten. Welche Summe wurde vertheilt, und wie viel erhielten die vier ersten Soldaten? Die zu vertheilende Summe beträgt 4940 Thlr., der erste erhält $1686\frac{2}{3}$, der zweite 1325, der dritte 1048, und der vierte $863\frac{1}{3}$ Thlr.

227. Drei Räuber überfallen einen Reisenden und berauben ihn seines Geldes. Der erste entreißt ihm $\frac{1}{4}$ seines Geldes weniger 50 Thlr.,

der zweite $\frac{2}{5}$ des Restes weniger 60 Thlr., und der dritte nimmt die noch übrigen 990 Thlr.

Aufl. Da der erste Räuber $\frac{1}{4}$ des Geldes weniger 50 Thlr. raubt, so bleiben noch $\frac{3}{4}$ desselben und 50 Thlr.; davon nimmt der zweite $\frac{2}{5}$ weniger 60 Thlr., also erbeutet dieser $\frac{3}{10}$ der ganzen Summe weniger 40 Thlr., daher bleiben noch $\frac{9}{20}$ und 90 Thlr, diese nimmt also der dritte. Daher sind $\frac{9}{20}$ der Summe und 90 Thlr. = 990 Thlr., also $\frac{9}{20} = 900$; $\frac{1}{20}$ der Summe = 100; daher die ganze Summe = 2000 Thlr.

228. Mehrere Domainen werden theilweise verpachtet. A pachtet $\frac{1}{5}$ des gesammten Landes weniger 200 Preuß. Morgen; B pachtet $\frac{2}{3}$ des Restes weniger 700 Kulmischen Morgen; C $\frac{1}{4}$ des Restes und 842 Oletzkoische Morgen; D $\frac{3}{8}$ des dann bleibenden Restes und 400 Preuß. Morgen; E die noch übrigen 2850 Kulmischen Morgen. Ein Preuß. Morgen enthält 24196 Par. Quadratfuß; ein Kulmischer Morgen von 1577 hat 54772 Par. Quadratfuß und ein Oletzkoischer Morgen hat 49432 Quadratfuß. Wie viel betragen die Domainen nach Preuß. Morgen?

Aufl. 1 Kulm. Morgen $= \frac{54772}{24196} = \frac{13693}{6049}$ Preuß. Morg.; also 700 Kulm. Morgen $= \frac{700 \,.\, 13693}{6049} = 1584{,}576$ Preußische Morgen, und 2850 Kulm. Morgen $= \frac{2850 \,.\, 13693}{6049} = 6451{,}488$ Preuß. Morgen.

1 Oletzkoischer Morgen $= \frac{49432}{24196} = 2\frac{260}{6049}$ Preuß. Morgen; daher sind 842 Oletzkoische Morgen = 1720,191 Preuß. Morgen, E hat $\frac{5}{8}$ des dritten Restes weniger 400 Preuß. Morgen und zwar 6451,488 Pr. Morg. gepachtet; daher sind $\frac{5}{8}$ des dritten Restes = 6851,488 Pr. Morg., also $\frac{1}{8}$ dieses Restes = 1370,2976; mithin der dritte Rest = 10962,3808 Pr. M. Dieses ist $\frac{3}{4}$ des zweiten Restes weniger 1720,191 Pr. M., also $\frac{3}{4}$ dieses Restes = 12682,5718 Pr. M.; $\frac{1}{4}$ dieses Restes = 4227,5239; daher der zweite Rest = 16910,0956 Pr. M. Dieses ist $\frac{1}{3}$ des ersten Restes und 1584,576, also $\frac{1}{3}$ des ersten Restes = 15325,5196; daher der erste Rest = 45976,5588 Pr. M. Dieses ist $\frac{4}{5}$ des gesammten Landes und 200 Pr. M., also $\frac{4}{5}$ der Ländereien = 45776,5588, daher die verpachteten Domainen = 57,220,6985 Pr. Morgen.

229. Zwei Räuber erbeuten gemeinschaftlich 720 Thlr., die sie unter sich in gleiche Theile theilen wollen. A, dem am meisten zugefallen ist, giebt so viel an B als dieser erbeutet hat. Nun hat B am meisten, und dieser giebt so viel an A, als er noch behalten hatte. Jeder hat nun 360 Thlr. Wie viel hatte jeder erbeutet?

Aufl. Nach der Austheilung von A muß derselbe noch eine gewisse Summe behalten haben, welche durch die Austheilung von B verdoppelt wurde, und da nun A 360 Thlr. besitzt, so ist sein zweifacher Rest = 360 Thlr.; also der einfache = 180 Thlr. B hat also durch die Austheilung von A 720 — 180 = 540 Thaler gehabt; diese Summe ist die zweifache Beute des B; folglich hat B 270, und A 720 — 270 oder 450 Thle. erbeutet.

230. Man hat 3 Gefäße mit 96 Quart Wein; diese will man so vertheilen, daß sich in jedem Gefäße eine gleiche Quantität Wein befinde. Man gießt aus dem ersteu Gefäße so viel in jedes der beiden andern, als in jedem bereits vorhanden ist; darauf gießt man aus dem zweiten so viel in jedes der beiden andern, als sich nun in ihnen befindet. Dasselbe thut man auch mit dem dritten Gefäße, und jetzt sind in jedem 32 Quart enthalten; wie viel enthielt jedes anfangs?

Aufl. Nach dem Ausgusse aus dem ersten Gefäße muß in demselben uoch eine gewisse Quantität zurückgeblieben sein, welche durch die Ausgießung aus dem zweiten verdoppelt, und durch die Austheilung aus dem dritten vervierfacht wurde, welches 4fache nun 32 beträgt, daher ist das Einfache = 8 Quart; in beiden andern Gefäßen sind also 96 weniger 8 oder 88 Quart gewesen. Die Quantität der beiden andern Gefäße wurde durch die Mittheilung aus dem ersten verdoppelt, daher enthielten sie nur 44 Quart, und 44 Quart hatte man also aus dem ersten Gefäße geschüttet; mithin waren anfangs im ersten Gefäße 44 + 8 oder 52 Quart.

Als man aus dem zweiten Gefäße in die beiden andern geschüttet hatte, mußte im zweiten ein Rest geblieben sein, welcher aus dem dritten Gefäße verdoppelt wurde, und da nun im zweiten Gefäße 32 Quart sind, so betrug der Rest 16 Quart; dann waren aber in den beiden andern 96 weniger 16 oder 80 Quart vorhanden. Die Masse dieser beiden Gefäße wurde aus dem zweiten verdoppelt, und betrug dann 80, daher das Einfache 40. Aus dem zweiten Gefäße hatte man also 40 Quart genommen, daher mußten sich in diesem 16 + 40 oder 56 Quart befunden haben. Diese Quantität ist aber das Doppelte dessen, was sich anfangs im zweiten Gefäße befand; daher enthielt das zweite Gefäß zu Anfange 28 Quart Wein.

Das dritte Gefäß hat daher die an 52 und 28 oder 80 Quart fehlenden bis 96 oder 16 Quart enthalten.

Anmerk. Die Quantität des dritten Gefäßes kann man auf eine ähnliche Weise wie die der andern unmittelbar finden. Denn die anfängliche Quantität des dritten Gefäßes wird aus dem ersten verdoppelt, aus dem zweiten vervierfacht, und dann durch eine Ausschüttung in die beiden andern Gefäße auf einen Rest = 32 Q. gebracht; daher enthielten die beiden ersten Gefäße 96 — 32 = 64; da dieses das Doppelte der Verminderung aus dem dritten ist, so würde die Quantität dieses Gefäßes um 32 Q. vermindert; die 4fache anfängliche Quantität des dritten Gefäßes betrug also 64, daher die einfache 16 Quart.

231. Eine ähnliche Aufgabe von 4 Gefäßen; in allen befinden sich 256 Quart; nach der Ausgleichung auf obige Weise befinden sich in jedem Gefäße 64 Quart; wie viele Quart enthielt jedes zu Anfange? 132, 78, 36 und 10 Quart.

232. Fünf Personen, A, B, C, C, E, spielen mit einander unter der Bedingung, daß derjenige, welcher die Bank hat und verliert, allen übrigen so viel geben soll, als sie schon haben. Zuerst verliert A, dann B, dann C, dann D und endlich auch E. Alle verlieren

nach der Reihe, und doch haben sie am Ende des fünften Spieles alle gleich viel, nämlich 32 Thlr. Wie viel mußte jeder vor dem Spiele gehabt haben?

Aufl. Nachdem A verloren hat, muß er noch einen gewissen Rest behalten haben, der durch den Verlust des B das Zweifache, durch den des C das Vierfache, durch den des D das 8fache, und endlich durch den des E das 16fache wurde. Da er nun 32 Thlr. besitzt: so ist der 16fache Rest = 32 Thlr.; also der einfache = 2 Thlr. Alle 5 haben zusammen 5 . 32 = 160 Thlr., folglich müssen die 4 ohne A nach dessen Verluste, 158 Thlr. zusammen haben. A zahlte an diese 4 zusammen die Summe aus, welche sie besaßen, folglich kamen sie durch diese Zahlung in das Doppelte ihres anfänglichen Besitzes, und da sie nun 158 Thlr. haben, so beträgt ihr anfänglicher Besitz 79 Thlr. Diese Summe hat also A ausgezahlt und noch 2 Thlr. behalten; folglich muß er zu Anfang des Spieles 81 Thlr. gehabt haben.

Auf ähnliche Weise findet man den anfänglichen Besitz der andern Spieler, nämlich 41, 21, 11 und 6 Thlr.

233. Zwei Personen spielen um Geld, und haben zusammen 252 Thlr. B setzt die Hälfte seiner Baarschaft und gewinnt; darauf setzt A $\frac{1}{2}$ seines Restes und gewinnt auch; nun haben beide gleich viel. Wie viel hatte jeder zu Anfange des Spiels?

A hatte 140, B 112 Thlr.

234. Drei Brüder erben von 3 Verwandten zusammen 8100 Thlr., die sie unter sich in gleichen Theilen vertheilen wollen. A giebt an B und C die Hälfte von dem, was jeder von diesen geerbt hat; darauf giebt B an A und C die Hälfte von dem, was jeder dann hat dasselbe thut auch C, und nun hat jeder 2700 Thlr. Wie viel hatte jeder geerbt?

Aufl. Der Rest des A wird durch die Austheilung des B $\frac{3}{2}$ mal so groß, und durch die Mittheilung des C $\frac{3}{2} . \frac{3}{4} = \frac{9}{4}$ mal so groß; diese $\frac{9}{4}$ des Restes betragen also 2700, daher ist $\frac{1}{4}$ des Restes = 300, also der Rest des A = 1200. Daher haben B und C nach der Austheilung des A 8100 — 1200 oder 6900 Thlr. gehabt. A vermehrte die Erbschaft des B und C um die Hälfte derselben; daher ist $\frac{3}{2}$ derselben = 6900; also hat A 2300 Thlr. ausgetheilt, folglich hatte er 1200 + 2300 = 3500 Thlr. geerbt.

Die Erbschaft des B betrug 2600, und die des C 2000 Thlr.

235. Drei andere Brüder theilen auf eine ähnliche Weise 1920 Thlr., indem sie einander $\frac{1}{3}$ des jedesmaligen Besitzes ertheilen. Wie viel hatte jeder vor der Theilung?

750 Thlr., 630 Thlr. und 540 Thlr.

236. Jemand sagt, jetzt verwende ich $\frac{1}{6}$ meines Gehalts auf den Ankauf von Büchern; würde ich aber eine Gehaltszulage von 60 Thlr. erhalten, so könnte ich $\frac{1}{5}$ meines Gehalts zu demselben Zwecke verwenden, und würde dennoch eben so viel als vorher zur Bestreitung meiner übrigen Ausgaben behalten. Wie groß war der Gehalt?

Aufl. 1. $\frac{5}{6}$ des jetzigen Gehalts sind = $\frac{4}{5}$ des vermehrten, also ist $\frac{1}{5}$ des vermehrten = dem 4ten Theile von $\frac{5}{6}$ des gegenwärtigen

$= \frac{5}{24}$ des jetzigen, also jener um $\frac{1}{24}$ größer als dieser, zugleich ist jener um 60 Thlr. mehr als dieser; daher ist $\frac{1}{24}$ des jetzigen Gehalts $= 60$, also der ganze Gehalt $= 24 . 60 = 1440$ Thlr.

Aufl. 2. Wenn er nach einer Zulage von 60 Thlr $\frac{1}{5}$ dieses Gehalts auf den Ankauf von Büchern verwendet, so behält er noch für seine übrigen Ausgaben $\frac{4}{5}$ seines gegenwärtigen Gehalts und 48 Thlr., dieses beträgt eben so viel als $\frac{5}{6}$ des jetzigen. Da $\frac{5}{6}$ um $\frac{1}{30}$ mehr als $\frac{4}{5}$ sind, so ist $\frac{1}{30}$ seines Gehalts $= 48$ Thlr., demnach ist das Gehalt $= 30 . 48 = 1440$ Thlr.

237. Jemand verbraucht jährlich $\frac{3}{4}$ seines Gehalts zu seiner Unterhaltung, und erspart das Uebrige; würde er 50 Thlr. Zulage erhalten, so könnte er $\frac{4}{5}$ desselben zu seiner Unterhaltung verwenden, und würde dennoch eben so viel als vorher ersparen. Wie groß war das Gehalt? 1000 Thlr.

238. Jährlich verwendet jemand $\frac{1}{5}$ seines Gehalts zu Vergnügungen, erhielte er aber eine jährliche Zulage von 100 Thlr., so könnte er $\frac{1}{4}$ desselben zu demselben Zwecke gebrauchen, und würde dennoch 40 Thlr. mehr als vorher zur Bestreitung seiner ordentlichen Ausgaben behalten. Das Gehalt war?

Aufl. Verwendet er $\frac{1}{4}$ seines vermehrten Gehalts auf Vergnügungen, so behält er noch $\frac{3}{4}$ des unvermehrten Gehalts und 75 Thlr., da dieses um 40 Thlr. mehr beträgt, als $\frac{4}{5}$ desselben Gehalts, so müssen 35 Thlr. $\frac{1}{20}$ seines unvermehrten Gehalts betragen, daher ist dasselbe $= 20 . 35 = 700$ Thlr.

239. Ein Familienvater verwendet jährlich $\frac{1}{5}$ seines Einkommens auf Familienfeste; in diesem Jahre ist sein Einkommen um 80 Thlr. geringer als früher, daher darf er jetzt nur $\frac{1}{6}$ seines jetzigen Einkommens zu dem oben erwähnten Zwecke anwenden, wenn er alle übrigen Ausgaben wie früher bestreiten will. Welches war sein Einkommen? 2000 Thlr.

240. Ein Gutsbesitzer sandte seinem Sohne auf der Universität im vorigen Jahre $\frac{1}{12}$ seines Einkommens und 100 Thlr.; in diesem Jahre ist die Ernte um 300 Thlr. reicher als im vorigen, daher hat er seinem Sohne $\frac{1}{10}$ des Einkommens gesandt, und dennoch in diesem Jahre 200 Thlr. mehr als im vorigen zur Bestreitung seiner übrigen Ausgaben behalten. Wie groß war das vorjährige Einkommen?

Aufl. Im vorigen Jahre bestritt der Landmann seine gewöhnlichen Ausgaben mit $\frac{11}{12}$ seiner Einnahme weniger 100 Thlr. Für dieses Jahr behält er $\frac{9}{10}$ der Einnahme vom vorigen Jahre und 270 Thlr., da dieses Jahr das Ausgabegeld 200 Thlr. mehr als im vorigen Jahre ist, so sind $\frac{9}{10}$ der Einnahme vom vorigen Jahre und 70 Thlr. $= \frac{11}{12}$ derselben Einnahme weniger 100 Thlr.; folglich betragen 170 Thlr. $\frac{1}{60}$ der Einnahme vom vorigen Jahre; demnach war sie im vorigen Jahre 10200 Thlr.

241. Ein reicher Mann hat seit einigen Jahren jährlich $\frac{1}{8}$ seiner Renten und 200 Thlr. zu wohlthätigen Zwecken verwandt; einer erlangten Erbschaft wegen, welche ihm jährlich 2000 Thlr. Zinsen trägt, verwendet er zu solchen Zwecken jetzt jährlich $\frac{1}{6}$ seiner Renten

und 300 Thlr., und hat dabei so viel als vorher zu seinem Gebrauche. Welches waren seine jährlichen Renten?

Aufl. 1. Vor der Erbschaft betrug sein jährlicher Bedarf $\frac{7}{8}$ seiner jährlichen Renten weniger 200 Thlr. Nach der Erbschaft behielt er zu seinem Gebrauche $\frac{5}{6}$ der vorigen Renten und $\frac{5}{6} \,.\, 2000$ Thlr. weniger 300 Thlr. Da er in beiden Fällen gleichviel zu seiner Unterhaltung verwendet; so sind $\frac{7}{8}$ der Renten weniger 200 Thlr. $= \frac{5}{6}$ derselben und $\frac{5}{6} \,.\, 2000$ Thlr. weniger 300 Thlr.; also sind $\frac{7}{8}$ der Renten $= \frac{5}{6}$ derselben und $\frac{5}{6} \,.\, 2000$ Thlr. weniger 100 Thlr. $\frac{7}{8}$ sind um $\frac{1}{24}$ mehr als $\frac{5}{6}$, daher ist $\frac{1}{24}$ der Renten gleich $\frac{5}{6} \,.\, 2000$ Thlr. weniger 100. Demnach sind die jährlichen Renten =
$24 \,.\, \frac{5}{6} \,.\, 2000 - 2400 = 37600$ Thlr.

Aufl. 2. Im ersten Falle gebraucht der Kapitalist $\frac{7}{8}$ seiner Renten weniger 200 Thlr., im andern $\frac{5}{6}$ der vermehrten Renten weniger 300 Thlr. Daher sind $\frac{5}{6}$ der vermehrten Renten um 100 Thlr. mehr als $\frac{7}{8}$ der früheren; $\frac{1}{6}$ der vermehrten Renten also um 20 Thlr. mehr als $\frac{7}{40}$ der unvermehrten; demnach sind die vermehrten Renten um 120 Thlr. mehr als $\frac{21}{20}$ der unvermehrten Renten. Die vermehrten Renten sind aber 2000 Thlr. mehr als die unvermehrten; daher ist $\frac{1}{20}$ der unvermehrten Renten $= 2000 - 120 = 1880$ Thlr. Demnach sind die unvermehrten Renten $= 20 \,.\, 1880 = 37600$ Thlr.

242. In einer Stadt mußte jeder Eigenthümer eines Hauses $\frac{1}{40}$ der Miethe als Abgabe entrichten. Darauf wird jeder Eigenthümer eines Hauses verpflichtet $\frac{1}{30}$ der Miethe, welche dasselbe trägt, zu entrichten. Um wie viel der vorigen Miethe hat der Eigenthümer eines Hauses die Miethe zu erhöhen, damit er durch die erhöhte Abgabe keinen Nachtheil leide?

Aufl. Dem Eigenthümer bleiben im ersten Falle $\frac{39}{40}$ der niedern, im andern $\frac{29}{30}$ der höhern Miethe; da er in beiden Fällen einen gleichen Ertrag an Miethe wünscht, so müssen $\frac{29}{30}$ der erhöhten Miethe $= \frac{39}{40}$ der frühern sein; daher ist $\frac{1}{30}$ jener gleich $\frac{39}{29 \,.\, 40}$ dieser, die erhöhte Miethe ist demnach $= \frac{30 \,.\, 39}{29 \,.\, 40} = \frac{3 \,.\, 39}{29 \,.\, 4} = \frac{117}{116}$ der frühern; mithin hat der Eigenthümer die Miethe um $\frac{1}{116}$ zu erhöhen.

243. In einer Festung befinden sich 2500 Mann, welche auf 18 Monate mit Lebensmitteln versorgt sind. Nach 4 Mon. ist eine bedeutende Zahl der Besatzung von den Feinden getödtet, und dieübrige Mannschaft kann nun mit dem Vorrathe der Lebensmitteln bei der frühern Lebensweise noch $16\frac{2}{3}$ Mon. reichen. Wie viele Mann sind getödtet?

Aufl. Die Besatzung hat nach 4 Monaten noch $14 \,.\, 2500$ monatliche Portionen für einen Mann; da diese für $16\frac{2}{3}$ Monate reichen, so werden monatlich $\frac{14 \,.\, 2500}{16\frac{2}{3}}$ Portionen verzehrt, und daher sind noch so viele Mann, als $\frac{14 \,.\, 2500}{16\frac{2}{3}}$ einzelne Portionen enthält; also
$\frac{3 \,.\, 14 \,.\, 2500}{50} = 2100$ Mann; mithin sind 400 Mann getödtet.

Anmerk. Die Aufgabe kann man auch so lösen: Für 14 Monate sind die Portionen der getödteten Mann übrig, und diese sind hinreichend für die noch lebende Mannschaft auf $2\frac{2}{3}$ Monate. Ist nun die Zeit für eine gewisse Anzahl Mann doppelt so groß als für eine andere Zahl Mann, so muß diese Zahl der Mannschaft doppelt so groß als jene sein. Daher ist die Zahl der Todten das der Zahl der Lebenden, was $2\frac{2}{3}$ von 14, oder $1\frac{1}{3}$ von 7 oder 4 von 21 ist. Die Zahl der Todten ist also das 4fache, die der Lebenden das 21fache einer und derselben Zahl. Die Zahl der Todten und Lebenden ist das 25fache $= 2500$, also das Einfache $= 100$. Daher ist die Zahl der Todten $= 4 . 100 = 400$.

244. In einer Festung befinden sich 3600 Mann, welche auf 15 Monate mit Lebensmitteln versehen sind. Nach 8 Monaten ist eine gewisse Zahl von den Feinden getödtet. Weil die übrige Besatzung nicht so bald einen Entsatz zu erwarten hat, so wird nun jede Portion um $\frac{1}{7}$ vermindert, und unter diesen Umständen können sie noch $9\frac{4}{5}$ Monate mit dem Vorrathe der Lebensmitteln reichen. Wie viele Mann sind getödtet?

Aufl. 1. Nach 8 Monaten sind nur noch Lebensmittel für 7 Monate der ganzen Mannschaft vorhanden, also $7 . 3600$ monatliche Portionen eines Mannes. Da die neuen Portionen um $\frac{1}{7}$ vermindert werden, so ist jeder nur $\frac{6}{7}$ der alten, oder eine alte Portion ist $\frac{7}{6}$ der verminderten; daher betragen jene $7 . 3600$ monatliche Portionen $\frac{7}{6} . 7 . 3600 = 49 . 600$ neue Portionen. Mit diesen soll die noch lebende Mannschaft $9\frac{4}{5}$ Monate reichen, daher wird sie monatlich $\frac{49 . 600}{9\frac{4}{5}} = \frac{5 . 49 . 600}{49} = 3000$ Portionen verzehren; also sind noch 3000 Mann, und 600 sind getödtet.

Aufl. 2. Wenn eine Portion doppelt so groß wird, so kann dieselbe Mannschaft nur die Hälfte der Zeit reichen. Da die ganze Mannschaft auf 7 Monate Lebensmittel hat, so wird sie bei $\frac{6}{7}$ einer Portion $7 : \frac{6}{7} = \frac{49}{6}$ Monate reichen. Die Lebensmittel für $\frac{49}{6}$ Monate der Getödteten bleiben also für die Lebenden, und daher reichen sie auch damit $9\frac{4}{5} - \frac{49}{6} = \frac{49}{5} - \frac{49}{6} = \frac{49}{30}$ Monate länger. Die doppelte Zeit läßt nur die Hälfte der Mannschaft mit denselben Lebensmitteln reichen, daher sind der Lebenden $\frac{49}{6} : \frac{49}{30} = 5$mal die Zahl der Todten. Lebende und Todte haben 6mal die Zahl der Todten $= 3600$; also ist die Zahl der Todten $= 600$.

245. Ein Kaufmann unternimmt einen Handel mit einer gewissen Summe Geldes. Er hat das Glück sein angelegtes Kapital in jedem von 3 hinter einander folgenden Jahren zu verdoppeln; am Ende eines jeden Jahres nimmt er von dem Kapitale 2000 Thlr. zum Unterhalte seiner Familie, und findet am Schlusse des dritten Jahres, daß sein gegenwärtiges Vermögen das 6fache des angelegten Kapitals ist. Wie groß war angelegte Kapital?

Aufl. Am Schlusse des ersten Jahres, nach Abzug der 2000 Thlr. hat er das 2fache seines niedergelegten Kapitals weniger 2000 Thlr.; am Schlusse des zweiten Jahres mit Einschließung der abgezogenen 2000 Thlr., hat er jenes 4fache weniger 6000 Thlr., und am Ende des dritten Jahres hat er das 8fache seines anfänglichen Kapitals weniger 12000 und weniger 2000 oder 14000 Thlr. Da nun dieses das 6fache des ersten Kapitals ist, so haben die 14000 Thlr. das Zweifache aufgehoben, daher war das erste Kapitals 7000 Thlr.

246. Ein Kaufmann vermehrt jährlich sein Vermögen um $\frac{1}{4}$ desselben, und nimmt am Ende eines jeden Jahres Jahres 2000 Thlr. von demselben zu seiner Haushaltung. Nach Abzug der 2000 Thlr. am Ende des dritten Jahres sieht er sich im Besitz eines Vermögens, welches $1\frac{7}{8}$mal so groß als sein anfängliches ist? Welches war dieses?

Aufl. Am Ende des ersten Jahres mit Abrechnung der 2000 Thlr. hat er $\frac{5}{4}$mal sein anfängliches Kapital weniger 2000 Thlr. Am Ende des zweiten Jahres hat er $\frac{5}{4}$mal das vorige, also $\frac{25}{16}$mal sein anfängliches weniger $\frac{5}{4} . 2000$, weniger 2000 oder weniger 4500 Thlr. Endlich hat er am Schlusse des dritten Jahres $\frac{5}{4}$mal das vorjährige weniger 2000 Thlr., oder $\frac{125}{64}$mal das anfängliche Kapital weniger $\frac{5}{4} . 4500$, weniger 2000, oder weniger 7625 Thlr. Dieses soll nun $1\frac{7}{8}$ oder $\frac{120}{64}$mal das erste Kapital sein; daher müssen die 7625 Thlr. $\frac{5}{64}$ des ersten Kapitals vernichtet haben; selbiges ist daher $\frac{64 . 7625}{5}$ $= 97600$ Thlr.

247. Ein Vater stirbt und hinterläßt eine gewisse Anzahl Kinder und ein Vermögen, welches sie wie folgt unter sich theilen sollen: Der erste soll 1000 Thlr. und $\frac{1}{4}$ des Restes; der zweite soll 2000 Thlr. und $\frac{1}{4}$ des dann bleibenden Restes erhalten. Ueberhaupt soll jeder folgende Sohn 1000 mehr als der unmittelbar vorhergehende und dann noch $\frac{1}{4}$ des dann stattfindenden Restes bekommen. Nach dieser Theilung findet es sich, daß alle unter einander gleich viel haben. Wie groß war das Vermögen und die Anzahl der Kinder?

Aufl. Der erste Sohn erhält 1000 und $\frac{1}{4}$ des ersten Restes; der zweite erhält 2000 Thlr. und $\frac{1}{4}$ des zweiten Restes. Da die Antheile der Kinder gleich sein sollen: so sind 1000 Thlr. und $\frac{1}{4}$ des ersten Restes $=$ 2000 Thlr. und $\frac{1}{4}$ des zweiten Restes; daher ist $\frac{1}{4}$ des ersten Restes um 1000 Thlr. mehr als $\frac{1}{4}$ des zweiten; folglich ist der erste Rest um 4000 mehr als der zweite. Der zweite Rest wurde nun so aus dem ersten gebildet: von dem ersten Reste nahm man zuerst $\frac{1}{4}$ für das erste Kind, also blieben $\frac{3}{4}$ des ersten Restes, davon nahm man nun 2000 Thlr. für das zweite Kind, und es blieben also $\frac{3}{4}$ des ersten Restes weniger 2000 Thlr. übrig, welches der zweite Rest ist. Demnach ist der erste Rest um 4000 Thlr. größer als $\frac{3}{4}$ desselben, die noch überdies um 2000 Thlr. vermindert sind; daher ist der erste Rest nur um 2000 mehr als $\frac{3}{4}$ von ihm; demnach ist $\frac{1}{4}$ des ersten Restes $=$ 2000; daher ist der erste Rest $= 4 . 2000 = 8000$ Thlr. Mithin ist das ganze Vermögen 9000 Thlr.

Das erste Kind erhält 1000 Thlr. und $\frac{1}{4}$ des Restes, also 3000 Thlr. Da alle Kinder gleich viel erhalten sollen, so sind 3 Kinder vorhanden.

248. Eine ähnliche Aufgabe; das erste Kind soll 1000 Thlr. und $\frac{1}{5}$ des Restes, jedes folgende Kind 1000 Thlr. mehr als das unmittel-

bar vorhergehende und dann noch $\frac{1}{5}$ des Restes erhalten. Das Vermögen ist 16000 Thlr., und die Zahl der Kinder 4.

249. Welches ist die Zahl der Kinder und das Vermögen, wenn das erste Kind 900 Thlr. und $\frac{1}{6}$ des Restes; das zweite 2 . 900 Thlr. und $\frac{1}{6}$ des Restes, und so fort erhält? Das Vermögen ist 22500 Thlr., der Kinder sind 5.

250. Das erste Kind erhalte 100 Thlr. und $\frac{1}{12}$ des Restes, das zweite 200 Thlr. und $\frac{1}{12}$ des Restes, das dritte 300 Thlr. und $\frac{1}{12}$ des Restes, und so weiter fort.

Aufl. 100 Thlr. und $\frac{1}{12}$ des ersten Restes sind gleich 200 Thlr. und $\frac{1}{12}$ des zweiten Restes, daher ist $\frac{1}{12}$ des ersten Restes um 100 Thlr. größer als $\frac{1}{12}$ des zweiten; mithin ist der erste Rest um 1200 Thlr. größer als der zweite Rest.

Der zweite Rest ist $\frac{11}{12}$ des ersten weniger 200 Thlr., daher ist der erste Rest nur um 1000 mehr als $\frac{11}{12}$ von ihm; daher ist $\frac{1}{12}$ des ersten Restes = 1000 Thlr., demnach ist der erste Rest = 12000 Thlr. und das ganze Vermögen 12100 Thlr.

Das erste Kind erhält 100 und $\frac{1}{12}$ des Restes, also 1100 Thlr., daher sind $\frac{12100}{1100}$ = 11 Kinder vorhanden.

Anmerk. Man vergleiche diese Aufgaben mit den ähnlichen des reinen Rechnens.

251. Jemand hat 3 Gefäße; füllt er das zweite leere aus dem ersten vollen, so bleibt in diesem $\frac{1}{2}$ des Weines zurück; füllt er das dritte leere aus dem zweiten vollen, so bleibt in diesem $\frac{1}{3}$ des Weines zurück; wollte er aber das erste leere aus dem dritten vollen füllen, so würden 48 Quart fehlen. Wie viele Quart hält jedes Gefäß?

Aufl. Der Inhalt des ersten Gefäßes ist das Doppelte von dem des zweiten; der Inhalt des zweiten Gefäßes ist $1\frac{1}{2}$mal so groß als der des dritten; mithin ist der Inhalt des ersten $2 . 1\frac{1}{2} = 3$mal den Inhalt des dritten; daher kann das dritte Gefäß nur $\frac{1}{3}$ des ersten füllen; $\frac{2}{3}$ dieses bleiben leer; zugleich fehlen 48 Quart; diese machen $\frac{2}{3}$ des ersten Gefäßes aus, daher ist $\frac{1}{3}$ desselben = 24; folglich faßt das erste 3 . 24 = 72 Q. Das zweite Gefäß ist die Hälfte des ersten; also faßt es 36 Q., und das dritte $\frac{2}{3}$ davon, mithin 24 Q.

252. Drei Personen vergleichen ihr Geld. Giebt A dem B so viel als dieser hat, so behält A $\frac{1}{4}$ seines Geldes; und giebt B dem C so viel als dieser besitzt, so behält B $\frac{2}{5}$ seines Besitzes. Wollte nun C dem A so viel ertheilen, als dieser im Besitze hat, so würden dem C 550 Thlr. fehlen. Wie viel hatte jeder?

Aufl. A hat $1\frac{1}{3}$mal so viel als B, dieser $1\frac{2}{3}$mal so viel als C, also hat A $1\frac{1}{3} \times 1\frac{2}{3} = \frac{4}{3} \times \frac{5}{3} = \frac{20}{9}$mal den Besitz des C; daher hat A $\frac{11}{9}$mal das Geld des C mehr als dieser, zugleich 550 Thlr. mehr als derselbe; demnach sind $\frac{11}{9}$ des Geldes von C = 550 Thle.; $\frac{1}{9}$ desselben = 50 Thlr.; mithin der Besitz des C = 450 Thlr. B hat $1\frac{2}{3}$mal den Besitz des C, also = $1\frac{2}{3} \times 450 = 750$ Thlr. A hat $1\frac{1}{3}$mal so viel B, also hat er $1\frac{1}{3} \times 750 = 1000$ Thlr.

253. Jemand hat 3 Gefäße von verschiedener Größe, das eine von 8, das andere von 5 und das dritte von 3 Quart. Das erste ist voll Wein, die beiden andern sind leer; und er will nun die 8 Quart

Wein in 2 gleiche Quantitäten mit Hülfe dieser 3 Gefäße vertheilen; wie hat er dabei zu verfahren?

Aufl. 1. Die 3 Gefäße seien A, B, C.

B aus A gefüllt, und C aus B, so hat er in A 3, in B 2 und in C 3 Quart. Nun gieße er aus C die 3 in A, und aus B die 2 in C, so hat er in A 6, B leer und in C 2 Quart. Füllt er nun B aus A, und gießt aus B das fehlende Quart in C bis zur Füllung, so hat er in A 1 Q., in B 4 Q. und in C 3 Q., welches die verlangte Theilung ist.

Aufl. 2. C aus A gefüllt, C in B geleert, und wieder C aus A gefüllt, so sind in A 2, in B 3 und in C 3 Quart; ferner B aus C vollgefüllt, und B in A, C in B geleert, so sind in A 7, B 1 Quart und C leer; wird nun C aus A gefüllt, so ist die Halbirung geschehen.

Anmerk. Das Verfahren in der vorigen Aufgabe bleibt dasselbe für Gefäße von 4, 3, 1 Quart, von 10, 7, 3 Quart, 12, 7, 1 Q. rc. für alle Zahlen, welche kein gemeines Maaß haben, die größte eine gerade Zahl und gleich der Summe beider kleinern ist.

Ein ähnliches Verfahren kann man aufstellen für die Theilung in 3 gleiche Theile, z. B. vermittelst der Gefäße von 9, 7, 2 Quart.

254. Zwei in der Wüste reisende Araber sind im Begriff ihr Mittagsbrot zu verzehren, als ein Dritter sich ihnen nähert, und sie um Theilnahme an ihrer Mahlzeit bittet, welches sie ihm auch gewähren. A hatte 3, B hatte 5 Brote, diese verzehren die 3 Reisenden. Der Fremde legt darauf 8 Goldstücke hin und entfernt sich. A will nun 4 dieser Goldstücke haben, dagegen fordert B 5, weil er 5 und A nur 3 Brote hatte. Da sie nicht einig werden können, so legen sie in der nächsten Stadt ihren Streit einem Richter zur Entscheidung vor, und dieser sagt, daß keiner von beiden Recht habe. Wie ist die Theilung zu machen?

Aufl. In dieser Aufgabe sind zwei Voraussetzungen zu machen, daß die Brote alle unter einander gleich waren, und daß jeder gleich viel gegessen habe.

Da 8 Brote von 3 Personen verzehrt werden, so hat jeder $\frac{8}{3}$ derselben verzehrt; daher hat A nur $\frac{1}{3}$ und B $\frac{7}{3}$ dem Fremden überreicht; also A das 1fache, B das 7fache; demnach hat auch A nur das 1fache und B das 7fache von den Goldstücken zu fordern, beide zusammen das 8fache = 8 Goldstücken, das Einfache = 1 Goldstücke; mithin erhält A 1 Goldstück und B deren 7.

255. Jemand hat zwei große Stangen Eisen, welche zusammen 700 Pfunde wiegen. $\frac{4}{7}$ der ersten Stange sind um 30 Pfund schwerer als $\frac{3}{4}$ der zweiten. Wie schwer ist jede Stange?

Aufl. $\frac{1}{7}$ der ersten Stange ist um $\frac{30}{4} = \frac{15}{2}$ Pfd. schwerer als $\frac{3}{16}$ der zweiten; daher ist die erste Stange um $7 . \frac{15}{2}$ Pfd. schwerer als $\frac{21}{16}$ der zweiten. Das Gewicht der ersten Stange hat also das 21fache und $7 . \frac{15}{2}$ Pfd., das Gewicht der andern nur das 16fache von einem und demselben Gewichte. Beide Stangen wiegen also das 37fache und $52\frac{1}{2}$ Pf. = 700 Pf., also das 37fache = $700 - 52\frac{1}{2}$

$= 647\frac{1}{2}$ Pf. Daher das Einfache $= \frac{647\frac{1}{2}}{37} = 17\frac{1}{2}$ Pf. Die zweite wiegt das 16fache davon, also $16 . 17\frac{1}{2} = 280$ Pf. und die andere $700 - 280 = 420$ Pf.

256. Zwei Güter betragen zusammen 600 Morgen Landes. $\frac{3}{5}$ des ersten Gutes sind um 56 Morgen mehr als $\frac{2}{3}$ des andern. Aus wie vielen Morgen besteht jedes Gut? Das erste aus 360 Morgeu, das andere aus 240 Morgen.

257. In zwei Beuteln befinden sich 800 Thlr. $\frac{5}{6}$ des ersten Beutels sind um 150 Thlr. weniger als $\frac{4}{5}$ des zweiten. Welche Summe befindet sich in jedem Beutel? 300 und 500 Thlr.

258. 111 Holländ. Thlr. und 394 Gulden betragen zusammen 392 Preuß. Thlr. 37 Holl. Thlr. betragen 56 Preuß. Thlr. weniger als 197 Holl. Gulden. Welchen Werth hat jedes Geldstück nach Preuß. Gelde?

Aufl. 111 Holl. Thlr. sind 3 . 37 Holl. Thlr.; also werden 111 Holl. Thlr. 3 . 56 Preuß. Thlr. weniger als 3 . 197 Holl. Gulden betragen. Da nun 394 Holl. Gl. = 2 . 197 Holl. Gl. sind; so sind 111 Holl. Thlr. und 394 Holl. Fl. um 3 . 56 Preuß. Thlr. weniger als 3 . 197 Holl. Fl. und 2 . 197 Holl. Fl. oder als 5 . 197 Holl. Fl. Demnach sind 392 Preuß. Thlr. um 3 . 56 Preuß. Thlr. weniger als 5 . 197 Holl. Fl. Folglich sind 5 . 197 Holl. Fl. $= 392 + 3 . 56 = 7 . 56 + 3 . 56 = 10 . 56$ Pr. Thlr., also 197 Holl. Fl. $= 2 . 56$ Pr. Thlr.; daher 1 Holl. Fl. $= \frac{112}{197}$ Pr. Thlr.

Da nun 37 Holl. Thlr. um 56 Pr. Thlr. weniger als 197 Holl. Fl. sind, und 197 Holl. Fl. $= 2 . 56$ Pr. Thlr., so sind 37 Holl. Thlr. = 56 Pr. Thlr., also 1 Holl. Thlr. $\frac{56}{37}$ Pr. Thlr.

259. 1600 Thlr. sollen so unter 3 Personen A, B, C getheilt werden, daß A die Hälfte von dem erhalte, was B bekommt, und noch 50 Thlr., B soll die Hälfte von dem Antheile des C und noch 100 Thlr. erhalten. Wie viel wird jedem zukommen?

Aufl. C erhalte das 4fache einer gewissen Summe, so erhält B das 2fache derselben Summe und 100 Thlr. A soll nun die Hälfte von dem Antheile des B, also das Einfache und 50 und außerdem noch 50 Thlr. erhalten, daher hat A das Einfache und 100 Thlr. Alle 3 Personen haben also zusammen das 7fache und 200 Thlr. = 1600 Thlr Daher das 7fache = 1400, also das Einfache = 200 Thlr. Mithin erhält A 300, B 500 und C 800 Thlr.

260. 7550 Thlr. sind so unter 3 Personen A, B, C zu theilen, daß A $\frac{1}{3}$ vom Antheile des B und 50 Thlr., B $\frac{1}{2}$ vom Antheile des C und 100 Thlr. erhalte. Welches sind die Antheile der Personen? 820, 2310 und 4420 Thlr.

261. 4025 Thlr. sollen so unter 4 Personen getheilt werden, daß A $\frac{1}{2}$ vom Antheile des B und 300 Thlr., B $\frac{1}{3}$ des Antheils von C und 200 Thlr., und C $\frac{1}{4}$ des Antheiles von D und 150 Thlr. erhalte. Diese Antheile sind? 525, 450, 750 und 2400 Thlr.

262. 7700 Thlr. sind so unter 3 Personen getheilt worden, daß

A das Doppelte des B weniger 200 Thlr., und B das Doppelte des C weniger 50 Thlr. erhielt. Was empfing jede Person?

Aufl. C möge das Einfache einer gewissen Summe empfangen haben, so hat B das Zweifache weniger 50 Thlr., und A das Doppelte des B, also das 4fache weniger 100, und noch weniger 200, also hat A das 4fache weniger 300 Thlr. erhalten. Alle 3 haben zusammen das 7fache weniger 350 Thlr. = 7700, also das 7fache = 8050, daher das Einfache = $\frac{8050}{7}$ = 1150 Thlr.

Demnach hat C 1150, B 2250 und A 4200 Thlr. empfangen.

263. Ein Herr verspricht seinem Diener jährlich eine Livree und 64 Thlr., nach 7 Monaten nimmt der Diener seinen Abschied und erhält für diese Zeit zum Lohne 29 Thlr. und die Livree. Wie hoch wurde sie gerechnet?

Aufl. Der jährliche Lohn besteht aus dem 5monatlichen und dem 7monatlichen Lohne, daher ist der jährliche Lohn um den 5monatlichen größer als der 7monatliche; zugleich ist der jährliche Lohn um 35 Thlr. mehr als der 7monatliche Lohn; daher beträgt der 5monatliche Lohn 35 Thlr., also der monatliche 7 Thlr., für 7 Monate hätte der Diener ohne die Livree 49 Thlr. empfangen müssen; da er nur 29 Thlr. erhielt, so ist die Livree 20 Thlr. gerechnet worden.

264. Ein Wirthschafter erhält von seinem Gutsherrn jährlich 180 Thlr. und ein Reitpferd. Nach 15 Monaten verläßt der Wirthschafter dieses Gut, und erhält für diese Zeit das Pferd und 240 Thlr. Wie hoch wurde das Pferd gerechnet? 60 Thlr.

265. Ein Gutsbesitzer giebt seinem Einsassen, der für ihn arbeitet, jährlich 114 Thlr. und eine Wohnung. Nach einem Jahre verläßt dieser Arbeiter den Dienst dieses Herrn, behält aber noch ½ Jahr die Wohnung, und er erhält vom Herrn bei seinem Abzuge 110 Thlr. Wie hoch wurde die Wohnung gerechnet? Jährlich 8 Thlr.

266. Ein Arbeiter soll von seinem Gutsherrn jährlich 4 Scheffel Roggen und 115 Thlr. 20 Sgr. erhalten. Das Getreide empfängt er gleich zu Anfange seiner Dienstzeit; nach 10 Monaten verläßt er diesen Dienst, und erhält noch 95 Thlr. 10 Sgr. Wie hoch wurde der Scheffel gerechnet? 1 Thlr. 5 Sgr.

267. Zwei Tagelöhner arbeiten bei einem Herrn für gleichen Lohn; der eine erhielt für 28 Tage 5 Scheffel Getreide und 4 Thlr. 20 Sgr., der andere für 42 Tage 6 Scheffel Getreide und 8 Thlr. 12 Sgr. Der Preis des Getreides war in beiden Fällen derselbe; welcher war er?

Aufl. Das größte gemeine Maaß zwischen 28 und 42 Tagen sind 14 Tage; man nehme nun von der ersten Angabe das 3fache, und von der zweiten das 2fache, so erhält man:

weil für 28 Tage 5 Scheffel Getreide und 4 Thlr. 20 Sgr. gegeben werden, so hat man für die 3fache Zeit auch 3fachen Lohn, also für 84 Tage 15 Scheffel Getreide und 14 Thlr.

Für 42 Tagen erhält man 6 Scheffel und 8 Thlr. 12 Sgr., also für die doppelte Zeit auch doppelten Lohn, also für 84 Tage 12 Scheffel Getreide und 16 Thlr. 24 Sgr. Da der Lohn in beiden Fällen derselbe ist, so sind 15 Scheffel und 14 Thlr. = 12 Scheffel und 16 Thlr. 24 Sgr. Was an Geld weniger gegeben wird, das muß an Getreide ersetzt werden, daher sind 3 Scheffel 2 Thlr. 24 Sgr. oder 84 Sgr gerechnet, folglich kostet 1 Scheffel 28 Sgr.

Anmerk. Eine andere Aufl. später bei den geometrischen Verhältnissen.

268. Ein Tagelöhner erhielt für 35 Tage 2 Scheffel Roggen und 7 Thlr. 10 Sgr., ein anderer, der für gleichen Lohn arbeitete, erhielt für 49 Tage 3 Scheffel Roggen und 10 Thlr. 2 Sgr.

Wie theuer wurde ein Scheffel gerechnet, und wie viel betrug der tägliche Lohn. 1 Scheffel 1 Thlr., der tägliche Lohn 8 Sgr.

269. Eine Bäuerin bringt 4 Schock 40 Eier zu Markte, kauft durch das für die Eier gelösete Geld 8 Pfund Salz, und bringt noch 1 Thlr. $15\frac{1}{3}$ Sgr. nach Hause. Eine andere Bäuerin verkauft zu demselben Preise 5 Schock 50 Eier, kauft 9 Pfund Salz und geht mit 1 Thlr. 28 Sgr. nach Hause.

Wie theuer die Eier und das Salz?

Aufl. 4 Schock sind $4 . 60 = 240$, und noch 40 sind 280, 5 Schock sind $5 . 60 = 300$, und 50 sind 350.

Für 280 Eier hat die erste 8 Pf. Salz und 1 Thlr. $15\frac{1}{3}$ Sgr. erhalten. Nun wird man für 5mal so viele Eier auch 5mal so vieles Salz und Geld erhalten; also für 1400 Eier 40 Pf. Salz und 7 Thlr. $16\frac{2}{3}$ Sgr.

Aus demselben Grunde wird die andere für 4mal so viele oder 1400 Eier 36 Pf. Salz und 7 Thlr. 22 Sgr. erhalten. Da nun in beiden Fällen gleich viele Eier verkauft sind, so müssen auch die für sie gelösten Summen in beiden Fällen gleich sein; also 40 Pf. Salz und 7 Thlr. $16\frac{2}{3}$ Sgr. = 36 Pf. Salz und 7 Thlr. 22 Sgr.; also kosten 4 Pf. Salz $5\frac{1}{3}$ Sgr., also 1 Pf. Salz $1\frac{1}{3}$ Sgr.

Weil 4 Pf. Salz $5\frac{1}{3}$ Sgr. kosten, so werden 8 Pf. Salz $10\frac{2}{3}$ Sgr. kosten; daher hat die erste Bäuerin aus ihren Eiern $10\frac{2}{3}$ Sgr. und 1 Thlr. $15\frac{1}{3}$ Sgr. oder 1 Thlr. 26 Sgr. oder 56 Sgr. gelöst; dieses kosten also 280 Eier, daher kostet 1 Ei $\frac{56}{280} = \frac{1}{5}$ Sgr. Sie hat also 5 Eier für 1 Sgr. verkauft.

270. Ein Wirthschafter bringt 120 Scheffel Weizen und Gerste zu Markte, und erhält für einen Scheffel Weizen 70,8 Sgr., für den Scheffel Gerste 20,2 Sgr. Im Ganzen empfängt er 215 Thlr. 22 Sgr. Wie viele Scheffel Weizen und Gerste hatte er?

Aufl. 1. Würde die ganze Masse Gerste gewesen sein, so hätte er $120 . 20{,}2$ Sgr. $= 12 . 202$ Sgr. oder 80 Thlr. 24 Sgr. empfangen, also 134 Thlr. 28 Sgr. weniger als er wirklich erhalten hat. Setzt man nun für 1 Scheffel Gerste 1 Scheffel Weizen, so wird dadurch der Preis um 50,6 Sgr. erhöht; daher müssen so viele Scheffel Weizen sein, als 50,6 Sgr. in 134 Thlr. 28 Sgr. enthalten sind, also 80 Scheffel Weizen und 40 Scheffel Gerste.

Aufl. 2. Da 120 Scheffel 215 Thlr. 22 Sgr. kosten, so ist der Durchschnittspreis eines Scheffels $= \frac{215 \text{ Thlr. } 22 \text{ Silbergr.}}{120} =$ $53\frac{14}{15}$ Sgr. Der Scheffel Weizen kostet $16\frac{13}{15}$ Sgr. mehr, der Scheffel Gerste kostet $33\frac{11}{15}$ Sgr. weniger als der Durchschnittspreis. Wenn man 1 Scheffel Gerste nimmt, so muß man um den dadurch am

Durchschnittspreise gemachten Mangel zu ersetzen, so viele Scheffel Weizen nehmen, wie oft der Preisüberschuß des Weizens über den Durchschnittspreis, $16\frac{13}{15}$ Sgr., in dem Preismangel der Gerste bis zum Durchschnittspreise, $33\frac{11}{15}$ Sgr., enthalten ist, also $33\frac{11}{15} : 16\frac{13}{15}$ = 2 Scheffel Weizen. Die Gerste ist daher das Einfache, der Weizen das 2fache, zusammen das 3fache = 120, also das Einfache = 40. Mithin 40 Scheffel Gerste und 80 Scheffel Weizen sind verkauft worden.

271. Jemand verliert im ersten Spiele $\frac{1}{4}$, im zweiten $\frac{1}{6}$, und gewinnt im dritten Spiele $\frac{1}{2}$ seiner mitgebrachten Baarschaft; er zählt nun sein Geld und findet, daß er 5 Thlr. gewonnen hat. Welche war seine mitgebrachte Baarschaft?

Aufl. Da er $\frac{1}{4}$ und $\frac{1}{6}$ oder $\frac{5}{12}$ seines Geldes verliert, und wieder $\frac{1}{2}$ oder $\frac{6}{12}$ desselben gewinnt, so hat er im Ganzen $\frac{1}{12}$ seines Geldes oder 5 Thlr. gewonnen. Daher war sein mitgebrachtes Geld = 12 . 5 = 60 Thlr.

272. Man hat eine gewisse Zahl Mark 14löthiges Silber, zu diesem setzt man 5 Mark Kupfer, und nun wird das neue Silber $10\frac{1}{2}$löthig. Wie viele Mark 14löthiges Silber mögen gewesen sein?

Aufl. Eine Mark $10\frac{1}{2}$löthiges Silber hat $10\frac{1}{2}$ Loth feines Silber und $5\frac{1}{2}$ Loth Kupfer, oder $\frac{21}{2}$ Loth feines Silber und $\frac{11}{2}$ Loth Kupfer. Das Silber hat also das 21fache und das Kupfer das 11fache in $10\frac{1}{2}$löthigem Silber.

Im 14löthigen Silber ist das Silber das 7fache und das Kupfer das Einfache, oder nimmt man für Silber das 21fache an, so hat das Kupfer das 3fache; also fehlt an Kupfer das 8fache, damit Silber und Kupfer $10\frac{1}{2}$löthiges durch Mischung gebe. Da nun 5 Mark Kupfer hinzugekommen, so haben sie das Fehlende zu ersetzen. Das 8fache ist daher = 5 Mark, daher das Einfache = $\frac{5}{8}$ Mark = $\frac{5}{8}$ . 16 = 10 Loth. Da nun das Silber das 21fache ist, so hat es 21 . 10 = 210 Loth feines Silber. Da eine Mark des 14löthigen Silbers 14 Loth feines Silber hat, so werden 210 Loth $\frac{210}{14}$ = 15 Mark 14löthiges Silber geben.

273. Zu welcher Zahl Mark $23\frac{1}{2}$karatigen Goldes setzt man 8 Mark Kupfer, damit das neue Gold $7\frac{5}{6}$karatig werde?

Aufl. Der Gehalt des $23\frac{1}{2}$karatigen Goldes ist $\frac{23\frac{1}{2}}{24} = \frac{47}{48}$; also hat das Gold das 47fache, das Kupfer das Einfache einer und derselben Quantität.

Der Gehalt von $7\frac{5}{6}$karatigem Golde ist $\frac{7\frac{5}{6}}{24} = \frac{47}{144}$, also hat das Gold das 47fache und das Kupfer das 97fache, also hat das gemischte Gold an Kupfer das 96fache mehr als das $23\frac{1}{2}$kar. Gold. Dieses ist auf das andere durch den Zusatz von 8 Mark Kupfer gebracht; also ist das 96fache = 8 Mark, daher das Einfache = $\frac{8}{96}$ Mark = $\frac{1}{12}$ Mark = 2 Karat. Das Gold ist nun das 47fache davon, also sind 47 . 2 = 94 Karat Gold vorhanden. $23\frac{1}{2}$ Kar. Gold machen eine Mark des $23\frac{1}{2}$karatigen Goldes, daher sind von diesem Golde so viele

Mark vorhanden, wie oft $23\frac{1}{2}$ Kar. in 94 Kar. enthalten sind, also $\frac{94}{23\frac{1}{2}} = \frac{2.94}{47} = 4$ Mark $23\frac{1}{2}$karatigen Goldes.

Anmerk. Es ist oft vortheilhaft den feinen Gehalt edler Metalle nicht durch Loth oder Karat oder Grän, sondern durch einen Bruch auszudrücken, der anzeigt, welcher Theil das edle Metall von der legirten Masse ist; und dieses Verfahren wird immer allgemeiner, so daß es wünschenswerth ist, die eine Ausdrucksart mit Leichtigkeit in die andere übertragen zu können, deswegen sollen für beide Verwandlungsarten Beispiele folgen.

274. Welches ist der Feingehalt durch einen Bruch ausgedrückt des $3\frac{5}{9}$, 6, $8\frac{1}{3}$ und 12löthigen Silbers, welches das der Silbergroschen, $\frac{1}{12}$, $\frac{1}{6}$, $\frac{1}{3}$ und der Preuß. Thalerstücke ist?

Aufl. Der Feingehalt eines legirten Silbers ist die bestimmte Quantität feinen Silbers, welche in einer gewissen Quantität legirten Silbers enthalten ist (s. Aufl. 87. Anm.); oder besser: ist das Verhältniß der Quantität des feinen Silbers, welche in einer bestimmten Quantität des legirten enthalten ist, zu dieser Quantität legirten Silbers, oder der Feingehalt ist der Bruch, welcher das Verhältniß der Quantität des feinen Silbers, die in einer gewissen Quantität legirten Silbers enthalten ist, zu dieser Quantität des legirten Silbers anzeigt.

12löthiges Silber ist ein solches, von welchem eine Mark oder 16 Loth 12 Loth feines Silber enthält. 1 Loth ist $\frac{1}{16}$ von 16 Loth, daher sind 12 Loth $= \frac{12}{16}$ von 16 Loth. Der Feingehalt des 12löthigen Silbers ist also $\frac{12}{16}$ oder $\frac{3}{4}$. Der Feingehalt des Silbers der Preuß Thaler ist also $\frac{3}{4}$.

Der Feingehalt des Silbers der Preuß. Gulden ist $\frac{10\frac{2}{3}}{16} = \frac{32}{48} = \frac{2}{3}$.

Der Feingehalt des Silbers der Preuß. halben Gulden ist $\frac{8\frac{1}{3}}{16} = \frac{25}{48}$.

Der Feingehalt des Silbers der Preuß. Achthalber ist $\frac{6}{16} = \frac{3}{8}$.

Der Feingehalt der Silbers der Silbergroschen ist $\frac{3\frac{5}{9}}{16} = \frac{32}{9.16} = \frac{2}{9}$.

Anmerk. Wenn also der Feingehalt eines Silbers in Loth angegeben ist, so erhält man denselben durch einen Bruch ausgedrückt, wenn man die gegebene Zahl Lothe durch die Zahl Lothe einer Mark oder durch 16 Loth dividirt.

275. Nach dem Conventionsfuße zu 20 Fl. ist der Feingehalt des Silbers, aus welchem Spec. Thlr. und Reichsfl. geprägt werden, 13 Loth 6 Grän; nach dem Leipziger Fuße zu 18 Fl. ist das Silber, aus welchem Spec. Thlr. geprägt werden, 14 Loth 4 Grän, aus welchem feine Lüneburger Gulden geprägt werden, 15 Loth 6 Grän; aus welchem feine Sächsische Gulden geprägt werden 15 Loth 2 Grän. Welcher Bruch bestimmt den Feingehalt der angegebenen Silberarten?

Aufl. Da Loth und Grän gegeben sind, so hat man entweder die Lothe in Grän oder die Grän in Lothe zu verwandeln, und im ersten Falle die gefundene Zahl Grän durch die Zahl Grän, 288, welche auf eine Mark gehen, im andern die Zahl Lothe durch die Zahl der Lothe einer Mark zu dividiren.

1 Loth = 18 Grän, also 13 Loth = 13 . 18 = 234 Grän, und 6 Grän = 240 Grän. Daher ist der Feingehalt des Silbers Spec. Thlr. und Reichsfl. nach dem Conventionsfuße zu 20 Fl. = $\frac{240}{288} = \frac{5}{6}$.

14 Loth 4 Grän = 14 . 18 + 4 = 256 Grän.

Der Feingehalt des Silbers der Spec. Thlr. nach dem Leipziger Fuße ist $\frac{256}{288} = \frac{8}{9}$.

1 Grän = $\frac{1}{18}$ Loth, also 16 Grän = $\frac{16}{18} = \frac{8}{9}$ Loth.

Der Feingehalt der feinen Lüneburger Gulden ist $\dfrac{15\frac{8}{9}}{16} = \frac{143}{144}$.

Der Feingehalt des Silbers in den feinen Sächsischen Gulden ist $\dfrac{15\frac{1}{9}}{16}$ $= \frac{136}{144} = \frac{17}{18}$.

276. Der Feingehalt des Silbers in Französischen Silbermünzen ist $\frac{9}{10}$, in Holländischen Gulden $\frac{893}{1000}$, in Englischen Kronen und Schillingen 0,925. Wie viel löthig ist das Silber?

Aufl. Um die Lothe zu erfahren hat man den Bruch, welcher den Feingehalt bestimmt, mit der Zahl der Lothe einer Mark, also mit 16, und um den Feingehalt in Grän zu erhalten, hat den Bruch mit der Zahl Grän einer Mark, also mit 288 zu multipliciren.

Das Silber in den Französischen Silbermünzen ist demnach 0,9 . 16 = 14,4 Loth = $14\frac{2}{5}$löthig.

Das Münzsilber der Holl.Gulden ist 0,893 . 16 = 14,288löthig = $14\frac{36}{125}$löthig, oder eine Mark hat 14 Loth 5,184 Grän.

Das Münzsilber der Engl. Kronen und Schillinge ist 0,925 . 16 = 14,8löthig = $14\frac{4}{5}$löthig.

277. In Deutschland werden Dukaten aus einem Golde geprägt, von welchem die Mark, nach dem Reichsfuße 23 Kar. 8 Grän, nach dem Holl. Fuße, 23 Kar. 7 Grän, nach dem Passirfuße, 23 Kar. 6 Grän hat. In Dänemark prägt man Spec. Dukaten aus $23\frac{1}{2}$kar., Cour. Dukaten aus 21karatigem Golde. Welches ist der Feingehalt dieses Goldes durch einen Bruch bestimmt?

Aufl. 1 Karat = 12 Grän, also 8 Grän = $\frac{8}{12} = \frac{2}{3}$ Kar.

Der Feingehalt des Goldes in den Deutschen Dukaten

nach dem Reichsfuße ist $\dfrac{23\frac{2}{3}}{24} = \frac{71}{72} = 0{,}9861$,

nach dem Holl. Fuße ist $\dfrac{24\frac{7}{12}}{24} = \frac{283}{288} = 0{,}9826$,

nach dem Passirfuße ist $\dfrac{23\frac{1}{2}}{24} = \frac{47}{48} = 0{,}979166\ldots$

Der Feingehalt in den Dänischen

Spec. Dukaten ist $\dfrac{23\frac{1}{2}}{24} = \frac{47}{48} = 0{,}979166\ldots$

Cour. „ „ $\frac{21}{24} = \frac{7}{8} = 0{,}875$.

278. Der Feingehalt des Goldes ist den Preuß. Friedrichsd'ore ist $\frac{65}{72} = 0{,}90277\ldots$, in den Französischen Goldmünzen 0,9, der Engl. Guineen $\frac{11}{12} = 0{,}91666\ldots.$ Wie viel karatig ist dieses Gold?

Aufl.. Um die Karate zu erhalten hat man den Bruch, welcher den Feingehalt bestimmt, mit der Zahl der Karate einer Mark, also mit 24, zu multipliciren.

Das Gold der Preuß. Friedrichsd'ore ist $\frac{65}{72} \cdot 24 = \frac{65}{3} = 21\frac{2}{3}$-karatig.

Das Gold der Französischen Goldmünzen ist $0{,}9 \cdot 24 = 21{,}6 = 21\frac{3}{5}$karatig.

Das Gold der Engl. Guineen ist $\frac{11}{12} \cdot 24 = 22$karatig.

Anmerk. Die Quantität des edeln Metalls, welche in einer Münze enthalten ist, heißt ihr Korn, die Schwere des ganzen Stückes heißt das Schrot derselben.

Da sowohl die Quantität des edeln Metalls, als auch die Schwere des ganzen Stücks einer Münzsorte durch ein Gewicht bestimmt wird, so spricht man auch vom Korngewicht und Schrotgewicht einer Münze.

Die gesetzliche Bestimmung des Schrots, Korns und Kaufwerths einer Münze heißt der Münzfuß. Der Kaufwerth einer Münze wird auf dem Gepräge derselben angegeben.

Der Unterschied des wahren Werthes einer Münze und der Angabe desselben auf dem Gepräge wird Remedium genannt, und dieses ist innerhalb gewisser Grenzen.

Der Münzfuß bestimmt das Korn, indem er den Feingehalt des legirten Metalls angiebt; und er bestimmt das Schrot, indem er die Zahl Münzstücke angiebt, welche aus der, durch den Feingehalt bestimmten, rauhen Mark geprägt werden sollen.

Um das Schrot einer Münze zu bestimmen, bedient man sich sehr kleiner Gewichte, die mit außerordentlicher Genanigkeit verfertigt sind. Solcher Gewichte giebt es verschiedene, unter andern Holl. Aß, deren 4864 = 1 Cölnischen Mark sind.

Den Feingehalt einer Münze zu bestimmen werden in der Folge andere Mittel als Gewichte angegeben werden.

279. Aus dem Schrot und Korn einer Münze ihren wahren Werth zu bestimmen, und zwar nach Preuß. Thlr. und Silbergroschen.

A. 8 Spec. Thlr. werden nach dem Leipziger Fuße zu 18 Fl. aus einer rauhen Mark, welche $14\frac{2}{9}$ Loth fein Silber enthält, geprägt; welches ist der wahre Werth dieser Münze?

Aufl. Da in 8 Spec. Thlr. $14\frac{2}{9}$ Loth f. S. enthalten sind, so enthält 1 Spec. Thlr. $\frac{14\frac{2}{9}}{8} = \frac{7\frac{1}{9}}{4} = \frac{64}{4 \cdot 9} = \frac{16}{9}$ Loth f. Silber. 14 Pr. Thlr. enthalten 16 Loth f. S., so enthält 1 Pr. Thlr. $\frac{16}{14} = \frac{8}{7}$ Loth f. S.

Daher wird 1 Spec. Thlr. so viele Pr. Thlr. enthalten, wie oft $\frac{8}{7}$ Loth in $\frac{16}{9}$ Loth enthalten sind, also $\frac{16}{9} : \frac{8}{7} = \frac{16 \cdot 7}{9 \cdot 8} = \frac{14}{9} =$ 1 Thlr. $16\frac{2}{3}$ Sgr. = 1,555.... Pr. Thlr.

B. Nach dem Lübischen Fuße werden $8\frac{1}{2}$ Reichsthlr. aus einer rauhen Mark, welche 12 Loth f. Silber hat, geprägt; welches ist der Werth dieser Münze in Preuß. Thalern?

Aufl. 1 Rthlr. enthält $\frac{12}{8\frac{1}{2}} = \frac{24}{17}$ Loth f. Silber, so oft diese

$\frac{8}{7}$ Loth enthalten, so vielen Preuß. Thlr. wird jene Münze gleich sein; also $\frac{24}{17} : \frac{8}{7} = \frac{24}{17} \cdot \frac{7}{8} = \frac{21}{17} = 1{,}2353$ Pr. Thlr.

Nach dem Kettensatze:

$$\begin{aligned} X \text{ Pr. Thlr.} &= 1 \text{ Rthlr.} \\ 8\tfrac{1}{2} &= 12 \text{ Loth} \\ 16 &= 14 \text{ Pr. Thlr.} \\ \hline X \cdot 17 &= 21 \text{ Pr. Thlr.} \\ \text{also } X &= \tfrac{21}{17} \text{ Pr. Thlr.} \end{aligned}$$

C. Dänische Spec. Thlr. werden $8\frac{3}{32}$ aus einer rauhen Mark, welche 14 Loth f. S. enthält, geprägt.

Aufl. 1 Dän. Spec. Thlr. $= \dfrac{14}{8\frac{3}{32}} = \frac{64}{37}$ Loth f. S., daher enthält 1 Dän. Spec. Thlr. $\frac{64}{37} : \frac{8}{7} = \frac{56}{37} = 1{,}5135$ Pr. Thlr.

D. Französ. Laubthlr. werden 8 aus einer rauhen Mark, welche $14\frac{5}{12}$ Loth fein Silber hat, geprägt.

Aufl. 1 Laubthlr. $= \dfrac{14\frac{5}{12}}{8} = \frac{173}{96}$ Loth f. S., daher ist 1 Laubthlr. $= \frac{173}{96} : \frac{8}{7} = \dfrac{173 \cdot 7}{96 \cdot 8} = 1{,}5768$ Pr. Thlr.

E. Das Schrotgewicht der Holl. Gulden, welche seit 1816 geprägt werden, ist = 224 Holländische Aß; der Feingehalt derselben ist 0,893.

Aufl. Da der Feingehalt anzeigt, wie viele Theile des edeln Metalls vom Gewichte der ganzen Münze, also von ihrem Schrotgewichte, beträgt, also in diesem Beispiele 893 Theile von 1000 eben solcher Theile des Schrotgewichts der Münze, so erhält man das Gewicht des edeln Metalls der Münze, wenn man das Schrotgewicht derselben mit dem Bruche, welcher ihren Feingehalt anzeigt, multiplicirt. Oder noch deutlicher: der Nenner des Bruches, welcher den Feingehalt bestimmt, zeigt an, wie viele Theile die Münze, oder das legirte Silber enthält, aus welcher sie geprägt worden ist, und der Zähler des Bruches bestimmt die Anzahl eben solcher Theile des edeln Metalls, welche entweder in der Münze, oder in dem legirten Silber enthalten sind, aus welcher sie gemünzt ist. Daher muß man das Schrotgewicht durch den Nenner des gedachten Bruches dividiren, um einen der erwähnten Theile zu erhalten, und diesen Theil mit dem Zähler des obigen Bruches vervielfältigen, um die richtige Zahl dieser Theile des edeln Metalls zu erhalten, welches Verfahren aber kein anderes ist, als die Multiplication des Schrotgewichts durch erwähnten Bruch.

Das Korngewicht des Holl. Fl. ist also = 0,893 . 224 Holl. Aß.

Die Köln. Mark ist = 4864 Holl. Aß, und 14 Pr. Thlr. sind =
1 f. Köln. Mark = 4864 Holl. Aß fein Silber, daher ist
1 Preuß. Thlr. $= \frac{4864}{14} = \frac{2432}{7}$ Holl. Aß f. S.; daher ist
1 Holländischer Fl. $= 0{,}893 \cdot 224 : \frac{2432}{7} = \dfrac{0{,}047 \cdot 49}{4} =$ 0,57575 Pr. Thlr.

F. Seit 1816 werden in England aus 1 Pfd. des Münzsilbers $13\frac{1}{5}$ Kronen = 66 Schill. geprägt. 1 Pfd. des Münzsilbers ist = 373,244 Franz. Grammen; 1 Preuß. Pf. = 467,711 Franz. Grammen = 2 Köln. Mark. Der Feingehalt des Engl. Münzsilbers ist $\frac{37}{40}$. 1 Krone und 1 Schill. betragen wie viel in Pr. Thlr.?

Diese Rechnung ist am kürzesten durch den Kettensatz zu führen:

$$
\begin{aligned}
X \text{ Preuß. Thlr.} &= 1 \text{ Krone},\\
13\tfrac{1}{5} &= 1 \text{ Pf. des Münzsilbers},\\
1 &= 373{,}244 \text{ Franz. Grammen},\\
467{,}711 &= 1 \text{ Preuß. Pf.},\\
1 &= 2 \text{ Köln. Mark},\\
1 &= 16 \cdot \tfrac{37}{40} \text{ Loth Feingehalt},\\
16 &= 14 \text{ Pr. Thlr.}\\
\hline
X \cdot 15434463 &= 24167549 \text{ also}\\
X &= 1{,}565817 \text{ Pr. Thlr.}
\end{aligned}
$$

Da $13\frac{1}{5}$ Kronen = $\frac{66}{5}$ Kronen = 66 Schill., so ist $\frac{1}{5}$ Krone = 1 Schl. Demnach ist 1 Engl. Schill. = 0,313163 Pr. Thlr.,
= 9,39489 Sgr.

Anmerk. Die Berechnung des Werthes der verschiedenen Münzen in dieser Aufgabe wurde nach dem feinen Silber, welches in den Münzen und dem Preuß. Thlr. enthalten ist, geführt, und eine solche Vergleichung der Münzen nennt man die nach dem Silber-pari (von par, paris gleich). Berechnet man den Werth der Engl. Schillinge in Silbergroschen nach dem Silberpari, so wird man folgendes Resultat erhalten.

Aus der rauhen Mark, welche $3\frac{5}{9}$ Loth f. S. enthält, sollen $106\frac{2}{3}$ Sgr. geprägt werden; daher hat 1 Sgr. $\frac{3\frac{5}{9}}{106\frac{2}{3}} = \frac{1}{30}$ Loth f. Silber; 1 Pr. Thlr. = $\frac{8}{7}$ Loth f. S., also ist 1 Pr. Thlr. = $\frac{8}{7} : \frac{1}{30} = \frac{240}{7} = 34\frac{2}{7}$ Sgr. Demnach ist 1 Engl. Schl. = $0{,}31316 \cdot \frac{240}{6} = 10{,}737$ Sgr.

Weil 1 Pr. Thlr. = $\frac{240}{7}$ Sgr., so sind 7 Pr. Thlr. = 240 Sgr. oder 7 Pr. Thlr. Cour. = 8 Pr. Thlr. in Münze.

G. Das Schrotgewicht eines Bergischen Thlr. ist = $405\frac{1}{3}$, das Korngewicht desselben = 304 Holländ. Aß. Ein Bergischer Thlr. ist gleich wie vielen Preuß. Thlr., welches ist der Feingehalt der Bergischen Thaler?

Aufl. 1 Pr. Thlr. = $\frac{2432}{7}$ Holl. Aß f. S.; also ist 1 Bergischer Thlr. = $304 : \frac{2432}{7} = \frac{7}{8} = 0{,}875$ Pr. Thlr. Der Feingehalt der Bergischen Thlr. ist = $\frac{304}{405\frac{1}{3}} = \frac{3}{4}$.

280. Aus dem Schrot- und Korngewicht einer Münze ihren Feingehalt zu bestimmen.

Aufl. Der Feingehalt einer Münze ist der Bruch, dessen Nenner die Zahl der Theile anzeigt, welche die ganze Quantität des legirten Silbers der Münze umfaßt, und dessen Zähler die Zahl derselben eThee bestimmt, welche die Quantität des edeln Metalls in der Münze nthäillt. Das Schrotgewicht einer Münze giebt nun die Zahl der Theile an, welche die ganze Quantität des legirten Silbers einer Münze umfaßt; und das Korngewicht derselben bestimmt die Zahl derselben

Theile, welche die Quantität des edeln Metalls einer Münze enthält; demnach ist der Feingehalt einer Münze gleich dem Quotienten, welchen man erhält, indem man das Korngewicht einer Münze durch ihr Schrotgewicht dividirt.

Zur Erläuterung einige Beispiele.

A. Das Schrotgewicht der Franz. Kronenthaler ist = 614, das Korngewicht desselben = 550 Holl. Aß; daher ist der Feingehalt des Franz. Kronenthalers = $\frac{550}{614}$ = 0,895.

B. Das Schrotgewicht des Fünffrankenstücks ist = 520, das Korngewicht desselben = 468 Holl. Aß; daher ist der Feingehalt des 5 Frankenstücks = $\frac{468}{520}$ = 0,9.

C. Das Schrotgewicht des Hamb. Thalers zu 3 Mark ist = 599, das Korngewicht desselben = 528 Holl. Aß; daher ist der Feingehalt des Hamb. Thalers = $\frac{528}{599}$ = 0,881.

D. Das Schrotgewicht der Deutschen Dukaten ist = $72\frac{3}{5}$, das Korngewicht derselben = $71\frac{1}{2}$ Holl. Aß; daher ist der Feingehalt der Deutschen Dukaten = $\frac{71\frac{1}{2}}{72\frac{3}{5}}$ = 0,9848.

E. Das Schrotgewicht der Napoleonsd'or von 40 Franks ist = $266\frac{2}{5}$, das Korngewicht derselben = $239\frac{7}{10}$ Holl. Aß; demnach ist der Feingehalt der Napoleonsd'or = $\frac{239{,}7}{266{,}4}$ = 0,8998.

281. Aus der Anzahl der Stücke einer Münze, welche auf eine rauhe Mark gehen, deren Gehalt durch Loth bestimmt ist, das Schrot- und Korngewicht der Münze zu bestimmen, und zwar in Holl. Aß, deren 4864 = 1 Köln. Mark sind.

A. Aus der 12löthigen Mark werden $10\frac{1}{2}$ Preuß. Thalerstücke geprägt.

Aufl. Weil $10\frac{1}{2}$ Thalerstücke = 1 Mark = 4864 Holl Aß, so ist 1 Thalerstück = $\frac{4864}{10{,}5}$ = $463\frac{5}{21}$ Holl. Aß, welches das Schrotgewicht des Pr. Thlr. ist.

Die 12 Loth f. S. müssen zunächst in Holl. Aß verwandelt werden. Da nun 16 Loth = 4864 Holl. Aß sind, so ist 1 Loth = $\frac{4864}{16}$ = 304 Holl. Aß, daher sind 12 Loth f. Silber = 12 . 304 Holl. Aß.

$10\frac{1}{2}$ Pr. Thalerstücke enthalten also 12 . 304 Holl. Aß f. Silber, daher ist 1 Pr. Thalerstück = $\frac{12 \cdot 304}{10\frac{1}{2}}$ = $347\frac{3}{7}$ Holl. Aß, welches das Korngewicht des Pr. Thalers ist.

B. Aus einer Mark $14\frac{1}{3}$löthigen Silbers werden seit 1772 $8\frac{2}{3}$ Spanische Piaster geprägt.

Aufl. $8\frac{2}{3}$ Piaster = 1 Kölnisch. Mark = 4864 Holländische Aß, also 1 Piaster = $\frac{4864}{8\frac{2}{3}}$ = $561\frac{3}{13}$ Holl. Schrotgewicht. 1 Loth = 304 Holl. Aß, also $14\frac{1}{3}$ Loth = $\frac{43}{3}$ . 304 Holl. Aß $8\frac{2}{3}$ Piaster

$= \frac{43}{3} . 304$ Holl. Aß feines Silber, daher ist 1 Piaster $= \frac{43 . 304}{26}$ $= 502\frac{10}{13}$ Holl. Aß f. Silber Korngewicht.

C. Aus einer Mark $18\frac{1}{2}$karatigen Goldes wurden 24 Karolinen geprägt.

Aufl. 24 Karolinen = 1 Mark = 4864 Holl. Aß, also 1 Karolin $= \frac{4864}{24} = 202\frac{2}{3}$ Holl. Aß Schrotgewicht. Die Karate sind in Holl. Aß zu verwandeln. Da 24 Karat = 1 Mark = 4864 Holl. Aß, so ist 1 Karat $= \frac{4864}{24} = \frac{608}{3}$ Holl. Aß. Demnach sind $18\frac{1}{2}$ Karat $= 18\frac{1}{2} . \frac{608}{3} = \frac{11248}{3}$ Holl. Aß. Also sind 24 Karolinen $= \frac{11248}{3}$ Holl. Aß f. Gold; folglich 1 Karolin $= \frac{11248}{3 . 24} = 159\frac{2}{9}$ Holl. Aß f. Gold, welches das Korngewicht dieser Goldmünze ist.

Anmerk. Aus den einzelnen Beispielen ergiebt sich das allgemeine Verfahren.

Das Schrotgewicht einer Münze ist gleich dem Gewichte einer Mark dividirt durch die Zahl der Münzstücke, welche auf die rauhe Mark gehen.

Das Korngewicht einer Münze ist gleich dem Gewichte des edeln Metalls, welches in der rauhen Mark enthalten ist, dividirt durch die Zahl der Münzstücke, welche die rauhe Mark ausmachen.

282. Aus der Zahl der Geldstücke, welche auf eine feine Köln. Mark gehen, und dem Feingehalte des Silbers, aus welchem die Geldstücke geprägt sind, das Schrot und Korn dieser Geldstücke zu berechnen.

Aufl. Die Bestimmung der Zahl der Geldstücke, welche auf eine feine Mark gehen, giebt das Korngewicht der Münze; denn sie zeigt an, wie viele der Geldstücke genau so vieles feines Silber haben, welches eine feine Mark hat, oder wie viele der Geldstücke gerade eine Mark feines Silber enthalten. Daher ist das Korngewicht einer Münze gleich dem Gewichte einer Mark dividirt durch die Zahl der Geldstücke, welche eine feine Mark betragen.

Der Zähler des Bruches, welcher den Feingehalt bestimmt, zeigt die Zahl der Theile des edeln Metalls oder des Korngewichts an, und der Nenner desselben die Zahl derselben Theile, welche das legirte Metall oder das Schrotgewicht einer Münze enthält. Um also einen der Theile zu erhalten, hat man das Korngewicht durch den Zähler des genannten Bruches zu dividiren, und diesen erhaltenen Theil durch den Nenner des erwähnten Bruches zu vervielfältigen, um das Schrotgewicht der Münze zu erhalten. Dieses Verfahren ist daher kein anderes als die Multiplikation des Korngewichts durch den umgekehrten Bruch, oder die Division des Korngewichts durch den Bruch, welcher den Feingehalt einer Münze bestimmt.

Einige Beispiele zur Erläuterung.

A. 14 Preuß. Thlr. machen eine feine Mark, und der Feingehalt des Silbers, aus welchem sie geprägt sind, ist $\frac{3}{4}$.

Aufl. Weil 14 Thlr. = 1 feine Mark = 4864 Holl. Aß f. Silber, so ist 1 Thlr. $= \frac{4864}{14} = 347\frac{3}{7}$ Holl. Aß f. S., also Korngewicht.

Da der Feingehalt $\frac{3}{4}$ ist, so hat das Korn 3 und das Schrot 4 eben solcher Theile. Nun ist das Korngewicht $\frac{2432}{7}$ Holl. Aß; daher sind 3 der genannten Theile $= \frac{2432}{7}$ Holl. Aß; also 1 dieser Theile $= \frac{2432}{7 \cdot 3}$, und 4 derselben $= \frac{2432 \cdot 4}{7 \cdot 3} = 463\frac{5}{21}$ Holländ. Aß, welches daher daher das Schrotgewicht des Pr. Thalers ist.

B. Auf eine feine Mark gehen 51,934 neue Französische Franks und der Feingehalt derselben ist 0,9.

Demnach ist das Korngewicht der Franks $= \frac{4864}{51,934} = 93,65$ Holl. Aß; folglich das Schrotgewicht derselben $= \frac{4864}{51,934} : 0,9 =$ 104,06 Holl. Aß.

C. Auf eine Köln. Mark f. Gold gehen 19,6363 oder $19\frac{7}{11}$ Imperial zu 10 Rubel von 1789, und ihr Feingehalt ist $\frac{11}{12}$.

Das Korngewicht der Imperial $= \frac{4864}{19\frac{7}{11}} = \frac{6688}{27} = 247\frac{19}{27}$ Holl. Aß, und ihr Schrotgewicht $= \frac{6688}{27} : \frac{11}{12} = 270\frac{2}{9}$ Holl. Aß.

283. Durch welche Bedingungen ist der Feingehalt einer Münze gegeben?

Aufl. Da der Feingehalt einer Münze der Bruch ist, dessen Zähler die Zahl der Theile des edeln Metalls bestimmt, die in einer gewissen Quantität legirten Silbers enthalten sind, deren Anzahl Theile durch den Nenner des Bruches gegeben ist, so ist der Feingehalt einer Münze:

a) gleich dem Korngewicht dividirt durch das Schrotgewicht derselben;
b) gleich der Zahl der Lothe feinen Silbers, welche in der rauhen Mark enthalten sind, dividirt durch die Zahl der Lothe einer Mark, also durch 16;
c) gleich der Zahl der Münzstücke, welche auf die rauhe Mark gehen, aus welcher sie geprägt sind, dividirt durch die Zahl Münzstücke, welche auf die feine Mark gehen.

Denn die letzte Bedingung kann so erklärt werden: Die Summe aller Stücke, welche auf die rauhe Mark gehen, hat so viele Loth f. Silber, so viele die rauhe Mark hat; die Summe aller Stücke, welche auf die feine Mark gehen, hat so viele Lothe f. Silber, als die f. Mark.

Gleiches dividirt durch Gleiches giebt Gleiches; also ist die erste Summe dividirt durch die zweite gleich der Zahl der Lothe feinen Silbers, welche in der rauhen Mark sind, dividirt durch 16, welches nach b) der Feingehalt ist.

Da ferner jede Summe ein Vielfaches von einem Thaler ist, und weil diese Thaler einander gleich sind, so geht ihre Größe durch die Division aus der Rechnung, und es bleiben im Quotienten nur ihre Anzahlen; daher ist die Behauptung erwiesen.

d) Endlich kann man sagen: den Werth einer Münze dividirt durch ihr Schrotgewicht giebt den Feingehalt derselben.

Hier muß man aber den Werth derselben nach dem Silberpari gerechnet nehmen. Denn der Werth einer Münze nach dem Silberpari ist ihr Korngewicht; daher ist die Behauptung nach a) erwiesen.

Dieser Satz setzt aber voraus die Kenntniß des Korngewichts der Münze, nach welcher der Werth jener bestimmt ist.

Ein Beispiel zu jedem Falle, und es möge dazu der Holl. Gulden dienen, dessen Feingehalt = 0,893 und Schrotgewicht = 224 Holl. Aß. Auf die feine Mark gehen derselben $21\frac{5}{7}$, auf die rauhe $19\frac{342}{875}$; die rauhe Mark hat 14,288 Loth f. Silber, der Werth nach Preuß. Thalern ist = 0,57575 Pr. Thlr. (s. Aufg. 279. E.), das Korngewicht des Pr. Thlrs. = $\frac{2432}{7}$ Holl. Aß, Korngewicht der Holl. Fl. = 200,032 Holl. Aß.

$$\text{a) Feingehalt des Holl. Fl.} = \frac{200{,}032}{224} = 0{,}893$$

$$\text{b)} \quad . \quad . \quad . \quad . = \frac{14{,}288}{16} = 0{,}983$$

$$\text{c)} \quad . \quad . \quad . \quad . = \frac{19\frac{342}{875}}{21\frac{5}{7}} = 0{,}893$$

$$\text{d)} \quad . \quad . \quad . \quad . = \frac{0{,}57575}{224} \cdot \frac{2432}{7} = 0{,}893.$$

In den Werth für den Holl. Fl. muß man für 1 Pr. Thlr. das Korngewicht dieses Thalers sezen.

284. Welche Angaben bedingen das Korngewicht einer Münze?

Aufl. a) Aus der Aufg. 279. E. ergiebt sich: das Korngewicht einer Münze ist gleich dem Produkte aus ihrem Schrotgewichte und ihrem Feingehalte.

b) Das Korngewicht einer Münze ist gleich dem Produkte aus ihrem Schrotgewichte und der Zahl der Lothe f. Silber, welche in der rauhen Mark enthalten sind, dividirt durch 16.

Denn die gedachte Zahl dividirt durch 16 ist der Feingehalt der Münze (Aufg. 283. b.); daher hat der Satz nach a. dieser Aufgabe seine Richtigkeit.

c) Das Korngewicht einer Münze ist gleich dem Produkte aus ihrem Schrotgewichte und der Zahl der Stücke, welche auf die rauhe Mark gehen, dividirt durch die Zahl der Stücke, welche auf die feine Mark gehen.

Denn die eine der erwähnten Zahlen, dividirt durch die andere ist der Feingehalt (Aufg. 283. c.).

d) Das Korngewicht einer Münze ist gleich dem Produkte aus der Zahl, welche ihren Werth anzeigt, und dem Korngewicht der Münze, welche bei der Berechnung ihres Werthes als Einheit zum Grunde gelegt ist.

Dieser Satz geht aus Aufg. 283. d. unmittelbar hervor.

Anmerk. Wer die Sätze an Beispielen prüfen will, der möge den Holl. Fl. aus Aufg. 283. nehmen, wo er alle erforderlichen Data mit Genauigkeit angegeben finden wird.

Diese Anm. soll auch noch für einige folgende Aufgaben dienen, welche abstract behandelt worden sind.

285. Wie findet man das Schrotgewicht einer Münze?

Aufl. a) Aus Aufg. 282. geht hervor: das Schrotgewicht einer Münze ist gleich ihrem Korngewichte dividirt durch ihren Feingehalt.

b) Es ist gleich dem Produkte aus dem Korngewichte und der Zahl 16 dividirt durch die Zahl der Lothe des feinen Silbers, welches in der rauhen Mark enthalten ist.

Denn die Zahl der Lothe des feinen Silbers, welches in der rauhen Mark enthalten ist, dividirt durch 16, ist der Feingehalt (Aufg. 283. b.). Die Division aber durch diesen Bruch verwandelt sich in die Multiplication mit demselben aber umgekehrten Bruche, woraus die Richtigkeit der Behauptung hervorgeht.

c) Es ist gleich dem Produkte aus dem Korngewichte und der Zahl der Geldstücke, welche auf die feine Mark gehen, dividirt durch die Zahl der Geldstücke, welche auf die rauhe Mark gehen.

Dieser Satz hat mit dem vorigen gleiche Gründe. (S. Aufgabe 283. c.)

d) Es ist gleich dem Produkte aus der Zahl, welche ihren Werth anzeigt, und dem Korngewichte der Münze, welche der Berechnung ihres Werthes als Einheit zum Grunde gelegt ist, dividirt durch den Feingehalt.

Eine Folge aus Aufg. 284. d. und dieser a.

286. Wie findet man die Zahl der Geldstücke, welche auf die feine Mark gehen?

Aufl. Die Summe aller Geldstücke, welche auf eine feine Mark gehen, hat so viel feines Silber als eine feine Mark oder 16 Loth f. Silber. Diese Summe ist aber das Produkt aus der Zahl der Geldstücke, welche eine feine Mark betragen, und dem Korngewicht des Geldstücks; daher ist

a) die Zahl der Geldstücke, welche an f. Silber einer f. Mark gleich sind, = 16 Loth dividirt durch das Korngewicht eines Geldstücks.

Die Summe aller Geldstücke, welche gleich der rauhen Mark ist, ist gleich 16 Loth des legirten Metalls; diese Summe ist aber das Produkt aus der Zahl der Geldstücke, welche bestimmt, wie viele Stücke aus der rauhen Mark gepräat worden sind, und dem Schrotgewichte des Geldstücks; daher ist dieses Produkt dem vorigen gleich, weil beide 16 Loth betragen; mithin ist

b) die Zahl der Geldstücke, welche auf die feine Mark gehen, gleich dem Produkte aus der Zahl der Geldstücke, welche die rauhe Mark betragen, und dem Schrotgewichte, dividirt durch das Korngewicht eines Geldstücks, oder kurz: gleich 16 Loth dividirt durch das Korngewicht.

Dieser Satz ist wenig von dem vorhergehenden verschieden, und im Wesentlichen dem vorigen gleich; er ist auch nur deswegen angeführt, um das Schrotgewicht in Rechnung zu bringen, und kann zugleich für den nachfolgenden Satz dienen.

c) Die Zahl der Geldstücke, welche auf die feine Mark gehen, ist gleich der Zahl der Geldstücke, welche der rauhen Mark gleich sind, dividirt durch den Feingehalt.

Anmerk. Um großer Weitläuftigkeit und Undeutlichkeit vorzubeugen, möge es erlaubt sein, einige Kunstausdrücke einzuführen.

**Man nennt Reduktionszahl diejenige, welche anzeigt, wie viele Einheiten einer untergeordneten Sorte gleich einer Einheit der übergeordneten Sorte sind.**

Z. B. Die Reduktionszahl für Pfunde und Lothe ist 32; weil 32 = 1 Pfunde sind.

Für Geld erhält die Reduktionszahl den Namen Währungszahl.

Z. B. Für Sgr. und Thaler ist die Reduktions- oder Währungszahl 30, weil 30 Sgr. = 1 Thlr. sind.

Nun möge die Zahl, welche anzeigt, wie viele Geldstücke einer gewissen Sorte gleich der rauhen Mark sind, aus der sie geprägt worden, die Reduktions- oder Währungszahl der rauhen Mark oder für die rauhe Mark heißen.

Z. B. $10\frac{1}{2}$ Preuß. Thlr. sind gleich einer rauhen Mark 12löthigen Silbers, so ist also für diesen Fall $10\frac{1}{2}$ die Reduktions- oder Währunpszahl der rauhen Mark.

Die Zahl, welche bestimmt, wie viele Geldstücke einer Sorte an feinem Silber gleich der feinen Mark sind, heiße die Reduktions- oder Währungszahl der feinen Mark oder für die feine Mark.

Z. B. 20 Fl. Conventions-Cour. sind an feinem Silber gleich der feinen Mark, so ist in diesem Falle 20 die Währungs- oder Reduktionszahl der feinen Mark.

Nach dieser Abschweifung zum Beweise.

Der Satz unter b. lautet mit Anwendung der genannten Kunstausdrücke nun folgender Art: die Währungszahl der feinen Mark ist gleich dem Produkte aus der Währungszahl der rauhen Mark und dem Schrotgewichte, dividirt durch das Korngewicht eines Geldstücks.

Die Division des genannten Produkts giebt einen Bruch, dessen Zähler und Nenner aus dem Satze ersichtlich sind; dividirt man nun Zähler und Nenner dieses Bruches durch das Schrotgewicht, so erhält man einen neuen Bruch, dessen Zähler die Währungszahl der rauhen Mark, und dessen Nenner ein Bruch ist, nämlich das Korngewicht dividirt durch das Schrotgewicht. Dieser letzte Bruch ist aber der Feingehalt der Münze (Aufg. 283. a.). Daher ist der neue Bruch (oder bestimmter der Doppelbruch) gleich der Währungszahl der rauhen Mark, dividirt durch den Feingehalt. Dieser Doppelbruch ist aber gleich dem, aus welchem er durch Division abgeleitet worden ist, und weil dieser gleich der Währungszahl der feinen Mark ist, so ist dieses auch jener. Demnach ist die Währungszahl der feinen Mark gleich der Währungszahl der rauhen Mark dividirt durch den Feingehalt.

Z. B. Der Feingehalt der Engl. Kronen zu 5 Schill. ist $\frac{37}{40}$; aus einem Pfunde des Münzsilbers werden $13\frac{1}{5}$ dieser Stücke geprägt, wie viel also aus einem Pfunde des feinen Silbers? Nach dem letzten Satze erhält man unmittelbar die Antwort.

Die Währungszahl des Pf. feinen Silbers $= \frac{13\frac{1}{5}}{\frac{37}{40}} = \frac{40 \,.\, 13\frac{1}{5}}{37} = \frac{8 \,.\, 66}{37} = 14\frac{10}{37}$ Kronen.

118 Russische Dukaten sollen = 1 Russischen Pfunde, und ihr Feingehalt $\frac{31}{32}$ fein. Wie viele Dukaten gehen auf 1 Russisches Pfund feinen Goldes?

Antwort: $\frac{118}{\frac{31}{32}} = \frac{118 \,.\, 32}{31} = 121\frac{25}{31}$ Russischen Dukaten.

**287. Wie findet man die Währungszahl der rauhen Mark?**

**Aufl.** Aus der Aufg. 286. hat man unmittelbar:

a) Die Währungszahl der rauhen Mark ist gleich 16 Loth dividirt durch das Schrotgewicht der Münze.

b) Die Währungszahl der rauhen Mark ist gleich dem Produkte aus der Währungszahl der feinen Mark und dem Feingehalte.

Denn die Währungszahl der feinen Mark mal das Korngewicht einer Münze ist gleich 16 Loth. Wenn man nun dieses Gleiche durch das Schrotgewicht derselben Münze dividirt, so erhält man: die Währungszahl der feinen Mark mal den Bruch, Korngewicht dividirt durch Schrotgewicht, welches Produkt ist: die Währungszahl der feinen Mark mal den Feingehalt (Aufg. 283. a.) = 16 Loth, dividirt durch das Schrotgewicht; dieser letzte Bruch ist aber nach a. dieser Aufg. die Währungszahl der rauhen Mark, daher hat der Satz seine Richtigkeit.

288. Wie findet man die Zahl der Lothe des feinen Silbers, welches in der rauhen Mark enthalten ist?

Aufl. a) Die Lothzahl des feinen Silbers der rauhen Mark ist gleich dem Produkte aus 16 und dem Feingehalte.

Denn der Feingehalt ist gleich der Lothzahl des feinen Silbers einer rauhen Mark dividirt durch durch 16 (Aufg. 283. b.). Wenn man nun Gleiches durch Gleiches multiplicirt, nämlich durch 16, so erhält man den Feingehalt mal 16 gleich der gesuchten Lothzahl dividirt und multiplicirt durch 16, welches die gesuchte Lothzahl giebt.

b) Die gesuchte Lothzahl ist gleich dem Produkte aus 16 und dem Korngewichte, dividirt durch das Schrotgewicht.

Denn das Korngewicht dividirt durch das Schrotgewicht ist der Feingehalt (Aufg. 283. a.); daher ist der Satz nach a. dieser Aufgabe richtig.

c) Die Lothzahl des feinen Silbers einer rauhen Mark ist gleich dem Produkte aus 16 und der Währungszahl der rauhen Mark, dividirt durch die Währungszahl der feinen Mark.

Denn die Währungszahl der rauhen Mark dividirt durch die Währungszahl der feinen Mark ist der Feingehalt (Aufg. 283. c.); daher ist die Richtigkeit der Behauptung nach a. dieser Aufg. erwiesen.

289. Wie findet man den Werth einer Münze nach dem Silberpari?

Aufl. Der Werth einer Münze nach dem Silberpari ist die Quantität des feinen Silbers, welche die Münze in sich begreift, also ihr Korngewicht. Soll also der Werth einer Münze durch eine andere, Münzeinheit angenommen, nach dem Silberpari ausgedrückt werden, so muß dieser Ausdruck das volle Korngewicht der Münze darstellen, deren Werth gesucht wird.

Dieses geschieht nun dadurch, daß man das Korngewicht der Münze, deren Werth gesucht wird, durch das Korngewicht der Münzeinheit dividirt [welches zum Quotienten eine unbenannte Zahl giebt, die vorläufig der Werthanzeiger heiße], und die Münzeinheit durch den Werthanzeiger multiplicirt; so daß also der Werth einer Münze nach dem Silberpari gleich ist dem Produkte aus dem Werthanzeiger und der Münzeinheit.

Denn von der Münzeinheit kommt hier nichts weiter in Betracht, als ihr Korngewicht; daher kann man denselben Satz auch so ausdrücken: Das Korngewicht einer Münze ist gleich ihrem Korngewicht dividirt und multiplicirt durch das Korngewicht der Münzeinheit, welcher Satz unbestreitbare Richtigkeit hat.

In diesen Ausdruck kann man alle diejenigen Ausdrücke setzen, welche das Korngewicht einer Münze darstellen, und in der Aufgabe 284. behandelt worden sind; wendet man diese Ausdrücke zugleich auf Korngewicht der Münzeinheit an, so wird man dadurch 10 verschiedene Ausdrücke für den Werth einer Münze nach dem Silberpari erhalten. Diese Anwendung zu machen, wird Jedem überlassen; denn die große Mannigfaltigkeit ähnlichen Stoffes fordert hier zum weitern Fortgange in der Sache auf.

Anmerk. Noch ist zu bemerken, daß alle obigen Sätze zugleich Giltigkeit für Goldmünzen haben, wenn man nur anstatt Loth Karat, und anstatt Silber Gold setzt.

Es dürfte nicht undienlich sein, hier auch einige Sätze über das Verhältniß des Silber- und Goldgeldes zu entwickeln, und dieses soll der Stoff der nächstfolgenden Untersuchungen sein.

290. Nach dem neuen Preuß. Gesetze von 1821 den 30. Sept. wiegen 35 Friedrichsd'or, jeder zu 5 Thlr., eine Mark, in welcher 260 Grän oder $21\frac{2}{3}$ Karat feines Gold enthalten ist, wie viele Frd'or. werden eine Mark feines Gold enthalten?

Aufl. Da $21\frac{2}{3}$ Karat f. G. = 35 Frd'or. sind, so ist 1 Kar. f. G. $= \frac{25}{21\frac{2}{3}} = \frac{21}{13}$ Frd'or.; also 1 Mark f. Gold $= 24 \cdot \frac{21}{13} = 38\frac{10}{13}$ Frd'or.

291. Wenn $38\frac{10}{13}$ Friedrichsd'or, jeder zu 5 Thlr., eine Mark feines Gold, und 14 Thaler eine Mark feines Silber betragen, in welchem Verhältnisse steht Silber zu Gold, oder der Werth des Goldes ist wie viel mal so groß als der des Silbers?

Aufl. Da 1 Frd'or. den Werth von 5 Thlrn. hat, so ist der Werth von $38\frac{10}{13}$ Frd'or. $= 5 \cdot 38\frac{10}{13} = 193\frac{11}{13}$ Thlr.

Der Werth einer Mark feinen Goldes ist also $= 193\frac{11}{13}$ Thaler, 1 feine Mark Silber = 14 Thlr., daher wird der Werth des Goldes so vielmal so groß als der des Silbers sein, wie oft 14 Thaler in $193\frac{11}{13}$ Thlr. enthalten sind, also $13\frac{155}{182}$ mal, oder Silber verhält sich zu Gold wie $1 : 13\frac{155}{182} = 1 : 13,851648$.

292. Der Kaiser Franz I. errichtete 1748 den 20 Guldenfuß, nämlich die feine Mark Silber sollte zu 20 Gulden oder $13\frac{1}{3}$ Reichsthaler ausgeprägt werden; die feine Mark Gold zu $67\frac{67}{71}$ Dukaten, jeder zu 4 Gulden 10 Kreuzer. Wie verhielt sich Silber zu Gold?

Aufl. 60 Kreuzer machen 1 Gl., daher sind 10 Kr. $= \frac{1}{6}$ Fl. Also ist 1 Duk. $= 4\frac{1}{6}$ Fl., daher sind $67\frac{67}{71}$ Duk. $= 67\frac{67}{71} \cdot 4\frac{1}{6}$ Fl. $= 283\frac{7}{71}$ Fl. Nun enthalten die $283\frac{7}{71}$ Fl. die 20 Fl. $14\frac{5}{31}$ mal, also war der Werth des Goldes $14\frac{5}{31}$ mal so groß als der des Silbers, oder Silber zu Gold $= 1 : 14\frac{5}{31} = 1 : 14,16$.

Anmerk. 1753 trafen Oestreich und Baiern eine Uebereinkunft (Convention), den 20 Guldenfuß bei ihren Münzungen zu beobachten, daher erhielt dieser Münzfuß den Namen Conventionsfuß.

293. Brandenburg, Sachsen und Braunschweig errichteten 1690

in Leipzig den Leipziger Münzfuß. Die Mark fein Silber sollte nach demselben zu 12 Thlr. oder 18 Fl., und die Mark fein Gold zu $271\frac{8}{10}$ Gulden beinahe ausgeprägt werden. Aus der rauhen Mark $23\frac{4}{9}$ karatigem Golde sollten 67 Dukaten, und aus der rauhen Mark $18\frac{5}{9}$ karatigen Goldes 72 Goldgulden geprägt werden. Wie hoch wurde der Dukaten, wie hoch der Goldgulden gerechnet, und in welchem Verhältnisse stand Silber zum Golde?

Aufl. Da in 67 Dukaten $23\frac{4}{9}$ Karat Gold enthalten sind, so ist 1 Karat Gold $= \frac{67}{23\frac{4}{9}} = \frac{9 \,.\, 67}{211}$ Dukaten; also 24 Karat oder 1 Mark f. Gold $= \frac{24 \,.\, 9 \,.\, 67}{211} = 68\frac{124}{211}$ Dukaten. Nun ist 1 Mrk. f. Gold auch gleich $271\frac{8}{10}$ Gulden; daher sind $68\frac{124}{211}$ Dukaten $=$ $271\frac{8}{10}$ Fl.; folglich 1 Dukaten $= \frac{271\frac{8}{10}}{68\frac{124}{211}} = 3{,}9628$ Fl.

$18\frac{5}{9}$ Karat fein Gold machen 72 Goldgulden, also ist 1 Karat fein Gold $= \frac{72}{18\frac{5}{9}} = \frac{9 \,.\, 72}{167}$ Goldgulden; daher sind 24 Karat oder 1 Mark fein Gold $= \frac{24 \,.\, 9 \,.\, 72}{167} = 93\frac{21}{167}$ Goldgulden $= 271\frac{8}{10}$ Fl.; demnach ist 1 Goldgulden $= \frac{271\frac{8}{10}}{93\frac{21}{167}} = \frac{167 \,.\, 271{,}8}{15552} =$ 2,9187 Fl., und Silber verhielt sich zu Gold $= 18 : 171{,}8 =$ $1 : 15{,}1$.

294. In welchem Verhältnisse müßte Silber zu Gold hinsichtlich der Dukaten und Gulden stehen, wenn 1 Dukaten 4 Gulden und 1 Goldgulden 3 Gulden gerechnet würde?

Aufl. Da 1 Dukaten = 4 Fl., so sind 67 Dukaten $= 67 \,.\, 4$ $= 268$ Fl. $= 23\frac{4}{9}$ Karat fein Gold; also ist 1 Karat feines Gold $= \frac{268}{23\frac{4}{9}} = \frac{9 \,.\, 268}{211}$ Gulden; folglich sind 24 Karat feines Gold $=$ $\frac{24 \,.\, 9 \,.\, 268}{211} = 274{,}35$ Gulden. Da nun 1 Mark feines Silber 18 Gulden, und eine Mark f. Gold 274,35 Gulden enthält, so verhält sich Silber zu Gold nach den Dukaten $= 18 : 274{,}35 = 1 : 15{,}241666\ldots$

Weil 1 Goldgulden 3 Gulden gerechnet wird, so sind 72 Goldgulden $= 72 \,.\, 3 = 216$ Gulden; daher sind $18\frac{5}{9}$ Karat f. Gold $=$ 216 Fl.; also 1 Karat f. Gold $= \frac{216}{18\frac{5}{9}} = \frac{9 \,.\, 216}{167}$ Fl. Demnach 24 Karat oder 1 Mark f. Gold $= \frac{24 \,.\, 9 \,.\, 216}{167} = 279{,}377$ Fl.

Daher verhält sich Silber zu Gold in Beziehung auf Goldgulden $= 18 : 279{,}377 = 1 : 15{,}521$.

295. Die Hauptsilbermünze der Römer war der Denarius; 88 Denarii machten ein Römisches Pfund; ihre Goldmünzen hießen Aurei. Zur Zeit Christi gingen 41 Aurei auf ein Römisches Pfund. Wenn

damals Silber zu Gold in dem Verhältnisse von 1 : 11,65 stand, und 1 Römisches Pfund gleich $22\frac{2}{19}$ Preuß. Loth ist, und die Denarii aus feinem Silber, die Aurei aus feinem Golde geprägt wurden: a) wie viele Denarii waren an Werth gleich einem Aureus? b) Wie viel betrug ein Denarius nach Preuß. Gelde? c) Wie viele Friedrichsd'or betrug ein Aureus?

Aufl. a) Wenn Gold 11,65 mal so viel Werth als Silber ist, und 1 Pfund Silber 88 Denarii hat, so müssen auf 1 Pfund Gold $11{,}65 \cdot 88 = 1025{,}2$ Denarii gerechnet worden sein. Nun enthält 1 Pfund Gold auch 41 Aurei; daher sind 41 Aurei = 1025,2 Denarii, also ist 1 Aureus $= \frac{1025{,}2}{41} = 25{,}00487$ Denarii.

Daher kann man mit großer Wahrscheinlichkeit annehmen, daß 25 Denarii gleich einem Aureus gerechnet worden sind. Denn der geringe Ueberschuß von 0,00487 Denarii rührt gewiß von der nicht sehr genauen Angabe des Verhältnisses von Silber zu Gold her.

Die beiden andern Fragen lassen sich am kürzesten durch den Kettensatz beantworten.

b) X Preuß. Thlr. = 1 Denarius
88 = 1 Römischen Pfunde
1 = $22\frac{2}{19}$ Preuß. Loth
16 = 1 Köln. Mark
1 = 14 Preuß. Thlr.

X . 3344 = 735 Preuß. Thlr.
X = $\frac{735}{3344}$ = 0,219796 Preuß. Thlr.
Daher ist 1 Denarius = 0,2198 Preuß. Thlr. sehr nahe,
oder = 6,594 Silbergroschen sehr nahe.

c) X Friedrichsd'or = 1 Aureus
41 = 1 Römischen Pfunde
1 = $22\frac{2}{19}$ Preuß Loth
16 = 1 Kölnische Mark
1 = 24 Karat
$21\frac{2}{3}$ = 35 Frd'or.

X . 10127 = 13230 Frd'or.
X = $\frac{13230}{10127}$ = 1,3064 Frd'or.
Folglich ist 1 Aureus = 1,3064 Frd'or.

Nach dem gegenwärtigen Kurse steht 1 Friedrichsd'or 171 Sgr., also müßte in jetziger Zeit 1 Aureus $1{,}3064 \cdot 171 = 223{,}3944$ Sgr. oder 7 Thlr. 13,3944 Sgr. gerechnet werden. Ein Aureus würde also nach unserm Gelde etwas mehr als eine Engl. Guinee, und etwas weniger als ein Holländ. Ruyder gelten.

296. Nach dem Tode des Nero (also nach 68 nach Chr. Geb.) machten 45 Aurei und 96 Denarii ein Römisches Pfund, und Silber stand zu Gold in dem Verhältnisse von 1 : 11,72. a) Wie viele Denarii wurden gleich einem Aureus gerechnet? b) Wie viel betrug der Werth eines Denarius nach Preuß. Gelde? c) Wie viele Friedrichsd'or betrug ein Aureus?

Aufl. a) 1 Römisches Pfund f. Gold muß $= 11{,}72 \cdot 96 =$

1125,12 Denarii gerechnet worden sein; daher 45 Aurei = 1125,12 Denarii, also 1 Aureus = $\frac{1125,12}{45}$ = 25,0027 Denarii nahe. Daher sind wieder 25 Denarii gleich einem Aureus.

Denn der Ueberschuß von 0,0027 Denarii muß vernachlässigt werden, weil das Verhältniß des Goldes zu Silber nur bis auf Hundertstel angegeben ist, und für diese Theile giebt es keine Denarii.

Die beiden andern Fragen werden wie vorher durch den Kettensatz berebnet.

b) Ein Denarius = 5,96 Sgr.
c) Ein Aureus = 1,1902 Friedrichsd'or oder
= 5,951 Thlr. in Gold.

Dieser Aureus kommt sehr nahe den Franz. Louisd'oren seit 1785; denn deren Werth beträgt 5,804 Thlr. in Preuß. Gelde.

297. Unter Constantin d. Gr. machten 72 Aurei ein Römisches Pfund; sie führten jetzt den Namen Solidi, später Byzantiner. 100 Denarii gingen gleichfalls auf ein Römisches Pfund. Das Verhältniß des Silbers zum Golde war 1 : 14,4. Wie viele Denarii wurden gleich einem Solidus gerechnet, und wie viel nach Preuß. Gelde wird jedes Geldstück an Werth sein?

20 Denarii wurden = 1 Solidus gerechnet.
1 Denarius ist an Werth = 5,802 Sgr.
1 Solidus „ „ „ = 3,72 Thlr. in Preußischem Gelde sehr nahe.

Anmerk. Die Römer hatten anfänglich nur Kupfermünzen, As genannt, welche ein Römisches Pfund wogen, und weil 1 Denarius 10 As gleich gerechnet wurde, so erhielt er diesen Namen. Wie der Denarius, so nahm auch das As immer mehr an Gewicht ab.

Der in Aufg. 295. berechnete Denarius = 6,59 Sgr. kommt sehr nahe 1 Lire korrente in Mailand, denn dieser ist = 6,2 Sgr.

Die Münzen der ersten Fränkischen Könige waren theils silberne, Denarii, theils goldene, Solidi, genannt; auch gab es silberne Solidi, später Schillinge genannt.

Karl d. Gr. verordnete, daß auf 1 Pfund von 12 Unzen feines Silber 20 Schillinge, jeden zu 12 Pfennige, gerechnet werden sollten.

Von dieser Eintheilung rührt noch bis jetzt die Eintheilung der Pfundmünzen her; in England 1 Pfd. Sterling = 20 Schill., jeder zu 12 Denier Sterling, in Frankreich 1 Livre = 20 Sols oder Sous, jeden zu 12 Deniers, in Italien 1 Lire = 20 Soldi, jeden zu 12 Denarii, in Spanien 1 Libra = 20 Suelbos, jeden zu 12 Dineros.

298. Ein Pfund von Karl d. Gr. ist gleich 1 Pfund Troye-Gewicht, 1 Pfund Troye-Gewicht gleich 2 Mark Troye-Gewicht, 19 dieser Mark gleich 20 Köln. Mark.

Wenn nun auf 1 Pfund von Karl d. Gr. 20 Schill. gehen, jeden zu 12 Pfennige gerechnet, wie viel beträgt jede dieser Münzen in Preuß. Gelde?

Aufl. X Pr. Thlr. = 1 Schill.<br>
20 = 1 Pf. von Karl d. Gr.<br>
1 = 2 Mark Troyegew.<br>
19 = 20 Köln. Mark,<br>
1 = 14 Pr. Thlr.<br>
19 X = 28 Thlr.<br>
X = 1,4737 Pr. Thlr. oder

1 Schill. = 1 Thlr. 14,211 Sgr., also sehr nahe an Werth einem Scudi im Kirchenstaate, welcher in Ankona = 1 Thlr. 14,104 Sgr., in Rom = 1 Thlr. 14,114 Sgr. ist. Daher ist 1 Pfennig jener Zeit, als $\frac{1}{12}$ von 1 Schill., = 5,35 Sgr., also nahe an Werth einem Denarius unter Constantin d. Gr. (S. Aufg. 297.)

299. Wenn 20 Schillinge unter Karl d. Gr. gleich einem goldenen Solidus gerechnet wurden, und Silber zum Golde im Verhältnisse von 1 : 12 stand, wie viele Solidi gingen auf ein Pfund fein Gold jener Zeit, und wie viel ist ein solcher Solidus nach Preuß. Gelde werth?

Aufl. 1 Pf. fein Gold = 12 . 20 Schill., und da 20 Schill. = 1 Solidus, so sind 12 Solidi = 1 Pf. fein Gold.

X Friedrichsd'or = 1 Solidus,<br>
12 = 1 Pf. unter Karl d. Gr.<br>
1 = 2 Mark Troyegew.<br>
19 = 20 Köln. Mark,<br>
1 = 24 Karat,<br>
$21\frac{2}{3}$ = 35 Frd'or.<br>
247 . X = 1680 Frd'or.

Ein Solidus nach obigen Angaben ist also = 6,8 Frd'or. an Werth.

300. Auf dem Reichstage zu Augsburg wurde folgende Reichsmünzordnung festgesetzt: aus der rauhen Mark Gold zu $18\frac{1}{2}$ Karat fein sollten $71\frac{1}{3}$ Goldgulden, und aus der $14\frac{1}{9}$löthigen Mark Silber $7\frac{1}{2}$ Goldgulden, welche nun Reichsgulden genannt wurden, geprägt werden. In welchem Verhältnisse stand Silber zum Golde, und wie viel beträgt jedes Münzstück nach Preuß. Gelde?

Aufl. Der Feingehalt der Goldgulden ist $\frac{18\frac{1}{2}}{24} = \frac{37}{48}$; da nun auf die rauhe Mark Gold $71\frac{1}{3}$ Goldgulden gerechnet werden, so gehen auf die feine Mark Gold $\frac{71\frac{1}{3}}{\frac{37}{48}} = \frac{48 . 71\frac{1}{3}}{37} = 92\frac{20}{37}$ Goldgulden (s. Aufg. 283. b. 286. c.). Der Feingehalt der Reichsgulden ist $\frac{14\frac{1}{9}}{16} = \frac{127}{144}$; da $7\frac{1}{2}$ Reichsgulden gleich der rauhen Mark Silber sind, so gehen auf die feine Mark $\frac{7\frac{1}{2}}{\frac{127}{144}} = \frac{144 . 7\frac{1}{2}}{127} = 8\frac{64}{127}$ Reichsgulden; daher verhält sich Silber zu Gold wie $8\frac{64}{127} : 92\frac{20}{37} = 1 : 10,882$.

X Preuß. Thlr. = 1 Reichsgulden,<br>
$8\frac{64}{127}$ = 14 Pr Thlr.<br>
1 Reichsgulden = 1 Pr. Thlr. 19,388 Sgr.

$$\begin{array}{rcl} X \text{ Friedrichsd'or} &=& 1 \text{ Goldgulden,} \\ 92\frac{20}{37} &=& 1 \text{ f. M. Gold,} \\ 1 &=& 24 \text{ Karat,} \\ 21\frac{2}{3} &=& 35 \text{ Frd'or.} \\ \hline X.\ 5564 &=& 2331 \text{ Frd'or., also} \end{array}$$

1 Goldgulden = 0,41894 Frd'or. = 2,0947 Thlr. in Pr. Golde.

301. 1559 bestimmte der Kaiser Ferdinand I. eine neue Reichsmünzordnung; nach derselben sollten aus der rauhen Mark $18\frac{1}{2}$karatigen Goldes 72 Goldgulden, jeden zu 75 Kreuzer, aus einer rauhen Mark $23\frac{1}{2}$karatigen Goldes 67 Dukaten zu 1 Fl. 44 Kreuzer, und aus der Mark $14\frac{8}{9}$löthigen Silbers $9\frac{1}{2}$ Reichsgulden geprägt werden. In welchem Verhältnisse steht Silber zu Gold nach den Goldgulden und Dukaten, und wie viel beträgt jedes Münzstück in Preuß. Gelde? 1 Fl. = 60 Kreuzer.

Aufl. Der Feingehalt der Goldgulden ist $= \frac{18\frac{1}{2}}{24} = \frac{37}{48}$. Da 72 Goldgulden = der rauhen Mark sind, so gehen $\frac{72}{\frac{37}{40}} = \frac{40 \cdot 72}{37}$ Goldgulden auf die feine Mark Gold (Aufg. 286. c.). Der Feingehalt der Reichsgulden $\frac{14\frac{8}{9}}{16} = \frac{67}{72}$; weil nun $9\frac{1}{2}$ Reichsgulden = der rauhen Mark sind, so machen $\frac{9\frac{1}{2}}{\frac{67}{72}} = \frac{72 \cdot 9\frac{1}{2}}{67} = \frac{36 \cdot 19}{67}$ Reichsgulden eine feine Mark Silber. Ein Reichsgulden hat 60, ein Goldgulden 75 Kreuzer, so verhält sich Silber zu Gold = $\frac{36 \cdot 19}{67} \cdot 60 : \frac{40 \cdot 72}{37} \cdot 75 = \frac{19}{67} : \frac{100}{37} = 1 : 9{,}53$ nach den Goldgulden.

Der Feingehalt des Dukaten-Goldes ist $\frac{23\frac{1}{2}}{24} = \frac{71}{72}$; da 67 Dukaten = der rauhen Mark sind, so machen $\frac{67}{\frac{71}{72}} = \frac{72 \cdot 67}{71}$ Dukat. ein feine Mark.

1 Fl. = 60, und 1 Fl. und 44 Kr. = 104 Kr. = 1 Dukat., daher ist Silber zu Gold $= \frac{36 \cdot 19}{67} \cdot 60 : \frac{72 \cdot 67}{71} \cdot 104 = \frac{19 \cdot 15}{67} : \frac{67 \cdot 52}{71} = 1 : 11{,}511$ nach Dukaten.

$$\begin{array}{rcl} X \text{ Pr. Thlr.} &=& 1 \text{ Reichsgulden,} \\ \frac{36 \cdot 19}{67} &=& 14 \text{ Pr. Thlr.} \\ \hline 1 \text{ Reichsgulden} &=& 1{,}3713 \text{ Pr. Thlr.} \\ &=& 1 \text{ Thlr. } 11{,}139 \text{ Sgr.} \end{array}$$

X Friedrichsd'or = 1 Goldgulden,
$\frac{40 \cdot 72}{37}$ = 1 f. Mark Gold,
1 = 24 Karat,
$21\frac{2}{3}$ = 35 Frd'or.

1 Goldgulden = 0,498 Friedrichsd'or = 2,49 Thlr. in Preuß. Golde.

X Friedrichsd'or = 1 Dukaten,
$\frac{72 \cdot 67}{71}$ = 1 f. Mark Gold,
1 = 24 Karat,
$21\frac{2}{3}$ = 35 Frd'or.

1 Dukaten ist also = 0,5706 Friedrichsd'or = 2,853 Thlr. in Preuß. Golde.

302. In Rußland wird mit dem Handelsgewichte zugleich Gold und Silber gewogen. 1 Pfund = 96 Soltonik (Solotnik) = 409,3 Franz. Grammen. Die Goldmünze ist der Imperial, gleich 10 Rubel. Nach der Ukase von 1763 soll der Imperial $3\frac{3}{44}$ Soltonik und sein Feingehalt 88 Soltonik sein. 1801 erhöhte eine Verordnung den Feingehalt desselben auf $94\frac{1}{4}$ Soltonik; 1817 setzte eine Ukase den Feingehalt wieder auf 88 Soltonik herab. Wie viele Imperial gehen auf 1 Pfund fein Gold, und wie viel wird der Imperial nach Preuß. Friedrichsd'or betragen, wenn 1 Preuß. Pfund gleich 467,711 Franz. Grammen ist?

Aufl. Der Feingehalt der Imperiale ist $\frac{88}{96} = \frac{11}{12}$ von 1763 und 1817. Da das Schrotgewicht des Imperial = $3\frac{3}{44}$ Soltonik, und 96 Soltonik = 1 Pf., so gehen $\frac{96}{3\frac{3}{44}} = \frac{44 \cdot 96}{135} = 31\frac{13}{45}$ Imperial auf 1 Russ. Pf., welches 88 Soltonik fein Gold hat.

X Friedrichsd'or = 1 Imperial,
$\frac{32 \cdot 16}{15}$ = 1 Pf. fein Gold,
1 = 409,3 Franz. Grammen,
467,711 = 1 Pr. Pf.
1 = 2 Mark,
1 = 24 Karat,
$21\frac{2}{3}$ = 35 Frd'or.

X 194567,776 = 386788,5 Frd'or., daher
1 Imperial = 1,98793 Frd'or. = 9,93965 Thlr. in Preussisch. Golde.

Der Feingehalt von 1801 ist $\frac{94\frac{1}{4}}{96} = \frac{377}{384}$; daher ist das Korngewicht des Imperials = $3\frac{3}{44} \cdot \frac{377}{384} = \frac{16965}{5632}$ Soltonik, daher gehen auf ein Russisches Pfund fein Gold $96 : \frac{16965}{5632} = \frac{180224}{5655} = 31\frac{4919}{5655}$ Imperial.

Durch eine ähnliche Rechnung findet man, daß ein Imperial = 2,12913 Frd'or. = 10,64565 Thlr. in Pr. Golde.

303. Nach der neuen Preuß. Münzordnung sollen 12 Pfennige $1\frac{1}{4}$ Loth wiegen. In welchem Verhältnisse steht Kupfer zum Silber?

Aufl. Da $\frac{5}{4}$ Loth = 12 Pf., so ist $\frac{1}{4}$ Loth = $\frac{12}{5}$, und 1 Loth = $\frac{48}{5}$ Pf., daher 16 Loth oder 1 Mark Kupfer = $\frac{16 \, . \, 48}{5}$ Pf. = $\frac{16 \, . \, 48}{5 \, . \, 360}$ Thaler Münze = $\frac{32}{75}$ Thaler in Pf. Demnach verhält sich Kupfer zu Silber = $\frac{32}{75}$ : 14 = 1 : 32,8125.

304. Wenn ein Dukaten 1 Thlr. 10 Sgr. gerechnet wird, und Silber zu Gold im Verhältnisse von 1 : 13,85 steht, von welchem Feingehalte muß das Gold in diesem Dukaten sein? 67 Dukaten = einer rauhen Mark.

Aufl. Da das feine Gold 13,85 mal so groß an Werth als feines Silber ist, und 14 Thlr. = 1 f. Mark Silber, so wird eine feine Mark Gold = 13,85 . 14 = 193,9 Thlr. in Silber kosten.

Weil 1 Dukaten 1 Thlr. 10 Sgr. = $\frac{4}{3}$ Thlr. gerechnet wird, so werden 67 Dukaten oder eine rauhe Mark von diesem Dukaten-Golde = 67 . $\frac{4}{3}$ = $\frac{268}{3}$ Thlr. an Werth sein.

Da eine Mark fein Gold = 288 Grän f. Gold = 193,9 Thlr., so ist 1 Grän fein Gold = $\frac{193,9}{288}$ Thlr.; so oft nun $\frac{268}{3}$ Thlr. die $\frac{193,9}{288}$ Thlr. enthalten, so viele Grän f. Gold wird die rauhe Mark des Dukaten-Goldes haben, also $\frac{268}{3}$ : $\frac{193,9}{288}$ = 132,686 Grän fein Gold; also ist der Feingehalt dieses Dukaten-Goldes = $\frac{132,686}{288}$ = 0,46; oder es ist 11,04 karatiges Gold.

304. Für einen Dukaten, deren 67 auf die rauhe Mark von $23\frac{2}{3}$ Karat fein Gold gehen, zahlt man 98 Sgr., von welchem Feingehalte ist ein Dukaten, für welchen man nur 50 Sgr. erhält?

Aufl. Da in 67 Dukaten $23\frac{2}{3}$ Karat fein Gold enthalten sind, so hat ein Dukaten $\frac{23\frac{2}{3}}{67}$ = $\frac{71}{201}$ Karat Gold.

So viele Theile nun 50 Sgr. von 98 Sgr. sind, so viele Theile wird der schlechtere Dukaten von $\frac{71}{201}$ Karat fein Gold sein. Nun sind 50 Sgr. $\frac{25}{49}$ von 98 Sgr., also hat der schlechte Dukaten $\frac{25}{49}$ von $\frac{71}{201}$ Karat oder $\frac{25 \, . \, 71}{49 \, . \, 201}$ Karat, welches das Korngewicht dieses Dukatens ist. Sein Schrotgewicht ist $\frac{24}{67}$ Karat, weil 67 Dukaten = 1 rauhen Mark = 24 Karat. Demnach ist der Feingehalt des schlechten Dukatens = $\frac{25 \, . \, 71}{49 \, . \, 201}$ : $\frac{24}{67}$ = $\frac{25 \, . \, 71 \, . \, 67}{49 \, . \, 201 \, . \, 24}$ = $\frac{25 \, . \, 71}{49 \, . \, 3 \, . \, 24}$ = 0,503.

307. Ein Goldschmidt bietet für einen goldenen Ring, der $2\frac{1}{4}$ Karat wiegt, 9 Thlr. 10 Sgr. Die Holländ. Dukaten, deren 67 auf die

Mark von $23\frac{7}{12}$ Karat fein Gold gehen, stehen im Kurse zu 95 Sgr. Welches ist der Feingehalt des Ringes?

Aufl. Da 67 Dukaten $23\frac{7}{12}$ Karat fein Gold enthalten, so hat 1 Dukaten $\frac{23\frac{7}{12}}{67} = \frac{283}{804}$ Karat fein Gold = 95 Sgr.; also 1 Karat f. Gold $= 95 : \frac{283}{804} = 95 \,.\, \frac{804}{283}$ Sgr. Mithin kosten $2\frac{1}{4}$ Karat f. Gold $= \frac{9}{4} \,.\, 95 \,.\, \frac{804}{283}$ Sgr. $= \frac{9\,.\,95\,.\,804}{4\,.\,30\,.\,283} = \frac{9\,.\,19\,.\,67}{2\,.\,283}$ Thaler.

So oft nun 9 Thlr. 10 Sgr. $= 9\frac{1}{3}$ Thlr. die $\frac{9\,.\,19\,.\,67}{2\,.\,283}$ Thlr. enthalten, so viele mal $2\frac{1}{4}$ Karat fein Gold wird der goldene Ring in sich begreifen, also $\frac{28}{3} : \frac{9\,.\,19\,.\,67}{2\,.\,283} = \frac{28\,.\,2\,.\,283}{3\,.\,9\,.\,19\,.\,67}$, und der Ring ist $= \frac{28\,.\,2\,.\,283}{3\,.\,9\,.\,19\,.\,67} \,.\, \frac{9}{4} = 1{,}0374$ Karat fein Gold.

Das Korngewicht des Ringes ist demnach 1,0374 Karat, das Schrotgewicht desselben $2\frac{1}{4}$ Karat, daher ist der Feingehalt desselben $= \frac{1{,}0374}{2\frac{1}{4}} = \frac{4{,}1496}{9} = \frac{1{,}9832}{3} = 0{,}661$.

306. Ein Goldschmidt fordert zur Verfertigung des Gehäuses einer goldenen Uhr 6 Karat Dukatengold, welche Dukaten 2 Thlr. gerechnet werden. Wie viele Deutsche Dukaten, welche 3 Thlr. hoch geschätzt werden, hat man demselben zu geben? Der Feingehalt der Deutschen Dukaten ist $\frac{47}{48}$.

Aufl. Da 67 Dukaten = einer rauhen Mark, so ist das Schrotgewicht eines Dukatens $= \frac{24}{67}$ Karat, also ist das Korngewicht desselben $= \frac{24}{67} \,.\, \frac{47}{48} = \frac{47}{134}$ Karat fein Gold = 3 Thlr.

Wie viele Theile nun 2 Thlr. von 3 Thlr. sind, so oft wird der Dukaten zu 2 Thlr. $\frac{47}{134}$ Karat fein Gold haben; also $\frac{2}{3} \,.\, \frac{47}{134} = \frac{47}{201}$ Karat fein Gold; dieses ist das Korngewicht der Dukaten zu 2 Thlr., ihr Schrotgewicht ist $\frac{24}{67}$, daher ist ihr Feingehalt $= \frac{47}{201} : \frac{24}{67} = \frac{47}{72}$. Daher werden die geforderten 6 Karat $= 6 \,.\, \frac{47}{72} = \frac{47}{12}$ Karat fein Gold enthalten. So oft nun dieses feine Gold die Quantität feinen Goldes eines Dukaten in sich faßt, so viele Dukaten sind dem Goldarbeiter zu geben, also $\frac{47}{12} : \frac{47}{134} = 11\frac{1}{6}$

Der Goldarbeiter hat also $11\frac{1}{6}$ Deutsche Dukaten zu empfangen, welche daher $33\frac{1}{2}$ Thlr. kosten.

Probe. Ein Dukaten hat am Schrotgewicht $\frac{24}{67}$ Karat, daher wiegen $11\frac{1}{6}$ Dukaten $\frac{67}{6} \,.\, \frac{24}{67} = 4$ Karat.

Der Feingehalt der Deutschen Dukaten ist $\frac{47}{48}$, also wiegt das Gold in den $11\frac{1}{6}$ Deutschen Dukaten $4 \,.\, \frac{47}{48} = \frac{47}{12}$ Karat, welches das Gold ist, das der goldene Ring enthalten soll.

307. Man will einen goldenen Becher $1\frac{1}{6}$ Mark schwer von einem Golde verfertigen lassen, davon 1 Dukaten 2 Thlr. 15 Sgr. werth ist, wenn Holl. Dukaten 98 Sgr. im Kurse stehen, und der Feingehalt der Holl. Dukaten $23\frac{7}{12}$ karatig ist. Wie viele Holl. Dukaten werden zu diesem Becher erfordert; wie theuer wird das Gold des Bechers sein;

wie viele Dukaten zu 2 Thlr. 15 Sgr. wird man brauchen; wir theuer wird 1 Karat von dem Golde des Bechers sein, und von welchem Feingehalte?

Aufl. Das Schrotgewicht eines Dukatens ist $= \frac{24}{67}$ Karat. Das Korngewicht der Holl. Dukaten ist $= \frac{23\frac{7}{12}}{67} = \frac{283}{12.67}$ Karat. Wie viele Theile nun 2 Thlr. 15 Sgr. von 98 Sgr. sind, so viele Theile wird das Korngewicht des fingirten Dukatens das des Holl. Dukatens haben, also $\frac{75}{98}$. Daher ist das Korngewicht des fingirten Dukaten $= \frac{75}{98} \cdot \frac{283}{12.67} = \frac{25.283}{98.4.67}$ Karat.

Demnach ist der Feingehalt des fingirten Dukaten $= \frac{25.283}{98.4.67} : \frac{24}{67} = \frac{25.283}{98.4.24}$.

Der Becher hat also fein Gold $= \frac{7}{6} \cdot \frac{25.283}{98.4.24} = \frac{25.283}{84.4.24}$ Mark $= \frac{25.283}{84.4.24} \cdot 24 = \frac{25.283}{84.4}$ Karat fein Gold.

Der Holl. Dukaten hat $\frac{283}{12.67}$ Karat f. Gold $= 98$ Sgr.; also 1 Kar. $= 98 : \frac{283}{12.67} = \frac{98.12.67}{283}$ Sgr.

Demnach kostet das feine Gold im Becher $\frac{25.283}{84.4} \cdot \frac{89.12.67}{283}$ $= \frac{25.7.67}{2}$ Sgr. $= 195$ Thlr. $12\frac{1}{2}$ Sgr.

Man wird nun so viele Holl. Dukaten und so viele fingirte Dukaten zu dem Becher brauchen, wie viele Mal das Korngewicht des Bechers das Korngewicht des Holl. und das Korngewicht des fingirten Dukaten in sich begreift. Daher sind $\frac{25.283}{84.4} : \frac{283}{12.67} = 59\frac{23}{28}$ Holl. und $\frac{25.283}{84.4} : \frac{25.283}{98.4.67} = 78\frac{1}{6}$ fingirte Dukaten zur Verfertigung des Bechers erforderlich.

$\frac{24}{67}$ Karat des fingirten Dukaten kosten 75 Sgr., also kostet 1 Karat dieses Goldes $75 : \frac{24}{67} = 6$ Thlr. $29\frac{3}{8}$ Sgr.

Probe in Hinsicht des Preises. Der Becher kostet an reinem Golde, ohne Arbeitslohn, 195 Thlr. $12\frac{1}{2}$ Sgr.

$59\frac{23}{28}$ Holl. Dukaten im Kurse zu 98 Sgr. werden gebraucht, diese betragen $59\frac{23}{28} . 98$ Sgr. $= 195$ Thlr. $12\frac{1}{2}$ Sgr.

Da $78\frac{1}{6}$ Dukaten zu 75 Sgr. gebraucht werden, so kostet der Becher $78\frac{1}{6} . 75$ Sgr. $= 195$ Thlr. $12\frac{1}{2}$ Sgr.

Der Becher soll $1\frac{1}{6}$ Mark schwer sein, oder 28 Karat, da 1 Karat 6 Thlr. $29\frac{3}{8}$ Sgr. kostet, so werden die 28 Karat $28 \times [6$ Thlr. $29\frac{3}{8}$ Sgr.$] = 195$ Thlr. $12\frac{1}{2}$ Sgr. kosten.

308. Wie viel Kupfer muß man zu 10 Dukaten, die im Kurse zu $96\frac{2}{3}$ Sgr. stehen, und im Feingehalte $23\frac{2}{3}$karatig sind, hinzusetzen, um Dukaten zu 1 Thlr. 15 Sgr. zu erhalten, und wie viele wird diese Masse liefern?

Aufl. Das Korngewicht der gegebenen Dukaten ist $\frac{71}{201}$ Karat. Daher haben 10 Dukaten $\frac{710}{201}$ Karat fein Gold.

Wie viele Theile nun 1 Thlr. 15 Sgr. von $96\frac{2}{3}$ Sgr. sind, eben so viele Theile wird das Korngewicht der gesuchten Dukaten von dem des gegebenen enthalten, also $\frac{27}{58} \cdot \frac{71}{201} = \frac{9 \,.\, 71}{58 \,.\, 67}$.

Demnach ist der Feingehalt der neuen Dukaten $= \frac{9 \,.\, 71}{58 \,.\, 67} : \frac{24}{67} = \frac{3 \,.\, 71}{58 \,.\, 8} = \frac{213}{464}$.

Das feine Gold in der ganzen Masse der gesuchten Dukaten muß also das 213fache und das Kupfer das 251fache einer gewissen Masse sein; oder fein Gold sei das 2130fache, so muß Kupfer von derselben Quantität das 2510fache haben.

Das Korngewicht der gegebenen Dukaten ist $\frac{71}{3 \,.\, 67}$, das Schrotgewicht derselben $\frac{24}{67}$; daher ist ihr Feingeheit $= \frac{71}{3 \,.\, 67} : \frac{24}{67} = \frac{71}{72} = \frac{71 \,.\, 30}{72 \,.\, 30} = \frac{2130}{2160}$.

Mithin haben die 10 Dukaten an feinem Golde das 2130fache einer gewissen Quantität und an Kupfer das 30fache derselben; folglich fehlt den gesuchten Dukaten an Kupfer noch das 1510 — 30 oder das 2480fache. Das 2130fache fein Gold ist $= \frac{710}{201}$ Karat fein Gold, daher ist das Einfache $= \frac{710}{2130 \,.\, 201} = \frac{1}{603}$.

Das fehlende Kupfer hat das 2480fache, also $= \frac{2480}{603}$ Karat Kupfer muß den 10 Dukaten hinzugesetzt werden, damit das gemischte Gold Dukaten liefere, welche zu 1 Thlr. 15 Sgr. gerechnet werden.

Die gesuchte Zahl der Dukaten kann man nun auf eine zweifache Weise finden, nämlich sowohl durch ihr Korn-, als auch Schrotgewicht.

Das Korngewicht der gesuchten Dukaten war $\frac{9 \,.\, 71}{58 \,.\, 67}$ Karat, das Korngewicht aller gesuchten Dukaten ist $\frac{710}{3 \,.\, 67}$ Karat, daher sind $\frac{710}{3 \,.\, 67} : \frac{9 \,.\, 71}{58 \,.\, 67} = 21\frac{13}{27}$ Dukaten in der gemischten Masse enthalten.

Die 10 Dukaten haben $\frac{240}{67}$ Karat, dazu kommen $\frac{2480}{603}$ Karat Kupfer, dieses macht zusammen $\frac{4640}{603}$ Karat, welches das Schrotgewicht aller Dukaten ist, daher wird ihre Zahl $\frac{4640}{603} : \frac{24}{67} = \frac{580}{27} = 12\frac{13}{27}$ sein.

Probe mit Rücksicht auf den Geldwerth. Einer der zehn

Dukaten ist im Kurse zu $96\frac{2}{3}$ Sgr., folglich betragen sie zusammen $966\frac{2}{3}$ Sgr. = 32 Thlr. $6\frac{2}{3}$ Sgr.

Einer der gesuchten Dukaten soll 45 Sgr. kosten, also werden die $21\frac{13}{27}$ an Werth $= 21\frac{13}{27} \cdot 45$ Sgr. = 32 Thlr. $6\frac{2}{3}$ Sgr. kosten.

309. Ein Herr will für eine Dame aus 2 Friedrichsd'or ein Paar Ohrringe machen lassen: deren jeder 2 Karat schwer ist. Das Gold der Friedrichsd'ore ist 260 Grän fein, 35 derselben machen die rauhe Mark aus, und stehen im Kurse zu 171 Sgr. Wie viel Kupfer wird man dazu nehmen müssen, und das neue Gold wird Dukaten von welchem Preise geben?

Aufl. Der Feingehalt der Friedrichsd'ore ist $\frac{260}{288} = \frac{65}{72}$. 2 Friedrichsd'or sind $= \frac{2}{35}$ einer Mark $= \frac{48}{35}$ Karat.

Daher haben die beiden Frd'or. $\frac{8}{35} \cdot \frac{65}{72} = \frac{26}{21} = 1\frac{5}{21}$ Karat fein Gold und $\frac{48}{35} \cdot \frac{7}{72} = \frac{2}{15}$ Karat Kupfer.

Da die Ohrringe 4 Karat schwer sein sollen, und die Schwere beider Frd'or. $\frac{48}{35} = 1\frac{13}{35}$ Karat beträgt, so fehlen noch $2\frac{22}{35}$ Karat, welche durch Kupfer ersetzt werden müssen. Der Zusatz an Kupfer beträgt also $2\frac{22}{35}$ Karat. Nun ist zu untersuchen, wie viele Dukaten eben so schwer als 4 Karat sind.

Das Schrotgewicht eines Dukaten ist $= \frac{24}{67}$ Karat, daher sind $4 : \frac{24}{67} = \frac{4 \cdot 67}{24} = \frac{67}{6}$ Dukaten 4 Karat schwer. Der Werth der $\frac{67}{6}$ Dukaten ist 342 Sgr., also ist der Werth eines Dukaten $= 342 : \frac{67}{6} = 30\frac{42}{67}$ Sgr.

Der Feingehalt dieser Dukaten ist $\frac{1\frac{5}{21}}{4} = \frac{26}{84} = \frac{13}{42}$.

310. Wie viel Kupfer müßte man aber hinzusetzen, wenn der Werth der Dukaten 2 Thlr. sein sollte, und wie schwer wird dann jeder Ohrring werden? Von welchem Feingehalte werden die Dukaten sein?

Aufl. Die beiden Frd'or. sind 432 Sgr. an Werth; ein Dukaten soll der Werth 60 Sgr. haben, folglich können $\frac{342}{60} = 5\frac{7}{10}$ Dukaten gebraucht werden.

Das Schrotgewicht eines Dukaten $= \frac{24}{67}$ Karat, dahen sind $5\frac{7}{10}$ Dukaten $5\frac{7}{10} \cdot \frac{24}{67} = 2\frac{14}{335}$ Karat schwer.

Die beiden Friedrichsd'or wiegen $\frac{48}{35}$ Karat, daher hat man noch an Kupfer $2\frac{14}{335} - 1\frac{13}{35} = \frac{1572}{2345}$ Karat hinzuzusetzen.

Jeder Ohring ist demnach $1\frac{7}{335}$ Karat schwer.

$5\frac{7}{10}$ Dukaten enthalten $\frac{26}{21}$ Karat fein Gold, daher begreift 1 Dukaten $\frac{26}{21} : \frac{57}{10} = \frac{260}{1197}$ Karat fein Gold; folglich ist der Feingehalt dieser Dukaten $= \frac{260}{1197} : \frac{24}{67} = \frac{4355}{7182} = 0{,}606$.

311. Ein Goldarbeiter soll einen goldenen Becher von cylindrischer Gestalt verfertigen. Der äußere Durchmesser derselben soll $2\frac{1}{2}$ Pr. Zoll, die Höhe 5 Zoll, die Dicke des Metalls eine Linie betragen. Das Gold in diesem Becher soll den Dukaten zu 3 Thlr. an Werth haben, wenn ein Deutscher Dukaten von einem Golde, welches $22\frac{2}{3}$ kar. ist, den Werth von 100 Sgr. hat. Welchen Rauminhalt wird der ganze Becher einnehmen? Wie viele Quart wird der innere Raum

enthalten, wenn ein Quart 64 Preuß. Kubikzoll faßt? Wie viele Kubikzoll wird das Metall umfassen? Wie viele Deutsche Dukaten wird man zu diesem Bechen brauchen? Wie viele Dukaten zum Preise von 3 Thalern? Wie viel feines Gold begreift der Becher in sich? Wie viel Kupfer? Wie viel Kupfer hat man außer den Dukaten gebraucht? Welches ist der Feingehalt? Welches der Preis des ganzen Bechers, ohne Arbeitslohn?

Aufl. Nennt man den Radius eines Kreises r, und $\pi$ die Zahl, welche anzeigt, wie vielmal der Umfang eines Kreises so groß als sein Durchmesser ist, so ist der Flächeninhalt dieses Kreises $= r \cdot r \cdot \pi$.

Nun ist in dieser Aufgabe der Durchmesser $= 2\frac{1}{2}$ Zoll, also der Radius oder Halbmesser $= 1\frac{1}{4}$ Zoll und $\pi = 3{,}14159268$, so ist der Flächeninhalt dieses Kreises $= \frac{5}{4} \cdot \frac{5}{4} \cdot 3{,}14159268$.

Der kubische Inhalt eines Cylinders ist = dem Produkte aus seiner Grundfläche und Höhe. Die Höhe des Bechers ist 5 Zoll, daher ist der ganze kubische Inhalt des Bechers $= 5 \cdot \frac{5}{4} \cdot \frac{5}{4} \cdot 3{,}14159268 = 24{,}543692$ Preuß. Kubikzoll.

Da die Dicke des Metalls im Becher eine Linie oder $\frac{1}{12}$ Zoll ist, so ist der Radius des innern Kreises $= \frac{5}{4} - \frac{1}{12} = \frac{14}{12} = \frac{7}{6}$ Zoll. Daher ist die Grundfläche des innern Cylinders $= \frac{7}{6} \cdot \frac{7}{6} \cdot 3{,}14159268$. Die Höhe des innern Cylinders ist um eine Linie oder $\frac{1}{12}$ Zoll vermindert, folglich ist sie $5 - \frac{1}{12} = \frac{59}{12}$ Zoll. Demnach ist der innere Cylinder an kubischem Inhalte $= \frac{59}{12} \cdot \frac{7}{6} \cdot \frac{7}{6} \cdot 3{,}14159268 = 21{,}0239454$ Preuß. Kubikzoll.

Nimmt man den Inhalt des innern Cylinders von dem des äußern hinweg, so erhält man den kubischen Inhalt des Metalls $= 3{,}419747$ Preuß. Kubikzoll.

Weil ein Preuß. Quart einen Rauminhalt von 64 Preuß. Kubikzoll enthält, so wird der innere Raum des Bechers so viele Quart in sich fassen, wie oft 64 Kubikzoll in dem Körperraume des innern Cylinders enthalten ist, also $21{,}023\,945 : 64 = 0{,}328498$ Quart.

Das Korngewicht der Deutschen Dukaten ist $\frac{23\frac{2}{3}}{67} = \frac{71}{3 \cdot 67}$ Kar.; also gelten $\frac{71}{3 \cdot 67}$ Karat fein Gold 100 Sgr.

Das Gold des Bechers soll der Art sein, daß ein Dukaten 3 Thlr. an Werth sei; daher wird das Korngewicht dieses Dukaten ein solcher Bruch von dem Korngewicht der Deutschen Dukaten sein, welcher Bruch der Werth jenes von dem Werthe dieses ist, also welcher Bruch 90 Sgr. von 100 Sgr. sind, folglich $\frac{9}{10}$. Daher ist das Korngewicht der Dukaten von dem Golde des Bechers $= \frac{9}{10} \cdot \frac{71}{3 \cdot 67} = \frac{213}{670}$ Kar. fein Gold. Mithin ist der Feingehalt dieser Dukaten $\frac{213}{670} : \frac{24}{67} = \frac{71}{80}$.

Da ein Dukaten von dem Golde des Bechers $\frac{213}{670}$ Karat f. Gold, der ganze Dukaten aber $\frac{24}{67}$ Karat hat, so muß das Kupfer in diesem Dukaten $\frac{240}{670} - \frac{213}{670} = \frac{27}{670}$ Karat betragen.

Das specifische Gewicht des geschmolzenen Goldes ist nach Brisson

19,26, des gehämmerten 19,36; nach einer andern Andern Angabe ist das spec. Gewicht des Goldes der Holl. Dukaten = 19,352.

Das spec. Gewicht zeigt nun an, wie vielmal so groß das Gewicht einer Masse als das des reinen Wassers bei demselben Volumen ist. (S. Aufg. 108. Anm.)

Je schwerer also eine Masse ist, eine desto kleinere Quantität derselben wird man gebrauchen, um ein eben so großes Gewicht als das des Wassers bei demselben Volumen zu erhalten. Um also den Goldarbeiter nicht Unrecht zu thun, so möge dieser Berechnung das specifische Gewicht des geschmolzenen Goldes = 19,26 zum Grunde gelegt werden.

Hat also das spec. Gewicht des Goldes 19,26 Theile, so hat das des reinen Wassers nur einen solchen Theil bei gleichem Volumen. Das Korngewicht des Dukaten vom Golde des Bechers hatte $\frac{213}{670}$ Karat, daher hat reines Wasser bei gleichem Volumen $\frac{213}{670 \,.\, 19{,}26} = \frac{355}{67 \,.\, 321}$ Karat.

Das spec. Gewicht des Kupfers, geschmolzen, ist 8,788, nach Brisson. (Man sehe die Physik von Biot.)

Das Kupfer in einem der genannten Dukaten war $\frac{27}{670}$ Karat, daher wird Wasser von gleichem Volumen nur $\frac{27}{670 \,.\, 8{,}788} = \frac{675}{67 \,.\, 2197}$ Karat schwer sein.

Nun ist das Volumen sowohl von dem Golde als auch von dem Kupfer in einem dieser Dukaten zu bestimmen. Ein Kubikfuß reinen Wassers soll 66 Preuß. Pfunde wiegen. 1 Pf. = 2 Mark = 48 Karat, daher sind 66 Pf. = 66 . 48 Karat.

1 Fuß = 12 Zoll, daher 1 Kubikfuß = 12 . 12 . 12 Kubikzoll. Mithin faßt 1 Karat reines Wasser $\frac{12 \,.\, 12 \,.\, 12}{66 \,.\, 48} = \frac{6}{11}$ Kbzll. Wasser, welches mit dem Korngewicht des Dukaten von dem Golde des Bechers gleiches Volumen hatte, wog $\frac{355}{67 \,.\, 321}$ Karat, daher ist das Volumen desselben $= \frac{355}{67 \,.\, 321} \cdot \frac{6}{11} = \frac{355 \,.\, 2}{67 \,.\, 107 \,.\, 11} = \frac{710}{67 \,.\, 107 \,.\, 11}$ Kbkzll.

Wasser, welches mit dem Kupfer von diesem Dukaten gleiches Volumen hatte, wog $\frac{675}{67 \,.\, 2197}$ Karat, folglich gehört dazu ein Volumen von $\frac{675}{67 \,.\, 2197} \cdot \frac{6}{11} = \frac{675 \,.\, 6}{67 \,.\, 2197 \,.\, 11}$ Kubikzoll.

Unter der Voraussetzung nun, daß das Volumen des Goldes und Kupfers durch das Zusammenschmelzen beider Metalle keine Aenderung erleide, so ist das Volumen des Dukaten von dem Golde des Bechers

$$= \frac{710}{67 . 107 . 11} + \frac{675 . 6}{67 . 2197 . 11} \text{ Kbkzll.};$$

des f. Goldes Volumen $= \frac{710}{67 . 107 . 11} = 0{,}0090034$ „

des Kupfers „ $= \frac{675 . 6}{67 . 2197 . 11} = 0{,}0025012$ „

Demnach ist das Volumen des Dukaten $= 0{,}0115046$ „

So oft nun das Volumen eines Dukaten von dem Golde des Bechers in dem ganzen Volumen dieses Goldes enthalten sein wird, so viele Dukaten dieser Art werden zur Verfertigung des Bechers erforderlich sein, also $\frac{3{,}419747}{0{,}011505} = 297{,}24$ Dukaten.

Da jeder Dukaten 3 Thlr. an Werth ist, so wird das Gold des Bechers $3 . 297{,}24 = 891{,}72$ Thlrn. kosten.

Aus dem Werthe des gesammten Goldes kann man sogleich die Zahl der Deutschen Dukaten finden, indem man mit dem Werthe eines dieser Dukaten in den Gesammtwerth dividirt, also braucht man $891{,}72 . 30$ Sgr. : 100 Sgr. $= 267{,}516$ Deutsche Dukaten.

Man kann aber auch die Zahl der Deutschen Dukaten auf eine andere Weise finden, und die doppelte Berechnung kann dann zugleich als Controlle der Rechnung dienen.

Das Korngewicht eines Dukaten von dem Golde des Bechers war $\frac{213}{670}$ Karat, daher ist das feine Gold aller $= 297{,}24 . \frac{213}{670}$ Karat. Da ferner das Korngewicht eines Deutschen Dukaten $= \frac{71}{3 . 67}$ Karat ist, so sind erforderlich $297{,}24 . \frac{213}{670} : \frac{71}{3 . 67} = 267{,}516$ Deutsche Dukaten zu der in Rede stehenden Arbeit.

Nun die Resultate der Rechnung nach den Fragen geordnet.

Der Rauminhalt des Bechers als Cylinder $= 24{,}543692$ Kbkzll.
Der innere Raum des Bechers — — $= 21{,}023945$ „
Das Metall enthält — — — — $= 3{,}419747$ „
Zu diesem Becher braucht man 267,516 Deutsche Dukaten.
Man bedarf zu diesem Becher 297,24 Dukaten zu 3 Thlr.
Der Becher hat 94,496 Karat oder 3 Mark 23,988 Karat fein Gold, also sehr nahe 4 Mark.

Der Becher besteht aus 297,24 Dukaten zu 3 Thlr.

Das Schrotgewicht eines Dukaten ist $= \frac{24}{67}$ Karat, also ist der ganze Becher $297.24 . \frac{24}{67} = 106{,}474$ Karat $= 4$ Mark 10,474 Karat schwer.

Der Becher enthält 11,978 Karat Kupfer.

Die erforderliche Zahl Deutscher Dukaten wiegt 95,826 Karat, also hat man noch an Kupfer 10,648 hinzugesetzt.

Der Feingehalt des im Becher enthaltenen Goldes ist $\frac{71}{80} = 0{,}8875$.

Der Preis des Bechers, ohne Arbeitslohn, beträgt 891,72 Thlr.

Der Becher faßt 0,328499 Preuß. Quart.

312. Gesetzt der Besitzer des Bechers wollte denselben in Hinsicht des Feingehalts, der Schwere und des kubischen Inhalts prüfen. Welche verschiedene Methoden könnte er zu dieser Prüfung anwenden, und welche wäre für seinen Fall die vortheilhafteste?

Aufl. Die Prüfung kann theils mechanisch, theils chemisch bewerkstelligt werden.

Die mechanische Prüfung besteht im Messen und Wägen; die chemische in Absonderung fremdartiger Theile von dem feinen Golde.

Das Messen kann sich nur auf die Dimensionen des Bechers erstrecken, und dieses wird die Data zur Berechnung des körperlichen Raumes liefern. Hiedurch kann man sowohl das Volumen des ganzen Bechers, als einen Cylinder betrachtet, erhalten, als auch das des innern Raumes, und auch jenes des Metalls.

Je kleiner aber der zu vermessende Gegenstand ist, desto unsicherer ist das Vermessen, folglich für diesen Fall nicht gut anwendbar.

Das Abwägen kann mit größerer Genauigkeit als das Vermessen ausgeübt werden; daher soll dieses Verfahren etwas näher betrachtet werden.

Die Physik stellt den Satz auf, daß jeder Körper, welcher in Wasser untergetaucht wird, so viel an seinem Gewichte verliert, als das Gewicht des Wassers beträgt, das der untergetauchte Körper durch seinen Rauminhalt verdrängt hat, oder so viel, als das Gewicht des Wassers ist, welches mit dem untergetauchten Körper gleiches Volumen hat.

Wenn man nun den Becher im Wasser untertaucht, so wird ihn dasselbe von allen Seiten, von innen und außen umgeben, und seinen innern Raum ausfüllen; dem Volumen aber des Metalls muß es weichen; daher wird der in Wasser untergetauchte Becher so viel an seiner Schwere verlieren, als das Wasser wiegt, das der Rauminhalt des Metalls verdrängt hat.

Wenn man nun zwei Körper von gleichem Volumen, jeden etwa von einem Kubikzoll, A 12 Loth B 4 Loth schwer, unter Wasser taucht, so wird jeder an seinem Gewichte so viel verlieren, als das Gewicht eines Kubikzolls Wasser beträgt; das Gewicht eines Kubikzolls Wasser ist ungefähr 1 Loth; daher wird A im Wasser 11 Loth, B sogar nur 3 Loth wiegen. Demnach hat A nur $\frac{1}{12}$, B aber $\frac{1}{4}$ seines Gewichts verloren; daher sagt man: ein Körper, der im Vergleich mit andern desto schwerer ist, verliert desto weniger an seinem Gewichte.

Da nun Gold schwerer als Kupfer ist, so wird Gold verhältnißmäßig auch weniger an seinem Gewichte als Kupfer verlieren. Je mehr Gold also der Becher enthalten wird, einen desto geringern, und je mehr Kupfer er hat, einen desto größern Verlust an seinem Gewichte wird er im Wasser erleiden. Dieses sind die einfachen Gründe des ganzen nachfolgenden Raisonnements.

Um aber die Sache mit überzeugender Deutlichkeit darzuthun, soll von Bekanntem ausgegangen und Bekanntes gesucht werden, doch auf einem Wege, der von dem vorhergehenden verschieden ist. Dann folge die Behandlung des Gegenstandes ohne solche Nebenrücksichten.

Der Becher wird also einen solchen Verlust an seinem Gewichte im Wasser erfahren, als das Gewicht des Wassers, von dem Volumen des Metalls, beträgt.

Das Volumen des Metalls war 3,419747 Preuß. Kubikzoll. 1 Kubikfuß Wasser wiegt 66 Preuß. Pfunde = 66 . 48 Karat = 66 . 48 12 Grän.

1 Kubikfuß = 12 . 22 . 12 Kubikzoll, daher ist die Schwere eines Kubikzolls Wasser = $\frac{66 \,.\, 48 \,.\, 12}{12 \,.\, 12 \,.\, 12}$ = 22 Grän. Folglich werden 3,419747 Kubikzoll Wasser 3,419747 . 22 = 75,234434 Grän wiegen.

Mithin muß der in Wasser untergetauchte Becher einen Verlust von 75,234434 Grän an seinem Gewichte erleiden.

Das Gewicht des Bechers war 106,474 Karat = 106,474 . 12 = 1277,688 Grän; demnach wird der Becher im Wasser nur 1202,654 Grän schwer sein.

Nun gehe man von folgenden Angaben aus: ein goldener Becher wiegt im Wasser 1202,654 Grän, in der Luft wiegt derselbe 1277,688 Grän; sein Verlust an Gewicht ist daher im Wasser 75,234 Grän. Das specif. Gewicht des Goldes ist 19,26, das des Kupfers 8,788. Aus wie vielem Golde und Kupfer wird der Becher bestehen.

Die Masse des feinen Goldes und des Kupfers ist nach frühern Berechnungen bekannt, nun soll es aber auf eine andere Weise ermittelt werden.

Das spec. Gewicht eines Körpers zeigt an, wie viele Mal das Gewicht eines Körpers, in freier Luft gewogen, das des Wassers von gleichem Volumen enthält.

Da das spec. Gewicht des Goldes 19,26 ist, so ist es also 19,26 mal so schwer als Wasser von demselben Volumen. Wiegt also eine gewisse Quantität Gold 19,26 Grän, so wird dieselbe Quantität Wasser nur 1 Grän an Gewicht sein. Taucht man also dieses Stück Gold von 19,26 Grän Schwere unter Wasser, so verliert es 1 Grän an seinem Gewicht, und wird im Wasser nur ein Gewicht von 18,26 Grän liefern.

Angenommen: Die ganze Masse des goldenen Bechers bestehe aus feinem Golde, so wird die Masse, da 19,26 Grän fein Gold im Wasser 1 Grän verlieren, so vielmal die Masse fein Gold die 19,26 Grän fein Gold in sich begreift, also ist der Verlust im Wasser = $\frac{1277{,}688}{19{,}26}$ . 1 Grän = 66,336 Grän.

Der Becher hat aber einen Verlust 75,234 Grän im Wasser erfahren; daher muß auch Kupfer in der Masse enthalten sein.

Da 19,26 Grän Gold im Wasser 1 Grän verlieren, so wird 1 Grän Gold im Wasser nur $\frac{1}{19{,}26}$ = 0,05192; 8,788 Grän Kupfer verlieren im Wasser 1 Grän, daher wird 1 Grän Kupfer im Wasser $\frac{1}{8{,}788}$ = 0,11379 verlieren.

Setzt man nun anstatt eines Gräns Gold 1 Grän Kupfer in die Quantität Gold des Bechers, so wird die Masse 0,11379 — 0,05192 oder 0,06187 Grän mehr als vorher verlieren; im Ganzen soll sie 75,234 — 66,336 Grän oder 8,898 Grän mehr als unter der gemachten Annahme verlieren, daher hat man so viele Grän Kupfer für eben so viele Grän fein Gold in die Masse zu setzen, wie oft 0,06187 Grän in 8,898 Grän enthalten sind, also 143,817 Grän oder 11,984 Karat.

Daher ist in dem Golde des Bechers 11,984 Karat Kupfer und das Uebrige fein Gold enthalten; welches Resultat sehr nahe dem berechneten in der vorigen Aufgabe kommt.

Gesetzt nun das Abwägen des Bechers in der Luft gebe wieder das geforderte Gewicht des Bechers = 106,474 Karat oder 1277,688 Grän; im Wasser verliere er aber 90,255 Grän, so daß also sein Gewicht im Wasser nur 1187,233 Grän betrage; aus wie vielem Golde und Kupfer wird dann das Metall des Bechers bestehen?

Da 1 Grän Gold im Wasser einen Verlust von $\frac{1}{19,26}$ = 0,05192 erleidet, so werden 1277,688 Grän einen Verlust von 1277,688 . 0,05192 = 66,33757 erfahren.

1 Grän Kupfer verliert an seinem Gewichte im Wasser $\frac{1}{8,788}$ = 0,11379, also 0,06187 mehr als fein Gold.

Nun hat der Becher im Wasser nicht 66,337 verloren, sondern einen Verlust von 90,255 Grän im Wasser erfahren, also 23,917 Grän mehr als unter der Voraussetzung des reinen Goldes, daher werden in dem Golde des Bechers sich so viele Grän Kupfer vorfinden, wie oft der Ueberschuß an Verlust von 1 Grän Kupfer über den Verlust von 1 Grän Gold in dem ganzen Ueberschusse an Verlust des Goldes vom Becher über den Verlust des feinen Goldes enthalten ist, also $\frac{23,917}{0,06187}$ = 386,568 Grän Kupfer oder 32,214 Karat Kupfer. Demnach enthält der Becher 106,474 — 32,214 = 74,260 Karat f. Gold, also 20,236 Karat fein Gold weniger als er nach der obigen Angabe haben sollte, welches ein Verlust von 59,14 Deutschen Dukaten ist.

Das Abwägen aber der Körper im Wasser ist nicht ohne bedeutende Schwierigkeiten zu bewerkstelligen, denn sie setzt eine Wage voraus, die eine eigene mechanische Vorrichtung haben muß, um Körper genau in Wasser wägen zu können; diese Wage heißt hydrostatische Wage. Außerdem sind zu solchen genauen Wägungen außerordentlich kleine und völlig einander gleiche Gewichtstückchen nothwendig, deren Anschaffung auch mit Kosten verbunden ist; daher findet man sich genöthigt, nach andern Mitteln zur Prüfung sich umzusehen.

Ein anderes Mittel zur Prüfung ist die Anwendung des Probirsteins und der Probir- oder Streichnadeln.

Diese Nadeln müssen von dem edeln Metalle verfertigt sein, welches man prüfen will. Für rothe Legirung müßte man also eine Nadel von feinem Golde, dann eine von Gold, davon die Mark 23 Karat Gold und 1 Karat Kupfer hat; ferner eine Nadel von Gold, davon eine Mark 22 fein Gold und 2 Karat Kupfer, 21 Karat f. Gold und 3 Karat Kupfer hat ꝛc. haben. Nun macht man mit dem zu prüfenden Golde einen Strich auf dem Probirsteine (Lydischen Steine), welcher ein grauschwarzer Kieselschiefer ist. Bevor man aber diesen Strich macht, wird man die Stelle des zu prüfenden Goldes etwas befeilen, um das eigentliche Metall zu erhalten, welches man erkennen will. Nun sucht man unter den Nadeln diejenige heraus, von welcher man glaubt, daß sie einen Strich von gleicher Farbe geben werde, von welcher Farbe der Strich des zu prüfenden Metalls ist. Sind beide Striche an Farbe und Glanz völlig einander gleich, so kann man annehmen, daß das geprüfte Gold von dem Grade der Feinheit sei, welchen die Nummer auf der Nadel anzeigt. Sind jene Striche an Farbe nicht einander gleich, so muß man die Versuche so lange wiederholen, bis man eine völlige Gleichheit beider Striche herausgebracht hat.

Aus dem Gesagten geht hervor, daß diese Art der Prüfung sehr unsicher ist. Außer den Nadeln und dem Steine gehört noch ein geübtes Auge; und wenn auch ein solches Auge, wie man versucht, fähig sei, bis auf $\frac{1}{2}$ Grän den Unterschied herauszufinden, so darf man doch diesem Verfahren nur ein geringes Zutrauen schenken.

Die chemische Versuche in dieser Hinsicht sind nicht uninteressant, doch erfordern sie auch einigen Aufwand und Sorgfalt.

Man nehme 4 Loth Grünspan, 4 Loth Salmiak, $\frac{1}{4}$ Loth gebranntes Kupfer und $\frac{1}{4}$ Loth Salpeter, reibe dieses sehr fein, und mische es genau unter einander; dieses Pulver übergieße man mit destillirtem Weinessig, so erhält man eine grüne Tinktur, welche man als Probeflüssigkeit auf folgende Art gebrauchen kann. Man mache mit dem zu prüfenden Golde einen Strich auf dem Probirsteine, und breite über denselben jene Tinktur, so wird sie alles wegfressen, was nicht Gold ist; bleibt der Strich unverändert, so ist er von feinem Golde.

Dieser Versuch zeigt aber nur, ob das Metall fein Gold oder nur dem ähnliches, wie Tomback oder Semilor ist, nicht aber den Grad der Karätirung des Goldes an; daher ist er auch nicht für diesen Fall anwendbar.

Ein anderes Verfahren ist dieses. Man nehme 10 Theile Blei und 2 bis 3 Theile Silber auf 1 Theil des zu prüfenden Goldes. Man schmelzt darauf das Blei, ist es geschmolzen und auf der Oberfläche gereinigt, so bringt man das Silber und auch das Gold hinein, und läßt auch dieses schmelzen; so werden diese 3 Metalle zusammen fließen.

Das Blei hat nun die Eigenschaft, das in Silber und Gold befindliche Kupfer an sich zu ziehen und sich mit demselben in eine Schlacke zu verwandeln; das Gemisch aus Gold und Silber bleibt also von Kupfer befreit zurück.

Hätte man nur Gold von Kupfer zu sondern gehabt, so dürfte man jetzt nur das durch Schmelzung erhaltene Gold auf der Probirwage wägen; von dem durch diese Wägung gefundene Gewicht, das des Silbers, welches man zur Mischung gebrauchte, subtrahiren, so würde der Rest das Gewicht des Goldes sein.

In der vermischten Legierung ist aber nicht allein Kupfer, sondern auch Silber mit dem Golde zusammen geschmelzt, und um dieses aus dem Golde heraus zu schaffen, hat man noch folgende Operation vorzunehmen.

Man hämmert das vom Kupfer befreite Gold zu dünnen Blättchen, glüht diese wieder aus, biegt sie zu Röllchen, bringt sie mit verdünntem Scheidewasser in einen gläsernen Destillirkolben auf ein gelindes Feuer, und läßt das Scheidewasser allmählig ins Sieden kommen, bis aus den Röllchen einige Fäden aufsteigen. Nun vertauscht man das schwache Scheidewasser mit stärkerm, und läßt es so lange im Destillirkolben auf dem Feuer sieden, bis Kügelchen von der Größe einer Erbse aus dem Grunde heraufsteigen. Das Scheidewasser gießt man nun ab, und gemeines Wasser auf die Goldröllchen. Darauf sucht man diese Röllchen von allem an ihnen sich befindlichen Wasser zu befreien, indem man sie in einen Schmelztiegel bringt und sie mit demselben erglüht, wodurch das Wasser verdünstet; nun endlich ist das Gold von allen fremdartigen Metallen ganz rein; dieses wägt man darauf auf eine Probirwage, und der Unterschied dieses Gewichts und dessen, welches das Gold vor der Operation hatte, giebt das Verhältniß des fremden Metalls zum feinen Golde oder den Feingehalt desselben. Z. B.

Ein Stückchen Gold wiege 5 Grän vor den beschriebenen Operationen, nach denselben möge es $3\frac{1}{2}$ Grän wiegen, so ist der Feingehalt des Goldes, von welchem 5 Grän genommen worden sind, $\frac{3\frac{1}{2}}{5} = \frac{7}{10}$; oder das Gold ist $\frac{7}{10} . 24 = 16,8 = 16\frac{4}{5}$karatig.

Unter allen Verfahrungsarten, welche hier zur Prüfung des Feingehalts eines gewissen Goldes angegeben sind, ist unstreitig das letzte Verfahren dasjenige, welches die größte Gewißheit liefert.

Das erste Verfahren, mit Hülfe des spec. Gewichts, würde vor allen den Vorzug verdienen, wenn man das Gesetz kennen würde, nach welchem sich das Volumen zweier zusammen geschmelzter Metalle ändert; daß aber in der Wirklichkeit eine solche Aenderung vorgeht, hat der Verf. selbst erfahren, indem er seine Resultate, welche er durch die sorgfältigste Rechnung und nach den sichersten Angaben des spec. Gewichts, erhalten hatte, mit denen der Physiker und Chemiker verglich. Da aber das letzte Verfahren in die Werkstatt des Physikers gehört, so bleibt dem Arithmetiker kein anderes Mittel, als den Gebrauch des spec. Gewichts bei seinen Prüfungen dieser Art übrig.

Anmerk. Die chemische Prüfung ist aus: „Poppe's technologischer Bildergallerie von 1830" entnommen.

Der innere Raum des Bechers läßt sich entweder durch Messen oder Wägen bestimmen. Ueber die Genauigkeit des Messens ist früher schon das Nöthige bemerkt worden; daher folge nur noch eine kurze Untersuchung über die Bestimmung des Raumes durch Wägen.

Da der innere Raum des Bechers nicht von solcher Bedeutung als der Feingehalt seines Goldes ist, so wird die Bestimmung des erstern auch keiner so großen Schwierigkeit als die des andern unterworfen sein.

Man suche die Schwere des Bechers durch Abwägen in freier Luft, und das Resultat dieser Wägung sei 106,474 Karat. Darauf fülle man den Becher bis zum äußersten Rande mit destillirtem Wasser, und wäge den gefüllten Becher wieder auf der Probirwage in freier Luft; und diese Operation liefere für die Schwere des Metalls und des Wassers 145,017 Karat. Zieht man nun von diesem Gewichte das des Bechers ab, so erhält man das Gewicht des im Becher enthaltenen Wassers = 38,543 Karat.

Nun ist bekannt, daß ein Kubikfuß reinen Wassers die Schwere von 66 Preuß. Pfund hat. Ein Pfund = 2 Mark, 1 Mark = 24 Karat; daher wiegt ein Kubikfuß destillirten Wassers 66 . 48 Karat.

1 Fuß = 12 Zoll, also ein Kubikfuß = 12 . 12 . 12 Kubikzoll; daher nimmt 1 Karat Wasser einen Raum von $\frac{12 \cdot 12 \cdot 12}{66 \cdot 48} = \frac{6}{11}$ Kubikzoll; also werden 38,543 Karat Wasser einen Raum von $38{,}543 \cdot \frac{6}{11} = 21{,}023$ Kubikzoll füllen.

Ferner weiß man, daß ein Preuß. Quart einen Rauminhalt von 64 Kubikzoll hat; daher faßt der goldene Becher $\frac{21{,}023}{64} = 0{,}3284$ Quart = 1,314 Viertel-Quart.

Anmerk. Die Aufg. 311. und 312. sind absichtlich mit großer Ausführlichkeit behandelt worden, um alle die Fragen zu berücksichtigen, welche in Beziehung auf einen solchen Gegenstand stattfinden können; und der Verf. glaubt nicht, daß ihm diese Umständlichkeit zum Vorwurfe gereichen wird.

Die cylindrische Gestalt eines Bechers ist dem Auge nicht wohlgefällig, lieber wählt man die eines abgekürzten Kegels für ein solches Geschirr. Nun ist klar, daß eine Aufgabe dieser Art eben so wie die vorhergehende behandelt werden könne; doch dürfte sie einige Schwierigkeiten darbieten, die Anfänger ist Verlegenheit setzen könnten; daher soll sie der Gegenstand der nächsten Auflösung sein.

Da in der Auflösung der vorigen Aufgabe auf alle Umstände Rücksicht genommen worden ist, welche zur Deutlichkeit in dieser Sache gehören, so wird es dem Verf. erlaubt sein, die nachfolgende Aufgabe mit zweckdienlicher Kürze zu behandeln.

313. Ein goldener Becher, von der Gestalt eines abgekürzten Kegels, soll von einem Golde gemacht werden, davon ein Dukaten den Werth von 2 Thlr. hat, wenn Holländische Dukaten zu 3 Thlr. 6 Sgr. gerechnet werden. Holl. Dukaten sind aus einem Golde geprägt, von welchem die Köln. Mark 23 Karat 7 Grän fein Gold hat. Der Durchmesser des äußern Bodens vom Becher soll 2 Zoll, der Durchmesser der obern Oeffnung des Bechers mit Einschluß der Dicke des Metalls, soll 3 Zoll, und die Höhe des ganzen Bechers soll 5 Zoll betragen. Die Dicke des Bodens soll eine Linie, und die Dicke der Seitenwand des Bechers $\frac{3}{4}$ Linien sein. Das specifische Gewicht des feinen Goldes wird gleich 19,26, das des Kupfers gleich 8,788 angenommen. Welchen Rauminhalt hat der Becher als abgekürzter Kegel? Wie groß ist der innere Raum des Bechers, und wie viele Quart wird er fassen, wenn ein Quart 64 Kubikzoll hat? Welches Volumen hat das Metall im Becher? Wie schwer wird der Becher sein? Welches ist der Feingehalt des Goldes vom Becher? Wie viele Dukaten zu 2 Thlr., wie viele Holl. Dukaten wird man zu diesem Becher ge-

brauchen? Wie viel Kupfer muß man zu dem Golde der Holl. Dukaten hinzusetzen? Wie viel fein Gold und wie viel Kupfer wird der Becher enthalten? Welches ist der Werth des Bechers, ohne Arbeitslohn?

Aufl. Der kubische Inhalt des Bechers ist der Unterschied zweier Kegel; der kleinere Kegel hat zur Grundfläche den äußern Boden des Bechers und eine gewisse Höhe, der größere hat zur Grundfläche die obere Oeffnung des Bechers nebst der Dicke des Metalls, und seine Höhe ist = der des Bechers nebst der des kleinern Kegels.

Die Grundflächen dieser Kegel sind bekannt, ihre Höhen aber zu suchen.

R sei der Radius der Grundfläche des größern, r der Radius der Grundfläche des kleinern Kegels. Nun braucht man folgenden Satz aus der Stereometrie: Wenn man von einem Kegel einen kleinern abschneidet: so verhalten sich die Höhen derselben wie die Durchmesser oder Radien ihrer Grundflächen.

Der Durchmesser der Grundfläche des größern Kegels ist 3 Zoll, der des kleinern 2 Zoll; daher ist das Verhältniß der Höhen der Kegel 3 : 2; die Höhe des größern Kegels hat also das 3fache, die des kleinern das 2fache einer gewissen Länge. Nun ist die Höhe des größern Kegels um das Einfache oder die Höhe des Bechers = 5 Zoll größer als die Höhe des kleinern Kegels, daher ist das Einfache = 5 Zoll. Demnach ist die Höhe des größern Kegels = 15 Zoll, die des kleinern = 10 Zoll

Der kubische Inhalt eines Kegels ist = $\frac{1}{3}$ des Produkts seiner Grundfläche und seiner Höhe.

Die Grundfläche eines Kegels ist ein Kreis, die Fläche desselben $r \,.\, r \,.\, \pi$, wenn r den Radius und $\pi$ das Verhältniß des Umfanges des Kreises zu seinem Durchmasser bezeichnet. Daher ist die Grundfläche des größern Kegels $= R \,.\, R \,.\, \pi$, die des kleinern $= r \,.\, r \,.\, \pi$.

Die Radien sind die Hälfte der Durchmesser einerlei Kreise; also ist $R = 1\frac{1}{2}$ Zoll, $r = 1$ Zoll.

$\pi$ sei $= 3{,}14159$, so ist die Grundfläche des größern Kegels $= \frac{3}{2} \,.\, \frac{3}{2} \,.\, 3{,}14159$, die des kleinern $= 1 \,.\, 1 \,.\, 3{,}1415$ Quadratzoll.

Demnach ist der kubische Inhalt des größern Kegels $= \frac{1}{3} \,.\, 15 \,.\, \frac{3}{2} \,.\, \frac{3}{2} \,.\, 3{,}14159$, der des kleinern Kegels $= \frac{1}{3} \,.\, 10 \,.\, 1 \,.\, 1 \,.\, 3{,}14159$. Folglich ist der kubische Inhalt des Bechers $= \frac{1}{3} \,.\, 15 \,.\, \frac{9}{4} \,.\, 3{,}1415$ weniger $\frac{1}{3} \,.\, 10 \,.\, 3{,}14159 = (\frac{135}{4} - 10) \times 3{,}14159 =$
$$\frac{23{,}75 \,.\, 3{,}14159}{3} = \frac{74{,}6127625}{3} = 24{,}8709208 \text{ Kubikzoll.}$$

Der innere Raum des Bechers ist gleichfalls die Differenz zweier Kegel: der größere hat zur Grundfläche die obere Oeffnung des Bechers, ohne die Dicke des Metalls, der kleinere hat zur Grundfläche den innern Boden des Bechers; die Höhe des größern Kegels ist gleich der Höhe vom innern Raume des Bechers nebst der Höhe des kleinern Kegels, und die Höhe dieses Kegels ist zu suchen.

Bei der Berechnung des kubischen Inhalts dieser Kegel hat man dieselben Schlüsse zu befolgen, welche man bei der ähnlichen Berechnung der vorigen Kegel gemacht hat; daher kann diese Berechnung ins Kurze gezogen werden.

Der Radius der obern Oeffnung des Bechers, ohne die Dicke des Metalls, ist $1\frac{1}{2}$ Zoll weniger $\frac{3}{4}$ Linien *). 1 Zoll = 12 Linien, also 1 Linie = $\frac{1}{12}$ Zoll, daher $\frac{3}{4}$ Linien = $\frac{3}{4} \cdot \frac{1}{12} = \frac{1}{16}$ Zoll; folglich ist der Radius der obern Oeffnung des Bechers = $1\frac{1}{2}$ Zoll — $\frac{1}{16}$ Zoll = $1\frac{7}{16} = \frac{23}{16}$ Zoll.

Der Radius vom innern Boden des Bechers ist 1 Zoll weniger der Dicke der Seitenwand vom Becher, also weniger $\frac{3}{4}$ Linien oder $\frac{1}{16}$ Zoll, daher ist der Radius des innern Bodens = $1 - \frac{1}{16} = \frac{15}{16}$ Zoll.

Die Höhe des innern Raumes vom Becher ist die Höhe des ganzen Bechers weniger der Dicke des Bodens, also weniger 1 Linie oder $\frac{1}{12}$ Zoll, daher ist die Höhe des innern Raumes = 5 Zoll — $\frac{1}{12}$ Zoll = $4\frac{11}{12} = \frac{59}{12}$ Zoll.

Ferner verhält sich der Radius der innern Oeffnung, $\frac{23}{16}$ Zoll, zum Radius des innern Bodens, $\frac{15}{16}$ Zoll, wie die Höhe des größern Kegels zur Höhe des kleinern, also wie 23 : 15. Die Höhe des größern Kegels hat also das 23fache und die des kleinern das 15fache einer gewissen Länge. Die Höhe des größern Kegels ist also um das 8fache oder um die Höhe die Höhe des innern Raumes = $\frac{59}{12}$ Zoll größer als die Höhe des kleinern; daher ist das 8fache = $\frac{59}{12}$ Zoll, also das Einfache = $\frac{59}{8 \cdot 12}$; demnach ist die Höhe des größern Kegels = $\frac{23 \cdot 59}{8 \cdot 12}$ Zoll, die Höhe des kleinern Kegels = $\frac{15 \cdot 59}{8 \cdot 12}$ Zoll.

Der kubische Inhalt des größern Kegels ist daher

$\frac{1}{3} \cdot \frac{23 \cdot 59}{8 \cdot 12} \cdot \frac{23}{16} \cdot \frac{23}{16} \cdot 3{,}14159$, der des kleinern

$\frac{1}{3} \cdot \frac{15 \cdot 59}{8 \cdot 12} \cdot \frac{15}{16} \cdot \frac{15}{16} \cdot 3{,}14159$ Kubikzoll; demnach ist ihre Differenz oder der innere Raum des Bechers =

$$\frac{1}{3} \cdot \left(\frac{23 \cdot 59}{8 \cdot 12} \cdot \frac{23}{16} \cdot \frac{23}{16} - \frac{15 \cdot 59}{3 \cdot 12} \cdot \frac{15}{16} \cdot \frac{15}{16}\right) \cdot 3{,}14159 =$$

$$\frac{1}{3} \cdot \frac{(23 \cdot 23 \cdot 23 - 15 \cdot 15 \cdot 15) \times 59}{8 \cdot 12 \cdot 16 \cdot 16} \times 3{,}14159 =$$

$$\frac{1}{3} \cdot \frac{8792 \cdot 59}{8 \cdot 12 \cdot 16 \cdot 16} \cdot 3{,}14159 = \frac{1}{3} \cdot \frac{1099 \cdot 59}{12 \cdot 16 \cdot 16} \cdot 3{,}14159 =$$

$\frac{1}{3} \cdot 66{,}3098428$ Kubikzoll = 22,1032809.

67 Holl. Dukaten = 1 rauhen Mark, haben nun 28 Kar. 7 Grän

*) Die Dicke des Metalls ist $\frac{3}{4}$ = 0,75 Linien, daher ist die Breite des Metalls, um welche der Radius der Grundfläche des äußern Kegels vermindert wird, eigentlich = 0,75375 Linien, also um 0,00375 oder um $\frac{3}{800}$ Linien größer als die Dimension, um welche der Radius wirklich in der Aufgabe verkleinert worden ist, und obige Differenz von $\frac{3}{800}$ Linien ist absichtlich als unbedeutend vernachlässigt worden.

fein Gold = 283 Grän fein Gold, also 1 Holl. Dukaten = $\frac{283}{67}$ Grän fein Gold.

Der Werth der Holl. Dukaten ist 96 Sgr., der Werth der Dukaten vom Golde des Bechers ist 60 Sgr.

Welcher Bruch nun der Werth des Dukaten zu 2 Thlr. von dem Werthe des Holl. Dukaten ist, derselbe Bruch muß das Korngewicht des Dukaten zu 2 Thlr. von dem Korngewichte eines Holländ. Dukaten sein.

60 Sgr. sind nun $\frac{60}{96} = \frac{5}{8}$ von 96 Sgr., also ist das Korngewicht des Dukaten zu 2 Thlr. = $\frac{5}{8}$mal das Korngewicht eines Holl. Dukaten = $\frac{5}{8} \cdot \frac{283}{67}$ Grän fein Gold.

Das Schrotgewicht eines Dukaten ist = $\frac{288}{67}$ Grän, demnach ist der Feingehalt der Dukaten zu 2 Thlr. = $\frac{5}{8} \cdot \frac{283}{67} : \frac{288}{67} = \frac{5 \cdot 283}{8 \cdot 288}$ = $\frac{1415}{2304}$.

Das feine Gold hat also in den Dukaten zu 2 Thlr. das 1415fache, und Gold und Kupfer das 2304fache, daher hat das Kupfer das 889fache eines gewissen Gewichts.

Nun ist das das Korngewicht eines Dukaten zu 2 Thlr. = $\frac{5 \cdot 283}{8 \cdot 67}$ Grän, daher ist das 1415fache = $\frac{5 \cdot 283}{8 \cdot 67}$ Grän, also das Einfache = $\frac{5 \cdot 283}{1415 \cdot 8 \cdot 67} = \frac{1}{8 \cdot 67}$ Grän; folglich ist das Kupfer in 1 Dukaten zu 2 Thlr. = $\frac{889}{8 \cdot 67}$ Grän.

Jetzt hat man das Volumen von dem feinen Golde und vom Kupfer eines Dukaten zu 2 Thlr. zu bestimmen, welches vermittelst des spec. Gewichts dieser Metalle geschehen muß.

Da ein Kubikfuß destillirten Wassers 66 Pfund = 66 . 48 Karat = 66 . 48 . 12 Grän wiegt, und 1 Kubikfuß = 12 . 12 . 12 Kubikzoll ist, so nimmt 1 Grän Wasser einen Raum von $\frac{12 \cdot 12 \cdot 12}{66 \cdot 48 \cdot 12}$ = $\frac{1}{22}$ Kubikzoll ein.

Das specifische Gewicht des feinen Goldes ist 19,26, das des Kupfers 8,788, wenn also eine gewisse Quantität Wasser 1 Grän wiegt, so wiegt fein Gold von demselben Volumen 19,26 Grän, und Kupfer von demselben Volumen 8,788 Grän. Da nun 1 Grän Wasser einen Raum von $\frac{1}{22}$ Kubikzoll einnimmt, so ist das Volumen von 19,26 Grän Gold = dem Volumen von 8,788 Grän Kupfer = $\frac{1}{22}$ Kubikzoll. Daher ist das Volumen von 1 Grän fein Gold = $\frac{1}{19{,}26 \cdot 22}$ Kubikzoll, und das Volumen von 1 Grän Kupfer = $\frac{1}{8{,}788 \cdot 22}$ Kubikzoll. Ein Dukaten zu 2 Thlr. hat $\frac{5 \cdot 283}{8 \cdot 67}$ Grän fein Gold; daher ist das Volumen des feinen Goldes von einem Dukaten zu 2 Thlr. $= \frac{5 \,.\, 283}{2 \,.\, 67} \,.\, \frac{1}{19{,}26 \,.\, 22} = \frac{1415}{8 \,.\, 67 \,.\, 19{,}26 \,.\, 22}$ Kubikzoll $= 0{,}0062303$ Kubikzoll.

Ein Dukaten zu 2 Thlr. hat $\frac{889}{8 \,.\, 67}$ Grän Kupfer, folglich ist das Volumen von dem Kupfer in einem Dukaten zu 2 Thaler $= \frac{889}{8 \,.\, 67} \,.\, \frac{1}{8{,}788 \,.\, 22} = \frac{889}{8 \,.\, 67 \,.\, 8{,}788 \,.\, 22}$ Kubikzoll $= 0{,}0085787$ Kubikzoll.

Daher verhalten sich die Volumen von Gold und Kupfer in einem Dukaten zu 2 Thlr. $= \frac{1415}{8 \,.\, 67 \,.\, 19{,}26 \,.\, 22} : \frac{889}{8 \,.\, 67 \,.\, 8{,}788 \,.\, 22} = \frac{1415}{19{,}26} : \frac{889}{8{,}788} = 283 \,.\, 2197 : 889 \,.\, 963 = 621751 : 856107.$

Demnach hat das Volumen des feinen Goldes in 1 Dukaten zu 2 Thlr. das 621751fache, und das des Kupfers das 856107fache; daher wird auch das Volumen des feinen Goldes das 621751fache, und das Volumen des Kupfers das 856107fache eines gewissen Raumes in allen Dukaten zu 2 Thlr. haben, welche das Gold des Bechers ausmachen. Das Gold des Bechers hat nun ein Volumen von $\frac{8{,}3029197}{3}$ Kubikzoll; also ist das 621751fache + 856107fache $= \frac{8{,}3029197}{3}$ Kubikzoll = dem 1477858fachen; daher ist das Einfache $= \frac{8{,}3029197}{3 \,.\, 1477858}$ Kubikzoll; mithin ist das Volumen des feinen Goldes im Becher $= 621751 \,.\, \frac{8{,}3029197}{3 \,.\, 1477858}$ und das des Kupfers $= 856107 \,.\, \frac{8{,}3029197}{3 \,.\, 1477858}$ Kubikzoll.

Wie oft nun das Volumen des feinen Goldes vom Becher das Volumen des feinen Goldes von 1 Dukaten zu 2 Thlr. enthält, so viele Dukaten derselben Art werden zur Verfertigung des Bechers erforderlich sein, also $621751 \,.\, \frac{8{,}3029197}{3 \,.\, 1477858} : \frac{1415}{8 \,.\, 67 \,.\, 19{,}26 \,.\, 22} = \frac{2197 \,.\, 8{,}3029197}{738929} \times \frac{8 \,.\, 67 \,.\, 642 \,.\, 11}{500} = 186{,}8877$ Dukaten zu 2 Tlr. sind zur Verfertigung des Bechers erforderlich.

Die Zahl dieser Dukaten kann man auch durch Division mit dem Volumen eines Duk. in das Volumen des Metalls vom ganzen Becher erhalten. Denn das Volumen des feinen Goldes von 1 Duk. zu 2 Thlr. war $= 0{,}0062303$, das Volumen des Kupfers von diesem Duk. $= 0{,}0085787$, also das Volumen eines Duk. zu 2 Thlr. $= 0{,}014809$; das Volumen vom ganzen Metall des Bechers war 2,7676399 Kubikz., daher die gesuchte Zahl der Dukaten $= \frac{2{,}7676399}{0{,}014809} = 186{,}8890.$

Dieses Resultat weicht etwas vom vorigen ab, und dieses rührt von der Vernachlässigung der letzten Decimalstellen bei Berechnung jener Volumina her.

Da nun 1 Dukaten den Werth von 2 Thlr. haben soll, so ist der Werth des Bechers = 186,889 . 2 = 373,778 Thlr.

Wenn man diesen Werth durch den eines Holl. Dukaten dividirt, so erhält man die Anzahl der Holl. Dukaten = $\frac{373,778 . 30}{96}$ Sgr. = 116,8056 Holl. Dukaten.

Ein Dukaten zu 2 Thlr. hat $\frac{5 . 283}{8 . 67}$ Grän fein Gold, so werden 186,888 (das arithmetische Mittel jener beiden Resultate) Dukaten, oder der ganze Becher 186,888 . $\frac{5 . 283}{8 . 67}$ = 493,3703 Grän = 1 Mark 17 Karat 1,3703 Grän fein Gold.

Das Schrotgewicht eines Dukaten ist = $\frac{24}{67}$ Karat, daher wiegen die 186,888 Dukaten oder der Becher 67,3031 Karat oder 2 Mark 19 Karat 3,6372 Grän. Mithin ist das Gewicht des Kupfers = 1 Mark 2 Karat 2,2669 Grän.

Das Schrotgewicht eines Holl. Dukaten ist $\frac{24}{67}$ Karat, folglich ist das Gewicht der 116,8056 Holländ. Dukaten = 116,8056 . $\frac{24}{67}$ = 35,5423 Karat = 1 Mark 11 Karat 6,5076 Grän. Demnach muß man zu den Holl. Dukaten an Kupfer 1 Mark 7 Karat 9,1296 Grän hinzusetzen.

Anmerk. Man könnte diesen Becher eben so prüfen als jenen, welcher in den Aufg. 311. und 312. behandelt worden ist; weil aber dort alles Nöthige gesagt, und die Prüfung mit hinlänglicher Ausführlichkeit dargestellt worden ist, so wäre es nicht von erheblichem Nutzen, dasselbe noch einmal zu wiederholen.

Die in den 3 vorhergehenden Aufgaben gezeigte Berechnung kann man mit geringer Abänderung auch auf die Berechnung silberner Becher anwenden.

Von dieser Berechnung läßt sich ein Gebrauch für jeden Körper machen, wenn das Gewicht des edeln Metalls gegeben ist, aus welchem der Körper verfertigt werden soll.

Ein Beispiel wird die Sache verdeutlichen.

314. Einem Goldarbeiter werden 9 Karolinen zur Verfertigung einer goldenen Dose übergeben, und er soll dazu so vieles Kupfer nehmen, daß ein Dukaten von dem Golde der Tabacksdose 1 Thlr. 20 Sgr. koste, wenn ein Dukaten nach dem Passirfuße 3 Thlr. 5 Sgr. gerechnet wird. Das Gold der Karolinen ist $18\frac{1}{2}$karatig und 24 Karolinen sind gleich der rauhen Mark. Nach dem Passirfuße hat die rauhe $23\frac{1}{2}$ Karat fein Gold. Wie schwer wird die Tabacksdose sein? Wie groß ist ihr Werth?

Aufl. Da 24 Karolinen eine rauhe Mark machen, welche $18\frac{1}{2}$ Karat fein Gold enthält, so hat 1 Karolin $\frac{18\frac{1}{2}}{24} = \frac{37}{48}$ Karat f. Gold, folglich haben 9 Karolinen $9 \cdot \frac{37}{48} = \frac{3 \cdot 37}{16}$ Karat fein Gold. 67 Dukaten nach dem Passirfuße sind gleich einer rauhen Mark mit $23\frac{1}{2}$ Karat fein Gold; also 1 Dukaten $= \frac{47}{2 \cdot 67}$ Karat fein Gold.

Der Werth der Dukaten zu 50 Sgr. ist $\frac{10}{19}$ von dem Werthe der Dukaten zu 3 Thlr. 5 Sgr.; also ist das Korngewicht der Dukaten zu 50 Sgr. $= \frac{10}{19}$ des Korngewichts der Dukaten zu 3 Thlr. 5 Sgr., also $= \frac{10}{19} \cdot \frac{47}{2 \cdot 67} = \frac{5 \cdot 47}{19 \cdot 67}$ Karat.

So oft nun das Korngewicht eines Dukaten in dem feinen Golde der 9 Karolinen oder der Tabacksdose enthalten ist, so viele der letzten Dukaten sind zur Verfertigung der Dose erforderlich, also $\frac{3 \cdot 37}{16} : \frac{5 \cdot 47}{19 \cdot 67} = 37{,}71356$ Dukaten zu 1 Thlr. 5 Sgr. werden zu dieser Arbeit gebraucht.

Das Gewicht eines Dukaten ist $\frac{24}{67}$ Karat, also ist das Gewicht der Zahl dieser Dukaten, welche zur Dose gebraucht werden $= \frac{3 \cdot 37 \cdot 19 \cdot 67}{16 \cdot 5 \cdot 47} \cdot \frac{24}{67} = \frac{3 \cdot 37 \cdot 19 \cdot 3}{2 \cdot 5 \cdot 47} = 13{,}4617$ Karat, welches die Schwere der Tabacksdose ist $= 8{,}9411$ Loth.

Um den Zusatz an Kupfer zu erfahren, welches man zu den 9 Karolinen hinzuzusetzen hat, darf man nur das Gewicht der 9 Karolinen $= 9$ Karat von dem Gewichte der Dose hinweg nehmen, welches 4,4617 Karat Kupfer als Zusatz zu den 9 Karolinen giebt, um das Gold auf den geforderten Feingehalt $= \frac{235}{456} = 0{,}51535$ zu bringen.

Wollte man endlich den innern Raum der Dose wissen, so fülle man sie mit destillirtem Wasser, und wäge sie auf der Probirwage. Man nehme an, daß das Resultat dieser Wägung 28,35 Karat sei, so findet man das Gewicht des Wassers $= 14{,}8883$ Karat. Da nun zu 1 Karat Wasser $\frac{1}{22}$ Kubikzoll gehört, so werden 14,8883 Karat Wasser einen Raum von $14{,}8883 \cdot \frac{1}{22} = 0{,}676$ Kubikzoll fassen, welches der Rauminhalt der Dose nach obiger Annahme ist.

Die Dose besteht aus 37,71356 Dukaten zu 50 Sgr., daher ist ihr Werth ohne Arbeitslohn = 62 Thlr. 25,678 Sgr

Man kann auch die Frage aufstellen, wie viele Holl. Dukaten das Gold der Dose enthalte, und diese sind leicht gefunden, wenn man das feine Gold der Dose, $\frac{3 \cdot 37}{16}$, durch das Korngewicht eines Holl. Dukaten, $\frac{283}{12 \cdot 67}$, dividirt, also gehören $\frac{3 \cdot 37}{16} : \frac{283}{12 \cdot 67} = 19{,}7093$ Holl. Dukaten dazu.

Anmerk. Aus dieser Aufg. könnte man mehrere andere machen, wenn man eins der gegebenen Stücke wegließe, und an die Stelle desselben eins der berechneten setzte. Hier soll dieses aber nicht weiter berücksichtigt werden, weil im Vorhergehenden dieselbe Materie schon hinlänglich weitläuftig behandelt worden ist.

315. Wie viele Mark 15löthiges Silber hat man zu 5 Mark 9löthiges hinzuzusetzen, damit das Silber der Mischung $12\frac{1}{2}$löthig werde?

Aufl. An einer Mark 9löthigen Silbers fehlen $3\frac{1}{2}$ Loth, also an 9 Mark $5 . 3\frac{1}{2} = 17\frac{1}{2}$ Loth Silber, damit es $12\frac{1}{2}$löthig sei; dieser Mangel muß also durch einen Ueberschuß des Zusatzes ersetzt werden?

Nun hat eine Mark 15löthiges Silber einen Ueberschuß von $2\frac{1}{2}$ Loth Silber über eine Mark $12\frac{1}{2}$löthigen; daher hat man so viele Mark 15löthigen Silbers zur Mischung zu nehmen, so oft der Ueberschuß von $2\frac{1}{2}$ Loth in dem Mangel von $17\frac{1}{2}$ Loth enthalten ist, also $\frac{17\frac{1}{2}}{2\frac{1}{2}} = \frac{35}{5} = 7$ Mark 15löthigen Silbers.

316. Zu $23\frac{2}{3}$karatigem Golde setzt man 3 Mark $7\frac{1}{2}$karatiges Gold hinzu, und man erhält dadurch ein Gold, welches $13\frac{1}{6}$karatig ist. Wie viele Mark $23\frac{2}{3}$karatigen Goldes hatte man? $1\frac{13}{21}$ Mark.

317. Wie viele Pfund Taback zu 10 Sgr. muß man mit 3 Pfd. zu 15 Sgr. mischen, damit ein Pfund der Mischung 12 Sgr. koste? $4\frac{1}{2}$ Pfund.

318. Wie viele Pfund Taback zu 20 Sgr. muß man mit 5 Pfd zu 10 Sgr. mischen, damit ein Pfund der Mischung 12 Sgr. koste? $1\frac{1}{4}$ Pfund.

319. Wie viele Flaschen Wein zu 18 Sgr. hat man mit 40 Flaschen zu 1 Thlr. 5 Sgr. zu vermischen, damit eine Flasche der Mischung 25 Sgr. koste? $57\frac{1}{7}$ Flaschen.

320. Wie viele Dukaten, deren Feingehalt $\frac{71}{72}$ ist, hat man zu 48 Rheinisch. Goldgulden, deren Feingehalt gleich $\frac{37}{144}$ ist, hinzuzusetzen, um Gold der Friedrichsd'ore vom Feingehalte gleich $\frac{65}{72}$ zu erhalten; und wie viel Friedrichsd'or wird die Mischung geben? 67 Dukaten = der rauhen Mark; 72 Rheinische Goldgulden = der rauhen Mark; 35 Friedrichsd'or = der rauhen Mark.

$115\frac{11}{623}$ Dukaten. Man erhält $83\frac{63864}{108007}$ Friedrichsd'or.

## II. Mit mehr als einer unbekannten Zahl.

321. A und B vergleichen ihr Vermögen, und es ergiebt sich, daß A 450 Thlr. mehr als B hat; darauf erbt A 500 Thlr., und nun besitzt er doppelt so viel als B. Wie viel hatte jeder von der Erbschaft des A?

Aufl. Da A vor der Erbschaft schon 450 Thlr. mehr als B hatte, so muß er mit der Erbschaft 950 Thlr. mehr als der andere besitzen. Ist nun das Vermögen des B das Einfache, so hat A mit Erbschaft das Zweifache, also das Einfache mehr als B; zugleich hat jener 950 Thlr. mehr als dieser; daher ist das Einfache = 950 Thlr., welches das Vermögen des B ist. A hat mit der Erbschaft das Zweifache, also $2 . 950 = 1900$ Thlr., und ohne dieses Erbe nur 1400 Thlr.

322. Ein Gut ist um 15600 Thlr. mehr werth als ein anderes. Auf dem ersten Gute wird noch eine Brennerei eingerichtet, welche 3600 Thlr. kostet, nun wird das erste Gut 4mal so hoch geschätzt als das andere. Wie viel an Werth betrug jedes anfangs?

Das erste 22,000 Thlr., das andere 6400 Thlr.

323. Ein Kaufmann A besitzt 3000 Thlr. mehr als ein anderer B. Durch einen glücklichen Handel gewinnt B 12000 Thlr., und nun ist er doppelt so reich als A. Wie viel besaß jeder zu Anfange?

Aufl. Die 12000 Thlr., welche B in der Handlung gewinnt, machen ihn um 9000 Thlr. reicher als A, und da B das Doppelte des Besitzes von A hat, so hat er das Einfache mehr als dieser, zugleich 9000 Thlr.; demnach ist das Vermögen des A 9000 Thlr; B hat das Doppelte mit dem Gewinne, also 18000 Thlr., und ohne den Gewinn nur 6000 Thlr.

324. Ein Buch ist um 8 Thlr. 25 Sgr. theurer als ein anderes; dieses erscheint in einer neuen, verbesserten Auflage, wodurch sein Preis um 1 Thlr. 10 Sgr. gestiegen ist, und nun beträgt sein Preis $\frac{2}{5}$ von dem des ersten. Wie hoch war der Preis jedes Buches vor dem Erscheinen der verbesserten Auflage des andern?

Aufl. Da das zweite Buch durch die verbesserte Auflage um 1 Thlr. 10 Sgr. im Preise gestiegen ist, so ist das erste nur noch 7 Thlr. 15 Sgr. theurer als das andere; zugleich um $\frac{3}{5}$ seines Werthes im Preise mehr als dieses; daher betragen $\frac{3}{5}$ vom Preise des ersten Buches 7 Thlr. 15 Sgr.; also $\frac{1}{5}$ des Preises = 2 Thlr 15 Sgr.; daher sind $\frac{5}{5}$ desselben oder der Preis des ersten Buches $= 5 \times$ (2 Tlr. 15 Sgr.) = 12 Thlr. 15 Sgr. Der Preis des andern Buches beträgt 8 Thlr. 25 Sgr. weniger, also ist er nur 3 Thlr. 20 Sgr.

325. Man hat von einer Waare 870 Pfund mehr als von einer andern; von dieser werden 84 Pfund verkauft, und nun hat man von der ersten Waare $5\frac{1}{2}$mal so viel als von der andern. Wie viele Pfunde hatte man von jeder vor dem Verkaufe?

Aufl. Durch den Verkauf von 84 Pf. wird diese Waare um dieselbe Zahl Pfde. weniger als ihr erster Bestand, dieser ist wieder um 870 Pfd. weniger als der Vorrath der ersten Waare; folglich ist der Vorrath der ersten Waare um 870 + 84 oder um 954 Pfde. größer als der durch den Verkauf verminderte Vorrath der andern; und da nun die erste Waare $5\frac{1}{2}$mal so viel als der Rest der andern beträgt, so ist die erste um $4\frac{1}{2}$mal diesen Rest mehr als der genannte Rest; mithin ist $4\frac{1}{2}$mal der Rest = 954 Pfunden, daher dieser Rest $= \frac{954}{4\frac{1}{2}} = \frac{2 \,.\, 954}{9} = 2 \,.\, 106 =$ 212 Pfunde. Demnach ist der Vorrath der zweiten Waare ohne den Verkauf = 212 + 84 = 296 Pfunden. Da nun die erste Waare 870 Pfund mehr als diese hat, so umfaßt die erste Waare 296 + 870 = 1166 Pfunde.

326. In einem Speicher sind 4850 Scheffel Getreide mehr als in einem andern aufgemessen; aus dem ersten Speicher werden darauf 8960 Scheffel verkauft, und nun sind im andern Speicher $2\frac{1}{3}$mal so viele Scheffel als im ersten. Wie viele Scheffel waren anfangs in jedem Speicher?

Aufl. Der Verkauf vermindert die Masse des Getreides im ersten Speicher um 8960 Scheffel; die Masse des andern Speichers ist nur um 4850 Schfl. weniger als die ungeänderte Masse des ersten; daher sind nach dem Verkaufe im andern Speicher 4110 Scheffel mehr als im ersten, zugleich $1\frac{1}{3}$mal den Rest des ersten mehr als derselbe Rest; folglich sind $\frac{4}{3}$ dieses Restes = 4110 Scheffel; also ist dieser Rest = $\frac{4110}{\frac{4}{3}} = \frac{3 \,.\, 4110}{4} = 3082\frac{1}{2}$ Scheffel; mithin ist das unverminderte Quantum Getreide des ersten Speichers = $3082\frac{1}{2} + 4850 = 12042\frac{1}{2}$ Scheffel, und das des andern 4850 Scheffel weniger, also nur $7192\frac{1}{2}$ Scheffel.

327. Ein Landmanu hatte vom vorigen Jahre 130 Scheffel mehr vorräthig als ein anderer; der erste erntet in diesem Jahre 825 Scheffel, der andere 3958 Scheffel Getreide, und nun hatte dieser $3\frac{2}{5}$mal so viel als der erste. Wie viele Scheffel hatte jeder vom vorigen Jahre vorräthig?

Der erste hatte $426\frac{1}{4}$ und der andere $296\frac{1}{4}$ Scheffel.

328. Ein Holzhändler hat 75 Achtel Holz mehr als ein anderer; darauf verkauft der erste 125 Achtel, der andere 145 Achtel, und nun hat der erste noch $\frac{5}{17}$ des Vorrathes vom andern mehr als dieser. Wie viel hatte jeder vor dem Verkauf?

Aufl. Wenn nur der andere, der erste aber nicht verkauft hätte, so würde der erste 75 + 145 oder 220 Achtel Holz mehr als der andere haben; da nun der erste auch 125 Achtel verkauft, so behält er nur 95 Achtel mehr als der andere; zugleich hat er $\frac{5}{17}$ des Vorrathes vom andern mehr als dieser; daher sind $\frac{5}{17}$ des Vorrathes vom andern = 95 Achtel, also $\frac{1}{17}$ = 19 Achtel, daher ist der Rest des andern = 17 . 19 = 323 Achtel; folglich hatte er vor dem Verkaufe 323 + 145 oder 468 Achtel. Der erste hatte 75 Achtel mehr als der andere, folglich hatte er 543 Achtel Holz.

329. A hat 35 Thlr. mehr als B. Sie spielen unter einander, und B verliert an A 25 Thlr. Nun zählen sie ihre Baarschaften nach, und es findet sich, daß A 3mal so viel als B hat. Wie viel hatte jeder vor dem Spiele?

Aufl. Würde B nicht an A, sondern an irgend einen andern verloren haben, so hätte A 35 + 25 oder 60 Thlr. mehr als B; da nun A die 25 Thlr. Verlust des B erhält, so hat er jetzt 85 Thlr. mehr als B behält. A hat nun das Zweifache des Restes von B mehr als dieser, daher ist der zweifache Rest = 85 Thlr., also der einfache = $42\frac{1}{2}$ Thlr. Mithin hat B $42\frac{1}{2} + 25$ oder $67\frac{1}{2}$ Thlr., und A $67\frac{1}{2} + 35$ oder $102\frac{1}{2}$ Thlr. vor dem Spiele gehabt.

330. Der Spieler A hat 75 Thlr. mehr als der Spieler B; dieser verliert 90 Thlr., und nun hat A 20 Thlr. weniger als das 5fache vom Reste des B. Wie viel hatte jeder vor dem Spiele?

Aufl. Durch den Gewinn von 90 Thlr. kommt A in einen Besitz, der 255 Thlr. mehr als der Rest des B beträgt; nun hat A 20 Thlr. weniger als das 5fache des B, also hat er das 4fache des B weniger 20 Thlr. mehr als dieser. Daher ist das 4fache weniger 20 Thlr. = 255 Thlr.; also das 4fache = 275 Thlr.; mithin das Einfache = $68\frac{3}{4}$ Thlr. Dieses hat B behalten; folglich hatte er vor dem Spiele $68\frac{3}{4} + 90 = 158\frac{3}{4}$ Thlr. Da nun A 75 Thlr. mehr als jener hatte, so hatte dieser $158\frac{3}{4} + 75 = 233\frac{3}{4}$ Thlr.

331. Der Spieler A hat 95 Thlr. mehr als der Spieler B; dieser verliert 80 Thlr. an A, und nun hat A 5 Thlr. mehr als das 4fache dessen, was dem B übrig bleibt. Wie viel hatte jeder vor dem Spiele? A hatte $258\frac{1}{3}$ Thlr., B $163\frac{1}{3}$ Thlr. vor dem Spiele.

332. Das Vermögen des A ist um 12800 Pfund Sterling mehr als das des B; A verliert eine Wette von 20000 Pfd. Sterl. an B; und nun ist dieser $1\frac{1}{2}$mal so reich als jener. Wie reich war jeder vor der Wette?

Aufl. Würde A nicht an B, sondern an irgend einen andern die Wette verloren haben, so würde dann B doch 7200 Pf. Sterl. mehr als A besitzen; und da nun B die Wette von 20000 Pf Sterl. gewinnt, so hat er also 27200 Pf. Sterl. mehr als A, zugleich $\frac{1}{2}$mal das jetzige Vermögen des A mehr als dieser; daher ist $\frac{1}{2}$ des Vermögens von A = 27200, also noch der Rest seines ganzen Vermögens = 54400; mithin hatte er vor der Wette 74400 Pf. Sterl. und B 12800 weniger, also 61600 Pf. Sterl.

333. A besitzt ein Vermögen, welches 24500 Thlr. mehr als das des B beträgt. Darauf verliert A in einer Wette 800 Thlr. an B, und dennoch ist A um 500 Thlr. über das 3fache jetzige Vermögen des B reicher als dieser. Wie reich war jeder vor der Wette?

Aufl. Durch den Verlust des A an B, bleibt jener in dem Besitze eines Vermögens, welches nur 24500 weniger 1600 oder 22900 Thlr. mehr als das erhöhete Vermögen des B beträgt. Da A nun noch 500 Thlr. über das 3fache Vermögen des B reicher als dieser ist, so ist das 3fache vermehrte Vermögen des B = 22400 Thlr.; also das Einfache = $7366\frac{2}{3}$ Thlr., dieses ist das um 800 Thlr. vermehrte Vermögen des B, also war sein Vermögen ohne den Gewinn $6566\frac{2}{3}$ Thlr., und das des A vor dem Verluste $31066\frac{2}{3}$ Thlr.

334. Ein Kapitalist ist um 10600 Thlr. reicher als ein anderer; der erste verliert durch einen Concurs 8400 Thlr., der andere erbt 6300 Thlr., und nun ist dieser um 900 Thlr. über $\frac{1}{3}$ des jetzigen Besitzes des ersten reicher als dieser. Wie viel besaß jeder anfangs?
A hatte 18000 Thlr., B 7400 Thlr.

335. Zwei Personen besitzen zusammen 3430 Thlr. A giebt $\frac{1}{6}$ und B $\frac{1}{5}$ seines Vermögens aus, und behalten dennoch gleich viel übrig. Wie groß war das Vermögen jeder Person?

Aufl. $\frac{5}{6}$ des Vermögens von A betragen so viel als $\frac{4}{5}$ des von B, also $\frac{1}{6}$ des A = $\frac{4}{25}$ des B, daher das Vermögen des A = $\frac{24}{25}$ des B. A hat also das 24fache, B das 25fache einer gewissen Summe, beide haben also zusammen das 49fache = 3430, also das Einfache = $\frac{3430}{49}$ = 70 Thlr. Demnach hat A 24 . 70 = 1680 Thlr., und B 25 . 70 = 1750 Thlr.

336. Zwei Personen besitzen zusammen ein Vermögen von 5680 Thlr. A hat $\frac{1}{8}$ und B $\frac{1}{10}$ seines Vermögens ausgegeben, und dennoch haben jetzt beide gleich viel? Wie viel hatte jeder vor der Ausgabe?
A 2880, B 2800 Thlr.

337. Man hat von einer Waare 5mal so viele Pfunde als von einer andern vorräthig. Von der ersten verkauft man 85 Pfunde; und

nun hat man von dieser nur das 3fache der andern. Wie viele Pfunde hatte man von jeder Waare vorräthig?

Von der ersten $212\frac{1}{2}$, von der andern $42\frac{1}{2}$ Pfunde.

338. In einem Beutel ist 6mal so vieles Geld als in einem andern enthalten; aus diesem nimmt man 50 Thlr. heraus, und nun ist in jenem das 9fache von dem, was im andern noch übrig bleibt. Wie viel war in jedem Beutel?

Aufl. 1. Der erste Beutel enthält das 6fache des Restes vom zweiten und 300 Thlr., zugleich enthält er den 9fachen Rest, daher ist der 3fache Rest = 300, also der Rest des zweiten = 100 Thlr., folglich enthielt der zweite Beutel im Anfange 150 Thlr., und der erste das 6fache des zweiten oder 900 Thlr.

Aufl. 2. Der unverminderte zweite Beutel enthält $\frac{1}{7}$ der Summe beider; werden nun aus dem zweiten Beutel 50 Thlr. heraus genommen, so hat er nur $\frac{1}{10}$ der Summe beider; diese Summe ist aber um 50 kleiner als die erste, also hat der zweite verminderte Beutel $\frac{1}{10}$ der ersten Summe weniger 5 Thlr.; daher hat der zweite Beutel $\frac{1}{10}$ der ersten Summe und 45 Thlr.. Folglich ist $\frac{1}{10}$ der ersten Summe und 45 Thlr. = $\frac{1}{7}$ derselben. Demnach sind $\frac{3}{70}$ der ersten Summe = 45 Thlr.; also $\frac{1}{70}$ = 15, daher die erste Summe = 70 . 15 = 1050 Thlr. Davon enthält der zweite Beutel $\frac{1}{7}$, also 150 und der erste 900 Thlr.

Den letzten Schluß kann man auch so machen:

$\frac{1}{7}$ der ersten Summe ist um 50 Thlr. mehr als $\frac{1}{10}$ der andern, daher ist die ganze erste Summe um 350 Thlr. mehr als $\frac{7}{10}$ der andern. Die zweite Summe ist aber um 50 Thlr. kleiner als die erste, daher sind $\frac{7}{10}$ der zweiten Summe $\frac{7}{10}$ der ersten weniger 35 Thlr. Demnach ist die erste Summe um 350 Thlr. mehr als $\frac{7}{10}$ derselben, welche um 35 Thlr. vermindert sind; daher ist die erste Summe nur um 315 Thlr. mehr als $\frac{7}{10}$ derselben; folglich sind $\frac{3}{10}$ derselben = 315, also $\frac{1}{10}$ = 105, daher ist die erste Summe = 1050 Thlr. ꝛc.

339. In einer Stadt sind 6mal so viele Einwohner als in einer andern; die letzte Stadt wird durch eine Pest um 842 Menschen beraubt, und nun sind in der ersten Stadt 8mal so viele Menschen als in der andern. Wie viele Einwohner waren vor der Pest in jeder Stadt? In der ersten Stadt 20208, in der andern 3368 Einw.

340. Der Scheffel Weizen ist um 2 Sgr. weniger als $1\frac{1}{2}$mal so theuer als ein Scheffel Roggen. Des Mißwachses wegen steigt der Scheffel Weizen im Preise um 10 Sgr., während der des Roggens derselbe bleibt, und nun ist der Weizen um 24 Sgr. theurer als Roggen. Wie viel kostete ein Scheffel von jeder Getreideart früher?

Aufl. Vor dem Mißwachse war ein Scheffel Weizen nur um 14 Sgr. theurer als eben so viel Roggen; zugleich um $\frac{1}{2}$ des Preises vom Roggen weniger 2 Sgr. mehr als der Preis eines Scheffels Roggen; daher ist $\frac{1}{2}$ des Preises vom Roggen = 16 Sgr. Mithin ist der Preis vom Roggen 32 Sgr. und der vom Weizen 46 Sgr.

341. Der Scheffel Weizen ist in diesem Jahre um 24 Sgr. billiger als im vorigen; in dem letztgenannten Jahre war er um 22 Sgr. weniger als doppelt so theuer als in diesem Jahre. Welches ist

der Preis in beiden Jahren? Im vorigen Jahre 70 Sgr., in diesem 46 Sgr.

342. Eine Last Weizen von 56$\frac{1}{2}$ Scheffel war im vorigen Jahre um 58 Thlr. 10 Sgr. theurer als eine eben solche Last Roggen. In diesem Jahre ist eine Last Weizen um 46 Thlr. 11 Sgr. 7 Pfennige, und eine Last Roggen um 14 Thlr. 13 Sgr. 7 Pf. billiger als im vorigen. Im vorigen Jahre war der Weizen 1$\frac{7}{9}$mal so theuer als Roggen. Wie theuer ist in jedem dieser beiden Jahre Weizen und Roggen gewesen?

Aufl. Der Weizen ist im vorigen Jahre um $\frac{7}{9}$ des Preises vom Roggen theurer als der des Roggens, zugleich um 58 Thlr. 10 Sgr.; also betragen $\frac{7}{9}$ des Preises vom Roggen 58 Thlr. 10 Sgr.; daher kostete eine Last Roggen 75 Thlr., folglich eine Last Weizen 133 Thlr. 10 Sgr. Mithin kostet eine Last Weizen in diesem Jahre 133 Thlr. 10 Sgr. weniger 46 Thlr. 11 Sgr. 7 Pf. oder 86 Thlr. 29 Sgr. 5 Pf., und eine Last Roggen 75 Thlr. weniger 14 Thlr. 13 Sgr. 7 Pf. oder 60 Thlr. 16 Sgr. 5 Pf.

343. Die ersten Bedingungen seien die der vorigen Aufgabe, nur die letzte Angabe sei folgende: der Weizen ist in diesem Jahre 1$\frac{84}{193}$mal so theuer als Roggen.

Aufl. Würde nur die Last Weizen billiger in diesem Jahre als im vorigen, der Preis des Roggens aber derselbe geblieben sein; so würde jetzt der Weizen um 58 Thlr. 10 Sgr. weniger 46 Thlr. 11 Sgr. 7 Pf. oder um 11 Thlr. 28 Sgr. 5 Pf. theurer als Roggen sein. Nun hat aber auch der Preis des Roggens um 14 Thlr. 13 Sgr. 7 Pf. abgenommen; daher ist der Weizen in diesem Jahre um 11 Thlr. 28 Sgr. 5 Pf. + 14 Thlr. 13 Sgr. 7 Pf. oder um 26 Thlr. 12 Sgr. theurer als Roggen, zugleich um $\frac{84}{193}$ des Preises vom Roggen; daher sind $\frac{84}{193}$ desselben = 26 Thlr. 12 Sgr. = 792 Sgr.; mithin ist der diesjährige Preis des Roggens = $\frac{193}{84} \times 792$ Sgr. = 60 Thlr. 19 Sgr. 8$\frac{4}{7}$ Pf.; also der diesjährige Preis des Weizens = 87 Thlr. 1 Sgr. 8$\frac{4}{7}$ Pf. Der vorjährige Preis des Weizens 133 Thlr. 13 Sgr. 3$\frac{4}{7}$ Pf., und der des Roggens 75 Thlr. 3 Sgr. 3$\frac{4}{7}$ Pf.

344. Ein Scheffel Kartoffeln ist in diesem Jahre um 15 Sgr. theurer als im vorigen, und daher 1$\frac{2}{3}$mal so hoch im Preise als das Obst; würde der Preis eines Scheffels Kartoffeln noch um 5 Sgr. steigen, so würden die Kartoffeln doppelt so theuer als Obst sein. Wie viel betrug der Preis eines Scheffels Kartoffeln in diesem und dem vorigen Jahre, und wie viel das Obst?

Ein Scheffel Kartoffeln im vorigen Jahre 10 Sgr., in diesem 25 Sgr., das Obst 15 Sgr.

345. Die Tonne Bier ist um 1$\frac{2}{3}$ Sgr. theurer als 1$\frac{1}{6}$ Tonne Bieressig; darauf steigt der Preis einer Tonne Bier um 13$\frac{1}{3}$ Sgr., und nun ist Bier 1$\frac{1}{3}$mal so theuer als Bieressig. Wie theuer ist eine Tonne Bier und Bieressig?

Aufl. Die Tonne Bier ist im ersten Falle um $\frac{1}{6}$ des Preises der Tonne Bieressig und 1$\frac{2}{3}$ Sgr. theurer als eine Tonne Bieressig; daher ist eine Tonne Bier im andern Falle um $\frac{1}{6}$ des Preises der Tonne Bieressig und 15 Sgr theurer als eine Tonne Bieressig; auch ist nun der Preis einer Tonne Bier um $\frac{1}{3}$ des Preises einer Tonne Bieressig mehr als dieser Preis; daher ist $\frac{1}{6}$ des Preises von Bieressig und 15 Sgr. = $\frac{1}{3}$ desselben Preises; also $\frac{1}{6}$ dieses Preises = 15 Sgr.; demnach kostet eine Tonne Bieressig 3 Thlr., jetzt eine Tonne Bier 4 Thlr. und früher 3 Thlr. 16$\frac{2}{3}$ Sgr.

346. Ende Sommers war Rindfleisch billiger als Kalbfleisch; darauf wurde ein Pfund Rindfleisch 5 Pfennige theurer, während Kalbfleisch in demselben Preise blieb, und das Rindfleisch war damals 1$\frac{1}{8}$mal so theuer als Kalbfleisch. Das Rindfleisch ist in demselben Preise seit der Zeit geblieben, das Pfund Kalbfleisch ist nun aber um 4 Pf. billiger, und daher das Rindfleisch um 1$\frac{2}{7}$mal so theuer als Kalbfleisch. Wie theuer war jedes Fleisch Ende Sommers?

Aufl. 1$\frac{1}{8}$mal den ersten Preis von Kalbfleisch ist gleich 1$\frac{2}{7}$ vom andern Preise desselben Fleisches, also $\frac{1}{8}$ des ersten = $\frac{1}{7}$ des andern Preises; folglich ist der erste Preis um $\frac{1}{7}$ des andern mehr als dieser, und zwar um 4 Pf. Daher war der erste Preis des Kalbfleisches für ein Pfund 32 Pf. oder 2 Sgr. 8 Pf., und der billigere 28 Pf. oder 2 Sgr. 4 Pf.

Da nun der um 5 Pf. erhöhte Preis des Rindfleisches 1$\frac{1}{8}$mal so viel als der erste Preis des Kalbfleisches betrug, so war derselbe 36 Pf., folglich der Ende Sommers 31 Pf. oder 2 Sgr. 7 Pf.

247. Ein Fleischermeister kauft 20 Ochsen und 35 Schafe für 740 Thlr., ein anderer kauft zu denselben Preisen 25 Ochsen und 30 Schafe für 870 Thlr. Wie hoch wurde ein Ochse und ein Schaf bezahlt?

Aufl. 1. Kauft der erste Fleischer 5mal so vieles Vieh, also 100 Ochsen und 175 Schafe, so muß er auch 5mal so viel zahlen, also 3700 Thlr., und wenn der andere 4mal so vieles Vieh kauft, nämlich 100 Ochsen und 120 Schafe, so hat er auch 4mal so viel zu bezahlen, also 3480 Thlr.

Nach dieser Annahme haben beide Fleischer gleich viele Ochsen, der erste aber 55 Schaafe mehr als der andere gekauft, dafür zahlt auch der erste 220 Thlr. mehr als der andere; daher kosten 55 Schafe 220 Thlr., folglich 1 Schaf $\frac{220}{55}$ = 4 Thlr.

Die 35 Schafe des ersten kosten also 140 Thlr., folglich kosten die 20 Ochsen 740 — 140 = 600 Thlr., mithin kostet ein Ochse 30 Thlr.

Aufl. 2. Nimmt man von der ersten Angabe das 87fache, so erhält man: 1740 Ochsen und 3045 Schafe kosten 64380 Thlr., und nimmt man von der zweiten Angabe das 47fache, so ergiebt sich, daß 1850 Ochsen und 2220 Schafe gleichfalls 64380 Thlr kosten. Da nun der zweite 110 Ochsen mehr, der erste aber 825 Schafe mehr als der andere hat, so muß der Preis von 110 Ochsen = dem Preise von 825 Schafen, oder der Preis von 2 Ochsen gleich dem Preise von 15 Schafen sein. Nennt man den Preis eines Schafes das 2fache einer gewissen Summe Geldes, so ist der Preis eines Ochsen das 15fache derselben Summe. 20 Ochsen haben also den Preis vom 300fachen und 35 Schafe den Werth vom 70fachen; daher ist das 300fache + dem 70fachen oder das 370fache = 740 Thlr. Daher ist das Einfache =

2 Thlr. Mithin kostet ein Ochse 15 . 2 oder 30, und ein Schaf 2 . 2 oder 4 Thlr.

Anmerk. Später wird noch eine andere Aufl. zu dieser Art Aufg. gegeben werden.

In diesem Falle verdient die erste Aufl. den Vorzug, in andern Fallen kann die zweite Aufl. anwendbarer sein.

348. Jemand kauft Kaffee und Thee für 7 Thlr. 15 Sgr., und zahlt für 1 Pfund Kaffee 10 Sgr., für 1 Pfund Thee 2 Thlr. 10 Sgr. Zu denselben Preisen kauft ein anderer dieselben Waaren für 9 Thlr. 20 Sgr. Dieser hat 3 Pfund Kaffee mehr als der erste, und 13 Pfd. Kaffee mehr als Thee gekauft. Wie viele Pfunde von jeder Waare hat jeder gekauft?

Aufl. Der zweite hat 13 Pfund Kaffee mehr als Thee gekauft, da ein Pfund Kaffee 10 Sgr. kostet, so kosten die 13 Pfunde Kaffee 4 Thlr. 10 Sgr. Nimmt man den Preis für 13 Pfunde Kaffee von dem Preise für Kaffee und Thee, welchen der Zweite zahlt, hinweg, so behält man den Preis für gleich viele Pfunde Kaffee und Thee = 5 Thlr. 10 Sgr. übrig. Da nun 1 Pfund Kaffee 10 und 1 Pfund Thee 70 Sgr. kostet, so wird 1 Pfund Kaffee und 1 Pfund Thee zusammen 80 Sgr. kosten. So oft nun 80 Sgr. in 5 Thlr. 10 Sgr. oder in 160 Sgr. enthalten sind, so viele Pfunde Kaffee und eben so viele Pfunde Thee hat der Zweite außer den 13 Pfunden Kaffee genommen. 80 Sgr. sind in 160 Sgr. 2mal enthalten; also hat der Zweite 2 Pfund Thee und 15 Pfund Kaffee gekauft. Da der Erste 3 Pfund Kaffee weniger als der Zweite genommen hat, so hat er nur 12 Pfund Kaffee gekauft, welche 4 Thlr. kosten, nimmt man diese von der ganzen Summe 7 Thlr. 15 Sgr. hinweg, so behält man 3 Thlr. 15 Sgr., welches der Kaufpreis des Thee's vom Ersten ist. Weil nun ein Pfund Thee 2 Thlr. 10 Sgr. kostet so hat der Erste

$$\frac{3 \text{ Thlr.} + 15 \text{ Sgr.}}{2 \text{ Thlr.} + 10 \text{ Sgr.}} = \frac{105}{70} \text{ Sgr.} = 1\tfrac{1}{2} \text{ Pfund Thee gekauft.}$$

349. Ein Kaufmann hat 984 Scheffel graue und 540 Scheffel weiße Erbsen für 2490 Thlr. 22 Sgr. gekauft. Ein anderer kauft zu denselben Preisen 1080 Scheffel graue und 2430 Scheffel weiße Erbsen für 5479 Thlr. 15 Sgr. Wie theuer war ein Scheffel graue und weiße Erbsen?

Diese Aufg. wird wie Aufg. 347. aufgelöst.

Ein Scheffel graue Erbsen kostet 1 Thlr. 21 Sgr. 4 Pf., und ein Scheffel weiße Erbsen 1 Thlr. 14 Sgr. 10 Pf.

350. Ein Weinhändler läßt sich 12 Oxhoft Wein aus Porto, und 15 Oxhoft aus Bordeaux kommen. Für ein Canhado mußte er in Porto 1 Crusado, und für ein Litre in Bordeaux 1 Frank zahlen. Er berechnet, daß ihm der Wein dort zur Stelle, ohne Nutzen oder Schaden, 2233 Thlr. 29,507 Sgr. kostet. Ein anderer läßt sich zu denselben Preisen 18 Oxhoft aus Porto, und 20 Oxthoft aus Bordeaux kommen. Der Wein kostet ihm dort zur Stelle, ohne Nutzen oder Schaden, 3213 Thlr. 26,202 Sgr. Die Crusado's und Franken sind nach dem Silberpari (d. h. nach dem reinen Silber, welches in jeder Münze enthalten ist) gerechnet. Ferner weiß man, daß 100 Can-

hado's 121,265 Berl. Quart, 1 Litre = 55,9 Preuß. Kubikzoll, 1 Quart = 64 Preuß. Kubikzoll, und ein Oxhoft = 180 Quart ist. Wie groß ist der Werth eines Crusado's und eines Franken, und wie theuer ist 1 Quart von jedem Wein?

Aufl. Von der ersten Angabe des Weines nehme man das 3fache, so wird man erhalten:

36 Oxhoft aus Porto und 45 Oxhoft aus Bordeaux = 6701 Thlr. 28,521 Sgr.

Von der zweiten Angabe nehme man das Zweifache, so wird man erhalten: 36 Oxhoft aus Porto und 40 Oxhoft aus Bordeaux kosten 6427 Thlr. 22,404 Sgr.

Nun ist die 3fache erste Angabe um 5 Oxhoft aus Bordeaux mehr als die 2fache zweite, zugleich kostet die 3fache erste Angabe 274 Thlr. 6,117 Sgr. mehr als die 2fache zweite; daher kosten 5 Oxhoft aus Bordeaux 274 Thlr. 6,117 Sgr. Folglich kosten 15 Oxhoft aus Bordeaux 822 Thlr. 18,351 Sgr. Nimmt man diese Summe von der ersten Angabe hinweg, so erhält man den Preis von 12 Oxhoft in Porto = 1411 Thlr. 11,156 Sgr.

Hieraus ergiebt sich nun, daß 1 Oxhoft in Porto 117 Thlr. 18,43 Sgr., und 1 Oxhoft in Bordeaux 54 Thlr. 25,223 Sgr. gekostet hat.

Da 1 Quart = $\frac{1}{180}$ Oxhoft ist, so kostet 1 Quart des Portoweines 19,602 Sgr., und 1 Quart Bordeaux-Wein 9,14 Sgr.

So oft nun 121,265 Quart in 1 Oxhoft oder 180 Quart enthalten sind, so vielmal 100 Canhado's wird 1 Oxhoften; nun ist $\frac{180}{121,265}$ = 1,48435; also hält 1 Oxhoft 148,435 Canhado's.

Da nun 1 Canhado 1 Crusado kostet, und 1 Oxhoft in Porto mit 117 Thlr. 18,43 Sgr. bezahlt wird, so sind 148,435 Crusado's = 117 Thlr 18,43 Sgr., also 1 Crusado = 23,771 Sgr.

1 Quart = 64 Kubikzoll, also 180 Quart oder 1 Oxhoft = 11520 Kubikzoll. Da nun 55,9 Kubikzoll = 1 Litre, so wird 1 Oxhoft so viele Litre fassen, wie oft 55,9 Kubikzoll in 11520 Kubikzoll enthalten sind, also $\frac{11520}{55,9}$ = 206,0823. Da ferner 1 Litre 1 Frank kostet, und 1 Oxhoft in Bordeaux 54 Thlr. 25,223 Sgr. gilt, so sind 206,0823 Franks = 54 Thlr. 25,223 Sgr., daher 1 Frank = 7,088 Sgr.

351. Jemand wechselt 570 Rubel gegen Friedrichsd'or und erhält 107 Friedrichsd'or und 3 Thlr. 28$\frac{1}{13}$ Sgr. Ein Anderer wechselt 950 Rubel gegen Friedrichsd'or zu denselben Kursen und empfängt 179 Friedrichsd'or und 2 Thlr. 23$\frac{4}{13}$ Sgr. Wie hoch standen die Rubel und Frd'or. im Kurse?

Aufl. Das 5fache der ersten Angabe ist:

2850 Rubel = 535 Frd'or. + 19 Thlr. 21$\frac{12}{13}$ Sgr.

Das 3fache der zweiten Angabe giebt:

2850 Rubel = 537 Frd'or. + 8 Thlr. 9$\frac{12}{13}$ Sgr.

Da im 5fachen und 3fachen gleich viele Rubel vorkommen, so

müssen die Summen, welche den gleichen Summen Rubel gleichen, unter einander gleich sein. Das 3fache hat 2 Frd'or. mehr als das 5fache, dafür hat dieses aber 11 Thlr. 12 Sgr. mehr als das 3fache; was an Gold fehlt, muß Silber ersetzen; daher sind 2 Frd'or. = 11 Thlr. 12 Sgr., also 1 Frd'or. = 5 Thlr. 21 Sgr.

Daher sind 107 Frd'or. = 207 + (5 Thlr. 21 Sgr.) = 609 Thlr. 27 Sgr. Nimmt man noch die 3 Thlr. 28$\frac{5}{13}$ Sgr. dazu, so erhält man 613 Thlr. 25$\frac{5}{13}$ Sgr., welche Summe der Werth von 570 Rubeln ist; demnach ist 1 Rubel = 1 Thlr. 2$\frac{4}{13}$ Sgr.

352. 200 Silberrubel werden gegen Friedrichsd'or gewechselt, und man erhält 37 Frd'or. und 3 Thlr. 20 Sgr.

Nach einiger Zeit, da die Rubel 1 Sgr. und auch die Frd'or. 1 Sgr. im Kurse höher als früher stehen, wechselt Jemand 300 Rubel und empfängt 57 Frd'or. und 5 Thlr. 3 Sgr. Welches war der erste Kurs für Rubel und Frd'or.?

Aufl. Diese Aufg. wird eben so, wie die vorhergehende gelöst, nur muß man Rubel und Frd'or. der einen Angabe auf den Kurs der andern reduciren.

Hätte man die 200 Rubel nach dem zweiten Kurse gewechselt, so würde man 200 Sgr. mehr als nach dem ersten Kurse erhalten haben. Nach dem zweiten Kurse stehen aber auch die Frd'or. 1 Sgr. höher; folglich gehen für die 37 Frd'or. 37 Sgr. von 200 Sgr. ab, und man würde daher nach dem zweiten Kurse nur 163 Sgr. oder 5 Thlr. 13 Sgr. mehr als nach dem ersten Kurse empfangen haben. Demnach sind, nach dem zweiten Kurse:

200 Rubel = 37 Frd'or. und 9 Thlr. 3 Sgr.
300 Rubel = 57 Frd'or. und 5 Thlr. 3 Sgr.

Von der ersten Angabe das 3fache, und von der zweiten das 2fache genommen giebt:

600 Rubel = 111 Frd'or. und 27 Thlr. 9 Sgr.
600 Rubel = 114 Frd'or. und 10 Thlr. 6 Sgr.

Daher sind 3 Frd'or. = 17 Thlr. 3 Sgr., also 1 Frd'or. nach dem zweiten Kurse 5 Thlr. 21 Sgr.; daher nach dem ersten Kurse 5 Thlr. 20 Sgr.

Den Rubel wird man nach dem ersten Kurse gleich 1 Thlr. 2 Sgr. finden.

353. 400 Franz. Kronenthaler werden gegen Dukaten gewechselt, und man erhält 191 Dukaten und 2 Thlr. 13 Sgr. Später werden 500 Franz. Kronenthaler, da diese $\frac{1}{2}$ Sgr. niedriger, und die Dukaten 1 Sgr. höher im Kurse stehen, gewechselt, und man empfängt für sie 234 Dukaten und 2 Thlr. 8 Sgr. Welches war der erste Kurs.

Aufl. Man hat hier, wie vorher, zuerst die eine Angabe auf den Kurs der andern zurück zu führen, dann ist die Berechnung sehr einfach.

Würden die Dukaten bei der zweiten Wechselung noch im ersten Kurse gestanden haben, so hätte der Wechseler noch 234 Sgr. mehr zahlen müssen, als nach dem zweiten; aber auch jeder Kronenthaler würde nach dem ersten Kurse $\frac{1}{2}$ Sgr. mehr als nach dem zweiten betragen haben; daher hätte man über die 234 Sgr. noch 250, also

484 Sgr. oder 16 Thlr. 4 Sgr. mehr als nach dem zweiten Kurse empfangen. Demnach hat man nach dem ersten Kurse:

400 Franz. Kronenthlr. = 191 Duk. und 2 Thlr. 13 Sgr.
500 Franz. Kronenthlr. = 234 Duk. und 18 Thlr. 12 Sgr.

Von der ersten Angabe das 5fache, von der zweiten das 4fache genommen giebt:

2000 Frz. Kronenthlr. = 955 Duk. und 12 Thlr. 5 Sgr.
2000 Frz. Kronenthlr. = 936 Duk. und 73 Thlr. 18 Sgr.
Also 19 Dukaten = 61 Thlr. 13 Sgr.
Daher 1 Dukaten = 3 Thlr. 7 Sgr.

Für 1 Franz. Kronenthaler wird man finden 1 Thlr. 16½ Sgr.

354. Jemand wechselt 560 Rubel gegen Dukaten, und erhält 182 Dukaten und 2 Thlr. 24 Sgr. Ein Anderer wechselt zu denselben Kursen 840 Rubel und bekommt 274 Dukaten und 28 Sgr. Wie hoch standen Rubel und Dukaten im Kurse?

Rubel 32, Dukaten 98 Sgr.

355. Man bekommt für einen Wechsel von 950 Pfund Sterling 1133 Friedrichsd'or und 1 Thlr. 27 Sgr. Für einen andern Wechsel von 1140 Pfund Sterling erhält man zu denselben Kursen 1360 Friedrichsd'or. In welchem Kurse standen Frd'or. und 1 Pf. Sterl.?

1 Frd'or. = 171 Sgr., 1 Pf. Sterl. = 204 Sgr.

356. Für einen Wechsel von 10500 Franks empfängt man 868 Dukaten und 3 Thlr. 3⅓ Sgr. und für einen Wechsel von 12600 Fr. bekommt man nach denselben Kursen 1042 Dukaten und 2 Thlr. 13⅓ Sgr. Welches waren die Kurse dieser Münzen?

15 Franks = 4 Thlr., 1 Dukaten = 96⅔ Sgr.

857. Für einen Amsterdamer Wechsel von 5800 Fl. Holl. Cour. empfängt man 2221 Albertsthaler und 12 Sgr. Nach denselben Kursen zahlt man für einen Amsterdamer Wechsel von 10800 Fl. Holl. Cour. 4153 Albertsthaler und 4 Sgr. Welches waren die Kurse dieser Münzen? 1 Fl. Holl. Cour. = 16,12 Sgr., 1 Albertsthaler = 44 Sgr.

358. Man erhält für einen Leipziger Wechsel von 8450 Sächs. Thlr. 1530 Augustd'or und 1 Thlr. 24⅜ Sgr. Für einen andern Leipziger Wechsel von 6940 Sächs. Thlr. bekommt man 1256 Augustd'or und 4 Thlr. 20¼ Sgr. Welches waren die Kurse dieser Münzen?

100 Thlr. Sächs. = 102⅝ Thlr. Pr., 1 Augustd'or = 170 Sgr.

359. Ein Reisender erzählt, daß er durch Deutschland, England und Frankreich gereist sei, und in diesen 3 Ländern 23734 Thlr. ausgegeben habe; nämlich 1850 Thlr. in Deutschland, 2244 Pfund Sterling in England, und 25966½ Franks in Frankreich. Als man ihn nach dem Werthe der fremden Münzen fragt, antwortet er: 340 Pf. Sterling betragen 240 Thlr. mehr als 7419 Franks.

Aufl. Weil 340 Pf. Sterl. 240 Thlr. mehr als 7419 Franks sind, so ist 1 Pf. Sterl. $\frac{12}{17}$ Thlr. mehr als $\frac{7419}{340}$ Franks, daher sind 2244 Pf. Sterl. $\frac{2244 \,.\, 12}{17}$ Thlr. mehr als $\frac{2244 \,.\, 7419}{340}$ Frks., oder

2244 Pf. Sterl. betragen 1584 Thlr. mehr als $\frac{33 . 7419}{5}$ Franks.

Demnach sind 2244 Pf. Sterl. = $\frac{33 . 7419}{5}$ Frs. und 1584 Thlr.

Daher hat der Reisende in England und Frankreich zusammen $\frac{33 . 7419}{5}$ Franks und 1584 Thlr. und 25966½ Franks verbraucht.

Da er auf der ganzen Reise 23734 Thlr. und in Deutschland 1850 Thlr ausgiebt, so hat er in den beiden andern Ländern zusammen 21884 Thlr. ausgegeben. Folglich sind $\frac{33 . 7419}{5}$ Franks + 1584 Thlr. + 25966½ Franks = 21884 Thlr., also $\frac{33 . 7419}{5}$ Frs. + 25966½ Franks = 20300 Thlr.

Daher sind 749319 Franks = 203000 Thlr., also 1 Frank = 8,127 Sgr.

Daraus ergiebt sich 1 Pf. Sterling = 6,617 Thlr. = 6 Thlr. 18,51 Sgr.

360. Ein Silberarbeiter schmelzt 3 Mark Silber von einem gewissen Feingehalte und 7 Mark Silber von einem andern Feingehalte zusammen und erhält 11½löthiges Silber. Darauf schmelzt er 4 Mark vom ersten und 8 Mark vom zweiten Silber zusammen und bekommt 11⅔löthiges Silber. Von welchem Feingehalte war das Silber, welches er zusammen schmelzte?

Aufl. Das 4fache der ersten Angabe giebt:

12 Mark Silber der ersten Art und 28 Mark der zweiten = 4 . 10 . 11½ Loth fein Silber.

Das 3fache der zweiten Angabe ist:

12 Mark Silber der ersten und 24 Mark der zweiten Art = 3 . 12 . 11⅔ Loth f. Silber.

Das 4fache ist um 4 Mark Silber der zweiten Art mehr als das 3fache; folglich müssen 4 . 10 . 11½ Loth fein Silber um das Silber, welches in den 4 Mark der zweiten Art enthalten ist, mehr als 3 . 12 . 11⅔ Loth f. Silb. sein. Daher sind 4 M. Silber der zweiten Art = 4 . 10 . 11½ Loth f. Silber weniger 3 . 12 . 11⅔ Loth f. Silber, also 1 Mark dieses Silbers = 10 . 11½ Loth f. Silber weniger 3 . 3 . 11⅔ Loth fein Silber = 10 Loth fein Silber. Daher ist das Silber der zweiten Art 10löthig, oder der Feingehalt desselben ist $\frac{10}{16} = \frac{5}{8}$.

Die erste Zusammenschmelzung giebt 10 Mark 10½löthiges Silber oder 116 Loth f. Silber; nimmt man davon die 7 Mark 10löthiges Silber oder 70 Loth fein Silber hinweg, so erhält man das feine Silber für die 3 Mark des ersten Silbers = 45 Loth fein Silber, also ist das Silber der ersten Art 15löthig, oder der Feingehalt desselben ist $\frac{15}{16}$.

361 Ein Goldarbeiter schmelzt 2⅓ Mark Gold von einem gewissen und 2⅓ Mark von einem andern Feingehalte und erhält dadurch $20\frac{2}{29}$karatiges Gold. Zu einer andern Zeit schmelzt er ⅔ Mark der

ersten und $\frac{3}{4}$ Mark der zweiten Art Gold zusammen und erhält durch diese Zusammenschmelzung $19\frac{15}{17}$karatiges Gold. Von welchem Feingehalte war das zusammen geschmelzte Gold?

Das erste war 22karatig, oder der Feingehalt desselben $\frac{11}{12}$, und das andere 18karatig, also der Feingehalt $\frac{3}{4}$.

362. Man schmelzt 7 Mark Silber von einem und 9 Mark von einem andern Feingehalte zusammen, und erhält ein Silber, dessen Feingehalt gleich $\frac{85}{128}$ ist. Darauf schmelzt man 4 Mark vom ersten und 12 Mark vom zweiten Silber zusammen, dieses giebt ein Silber, dessen Feingehalt $\frac{19}{32}$ ist. Von welchem Feingehalte war jedes Silber?

Diese Aufgabe wird wie die beiden vorhergehenden aufgelöst, indem man den Feingehalt durch Loth ausdrückt. (S. Aufg. 284.) Denn Silber, dessen Feingehalt $\frac{85}{128}$, ist $= \frac{85}{128} . 16 = \frac{85}{8} = 10\frac{5}{8}$löthig ꝛc.

Das erste Silber ist 14, das andere 8löthig.

363. A sagt zu B: gieb mir 200 Thlr., so habe ich so viel als du. Darauf sagt B zu A: gieb du mir 200 Thlr. so habe ich 3mal so viel als du. Wie viel hatte jeder?

Aufl. Wenn B nicht dem A, sondern irgend einem Andern die 200 Thlr. geben würde, so würden dem A noch 200 Thlr. fehlen, bis er so viel als B hätte; daher hat B 400 Thlr. mehr als A; empfängt nun B noch 200 Thlr., so hat er aus denselben Gründen 800 Thlr. mehr als A behält; zugleich hat B das Zweifache dessen mehr als A, was diesem übrig bleibt; daher ist der zweifache Rest des A = 800 Thlr. Demnach hat A 600 Thlr. und B 1000 Thlr. gehabt.

364. Wenn A dem B 600 Thlr. giebt, so haben beide gleich viel; giebt aber B dem A 400 Thlr., so hat A 5mal so viel als dem B übrig bleibt. Wie viel hat hat jeder?

A hat 2100 Thlr., B 900 Thlr.

365. Giebt A dem B 300 Thlr., so hat A noch 200 Thlr. mehr als B; theilt aber dieser an A 300 Thlr. mit, so hat A $3\frac{1}{2}$mal so viel als B. Wie viel hat jeder?

Aufl. Würde A nach Mittheilung an B so viel als dieser haben, so hätte A 600 Thlr. mehr als jener; da er aber nach der Austheilung noch 200 Thlr. mehr als B behält, so hat A 800 Thlr. mehr als B.

Wenn nun B an A 300 Thlr. ertheilt, so hat A 1400 Thlr., und zugleich $2\frac{1}{2}$mal mehr als B; daher ist $2\frac{1}{2}$ des Restes von B = 1400 Thlr.; also hat B 560 Thlr. behalten, und 860 Thlr. gehabt. Demnach war der Besitz des A 860 + 800 oder 1660 Thlr.

366. Empfängt B von A 700 Thlr., so behält A noch 600 Thlr. mehr als B dann hat. Giebt aber B dem A 500 Thlr., so hat A 7mal so viel als B. Wie viel hat jeder?

A hat 3000 Thlr., B 1000 Thlr.

367. Giebt A dem B 500 Thlr., so hat B 400 Thlr mehr als A. Wenn aber A von B 300 Thlr. empfängt, so hat A 4mal so viel als B. Wie viel hat jeder?

Aufl. Hätte A nach der Mittheilung an B so viel als dieser, so würde er 1000 Thlr. mehr als B haben; da aber B nach dieser

Austheilung 100 Thlr. mehr als A hat, so kann A nur 900 Thlr. mehr als B haben.

Empfängt nun A von B 300 Thlr., so hat A 1500 Thlr. mehr als B, und zwar den 3fachen Rest des B mehr als dieser; daher ist der 3fache Rest des B = 1500 Thlr.; folglich hat B 500 übrig behalten; mithin hat B 800 Thlr., und der Besitz des A ist 1700 Thlr.

368. Wenn A an B 700 Thlr. ertheilt, so hat dieser 200 Thlr. mehr als jener; empfängt aber A von B 600 Thlr., so hat A 7mal so viel als B. Wie viel hat jeder? A besitzt 2200, B 1000 Thlr.

369. Ertheilt A an B 900 Thlr., so hat dieser 300 Thlr. mehr als jener; giebt aber B dem A 500 Thlr., so hat dieser 100 Thlr. mehr als das 6fache dessen, was B behält. Wie viel hat jeder?

Aufl. A hat also 1500 Thlr. mehr als B, und empfängt er nun noch von diesem 500 Thlr., so hat er 2500 Thlr. als B. Da nun A 100 Thlr. mehr als das 6fache des Restes von B hat, so hat er 100 Thlr. und den 5fachen Rest des B mehr als dieser. Demnach ist der 5fache Rest = 2400 Thlr. Daher hat B 480 Thlr. übrig behalten, und folglich 980 Thlr., A aber 2480 Thlr. gehabt.

Anmerk. Alle diese Aufg. von 363 bis 369. lassen sich auch durch die Summe des Geldes beider Personen lösen.

Einige Beispiele werden die Sache verdeutlichen.

370. Giebt A dem B 400 Thlr., so haben beide gleich viel; erhält aber A von B 300 Thlr., so hat A 6mal so viel als B.

Aufl. A hat die Hälfte der Summe beider und 400 Thlr.; empfängt er nun noch von B 300, so hat er die Hälfte von der Summe beider und 700 Thlr.; nun hat er aber auch $\frac{6}{7}$ der Summe beider; daher sind $\frac{6}{7}$ dieser Summe = $\frac{1}{2}$ derselben und 700 Thlr. Folglich $\frac{5}{14}$ der Summe = 700 Thlr.; daher ist die Summe = $\frac{700}{\frac{5}{14}}$ = $\frac{14 \,.\, 700}{5}$ = 14 . 140 = 1960 Thlr. Daher ist der Besitz des A = 980 + 400 = 1380 Thlr., und der des B = 580 Thlr.

371. Wenn A dem B 800 Thlr. ertheilt, so hat dieser 200 Thlr. mehr als jener. Giebt aber B dem A 800 Thlr., so hat dieser 7mal so viel als jener.

Aufl. A hat nach der ersten Angabe die Hälfte der Summe beider und 700 Thlr.; erhält er nun noch 800 Thlr. von B, so hat er jene Hälfte und 1500 Thlr., nun hat er aber auch $\frac{7}{8}$ der Summe beider; daher sind $\frac{7}{8}$ dieser Summe = $\frac{1}{2}$ derselben und 1500 Thlr., daher sind $\frac{3}{8}$ der Summe = 1500 Thlr., also diese Summe = 4000. Demnach hat A 2000 + 700 = 2700 Thlr., und B 1300 Thlr.

372. Giebt A dem B 900 Thlr., so hat dieser 500 Thlr. mehr als jener; wenn aber B dem A 800 Thlr. ertheilt, so hat dieser 8mal so viel als jener. Wie viel hat jeder?

Aufl. Wenn A an B ausgetheilt hat, so behält A einen gewissen Rest, und dann hat B denselben Rest und 500 Thlr., folglich ist die Summe beider = dem zweifachen Reste und 500 Thlr. Die Hälfte dieser Summe ist der einfache Rest und 250 Thlr. Nun hat

A nur den einfachen Rest, also hat er $\frac{1}{2}$ der Summe beider weniger 250 Thlr. Vor der Austheilung hatte A also $\frac{1}{2}$ der genannten Summe weniger 250 und 900 Thlr., oder $\frac{1}{2}$ der Summe beider und 650 Thlr. Empfängt nun A von B 800 Thlr., so hat A $\frac{1}{2}$ der erwähnten Summe und 1450 Thlr.; nun hat A aber auch $\frac{8}{9}$ derselben Summe; daher sind $\frac{8}{9}$ dieser Summe = $\frac{1}{2}$ derselben und 1450 Thlr. Demnach sind $\frac{7}{18}$ der Summe = 1450 Thlr., daher ist diese Summe = $\frac{1450}{\frac{7}{18}}$ Thlr. = $\frac{18 \,.\, 1450}{7}$ = $3728\frac{4}{7}$ Thlr. A hat also $1864\frac{2}{7}$ und 650 Thlr. oder $2514\frac{2}{7}$ Thlr., und B hat $1214\frac{2}{7}$ Thlr.

373. Wenn A an B 1200 Thlr. austheilt, so hat dieser 400 Thlr. mehr als jener. Giebt B aber dem A 1000 Thlr hat dieser 500 Thlr. mehr als das 7fache des B. Wie viel hat jeder?

Aufl. Wenn A an B ausgetheilt hat, so hat A $\frac{1}{2}$ der Summe beider weniger 200. Dieses ergiebt sich aus der vorigen Aufl. Daher hat A vor der Austheilung $\frac{1}{2}$ der Summe beider und 1000 Thlr. Erhält nun A noch 1000 von B, so hat er $\frac{1}{2}$ derselben Summe und 2000 Thlr. Nach der Mittheilung des B muß derselbe einen gewissen Rest übrig behalten; so hat A das 7fache dieses Restes und 500 Thlr. Die Summe beider ist dann das 8fache desselben Restes und 500 Thlr. Demnach ist der einfache Rest $\frac{1}{8}$ der Summe beider weniger $62\frac{1}{2}$ Thlr. Nun hat A den 7fachen Rest und 500 Tthlr., also hat er $\frac{7}{8}$ der Summe beider und 500 weniger 7 . $62\frac{1}{2}$ oder $\frac{7}{8}$ der Summe beider und $62\frac{1}{2}$ Thlr.

Daher sind $\frac{7}{8}$ der Summe beider und $62\frac{1}{2}$ Thlr. = $\frac{1}{2}$ derselben und 2000 Thlr.; daher $\frac{3}{8}$ dieser Summe = 2000 — $62\frac{1}{2}$ = $1937\frac{1}{2}$ Thlr. Daher ist die Summe = $\frac{1937\frac{1}{2}}{\frac{3}{8}} = \frac{8 \,.\, 1937\frac{1}{2}}{3}$ = $5166\frac{2}{3}$ Thlr.

Da nun A $\frac{1}{2}$ dieser Summe und 2000 Thlr. hat, so ist sein Besitz $2583\frac{1}{3} + 2000 = 4583\frac{1}{3}$ Thlr., und B hat daher $1583\frac{1}{3}$ Thlr.

374. In zwei Beuteln ist gleich vieles Geld erhalten. Nimmt man aus dem ersten Beutel 50 Thlr. und legt sie in den zweiten, so ist im ersten $\frac{2}{3}$ von dem vermehrten Gelde des zweiten Beutels und noch 10 Thlr. Wie viel befindet sich in jedem Beutel?

Aufl. Der Beutel A hat $\frac{1}{2}$ der Summe beider; um 50 Thlr. vermindert hat er $\frac{2}{5}$ dieser Summe und 6 Thlr. Also ist $\frac{1}{2}$ der Summe weniger 50 Thlr. = $\frac{2}{5}$ derselben und 6 Thlr. Daher ist $\frac{1}{10}$ der Summe = 56, folglich die ganze Summe = 560 Thlr. Daher ist in jedem Beutel 280 Thlr. enthalten.

375. Man hat 2 Gefäße und in jedem eine gleiche Quantität Wein; gießt man aus dem ersten Gefäße 18 Quart Wein in das zweite, so bleibt im ersten $\frac{2}{5}$ des Weines, welcher jetzt im zweiten ist, und noch 6 Quart. Wie viele Quart waren anfangs in jedem Gefäße? In jedem 52 Quart.

376. Zwei Personen A, B spielen um Geld; A verliert an B 15 Thlr., und hat dennoch 8 Thlr. mehr als B. Darauf verliert B

an A 20 Thlr., und nun hat dieser 8 Thlr. mehr als $2\frac{1}{3}$mal den gegenwärtigen Besitz des B. Wie viel hatte jeder vor dem Spiele?

Aufl. Nach dem Verluste des B an A hat dieser 48 Thlr. mehr als jener, und zwar 8 Thlr. und $1\frac{1}{3}$mal den gegenwärtigen Besitz des B; daher sind $\frac{4}{3}$ des Besitzes von B = 40 Thlr. Demnach hat B nach seinem Verluste noch 30 Thlr. behalten. Daher hatte B vor dem Spiele 35 Thlr. und A 73 Thlr.

377. A wettet mit B um 150 Thlr.; A verliert und hat nun 30 Thlr. weniger als B. Darauf wetten sie um 200 Thlr., welche B verliert, und jetzt hat A 4mal so viel als B weniger als 50 Thlr. Wie viel hatte jeder vor den Wetten?

Aufl. Nach dem Verluste des B hat A 400 — 30 oder 370 Thlr. mehr als der andere, und da er nun das 3fache des B weniger 50 Thlr. hat; so ist das 3fache = 420 Thlr.; also ist der Rest des B 140 Thlr., und A besitzt 4 . 140 — 50 oder 510 Thlr. Zu dieser Summe wuchs der Besitz des A durch den Gewinn von 200 Thlr. an; also hatte A vor dem Verluste des B nur 310, und B hatte 340 Thlr. Folglich hatte A vor seinem Verluste 460 Thlr. und B 190 Thlr.

378. A verliert eine Wette von 30 Dukaten an B, und nun hat dieser doppelt so viel als jener. Darauf verliert B eine Wette von 80 Dukaten an A, und dieser hat jetzt das Dreifache des B. Wie viel hatte jeder anfangs?

Aufl. Nach der ersten Wette hat B den 2fachen Rest des A, und nach der zweiten hat B den zweifachen Rest des A weniger 80 Dukaten, A hat aber den einfachen Rest und 80 Dukaten; nun soll A auch das 3fache des B haben, also das 3fache vom 2fachen Reste des A weniger 80 Dukaten, oder den 6fachen Rest des A weniger 240 Dukaten. Demnach ist der einfache Rest und 80 Dukaten gleich dem 6fachen Rest weniger 240 Dukaten. Daher ist der 5fache Rest = 320 Dukaten. Mithin hat A nach der ersten Wette 64 Dukaten übrig behalten, und B hatte dann 128 Dukaten. Da A 30 Dukaten verloren hatte, so hatte A vor dem Verluste 94 Dukaten und B 98 Dukaten.

379. In einer Gesellschaft sind zweimal so viele Herren als Damen; darauf verlassen 8 Herren mit ihren Damen die Gesellschaft, und nun sind dreimal so viele Herren als Damen in derselben. Aus wie vielen Herren und Damen bestand anfangs die Gesellschaft?

Aufl. Die Zahl der Damen, welche zu Anfange in der Gesellschaft gegenwärtig sind, sei das Einfache, so ist die der Herren das Zweifache. Durch die Entfernung der 8 Herren mit ihren Damen aus der Gesellschaft wird die Zahl der Herren das 2fache weniger 8, und die der Damen das Einfache weniger 8, und weil nun 3mal so viele Herren als Damen sind, so ist die Zahl der noch anwesenden Herren das 3fache der Zahl der Damen weniger 24. Demnach ist das 2fache weniger 8 = dem 3fachen weniger 24; mithin ist das Einfache = 16. Daher waren anfangs in der Gesellschaft 16 Damen und 32 Herren.

380. Aus einem Speicher werden in einen andern 2460 Schfl.

Getreide verladen; und nun befinden sich in diesem 3mal so viele Scheffel als als in jenem übrig bleiben. Darauf werden aus dem zweiten Speicher 3270 Scheffel in den ersten gebracht, und jetzt sind in diesem $2\frac{1}{3}$mal so viele Scheffel als in jenem. Wie viele Scheffel waren anfangs in jedem Speicher? Im ersten $4276\frac{2}{3}$, im andern Speicher 2990 Scheffel.

Diese Aufg. wird wie Aufg. 378. aufgelöst.

381. A und B haben einen Rechtsstreit wegen 3500 Thlr. A verliert den Prozeß, und B sieht sich nun im Besitze eines Vermögens, welches das des A um das Doppelte weniger 100 Thlr. übertrifft. B hat Gelegenheit 10000 Thlr. unter sehr vortheilhaften Bedingungen auszuleihen; doch sein Schuldner macht eines unvorhergesehenen Unfalls wegen Bankerott, und B muß seine ausgeliehene Summe verlieren. Nun hat A $1\frac{1}{3}$mal so viel als B weniger 200 Thlr. Wie viel besaß jeder vor dem Prozesse?

Aufl. Nach dem Prozesse hat B das 3fache des A weniger 100 Thlr. Nach dem Verluste des B hat derselbe das 3fache des A weniger 10100 Thlr. Dieses $\frac{4}{3}$mal genommen und davon 200 Thlr. subtrahirt giebt den Besitz des A, welcher also gleich ist dem 4fachen Besitze des A weniger $\frac{4}{3} . 10100$, und weniger 200 oder = dem 4fachen des A weniger $13666\frac{2}{3}$ Thlr. Daher ist der 3fache Besitz des A = $13666\frac{2}{3}$, also hatte A $4555\frac{5}{9}$ Thlr. und B das 3fache des A weniger 100 oder $13666\frac{2}{3} - 100 = 13566\frac{2}{3}$ Thlr. Dieses ist das Vermögen des B nach dem Prozesse, folglich war es vor demselben $10066\frac{2}{3}$ Thlr.

382. Man schmelzt 98 Pfund Zink und 165 Pfund Kupfer zu einer Masse zusammen, und dieses giebt ein Messing, welches im Wasser $33\frac{1}{28}$ Pfund verliert. 112 Pfund Zink und 209 Pfund Kupfer zusammen zu Messing geschmolzen verliert im Wasser $40\frac{17}{196}$ Pfund. Wie viele Pfunde Zink und Kupfer verlieren 1 Pfund im Wasser?

Aufl. Das 8fache der ersten Angabe muß im Wasser das 8fache verlieren, also

784 Pfund Zink + 1320 Pf. Kupfer verlieren im Wasser $264\frac{2}{7}$ Pf.

Das 7fache der zweiten Angabe ist:

784 Pfund Zink + 1463 Pf. Kupfer verlieren im Wasser $280\frac{17}{28}$ Pf.

Je größer das Volumen, desto größer der Verlust am Gewicht im Wasser; das 7fache der zweiten Angabe hat 143 Pf. Kupfer mehr als das 8fache der ersten, und verliert auch im Wasser $16\frac{1}{4}$ Pf. mehr als das 8fache; daher verlieren 143 Pf. Kupfer im Wasser $16\frac{1}{4}$ Pf. Zum Verluste von 1 Pfunde im Wasser gehören also $\frac{143}{16\frac{1}{4}} = \frac{4 . 143}{65}$ $= 8{,}8$ Pf. Kupfer.

Da nun 8,8 Pf. Kupfer im Wasser 1 Pf. verlieren, so werden 165 Pf. Kupfer im Wasser $\frac{165}{8{,}8} = 18\frac{3}{4}$ Pfund im Wasser verlieren. Folglich ist der Verlust des Zinks im Wasser $33\frac{1}{28} - 18\frac{3}{4} = 14\frac{2}{7}$

Pfund. Daher gehören zum Verluste von 1 Pf. im Wasser $\frac{98}{14\frac{2}{7}} =$
$\frac{7 \cdot 98}{100} = 6{,}86$ Pfunde Zink.

Anmerk. Man vergleiche die Aufg. 311 bis 314. über den Verlust an Gewicht der Körper im Wasser.

383. 7 Preuß. Thaler und 12 Zehnsilbergroschenstücke haben zusammen $12\frac{4}{7}$ Loth feines Silber. 21 Thlr. und 16 Zehnsilbergroschenstücke enthalten zusammen $30\frac{2}{21}$ Loth feines Silber. Wie viele Loth feines Silber hat jedes dieser Geldstücke?

1 Thlr. hat $\frac{8}{7}$ Loth, und 1 Zehnsilbergroschenstück $\frac{8}{21}$ Loth f. Silb.

384. Nach einer gewissen Tabelle von 1805 übertrifft das Berliner Pfund das Kölnische um 22 Holl. As, und 10 Berliner Pfunde wiegen 48860 Holl. As mehr als 5 Kölnische Pfunde. Wie viele Holl. wiegt jedes dieser Pfunde?

Aufl. 10 Berlin. Pf. sind also 220 Holl. As schwerer als 10 Köln. Pf. Daher sind 10 Köln. Pf. und 220 Holl. As = 5 Köln. Pf. und 48860 Holl. As; also 5 Köln. Pf. = 48640 Holl. As; mithin 1 Köln. Pfd. = 9728 Holl. As, und 1 Berliner Pfd. = 9750 Holl. As.

385. Ein Amsterdamer und 1 Hamburger Pfund wiegen zusammen 20360 Holl. As; 3 Amsterdamer Pfund übertreffen an Gewicht 2 Hamburger Pf. um 10680 Holl. As. Wie schwer ist jedes Pfund nach Holl. As?

Aufl. 1 Amsterd. Pf. wiegt $\frac{10680}{3} = 3560$ Holl. As mehr als $\frac{2}{3}$ Hamb. Pf. Ein Amsterd. Pf. und 1 Hamb. Pf. sind um ein Hamb. Pf. mehr als 1 Amsterd. Pf.; also sind 20360 Holl. As um 1 Hamb. Pf. mehr als 1 Amsterd. Pf. Da nun 1 Amsterd. Pf. um 3560 Holl. As mehr als $\frac{2}{3}$ Hamb. Pf. war, so sind 20360 Holl. As um 1 Hamb. Pf. und 3560 Holl. As mehr als $\frac{2}{3}$ Hamb. Pf. Also sind 16800 Holl. As um 1 Hamb. Pf. mehr als $\frac{2}{3}$ Hamb. Pf. Mithin sind $\frac{5}{3}$ Hamb. Pf. = 16800 Holl. As. Mithin ist 1 Hamb. Pf. = $\frac{16800}{\frac{5}{3}} = \frac{3 \cdot 16800}{5} = 10080$ Holl. As. Nun war 1 Amsterd. Pf. um 3560 Holl. As mehr als $\frac{2}{3}$ Hamb. Pf.; also 1 Amsterd. Pf. = $3560 + \frac{2}{3} \cdot 10080 = 10280$ Holl. As.

386. 4 Leipziger und 3 Nürnberger Pfunde wiegen zusammen 70904 Holl. As. 7 Leipziger Pfunde wiegen 14612 Holl. As mehr als 5 Nürnberger Pfunde. Wie viele Holl. As wiegt jedes Pfund?

1 Leipz. Pf. = 9716, 1 Nürnb. Pf. = 10680 Holl. As.

Man kann diese Aufg. nach denselben Schlüssen wie die vorige lösen, wenn man beide Angaben auf 1 Leipziger Pfund zurückführt.

387. 7 Englische Pfunde wiegen 48378 Holl. As mehr als 2 Pariser Pfunde, und 8 Engl. Pfunde übertreffen 5 Par. Pfunde um 27636 Holl. As. Wie viele Holl. As wiegt jedes Pfund?

1 Engl. Pf. = 9439, 1 Par. Pf. = 10188 Holl. As.

388. Ein Sohn frägt seinem Vater nach dessen Alter, und der Vater giebt ihm folgende Antwort: „Wir beide sind zusammen $44\frac{1}{2}$

Jahre alt; das Alter deines Großvaters und mein Alter betragen zusammen $100\frac{2}{3}$ Jahre, dein Alter und das deines Großvaters sind zusammen $75\frac{1}{6}$ Jahre.“ Wie alt war jede Person?

Aufl. 1. Das Alter des Großvaters und das des Vaters sind um den Ueberschuß des Alters vom Großvater über das des Sohnes mehr als das Alter des Vaters und das des Sohnes, oder um $56\frac{1}{6}$ Jahre. Die Summe und die Differenz zweier Größen giebt die doppelte größere derselben. (Fundamentalsätze. I.) Also ist das doppelte Alter des Großvaters $= 75\frac{1}{6} + 56\frac{1}{6} = 131\frac{1}{3}$ Jahre. Daher ist das Alter des Großvaters $= 65\frac{2}{3}$ Jahre. Nimmt man dieses von dem Alter des Großvaters und dem des Vaters hinweg, so erhält man das Alter des Vaters $= 35$ Jahre, dieses endlich von der ersten Angabe hinweggenommen giebt das Alter des Sohnes $= 9\frac{1}{2}$ Jahre.

Aufl. 2. Die Summe der 3 Angaben ist gleich der doppelten Summe aller 3 Personen $= 220\frac{1}{3}$ Jahre. Daher ist die Summe der Alter von den 3 Personen $= 110\frac{1}{6}$ Jahr.

Nimmt man von dieser Summe die erste Angabe hinweg, so erhält man das Alter des Großvaters $= 65\frac{2}{3}$. Von der Summe der 3 Alter die zweite Angabe hinweggenommen läßt das Alter des Sohnes $= 9\frac{1}{2}$. Endlich von der Summe der 3 Alter die dritte Angabe hinweggenommen, läßt das Alter des Vaters $= 35$ Jahre.

389. Drei Bauern wünschen die Größe ihres Landes zu wissen, und sie erinnern sich nur Folgendes seit der Vermessung desselben, nämlich, daß A und B zusammen 100 Morgen und 150 Quadratruthen, B und C 150 Morgen und 80 Quadratruthen, und A und C 160 Morgen und 90 Quadratruthen hatten.

A hatte 55 Morgen 80 Quadratruthen, B 45 Morgen 70 Quadratruthen, und C 105 Morgen 10 Quadratruthen.

Die Aufl. dieser Aufgabe ist der der vorigen gleich.

390. Drei Regimenter sollen ein Festungswerk zu Stande bringen. Man weiß, daß das erste und zweite Regiment dieses Werk in 70 Tagen, das zweite und dritte Regiment solches in 84 Tagen, und das erste und dritte Regiment dasselbe in 105 Tagen vollenden können. Welche Zeit braucht jedes Regiment, und welche alle 3 Regimenter, um das Werk zu beendigen?

Aufl. Das erste und zweite Regiment machen in einem Tage $\frac{1}{70}$ des Werks. Das zweite und dritte Regiment verfertigen in einem Tage $\frac{1}{84}$ desselben; und das erste und dritte Regiment bringen in einem Tage $\frac{1}{105}$ dieses Werks zu Stande.

Wenn also je zwei dieser Regimenter einen Tag an dem Festungswerke arbeiten, so vollenden sie in dieser Zeit $\frac{1}{70} + \frac{1}{84} + \frac{1}{105} = \frac{15}{420}$ des Werks. Dieses ist aber die doppelte Arbeit von jedem Regimente in einem Tage; daher ist die Arbeit der 3 Regimenter in einem Tage $= \frac{15}{840} = \frac{1}{56}$ des Werks. Da nun die 3 Regimenter zur Vollendung $\frac{1}{56}$ des Werks 1 Tag gebrauchen, so werden sie zur Beendigung des ganzen Werks so viele Tage nöthig haben, wie oft das Ganze $\frac{1}{56}$ enthält. Demnach brauchen die 3 Regimenter 56 Tage um das Werk zu vollenden.

Nimmt man nun die eintägige Arbeit je zweier Regimenter von

der eintägigen der 3 Regimenter hinweg, so erhält man die eintägige Arbeit desjenigen Regiments, welches nicht mit den zwei Regimentern zu gleicher Zeit gearbeitet hat.

Daher ist $\frac{1}{56} - \frac{1}{70} = \frac{1}{280}$ des Werks die Arbeit in einem Tage des dritten Regiments; $\frac{1}{56} - \frac{1}{84} = \frac{1}{168}$ des Werks die Arbeit von einem Tage des ersten Regiments; $\frac{1}{56} - \frac{1}{105} = \frac{1}{120}$ des Werks die Arbeit des zweiten Regiments in einem Tage.

Da nun das erste Regiment in einem Tage $\frac{1}{168}$ des Werks macht, so wird es so viele Tage zur Vollendung des ganzen Werks gebrauchen, wie vielmal 1 Ganzes $\frac{1}{168}$ enthält; daher braucht es 168 Tage zu dieser Arbeit.

Aus demselben Grunde braucht das zweite Regiment 120 Tage, und das dritte 280 Tage zur Beendigung desselben Werkes.

391. Drei Mäher A, B, C sollen eine Wiese abmähen. A und B können diese Arbeit in 10, B und B in 12, und A und C in 15 Tagen vollenden. In welcher Zeit wird jeder einzelne Arbeiter, und in welcher alle 3 diese Arbeit zu Stande bringen?

A braucht 24, B $17\frac{1}{7}$, C 40, und alle 3 brauchen 8 Tage um diese Arbeit zu beendigen.

Die Aufl. wie die der vorigen Aufgabe.

392. Drei Maurer A, B, C sollen eine Mauer von 45 Fuß Länge, 30 Fuß Höhe und $1\frac{1}{2}$ Fuß Dicke aufführen. Man weiß aus der Erfahrung, daß A und B in 2 Tagen 25 Kubikfuß, B und C in 3 Tagen 37 Kubikfuß, und A und C in 4 Tagen 49 Kubikfuß zu Stande bringen können. In wie vielen Tagen könnte jeder einzelne Maurer, und in wie vielen Tagen werden diese 3 Maurer das bezeichnete Werk vollenden?

Aufl. A und B machen in einem Tage $12\frac{1}{2}$ Kubikfuß,
B und C „ „ „ „ $12\frac{1}{3}$ „
A und C „ „ „ „ $12\frac{1}{4}$ „

Die eintägige Arbeit des A und B ist um $\frac{1}{6}$ Kubikfuß und zugleich um das mehr, um was A mehr in einem Tage als C in derselben Zeit macht, größer als die eintägige Arbeit des B und C. Daher macht A in 1 Tage $\frac{1}{6}$ Kubikfuß mehr als C in dieser Zeit. Nun führen A und C gemeinschaftlich in einem Tage $12\frac{1}{4}$ Kubikfuß auf; diese sind also die doppelte Arbeit des C in einem Tage und $\frac{1}{6}$ Kubikfuß; daher ist die doppelte Arbeit des C in einem Tage $12\frac{1}{12}$ Kubikfuß, folglich seine Arbeit ist in einem Tage $= 6\frac{1}{24}$ Kubikfuß. Die eintägige Arbeit des A ist daher $= 12\frac{1}{4} - 6\frac{1}{24} = 6\frac{5}{24}$ Kubikfuß, und die eintägige Arbeit des B $= 12\frac{1}{2} - 6\frac{5}{24} = 6\frac{7}{24}$ Kubikfuß.

Der kubische Inhalt der Mauer ist das Produkt aus ihrer Länge, Höhe und Dicke, also $= 45 \,.\, 30 \,.\, \frac{3}{2} = 45 \,.\, 15 \,.\, 3 = 2025$ Kubikfuß.

Da nun A zur Verfertigung von $6\frac{5}{24}$ Kubikfuß 1 Tag gebraucht, so wird er zur Vollendung der ganzen Mauer so viele Tage nöthig haben, wie viele Mal 2025 Kubikfuß $6\frac{5}{24}$ Kubikfuß enthalten also

$$\frac{2025}{6\frac{5}{24}} = \frac{24 \,.\, 2025}{149} = 326\tfrac{26}{149} \text{ Tage.}$$

Aus demselben Grunde braucht B $321\frac{129}{151}$ und C $335\frac{6}{29}$ Tage zur Beendigung gedachter Mauer.

Die 3 Maurer führen gemeinschaftlich täglich $6\frac{5}{24} + 6\frac{7}{24} + 6\frac{1}{24} = 18\frac{13}{24}$ Kubikfuß auf, daher werden sie $\frac{2025}{18\frac{13}{24}} = 109\frac{19}{89}$ Tage zur Vollendung der ganzen Mauer gebrauchen.

393. Ein Feldmesser will die Länge dreier Linien A, B, C auf einer Karte genau bestimmen; sein Maaßstab ist aber nicht in so kleine Theile getheilt, daß er jede einzelne Linie genau zu messen vermag; denn derselbe enthält nur Zolle und Zehntel derselben oder Linien. Er trägt daher je zwei dieser Linien zusammen, und mißt dann ihre Summe; auf diese Weise findet er, daß die Linie A und B zusammen 5,3 Zoll, B und C 7,2 Zoll, und A und C 8,4 Zoll messen. Wie groß ist jede Linie? Welche Länge stellt jede Linie in der Wirklichkeit dar, wenn 1 Zoll des Maaßstabes 50 Ruthen zu 10 Fuß in der Wirklichkeit bezeichnen?

Aufl. Durch eine der frühern Auflösungen findet man die Länge der Linie A = 3,25, B = 2,05, C = 5,15 Zoll.

Da nun 1 Zoll seines Maaßstabes die Verjüngung von 50 Ruthen der Wirklichkeit beträgt, so stellt die Linie A 3,25 . 50 = 162,5, B 102,5, C 257,5 Ruthen in der Wirklichkeit dar.

394. Ein Schmidt hat 3 große Stangen Eisen gekauft, die zusammen 945 Pfunde wiegen. Er will nun die Schwere jeder einzelnen Stange wissen, hat aber nicht so große Gewichte, um jede einzeln wiegen zu können; daher sucht er durch gegenseitiges Abwägen den Unterschied derselben zu bestimmen; und er findet auf diese Weise, daß die erste Stange 25 Pfund mehr als die andere, und diese 32 Pfund mehr als die dritte wiegt.

Aufl. Das Gewicht der zweiten Stange ist also = dem der dritten und 32 Pfund, das Gewicht der ersten ist = dem der zweiten und 25 Pfund, daher ist das Gewicht der ersten Stange = dem der dritten und 57 Pfund. Demnach ist das Gewicht der 3 Stangen zusammen = dem 3fachen Gewichte der dritten Stange und 89 Pfund = 945 Pfund.

Daher ist das 3fache Gewicht der dritten Stange = 856 Pf. Mithin ist das Gewicht der dritten Stange = $285\frac{1}{3}$ Pf., das der zweiten = $317\frac{1}{3}$ Pf., und das der ersten = $342\frac{1}{3}$ Pf.

395. Ein Feldmesser hat das Gefälle eines Flusses zu bestimmen. Er wählt zu diesem Zwecke gerade Stangen von ziemlich gleicher Länge, und läßt sie in gewissen Entfernungen längs dem Ufer des Flusses senkrecht in die Erde stecken. Nun führt er von der niedrigsten Stelle zur nächst höhern, welche durch eine jener senkrechten Stangen bezeichnet ist, von einem gewissen Punkte über seinem Standorte horizontale Linien, und merkt sich die Länge des Theils der Stange, welcher über die zu ihr geführte Horizontallinie hervorragt. Auf diese Weise findet er, daß die Stange B über dem äußersten Punkte der A um 2 Fuß, C über dem äußersten Punkte der B um 2,5, D über dem ähnlichen Punkte in C um 1,5, E über dem äußersten Punkte in D um 0,5

und F über dem äußersten Punkte der E um 0,2 Fuß hervorsteht. Nun merkt er sich genau die Länge jeder Stauge über der Erde, trägt diese 6 Längen zusammen, mißt ihre Summe, und findet für dieselbe 31,5 Fuß. Wie hoch ist jede Stelle über jede niedrigere erhaben? Von welchem Punkte über seinem Standorte begann er horizontale Linien zu führen?

Aufl. Die Stange B ist also = der Stange A und 2 Fuß, C = B + 2,5, also C = A + 4,5; D = C + 1,5; also D = A + 6; E = D + 0,4, also E = A + 6,4; endlich F = E + 0,2; daher F = A + 6,6 Fuß.

Die Summe der 6 Stangen ist also das 6fache der A + 25,5 = 31,5; also die 6fache A = 6 Fuß; daher ist die Stange A = 1 Fuß; oder der Feldmesser begann horizontale Linien von einem Punkte, der 1 Fuß über seinem Standorte war, zu ziehen.

Die Stange B ist also = 3 Fuß rc.

Der Ort B ist 2 Fuß höher gelegen als der Ort A rc.

396. Ein Feldmesser will die Größe dreier Winkel in einem Viereck bestimmen; sein Transporteur ist aber nur in Grade und Minuten eingetheilt; daher sucht er die Summe oder Differenz je zweier Winkel genau zu messen. Winkel A und B = 152° 23′, A und D = 163° 11′, und C weniger B = 46° 8′.

Ferner weiß er aus der Geometrie, daß die Summe aller 4 Winkel = 360° ist. Wie groß ist jeder Winkel?

Aufl. Die Summe des A und D ist um den Ueberschuß des D über B größer als die Summe des A und B oder um 10° 48′; daher ist D = B + 10° 48′, und C = B + 46° 8′. Demnach ist die Summe des C und D = dem 2fachen B + 56° 56′. Folglich ist die Summe der 4 Winkel 152° 23′ + dem 2fachen B + 56° 56′ = dem 2fachen B + 209° 19′ = 360°. Also das Zweifache des B = 150° 41′. Daher der Winkel B = 75° 20′ 30″. Folglich C = 121° 28′ 30″; D = 86° 8′ 30″, und A = 77° 2′ 30″.

397. Unter drei Regimenter werden zur Belohnung ihrer Tapferkeit 3978 Thlr. ausgetheilt. Giebt man jedem Manne des ersten Regiments 1 Thlr., so erhält jeder Mann der beiden andern Regimenter $\frac{1}{2}$ Thlr.; bekommt jeder Mann des zweiten Regiments 1 Thlr., so bleibt für einen Mann der beiden andern Regimenter nur $\frac{1}{3}$ Thlr. übrig; und erhält ein Mann des dritten Regiments 1 Thlr., so kommt auf jeden Mann des ersten und zweiten Regiments nur $\frac{1}{4}$ Thlr. Aus wie vielen Mann besteht jedes Regiment?

Aufl. 1. Wenn jeder Mann der drei Regimenter bei der ersten Vertheilung $\frac{1}{2}$, bei der zweiten $\frac{1}{3}$ und bei der dritten Vertheilung $\frac{1}{4}$ Thlr erhielte, so würden in der ersten Vertheilung so viele Thaler übrig bleiben, als $\frac{1}{2}$ der Mannschaft des ersten Regiments, in der zweiten so viele Thaler als $\frac{2}{3}$ der Mannschaft des zweiten Regiments, und bei der dritten Vertheilung so viele Thaler als $\frac{3}{4}$ der Mannschaft des dritten Regiments beträgt.

Daher ist $\frac{1}{2}$ der Mannschaft der 3 Regimenter = 3978 weniger $\frac{1}{2}$ der Mannschaft des ersten Regiments;

$\frac{1}{3}$ der Mannschaft der 3 Regimenter = 3978 weniger $\frac{2}{3}$ der Mannschaft des zweiten Regiments;

$\frac{1}{4}$ der Mannschaft der 3 Regimenter = 3978 weniger $\frac{3}{4}$ der Mannschaft des dritten Regiments.

Demnach ist die ganze Mannschaft der 3 Regimenter
= 2 . 3978 weniger der Mannschaft des ersten Regiments,
= 3 . 3978 „ „ 2fachen Mannschaft des zweiten Regiments,
= 4 . 3978 „ „ 3fachen „ „ dritten „

Wenn die Differenzen zweier und zweier Zahlen gleich sind, so ist der Unterschied der größern Zahlen = dem Unterschied der kleinern Zahlen. (Fundamentals. I.)

Da nun 3 . 4978 größer als 2 . 3978 ist, so ist die 2fache Mannschaft des zweiten Regiments um 3978 größer als die Mannschaft des ersten Regiments. Daher ist $\frac{1}{2}$ der Mannschaft des ersten Regiments = $\frac{3978}{4}$ nebst $\frac{1}{4}$ der Mannschaft des ersten Regiments.

4 . 3978 ist um 2 . 3978 größer als 2 . 3978, so ist die 3fache Mannschaft des dritten Regiments um 2 . 3978 größer als die Mannschaft des ersten Regiments; mithin ist $\frac{1}{2}$ der Mannschaft des dritten Regiments = $\frac{3978}{3}$ nebst $\frac{1}{6}$ der Mannschaft des ersten Regiments.

Demnach ist das erste Regiment + $\frac{1}{2}$ des zweiten Regiments + $\frac{1}{2}$ des dritten Regiments = dem ersten Regimente + $\frac{3978}{4}$ + $\frac{1}{4}$ des ersten Regiments + $\frac{3978}{3}$ + $\frac{1}{6}$ des ersten Regiments = $\frac{17}{12}$ des ersten Regiments + $\frac{3978}{4}$ + $\frac{3078}{3}$ = 3978 oder

Das 17fache des ersten Regiments + 3 . 3978 + 4 . 3978 = 12 . 3978. Daher ist das 17fache des ersten Regiments = 5 . 3978.

Mithin ist das erste Regiment = $\frac{5 . 3978}{17}$ = 5 . 234 = 1170 Mann.

Da das doppelte zweite Regiment = 3978 + dem ersten Regiment war, so ist das doppelte zweite Regiment = 3978 + 1170 = 5148, also das zweite Regiment = 2574 Mann. Auf gleiche Weise findet man das dritte Regiment = 3042 Mann.

Aufl. 2. Damit jeder Mann der 3 Regimenter in jeder Austheilung 1 Thlr. erhalte, fehlen bei der ersten Vertheilung so viele Thaler als $\frac{1}{2}$ des zweiten und dritten, bei der zweiren so viele Thaler als $\frac{2}{3}$ des ersten und dritten, bei der dritten so viele Thaler als $\frac{3}{4}$ des ersten und zweiten Regiments beträgt.

Unter diesen Bedingungen würden in jeder Vertheilung so viele Thaler ausgetheilt werden, als die drei Regimenter Mann enthalten, also in jeder Vertheilung gleich vieles Geld; und da nun wirklich in jeder Vertheilung dazu gleich vieles Geld, nämlich 3978 Thlr., gebraucht werden, so muß in jedem Falle das Fehlende einander gleich sein. Demnach ist:

$\frac{1}{2}$ des zweiten und dritten Regiments = $\frac{2}{3}$ des ersten und dritten = $\frac{3}{4}$ des ersten und zweiten Regiments.

Hat nun das zweite und dritte Regimente das 24fache einer gewissen Mannschaft, so ist $\frac{1}{2}$ davon das 12fache.

$\frac{2}{3}$ des ersten und dritten Regiments ist also das 12fache, daher das erste und dritte Regiment = dem 18fachen.

Aus demselben Grunde ist $\frac{3}{4}$ des ersten und zweiten Regiments das 12fache, daher das erste und zweite Regiment = dem 16fachen. Man hat also:

das erste und zweite Regiment = dem 16fachen,
das zweite und dritte Regiment = dem 24fachen,
das erste und dritte Regiment = dem 18fachen.

Das Doppelte der 3 Regimenter ist also = dem 58fachen; daher haben die 3 Regimenter das 29fache.

Folglich hat das erste Regiment das 5fache, das zweite das 11fache und das dritte das 13fache einer und derselben Mannschaft.

Das erste Regiment und $\frac{1}{2}$ des zweiten und dritten Regiments betragen 3978 Mann; also das 5fache und $\frac{1}{2}$ mal das 11fache und 13fache = dem 5fachen + 12fachen = dem 17fachen = 3978; daher das Einfache = $\frac{3978}{17}$ = 234.

Daher ist das erste Regiment = 5 . 234 = 1170 Mann
das zweite Regiment = 11 . 234 = 2574 Mann
das dritte Regiment = 13 . 234 = 3042 Mann.

398. Dieselbe Aufgabe, nur anstatt $\frac{1}{2}$, $\frac{1}{3}$, $\frac{1}{4}$ Thlr. kommen auf jeden Mann der je zwei andern Regimenter $\frac{1}{3}$, $\frac{1}{4}$, $\frac{1}{5}$ Thlr., und die zu vertheilende Summe sei 2727 Thlr.

Das erste Regiment besteht aus 341 Mann, das zweite aus 659 Mann, und das dritte aus 6669 Mann.

Anmerk. Nennt man die Summe der zu vertheilenden Thaler a, so hat man folgende allgemeine Ausdrücke für die Mannschaft der drei Regimenter der vorigen Aufgabe:

Erstes Regiment = $\frac{5}{17}$ . a, zweites Regiment = $\frac{11}{17}$ . a, drittes Regiment = $\frac{13}{17}$ . a Mann.

Für die letzte Aufgabe hat man:

Erstes Regiment = $\frac{13}{101}$ . a, zweites Regiment = $\frac{17}{101}$ . a, drittes Regiment = $\frac{247}{101}$ . a Mann.

Wendet man die vorigen Ausdrücke auf die Aufgabe 68 Seite 222 in Meier Hirschs Aufgabenbuch 2c. an; wo die zu vertheilende Summe = 2652 Thlr. ist; so ist

das erste Regiment = $\frac{5}{17}$ . 2652 = 5 . 156 = 780 Mann
das zweite Regiment = $\frac{11}{17}$ . 2652 = 11 . 156 = 1716 Mann
das dritte Regiment = $\frac{13}{17}$ . 2652 = 13 . 156 = 2028 Mann.

399. Drei Personen haben zusammen 144 Thlr. A und B 2 mal so viel als C; A und C 3 mal so viel als B. Wie viel hat jede?

Aufl. Setzt man zur Summe von A und B den Antheil des C, so haben sie das 3fache des C = 144; daher hat C 48 Thlr. An der Summe des A und C fehlt der Antheil des B um die Summe der 3 Personen zu haben; daher ist diese Summe = dem 4fachen des B = 144; mithin besitzt B 36 Thlr. Folglich hat A 60 Thlr.

400. Drei Personen besitzen zusammen 720 Thlr. A und B haben den 5fachen Besitz des C, und B und C den 7fachen Antheil des A. Wie viel hat jede? A hat 90 Thlr., B 510 Thlr. und C 120 Thlr.

401. Das Vermögen dreier Personen A, B, C beträgt 4500 Thlr. A und B haben zusammen 50 Thlr. mehr als das Vierfache des C, und B und C haben 9 mal so viel als A.

Aufl. A und B haben das 4fache des C und 50 Thlr.; daher haben die 3 Personen zusammen das 5fache des C und 50 Thlr. = 4500 Thlr. Daher ist das 5fache des C = 4450 Thlr. Mithin besitzt C $\frac{4450}{5}$ = 890 Thlr.

Da B und C das 9fache des A haben, so ist die aller 3 Personen = dem 10fachen des A = 4500; also hat A 450 Thlr. und B 3160 Thlr.

402. Addirt man das Vermögen dreier Personen, so erhält man 15600 Thlr. A und B haben zusammen 480 Thlr. mehr als das 7fache des C; und B und C haben $5\frac{1}{2}$ mal so viel als A. Wie viel besitzt jede Person? A 2400 Thlr., B 12510 Thlr. und C 1890 Thlr.

403. Das Vermögen dreier Personen beträgt 6300 Thlr. A und B haben zusammen 350 Thlr. mehr als das 6fache des C; und B und C zusammen 450 Thlr. mehr als $3\frac{1}{2}$ mal den Antheil des A. Welches ist der Besitz jeder Person?

Aufl. Die Summe der Vermögen der 3 Personen ist das 7fache des C und 350 Thlr. = 6300 Thlr. Daher ist der Antheil des C und 50 Thlr. = 900 Thlr. Folglich hat C 850 Thlr. Nun ist auch die Summe des Vermögens der 3 Personen = $4\frac{1}{2}$ das des A + 450 Thlr. = 6300; daher ist $\frac{1}{2}$ mal das Vermögen des A und 50 Thlr. = 700 Thlr.; demnach hat A 1300 Thlr., und B 4150 Thlr.

404. Drei Personen haben zusammen 2860 Thlr. A und B haben 770 Thlr. mehr als $4\frac{1}{2}$ mal den Antheil des C; A und C haben 780 Thlr. mehr als $5\frac{1}{2}$ mal den Besitz des B. Wie viel hat jede Person? A hat 2360 Thlr., B hat 320 Thlr. und C 380 Thlr.

405. Drei Gefäße A, B, C fassen zusammen 200 Quart. A und B halten doppelt so viele Quart als C weniger 40 Quart, B und C 4 mal so viel als A weniger 50 Quart. Wie viele Quart faßt jedes Gefäß? A 50, B 70 und C 80 Quart.

406. Drei Gewichte A, B, C wiegen zusammen 80 Pfund. Das zweifache Gewicht A wiegt 10 Pfund mehr als die beiden andern zusammen, und das fünffache Gewicht C 40 Pfund mehr als die beiden andern zusammen. Wie viele Pfunde wiegt jedes Gewicht? A 30, B 30 und C 20 Pfund.

407. Man hat 3 Stücke Metall, deren Gewicht gesucht wird. Das erste und zweite Stück wiegen zusammen 93 Pfund weniger als das dreifache Gewicht des dritten; das zweite und dritte zusammen 450 Pfund weniger als das zweifache des ersten; und das erste und dritte zusammen 213 Pfund mehr als das zweifache Gewicht des zweiten Stücks. Wie viele Pfunde wiegt jedes Stück?

Aufl. Die Summe der 3 Angaben hat die doppelte Summe des Gewichts der 3 Stücke Metall, und diese doppelte Summe beträgt 330 Pfund weniger als diese doppelte Summe und das Gewicht des dritten Stücks. Daher ist das Gewicht des dritten Stückes = 330 Pfd.

Daher ist das Gewicht des ersten und zweiten Stücks = 990 — 93 = 897 Pfund.

Die Summe der ersten und dritten Angabe enthält das doppelte Gewicht des ersten, das Gewicht des zweiten und das Gewicht des dritten Stücks und ist um 120 Pfund mehr als das 3fache Gewicht des dritten und das doppelte Gewicht des zweiten Stücks; mithin ist das doppelte Gewicht des ersten Stücks um 120 Pfund mehr als das doppelte des dritten und das Gewicht des zweiten Stücks; daher ist das doppelte Gewicht des ersten Stücks = dem Gewichte des zweiten und 780 Pfund; also das Gewicht des ersten Stücks = $\frac{1}{2}$ des Gewichts des zweiten und 390 Pfund. Demnach ist das Gewicht des ersten und zweiten Stücks zusammen = $\frac{3}{2}$ mal das Gewicht des zweiten Stücks und 390 Pfund oder = 897 Pfund, folglich ist $\frac{3}{2}$ mal das Gewicht des zweiten Stücks = 507 Pfund. Daher ist das Gewicht des zweiten Stücks $= \frac{507}{\frac{3}{2}} = \frac{1014}{3} = 338$ Pfund. Mithin ist das Gewicht des ersten Stücks = 897 — 338 = 559 Pfund.

408. Drei Personen A, B, C verbinden sich zu einem gemeinschaftlichen Handel; A giebt 900 Thlr. mehr zu diesem Handel als B her; B und C bringen zusammen 2400 Thlr. Der gemeinschaftliche Gewinn von 2678 Thlr. wird so unter sie getheilt, daß A 1030, B 412 und C 1236 Thlr. erhält. Wie viel hat jeder zum Handel beigetragen?

Aufl. Der Gewinn muß nach Verhältniß der Einlage jeder Person vertheilt werden.

Nun ist der Gewinn des A das 5fache, der des B das 2fache, und der des C das 6fache von 206 Thlr.; daher muß die Einlage des A das 5fache, die des B das 2fache und die des C das 6fache sein. A hat also das 3fache mehr als B, zugleich 900 Thlr. mehr als B zum Handel beigetragen; daher ist das Einfache = 300 Thlr. Mithin hat A 1500, B 600 und C 1800 Thlr. zum Handel hergegeben.

Anmerk. In der Aufgabe sind drei Bedingungen zu viel gegeben. Dieses ist absichtlich geschehen, weil selbiges zu mehrern Aufgaben dieser Art Veranlassung giebt. Die nachfolgenden Aufgaben werden dieses zeigen.

409. Von 3 Kaufleuten, die sich zu einem Handel verbunden haben, giebt A 1000 Thlr. mehr als B zu demselben, B und C zusammen 2500 Thlr. Sie gewinnen in dem Handel 800 Thlr., und A erhält davon 300 Thlr. Wie viel hat jeder zum Handel beigetragen, und wie viel erhält B und C von dem Gewinn?

Aufl. Der ganze Gewinn hat das 8fache, der des A das 3fache; daher hat der Gewinn des B und C zusammen das 5fache. Mithin hat A das 3fache einer gewissen Summe, und B und C das 5fache derselben Summe zum Handel gegeben. Daher ist das 5fache = 2500, also das Einfache = 500 Thlr. Demnach hat A 1500 Thlr., B 1000 Thlr. weniger, oder 500 Thlr. und C 2000 Thlr. gegeben. Daher erhält auch B von dem Gewinne nur 100 und C 400 Thlr.

410. Drei Kaufleute gewinnen in einem gemeinschaftlichen Handel 1200 Thlr., davon A für seinen Antheil 350 Thlr., B 250 Thlr. erhält. B und C brachten 1700 Thlr. zum Handel zusammen. Wie viel hat jeder zum Handel hergegeben? A 700, B 500 und C 1200 Thlr.

411. Zu einem gemeinschaftlichen Handel giebt B 800 Thlr. mehr als A. Von dem Gewinne erhält A 480 Thlr., B 600 Thlr.

und C 360 Thlr. Welche Summe hat jeder in der Handlung niedergelegt? A 3200, B 4000 und C 2400 Thlr.

412. A giebt zu einem Gesellschaftshandel 500 Thlr. mehr als B, und dieser 500 Thlr. mehr als C. Sie gewinnen 3000 Thlr., und C erhält für seinen Theil 800 Thlr. davon. Wie viel hat jeder zum Handel gegeben? A 3000 Thlr., B 2500 Thlr. und C 2000 Thlr.

413. Zu einem Gesellschaftshandel giebt A 2000 Tlr. und läßt sein Geld 8 Monate, B sein Geld 6 Mon. und C sein Geld 5 Mon. in der Handlung stehen. Von dem Gewinn erhält A 2400, B 2700 und C 3000 Thlr. Wie viel haben B und C zum Handel beigetragen?

Aufl. Der Gewinn des A hat das 16fache, der des B das 18fache und der des C das 20fache von 150 Thlr. Nun sei der monatliche Gewinn von 1000 Thlr. das Einfache einer gewissen Summe; so ist der monatliche Gewinn von 2000 Thlr. das 2fache, und der Gewinn von 2000 Thlr. in 8 Monaten das 16fache = 2400 Thlr.; daher ist der monatliche Gewinn von 1000 Thlr. = 150 Thlr. Da B für die Zeit von 6 Monaten 2700 Thlr. an Gewinn erhält, so gebührt ihm für einen Monat 450 Thlr. So oft nun der monatliche Gewinn von 450 Thlr. den monatlichen Gewinn von 150 Thlr. enthält, eben so oft mal 1000 Thlr. muß B zum Handel gegeben haben; also $\frac{450}{150} \cdot 1000 = 3000$ Thlr.

Auf gleiche Weise findet man, daß C 4000 Thlr. zum Handel beigetragen hat.

414. A hat zu einem Compagnie-Handel 1000 Thlr. mehr als B gegeben, und sein Geld im Handel 6, B 8 und C 10 Monate stehen lassen. Als sie den Gewinn theilen, erhält A 420, B 448, C 280 Thlr. Wie viel hat jeder zum Handel hergegeben?

Aufl. Der Gewinn des A hat das 30fache in 6, der des B das 32fache in 8 und der des C das 20fache in 10 Monaten von 14 Thlr. Daher hat der monatliche Gewinn des A das 5fache, der des B das 4fache und der des C das 2fache. Da nun der monatliche Gewinn des A das Einfache mehr als der des B hat, und A zugleich 1000 Thlr. mehr zum Handel beigetragen hat als B; so ist das Einfache oder 14 Thlr. der monatliche Gewinn von 1000 Thlr.

Da nun zum monatlichen Gewinne von 14 Thlr. ein Beitrag von 1000 Thlr. gehört, so hat A 5000, B 4000 und C 2000 Thlr. zum Handel gegeben.

415. A und B geben zu einem Gesellschaftshandel zusammen 1300 Thlr. her. A läßt sein Geld 9, B 6 und C 7 Monate in der Handlung stehen. Vom Gewinne erhält A 540, B 420, C 630 Thlr. Wie viel hat jeder zum Handel beigetragen? A 600, B 700 und C 900 Thlr.

416. Drei Kaufleute legen zu einem gemeinschaftlichen Handel 24000 Thlr. zusammen. A giebt sein Geld auf 7, B auf 6 und C auf 5 Monate dazu. Nach Beendigung des Handels theilen sie den Gewinn und A erhält 560, B 360 und C 500 Thlr. Wie viel hat jeder zum Handel gegeben? A 8000, B 6000 und C 10000 Thlr.

417. A giebt zu einem Handel 800, B 900 und C 1000 Thlr. A läßt sein Geld 13 Monate im Handel stehen. Nach dieser Zeit

theilen sie den Gewinn unter sich, und A erhält 520, B 450, C 400 Thlr. Wie lange hat B und C sein Geld im Handel gelassen?

Aufl. Der 13monatliche Gewinn beträgt 520 Thlr.; folglich der monatliche 40 Thlr. von 800 Thlr.; daher ist der monatliche Gewinn von 100 Thlr. 5 Thlr.

Demnach ist der monatliche Gewinn des B 45 Thlr., und er hat daher sein Geld so viele Monate in dem Handel stehen lassen, wie oft sein ganzer Gewinn 450 Thlr. den monatlichen Gewinn von 45 Thlr. enthält, also $\frac{450}{45} = 10$ Monate.

Auf gleiche Weise findet man, daß C sein Geld 8 Monate im Handel hat stehen lassen.

418. A und B geben zu einem Gesellschafts-Handel zusammen 4500 Thlr. und C 2400 Thlr. A läßt sein Geld 12, B 10 und C 8 Monate im Handel. Vom Gewinne erhält A 1200, B 1250 Thlr. Wie viel hat A und B zum Handel gegeben, und welches ist der Antheil des C vom Gewinne?

Aufl. Der monatliche Gewinn des A ist 100, der des B 125. Da nun der monatliche Gewinn des A das 4fache, und der des B das 5fache von 25 Thlr. hat; so muß auch die Einlage des A das 4fache und die des B das 5fache haben, also beide zusammen das 9fache = 4500; folglich das Einfache = 500. Daher ist die Einlage des A = 2000 und die des B = 2500 Thlr.

Weil nun 2000 Thlr. monatlich einen Gewinn von 100 Thlr. tragen, so wird ein Kapital von 100 Thlr. monatlich 5 Thlr. Gewinn bringen.

Daher hat C monatlich einen Gewinn von 24 . 5 oder 120 Thlr. und in 8 Monaten 960 Thlr.

419. A giebt zu einem gemeinschaftlichen Handel 1500 Thlr., B 2000 Thlr. und C 1800 Thlr. A läßt sein Geld 14, B 10 und C 9 Monate in der Handlung stehen. Sie gewinnen während dieser Zeit 5720 Thlr. Wie viel gebührt jedem von dem Gewinne?

Aufl. Der monatliche Gewinn von 100 Thlr. sei das Einfache einer gewissen Summe, so ist der monatliche Gewinn des A das 15fache, der des B das 20fache, und der des C das 18fache derselben Summe. Daher ist der Gewinn des A in 14 Monaten das 14 . 15 = 210fachen, der des B in 10 Monaten das 10 . 20 = dem 200fachen, und der des C das 9 . 18 = dem 162fachen. Daher ist der Gewinn der 3 Personen zusammen das 572fache = 5720; also das Einfache = 10. Mithin erhält A 210 . 10 = 2100, B 200 . 10 = 2000, und C 162 . 10 = 1260 Thlr.

420. Zu einem Gesellschaftshandel giebt A 450, B 600 und C 750 Thlr. A läßt sein Geld 8 Monate länger als B, und dieser 4 Monate länger als C in der Handlung stehen. A erhält nach Beendigung des Handels 900, B 720 Thlr. vom Gewinne. Wie lange hat jeder sein Geld in der Handlung stehen lassen, und wie groß ist der Antheil am Gewinne des C?

Aufl. Die Einlage des B hat das 4fache und die des A das 3fache; würden diese gleich lange in der Handlung gestanden haben, so müßte auch das Kapital des B das 4fache und das des A das 3fache an Gewinn getragen haben. Da das Kapital des B in einer gewissen Zeit 720 Thlr. Gewinn bringt, so müßte das Kapital des A in derselben Zeit $\frac{720}{4}$ . 3 oder 540 Thlr. getragen haben. Nun ist aber der Gewinn des A 900 Thlr., so oft dieser den Gewinn von 540 Thlr. hat, so oft mal die Zeit, welche B sein Geld in der Handlung hat stehen lassen, hat A das seinige in der Handlung gelassen; also $\frac{900}{540} = \frac{5}{3}$. Die Zeit des A hat also das 5fache und die des B das 3fache, A hat also das Zweifache oder 8 Monate sein Geld länger in der Handlung gelassen als B. Daher ist das Einfache = 4 Monate. Folglich ließ A sein Geld 20 Monate, und B 12; C 4 Monate kürzer als B, also nur 8 Monate.

In 20 Monaten hat A einen Gewinn von 900 Thlr.; also in 1 Monat 45 Thlr. von 450 Thlr., also von 50 in 1 Monat 5 Thlr.

Die Einlage des C ist 750 Thlr., oder 15 . 50, also ist sein monatlicher Gewinn 15 . 5 Thlr. = 75 Thlr., und in 8 Monaten 8 . 75 = 600 Thlr.

421. A giebt zu einem gemeinschaftlichen Handel 600, B 800 und C 1200 Thlr. A läßt sein Geld 3 Monate länger als B, und dieser 3 Monate länger als C in der Handlung stehen. Von dem Gewinne erhält A 900 Thlr. und C 1080 Thlr. Wie lange hat jeder sein Geld in der Handlung gelassen, und wie viel erhält B von dem Gewinne?

Aufl. Das Kapital des A ist das Einfache, das des C das Zweifache von 600 Thlr. Hätten sie ihre Kapitalien gleich lange in der Handlung gelassen, so hätte A auch das Einfache und C das Zweifache an Gewinn erhalten müssen. Da nun C 1080 Thlr. erhält, so hätte A unter obiger Voraussetzung nur 540 Thlr. müssen. So oft demnach der Gewinn des A die 540 Thlr. enthält, eben so oft muß die Zeit, welche A sein Kapital in der Handlung hat stehen lassen, die Zeit enthalten, welche C sein Geld in der Handlung ließ; also $\frac{900}{540} = \frac{5}{3}$ mal die Zeit des C. Die Zeit des A hat also das 5fache und die des C das 3fache; die Zeit des A ist also um das Zweifache oder um 6 Monate länger als die des C; daher ist das Einfache 3 Monate; mithin die Zeit des A 15 Monate, die des B 12 Monate und die des C 9 Monate.

Da nun A für 15 Monate einen Gewinn von 900 Thlr. erhält, so trägt sein Kapital in einem Monate einen Gewinn von 60 Thlr.; dieses ist der monatliche Gewinn von 600 Thlr., also tragen 100 Thlr. monatlich einen Gewinn von 10 Thlr.

Das Vermögen des B in der Handlung ist nun 800 Thlr., also hat er monatlich einen Gewinn von 80 Thlr., und in 12 Monaten 12 . 80 = 960 Thlr.

422. In einer Familie fragt ein Fremder, wie viele Kinder in derselben wären. Der älteste Sohn antwortet: „Ich habe so viele Schwestern als Brüder. Darauf sagt die älteste Tochter: „Ich habe doppelt so viele Brüder als Schwestern."

Aufl. Wenn der eine Bruder von den übrigen spricht, so versteht er die ganze Zahl derselben, weniger einen; daher übertrifft die Zahl der Brüder die der Schwestern um 1.

Spricht nun eine Schwester von ihren Geschwistern, so hat sie die ganze Zahl der Schwestern außer sich, oder weniger eine im Sinne, und dann ist die Zahl der Brüder um 2 mehr als die der Schwestern; und weil nun die Zahl der Brüder das 2fache der Schwestern ist, also das Einfache der Schwestern mehr; so ist die Zahl der Schwestern weniger einer = 2; daher waren 3 Töchter, und 4 Söhne in dieser Familie.

423. Ein Sohn einer Familie sagt zu einem Fremden: „Ich habe so viele Schwestern als Brüder." Eine Tochter derselben Familie sagt: „Ich habe 3 mal so viele Brüder als Schwestern." Wie viele Kinder von beiden Geschlechtern waren in dieser Familie?
3 Söhne und 2 Töchter.

424. Zwei Kaufleute haben zusammen 24000 Thlr.; der eine vermehrt jährlich sein Vermögen um $\frac{7}{100}$, der andere um $\frac{1}{20}$, daher nimmt der erste in einem Jahre 600 Thlr. mehr als der andere ein. Wie groß ist das Vermögen eines Jeden?

Aufl. Da $\frac{7}{100}$ des ersten Vermögen 600 Thlr. mehr als $\frac{1}{20}$ des andern sind, so ist $\frac{1}{100}$ des ersten um $\frac{600}{7}$ Thlr. größer als $\frac{1}{140}$ des andern; mithin beträgt das erste $\frac{60000}{7}$ Thlr. mehr als $\frac{100}{140}$ des andern; daher ist das erste Vermögen = $\frac{5}{7}$ des andern und $\frac{60000}{7}$ Thlr. Folglich ist die Summe beider Vermögen = $\frac{12}{7}$ des andern und $\frac{60000}{7}$ Thlr. = 24000 Thlr.; also $\frac{1}{7}$ dieses Vermögens und $\frac{5000}{7}$ = 2000 Thlr. Demnach ist dieses Vermögen und 5000 Thlr. = 14000 Thlr. Folglich ist das zweite Vermögen = 9000 Thlr. und das erste = 15000 Thlr.

425. Zwei Personen A, B haben zusammen ein Kapital von 30000 Thlr. A nimmt jährlich von seinem Vermögen $\frac{1}{4}$, B nur $\frac{1}{9}$ desselben ein; daher beträgt die jährliche Einnahme des A 1000 Thlr. mehr als die des B. Welches Kapital besitzt jede? A 12000 Thlr., B 18000 Thlr.

426. Wenn ein Geselle arbeitet, so erspart er täglich 8 Sgr., arbeitet er aber nicht, so verzehrt er täglich 6 Sgr. Nach Verlauf einer gewissen Zeit hat er 8 Thlr. 20 Sgr. erspart. Ein andermal ist er eben so viele Tage fleißig gewesen, und hat auch eben so viel täglich als das erste Mal erspart, und lebte auch dieses Mal eben so viele Tage müßig als das erste Mal, nun verzehrte er aber täglich 9 Sgr. und erspart dieses Mal nur 7 Thlr. 20 Sgr. Wie viel Tage ist er jedes Mal arbeitsam gewesen, und wie viele müßig?

Aufl. Das, was er zum zweiten Male weniger als das erste Mal erspart, muß das sein, was er im andern Falle mehr als im ersten verzehrt. Da er nun im zweiten Falle 1 Thlr. weniger erspart, und täglich 3 Sgr. mehr als im ersten verzehrt, so ist er $\frac{30}{3}$ = 10 Tage müßig gewesen; und er hat daher das erste Mal 60 Sgr. oder 2 Thlr. verzehrt, und noch 8 Thlr. 20 Sgr. erspart, daher hat er bei nützlicher Thätigkeit das erste Mal im Ganzen 10 Thlr. 20 Sgr. oder

320 Sgr. erspart, indem er täglich 8 Sgr. bei Seite legte; mithin ist er $\frac{320}{8} = 40$ Tage arbeitsam gewesen.

427. Zwei Gewerbe treibende Personen A, B müssen jährlich zusammen 600 Thlr. an Steuern entrichten. A nimmt jährlich das 25fache seiner Abgaben, B nur das 10fache derselben ein; daher hat A jährlich an baarem Gewinne 11500 Thlr. mehr als B. Wie groß waren die Abgaben jeder Person?

Aufl. Das 25fache des A ist also um 11500 größer als das 10fache des B, daher ist das Einfache des A um $\frac{11500}{25} = 460$ Thlr. mehr als $\frac{2}{5}$mal des B Steuern; daher ist die Steuer des A $= \frac{2}{5}$mal die des B und 460 Thlr.; beider Steuern zusammen sind also $= \frac{7}{5}$mal die Steuer des B und 460 Thlr. $= 600$ Thlr. Daher betragen $\frac{7}{5}$mal die Abgaben des B 140 Thlr.; folglich sind die Abgaben des $B = \frac{140}{\frac{7}{5}} = \frac{5 \,.\, 140}{7} = 100$ Thlr. und die des $A = 600 - 100 = 500$ Thlr.

428. Ein Bauer hat 18 Morgen Land mit Weizen besäet, und erntet das 9fache der Aussaat; ein anderer hat 24 Morgen Acker mit Weizen besäet, und erntet das 8fache der Aussaat. Sie haben zusammen 531 Scheffel geerntet; wie viel hat jeder geerntet, und welches war die Aussaat auf einen Morgen, wenn diese für beide Bauern auf einen Morgen einander gleich sind?

Aufl. Die Aussaat auf einen Morgen Land sei das Einfache einer gewissen Quantität Weizen; so hat der erste Bauer das 18fache ausgesäet, und das 9 . 18 oder 162fache geerntet; aus gleichem Grunde hat der andere das 8 . 24 oder 192fache geerntet; daher haben beide zusammen das 354fache oder 531 Scheffel geerntet; mithin ist das Einfache $= \frac{531}{354} = 1\frac{1}{2}$ Scheffel, welches die Aussaat auf einen Morgen ist.

Nun hat der erste Bauer das 162fache, also $162 \,.\, 1\frac{1}{2} = 243$ Scheffel, und der andere das 192fache, also $192 \,.\, 1\frac{1}{2} = 288$ Scheffel geerntet.

429. Drei Bauern haben zusammen 125 Morgen Acker mit Roggen besät. A auf einen Morgen $1\frac{1}{2}$, B $1\frac{1}{3}$, C $1\frac{1}{4}$ Scheffel; A erntet das 10fache, B das 9fache und C das 8fache der Aussaat, und zwar A 525, B 480 Scheffel. Wie viele Morgen hat jeder besäet?

Aufl. A erntet von einem Morgen $10 \,.\, 1\frac{1}{2}$ Scheffel $= 15$ Scheffel, daher hat er so viele Morgen besäet, so vielmal seine ganze Ernte die von einem Morgen enthält, also $\frac{525}{15} = 35$ Morgen. Aus demselben Grunde hat B $\frac{480}{12} = 40$ Morgen, und C $125 - 35 - 40 = 125 - 75 = 50$ Morgen besäet.

430. Der Bauer A hat 70 Morgen, B 50 Morgen besäet, und zwar auf einen Morgen $\frac{1}{4}$ Scheffel mehr als dieser; B auf einen Morgen $\frac{1}{6}$ Scheffel mehr als C. A erntet das 10te, B das 9te und C das 8te Korn, und zwar A 1225, B 675 und C 640 Scheffel.

Wie viele Morgen hat jeder besäet, und wie viel beträgt die Aussaat jedes auf einen Morgen?

Aufl. Die Aussaat des B auf einen Morgen sei das Einfache einer gewissen Quantität Getreide; folglich beträgt seine Aussaat auf 50 Morgen das 50fache, und da er das 9fache der Aussaat erntet, so beträgt seine Ernte das $9 . 50$ oder das 450fache $= 675$ Scheffel, also die Aussaat auf einen Morgen $= \frac{675}{450} = 1\frac{1}{2}$ Scheffel.

Daher ist die Aussaat des $A = 1\frac{1}{2} + \frac{1}{4} = 1\frac{3}{4}$ Scheffel auf einen Morgen, und die Aussaat des $C = 1\frac{1}{2} - \frac{1}{6} = 1\frac{1}{3}$ Scheffel auf einen Morgen.

Da nun C das 8fache erntet, so ist seine Ernte von einem Morgen $= 8 . \frac{4}{3} = \frac{32}{3}$ Scheffel; demnach hat er so viele Morgen besäet, wie vielmal die ganze Ernte die von einem Morgen enthält, also $640 : \frac{32}{3} = 3 . 20 = 60$ Morgen.

Der zweiten Abtheilung zweiter Abschnitt.

# Aufgaben,

welche

## vermittelst geometrischer Verhältnisse gelöset werden.

### I. Mit einer unbekannten Zahl.

Der Gegenstand der Arithmetik ist die Zahl; des reinen oder theoretischen Rechnens die unbenannte, des angewandten oder praktischen Rechnens die benannte Zahl.

Die Einheiten der unbenannten Zahl sind alle unter einander gleich; die Einheiten der benannten Zahlen sind einander gleich oder verschieden.

Der Ausdruck: „benannte Zahl" ist eigentlich unrichtig, aber ein abgekürzter Ausdruck, und er müßte eigentlich heißen: eine Zahl benannter Einheiten.

1. Führen nun die Einheiten der benannten Zahlen gleiche Namen, so müssen sie als unter einander gleich betrachtet werden; oder gleichnamige Einheiten sind unter einander gleich.

Denn eine benannte Einheit ist der gemeinschaftliche Begriff gezählter Dinge; dieser Begriff umfaßt aber nur die Merkmale, welche jedes gezählte Ding in sich vereinigt; daher müssen Begriffe von gleicher Benennung oder gleichnamige Einheiten unter einander gleich sein.

Die Gleichheit gleichnamiger Einheiten ist noch einleuchtender, wenn dieselben Maße sind. Z. B. Pfunde, Scheffel, Quarte, Fuße, Ellen, Meilen 2c. eines Landes oder Ortes. Ein Pfund irgend einer Masse ist gleich einem Pfunde irgend einer andern Masse in Hinsicht der Schwere; 1 Scheffel irgend einer Getreideart ist gleich 1 Scheffel irgend einer andern Getreideart in Hinsicht des Raumes 2c.

2. Daher können gleichnamige Zahlen als unbenannte Zahlen betrachtet werden; und die Gesetze, welche von diesen gelten, müssen für jene dieselbe Giltigkeit haben.

3. Gleichartige Dinge sind solche, welche durch eine und dieselbe Einheit gemessen werden können. Z. B. Thaler und Sgr. können beide durch 1 Sgr. gemessen werden, Pfunde und Lothe durch 1 Loth; Ellen und Fuße durch 1 Zoll; Anker und Tonnen durch ein Quart; Jahre und Stunden durch Minuten oder Sekunden 2c.

4. Ungleichartige Dinge sind solche, welche nicht durch einerlei Einheit gemessen werden können. Z. B. Pfunde und Ellen; Thaler und Tage ꝛc.

Aber Pfunde und Thaler können als gleichartige Dinge in Hinsicht der Schwere betrachtet werden; denn man kann beide durch 1 Loth messen; 1 Pfund durch 1 Loth gemessen giebt die Zahl 32, und 1 Thlr. wird durch 1 Loth nach der Zahl $\frac{32}{21}$ gemessen.

Gleichartige Dinge sind entweder untergeordnet (subordinirt) oder nebengeordnet (coordinirt).

Die logische Definition unter- und nebengeordneter Dinge oder Begriffe paßt nicht für die Arithmetik, oder die Erklärung derselben würde hier zu weit führen, wenn sie einige Vollständigkeit besitzen sollte; denn sie lautet: ein Begriff ist einem andern untergeordnet, wenn der Inhalt des erstern den des andern umfaßt; und der eine ist einem andern nebengeordnet, wenn beide zu einer und derselben Sphäre eines dritten Begriffes gehören.

Hier sind aber wieder Inhalt und Sphäre zu erklären, und die Definitionen dieser Begriffe fordern wieder andere zu ihrer Deutlichkeit, mithin hätte man hier einen Theil der Logik zu behandeln, welches unpassend wäre; daher soll für gegenwärtigen Zweck eine andere Definition obiger Begriffe gegeben werden.

5. Ein Ding ist einem andern untergeordnet, wenn das andere ein genaues Vielfache vom ersten ist.

Z. B. 1 Thlr. ist das 30fache von 1 Sgr., das 3fache von 1 Preuß. Gulden, das 5fache von 1 Preuß. Achtzehner, das 6fache von 1 Preuß. halben Gulden, das 12fache von 1 Achthalber, das 24fache von 1 guten Groschen ꝛc. Daher sind die genannten Münzen dem Thlr. untergeordnet. Aus gleichem Grunde ist 1 Loth 1 Pfunde, 1 Quart einer Tonne oder einem Oxhoft untergeordnet.

6. Zwei Dinge sind einander nebengeordnet, wenn das eine zwar nicht ein Vielfaches des andern, aber doch beide durch eine und dieselbe Einheit meßbar sind. Z. B. 1 Achthalber und 1 Sgr. sind einander nebengeordnet, denn beide sind durch 1 Pfennig meßbar, der eine hat 30, der andere 12 Pfennige, oder der eine hat 5 halbe Sgr. und der andere 2. Ein Pfund Handelsgewicht und 1 Pfund Apothekergewicht sind durch 1 Loth meßbar, jenes hat 32, dieses 24 Loth ꝛc. Diese Dinge sind also nebengeordnete.

7. Die Zahl, welche anzeigt, welches Vielfache ein Ding von einem ihm untergeordneneten andern Dinge ist, heißt Reduktionszahl, und für Geld wird dieselbe auch Währungszahl genannt.

Ueber Erklärung geometrischer Verhältnisse, Glieder derselben, Proportionen und den Ableitungen anderer aus gegebenen Proportionen ꝛc. hat man in dem IIten und IIIten Abschnitte der Fundamentsätze nachzulesen. Jene Sätze werden hier als bekannt vorausgesetzt, und in diesem Abschnitte sollen nur die Sätze angeführt werden, welche zur Anwendung jener auf benannte Zahlen erforderlich sind.

Man mag eine oder die andere der Definitionen geometrischer Verhältnisse nehmen, welche in den Fundamentalsätzen gegeben sind, so wird man jede gleich passend zur Anwendung auf benannte Zahlen finden. Beide sollen hier kurz berührt werden.

8. Zwei benannte Zahlen werden in einem geometrischen Verhältnisse betrachtet, wenn jede als ein Vielfaches ihres gemeinen Maßes betrachtet wird.

Dieses gemeine Maß ist entweder die benannte Einheit der Glieder des Verhältnisses oder ein Vielfaches derselben; daher können nach dieser Erklärung nur gleichartige Dinge in einem geometrischen Verhältnisse stehen. Z. B.:

1 Thlr. : 1 Sgr. = 30 : 1; denn 1 Thlr. ist das 30fache, 1 Sgr. das Einfache von 1 Sgr.

1 Pfund : 1 Loth = 32 : 1, aus demselben Grunde.

Hieraus ergiebt sich folgender Satz:

9. Eine übergeordnete Größe verhält sich zu ihrer untergeordneten, wie die Reduktionszahl zu Eins.

Ein Großstein ist gleich 33 Pfund, ein Kleinstein gleich 22 Pfund; das gemeine Maß beider Gewichte ist 11 Pfund, und daher verhält sich:

1 Großstein : 1 Kleinstein = 33 : 22 = 3 : 2.

1 Werk-Fuß = 12 Zoll, und ist eine Elle = $25\frac{1}{2}$ Zoll, so ist:

1 Fuß : 1 Elle = 12 : $25\frac{1}{2}$ = 24 : 51 = 8 : 17.

Aus diesen und ähnlichen Beispielen folgt der Satz:

10. Eine Größe verhält sich zu ihrer nebengeordneten, wie das Vielfache, welches die eine Größe vom gemeinen Maße beider ist, zum Vielfachen der andern vom gemeinen Maße.

Anmerk. Die Definition von der Gleichheit zweier Verhältnisse wird als bekannt aus dem IIten Abschnitte der Fundamentalsätze vorausgesetzt.

3 Menschen : 4 Menschen = 3 : 4.
5 Thlr. : 7 Thlr. = 5 : 7.
8 Aepfel : 9 Aepfel = 8 : 9 ꝛc.

11. Satz: Das Verhältniß gleichnamiger Größen ist gleich dem Verhältnisse ihrer Anzahlen.

12. Zwei zugehörige Größen sollen solche heißen, welche zusammen eine dritte Größe bestimmen. Z. B.:

Die Quantität einer Waare und der Preis derselben; kostet das Pfund einer Waare 12 Sgr., so kosten 5 Pf. 5 . 12 oder 60 Sgr. = 2 Thlr., hier sind 5 Pfund und 12 Sgr. zugehörige Größen; denn beide in Verbindung bestimmen den Werth von 2 Thlr.

Zeit und Arbeitslohn; erhält ein Arbeiter täglich 15 Sgr., so erhält er in 6 Tagen 90 Sgr. oder 3 Thlr.; 6 Tage und 15 Sgr. bedingen die Größe 3 Thlr., daher sind 6 Tage und 15 Sgr. zugehörige Größen ꝛc.

13. Zwei gleichartige Größen stehen mit ihren zugehörigen, gleichartigen in geradem Verhältnisse, wenn jede Art nach denselben Zahlen entweder wächst oder abnimmt. Z. B.:

Die Zeiten und der Arbeitslohn für gleich starke Arbeiter;

Die Zeiten und die Lebensmittel für gleich starke Verzehrer;

Die Kapitale und die Zinsen bei gleichen Procenten und gleichen Zeiten;

Die ganzen durchlaufenen Räume und die Geschwindigkeiten bei gleichen Zeiten ꝛc.

14. Zwei gleichartige Größen stehen mit ihren zugehörigen Größen in umgekehrtem Verhältnisse, wenn die eine Art nach derselben Zahl wächst, nach welcher die andere zugleich abnimmt. Z. B.:

Zeit und Kraft; denn wenn die eine Person zu einer Arbeit die doppelte Zeit gebraucht, welche eine andere Person zu derselben Arbeit nöthig hat, so wendet die erste nur die Hälfte der Kraft der andern an.

Dieselben Verhältnisse hat man für Zeit und Geschwindigkeit, für Zeit und Lebensmittel ꝛc.

15. Wenn zwei Vielfache zweier gleichartigen Dinge einander gleich sind: so stehen die einzelnen Dinge in umgekehrtem Verhältnisse ihrer Anzahlen.

Beweis. Vorläufig wähle man ein Beispiel.

14 Thlr. sind = 1 Köln. Mark fein Silber, und 20 Fl. Conv. Cour. sind = derselben Mark; daher sind 20 Fl. Conv. Cour. = 14 Thlr.

Man denke sich die Mark in 14 . 20 oder in 280 gleiche Theile getheilt; so hat 1 Thlr. $\frac{280}{14}$ oder 20, und in 1 Fl. Conv. Cour. $\frac{280}{20}$ oder 14 dieser Theile; daher

1 Thlr. : 1 Fl. Conv. Cour. = 20 Theile : 14 derselben Theile
= 20 : 14

Ein anderes Beispiel. 10 Fuß Feldmaß = 12 Fuß Werkmaß. Nun stelle man sich vor, daß ein Fuß Feldmaß in 12 und ein Fuß Werkmaß in 10 Theile getheilt sei, so haben 10 Fuß F.M. 120, und 12 Fuß W.M. gleichfalls 120 Theile; also 120 Theile des Fußes F.M. = 120 Theilen des Fußes W.M., also die Theile beider Füße einander gleich; daher 1 Fuß F.M. = 12, und 1 Fuß W.M. gleich 10 solcher Theile; daher ist 1 Fuß F.M. : 1 Fuß W.M. = 10 : 12, also in umgekehrtem Verhältnisse ihrer Anzahlen.

Die letzte Art der Darstellung kann man auch allgemein aussprechen, und dieses wird jeder können, der die Behandlung des Beispiels versteht.

Ein anderer Beweis. 13 Rubel sind = 14 Thlr.

Die Größe 13 Rubel kann man sich als ein Produkt aus der Zahl 13 als einen, und 1 Rubel als den andern Faktor denken; eben so 14 Thlr. als ein Produkt aus 14 und 1 Thlr.; also hat man zwei gleiche Produkte 13 . 1 Rubel = 14 . 1 Thlr.

Nun stehen aber die Faktoren gleicher Produkte in umgekehrtem Verhältnisse, also 1 Rubel : 1 Thlr. = 14 : 13; die Dinge stehen daher im umgekehrten Verhältnisse ihrer Anzahlen.

Die andere Erklärung geometrischer Verhältnisse in dem IIIten Abschnitte der Fundamentalsätze ist diese: Eine Größe steht zu einer andern in geometrischem Verhältnisse, wenn diese ein Produkt aus der ersten und einer unbenannten Zahl ist.

Nach dieser Erklärung müssen beide Glieder eines geometrischen Verhältnisses gleichnamige Größen sein; die vorige Erklärung ist also umfassender als diese.

Die Zahl, mit welcher man das Vorderglied multipliciren muß, um das Hinterglied zu erhalten, heißt der Verhältnißanzeiger, Verhältnißexponent, oder Verhältnißquotient.

16. Das Hinterglied in einem geometrischen Verhältnisse soll künftig immer als das Produkt aus dem Vordergliede und dem Verhältnißquotienten angenommen werden.

17. Da das Produkt zweier Zahlen durch die eine dividirt zum Quotienten die andere giebt: so ist der Verhältnißquotient = dem Hintergliede dividirt durch das Vorderglied, und das Vorderglied ist gleich dem Hintergliede dividirt durch den Verhältnißquotienten.

Anmerk. Wie man das Hinterglied aus dem Vordergliede entstehen ließ, eben so kann man das Vorder- aus dem Hintergliede entstehen lassen. Dann würde aber der Verhältnißquotient gleich dem Vordergliede dividirt durch das Hinterglied sein.

Hier soll die erste Def. in Anwendung gebracht werden.

18. Zwei Verhältnisse sind gleich, wenn ihre Verhältnißquotienten einander gleich sind, oder wenn jedes einem dritten gleich ist.

19. Die Gleichheit zweier Verhältnisse ist eine Proportion.

20. In einer Proportion ist das Produkt der äußern Glieder gleich dem der innern.

Dieser Satz ist eine unmittelbare Folge der Erklärung gleicher Verhältnisse und einer Proportion. Denn das zweite Glied ist ein Produkt aus dem ersten Gliede und dem V.Q.; das IVte Glied ist ein Produkt aus dem IIIten Gliede und dem V.Q. Daher ist das Produkt der äußern Glieder ein Produkt aus folgenden 3 Zahlen: aus dem Iten und IIIten Gliede und dem V.Q.

Das Produkt der innern Glieder ist ein Produkt aus diesen drei Zahlen: aus dem Iten Gliede, dem V.Q. und dem IIIten Gliede. Da nun beide Produkte aus denselben Faktoren bestehen, und Gleiches durch Gleiches multiplicirt Gleiches giebt, so sind die Produkte einander gleich.

21. Das Verfahren, nach welchem man eine Größe findet, die mit drei gegebenen eine Proportion bildet, heißt Regel de tri.

Da eine Proportion aus zwei Verhältnissen besteht, und in jedem Verhältnisse gleichartige Größen stehen müssen, so kann eine Proportion nur zwei ungleichartige Größen enthalten; und die gesuchte Größe muß gleichartig mit der von den drei gegebenen sein, welche mit den beiden andern ungleichartig ist.

22. Im Allgemeinen heißt das Verfahren, durch welches zu einer gegebenen eine andere Größe vermittelst gegebener Verhältnisse gefunden wird, die Proportionsrechnung.

Die Proportionsrechnung ist entweder einfach, wenn nur ein Verhältniß zur Berechnung der gesuchten Größe erforderlich ist, oder zusammengesetzt, wenn mehrere Verhältnisse zum Finden der unbekannten Größe nothwendig sind.

Die einfache Proportionsrechnung ist die Regel de tri; die zusammengesetzte Proportionsrechnung begreift die Regula quinque, septem, novem ꝛc. multiplex.

In jeder Proportionsrechnung ist die Zahl der gegebenen Größen ungerad; denn man hat entweder ein Verhältniß und eine Größe zu welcher eine gesucht wird, oder zwei Verhältnisse, also 4 Größen und eine zu welcher die 6te gesucht wird, oder 3 Verhältnisse, also 6 Größen und eine 7te zu welcher die 8te gesucht wird ꝛc.

Die Zahl der ungleichartigen Größen, welche in der Proportionsrechnung vorkommen, ist die um eins vermehrte Zahl der gegebenen Größen dividirt durch 2. In der Regel de tri steht die gesuchte mit der gegebenen Größe in einem einfachen, in der zusammengesetzten Proportionsrechnung steht die unbekannte Größe zu der bekannten in einem Verhältnisse, welches aus den gegebenen Verhältnissen zusammengesetzt ist.

Anmerk. Aufgaben für die Regel de tri kommen in jedem Elementarbuche des Rechnens in hinlänglicher Menge vor, und daher werden solche hier übergangen werden; und wenn auch solche Aufgaben in erwähnten Büchern vorhanden sind, welche durch die zusammengesetzte Proportionsrechnung gelöst werden; so werden sie doch daselbst auf eine Weise behandelt, die der Würde der Arithmetik nicht ganz entspricht. Daher werden hier einige der letzten Art vorgetragen werden. Dabei wird aber keine Regel, wie die Basedowsche, Hotzische ꝛc. berücksichtiget werden; weil diese Regeln nur das mechanische Verfahren hervorheben, und die Gründlichkeit vernachlässigen. Ueberdies sind diese Regeln eben so weitläuftig als die Rechnung vermittelst Proportionen, und können leichter als diese Veranlassung zum Irrthume geben.

Zunächst über Zusammensetzung der Verhältnisse und Proportionen.

23. Verhältnisse werden zusammengesetzt, wenn man das Produkt aller Vorderglieder zu dem Produkte aller Hinterglieder im Verhältniß setzt.

Produkte benannter Zahlen können nicht gebildet werden, wird nicht selten behauptet (hierüber lese man die Anmerkung zur 159sten Aufgabe des ersten Abschnittes des zweiten Abtheilung), und daher dürften auch Verhältnisse benannter Zahlen nicht zusammengesetzt werden; aber glücklicher Weise kann die erwähnte Behauptung dem obigen Verfahren nicht zum Vorwurfe gereichen; denn das Verhältniß benannter Zahlen kann durch unbenannte Zahlen ausgedrückt werden, wie dieses in den Sätzen 1 bis 15. dieses Abschnittes dargethan ist. Was demnach von unbenannten Zahlen in geometrischen Verhältnissen gilt, das hat auch Giltigkeit für benannte Zahlen in solchen Verhältnissen.

24. Proportionen werden zusammengesetzt, wenn man die Produkte der gleichvielsten Glieder in Verhältniß setzt; und diese Produkte bilden gleiche Verhältnisse oder eine neue, aus den gegebenen Proportionen, zusammengesetzte Proportion.

Denn jedes IIte Glied der Proportionen ist ein Produkt aus dem zugehörigen Iten und dem zugehörigen Verhältnißquotienten, daher ist das Produkt aller IIten Glieder der Proportionen = dem Produkte aus dem Produkte aller Iten Glieder und aller zugehörigen Verhältnißnißquotienten; mithin ist der Verhältnißquotient des ersten Verhältnisses, der durch Zusammensetzung abgeleiteten, das Produkt aller Verhältnißquotien der ersten Verhältnisse der Proportionen.

Einen gleichen Ausdruck findet man auf dieselbe Weise für den Verhältnißquotienten des zweiten Verhältnisses, welches aus den zweiten

Verhältnissen der Proportionen abgeleitet ist; folglich bilden beide zusammengesetzte Verhältnisse eine Proportion.

Dieser Beweis wird der allgemeinen Ausdrücke wegen etwas unverständlich sein, deswegen folge ein kürzerer vermittelst Buchstaben, welche die Stelle jener allgemeinen und weitläuftigen Ausdrücke vertreten mögen.

Die Vorderglieder in den Verhältnissen der gegebenen Proportionen seien: A, B; A', B'; A'', B''; A''', B''' zc.; die zu diesen Vordergliedern gehörigen Verhältnißquotienten seien: Q, Q', Q'', Q''' zc.; so werden die gegebenen Proportionen sein:

$$A : A.\ Q = B : B.\ Q$$
$$A' : A'.\ Q' = B' : B'.\ Q'$$
$$A'' : A''.\ Q'' = B'' : B''.\ Q''$$
$$A''' : A'''.\ Q''' = B''' : B'''.\ Q''' \text{ zc.}$$

Demnach ist das zusammengesetzte erste Verhältniß:

$$A.\ A'.\ A''.\ A''' : A.\ A'.\ A''.\ A''' \times Q.\ Q'.\ Q''.\ Q'''$$

und der Verhältnißquotient desselben: $Q.\ Q'.\ Q''.\ Q'''$.

Das zusammengesetzte zweite Verhältniß ist:

$$B.\ B'.\ B''.\ B''' : B.\ B'.\ B''.\ B''' \times Q.\ Q'.\ Q''.\ Q''',$$

und der Verhältnißquotient ist: $Q.\ Q'.\ Q''.\ Q'''$, welcher mit dem vorigen dieselben Zahlen als Faktoren hat; daher sind die zusammengesetzten Verhältnisse einander gleich und bilden eine Proportion.

25. Wenn in einer beliebigen Folge von Größen das Verhältniß je zweier unmittelbar auf einander folgenden durch das Verhältniß zweier Zahlen gegeben ist, so kann man aus den Größen und ihren Verhältnissen Proportionen bilden, in welchen das zweite Glied der einen gleich dem ersten Gliede der nächstfolgenden Proportion ist; diese Proportionen sollen Kettenproportionen heißen, und das Verhältniß der ersten und letzten jener Größen ist das Zusammengesetzte aus den durch Zahlen gegebenen je zweier der Größen.

Die Folge der Zahlen sei: A, B, C, D zc., und ihre Verhältnisse seien a : b, c : d, e : f zc., so sind die Kettenproportionen:

$$A : B = a : b$$
$$B : C = c : d$$
$$C : D = e : f \text{ zc.};$$

so erhält man durch Zusammensetzung dieser Proportionen:

$$A . B . C : B . C . D = a . c . e : b . d . f.$$

Wenn man aber die Glieder eines Verhältnisses durch einerlei Zahl multiplicirt oder dividirt, so ist das Verhältniß der Produkte oder Quotienten gleich dem gegebenen. (Fundamentalf. II. 184. III. 415.)

Dividirt man daher das erste Verhältniß der zusammengesetzten Proportionen durch das Produkt jener Größen außer der ersten und letzten, so erhält man das Verhältniß der ersten und letzten Größe gleich dem ersten und daher auch gleich dem zweiten Verhältnisse der abgeleiteten Proportion, nämlich: $A : D = a . c . e : b . d . f$.

Anmerk. Die ungleichartigen Dinge, deren Größe durch Zahlen ausgedrückt und in Proportionen auf einander bezogen werden, sind Zeit, Raum, Masse, Werth, Kraft (Ursache), Wirkung, Schwere, Geschwindigkeit (Bewegung), Menge 2c. Einige Beispiele sollen zur Anwendung des Vorhergehenden folgen.

26. Wenn 8 Menschen in 15 Tagen einen gewissen Acker bearbeiten, so werden 10 Menschen von derselben Arbeitsamkeit wie viele Tage zur Bestellung desselben Ackers gebrauchen?

Da nur gleichartige Dinge in einem Verhältnisse stehen können, so müssen die Arbeiter zu einander und die Zeiten zu einander in Verhältniß gesetzt werden; und man hat zunächst zu untersuchen, ob die eine Art der Dinge mit ihren zugehörigen in geradem oder in umgekehrtem Verhältnisse stehen. Um dieses zu erfahren hat man ein gewisses Vielfaches von der einen Zahl der Dinge zu nehmen, und dann zu prüfen, ob die Zahl des zu dem genommenen Vielfachen zugehörigen Dinges dasselbe Vielfache oder nur der Theil, welcher durch die Zahl des Vielfachen bestimmt wird, von der Zahl des zur andern Größe zugehörigen Dinges ist. Im ersten Falle stehen die Dinge in geradem, im andern im umgekehrten Verhältnisse; oder deutlicher mit bestimmten Namen und Zahlen: würde zum 3fachen der 8 Arbeiter auch die 3fache Zeit der 15 Tage gehören, so würden Arbeiter und Zeit in geradem Verhältnisse stehen; nun weiß man aber aus der Erfahrung, daß zur 3fachen Zahl der Arbeiter die einfache Zeit, und zur einfachen Zahl der Arbeiter die 3fache Zeit gehört; daher stehen die Zahlen der Arbeiter und ihrer zugehörigen Zeiten in umgekehrtem Verhältnisse; man hat also

10 Arbeiter : 8 Arbeiter = 15 Tage : X Tagen.

Weil nun in einer Proportion das Produkt der äußern Glieder gleich dem der mittlern ist, so ist $10 . X = 8 . 15$, also $\frac{10 . X}{10} = \frac{8 . 15}{10}$ oder $X = 12$ Tagen. Denn Gleiches dividirt durch Gleiches, giebt Gleiches, und das Produkt zweier Faktoren dividirt durch den einen, giebt zum Quotienten den andern.

27. Man weiß, daß 8 Mäher in 15 Tagen eine Wiese von 24 Morgen abmähen können; welche Zeit werden 10 Arbeiter zur Abmähung einer Wiese von 30 Morgen nothwendig haben?

Man zerlege diese Aufgabe in zwei andere, und berechne zuerst die Zeit für dieselbe Arbeit, wie vorher, und darauf die Zeit für die andere gegebene Arbeit. Diese Bemerkung angewandt: 8 Mäher können in 15 Tagen eine gewisse Wiese (24 Morgen) abmähen, in welcher Zeit werden 10 Arbeiter dieselbe Wiese bestellen? Nach der vorigen Aufgabe hat man folgende Proportion dazu:

10 Mäher : 8 Mäher = 15 Tage : A Tagen.

Die A Tage, welche 10 Arbeiter brauchen, um die erste Wiese abzumähen, kann man aus der Proportion finden; die Berechnung derselben ist aber ein Ueberfluß, weil dieses nicht die gesuchte Zahl der Tage ist.

Man kommt nun zum zweiten Theile der Aufgabe.

Da eine gewisse Zahl (10) Arbeiter eine Wiese von 24 Morgen

in A Tagen abmähen, so werden dieselben Arbeiter in welcher Zeit mit einer Wiese von 30 Morgen fertig werden?

Zur doppelten Arbeit gehört auch eine zweifache Zeit für dieselben Arbeiter, folglich stehen Arbeit und Zeit in geradem Verhältnisse, also:

24 Morgen : 30 Morgen = A Tage : X Tagen.

Nun stelle man beide entwickelten Proportionen zusammen und leite aus beiden eine dritte durch Zusammensetzung ab, mit Anwendung des Satzes 25. und einiger andern Vortheile der Abkürzung:

| | | | | |
|---|---|---|---|---|
| 10 Mäher | : 8 Mäher | = 15 Tage | : A Tagen, |
| 24 Morg. | : 30 Morg. | = A Tage | : X Tagen, |
| 1 | : 1 | = 15 Tage | : X Tagen, |

also X = 15 Tagen.

28. 12 Mann können in 3 Wochen eine Chaussee von 20 Fuß Breite und 80 Ruthen Länge verfertigen, also werden 15 Mann in 4 Wochen eine Chaussee von 24 Fuß Breite wie weit führen?

Die Aufgabe hat 3 gegebene Verhältnisse gleichartiger Dinge, daher theile man sie in 3 andere, und zwar so, daß jede nur ein gegebenes Verhältniß und eine Zahl der Dinge, deren Zahl gesucht wird, zur Frage habe; also: 12 Mann verfertigen eine Chaussee von 80 Ruthen Länge, so werden 15 Mann in derselben Zeit eine Chaussee von derselben Breite und welcher Länge verfertigen?

12 Mann : 15 Mann = 80 R. L. : A R. L.

2) In 3 Wochen wird eine Chaussee von A Ruthen Länge zu Stande gebracht, wie lang kann sie werden, wenn dieselben Arbeiter (15) 4 Wochen an ihr arbeiten und sie dieselbe Breite (20 F.) behält?

3 Wochen : 4 Wochen = A R. L. : B R. L.

3) Eine Chaussee von 20 Fuß Breite und B Ruthen Länge ist in einer gewissen Zeit (4 W.) von einer Zahl Arbeiter (15) gefertigt worden, wie lang kann sie von denselben Arbeitern in derselben Zeit gemacht werden, wenn sie eine Breite von 24 Fuß haben soll?

24 F. Br. : 20 F. Br. = B R. L. : X R. L.

Nun stelle man wieder, wie früher, die Proportionen zusammen, und folgere aus ihnen eine Proportion durch Zusammensetzung:

| | | | |
|---|---|---|---|
| 12 Mann | : 15 Mann | = 80 R. L. | : A R. L. |
| 3 Woch. | : 4 Woch. | = A R. L. | : B R. L. |
| 24 F. Br. | : 20 F. Br. | = B R. L. | : X R. L. |
| 9 | : 25 | = 40 R. L. | : X R. L. |

also X = $111\frac{1}{9}$ Ruthen Länge.

Anmerk. Aus den Paar Beispielen wird man zur Genüge bemerkt haben, wie man mit ähnlichen Aufgaben zu verfahren habe, und selbst mit solchen, welche noch mehrere gegebene Verhältnisse enthalten, als die beiden vorigen. Um aber doch keine Dunkelheit in der Sache zu lassen, sollen noch einige Aufgaben mit kurzen Erläuterungen ihrer Berechnung vorgetragen werden.

29. 5 Maurer haben in 6 Wochen, indem sie täglich 15 Stunden arbeiteten, eine Mauer von 40 Fuß Länge, 20 Fuß Höhe und $1\frac{1}{2}$ Fuß Dicke aufgeführt; in wie vielen Wochen werden 8 Maurer, wenn sie täglich wegen Kürze der Tage nur 12 Stunden arbeiten, mit

einer Mauer zu Stande kommen, welche 50 Fuß lang, 36 Fuß hoch und $1\frac{2}{3}$ Fuß dick sein soll?

| | | | |
|---|---|---|---|
| 8 Maurer | : 5 Maurer | = 6 Wochen | : A Wochen |
| 12 St. | : 15 St. | = A W. | : B W. |
| 40 F. L. | : 50 F. L. | = B W. | : C W. |
| 20 F. H. | : 36 F. H. | = C W. | : D W. |
| $1\frac{1}{2}$ F. D. | : $1\frac{2}{3}$ F. D. | = D W. | : X W. |
| 32 | : 125 | = 3 | : X Wochen |

Folglich $X = 11\frac{23}{32}$ Wochen, oder nahe $11\frac{3}{4}$ Wochen.

A ist die Zahl der Wochen für 8 Maurer, bei täglich 15stündiger Arbeit für die erste Mauer.

B die Wochenzahl für 8 Maurer, bei täglich 12stündiger Arbeit für die erste Mauer.

C die Zahl der Wochen für die zweiten Maurer, bei täglich 12 stündiger Arbeit für die Höhe und Dicke der ersten und die Länge der zweiten Mauer.

D die Zahl der Wochen, welche 8 Arbeiter gebrauchen, wenn sie täglich 12 Stunden arbeiten, an einer Mauer von der Dicke der ersten und der Länge und Höhe der zweiten Mauer, und X ist endlich die gesuchte Zahl der Wochen.

Anmerk. Man wird aus diesen Beispielen die Bemerkung entnommen haben, und kann dieselbe in den nachfolgenden Aufgaben bestätigt finden, daß jede Aufgabe der zusammengesetzten Proportionsrechnung in so viele Regel de tri Aufgaben zerlegbar ist, wie viele gegebene Verhältnisse in derselben vorkommen, und jede dieser einfachen Proportionsrechnungen steht mit der ihr zunächst vorhergehenden in einem solchen Zusammenhange, daß ihre Fragezahl zu der in der vorhergehenden in dem zusammengesetzten Verhältnisse aus so vielen gegebenen Verhältnissen steht, wie viele derselben bis zu jeder der erwähnten Proportionen in Rechnung gebracht worden sind.

Ferner wird man wahrgenommen haben, daß die mittlern Fragezahlen, oder die mit Buchstaben bezeichneten Größen, welche zwischen der gegebenen und der ihr gleichartigen, gesuchten Größe stehen, auf die Berechnung der letztern keinen Einfluß haben, sondern die gesuchte Zahl wird durch die gegebenen Verhältnisse und durch die gegebene mit ihr gleichartige Zahl unmittelbar bedingt; daher kann man die mit Buchstaben bezeichneten Größen aus den Proportionen weglassen, durch welche Auslassung die Rechnung an Kürze gewinnt. Die Buchstaben wurden nur deswegen eingeführt, um den Zusammenhang der gegebenen Verhältnisse, und das aus ihnen zusammengesetzte Verhältniß der gegebenen und gesuchten Größe anschaulich und deutlich darstellen zu können, und da sie ihren Zweck erfüllt haben, so stehen sie als überflüssig in der Rechnung da, und sollen in Zukunft vernachlässigt werden.

30. 3500 Mann sind auf 8 Monate mit Lebensmitteln versehen; nach 2 Monaten kommen noch 500 Mann dazu, wie lange wird noch die gesammte Mannschaft mit dem Vorrathe der Lebensmittel reichen?

Nach 2 Monaten ist nur noch ein Vorrath auf 6 Monate für 3500, nun sind aber sogar 4000 Mann, und je mehr der Verzehrer, desto kürzere Zeit wird der Vorrath hinreichen; daher folgende umgekehrte Verhältnisse:

4000 Mann : 3500 Mann = 6 Monate : X Monaten
X = $5\frac{1}{4}$ Monaten.

31. 2500 Mann sind mit Brot auf 9 Monate versorgt, nach 1 Monat werden noch 200 Mann aufgenommen, und weil die Portionen groß sind, so wird von der letzten Zeit jede Portion um $\frac{1}{6}$ derselben vermindert; welche Zeit wird der Rest des Brotes vorhalten?

| | | | |
|---|---|---|---|
| 2700 Mann : 2500 Mann | | | |
| $\frac{5}{6}$ Portion : 1 Portion | } = 8 Monate : X Monaten | | |
| 9 : 10 | = 8 Monate : X Monaten | | |

X = $8\frac{8}{9}$ Monaten.

32. In einem Magazin sind 3000 Scheffel Roggen aufgeschüttet, der Scheffel wiegt 80 Pfund; nach einem Jahre soll Gebrauch von diesem Getreide gemacht werden; aus der Erfahrung weiß man, daß während eines Jahres der Roggen $\frac{1}{100}$ an Gewicht durch Austrocknung verliert. Durch Backen des Brotes gewinnt dasselbe $\frac{1}{20}$ an Gewicht durch Wasser, und $\frac{1}{50}$ durch Salz. Jeder Soldat erhält alle 5 Tage, den Monat zu 30 Tagen gerechnet, ein Brot 6 Pfund schwer; wie lange werden 5000 Mann mit Brot versorgt sein?

| | | |
|---|---|---|
| 1 Scheffel : 3000 Scheffel | = 80 Pfund : A Pfd. | (ohne Austrocknung) |
| 100 Pfund : 99 Pfund | = A Pfund : B Pfd. | (mit Austrocknung) |
| 20 Pfund : 21 Pfund | = B Pfund : C Pfd. | (mit Wasser) |
| 50 Pfund : 51 Pfund | = C Pfund : D Pfd. | (mit Salz) |
| 6 Pfund : 1 Brot | = D Pfund : E Brote | |
| 5000 Brote : 5 Tagen | = E Brote : F Tagen | |
| 30 Tage : 1 Monat | = F Tage : X Monaten | |
| 25000 : 35343 | = 1 : X Monaten | |

X = 1 Monat $12\frac{1029}{2500}$ Tage.

Anmerk. In den 3 letzten Proportionen stehen ungleichartige Größen in Verhältniß; da dieses wider den Begriff eines Verhältnisses streitet, so muß man entweder die Glieder derselben verwechseln, oder jede für sich gesondert berechnen. Hier wurden sie nur deswegen hinzugefügt, um die Kette in den Proportionen darzustellen. Auch wurden die Buchstaben gebraucht, um die Darstellung der Rechnung zu veranschaulichen.

33. Die Reduktionsrechnung lehrt Münzen, Maße und Gewichte verschiedener Länder gegenseitig durch einander auszudrücken oder in einander zu verwandeln.

Das Verhältniß dieser Dinge ist entweder unmittelbar gegeben, oder es muß aus andern bekannten Verhältnissen hergeleitet werden; im erstern Falle geschieht die Verwandlung durch die einfache, im andern durch die zusammengesetzte Reduktionsrechnung.

Die einfache Reduktionsrechnung ist eine einfache Proportionsrechnung, und die zusammengesetzte Reduktionsrechnung wird am kürzesten mit Hülfe des Kettensatzes oder der Kettenproportionen geführt. Ueber den Kettensatz sehe man Aufg. 159 Anmerk. Seite 271.

34. Welches ist das Verhältniß des Friedrichsd'or zum 20 Frankenstück, wenn man weiß, daß das 20 Frankenstück = 9 Fl. 27 Kreuzer nach dem 24 Fl. Fuß, 24 dieser Fl. = 20 Fl. Conv. Cour., 3 Fl. Conv.

Cour. = 2 Thlr. Conv. Cour., $13\frac{1}{3}$ Thlr. Conv. Cour. = 14 Thlr. Preuß., und 171 Sgr. = 1 Friedrichsd'or ist?

Zu dieser Aufgabe ist noch nöthig zu wissen, daß 1 Fl. nach dem 24 Fl. Fuß = 60 Kr., und 1 Thlr. Pr. = 30 Sgr. ist. Mit Hülfe der Sätze 9 und 10 erhält man folgende Proportionen:

| | | | | | | |
|---|---|---|---|---|---|---|
| | 1 Frd'or. | : 1 Sgr. | = | 171 | : | 1 |
| | 1 Sgr. | : 1 Thlr. | = | 1 | : | 30 |
| | 1 Thlr. | : 1 Thlr. Conv. Cr. | = | $13\frac{1}{3}$ | : | 14 |
| | 1 Thlr. Conv. | : 1 Fl. Conv. Cr. | = | 3 | : | 2 |
| | 1 Fl. Conv. | : 1 Fl. (24 Gldf.) | = | 24 | : | 20 |
| | 1 Fl. (24 Gldf.) | : 1 Zwanzigfrst. | = | 1 | : | $9\frac{9}{20}$ |
| Nach Satz 25 ist: | 1 Frd'or. | : 1 Zwanzigfrst. | = | 152 | : | 147 |

Daher 1 Frd'or. = $\frac{152}{147}$ . 1 Zwanzigfrankenstück,
und 1 Zwanzigfrst. = $\frac{147}{152}$ . 1 Friedrichsd'or.

Wollte man nun wissen, wie viel 1 Frd'or. an Werth nach dem 24 Gldf., oder 1 Zwanzigfrankenstück in Preuß. Gelde beträgt, so wird man für jedes Goldstück in den Ausdruck für den andern seinen Werth setzen; also:

1 Frd'or. = $\frac{152}{147}$ . $9\frac{9}{20}$ Fl. (24 Gldf.) = 9 Fl. $46\frac{2}{7}$ Kr.

1 Zwanzigfrst. = $\frac{147}{152}$ . 171 Sgr. = $165\frac{3}{8}$ Sgr. = 5 Thlr. $15\frac{3}{8}$ Sgr.

Anmerk. Wenn Reduktionsaufgaben in so einfachen Gleichungen, wie die vorstehende, gegeben werden, so ist ihre Lösung so leicht, daß sie kein Interesse erregt, und es sollen daher auch nur noch einige, doch mit Beziehungen vorgelegt werden, die nicht so einfach als jene sind. Außerdem soll die Ableitung des Kettensatzes aus Proportionen, und umgekehrt dieser aus jenem gezeigt werden.

Ein Preuße findet in einer Tabelle folgende Angaben:

1 Preuß. Fuß = 139,13 Par. Lin., 1 Berl. Morgen = 24196 Par. Quadratfuß, 1 Kulm. Morgen von 1392 = 53101 Par. Quadratfuß, 1 Kulm. Morgen von 1577 = 54772 Par. Q.-Fuß, 1 Oletzkoischer Morgen = 49432 Par. Q.Fuß, 1 Berl. Scheffel = 2770,74 Par. Kubikzoll, 1 Berl. Quart = 57,72 Par. Kubikzoll.

In einer andern Tabelle findet er: Dieselbe Angabe des Preuß. Fußes, 1 Morgen Pr. = 180 Quadratruthen = 25,53226 Aren. 1 Are = dem Quadrate auf 1 Dekameter. 1 Dekameter = 10 Meter = 4432,96 Par. Lin., 1 Berl. Quart = 64 Preuß. Kubikzoll. 1 Berl. Scheffel = 3072 Preuß. Kubikzoll.

In einer dritten Tabelle findet er: 1 Litre = 50,412 Par. Kubikzoll = 55,9 Rheinl. Kubikzoll.

In einer vierten Tabelle findet er: 1 Königl. Preuß. Kulm. Morgen = 2,2636 Magdeburger Morgen, 1 Oletzkoischer oder Kammer-Morgen = 2,04295 Magdeb. Morgen.

Endlich in einer fünften Tabelle: 1 Pr. Fuß = 139,13 Par. Lin. 1 Quart = 64 Pr. Kubikzoll.

Diesem Manne ist es nun vorzüglich daran gelegen zu wissen, welcher Tabelle er sein Zutrauen schenken soll; auch wünscht er die richtigen dieser Angaben zu ermitteln, und es entsteht daher die Frage, wie ist diese Prüfung anzustellen?

Die Angaben, in welchen alle Tabellen übereinstimmen, müssen als richtig angenommen werden, und die ist die Bestimmung des Preuß. Fußes.

Die Angaben, in welchen alle Tabellen übereinstimmen, verdienen zwar nicht völliges Zutrauen, doch aber ein größeres als die abweichenden.

Man wähle nun eine Größe, die in den meisten Tabellen steht, und diese ist 1 Pr. oder Magdeb. Morgen.

Der Pr. Morgen soll nun zunächst in Par. Quadratfuß ausgedrückt werden.

1 Fuß $= 139{,}13$ Par. Lin. $= \frac{139{,}13}{144}$ Par. Fuß, 1 Ruthe $=$ 12 Fuß $= 12 \cdot \frac{139{,}13}{144} = \frac{139{,}13}{12}$ Par. Fuß. Daher 1 Quad.-R. $=$ $\frac{139{,}13}{12} \times \frac{139{,}13}{12} = \frac{19357{,}1569}{144}$ Par. Q.-F. 1 Morg. $= 180$ Q.-R. $= 180 \cdot \frac{19357{,}1569}{144} = 24196$ Par. Q.-F. Die Angabe der ersten Tabelle ist also richtig.

Nun eine Prüfung der zweiten Tabelle hinsichtlich des Pr. Morgens.

1 Dekameter $= 4432{,}96$ Par. Lin. $= \frac{4432{,}96}{144}$ Par. Fuß $=$ 30,78444 Par. Fuß; daher das Quadrat auf dem Dekameter $=$ 947,67928336 Par. Quadratfuß $=$ 1 Are.

Daher 1 Morgen : 1 Are $= 24196 : 947{,}67928336$
$= 25{,}532 : 1$

Also 1 Morgen $= 25{,}532$ Aren; auch diese Angabe behauptet ihre Richtigkeit.

Nun suche man das Verhältniß des Kulm. und Oletzkoischen Morgen zum Preuß. Morgen.

1 Pr. Morgen : 1 Kulm. Morgen v. 1392 $= 24196 : 53101$
$= 1 : 2{,}1946$

1 Pr. Morgen : 1 Kulm. Morgen v. 1577 $= 24196 : 54772$
$= 1 : 2{,}26367$

In der vierten Angabe ist also der Kulm. Morgen von 1577 gemeint, und auch diese Bestimmung hat ihre Richtigkeit.

Jetzt ist der Oletzkoische Morgen in Pr. zu verwandeln.

1 Pr. Morgen : 1 Oletzk. M. $=$ 24196 Par. Q.-F. : 49432 Par. Q.-F.
$= 1 : 2{,}042982$

Dieses Verhältniß weicht nur erst in der 5ten Decimalstelle um ein Geringes ab, daher ist es auch als wahr anzunehmen.

Hinsichtlich des Flächenmaßes hat sich also die Richtigkeit der Angaben in allen Tabellen bewährt.

Nun bleiben noch die Körpermaße zu prüfen übrig. Man drücke zunächst den Rauminhalt des Preuß. Scheffels in Par. Kubikzoll aus.

1 Pr. F. $=$ 139,13 Par. Lin. $= \frac{139,13}{12}$ Par. Zoll $=$ 12 Pr. Z. also 1 Pr. Z. $= \frac{139,13}{144}$ Par. Zoll; daher ist 1 Preuß. Kubikzoll $=$ $\frac{139,13}{144} \cdot \frac{139,13}{144} \cdot \frac{139,13}{144}$ Par. Kubikzoll. Aber 1 Preuß. Scheffel $=$ 3072 Pr. Kbzoll; daher ist

1 Pr. Scheffel $= \frac{139,13}{3} \cdot \frac{139,13}{9} \cdot \frac{139,13}{36} =$ 2770,74 Pariser Kubikzoll, wie in der ersten Tabelle.

Da nun der Preußische Scheffel 48 Berliner Quart enthält, so erhält man ein Berliner Quart $= \frac{2770,74}{48} =$ 57,72 Par. Kubikzoll, welches Resultat gleichfalls mit der Angabe in der ersten Tabelle übereinstimmt.

Die erste Angabe in dieser Aufgabe ist aus einem landwirthschaftlichen Werke von Wolff; die zweite aus dem Rechenbuche von Heuser; die dritte aus der Uebersetzung der Physik von Biot; die vierte aus einem Buche, welches eine Vergleichung der Preußischen Feldmaaße enthält; die fünfte aus der Naturlehre von Fischer.

Der Verf. hat sich bemüht, so genaue Angaben der Münzen, Maaße und Gewichte zu sammeln, als es ihm unter seinen Umständen möglich war; und aus diesen Sammlungen hat er die Angaben der Münzen, Maaße und Gewichte für dieses Buch entlehnt. Unter vielen andern Tabellen, welche er benutzt hat, gehören auch die aus folgenden Werken: Nelkenbrechers Taschenbuch; Arithmetik von Lorenz; Log. Tafeln von v. Vega; ein Werk über Landwirthschaft von Wolff, Direktor einer ökonomischen Anstalt in Freiberg in Sachsen; Rechenbuch von Dr. Diesterweg und Heuser; Physik von Biot, übersetzt von Fechner, in Hinsicht des spec. Gewichts, der Ausdehnung der Körper rc. und mehrere andere Werke von Männern, deren Namen dem Verf. theils entfallen sind, deren Angaben er theils für hinlänglich akkurat hielt.

Der Verf. hat mit der Absicht, die Angaben über Preuß. Maaße zu prüfen, die vorstehende Aufgabe gewählt.

In der folgenden Aufgabe sollen verschiedene Angaben des Preuß. Pfundes verglichen werden.

36. 1) In einer Uebersetzung der Physik von Biot liest man: 1 Franz. Gramme $=$ 16,104 Gran Nürnb. Med. Gewicht $=$ 13,714 Wiener Apothekergranen $=$ 0,06841 Preuß. Loth.

2) In der Arithmetik von Lorenz: 1 Köln. Mark $=$ 4864 Holl. As, Nürnberg 1 Pfund Handelsgewicht $=$ 10680 Holl. As, 1 Mark Gold- und Silbergewicht $=$ 4972 Holl. As. 1 Berliner Pfund $=$ 9750 Holl. As.

3) Log. Tabellen von v. Vega: Berl, 1 Pfd. H. G. $=$ 9750 Holl. As $=$ 6424,5 Grane des Wiener Apothk. Pfd. 1 Köln. Mark Münz-G.

= 4867,5 Holl. As = 3207,3 Grane des W. Apothk. Pfd. 1 Franz. Gramme = 20,8128 Holl. As = 13,714 Grane des W. Apothk. Pfd.

4) Im Rechenbuche von Heuser: 1 Pfd. Berl. = 467,711 Franz. Gramme. 100 Rigaer Pfd. = 89,24 Berl. Pfd.

5) In dem landwirthschaftl. Werke von Wolff: 89,28 Berl. Pfd. = 100 Rigaer Pfd., 174,94 Köln. Mark = 100 Rigaer Pfd. 81,82 Nürnb. Pfd. = 100 Rigaer Pfd. 41,75 Kilogr. = 100 Rigaer Pfd.

A. Jedes der Pfunde enthält wie wie viele Franz. Gramme nach den verschiedenen Angaben?

1) 1 Pfd. Med. Gewicht = 24 Loth = 5760 Gran, also 1 Loth = 240 Gran.

1 Pfd. Nürnb. Med. G. : 1 Gran = 5760 : 1
1 Gran „ „ „ : 1 Gramme = 1 : 16,104

1 Pfd. Nürnb. Med. G. : 1 Gramme = 5760 : 16,104; also ist

$$1 \text{ Pfd. Nürnb. Med. G.} = \frac{5760}{16,104} \cdot 1 \text{ Gramme} = 323,450 \text{ Gramme}$$

1 Pfd. W. Apoth. G. : 1 Gran = 5760 : 1
1 Gran : 1 Gramme = 1 : 13,714

1 Pfd. W. Apoth. G. : 1 Gramme = 5760 : 13,714; also

$$1 \text{ Pfd. W. Apoth. G.} = \frac{5760}{13,714} \cdot 1 \text{ Gramme} = 420,008 \text{ Gramme}$$

1 Pr. Pfd. : 1 Loth = 32 : 1
1 Loth : 1 Gramme = 1 : 0,06841

$$1 \text{ Pfd. Preuß.} = \frac{32}{0,06841} \cdot 1 \text{ Gramme} = 467,7678 \text{ Gramme}$$

2) Da in 2) und 3) 1 Berl. Pfd. gleichviele Holl. As wiegt, so kann man für die Berechnung des Gewichts von 1 Berl. Pfd. aus 3) das Gewicht 1 Gramme in Holl. As nehmen, dieses giebt:

1 Berl. Pfd. : 1 Holl. As = 9750 : 1
1 Holl. As : 1 Gramme = 1 : 20,8128

$$1 \text{ Berl. Pfd.} = \frac{9750}{20,8128} \cdot 1 \text{ Gramme} = 468,461 \text{ Grammen}$$

1 Köln. Mark : 1 Holl. As = 4864 : 1
1 Holl. As : 1 Gramme = 1 : 20,8128

$$1 \text{ Köln. Mark} = \frac{4864}{20,8128} \text{ Gramme} = 233,702337 \text{ Grammen}$$

1 Pfd. Nürnb. H. G. : 1 Holl. As = 10680 : 1
1 Holl. As : 1 Gramme = 1 : 20,8128

$$1 \text{ Pfd. Nürnb. H. G.} = \frac{10680}{20,8128} \text{ Gramme} = 513,1457 \text{ Gramme}$$

1 Mark Nürnb. : 1 Holl. As = 4972 : 1
1 Holl. As : 1 Gramme = 1 : 20,8128

$$1 \text{ Mark Nürnb.} = \frac{4972}{20,8128} \text{ Gramme} = 238,891 \text{ Gramme}$$

3) 1 Berl. Pfd. : 1 W. Gran = 6424,5 : 1
1 W. Gran : 1 Gramme = 1 : 13,714

$$1 \text{ Berl. Pfd.} = \frac{6424,5}{13,714} \text{ Gramme} = 468,462 \text{ Gramme}$$

1 Köln. Mark : 1 Holl. As = 4867,5 : 1
1 Holl. As : 1 Gramme = 1 : 20,8128

$$1 \text{ Köln. Mark} = \frac{4867,5}{20,8128} \text{ Gramme} = 233,875 \text{ Gramme}$$

1 Köln. Mark : 1 W. Gran = 3207,3 : 1
1 W. Gran : 1 Gramme = 1 : 13,714

$$1 \text{ Köln. Mark} = \frac{3207,3}{13,714} \text{ Gramme} = 233,870 \text{ Gramme}$$

4) 1 Berl. Pfd. : 1 Rigisch. Pfd. = 100 : 89,28
1 Rig. Pfd. : 1 Kilogr. = 41,75 : 100
1 Kilogr. : 1 Gramme = 1000 : 1

$$1 \text{ Berl. Pfd.} = \frac{41,75 \,.\, 1000}{89,28} \text{ Gramme} = 467,6299 \text{ Gramme}$$

1 Köln. Mark : 1 Rigisch. Pfd. = 100 : 174,94
1 Rigisch. Pfd. : 1 Kilogr. = 41,75 : 100
1 Kilogr. : 1 Gramme = 1000 : 1

$$1 \text{ Köln. Mark} = \frac{41750}{174,94} \text{ Gramme} = 238,653 \text{ Gramme}$$

1 Nürnb. Pfd. : 1 Rigisch. Pfd. = 100 : 81,82
1 Rigisch. Pfd. : 1 Kilogr. = 41,75 : 100
1 Kilogr. : 1 Gramme = 1000 : 1

$$1 \text{ Nürnb. Pfd.} = \frac{41750}{81,82} \text{ Gramme} = 510,266 \text{ Gramme}$$

1 Rigisch. Pfd. : 1 Kilogr. = 41,75 : 100
1 Kilogr. : 1 Gram. = 1000 : 1

1 Rigisch. Pfd. = 417,5 Gramme.

Nun berechne man noch 5) 1 Rigisch. Pfd.

1 Rigisch. Pfd. : 1 Berl. Pfd. = 89,24 : 100
1 Berl. Pfd. : 1 Gramme = 467,711 : 1

1 Rigisch. Pfd. = 89,24 . 4,67711 Gramme = 417,385 Gramme.

Nun stelle man die Resultate der verschiedenen Rechnungen zusammen, um eine genaue Uebersicht zu erhalten.

1 Nürnb. Pfund Med. G. nach 1) = 323,450 Gramme
1 „ „ H. G. nach 2) = 513,146 Gramme
1 „ Mark nach 2) = 238,891 Gramme
1 „ „ nach 5) = 510,266 Gramme

Welches Resultat ist nun das richtige?

1 Berl. Pfund nach 1) = 467,7678 Grammen
1 „ „ nach 2) = 468,461 Gramme
1 „ „ nach 3) = 468,462 Gramme
1 „ „ nach 4) = 467,711 Gramme
1 „ „ nach 5) = 467,6299 Gramme

In diesen Resultaten herrscht nicht eine so große Verschiedenheit als in den übrigen, doch ist sie immer groß genug, um die Ungenauigkeit der Angaben zu erkennen.

37. Wie verwandelt man den Kettensatz in eine Proportionsrechnung?

Ist der Kettensatz so angeordnet, daß die Größe, welche gesucht wird, links vom Gleichheitszeichen steht, und zwar in der obersten Gleichung, so setze man diese Gleichung über das erste Verhältniß der nachfolgenden Proportionen, und ordne diese so an, nach Satz 25., daß sie Kettenproportionen werden, welches leicht vermöge des Satzes 15. geschehen kann; und zwar muß das erste Glied der ersten Proportion die Einheit der Größe sein, welche rechts in der ersten Gleichung des Kettensatzes steht. Hieraus folgt, daß jede Gleichung des Kettensatzes, außer der ersten, eine Proportion geben wird, und daher wird die Zahl der Proportionen gleich der der Gleichungen weniger Eins sein. Um die Aufgabe zu berechnen hat man dann nur die Proportionen zusammen zu setzen, und das erste Verhältniß der zusammengesetzten Proportion mit der obersten Gleichung zu multipliciren, wodurch die Gleichheit der Verhältnisse oder die Richtigkeit der Proportion nicht gestört wird, weil man die Glieder eines Verhältnisses durch Gleiches multiplicirt.

Ein Beispiel wird die Sache verdeutlichen.

Jemand will wissen wie viel 500 neue Louisd'or in Friedrichsd'or betragen, und hat dazu folgende Angaben: London zahlt für 35 Schill. Vls. Banco, die es von Hamburg erhält, 1 Pfund Sterl. Paris giebt für 1 Pfund Sterl. 25 Franks. Ein neuer Louisd'or gilt daselbst $23\frac{3}{5}$ Franks. Berlin giebt für 100 Thlr. Hamb. Bco. oder 300 Mark $152\frac{1}{4}$ Thlr. Nun weiß man, daß 3 Hamb. Mark = 8 Schill. Vls. Bco. sind, und daß Friedrichsd'or $5\frac{7}{10}$ Sgr. gelten.

**Kettensatz.**

| | | |
|---|---|---|
| X Friedrichsd'or | = | 500 neue Louisisd'or |
| 1 Louisd'or | = | $23\frac{3}{5}$ Franks |
| 25 Franks | = | 1 Liv. Sterl. |
| 1 Liv. Sterl. | = | 35 Schill. Vls. Bco. |
| 8 Schill. Vls. Bco. | = | 3 Mark Hamb. Bco. |
| 300 Mark H. Bco. | = | $152\frac{1}{4}$ Thlr. Pr. Cour. |
| $5\frac{7}{10}$ Thlr. Pr. Cour. | = | 1 Friedrichsd'or. |

**Proportionen.**

X Friedrichsd'or = 500 Louisd'or.

| | | | | | | |
|---|---|---|---|---|---|---|
| 1 Louisd'or | : | 1 Frank | = | $23\frac{3}{5}$ | : | 1 |
| 1 Franks | : | 1 Liv. Sterl. | = | 1 | : | 25 |
| 1 Liv. Stel. | : | 1 Schill. Vls. | = | 35 | : | 1 |
| 1 Schill. Vls. | : | 1 Mark H. Bco. | = | 3 | : | 8 |
| 1 Mark H. B. | : | 1 Thlr. Preuß. | = | $152\frac{1}{4}$ | : | 300 |
| 1 Thlr. Preuß. | : | 1 Friedrichsd'or | = | 1 | : | $5\frac{7}{10}$ |

X Friedrichsd'or : 500 Friedrichsd'or = 83839 : 76000

$X = \frac{83839}{152} = 551\frac{87}{152}$ Friedrichsd'or.

Anmerk. 1. Um eine Aufgabe, welche man gewöhnlich mit Hilfe des Kettensatzes berechnet, vermittelst Proportionen zu lösen, ist es nicht erst erforderlich den Kettensatz zu bilden, und aus diesem die Proportionen abzuleiten, dieses wäre eine doppelte Arbeit, sondern man kann unmittelbar aus den Angaben die Anordnung der Proportionen so treffen, wie sie in der letzten Aufgabe beschrieben, und durch ein Beispiel anschaulich dargestellt ist Auch kann die unmittelbare Anordnung der Proportionen keinen Irrthum mit sich führen, weil die Verkettung der Proportionen unter einander dagegen sichert.

Anmerk. 2. Wenn im Folgenden eine Anleitung gegeben wird, eine Proportionsaufgabe durch den Ketttensatz zu lösen, so ist dieses nicht so zu verstehen, daß der Verf. jede Aufgabe der Proportionsrechnung durch den Kettensatz zu lösen wünscht, sondern daß solche Aufgaben der Proportionsrechnung, welche sich in Gleichungen darstellen lassen, mit gleicher Leichtigkeit auch durch den Kettensatz berechnet werden mögen.

Zwar ist dem Verf. bekannt, daß man häufig alle Aufgaben der Proportionsrechnung durch den Kettensatz zu lösen sucht, er aber erklärt sich entschieden gegen dieses Verfahren.

Die Proportionsrechnung umfaßt alle Aufgaben, in welchen Verhältnisse oder Gleichungen vorkommen; der Kettensatz ist nur für Gleichungen und solche Verhältnisse anwendbar, welche sich durch Gleichungen ausdrücken lassen.

Z. B. folgende Aufgabe: 3 Menschen reichen mit 12 Thlr. 10 Tage, so werden 6 Menschen bei der gleichen Lebensweise mit 36 Thlr. wie lange auskommen? ist keine für den Kettensatz, sondern allein für die Proportionsrechnung.

38. Wenn die Berechnung gleichartiger Dinge durch Proportionen dargestellt ist, wie kann man aus denselben den Kettensatz ableiten?

Da in jeder Proportion das Produkt der äußern Glieder gleich dem Produkte der innern ist, so kann man aus jeder Proportion eine Gleichung bilden. Nun stelle man das Produkt, welches die gesuchte Zahl als Faktor enthält links als erstes Glied, und rechts das diesem gleiche Produkt; darauf wähle man das Produkt, welches mit dem rechts stehenden gleiche Benennung hat und stelle es links unter das erste Produkt; wieder suche man das Produkt, welches mit dem rechts zuletzt stehenden gleichnamig ist und setze es links unter das letzte Produkt auf dieser Seite, und fahre so fort bis alle Produkte in zwei Columnen dargestellt sind. Nun dividire man die Glieder beider Säulen durch die gleichnamigen Größen außer der gesuchten, und führe die Rechnung auf die bekannte Weise zu Ende.

Ein Beispiel zur Erläuterung.

Einem Schüler wird in der Geographie aufgetragen, eine Gleichung für die Flächengröße des Landes vom Preuß. Staate und Frankreich aus folgenden Verhältnissen anzugeben.

In Hinsicht der Größe des Landes verhalten sich Preußen zu Deutschland wie 1 : 2,28; Sachsen zu Deutschland wie 1 : 42,53; Baiern zu Frankreich wie 1 : 7,29; Würtemberg zu Baiern wie 1 : 1,27, und Würtemberg zu Sachsen wie 1 : 0,75.

Die Größe des Landes von Preußen werde der Kürze wegen mit P, von Deutschland mit D, kurz von jedem Lande mit dem Anfangsbuchstaben seines Namens bezeichnet. Schreibt man nun die Verhältnisse in der Reihe wie sie gegeben sind auf, so erhält man:

$$\begin{aligned} P &: D = 1 : 2{,}28 \\ S &: D = 1 : 42{,}53 \\ B &: F = 1 : 7{,}29 \\ W &: B = 1 : 1{,}27 \\ W &: S = 1 : 0{,}75 \end{aligned}$$

Aus der ersten Proportion folgt: $2{,}28 \,.\, P = 1 \,.\, D$
" " zweiten " " $1 \,.\, D = 42{,}53 \,.\, S$
" " fünften " " $1 \,.\, S = 0{,}75 \,.\, W$
" " vierten " " $1{,}27 \,.\, W = 1 \,.\, B$
" " dritten " " $7{,}29 \,.\, B = 1 \,.\, F$

Nun dividire man die Glieder beider Columnen durch D, S, W, B, und multiplicire Gleiches mit Gleichem, so erhält man Gleiches:

$$2{,}28 \,.\, 1{,}27 \,.\, 7{,}29 \,.\, P = 42{,}53 \,.\, 0{,}75 \,.\, F;$$

$$\text{oder } 1834 \,.\, P = 919 \,.\, F.$$

39. Die Repartitionsrechnung ist das Verfahren, nach welchem ein Ganzes in Theile nach gegebenen Verhältnissen getheilt wird.

Diese Rechnung begreift auch die Gesellschaftsrechnung, welche keine andere als die ist, nach welcher irgend ein Ganzes (eine gewisse Summe Geldes, eine gewisse Waare, eine bestimmte Fläche Landes ꝛc.) unter eine Gesellschaft von Personen nach ihren Forderungen oder Rechtsansprüchen, die das Verhältniß der Theile bestimmen, in solche getheilt wird.

Die letzte Rechnung wird häufig auf die Theilung des Gewinnes einer Gesellschaft handelnder Personen angewandt, und erhält besonders dadurch eine Bedeutung, daß bei der Theilung nicht allein auf den verhältnißmäßigen Beitrag der Personen, sondern auch auf die Zeiten Rücksicht genommen wird, die jeder ihren Beitrag zum Handel in derselben hat stehen lassen.

Von der Repartition ist der Durchschnitt verschieden, welcher von mehrern verschiedenen Angaben eine Mittelzahl fordert, die dadurch erhalten wird, daß man die Summe der verschiedenen Angaben durch die Anzahl derselben dividirt.

Aufgaben der Repartitionsrechnung sind schon früher gewesen, die aber auf eine andere Weise als durch Proportionen gelöst wurden. Hier mögen noch einige folgen.

Zur Lösung aller dieser Aufgaben gehört der Satz:

Die Summe der Vorderglieder mehrerer gleichen Verhältnisse hat zur Summe ihrer Hinterglieder das Verhältniß von irgend einem Vordergliede zu seinem Hintergliede.

(S. Fundamentalsätze II. 178. III. 427.)

40. Zu einer Verlassenschaft, welche nach Abzug gerichtlicher Kosten sich auf 4500 Thlr. beläuft, melden sich drei Gläubiger, A mit einer Forderung von 4000, B von 5000 und C von 6000 Thlr. Da die Verlassenschaft nicht hinreicht, die drei Gläubiger zu befriedigen, so soll dieselbe nach Verhältniß der Forderungen vertheilt werden.

Die verhältnißmäßige Theilung bedeutet, daß jeder für eine gleiche Summe seiner Forderung auch einen gleichen Antheil von der zu vertheilenden Summe erhalte. Demnach suche man das größte gemeine Maß der drei Forderungen, welches hier 1000 ist; die Forderung des A ist das 4fache, die des B das 5fache, und die des C das 6fache von 1000 Thlr.; daher muß auch der Antheil des A das 4fache, der des B das 5fache, und der des C das 6fache eines gewissen Theils der Verlassenschaft sein.

Die Summe der Forderungen der 3 Personen hat das 15fache von 1000 Thlr.; daher muß auch die Verlassenschaft das 15fache von oben genanntem Theile sein. Hieraus gehen folgende Proportionen hervor:

Summe der Forderungen : Forderung des A = Verlassenschaft : Antheile des A = 15faches : 4faches desselben Theils,
Summe der Forderungen : Forderung des B = Verlassenschaft : Antheile des B = 15faches : 5faches desselben Theils,
Summe der Forderungen : Forderung des C = Verlassenschaft : Antheile des C = 15faches : 6faches desselben Theils.

Durch Verwechselung der Glieder jeder Proportion, indem man die Vorderglieder und die Hinterglieder zu einander in Verhältniß setzt, erhält man:

Summe der Forderungen : zur Verlassenschaft =
Forderung des A : Antheil des A =
Forderung des B : Antheil des B =
Forderung des C : Antheil des C.

Zur Berechnung des Antheils einer Person hat man also zwei Proportionen.

Nach den ersten Proportionen hat man:

15 : 4 = 4500 Thlr. : 1200 Thlr., Antheil des A.
15 : 5 = 4500 " : 1500 " " " B.
15 : 6 = 4500 " : 1800 " " " C.

Nach den zweiten Proportionen: 4000 Thlr. + 5000 Thlr. + 6000 Thlr. zu 4500 Thlr. = 15000 Thlr. : 4500 Thlr. = 10 : 3 = 4000 : 1200 Thlr., Antheil des A, = 5000 Thlr. : 1500 Thlr., Antheil des B, = 6000 Thlr. : 1800 Thlr., Antheil des C.

Diese Auflösung ist absichtlich weitläuftig dargestellt, um durch selbige das deutliche Verfahren für jede ähnliche Aufgabe gezeigt zu haben.

41. Drei Preußische Bauern kaufen gemeinschaftlich ein Stück Land von 400 Preuß. Morgen; A giebt 3000, B 4000 und C 5000 Thlr.; A will nun sein Land nach Preuß., B nach Oletzkoischem, und C nach Kulmischem Maße vertheilt haben; weil jeder nach den genannten Maßen gewohnt ist, seine Felder zu bearbeiten. Wie muß die Vertheilung geschehen?

Ueber die verschiedenen Maße sehe man die 35ste Augabe.

Diese Aufgabe kann so aufgelöst werden, daß man zuerst das Land nach dem Kaufgelde Jedes theilt, also nach der Auflösung voriger Aufgabe, und dann die Preuß. Morgen nach den gegebenen Verhältnissen in die benannten Morgen verwandelt.

Die Kaufsumme aller ist 12000 Thlr., wie sich nun diese zur

Kaufsumme jedes einzelnen verhält, so muß sich das ganze gekaufte Land zum Landantheile jedes verhalten; also:

| | | | | | |
|---|---|---|---|---|---|
| 12000 Thlr. : | 3000 Thlr. | = 400 Morgen : | 100 Morgen | des | A. |
| 12000 „ : | 4000 „ | = 400 „ : | $133\frac{1}{3}$ „ | „ | B. |
| 12000 „ : | 5000 „ | = 400 „ : | $166\frac{2}{3}$ „ | „ | C. |

Nun ist ein Kulm. Morgen = 2,2636 Preuß. Morgen, und ein Oletzkoischer Morgen = 2,04295 Preuß. Morgen.

Da die Verhältnisse in Gleichungen gegeben sind, so ist die kürzeste Verwandlung durch den Kettensatz:

| | |
|---|---|
| X Oletzk. Morg. = $133\frac{1}{3}$ Pr. M. | Y Kulm. Morg. = $166\frac{2}{3}$ Pr. M. |
| 2,04295 Pr. M. = 1 Oletzk. M. | 2,2636 Pr. M. = 1 Kulm. M. |
| X = 65,265 Oletzk. Morg. | Y = 73,629 Kulm. Morg. |

42. Drei Kaufleute treten zu einem Handel zusammen, A bringt einen Beitrag von 7000, B von 8000, und C von 9000 Thlr.; A läßt sein Geld in der Handlung 15, B 12 und C 10 Monate stehen; während der ganzen Zeit haben sie einen baaren Gewinn von 10000 Thlr erhalten. Welches ist der Antheil jedes?

Der Antheil des Gewinnes hängt hier von der Größe des Beitrags und der Länge der Zeit ab; und man muß annehmen, daß gleiche Beiträge auf gleiche Gewinne in denselben Zeiten Anspruch haben, und daß also die Gewinne gleicher Beiträge im Verhältnisse ihrer Zeiten stehen; daher die Gewinne ungleicher Beiträge im zusammengesetzten Verhältnisse aus dem der Beiträge und dem der Zeiten.

Denn eine gewisse Summe S trage in einem gewissen Zeitraume, etwa in 1 Monat einen Gewinn G, so muß unter denselben Umständen ein Vielfaches der Summe S dasselbe Vielfache des Gewinnes G in 1 Monat bringen, so daß also folgender Satz, als allgemein anerkannt, aufgestellt werden kann:

(A) „Die Gewinne stehen im Verhältnisse der Beiträge zu einer Handlung während derselben Zeit."

Ferner die Summe S trage in 1 Monat einen gewissen Gewinn G, so wird dieselbe Summe S in einer gewissen Zahl von Monaten dieselbe Zahl Mal den Gewinn G einbringen müssen, nämlich unter gleichen Umständen, und man hat wieder diesen Satz für die Zeiten!

(B) „Die Gewinne gleicher Beiträge zu einer Handlung stehen im Verhältnisse der Zeiten."

Diese zwei Sätze muß man als allgemein giltig annehmen, wenn keine andere Bedingungen mehr als obige dieser Aufgabe gegeben sind, um dieselbe zu lösen. Dieses vorausgesetzt, so soll nun erwiesen werden, daß die Gewinne im zusammengesetzten Verhältnisse der Beiträge und der Zeiten stehen.

Die Beiträge zweier Personen seien B und B', und die zugehörigen Zeiten Z und Z'; ferner der Gewinn von B in Zeit Z sei G, der Gewinn von B' in Zeit Z' sei G'; noch sei der Gewinn von B' in Zeit Z G'', so ist nach Satz (A)

Beitrag B : Beitrag B' = Gewinn G : Gewinn G'' (für Zeit Z)

nach Satz (B):

Zeit Z : Zeit Z' = Gewinn G'' : Gewinn G' (für Beitrag B')

und läßt man die dabei stehenden Benennungen weg, so wird man haben:

$$\begin{array}{l} B : B' = G : G'' \text{ (für die Zeit Z) nach Satz (A)} \\ Z : Z' = G'' : G' \text{ (für Beitrag B') nach Satz (B)} \\ \hline B.Z : B'.Z' = G : G' \text{ nach Satz 25.} \end{array}$$

Nun zur Auflösung der Aufgabe.

Der Gewinn von A : dem Gewinne von B = Beitrag 7000 × Zeit 15 Monate : Beitrag 8000 × Zeit 12 Monate
oder kurz: Gewinn des A : Gewinn des B = 7000 . 15 : 8000 . 12
Gewinn des A : Gewinn des C = 7000 . 15 : 9000 . 10

Also verhalten sich die Gewinne der drei Kaufleute A, B, C wie 7000 . 15 : 8000 . 12 : 9000 . 10 = 7 . 15 : 8 . 12 : 9 . 10 = 7 . 5 : 8 . 4 : 3 . 10 = 35 : 32 : 30.

A hat also das 35fache, B das 32fache und C das 30fache eines gewissen Theils vom Gewinne; alle drei haben das 35fache + 32fache + 30fache = 97fache desselben Theils.

Wie sich nun die Summe der Vielfachen zu dem Vielfachen jeder Person verhält, so muß sich der Gewinn aller zu dem Gewinne jedes Theilnehmers verhalten; daher hat man folgende Proportionen:

97 : 35 = 10000 Thlr. : $3608\frac{24}{97}$ Thlr., Gewinn des A.
97 : 32 = 10000 Thlr. : $3298\frac{94}{97}$ Thlr., Gewinn des B.
97 : 30 = 10000 Thlr. : $3092\frac{76}{97}$ Thlr., Gewinn des C.

Die Auflösung dieser Aufgabe sollte Deutlichkeit mit Gründlichkeit verbinden, und zugleich für alle Aufgaben dieser Art dienen, daher ist sie etwas lang geworden.

Eine andere Aufl. dieser Art Aufg. kommt im ersten Abschnitte des praktischen Rechnens vor.

43. Wenn Dinge in Hinsicht ihrer Größe mit einander verglichen werden, so bestimmt man sehr häufig ihr Verhältniß zu einander durch Procente. Da aber dieser Begriff: „Procente" nicht als allgemein bekannt vorausgesetzt werden kann, so ist er hier zu erklären.

Procent (pro cento) heißt wörtlich für das Hundert, also 1 Procent bedeutet 1 für das Hundert. Wenn man nun 1 Procent einer Größe sucht, so hat man zunächst zu untersuchen, welches Vielfache die Zahl dieser Größe von 100 ist, und dasselbe Vielfache hat man dann von der einfachen Größe (von 1 Proc.) zu nehmen. Z. B. wenn gefragt würde: wie viel beträgt 1 Proc. von 2000? so hat man zuerst zu suchen, 2000 hat wie vielmal 100? Da nun 2000 = 20 . 100 hat, so ist 1 Proc. von 2000 = 20 . 1 = 20.

Was von 1 Proc. gilt, dasselbe gilt von 2, 3, 4, 5 ꝛc., von $\frac{1}{2}$, $\frac{1}{3}$, $\frac{1}{4}$ ꝛc., von $1\frac{1}{2}$, $2\frac{1}{2}$, $3\frac{1}{3}$ ꝛc. Proc.

Zur Berechnung gegebener Procente einer Zahl hat man also folgenden Satz:

„Welches Vielfache eine Zahl von 100 ist, dasselbe Vielfache müssen die gesuchten Procente der Zahl von den gegebenen Procenten sein." Oder:

„Wie oft eine Zahl 100 hat, eben so oft müssen die gesuchten Procente derselben die gegebenen Procente enthalten."

44. Die gegebenen Proc. einer gewissen Zahl zu finden.

A. 3 Proc. von 700 Thlr. betragen wie viel?

Aufl. 700 Thlr. = 7 . 100 Thlr., also sind 3 Proc. von 700 Thlr. = 7 . 3 = 21 Thlr.

B. $4\frac{1}{2}$ Proc. von 800 Thlr. sind wie viel?

Aufl. 800 Thlr. = 8 . 100 Thlr., also sind die gesuchten Procente = 8 . $4\frac{1}{2}$ = 36 Thlr.

C. 5 Proc. von 1230 Thlr. sind wie viel?

Aufl. Um zu erfahren, wie oft die Summe 100 enthält, hat man sie durch 100 zu dividiren, oder 1230 Thlr. = $\frac{1230}{100}$ . 100 Thlr. also sind 5 Proc. von 1230 Thlr. = $\frac{1230}{100}$ . 5 = $61\frac{1}{2}$ Thlr.

Anmerk. Eine unmittelbare Folge der Erkl. der Proc. ist dieser Satz: Ein Procent einer Zahl ist 1 Hundertstel derselben; daher ist eine gewisse Zahl Procente gleich dem Produkte aus der Zahl Procente und aus $\frac{1}{100}$ der gegebenen Zahl.

45. Drückt man das Verhältniß zweier Größen durch Procente mit Angabe des Mehr oder Weniger aus, so werden die Proc. von der kleinern Größe genommen, und gesagt: die größere Größe ist um eine Zahl Proc. größer als die kleinere Größe; oder die erste Größe steht so viele Proc. höher als die andere.

Ist diese Größe eine Länge, so sagt man von der längern Größe: sie ist so viele Procente länger als die andere, und von dieser: sie ist so viele Procent kürzer als jene.

In Hinsicht des Werthes sagt man: eine Waare ist so viele Proc. besser als eine andere, und von dieser: sie ist so viele Proc. schlechter als jene.

Hiebei ist nicht zu vergessen, daß die Proc. immer von der kleinern (schlechtern, geringern) Größe genommen werden. Wird z. B. gesagt: der Sächsische Thaler ist 4 Proc. besser als der Preuß., so heißt dieses: 1 Thlr. Sächs. = $1\frac{4}{100}$ Thlr. Pr. oder 100 Thlr. Sächs. = 104 Thlr. Pr. Würde aber gesagt 1 Thlr. Sächs. ist 4 Procent schlechter als 1 Thlr. Pr., so ist $1\frac{4}{100}$ Thlr. Sächs. = 1 Thlr. Pr., oder 104 Thlr. Sächs. = 104 Thlr. Pr.

---

46. Im Preuß. Staate gilt der Friedrichsd'or 5 Thlr. in Gold, und bei den Königl. Kassen hat der Dukaten den Werth von $2\frac{3}{4}$ Thlr. in Gold. Im Januar standen Holländ. Dukaten $18\frac{1}{2}$, Friedrichsd'or $13\frac{1}{4}$ Procent höher als Silbergeld. Wie viel betrug jedes Stück in Preuß. Silbergelde?

Aufl. Da Goldgeld höher als Silbergeld geschätzt wird, so sind die Proc. von Silbergeld zu nehmen. (Satz 45.) Der Werth des Goldgeldes wird also gleich einem eben so großen Werthe des Silbergeldes + der Zahl der Proc. Mal $\frac{1}{100}$ denselben Werth des Silbergeldes, also [1 + der Zahl der Proc. × $\frac{1}{100}$] Mal den Werth des Silbergeldes. Demnach ist

1 Frd'or. $= 5$ Thlr. in Gold $= (1 + \frac{13\frac{1}{4}}{100}) \times 5$ Thlr. in Silber

$= \frac{113\frac{1}{4}}{100} . 5 = \frac{113\frac{1}{4}}{20} = 5\frac{13\frac{1}{4}}{20} = 5\frac{53}{80}$ Thlr.

$= 5$ Thlr. $19\frac{7}{8}$ Sgr.

1 Dukat. $= (1 + \frac{18\frac{1}{2}}{100}) . 2\frac{3}{4} = \frac{118\frac{1}{2}}{100} . \frac{11}{4}$ Thlr. in Silber.

$= 3\frac{229}{800}$ Thlr. $= 3$ Thlr. 8 Sgr. $7\frac{1}{20}$ Pf.

47. Im October dieses Jahres standen die neuen Holl. Dukaten 18, und die Frd'or. $13\frac{1}{6}$ Proc. höher als Silbergeld; wie viel betrug jedes Stück in Silbergeld?

1 Friedrichsd'or $= 5$ Thlr. $19\frac{3}{4}$ Sgr., 1 Dukaten $= 3$ Thlr. 7 Sgr. $4\frac{1}{5}$ Pf.

Anmerk. Von Geldsorten, welche man als bekannt voraussetzen darf, pflegt man nicht zu sagen: sie stehen so viele Proc. höher als schlechteres, sondern kurz, sie stehen so viele Proc.

Das Silbergeld nennt man gewöhnlich Courantgeld oder Geld-Courant.

Unter Kurs (Cours) versteht man den giltigen Werth einer Geldsorte für eine gewisse Zeit. Wenn es also heißt: Dukaten stehen im Kurse 97 Sgr., so bedeutet dieses, daß 1 Dukaten für die Zeit der Rede den Werth von 97 Sgr. hat.

Zettel, welche Verzeichnisse gewisser Geldarten nebst Angabe ihres Werthes für eine gewisse Zeit enthalten, heißen daher Kurs-Zettel.

48. Wie findet man um wie viele Procente eine Größe mehr beträgt, als eine gleichartige kleinere?

Aufl. Die Proc., um welche eine Größe größer als eine andere ist, ist der Unterschied beider Größen, und diese Proc. sind von der kleinern Größe genommen. (S. 45.)

Um also die gedachten Proc. zu finden, hat man den Unterschied beider Größen zu nehmen, und zu untersuchen, wie oft er 1 Procent d. h. $\frac{1}{100}$ der kleinern Größe enthält; die auf diese Weise gefundene Zahl ist die gesuchte Zahl der Proc.

Die kleinere Größe sei K, der Unterschied beider sei U, so ist die größere Größe $= K + U = G$, daher G um $U > K$.

Nun ist 1 Proc. von $K = \frac{K}{100}$, daher sind die gesuchten Proc. $= U : \frac{K}{100} = \frac{100 . U}{K}$.

Da der Unterschied eben so oft $\frac{1}{100}$ der kleinern Größe hat, als die Proc. 1, so ist das Verhältniß des Unterschiedes zu $\frac{1}{100}$ der kleinern Größe = dem Verhältniß der Proc. zu $\frac{1}{100}$ mal 100; oder: der Unterschied verhält sich zur kleinern Größe, wie sich die Procente zu 100 verhalten.

49. Nach dem Königsberger Kurse im Oct. stehen Frd'or. 171, Augustd'or $170\frac{1}{2}$, neue Dukaten $97\frac{3}{4}$, alte $96\frac{1}{2}$ Sgr. Wie viele Proc. steht jedes Goldstück im Kurse?

Aufl. Der gesetzliche Werth der Friedrichs'or. ist 5 Thlr. =

150 Sgr., also ist der Unterschied des Kurses und des gesetzlichen Werthes = 21 Sgr.

1 Proc. von 5 Thlr. (150 Sgr.) ist = $\frac{150}{100} = \frac{3}{2}$. So oft nun der Unterschied 21 Sgr. 1 Proc. von 5 Thlr. oder $\frac{3}{2}$ Sgr. enthält, so viele Proc. stehen Frd'or., also $21 : \frac{3}{2} = 14$ Proc.

Der gesetzliche Werth der Augustd'or ist gleichfalls 5 Thlr. in Gold; der Unterschied zwischen 5 Thlr. und $170\frac{1}{2}$ Sgr. ist = $20\frac{1}{2}$ Sgr.

Wie sich nun der Unterschied zu der kleinern Summe verhält, so müssen sich die Proc. zu 100 verhalten, also $20\frac{1}{2}$ Sgr. : 150 Sgr. = Proc. : 100. Daher sind die gesuchten Procente = $\frac{20\frac{1}{2} \cdot 100}{150}$ $13\frac{2}{3}$ Proc.

Der Dukaten = $2\frac{3}{4}$ Thlr. in Gold.

$2\frac{3}{4}$ Thlr. in Sgr. verwandelt sind = $82\frac{1}{2}$ Sgr.; daher ist der Unterschied dieses Werthes und des im Kurse = $15\frac{1}{4}$ Sgr. von den neuen Duk. Demnach ist: $15\frac{1}{4} : 82\frac{1}{2}$ = Proc. : 100; also Proc. = $\frac{15\frac{1}{4} \cdot 100}{82\frac{1}{2}} = 18\frac{16}{33}$ Proc.

Auf gleiche Weise findet man, daß alte Dukaten im Kurse $16\frac{32}{33}$ Proc. stehen.

Anmerk. Friedrichsd'or in Preußen, Augustd'or in Sachsen, Karlsd'or in Braunschweig, Georgsd'or in Hannover führen alle den gemeinschaftlichen Namen Pistolen, und haben den Werth von 5 Thlr. in Gold.

50. Warum hat das Gold der Dukaten im Werthe mehr Procente als das der Friedrichsd'or?

Aufl. Nach dem Holl. Münzfuße sollen 67 Dukaten aus der rauhen Mark, welche 283 Grän f. Gold enthält, und nach dem Pr. Münzfuße sollen 35 Frd'or., jeder zu 5 Thlr., aus der rauhen Mark, welche 260 Grän fein Gold hat, geprägt werden. Nach diesen Angaben wird man leicht mit Hilfe des Kettensatzes den Werth der Dukaten in Thlr. finden.

| | | |
|---|---|---|
| X Thlr. | = | 1 Dukaten |
| 67 | = | 283 Grän f. Gold |
| 260 | = | 35 Friedrichsd'or |
| 1 | = | 5 Thlr. in Gold. |
| X | = | 2,842996 Thlr. in Gold. |

Also 1 Dukaten = 2,843 Thlr. in Gold, wenn Friedrichsd'or = 5 Thlr. in Gold.

Nun wird aber 1 Dukaten bei den Königl. Kassen nur $2\frac{3}{4}$ = 2,75 Thlr. in Gold, also 0,093 Thlr in Gold zu wenig gerechnet, daher muß er höhere Proc. als Frd'or. im Kurse stehen.

Würden also Dukaten im Preuß. Staate den gesetzlichen Werth von 2,843 Thlr. in Gold haben, so müßten Frd'or. und Holl. Dukaten gleich hohe Proc. im Kurse stehen. Gebraucht man diesen Werth der Dukaten in einem der vorigen Beispiele, so wird man sehr nahe Werthe dem der Kurse finden.

Ferner kann der Werth des Holl. Dukaten, wenn er vollwichtig ist, 2,843 Thlr. in Gold, dazu dienen, um den Kurs der Dukaten zu bestimmen, wenn sich der der Friedrichsd'or ändert, und umgekehrt.

51. 21 Preuß. Gulden machen eine feine Mark, und 20 Gulden Conventions-Courant betragen gleichfalls eine feine Mark Silber. Wie viele Proc. ist ein Gulden Conv. Cour. mehr an Werth als ein Preuß. Gulden?

Aufl. 21 Fl. Pr. = 20 Fl. Conv. Cour. = 16 Loth f. Silber; also 1 Fl. Pr. = $\frac{16}{21}$ Loth, 1 Fl. Conv. Cour. = $\frac{16}{20} = \frac{4}{5}$ Loth f. Silber. 1 Fl. Conv. Cour. — 1 Fl. Pr. = $\frac{4}{5} - \frac{16}{21} = \frac{4}{105}$ Loth. Also $\frac{4}{105} : \frac{16}{21}$ = Proc. : 100 (S. 48); daher Proc. = $\frac{400}{105} : \frac{16}{21} = 5$. Demnach sind Gulden Conv. Cour. 5 Proc. besser als Gulden Pr.

52. Im Dänischen Staate werden $9\frac{1}{4}$ Speciesthlr., nach dem Conventionsfuße 10 Speciesthlr., nach dem Leipziger Fuße 9 Speciesthlr., nach dem Lübischen Fuße $11\frac{1}{3}$ Reichsthaler, nach dem Preuß. Fuße 14 Thlr., in Holl. $24\frac{3}{8}$ Gulden, in Rußland 13 Rubel, in Schweden seit 1777 9,093 Speciesthlr., in Spanien seit 1772 $9\frac{29}{43}$ Piaster, aus einer feinen Mark Silber, in Frankreich seit 1726 8 Laubthaler aus der rauhen Mark, welche 14 Loth $7\frac{1}{2}$ Grän fein Silber hat, geprägt. Wie viele Proc. steht jedes dieser Geldstücke höher im Werth als der Preuß. Thaler?

1) Der Pr. Thlr. = $\frac{16}{14} = \frac{8}{7}$ Loth fein Silber. 1 Dän. Species-Thlr. = $\dfrac{16}{9\frac{1}{4}} = 1\frac{27}{37}$ Loth f. Silber; also 1 Dän. Speciesthlr. — 1 Pr. Thlr. = $1\frac{27}{37} - 1\frac{1}{7} = \frac{152}{259}$ Loth f. Silber. $\frac{152}{259} : \frac{8}{7}$ = Proc. : 100 (S. 48); also Proc. = $\frac{15200}{259} : \frac{8}{7} = 6\frac{31}{74}$. Dän. Speciesthlr. stehen also nach dem Silberpari $6\frac{31}{74}$ Proc. höher als Pr. Thlr.

2) 1 Conv. Speciesthlr. = $\frac{16}{10} = 1\frac{3}{5}$ Loth f. Silber, also hat 1 Conv. Speciesthlr. $\frac{16}{35}$ Loth f. Silber mehr als 1 Pr. Thlr.

$\frac{16}{35} : \frac{8}{7}$ = Proc. : 100; Proc. = $\frac{1600}{35} : \frac{8}{7} = 40$.

Ein Conv. Speciesthlr. steht also nach dem Silberpari 40 Proc. höher als ein Preuß. Thaler.

3) 1 Speciesthlr. nach dem Leipz. F. = $\frac{16}{9}$ Loth f. Silber; daher hat dieser Thlr. $\frac{40}{63}$ Loth f. Silber mehr als der Pr. Thlr.

$\frac{40}{63} : \frac{8}{7}$ = Proc. : 100; also Proc. = $\frac{4000}{63} : \frac{8}{7} = 55\frac{5}{9}$

Ein Speciesthlr. nach dem Leipziger Fuße beträgt $55\frac{5}{9}$ Proc. mehr als ein Preuß. Thaler.

4) Nach dem Lübischen Fuße ist 1 Rthlr. = $\dfrac{16}{11\frac{1}{3}} = \frac{24}{17}$ Loth f. S. Daher hat dieser Rthlr. $\frac{24}{17} - \frac{8}{7} = \frac{32}{119}$ Loth f. Silber mehr als ein Preuß. Thlr.

$\frac{32}{119} : \frac{8}{7}$ = Proc. : 100; Proc. = $\frac{3200}{119} : \frac{8}{7} = 23\frac{9}{17}$.

Nach dem Lübischen Fuße ist also 1 Rthlr. $23\frac{9}{17}$ Proc. nach dem Silberpari mehr werth als ein Pr. Thlr.

5) 1 Holl. Fl. = $\dfrac{16}{24\frac{3}{8}} = \frac{128}{195}$ Loth f. Silber. Daher hat 1 Pr. Thlr. $\frac{8}{7} - \frac{128}{195} = \dfrac{664}{7.195}$ Loth f. Silber mehr als 1 Holl. Fl.

$\frac{664}{7 \,.\, 195} : \frac{128}{195} =$ Proc. : 100; Proc. $= 74\frac{3}{28}$.

Ein Holl. Fl. ist $74\frac{3}{28}$ Proc. schlechter als ein Pr. Thlr.

6) Ein Rubel $= \frac{16}{13}$ Loth fein Silber. Also hat 1 Rubel $\frac{16}{13} - \frac{8}{7} = \frac{8}{91}$ Loth f. Silber mehr als 1 Pr. Thlr.

$\frac{8}{91} : \frac{8}{7} =$ Proc. : 100; also Proc. $= \frac{800}{91} : \frac{8}{7} = 6\frac{9}{13}$.

Der Rubel ist daher nach dem Silberpari $6\frac{9}{13}$ Proc. mehr an Werth als der Pr. Thaler.

7) 1 Schwedischer Speciesthlr. $= \frac{16}{9{,}093} = \frac{16000}{9093}$ Loth f. Silb. $\frac{16000}{9093} - \frac{8}{7} = \frac{5608}{9093}$ Loth fein Silber.

$\frac{5608}{9093} : \frac{8}{7} =$ Proc. : 100; also Proc. $= \frac{560800}{9093} : \frac{8}{7} = 53\frac{1253}{1299}$.

Der Schwed. Speciesthlr. ist also nach dem Silberpari $53\frac{1253}{1299}$ Proc. höher als der Pr. Thaler.

8) Der Span. Piaster hat $\frac{16}{9\frac{29}{43}} = \frac{43}{26}$ Loth f. Silber, also $\frac{43}{26} - \frac{8}{7} = \frac{93}{7 \,.\, 26}$ Loth f. Silber.

$\frac{93}{7 \,.\, 26} : \frac{8}{7} =$ Proc. : 100; Proc. $= 44\frac{37}{52}$.

Der Span. Piaster ist also nach dem Silberpari $44\frac{37}{52}$ Proc. mehr an Werth als der Preuß. Thaler.

9) 8 Laubthlr. $= 14\frac{7\frac{1}{2}}{18} = 14\frac{5}{12}$ Loth f. Silber, so hat 1 Laubthaler $\frac{14\frac{5}{12}}{8} = \frac{173}{96}$ Loth f. Silber. Daher hat er $\frac{77}{96}$ Loth f. Silber mehr als ein Preuß. Thaler.

$\frac{77}{96} : \frac{8}{7} =$ Proc. : 100; Proc. $= 70\frac{35}{192}$.

Ein Laubthlr. ist also nach dem Silberpari $70\frac{35}{192}$ Proc. mehr werth als ein Preuß. Thaler.

53. Das Geld, welches man für die Benutzung eines fremden Vermögens giebt, heißt der Zins.

Der Zins wird nach Procenten, oder für das Kapital 100, für die Zeit eines Jahres bestimmt. Diese Procente, welche man für die Benutzung eines geliehenen Kapitals, entrichtet, haben gesetzliche Grenzen, die ohne Strafe nicht überschritten werden dürfen.

Man hat nun 6 Stücke: das Kapital, der Zins dafür, und zwar während eines Jahres; ferner irgend ein anderes Kapital, und der Zins für dasselbe nach einer gewissen Zeit. Die 3 ersten Stücke aber vereinigen sich zu einem in dem Ausdrucke Procente, und dieser Ausdruck giebt also das Verhältniß des Zinses zum Kapitale und zwar für die Zeit eines Jahres. Daher hat man nur 4 Stücke für die Zinsrechnung, nämlich: Kapital, Procente, Zins und Zeit.

Es kann aber der Fall sein, daß man den Zins und das Kapital zugleich dem Gläubiger (Kreditor) zahlt, also Summe des Kapitals und des Zinses ein fünftes Stück, oder der Gläubiger verliert das Kapital an den Schuldner (Debitor), weil dieser unvermögend wird zu zahlen, und jener berechnet den Verlust nach Abzug der empfangenen Zinsen, also ein 6tes Stück, Unterschied des Kapitals und des Zinses, endlich und 7tens kann man das Verhältniß vom Kapitale zu den mehrjährigen Zinsen bestimmen, und diese 7 Stücke stehen in einem solchen Verhältnisse zu einander, daß je 3 derselben die übrigen bedingen. Dieses giebt 21 Aufgaben, einige aber sind unbestimmt, weil zwei Stücke eins der 7 bedingen können z. B. wenn das Kapital und der Zins für eine gewisse Zeit gegeben sind, so ist dadurch sowohl die Summe als auch der Unterschied und das Verhältniß des Kapitals und des Zinses bestimmt, und diese können daher nicht mehr willkührlich gegeben werden; die unbestimmten Fälle sollen im Nachfolgenden mit Stillschweigen übergangen werden.

54. Wenn die Zinsen eines und desselben Kapitals für zwei gewisse Zeiten zu einander das Verhältniß ihrer zugehörigen Zeiten haben, oder wenn die Zinsen den Zeiten proportional sind, so heißen sie einfache Zinsen. Zusammengesetzte Zinsen heißen solche, welche sammt dem Kapitale in geometrischer Progression, während die Zeiten in arithmetischer Progression fortschreiten. Zur Berechnung der letzten gehören die Logarithmen, denn ohne diese ist jeder angewandte Kunstgriff eine Spielerei oder die Mühe ist unüberwindlich. Da die Logarithmen nicht für das Kopfrechnen, sondern für die schriftliche Algebra gehören, so können Aufgaben über zusammengesetzte Zinsen hier nicht vorkommen.

Die Summe, welche einem Kapitale nebst seinen künftigen Zinsen zusammengenommen gleich ist, heißt der künftige Werth des anzulegenden Kapitals.

Der jetzige oder baare Werth einer Summe, welche nach einer gewissen Zeit erst zahlbar ist, heißt diejenige Summe, deren künftiger Werth nach dieser Zeit der auszuzahlenden Summe gleich ist.

Eine nach einer gewissen Zeit zahlbaren Summe discontiren, heißt ihren baaren Werth finden; und der Unterschied der nach einer gewissen Zeit zu zahlenden Summe und ihrem baaren Werthe heißt der Disconto.

55. Ein Kapital von 12000 Thlr. ist auf 3 Jahre zu $4\frac{1}{2}$ Proc. verliehen. Wie viel hat man an Zinsen während dieser Zeit für dasselbe gezogen?

Diese Aufgabe kann man auf eine dreifache Art auflösen: 1) man berechne die einjährigen Zinsen und multiplicire sie mit der Zahl der Jahre; weil die Zinsen den Zeiten proportional sind; also:

100 : 12000 Thlr. $=$ $4\frac{1}{2}$ : 540 Thlr., einjähriger Zins.
1 J. : 3 Jahre $=$ 540 Thlr. : 1620 Thlr., gesuchter Zins.

2) Man bringe gleich die 3jährigen Proc. in Rechnung:

100 : 12000 Thlr. $= 3 . 4\frac{1}{2}$ : 1620 Thlr., gesuchter Zins.

3) Durch zusammengesetzte Proportionen:

100 : 12000 Thlr. $= \frac{9}{2}$ : A (einjähriger Zins)
1 J. : 3 J. $=$ A : X (3jähriger Zins)

100 : 360 Thlr. $= \frac{9}{2}$ : X; $X = \frac{9}{2} . 360 = 1620$ Thlr.

56. Bei dem Tode eines Mannes wird das seinem Sohne hinterlassene Vermögen von 20000 Thlr. zu 4 Proc. auf Zinsen gegeben, weil dieser noch unmündig ist. Bis zu seiner Mündigkeit hat derselbe

7600 Thlr. an Zinsen empfangen. Wie alt war er bei dem Tode seines Vaters?

Diese Aufgabe kann man auf eine doppelte Weise auflösen:

1) indem man den einjährigen Zins sucht, und darauf die Anzahl der Jahre.

100 : 20000 Thlr. = 4 Proc. : 800 Thlr., einjähriger Zins.

800 Thlr. : 7600 Thlr. = 1 Jahr : X Jahr; $X = \frac{7600}{800} = 9\frac{1}{2}$ Jahre.

2) Durch zusammengesetzte Proportionen:

100 : 20000 Thlr. = 4 Proc : A (einjähriger Zins)

1 Jahr : X Jahre = A : 7600 Thlr.

1 : 200 X = 1 : 1900; also $X \frac{1900}{200} = 9\frac{1}{2}$.

Da die Mündigkeit nach dem zurückgelegten 24sten Jahre erfolgt, so war der Sohn $14\frac{1}{2}$ Jahr alt, als sein Vater starb.

57. Jemand hat ein Vermögen von 8000 Thlr. zu $4\frac{1}{2}$ Procente auf Zinsen gegeben, und er hat in einer gewissen Zeit eine solche Summe an Zinsen gezogen, die zum Kapitale im Verhältnisse von 9 : 50 steht. Welches war die Zeit?

Durch das gegebene Verhältniß berechnet man den Zins, und dadurch ist die Aufgabe auf die vorstehende zurückgeführt; oder man wendet die Zusammensetzung der Proportionen an:

100 : $4\frac{1}{2}$ = 50 : A (der einjährige Zins von 50)

1 J. : X J. = A : 9

200 : 9 X = 50 : 9; $X = \frac{200}{50} = 4$ J.

Anmerk. Die letzte Auflösung zeigt, daß, wenn die Proc. und das Verhältniß des Kapitals zu den mehrjährigen Zinsen gegeben sind, das Kapital zur Berechnung der Zeit nicht erforderlich ist.

58. Jemand erbt ein Vermögen von 7000 Thlr., welches aber erst nach $3\frac{1}{2}$ Jahren gehoben werden kann; doch hat er während dieser Zeit an Zinsen 1225 Thlr. empfangen, er sucht die ihm unbekannten Procente.

Berechnet man zunächst durch folgende Proportion die einjährigen Zinsen, 1 J. : $3\frac{1}{2}$ J. = einjähr. Zins : 1225, so ist dadurch die Aufgabe auf die 55ste zurückgebracht; denn 7000 Thlr. : 100 Thlr. = $\frac{1225}{3\frac{1}{2}}$ : Proc.; oder man berechne sie geradezu wie die 55ste durch zusammengesetzte Proportionen:

100 : 7000 = Proc. : A (einjähriger Zins)

1 J. : $3\frac{1}{2}$ J. = A : 1225

1 : 245 = Proc. : 1225; Proc. = $\frac{1225}{245} = 5$.

59. Wenn ein auf Zinsen verliehenes Kapital sich zu seinen 5jährigen Zinsen wie 30 : 7 verhält, zu welchem Proc. muß es verliehen sein?

Man betrachte 30 als das Kapital und 7 als die 5jährigen Zinsen, so ist: 100 : 30 = Proc. : A (einjähr. Zins von 30)

1 J. : 5 J. = A : 7

2 : 3 = Proc. : 7; Proc. = $\frac{14}{3} = 4\frac{2}{3}$.

60. Man hat ein Vermögen zu $4\frac{3}{4}$ Proc. verliehen, und in 8 Jahren 1900 Thlr. an Zinsen erhalten. Das Vermögen war?

$$\begin{array}{lllll} 100 \text{ Thlr.} & : X \text{ Thlr.} & = 4\frac{3}{4} \text{ Proc.} & : A & \text{(einjähr. Zins)} \\ 1 \text{ J.} & : 8 \text{ J.} & = A & : 1900 & \\ \hline 50 & : X & = 1 & : 100; & X = 5000 \text{ Thlr.} \end{array}$$

61. Jemand hat ein Kapital zu $4\frac{4}{5}$ Proc. auf Zinsen gegeben, und erhält nach $2\frac{3}{4}$ Jahren an Kapital und Zinsen 11320 Thlr. Welches war das Kapital?

Die $2\frac{3}{4}$ jährigen Proc., oder der $2\frac{3}{4}$ jährige Zins von 100 ist $2\frac{3}{4} \cdot 4\frac{4}{5} = \frac{66}{5}$; so wie sich nun das Kapital 100 zu seinem $2\frac{3}{4}$ jährigen Zinse $\frac{66}{5}$ verhält, so muß sich das gesuchte Kapital zu seinem Zinse verhalten; also:

$$100 : \tfrac{66}{5} = \text{Kapital} : \text{Zins, und verbunden}$$

$$100 + \tfrac{66}{5} : 100 = (\text{Kapital} + \text{Zins}) : \text{Kapital} \; (\text{Fundamentl. III. 429.})$$

Hierin für Kapital und Zins den gegebenen Werth gesetzt:

$$566 : 500 = 11320 : \text{Kapital}; \; \text{Kapital} = 10000 \text{ Thlr.}$$

62. Jemand hat ein Kapital zu $4\frac{5}{6}$ Proc. auf Zinsen gegeben. Nach 3 Jahren aber macht sein Schuldner Bankerott, sein ganzes Kapital geht ihm verloren, und wenn er auch die 3jährigen Zinsen von demselben abrechnet, so erleidet er doch einen Verlust von 10773 Thlr. Welches war das verliehene Kapital?

Die 3jährigen Proc. sind $3 \cdot 4\frac{5}{6} = \frac{29}{2}$, so hat man wie in der vorstehenden Aufgabe

$$100 : \tfrac{29}{2} = \text{Kapital} : \text{Zins, und getrennt}$$

$$100 - \tfrac{29}{2} : 100 = (\text{Kapital} - \text{Zins}) : \text{Kapital} \; (\text{Fundamentalh. III. 431})$$

Hierin setze man für (Kapital — Zins) den gegebenen Werth:

$$\begin{array}{l} (200 - 29) : 200 = 10773 : \text{Kapital; oder} \\ 171 : 200 = 10773 : \text{Kapital} \\ \hline \end{array}$$

$$\text{Kapital} = \frac{200 \cdot 10773}{171} = 12600 \text{ Thlr.}$$

63. Ein Kapitalist berechnet, daß der Zins, welchen er für eine gewisse Zeit von seinem ausstehenden Kapitale zu fordern hat, sich zum Kapitale wie 1 : 5 verhält. Darauf erhält er an Kapital und Zinsen 18000 Thlr. zurückgezahlt. Wenn nun die gewöhnlichen Proc. 5 betrugen, welches war sein Kapital, die Zinsen und die Zeit?

1) $\text{Zins} : \text{Kapital} = 1 : 5$, verbunden

$$\begin{array}{l} \text{Zins} + \text{Kapital} : \text{Zins} = 6 : 1; \text{ hierin den Werth gesetzt,} \\ 18000 \text{ Thlr.} : \text{Zins} = 6 : 1 \\ \hline \text{Zins} = 3000 \text{ Thlr.; daher Kapital} = 15000 \text{ Thlr.} \end{array}$$

2)

$$\begin{array}{lllll} 100 : 5 & = 5 \text{ Proc.} & : A & \text{(einjähr. Zins von 5 Thlr.)} \\ 1 \text{ J.} : X & = A & : 1 & \\ \hline 20 : X & = 5 & : 1; & \text{also } X = 4 \text{ Jahren.} \end{array}$$

64. Der jährliche Ertrag eines Gutes verhält sich zum Kaufpreise wie 1 : 5. Während einer gewissen Zeit hat das Gut so viel eingebracht, daß an dem Ertrage nur noch 4000 Thlr. bis zum Kaufpreise fehlen, und zwar verhält sich der Gesammtertrag zum Kaufpreise wie 5 : 7. Welches war der Kaufpreis, der jährliche Ertrag und die Zeit des Besitzes vom Gute?

1) Kaufpr. : Ertrag = 7 : 5, getrennt (Fundamentalf. III. 431.)
(Kaufpr. — Ertrag) : Ertrag = 2 : 5, den Werth gesetzt
4000 : Ertrag = 2 : 5

Ertrag während der Zeit des Besitzes = 10000 Thlr.
Kaufpreis 14000 Thlr.

2) Jährl. Ertrag : Kaufpreis = 1 : 5, oder
Jährl. Ertrag : 14000 Thlr. = 1 : 5; jährl. Ertrag = 2800 Thlr.
Zeit des Besitzes = $\frac{10000}{2800}$ = $3\frac{4}{7}$ Jahren.

65. Ein Kapital ist zu $4\frac{1}{2}$ Proc. verliehen. Die Zinsen sind in so langer Zeit nicht abgetragen worden, daß das Kapital dieselben nur noch um 2000 Thlr. übertrifft; der Gläubiger sieht sich daher genöthigt, den Schuldner an seine Pflicht zu erinnern, weil er in Geldverlegenheit ist; und der Erinnerte zahlt die Hälfte des Kapitals und sämmtliche rückständige Zinsen mit 10000 Thlr. ab. Welches war das Vermögen und die Zeit?

1) Das Doppelte der gezahlten Summe oder 20000 Thlr. ist die Summe des Kapitals und das Doppelte der rückständigen Zinsen. Da nun das Kapital = den rückständigen Zinsen + 2000 Thlr. ist, so ist das Kapital und das Doppelte der Zinsen = den 3fachen Zinsen + 2000 Thlr. = 20000 Thlr.; die 3fachen Zinsen betragen also 18000 Thlr., daher sind die rückständigen Zinsen = 6000, und das Kapital war also 8000 Thlr.

2) 100 : 8000 Thlr. = $4\frac{1}{2}$ Proc. : A (einjähr. Zinsen)
1 J. : X J. = A : 6000 Thlr.

1 : 80 X = 3 : 4000; X = $16\frac{2}{3}$ Jahren.

66. Jemand hat ein Haus für 12000 Thlr. unter der Bedingung gekauft, daß er die Hälfte baar, und die andere Hälfte erst nach 3 Jahren bezahle. Wenn nun der Verkäufer durch gewisse Umstände gezwungen ist, nach einem Jahre die andere Hälfte zu fordern, und ihm der Käufer nur 5000 Thlr. bietet, wie viele Procente wollte der letzte haben?

100 : 5000 Thlr. = Proc. : A (einjähriger Zins)
1 J. : 2 Jahren = A : 1000

1 : 100 = Proc. : 1000; Proc. = 10.

67. Ein junger Mann, welcher ein geringes Gehalt bezog, und deswegen zuweilen in Geldverlegenheit gerieth, wandte sich an einen Commissionär, und dieser verschaffte ihm 14 Thlr. auf 4 Monate gegen eine sichere Anweisung von 18 Thlr. Wie viele Procente nahm dieser Commissionär?

100 : 14 Thlr. = Proc. : A (einjähriger Zins)
1 J. : $\frac{1}{3}$ Jahr = A : 4

300 : 14 = Proc. : 4; also Proc. = $\frac{1200}{14}$ = $\frac{600}{7}$
Dieser Commissionär ließ sich also $85\frac{5}{7}$ Proc. zahlen.

Anmerk. Dieses ist eine Begebenheit, die sich in der That zugetragen hat. Der Verf. könnte noch mehrere Aufgaben aus dem wirklichen Leben genommen vorführen, welche grobe Betrügereien an den Tag legen, solche sind ihm aber zuwider.

68. Jemand giebt ein Kapital von 1000 Thlr. bei der Geburt seines Sohnes in eine Bank zu $2\frac{1}{2}$ Proc., und will es sammt den Zinsen bis zur Mündigkeit des Sohnes für denselben stehen lassen; welches wird der künftige Werth sein?

Der künftige Werth eines Kapitals ist eine Summe, welche dem angelegten Kapitale und den Zinsen für eine gewisse Zeit gleich ist (S. 54). Die Zeit bis zur Mündigkeit von der Geburt an gerechnet sind 24 Jahre; also ist der gesuchte künftige Werth = 1000 Thlr. nebst dem 24jährigen Zinse von demselben Kapitale zu $2\frac{1}{2}$ Proc.

Die 24jährigen Proc. betragen $24 \cdot 2\frac{1}{2} = 60$; also ist:

100 : 60 = 1000 Thlr. : Zinsen, und verbunden
160 : 100 = 1000 Thlr. + Zinsen : 1000 Thlr., oder
160 : 100 = Künftiger Werth : 1000 Thlr.

Künftiger Werth = 1600 Thlr.

69. Welches ist der künftige Werth eines Kapitals von 5000 Thlr. in 10 Jahren zu 4 Proc.?

100 : 40 = 5000 Thlr. : 10jähr. Zinsen, verbunden:
140 : 100 = Künftiger Werth : 5000 Thlr.

$$\text{Künftiger Werth} = \frac{140 \cdot 5000}{100} = 7000 \text{ Thlr.}$$

70. Wie lange muß eine Summe auf Zinsen zu 5 Proc. stehen, bis der künftige Werth das 2, 3, 4, 5fache ꝛc. des angelegten Kapitals ist?

100 : 5 = Kapital : 1jähr. Zins
1 : Jahre = 1jähr. Zins : mehrjähr. Zins, zusammengesetzt;

100 : 5 × Jahre = Kapital : mehrjähr. Zins, verbunden
100 + 5 × Jahre : 100 = Kapit. + mehrj. Zins : Kapital, oder:
100 + 5 × Jahre : 100 = künftiger Werth : Kapital.

Setzt man nun das letzte Verhältniß dieser Proportion = dem von 2 : 1, 3 : 1, 4 : 1, 5 : 1 ꝛc., so erhält man die Antworten auf die verschiedenen Fragen; also

1) 100 + 5 × Jahre : 100 = 2 : 1, getrennt (Fundamentalſ. III. 431.)
5 × Jahre : 100 = 1 : 1; 5 × Jahr = 100; also Jahre = 20.
2) 100 + 5 . Jahre : 100 = 3 : 1, getrennt
5 × Jahre : 100 = 2 : 1; 5 × Jahre = 200; also Jahre = 40.
3) 100 + 5 × Jahre : 100 = 4 : 1, getrennt
5 × Jahre : 100 = 3 : 1; 5 × Jahr = 300; also Jahre = 60.
4) 100 + 5 × Jahre : 100 = 5 : 1, getrennt
5 × Jahre : 100 = 4 : 1; 5 × Jahre = 400; also Jahre = 80.

71. Welches Kapital muß man zu 4 Proc. 5 Jahre Zinsen tragen lassen, wenn der künftige Werth 10000 Thlr. betragen soll?

100 : 4 = Kapital : 1jähr. Zins
1 J. : 5 J. = 1jähr. Zins : 5jähr. Zins, zusammengesetzt

100 : 20 = Kapital : 5jähr. Zins, verbunden
120 : 100 = Kapital + 5jähr. Zins : Kapital; oder
120 : 100 = 10000 : Kapital

$$\text{Kapital} = \frac{100 \cdot 10000}{120} = 8333\frac{1}{3} \text{ Thlr.}$$

72. Ein Wechsel von 2000 Thlr. wird 20 Tage vor Verfallzeit mit 4 Proc. Diskonto verkauft; welches ist der baare Werth?

Aufl. Der Diskonto oder Abzug wird an einigen Orten unter 100, an andern auf 100 berechnet. Beide Fälle der Berechnung sollen an diesem Beispiele ausgeübt werden.

Das Jahr wird beim Diskontiren der Wechsel zu 360 Tagen angenommen, also jeder Monat zu 30 Tagen Ferner wird dem Käufer des Wechsels, oder welcher ihn diskontirt (der Diskontant), der Tag, an welchem der Wechsel bezahlt wird, und der seines Verfalls zum Vortheil gerechnet. Bei dieser Aufgabe soll hierauf keine Rücksicht, sondern dann erst genommen werden, wenn bestimmte Tage des Verkaufs und des Verfalls gegeben sein werden. Der in den Kurszetteln angegebene Diskonto ist immer für die Zeit eines Jahres zu rechnen, wie hier 4 Proc. Folgende Proportion giebt Proc. des Diskonto für 20 Tage: 20 Tage : 360 Tage = Proc. : 4

$$\text{Proc.} = \tfrac{80}{360} = \tfrac{2}{9}$$

1) Unter 100; 100 : $\frac{2}{9}$ = künftiger Werth : Diskonto
getrennt: 100 : 100 — $\frac{2}{9}$ = künftiger Werth : künft. W — Disk.
oder 100 : $99\frac{7}{9}$ = 2000 : baarem Werthe

Daher ist der baare Werth = $1995\frac{5}{9}$ Thlr.; der künftige Werth ist 2000 Thlr.; demnach ist der Diskonto = 2000 Thlr. — $1995\frac{5}{9}$ Thlr. = $4\frac{4}{9}$ Thlr.

Den Diskonto hätte man auch mit Hülfe der Proportion finden können.

Für die Berechnung des baaren Werthes unter 100, muß man 100 als den künftigen Werth ansehen, und daher die Proportion: 100 : Proc. des Diskonto = künftiger Werth : Diskonto. Aus dieser Proportion kann man sogleich den Diskonto finden:

100 : $\frac{2}{9}$ = 2000 : Diskonto

Diskonto = $\frac{2}{9} \cdot \frac{2000}{100} = \frac{40}{9} = 4\frac{4}{9}$, dieses nun abgezogen oder diskontirt von dem künftigen Werthe oder 2000 giebt den baaren Werth $1995\frac{5}{9}$ Thlr.

Diese Berechnung ist der ersten vorzuziehen, weil man aus der Proportion sogleich den Diskonto findet, und weil man hier auch mit kleineren Zahlen als dort zu rechnen hat.

Um den Diskonto zu finden sind hier zwei Berechnungen vorgenommen worden; dieses ist ein Umweg, wenn es durch eine Rechnung geschehen kann, und hier hindert auch nichts direct zu verfahren, daher verdient das directe Verfahren den Vorzug;

100 : 4 = 2000 Thlr. : D (einjähr. Diskonto)
360 : 20 Tg. = D : X (20tägiger Diskonto)

450 : 1 = 2000 Thlr. : X; X = $\frac{2000}{450} = 4\frac{4}{9}$ Thlr.

2) Berechnung des Diskonto auf 100. In diesem Falle betrachtet man 100 als den baaren Werth und den künftigen = der Summe von 100 und den zu diskontirenden Proc.; daher hat man folgende Proportionen: 100 : Proc. des Diskonto = baarer Werth : Diskonto;
daher a) 100 + Proc. des Disk. : Proc. d. Disk. = künft. Werth : Disk.
b) 110 + Proc. d. Disk. : 100 = künft. Werth : baarem Werthe.

Die erste Proportion ist hier nicht zu gebrauchen, weil 2 Glieder derselben unbekannt sind. Setzt man die gegebenen Werthe in die zweite Proportion, so erhält man:

$$100 + \tfrac{2}{9} : \tfrac{2}{9} = 2000 \text{ Thlr.} : \text{Diskonto}$$

$$\text{Diskonto} = \frac{\tfrac{2}{9} \,.\, 2000}{100 + \tfrac{2}{9}} = 4\tfrac{196}{451} \text{ Thlr.}$$

Durch die dritte Proportion erhält man:

$$100 + \tfrac{2}{9} : 100 = 2000 \text{ Thlr.} : \text{baarem Werthe}$$

$$\text{baarer Werth} = \frac{200000}{100+\tfrac{2}{9}} = 1995\tfrac{255}{451} \text{ Thlr.}$$

Nun vergleiche man die Resultate beider Berechnungen, um zu erfahren, wie groß der Nachtheil des Verkäufers und der Vortheil des Käufers in jedem Falle ist.

Der erste Diskonto betrug $4\frac{4}{9}$, der zweite ist $4\frac{196}{451}$; man mache beide Brüche gleichnamig, so ist der erste Diskonto $= 4\frac{1804}{4059}$, der andere $4\frac{1764}{4059}$; daher ist der erste Diskonto um $\frac{40}{4059}$ größer als der andere; mithin ist der erste baare Werth um eben so viel kleiner als der andere. Der Verkäufer hat also im letztern Falle einen Vortheil von $\frac{40}{4059}$ Thlr., welcher Vortheil so gering ist, daß er mit Recht nicht beachtet wird.

73. Welches ist der größte Vortheil und Nachtheil des Verkäufers eines Wechsels, wenn der Diskonto jährlich 3, 4, 5 Procent beträgt, die Verfallzeit des Wechsels kürzer als $\frac{1}{4}$, $\frac{1}{2}$, $\frac{3}{4}$ und 1 Jahr ist, nach der Rechnung unter 100 und über 100?

1) Nach der Rechnung unter 100 ist 100 der künftige Werth, und der baare ist 100 weniger den Diskontoproc.

Für die Berechnung des Diskonto von 100 für gegebene Zeiten hat man folgende Proportionen:

100 : Diskontoprocenten = 100 : Diskonto (einjähriger)
360 : Tagen = einjähr. Disk. : Disk. für gewisse Tage.
(A) also: 360 : Tage × Disk. Proc. = 1 : Disk. für gewisse Tage.

Setzt man in diese Proportion die Disk. Proc. 3, 4, 5 und die Tage = 90, so erhält man folgende Werthe:

1) 360 : 90 . 3 = 1 : Diskonto für 90 Tage (= $\frac{3}{4}$)
2) 360 : 90 . 4 = 1 : Diskonto für 90 Tage (= 1)
3) 360 : 90 . 5 = 1 : Diskonto für 90 Tage (= $1\frac{1}{4}$)

Die Tage seien = 180

4) 360 : 180 . 3 = 1 : Diskonto für 180 Tage (= $1\frac{1}{2}$)
5) 360 : 180 . 4 = 1 : Diskonto für 180 Tage (= 2)
6) 360 : 180 . 5 = 1 : Diskonto für 180 Tage (= $2\frac{1}{2}$)

Die Tage seien = 270

7) 360 : 270 . 3 = 1 : Diskonto für 270 Tage (= $2\frac{1}{4}$)
8) 360 : 270 . 4 = 1 : Diskonto für 270 Tage (= 3)
9) 360 : 270 . 5 = 1 : Diskonto für 270 Tage (= $3\frac{3}{4}$)

Für ein Jahr ist der Diskonto von 100 3, 4, 5.

Diese 12 Werthe sind die Diskonte für 100 berechnet aber unter 100.

2) Der Diskonto für die Berechnung über 100 ist nun zu suchen. In diesem Falle ist 100 der baare Werth, und der zukünftige ist

100 + Diskontoproc. für gewisse Tage; daher hat man folgende Proportion:

100 + Discontoproc. : Diskontoproc. = künftiger Werth : Diskonto, und setzt man den künftigen Werth, wie vorher, = 100 so ist:

(100 + Diskontoproc.) : Diskontoproc. = 100 : Diskonto.

(B) In diese Proportion setze man nach der Reihe die in der vorigen Nummer berechneten Werthe, so erhält man die entsprechenden über 100 berechnet.

| | | | | | |
|---|---|---|---|---|---|
| 1) | $100 + \frac{3}{4} : \frac{3}{4} = 100$ : | Diskonto für | 90 | Tage | $(= \frac{300}{403})$ |
| 2) | $101 : 1 = 100$ : | „ „ | „ | „ | $(= \frac{100}{101})$ |
| 3) | $101\frac{1}{4} : 1\frac{1}{4} = 100$ : | „ „ | „ | „ | $(= \frac{100}{81})$ |
| 4) | $101\frac{1}{2} : \frac{3}{2} = 100$ : | „ „ | 180 | „ | $(= \frac{300}{203})$ |
| 5) | $102 : 2 = 100$ : | „ „ | „ | „ | $(= \frac{100}{51})$ |
| 6) | $102\frac{1}{2} : \frac{5}{2} = 100$ : | „ „ | „ | „ | $(= \frac{100}{41})$ |
| 7) | $102\frac{1}{4} : \frac{9}{4} = 100$ : | „ „ | 270 | „ | $(= \frac{900}{409})$ |
| 8) | $103 : 3 = 100$ : | „ „ | „ | „ | $(= \frac{300}{103})$ |
| 9) | $103\frac{3}{4} : \frac{15}{4} = 100$ : | „ „ | „ | „ | $(= \frac{300}{83})$ |
| 10) | $103 : 3 = 100$ : | „ „ | 1 | Jahr | $(= \frac{300}{103})$ |
| 11) | $104 : 4 = 100$ : | „ „ | „ | „ | $(= \frac{50}{13})$ |
| 12) | $105 : 5 = 100$ : | „ „ | „ | „ | $(= \frac{100}{21})$ |

Wenn man nun diese Werthe nach der Reihe von jenen entsprechenden subtrahirt, so erhält man den größten Nachtheil eines Wechsel-Verkäufers von 100 Thlr.

| | | | | | | | |
|---|---|---|---|---|---|---|---|
| 1) | $\frac{3}{4} - \frac{300}{403} = \frac{9}{1612} = 0{,}00558$, | für | 90 | Tage | zu | 3 | Proc. |
| 2) | $1 - \frac{100}{101} = \frac{1}{101} = 0{,}00990$, | „ | „ | „ | „ | 4 | „ |
| 3) | $1\frac{1}{4} - \frac{100}{81} = \frac{5}{324} = 0{,}01543$, | „ | „ | „ | „ | 5 | „ |
| 4) | $\frac{3}{2} - \frac{300}{203} = \frac{9}{406} = 0{,}02216$, | „ | 180 | „ | „ | 3 | „ |
| 5) | $2 - \frac{100}{51} = \frac{2}{51} = 0{,}03921$, | „ | „ | „ | „ | 4 | „ |
| 6) | $\frac{5}{2} - \frac{100}{41} = \frac{5}{82} = 0{,}06097$, | „ | „ | „ | „ | 5 | „ |
| 7) | $\frac{9}{4} - \frac{900}{409} = \frac{81}{1636} = 0{,}04951$, | „ | 270 | „ | „ | 3 | „ |
| 8) | $3 - \frac{300}{103} = \frac{9}{103} = 0{,}08739$, | „ | „ | „ | „ | 4 | „ |
| 9) | $3\frac{3}{4} - \frac{300}{83} = \frac{45}{332} = 0{,}13554$, | „ | „ | „ | „ | 5 | „ |
| 10) | $3 - \frac{300}{103} = \frac{9}{109} = 0{,}08738$, | „ | 360 | „ | „ | 3 | „ |
| 11) | $4 - \frac{50}{13} = \frac{2}{13} = 0{,}15484$, | „ | „ | „ | „ | 4 | „ |
| 12) | $5 - \frac{100}{21} = \frac{2}{21} = 0{,}23809$, | „ | „ | „ | „ | 5 | „ |

Die vorstehende Tabelle einiger berechneten Werthe giebt einen ungefähren Ueberblick von der Größe des Verlustes, den ein Verkäufer eines Wechsels von 100 Thlr. erleidet, wenn der Wechsel nach der Berechnung unter 100 diskontirt worden ist, anstatt über 100. Dieser Verlust beträgt für 100 Thlr. noch keinen ganzen Thlr., und derselbe kann für jede Summe durch folgende Proportion gefunden werden:

100 : Werthe (Valuta) eines Wechsels = Verlust von 100 : Verluste des Wechsels.

Da ein Wechsel nicht leicht über 100000 Thlr., seine Verfallzeit nicht über 1 Jahr, und der Diskonto nicht über 5 Proc. betragen wird, so ist unter diesen Bedingungen der größte Verlust: 100 : 100000 = 0,23809 : 238,09; also 238,09 Thlr., eine Summe, von der es dahingestellt sein mag, wer sie verlieren will.

Es wird nicht nothwendig sein, noch etwas über diesen Verlust zu sagen; die gewöhnlichen Fragen in dieser Beziehung wird die Ansicht obiger Tabelle sogleich beantworten.

Kann man in Geldgeschäften annehmen, daß eine Summe Geldes durch irgend einen Gebrauch während einer gewissen Zeit sich vermehrt, so muß der Diskonto über 100 berechnet werden; ist aber in solchen Fällen anzunehmen, daß jene Vermehrung nicht stattfindet, so muß die Berechnung des Diskonto unter 100 geschehen.

74. Ein Wechsel von 5000 Thlr. ist den 25sten Januar fällig, und wird den 5ten Januar desselben Jahres mit 4 Proc. Diskonto verkauft. Welches ist der diskontirte Werth, und welches der Diskonto?

In der Auflösung der 72sten Aufgabe wurde bemerkt, daß zur Diskontirung eines Wechsels sowohl der Tag seines Verkaufs als auch der seines Verfalls gerechnet werden: daher ist der Diskonto dieser Aufgabe für 21 Tage zu berechnen.

Für den Fall der Berechnung unter 100 hat man:

100 Thlr. : 5000 Thlr. = 4 : A (einjähr. Disk. von 5000 Thlr.)
360 Tag. : 21 Tag. = A : X

12 : 35 = 4 : X, also X = $11\frac{2}{3}$ Thlr.

Daher ist der diskontirte Werth des Wechsels = 5000 — $11\frac{2}{3}$ = $4988\frac{1}{3}$ Thlr.

Diese Berechnungsart ist die gewöhnliche.

Für den Fall der Berechnung über 100 hat man zuerst den Diskonto von 100 für 21 Tage zu suchen:

360 : 21 = 4 : $\frac{7}{30}$; daher
100 + $\frac{7}{30}$ : 100 = 5000 Thlr. : baaren Werth

Baarer Werth = 4988,360 Thlr. = 4988 Thlr. 10,8 Sgr.

Also hat man im zweiten Verkaufe einen Vortheil von $\frac{4}{5}$ Sgr. = $9\frac{3}{5}$ Pfennigen, welcher auf 5000 Thlr. für Nichts zu achten ist.

75. Jemand verkauft ein Haus für 8400 Thlr., und empfängt 5000 baar, und soll den Rest nach 3 Jahren, oder auch gleich baar mit 5 Proc. Diskonto erhalten. Welches war der baare Werth des Hauses?

Ist der baare Werth 100, so ist der künftige Werth nach 3 Jahren zu 5 Proc. 115. Da nun der künftige Werth nach 3 Jahren 3400 Thlr. sein soll, so hat man zur Berechnung des baaren Werthes folgende Proportion:

115 : 100 = 3400 Thlr. : baaren Werthe; daher ist der baare Werth = $\frac{20 \,.\, 3400}{23}$ = $2956\frac{12}{23}$ Thlr. Demnach ist der baare Werth des Hauses = 5000 + $2956\frac{12}{23}$ = $7956\frac{12}{23}$ Thlr.

Anmerk. Aufgaben dieser Art werden später mit Hinzufügung anderer Bedingungen noch vorkommen.

76. Der Rabatt oder Abzug ist vom Diskonto zu unterscheiden; jener wird vom baaren, dieser vom künftigen Werthe subtrahirt; oder der Rabatt wird unter 100, der Diskonto über 100 berechnet.

Z. B. Jemand kauft in einem Buchladen für 75 Thlr. Bücher,

und der Buchhändler bewilligt ihm 10 Proc. Rabatt; wie viel hat der Käufer baar zu zahlen?

$100 : 90 = 75$ Thlr. : $\frac{90 \cdot 75}{100}$ Thlr., oder $67\frac{1}{2}$ Thlr. hat der Käufer für genommene Bücher zu zahlen.

Auch dieser Art Aufg. werden später mehrere angeführt werden.

77. Soll eine Summe, die in mehreren Theilzahlungen abzutragen ist, auf einmal ohne Diskonto entrichtet werden, so nennt man die Zeit, zu welcher die Auszahlung der ganzen Summe ohne Nutzen oder Schaden beider Partheien geschehen muß, der mittlere Zahlungstermin.

Z. B. Jemand ist verpflichtet nach 3 Monaten 400, 5 Monate später 500, und wieder 6 Monate später 800 Thlr. zu zahlen. Wenn nun der Gläubiger die ganze Summe von 1700 Thlr. auf einmal zu empfangen wünscht; wann muß der Zahlungstermin angesetzt werden?

Der Gewinn oder Nutzen von 100 Thlr. sei in einem Monate das Einfache einer gewissen Summe; so ist der Nutzen von 400 Thlr. in einem Monate das 4fache, und in 3 Monaten das 3 . 4- oder 12fache einer gewissen Summe.

Den zweiten Posten 500 Thlr. kann der Schuldner 3 und 5 oder 8 Monate benutzen, daher zieht er von demselben einen Gewinn, welcher das 8 . 5 oder 40fache beträgt.

Die dritte Summe kann der Schuldner 3, 5 und 6 oder 14 Monate nutzen, und daher wird ihm der Gebrauch derselben einen Gewinn von 14 . 8 oder 112fachen der ersten gedachten Summe tragen.

Der Gebrauch dieser 3 Posten bringt also dem Schuldner einen Gewinn, welcher aus dem 12, 40 und 112 oder aus dem 164fachen besteht. Daher muß die Zahlung der ganzen Summe dann geschehen, wenn sie das 164fache dessen getragen hat, was 100 Thlr. in 1 Monate bringen.

Von der ganzen Summe 1700 hat man das 17fache gedachter Summe in 1 Monat zu erwarten, und demnach kann man die ganze Summe so viele Monate behalten, wie oft das 17fache in dem 164fachen enthalten ist, also $\frac{164}{17} = 9\frac{11}{17}$ Monate.

78. Ein Bürger einer Stadt hat am 12ten Januar ein Haus gekauft, und sich verbindlich gemacht, den 12ten März desselben Jahres 500 Thlr., den 12ten Juli 500 und den 12ten Januar des folgenden Jahres 1500 Thlr. zu zahlen. Wenn nun der Verkäufer die ganze Summe von 2500 Thlr. auf einmal zu empfangen wünscht, wann hat der Käufer Zahlung zu leisten?

Jeder Termin ist hier als eine volle Zahl Monate zu nehmen; der erste ist ein Zeitraum von 2, der andere von 6 und der dritte von 12 Monaten; daher kann er von der ersten Summe den Gewinn von 2, von der zweiten den Gewinn von 6 und von der dritten den Gewinn während 12 Monaten genießen.

Das größte gemeine Maß der 3 Summen ist 100 Thlr., und das größte gemeine Maß der 3 Zeiten ist 2 Monate; nun sei der Gewinn von 100 in 2 Monaten das Einfache irgend einer Summe; so wird man den Gewinn jeder Summe für die gegebenen Zeiten durch folgende Proportionen finden:

1) 100 Thlr. : 500 Thlr. = 1faches : 5facher (für 2 Mon.)

2) 100 Thlr. : 500 Thlr. = 1faches : A (für 2 Mon.)
2 M. : 6 M. = A : X (für 6 Mon.)
1 : 15 = 1faches : X; X = 15faches;

3) 100 Thlr. : 1500 Thlr. = 1faches : B (für 2 Mon.)
2 M. : 12 M. = B : B (für 1 Jahr)
1 : 90 = 1faches : X; X = 90faches.

4) 100 Thlr. : 2500 Thlr. = 1faches : 25faches.

Der Gewinn von den 3 Summen während der gegebenen Zeiten beträgt also das 110fache; der von der ganzen Summe von 2 Monaten das 25fache, daher erhält man die gesuchte Zeit durch diese Proportion:

25faches : 110faches = 2 Monate : X Monaten

$$X = \frac{2 \cdot 110}{25} = 8\tfrac{4}{5} \text{ Monaten.}$$

In den folgenden Aufl. dieser Art Aufg. sollen der Kürze wegen nur die Proportionen angeführt werden.

79. Jemand hat den 17ten Mai 720 Thlr., den 18ten October 600 Thlr., den 25sten Januar des künftigen Jahres 800 Thlr. und den 20. August 450 Thlr. zu bezahlen. Wenn nun der Gläubiger mit dem Schuldner einig wird, die ganze Summe auf einmal zu empfangen; wann muß die Zahlung geleistet werden; indem diese Verpflichtungen am 3ten Januar des ersten Jahres übernommen worden sind.

1) 10 Thlr. : 720 Thlr. = 1faches : A (für 1 Tag)
1 Tag : 134 Tage = A : X (für 134 Tage)
X = 9648faches.

2) 10 Thlr. : 600 Thlr. = 1faches : A
1 Tag : 288 Tage = A : X
X = 17280faches.

3) 10 Thlr. : 800 Thlr. = 1faches : A
1 Tag : 387 Tage = A : X
X = 30960faches.

4) 10 Thlr. : 450 Thlr. = 1faches : A
1 Tag : 594 Tage = A : X
X = 26730faches.

5) 10 Thlr. : 2570 Thlr. = 1faches : A
1 Tag : X Tage = A : 84618faches

$$X = \tfrac{84618}{257} = 329\tfrac{65}{257} \text{ Tage.}$$

Die Zahlung muß also im ersten Jahre den 29sten November geschehen.

**Anmerk.** Man wird bemerkt haben, daß auf die Größe des Einfachen bei diesen Berechnungen keine Rücksicht zu nehmen ist; daher kann man anstatt Einfaches zu setzen, kurz 1 annehmen.

80. A leiht dem B auf 2 Monate 900 Thlr., und auf 3 Monate 500 Thlr. von derselben Zeit gerechnet. Wenn nun zu einer andern Zeit B dem A 400 Thlr. und 1 Monat später wieder 800 Thlr. leiht; wie lange kann A das Geld behalten, wenn B seine Verbindlichkeiten gegen ihn erfüllen will?

1) $$\begin{array}{rcl} 100 \text{ Thlr.} : 900 \text{ Thlr.} & = & 1 : A \\ 1 \text{ M.} : 2 \text{ M.} & = & A : X \\ \hline X & = & 18; \end{array} \qquad \begin{array}{rcl} 100 \text{ Thlr.} : 500 \text{ Thlr.} & = & 1 : A \\ 1 \text{ M.} : 3 \text{ M.} & = & A : X \\ \hline X & = & 15. \end{array}$$

2) 100 Thlr. : 400 Thlr. = 1 : 4; 100 Thlr. : 1200 Thlr. = 1 : 12.

B hat an Gewinn 18 + 15 = 33 gehabt, bis A die 800 Thlr. erhält, hat er von den 400 Thlr. 4 an Gewinn gezogen; daher kann A von den 1200 Thlr. noch 29 ziehen; daher die gesuchte Zeit: 12 : 29 = 1 Monat : $\frac{26}{12} = 2\frac{5}{12}$ Monate kann A die 1200 Thlr. noch ferner behalten.

81. Es können auch mehrere Kapitalien mit Angabe der Proc. auf gewisse Zeiten ausgeliehen sein, und man will den Zinsfuß im Durchschnitt berechnen, und mehrere Verfalltage auf einen bringen. Z. B. Ein Kaufmann hat von einem andern, bei Gelegenheit eines vortheilhaften Handels, 2000 Thlr. zu 5 Proc. auf 5 Monate; 1500 Thlr. zu $5\frac{1}{2}$ Proc. auf 6 Monate, 900 Tthlr. zu $4\frac{1}{2}$ Proc. auf 15 Monate, und 2100 Tthlr. zu $4\frac{2}{3}$ Proc. auf 18 Monate genommen. Nun ist die Frage: wie groß ist der Zinsfuß; wann der Zahlungstermin der ganzen Summe; und welches der Zins?

Der Zins von den 4 Summen wird durch zusammengesetzte Proportionen gefunden:

1) $$\begin{array}{rcl} 100 \text{ Thlr.} : 2000 \text{ Thlr.} & = & 5 : A \\ 12 \text{ M.} : 5 \text{ M.} & = & A : X \\ \hline 41\frac{2}{3} \text{ Thlr.} & = & X. \end{array}$$

2) $$\begin{array}{rcl} 100 \text{ Thlr.} : 1500 \text{ Thlr.} & = & 5\frac{1}{2} : A \\ 12 \text{ M.} : 6 \text{ M.} & = & A : X \\ \hline 41\frac{1}{4} \text{ Thlr.} & = & X. \end{array}$$

3) $$\begin{array}{rcl} 100 \text{ Thlr.} : 900 \text{ Thlr.} & = & 4\frac{1}{2} : A \\ 12 \text{ M.} : 15 \text{ M.} & = & A : X \\ \hline 50\frac{5}{8} \text{ Thlr.} & = & X. \end{array}$$

4) $$\begin{array}{rcl} 100 \text{ Thlr.} : 2100 \text{ Thlr.} & = & 4\frac{2}{3} : A \\ 12 \text{ M.} : 18 \text{ M.} & = & A : X \\ \hline 147 \text{ Thlr.} & = & X. \end{array}$$

Der Zins von den 4 Kapitalien zu den gegebenen Proc. und in den gegebenen Zeiten beträgt also $280\frac{13}{24}$ Thlr.

Der Zinsfuß ist der Zins von 100 während der Zeit eines Jahres, oder die Proc.

Der Zinsfuß im Durchschnitt oder der mittlere Zinsfuß hängt von der Größe der Kapitalien und den Proc. ab; daher wird der mittlere Zinsfuß gleich der Summe der Produkte, aus Kapital und Proc., dividirt durch die Summe der Kapitalien sein; also

$$\left.\begin{array}{rl} 2000 \,.\, 5 &= 10000 \\ +\ 1500 \,.\, 5\tfrac{1}{2} &= 8250 \\ +\ 900 \,.\, 4\tfrac{1}{2} &= 4050 \\ +\ 2100 \,.\, 4\tfrac{2}{3} &= 9800 \end{array}\right\} = 32100 : 6500 = \tfrac{321}{65} = 4\tfrac{61}{65}\ \text{Proc.}$$

Anstatt die 5 Proc. für die Zeit eines Jahres oder 12 Monate anzunehmen, nehme man sie für die Zeit eines Monats, welches geschehen kann, weil bei der nachfolgenden Berechnung nur auf Proportionalzahlen Rücksicht genommen wird, so hat man für die Zinsen:

$$\left.\begin{array}{rl} 2000 \,.\, 5 \,.\, 5 \text{ Monate} &= 50000 \\ 1500 \,.\, 5\tfrac{1}{2} \,.\, 6 \quad \text{"} &= 49500 \\ 900 \,.\, 4\tfrac{1}{2} \,.\, 15 \quad \text{"} &= 60750 \\ 2100 \,.\, 4\tfrac{2}{3} \,.\, 18 \quad \text{"} &= 176400 \end{array}\right\} = 336650 : 32100 = 10\tfrac{313}{642}\ \text{Monate.}$$

Die mittlern jährlichen Proc. betragen $\frac{321}{65}$, und die mittlere Verfallzeit $\frac{6733}{642}$. Berechnet man die Zinsen nach den mittlern Proc. für die mittlere Zeit zum gesammten Kapitale, so geschieht dieses durch folgende Proportionen:

$$\begin{array}{l} 100 \text{ Thlr.} : 6500 \text{ Thlr.} = \tfrac{321}{65} : A \ (\text{für 12 Monate}) \\ 12 \text{ M.} \ : 10\tfrac{313}{642} \text{ M.} = A \ ; X \ (\text{für die mittlere Zeit}) \\ \hline X = 280\tfrac{13}{24} \text{ Thlr.} \end{array}$$

82. Es hat jemand ein Landgut für 15000 Thlr. unter folgenden Bedingungen gekauft, nämlich daß er 1) 6000 Thlr. auf den 16. Juni zu 5 Proc.; 2) 4000 Thlr. auf den 20. August zu 6 Proc.; 3) 3500 Thlr. auf den 15. Oct. zu 7 Proc.; und 4) 1500 Thlr. auf den 20. Dec zu 8 Proc. zahlen soll. Verkäufer und Käufer vereinigen sich jedoch dahin, daß dieser die Summe von 15000 Thlr. nach Verhältniß der Zeit und des verschiedenen Münzfußes auf einmal bezahlen wolle: 1) wie hoch wird der mittlere Zinsfuß sein; 2) wann ist der Verfallstag; 3) wie viel betragen die Zinsen? Der Kauf ist am Ende des Jahres beschlossen.

Den jährlichen Zins aller Kapitalien geben folgende Proportionen:

$$\left.\begin{array}{l} 100 \text{ Thlr.} : 6000 \text{ Thlr.} = 5 : 300 \text{ Thlr.} \\ 100 \quad \text{"} \ : 4000 \quad \text{"} = 6 : 240 \quad \text{"} \\ 100 \quad \text{"} \ : 3500 \quad \text{"} = 7 : 245 \quad \text{"} \\ 100 \quad \text{"} \ : 1500 \quad \text{"} = 8 : 120 \quad \text{"} \end{array}\right\} = 905 \text{ Thlr. jährl. Zins von allen Kapitalien.}$$

Der jährliche Zins und das gesammte Kapital geben die mittleren Procente, nämlich:

$$\begin{array}{c} 100 \text{ Thlr.} : 15000 \text{ Thlr.} = \text{Proc.} : 905 \text{ Thlr.} \\ \hline \text{Mittlere Proc.} = 6\tfrac{1}{30}. \end{array}$$

Man erhält den mittlern Zahlungstermin, wenn man für jedes Kapital während der gegebenen Zeit zu den gegebenen Proc. berechnet; das Jahr zu 360, den Monat zu 30 Tagen gezählt.

$$1)\ \begin{array}{l} 100 : 6000 \text{ Thlr.} = 5 : A \\ 360 : \ 166 \text{ Tage} = A : X \\ \hline X = \tfrac{4980}{36}. \end{array} \qquad 2)\ \begin{array}{l} 100 : 4000 \text{ Thlr.} = 6 : A \\ 360 : \ 230 \text{ Tage} = A : X \\ \hline X = \tfrac{5520}{36}. \end{array}$$

$$3)\ \begin{array}{l} 100 : 3500 \text{ Thlr.} = 7 : A \\ 360 : \ 285 \text{ Tage} = A : X \\ \hline X = \tfrac{69825}{360}. \end{array} \qquad 4)\ \begin{array}{l} 100 : 1500 \text{ Thlr.} = 8 : A \\ 360 : \ 350 \text{ Tage} = A : X \\ \hline X = \tfrac{4200}{36}. \end{array}$$

Diese Resultate addirt, welches die Summe $\frac{21682,5}{36}$ giebt; dann giebt folgende Proportion die mittlere Zeit:

$$905 \text{ Thlr.} : \frac{21682,5}{36} \text{ Thlr.} = 360 \text{ Tage} : X \text{ Tagen}$$
$$X = 239\tfrac{106}{181} \text{ Tagen.}$$

Aus folgenden Bedingungen: mittlere Proc. = $6\frac{1}{30}$, mittlere Zeit = $239\frac{106}{181}$ Tage, Gesammtkapital = 15000 Thlr., kann man endlich den Zins berechnen:

$$\begin{array}{rrl} 100 : & 15000 \text{ Thlr.} & = 6\tfrac{1}{30} : A \\ 369 : & 239 \text{ Tag.} & = A \quad : X \\ \hline & X = 600\tfrac{59}{72} \text{ Thlr.} & \end{array}$$

Aus obigen Proportionen ergiebt sich nun dieses kurze Verfahren: der jährliche Zins ist die Summe aller Produkte, aus Kapital und Proc., dividirt durch 100; die mittlere Proc. sind gleich dem Produkte aus dem jährlichen Zinse und 100 dividirt durch das Gesammtkapital; der mittlere Zahlungstermin ist gleich der Summe der Produkte, aus Kapital, Zeiten und Proc., dividirt durch das Produkt aus dem jährlichen Zinse und 100.

Dieses Verfahren wende man auf die genaueren Zeiten an, das Jahr zu 365 Tagen gerechnet.

Die zu den Kapitalien gehörigen Zeiten sind 167, 232, 288, 355 Tage, daher die Summe der Produkte, aus Kapital, Zeit und Proc. = 21894000, dieses dividirt durch die Summe der Produkte aus Kapital und Proc. = 90500, giebt $241\frac{167}{181}$ Tage, und daraus folgt der Zins = $599\frac{61}{73}$ Thlr.

83. Ein Gutsbesitzer verpflichtet sich 150 Ochsen seines Nachbars 4 Wochen lang auf seiner Weide gehen zu lassen. Der Nachbar schickt anfangs nur 50, und nach 2 Wochen 100 Ochsen; wie lange können diese 150 Ochsen auf der fremden Weide fressen, bis die eingegangene Verpflichtung erfüllt ist?

Ein Ochse verzehre in einer Woche eine gewisse Quantität Gras, so werden 150 Ochsen in einer Woche das 150fache, und in 4 Wochen das 4 . 150fache oder 600fache jener Quantität auffressen.

Die 50 Ochsen fressen in 2 Wochen das 100fache auf, also bleibt für 150 Ochsen das 500fache; da nun 150 Ochsen wöchentlich das 150fache verzehren, so können sie $\frac{500}{150} = 3\frac{1}{3}$ Wochen die fremde Weide benutzen.

84. Ein Kapitalist verspricht einem Kaufmanne 12000 Thlr. auf 15 Monate zu leihen; anfangs kann derselbe nur 6000 Thlr. hergeben, nach 3 Monaten giebt er 4000 Thlr. und nach 6 Monaten wieder 5000 Thlr. Wie lange kann der Kaufmann die 15000 Thlr. behalten, bis die Verbindlichkeit des Kapitalisten erfüllt ist?

100 : 12000 = 1 : A
1 M. : 15 M. = A : X

X = 1800
X′ + X″ = 780

1020

100 : 15000 = 1 : A
1 M. : X M. = A : 1020

X = $6\frac{4}{5}$ Monaten.

100 : 6000 = 1 : A
1 M. : 9 M. = A : X′

X′ = 540

100 : 4000 = 1 : A
1 M. : 6 M. = A : X″

X″ = 240

85. Jemand ist jetzt 49, sein Sohn 15 Jahre alt; wann wird der Vater nur doppelt so alt als sein Sohn sein?

Aufl. Wäre der Vater bereits doppelt so alt als sein Sohn, so müßte er 30 Jahre gelebt haben, da das Alter seines Sohnes 15 Jahre beträgt; folglich ist das Alter des Vaters um 19 Jahre größer als es nach dem in Frage stehenden Verhältnisse sein soll. Wenn aber das geforderte Verhältniß beider Alter bereits bestände: so müßten die Alter beider Personen in demselben Verhältnisse wachsen, damit das Verhältniß 2 : 1 bliebe; wenn also das Alter des Sohnes um 1 Jahr wächst, so müßte das des Vaters um 2 Jahre zunehmen; da dieses aber auch nur um 1 Jahr wächst, so bleibt das Alter des Vaters in Rücksicht des Wachsthums mit jedem Jahre um 1 Jahr zurück, und dieses kann so lange geschehen, bis jene 19 Jahre Ueberschuß vernichtet sind. Demnach wird nach 19 Jahren der Vater doppelt so alt als sein Sohn sein.

86. Wenn jetzt Jemand 38 und sein Sohn nur 9 Jahre alt ist, wann wird der Vater 3mal so alt als sein Sohn sein?

Nach $5\frac{1}{2}$ Jahren.

87. Karl d. Gr. starb 814, Karl V. 1558; wann verhielten sich die Zeiten, welche sich auf diese Männer beziehen, wie 1 : 2?

70 Jahre vor den Sterbezeiten derselben.

88. A ist 25, B 38 Jahre alt; wann wird das Verhältniß der Alter dieser Personen gleich 3 : 4 sein?

Aufl. Da A 25 Jahre alt ist, so müßte B nach dem Verhältnisse 3 : 4 eigentlich $33\frac{1}{3}$ Jahre alt sein; folglich ist B um $4\frac{2}{3}$ Jahre älter als er nach diesem Verhältnisse sein sollte.

Wenn aber die Alter ein gewisses Verhältniß zu einander behalten sollen, so müssen sie in demselben Verhältnisse wachsen, also in diesem Beispiele in dem Verhältnisse von 3 : 4; wenn daher das Alter des A um 1 Jahr zunimmt, so müßte das des B um $\frac{4}{3}$ Jahre, also um $\frac{1}{3}$ Jahre mehr zunehmen als es wirklich zunimmt. Um dieses Verhältniß herzustellen, muß man von obigem Ueberschusse jährlich $\frac{1}{3}$ Jahr abrechnen, und daher wird das gefragte Verhältniß der Alter eintreten, wenn der genannte Ueberschuß von $4\frac{2}{3}$ Jahren durch jene Abrechnung vernichtet ist, welches nach 14 Jahren geschehen sein wird; daher steht das Alter des A zu dem des B nach 14 Jahren in dem Verhältnisse 3 : 4.

89. Ein Mann ist 37, sein Bruder 60 Jahre alt, wann werden die Alter dieser Personen in dem Verhältnisse von 2 : 3 stehen?

Nach 9 Jahren.

90. Ein Vater ist 45 Jahre, und seine 3 Kinder sind zusammen 24 Jahre alt; wann werden die Kinder doppelt so alt als ihr Vater sein? Wann war der Vater doppelt so alt als seine 3 Kinder?

Nach 66 Jahren sind die Kinder doppelt so alt als ihr Vater, und dieser war vor $\frac{3}{5}$ Jahren 2 mal so alt als seine 3 Kinder zusammen.

91. Vor einem Jahre galt der Scheffel Weizen 1 Thlr. 20 Sgr. nnd Roggen 1 Thlr.; nach dieser Zeit hat der Preis von Weizen und Roggen um gleichviel zugenommen, und jetzt ist das Verhältniß der Preise gleich 6 : 4. Wie theuer ist ein Scheffel jeder Getreideart?

Ein Scheffel Weizen 2 Thlr., und ein Scheffel Roggen 1 Thlr. 20 Sgr.

92. Man hat 120 Quart 70procentigen Alkohol, dazu gießt man eine gewisse Quantität 50procentigen Alkohol und erhält $58\frac{4}{7}$procentigen Alkohol. Wie viel goß man hinzu? 160 Quart.

93. In einer gewissen Quantität Branntwein ist der reine Spiritus (Alkohol) $\frac{5}{6}$ der ganzen Masse; dazu gießt man 14 Quart Branntwein, in dem der Spiritus $\frac{11}{12}$ der Masse ist, und erhält dadurch eine Mischung, in welcher der Alkohol $\frac{7}{8}$ beträgt. Wie viele Quart enthielt die erste Quantität?

14 Quart.

94. Man hat Soole, deren Salzgehalt $\frac{1}{8}$, und eine andere, deren Salzgehalt $\frac{1}{10}$ ist. Von der ersten gießt man 720 Kubikfuß zur zweiten, und erhält dadurch eine Soole, deren Salzgehalt $\frac{1}{9}$ beträgt. Wie viele Kubikfuß hatte man von der zweiten?

900 Kubikfuß von $\frac{1}{10}$ Salzgehalt.

Anmerk. Der Salzgehalt einer Soole wird gewöhnlich nach Lothen bestimmt; man nimmt nämlich 100 Loth von einer Soole und bestimmt auf irgend eine Art wie viele Loth Salz sich in den 100 Loth befinden; würden die 100 Loth Soole 8 Loth, oder 10, 12, 15 Loth Salz enthalten, so hieße diese Soole 8löthige oder 10=, 12=, 15löthige Soole.

Man hat zwei Mittel zur Bestimmung des Salzgehaltes einer Soole, nämlich die Verdünstung des Wassers und die Salzwage (Soolwage, Salzspindel.)

Die Verdünstung des Wassers wird durch die Wärme bewirkt, und die schnellste Verdünstung durch Sieden der Soole.

Die Salzwage besteht aus einer hohlen gläsernen (oder metallenen) Kugel, an welcher ein Stiel so angebracht ist, daß er senkrecht aus der Flüssigkeit hervorragt, wenn die Kugel in derselben schwimmt. Die senkrechte Richtung des Stiles wird dadurch bewirkt, daß man an die hohle Kugel auf der entgegengesetzten Seite des Stieles eine kleinere hohle Kugel, mit etwas Quecksilber oder Bleischroot gefüllt, befestigt.

Da nun die Soole aus Salz und Wasser besteht, und Salz schwerer als Wasser ist, so wird eine Soole desto schwerer sein, je größer ihr Salzgehalt sein wird; daher sinkt die Salzwage in einer Soole desto tiefer, je geringer der Salzgehalt derselben ist, und die Salzwage muß in süßem (Regen= oder Schneewasser) am tiefsten hinabsinken. Den Punkt nun, in welchem die Oberfläche des süßen Wassers den Stiel trifft, bezeichnet man mit Null (0). Darauf mischt man Salz mit Wasser nach gewissen Verhältnissen, etwa 99 Loth Wasser und 1 Loth Salz, 98 Loth Wasser und 2 Loth Salz, 97 Loth Wasser und 3 Loth Salz u. s. w., und taucht nun in jedes dieser Salzwasser die Salzwage, bemerkt an dem Stiele derselben den Punkt, in welchem jedes Wasser mit seiner Oberfläche den Stiel berührt hat, bezeichnet diese Punkte nach der Reihe mit 1, 2, 3 ꝛc., so erhält man auf diese Art eine brauchbare Salzwage.

Taucht nun in einer Soole die Salzwage bis 5, 8, 12 ꝛc. ein, so ist sie 5=, 8=, 12löthig.

95. Wie vieles Wasser muß aus 10000 Pfd. 8löthiger Soole verdunsten bis sie 20löthig wird?

Aufl. In der 8löthigen Soole hat Salz zur ganzen Soole das Verhältniß von 8 : 100, also Salz das 8= und die Soole das 100=fache = 10000 Pfd., daher das Einfache = 100 Pfd., mit Salz = 800 Pfd.

Durch Verdunstung geht nur Wasser verloren, daher muß die 20löthige Soole noch die frühere Quantität Salz haben; dieses hat nun das 20= und die Soole das 100fache; folglich ist das 20fache = 800 Pfd., also das Einfache = 40 Pfd., mithin ist diese Soole noch 100 . 40 = 4000 Pfd. schwer; daher sind 6000 Pfd. Wasser als Dunst in die Luft gestiegen.

96. Jemand hat eine Ohm 80procentigen Branntwein und will so vieles Wasser hinzugießen, daß er 37procentigen Branntwein erhalte. Wie vieles Wasser muß er hinzugießen? Wie theuer wird 1 Quart des gemischten Branntweins sein, wenn 1 Quart des 80procentigen 10 Sgr. kostet? Wie vieles Wasser hat man hinzuzugießen, wenn 1 Quart 4 Sgr. kosten soll und wie viele Procent Alkohol hält der letzte Branntwein?

Aufl. Der Alkohol in 1 Ohm des 80procentigen Branntweins beträgt $\frac{80}{100} . 120 = 96$ Quart. Der 37procentige Branntwein hat $\frac{100}{37}$ mal seinen Alkohol, und da dieser derselbe geblieben ist, so hat der gemischte Branntwein $\frac{100}{37} . 96 = 259\frac{17}{37}$ Quart; da 1 Ohm oder 120 Quart waren, so hat man $139\frac{17}{37}$ Quart Wasser hinzugießen müssen, welches 116,216216 Proc. beträgt.

Da 1 Quart des 80proc. Branntweins 10 Sgr. kostet, so kosten 120 Quart 1200 Sgr., welches der Preis von $259\frac{17}{37}$ Quart des gemischten Branntweins ist; folglich kostet 1 Quart davon 1200 Sgr. : $259\frac{17}{37} = 4\frac{5}{8}$ Sgr. = 4 Sgr. $7\frac{1}{2}$ Pf.

Da 1 Ohm des 80proc. Branntweins 1200 Sgr. kostet, und 1 Quart des gemischten Branntweins 4 Sgr. theuer sein soll, so muß man von diesem Branntwein $\frac{1200}{4} = 300$ Quart haben; also mußte man 180 Quart Wasser hinzugießen.

Weil nun 300 Quart 96 Quart Alkohol haben, so hat ein Quart $\frac{96}{300}$, und 100 Quart des gemischten Branntweins halten daher $100 . \frac{96}{300} = 32$ Quart Alkohol; folglich ist dieser Branntwein 32procentig.

97. Ein Quart 80proc. Branntweins kauft man für 9 Sgr. Der Branntwein=Destillateur will denselben so zu verschiedenen Sorten destilliren, daß er 1 Quart des präparirten Branntweins für $6\frac{2}{3}$ Sgr. mit 25 Procent Gewinn verkaufen könne. Wie viel Wasser muß er zu 1 Ohm hinzugießen, und wie stark ist der Branntwein nach Proc. gerechnet?

Aufl. Der Verkaufspreis des präparirten Branntweins ist = $\frac{125}{100}$ des Einkaufspreises = $\frac{5}{4} . 120 . 9 = 1350$ Sgr. Da nun 1 Quart dieses Branntweins für $6\frac{2}{3}$ Sgr. verkauft wird, so muß man von demselben 1350 : $6\frac{2}{3}$ = $202\frac{1}{2}$ Quart haben; demnach hat man $202\frac{1}{2}$ — 120 = $82\frac{1}{2}$ Quart zu 1 Ohm des 80proc. Branntweins hinzugegossen.

1 Ohm 80proc. Branntweins hat 96 Quart Alkohol; diese sind auf $202\frac{1}{2}$ Quart des präparirten vertheilt, daher hat 1 Quart dieses Branntweins $\frac{96}{202\frac{1}{2}} = \frac{64}{135}$ Quart Alkohol, und 100 Quart haben demnach $100 . \frac{64}{135} = 47\frac{11}{27}$ Quart; folglich ist dieser Branntwein $47\frac{11}{27}$proc.

98. Das spec. Gewicht des absoluten Alkohols ist 0,791, des verkäuflichen 0,837. Wie viele Proc. Alkohol hat der verkäufliche Branntwein, und wie groß ist das spec. Gewicht des 80proc. Branntweins?

Aufl. 80proc. Branntwein ist ein solcher, dessen Alkohol 80 Maß Raum und Wasser 20 Maß Raum, etwa 80 Quart Alkohol und 20 Quart Wasser enthält.

Um die Auflösung recht anschaulich zu machen, wähle man für das Raummaß 1 Quart.

Nun wiegt 1 Kubikfuß reines Wasser 66 Pfund; aber 1 Kubikfuß = 12 . 12 . 12 Kubikzoll, und 1 Quart = 64 Kbzoll., daher faßt 1 Kubikfuß $\frac{12 . 12 . 12}{4 . 4 . 4} = 3 . 3 . 3 = 27$ Quart. Folglich wiegt 1 Quart Wasser $\frac{66}{27} = \frac{22}{9}$ Pfund, und 1 Quart absoluten Alkohol $0{,}791 . \frac{22}{9}$ Pfund; also 80 Quart Alkohol $80 . 0{,}791 . \frac{22}{9}$ und 20 Quart Wasser $20 . \frac{22}{9}$ Pfund. Demnach wiegen 100 Quart des 80 proc. Branntweins

$80 . 0{,}791 . \frac{22}{9} + 20 . \frac{22}{9} = [80 . 0{,}791 + 20] \frac{22}{9} = 83{,}28 . \frac{22}{9}$ Pf.

Man erhält nun das spec. Gewicht einer Masse, wenn man ihr Gewicht durch das Gewicht des reinen Wassers von demselben Volumen dividirt (Aufg. 108 Anm. 311. 312.); also hat man das Gewicht der 100 Quart des 80proc. Branntweins durch das Gewicht von 100 Quart reinen Wassers = $100 . \frac{22}{9}$ Pfund zu dividiren, welches $83{,}28 . \frac{22}{9} : 100 . \frac{22}{9} = 0{,}8328$ giebt, und daher beträgt das spec. Gewicht des 80proc. Branntweins 0,8328.

1 Quart des reinen Alkohols wiegt $0{,}791 . \frac{22}{9}$ Pfund.
1 Quart des reinen Wassers wiegt $\frac{22}{9}$ Pfund
1 Quart des verkäuflichen Alkohols wiegt $0{,}837 . \frac{22}{9}$ Pfund.

Daher wiegt 1 Q. W. $(1 - 0{,}837) . \frac{22}{9}$ Pfd. mehr, und 1 Quart Alkohol $(0{,}837 - 0{,}791) . \frac{22}{9}$ Pfd. weniger als 1 Quart verkäuflichen Alkohols. Nimmt man also 1 Q. W., so muß man so viele Q. A. nehmen, als der Mangel in dem Ueberschusse des Gewichts enthalten ist, um den verkäuflichen Alkohol zu erhalten. Zu 1 Q. Wasser gehören also $(1 - 0{,}837) . \frac{22}{9} : (0{,}837 - 0{,}791) . \frac{22}{9} = \frac{0{,}163}{0{,}046} = 3{,}5426$ Quart reinen Alkohol, damit die Mischung ein spec Gewicht von 0,837 habe. Man hat also:

1 Q. W. : 3,5426 Q. Alk. = 1 : 3,5426 und verbunden Wasser + Alkohol : Alkohol = 4,5426 : 3,5426.

Setzt man in diese Proportion für Wasser + Alkohol 100 Quart, so erhält man die Zahl der Quarte des Alkohol, welche in 100 Quart mit Wasser gemischten Alkohols enthalten sind; demnach ist der Alkohol, dessen spec. Gewicht = 0,837 ist, 77,986 procentig, also nahe 78proc.

Anmerk. Diese Berechnung wird etwas von der Wahrheit abweichen, weil derselben der Satz zum Grunde liegt: Das Volumen einer Mischung aus Alkohol und Wasser ist gleich der Summe der Volumina des zur Mischung gebrauchten Alkohols und Wassers; dieser Satz hat für Mischungen überhaupt keine allgemeine Gültigkeit, und ist für Mischungen aus Alkohol und Wasser nicht anwendbar, wie man dieses aus den Versuchen, welche der Prof. Lowitz angestellt hat, ersehen kann; denn er fand das spec. Gewicht des 82proc. Branntweins 0,839, und das des 85proc. 0,831; folglich muß Branntwein, dessen spec. Gew. = 0,837 ist, zwischen 82 und 83 Proc. Alkohol enthalten; und das spec. Gewicht des 80proc. Branntweins muß größer als 0,839, also um so mehr größer als obiges Resultat der Rechnung: 0,8328 sein. Aus diesen Bemerkungen geht hervor, daß das Volumen des Alkohols und Wassers durch Mischung beider vermindert wird.

99. Vor einiger Zeit verhielt sich der Preis des Weizens zu dem des Roggens wie 40 : 21. Nun ist der Preis von einem Scheffel Roggen um 8 Sgr. gestiegen, während der des Weizens derselbe geblieben ist, und jetzt ist das Verhältniß der Preise 8 : 5. Wie theuer war jede Getreideart?

Aufl. Nach den früheren Preisen hat der des Weizens das 40= und der des Roggens das 21fache; bestimmt man den Preis des Roggens in Bezug auf den des Weizens, weil dieser in beiden Verhältnissen derselbe bleibt, nach dem zweiten Verhältnisse, (8 : 5 = 40faches : 25faches), so hat der Preis des Roggens das 25fache, also das 4fache mehr als nach dem ersten Verhältnisse; da nun der letzte Preis zugleich um 8 Sgr. höher als jener ist: so ist das 4fache = 8 Sgr., also das Einfache = 2 Sgr. Demnach galt der Weizen 40 . 2 Sgr. = 2 Thlr. 20 Sgr. und Roggen 21 . 2 Sgr. = 1 Thlr. 12 Sgr.

100. Der Preis grauer Erbsen verhielt sich vor Kurzem zum Preise weißer, wie 9 : 8. Ein Scheffel grauer Erbsen kostet jetzt 6 Sgr. mehr als früher, und nun verhalten sich die Preise, wie 29 : 24. Wie theuer waren die Erbsen?

1 Scheffel graue Erbsen 2 Thlr. 21 Sgr., weiße 2 Thlr. 12 Sgr.

101. Vor einem Jahre verhielt sich der Preis des Roggens zu dem der Kartoffeln wie 450 : 113. In diesem Jahre ist der Preis der Kartoffeln um 14 Sgr. auf 1 Scheffel gestiegen; während Roggen in demselben Preise geblieben ist, und nun ist das Verhältniß der Preise wie 375 : 226. Welches waren die Preise?

$56\frac{1}{2}$ Scheffel Roggen kosteten 75 Thlr. und 1 Scheffel Kartoffeln 10 Sgr.

102. Die Preise gleicher Quantitäten des Branntweins und Bieres verhielten sich vor einem Jahre wie 15 : 4. Darauf stieg der Preis einer Tonne Bier um 20 Sgr., und nun ist das Verhältniß der Preise genannter Stoffe 25 : 8. Wie theuer war jedes Getränk?

1 Ohm (120 Quart) Branntwein = 15 Thlr., 1 Tonne Bier = 10 Sgr.

103. In einer gewissen Masse Silber verhält sich das feine Silber zum Kupfer wie 3 : 1. Man setzt dazu 3 Mark Kupfer, und dadurch wird das Silber $7\frac{1}{2}$löthig. Wie groß war die Masse Silber?

Aufl. Eine Mark $7\frac{1}{2}$löthiges Silber hat $7\frac{1}{2}$ Loth feines Silber und $8\frac{1}{2}$ Loth Kupfer; daher ist in diesem Silber das Verhältniß des feinen Silbers zum Kupfer = 15 : 17. Nach dem ersten Verhältnisse ist das Silber zum Kupfer = 3 : 1 = 15 : 5; hat also das feine Silber nach dem ersten Verhältnisse das 15fache, so hat das Kupfer das 5fache; nach dem zweiten Verhältnisse hat das Silber auch das 15- und das Kupfer das 17fache; durch den Zusatz an Kupfer hat also das Kupfer das 12fache gewonnen; daher ist das 12fache = 3 Mark, also das Einfache = $\frac{1}{4}$ Mark. Da nun die erste Masse Silber aus dem 15- und 5fachen oder aus dem 20fachen besteht, und das Einfache = $\frac{1}{4}$ Mark ist: so ist die gesuchte Masse = $20 . \frac{1}{4}$ = 5 Mark.

104. In einer legirten Masse verhält sich das Silber zum Kupfer wie 9 : 7; zu diesem Silber setzt man 18 Mark reines Silber, und nun wird das Verhältniß des Silbers zum Kupfer wie 5 : 3. Wie viele Mark 9löthiges Silber hatte man?

Aufl.

Erstes Verhältniß: Kupfer : Silber = 7 : 9 = 3faches : $3\frac{6}{7}$faches
Zweites " " " = 3 : 5 = 3faches : 5faches
5faches — $3\frac{6}{7}$faches = $1\frac{1}{7}$faches = 18 Mark; also

1faches = $\frac{7 . 9}{4}$ Mark.

Nach dem ersten Verhältnisse hat die ganze Masse das

$6\frac{6}{7}$fache = $\frac{48}{7} . \frac{7 . 9}{4}$ = 108 Mark 9löthiges Silber.

105. In den deutschen Dukaten nach dem Passirfuße verhält sich das feine Gold zum Kupfer wie 47 : 1. Man setzt zu diesem Dukatengolde 3 Mark Kupfer hinzu, und nun ist das Verhältniß beider Metalle wie 46 : 1. Wie viel reines Gold, wie viel Dukaten-Gold, und wie viele Dukaten hatte man, wenn 67 Dukaten = 1 Mark $23\frac{1}{2}$karatigen Goldes sind?

Aufl. 1) Wenn 46 : 1 das Verhältniß des Goldes zu Kupfer ist.
Erstes Verhältniß: Gold : Kupfer = 47 : 1 = 46faches : $\frac{46}{47}$faches
Zweites " " " = 46 : 1 = 46faches : 1faches
$\frac{1}{47}$faches = 3 Mark, 1faches = 47 . 3 = 141 Mark.

Das reine Gold hat das 46fache, also ist es = 46 . 141 = 6486 Mark f. Gold.

Das Dukaten-Gold hat das $46\frac{46}{47}$fache, also ist es = $46\frac{46}{47} . 47 . 3$ = 6624 Mark.

1 Mark : 6624 Mark = 67 Dukaten : X = 443808 Dukaten.

2) Wenn 46 : 1 das Verhältniß des Kupfers zum Golde ist.
Erstes Verhältniß: Gold : Kupfer = 47 : 1 = 1faches : $\frac{1}{47}$faches
Zweites " " " = 1 : 46 = 1faches : 46faches
Also $45\frac{46}{47}$faches = 3 Mark; daher Einfaches = $\frac{141}{2161}$ Mark.

Demach ist feines Gold = $\frac{141}{2161}$ Mark = $\frac{3384}{2161}$ Karat,
Dukaten-Gold = $1\frac{1}{47}$faches = $\frac{48}{47}$faches = $\frac{3456}{2161}$ Karat.
$23\frac{1}{2}$ Kar. f. G. : $\frac{3384}{2161}$ Kar. f. G. = 67 Dukaten : X = $4\frac{1004}{2161}$ Dukat.

106. Dukaten-Gold ist $23\frac{1}{2}$ karatig, Gold der Friedrichsd'or $21\frac{2}{3}$. Wie viel Kupfer muß man zu 67 Dukaten (= 1 Mark $23\frac{1}{2}$ kar. Goldes) hinzusetzen, um Gold der Frd'or. zu erhalten, und dieses Gold wird wie vielen Frd'or. an Werth sein?

35 Friedrichsd'or = 1 rauhen Mark = 260 Grän feines Gold.

Man hat $2\frac{2}{65}$ Karat = $1\frac{23}{65}$ Loth Kupfer hinzuzusetzen, und das Gold liefert $37\frac{25}{26}$ Frd'or.

107. Wie viele Dukaten (von dem Golde der vorigen Aufgabe) muß man haben, wenn man zu dem Golde derselben 1 Loth Kupfer setzen muß, um Gold der Frd'or. zu erhalten, und wie viele Frd'or. wird dieses Gold an Werth sein?

Man muß $49\frac{43}{88}$ Dukaten haben, und diese geben $28\frac{7}{176}$ Frd'or.

108. Das Silber der Preuß. Thaler ist 12löthig, oder $10\frac{1}{2}$ Thlr. sind gleich einer Mark 12löthigen; 28 der $\frac{1}{3}$ Thalerstücke sind gleich 1 Mark $10\frac{2}{3}$ löthigen; $43\frac{3}{4}$ der $\frac{1}{6}$ Thlrstücke sind gleich 1 Mark $8\frac{1}{3}$ löthigen und $106\frac{2}{3}$ Silbergroschen sind gleich einer Mark $3\frac{5}{9}$ löthigen Silbers.

1) Wie viele Thlr., $\frac{1}{3}$ Thlrstücke, $\frac{1}{6}$ Thlrstücke und Silbergroschen machen eine feine Mark?

12 Loth f. S. : 16 Loth f. S. = $10\frac{1}{2}$ Thlr. : X = 14 Thlr.
$10\frac{2}{3}$ Loth f. S. : 16 Loth f. S. = 28 : X = 42 $\frac{1}{3}$Thlrstücke
$8\frac{1}{3}$ Loth f. S. : 16 Loth f. S. = $43\frac{3}{4}$ : X = 84 $\frac{1}{6}$Thlrstücke
$3\frac{5}{9}$ Loth f. S. : 16 Loth f. S. = $106\frac{2}{3}$ Sgr. : X = 480 Sgr.

2) Wie vieles Silber muß man zu 1 Mark Silber der $\frac{1}{3}$, $\frac{1}{6}$, $\frac{1}{30}$ Thalerstücke hinzusetzen, um Silber der Thlrstücke zu erhalten, und wie viele Thlr. wird das dadurch erhaltene Silber an Werth sein?

In dem Silber der Thlrstücke verhält sich das Kupfer zum Silber = 1 : 3; eine Mark Silber jener Geldstücke hat $5\frac{1}{3}$, $7\frac{2}{3}$, $12\frac{4}{9}$ Loth Kupfer; dazu ist an Silber erforderlich:

1 : 3 = $5\frac{1}{3}$ : 16 Loth f. Silber = 14 Thlr.
1 : 3 = $7\frac{2}{3}$ : 23 Loth f. Silber = $20\frac{1}{8}$ Thlr.
1 : 3 = $12\frac{4}{9}$ : $37\frac{1}{3}$ Loth f. Silber = $32\frac{2}{3}$ Thlr.

Also mußte man zu jenem Silber $5\frac{1}{3}$, $14\frac{2}{3}$, $33\frac{7}{9}$ Loth feines Silber hinzusetzen.

3) Wie vieles Kupfer muß man zu einer Mark Silber der $\frac{1}{1}$, $\frac{1}{3}$, $\frac{1}{6}$ Thlrstücke hinzusetzen, um Silber der Silbergroschen zu erhalten, und wie viele Sgr. wird man dadurch erhalten?

38, 32, $21\frac{1}{2}$ Loth Kupfer muß man hinzusetzen, und dieses Silber liefert 360 Sgr. = 12 Thlr., 320 Sgr. = 10 Thlr. 20 Sgr., 250 Sgr. = 8 Thlr. 10 Sgr. Münze.

109. Wie viele Thaler muß man haben, wenn man zu dem Silber derselben 3 Mark Kupfer hinzusetzen muß, um Silber der $\frac{1}{3}$ Thlrstücke zu erhalten, und dieses Silber giebt wie viele $\frac{1}{3}$ Thlrstücke?

Man muß 252 Thlr. haben, und dieses Silber giebt 756 $\frac{1}{3}$Thlrstücke.

110. Man hat eine gewisse Zahl $\frac{1}{3}$ Thlrstücke; zu denselben setzt

man 8 Mark Kupfer hinzu, und erhält Silber der $\frac{1}{4}$ Thlrstücke. Wie viele $\frac{1}{3}$ Thlrstücke hatte man?

$533\frac{1}{3}$ der $\frac{1}{3}$ Thlrstücke.

111. Man setzt 14 Mark Kupfer zum Silber der $\frac{1}{6}$ Thlrstücke, und erhält Silber der Silbergroschen. Wie viele $\frac{1}{6}$ Thlrstücke hatte man?

Aufl. 1. Im Silber der Silbergr. verhält sich Silber zum Kupfer $= 3\frac{5}{9}$ Loth : $12\frac{4}{9}$ Loth $= 2 : 7$. Daher hat dieses Silber an feinem Silber das 2fache und das Kupfer das 7fache.

Im Silber der $\frac{1}{6}$ Thlrstücke verhält sich Silber zum Kupfer $= 8\frac{1}{3}$ Loth : $7\frac{2}{3}$ Loth $= 25 : 23 =$ 2faches : $1\frac{21}{25}$faches; also ist das 7fache — $1\frac{21}{25}$fachen $= 5\frac{4}{25}$fachen $= 14$ Mark; daher ist das Einfache $= 14 : 5\frac{4}{25} = \frac{350}{129}$ Mark. Das Silber hat das 2fache, also ist es $= \frac{700}{129}$ Mark $= \frac{16 \cdot 700}{129}$ Loth.

Da nun $8\frac{1}{3}$ Loth feines Silber $43\frac{3}{4}$ der $\frac{1}{6}$ Thlrstücke betragen, so hat man $\frac{16 \cdot 700 \cdot 43\frac{3}{4}}{129 \cdot 8\frac{1}{3}} = 455\frac{35}{43}$ dieser Geldstücke gehabt.

Aufl. 2. Da $43\frac{3}{4}$ der $\frac{1}{6}$ Thlrstücke $= 1$ rauhen Mark $= 16$ Loth sind, so ist $\frac{1}{6}$ Thlrstück $= \frac{16}{43\frac{3}{4}} = \frac{64}{175}$ Loth.

In diesem Silber verhält sich das feine Silber zum Kupfer $= 25 : 23$, also das legirte Silber zum feinen Silber $= 48 : 25 = \frac{64}{175}$ Loth : $\frac{4}{21}$ Loth f. S. Ein $\frac{1}{6}$ Thlrstück hat also $\frac{4}{21}$ Loth f. S. und $\frac{64}{175} - \frac{4}{21}$ Loth $= \frac{92}{525}$ Loth Kupfer.

In den Silbergr. verhält sich das Silber zum Kupfer $= 2 : 7 = \frac{4}{21}$ Loth : $\frac{2}{3}$ Loth; also fehlt an einem $\frac{1}{6}$ Thlr. $\frac{2}{3} - \frac{92}{525}$ Loth $= \frac{86}{175}$ Loth Kupfer, bis es den Gehalt des Silbers der Silbergr. hat; mithin muß man $14 \cdot 16$ Loth Kupfer : $\frac{86}{175}$ Loth Kupfer $= 455\frac{35}{43}$ der $\frac{1}{6}$ Thlrstücke haben.

112. $28\frac{1}{2}$ Guineen gehen auf eine rauhe Mark von 22 Karat, und 24 Karolinen auf eine rauhe Mark von $18\frac{1}{2}$ Karat feines Gold. Zu einer gewissen Zahl Guineen setzt man 8 Mark Kupfer und erhält Gold der Karolinen. Wie viele hat man jeder dieser Goldstücke?

Man hat $1205\frac{1}{7}$ Guinee und $1206\frac{2}{7}$ Karolinen.

113. Vor nicht langer Zeit verhielt sich der Preis eines Scheffels Weizen zu dem vom Roggen wie 45 : 28. Darauf fiel der Preis von einem Scheffel Roggen um 5 Sgr. und nun ist das Verhältniß des Preises beider Getreidearten gleich dem von 9 : 5. Wie theuer war der Scheffel von jedem Getreide?

Aufl.

1 Scheffel W. : 1 Scheffel R. = 45 : 28 = 45faches : 28faches
1 Scheffel W. : 1 Scheffel R. = 9 : 5 = 45faches : 25faches

Also 3faches = 5 Sgr., und Einfaches $\frac{5}{3}$ Sgr.

Daher kostete 1 Scheffel Weizen $45 \cdot \frac{5}{3}$ Sgr. $= 2$ Thlr. 15 Sgr. und 1 Scheffel Roggen $28 \cdot \frac{5}{3}$ Sgr. $= 1$ Thlr. $16\frac{2}{3}$ Sgr.

114. Die Kapitalien zweier reichen Männer stehen im Verhältnisse von 7 : 5. Der erste erleidet einen Verlust von 15950 Thlr.,

und nun ist das Verhältniß der Kapitalien gleich dem von 9 : 8. Wie viel besaß jeder?

Der erste hatte 81200, und der andere 58000 Thlr.

Anmerk. Die Auflösungen dieser Aufgaben sind leicht, wenn man das eine gegebene Verhältniß gebraucht, das Vielfache jeder gesuchten Zahl, und das andere, das Vielfache der veränderten Zahl nach dem unveränderten Werthe der andern zu bestimmen.

115. Vor mehr als 20 Jahren wurde ein alter Dittchen (1 Böhmer) an seinem Werthe um etwas herabgesetzt, und der alte Werth verhielt sich zum verminderten wie 3 : 2. Darauf wurde wieder der Werth eines Stückes um $\frac{2}{21}$ Sgr. vermindert, und der Werth der alten verhielt sich zu dem der doppelt verminderten wie 7 : 4. Welchen Werth hatten die alten, die herabgesetzten, und die doppelt verminderten Dittchen?

Aufl. Erstes Verhältniß: 3 : 2 = 1faches : $\frac{2}{3}$faches.
Zweites Verhältniß: 7 : 4 = 1faches : $\frac{4}{7}$faches.

Also $\frac{2}{3}$ — $\frac{4}{7}$fachem = $\frac{2}{21}$fachem = $\frac{2}{21}$ Sgr.

Daher waren folgende Werthe: 1 Sgr., $\frac{2}{3}$ Sgr., $\frac{4}{7}$ Sgr. die der Dittchen.

116. Man hat zwei Stücke Tuch, deren Ellenzahlen sich wie 10 : 9 verhalten; von dem ersten Stücke werden 35 Ellen verkauft, und nun ist das Verhältniß der Ellenzahlen 11 : 12. Wie viele Ellen hielt jedes Stück? 200 und 180 Ellen.

117. Vor einiger Zeit verhielt sich der Preis des Weizens zu dem des Roggens wie 5 : 4; darauf stieg ein Scheffel Weizen um 6 Sgr., und ein Scheffel Roggen fiel um 4 Sgr., und nun ist das Verhältniß der Preise gleich dem von 14 : 9. Wie theuer ist ein Scheffel jeder Getreideart?

Aufl. Würden die Preise beider Getreidearten nach dem ersten Verhältnisse beide zugleich entweder gefallen oder gestiegen sein, so würden sie dasselbe Verhältniß zu einander behalten haben, und da Weizen um 6 Sgr. stieg, hätte Roggen um (5 : 4 = 6 : $4\frac{4}{5}$) $4\frac{4}{5}$ Sgr. an seinem Preise zunehmen müssen; weil aber derselbe noch um 4 Sgr. gefallen ist, so ist der Werth des Roggens in Bezug auf den des Weizens nach dem ersten Verhältnisse um $8\frac{4}{5}$ Sgr. geringer als nach diesem Verhältnisse sein sollte.

Nach dem zweiten Verhältnisse hat der Preis des Weizens das 14-, der des Roggens das 9fache; nach dem ersten Verhältnisse müßte der Preis vom Roggen (5 : 4 = 14fache : $11\frac{1}{5}$fache) das $11\frac{1}{5}$fache haben; wirklich hat er nur das 9fache; er hat also durch den Fall das $2\frac{1}{5}$fache verloren; folglich ist das $2\frac{1}{5}$fache = $8\frac{4}{5}$ Sgr., daher das Einfache = 4 Sgr.

Demnach kostet 1 Scheffel Weizen 56 Sgr. = 1 Thlr. 26 Sgr. und 1 Scheffel Roggen 36 Sgr. = 1 Thlr. 6 Sgr.

118. Vor einem Jahre verhielten sich die Preise gleicher Quantitäten Erbsen und Kartoffeln wie 21 : 5. Darauf stieg 1 Scheffel Erbsen um 15, und ein Scheffel Kartoffeln um 8 Sgr. im Preise; nun ist das Verhältniß derselben gleich 19 : 6. Wie theuer war ein Scheffel Erbsen und Kartoffeln?

Aufl. Wären die Preise von Erbsen und Kartoffeln nach dem ersten Verhältnisse, 21 : 5, gestiegen, so müßte der der Kartoffeln um $3\frac{4}{7}$ Sgr. zugenommen haben, weil der Preis der Erbsen um 15 Sgr. wuchs; wirklich ist jener um 8 Sgr. erhöht, also um $4\frac{3}{7}$ Sgr. über gedachtes Verhältniß.

Bei verhältnißmäßigem Wachsen der Preise müssen sie auch in einerlei Verhältnisse zu einander bleiben, und da der Preis der Erbsen nach seinem Wachsthume das 19fache einer gewissen Zahl hat, so müßte der der Kartoffeln (21 : 5 = 19faches : $4\frac{11}{21}$faches) das $4\frac{11}{21}$fache derselben Zahl haben; nun hat dieser aber das 6fache, also das $1\frac{10}{21}$fache = $4\frac{3}{7}$ Sgr., mithin das Einfache = 3 Sgr. Der Preis der Erbsen hat nun das 19- und der der Kartoffeln das 6fache, daher ist jener 57 und dieser 18 Sgr., und sie waren 42 und 10 Sgr.

Anmerk. Diesen Auflösungen liegt der Satz zum Grunde: Die Summe oder Differenz der Vorderglieder zweier gleichen Verhältnisse hat zur Summe oder Differenz der Hinterglieder das Verhältniß von einem Vordergliede zu seinem Hintergliede. Dieser Satz ist in den Elementarsätzen Abschnitt II. erwiesen.

119. Die Summen zweier Geldbeutel stehen im Verhältnisse von 3 : 5. Darauf legt man in den ersten Geldbeutel 50, und in den zweiten 40 Thlr., und nun ist ihr Verhältniß zu einander das von 2 : 3. Welche Summen befanden sich in diesen Beuteln? 300 und 500 Thlr.

120. Die Kapitalien zweier Personen verhalten sich wie 5 : 7. Der erste erbt 3000, die andere 24000 Thlr., und nun ist das Verhältniß ihrer Vermögen gleich dem von 2 : 5. Sie groß war jeder Besitz vor der Erbschaft? 15000 und 21000 Thlr.

121. Zu wie vielen Mark 12löthigen Silbers muß man 5 Mark 10löthiges hinzusetzen, damit eine Mark der Mischung $10\frac{3}{4}$löthig werde?

Aufl. Im 12löthigen Silber ist das Verhältniß des feinen Silbers zum Kupfer = 3 : 1. 5 Mark 10löthiges Silber sind = 50 Loth feines Silber und 30 Loth Kupfer. Würde das Verhältniß des feinen Silbers zum Kupfer im Zusatze das erste 3 : 1 sein: so müßten zum Kupfer $16\frac{2}{3}$ Loth, also $13\frac{1}{3}$ Loth weniger hinzugekommen sein, als man wirklich hinzusetzt. Dann würde aber auch nach dieser Annahme das Verhältniß des Silbers zum Kupfer dasselbe, nämlich das von 3 : 1 geblieben sein; nun soll aber feines Silber zum Kupfer das Verhältniß von $10\frac{1}{8}$ : $5\frac{1}{4}$ = 43 : 21 haben; daher hat nach diesem Verhältnisse das Silber das 43- und das Kupfer das 21fache. Nach dem ersten Verhältnisse müßte, da das Silber das 43fache hat, das Kupfer das $14\frac{1}{3}$fache, also das $6\frac{2}{3}$fache weniger haben als es wirklich hat. Daraus geht hervor, daß das $6\frac{2}{3}$fache = $13\frac{1}{3}$ Loth, also das Einfache = 2 Loth ist. Nun haben Silber und Kupfer zusammen das 64fache, daher ist das vermehrte Silber = 8 Mark, und man hatte folglich nur 3 Mark 12löthiges Silber.

Anmerk. Eine andere Auflös. dieser Art Aufgaben ist schon früher gegeben worden; hier soll noch auf einen Satz aufmerksam gemacht werden, welcher vorzüglich zur praktischen Berechnung dieser Art Aufgaben geeignet ist.

Die hier in Rede stehenden Aufgaben werden durch die Vermischungsrechnung gelöset, und diese soll hier kurz in ihrer Hauptsache berührt werden.

Die Dinge, welche mit einander vermischt werden, heißen Ingredienzien; man kann bei ihnen auf ihren Werth und ihre Quantität Rücksicht nehmen; auf was sich aber Werth und Quantität derselben beziehe, wird man leicht in jedem Falle erkennen, ohne daß hier Erklärungen derselben gegeben werden, die durch ihre Weitläuftigkeit oft die Sache mehr verdunkeln als verdeutlichen.

Nun kann die Vermischungsrechnung folgende Aufgaben behandeln:

1) aus den gegebenen Quantitäten und Werthen der Ingredienzien die Quantität und den mittlern Werth der Mischung zu finden;

2) aus den gegebenen Verhältnissen der Ingredienzien und der Quantität der Mischung die Quantität der Ingredienzen zu suchen;

3) aus dem gegebenen Werthe der Ingredienzen und dem mittlern Werthe und der Quantität der Mischung oder einer der Ingredienzen, die Quantität der andern Ingredienz oder die der Mischung zu berechnen.

Man hat 6 Stücke, nämlich 3 Werthe und 3 Quantitäten, zwischen welchen folgender Zusammenhang stattfindet:

A) Die Quantität der Mischung ist gleich der Summe der Quantitäten der Ingredienzen.

B) Der Werth der Mischung oder der mittlere Werth ist gleich der Summe der Produkte aus dem Werthe jeder Ingredienz in ihre Quantität, und diese Summe dividirt durch die Qantität der Mischung.

Da sich nun zwei Bedingungsgleichungen zwischen den genannten 6 Stücken darstellen, so können auch in einer Aufgabe nur 2 Stücke berechnet werden, daher müssen in jeder Aufgabe 4 dieser Stücke gegeben sein. Nun geben aber 6 Stücke zu je 4 kombinirt 15 Kombinationen, also sollte man 15 verschiedene Aufgaben erwarten; doch 3 von denselben führen auf unbestimmte Aufgaben, und die übrigen 12 lassen sich auf die beiden obigen Fälle in Nr. 1. und 3. angezeigten reduciren.

Aufgaben für diese beiden Fälle findet man in diesem Buche in hinlänglicher Zahl, daher hier kein Beispiel mehr.

Ein Beispiel zu Nr. 2. ist folgendes:

Zu dem feinsten Krystallglase nimmt man gewöhnlich 120 Theile weißen, rein gewaschenen Sand, 60 Theile gereinigte Potasche, 10 Theile Salpeter und $\frac{1}{2}$ Theil weißen Arsenik. Wenn nun die Mischung dieser Ingredienzen 762 Pfunde wiegen soll, wie viel hat man von jedem jener Mineralien zu nehmen?

Man sieht, daß diese Aufgabe zur Repartionsrechnung gehört, welche in der zweiten Abtheilung des praktischen Rechnens von Nr. 39 bis 42. behandelt ist.

Die Aufl. dieser Aufgabe knnn so gemacht werden:

weißer Arsenik sei das Einfache einer gewissen Quantität, so hat
Salpeter das 20fache dieser Quantität,
Potasche das 120fache derselben Quantität, und
Sand das 240fache derselben Quantität.

Die 4 Ingredienzen haben also zusammen das 381fache jener Quantität = 762 Pf., daher das Einfache = 2 Pf. Mithin hat man zu jener Mischung 480 Pf. Sand, 240 Pf. Potasche, 40 Pf. Salpeter und 2 Pf. Arsenik zu nehmen.

Nun zur Entwickelung des oben versprochenen Satzes. Die allgemeine Entwickelung desselben gestattet der Zweck dieses Buches nicht, daher sei es erlaubt aus einem Beispiele jenen Satz abzuleiten.

Ein Goldarbeiter hat zweierlei Gold, nämlich 20karatiges und 9karatiges; er kann aber keines allein zu einer Arbeit anwenden; denn er braucht zu derselben $\frac{1}{4}$ Mark oder 6 Karat 12karatiges Gold. Wie viele Karat muß er von jedem Golde zu dem Werke nehmen?

Eine Mark des 20karatigen Goldes hat 8 Karat feines Gold mehr, des 9karatigen 3 Karat feines Gold weniger als eine Mark des 12karatigen; nimmt er daher eine Mark des 20kar. Goldes, so muß er so viele Mark des 9karatigen nehmen, daß die Summe des Mangels an dieser Mark gleich jenem Ueberschusse von 8 Karat ist, also so viele Mark 9karatigen Goldes, wie oft der Mangel von 3 Karat in dem Ueberschusse von 8 Karat enthalten ist, folglich $\frac{8}{3}$ Mark des schlechtern Goldes. Zu einer Mark des 20karatigen Goldes gehören also $\frac{8}{3}$ Mark des 9karatigen; daher werden zu 3 Mark des 20karat. 8 Mark des 9kar. gehören.

Die Quantität der besten Ingredienz verhält sich also zur Quantität der schlechtesten wie 3 : 8.

3 ist aber die Differenz zwischen dem geringsten und dem mittlern, und 8 die Differenz zwischen dem höchsten und dem mittlern Werthe; demnach verhalten sich die Quantitäten der Ingredienzen umgekehrt, wie die Differenzen zwischen dem Werthe jeder Ingredienz und dem mittlern Werthe.

Diesen wichtigen Satz kann man auch so an demselben Beispiele darstellen:

Man nehme eine gewisse Zahl Mark des 20kar. Goldes, so hat man diese Zahl mal 8 Karat feines Gold mehr als eben so viele Mark des 12karat. Goldes.

Nun nehme man eine andere Zahl Mark des 9karat. Goldes, so hat man dieselbe Zahl mal 3 Karat feines Gold weniger als eben so viele Mark 12karat. Goldes.

Soll nun durch Zusammenschmelzen beider Massen Gold 12karatiges hervorgebracht werden, so muß jener Ueberschuß diesen Mangel ersetzen, d. h. das Produkt aus der ersten Zahl mal 8 Karat muß gleich sein dem Produkte aus der zweiten Zahl mal 3 Karat feines Gold.

Wenn nun aber zwei Produkte einander gleich sind, so stehen ihre Faktoren in umgekehrtem Verhältnisse (Fundamentals. II. ); daher verhält sich die Zahl der Marke des feinsten Goldes zur Zahl der Marke des schlechtesten wie 3 : 8, d. h. wie die Differenz zwischen dem geringsten Werthe und dem mittlern zu der Differenz zwischen dem höchsten und dem mittlern Werthe.

Oder man kann den Satz kurz so aussprechen: die Quantitäten

der Ingredienzen stehen im umgekehrten Verhältnisse der Differenzen zwischen ihren Werthen und dem mittlern Werthe.

Die Anwendung dieses Satzes auf obiges Beispiel wird jeder leicht machen können.

Sind mehr als zwei Ingredienzen gegeben, so ist die Aufgabe unbestimmt, und man kann in dem Falle von allen weniger einer die Quantitäten willkührlich annehmen, und die Quantität der übrigen Ingredienzen nach dem obigen Satze bestimmen; durch welches Verfahren man die Verhältnisse der Quantitäten von den Ingredienzen erhält.

Z. B. Ein Weinhändler hat verschiedene Sorten Wein, die Flasche zu 2 Thlr., 1 Thlr. 20 Sgr., 1 Thlr. 15 Sgr., 25 Sgr. und 10 Sgr. Aus diesen 5 verschiedenen Sorten will er eine Mischung bilden, von dem eine Flasche 1 Thlr. koste. Wie viel hat er von jedem Weine zu nehmen?

Aufl. Man nehme 3 Flaschen zu 10 Sgr., 2 Fl. zu 25 Sgr, 1 Fl. zu 1 Thlr. 15 Sgr. und 1 Fl. zu 1 Thlr. 20 Sgr., so macht dieses 7 Flaschen, welche 175 Sgr. kosten, daher ist der Preis einer Flasche dieses Weines = 25 Sgr. Dieser Preis ist geringer als der verlangte, daher muß man noch vom besten Weine dazunehmen. Man kann nun die zu machende Mischung als aus zwei Ingredienzen bestehend annehmen, nämlich aus 7 Fl. Wein zu 25 Sgr. und aus einer unbekannten Zahl Flaschen zu 60 Sgr., um Wein die Flasche zu 30 Sgr. zu erhalten.

Nach obigem Satze verhalten sich die Quantitäten der Ingredienzen umgekehrt wie die Differenzen zwischen ihrem Werthe und dem mittlern; also die Quantität (7 Fl.) zu 25 Sgr. zur Quantität zu 60 Sgr. wie $60 - 30$ zu $30 - 25 = 30 : 5 = 6 : 1$; daher hat man noch $\frac{7}{6}$ Fl. zu 60 Sgr. zu nehmen.

Die Quantitäten der Ingredienzen nach der Reihe von der schlechtesten zur besten verhalten sich also wie die Zahlen 3, 2, 1, 1, $\frac{7}{6}$ oder 18, 12, 6, 6, 7, und folgende Proportionen geben die verschiedenen Quantitäten der Ingredienzen zu 1 Fl. der Mischung:

| | | | | | |
|---|---|---|---|---|---|
| $49 : 18 = 1 : \frac{18}{49}$ | Fl. zu | 10 | Sgr. macht | $3\frac{33}{49}$ | Sgr. |
| $49 : 12 = 1 : \frac{12}{49}$ | " " | 25 | " " | $6\frac{6}{49}$ | " |
| $49 : 6 = 1 : \frac{6}{49}$ | " " | 45 | " " | $5\frac{25}{49}$ | " |
| $49 : 6 = 1 : \frac{6}{49}$ | " " | 50 | " " | $6\frac{6}{49}$ | " |
| $49 : 7 = 1 : \frac{7}{49}$ | " " | 60 | " " | $8\frac{4}{7}$ | " |

1 Fl. der Mischung kostet 30 Sgr.

Jede andere Annahme der Quantitäten für 4 der Ingredienzen wird auch ein anderes Verhältniß derselben unter einander bedingen.

Das so eben dargestellte Verfahren ist für die Praxis nicht vorzüglich anwendbar; daher sei es erlaubt ein kürzeres Verfahren zu zeigen, und zur allgemeinern Entwickelung desselben wähle man Buchstaben, welche die Stelle besonderer Zahlen vertreten mögen.

Es seien also A, B, C, D, E ꝛc. die Werthe der Ingredienzen und M der Mittelwerth; ferner mögen A, B, C den Mittelwerth M um a, b, c, und der Mittelwerth M die Werthe D, E um d, e übertreffen, so daß $A = M + a$, $B = M + b$, $C = M + c$, $D = M - d$ und $E = M - e$ sei.

Da nun für zwei Ingredienzen ihre Quantitäten im umgekehrten Verhältnisse der Differenzen zwischen ihren Werthen und dem mittlern Werthe stehen, so wird dieses Verhältniß wahrscheinlich auch für mehr als zwei Ingredienzen stattfinden, und man kann es folgender Art in Rechnung bringen:

$$\text{Quant. } A : \text{Quant. } B = \text{Differ. } b : \text{Differ. } a = \frac{b}{a \cdot b} : \frac{a}{a \cdot b} = \frac{1}{a} : \frac{1}{b},$$

d. h. die Quantitäten der Ingredienzen stehen im geraden Verhältnisse der Einheit dividirt durch die zugehörigen Differenzen.

Die Quantitäten der Ingredienzen, welche zu obigen Werthen gehören, seien x, y, z, u, w, so daß:

| Werth der Ingred. | Quantitäten. | Werth der Quantität. |
|---|---|---|
| $A = M + a$ | $\frac{x}{a}$ | $\frac{A \cdot x}{a} = \frac{M \cdot x}{a} + x$ |
| $B = M + b$ | $\frac{y}{b}$ | $\frac{B \cdot y}{b} = \frac{M \cdot y}{b} + y$ |
| $C = M + c$ | $\frac{z}{c}$ | $\frac{C \cdot z}{c} = \frac{M \cdot z}{c} + z$ |
| $D = M - d$ | $\frac{u}{d}$ | $\frac{D \cdot u}{d} = \frac{M \cdot u}{d} - u$ |
| $E = M - e$ | $\frac{w}{e}$ | $\frac{E \cdot w}{e} = \frac{M \cdot w}{e} - w$ |

Der Werth der zu Mischung genommenen Quantität ist daher:

$$\frac{A \cdot x}{a} + \frac{B \cdot y}{c} + \frac{C \cdot z}{c} + \frac{D \cdot u}{d} + \frac{E \cdot w}{e} = \frac{M \cdot x}{a} + x + \frac{M \cdot y}{b} + y + \frac{M \cdot z}{c} + z + \frac{M \cdot u}{d} - u + \frac{M \cdot w}{e} - w = \frac{M \cdot x}{a} + \frac{M \cdot y}{b} + \frac{M \cdot z}{c} + \frac{M \cdot u}{d} + \frac{M \cdot w}{e} + x + y + z - u - w.$$

Die Quantität der Mischung ist gleich der Summe der Quantitäten der Ingredienzen $= \frac{x}{a} + \frac{y}{b} + \frac{z}{c} + \frac{u}{d} + \frac{w}{e}$, und der Werth der ganzen Mischung ist gleich dem Produkte aus dem mittlern Werthe und der Quantität der Mischung, also =

$$M \times \left(\frac{x}{a} + \frac{y}{b} + \frac{z}{c} + \frac{u}{d} + \frac{w}{e}\right) = \frac{M.x}{a} + \frac{M.y}{b} + \frac{M.z}{c} + \frac{M.u}{d} + \frac{M.w}{e}$$

Da nun die Summe der Werthe von den Quantitäten der Ingredienzen gleich dem Werthe der Mischung sein muß, so ist

$$\frac{M.x}{a} + \frac{M.y}{b} \frac{M.z}{c} + \frac{M.u}{d} + \frac{M.w}{e} + x + y + z - u - w = \frac{M.x}{a} + \frac{M.y}{b} + \frac{M.z}{c} + \frac{M.u}{d} + \frac{M.w}{e}.$$

Nimmt man nun die Summe, welche auf der rechten Seite des

Gleichheitszeichens steht, von den gleichen Summen, welche zu beiden Seiten des Gleichheitszeichens stehen, hinweg, so erhält man Gleiches, nämlich:

$$x + y + z - u - w = 0$$

d. h. die Summe $x + y + z$ ist durch die Summe $u + w$ vernichtet, daher $x + y + z = u + w$.

Dieses ist die Bedingungsgleichung für die Quantitäten von mehr als zweier Ingredienzen.

Die vorstehende Entwickelung giebt also folgendes Verfahren für die Mischung von mehr als zwei Ingredienzen bei gegebenem mittlern Werthe:

Man suche die Differenzen zwischen jedem Werthe der Ingredienz und dem mittlern Werthe, mache diese Differenzen zu Nennern von Brüchen, deren Zähler so beschaffen sein müssen, daß die Summe der Zähler der Brüche, deren Nenner die Ueberschüsse der Werthe von Ingredienzen über den mittlern Werth sind, gleich ist der Summe der Zähler der Brüche, deren Nenner Ueberschüsse des mittlern Werthes über die Werthe der Ingredienzen sind.

Zur völligen Verdeutlichung des so eben ausgesprochenen Verfahrens soll selbiges auf obiges Beispiel angewendet werden.

| | Werthe der Ingred. | Diff. | Quant. | Werthe der Quant. |
|---|---|---|---|---|
| | 60 Sgr. | 30 | $\frac{1}{30}$ | 2 Sgr. |
| | 50 „ | 20 | $\frac{1}{20}$ | $2\frac{1}{2}$ „ |
| | 45 „ | 15 | $\frac{1}{15}$ | 3 „ |
| mittl. | 30 „ | | | |
| | 25 „ | 5 | $\frac{1}{5}$ | 5 „ |
| | 10 „ | 20 | $\frac{2}{20}$ | 1 „ |

$\frac{9}{20}$ Fl. d. Misch. kostet $13\frac{1}{2}$ Sgr.

$\frac{9}{20}$ Fl. : 1 Fl. $= 13\frac{1}{2}$ Sgr. : X (= 30 Sgr.)

Aus diesen Beispielen wird man das Verfahren zur Genüge erkannt haben.

Nun soll noch gezeigt werden, daß auch die erste Annahme und Berechnung für diese Aufgabe demselben oben ausgesprochenen Gesetze unterworfen ist.

Man hatte folgende Quantitäten der Ingredienzen zu einer Flasche der Mischung: $\frac{7}{49}$, $\frac{6}{49}$, $\frac{6}{49}$, $\frac{12}{49}$ und $\frac{18}{49}$ Flasche.

Man verwanvle diese Brüche in solche, welche zu Nennern jene Differenzen haben; also

$$\frac{7}{49} = \frac{\frac{7}{49} \cdot 30}{30} = \frac{4\frac{2}{7}}{30}; \qquad \frac{12}{49} = \frac{\frac{12}{49} \cdot 5}{5} = \frac{1\frac{11}{49}}{5};$$

$$\frac{6}{49} = \frac{\frac{6}{49} \cdot 20}{20} = \frac{2\frac{22}{49}}{20}; \qquad \frac{18}{49} = \frac{\frac{18}{49} \cdot 20}{20} - \frac{7\frac{17}{49}}{20}.$$

$$\frac{6}{49} = \frac{\frac{6}{49} \cdot 15}{15} = \frac{1\frac{41}{49}}{15};$$

Nun ist: $4\frac{2}{7} + 2\frac{22}{49} + 1\frac{41}{49} = 8\frac{4}{7}$; zugleich ist auch $1\frac{11}{49} + 7\frac{17}{49} = 8\frac{4}{7}$. Demnach hat jenes Gesetz allgemeine Giltigkeit.

**Anmerk.** Die allgemeine Ableitung des Gesetzes und Verfahrens vermittelst Buchstaben wird vielleicht mancher Leser dem Verf. als einen

Verstoß gegen den Zweck des Buches anrechnen; doch hofft er auf gütige Nachsicht der Mehrzahl, und um so mehr, weil er eine Inkonsequenz aus Absicht zu nützen begangen hat. Ueberdies dürfte dieses Verfahren keinem Leser dunkel sein, welcher die Fundamentalsätze dieses Buches gelesen hat.

122. Wie viele Mark 12löthigen Silbers muß man zu 9 Mark 8löthigen hinzusetzen, damit eine Mark der Mischung 10löthig sei?

Aufl. wie die zu Aufg. 121., die andere nach dem Verfahren der Anmerk.

(12 — 10) Loth : (10 — 8) Loth = 9 Mark : X (= 9 Mark).

153. Wie viele Mark Dukatengold ($23\frac{1}{2}$karatig) muß man zu $1\frac{1}{2}$ Mark 6karatigen Goldes hinzusetzen, um 12karatiges Gold zu erhalten?

($23\frac{1}{2}$ — 12) Kar. : (12 — 6) Kar. = $1\frac{1}{2}$ M. : X (= $\frac{18}{23}$ Mark).

124. Die Gewichte zweier Massen verhalten sich wie 15 : 16; legt man aber zu jeder Masse 5 Pfund hinzu, so ist das Verhältniß der Gewichte gleich dem von 16 : 17. Wie viele Pfunde wiegt jede Masse? Die eine 75, die andere 80 Pfund.

125. Die Werthe zweier Beutel stehen im Verhältnisse von 10 : 9; darauf legt man in den ersten Beutel 40, und in den andern 180 Thlr., und nun ist ihr Verhältniß in Hinsicht des Werthes das von 6 : 7. Wie viel enthielt jeder Beutel? Der eine 500, der andere 450 Thlr.

126. Die zurückgelegten Wege zweier Reisenden stehen im Verhältnisse von 8 : 13. Darauf geht der erste noch 18, und der andere 9 Meilen, und nun verhalten sich ihre Wege wie 5 : 7. Wie viele Meilen hat jeder gemacht?

Der eine 90, der andere 126 Meilen.

127. Man hat Weizen, von dem ein Scheffel 80, und anderm, von dem ein Scheffel 90 Pfunde wiegt. Von anderm Weizen verhalten sich zwei Quantitäten in Hinsicht ihres Gewichts wie 3 : 4. Zur ersten Quantität schüttet man 40 Scheffel zu 90 und zur andern 30 Scheffel zu 80 Pfund; nun ist das Verhältniß der Quantitäten ihrem Gewichte nach wie 7 : 8. Wie groß war das Gewicht jeder Quantität?

Die eine Quantität wog 9000, die andere 12000 Pf.

128. Die Seitenzahlen zweier Bücher verhalten sich wie 81 : 149. Von jedem erscheint eine verbesserte Auflage, das erste ist um 2 Bogen in Octav, das andere um 3 Bogen in demselben Format vermehrt, und nun ist das Verhältniß der Seitenzahlen das von 97 : 173. Wie viele Bogen enthielt jedes Buch?

Das eine $10\frac{1}{8}$, das andere $18\frac{5}{8}$ Bogen.

129. Wie viele Mark 14löthiges Silber muß man zu $5\frac{1}{2}$ Mark 8löthiges hinzusetzen, damit das Silber 10löthig werde?

$2\frac{3}{4}$ Mark 14löthiges Silber.

130. Zu $3\frac{1}{4}$ Mark $18\frac{1}{2}$karat. Goldes muß man wie viele Mark $23\frac{1}{2}$karat. Goldes hinzusetzen, um $21\frac{2}{3}$karatiges zu erhalten, und dieses Gold wird wie viele Friedrichsd'or an Werth sein?

$5\frac{27}{44}$ Mark und die Mischung ist = $310\frac{5}{22}$ Frd'or.

131. Man hat 90 Scheffel Weizen zu 1 Thlr. 15 Sgr. und 80 Scheffel zu 1 Thlr. 20 Sgr. Wie viele Scheffel zu 1 Thlr. 24

Sgr. hat man von jeder dieser Massen hinwegzunehmen, damit sich die Preise der Gesammtmassen wie 9 : 8 verhalten.

Aufl. 90 Scheffel zu 1 Thlr. 15 Sgr. haben einen Werth von 135 Thlr., und wenn dieser zum andern in dem geforderten Verhältnisse von 9 : 8 bereits stände, so müßte der letzte 120 Thlr. betragen. Nun aber kosten 80 Scheffel zu 1 Thlr. 20 Sgr. 133⅓ Thlr.; folglich ist dieser Werth um 13⅓ Thlr. größer als er nach jenem Verhältnisse sein sollte. Unter der Voraussetzung, daß gedachtes Verhältniß obwaltete, müßten auch die Abnahmen dasselbe Verhältniß von 9 : 8 zu einander haben, damit dieses durch die Verminderung des Werthes nicht gestört würde; und da durch Hinwegnahme eines Scheffels zu 1 Thlr. 24 Sgr. der erste Preis um 54 Sgr. verringert wird, so müßte der andere um 48 Sgr. also um 6 Sgr. weniger vermindert werden, als es wirklich durch Abnahme eines Scheffels geschieht. Demnach muß man so viele Scheffel von jeder Quantität hinwegnehmen, wie oft 6 Sgr. in 13⅓ Thlr. enthalten sind; folglich 66⅔ Scheffel.

132. Man hat 60 Scheffel Weizen zu 1 Thlr. 16 Sgr. und 75 Scheffel zu 1 Thlr. 18 Sgr. Man will nun gleichviele Scheffel zu 1 Thlr. 10 Sgr. zu jeder obiger Massen hinzuschütten, damit sich die Preise der Gesammtmassen wie 9 : 10 verhalten. Wie viele Scheffel hat man jenen beizumischen? 120 Scheffel.

133. Ein Vater hat zwei Söhne, von denen der eine 8, der andere 6 und der Vater 44 Jahre alt ist. Wann wird der Vater doppelt so alt als seine beiden Söhne sein?
Nach 5⅓ Jahren.

134. Ein Vater, welcher 45 Jahre alt ist, hat 4 Kinder von 5, 8, 11 und 14 Jahren. Wann werden die Kinder zusammen 3mal so alt als ihr Vater sein? Nach 97 Jahren.

135. Ein Knabe wird nach seinem Alter gefragt, und er giebt zur Antwort: „Mein Vater ist jetzt 3mal so alt als ich bin; nach 12 Jahren aber wird er nur doppelt so alt als ich sein.
Der Knabe war 12 Jahre alt.

136. Ein Geselle hat sich durch seine Arbeit 8 Thlr., ein anderer 90 Thlr. erworben. Der erste erspart wöchentlich 5, der andere in derselben Zeit nur 4 Thlr. Wann wird das Verhältniß ihrer Baarschaften das von 1 : 2 sein? Nach 12⅔ Wochen.

137. Ein Buchdrucker hat sich durch seine Arbeit bereits 120 Thlr. erspart; er druckt in 3 Tagen 2 Bogen, für jeden erhält er 1 Thlr. und braucht zu seiner Unterhaltung täglich 15 Sgr. Ein anderer fängt jetzt erst zu arbeiten an, daher er keine Baarschaft besitzt; er ist aber geschickt, fleißig und sparsam; denn er druckt alle 2 Tage 3 Bogen, erhält für jeden 1 Thlr. 10 Sgr., weil der Druck feiner ist, und giebt täglich nur 10 Sgr. zu seiner Unterhaltung aus. Wann wird dieser Mann 120 Thlr. mehr als das Doppelte dessen besitzen, was der erste im Ganzen erspart hat?

Aufl. Der erste Arbeiter verdient in 6 Tagen 4 Thlr., und giebt in dieser Zeit 3 Thlr. aus, daher erspart er in derselben Zeit nur 1 Thlr.

Der andere verdient in 6 Tagen 12 Thlr., giebt nur 2 Thlr. in der genannten Zeit aus, und erspart daher in derselben Zeit 10 Thlr.; folglich erübrigt er in der Zeit von 6 Tagen 8 Thlr. mehr als das Doppelte dessen, was der erste in derselben erspart.

Würde nun der andere bereits 120 Thlr. mehr als das Doppelte des ersten beim Anfange seiner Arbeit gehabt haben, so hätte er 360 Thlr. zu dieser Zeit haben müssen; da ihm diese fehlten, so muß er durch größere Ersparnisse dieselben ersetzen; daher hat er das Verlangte nach $\frac{360 \,.\, 6}{8}$ d. i. nach 270 Tagen, oder ungefähr nach 9 Monaten erreicht.

138. Man hat dreierlei Arbeiter; von der ersten Art können 25 in 3 Tagen 8 Morgen Landes, von der zweiten Art 15 in 4 Tagen 6 Morgen und von der dritten 12 Arbeiter in 5 Tagen 7 Morgen Acker bestellen. Nun sind an einem Acker 5 Arbeiter der ersten und an einem andern 12 Arbeiter der zweiten Art angestellt; die ersten Arbeiter haben schon 6, die andern 8 Tage lang gearbeitet. Wie viele Arbeiter der dritten Art muß den 5 ersten und eben so viele den 12 andern zugesellen, wenn ihre Arbeiten, welche sich wie 1 : 2 verhalten, in 2 Tagen zu Stande gebracht sein sollen?

Aufl. Da 25 Arbeiter in 3 Tagen 8 Morgen bearbeiten, so wird 1 Arbeiter in 1 Tage nur $\frac{8}{75}$ Morgen, 5 Arbeiter in 1 Tage $\frac{8}{15}$ und in 8 Tagen $4\frac{4}{15}$ Morgen bestellen.

Die 12 Arbeiter der zweiten Art arbeiten 10, und bearbeiten in dieser Zeit 10 Morgen; also $1\frac{7}{15}$ Morgen mehr als das Doppelte der Arbeit von jenen.

1 Arbeiter der dritten Art bestellt in 1 Tage $\frac{7}{60}$ und in 2 Tagen $\frac{7}{30}$ Morgen.

Wenn man jeder von jenen beiden Zahlen Arbeitern einen der dritten Art zugesellt, so erhält jede Partei einen Zuwachs von $\frac{7}{30}$ Morgen Arbeit, die zweite also $\frac{7}{30}$ Morgen Arbeit weniger als das Doppelte der ersten; daher muß man jeder Partei so viele Arbeiter beigesellen, als $\frac{7}{30}$ Morgen in jenem Ueberschusse von $1\frac{7}{15}$ Morgen enthalten sind; folglich $6\frac{4}{7}$ Arbeiter.

139. Ein Preuß. und ein Hamburger Schiff werden zu gleicher Zeit mit Weizen beladen. Auf jedes Schiff hat man schon 1170 Preuß. Scheffel hinaufgebracht; da bestimmt der Kaufmann, welcher die Schiffe beladet, daß sie in dem Verhältnisse von 4 : 5 befrachtet werden sollen. Wie viele Preuß. Scheffel muß man noch auf das erste, und eben so viele Hamb. Scheffel auf das andere Schiff bringen, bis das bestimmte Verhältniß erreicht ist? 1 Hamb. Scheffel = 1,983 Pr. Scheffeln.
Auf jedes Schiff $399\frac{33}{133}$ Scheffel.

140. Man giebt 5000 Thlr. zu 4 Proc. und nach $3\frac{1}{2}$ Jahren ein Kapital von 6500 Thlr. zu 5 Proc. auf Zinsen. Wie lange müssen noch beide Kapitalien auf Zinsen stehen, wenn man von beiden gleich viel an Zinsen gezogen haben will? $5\frac{3}{5}$ Jahre.

141. 7200 Thlr. haben bereits 5 Jahre zu $4\frac{2}{3}$ Proc. auf Zinsen gestanden, als man 12600 Thlr. zu 5 Proc. auf Zinsen giebt. Wann

wird man vom letzten Kapitale 500 Thlr. mehr als vom ersten an Zinsen erhalten haben? Nach $7\frac{61}{147}$ Jahren.

142. 4200 Thlr. stehen zu $4\frac{1}{3}$ Proc. auf Zinsen; nach $1\frac{1}{2}$ Jahren giebt man 15000 Thlr. zu $5\frac{1}{3}$ Proc. auf Zinsen. Wie lange müssen beide Kapitale auf Zinsen stehen, wenn das andere das Doppelte, das 3fache, 4fache der Zinsen des ersten Kapitals getragen haben soll? $1\frac{58}{218}$, $3\frac{57}{254}$, $15\frac{1}{6}$ Jahre.

143. Ein Kapital von 2000 Thlr. steht zu 4 Proc. auf Zinsen; nach 6 Jahren giebt man 20000 Thlr. zu 5 Proc. auf Zinsen. Wann wird das zweite Kapital 500 Thlr. mehr als das 5fache der Zinsen des ersten Kapitals während der ganzen Zeit getragen haben? Nach 4 Jahren.

144. Wenn 3000 Thlr. zu $4\frac{1}{2}$ Proc. schon 4 Jahre auf Zinsen gestanden haben; wie lange müssen 18000 Thlr. zu $5\frac{1}{2}$ Proc. auf Zinsen stehen, wenn die von beiden Kapitalen gezogenen Zinsen sich wie 2 : 5 verhalten sollen?

Aufl. Der Zins von 3000 Thlr. zu $4\frac{1}{2}$ Proc. in 4 Jahren beträgt 540 Thlr.; dieser hat das Verhältniß von 2 : 5 zu 1350 Thlr.

Der jährliche Zins vom ersten Kapitale ist 135 und steht im Verhältnisse von 2 : 5 zu $337\frac{1}{2}$ Thlr.

Der jährliche Zins vom andern Kapitale ist 990 Thlr., und übertrifft $337\frac{1}{2}$ Thlr. um $652\frac{1}{2}$ Thlr. Daher muß dieses Kapital noch $1350 : 652\frac{1}{2} = 2\frac{2}{29}$ Jahre auf Zinsen stehen, bis das Geforderte geleistet ist.

145. Man hat 6000 Thlr. zu $4\frac{1}{2}$ Proc. und 6 Jahre später 20000 Thlr. zu $5\frac{1}{2}$ Proc. auf Zinsen verliehen; wann wird das letzte Kapital sammt den Zinsen das 4fache vom ersten sammt seinen Zinsen sein?

Aufl. Das 4fache des ersten Kapitals beträgt 24000 Thlr., also fehlen dem andern 4000 Thlr. zum genannten Verhältnisse, welche durch die Zinsen ersetzt werden müssen.

Der einjährige Zins des ersten Kapitals ist 270 Thlr. und der 6jährige 1620 Thlr.; das 4fache davon macht 6480 Thlr.; daher fehlen den Interessen des andern Kapitals zur Zeit als es auf Zinsen gegeben wird 6480 Thlr., an Kapital und Zinsen bis zum geforderten Verhältnisse mangeln also 10480 Thlr.

Nun ist der einjährige Zins des zweiten Kapitals 1100 Thlr., und übertrifft den 4fachen von einem Jahre des ersten nur um 2 Thlr. Demnach müssen die Kapitale seit der Ausleihung des andern noch $\frac{10480}{20} = 524$ Jahre Interessen tragen, bis das Geforderte geleistet worden ist.

146. 12000 Thlr. stehen zu 4 Proc. auf Zinsen; nach 3 Jahren giebt man 150000 Thlr. zu $4\frac{1}{2}$ Proc. auf Zinsen.

1) Wann wird das zweite Kapital zusammen mit den Zinsen um 20000 Thlr. größer als das 10fache des ersten sammt den Zinsen sein? Nach $2\frac{10}{39}$ oder $2\frac{1}{4}$ Jahren.

2) Nach wie vielen Jahren wird das zweite Kapital nebst Zinsen

um 1000 Thlr. größer als das 15fache des ersten sammt den Zinsen sein, wenn jenes zu 5 Proc. verliehen ist? Nach 172 Jahren.

Die Auflösung wie die der vorigen Aufg.

147. 8000 Thlr. stehen zu 4, 10000 Thlr. zu 5 Proc. auf Zinsen.

1) Wann wird der Ueberschuß des ersten Kapitals über seine Zinsen das Zweifache vom Ueberschusse des andern Kapitals über seine Zinsen sein?

Aufl. Wäre das erste Kapital doppelt so groß als das andere, so müßten auch die jährlichen Zinsen des ersten doppelt so groß als die des andern sein, damit der Ueberschuß des ersten Kapitals über seine Zinsen stets das Zweifache von dem Ueberschusse des andern Kapitals über seine Zinsen bliebe.

Nun fehlen dem ersten Kapitale bis zum Doppelten des andern 12000 Thlr., und den Zinsen des ersten bis zum Doppelten der Zinsen des zweiten 680 Thlr. Der Mangel am Abzuge vom ersten Kapitale muß den Mangel dieses Kapitals ergänzen; demnach müssen die Kapitale $\frac{12000}{680} = 17\frac{11}{17}$ Jahre auf Zinsen stehen, bis obiger Forderung Genüge geleistet wird.

2) Nach wie vielen Jahren wird der Ueberschuß der Zinsen des zweiten Kapitals über selbiges doppelt so groß als der Ueberschuß der Zinsen des ersten Kapitals über selbiges sein?

Aufl. Nach 25 Jahren ist das erste Kapital seinen Zinsen gleich, und nach dieser Zeit übertreffen die Zinsen des andern Kapitals dieses um 2500 Thlr.; folglich müßten die Zinsen des ersten Kapitals selbiges um 1250 Thlr. übersteigen, damit das geforderte Verhältniß zwischen den Ueberschüssen der Zinsen über ihre Kapitale vorhanden wäre; daher fehlen offenbar den Zinsen des ersten Kapitals 1250 Thlr. Diesen Mangel aber ersetzen sie dadurch, daß sie nicht um die Hälfte der Zinsen des andern Kapitals, sondern um 320 — 250 oder um 70 Thlr über jenes Verhältniß wachsen; mithin wird obiges Verhältniß nach $25 + \frac{1250}{70}$ oder nach $42\frac{6}{7}$ Jahren eintreten.

Eine andere Auflösung. Bevor die Kapitale Zinsen getragen haben, hat der Zins des ersten Kapitals einen Mangel von 8000 und der des zweiten einen von 10000 Thlr., bis sie wenigstens nicht geringer als ihre Kapitale sind; die Zinsen des zweiten Kapitals haben also an Schulden 6000 Thlr. weniger als die doppelte der Zinsen des ersten. Jene ersetzen aber auch ihren Mangel nicht um das Doppelte dessen, um was diese denselben vermindern, sondern um 640 — 500 oder um 140 Thlr. weniger als das Zweifache des Ersatzes dieser; demnach werden die Zinsen das geforderte Verhältniß zu einander nach $\frac{6000}{140}$ oder nach $42\frac{6}{7}$ Jahren haben.

148. Zwei Personen vergleichen ihr Vermögen, und finden, daß das eine zur andern sich wie 3 : 4 verhalte. Darauf sagt **A** zu **B**: gieb mir 3000 Thlr., so wird das Verhältniß unseres Vermögens das umgekehrte sein. Wie viel hat jeder?

Aufl. **A** hat das 3fache, **B** das 4fache; bei umgekehrtem Verhältnisse hat **A** das Einfache mehr sowohl als er früher hatte, als auch

B behält. Daher beträgt das Einfache 3000 Thlr. Demnach besitzt A 9000 und B 12000 Thlr.

149. Das Kapital des A verhält sich zu dem des B wie 8 : 9. Giebt aber B dem A 600 Thlr., so ist das Verhältniß ihrer Kapitale zu einander gleich dem von 43 : 42. Wie viel hat jeder?

Aufl. 1. Nach der Mittheilung des B an A hat dieser das 43fache, und B das 42fache; würde das erste Verhältniß noch bestehen, so müßte B das $48\frac{3}{8}$fache, also das $6\frac{3}{8}$fache mehr haben als er nach der Austheilung hat.

Nach dem ersten Verhältnisse hätte aber auch B 675 Thlr. erhalten müssen, da A 600 Thlr. empfing; dieses hat aber B nicht allein nicht erhalten, sondern er hat noch 600 Thlr. hinweggegeben; dadurch ist also sein Geld um 1275 Thlr. unter das erste Verhältniß gesunken; mithin ist das $6\frac{3}{8}$fache = 1275, also das Einfache = 200 Thlr. Demnach hatte A nach dem Empfange von B 8600 und dieser 8400 Thlr., folglich war A im Besitz von 8000 und B von 9000 Thlr.

Aufl. 2. Nach dem ersten Verhältnisse hat A $\frac{8}{17}$ der Summe beider, und nach dem zweiten Verhältnisse $\frac{43}{85}$ derselben Summe; also im zweiten Falle $\frac{3}{85}$ dieser Summe oder 600 Thlr. mehr als im ersten. Daher ist die Summe beider 17000 Thlr. Folglich hat A 8000 und B 9000 Thlr.

150. Wie viele Loth Silber muß man einer Mark 12löthigen Silbers entziehen und ihr eben so viele Loth Kupfer hinzusetzen, damit das Silber 10löthig werde? 2 Loth.

151. Man hat 15löthiges Silber; diesem muß man 21 Loth feines entziehen und eben so viele Loth an Kupfer hinzusetzen, damit es 12löthig werde. Wie viele Mark hat man? 7 Mark.

Aufl. wie zur Aufg. 149.

152. Ein Spieler hat 150, ein anderer 200 Thlr.; sie spielen mit einander jede Partie Billard um 5 Thlr. Der erste hat jede Partie gewonnen, und seine Baarschaft ist nun das Doppelte der des andern und 50 Thlr. Wie viele Partien haben sie gespielt?
20 Partien.

153. Von 14 Mark 15löthigem Silber muß man wie viele Mark 12löthiges Silber hinwegnehmen, und eben so viel an Kupfer hinzusetzen, damit das Silber $10\frac{1}{2}$löthig werde? $5\frac{1}{4}$ Mark.

154. Zwei Arbeiter arbeiten für gleichen Lohn bei einem Gutsherrn; der eine erhielt für 35 Tage 3 Scheffel Roggen und 10 Thlr. 24 Sgr., der andere für 56 Tage 5 Scheffel und 17 Thlr. 2 Sgr. Wie theuer wurde ein Scheffel gerechnet, und wie hoch war der tägliche Arbeitslohn?

Aufl. Der Lohn muß im Verhältnisse der Zeiten 5 : 8 stehen; da nun der erste 3 Scheffel und 10 Thlr. 24 Sgr. erhält, so sollte der andere $4\frac{4}{5}$ Scheffel und 17 Thlr. $8\frac{2}{5}$ Sgr. erhalten; wirklich hat er $\frac{1}{5}$ Scheffel mehr und $6\frac{2}{5}$ Sgr. weniger empfangen; daher ist $\frac{1}{5}$ Schfl. $6\frac{2}{5}$ Sgr., daher 1 Scheffel 32 Sgr. gerechnet worden. Für 35 Tage hat also der Gutsherr 3 . 32 Sgr. und 10 Thlr. 24 Sgr. oder 14 Thlr., also für einen Tag $\frac{2}{5}$ Thlr. oder 12 Sgr. gezahlt.

Anmerk. Eine andere Aufl. dieser Art Aufg. findet man Seite 299 Aufg. 267.

155. Ein Gutsherr verspricht jedem Arbeiter für gleiche Zeiten auch gleichen Lohn. Der eine erhielt für 42 Tage 90 Quadratruthen Kartoffelland und 3 Thlr. 12 Sgr., ein anderer für 63 Tage 120 Quadratruthen und 7 Thlr. 3 Sgr. Wie hoch wurde eine Quadratruthe gerechnet, und welches war der tägliche Lohn?

Eine Quadratruthe wurde 4 Sgr. und der tägliche Lohn 11 Sgr. gerechnet.

Die Aufl. wie die der vorigen Aufg.

156. Zwei Arbeiter A, B arbeiten für ungleichen Lohn bei einem Gutsherrn, B erhält täglich 1 Sgr. mehr als A. Für 48 Tage erhielt A 2 Scheffel Erbsen und 12 Thlr. 18 Sgr., für 64 Tage empfing B 3 Scheffel Erbsen und 18 Thlr. 11 Sgr. Wie theuer war ein Scheffel Erbsen, und wie hoch der tägliche Lohn?

Aufl. B erhielt für 64 Tage den Lohn, welchen A für diese Zeit empfängt und noch 2 Thlr. 4 Sgr.; daher beträgt der Lohn des A für gedachte Zeit 3 Scheffel Erbsen und 16 Thlr. 7 Sgr. Da nun für eine Person der Lohn der Zeiten proportional sein muß, so verhält sich der Werth von 2 Scheffel und 12 Thlr. 18 Sgr. zu dem Werthe von 3 Scheffeln und 16 Thlr. 7 Sgr. wie 48 Tage zu 64 Tagen = 3 : 4. Es ist 3 : 4 = 2 Scheffel : $2\frac{2}{3}$ Scheffeln, und 3 : 4 = 12 Thlr. 18 Sgr. : 16 Thlr 24 Sgr. Mithin kostet $\frac{1}{3}$ Scheffel 17 Sgr., also ein Scheffel 51 Sgr. oder 1 Thlr. 21 Sgr.

Hieraus ergiebt sich der tägliche Lohn des A = 10 Sgr. und der des B = 11 Sgr.

157. Zwei Personen kaufen gemeinschaftlich 70 Morgen Land, und da jede gleich viel zahlt, so theilen sie es so auch unter sich, nämlich daß jede 35 Morgen erhält. Nachher zeigt es sich aber, daß das Land von ungleichem Ertrage ist, nämlich der Ertrag von einem Morgen der einen Person verhält sich zu dem der andern wie 4 : 5. Wie viele Morgen muß die andere Person der ersten abtreten?

Aufl. Der Ertrag von einem Morgen der ersten Person habe einen 4fachen Werth, so hat der von einem Morgen der andern den 5fachen Werth. Daher haben 35 Morgen der ersten Art das 140fache jenes Werthes und dieses macht $\frac{140}{5}$ = 28 Morgen der andern Art in Hinsicht des Ertrages; mithin bleiben noch 7 Morgen der letzten Art unter beide Personen in gleiche Theile zu theilen. Demnach erhält die erste Person von der andern noch $3\frac{1}{2}$ Morgen.

158. Zwei Personen A, B kaufen gemeinschaftlich ein Land von 366 Morgen und leisten Zahlung im Verhältnisse wie 1 : 2; daher nimmt A 122 und B 244 Morgen in Besitz. Später macht man die Erfahrung, daß die Ertrage von gleichen Flächen Landes im Verhältnisse von 7 : 9 stehen. Wie viel muß B an A abtreten?

Aufl. Der Ertrag von einem Morgen Land des A sei das 7fache eines gewissen Werthes, so ist der Ertrag von einem Morgen Land des B das 9fache desselben Werthes; daher hat A von seinem Lande das 7 . 122 oder 854fache; und diesen Ertrag hat man von

$\frac{854}{9} = 94\frac{8}{9}$ Morgen des B. Da er nun nach Verhältniß seiner Zahlung diesen doppelten Ertrag haben muß, so muß er, da A 122 Morgen hat, $2 \cdot 94\frac{8}{9} = 189\frac{7}{9}$ Morgen des bessern Landes haben; mithin bleiben noch $54\frac{2}{9}$ Morgen des bessern Landes zur Vertheilung nach dem Verhältnisse von 1 : 2 übrig. Demnach empfängt A von B noch $18\frac{2}{27}$ Morgen oder 18 Morgen und $13\frac{1}{3}$ Quadratruthe.

159. Zwei Personen A, B kaufen zusammen 840 Morgen Land, und zahlen dafür im Verhältnisse von 1 : 3. Daher eignet A sich 210 Morgen B 630 zu. Die spätere Erfahrung zeigt, daß jeder von 60 Morgen des A an Ertrag das 7fache und jeder der übrigen Morgen das 3fache, ferner jeder von 80 Morgen des B des 7fache und jeder der übrigen Morgen das 5fache giebt. Wie viele Morgen des 5fachen Ertrages hat B an A zu übergeben?

Aufl. A hat von den 60 Morgen das 420fache, und von den übrigen 150 Morgen das 450fache, also im Ganzen das 870fache an Ertrag. Daher muß B nach dem Verhältnisse von 1 : 3 das 2610fache an Ertrag haben. Nun tragen diesem die 80 Morgen das 560fache; daher müssen ihm die Morgen vom 5fachen Ertrage das 2050fache bringen, folglich muß er $\frac{2050}{5}$ oder 410 dieser Morgen erhalten, und die übrigen 140 Morgen bleiben daher noch im Verhältnisse von 1 : 3 zu vertheilen. Demnach erhält erhält A von B noch 35 Morgen.

160. Durch die Vertheilung eines Landes erhält der Bauer A 25 Morgen Ackerland und 32 Morgen Wiesen, und der Bauer B 27 Morgen Ackerland und $36\frac{4}{5}$ Morgen Wiesen. Ihre Ansprüche verhalten sich wie 9 : 10. In welchem Verhältnisse ist der Ertrag des Ackers zu dem der Wiesen gerechnet?

Aufl. Nach dem Verhältnisse von 9 : 10 muß, da A 25 Morgen Acker erhält, B $27\frac{7}{9}$ Morgen Acker, und weil A 32 Morgen Wiesen hat, B $35\frac{5}{9}$ Morgen Wiesen haben. Da nun B $\frac{7}{9}$ Morgen Acker weniger und $1\frac{11}{45}$ Morgen Wiesen mehr bei der Vertheilung erhalten hat: so sind $\frac{7}{9}$ Morgen Acker $= 1\frac{11}{45}$ Morgen Wiesen an Ertrag gerechnet; daher sind 35 Morgen Acker = 56 Morgen Wiesen, oder 5 Morgen Acker = 8 Morgen Wiesen. Nennt man den Ertrag einer Wiese das 5fache, so haben 5 Morgen Acker das 40fache; also ein Morgen Acker das 8fache. Demnach verhält sich der Ertag von einem Morgen Acker zu dem von einem Morgen Wiesen wie 8 : 5.

161. Jemand hat ein Vermögen von 5000 Thlr., dieses bringt ihm jährlich an Zinsen zu 5 Proc. 250 Thlr. Da diese Summe zu seinem Unterhalte nicht hinreicht, so will er so vieles Geld zu 4 Proc. aufnehmen, und selbiges sammt seinem Kapitale zu 5 Proc. unterbringen, damit er jährlich einen Ueberschuß von 600 Thlr. an Zinsen habe. Wie vieles Geld muß er aufnehmen? 35000 Thlr.

162. Jemand ziehet von seinen auf Zinsen stehenden Kapitalien 1207 Thlr., $\frac{1}{4}$ derselben trägt 5, und $\frac{3}{4}$ derselben 4 Proc. Wie groß ist sein Vermögen?

Aufl. 5 Proc. einer Summe ist $\frac{1}{20}$ derselben; daher erhält er von $\frac{1}{4}$ seines Vermögens $\frac{1}{80}$ desselben an Zinsen. 4 Proc. betragen $\frac{1}{25}$ einer Größe. Demnach sind 4 Proc. von $\frac{3}{4}$ des Vermögens $= \frac{3}{100}$. Die jährlichen Zinsen des ausgeliehenen Kapitals betragen also

$\frac{1}{80} + \frac{3}{100}$ oder $\frac{17}{400}$ desselben = 1207 Thlr. Mithin das Kapital = $\frac{400 \cdot 1207}{17} = 28400$ Thlr.

163. Drei Fünftel eines Kapitals stehen zu 4, $\frac{2}{5}$ desselben zu $4\frac{1}{2}$ Proc. auf Zinsen; der Gläubiger erhält jährlich 2890 Thlr. an Zinsen. Wie groß ist das ausgeliehene Kapital? $68809\frac{11}{21}$ Thlr.

164. Ein Drittel eines Kapitals steht zu 4, $\frac{1}{4}$ desselben zu $4\frac{1}{2}$, $\frac{1}{5}$ von demselben zu $4\frac{2}{3}$ und das Uebrige zu 5 Proc. Die Zinsen des ganzen Kapitals betragen jährlich 2148 Thlr. Welches ist das Kapital? 48000 Thlr.

165. Zu einer Verlassenschaft, welche nach Abzug gerichtlicher Kosten, sich auf 5628 Thlr. beläuft, melden sich 3 Gläubiger, A mit einer Forderung von 3500 Thlr., B von 2500 und C von 2000 Thlr. Die Forderungen sind nicht gleich rechtskräftig, daher werden dem zweiten 10 und dem dritten 25 Proc. über seinen Antheil zuerkannt. Wie viel wird jeder erhalten?

A erhält $2251\frac{1}{5}$, B $1768\frac{4}{5}$ und C 1608 Thlr.

Man vergl. Seite 391. Aufg. 40.

166. Zu einem Gute, welches verkauft werden soll, melden sich zwei Kauflustige; der eine bietet 10500 Thlr., der andere eine andere Summe, nämlich 4000 baar und den Rest nach 4 Jahren, oder wenn der Verkäufer es wünscht, auch den Rest baar mit 5 Proc. Diskonto. Der Verkäufer hält beide Gebote für gleich; wie viel hat der zweite geboten? 11800 Thlr.

Vergl. Seite 405. Aufg. 72—76.

167. Dem Verkäufer eines Hauses werden von zwei Kauflustigen zwei Gebote vorgelegt; der eine bietet 6450 Thlr., nämlich 3000 Thlr. baar, und 3450 Thlr. nach 3 Jahren, oder auch diese Summe baar mit 5 Proc. Diskonto. Der zweite bietet eine andere Summe, welche von jetzt an in zwei gleichen Terminen, jeden von 2 Jahren, in gleichen Theilen abgetragen werden soll, oder auch die ganze Summe gleich baar mit 5 Proc. Diskonto. Der Verkäufer findet das zweite Gebot um 95 Thlr. höher als das zweite. Wie viel hat der zweite geboten?

Aufl. Man muß jedes Gebot auf den baaren Werth reduciren. Ist der baare Werth 100, so ist der künftige nach Jahren zu 5% 115; daher: 115 : 100 = 3450 : X = 3000.

Folglich ist der baare Werth des ersten Gebots 6000 Thlr.

Für das zweite Gebot hat man folgende Proportionen:

110 : 100 = $\frac{1}{2}$ der gebotenen Summe : baarem Werthe (= $\frac{5}{11}$ d. geb. S.)
120 : 100 = $\frac{1}{2}$ der gebotenen Summe : baarem Werthe (= $\frac{5}{12}$ d. geb. S.)

Der zweite hat also $\frac{5}{11} + \frac{5}{12} = \frac{115}{132}$ der gebotenen Summe in baarem Gelde angetragen; und da dieses um 95 Thlr. mehr als das vorige Gebot ist: sind $\frac{115}{132}$ des zweiten Gebots = 6095 Thlr.; mithin ist das zweite Gebot = 6996 Thlr.

168. Auf ein Gut, welches verkauft werden soll, bietet A 30000 Thlr., und zwar 10000 Thlr. baar, und das Uebrige in zwei gleichen Terminen, jeder zu 5 Jahren, zu gleichen Theilen zu bezahlen; oder auch die letzte Summe baar mit 5 Proc. Diskonto. B bietet eine

andere Summe, nämlich 15000 Thlr. baar, und den Rest in zwei gleichen Terminen, jeden zu 4 Jahren, in gleichen Theilen abzutragen, oder auch den Rest baar mit 5 Proc. Diskonto. C bietet eine dritte Summe von jetzt in 3 gleichen Terminen, jeden zu 4 Jahren, in gleichen Theilen zu entrichten, oder auch baar mit 5 Proc. Diskonto. Der Verkäufer findet, daß das zweite Gebot um $3\frac{1}{3}$ Thlr. niedriger, und das dritte um $31\frac{2}{3}$ Thlr. höher als das erste ist. Wie viel hat der zweite und dritte geboten? Der Rest des B beträgt $12334\frac{2}{13}$ Tlr., und das Gebot des C 34104 Thlr. Der baare Werth des Gebots von A $24666\frac{2}{3}$ Thlr.

Die Berechnung ist die der vorigen Aufgabe.

169. Wenn 3 Kaufleute zusammen für 23400 Thlr. Waare von einer Messe sich kommen lassen, und jeder seine Schuld nach 8 Monaten, oder gleich baar mit 6 Proc. Rabatt für das Jahr zu entrichten hat, und der erste 2456, der zweite 10368 Thlr. baar bezahlt, für wie viel ließ sich jeder Waare kommen, und wie viel hatte der dritte baar zu bezahlen?

Der erste ließ sich kommen für $2558\frac{1}{3}$, der zweite für 10800, der dritte für $10042\frac{2}{3}$ Thlr., und dieser mußte baar $9640\frac{24}{26}$ Thlr. zahlen.

Man vergleiche S. 408. Aufg. 76—84.

170. Zwei Kaufleute lassen sich von einer Messe für 700 Thlr. Waaren kommen; jeder hat seine Schuld nach denselben Monaten zu entrichten, oder gleich baar mit 8 Proc. Rabatt. Nun bezahlt der der eine 288 Thlr. Für wie viel ließ sich jeder Waare kommen, und nach wie vielen Monaten war die Zahlung zu leisten?

Aufl. Beide zusammen haben 672 baar bezahlt, folglich beträgt der Rabatt für die gesuchte Zeit zu 8% $700 - 672 = 28$ Thlr.

Nun ist der Rabatt von 700 Thlr. für 1 Monat zu 8%

$$100 : \tfrac{2}{3} = 700 : X \; (= 4\tfrac{2}{3})$$

$4\frac{2}{3}$ Thlr. Daher wird die gesuchte Zeit gleich so vielen Monaten sein, wie oft $4\frac{2}{3}$ in 28 enthalten ist. Nach $\dfrac{28}{4\frac{2}{3}} = 6$ Monaten war also die Zahlung zu leisten.

Der Rabatt vom 100 für 6 Monate zu 8% ist 4, anstatt 100 nach 6 Monaten zahlt man also baar 96; daher ist:

$$96 : 100 = 288 \text{ Thlr.} : 300 \text{ Thlr.}$$

Der erste ließ sich für 300 und der andere für 400 Thlr. Waare kommen.

## II. Mit mehr als einer unbekannten Zahl.

171. A hat 6000, B 8000 Thlr. ausgeliehen, und dieser zu 1 Proc. höher untergebracht als jener; daher zieht B auch jährlich 170 Thlr. mehr an Zinsen als A. Zu welchen Proc. hat jeder Geld ausgeliehen?

Aufl. Ein Proc. höherer Zinsen trägt dem B jährlich 80 Thlr. mehr als A nach seinen Procenten von dem ausgeliehenen Kapitale des B ziehen würde; daher erhält B 90 Thlr. seines größern Kapitals wegen mehr als A an Zinsen.

Da nun bei gleichen Proc. die jährlichen Zinsen sich wie die Kapitale verhalten müssen: so verhält sich der jährliche Zins des A zu dem des B = 6000 : 8000 = 3 : 4; A hat also an Zinsen das 3fache, B das 4fache; mithin beträgt das Einfache 90 Thlr. Folglich zieht A von seinem Kapitale jährlich 270 Thlr. Zinsen. Folgende Proportion giebt nun die Proc. des A:

$$6000 : 100 = 270 : 4\tfrac{1}{2}.$$

Demnach hat A zu $4\frac{1}{2}$ und B zu $5\frac{1}{2}$ Proc. Geld verliehen.

Anmerk. Einfache Proportionsaufgaben gestattet immer das algebraische Kopfrechnen vermittelst Proportionen zu berechnen; es verbietet nur die Anwendung der Gleichungen. Doch kann man den letzten Schluß auch so machen: So oft das Kapital 100 hat, eben so oft muß der Zins die Proc. enthalten; nun hat das Kapital 60mal 100; daher enthält der Zins 270 auch 60mal die Proc.; mithin sind die Proc. = $\frac{270}{60} = 4\frac{1}{2}$.

172. Wenn A 12000 und B 5000 Thlr., aber zu 1 Proc. höher als jener ausleiht, und A jährlich 230 Thlr. an Zinsen mehr als B zieht; zu welchen Proc. hat jeder sein Geld ausgeliehen?

Aufl. B zieht wegen 1 Proc. höherer Zinsen von seinem Gelde 50 Thlr. mehr als A nach seinen Proc. von demselben Kapitale ziehen würde; daher hat A 280 Thlr. an Zinsen von seinem Kapitale mehr als B von dem seinigen nach den Proc. des A. Da nun die Zinsen für gleiche Zeiten und bei gleichen Proc. den Kapitalen proportional sind: so hat A das 12fache und B das 5fache einer und derselben Summe; mithin ist das 7fache = 280 Thlr., daher das Einfache = 40 Thlr.

B zieht also von seinem Kapitale jährlich 250 Thlr. Demnach sind die Proc. des B 5 und die des A 4.

173. A nimmt 3600, B 5400 Thlr. aber zu $\frac{1}{2}$ Proc. höherer Zinsen auf als jener; daher muß B auch jährlich 117 Thlr. an Zinsen mehr als A zahlen. Zu welchen Proc. hat Jeder Geld aufgenommen?
A zu 5, B zu $5\frac{1}{2}$ Proc.

174. Jemand nimmt 4000 Thlr. auf, weil er Gelegenheit hat 12000 Thlr. zu 1 Proc. höher, als er aufgenommen hat, zu verleihen, und dieses bringt ihm jährlich einen Ueberschuß von 440 Thlr. Zu welchen Proc. hat er Geld aufgenommen und verliehen, und wie viel würde er von seinem Vermögen jährlich an Zinsen empfangen?

Er hat zu 4 Proc. aufgenommen und zu 5 Proc. verliehen; von seinem Vermögen allein würde er jährlich nur eine Einnahme von 400 Thlr. haben.

175. Ein Kapitalist hat 30000 Thlr. ausgeliehen; er braucht zu einem gewissen Zwecke Geld, und muß daher 8000 Thlr. zu 1 Proc. höher aufnehmen als er ausgeliehen hat, daher er jährlich nur 800 Tlr. an reinen Zinsen hat. Zu welchen Proc. hat er geliehen und verliehen?
Zu 4 Proc. ausgeliehen und zu 5 Proc. aufgenommen.

176. Jemand hat 7000 Thlr. von einem Kapitalisten und 5000 Thlr. von einem andern, von diesem aber zu $\frac{1}{2}$ Proc. höherer Zinsen

als von jenem aufgenommen; daher muß er jährlich 565 Thlr. Zinsen zahlen. Zu welchen Proc. hat er Geld aufgenommen?

Aufl. Dem zweiten Gläubiger muß der Schuldner jährlich 25 mehr zahlen, als er dem ersten für dieselbe Summe bezahlt; daher dürfte er dem ersten für die Summe beider Kapitale nur 540 Thlr. zahlen. Da er nun für 12000 Thlr. 540 Thlr. an Zinsen zahlt, so hat er von dem ersten Kapitalisten zu $4\frac{1}{2}$ und von dem andern zu 5 Proc. Geld geliehen.

177. Jemand hat von einem Kapitalisten 4000, und von einem andern 6000 Thlr. auf Zinsen genommen, und beschwerte sich in einer Gesellschaft zum Scherze über die hohen Proc., welche er zahlen müsse. Als man ihn hierauf nach den Proc. fragte, gab er zur Antwort: „Ich muß für beide Kapitale 10 Proc., und daher jährlich 510 Thlr. Zinsen zahlen." Zu welchen Proc. hatte er Geld aufgenommen?

Aufl. Würde er für jedes Kapital 10 Proc. zahlen müssen, so würden sich die Zinsen für beide Kapitale auf 1000 Thlr. belaufen; da an dieser Summe ein Bedeutendes fehlt, so hat er unter 10 die Summe der Proc. gemeint, d. h. er zahlt für 200 Thlr. 10 Thlr.

Würden nun die Kapitale einander gleich sein, so müßte er so oft mal 10 Thlr. Zinsen zahlen, so oft die Summe der Kapitale 200, oder ein Kapital 100 enthält.

Wäre also jedes Kapital 6000 Thlr., so müßte er jährlich 600 Thlr. Zinsen zahlen. Da nun am ersten Kapitale 2000 Thlr. fehlen; so ist der Ueberschuß der 600 Thlr. Zinsen über die wirklichen 510 Thlr. Zinsen der Zins von 2000 Thlr., welche er unter der ersten Bedingung geliehen hat. Daher betragen die Zinsen von 2000 Thlr. des ersten Kapitals 90 Thlr. Mithin hat er das erste Kapital zu $4\frac{1}{2}$ Proc. Zinsen aufgenommen. Daher sind die Proc. des andern Kapitals $10 - 4\frac{1}{2} = 5\frac{1}{2}$.

Die Zinsen des andern Kapitals kann man unmittelbar durch einen ähnlichen Schluß finden. Denn würde jedes Kapital 4000 Thlr. sein, so müßte er $40 . 10$ oder 400 Thlr. Zinsen zahlen; was er daher mehr als diese Summe an Zinsen entrichtet, ist der Zins für 2000 Thlr., welche er unter der zweiten Bedingung aufgenommen hat. Da nun 110 Thlr. der Zins für 2000 Thlr. sind, so betragen die Proc. der zweiten Bedingung $5\frac{1}{2}$.

178. 3000 Pfund Erz aus einem und 4000 Pfund Erz aus einem andern Bergwerke geben zusammen 2400 Pfund Eisen, und zwar beide Bergwerke zusammen 70 Proc. Eisen. Wie viele Proc. Eisen giebt jedes Bergwerk?

Das erste 40 und das andere 30 Proc.

Anmerk. Eine andere Aufl. dieser Art ist folgende:

Der Gewinn von 3000 Pf. aus dem ersten Bergwerke ist das 30fache seiner Proc., und der von 4000 Pf. aus dem andern ist das 40fache seiner Proc., und das 30fache der ersten und das 40fache der zweiten Proc.; das 30fache der ersten und das 40fache der zweiten Proc. sind also zusammen = 2400 Pf.; nun ist aber auch das Einfache der ersten und das Einfache der zweiten Proc. zusammen = 70 Pfund. Nimmt man nun von der letzten Summe das 30fache, so erhält man das 30fache der ersten und das 30fache der zweiten Proc. = 2100 Pf.

Da nun die erste Summe um das 10fache der zweiten Proc. und zugleich um 300 Pf. mehr als die letzte Summe ist: so ist das 10fache der zweiten Proc. = 300; daher die zweiten Proc. = 30. ꝛc.

179. A hat an B und C zu 5 Proc. Geld verliehen, doch an B 400 Thlr. mehr als an C; von beiden erhält er jährlich 340 Thlr. Zinsen. Welche Kapitale haben B und C von A?

Aufl. Die Summe beider Kapitale ist 20 . 340 = 6800 Thlr., und da ihre Differenz 400 beträgt, so ist das Doppelte des geliehenen Kapitals von B = 7200 Thlr.; daher hat B 3600 und C 3200 Thlr. geliehen.

180. A und B haben Geld zu $4\frac{1}{2}$ Proc. geliehen, A 800 Thlr. mehr als B; beide zahlen zusammen jährlich 756 Thlr. Zinsen. Wie viel hat jeder geliehen?

A 8800, B 8000 Thlr.

181. A und B haben ihr Geld zu gleich hohen Proc. ausgeliehen, doch A 2000 Thlr. mehr als B. Der erste erhält jährlich 480, der andere 400 Thlr. Zinsen. Wie viel hat Jeder ausgeliehen und zu welchen Proc.? A 12000, B 10000 Thlr. zu 4 Proc.

182. A und B haben gleich vieles Geld aufgenommen, doch B zu 1 Proc. höher als A. Daher hat B jährlich 300 und A nur 240 Thlr. Zinsen zu zahlen. Wie viel hat Jeder geliehen und zu welchen Proc.?

Aufl. Bei gleichen Kapitalen sind die Zinsen für gleiche Zeiten den Proc. proportional; also ist 1 Proc. vom Kapitale des B 60 Thlr. Daher ist das schuldige Kapital des A oder B 6000 Thlr., und A hat zu 4, B zu 5 Proc. Geld geliehen.

183. A hat eben so vieles Geld als B, aber zu $\frac{1}{2}$ Proc. höherer Zinsen als dieser ausgeliehen; daher zieht A jährlich 9000, B nur 8000 Thlr. Zinsen. Wie viel hat Jeder ausgeliehen und zu welchen Proc.? Jeder von beiden 200000 Thlr., jener zu $4\frac{1}{2}$, dieser zu 4 Proc.

184. Zwei Personen A, B haben zusammen 12000 Thlr. ausgeliehen, A zu 5, B zu 4 Proc. Wenn nun A jährlich 250 Thlr. an Zinsen erhält, so muß B jährlich wie viele Zinsen empfangen, und wie viel hat Jeder ausgeliehen?

A hat 5000, B 7000 Thlr. ausgeliehen und dieser erhält jährlich 280 Thlr. Zinsen.

185. A und B haben zusammen 5000 Thlr. geliehen, A zu $4\frac{1}{3}$, B zu $4\frac{3}{4}$ Proc., und zahlen zusammen 225 Thlr. jährlicher Zinsen. Wie viel hat Jeder geliehen?

Aufl. Wenn man von der Summe der Kapitale den Zins für ein Jahr nach dem geringern Zinsfuß, $4\frac{1}{3}$, berechnet, so muß dieser Zins, $216\frac{2}{3}$ Thlr., um so viele Proc. kleiner als der Zins sein, welche beide Männer zahlen, um wie viel die geringern Proc. weniger als die höhern sind. Nun sind die geringern Proc. $4\frac{1}{3}$ um $\frac{5}{12}$ weniger als die höhern $4\frac{3}{4}$, und der berechnete Zins $216\frac{2}{3}$ Thlr. ist um $8\frac{1}{3}$ Thlr. geringer als der wirkliche 225 Thlr. Daher sind $8\frac{1}{3}$ Thlr. $\frac{5}{12}$ Proc. von dem schuldigen Kapitale des B. Mithin ist dessen Schuld = $\frac{100 \cdot 8\frac{1}{3}}{\frac{5}{12}}$ = 2000 Thlr., daher die Schuld des A = 3000 Thlr.

Man kann die Schuld des A eben so unmittelbar wie die des B berechnen.

Anmerk. Der Zins von 100 für die Zeit eines Jahres (oder Procente) wird auch der Zinsfuß häufig genannt.

Nicht selten braucht man für das Wort: „Procente“ dieses Zeichen: $\frac{0}{0}$, so daß $5\frac{0}{0}$ bedeutet 5 Proc.

186. Jemand hat 20000 Thlr. in zwei Summen zu 4 und $4\frac{1}{2}$ Proc. ausgeliehen, und erhält jährlich an Zinsen 840 Thlr. Welches sind die beiden Summen? 12000 und 8000 Thlr.

187. Jemand hat von A und B 700 Thlr. geliehen, von A zu 4 und von B zu 5 Proc., und zahlt an diesen jährlich 17 Thlr. mehr als an jenen an Zinsen. Wie viel hat er von jedem geliehen?

Aufl. Setzt man zu 17 Thlr. die Zinsen des A, so erhält man den Zins des B.

Nimmt man nun $4\frac{0}{0}$ von 700 Thlr., so erhält man die Zinsen des A und den Zins vom Kapit. des B = 28 Tlr. Setzt man diese zu 17 Thlr., so erhält man die Zinsen von dem Kapitale des B zu 4 und 5 oder zu $9\frac{0}{0}$. Daher sind $9\frac{0}{0}$ oder $\frac{9}{100}$ vom Kapitale des B = 45 Thlr. Demnach ist das Kapital des B 500, und das des A 200 Thlr.

188. Jemand hat zur ersten Hypotheke zu 4 und zur zweiten zu $5\frac{1}{3}$ Proc. und im Ganzen 9000 Thlr. auf ein Gut geliehen. Er zahlt für das zur ersten Hypotheke geliehene Geld 248 Thlr. mehr als für das zur zweiten. Wie viel hat er zu jeder Hypotheke geliehen? 7800 und 1200 Thlr.

189. Zwei Kaufleute haben auf einer Messe von einerlei Waare für gewisse Summen ungleiche Quantitäten genommen, A für 500 Thlr. mehr als B. Sie haben nach 4 Monaten Zahlung zu leisten, oder gleich baar mit 6 Proc. für das Jahr Rabatt. Beide zahlen zusammen 6566 Thlr. baar. Für wie vieles Geld hat jeder Waare genommen?

Aufl. Der Rabatt wird an verschiedenen Orten verschieden, theils auf, theils unter 100 berechnet; doch bei Kauf der Waaren wird er fast allgemein unter 100 berechnet.

Da die Proc. für ein Jahr gegeben sind, so hat man sie für die Zeit der Aufgabe besonders zu suchen, welche man durch folgende Proportion erhält: 12 Monate : 4 Monaten = 6 : X (= 2).

Der Rabatt nach Proc. beträgt also für 4 Monate 2; hat man also 100 zu zahlen, so wird man, mit Berücksichtigung des Rabatts, nur 98 zu geben haben. Demnach haben die Kaufleute

$$98 : 100 = 6566 : X \; (= 6700)$$

für 6700 Thlr. Waare genommen, A also für 3600 und B für 3100 Thlr.

190. Jeder von zwei Kaufleuten nimmt für einerlei Summe Waare, der eine hat sie nach 3, der andere nach 4 Monaten zu bezahlen, oder gleich baar mit 8 Proc. Rabatt für das Jahr. Sie bezahlen sogleich baar 4688 Thlr. Welches sind die Summen, für die sie Waaren nahmen?

Aufl. Sie wird hier nur kurz angedeutet, indem die genaue Auseinandersetzung aus dem Vorhergehenden entnommen werden kann.
12 Monate : 3 Monaten = 8 Proc. : X (= 2 Proc. für 3 Monate)
12 Monate : 4 Monaten = 8 Proc. : X (= $2\frac{2}{3}$ Proc. für 4 Monate.

Berechnung des baaren Werthes:
100 : 98 = Summe nach 3 M. zahlbar : $\frac{98}{100}$ jener S. (= baarem W.)
100 : $97\frac{1}{3}$ = Summe nach 4 M. zahlbar : $\frac{97\frac{1}{3}}{100}$ dieser S. (= baarem W.)
Also $\frac{49}{50} + \frac{73}{75}$ einer Summe = $\frac{293}{150}$ dieser Summe = 4688 Thlr.
Daher ist die Summe = 2400 Thlr.

191. Zwei Kaufleute nehmen für gleich vieles Geld verschiedene Waaren, der eine hat nach 5, der andere nach 9 Monaten Zahlung zu leisten, oder jeder gleich baar mit 16 Proc. Rabatt für das Jahr. Sie bezahlen baar 31824 Thlr. Für wie viel hatte jeder Waare genommen? Jeder für 17550 Thlr.

192. Zwei Kaufleute nehmen verschiedene Waaren, der eine für 1000 Thlr. mehr als der andere. Der erste hat nach 6, der andere nach 4 Monaten Zahlung zu leisten, oder jeder gleich baar mit 6 Proc. Rabatt für das Jahr. Sie bezahlen 4870 Thlr. baar. Für wie viel hatte jeder Waare genommen?

Auflösung.
12 Mon. : 6 Mon. = 6 Proc. : X (= 3 Proc. für 6 Mon. Rabatt)
12 Mon. : 4 Mon. = 6 Proc. : X (= 2 Proc. für 4 Mon. Rabatt)
100 : 97 = Summe des ersten : $\frac{97}{100}$ dieser Summe
(= baarem Werthe des ersten)
100 : 98 = Summe des zweiten : $\frac{98}{100}$ dieser Summe
(= baarem Werthe des zweiten).

Da nun die Summe des ersten = der des zweiten und 1000 Tlr. ist: so sind $\frac{97}{100}$ der Summe des ersten = $\frac{97}{100}$ der Summe des zweiten und $\frac{97}{100} . 1000$; also ist die baare Summe beider = $\frac{39}{20}$ der Summe des zweiten + 970 Thlr. = 4870 Thlr. Mithin ist die Summe des zweiten = 2000, und die des ersten = 3000 Thlr.

193. Ein Kaufmann A nimmt für 1200, ein anderer B für 2000 Thlr. von einerlei Waare; jeder hat nach gleich vielen Monaten Zahlung zu leisten, oder gleich baar mit 8 Proc. Rabatt für das Jahr. Sie bezahlen sogleich baar 3136 Thlr. Nach wie vielen Monaten war die Zahlung zu leisten?

Aufl. A und B haben zusammen für 3200 Thlr. Waare genommen; daher ist der Rabatt für die gesuchte Zeit 64, und weil die Rabattproc. für das Jahr 8 betragen, so ist der Rabatt von 3200 Thlr. für ein Jahr: 100 : 8 = 3200 : X (= 256), 256 Thlr.; daher die gesuchte Zeit: 256 Thlr. : 64 Thlr. = 12 Monate : X, 3 Monate.

194. Zwei Kaufleute lassen sich zusammen für 9000 Thlr. Waare kommen, welche sie nach 4 Monaten, oder gleich baar mit 9 Proc. Rabatt für das Jahr zu bezahlen haben. Jeder bezahlt gleich baar, der erste 4850 Thlr. Für wie viel ließ sich jeder Waare kommen?

Aufl. Der Rabatt für 4 Monate beträgt 3 Proc., daher hatte

der erste: 97 : 100 = 4850 Thlr. : X, 5000 Thlr. zu zahlen, und der andere 9000 — 5000 oder 4000 Thlr.

195. Zwei Kaufleute lassen sich zusammen für 13400 Thlr. Waare kommen, die sie nach 9 Monaten zu bezahlen haben, oder gleich baar mit 16 Proc. Rabatt für das Jahr. Sie bezahlen gleich baar, doch der eine 528 Thlr. mehr als der andere. Für wie viel hatte jeder sich Waare kommen lassen?

Der eine für 7000, der andere für 6400 Thlr.

196. Der eine von zwei Kaufleuten läßt sich für 4500, der andere für 7000 Thlr. kommen; beide haben dieselbe nach einerlei Zeit zu bezahlen, oder gleich baar, der erste mit einem Rabatt von 8, der andere mit einem Rabatt von 10 Proc. für das Jahr. Sie bezahlen gleich baar 10970 Thlr. Nach welcher Zeit war die Zahlung angesetzt?

Aufl. Da die Termine der Zahlungen einander gleich sind, so enthält der sowohl dem einen als dem andern Kaufmanne bewilligte Rabatt gleich oft den monatlichen, oder die gesuchte Zahl Monate den monatlichen Rabatt; daher hat man die Summe der Rabatte beider Personen, die gesuchte Zahl der Monate, die Summe der Rabatte für einen Monat. Diese Bemerkung in Rechnung gebracht.

| | | |
|---|---|---|
| Summe der Zahlungen ohne Rabatt | = | 11500 Thlr. |
| " " " mit " | = | 10970 " |
| Summe der Rabatte | = | 530 Thlr. |

Die monatlichen Proc. des Rabatts sind $\frac{2}{3}$ und $\frac{5}{6}$.

100 : $\frac{2}{3}$ = 4500 Thlr. : 30 monatl. Rabatt des ersten
100 : $\frac{5}{6}$ = 7000 Thlr. : $58\frac{1}{3}$ " " " andern Kaufmanns.

Die gesuchte Zahl der Monate $= \frac{530}{88\frac{1}{3}} = 6$ Monaten.

197. Der eine zweier Kaufleute nimmt für 3420, der andere für 5480 Thlr. Waare; dieser hat 2 Monate Zahlung später als jener zu leisten, oder jeder gleich baar, der erste mit 8, der andere mit 10 Proc. Rabatt für das Jahr. Sie bezahlen zusammen gleich baar $8534\frac{4}{5}$ Thlr. Welche Termine waren zur Zahlung festgesetzt?

Aufl. Diese Aufgabe wird leicht auf die vorige reducirt, wenn man beide Zahlungen auf gleiche Termine bringt, welches wie folgt geschehen kann.

Der zweite Termin ist um 2 Monat länger als der erste; daher ist der Rabatt in diesem Falle für 2 Monate größer als er nach dem ersten Termine sein würde; mithin ist auch der Rabatt für die Summe beider Zahlungen um den zweimonatlichen Rabatt der zweiten Zahlung größer als er nach dem ersten Termine sein würde. Um also den letzten Rabatt zu erhalten, hat man von dem wirklichen den Rabatt von 2 Monaten für die zweite Zahlung zu subtrahiren.

Die Summe beider zu zahlenden Posten beträgt 8900 Thlr., die Baarzahlung ist $8534\frac{4}{5}$ Thlr., also ist der wirkliche Rabatt $365\frac{1}{5}$ Thlr.

Die monatlichen Proc. des zweiten Rabatts sind $\frac{5}{6}$, und für 2 Monate $\frac{5}{3}$, daher ist der zweimonatliche Rabatt für 5480 Thlr. $91\frac{1}{3}$ Thlr.; diesen vom wirklichen subtrahirt, giebt $273\frac{13}{15}$ Thlr. als den Rabatt für die Summe beider Zahlungen nach dem ersten Termine.

Nun ist der monatliche Rabatt von beiden Posten:

$$100 : \tfrac{2}{3} = 3420 : X \; (= 22\tfrac{4}{5})$$
$$100 : \tfrac{5}{6} = 5480 : X \; (= 45\tfrac{2}{3})$$

$68\frac{7}{15}$ Thlr. Demnach (Aufg. 194.) ist der erste Termin $= \frac{273\frac{13}{15}}{68\frac{7}{15}}$ $= 4$ Monate, und der zweite $= 6$ Monaten.

Auf ähnliche Weise kann man den ersten Termin auf den zweiten reduciren; in diesem Falle hat man den wirklichen Rabatt zu vermehren und zwar in Bezug auf die erste Zahlung.

198. Ein Kaufmann läßt sich für 3600 Thlr., ein anderer für 4200 Thlr. Waare kommen, welche sie nach Zeiten zu bezahlen haben, deren Summe 11 Monate beträgt, oder gleich baar der erste mit 6, der andere mit 8 Proc. Rabatt für das Jahr. Sie zahlen sogleich baar zusammen 7542 Thlr. Welcher Zahlungstermin war jedem bewilligt?

Aufl. Die Termine sind entweder gleich oder ungleich. Der erste Fall bietet keine Schwierigkeit zur Berechnung der Zeit dar, daher wird er übergangen.

Wenn die Termine ungleich sind, so ist entweder der erste oder zweite länger als der andere; auf die Art und Weise der Berechnung hat dieser Unterschied keinen Einfluß, wohl aber auf die deutliche Darstellung. Deswegen sei hier ein bestimmter Unterschied festgestellt, und es möge vorläufig der zweite Termin länger als der erste sein; so enthält der zweite Termin den ersten und den Unterschied beider oder den Zeitunterschied.

Berechnet man nun den Rabatt von dem ersten Posten für die Summe der Zeiten, so muß man den doppelten wirklichen Rabatt von dieser zu zahlenden Summe und noch den Rabatt von derselben Summe für den Zeitunterschied erhalten.

Thut man dasselbe in Bezug auf den zweiten Posten, so erhält man gleichfalls den doppelten wirklichen Rabatt von diesem Posten, weniger den Rabatt von demselben Posten für den Zeitunterschied.

Die Summe der Resultate dieser beiden Rechnungen ist daher das Doppelte von der Summe der beiden wirklichen Rabatte mehr oder weniger der Differenz der Rabatte von beiden Posten für den Zeitunterschied (d. h. der Differenz des monatlichen Rabatts von jedem Posten mal den Zeitunterschied).

Die Berechnung selbst wird nun zeigen, in welchen Fällen mehr oder weniger die genannte Differenz zu nehmen ist. Aus dieser Darstellung wird man leicht entnehmen, daß ein ähnlicher Schluß zu machen ist, und ein ähnliches Resultat zu erwarten steht, wenn der erste Termin länger als der zweite ist.

Anwendung dieses Raisonnements.

Der Rabatt vom ersten Posten für 11 Monate ist:

$$\begin{array}{l} 100 : 6 \;\; = 3600 : A \text{ (für 12 Monate)} \\ \;\;12 : 11 = \;\; A \;\; : X \text{ (Rabatt für 11 Monate)} \\ \hline 200 : 11 = 3600 : X \; (= 198 \text{ Thlr.}) \end{array}$$

Der Rabatt vom zweiten Posten für 11 Monate ist:

$$\begin{array}{l} 100 : 8 = 4200 : A \text{ (Rabatt für 12 Monate)} \\ 12 : 11 = A : X \text{ (Rabatt für 11 Monate)} \\ \hline 300 : 22 = 4200 : X \text{ (= 308 Thlr.)} \end{array}$$

Die Summe der Rabatte von beiden Schuldposten für 11 Monate ist daher 506 Thlr.

Der wirkliche Rabatt ist die Summe beider Posten weniger der Summe der beiden baaren Werthe = 258 Thlr.; daher der doppelte wirkliche Rabatt = 516 Thlr.

Da nun der doppelte wirkliche Rabatt größer als die Summe beider obigen Resultate ist, so hat man weniger jener Differenz zu nehmen. Nun ist der Unterschied zwischen dem berechneten Rabatt für 11 Monate und dem doppelten wirklichen 10 Thlr., dieser ist also die Differenz des monatlichen Rabatts von jedem Schuldposten mal den Zeitunterschied; daher der Zeitunterschied = 10 Thlr. dividirt durch die vorhergenannte Differenz.

Die monatlichen Rabatte sind:

$$100 : \tfrac{1}{2} = 3600 : X \text{ (= 18)}$$
$$100 : \tfrac{2}{3} = 4200 : X \text{ (= 28)}$$

18 und 28 Thlr., also ihre Differenz 10 Thlr., daher der Zeitunterschied $= \frac{10}{10} = 1$ Monat.

Da nun die Summe der Termine = 11 Monate, ihre Differenz = 1 Monat ist, so sind sie selbst 5 und 6 Monate.

Noch ein Beispiel mit kurzer Berechnung.

199. Ein Kaufmann nimmt Waare für 2400, ein anderer für 4500 Thlr.; die Summe der Zeiten, nach welchen sie ihre Schuldposten bezahlen sollen, beträgt 13 Monate; oder sie können ihre Zahlungen auch sogleich baar, der erste mit einem Rabatt von 8, der andere mit 9 Proc. für das Jahr entrichten. Sie bezahlen gleich baar zusammen 6550 Thlr. Welches waren die Zahlungstermine?

Aufl. Berechnung des Rabatts vom ersten Posten für 13 Monate:

$$\begin{array}{l} 100 : 8 = 2400 \text{ Thlr.} : A \text{ (Rabatt für 12 Monate)} \\ 12 : 13 = A : X \text{ ( " " 13 " )} \\ \hline 1 : 104 = 2 : X \text{ (= 208 Thlr.)} \end{array}$$

Berechnung des Rabatts vom zweiten Posten für 13 Monate:

$$\begin{array}{l} 100 : 9 = 4500 \text{ Thlr.} : A \text{ (Rabatt für 12 Monate)} \\ 12 : 13 = A : X \text{ ( " " 13 " )} \\ \hline 4 : 39 = 45 : X \text{ (= } 438\tfrac{3}{4} \text{ Thlr.)} \end{array}$$

Die Summe der Rabatte von beiden Posten für 13 Monate ist $646\frac{3}{4}$ Thlr. Der wirkliche Rabatt von beiden Posten ist 6900 — 6550 = 350 Thlr., daher der doppelte wirkliche Rabatt = 700 Thlr.

Berechnung des monatlichen Rabatts von jedem Posten:

$$100 : \tfrac{2}{3} = 2400 \text{ Thlr.} : X \text{ (= 16 Thlr.)}$$
$$100 : \tfrac{3}{4} = 4500 \text{ Thlr.} : X \text{ (= } 33\tfrac{3}{4} \text{ Thlr.)}$$

Die Differenz der monatlichen Rabatte ist $17\frac{3}{4}$ Thlr.

Der doppelte wirkliche Rabatt weniger der Summe der Rabatte von beiden Posten für 13 Monate ist $= 700 - 646\frac{3}{4} = 53\frac{1}{4}$ Thlr. Daher ist der Zeitunterschied $= 53\frac{1}{4} : 17\frac{3}{4} = 3$ Monaten.

Da der doppelte wirkliche Rabatt größer als die Summe der

Rabatte von beiden Posten für 13 Monate und auch der monatliche Rabatt vom zweiten Posten größer als der vom ersten: so ist der zweite Zahlungstermin größer als der erste. Demnach ist der erste Zahlungstermin 5 und der andere 8 Monate.

Anmerkung. Man wird bemerkt haben, daß die Rechnung nicht unmittelbar darthut, welcher der Termine länger als der andere ist, und so könnte die Aufgabe eine unbestimmte, oder die Rechnung eine willkürliche, bei flüchtiger Ansicht, zu sein scheinen. Doch keins von beiden ist der Fall, und man hat folgende Merkmale zu jener Bestimmung:

Ist der doppelte wirkliche Rabatt größer als die Summe der Rabatte von beiden Posten für die Summe der Zeiten, und auch der monatliche Rabatt des zweiten Postens größer als der des ersten: so ist der zweite Termin länger als der erste.

Ist der doppelte wirkliche Rabatt kleiner als die Summe der Rabatte von beiden Posten für die Summe der Zeiten, und auch der monatliche Rabatt des zweiten Postens kleiner als der des ersten: so ist der zweite Termin länger als der erste.

Der erste Termin ist länger als der zweite:
wenn der doppelte wirkliche Rabatt größer als die Summe der Rabatte von beiden Posten für die Summe der Zeiten, und auch der monatliche Rabatt des ersten Postens größer als der des zweiten ist; oder
wenn der doppelte wirkliche Rabatt kleiner als die Summe der Rabatte von beiden Posten für die Summe der Zeiten, und auch der monatliche Rabatt des ersten Postens kleiner als der des zweiten ist.

Diese 4 Sätze in folgendem einem dargestellt:
Wenn der doppelte wirkliche Rabatt größer oder kleiner als die Summe der Rabatte von beiden Posten für die Summe der Zeiten ist: so ist der Termin zu dem Posten gehörig der längere, dessen monatlicher Rabatt auch größer oder kleiner als der des andern ist.

Diese Sätze könnten leicht erwiesen werden; der Kürze wegen wird dies hier aber unterlassen, um so mehr, da der aufmerksame Leser aus der Darstellung der Auflösung zur Aufgabe 198. die Wahrheit derselben leicht erkennen wird.

200. A nimmt Waare für 1800, B für 3600 Thlr., A erhält eine Frist von 6, B von 8 Monaten, oder sie können die gewonnenen Waaren auch gleich baar bezahlen, und dann werden dem B 2 Proc. mehr Rabatt für das Jahr als dem A gestattet. Sie bezahlen ihre Schulden baar zusammen mit 5088 Thlr. Welche Proc. Rabatt für das Jahr wurden jedem zugestanden?

Aufl. Man suche die Rabattproc. einander gleich zu machen, welches auf eine zweifache Weise geschehen kann; hier soll zuerst der höhere Rabatt auf Proc. des niedrigern reducirt werden.

Die höhern Proc. sind gleich den geringern und 2, daher wird auch der höhere Rabatt aus dem nach den geringern berechneten und nach 2 Proc. Daher suche man zunächst den Rabatt von dem zweiten Posten für die gegebene Zeit von 8 Monaten

$$100 : \tfrac{4}{3} = 3600 : X \ (= 48)$$

Der Rabatt also von dem zweiten Posten für 8 Monate zu 2 Proc. für das Jahr beträgt 48 Thlr.; um diesen Rabatt muß der wirkliche von beiden Posten größer als der von beiden Posten für die zugehörigen Zeiten zu den jährlichen Proc., welche dem A bewilligt wurden, berechnete sein.

Der wirkliche Rabatt von beiden Posten ist nun 5400 — 5088 = 312 Thlr.; daher ist der Rabatt von beiden Posten für die gegebenen Zeiten zu den geringern Proc. 312 — 48 = 264 Thlr. So oft nun diese Summe die Summe der Rabatte von jedem Posten für die gegebenen Zeiten und zu 1% enthält, so viel betragen die niedrigern Procente.

Nun ist der Rabatt von 1800 Thlr. für 6 Monate und zu 1% jährlich 9 Thlr., und der von 3600 Thlr. für 8 Monate und auch 1% jährlich 24 Thlr., also ihre Summe = 33 Thlr. Demnach sind die geringern Proc. = $\frac{264}{33}$ = 8.

Auf ähnliche Weise kann man zunächst die höhern Proc. berechnen.

201. Ein Kaufmann nimmt für 2800, ein anderer für 4200 Thlr. Waare; der erste hat dieselbe nach 8, der andere nach 6 Monaten zu bezahlen, oder jeder gleich baar mit gewissen Proc. für das Jahr Rabatt, deren Summe gleich 17 ist. Wenn nun beide baar zusammen 6664 Thlr. zahlen, welche Proc. sind jedem bewilligt worden?

9 und 8 Proc.

Die Aufl. dieser Aufgabe ist ganz der zur Aufg. 198 ähnlich; denn was dort von den Zeiten galt, gilt hier von den Procenten.

202. Der eine von 3 Kaufleuten nimmt für 600 Thlr. Waare weniger als ein anderer, und dieser für 1800 Thlr. weniger als ein dritter; der erste hat seine Schuld nach 5 Monaten, oder gleich baar mit 9 Proc., der zweite nach 6 Monaten, oder gleich baar mit 9 Proc., und der dritte nach 8 Monaten, oder gleich baar mit 12 Proc. Rabatt für das Jahr zu entrichten. Sie bezahlen gemeinschaftlich 9606 Thlr. gleich baar; für welche Summe hat jeder Waare genommen?

Aufl. Man suche von jeder Schuld den baaren Werth.

9 Proc. für das Jahr macht $\frac{3}{4}$% für einen Monat, und für 5 Monate sind es $3\frac{3}{4}$%; daher ist der Rabatt von 100 für 5 Monate $3\frac{3}{4}$; man zahlt also anstatt 100 nach 5 Monaten nur $100 - 3\frac{3}{4} = 96\frac{1}{4}$ baar. Daher ist der baare Werth des ersten:

100 : $96\frac{1}{4}$ = Schuld des ersten : $\frac{77}{80}$ der Schuld des ersten baar.

Die Schuld des zweiten ist = der des ersten + 600 Thlr.

Der Rabatt zu 9% in 6 Monaten beträgt $4\frac{1}{2}$%, also zahlt man anstatt 100 nach 6 Monaten nur $95\frac{1}{2}$ baar. Daher ist der baare Werth des zweiten:

100 : $95\frac{1}{2}$ = (Schuld des ersten + 600 Thlr.) : $\frac{191}{200}$ × (Schuld des ersten + 600 Thlr.)

Die Proc. Rabatt des dritten für 8 Monate sind 8; er zahlt also anstatt 100 nach 8 Monaten nur 92 baar.

Die Schuld des dritten ist = der des ersten + 2400 Thlr.

Daher ist der baar zu zahlende Werth des dritten:

100 : 92 = (Schuld des ersten + 2400 Thlr.) : $\frac{23}{25}$ × (Schuld des ersten + 2400 Thlr.)

Demnach ist:

der baar zu zahl. Werth d. ersten = $\frac{77}{80}$ der Schuld d. ersten
" " " " " d. zweiten = $\frac{191}{200}$ der Schuld d. ersten + 573 Thlr.
" " " " " d. dritten = $\frac{23}{25}$ der Schuld d. ersten + 2208 Thlr.

d. baar zu z. W. der 3 Kaufleute ist = $\frac{11}{4}$ der Schuld d. ersten + 2781 Thlr.

Zugleich zahlen alle 3 Kaufleute 9606 Thlr. baar; daher ist $\frac{11}{4}$ der Schuld des ersten + 2781 Thlr. = 9606 Thlr. Folglich sind $\frac{11}{4}$ der Schuld des ersten = 6825 Thlr. Demnach ist die Schuld des ersten = $2481\frac{9}{11}$, die des zweiten = $3081\frac{9}{11}$ und die des dritten = $4881\frac{9}{11}$ Thlr.

203. Von einer Messe lassen sich zwei Kaufleute für gleich vieles Geld Waaren kommen; jeder hat seine Schuld nach 4 Monaten zu entrichten, oder gleich baar mit gewissen Procenten Rabatt. Der Verschiedenheit der Waaren wegen werden dem einen 3 Proc. mehr als dem andern gestattet, daher bezahlt jener 5820 Thlr., und dieser 5880 Thlr. gleich baar. Welche Proc. Rabatt wurden bewilligt, und für wie viel nahm jeder Waaren?

9 Proc., 6 Proc. 6000 Thlr.

204. Jeder von 3 Kaufleuten läßt sich für eine gleiche Summe Geldes von einer Messe Waare kommen; auch hat jeder seine Schuld nach 10 Monaten zu entrichten, oder gleich baar mit gewissen Proc. Rabatt für das Jahr. Da aber die Waaren verschieden sind, so werden auch ungleiche Proc. Rabatt gestattet; dem zweiten nämlich 3 Proc. mehr als dem ersten, und dem dritten 2 Proc. mehr als dem zweiten. Wenn nun der erste 1140, und der zweite 1110 Thlr. gleich baar zahlt; für wie viel ließ sich jeder Waare kommen, welche Proc. wurden ihnen bewilligt, und wie viel zahlte der dritte baar?

Jeder erhielt für 1200 Thlr. Waare, ihnen wurden 6, 9, 11 Proc bewilligt, und der dritte zahlte 1090 Thlr. baar.

205. Ein Kaufmann läßt sich für 400, ein anderer für 700 Thlr. Waare kommen; jeder hat seine Schuld nach denselben Monaten zu entrichten, oder gleich baar mit 6 Proc. Rabatt für das Jahr. Sie bezahlen zusammen 1078 Thlr. baar. Wie groß war der Zahlungstermin, und wie viel zahlte jeder baar?

Nach 4 Monaten. Der eine zahlte 392, der andere 686 Thlr. baar.

206. A läßt sich für 500, B für 800 Thlr. Waare von einer Messe kommen; der erste hat seine Schuld 2 Monate später als der andere zu zahlen, oder gleich baar, A mit 6, B mit 9 Proc. Rabatt. Sie zahlen zusammen 1244 Thlr. baar. Welche Zahlungstermine?

A nach 8, B nach 6 Monaten.

207. Jeder von zwei Kaufleuten läßt sich für eine gleiche Summe Waare kommen, welche sie nach gewissen Zeiten zu bezahlen haben; doch wird dem einen ein Termin von 2 Monaten länger als dem andern gefristet, weil jener eine weniger gesuchte Waare als dieser genommen hat; oder sie können auch ihre Schuld gleich baar mit 6 Proc. Rabatt für das Jahr entrichten. Wenn nun der erste gleich baar, mit einem Rabatt von 30, und der andere mit einem Rabatt von 24 Thlr.

bezahlt; für wie viel hatte jeder genommen, und wie groß waren die Zahlungstermine?

Jeder für 600 Thlr., die Termine 10 und 8 Monate.

208. Drei Kaufleute lassen sich jeder für eine gleiche Summe Waare kommen, welche sie nach gewissen Zeiten zu bezahlen haben; da aber nicht jede Waare einen gleich raschen Absatz erwarten läßt, so wird dem zweiten der Zahlungstermin um 2, und dem dritten um 5 Monate über den des ersten verlängert; oder sie können ihre Schuld auch gleich baar mit 12 Proc. Rabatt für das Jahr entrichten. Dieses thun sie, der erste mit 480, der zweite mit 720 Thlr. Rabatt. Für welche Summe nahmen sie Waaren, welches waren die Termine?

Sie nahmen für 12000 Thlr. Waaren, und die Termine waren 4, 6, 9 Monate.

209. Zwei Kaufleute lassen sich für gewisse Summen, die im Verhältnisse von 1 : 2 stehen, Waaren kommen; jeder hat seine Schuld nach 9 Monaten, oder gleich baar mit 8 Proc. Rabatt für das Jahr zu bezahlen. Der erste zahlt 752 Thlr. gleich baar; für welche Summen ließen sie sich Waaren kommen?

Für 800 und 1600 Thlr.

210. Für gewisse Summen, die im Verhältnisse von 1 : 3 stehen, lassen sich zwei Kaufleute Waaren kommen; die Zahlung haben sie erst nach 8 Monaten zu leisten, oder gleich baar, der andere mit 6 Proc. höhern Rabatts für das Jahr als der erste. Wenn nun jeder gleich baar, der erste mit einem Rabatt von 42, der andere mit einem Rabatt von 210 Thlr. bezahlt; für wie viel nahm jeder Waaren, und welche Proc. Rabatt wurden ihnen zugestanden?

Aufl. Wenn die zweite Schuldpost gleich der ersten wäre, so würde der Rabatt der andern Post gleich dem der ersten und noch 6 Proc. für die Zeit von 8 Monaten derselben sein. Da nun die zweite Post das 3fache der ersten ist, so ist auch der Rabatt von der zweiten Post das 3fache vom Rabatt der ersten und noch das 3fache von dem Rabatt von der ersten Post für 8 Monate zu 6 %. Zieht man also den 3fachen ersten von dem zweiten Rabatt ab, so erhält man den 3fachen Rabatt von der ersten Post für 8 Monate zu 6 %, welcher daher = 210 — 126 = 84 Thlr. ist, folglich ist der einfache genannte Rabatt = 28 Thlr.

Daher ist die erste Post

$$\frac{8 \cdot 6}{12} : 100 = 28 \text{ Thlr.} : 700 \text{ Thlr.}$$

700 Thlr., und die andere 2100 Thlr.

Da nun der Rabatt von 700 Thlr. für 8 Monate 42 Thlr. beträgt, so sind die jährlichen Procente:

$$\begin{array}{l} 700 : 42 = 100 : A \text{ (Rabatt für 8 Monate)} \\ 8 : 12 = A : X \text{ ( „ „ 12 „ )} \\ \hline 1 : 9 = 1 : X \; (= 9) \end{array}$$

für den ersten Käufer 9 und für den andern 15.

211. Die Summen, für welche zwei Kaufleute Waaren nehmen, verhalten sich wie 2 : 3, der erste hat seine Schuld nach 9, der an-

dere nach 10 Monaten zu bezahlen, oder gleich baar mit 15 Procent Rabatt für das Jahr. Der erste bezahlt 1775 Thlr. baar. Für welche Summen wurden Waaren genommen?

Für 2000 und 3000 Thlr.

212. Für Summen, welche sich wie 5 : 6 verhalten, nehmen zwei Kaufleute Waaren, der eine ist nach 6, der andere nach 8 Monaten verpflichtet Zahlung zu leisten, oder gleich baar, der erste mit 10, der andere mit andern Proc. Rabatt für das Jahr. Der erste bezahlt 3325, der andere 3864 Thlr. baar. Für welche Summen nahmen sie Waaren, und welche Procente wurden dem zweiten bewilligt?

Man berechne zuerst aus den Angaben die Schuld des ersten, dann durch das gegebene Verhältniß derselben die andere Schuld; endlich aus den übrigen bekannten Stücken die gesuchten Proc. Die Schulden für Waaren sind 3500 und 4200 Thlr., die Proc. 12.

213. Zwei Kaufleute nehmen für gleiche Summen Waaren, die sie erst nach 4 Monaten zu bezahlen haben, oder gleich baar mit Proc. Rabatt für das Jahr, welche sich wie 1 : 2 verhalten. Wenn nun der erste 4365, und der andere nur 4230 Thlr. gleich baar bezahlt, für wie viel hat jeder Waare genommen, und welches waren die bewilligten Proc?

Aufl. Da die zu zahlenden Summen und die Termine einander gleich sind: so stehen die Rabatte im Verhältnisse der Proc.; also hat der erste Rabatt das Einfache und der andere das Zweifache; daher ist der andere Rabatt um das Einfache größer als der erste.

Die baaren Werthe sind gleich den zu zahlenden Summen weniger ihren Rabatten; daher ist der erste baare Werth um den ersten Rabatt größer als der andere baare Werth. Da nun der erste baare Werth 4365 Thlr. um 135 Thlr. größer als der andere baare Werth 4230 Thlr. ist: so ist der erste Rabatt = 135 Thlr. Demnach ist die zu zahlende Summe = 4365 + 135 = 4500 Thlr.

$$\begin{array}{l} 100 : X = 4500 : A \text{ (Rabatt X \% und 12 Monate)} \\ \underline{\;\;12 : 4 = \;\;A \;\;: 135\;\;} \\ \;\;\;\;1 : X = \;\;\;\;1 : \;\;9. \end{array}$$

Dem ersten sind also 9 und dem andern 18 Proc. Rabatt bewilligt.

214. Die Summen, für welche zwei Kaufleute Waaren nehmen, verhalten sich wie 2 : 3; jeder ist verpflichtet seine Schuld nach 8 Monaten zu entrichten, oder gleich baar mit Proc. Rabatt des Jahres, die sich wie 5 : 6 verhalten. Wenn nun der erste 9000, der andere 13200 Thlr. gleich baar bezahlt; für welche Summen haben sie Waare genommen? Welche Proc. wurden ihnen zugestanden?

Aufl. Da die Zeiten für beide Zahlungen einander gleich sind, so stehen die Rabatte im zusammengesetzten Verhältnisse der zu zahlenden Summen und der Proc., also im Verhältnisse von 2 . 5 : 3 . 6 = 5 : 9; der erste Rabatt hat also das 5fache und der andere das 9fache einer und derselben Summe.

Ständen die Rabatte im Verhältnisse der zu zahlenden Summen

(der künftigen Werthe), so würden auch die baaren Werthe, als die Differenzen ihrer künftigen Werthe und ihrer zugehörigen Rabatte in demselben Verhältnisse stehen. In diesem Falle müßte aber der zweite Rabatt nicht das 9fache, sondern (2 : 3 = 5faches : $7\frac{1}{2}$fachem) das $7\frac{1}{2}$fache sein. Um was also der zweite Rabatt mehr ist als der, welcher er nach dem genannten Verhältnisse sein soll (das $7\frac{1}{2}$fache), um das muß also auch der zweite baare Werth nach jenem Verhältnisse mehr als der wirkliche sein. Der zweite baare Werth muß nach dem Verhältnisse 2 : 3 (= 9000 Thlr. : 13500 Thlr.) 13500 Thlr. sein, und dieser ist um 300 Thlr. größer als der wirkliche 13200 Thlr.; ferner ist das 9fache um das $1\frac{1}{2}$fache größer als das $7\frac{1}{2}$fache. Daher ist das $1\frac{1}{2}$fache = 300 Thlr., mithin das Einfache = 200 Thlr. Nun hat der erste Rabatt das 5fache, daher ist er 1000 Thlr. Folglich ist der erste künftige Werth = 9000 + 1000 = 10000 Thlr. Daraus ergiebt sich der andere künftige Werth = 15000 Thlr.

Die Proc. kann man wie in der vorigen Aufgabe, oder auf irgend eine andere Weise finden; sie sind 15 und 18.

215. Für Summen, welche sich wie 3 : 4 verhalten, werden Waaren genommen; die erste ist nach 8, die andere nach 9 Monaten zu bezahlen, oder gleich baar mit Proc. Rabatt für ein Jahr, welche sich wie 1 : 2 verhalten. Die erste Summe wird mit 11360, die andere mit 14080 Thlr. baar entrichtet. Für welche Summen wurden Waaren genommen und mit wie vielen Proc. Rabatt?

Aufl. Die Rabatte stehen in einem Verhältnisse, welches aus dem Verhältnisse der künftigen Werthe, aus dem der Zeiten und aus dem der Proc. zusammengesetzt ist; daher ist das Verhältniß der Rabatte = 1 : 3.

Würden die Rabatte in dem Verhältnisse der künftigen Werthe stehen, so würden dasselbe Verhältniß zu einander auch die baaren Werthe haben. Nach diesem Verhältnisse müßte aber der zweite Rabatt (3 : 4 = erster Rabatt : $\frac{4}{3}$ des ersten Rabatts) nur $\frac{4}{3}$ des ersten sein, wirklich ist er das 3fache des ersten, also um das $\frac{5}{3}$fache des ersten mehr als er nach dem erwähnten Verhältniß sein soll. Um was nun der zweite wirkliche Rabatt größer als der zweite nach jenem Verhältnisse ist, um dasselbe muß der zweite baare Werth kleiner als der zweite baare Werth nach jenem Verhältnisse sein. Der zweite baare Werth nach dem Verhältnisse von 3 : 4 (= 11360 : $15146\frac{2}{3}$) ist $15146\frac{2}{3}$ Thlr.

Daher ist der zweite wirkliche um $1066\frac{2}{3}$ Thlr. kleiner als der zweite baare Werth nach jenem Verhältnisse. Demnach ist das $\frac{5}{3}$fache des ersten Rabatts = $1066\frac{2}{3}$ Thlr. Folglich der erste Rabatt = 640 Thlr. Mithin ist die erste zu zahlende Summe = 11360 + 640 = 12000 Thlr. und die andere = 16000 Thlr.

Die Proc. findet man gleich 8 und 16.

**216.** Die Summen, für welche Waaren genommen werden, verhalten sich wie 8 : 9; diese sind nach Monaten zu zahlen, die im Verhältnisse von 4 : 3 stehen; oder gleich baar mit Proc. Rabatt für ein Jahr, deren Verhältniß gleich dem von 3 : 2 ist. Man bezahlt baar 1440 und 1710 Thlr. Welches sind die Summen?

1600 und 1800 Thlr. Aufgelöst wie vorher.

217. Die Preise gleicher Quantitäten Holländ. und Schweizer-Käse verhalten sich wie 1 : 2; man kauft 8 Pfund Holl. und 3 Pf. Schweizer-Käse für 2 Thlr. 10 Sgr. Wie theuer ist ein Pfund von jedem Käse?

Ein Pf. Holl. 5 und ein Pf. Schweizer-Käse 10 Sgr.

218. Jemand nimmt, um eine gute Tinte zu machen, folgende Ingredienzen: $2\frac{1}{2}$ Pfund Engl. Vitriol, $5\frac{5}{8}$ Pf. Galläpfel, $3\frac{3}{4}$ Pf. Gummi Arabicum, 10 Quart Weinessig und 30 Quart Regen- oder Schneewasser. Diese gemischten Ingredienzen kosten zusammen 5 Thlr. $1\frac{2}{3}$ Sgr. Ferner weiß man, daß 33 Pf. Engl. Vitriol 6 Sgr. mehr als 1 Pf. Galläpfel, dieses 4 Sgr. mehr als 1 Pf. Gummi Arabicum, und dieses 33 Sgr. weniger als 30 Quart Weinessig kostet. Wie theuer ist jede Ingredienz?

Aufl. Da 1 Pf. Galläpfel um 6 Sgr. weniger kostet als 33 Pfund Engl. Vitriol, so werden $5\frac{5}{8}$ Pf. Galläpfel um $33\frac{3}{4}$ Sgr. weniger als $185\frac{5}{8}$ Pf. Engl. Vitriol kosten; daher ist der Preis von $5\frac{5}{8}$ Pfund Galläpfel = dem von $185\frac{5}{8}$ Pfund Engl. Vitriol weniger $33\frac{3}{4}$ Sgr.

Weil 1 Pf. Gummi um 4 Sgr. theurer als 1 Pf. Galläpfel ist, so ist 1 Pf. Gummi um 10 Sgr. weniger an Werth als 33 Pfund Engl. Vitriol, so sind $3\frac{3}{4}$ Pfund Gummi um $37\frac{1}{2}$ Sgr. weniger an Werth als $123\frac{3}{4}$ Pf. Engl. Vitriol; also ist der Preis von $3\frac{3}{4}$ Pfund Gummi = dem von $123\frac{3}{4}$ Pf. Engl. Vitriol weniger $37\frac{1}{2}$ Sgr.

30 Quart Weinessig kosten 23 Sgr. mehr als 33 Pf. Engl. Vitriol, daher ist der Werth von 10 Quart Weinessig = dem von 11 Pf. Engl. Vitriol und $7\frac{2}{3}$ Sgr.

Der Werth aller Ingredienzen ist also = dem von $322\frac{7}{8}$ Pfund Engl. Vitriol weniger $63\frac{7}{12}$ Sgr. = 5 Thlr. $1\frac{2}{3}$ Sgr. Demnach ist der Preis von $322\frac{7}{8}$ Pf. Engl. Vitriol = $215\frac{1}{4}$ Sgr., also 1 Pf. Engl. Vitriol $= \frac{215\frac{1}{4}}{322\frac{7}{8}} = \frac{2}{3}$ Sgr.

Daraus ergiebt sich 1 Pf. Galläpfel = 16 Sgr., 1 Pf. Gummi Arabicum = 12 Sgr. und 1 Quart Weinessig = $1\frac{1}{2}$ Sgr.

219. Jemand kauft 3 Pfund Zimmt, 5 Pfund Kapern und $1\frac{1}{2}$ Pfund Kardamom für 6 Thlr. $6\frac{1}{2}$ Sgr. Die Preise für ein Pfund haben folgende Verhältnisse: Zimmt zu Kapern wie 1 : 2, Kapern zu Kardamom wie 16 : 55. Wie theuer ein Pf. jeder Waare?

1 Pf. Zimmt kostet 8, 1 Pf. Kapern 16 Sgr. und 1 Pf. Kardamom 1 Thlr. 25 Sgr.

220. Jemand erhält für einen Amsterdamer Wechsel von 2500 Fl. 1011 Thlr. 20 Sgr., für einen Hamburger Wechsel von 2460 Mark 1243 Thlr. 20 Sgr. und für einen Londoner Wechsel von 840 Pfund Sterling 5726 Thlr. Wie theuer ist jede Münze gerechnet und nach welchen Kursen?

1 Fl. Holl. = $12\frac{7}{50}$ Sgr.; 1 Mark Hamb. = $15\frac{1}{6}$ Sgr.; 1 Pf. Sterl. = 6 Thlr. $24\frac{1}{2}$ Sgr.

Der Kurs ist auf Amsterdam 101⅛ Thlr., auf Hamburg 45½ Sgr. und auf London 6 Thlr. 24½ Sgr.

Anmerk. Der Betrag oder Werth irgend einer Summe Geldes wird in kaufmännischen Geschäften häufig Valuta genannt, und besonders häufig wird dieser Ausdruck in Wechselgeschäften gebraucht, wie auch der Betrag eines Wechsels in der Regel die Valuta desselben heißt.

In Geldgeschäften bedeutet der Kurs einen bestimmten Werth einer Münze, welche für eine gewisse Zeit Giltigkeit hat. Hieraus ergiebt sich, daß der Werth der Münzen, welche an einem Orte im Kurse aufgeführt werden, veränderlich sein muß. Einen veränderlichen Werth haben besonders die Gold- und ausländischen Münzen.

Die Münze, welche in einem Staate als Einheit, oder als Maßstab zur Bestimmung des Werthes anderer Dinge festgesetzt ist, hat in diesem Staate einen unveränderlichen Werth.

Die Geldeinheit des Preuß. Staates ist der Pr. Thaler, die des Russischen ist ein Silberrubel, des Oesterr. ein Gulden Conventionscourant, des Französ. ein Frank 2c.

Ausländische Münzen sind nun entweder an einem Orte vorhanden, und werden nach dem zeitigen Kurse in Geschäften an demselben Orte gebraucht, oder sie sind nicht vorhanden an diesem Orte, und werden nur vermittelst der Wechselbriefe in Umlauf gesetzt. Von jenen liefert der Kurszettel eine Anzeige der Münze und ihres zeitigen Werthes; von diesen ist gewöhnlich nur der für eine gewisse Zeit giltige Werth in den Kurszetteln angegeben, indem die Valuta als bekannt vorausgesetzt wird, deren Werth angegeben ist.

Diese als bekannt vorausgesetzte Valuta hat für den Staat, in welchem eine Münze dieser Geldsumme die Münzeinheit ist, immer einen unveränderlichen, und nur einen veränderlichen (beweglichen) Werth in andern Staaten und Oertern. In den Städten dieses letztern Staates wird nun der veränderliche Werth jener durch Herkommen festbestimmten Valuta nach Umständen bestimmt. Um daher einen Kurszettel, in welchem die feste Valuta nicht angezeigt, verstehen zu können, muß man zunächst die feste Valuta der verschiedenen Städte wissen.

Die feste Valuta für Preußen und

| | | |
|---|---|---|
| Amsterdam | ist | 100 Thlr. Holl. Cour. oder 250 Fl. Holl. Cour. |
| Hamburg | ist | 100 Thlr. Banco oder 300 Mark Bco. |
| London | ist | 1 Pf. Sterling (Sterling heißt ächt, giltig, bewährt) |
| Paris | ist | 300 Franks |
| Wien | ist | 100 Thlr. oder 150 Fl. in 20 Kreuzern 2c. |

Wenn hier Wechselkurse vorkommen werden, so wird dabei zugleich die feste Valuta angezeigt sein.

221. Ein Londoner Wechsel wird 1 Monat vor Verfallzeit mit 4½ Proc. Diskonto für das Jahr für 16258 Thlr. 24 Sgr. verkauft, zum Kurse von 204 Sgr. (d. h. 1 Pf. Sterl. = 204 Sgr.). Wie groß war die Valuta dieses Wechsels?

2400 Pfund Sterling.

222. Man verkauft einen Hamburger Wechsel 1 Monat vor Verfallzeit für 1361 Thlr. 5$\frac{37}{40}$ Sgr., und einen andern Hamburger Wechsel 20 Tage vor Verfallzeit für 1816 Thlr. 28⅗ Sgr. Der Kurs und der Diskonto waren in beiden Fällen dieselben. Die Valuten dieser Wechsel standen im Verhältnisse von 3 : 4. Wie groß waren die Valuten dieser Wechsel, und welches war der Disk.? Die feste Va-

**luta (s. Aufg. 220. Anm.) zwischen Hamburg und Berlin ist 300 Mark Hamburger Banko = $151\frac{3}{4}$ Thlr.**

Aufl. Der Diskonto bei Wechseln wird in der Regel unter 100 berechnet; weil die Verfallzeiten kurz sind, und daher kein Vortheil von der Valuta des Wechsels während der kurzen Zeit bis zu seiner Verfallzeit zu ziehen ist. Folglich wird der Diskonto bei Verkauf von Wechseln eben so wie der Rabatt bei Kauf von Waaren berechnet.

Ständen nun die Diskontos der Wechsel im Verhältnisse der Valuta derselben: so würden auch die Werthe der diskontirten Wechsel im Verhältnisse der Valuta stehen; weil der Werth eines diskontirten Wechsels = der Valuta desselben weniger dem Diskonto ist.

Nach diesem Verhältnisse müßte also der Diskonto des zweiten Wechsels (3 : 4 = Disk. des ersten : $\frac{4}{3}$ Disk. des ersten Wechsels), $\frac{4}{3}$mal den Diskonto des ersten Wechsels sein; und der Werth des zweiten diskontirten Wechsels, da der erste 1361 Thlr. $5\frac{37}{40}$ Sgr. ist, müßte (3 : 4 = 1361 Thlr. $5\frac{17}{40}$ Sgr. : 1814 Thlr. $27\frac{9}{10}$ Sgr.), 1814 Thlr. $27\frac{9}{10}$ Sgr. sein; er ist aber um 2 Thlr. $\frac{7}{10}$ Sgr. mehr, als er nach diesem Verhältnisse sein sollte; daher haben auch die Diskontos nicht das genannte Verhältniß zu einander. Und in der That; da die Proc. des Diskonto in beiden Fällen dieselben sind, so stehen die Diskontos der Wechsel im zusammengesetzten Verhältnisse der Valuten und der Zeiten, also im Verhältnisse von 3 . 30 : 4 . 20 = 9 : 8 = Diskonto des ersten Wechsels : $\frac{8}{9}$ Disk. des ersten Wechsels; der Diskonto des andern Wechsels beträgt also $\frac{8}{9}$ des ersten; folglich ist er um $\frac{4}{3} - \frac{8}{9}$ oder um $\frac{4}{9}$ des Diskonto des ersten kleiner als er nach obigem Verhältnisse sein sollte. Daher sind $\frac{4}{9}$ des ersten Diskonto = 2 Thlr. $\frac{7}{10}$ Sgr.; also ist der Disk. des ersten Wechsels = 4 Thlr. $16\frac{23}{40}$ Sgr. Mithin ist die Valuta des ersten Wechsels = 1361 Thlr. $5\frac{37}{40}$ Sgr. + 4 Thlr. $16\frac{23}{40}$ Sgr. = 1365 Thlr. $22\frac{1}{2}$ Sgr. Dieses Pr. Geld muß nun nach dem Kurse in Hamb. Mark verwandelt werden.

$151\frac{3}{4}$ Thlr. : 1365 Thlr. $22\frac{1}{2}$ Sgr. = 300 Mark : X.

Die Valuta des ersten Wechsels beträgt also 2700 Mark; daher ist die Valuta des zweiten Wechsels = 3600 Mark.

Der Disk. des ersten Wechsels für einen Monat betrug 4 Thlr. $16\frac{23}{40}$ Sgr., also für ein Jahr 54,63 Thlr.

1365,75 Thlr. : 54,63 Thlr. = 100 : Proc. Disk.

Daher sind die gesuchten Proc. des Disk. für 1 Jahr $4\frac{1}{2}$.

223. Jemand verkauft 2 Pariser Wechsel, deren Valuten sich wie 2 : 3 verhalten, den einen für 4778 Thlr. $26\frac{5}{8}$ Sgr, den andern für 7189 Thlr. $9\frac{15}{16}$ Sgr., den einen 2, den andern $1\frac{1}{2}$ Monat vor Verfallzeit, jeden mit einem Diskonto von $4\frac{1}{2}$ Proc. für das Jahr. Der Kurs war für den zweiten Wechsel $\frac{1}{12}$ Thlr. höher als für den ersten. Wie viel betrugen die Valuten, und welches war der Kurs?

Die feste Valuta zwischen Berlin und Paris ist 300 Franks.

Aufl. Die Proc. des Disk. für 2 Monat sind $\frac{3}{4}$, daher ist die Valuta des ersten Wechsels ($99\frac{1}{4}$ : 100 = 4778 Thlr. $26\frac{5}{8}$ Sgr. : X), 4815 Thlr.; daher ist die Valuta des zweiten Wechsels:

($99\frac{7}{16}$ : 100 = 7189 Thlr. $9\frac{15}{16}$ Sgr. : X);

7230 Thaler.

Wären die Kurse für beide Wechsel einander gleich gewesen, so müßten die Valuten, in Preuß. Geld verwandelt, ihr erstes Verhältniß zu einander haben, nämlich das von 2 : 3; die zweite Valuta nach diesem Verhältnisse berechnet (2 : 3 = 4815 : X), ist dann $7222\frac{1}{2}$ Thlr.; folglich ist diese um $7\frac{1}{2}$ kleiner als jene, und dieses rührt von dem höhern Kurse her. Da nun die feste Valuta 300 Franks ist und auf diese im zweiten Falle $\frac{1}{12}$ Thlr. mehr als im ersten gezahlt wird: so hat die zweite Valuta so vielmal 300 Franks, wie oft $7\frac{1}{2}$ Thlr. $\frac{1}{12}$ Thlr. enthalten.

Demnach ist die zweite Valuta in Franks

$\frac{1}{12}$ Thlr. : $7\frac{1}{2}$ Thlr. = 300 Frk. : X

27000 Franks, und die erste 18000 Franks.

Nun ist noch der Kurs zu suchen:

27000 Frk. : 300 Frk. = 7230 : X.

Hieraus ergiebt sich, daß man im zweiten Falle für 300 Franks $80\frac{1}{3}$ Thlr. gegeben hat. Daher ist der zweite Kurs $80\frac{1}{3}$ Thlr. und der erste $80\frac{1}{4}$ Thlr.

224. Jemand verkauft 2 Petersburger Wechsel in Rubel Bank-Noten, deren Valuten sich wie 5 : 6 verhalten, mit 4 Proc. Diskonto zu demselben Kurse, den einen für 7529 Thlr. $28\frac{1}{18}$ Sgr., den andern für 9028 Thlr. $26\frac{1}{2}$ Sgr. Die Zeiten vor dem Verfall der Wechsel standen im Verhältnisse von 2 : 3. Die feste Valuta zwischen Petersburg und Berlin ist 100 Rubel Bank-Noten, und in Berlin dafür $30\frac{1}{6}$ Thlr. zahlbar.

Aufl. Hätten die Diskonto der Wechsel das Verhältniß der Valuten zu einander: so würden auch die Werthe der diskontirten Wechsel dasselbe Verhältniß zu einander haben. Da der Werth des ersten diskontirten Wechsels 7529 Thlr. $28\frac{1}{18}$ Sgr. beträgt, so müßte der des zweiten Wechsels (5 : 6 = 7529 Thlr. $28\frac{1}{18}$ Sgr. : X), 9035 Thlr. $27\frac{2}{3}$ Sgr. sein; er ist aber wirklich um 7 Thlr. $1\frac{1}{6}$ Sgr. weniger als dieser; folglich muß der wirkliche Diskonto um eben dasselbe größer als der jenem Verhältnisse gemäße Diskonto sein.

Da die Kurse und die Proc. des Diskonto für beide Wechsel dieselben sind; so stehen die wirklichen Diskontos im zusammengesetzten Verhältnisse der Valuten und der Zeiten vor dem Verfall der Wechsel; also in dem Verhältnisse von 5 . 2 : 6 . 3 = 5 : 9 (= erster Disk. : $\frac{9}{5}$ des ersten Disk.); daher ist der zweite wirkliche Disk. = $\frac{9}{5}$ des ersten. Nach dem Verhältnisse der Valuten müßte der zweite Disk. (5 : 6 = erster Disk. : X) $\frac{6}{5}$ des ersten sein; also ist der zweite wirkliche Disk. um $\frac{3}{5}$ des ersten größer als der zweite den Valuten proportionale. Daher sind $\frac{3}{5}$ des ersten Disk. = 7 Thlr. $1\frac{1}{6}$ Sgr. Folglich ist der erste Diskonto = 11 Thlr. $21\frac{17}{18}$ Sgr., und der zweite wirkliche = 21 Thlr. $3\frac{1}{2}$ Sgr.

Setzt man nun die Diskontos zu den Werthen der diskontirten Wechsel, so erhält man ihre Valuten; daher ist die Valuta des ersten Wechsels = 7541 Thlr. 20 Sgr. und die des zweiten = 9050 Thlr.

Da nun $30\frac{1}{6}$ Thlr. für 100 Rubel Banknoten gezahlt werden, so kann man leicht das Preuß. Geld in Ruff. B.N. umsetzen, und man findet, daß die Valuta des ersten Wechsels 25000, die des zweiten 30000 B.N. betragen hat.

Die Zeit vor dem Verfall des zweiten Wechsels findet man durch folgende Proportion:

$$\begin{array}{l}100 : 4 = 9050 \text{ Thlr.} : A \text{ (Disk. für 360 Tage)}\\ \underline{360 : X = \quad A \qquad : 21 \text{ Thlr. } 3\tfrac{1}{2} \text{ Sgr.}}\\ \quad 3 : X = \; 181 \qquad : 1267.\end{array}$$

Hieraus ergiebt sich die gesuchte Zeit = 21 Tagen oder 3 Wochen; mithin ist die Zeit vor dem Verfall des ersten Wechsels 2 Wochen.

225. Zwei Wiener Wechsel in 20 Kr., deren Valuten sich wie 2:3 verhalten, werden 3 und 4 Wochen vor Verfallzeit mit Proc. Diskontos verkauft, die im Verhältnisse von 8:9 stehen, zum Kurse von $104\frac{1}{4}$ Thlr. Für den ersten empfing man 1664 Thlr. $3\frac{6}{25}$ Sgr., für den zweiten 2493 Thlr. $7\frac{29}{100}$ Sgr. Welches waren die Valuten, und wie viele Proc. Diskonto wurden gerechnet? Die feste Valuta ist 150. Fl. C.C.

Aufl. Die Schlüsse dieser Auflösung sind die der vorigen, daher soll der Gang der Rechnung nur kurz angedeutet werden.

2 : 3 = 1664 Thl. $3\frac{6}{25}$ Sgr. : Werth des zweiten diskontirten Wechsels.

Daher ist der den Valuten proportionale Werth des zweiten diskontirten Wechsels = 2496 Thlr. $4\frac{43}{50}$ Sgr; er ist also um 2 Thlr. $27\frac{57}{100}$ Sgr. größer als der wirkliche Werth.

2 : 3 = Disk. des ersten Wechsels : proportionalem Disk. des zw. W.

Der den Valuten proportionale Diskonto des zweiten Wechsels ist gleich $\frac{3}{2}$mal den Disk. des ersten Wechsels.

Die Diskontos der Wechsel stehen im zusammengesetzten Verhältnisse der Valuten, der Zeiten und der Diskontoproc., also im Verhältnisse von 2 . 3 . 8 : 3 . 4 . 9 = 4 : 9 = Diskonto des ersten Wechsels zu Diskonto des zweiten; daher ist der wirkliche Diskonto des zweiten Wechsels = $2\frac{1}{4}$ des ersten Diskonto; folglich ist er um $\frac{3}{4}$ des ersten Diskonto größer als der proportionale. Daher sind $\frac{3}{4}$ des ersten Disk. = 2 Thlr. $27\frac{57}{100}$ Sgr.; also ist der erste Disk. = 3 Thlr. $26\frac{19}{25}$ Sgr., und der zweite wirkliche Disk. = 8 Thlr. $22\frac{71}{100}$ Sgr.

Die Valuten der Wechsel sind also 1668 Thlr. und 2502 Thlr.

Da nun die feste Valuta 150 Fl. Conv. Cour. ist, so sind folgendes die gesuchten Valuten:

$$\begin{array}{l}104\tfrac{1}{4} \text{ Thlr.} : 1668 \text{ Thlr.} = 150 \text{ Fl.} : X\\ 104\tfrac{1}{4} \text{ Thlr.} : 2502 \text{ Thlr.} = 150 \text{ Fl.} : X\end{array}$$

2400 und 3600 Fl. Conv. Cour.

Folgende Proportionen geben die Diskontoproc.:

$$\begin{array}{l}100 : X = 2502 \text{ Thlr.} : A \text{ (Disk. für das Jahr)}\\ \underline{360 : 28 = \quad A \qquad : 8 \text{ Thlr. } 22\tfrac{71}{100} \text{ Sgr.}}\\ \quad 1 : 2X = 1 \qquad : 9\end{array}$$

Daher ist der zweite Wechsel mit $4\frac{1}{2}$ und der erste mit 4 Proc. Diskonto verkauft.

226. Ein Augsburger Wechsel von 2400 Fl. und ein anderer von 4000 Fl. werden mit 4 Proc. Diskonto solche Zeiten vor ihrem Verfall verkauft, die sich wie 5 : 6 verhalten. Wenn sich nun die

Werthe der diskontirten Wechsel wie 1793 : 2986 verhalten, und der Kurs für beide Wechsel derselbe ist, nämlich 150 Fl. = $103\frac{1}{2}$ Thlr.; welches sind die Werthe der diskontirten Wechsel, und welche Zeiten vor Verfall der Wechsel wurden sie verkauft?

Aufl. Das Verhältniß der Valuten dieser Wechsel ist das von 3 : 5; hätten nun die Diskontos dasselbe Verhältniß zu einander, so müßte der zweite = $\frac{5}{3}$ des ersten sein. Die Diskontos stehen aber im zusammengesetzten Verhältnisse der Valuten der Wechsel und der Zeiten, da die Diskontoproc. für beide Wechsel dieselben sind; also im Verhältnisse von 3 . 5 : 5 . 6 = 1 : 2 = Diskonto des ersten Wechsels zum Diskonto des andern; dieser ist also das Doppelte des ersten, also ist der zweite wirkliche Diskonto um $\frac{1}{3}$ vom ersten größer als der den Valuten proportionale zweite Diskonto. Daher muß der Werth des zweiten diskontirten Wechsels um dasselbe kleiner als der zweite den Valuten proportionale sein.

Der Werth des diskontirten zweiten Wechsels nach Verhältniß der Valuten ist $\frac{5}{3}$ des Werthes vom diskontirten ersten Wechsel; der wirkliche Werth des diskontirten zweiten Wechsels ist, nach obigem Verhältnisse von 1793 : 2986, = $1\frac{1193}{1793}$ vom Werthe des ersten diskontirten Wechsels; daher ist der proportionale Werth des diskontirten zweiten Wechsels um $\frac{7}{5379}$ vom Werthe des diskontirten ersten Wechsels größer als der wirkliche diskontirte Wechsel. Demnach sind $\frac{7}{5379}$ des diskontirten ersten Wechsels = $\frac{1}{3}$ des ersten Diskonto; folglich verhält sich der diskontirte erste Wechsel zu seinem Diskonto = $\frac{1}{3}$ : $\frac{7}{5379}$ = 1793 : 7. Hat also der diskontirte erste Wechsel das 1793fache einer gewissen Summe, so hat sein Diskonto das 7fache derselben Summe. Da nun der diskontirte Wechsel und sein Diskonto zusammen gleich der Valuta des Wechsels sind: so ist das 1800fache = 2400 Fl.; also das Einfache = $\frac{4}{3}$ Fl. Mithin ist der diskontirte erste Wechsel = 1793 . $\frac{4}{3}$ = $2390\frac{2}{3}$ Fl., und sein Diskonto = 7 . $\frac{4}{3}$ = $9\frac{1}{3}$ Fl.

Hieraus ergiebt sich nun leicht: der diskontirte zweite Wechsel = 2986 . $\frac{4}{3}$ = $3981\frac{1}{3}$ Fl., und sein Disk. = $18\frac{2}{3}$ Fl.

Berechnung der Zeit vor dem Verfall des ersten Wechsels:

$$\begin{array}{l} 100 : 4 = 2400 : A \text{ (Disk. für 360 Tage)} \\ \underline{360 : X = A : 9\tfrac{1}{3}} \\ 5 : X = 1 : 7. \end{array}$$

Also 35 Tage oder 5 Wochen vor der Verfallzeit wurde der erste, und daher 6 Wochen vor der Verfallzeit wurde der zweite Wechsel verkauft.

Folgende Proportionen verwandeln die diskontirten Wechsel in Preuß. Geld:

150 Fl. : $2390\frac{2}{3}$ Fl. = $103\frac{1}{2}$ Thlr. : X

150 Fl. : $3981\frac{1}{3}$ Fl. = $103\frac{1}{2}$ Thlr. : X

Die diskontirten Wechsel betragen also $1649\frac{14}{25}$, und $2747\frac{3}{25}$ Thlr.

Man hätte auch die Aufl. in umgekehrter Ordnung machen können, indem man, anstatt von dem Verhältnisse der Valuten, von dem Verhältnisse der diskontirten Wechsel ausginge, und diesem proportional den Diskonto und die Valuta für beide Wechsel berechnete. Dieser Weg führt rascher als der vorige zum Ziele, weil er den Gebrauch des Verhältnisses vom Diskonto zum diskontirten Wechsel vermeidet; in der Hauptsache ist er aber den frühern Auflösungen gleich; daher wird er Jedem zur Selbstübung überlassen.

227. Ein Leipziger Wechsel von 7200 Thlr. wird 15 Tage vor Verfallzeit, und ein anderer von 8400 Thlr. 20 Tage vor Verfallzeit mit Proc. Diskonto verkauft, die im Verhältnisse von 8 : 7 stehen. Die Werthe der diskontirten Wechsel stehen im Verhältnisse von 21564 zu 25151. Der Kurs war für beide Wechsel derselbe und ist von Berlin auf Leipzig $102\frac{1}{2}$ Thlr., d. h. für 100 Thlr. Sächs. werden $102\frac{1}{2}$ Thlr. Preuß. gezahlt. Welche Diskontoproc. wurden gerechnet, und welches waren die Werthe der diskontirten Wechsel in Pr. Gelde?

Aufl. Diese Aufl. ist ähnlich der vorigen; daher wird nur der Hauptgang der Rechnung bezeichnet werden.

$21564 : 25151 = 7200$ Thlr. : X ($= 8397\frac{3573}{5391}$ Thlr. Valuta des zweiten Wechsels proportional den diskontirten Wechseln).

$21564 : 25151 =$ Diskonto des ersten Wechsels : zu dem proport. des zweiten; daher ist der Diskonto, welcher proportional den diskontirten Wechseln ist, $= 1\frac{3587}{21564}$ mal den ersten Diskonto.

Die wirklichen Diskontos stehen im zusammengesetzten Verhältnisse aus dem der Valuten, der Zeiten und der Diskontoproc., also im Verhältnisse von $7200 . 15 . 8 : 84 . 20 . 7 = 36 : 49$. Daher ist der zweite Diskonto $= 1\frac{13}{36}$ des ersten.

Da nun die gegebene Valuta des zweiten Wechsels um $2\frac{202}{599}$ Thlr. größer als die proportionale Valuta des zweiten Wechsels, und auch der zweite Diskonto um $\frac{350}{1797}$ des ersten größer als der proportionale zweite Diskonto ist: so sind $\frac{350}{1707}$ des ersten Diskonto $= 2\frac{202}{599}$ Thlr. Demnach ist der erste Diskonto $= 12$ Thlr., daher ist der zweite Disk. $= 16\frac{1}{3}$ Thlr. Mithin sind die Werthe der diskontirten Wechsel $= 7200 - 12 = 7188$ Thlr., und $8400 - 16\frac{1}{3} = 8383\frac{2}{3}$ Thlr. Dieses ist Sächs. Geld, welches in Preuß. zu verwandeln ist, und mit Hilfe des Kurses geschieht.

$$100 : 7188 = 102\tfrac{1}{2} : X, \text{ und } 100 : 8383\tfrac{2}{3} = 102\tfrac{1}{2} : X;$$

daher sind die diskontirten Wechsel in Preuß. Gelde $7367\frac{7}{10}$ Thlr. und $8593\frac{31}{120}$ Thlr.

Folgende Proportionen geben die gesuchten Diskontoproc.:

$$\begin{array}{l} 100 : X = 7200 : A \text{ (Disk. für ein Jahr)} \\ \underline{360 : 15 = \ \ A \ \ : 12} \\ \ \ \ \ 2 : X = \ \ 1 \ \ : \ 2. \end{array}$$

Der erste Wechsel wurde also mit 4, der andere mit $3\frac{1}{2}$ Proc. diskontirt.

228. Man verkauft zwei Frankfurter a. M. Wechsel, von denen der eine 6300 Fl. mehr als der andere beträgt, jeden 2 Monat vor Verfallzeit mit 5 Proc. Diskonto, den ersten für $16914\frac{29}{80}$ und den andern für $12634\frac{33}{40}$ Thlr. Welches ist der Kurs auf Frankfurt, d. h. wie viel zahlt man für 150 Fl. Wechselzahlung? Welches sind die Valuten der Wechsel?

Aufl. Man berechne zuerst die Valuten der Wechsel in Preuß. Gelde; so findet man dieselben $17056\frac{1}{2}$ Thlr. und 12741 Thlr. Die Differenz derselben ist gleich der gegebenen Differenz der Valuten, also 6300 Fl. $= 4315\frac{1}{2}$. Hieraus ergiebt sich der Kurs $= 102\frac{3}{4}$ Thlr., und dadurch findet man die Valuta der Wechsel in Wechselzahlung 18600 Fl. und 24900 Fl.

229. Ein Hamburger hat zwei Berliner Wechsel, die zusammen 30000 Thlr. betragen; er verkauft jeden einen Monat vor Verfallzeit mit 4 Proc. Diskonto, und erhält für den einen 11500 Mark mehr als für den andern. Der Kurs von Hamburg auf Berlin ist 300 Mark für 156 Thlr. Preuß. Welches waren die Valuten der Wechsel?

12000 und 18000 Thlr.

230. Ein Pariser hat zwei Berliner Wechsel, von denen der eine 3000 Thlr. mehr als der andere beträgt; den ersten verkauft er 2, den andern einen Monat vor Verfallzeit mit 4 Proc. Diskonto, und erhält für jenen 52895, für diesen 42458 Franks. Wie groß waren die Valuten der Wechsel, und zu welchem Kurse wurden sie verkauft, wenn zwischen Paris und Berlin die feste Valuta 1 Thlr. Preuß. ist?

Die Valuta waren 12000 und 15000 Thlr., der Kurs von Paris auf Berlin 3 Frks. 55 Cts.

231. Ein Russe hat zwei Wechsel auf Constantinopel, deren Werth zusammen 9 Beutel beträgt; den einen verkauft er 2, den andern 3 Monate vor Verfallzeit mit 5 Proc. Diskonto, und erhält für den ersten $3305\frac{5}{9}$, für den andern $6583\frac{1}{3}$ Rubel Banknoten. Welches waren die Valuten der Wechsel, und welches der Kurs, wenn die feste Valuta zwischen Petersburg und Constantinopel 1 Rubel B. N. und 1 Beutel $=$ 500 Piaster, 1 Piaster $=$ 40 Paras ist?

Die Valuten waren 3 und 6 Beutel; der Kurs 18 Paras.

232. Das Brutto (Sporco) einer Waare ist 780 Pfd., die Tara 20 Pfd.; wie viel ist das Netto, und wie viele Proc. ist Tara von Brutto? Wie viele Proc. ist Netto von Brutto?

Aufl. Brutto ist das Gewicht einer Waare sammt ihrer Einhüllung (Emballage); das Gewicht der Waare allein ist Netto (Lauter) Das Gewicht der Einhülle (Fässer, Kisten, Packtuch rc.) heißt Tara; daher ist Brutto-Gewicht $=$ Netto- $+$ Tara-Gewicht. Mithin ist das Netto der Waare 760 Pfd.

$$780 : 20 = 100 : \text{Tara nach Proc.}$$

Also ist Tara $2\frac{22}{39}$ Proc. von Brutto, daher Netto $= 100 - 2\frac{22}{39}$ $= 97\frac{17}{39}$ Proc. von Brutto.

Netto muß also procentweise unter 100 berechnet werden, und eben so Tara.

233. Das Brutto einer Waare ist 8585 Pfd., Tara ist $2\frac{1}{2}$ Proc. Wie groß ist das Netto-Gewicht? Netto $= 8370\frac{3}{8}$ Pfd.

234. Das Brutto einer Waare ist 5884 Pfd., das Netto derselben 5802 Pfd. Wie groß ist Tara und wie viele Proc.?

Tara $=$ 82 Pfd. und beträgt $1\frac{579}{1471}$ Proc.

235. Die Tara einer Waare ist 58 Pfd., das Netto 962 Pfd. Wie schwer ist Brutto? Brutto $=$ 1020 Pfd.

236. Die Tara ist $2\frac{1}{3}$ Proc., Netto 5876 Pfd. Wie groß ist Brutto? Brutto = $6016\frac{112}{293}$ Pfd.

237. Zwei Kisten mit Waaren wiegen zusammen 832 Pfd.; die erste leere Kiste wiegt 12, die andere 15 Pfd.; das Netto der ersten Waare ist um 29 Pfd. weniger als das der andern. Wie groß ist Brutto und Netto jeder Waare?

Das Brutto ist 400 und 432 Pfd., das Netto 388 und 417 Pfd.

238. Das Brutto einer Waare übertrifft das einer andern um 450 Pfd.; die Tara der ersten ist um 12 Pfd. mehr als die der andern, und das Netto dieser Waaren haben das Verhältniß von 8 : 5 zu einander. Welches ist das Brutto, die Tara und das Netto dieser Waaren?

Aufl. Da das Brutto = der Tara und dem Netto ist, so ist das Brutto der ersten Waare um das größer als das Brutto der andern, um was die Tara der ersten größer als die der andern, und um was das Netto der ersten größer als das Netto der andern ist; daher ist das Netto der ersten Waare um 450 — 12 oder um 438 Pfd. größer als das Netto der andern; zugleich ist das Netto der ersten Waare um das 3fache größer als das Netto der andern; folglich ist das 3fache = 438 Pfd., also das Einfache = 146 Pfd. Demnach ist das Netto der ersten Waare = 8 . 146 = 1168 Pfd., und das Netto der andern = 5 . 146 = 730 Pfd.

Brutto und Tara können nicht gefunden werden aus den gegebenen Bedingungen, weil für jede Frage, die 2 Unbekannte enthält, nur eine Angabe gemacht ist. Damit daher die beiden andern Fragen beantwortet werden könnten, müßte entweder die Summe oder das Verhältniß entweder vom Brutto oder von der Tara gegeben sein. Z. B. Es sei das Verhältniß des Brutto beider Waaren das von 41 : 26, so hat Brutto der ersten Waare das 41fache, der zweiten das 26fache, also der ersten das 15fache mehr als das der zweiten = 450 Pfd., also das Einfache = 30 Pfd; mithin ist das Brutto der ersten = 41 . 30 = 1230 Pfd., und das der zweiten = 26 . 30 = 780 Pfd. Daher ist die Tara der ersten Waare = 1230 — 1168 = 62 Pfd., und die der andern = 780 — 730 = 50 Pfd.

239. Das Verhältniß des Brutto zweier Waaren ist das von 5 : 7; die Tara der ersten ist $1\frac{1}{2}$, die der andern Waare $1\frac{3}{4}$ Proc.; das Netto der ersten Waare beträgt $492\frac{1}{2}$ Pfd. Welches ist das Brutto jeder Waare, die Tara derselben und das Netto der andern?

Das Brutto der ersten Waare ist 500 Pfd., daher das Brutto der andern 700 Pfd.; folglich ist die Tara der andern Waare $12\frac{1}{4}$ Pfd., mithin das Netto der andern $687\frac{3}{4}$ Pfd.

240. Der Bruttopreis einer Waare ist 3 Thlr. 20 Sgr. für einen Centner, Tara ist $\frac{3}{4}$ Proc.; welches ist der Nettopreis von einem Centner?

Aufl. Tara ist der Abgang an Gewicht; um diesen muß man 1 Centner vermindern, so wird dieses um die Tara verminderte Gewicht 3 Thlr. 20 Sgr. kosten, und aus diesen Bedingungen suche man nun den Nettopreis eines Centners.

$$100 : 99\tfrac{1}{4} = 110 \text{ Pfd.} : A \text{ (Netto-Gewicht)}$$
$$\underline{3 \text{ Thlr. } 20 \text{ Sgr.} : X = A : 110 \text{ Pfd.}}$$
$$400 \times (3 \text{ Thlr. } 20 \text{ Sgr.}) : 397 \times X = 1 : 1$$

Daher ist der Nettopreis eines Centners = 3 Thlr. 20 Sgr. $9\frac{387}{397}$ Pf.

241. B hat 200 Thlr. mehr ausgeliehen als A, doch alle 3 zu gleich hohen Proc. B zieht jährlich 80 Thlr., C 200 Thlr. mehr an Zinsen als A; alle drei erhalten jährlich 1480 Thlr. Zinsen. Wie viel hat jeder ausgeliehen und zu welchen Proc.?

Aufl. Der Zins der 3 Personen ist zusammen = dem 3fachen des A und 280 Thlr. = 1480 Thlr., daher ist der 3fache Zins des A = 1200 Thlr. Mithin beträgt der Zins des A 400, der des B 480 und der des C 600 Thlr.

Da die Kapitale zu gleich hohen Proc. ausgeliehen sind, so stehen die jährlichen Zinsen im Verhältnisse der Kapitale; also verhält sich das Kapital des A zu dem des B = 400 : 480 = 5 : 6; das Kapital des A hat also das 5fache und das des B das 6fache einer und derselben Summe; daher hat das Kapital des B das Einfache mehr als das des A; folglich dieses Einfache = 200 Thlr. Demnach ist das Kapital des A = 10000 und das des B = 12000 Thlr.

Hieraus findet man leicht die Proc., daher auch das Kapital des C; nämlich 4 Proc., und Kapital des C = 15000 Thlr.

242. B hat 500, C 1000 Thlr. mehr als A ausgeliehen; alle 3 zu gleich hohen Proc. B nimmt in 4 Jahren 360 und C in derselben Zeit 450 Thlr. mehr an Zinsen ein als A in 2 Jahren. Welche Kapitale und zu welchen Proc. hat jeder ausgeliehen?

Aufl. C hat in 4 Jahren 90 Thlr. mehr an Zinsen eingenommen als B in derselben Zeit, also in einem Jahre $22\frac{1}{2}$ Thlr. jener mehr als dieser; daher ist dieses der einjährige Zins von 500 Thlr., weil C dieses mehr als B ausgeliehen hat; folglich sind die Kapitale zu $4\frac{1}{2}$ Proc. verliehen.

Das Kapital des B trägt in 4 Jahren den 4jährigen Zins vom Kapitale des A und den 4jährigen Zins von 500 Thlr.; da dieses zusammen um 360 Thlr. mehr als der zweijährige Zins des A ist, so ist der zweijährige Zins des A = 270 Thlr., also der einjährige 135 Thlr.; mithin ist das Kapital des A = 3000, das des B = 3500 und das des C = 4000 Thlr.

243. B hat 500, C 2000 Thlr. mehr als A, alle 3 aber zu gleich hohen Proc. ausgeliehen. B nimmt in 2 Jahren 250, und C in 3 Jahren 700 Thlr. mehr an Zinsen ein als A in einem Jahre. Welche Kapitale und zu welchen Proc. sind verliehen?

Aufl. B hat in 2 Jahren den einjährigen Zins des A und den 2jährigen von 500 Thlr., und C in 3 Jahren den 2jährigen Zins des A und den 3jährigen von 2000 Thlr. mehr als A in einem Jahre eingenommen.

Wären die Differenzen zwischen den Kapitalen des B und C und dem des A einander gleich, so würden die Differenzen der Zinsen im Verhältnisse der Differenzen der Zeiten stehen; also im Verhältnisse von 1 : 2. Da nun B in 2 Jahren 250 Thlr. mehr an Zinsen als A in einem Jahre zieht, so müßte C in 3 Jahren 2 . 250 oder 600 Thlr. mehr als A in einem Jahre an Zinsen einnehmen; nun nimmt B 200 Thlr. mehr als vorher bemerkt wurde ein; zugleich hat er auch nicht den 3jährigen Zins von 500, sondern den 3jährigen von 2000 oder 12jährigen von 500 Thlr. mehr, also den 8jährigen Zins von 500 Thlr. mehr als nach obigem Verhältnisse gezogen; daher ist der 8jährige Zins von 500 Thlr. = 200 Thlr. Mithin sind die Kapitale zu 5 $\frac{0}{0}$ verliehen.

Der 2jährige Zins von 500 Thlr. ist daher = 50 Thlr.; daher ist der einjährige Zins des A = 250 — 50 = 200 Thlr. Folglich ist das Kapital des A = 4000 Thlr., daher das des B = 4500 und das des C = 6000 Thlr.

244. B hat 2000 Thlr. mehr und zu $\frac{1}{2}$ Proc. höhern Zinsen, C 5000 Thlr. und zu 1 Proc. höherer Zinsen ausgeliehen als A; daher zieht B 125 Thlr. und C 320 Thlr. jährlich mehr an Zinsen als A. Welche Kapitale und zu welchen Proc. sind ausgeliehen?

Aufl. B hat jährlich an Zinsen $\frac{1}{2}$ $\frac{0}{0}$ vom Kapitale des A und den Zins von 2000 Thlr. zu seinen Proc. mehr als A; C hat jährlich an Zinsen 1 $\frac{0}{0}$ vom Kapitale des A und den Zins von 5000 Thlr. zu seinen Proc. mehr als A.

Was also B und C an Zinsen vom Kapitale des A hat, steht im Verhältnisse von 1 : 2. Würden nun die Proc. des B und C einander gleich sein, und hätte die Ueberschüsse ihrer Kapitale über das des A das Verhältniß von 1 : 2 zu einander: so müßten auch die Ueberschüsse ihrer Zinsen über die des A dasselbe Verhältniß von 1 : 2 zu einander haben; da der des B 125 Thlr. ist, so müßte der des C 250 Thlr. sein; er ist aber wirklich 320 Thlr., also 70 Thlr. über den proportionalen Ueberschuß.

Nun hat C zu $\frac{1}{2}$ $\frac{0}{0}$ höher als B ausgeliehen, und nimmt daher $\frac{1}{2}$ $\frac{0}{0}$ von 5000 Thlr. oder 25 mehr als nach jenem Verhältnisse ein; diese $\frac{1}{2}$ $\frac{0}{0}$ von 5000 Thlr. von jenen 70 Thlr. abgerechnet, so hat er nur 70 — 25 oder 45 Thlr. mehr als jenen proportionalen Ueberschuß. Nun stehen auch die Ueberschüsse ihrer Kapitale über das des A nicht im Verhältnisse von 1 : 2, denn sonst müßte der des C 4000 Thlr. sein, er ist nun 1000 mehr als nach diesem Verhältnisse; daher ist der jährliche Zins von 1000 Thlr. zu Proc. des B 45 Thlr.; mithin sind die Proc. des B $4\frac{1}{2}$, also die des A 4, und die des C 5.

$\frac{1}{2}$ Proc. vom Kapitale des A (s. oben die Aufl.) und $4\frac{1}{2}$ $\frac{0}{0}$ von 2000 Thlr. betragen 125 Thlr., also ist $\frac{1}{2}$ $\frac{0}{0}$ vom Kapitale des A = 35 Thlr. also das Kapital des A = 7000, das des B = 9000 und das des C = 12000 Thlr.

245. Drei Personen A, B, C haben gleiche Kapitale, jede zu 5 Proc. auf Zinsen gegeben; A erhält nach einer gewissen Zeit 800 Thlr. an Zinsen, B 1200 und C 1600 Thlr.; dieser hatte sein Geld 2 Jahre länger auf Zinsen stehen lassen als A. Welche Summe und auf welche Zeit hatte jede ausgeliehen?

Jede 8000 Thlr., A auf 2, B auf 3 und C auf 4 Jahre.

246. A, B, C haben gleiche Kapitale zu $4\frac{1}{2}$ Proc. auf Zinsen gegeben; B läßt sein Geld ein Jahr, C 3 Jahre länger auf Zinsen stehen als A; daher zieht B 104 Thlr. an Zinsen mehr als A in einer

gewissen Zeit. Alle 3 haben 1664 Thlr. an Zinsen erhalten. Welches war das ausgeliehene Kapital und auf wie viele Jahre?

Das Kapital jeder Person war 2400 Thlr.; A hatte auf 4, B auf 5 und C auf 7 Jahre ausgeliehen.

247. Wenn A, B, C gleiche Kapitale, A zu 4, B zu $4\frac{1}{2}$ und C zu $5\frac{1}{2}$ Proc. auf Zinsen geben, und A nach einer gewissen Zeit 240 Thlr.; B läßt sein Geld 2 Jahre länger auf Zinsen als A und erhält 810 Thlr., C endlich 660 Thlr. an Zinsen. Welche Kapitale und welche Zeiten?

Aufl. Wären die Zeiten von A und B einander gleich, so würden die Zinsen im Verhältnisse der Proc., also von 8 : 9 stehen; da nun A 240 Thlr. Zinsen hat, so müßte B nach diesem Verhältnisse 270 Thlr. Zinsen haben; die Zinsen aber von B sind 540 Thlr. über dieses Verhältniß; zugleich zieht B für 2 Jahre Zinsen mehr als A, nach dem genannten Verhältnisse; folglich ist der 2jährige Zins des B zu $4\frac{1}{2}$ Proc. 540 Thlr., also der einjährige 270 Thlr., mithin ist das Kapital des B = 6000 Thlr. Jeder hat also 6000 Thlr. ausgeliehen.

Der jährliche Zins von 6000 Thlr. zu 4 % ist 240, zu $5\frac{1}{2}$ % ist 330 Thlr.; daher hat A sein Geld ein Jahr, B 3 Jahre und C 2 Jahre auf Zinsen stehen lassen.

248. Drei Personen A, B, C geben Kapitale auf Zinsen, welche sich wie die Zahlen 2, 3, 5 verhalten, jede zu $4\frac{1}{2}$ Proc., B zieht jährlich 90 Thlr. an Zinsen mehr als A. Welches sind die Kapitale?

Aufl. Das Kapital des A hat also das 2fache, das des B das 3fache, und das des C das 5fache; B hat daher das Einfache mehr als A, und erhält zugleich 90 Thlr. mehr an Zinsen als A, daher ist das Einfache = 2000 Thlr. Demnach sind die ausgeliehenen Kapitale der 3 Personen 4000, 6000 und 10000 Thlr.

249. Drei Personen A, B, C leihen Kapitale aus, welche sich wie 2, 4, 7 verhalten, jede zu 4 Proc., A auf 6, B auf 4, C auf 2 Jahre; alle 3 haben zusammen 8400 Thlr. in den genannten Zeiten an Zinsen gezogen. Welches waren die Kapitale?

Aufl. Da die Proc. einander gleich sind, so stehen die Zinsen im zusammengesetzten Verhältnisse der Kapitale und der Zeiten, also im Verhältnisse der Zahlen 2 . 6, 4 . 4, 7 . 2, oder 6, 8, 7; daher hat der Zins des A das 6fache, der des B das 8fache und der des C das 7fache; der Zins von den 3 Personen hat also das 21fache = 8400 Thlr.; daher das Einfache = 400 Thlr. Folglich ist der 6jährige Zins des A = 2400 Thlr., daher der einjährige 400 Thlr. Demnach ist das Kapital des A 10000, das des B 20000, und das des C 35000 Thlr.

250. A, B, C haben Kapitale, die sich wie 3, 4, 5 verhalten, auf Zinsen gegeben; A zu $\frac{1}{2}$ Proc. höher als B, und dieser zu $\frac{1}{2}$ Proc. höher als C. A läßt sein Geld 4, B 2 und C 3 Jahre auf Zinsen stehen. A erhält während der genannten Zeit 420, B 252 Thlr. an Zinsen. Welche Kapitale hatte jeder gegeben, und wie viel erhielt C in der gegebenen Zeit an Zinsen?

Aufl. Wären die Proc. gleich, so müßten die Zinsen im zusammengesetzten Verhältnisse der Kapitale und der Zeiten stehen; daher müßte sich der Zins des A zu dem des B wie 3 . 4 : 4 . 2 = 3 : 2 verhalten; und da A 420 Thlr. an Zinsen erhält, so müßte B 280 Thlr. erhalten haben. Nun hat B nur 252 Thlr., also 28 Thlr. weniger als nach jenem Verhältnisse; zugleich zieht er $\frac{1}{2}$ % weniger als A; daher ist $\frac{1}{2}$ % von dem Kapitale des B in 2 Jahren 28 Thlr., also in 1 Jahre 14 Thlr. Demnach ist das Kapital des B = 2800 Thlr., folglich das des A = 2100 und das des C = 3500 Thlr.

251. Drei Kapitale, welche sich wie 3, 5, 8 verhalten, stehen $5\frac{1}{3}$, $5\frac{1}{2}$, $5\frac{1}{4}$ Proc. auf Zinsen. Nach gewissen Zeiten erhielt man von diesen Kapitalen 720, 1650, 1260 Thlr. an Zinsen; das erste Kapital stand ein Jahr länger auf Zinsen als das dritte. Welches sind die Kapitale und die Zeiten?

Aufl. Die Zinsen stehen im zusammengesetzten Verhältnisse der Kapitale, der Proc. und der Zeiten, und zwar wie 720 : 1650 : 1260, oder wie 24 : 55 : 42. Nun ist das Verhältniß aus den Kapitalen und den Procenten zusammengesetzt das von $3 . 5\frac{1}{3} : 5 . 5\frac{1}{2} : 8 . 5\frac{1}{4} = 32 : 55 : 84$.

Wenn man nun das Verhältniß der Zinsen durch das zusammengesetzte Verhältniß der Kapitale und Proc. dividirt, so muß man das Verhältniß der Zeiten erhalten; daher stehen die Zeiten im Verhältnisse von $\frac{24}{32} : \frac{55}{55} : \frac{42}{84}$, oder wie $\frac{3}{4} : 1 : \frac{1}{2}$, oder wie 3 : 4 : 2. Die erste Zeit ist um 1 Jahr länger als die dritte; demnach sind die Zeiten 3, 4, 2 Jahre. Folglich sind die Kapitale 4500, 7500 und 12000 Thlr.

252. Ein Gefäß hat 2 Röhren, durch welche das Wasser mit ungleicher Geschwindigkeit, im Verhältnisse von 2 : 3 strömt; die Oeffnungen der Röhren verhalten sich wie 4 : 5. In einer gewissen Zeit haben beide Röhren zusammen 920 Kubikfuß Wasser geliefert; wie viel gab jede in dieser Zeit?

Aufl. Die erste Röhre hat das 4fache, die andere das 5fache eines gewissen Raumes; fließt nun aus dem Einfachen Raum der ersten Oeffnung das 2fache des Wassers, so fließt aus dem Einfachen Raume der zweiten Oeffnung das 3fache derselben Quantität Wasser; daher fließt aus der ersten Röhre das 8fache, und aus der zweiten das 15fache derselben Quantität Wasser, zusammen also das 23fache = 920 Kubikfuß, daher das Einfache = 40 Kubikfuß; mithin gab die erste Röhre 320 und die andere 600 Kubikfuß Wasser.

253. Ein Lastträger schafft mit jedem Gange 300 Pfund, ein anderer 330 Pfund weg. Der erste braucht zu jedem Gange 9, der andere 10 Minuten. Wenn nun der erste $1\frac{1}{2}$ Stunde länger als der andere, und zwar 3180 Pfund mehr als dieser fortgetragen hat; wie viele Pfund hat jeder und welche Zeit hindurch getragen?

Aufl. Der erste Träger schafft in $1\frac{1}{2}$ Stunden 3000 Pf. fort, folglich hat er in der Zeit des andern 180 Pf. mehr als dieser weggetragen; und da der erste in einer Stunde 20 Pf. mehr als der andere wegbringt, so hat der zweite $\frac{180}{20}$ oder 9 Stunden hindurch getragen, und der erste $10\frac{1}{2}$ St., daher hat der erste 21000 und der andere 17820 Pf. getragen.

254. Ein Wasserbehälter wird durch 2 Pumpen gefüllt; die Ge-

schwindigkeit der Wasserströme verhalten sich wie 5 : 6; die Querdurchschnitte derselben wie 9 : 8 Man weiß, daß die eine Pumpe in einer gewissen Zeit 375 Kubikfuß Wasser mehr als die andere in derselben Zeit zuführte. Wie viel Wasser gab jede in dieser Zeit?

Die erste 5625, die andere 6000 Kubikfuß.

255. Ein Arbeiter kann einen Morgen Wiese in 3, ein anderer in 4 Tagen abmähen; wenn nun der erste 7 Tage und der andere 9 Tage gemäht hat. Wie viel hat jeder in dieser Zeit gemäht?

Der erste $2\frac{1}{3}$, der andere $2\frac{1}{4}$ Morgen.

256. Ein Arbeiter kann in 3, ein anderer in 4 Tagen einen Morgen Landes bearbeiten. Nun haben 5 Arbeiter der ersten und 7 Arbeiter der zweiten Art in einer gewissen Zeit 34 Morgen 30 Quadratruthen bearbeitet; wie viel hat jeder und wie viele Tage haben sie gearbeitet?

Sie haben 10 Tage gearbeitet, und einer der ersten Art in dieser Zeit $3\frac{1}{3}$, einer der andern $2\frac{1}{2}$ Morgen bearbeitetet.

257. 5 Arbeiter haben in 3 Tagen 4 Morgen Landes, und 6 Arbeiter in 4 Tagen 7 Morgen bestellt. Wenn nun 9 Arbeiter der ersten und 8 Arbeiter der zweiten Art in Zeiten, die sich wie 5 : 6 verhalten, 52 Morgen Landes bearbeitet haben; wie viele Tage hat jede Art gearbeitet, und wie viel jeder?

Aufl. Ein Arbeiter der ersten Art bestellt in einem Tage $\frac{4}{15}$, einer der zweiten Art in einem Tage $\frac{7}{24}$ Morgen, daher steht die Stärke (Geschwindigkeit) von einem Arbeiter der ersten Art zu der von einem der zweiten im Verhältnisse von $\frac{4}{15} : \frac{7}{24}$.

Die ganze Arbeit jener Arbeiter steht nun im Verhältniß ihrer Stärke, ihrer Anzahl und ihrer Zeiten, also im Verhältnisse von $\frac{4}{15} . 9 . 5 : \frac{7}{24} . 8 . 6 = 6 : 7$. Die ersteu Arbeiter haben also das 6fache und andern das 7fache einer gewissen Fläche bestellt, zusammen das 13fache = 52 Morgen; daher haben die ersten 24 und die andern 28 Morgen bearbeitet. Die 9 ersten Arbeiter bestellen in einem Tage $\frac{12}{5}$ Morgen; daher haben sie 10 und die andern 12 Tage lang gearbeitet; und einer der ersten hat in den 10 Tagen $2\frac{2}{3}$, einer der andern in 12 Tagen $3\frac{1}{2}$ Morgen bestellt.

258. Arbeiter, deren Anzahlen sich wie 3 : 4 verhalten, haben in Tagen, die im Verhältnisse von 5 : 6 stehen, Acker bearbeitet, deren Fläche sich wie 7 : 8 verhalten. 9 Arbeiter der ersten Art arbeiten 5 Tage länger als 7 Arbeiter der zweiten Art; daher haben jene 58 Morgen 144 Quadratruthen, diese nur 21 Morgen bearbeitet. Wie viele Tage haben sie gearbeitet, und wie viel jeder täglich?

Aufl. Die Stärke von einem Arbeiter der ersten Art verhält sich zur Stärke von einem der zweiten wie $\frac{7}{3 . 5} : \frac{8}{4 . 6} = 7 : 5$; da sich nun ihre Anzahlen wie 9 : 7 verhält, so ist das zusammengesetzte Verhältniß aus dem ihrer Stärke und ihrer Anzahlen = 9 : 5; das Verhältniß ihrer Arbeiten ist das von $58\frac{2}{5} : 21 = 14 : 5$; folglich ist das Verhältniß ihrer Zeiten = $\frac{14}{9} : \frac{5}{5} = 14 : 9$. Die ersten haben also das 14fache, die andern das 9fache, die ersten also das 5fache einer gewissen Zeit länger als die andern, und zwar jene 5 Tage länger als diese, daher haben jene 14 und diese 9 Tage gearbeitet.

Da nun 9 Arbeiter in 14 Tagen 58 Morgen 144 Quadratruthen bestellt haben, so hat einer in einem Tage 84 Quadratruthen, und einer der andern Art in einem Tage 60 Quadratruthen bearbeitet.

159. Ein Hase hat einen Vorsprung von 80 seiner Sprünge vor einem Hunde. Während der Hase 6 Sprünge macht, thut der Hund in derselben Zeit nur 5 seiner Sprünge; aber 9 Hasensprünge sind in Ansehung ihrer Größe 7 Hundssprüngen gleich. Wie viele Sprünge wird der Hase noch machen können, bis er vom Hunde eingeholt wird, und wie viele Sprünge hat jeder im Ganzen gemacht?

Aufl. Die Wege stehen im zusammengesetzten Verhältnisse der Geschwindigkeit und Größe der Sprünge. Das Verhältniß der Größe ist das von $7 : 9$, der Geschwindigkeit von $6 : 5$; daher das Verhältniß ihrer Wege von $7 . 6 : 5 . 9 = 14 : 15$. Der Hund muß nun das Einfache oder 80 Hasensprünge mehr als der Hase in derselben Zeit machen; daher ist der Weg des Hasen $= 14 . 80 = 1120$ und der des Hundes $= 15 . 80 = 1200$ Hasensprünge. Der Hase hat also im Ganzen $1120 + 80$ oder 1200 seiner Sprünge gemacht.

Ein Hundssprung ist $= \frac{9}{7}$ Hasensprünge; demnach hat der Hund $1200 : \frac{9}{7} = 933\frac{1}{3}$ seiner Sprünge gemacht.

260. Mit einem 3= und einem 4spännigen Wagen wird Getreide vom Felde eingefahren. Mit dem 3spännigen Wagen hat hat man schon 36 Fuhren gemacht, ehe man den 4spännigen gebraucht. In derselben Zeit man mit dem 3spännigen Wagen 5 Fuhren macht, kann man mit dem andern nur 4 machen; aber 11 Fuhren mit dem ersten Wagen sind in Hinsicht ihrer Ladung 7 Fuhren mit dem andern Wagen gleich. Wie viele Fuhren muß der zweite Wagen machen, bis er eben so viel als der erste eingefahren hat, und wie viele Fuhren hat der erste im Ganzen gemacht?

Der zweite muß 112 seiner Fuhren, und der erste im Ganzen 176 seiner Fuhren machen.

261. Zwei Sackträger tragen von einem Speicher Getreide auf ein Schiff. Während der eine 7 Gänge macht, macht der andere nur 6. Der erste hat in einer gewissen Zeit 168, der andere in derselben Zeit 192 Scheffel getragen. Wie verhalten sich die Quantitäten, welche sie mit jedem Gange tragen? Wie $3 : 4$.

262. Ein Sackträger trägt mit jedem Gange 3, ein anderer 4 Scheffel, der erste braucht zu jedem Gange 5, der andere 6 Minuten. Der eine hat in einer gewissen Zeit 80 Scheffel mehr als der andere in derselben Zeit getragen. Wie viel hat jeder getragen, in welcher Zeit, und wie viele Gänge machte jeder?

Aufl. Der erste schafft in einer Minute $\frac{3}{5}$, der andere $\frac{2}{3}$, dieser also in einer Minute $\frac{1}{15}$ Scheffel mehr als jener weg; daher braucht der zweite $80 : \frac{1}{15} = 80 . 15$ Minuten $= 20$ Stunden Zeit, um 80 Scheffel mehr als der erste zu tragen. Daher hat der erste $20 . 60 . \frac{3}{5}$

$= 720$, und der andere $20 . 60 . \frac{2}{3} = 800$ Scheffel getragen. Der erste machte $\frac{20 . 60}{5} = 240$, der andere $\frac{20 . 60}{6} = 200$ Gänge.

263. 10 Pferde haben in 3 Wochen eine Wiese von 480 Quadratruthen so abgeweidet, daß sie sowohl das Gras, welches anfangs darauf stand, als aus jenes, welches in der Zeit nachwuchs, verzehrt haben. Unter gleichen Umständen haben 12 Pferde in 4 Wochen eine Wiese von 720 Quadratruthen abgeweidet. Welches war der wöchentliche Nachwuchs auf einer Quadratruthe in Verhältniß zu dem Grase, welches anfänglich auf einer Quadratruthe stand?

Aufl. Die Quantitäten, welche die Pferde verzehren, stehen im zusammengesetzten Verhältnisse ihrer Anzahlen und der Zeiten, also im Verhältnisse von $10 . 3 : 12 . 4 = 5 : 8$. Würden nun die Größen der Wiesen dasselbe Verhältniß zu einander haben, so müßten auch die Massen des Nachwuchses in dem nämlichen Verhältnisse stehen. Nach diesem Verhältnisse müßte also die zweite Wiese 768 Q.R. sein, sie ist aber nur 720 Q.R., also fehlen ihr zu diesem Verhältnisse 48 Q.R.; folglich muß dieses Fehlende der Nachwuchs ersetzen.

Der Nachwuchs nur auf einer Quadratruthe in einer Woche ist ein gewisses Quantum, und dieses sei das Einfache: so ist der Nachwuchs auf 480 Q.R. in 3 Wochen das $3 . 480 = 1440$fache, und der Nachwuchs auf 720 Q.R. in 4 Wochen das $4 . 720 = 2880$fache. Bestände nun das Verhältniß von $5 : 8$ auch zwischen dem Nachwuchse, so müßte der zweite das 2304fache sein. Der Nachwuchs auf der zweiten Wiese hat also das 576fache mehr als der proportionale der ersten Wiese; daher ist das 576fache = dem Grase auf 48 Q.R.; mithin das Einfache $= \frac{48}{576} = \frac{1}{12}$ des Grases, welches anfangs auf 1 Q.R. stand.

264. 30 Ochsen weiden eine Wiese von 500 Quadratruthen in 5 Wochen, und 24 Ochsen eine andere Wiese von 460 Quadratruthen in 6 Wochen ab. Welches war der wöchentliche Nachwuchs auf 1 Quadratruthe? Der wöchentliche Nachwuchs auf 1 Q.R. war $\frac{1}{18}$ des Grases, welches anfangs auf 1 Q.R. stand.
(Siehe die vorige Aufl.)

265. 15 Pferde haben eine Wiese von 450 Q.R. in 6 Wochen, und 18 Ochsen eine Wiese von gleicher Beschaffenheit von 900 Q.R. in 8 Wochen abgeweidet. 3 Pferde verzehren eben so viel als 2 Ochsen in derselben Zeit. Welches ist der Nachwuchs?

Der wöchentliche Nachwuchs auf 1 Q.R. war $\frac{1}{4}$ des Grases, welches anfangs auf 1 Q.R. stand.

Die Aufl. ist dieselbe der 263sten Aufg., wenn man das Futter der Ochsen auf das der Pferde zurückführt; denn nach der Angabe verzehren 18 Ochsen eben so viel als 27 Pferde.

266. Drei Söhne erben ein Vermögen von 1200 Thlr.; nach 9 Monaten wird das Testament eröffnet, und in dieser Zeit haben sie sowohl das Vermögen, als auch die Zinsen für diese Zeit verzehrt. Unter gleichen Umständen haben 4 Söhne in 15 Monaten ein Kapital von 2600 Thlr. sammt den Zinsen für diese Zeit verbraucht. Der

Zinsfuß war in beiden Fällen derselbe. Welches war der Zinsfuß und wie viel verzehrte jeder monatlich?

Aufl. Die Verzehrungskosten stehen im zusammengesetzten Verhältnisse der Zeiten und der Zahl der Personen; also im Verhältnisse von $3 . 9 : 4 . 15 = 9 : 20$. Würden nun die Kapitale in diesem Verhältnisse sich befinden, so müßten die Zinsen dasselbe Verhältniß zu einander haben. Das zweite Kapital müßte nach diesem Verhältnisse $2666\frac{2}{3}$ Thlr. sein; folglich fehlen demselben $66\frac{2}{3}$ Thlr.

Der monatliche Zins von 100 Thlr. sei das Einfache, so ist der 9monatliche von 1200 Thlr. das 9 . 12fache; daher müßte der Zins vom zweiten Kapitale nach dem Verhältnisse von 9 : 20 das 20 . 12 oder 240fache sein.

Nun ist der 15monatliche Zins von 2600 Thlr. das 390fache, also das 150fache mehr als der proportionale; demnach ist das 150fache $= 66\frac{2}{3}$ Thlr.; daher das Einfache $= \frac{4}{9}$ Thlr. Die monatlichen Proc. sind also $\frac{4}{9}$; folglich die jährlichen $5\frac{1}{3}$ Proc.; der Zinsfuß ist daher $5\frac{1}{3}$ Proc.

Da die monatlichen Proc. $\frac{4}{9}$ sind, so sind sie für 9 Monate 4; mithin ist der Zins für 9 Monate von 1200 Thlr. 48 Thlr. Demnach haben die 3 Söhne in 9 Monaten 1248 Thlr., daher einer in einem Monate $\frac{1248}{3 . 9}$ oder $46\frac{2}{9}$ Thtr. verbraucht.

267. Zwei Kaufleute verbinden sich zu einem Handel, zu welchem jeder 1500 Thlr. hergiebt. Nach 5 Jahren müssen sie ihren gemeinschaftlichen Handel aufgeben, weil sie während dieser Zeit sowohl ihr Vermögen von 3000 Thlr. als auch den Gewinn während dieser Zeit verbraucht haben. Unter ganz gleichen Umständen haben 3 Kaufleute in 8 Jahren ihr Vermögen von 6000 Thlr. sammt dem Gewinne in dieser Zeit verzehrt. Wie viele Proc. betrug der jährliche Gewinn, und wie viel verbraucht jeder jährlich?

Der jährliche Gewinn betrug 10 Proc.; jeder verbrauchte jährlich 450 Thlr.

(Siehe die Aufl. der vorigen Aufgabe.)

268. Drei Kaufleute haben in 4 Jahren ihr gemeinschaftliches Vermögen von 18000 Thlr. sammt dem Gewinne während dieser Zeit verschwendet. Unter gleichen Umständen haben 4 Kaufleute in 7 Jahren ihr Vermögen von 30000 Thlr. verbraucht. Welches waren die Proc. des Gewinnes, und wie viel verbrauchte jeder jährlich?

Jährlich $28\frac{4}{7}$ Proc. Gewinn, und jeder hat $3214\frac{2}{7}$ Thlr. jährlich ausgegeben.

269. Fünf Söhne erben ein Vermögen von 2400 Thlr., welches sich in einer Handlung befindet. Nach 10 Monaten wird das Testament eröffnet, und in dieser Zeit haben sie ihr Vermögen sammt dem Gewinne während dieser Zeit verbraucht. Unter gleichen Umständen haben 6 Kinder in 12 Monaten ein Vermögen von 3000 Thlr. sammt dem Gewinne während dieser Zeit ausgegeben. Der Gewinn nach Proc. gerechnet war in beiden Fällen derselbe. Wie lange werden unter obigen Bedingungen 8 Kinder mit 1800 Thlr. reichen?

Aufl. Diese Aufgabe besteht aus zwei der vorhergehenden; daher wird auch die Aufl. wie früher zu machen sein.

Da die Verzehrungskosten im Verhältnisse der Zahl der Verzehrer und der Zeiten stehen: so ist dieses $= 5 . 10 : 6 . 12 = 25 : 36$.

Nun berechne man nach diesem Verhältnisse für die zweite Gesellschaft das Vermögen und den Gewinn.

25 : 36 = 2400 Thlr. : 3456 Thlr., proportionales Vermögen; das Vermögen der zweiten Gesellschaft ist aber nur 3000 Thlr., daher müssen die fehlenden 456 Thlr. durch den Gewinn ersetzt werden

Nennt man nun den monatlichen Gewinn von 100 Thlr. das Einfache, so ist der monatliche Gewinn von 2400 Thlr. das 24fache, und in 10 Monaten das 240fache.

25 : 36 = 240faches : $\frac{1728}{5}$fachem (= $345\frac{3}{5}$fachem).

Der Gewinn von 3000 Thlr. in 12 Monaten ist das 360fache, und dieses ist um das $14\frac{2}{5}$fache mehr als der proportionale Gewinn; daher ist das $14\frac{2}{5}$fache = 456 Thlr.; daher das Einfache = $31\frac{2}{3}$. Der monatliche Gewinn beträgt also $31\frac{2}{3}$ Proc.; daher ist der jährliche Gewinn = 380 Proc.

Demnach ist der Gewinn von 3000 Thlr. in einem Jahre = 11400 Thlr.; folglich haben 6 Kinder in 12 Monaten 14400 Thlr. verbraucht: so werden 8 Kinder in einem Monate wie viel verbrauchen?

$$\begin{array}{llll} 6 \text{ Kinder} : 8 \text{ Kinder} & = 14400 \text{ Thlr.} & : A & (\text{für } 12 \text{ Mon.}) \\ 12 \text{ Mon.} : 1 \text{ Mon.} & = A & : X & \\ \hline 1 : 8 & = 200 & : X & \end{array}$$

8 Kinder verbrauchen also in einem Monate 1600 Thlr. 1800 Thlr. bringen zu $31\frac{2}{3}$ Proc. monatlich 570 Thlr. ein; daher verzehren sie monatlich 1030 Thlr. vom Vermögen; demnach werden sie nur $\frac{1800}{1030}$ oder $1\frac{77}{103}$ Monate reichen.

Anmerk. Nennt man die Zahl der Personen in der ersten Angabe B, die in der zweiten b, das Kapital in der ersten C, in der zweiten c, die Monate in der ersten M, in der zweiten m und p die monatlichen Proc., ferner in der dritten Angabe $\beta$ die Zahl der Personen, $\gamma$ das Kapital und $\mu$ die Monate: so sind:

$$p = \frac{100 . (B M c - b m C)}{m M . (b C - B c)}$$ die monatlichen Proc.

$$\frac{c C . (m - M)}{m M (B c - b C)}$$ das, was jeder monatlich verzehrt.

$$\mu = \frac{m M \gamma (b C - B c)}{c M (\beta C - B \gamma) + C m (b \gamma - \beta c)}$$ die Monate der dritten Angabe.

$$\beta = \frac{\gamma . [b C m (M - \mu) + B c M (\mu - m)]}{c C . [M (\mu - m) + m (M - \mu)]}$$ die Zahl der Personen in der dritten Angabe.

$$\gamma = \frac{c . C \beta [M (\mu - m) + m (M - \mu)]}{c M B (\mu - m) + C m b (M - \mu)}$$ das Kapital in der dritten Angabe.

In der folgenden Gleichung: $C m (b \gamma - \beta c) (M - \mu) = c M (\beta C - B \gamma) (\mu - m)$ ist jeder der 3 vorstehenden Ausdrücke enthalten, und sie eignet sich mehr als jene Ausdrücke zur Berechnung des Gesuchten. Zwar hat man in der Anwendung derselben vorher eine Gleichung aufzulösen, doch dieses kann leicht geschehen, wenn man auch nur eine geringe Fertigkeit hierin besitzt; der Vortheil besteht aber bei der Anwendung dieser Gleichung darin, daß man durch sie in Stand gesetzt wird, die gemeinen Faktoren auf eine leichte Weise aus der Rechnung zu schaffen.

Diese Anmerk. ist natürlich nur für solche Leser, welche einen Begriff von der Buchstabenrechnung haben.

270. Sieben Brüder haben in 15 Monaten 2000 Thlr. sammt den Zinsen für diese Zeit verzehrt. Bei gleichen Ausgaben und gleichem Zinsfuße haben 6 Brüder in 9 Monaten 1500 Thlr. und die Zinsen verbraucht. Wie lange werden 8 Personen mit 2400 Thlr. reichen? $19\frac{3}{7}$ Monate.

(Siehe die Aufl. zu Aufg. 273.)

271. 15 Pferde haben in 8 Wochen eine Wiese von 800 Q.R., und 18 Pferde in 6 Wochen auch eine Wiese von 800 Q.R. abgeweidet. Wie lange werden 20 Pferde auf einer Wiese von 900 Q.R. weiden können?

Aufl. Die Auflösung dieser Aufgabe ist der zur Aufgabe 273. sehr ähnlich.

Das Futter steht im zusammengesetzten Verhältnisse aus dem der Anzahlen der Pferde und dem der Zeiten, also im Verhältnisse von $15 . 8 : 18 . 6 = 10 : 9$.

Wären nun die Flächen der Wiesen in diesem Verhältnisse, so müßte auch der Nachwuchs in demselben Verhältnisse sein.

$10 : 9 = 800$ □R. : $720$ □R.; die zweite Wiese ist also um 80 □R. als die proportionale größer.

Der Nachwuchs auf 100 □R. in einer Woche sei das Einfache, so ist der Nachwuchs auf der ersten Wiese in 8 Wochen das 64fache; daher müßte der proportionale Nachwuchs auf der zweiten Wiese ($10 : 9 = 64$faches : $57\frac{3}{5}$fachem), das $57\frac{3}{5}$fache sein; er ist aber auf der zweiten Wiese in 6 Woche nur das 48fache; daher mangelt dem wirklichen wirklichen Nachwuchse das $9\frac{3}{5}$fache = dem Grase auf 80 □R., also ist das Einfache = $8\frac{1}{3}$mal das Gras, welches auf einer Quadratruthe anfangs stand.

Das gesammte Futter für 15 Pferde in 8 Wochen ist daher das Gras auf 800 □R. + $64 . 8\frac{1}{3}$ □R. Folglich verzehrt ein Pferd in einer Woche das Gras von $11\frac{1}{9}$ □R. Daher fressen 20 Pferde in einer Woche das Gras von $20 . 11\frac{1}{9}$ oder von $222\frac{2}{9}$ □R.

Da nun der wöchentliche Nachwuchs auf 100 □R. = dem Grase von $8\frac{1}{3}$ □R. ist: so ist der wöchentliche Nachwuchs auf 900 □R. = dem Grase von $9 . 8\frac{1}{3}$ = dem von 75 □R. Folglich müssen die 20 Pferde wöchentlich das anfängliche Gras $147\frac{2}{9}$ □R. der Wiese abweiden, und sie wird daher diese Pferde $\frac{900}{147\frac{2}{9}} = 6\frac{6}{53}$ Wochen mit Gras versorgen.

272. 12 Pferde haben in 7 Wochen eine Wiese von 560 □R., und 16 Pferde in 5 Wochen eine Wiese von 600 □R. abgeweidet. Welche Wiese werden 22 Pferde in 8 Wochen abweiden?

Aufl. Nach der vorigen Aufl. findet man den wöchentlichen Nachwuchs = $\frac{1}{11}$ des anfänglichen Grases, und dadurch das wöchentliche Futter eines Pferdes = $10\frac{10}{11}$ □R. des ersten Grases. Folglich brauchen 22 Pferde in 8 Wochen $22 . 8 . 10\frac{10}{11}$ □R. des anfänglichen Grases.

Da der Nachwuchs in einer Woche $\frac{1}{11}$ ist, so ist er in 8 Wochen $\frac{8}{11}$; folglich muß sich das anfängliche Gras der Wiese zu dem Nachwuchse wie 11 : 8 verhalten; die Wiese hat also zu Anfange das 11fache und der Nachwuchs das 8fache einer gewissen Quantität, beide zusammen das 19fache $= 22 . 8 . 10\frac{10}{11}$ □R.; also das Einfache $= \frac{22 . 8 . 10\frac{10}{11}}{19}$ □R.; mithin muß die Wiese $\frac{11 . 22 . 8 . 10\frac{10}{11}}{19} = 1111\frac{11}{19}$ □R. halten.

273. Wenn 9 Pferde in 7 Wochen eine Wiese von 400, und 10 Pferde in 9 Wochen eine Wiese von 500 Quadratruthen abweiden; so werden wie viele Pferde 12 Wochen lang auf einer Wiese von $785\frac{5}{7}$ Quadratruthen weiden können?

Der wöchentliche Nachwuchs auf einer □R. ist $\frac{1}{7}$ des anfänglichen Grases; jedes Pferd frißt wöchentlich $\frac{800}{63}$ □R. ab, und die gesuchte Zahl Pferde ist 14.

274. Acht Pferde haben in 7 Wochen eine Wiese von 400, 9 Pferde in 8 Wochen eine Wiese von 500 Quadratruthen abgeweidet: so werden wie viele Pferde in 8 Wochen eine Wiese von 600 □R. abweiden?

Aufl. Man findet durch eine der frühern Aufl., daß der wöchentliche Nachwuchs auf einer □R. $\frac{1}{28}$ des anfänglichen Grases beträgt. Daher ist der Nachwuchs von 4 Wochen $\frac{1}{4}$, und auf 400 □R. in 7 Wochen 100mal das anfängliche Gras auf 1 □R.; folglich ist das Futter für 8 Pferde in 7 Wochen das anfängliche Gras auf 500 □R.; mithin verzehrt jedes Pferd in einer Woche von $\frac{500}{8 . 7}$ □R. das Gras.

Der Nachwuchs auf 600 □R. in 8 Wochen ist $\frac{8 . 600}{28} = \frac{1200}{7}$ □R.; demnach ist das Futter für die gesuchte Zahl Pferde in 8 Wochen $600 + \frac{1200}{7} = \frac{5400}{7}$ □R.; also für eine Woche $\frac{5400}{8 . 7}$ □R. Da nun ein Pferd in einer Woche $\frac{500}{8 . 7}$ □R. abweidet; so ist die gesuchte Zahl Pferde $= \frac{5400}{7 . 7} : \frac{500}{7 . 8} = \frac{54}{5} = 10\frac{4}{5}$.

Würde aber in der Aufgabe so die Frage gestellt sein, daß die gesuchte Zahl Pferde 12 Wochen auf der Wiese von 600 □R. weiden sollte: so würde das Futter für dieselben das Gras auf $600 + \frac{12 . 600}{28} = \frac{6000}{7}$ □R. für 12 Wochen, daher für eine Woche $\frac{500}{7}$ □R. sein; und da jedes Pferd in einer Woche $\frac{500}{7 . 8}$ □R. abfrißt: so würde die gesuchte Zahl der Pferde $= \frac{500}{7} : \frac{500}{7 . 8} = 8$ sein.

Anmerk. Die ersten Bedingungen dieser Aufgabe mit der letzten in der Aufl. ist die Aufgabe aus Meier Hirsch's Sammlung 2c.

275. Drei Kaufleute A, B, C errichten eine Kompagnie-Handlung, C giebt dazu 2600 Thlr. her, A aber 320 Thlr. weniger als B. A läßt sein Geld 7, B 14 und C 12 Monate in der Handlung. Der Gewinn von $2402\frac{1}{6}$ Thlr. wird nun unter die Theilnehmer nach Verhältniß der Einlage und der Zeit vertheilt; da erhält B für seinen Thleil 879 Thlr. 20 Sgr. Wie viel hat A und B eingelegt?

A hat $1360\frac{5}{7}$, B $1680\frac{5}{7}$ Thlr. zur Handlung gegeben; der Gewinn des A ist $356\frac{33}{362}$, der des C $1166\frac{74}{181}$ Thlr. und der monatliche Gewinn ist $\frac{203}{5430}$ Thlr. von 1 Thlr.; oder das Geld hat jährlich $4\frac{88}{181}$ Proc. getragen.

276. Drei Kaufleute haben sich zu einem gemeinschaftlichen Handel verbunden, zu welchem A 600 Thlr. mehr als B, und C 1500 Thlr. beigetragen hat. A hat sein Geld 8, B 10 und C 13 Monate in der Handlung stehen gelassen. Der gesammte Gewinn von 4725 Thlr. wird unter die Theilnehmer nach Verhältniß der Einlagen und der Zeiten getheilt, und A erhält für seinen Antheil 1600 Thlr. Wie viel hat A und B zur Handlung gegeben, und welchen Antheil vom Gewinne hat B und C? Wie viele Proc. trug das Geld jährlich?

Aufl. 1. Der monatliche Gewinn des B sei M, und der monatliche Gewinn von 100 Thlr. sei P; so ist der monatliche Gewinn des $A = M + 6P$, und der des $C = 15P$. Daher ist der 8monatliche Gewinn des $A = 8M + 48P$, der 10monatliche Gewinn des $B = 10M$, und der 13monatliche Gewinn des $C = 13 . 15P = 195P$.

Da nun der Gewinn aller 4725 und der des A 1600 Thlr. beträgt: so ist der Gewinn von B und C 3125 Thlr. Also ist der Gewinn des $A = 8M + 48P = 1600$ Thlr. und der des B und $C = 10M + 195P = 3125$ Thlr.

Würde nun das Verhältniß von 48P zu 195P gleich dem von 8M zu $10M = 8 : 10$ sein, so müßten auch die Summen der Vorderglieder dieser Verhältnisse sich zur Summe der Hinterglieder wie 8 zu 10 verhalten; da nun $8 : 10 = 48P : 60P$, und $8 : 10 = 1600$ Thlr. : 2000 Thlr.; so ist $10M + 60P = 2000$ Thlr. Weil $10M + 195P$ um 135P mehr als $10M + 60P$, und 3125 Thlr. um 1125 Thlr. größer als 2000 Thlr. sind: so sind $135P = 1125$ Thlr.; demnach ist P oder der monatliche Gewinn von 100 Thlr. $= 8\frac{1}{3}$ Thlr.; daher ist $60P = 60 . 8\frac{1}{3} = 500$ Thlr.; also $10M = 2000 - 500 = 1500$ Thlr.; daher M oder der monatliche Gewinn des $B = 150$ Thlr. Mithin ist der ganze Gewinn des $B = 1500$ Thlr. und der des $C = 3125 - 1500 = 1625$ Thlr.

Da nun der monatliche Gewinn von 100 Thlr. bekannt ist, so giebt folgende Proportion die Einlage des B $8\frac{1}{3} : 100 = 150$ : Einlage des $B = 1800$ Thlr.; folglich ist die Einlage $A = 1800 + 600 = 2400$ Thlr.

Aufl. 2. Da A in 8 Monaten einen Gewinn von 1600 Thlr. gezogen hat, so ist der monatliche Gewinn von seinem zur Handlung gegebenen Gelde = 200 Thlr.; folglich müßte er in 10 Monaten einen Gewinn von 2000 Thlr. erhalten haben. Da ferner sein Beitrag gleich dem des B und 600 Thlr. ist, und B sein Geld 10 Monate in der Handlung hat stehen lassen: so ist der 10monatliche Gewinn des A oder 2000 Thlr. = dem ganzen Gewinne des B und dem 10monatlichen Gewinne von 600 Thlr.

Nun beträgt der Gewinn des B und C zusammen 3125 Thlr., und weil dieser um 1125 Thlr. mehr als 2000 Thlr. ist: so ist der Gewinn des C um 1125 Thlr. größer als der 10monatliche Gewinn von 600 Thlr.

Der 10monatliche Gewinn von 600 Thlr. ist das 60fache von dem monatliche Gewinne von 100 Thlr. Denn der 10monatliche Gewinn einer Summe ist das 10fache des monatlichen Gewinnes derselben Summe, und der monatliche Gewinn von 600 Thlr. ist das 6fache vom monatlichen Gewinne von 100 Thlr.; daher ist der 10monatliche Gewinn von 600 Thlr. = dem 10fachen vom 6fachen vom monatlichen Gewinne von 100 Thlr. = 60fachen vom monatlichen Gewinne von 100 Thlr.

Die Einlage des C beträgt 1500 Thlr., und weil sein Geld 13 Monate in der Handlung stand, so ist sein Gewinn das 13 . 15 oder das 195fache vom monatlichen Gewinne von 100 Thlr. Daher ist der Gewinn des C um das 135fache vom monatlichen Gewinne von 100 Thlr. mehr als der 10monatliche Gewinn von 600 Thlr. Demnach ist das 135fache vom monatl. Gewinne von 100 Thlr. = 1125 Thlr.; daher ist der monatliche Gewinn von 100 Thlr. = $\frac{1125}{135}$ = $8\frac{1}{3}$ Thlr. Folglich ist der Gewinn des C = 195 . $8\frac{1}{3}$ = 1625 Thlr.; also der Gewinn des B = 3125 — 1625 = 1500 Thlr.

Weil nun der monatliche Gewinn von 100 Thlr. = $8\frac{1}{3}$ Thlr. ist, so ist der 10monatliche Gewinn von 100 Thlr. = 10 . $8\frac{1}{3}$ Thlr., und 10 . $8\frac{1}{3}$ Thlr. : 1500 Thlr. = 100 Thlr. : Einlage des B = 1800 Thlr. Daher ist die Einlage des A = 1800 + 600 = 2400 Thlr.

Da der monatliche Gewinn von 100 Thlr. = $8\frac{1}{3}$ Thlr., so ist der 12monatliche oder der jährliche = 12 . $8\frac{1}{3}$ = 100 Thlr., daher trug das Geld jährlich 100 Proc.

277. Drei Kaufleute treten zu einem gemeinschaftlichen Handel zusammen. A giebt 600 Thlr. mehr als B, und C 900 Thlr. zum Handel. A läßt sein Geld 4, B 10 und C 15 Monate in der Handlung stehen. Der gemeinschaftliche Gewinn von 1180 Thlr. wird nach Verhältniß der Einlagen und der Zeit getheilt, und B erhält für seinen Antheil 300 Thlr. Wie viel hatte A und B zur Handlung beigetragen, und welches war der Antheil am Gewinne des C?

A gab 1500, B 1000 Thlr. und der Gewinn des C beträgt 540 Tlr.

278. Zu einem gemeinschaftlichen Handel giebt A 500 Thlr. mehr als B, und dieser 200 Thlr. mehr als C. A läßt sein Geld 6, B 9 und C 10 Monate in der Handlung stehen. Nach dieser Zeit wird der auf 2280 Thlr. sich belaufende gemeinschaftliche Gewinn unter die Theilnehmer nach Verhältniß der Einlagen und der Zeiten getheilt, und A erhält für seinen Theil 630 Thlr. Wie viel gab jeder zur Handlung, und welches war der Gewinn des B und C?

Aufl. Da 630 Thlr. der Gewinn von 6 Monaten sind, so ist der monatliche Gewinn des A $\frac{630}{6}$ = 105 Thlr., daher würde der

9monatliche Gewinn des A = 945 Thlr. sein, welches der des B und von 500 Thlr. in 9 Monaten ist; und der 10monatliche Gewinn des A würde = 1050 Thlr. sein, welches der des C und von 700 Thlr. während 10 Monaten ist. Daher ist der Gewinn des B und C zusammen und der von 500 Thlr. in 9 und der von 700 Thlr in 10 Monaten = 1995 Thlr. Nun ist aber auch der Gewinn des B und C zusammen gleich = 2280 — 630 = 1650 Thlr. Demnach ist der 9monatliche Gewinn von 500 und der 10monatliche Gewinn von 700 Tlr. = 1995 — 1650 = 345 Thlr.

Der 9monatliche Gewinn von 500 Thlr. ist aber = dem 45fachen vom monatlichen Gewinne von 100 Thlr. (s. die Anfl. 2. zur 281. Aufg.), und der 10monatliche Gewinn von 700 Thlr. = 70fachem vom monatlichen Gewinne von 100 Thlr. Folglich ist das 115fache vom monatlichen Gewinne von 100 Thlr. = 345 Thlr., daher der monatliche Gewinn von 100 Thlr. = 3 Thlr.

Folgende Proportion giebt die Einlage des A:

100 : X = 18 : 630; also X = 3500

Die Einlage des A ist also = 3500 Thlr., daher die des B = 3000 Thlr. und die des C = 2800 Thlr. Mithin ist der Antheil am Gewinne des B = 810, und der des C = 840 Thlr.

279. A giebt zu einem Handel 90 Thlr. mehr als B und dieser 210 Thlr. mehr als C. A läßt sein Geld 7, B 10 und C 12 Monate in der Handlung. Der gesammte Gewinn beträgt 4183 Thlr., und A erhält für seinen Antheil 1064 Thlr. Wie viel gab jeder zur Handlung, welches ist der Gewinn des B und C?

A gab 3040, B 2950 und C 2740 Thlr. Der Gewinn des B ist = 1475 und der des C = 1644 Thlr.

Gedruckt bei Brandes und Klewert in Berlin, Roßstraße Nr. 8.

# Berichtigungen.

Seite 19 Zeile 8 v. o. statt 13 : 13 l. 13 — 13.
„ 24 „ 12 v. o. „ 3fache l. 5fache.
„ 25 „ 11 v. u. „ $\int$}A l. $\int' A$.
„ 28 „ 22 v. o. „ oder größer l. oder kleiner.
„ — „ 26 v. o. „ Vervielfache l. Vervielfachte.
„ 29 „ 24 v. o. „ $B = \int' C - \int C$ l. $B = \int C - \int' C$.
„ 32 „ 23 v. o. „ $\int(B + B)$ l. $\int(B + B')$, und st. $\int(B + B'$ l. $\int(B + B')$.
„ 44 „ 21 v. u. „ Rest von dem l. Rest vor dem.
„ — „ — v. u. zweimal st. $R''$ l. $R'''$.
„ — „ 17 v. u. statt $\int R'$ l. $\int' R$.
„ 59 „ 21 v. u. „ P durch l. P nur durch.
„ 69 „ 9 v. u. „ von A — B) l. von (A — B).
„ 75 „ 12 v. u. „ A : C l. A : B.
„ 94 „ 3 v. o. „ 385 l. 285.
„ — „ 18 v. o. „ $\frac{47}{91}$ l. $\frac{47}{81}$.
„ — „ 19 v. o. „ $\frac{114}{117}$ l. $\frac{109}{117}$.
„ — „ 21 v. o. „ 158 l. 1158.
„ 96 „ 8 v. o. „ $\frac{46}{7}$ l. $\frac{41}{7}$.
„ 98 „ 9 v. o. „ $6_{5}$ l. $6\frac{4}{5}$.
„ 112 „ 3 v. u. „ 19616 l. 13616.
„ 115 „ 8 v. o. „ $73\frac{53}{544}$ l. $73\frac{53}{144}$.
„ — „ 2 v. u. „ $2657\frac{532}{675}$ l. $2657\frac{232}{675}$.
„ 116 „ 15 v. o. „ $:\frac{28}{144}$ l. $:\frac{18}{544}$.
„ — „ 16 v. o. „ $541 \cdot 2424\frac{5}{18}$ u. s. w. lies $544 \cdot 2424\frac{5}{18} = 1318807\frac{1}{9}$.
„ — „ 20 v. o. „ 1156 l. 1456.
„ 118 „ 11 v. o. „ $7\frac{0}{17}$ l. $7\frac{6}{17}$.
„ 125 „ 1 v. o. „ N l. $N^p$ (im Nenner).
„ — „ 6 v. u. „ $\frac{150}{547}$ l. $\frac{150}{347}$.
„ 126 „ 8 v. o. „ $7 + 6 . 5$ l. $1 + 6 . 5$ (im Zähler).
„ — „ 16 v. u. „ 2, 4, 7, 8, 10 l. 2, 4, 6, 8, 10.
„ — „ 3 und 2 v. u. st. $\overset{\text{5ter}}{\frac{7 + 140}{10 + 215}}$ = u. s. w. lies $\overset{\text{5ter}}{\frac{7 + 150}{10 + 215}} = \frac{157}{225}, \overset{\text{6ter}}{\frac{30 + 942}{43 + 1350}} = \frac{972}{1393}, \overset{\text{7ter}}{\frac{157 + 6804}{225 + 9751}} = \frac{6961}{9976}$.

S. 129 Z. 1 v. o. st. $\frac{Z^{p+''}}{N^{p+'}}$ l. $\frac{Z^{p+''}}{N^{p+''}}$, und im Nenner des folgenden Bruches st. $N^{p+'}$ l. $N^{p+''}$.
„ 137 „ 15 v. u. „ $\Sigma$, Z, l. Z, $\Sigma$.
„ 146 „ 5 v. u. „ $34\frac{259}{3000}$ l. $34\frac{259}{1000}$.
„ 151 „ 10 v. u. „ 5876,0246 l. 5876,0346.
„ 154 „ 23 v. o. „ 0,4364879 l. 0,4365879.
„ — „ 26 v. o. „ 57011272 l. 47011272.
„ 155 „ 9 v. o. „ 46,296478 l. 36,296478.
„ — „ 10 v. u. „ 33,14923 l. 32,14923.
„ 157 „ 6 v. o. ist im Exempel 3 einzuschalten 288
228
„ — „ 14 v. u. 3) st. — l. =
„ 158 „ 8 v. o. „ 0,0271832 l. 0,027182.
„ 164 „ 20 v. o. „ 25744 l. 257414 (im Zähler).
„ — Aufg. 462 st. Nennerprobe l. Neunerprobe.
„ 170 Z. 6 v. u. st. sexadische und sebdomadische l. hexadische und hepdomadische.
„ 177 Aufg. 60 st. 550 l. 560.
„ 181 „ 93 „ 314 l. 316.
„ 182 „ 105 „ 65 l. $\frac{65}{3}$.
„ — „ 106 „ 60 l. 150.
„ 183 „ 118 „ 64 l. 48.
„ 184 „ 136 „ 3fache l. 4fache.
„ — Z. 17 v. u. „ 3fache l. 5fache.
„ 185 statt Aufg. 141 l. 144.
„ — Aufg. 144 st. 130 l. 150.
„ — „ 147 „ 890 l. 900 und st. 13 l. 10.
„ 187 Z. 7 v. o. st. $\frac{1}{2}$ l. $\frac{1}{3}$.
„ — Aufg. 167 am Ende st. 128 l. 228.
„ 188 „ 173 Z. 2 st. 28. l. 42.
„ 189 „ 178 st. 66 l. 69.
„ 195 „ 217 „ um 6 kleiner l. um 8 kleiner.
„ 198 „ 240 „ zur zweiten 32 l. zur zweiten 23.
„ — „ 241 „ $\frac{57}{6}$ l. $\frac{17}{6}$.
„ 206 „ 290 am Ende st. $\frac{4}{8}$ l. $\frac{3}{8}$.
„ 208 „ 4 st. $\frac{2}{3}$ welcher Zahlen haben l. $\frac{2}{3}$ welcher Zahl hat.
„ 210 „ 17 Z. 5 schalte nach Rest zur ein: Summe das.
„ 227 „ 130 st. 2800 l. 4900.
„ 229 „ 140 am Ende st. $\frac{3}{25}$ l. $\frac{7}{25}$.
„ 236 „ 33 am Ende st. 3604 l. 3602.
„ 242 „ 50 Nr. 2 st. $\frac{11}{12} : \frac{11}{770}$ l. $\frac{11}{12} : \frac{11}{720}$.
„ — „ — „ „ „ $\frac{2}{3} + \frac{1}{2}$ l. $\frac{1}{3} + \frac{1}{2}$.
„ — „ — „ 3 „ $\frac{18}{24}$ l. $\frac{13}{24}$.
„ 245 „ 65 st. 400 l. 4000.
„ — „ 67 „ $5\frac{2}{3}$ Fuß l. $5\frac{1}{3}$ Fuß.
„ 246 „ — Z. 3 v. o. desgl.
„ — „ 68 am Ende st. $\frac{96000}{6\frac{2}{3}}$ l. $\frac{76000}{6\frac{2}{3}}$.
„ 247 „ 73 am Ende st. 180 Fuhren l. 90 Fuhren.
„ 251 „ 83 st. 14 Sgr. 8 Pf. l. 18 Sgr. 8 Pf.
„ 253 Z. 2 v. o. st. 4 Mark l. 2 Mark.

S. 254 Aufg. 94 st. $\frac{7 \cdot 16 + 2\frac{3}{7}}{1\frac{1}{8}}$ = u. s. w. l. $\frac{7 \cdot 16 + 2\frac{3}{7}}{1\frac{1}{7}} =$ $\frac{7 \cdot 7 \cdot 16 + 16}{8} = 100$. u. s. w.

„ 257 „ 107 „ $21\frac{2}{3}$ l. $21\frac{1}{3}$karatiges Gold.

„ 258 Z. 1 v. o. st. $\frac{60,96}{66}$ l. $\frac{69,96}{66}$.

„ — „ 21 v. u. „ 12,485 l. 12,845.

„ 259 „ 18 v. u. „ $\frac{76 \cdot 9000}{92,345}$ l. $\frac{76 \cdot 9000}{92345}$.

„ — Aufg. 117 ist jedesmal im Nenner st. 237 zu lesen 277 und am Ende st. 8,8377 l. 7,5615.

„ 261 „ 130 st. $17\frac{2}{3}$ Minut. = 17 Min. 40 Sek. l. $17\frac{7}{9}$ Min. = 17 Min. $46\frac{2}{3}$ Sek.

„ 262 Zeile 2 v. o. st. 1 St. 2 Min. $34\frac{46}{151}$ Sek. l. 1 St. 1 Minut. $34\frac{298}{2333}$ Sek.

„ 269 „ 17 v. u. „ 2 Pfund Sterling 9 Schilling l. 2 Pf. Sterling 8 Schilling.

„ — „ 7 v. u. „ Zweite l. Zweifache.

„ 270 „ 13 v. o. „ $\frac{3 \cdot 7}{2}$ l. $\frac{3 \cdot 7}{13}$.

„ — „ 2 v. u „ 10056667074 l. 10056567074.

„ 278 „ 10 v. u. „ 1,176717 Scheffel oder = u. s. w. l. 1,188517 Scheffel oder = 1 Scheffel 3 01672 Mtz.

„ 279 „ 21 v. o. „ A = 524 Thlr. l. A = 324 Thlr.

„ 280 Aufg. 168 st. 12800 Thlr. l. 13400 Thlr.

„ 286 „ 208 „ 365 Ochsen l. 265 Ochsen.

„ 287 Z. 1 v. u. st. $\frac{1}{12}$ l. $\frac{1}{20}$.

„ 288 „ 22 v. o. „ $\frac{1}{3}$ l. $\frac{1}{2}$.

„ — „ 6 v. u. „ 30 Thlr. l. 17 Thlr.

„ 290 „ 5 v. u. „ 132, 78, 36 und 10 l. 132, 68, 36 und 20 Quart.

„ — „ 4 v. u. „ A, B, C, C, E l. A, B, C, D, E.

„ 298 „ 5 v. o. „ $\frac{2}{5}$ l. $\frac{2}{3}$.

„ — „ 5 v. u. „ 4025 Thlr. l. 4125 Thlr.

„ — „ 3 v. u. „ C $\frac{1}{8}$ l. C $\frac{1}{4}$.

„ 299 „ 9 v. o. „ A 4200 Thlr. l. A 4300 Thlr.

„ — Aufg. 266 st. 115 Thlr. 20 Sgr. l. 115 Thlr. 10 Sgr.

„ 302 Z. 21 v. u. st. $\frac{5}{4}$ l. $\frac{3}{4}$.

„ 303 „ 8 v. u. „ $\frac{24\frac{7}{12}}{24}$ l. $\frac{23\frac{7}{12}}{24}$.

„ 306 „ 8 v. o. „ $13\frac{5}{6}$ l. $13\frac{1}{6}$.

„ — „ 19 v. u. „ $\frac{240}{6}$ l. $\frac{240}{7}$.

„ 308 „ 10 v. o. „ $159\frac{2}{9}$ l. $156\frac{2}{9}$.

„ 312 „ 3 v. u. „ $121\frac{25}{51}$ l. $121\frac{28}{31}$.

„ 314 Aufg. 290 st. $\frac{25}{21\frac{2}{3}}$ l. $\frac{35}{21\frac{2}{3}}$.

„ — „ 291 zweimal st. $\frac{155}{182}$ l. $\frac{11}{14}$ und st. 13,851648 l. 13,846154.

„ — „ 392 zweimal st. $283\frac{7}{31}$ l. $283\frac{7}{71}$, zweimal st. $14\frac{5}{31}$ l. $14\frac{11}{71}$.

„ 315 Z. 17 v. o. st. 171,8 l. 271,8.

„ 318 „ 11 v. o. „ 5,35 l. 3,676, und das Folgende lasse weg.

S. 319 Z. 10 v. u. ſt. $23\frac{1}{2}$ l. $23\frac{2}{3}$ (im Zähler).
„ — „ 5 v. u. „ 11,511 l. 11,536.
„ 322 „ 13 v. o. „ $\frac{1{,}9832}{3} = 0{,}661$ l. $\frac{1{,}3832}{3} = 0{,}461$.
„ — „ 21 v. o. „ $\frac{24}{65}$ l. $\frac{24}{67}$.
„ 323 „ 16 v. o. „ $\frac{89 \,.\, 12 \,.\, 67}{283}$ l. $\frac{98 \,.\, 12 \,.\, 67}{283}$.
„ 325 „ 13 v. o. „ $\frac{8}{35}$ l. $\frac{48}{35}$.
„ — „ 18 v. u. „ 432 l. 342.
„ — Aufg. 311 (ſiehe zu Ende der Berichtigungen).
„ 336 Z. 5 v. u. ſt. 3 . 12 l. 8 . 12 (im Nenner).
„ — „ 1 v. u. „ 28 Karat l. 23 Karat.
„ 340 „ 11 v. o. „ 37,71356 l. 37,5806, eben ſo Z. 12 v. u.
„ — „ 16 v. o. „ 8,9411 l. 8,9745.
„ — „ 11 v. u. „ 62 Thlr. 25,678 l. 62 Thlr. 19,03 Sgr.
„ 341 „ 5 v. o. „ 9 Mark l. 5 Mark.
„ 343 „ 4 v. o. „ 4850 l. 8960.
„ 344 Aufg. 333 ſt. $7366\frac{2}{3}$ l. $7466\frac{2}{3}$, ſt. $6566\frac{2}{3}$ l. $6666\frac{2}{3}$ und ſt. $31066\frac{2}{3}$ l. $31166\frac{2}{3}$.
„ 346 Z. 15 v. o. ſt. 29 Sgr. l. 28 Sgr.
„ 349 „ 11 v. u. „ 7,008 l. 7,983.
„ — „ 9 v. u. „ $28\frac{1}{13}$ l. $28\frac{5}{13}$.
„ 350 „ 6 v. o. „ 107 + l. 107 ×.
„ 351 Aufg. 357 ſt. 2221 Albertsthaler 12 Sgr. l. 2124 Albertsthaler 40 Sgr.
„ — „ — „ 4153 Alb. Thlr. 4 Sgr. l. 3956 Alb. Thlr. 32 Sgr.
„ — „ 358 „ 4 Thlr. $20\frac{1}{4}$ Sgr. l. 4 Thlr. $25\frac{1}{4}$ Sgr.
„ 352 Z. 9 v. u. „ $10\frac{1}{2}$löthig l. $11\frac{1}{2}$löthig, und ſt. 116 l. 115.
„ 353 „ 5 v. u. „ 400 l. 100.
„ 358 „ 3 v. u. „ 9439 l. 9822.
„ 364 Aufg. 398 „ 2727 Thlr. l. 2700 Thlr., ſt. 341 Mann l. 1404, ſt. 659 l. 1836, ſt. 6669 l. 2052, ſt. $\frac{13}{101}$ l. $\frac{13}{16}$, ſt. $\frac{17}{101}$ l. $\frac{17}{45}$, ſt. $\frac{147}{101}$ l. $\frac{19}{48}$.
„ 365 „ 402 „ 12510 l. 11310.
„ — „ 404 „ 2360 l. 2160.
„ 387 Z. 15 v. o. ſt. 323,450 l. 357,675.
„ — „ 10 v. u. „ 468,461 l. 468,340.
„ 388 „ 10 v. u. „ 323,450 l. 357,675.
„ 396 „ 5 v. o. „ $3\frac{229}{800}$ Thlr. = 3 Thlr. 8 Sgr. $7\frac{1}{20}$ Pf. l. $3\frac{207}{800}$ Thlr. = 3 Thlr. 7 Sgr. $9\frac{3}{20}$ Pf.
„ 398 „ 20 v. u. „ $6\frac{31}{74}$ l. $6\frac{13}{37}$.
„ 399 „ 6 und 7 v. o. ſt. $6\frac{9}{13}$ l. $7\frac{9}{13}$.
„ — „ 22 und 24 v. o. ſt. $\frac{77}{96}$ l. $\frac{443}{7 \,.\, 96}$, ſt. $70\frac{35}{192}$ l. $57\frac{131}{192}$.
„ 407 „ 16 v. u. ſt. $\frac{9}{109}$ l. $\frac{9}{101}$, ſt. $\frac{2}{21}$ l. $\frac{8}{21}$.
„ 411 „ 7 v. u. „ $280\frac{13}{23}$ l. $280\frac{13}{71}$.
„ 415 „ 10 v. o. „ 1 Thlr. 20 Sgr. l. 1 Thlr. 10 Sgr.
„ 417 „ 5 v. u. und folgde. ſt. 3,5426 l. jedesmal 3,5435.
„ 418 „ 4 v. o. ſt. 75,986 l. 75,991.
„ — Aufg. 100 ſt. 29 : 24 l. 27 : 26.
„ — „ 102 „ 10 Sgr. l. 3 Thlr. 10 Sgr.
„ 420 Z. 14 v. o. ſt. $28\frac{7}{176}$ l. $27\frac{41}{132}$.
„ 421 „ 3 v. o. „ $533\frac{1}{3}$ l. 800.

S. 421 Z. 13 v. u. st. $1206\frac{3}{7}$ l. $1206\frac{6}{7}$.
" 423 Aufg. 119 st. 50 l. 60.
" — Z. 14 v. u. st. $10\frac{1}{8}$ l. $10\frac{3}{4}$.
" 427 " 3 v. u. " $\frac{M \cdot y}{b}$ l. $\frac{M \cdot y}{b} +$.
" 431 Aufg. 138 st. 6 und 8 Tage l. 8 und $8\frac{1}{3}$ Tage.
" — Z. 23 v. o. st. 10 l. $8\frac{1}{3}$ Tag.
" — " 33 v. o. " $6\frac{4}{7}$ l. $6\frac{2}{7}$.
" 432 " 12 v. o. " 4 Jahr l. $4\frac{5}{6}$ Jahr.
" 437 " 13 v. u. " nach Jahren l. nach drei Jahren.

## Nachtrag.

Nach der Beendigung des Druckes fand man noch in Aufgabe 311 Seite 315 einen Rechnungsfehler, der auf das Resultat einen bedeutenden Einfluß ausübt, weswegen man die Zusammenstellung Seite 328 dahin zu verbessern bittet:

Der Rauminhalt des Bechers als Cylinder = 24,543692 Kbkzll.
Der innere Raum des Bechers — — = 21,023945 "
Das Metall enthält — — — = 3,519747 "
Zu diesem Becher braucht man 275,337 Deutsche Dukaten.
Man bedarf zu diesem Becher 305,93 Dukaten zu 3 Thlr.
Der Becher hat 97,258 Karat oder 4 Mark 1,258 Karat fein Gold.
Das Schrotgewicht eines Dukaten ist = $\frac{24}{67}$ Karat, also ist der ganze Becher 305,93 . 24 . $\frac{24}{67}$ = 109,587 Karat = 4 Mark 13,587 Karat schwer.
Der Becher enthält 12,331 Karat Kupfer.
Die erforderliche Zahl Deutscher Dukaten wiegt 98,628 Karat, also hat man noch an Kupfer 10,959 hinzugesetzt.
Der Feingehalt des im Becher enthaltenen Goldes ist $\frac{71}{80}$ = 0,8875.
Der Preis des Bechers, ohne Arbeitslohn, beträgt 917,79 Thlr.
Der Becher faßt 0,328499 Preuß. Quart.

Ferner:

S. 330 Z. 8 v. o. st. 75,234434 l. 77,434434 Grän.
" — " 12 v. o. " 1202,654 l. 1237,610 Grän.
" — " 9 v. u. " 66,366 l. 68,278 Grän.
" 331 " 5 v. o. " 143,817 Grän u. s. w. lies 147,988 Grän oder 12,332 Karat.

www.ingramcontent.com/pod-product-compliance
Lightning Source LLC
LaVergne TN
LVHW092150300926
849161LV00002B/238
* 9 7 8 3 1 1 2 6 7 9 2 7 2 *